Thieme

Der Huf

Lehrbuch des Hufbeschlages

Begründet von Hermann Ruthe

Herausgegeben von
Lutz-Ferdinand Litzke

Unter Mitarbeit von

Willem Back
Claus P. Bartmann
Stephan Becker
Axel Berndt
Corinna Odine Bobsien
Walter Brehm
Gerben Bronkhorst
Sascha Brückner
Heinz H. Florian Buchner
Klaus-Dieter Budras
Manfred Coenen
Florian Häfner
Ruth Maria Hirschberg
Johann Kofler
Lutz-Ferdinand Litzke
Katrin Krischke
Dieter Pietta
Christoph Schweppe
Melanie Striebinger
Charlotte von Zadow
Margit H. Zeitler-Feicht
Jan de Zwaan

7., vollständig überarbeitete Auflage

359 Abbildungen

Georg Thieme Verlag
Stuttgart • New York

Bibliografische Information der Deutschen Nationalbibliothek
Die Deutsche Nationalbibliothek verzeichnet diese Publikation in der Deutschen Nationalbibliografie; detaillierte bibliografische Daten sind im Internet über http://dnb.d-nb.de abrufbar.

Ihre Meinung ist uns wichtig! Bitte schreiben Sie uns unter:
www.thieme.de/service/feedback.html

Oswald-Hesse-Straße 50
70469 Stuttgart
Deutschland

www.thieme.com

Printed in Germany
1. Auflage 1959, Gustav Fischer Verlag Jena
2. Auflage 1969, Gustav Fischer Verlag Jena
3. Auflage 1978, Gustav Fischer Verlag Jena
4. Auflage 1988, Gustav Fischer Verlag Stuttgart
5. Auflage 1997, Ferdinand Enke Verlag Stuttgart
6. Auflage 2012, Enke Verlag in MVS Medizinverlage Stuttgart GmbH & Co. KG

Umschlaggestaltung: Thieme Verlagsgruppe
Coverbild: Dr. Katrin Krischke
Zeichnungen (Abb. 3.31; 3.44; 4.53; 19.13): Andrea Schnitzler, Innsbruck
Satz: SOMMER media GmbH & Co. KG, Feuchtwangen gesetzt in Arbortext APP-Desktop 9.1 Unicode M180
Druck: Beltz Grafische Betriebe, Bad Langensalza
Redaktion: Katharina Schmalz, Wenzenbach

DOI 10.1055/b-006-161628

ISBN 978-3-13-241458-7 1 2 3 4 5 6

Auch erhältlich als E-Book:
eISBN (PDF) 978-3-13-241459-4
eISBN (epub) 978-3-13-241460-0

MIX
Papier | Fördert gute Waldnutzung
FSC® C089473

Wichtiger Hinweis: Wie jede Wissenschaft ist die Veterinärmedizin ständigen Entwicklungen unterworfen. Forschung und klinische Erfahrung erweitern unsere Erkenntnisse, insbesondere was Behandlung und medikamentöse Therapie anbelangt. Soweit in diesem Werk eine Dosierung oder eine Applikation erwähnt wird, darf der Leser zwar darauf vertrauen, dass Autoren, Herausgeber und Verlag große Sorgfalt darauf verwandt haben, dass diese Angabe **dem Wissensstand bei Fertigstellung des Werkes** entspricht.

Für Angaben über Dosierungsanweisungen und Applikationsformen kann vom Verlag jedoch keine Gewähr übernommen werden. **Jeder Benutzer ist angehalten**, durch sorgfältige Prüfung der Beipackzettel der verwendeten Präparate und gegebenenfalls nach Konsultation eines Spezialisten festzustellen, ob die dort gegebene Empfehlung für Dosierungen oder die Beachtung von Kontraindikationen gegenüber der Angabe in diesem Buch abweicht. Eine solche Prüfung ist besonders wichtig bei selten verwendeten Präparaten oder solchen, die neu auf den Markt gebracht worden sind. **Jede Dosierung oder Applikation erfolgt auf eigene Gefahr des Benutzers.** Autoren und Verlag appellieren an jeden Benutzer, ihm etwa auffallende Ungenauigkeiten dem Verlag mitzuteilen.
Vor der Anwendung bei Tieren, die der Lebensmittelgewinnung dienen, ist auf die in den einzelnen deutschsprachigen Ländern unterschiedlichen Zulassungen und Anwendungsbeschränkungen zu achten.

Die abgebildeten Personen haben in keiner Weise etwas mit der Krankheit zu tun.
Wo datenschutzrechtlich erforderlich, wurden die Namen und weitere Daten von Personen redaktionell verändert (Tarnnamen). Dies ist grundsätzlich der Fall bei Patienten, ihren Angehörigen und Freunden, z. T. auch bei weiteren Personen, die z. B. in die Behandlung von Patienten eingebunden sind.

Inhaltsverzeichnis

Teil 2 Pferdekunde

Teil 5 Gesetzliche Bestimmungen bei der Ausübung des Hufbeschlags

Teil 6 Hufpflege und Hufbeschlag bei Eseln und Maultieren

Teil 7 Klauenpflege und Klauenbeschlag

Teil 8 Anhang

Anschriften

Herausgeber

Prof. Dr. med. vet. habil. Lutz-Ferdinand **Litzke**
Justus-Liebig-Universität Gießen
Fachbereich Veterinärmedizin
Klinik für Chirurgie (Pferde) mit Lehrschmiede
Frankfurter Str. 108
35394 Gießen
Deutschland

Mitarbeiter

Prof. Dr. med. vet. Willem **Back**
Ghent University
Faculty of Veterinary Medicine
Department of Surgery and Anaesthesia of Domestic Animals
Salisburylaan 133
9820 Merelbeke
Belgien

Utrecht University
Faculty of Veterinary Medicine
Department of Equine Sciences
Yalelaan 112–114
3584 CM Utrecht
Niederlande

Priv.-Doz. Dr. med. vet. Claus P. **Bartmann**
Pferdeklinik Aschheim
Gartenstr. 14
85609 Aschheim
Deutschland

Stephan **Becker**
Staatlich anerkannter Hufbeschlaglehrschmied
Lehrschmiede Niedersachsen
Staatlich anerkannte Hufbeschlagschule
Lindhooper Str. 81
27283 Verden/Aller
Deutschland

Axel **Berndt**
An den Tierkliniken 27
04103 Leipzig
Deutschland

Dr. Corinna Odine **Bobsien**
U4, 7
68161 Mannheim
Deutschland

Prof. Dr. med. vet. Walter **Brehm**
Universität Leipzig
Veterinärmedizinische Fakultät
Klinik für Pferde
An den Tierkliniken 21
04103 Leipzig
Deutschland

Gerben **Bronkhorst**
Rijksgediplomeerd Hoefsmid (NL), CEF;
CRKBO Geregistreerd Docent
Utrecht University, Faculty of Veterinary Medicine
Department of Equine Sciences
Yalelaan 112–114
3584 CM Utrecht
Niederlande

Rechtsanwalt Dr. Sascha **Brückner**
Hüxstr. 59/61
23552 Lübeck
Deutschland

Prof. Dr. med. vet. Heinz H. Florian **Buchner**
Veterinärmedizinische Universität Wien
Pferdechirurgie
Veterinärplatz 1
1210 Wien
Österreich

Prof. Dr. med. vet. Klaus-Dieter **Budras**

Prof. Dr. med. vet. Manfred **Coenen**
Lothringer Str. 18i
30559 Hannover
Deutschland

Florian **Häfner**
Heuholzer Str. 80
74629 Pfedelbach
Deutschland

Dr. med. vet. Ruth Maria **Hirschberg**

Prof. Dr. med. vet. Johann **Kofler**
Veterinärmedizinische Universität
Klinik für Wiederkäuer
Veterinärplatz 1
1210 Wien
Österreich

Prof. Dr. med. vet. habil. Lutz-Ferdinand **Litzke**
Justus-Liebig-Universität Gießen
Fachbereich Veterinärmedizin
Klinik für Chirurgie (Pferde) mit Lehrschmiede
Frankfurter Str. 108
35394 Gießen
Deutschland

Dr. med. vet. Katrin **Krischke**

Uwe **Lukas**

Dieter **Pietta**
Jennerstr. 5d
83451 Piding
Deutschland

Burkhard **Rau**
Hufbeschlaglehrschmied
Equicura.de
54579 Leudersdorf

Christoph **Schweppe**
Hufbeschlag & Hufbeschlagschule
Evinger Str. 667
44339 Dortmund
Deutschland

Melanie **Striebinger**
Justus-Liebig-Universität Gießen
Lehrschmiede der Klinik für Pferde
Frankfurter Str. 120
35392 Gießen
Deutschland

Dr. med. vet. Charlotte **von Zadow**
Saladin-Schmitt-Str. 48
44789 Bochum
Deutschland

Dr. arg. Margit H. **Zeitler-Feicht**
Technische Universität München
Wissenschaftszentrum Weihenstephan
AG Ethologie, Tierhaltung und Tierschutz
Liesel-Beckmann-Str. 2
85354 Freising
Deutschland

Jan **de Zwaan**
Rijksgediplomeerd Hoefsmid (NL)
Utrecht University, Faculty of Veterinary Medicine
Department of Equine Sciences
Yalelaan 112–114
3584 CM Utrecht
Niederlande

Quelle: Katrin Krischke

Teil 1
Materialkunde

1 Die Beschlagschmiede

Burkhard Rau

1.1 Stationär

Früher wurde der Hufbeschlag traditionell in einer stationären Schmiedewerkstatt ausgeführt. In den deutschen Gestüten, in fast allen deutschen Tierkliniken und in zahlreichen auf den Hufbeschlag spezialisierten Metallbaubetrieben ist eine stationäre Beschlagschmiede immer noch zu finden.

Eine Hufbeschlagschmiede muss aus mindestens 2 Räumen bestehen: der Beschlagbrücke und der eigentlichen Schmiede.

Daneben muss eine funktionierende stationäre Beschlagschmiede weitere Möglichkeiten bieten, z. B. für die Lagerung von Stab- oder Hufeisenmaterial. Im Idealfall befindet sich das Lager in einem eigenen Raum mit einer gesonderten Unterbringung von Gefahrenstoffen wie Kunsthorn und Kleber. In unmittelbarer Nähe der Beschlagbrücke muss eine Mistplatte oder ein Behältnis zur Aufnahme von anfallendem Pferdemist vorhanden sein. Ebenso ist ein Raum für die Aufnahme von Schrott und Abfallstoffen vorzusehen.

Vor der Schmiede ist eine Vorführbahn notwendig. Im Idealfall ist sie so groß, dass ein Vorführen des Pferdes sowohl im Dreieck als auch in Form einer Acht möglich ist. Wünschenswert wäre auch die Möglichkeit, das Pferd sowohl auf hartem und ebenem als auch auf weichem Sand- oder Grasboden vorzuführen. Wünschenswert, jedoch ohne Bedingung, wäre ein Vorführplatz von 20 × 20 m, um das Pferd in der Dreiecksbahn vorführen zu können. Ebenso ist es hier möglich, die notwendige Musterung des Pferdes sowohl auf der linken als auch auf der rechten Hand vorzunehmen.

1.1.1 Beschlagbrücke

In der Beschlagbrücke werden die Pferde zum Hufbeschlag untergebracht (▶ **Abb. 1.1**). Dieser helle Raum verfügt über feste Anbindemöglichkeiten für die Pferde, wobei der Platz pro Pferd 20 qm nicht unterschreiten sollte. Eine Abtrennung zwischen den Beschlagplätzen, von denen mindestens 2 vorhanden sein sollten, ist sinnvoll. Neben den Pferden und dem Beschlagstuhl (dem Möbel, welches die Werkzeuge des Hufbeschlagschmieds aufnimmt) sollten sich keine Gegenstände auf der Beschlagbrücke befinden.

Um eine optimale Arbeit zu gewährleisten, muss der Raum ausreichend beleuchtet sein. Metalldampflampen oder Halogenstrahler, die so angebracht sind, dass eine möglichst schattenfreie Beleuchtung gewährleistet ist, gelten als ideal. Rauminstallationen, z. B. die Elektrik, müssen für das Pferd unzugänglich angebracht sein.

Besonderes Augenmerk ist dem Fußboden der Beschlagbrücke zu widmen. Der Boden sollte fest und eben, rutschfest und für das Pferd komfortabel zum Daraufstehen sein. Gepflasterte Stirnholzböden sind ebenso geeignet wie hochwertige Gummiböden. Stirnholzböden haben den Nachteil, dass sie etwas empfindlich gegen von außen hereingebrachte Feuchtigkeit sind. Durchdachte Beschlagbrücken haben einen drainierten Boden, um mögliche Flüssigkeiten abführen zu können.

▶ **Abb. 1.1** Gut beleuchtete Beschlagbrücke mit festem Anbinder, Abtrennung zwischen den einzelnen Beschlagplätzen, vergitterten Fenstern und Gummiboden.

1.1.2 Schmiederaum

Die eigentliche Schmiede enthält alle Werkzeuge, Maschinen und Geräte, um die für den Hufbeschlag notwendigen Tätigkeiten ausführen zu können.

Schmiedeherd

Stationäre Hufbeschlagschmieden werden heute mit unterschiedlichen Schmiedeherden ausgestattet. Traditionell findet man dort einen gemauerten Schmiedeherd mit eingelassener Feuerschüssel zur Befeuerung mit **Fettkohle** (Steinkohle). Die Feuerschüssel ist in einer Stahlplatte eingelassen, und neben dem Kohlefeuer ist ein Löschtrog eingebaut. Über der Feuerschüssel befindet sich ein Rauchfang mit Abzug und Kaminanschluss, unter der Feuerschüssel ein Behältnis für frische Kohle und Schlackeabfälle. Das Gebläse zur Regulierung der Frischluftzufuhr befindet sich entweder in einem gesonderten Raum (Lärmbelästigung) oder unter der Feuerschüssel (► **Abb. 1.2**). Die Kohlefeuerschüssel hat im einfachsten Fall mehrere nebeneinander liegende, 8–10 mm große Bohrungen, um der brennenden Kohle von unten Frischluft zuzuführen, oder einen von oben nach unten verschiebbaren Kegel, der den Austrittswinkel des Luftstroms regulieren kann.

Kohleessen werden auch für den Einsatz vor der Werkstatt oder unterwegs als „Feldschmieden“ ohne gesonderten Rauchabzug betrieben. Moderner ist der Einsatz von **Gasöfen**zur Erwärmung des Hufeisens. Ähnlich dem Prinzip der Kohleesse besitzen sie eine Feuerschüssel, die mit Gas befeuert wird. Ein Luftgebläse bläst frischen Sauerstoff hinzu und das Gas-Luft-Gemisch erwärmt die in der Feuerschüssel liegenden Keramikchips. Letztere speichern Energie, erreichen hohe Temperaturen (1200 °C) und geben diese an das zwischen ihnen liegende Metall ab. Die Verbrennung ist deutlich sauberer, da weder Schwefel noch Ruß entstehen. Gasherde können mit Erd- oder Flüssiggas betrieben werden (► **Abb. 1.3**, ► **Abb. 1.4**).

Auch mit **Erhitzungsgeräten** wird in stationären Hufbeschlagschmieden das Eisen erwärmt. Diese werden ausnahmslos mit Flüssiggas, also Propan, Butan oder Propan-Butan-Gemisch betrieben. Hochwertige Geräte haben einen hohen Wirkungsgrad und können in sehr kurzer Zeit eine

► **Abb. 1.2** Grundkörper einer Kohleesse mit Feuerschüssel und Gebläse.

► **Abb. 1.3** Moderner transportabler Gasschmiedeherd für Flüssiggas.

► **Abb. 1.4** Stationärer, mit Erdgas betriebener Schmiedeherd.

gleichmäßige Durchwärmung des Eisens herbeiführen. Die Hufeisenerhitzungsgeräte einiger Hersteller sind für den gasabzugsfreien Einsatz in Werkstätten zugelassen, wenn die Werkstattgröße die geforderten Mindestvolumina übersteigt und für ausreichend Frischluftzufuhr in den Räumen gesorgt ist.

Amboss und Hilfswerkzeug

Das zweite, nahezu unverzichtbare Element der Schmiedewerkstatt ist der Amboss (▸ **Abb. 1.5**). Ambosse in Schmiedewerkstätten wiegen zwischen 20 und 300 kg, in vielen Hufbeschlagschmieden weisen sie ein Gewicht von 120–150 kg auf.

Traditionell wurden Ambosse auf Eichenholzstämmen abgestellt oder auf einer gusseisernen Glocke aufgesetzt. Diese traditionellen Aufstellungsmöglichkeiten eines Ambosses stellen eine hohe Lärmbelastung dar. Entsprechend hat es sich heute durchgesetzt, zum einen in Schmiedewerkstätten lärmisolierte Böden zu verwenden. Dies sind Estrichböden, in die Faserstoffe eingelassen sind, um Schwingungen zu reduzieren. Zum anderen ist es eine gute Möglichkeit, Ambosse auf Behältnissen aufzustellen, die mit Sand gefüllt sind. Zusätzlich können Gummipuffer oder -matten dazu beitragen, Schwingungen und den Lärm zu dämpfen. Auch das Anbringen von Magneten an den unterschiedlichen Ambosshörnern (▸ **Abb. 1.6**) ist eine Möglichkeit, die hochfrequenten Schwingungen zu reduzieren. Trotz allem hat der Amboss ein großes Lärmpotenzial und eine persönliche Schutzbekleidung (Gehörschutz) ist notwendig, um bleibende Schäden am Gehör zu verhindern.

In Deutschland verwendete Ambosse haben unterschiedliche Formen. Es gibt die norddeutsche und die süddeutsche Form, den österreichischen Amboss, den süddeutschen Amboss mit Voramboss oder einen Amboss mit oder ohne Stauchamboss. Es ist reine Gewohnheitssache, welcher Amboss bei der Arbeit bevorzugt wird.

Allgemein besteht ein Amboss aus folgenden Elementen: Vierkanthorn, Rundhorn, Voramboss, Stauchamboss, Ambossbahn, Gesenklöcher (1 Rund- und 1 Vierkantgesenkloch zum Aufsetzen von Hilfswerkzeugen).

Für den Hufbeschlag notwendige **Hilfswerkzeuge** sind Abschroter, Spitzstöckel, Schrotplatte und Schwanenhals. Sie werden wie folgt eingesetzt und gebraucht:

- Abschroter zum Ablängen der Werkstücke (▸ **Abb. 1.7**)
- Spitzstöckel zum Herstellen von Rundungen mit geringen Radien
- Schrotplatte für Abschrotarbeiten mit dem Schrotmeißel, um die Ambossbahn und Werkzeuge zu schützen
- Schwanenhals zur Herstellung einiger Stegeisen (▸ **Abb. 1.8**)

▸ **Abb. 1.5** Amboss mit Ambossstock.

▸ **Abb. 1.6** Ambosshorn.

▸ **Abb. 1.7** Abschroter.

▸ **Abb. 1.9** Bohrmaschine mit Bohrvorrichtung für Hufeisen.

Ein stabiler Schmiedeschraubstock (Zangenschraubstock) in der Nähe des Ambosses ist für viele Arbeiten nötig.

Bohrmaschinen

Diverse Bohrarbeiten sind für den Hufbeschlag notwendig. Entsprechend wäre es wünschenswert, dass mindestens 2 Bohrmaschinen in der Werkstatt vorhanden sind. Eine davon sollte als **Getriebebohrmaschine** ausgelegt sein, welche gegenüber einer mit Keilriemen betriebenen Maschine den Vorzug hat, dass die Drehzahl und damit die richtige Schnittgeschwindigkeit für unterschiedliche Bohrdurchmesser sehr schnell und unmittelbar eingestellt werden können.

▸ **Abb. 1.8** Schwanenhals.

Hochwertige Bohrmaschinen sind mit Halogenausleuchtung und Kühlmitteleinrichtung ausgestattet und können so ein gutes Bohrergebnis garantieren. Die Bohrmaschine sollte mit einigen Hilfswerkzeugen ausgestattet sein:

- einer Bohrvorrichtung für das Einlegen von Hufeisen, damit ohne weitere Klemmeinrichtung Gewindekernlöcher hergestellt oder Bohrungen für das Einbringen eines Konus für Konusstifte vorgenommen werden können (▸ **Abb. 1.9**),
- einem Maschinenschraubstock, mit dem für andere Bohrarbeiten notwendige, feste Einspannungen möglich sind. Traditionell üblich im Hufbeschlag ist auch das Bohren von Hufeisen auf einem in den Maschinenschraubstock eingelegten Holzstück. Hierbei ist darauf zu achten, dass das Werkstück mit einer Zange gehalten wird, damit bei einem möglichen Verhaken des Bohrers im Bohrloch keine Gefährdung für den Arbeiter entsteht.

Die 2. Bohrmaschine sollte ein langsam laufendes Gerät sein, welches für den Einsatz als **Gewindebohrmaschine** geeignet ist.

Schleifböcke und Schleifgeräte

Schleifböcke und Schleifgeräte sind traditionell in der Hufbeschlagschmiede von großer Bedeutung und für den Ablauf der Arbeiten notwendig. Eine Bandschleifmaschine mit einer großen Bandlänge (ca. 2 m) ist in der stationären Schmiede für grobe Schleifarbeiten ideal (► **Abb. 1.10**). Ein langes Schleifband mit 36er- oder 40er-Körnung ist bestens geeignet, um gefahrlos Schleifarbeiten am Hufeisen durchzuführen.

Kleinere Geräte sind ebenfalls notwendig: Ein Doppelschleifer mit feinen Schleifscheiben wird für das Schleifen und Nachschleifen von stumpf gewordenen Bohrern gebraucht.

Ein weiteres Schleifgerät könnte für das Nachschleifen von Schneiden und Messern notwendig sein. Hierfür sollte man einen langsam drehenden Sandstein, der im Wasserbad läuft, zur Verfügung haben.

Schweißgeräte

Die stationäre Hufbeschlagschmiede ist heute mit 2 oder sogar 3 Schweißgeräten bestückt. Neben dem **Lichtbogenschweißgerät** (► **Abb. 1.11**) wird ein **MIG-/MAG-Gerät** (Schutzgasschweißgerät) benötigt. Mit diesen beiden Geräten sind alle im Stahl- und Gussbereich notwendigen Schweißarbeiten im Hufbeschlag durchzuführen.

Die Schweißarbeit an Aluminium gewinnt in der heutigen Zeit immer mehr an Bedeutung. Viele Werkstätten entscheiden sich aus diesem Grund für ein so genanntes **AC-/DC-WIG-Schweißgerät**, das im AC-Betrieb dazu geeignet ist, Edelstähle zu verschweißen und mit anderen Zuführmaterialien im DC-Betrieb in hervorragender Qualität Aluminium zu verschweißen (WIG = Wolfram-Inertgas-Schweißen).

In vielen Fällen ist die Anschaffung eines **Elektrodengeräts** sinnvoll, also eines Kombigeräts, das sowohl WIG-Schweißen im AC-/DC-Betrieb ermöglicht als auch Elektroden verschweißen kann. **Schweißinverter** sind kleine, handliche Geräte, die für den Hufbeschlagschmied alle Arbeiten bis zu einer Materialstärke von maximal 10 mm hervorragend bewältigen können.

► **Abb. 1.10** Bandschleifmaschine.

► **Abb. 1.11** Schweißinverter für das Lichtbogenschmelzschweißen.

Luft- oder Federhammer

Ein Hufbeschlagschmied stellt traditionell einen Großteil seines Werkzeugs (Zangen, Hilfswerkzeuge etc.) selbst her. Was zu Beginn der Industrialisierung der wasserkraftbetriebene Fallhammer war, ist heute in der modernen Hufbeschlagschmiede der Lufthammer (▶ **Abb. 1.12**). Solche pneumatischen Hämmer sind mit einer Schlagkraft von 9 bis über 200 kg erhältlich. In den meisten Schmiedewerkstätten sind Lufthämmer mit einer Schlagkraft, auch Bärgewicht genannt, von um die 35 kg zu finden. Kleinere Maschinen, die heute auch schon neu günstig zu bekommen sind, haben 9 oder 19 kg Bärgewicht, was für viele Werkzeugarbeiten auch völlig ausreicht.

Die Aufstellung der Maschinen ist etwas problematisch, da sie mit 220–250 Schlägen/min und den 35 oder mehr kg Schlagkraft doch für erhebliche Erschütterungen sorgen können. Im Normalfall muss ein vom übrigen Gebäude abgetrenntes Fundament erstellt werden, oder entsprechende Hochleistungs-Maschinenfüße aus Gummi nehmen die Schwingungen auf. Vor allem Hufbeschlagbetriebe, die sich in der Materialherstellung noch selbst aktiv betätigen, werden den Einsatz solcher maschinengestützter Schmiedearbeiten sehr zu schätzen wissen.

▶ **Abb. 1.12** Lufthammer.

Biegemaschinen

Moderne Alternativen für die Biegearbeiten an Hufbeschlägen stellen Biegemaschinen dar. Es gibt eine große Anzahl manuell betriebener Biegemaschinen (▶ **Abb. 1.13**), die z. T. mit direkten Hebeln oder mittels Übersetzung das Material biegen, bis hin zu hydraulisch betriebenen, auf den Hufbeschlag spezialisierten Biegemaschinen.

Der Vorteil von Biegemaschinen besteht v. a. in der Bearbeitung derjenigen Werkstücke oder Materialien, die man traditionell nicht erwärmt: Die Bearbeitung einiger Gussbeschläge und aller Aluminiumbeschläge ist damit deutlich einfacher.

Bei Kombibeschlägen, die einen Metallkern und eine Gummi- oder Polyurethanummantelung besitzen, ist eine Erwärmung überhaupt nicht möglich. Hier ist das Arbeiten mit einer Biegemaschine eine sinnvolle Alternative zur Arbeit am Amboss.

Die hydraulisch betriebene Biegemaschine ist mit einer Feinsteuerung versehen, so dass Richtarbeiten am Hufeisen millimetergenau ausgeführt werden können.

▶ **Abb. 1.13** Manuelle Biegemaschine.

Drehbank

Leit- und Zugspindeldrehmaschinen verformen das Material, indem sie das Werkstück drehen und das Werkzeug plan oder längs daran entlangfahren lassen. Für unzählige Reparaturarbeiten an den Gerätschaften der Hufbeschlagschmiede ist eine Drehbank für das Herstellen von Bolzen, Stollen, Dornen etc. notwendig. Aber auch für allgemeine Reparaturarbeiten an Werkzeugen ist eine Leit- und Zugspindel-Drehmaschine eine notwendige Werkstattausrüstung.

1.2 Mobil

Üblicherweise wird ein großer Teil der Hufbeschlagarbeiten nicht in der stationären Schmiede, sondern unterwegs in der mobilen Schmiede durchgeführt. Der Hufbeschlagschmied bewegt sich dazu mit seiner vollständigen mobilen Werkstatt in den Stall des Pferdebesitzers. Vom eingerichteten Kombi über den komplett ausgebauten Lieferwagen bis hin zum Anhänger (▸ **Abb. 1.14**) sind verschiedene Lösungen denkbar. Für den mobilen Hufbeschlagschmied gelten jedoch einige Forderungen des Gesetzgebers, die bei der Einrichtung und dem Betrieb der fahrbaren Werkstatt zwingend einzuhalten sind.

Der Hufbeschlagschmied ist dafür verantwortlich, dass das Kraftfahrzeug, die Ladung sowie die An- und Einbauten sich jederzeit in einem einwandfreien Zustand befinden. Dabei sind Vorgaben und Vorschriften in der jeweils aktuellen Fassung zu berücksichtigen und die mobile Schmiede ist, falls nötig, entsprechend umzubauen.

▸ **Abb. 1.14** Speziell ausgebauter Schmiedeanhänger.

1.2.1 Ladungssicherung

Unter Ladung versteht man alle Werkzeuge wie Amboss, Ofen, Schraubstock, aber auch andere Einbauten und das mitgeführte Material. Die Ladung ist vom Gewicht her gleichmäßig im Fahrzeug zu verteilen und gegen Verrutschen zu sichern. Einbauten oder allgemeine Ladung dürfen die Sicht des Fahrers nicht behindern oder einschränken. Das Fahrzeug muss für die Aufnahme des Ladeguts geeignet sein. Der Schwerpunkt der Ladung sollte möglichst tief und in der Mitte des Fahrzeugs liegen. Es ist darauf zu achten, dass sowohl das zulässige Gesamtgewicht des Fahrzeugs als auch die vorgeschriebenen Achslasten nicht überschritten werden. Auch eine Unterschreitung der Mindestlast auf der Lenkachse ist zu prüfen und zu vermeiden.

Eine sichere Ladung wird vom Gesetzgeber so definiert, dass sie bei den üblichen Verkehrsbedingungen weder ins Rutschen kommt noch zu kippen beginnt. Unter üblichen Verkehrsbedingungen sind Vollbremsungen genauso zu verstehen wie plötzliche Richtungswechsel. Die Fahrgeschwindigkeit ist immer an die aktuelle Beladungssituation anzupassen und kann deutlich unter der für die Straße aktuell erlaubten Geschwindigkeit liegen.

Ein Problem der Einbauten und der Mitnahme von Lasten im Hufbeschlagfahrzeug ist in ihrer gleichmäßigen Verteilung im Fahrzeug zu sehen. Ist die Lastverteilung nicht gleichmäßig, könnte die Zuladung des Fahrzeugs erheblich eingeschränkt sein. Es ist anzuraten, hierüber mit einem Kfz-Sachverständigen zu sprechen und Lastverteilungspläne erstellen zu lassen (Achslast und Gewichtsverteilung links-rechts).

Ein- und Umbauten sollten geplant und von Fachwerkstätten durchgeführt werden, die entscheiden können, ob zusätzliche Prallwände eingezogen oder Verstärkungen an Stirnwänden durchgeführt werden müssen. Weiterhin könnten zusätzliche feste oder bewegliche Zurrpunkte angebracht werden.

1.2.2 Elektrische Einbauten

Elektrische Einbauten müssen den Vorschriften entsprechen. Alle vom Hufbeschlagschmied mitgeführten elektrischen Geräte müssen mindestens der Schutzart „sprühwassergeschützt" entsprechen. Im Werkzeugwagen muss gegen die so genannte indirekte Berührung der spannungsführenden Teile eine Schutzisolierung (FI-Schalter oder Fehlerstromschutzeinrichtung) angebracht werden. Noch besser wäre die Schutztrennung über einen Trenntransformator. Dieser hat seinen Vorteil, wenn die Gefahr besteht, dass das Pferd durch sein Hufeisen ein elektrisches Kabel beschädigt, und sollte daher stallseits eingebaut sein.

Alle mitgeführten elektrischen Geräte müssen mit Gummileitungen versehen sein und mindestens dem Standard „spritzwassergeschützt" entsprechen. Eine erkennbare CE-Kennzeichnung muss auf den Maschinen sichtbar bleiben. Alle beweglichen Gummischlauchleitungen sollten dem Typ Gummileitung H05RN-F bzw. H07RN-F entsprechen oder gleichwertig ausgeführt sein. Stecker sollten nach DIN VDE 0620, Bauarten DIN 49440–49443 (Schuko-Steckvorrichtung) sowie Steckvorrichtungen nach DIN EN 60309 (CEE-Steckvorrichtungen) ausgeführt sein.

Viele Geräte werden mit PVC-Schlauchleitungen verkauft. Hier sollte beim Kauf darauf geachtet werden, dass dies möglichst nicht der Fall ist, oder die Leitungen sind entsprechend gegen geeignetes Material auszutauschen. Bei Einbauten in Montagefahrzeugen für den Hufbeschlagschmied ist zu empfehlen, dass Steckdosen im Fahrzeug montiert sind und ortsfeste Installationen realisiert werden. Eine zentrale Versorgung über eine Außensteckdose ist sinnvoll und ein Sicherungskasten sollte angebracht sein. An allen fest montierten elektrischen Geräten ist ein Not-Aus-Schalter anzubringen. Über einen FI-Schalter ist die gesamte 220-V-Stromanlage des Montagefahrzeugs abgesichert. Der E-Check durch einen anerkannten Elektrofachbetrieb muss 2-mal jährlich durchgeführt werden.

1.2.3 Gasanlage im Fahrzeug

Der Transport von Gasflaschen fällt unter die Kleinstmenge, da der Hufbeschlagschmied in der Regel zwei 5- oder 11-kg-Flaschen mit sich führt. Die Gefahrgutverordnung trifft daher auf den Hufbeschlagschmied nicht zu. Der Transport von Gasflaschen und die Gasofeninstallation stellen aber eine besondere Gefahr im mobilen Hufbeschlag dar.

Für den Betrieb von Flüssiggasanlagen gelten besondere Vorschriften: Die Gasflaschen dürfen in Flaschenschränken oder -kästen im Kraftfahrzeug bzw. im Montageauto des Hufbeschlagschmieds transportiert werden, zwei 11-kg-Flaschen sind dabei die Obergrenze (► **Abb. 1.15**). Da das Propan- oder Butangas bzw. das Propan-Butan-Gemisch, welches im Hufbeschlag zur Verwendung kommt, schwerer als Luft ist, müssen unterhalb der Gasflaschenaufstellung, am besten am tiefsten Punkt des Fahrzeugs, nicht verschließbare Luftöffnungen von mindestens 100 cm^2 vorhanden sein. Eine gleich große Zuluftöffnung im Dach des Autos ist ebenfalls zwingend vorgeschrieben. Die Flaschen müssen senkrecht stehen und gegen die Strahlung der Heizwärme geschützt sein. In Flaschenkästen oder -schränken dürfen sich keine elektrischen Zündquellen befinden. Die Flaschen müssen durch Halterungen unverrückbar und fest mit dem Auto verbunden sein.

Eine Empfehlung der Berufsgenossenschaft besagt, dass der aufgeschraubte Druckminderer zum Transport nicht entfernt werden muss, sehr wohl jedoch eine speziell präparierte Plastikschutzhaube auf dem Ventil aufliegen soll, die einen Freischnitt zum besseren Aufstecken auf den aufgeschraubten Druckminderer besitzt. Die Flasche muss geschlossen und der Schlauch restentleert sein.

► **Abb. 1.15** Gaskasten und Außensteckdose am Anhänger.

Um einem Brand und Explosionen vorzubeugen, muss der Schmiedeofen über einen Druckregler mit Sicherheitseinrichtung gegen Schlauchbruch sowie einen Mittel- oder Hochdruckschlauch angeschlossen werden. Die Schläuche müssen nach DIN 4815 zugelassen sein. Die Banderole am Schlauch bzw. der Aufdruck auf dem Schlauch müssen dabei erkennbar bleiben. Diese zur Verwendung kommenden Gasschläuche haben das Herstellungsdatum aufgedruckt und sind regelmäßig auszutauschen. Klemmverbindungen an den Schlauchanschlussstücken sind nicht zulässig, Verbindungen müssen Feststücke sein (▸ **Abb. 1.16**).

Ist der Ofen im Montagewagen des Hufbeschlagschmieds fest installiert, darf die Länge des Schlauches 0,5 m nicht überschreiten. Ist der Ofen im Freien aufgestellt, ist eine Schlauchlänge von 1,5 m nicht zu überschreiten. Am sichersten ist der Festeinbau mit Rohren im Fahrzeug. Verwendet man Kupferrohre, so ist der Abstand bei Gummiummantelten Halterungen maximal 0,5 m, bei Verwendung von Stahlrohren 1,0 m. Bei Kupferrohren sind Hülsen an den Quetschverbindungsstücken einzulegen. Alle Halterungen müssen mit weichen Einlagen, z. B. Gummitüllen, unterlegt sein. Jeglicher Gasgeräteanschluss sollte spannungsfrei vorgenommen werden. Direkt am Ofen muss ein Absperrhahn montiert sein.

Der Gasofen ist so aufzustellen, dass die abstrahlende Hitze den Abstellplatz der Gasflaschen nicht erwärmen kann.

Dem Hufbeschlagschmied ist dringend anzuraten, die Gasinstallation durch einen für Gas zugelassenen Fachbetrieb ausführen zu lassen, von einem Sachverständigen nach DVGW überprüfen und nach bestandener Prüfung eine Dichtigkeitskontrolle durchführen zu lassen. Die ausgestellte Prüfbescheinigung und die Prüfplakette (▸ **Abb. 1.17**) stellen einen erheblichen Sicherheitsfaktor für den Unternehmer dar. So ist sichergestellt, dass die technische Prüfung der Anlage bescheinigt ist und diese vollständig den technischen Regeln entspricht. Alle Teile der Gasanlage, wie Druckregelventile, Schläuche oder Absperreinrichtungen, altern und sind bei Bedarf regelmäßig auszutauschen. Der Betreiber ist für den täglichen sicheren Zustand der Anlagen verantwortlich.

Werden Gasflaschen im Auto transportiert und ist keine Zu- und Zwangsentlüftung im Auto eingebaut, können die Flaschen im geschlossenen Zustand fest verzurrt im Auto transportiert werden. Am Auto muss der Aufkleber „Achtung Gastransport – Türen langsam öffnen“ montiert sein.

1.2.4 Sonstige allgemeine Vorschriften

- Der Amboss muss nach den Vorgaben der Ladungssicherung im Schmiedefahrzeug sicher zu befestigen sein. Aus Gründen des Gehörschutzes ist es sinnvoll, den Amboss außerhalb des Fahrzeugs z. B. auf einer Gummiunterlage aufzustellen und nicht direkt auf einem Metallgestell aufzubauen.
- Es muss ein Feuerlöscher der Klasse ABC mit mindestens 6 kg vorhanden sein. Es ist darauf zu achten, dass der Feuerlöscher regelmäßig alle 2 Jahre neu befüllt und geprüft wird.

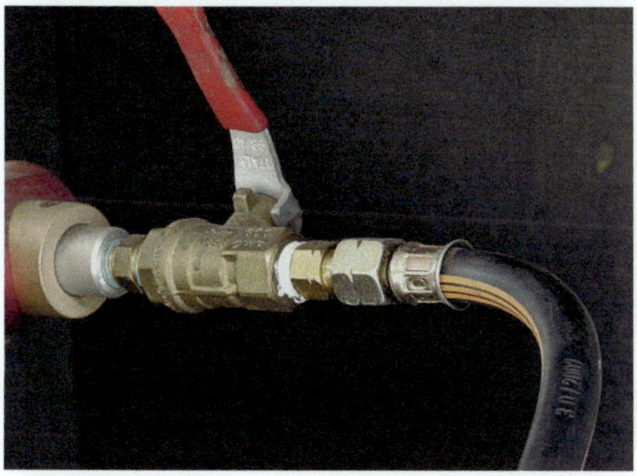

▸ **Abb. 1.16** Absperrventil und zugelassene Schlauchverbindung.

▸ **Abb. 1.17** Prüfplakette für Gasanlage.

- Ein Erste-Hilfe-Koffer, der für Kleinwerkstätten zugelassen ist, muss im Auto mitgeführt werden.
- Das mitgeführte Schweißgerät sollte – wenn Arbeiten mit erhöhter elektrischer Gefährdung durch nasse, feuchte oder heiße Arbeitsplätze möglich sind – mit der Kennzeichnung „S“ in einem viereckigen Kasten oder bei älteren Geräten mit der Kennzeichnung „K“ in einem viereckigen Kasten bzw. „42V“ in einem ovalen Kasten versehen sein. Es müssen isolierende Unterlagen und eine Schutzausrüstung verwendet werden. Liegt der Schweißarbeitsplatz im Fahrzeug, wäre eine Schweißrauchabsaugung wünschenswert. Ansonsten sollte der Schweißplatz so gewählt werden, dass eine gute Belüftung gewährleistet ist.
- Hufböcke aus Metall sind nicht empfehlenswert. Eine Empfehlung der Berufsgenossenschaft zieht Hufböcke aus splitterfreiem Kunststoff aus Sicherheitsgründen für Pferd und Mensch vor.
- Hufbeschlagwerkzeug und Kleinmaterialien müssen in Schubladen oder Kästen rutschfrei sicher gelagert sein.
- Das Kraftfahrzeug muss regelmäßig der technischen Kontrolle vorgestellt werden (TÜV/AU).

Merke
Der Unternehmer hat eine Informationspflicht und muss sich jederzeit über Veränderungen der Anforderungen informieren. Unwissenheit schützt nicht vor Strafe.

1.3 Hufbeschlagwerkzeug

Hufbeschlagwerkzeuge sind alle Spezialwerkzeuge, die in der Vergangenheit konstruiert und hergestellt wurden, um damit den praktischen Hufbeschlag durchzuführen, und Hilfsmittel, die dabei Erleichterung schaffen. Letztendlich sind es die Werkzeuge, die notwendig sind, um Hufeisen herzustellen, aufzuarbeiten oder den Hufbeschlag auszuführen (▶ **Abb. 1.18**).

1.3.1 Schmieden von Hufeisen

Zum Schmieden und zur Überarbeitung von Hufeisen sind folgende Werkzeuge notwendig:

- Hufbeschlaghammer
- Hufbeschlagzange, die in Dimension und Abmessung das Werkstück gut zu halten vermag

▶ **Abb. 1.18** Von links nach rechts: Kunststoffhammer, Schmiedehammer, Hufbeschlaghammer, Unterhauer (oben), Nietklinge, Aufbrennzirkel, Rinnhufmesser, Hauklinge, Nagelziehzange, Cutter, Hufeisenabnehmzange, Hufbeschlagzange, Clincher, Feuerzange, Hufraspel.

- Falzhammer und Lochhammer (in unterschiedlicher, nicht genormter Form erhältlich) zur passgenauen Herstellung von Falz und Loch für einen vorher ausgewählten Hufnagel
- Lochdorn zur Schaffung des Nagellochs
- verschiedene Draht- oder Stahlbürsten zur Entfernung des Zunders vom erwärmten Stahl
- Schlichthammer für die Oberflächenbearbeitung

1.3.2 Praktische Durchführung des Hufbeschlags

Regional sehr unterschiedlich kommen verschiedene Werkzeuge zum Einsatz.

Abnehmen des Eisens

Zunächst werden mit Nietklinge, Kunststoffhammer oder Holzschlegel die Nieten geöffnet, um dann mit einer Hufeisenabnehmzange unterschiedlicher Gestaltung die Hufeisen zu entfernen.

Hufzubereitung

Rinnhufmesser (► **Abb. 1.19**) werden in unterschiedlichster Ausführung – mit linken oder rechten Schneiden, einfach oder doppelt – zum Beschneiden des Hufstrahls und Ausschneiden der Sohle eingesetzt. Mit elektrisch betriebenen Fräsmaschinen (► **Abb. 1.19**), Hauklinge und Schlegel, Scheren oder Hornschneidezangen wird der Tragrand gekürzt. Die Glättarbeit wird mit Hufraspeln mit feinem oder grobem Hieb, gehauen oder gefräst, durchgeführt.

Aufrichten

Das warme Eisen wird in der Feuerzange fixiert und am Huf mit Hilfe des Aufbrennzirkels aufgerichtet.

Aufnageln

Für das Aufnageln werden unterschiedliche Hufbeschlaghämmer – in amerikanischer oder deutscher Form – genutzt. Einzelne Nägel werden mit der Nagelziehzange gezogen und entfernt.

Vernieten

Das Unterhauen der Niete erfolgt mit einem doppelseitigen Unterhauer (für die Bearbeitung des Hinterhufs im aufgehobenen Zustand), einem Unterhauer in Bleistiftform oder einem einseitigen Unterhauer. Der Nietvorgang wird entweder mit Hufbeschlaghammer und Hufbeschlagzange oder mit Hufbeschlagzange und „Clincher" (engl. Bezeichnung für Nietzange) ausgeführt.

1.3.3 Hilfswerkzeug

Das wichtigste Hilfswerkzeug des Hufbeschlagschmieds ist der Hufbock (► **Abb. 1.20**). Gemäß der Empfehlung der Berufsgenossenschaft sollten Hufböcke aus splitterfreiem Kunststoff hergestellt sein. Der erweiterte Hufbock verfügt zusätzlich über eine Liegeschale, in der das aufgehobene Bein abgelegt werden kann. So wird die Arbeit ohne Aufhalter vereinfacht.

Als Hilfsmittel für den Hufbeschlagschmied, der mit Aufhalter arbeitet, ist der Aufhalteriemen zu nennen.

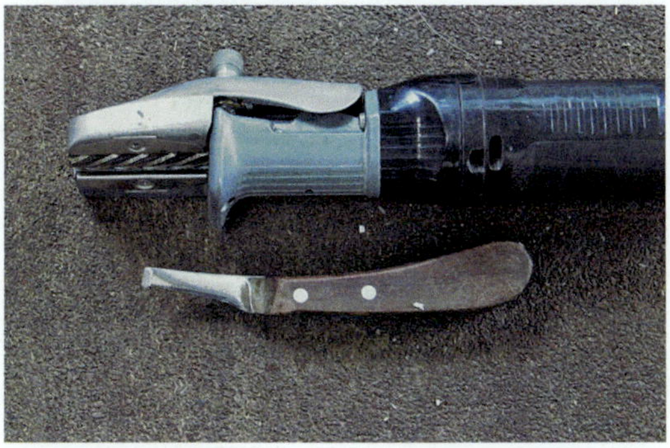

► **Abb. 1.19** Hufmesser und elektrische Hufräsmaschine.

► **Abb. 1.20** Unterschiedliche Modelle von Hufböcken.

2 Werkstoffe

Burkhard Rau

2.1 Einteilung

Werkstoffe werden eingeteilt in Metalle, Nichtmetalle und Verbundwerkstoffe (▸ **Abb. 2.1**).

2.1.1 Metalle

Bei den Metallen unterscheidet man Eisenwerkstoffe und Nichteisenwerkstoffe.

Eisenwerkstoffe sind die Eisengusswerkstoffe sowie die Stähle. Diese beiden unterscheiden sich in ihren Eigenschaften, aber v. a. im Kohlenstoffgehalt:

- Eisengusswerkstoffe bestehen zu mehr als 2,06 % aus Kohlenstoff. Typische Vertreter sind Grauguss, Temperguss oder Sphäroguss.
- Stähle bestehen meist zu deutlich weniger als 2,06 % aus Kohlenstoff. Man unterscheidet Baustähle und Werkzeugstähle. Hufeisen werden aus Stahl gefertigt.

Nichteisenmetalle (NE-Metalle) unterteilt man in:

- Schwermetalle mit einer Dichte > 5 g/cm³, z. B. Kupfer, Blei, Zink
- Leichtmetalle mit einer Dichte < 5 g/cm³, z. B. Aluminium, Titan, Magnesium

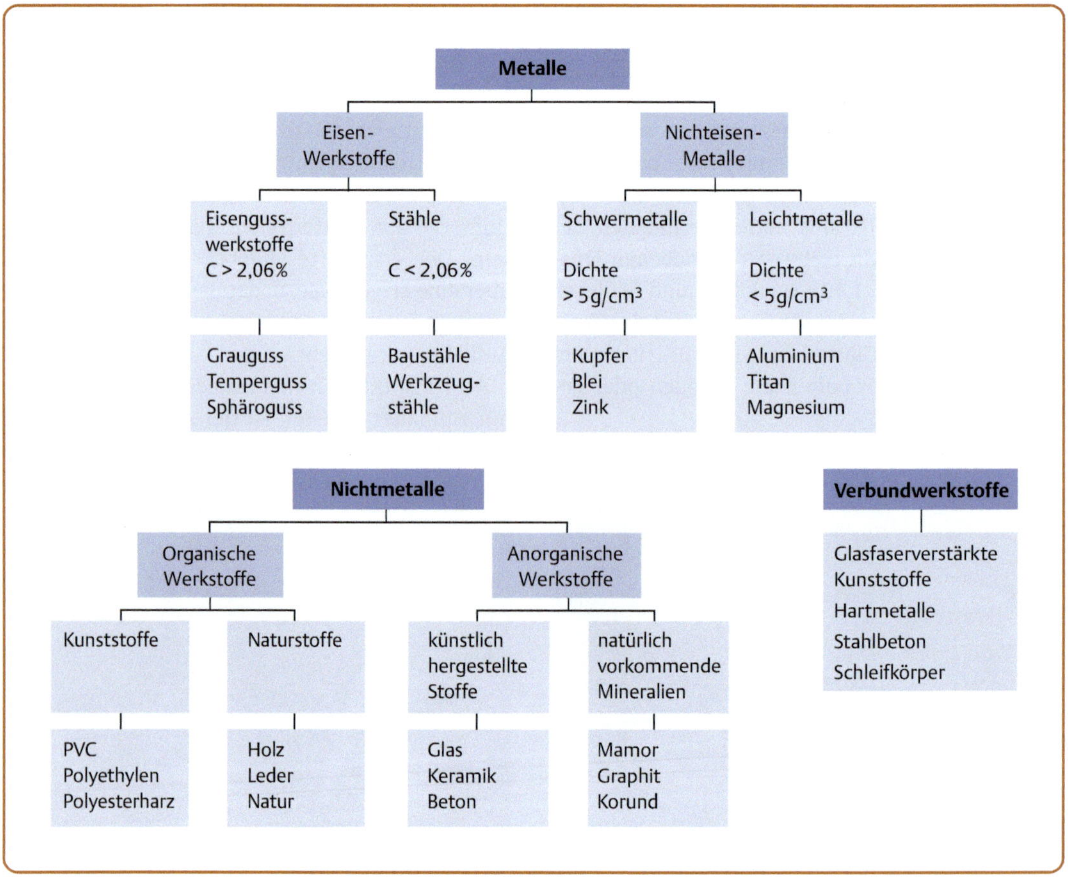

▸ **Abb. 2.1** Übersicht der Werkstoffe. C = Kohlenstoff.

2.1.2 Nichtmetalle

Bei den Nichtmetallen unterscheidet man organische und anorganische Werkstoffe.

Organische Werkstoffe sind:

- Kunststoffe wie PVC, Polyurethan oder Polyethylen
- Naturstoffe wie Holz, Leder oder Naturgummi

Anorganische, nicht-metallische Werkstoffe werden eingeteilt in:

- künstlich hergestellte Stoffe wie Glas, Keramik oder Beton
- natürlich vorkommende Mineralien wie Marmor, Graphit oder Korund

2.1.3 Verbundwerkstoffe

Bei den Verbundwerkstoffen wurden 2 oder mehrere Einzelstoffe zu einem neuen Werkstoff zusammengefügt. Beispiele sind glasfaserverstärkte Kunststoffe, Hartmetalle oder Schleifkörper. Diese Stoffe finden in der Technik eine breite Verwendung.

2.2 Schmiedeeisen und Stahl

2.2.1 Eigenschaften

Eisen- und Stahlwerkstoffe werden nach den unterschiedlichsten **physikalischen Eigenschaften** wie Dichte, Schmelzpunkt, Leitfähigkeit für Wärme und Elektrizität, Magnetisierbarkeit oder der thermischen Längenausdehnung unterschieden.

Auch **mechanisch-technische Eigenschaften** spielen eine Rolle: Zähigkeit, Sprödigkeit, Elastizität, Härte oder Zugfestigkeit sind wie die Warmfestigkeit die wichtigsten Unterscheidungsmerkmale.

Definition

- **Zugfestigkeit:** die größtmögliche mechanische Spannung, die ein Werkstoff aushält, ohne zu Bruch zu gehen
- **Härte:** derjenige Widerstand, den ein Werkstoff einem harten Prüfkörper entgegensetzt
- **Elastizität:** Fähigkeit eines Werkstoffs, nach einer Verformung in den Ursprungszustand zurückzugelangen
- **Plastische Verformung:** bleibende Formveränderung eines Werkstoffs unter Krafteinwirkung
- **Sprödigkeit:** Widerstand eines Werkstoffes gegen Verformung, der Werkstoff zerspringt bei plötzlicher Beanspruchung
- **Zähigkeit:** Fähigkeit eines Werkstoffs, der plastischen Verformung zu widerstehen
- **Warmfestigkeit:** Festigkeit eines Werkstoffs bei erhöhten Temperaturen

Werkstoffe können stattdessen auch nach ihren **chemisch-technischen Eigenschaften** wie der Korrosionsbeständigkeit, der Hitzebeständigkeit oder der Brennbarkeit unterschieden werden.

Für den Hufbeschlag ist vor allem interessant, ob der Stahl schmiedbar, härtbar und/oder schweißbar ist:

Definition

- **Schmiedbarkeit:** Schmieden ist das Verformen des Werkstoffs bei höheren Temperaturen. Schmiedbar sind viele Stähle sowie Aluminiumknetlegierungen und Kupferlegierungen. Die Schmiedbarkeit eines Stahles steigt mit sinkendem Kohlenstoffgehalt. Die Baustähle, die für die Herstellung von Hufeisen verwendet werden (z. B. S 185, früher ST 33 oder ST 37, S 235 JR), sind mit einem Kohlenstoffgehalt von 0,17 % oder darunter für das Schmieden hervorragend geeignet.
- **Härtbarkeit:** Härtbare Stähle haben die Eigenschaft, durch Wärmebehandlung eine wesentliche Erhöhung der Härte zu erfahren. Härtbar sind bestimmte Stahlsorten und Aluminiumlegierungen.
- **Schweißbarkeit:** Schweißen ist ein Fügeverfahren für Werkstoffe, die schmelzbar sind. Alle unlegierten und legierten Stähle mit geringem Kohlenstoffgehalt, Aluminium- und Kupferlegierungen sowie einige Kunststoffe sind schweißbar.

2.2.2 Herstellung

Stahl wird aus Eisenerz gewonnen (► **Abb. 2.2**). Erze, die Rohstoffe für die Metallgewinnung, sind chemische Verbindungen mit metallischen Elementen. Meistens sind in Erzen Metalle mit Sauerstoff (Oxide) oder mit Schwefel (Sulfide) gebunden. Zur Metallgewinnung muss dem Erz der Sauerstoff oder der Schwefel entzogen werden (chemisch: Reduktion).

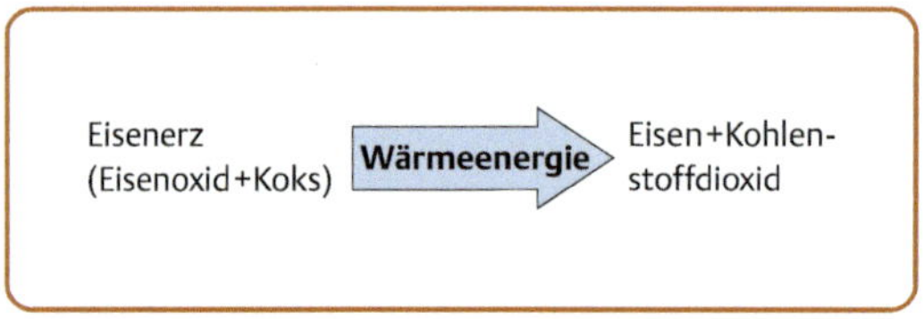

▶ **Abb. 2.2** Durch Wärmeenergie wird Eisen aus Eisenerz gewonnen.

Die Roheisengewinnung erfolgt im Hochofen. Der chemische Prozess der Reduktion macht dort aus dem Eisenerz (Fe_3O_4 oder Fe_2O_3) Roheisen, den so genannten festen Eisenschwamm. Dieser ist schon ein sehr reines Eisen, technisch aber nicht verwertbar. Der Eisenschwamm oder das Roheisen besteht zu 90% aus Eisen, zu 4% aus Kohlenstoff sowie zu wenigen Prozenten aus Mangan, Silicium und Phosphor mit geringen Anteilen von Schwefel. Aus dem Roheisen wird nun durch die Verminderung der Eisenbegleiter Stahl hergestellt. Stahl ist je nach seinem Kohlenstoffgehalt leicht umformbar bis hart sowie schmiedbar und härtbar.

Die Verminderung der Eisenbegleiter erfolgt durch Verbrennen. Hierzu wird meist Sauerstoff verwendet, in der Metallfachsprache nennt man diesen Vorgang „Frischen“. Sauerstoff wird im Hochofen in die flüssige Phase eingeblasen. Der so hergestellte Stahl wird nun vergossen oder als Halbzeug in die weitere Fabrikation zum Warmwalzen, Kaltwalzen, Rohrwalzen oder Ziehen gebracht. Die fertigen Stahlerzeugnisse sind Profilstähle oder Stabstähle, Bleche oder Rohre.

2.2.3 Einteilung

Stähle werden unterschieden in:

- unlegierte Stähle
- nicht rostende Stähle
- andere legierte Stähle

Unlegierte Baustähle sind die 1. Wahl für alle Schmiedearbeiten (▶ **Tab. 2.1**). Aus dieser Gruppe sind Maschinenbaustähle als Wälz-, Lager- oder Federstähle mit 0,1–4% Kohlenstoff oder auch legierte Werkzeugstähle (▶ **Tab. 2.2**) mit 0,3 bis über 2% Kohlenstoff für die Werkzeugherstellung im Hufbeschlag geeignet.

▶ **Tab. 2.1** Unlegierte Baustähle für warmgewalzte Erzeugnisse (Auswahl).

Kurzbezeichnung nach DIN EN 10 025	Frühere Bezeichnung nach DIN 17 100	Werkstoffnummer	Kohlenstoffgehalt (%)	Zugfestigkeit R_m (N/ mm²)	Streckgrenze* R_2 (N/ mm²)	Bruchdehnung** A (%)
S 185	St 33	1.0035	–	ca. 290	ca. 175	10–18
S 235JR	St 37-2	1.0037	0,17	330–470	195–235	17–24
S 275JR	St 44-2	1.0044	0,21	410–540	235–275	14–22
S 355J2G3	St 52-3 N	1.0570	0,20	490–630	315–355	14–22

* Die Streckgrenze gibt den Wert der bleibenden Verlängerung nach Bruch der Probe an.
** Die Bruchdehnung ist der Wert, bei dem sich durch Zugbeanspruchung noch keine plastische Verformung einstellt.

▶ **Tab. 2.2** Einfluss der Legierungselemente auf die Eigenschaften der Stähle.

Festigkeit und Härte	Umformbarkeit Dehnbarkeit	Schweißeignung Spanbarkeit	Korrosionsbeständigkeit
steigt durch einen höheren Kohlenstoffgehalt und Legierungselemente	sinkt bei steigendem Kohlenstoffgehalt und Zugabe anderer Elemente	sinkt bei steigendem Kohlenstoffgehalt	steigt vor allem durch Legierung mit Chrom und Nickel

2.3 Aluminium

2.3.1 Eigenschaften

Steckbrief

Eigenschaften von Aluminium

- Dichte: 2,7 g/cm³ (nur ein Drittel der Dichte des Stahls)
- Schmelztemperatur: 658 °C
- als Aluminiumknetlegierung mit 4,5 % Zink und 1 % Magnesium im Hufbeschlag üblich
- Schmiedetemperatur: ca. 500 °C

Aluminium ist ein silberhell glänzendes Leichtmetall, das eine dünne, jedoch sehr feste Oxidschicht an seiner Außenhaut bildet. Es ist recht korrosionsbeständig. Seine Zugfestigkeit ist geringer als bei Stahlwerkstoffen, die Verschleißfestigkeit ebenfalls herabgesetzt.

Durch Aluminiumlegierungen können die mechanischen Eigenschaften deutlich verbessert werden. Die Zugfestigkeit steigt erheblich (450 N/cm²). Durch Legierung können außerdem Aluminiumknetlegierungen entstehen.

Aluminiumwerkstoffe eignen sich hervorragend zum Schmieden. Spanabnehmende Verfahren wie Bohren oder Drehen geschehen bei hohen Schnittgeschwindigkeiten. Aluminium lässt sich mit verschiedenen Verfahren hervorragend schweißen.

Die Knetlegierung EN AW-AlMgSi mit Legierungsanteilen aus Magnesium und Silicium ist aushärtbar. Es handelt sich um einen Standardwerkstoff für Aluminiumprofile, neben Fenstern und Türrahmen werden auch Hufeisen aus diesem Material gefertigt.

Auch Aluminiumgusslegierungen sind aushärtbar. Aluminium-Silicium-Legierungen lassen sich gut gießen und sind korrosionsbeständig. Komplizierte Hufeisenformen können so gegossen werden.

2.3.2 Aushärten von Aluminiumlegierungen

Das Aushärten von Aluminiumlegierungen steigert die Festigkeit des Werkstoffs. Es erfolgt in 3 Arbeitsgängen: Nach dem Glühen bei 500 °C wird das Material mit Wasser abgeschreckt und ausgelagert.

2.4 Kunststoffe

Definition

Kunststoffe sind Stoffe, wie sie so in der Natur nicht vorkommen. Die meisten Kunststoffe werden aus den Hauptrohstoffen Erdöl und Erdgas gewonnen und durch Synthese aus organischen Stoffen wie Kohlenstoff oder Siliciumverbindungen hergestellt.

2.4.1 Herstellung

Bei der Herstellung der Kunststoffe werden im 1. Herstellungsschritt aus den Rohstoffen monomere Vorprodukte. Die Monomere werden im 2. Herstellungsschritt zusammengefügt und es entstehen große Makromoleküle (Riesenmoleküle), die man Polymere nennt. Dieses Herstellen der Polymere (Polymerisation) geschieht chemisch durch Polyaddition oder Polykondensation.

2.4.2 Einteilung

Die Einteilung der Kunststoffe ist in ▸ **Abb. 2.3** dargestellt. Kunststoffe werden nach dem inneren Aufbau und dem Verhalten bei Erwärmung in verschiedene Gruppen unterteilt:

- Thermoplaste
- Duroplaste
- Elastomere

Thermoplaste

Thermoplastische Kunststoffe lassen sich durch Erwärmung erweichen und sind in diesem Zustand umformbar sowie schweißbar. Thermoplaste bestehen aus fadenförmigen Makromolekülen, die nicht vernetzt sind. Bei Raumtemperatur sind die Thermoplaste fest und hart. Bei Erwärmung auf über 100 C werden sie leicht verformbar. Weitere Erwärmung führt zum teigigen oder sogar flüssigen Zustand. Nach Abkühlung sind die ursprüngliche Härte und Festigkeit meist unvermindert. Typische Thermoplaste sind Polyethylen (PE), Polypropylen (PP) und Polyvinylchlorid (PVC).

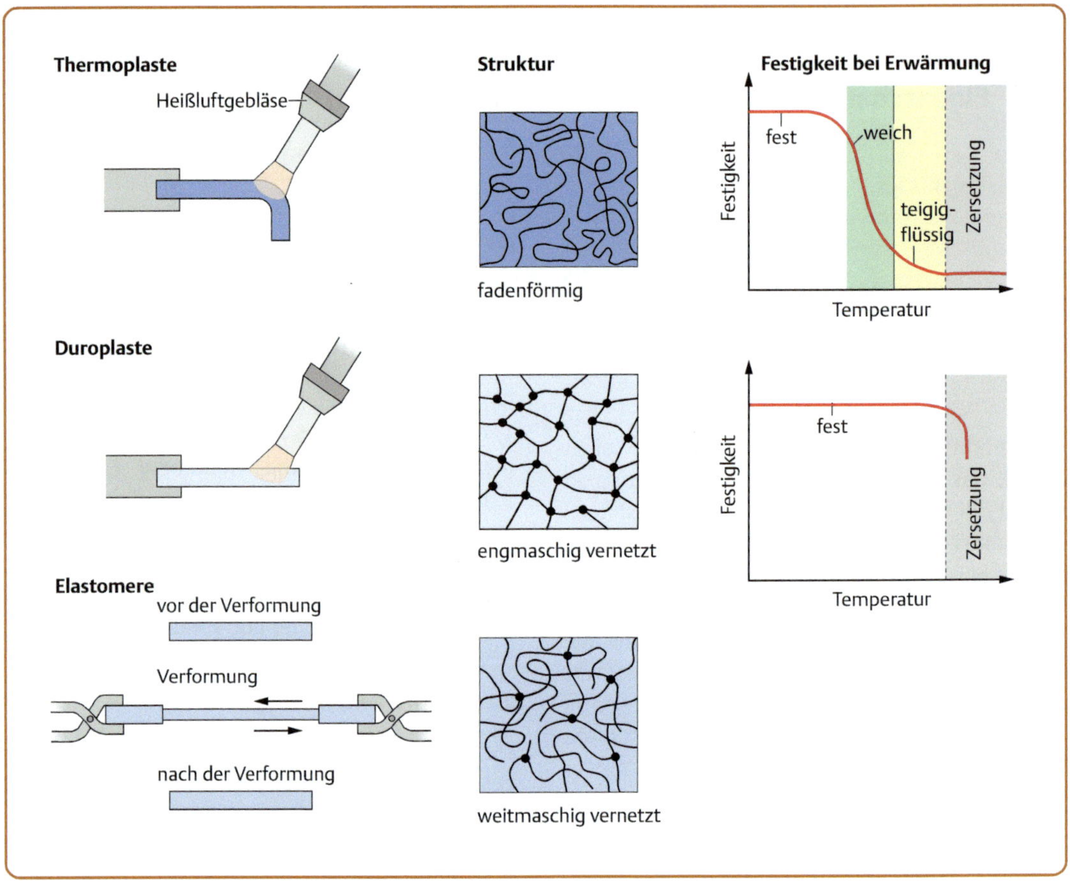

► **Abb. 2.3** Einteilung der Kunststoffe nach innerem Aufbau und Verhalten bei Erwärmung.

Duroplaste

Duroplaste werden durch Wärmeeinwirkung nicht weich, sind nicht verformbar und daher auch nicht schweißbar. Sie bestehen aus engmaschig vernetzten Makromolekülen und sind bei Raumtemperatur fest und hart. Nur eine geringgradige Verformbarkeit ist erreichbar. Typische Vertreter der Duroplaste sind Polyesterharz, Epoxidharz und Polyurethanharz.

Polyurethane (PU, PUR)

Polyurethane haben in der Hufbeschlagtechnik eine große Bedeutung. Es handelt sich um duroplastische Kunststoffe oder Kunstharze, die durch Polyaddition entstehen (► **Abb. 2.4**). Polyurethan findet man in der Technik als Polyurethanlack, als Beschichtung oder Klebstoff. Vergussmassen sind aus Polyurethan, wie auch viele Schaumstoffe.

► **Abb. 2.4** Zweikomponenten-PU-Kleber in Doppelkartusche mit Auspresspistole und Mischrohr.

Wenn Polyurethanwerkstoffe aus 2 Komponenten zur Aushärtung zusammengebracht werden, sind immer Isocyanate mit im Spiel – Stoffe, die Allergien auslösen können und im Verdacht stehen, Krebs zu verursachen. Sind die Monomere vollständig in langen Ketten gebunden, ist die gesundheitliche Gefährdung in der Regel vorbei. Während der Reaktionszeit ist das Einatmen der bei Raumtemperatur entstehenden Ausdünstungen unbedingt zu verhindern. Richtlinien und Merkblätter für den sicheren Umgang mit Polyurethanrohstoffen oder -werkstoffen können und müssen bei den Herstellern oder der ISOPA angefordert werden.

Als Zweikomponentensystem sind Polyurethanwerkstoffe als Kunsthorn oder als Polstermasse für den Hufbeschlagschmied erhältlich. Diese Produkte können im Shore-A- oder Shore-D-Bereich angesiedelte Härtegrade haben (Shore A: Härteprüfung nach Shore für Elastomere; Shore D: Härteprüfung nach Shore für C-Elastomere; Shore A und Shore D für C-Elastomere).

Polyurethane werden durch die gute Verarbeitungsmöglichkeit im Spritzgussverfahren oder in der Verwendung als Vergussmassen für die Herstellung vieler innovativer Hufschutzmaterialien verwendet (Kunststoffbeschläge).

Elastomere

Elastomere sind gummielastische Kunststoffe, die auch Elaste genannt werden. Sie haben weitmaschig vernetzte Makromoleküle und können sich unter Umständen um viele 100 % dehnen lassen und nehmen ihre Ursprungsform wieder ein. Typische Vertreter sind:

- Synthesekautschukprodukte
- Silikonkautschukprodukte (SIR) sind als Hufpolster im Hufbeschlag von großer Bedeutung.

2.5 Klebstoffe

2.5.1 Eigenschaften einer Klebeverbindung

Bei einer Klebung werden 2 Bauteile schlüssig und unlösbar miteinander verbunden. Es wirken Kohäsionskräfte zwischen den Klebeteilchen und Adhäsionskräfte zwischen Klebstoff und Werkstoff. Die Festigkeit einer Klebestelle ist vom verwendeten Kleber sowie von der Beschaffenheit der Klebeflächen und vom zu klebenden Werkstoff abhängig. Auch sind Klebestellen nicht in alle Richtungen gleich gut belastbar.

2.5.2 Herstellung einer Klebeverbindung

Für eine gute Klebung ist in jedem Fall für eine große Klebefläche zu sorgen. Eine große Fläche muss fettfrei sein (Entfettungsmittel nur nach Beipackzettel des Klebstoffs verwenden!). Die Klebearbeiten dürfen nur im Freien oder bei guter Belüftung, mit Handschuhen und idealerweise bei Raumtemperatur durchgeführt werden.

2.5.3 Einteilung

Chemisch härtende Klebstoffe

Im Hufbeschlag sind chemisch härtende Klebstoffe von großer Bedeutung. Sie werden auch **Reaktionsklebstoffe** genannt, weil sie durch chemische Reaktion der Komponenten miteinander härten. Man unterscheidet dabei:

- Polymerisationsklebstoffe, z. B. Cyanacrylatklebstoffe (Sekundenkleber)
- Polykondensationsklebstoffe, z. B. Silikonklebstoffe, wie sie als Polster im Hufbeschlag Verwendung finden
- Polyadditionsklebstoffe, z. B. Polyurethanklebstoffe oder Epoxidharzklebstoffe

Die Verarbeitung richtet sich danach, ob es sich um einen Ein- oder Zweikomponentenkleber handelt:

- **Einkomponentenkleber** auf PU-Basis härten durch Wärme und/oder Druck aus. Sie spielen im Hufbeschlag keine Rolle, da die Aushärtzeit zu lange ist.
- Bei den **Zweikomponentenklebern** (2-K-Klebstoffe) werden die beiden räumlich getrennten Monomere zusammengebracht, und es entstehen Polymere. In einer der beiden Komponenten befindet sich der so genannte Binder, während der andere Bestandteil des 2-K-Klebers den Härter enthält. Bei 2-K-Klebern ist die Mischung im korrekten Verhältnis besonders wichtig (► **Abb. 2.4**). Die Verarbeitungszeit (Tropfzeit) von 2-K-Klebern ist in vielen Fällen sehr kurz.

Nach der Reaktionszeit ist eine Verarbeitung nicht mehr möglich. Die Reaktionszeit ist über die Temperatur zu beeinflussen (s. Beipackzettel). Je höher die Temperatur der Komponenten ist, desto schneller reagieren die Stoffe miteinander. Die höhere Temperatur kann auch zu einer höheren Festigkeit des fertigen Klebers führen. Niedrige Temperaturen verlangsamen die Reaktion.

Cyanacrylat-Klebstoffe

Cyanacrylat-Klebstoffe (Sekundenkleber) sind meist dünnflüssig und werden im Hufbeschlag zum Anbringen von Hufschuhen mittels Klebelaschen oder zum Befestigen von „Pflastern" zur Versorgung von Hornspalten verwendet. Dieser dünnflüssige Sekundenkleber ist beim Auftragen ein Monomer und kommt unter Einfluss der Luftfeuchtigkeit zu seiner Reaktion, dabei bildet er Polymerketten.

Polyurethan-(PU-)Klebstoffe

Der im Hufbeschlag wichtigste Klebstoff ist der Polyurethan-(PU-)Klebstoff (▶ **Abb. 2.4**). Er kann als Ein- oder Zweikomponentenkleber erhältlich sein, reagiert durch Polykondensation oder Polyaddition und härtet aus. Bei der Verwendung von Polyurethan-Klebstoffen bestehen vor allem durch den Bestandteil Isocyanat gesundheitliche Risiken, so dass die Angaben des Herstellers bei der Anwendung genau beachtet werden müssen. Für eine gute Abluft und Durchlüftung ist zu sorgen, besser ist eine Verarbeitung im Freien.

Strahlenhärtende Klebstoffe

Strahlenhärtende Klebstoffe (z. B. Härtung durch Bestrahlung mit UV-Licht) wurden in der Hufbeschlagtechnik mehrfach getestet und verwendet, konnten sich jedoch nicht durchsetzen.

2.6 Brennstoffe und Energieträger

In der Hufbeschlagschmiede kommen grundsätzlich nur 3 Brennstoffe bzw. Energieträger zum Einsatz:

- Schmiedekohle
- Erdgas
- Flüssiggas (Propan/Butan)

2.6.1 Schmiedekohle

Die üblicherweise verwendete Schmiedekohle ist eine Steinkohle. Durch ihre besondere Beschaffenheit wird sie „Fettkohle" genannt. Die Größe der Kohlestücke wird als „Nussgröße" bezeichnet. Für das Schmieden ideal ist die Nussgröße 3–4.

Die Fettkohle sollte schwarzblau glänzen und von gleichmäßiger Nussgröße sein. Sie darf keine Verunreinigungen oder Steine enthalten. Der Begriff „Fettkohle" besagt, dass die für das Schmieden geeignete Kohle reich an Teerstoffen ist. Auch ist die zum Schmieden verwendete Kohle meist stark schwefelhaltig, was zu Beginn des Anfeuerungsprozesses an der starken Gelbverfärbung des Rauches erkennbar ist. Der hohe Gehalt an Teerstoffen in der Kohle bewirkt ihre gute Backfähigkeit. Das Ablöschen lässt den Teer erstarren und verbackt die Kohlestücke miteinander. Die unter der starren Schicht abgeschlossene Kohle erreicht so eine bessere und höhere Hitze. Der Hufbeschlagschmied spricht vom „Zusammenhalten" des Feuers.

Im Schmiedefeuer, das mit Kohle betrieben wird, dringen in geringem Maße auch Kohlenstoffe in die Außenschicht des Stahles sein, was man als „Aufkohlen" bezeichnet. Zudem wird diskutiert, ob Stähle, die im Kohlefeuer erhitzt und bearbeitet wurden, eine „natürliche" und etwas bessere Korrosionsbeständigkeit besitzen. Beides spielt für den Hufbeschlag eine untergeordnete Rolle. Sicher ist jedoch, dass der Abbrand (Zunderschicht) von Stahl, der im Kohlefeuer erhitzt wird, geringgradig weniger ist als nach Erhitzung in anderen Energieträgern. Die Steinkohle ist unter den in der Schmiede verwendeten Energieträgern der energiereichste Stoff. Entsprechend lässt sie sich auf höhere Erwärmungstemperaturen bringen, als das bei anderen Energieträgern der Fall ist.

2.6.2 Erdgas

In modernen Schmieden werden Schmiedeherde eingesetzt, die mit einem Gemisch aus Erdgas und Luftsauerstoff Keramiksteine erwärmen und somit Stahl erhitzen können. Auch bei der Verwendung von Gasherden ist das Erreichen der Weißglut des Stahls möglich.

2.6.3 Flüssiggas

Flüssiggas hat im gasförmigen Aggregatzustand eine höhere Dichte als Luft. Es wird unter Druck transportiert und gelagert. Der Druck in den Flaschen beträgt ca. 8 bar. Wenn das flüssige Propan-Butan-Gemisch verdampft und gasförmig wird, nimmt das Volumen um das 260-fache zu. Da gleichzeitig die Dichte des Propangases gegenüber dem Flüssiggas stark abnimmt, sammelt sich das Gas im oberen Teil der Gasflasche. Das über das Sicherheitsventil (Druckminderer) entnommene Gas verbrennt dann kontrolliert im Schmiedeofen. Niemals die Gasflasche liegend an den Schmiedeofen anschließen und betreiben. Dabei kann die flüssige Phase des Propan/Butangemisches austreten und zu einer explosionsartigen Verbrennung führen.

Beim Umgang mit Flüssiggas ist für eine gute Belüftung zu sorgen, da Propan/Butan schwerer als Luft ist und sich in Räumen ansammeln kann.

Der moderne Hufbeschlagschmied verwendet in seiner mobilen Werkstatt heute fast ausschließlich ein Propan-Butan-Gasgemisch (oder reines Propangas) in Verbindung mit Hufeisenerhitzungsgeräten.

Propan

Propan (C_3H_8) ist das im Hufbeschlag üblicherweise verwendete Gas. Es ist leicht brennbar und bildet mit Luft ein explosionsfähiges Gemisch. Die Explosionsgrenze liegt bei einem Mischungsverhältnis von ca. 11 Vol.% Luft. Der Siedepunkt von Propan liegt bei ca. –42 °C.

Butan

Der Siedepunkt von Butan liegt bei 0,5 °C. Obwohl Butan einen höheren Brennwert als Propan besitzt, spielt es als reines Brenngas durch den geringen Siedepunkt keine Rolle und wird nur als Mischgas mit Propan verwendet.

2.7 Hilfsstoffe

In der modernen Hufbeschlagschmiede kommen unterschiedliche Hilfsstoffe zur Verwendung. Dabei handelt es sich um Öle oder Emulsionen, wie sie für schneidende Vorgänge in der Metallwerkstatt notwendig sind:

- Bohrölemulsion wird beim Bohren verwendet, um das Werkzeug zu kühlen und den Bohrvorgang durch Schmieren zu erleichtern.
- Schneidöle werden bei der Herstellung von Gewinden benötigt.

2.8 Verfahren zur Be- und Verarbeitung von Werkstoffen

In der Hufbeschlagschmiede müssen unterschiedliche Materialien wie Stahl und Kunststoff be- und verarbeitet werden: Sie werden verändert, getrennt, gefügt oder verformt.

2.8.1 Trennverfahren

Definition

Trennen bedeutet, dass die Form des Fertigteils im Rohteil schon enthalten ist. Das Überflüssige wird entfernt.

Trennverfahren sind für den Hufbeschlagschmied von großer Bedeutung. Er zerteilt durch Schneiden, Lochen, Recken oder Reißen und spant durch spanabnehmende Verfahren wie Sägen, Bohren oder Feilen.

Bei allen trennenden Verfahren wird ein Werkzeug benötigt, das eine Schneide besitzt, um den Werkstoff abzutragen. Die Grundform des mechanischen Trennwerkzeugs ist der **Keil**. Allgemein gilt, dass die Werkstoffschneide härter sein muss als der Werkstoff des Werkstücks, welches es zu trennen gilt.

Zerteilen

Definition

Das Zerteilen ist ein Trennverfahren, bei dem das Ergebnis durch spanloses Trennen erreicht wird.

Beim Zerteilen unterscheidet man Keilschneiden und Scherschneiden.

Keilschneiden

Das Keilschneiden kann einschneidig, wie mit dem Meißel oder dem Abschroter, oder zweischneidig, wie mit der Hufbeschlagzange, erfolgen. Der Keil dringt in das Werkstück ein und bildet einen Wulst (► **Abb. 2.5**). Durch weitere Schläge oder

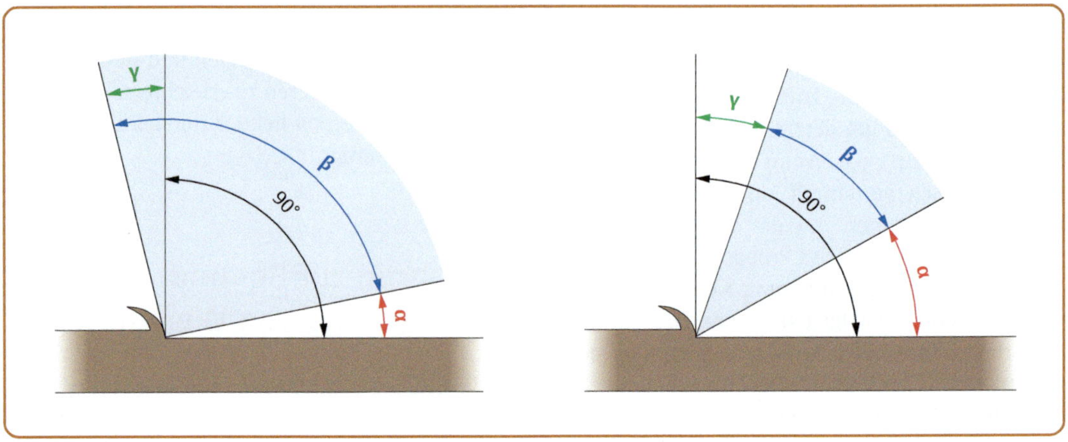

▸ **Abb. 2.5** Verschiedene Schneidkeile. Links: schabende Wirkung: $\alpha + \beta + \gamma > 90°$. Rechts: schneidende Wirkung: $\alpha + \beta + \gamma = 90°$. α = Freiwinkel; β = Keilwinkel; γ = Spanwinkel.

weiteren Druck kommt es zur Rissbildung und schließlich zum Bruch. Je härter der Werkstoff ist, desto größer muss der Keilwinkel gewählt sein; je weicher der Werkstoff, desto kleiner der Keilwinkel. So liegt der Keilwinkel für den Kaltabschroter bei ca. 60° und beim Meißel für Werkstoffe aus Aluminium bei ca. 35°.

Scherschneiden

Das Scherschneiden wie mit der Blechschere (▸ **Abb. 2.6**) oder der Hebelschere (▸ **Abb. 2.7**) funktioniert grundsätzlich nach den gleichen Prinzipien: Eindringen, Verformen und Schneiden, bis schließlich der Bruch entsteht. Die Kraft, die zum Bruch der zu trennenden Stellen führt, ergibt sich aus dem Hebelgesetz. Die kurzen Schneideflächen werden über einen langen Hebel angetrieben.

Spanverfahren

Definition

Beim Spanen werden Werkstoffteilchen vom Werkstück abgetragen. Dies kann mit einer geometrisch bestimmten oder einer geometrisch unbestimmten Schneide erfolgen.

▸ **Abb. 2.6** Blechschere.

▸ **Abb. 2.7** Hebelschere.

Spanen mit geometrisch bestimmter Schneidenform

Bei den Spanverfahren mit geometrisch bestimmter Schneidenform unterscheidet man:

- Freiwinkel α
- Keilwinkel β
- Spanwinkel γ

$$\alpha + \beta + \gamma = 90^\circ$$

Ist dies gegeben, spricht man von einer **schneidenden Wirkung**. Ist dagegen der gesamte Schnittwinkel größer als 90°, wird der Spanwinkel negativ, und es ergibt sich eine **schabende Wirkung**. Letztere ist bei der Feinbearbeitung eines Materials erwünscht.

Für den Hufbeschlagschmied sind folgende Spanverfahren wichtig:

- Meißeln
- Sägen
- Feilen
- Schaben
- Drehen
- Bohren
- Senken
- Gewindeschneiden

Meißeln

Meißeln ist das Arbeiten mit einem Schneidkeil, wobei die Energie durch einen Hammer auf das Werkzeug übertragen wird.

Sägen

Beim Sägen sind vielzahnige Werkzeuge (viele Schneidkeile hintereinander) von geringer Schnittbreite mit geometrisch bestimmten Schneiden im Einsatz. Es kann **rund** gesägt werden wie mit dem Sägeblatt (▶ **Abb. 2.8**) oder **gerade** auf einer Ebene wie mit der Bügelsäge. Ein oder mehrere Schneidkeile können gleichzeitig benutzt werden. Je härter der Werkstoff, desto kleiner sind die Zähne und ist die Zahnteilung. Je weicher der Werkstoff, desto mehr Platz braucht man zum Abtransport des Spans, und desto größer werden die Zähne. Sägeblätter wie auch Bügelsägen sind nicht gerade, sondern ihre Zähne sind verschränkt. Dies ist notwendig, damit ein Freischneiden möglich ist und ein Festsitzen der Säge vermieden wird.

Feilen/Raspeln

Feilen bestehen aus vielen neben- und hintereinander liegenden Schneidkeilen, die durch oft wiederholte und geringgradige Schnittbewegungen Material abtrennen. Bei Feilen nach E 250/2 DIN 7261 unterscheidet man Feilenblatt, Angel und Feilenheft.

Feilen können **gefräst** oder **gehauen** (mit einem Aufhaumeißel hergestellt) sein. Gehauene Feilen haben einen negativen Spanwinkel und entwickeln eine schabende Wirkung. In der Praxis spricht man nicht von den Zähnen der Feile, sondern vom **Hieb**. Nach Art und Tiefe des Hiebes unterscheidet man:

- Schrubbfeilen
- Schlichtfeilen
- Feinschlichtfeilen

Beim Kauf einer Feile benötigt man die Angaben Länge, Hiebnummer und Querschnitt. Die **Hiebnummer** für das Schrubben ist 1, zum Feinschlichten 4.

Eine **Raspel** ist ein spanabnehmendes Werkzeug mit einem groben, gehauenen Hieb. Die Raspel ist gröber als die Feile.

▶ **Abb. 2.8** Kaltkreissäge.

Schaben

Schaben ist ein manuelles Feinstverfahren, um die Rauheit der Oberfläche zu verbessern. Es wird z. B. eingesetzt beim Schärfen von Messern, wo es den letzten Arbeitsgang vor dem Polieren darstellt.

Drehen

Drehen ist ein spanabnehmendes Trennverfahren, bei dem das Werkstück bewegt und das Werkzeug am Werkstück entlang geführt wird.

Bohren

Beim Bohren werden runde Löcher (Bohrungen) spanend hergestellt. Das rotierende Werkzeug dreht sich in einer voreingestellten Geschwindigkeit und wird in Vorschubbewegung nach unten geführt.

In der Hufbeschlagschmiede erfolgen Bohrarbeiten ausschließlich an Baustählen. Der Spitzenwinkel liegt hier bei 118°. Üblicherweise werden HSS-Bohrer (Hochleistungs-Schnellschnitt-Stahl-Bohrer) verwendet, um Bohrungen in Hufeisen für die Aufnahme von Hartmetallstiften oder als Grundlage zur Fertigung von Gewinden herzustellen. Die Schnittgeschwindigkeit liegt hierbei zwischen 18 und 25 m/min.

Geschwindigkeit $V_c = \pi \times d \times n$,
wobei d = Durchmesser des Bohrens;
n = Drehzahl der Maschine.

$$n = \frac{V_c}{\pi \times d}$$

Senken

Unter Senken versteht man das Entgraten nach Anfertigung einer Bohrung. Es dient auch der Vorbereitung des Gewindeschneidvorgangs. Das verwendete Werkzeug nennt sich Kegelsenker oder Spiralsenker. Die einzustellende Drehzahl ist erheblich langsamer als beim Bohren:
V_c beim Senken = 0,2 × V_c beim Bohren

Gewindeschneiden

Im Hufbeschlag werden üblicherweise Gewindelöcher für das Einbringen von Stollen geschnitten, mit unterschiedlichen Gewindegrößen für metrische Gewinde M10 oder M12 oder Zollgewinde.

Für die Gewindeherstellung wird nach dem Schneiden des Kernlochs der **Gewindebohrersatz** zuerst mit dem Vorschneider, dann mit dem Mittelschneider und anschließend dem Fertigschneider unter Zugabe von Schneidöl durch das Windeisen in das Bohrloch gedreht.

Alternativ können auch **Maschinengewindebohrer** verwendet werden. Sie sind meistens aus HSS-Stahl oder Hartmetall und vereinen Vorschneider, Mittelschneider und Fertigschneider in einem Werkzeug. Eine für das Gewindeschneiden geeignete motorbetriebene Maschine kommt mit geringer Drehzahl zum Einsatz. Dabei ist das Werkstück, in welches das Gewinde geschnitten werden soll, sicher zu spannen.

Bei **Kombigewindebohrer-Maschinen** befinden sich der Bohrer zum Herstellen des Kernlochs und der Gewindeschneidaufsatz in einem Werkzeug.

Während der Gewindebohrer Innengewinde herstellt, heißen Werkzeuge zur Herstellung von Außengewinden **Schneideisen** und **Gewindeschneidkluppe**.

Spanen mit geometrisch unbestimmten Schneiden

Schleifen

Schleifen ist ein spanabnehmendes Trennverfahren mit vielen schneidenden Werkzeugen, die über geometrisch unbestimmte Schneiden verfügen. Wie stark die Trennung durchgeführt wird, ist abhängig vom Schleifmittel und seiner Körnung. Im Hufbeschlag üblich sind Schleifblätter mit Körnungen der Größe 36–40. Diese Korngrößen dienen auch zum **Schlichten.**

Im Hufbeschlag werden heute üblicherweise **Bandschleifmaschinen** verwendet. Sie haben den Vorteil, dass die Bänder eine gute Standzeit und während der gesamten Einsatzzeit gute, gleichbleibend ebene Flächen haben.

Im Gegensatz hierzu müssen Korundscheiben von Schleifböcken regelmäßig nachgearbeitet werden. Ebenfalls üblich ist die Verwendung von Einhandwinkelschleifern, Fächerscheiben und Schrubbscheiben.

2.8.2 Fügetechniken

Definition

Fügetechnik bedeutet, dass unterschiedliche Dinge entweder lösbar oder unlösbar miteinander verbunden werden.

Man unterscheidet:

- stoffschlüssige Verbindungen, wobei die zu verbindenden Stoffe miteinander vereinigt werden
- formschlüssige Verbindungen, die nach dem Schlüssel-Schloss-Prinzip zueinander gefügt werden
- kraftschlüssige Verbindungen, die durch das Zusammenpressen von Oberflächen entstehen

Die für den Hufbeschlagschmied wichtigen Fügetechniken sind:

- Schraubverbindungen
- Keilverbindungen
- Nietverbindungen
- Lötverbindungen
- Kleben
- Schweißen

Schraubverbindungen

Definition

Durch das Schrauben werden Bauteile im Kraftschluss lösbar miteinander verbunden.

Bei einer Schraube ist neben dem Umfang die **Gewindeform** wichtig. Man unterscheidet:

- Trapezgewinde
- Rundgewinde
- Sägengewinde
- Spitzgewinde

Auch die **Gewindesteigung** ist von Bedeutung, es gibt:

- Laufgewinde und
- Feingewinde

Eine fest verschlossene Schraubverbindung hat eine gute **selbsthemmende Wirkung**, die einem unbeabsichtigten Öffnen entgegensteht. Normalerweise verfügen Schrauben über **Rechtsgewinde**, **Linksgewinde** sind durch eine umlaufende Nut markiert (wie häufig bei Gasverbindungen zu finden).

Keilverbindungen

Definition

Keilverbindungen sind kraftschlüssig und sichern die Bauteile gegen Verschieben. Sie zählen zu den lösbaren Verbindungen.

Mit Keilen sind häufig Maschinenbauteile an Bohrmaschinen oder Fräsbänken befestigt.

Nietverbindungen

Definition

Niete bestehen aus Setzkopf, zylindrischem Schaft und Schließkopf (► **Abb. 2.9**). Beim Nieten handelt es sich um ein unlösbares Verbindungsverfahren, das kalt oder warm durchgeführt werden kann.

Die **Kaltvernietung** ist eine formschlüssige Verbindung. Niete mit einem Durchmesser von unter 10 mm werden normalerweise kalt vernietet. Der Nietschaftdurchmesser sollte etwa den doppelten Durchmesser der zu verbindenden Teile haben. Bohrungen sollten etwa 0,2 mm größer sein als der Schaftdurchmesser des Niets. Beim Kaltnietverfahren wird der Niet vorrangig auf Abscherung beansprucht.

► **Abb. 2.9** Niet.

Bei der **Warmvernietung** werden kraftschlüssige, unlösbare Verbindungen hergestellt. Man verwendet dieses Verfahren bei Schaftdurchmessern von mehr als 10 mm. Der Niet wird auf über 1000 °C (hellrot) erwärmt. Die Bohrung hat einen ca. 0,5–1 mm größeren Durchmesser als der Nietschaft, damit der Niet durch die Längenausdehnung noch gut hineinpasst.

Lötverbindungen

Definition

Beim Löten werden Metalle mittels Stoffschluss unlösbar miteinander verbunden.

Metallische Oberflächen müssen gereinigt und mit einem Flussmittel behandelt werden. Sie werden dicht aneinandergelegt, so dass das mittels eines Lötkolbens erwärmte **Lötzinn** durch Kapillarwirkung in den Lötspalt hineinfließen kann. Die geeignete **Lötspaltbreite** beträgt 0,2– 0,5 mm. Das in den Lötspalt hineinfließende Lot legiert mit den beiden Grundwerkstoffen.

Für alle **Lote** gilt, dass ihr Schmelzpunkt niedriger liegen muss als der Schmelzpunkt der Grundwerkstoffe. Lote sind besonders dünnflüssig und müssen sich gut mit anderen metallischen Werkstoffen verbinden.

Es werden 2 Lötverfahren unterschieden:

Beim **Weichlöten** wird mit Temperaturen unter 450 °C gearbeitet. Die Verbindungsteile sind nicht für die Übertragung großer Kräfte geeignet. Die verwendeten Materialien sind Lötzinn oder Bleilote. Als Flussmittel eignen sich Lötwasser (Zinkchlorid) und Lötfett.

Beim **Hartlöten** beträgt die Arbeitstemperatur mehr als 450 °C. Es eignet sich zum Verbinden von legierten und unlegierten Stählen, Hartmetallen etc. Es werden Silberlot, Kupferlot oder Kupfer-Zink-Lot verwendet. Flussmittel zum Hartlöten sind meistens Borverbindungen.

Klebeverbindungen

Definition

Durch Kleben werden Werkstoffe stoffschlüssig und unlösbar miteinander verbunden.

Die Auswahl des Klebstoffs richtet sich nach den zu übertragenden Kräften und den zu verbindenden Materialien. Die Qualität der Klebeverbindung ist im Wesentlichen abhängig von der Planung der Klebestellen. Je größer die Klebefläche gelegt wird, desto besser hält die Klebung. Die Klebung ist abhängig von den Adhäsionskräften des Klebstoffs am Werkstoff sowie von den Kohäsionskräften der Klebstoffteilchen untereinander.

Eine gute Klebeverbindung setzt eine sorgfältige Vorarbeit und eine vorgabengetreue Vorgehensweise voraus. Bei Klebeverbindungen sind das Einhalten der vorgeschriebenen Temperatur und die Reduzierung von Feuchtigkeit unabdingbar.

Feuchte oder durchfeuchtete Hufe sind nur in seltenen Fällen so gut zu trocknen, dass eine Klebung einen guten Sitz erlangen kann. Hier bedeutet es, dass die Klebung einen längeren Vorbereitungszeitraum braucht.

Schweißen

Definition

Durch Schweißen werden Werkstoffe unter Anwendung von Wärme oder Druck mit oder ohne Schweißzusatzwerkstoffe unlösbar miteinander verbunden.

Der Hufbeschlagschmied verwendet üblicherweise das Verfahren des **Lichtbogenschmelzschweißens** (▶ **Abb. 2.10**), wobei mittels einer Elektrode ein Lichtbogen erzeugt wird. Das Lichtbogenschmelzschweißen ist für das Fügen niedrig legierter Stähle gut geeignet.

Die Vereinigung der Materialien erfolgt dabei durch Mischen der flüssigen Werkstoffe. Zum Auffüllen der Schweißfuge wird ein Zusatzwerkstoff mit eingeschmolzen. Nach dem Abkühlen bildet dies ein gemeinsames Gefüge.

▶ **Abb. 2.10** Lichtbogen-Handschweißen.

Die Wärme wird mittels Strom erzeugt. Die Elektrode (▸ **Tab. 2.3**) ist dabei der Minuspol und das Werkstück der Pluspol. Der Lichtbogen hat eine Temperatur von 1500–4200 °C. Um einer Blaswirkung (Ablenkung des Lichtbogens) entgegenzuwirken, muss die Elektrode um ca. 50° geneigt werden. Durch die Umhüllung der Schweißelektrode wird die Leitfähigkeit der Luft so weit verbessert, dass der Lichtbogen konstant bleibt und nicht unterbrochen wird.

Im mobilen Einsatz werden heute **Schweißtransformatoren** oder **Invertergeräte** eingesetzt. Moderne Invertergeräte sind wegen ihrer Generatortauglichkeit in ihrer Schweißqualität den anderen Schweißgeräten überlegen.

Merke

Arbeitssicherheit

- **Die Augen sind vor dem hellen Licht des Lichtbogens zu schützen.**
- **Eine für das Elektro-Lichtbogenschweißen geeignete Schutzmaske ist zu tragen.**
- **Wegen der Strahlung umfasst die persönliche Schutzkleidung außerdem eine Schürze aus Leder.**
- **Die Haut muss vor Verbrennungen geschützt werden, entsprechend ist das Arbeiten mit entblößten Armen oder freiem Oberkörper zu unterlassen.**
- **Der Schweißplatz muss so abgeschirmt werden, dass keine Personen geschädigt werden können.**
- **In engen Räumen müssen die entstehenden Gase abgezogen werden.**

▸ **Tab. 2.3** Empfohlene Richtwerte für die Elektrodenauswahl.

Blechdicke/ Eisendicke (mm)	Elektrode (mm)	Stromstärke (A)
2	2	50–70
6	4	150–200
8	4	150–200
10	4	150–200

Weitere Schweißverfahren sind das **MIG-/MAG-Schweißen** (einfaches Schutzgasschweißen) und das **WIG-Schweißen**. Während das MIG-/MAG-Schweißen im Hufbeschlag kaum üblich ist (▸ **Abb. 2.11**), kommt die Technik des WIG-Schweißens bei der Bearbeitung von Aluminium zum Einsatz (▸ **Abb. 2.12**).

Das metallbauübliche Durchschweißen ist in vielen Fällen nicht realisierbar. So muss bei der Fügetechnik im Hufbeschlag von beiden Seiten geschweißt werden, die einzuschweißenden Bauteile müssen dabei wannenförmig ausgeschliffen und zusammengelegt werden. Die Lichtbogenlänge sollte etwa dem Elektrodendurchmesser entsprechen.

▸ **Abb. 2.11** Das MIG-/MAG-Schweißen ist im Hufbeschlag weniger üblich.

▸ **Abb. 2.12** Das WIG-Schweißen kommt bei der Bearbeitung von Aluminium zum Einsatz.

2.8.3 Umformen (Schmieden)

Definition

Durch das Schmieden ist es möglich, den Faserverlauf des Werkstoffs so zu verändern, dass das geschmiedete Baustück bessere physikalische Eigenschaften besitzt als der Ursprungswerkstoff.

Einige Metalle, darunter Stahl, sind im erwärmten Zustand plastisch bildsam und durch Druck gut umformbar. Das Erwärmen des Metalls verändert seine physikalischen Eigenschaften, z. B. die Streckgrenze, so dass eine Verformung möglich ist, ohne die inneren Zusammenhangskräfte zu zerstören.

Wie gut ein Material schmiedbar ist, ist abhängig von der **Anfangs- und Endtemperatur**, innerhalb deren eine plastische Verformung möglich ist:

- bei Baustahl zwischen 1250 °C (Weißglut) und 780 °C (dunkelkirschrot)
- bei unlegiertem Werkzeugstahl zwischen 1000 °C (gelb-rot) und 800 °C (hellkirschrot)

Die Erwärmung hat im Idealfall langsam und gleichmäßig zu erfolgen, damit es durch die Schmiedearbeiten nicht zu Spannungsrissen des Materials kommt. Werden Schmiedearbeiten außerhalb der Temperaturbereiche durchgeführt, für die das Material geeignet ist, wird der Stahl spröde und muss durch Normalglühen wieder verfeinert werden.

Zusammenstellung der Glühfarben		
Farbtafel	Temperatur in °C	Farbbeschreibung
	550	dunkelbraun
	630	braunrot
	680	dunkelrot
	740	dunkelkirschrot
	780	kirschrot
	810	hellkirschrot
	850	hellrot
	900	gut hellrot
	950	gelbrot
	1000	hellgelbrot
	1100	gelb
	1200	hellgelb
	1300	gelbweiß

▸ **Abb. 2.13** Glühfarben.

Während Stahl die Temperatur über seine **Verfärbung** erkennbar macht (▸ **Abb. 2.13**), ist dies bei **Aluminium** deutlich anders: Es verändert seine Farbe nicht. Will man Aluminium schmieden, muss man eine Temperaturbestimmung mittels der **Holzspanprobe** durchführen: Führt man einen Holzspan über das Aluminium und entsteht ein dunkelbrauner bis schwarzer Strich auf dem Metall, ist die Schmiedetemperatur erreicht.

Beim **Freiformschmieden** wird das Werkstück frei mit der Hand zwischen den Wirkflächen Hammer und Amboss verformt. Die wesentlichen Techniken des Freiformschmiedens sind folgende:

- **Strecken** vergrößert die Länge und verringert die Höhe des Werkstücks.
- **Breiten** vergrößert die Breite und verringert die Höhe des Werkstücks.
- **Stauchen** vergrößert den Querschnitt und verkürzt die Länge des Werkstücks.
- **Absetzen** erzeugt einen scharfkantigen Absatz.
- **Lochen** ist die Herstellung einer Öffnung ohne Werkstoffverlust mittels Lochhammer und Lochdorn.
- **Spalten** ist das Trennen eines Werkstücks mit einem Hilfshammer.
- **Schroten** ist das Abtrennen überflüssigen Materials vom Werkstück.
- **Kehlen** ist das Einmulden des Werkstücks mit einem Hilfshammer, was das spätere Absetzen oder Ausarbeiten von Vertiefungen erleichtert.
- **Torsieren** ist das Verdrehen eines Werkstücks.

Um diese Arbeiten auszuführen, werden neben den unterschiedlichen Schmiedehämmern **Hilfshämmer** genutzt. Dies sind Werkzeuge, die mittels Schlagkraft auf dem Werkstück eingesetzt werden.

Zudem werden unterschiedliche **Zangen** benötigt, die je nach Aufgabenstellung gewählt oder gefertigt werden müssen, wie Rund-, Winkel-, Flach- oder Wolfsmaulzangen, sowie Hilfswerkzeuge, welche im Rund- oder Vierkanthorn des Ambosses eingesetzt werden. Die Zangen müssen entsprechend der Materialstärke gewählt werden, z. B. bei 30 mm × 10 mm eine 10-mm-Zange, damit das Werkstück sicher sitzt.

Merke

Arbeitssicherheit

- **Schutzkleidung!**
- **Vorsicht vor dem Abspringen von Teilen beim Schroten.**
- **Zangen weit genug vom Körper weghalten.**
- **Vorschlaghammer neben dem Körper führen.**
- **Für Rechtshänder gilt: linke Hand am Stielende, rechte Hand in der Mitte des Stiels.**
- **Für Linkshänder gilt: rechte Hand am Stielende, linke Hand in der Mitte des Stiels.**
- **Hämmer müssen einen festgekeilten, unbeschädigten Stiel haben.**
- **Hilfshämmer sollten einen lose sitzenden Stiel haben.**
- **Für das Freiformschmieden gilt: Der Hammerstiel sollte zum Werkstück einen Winkel von ca. 90° bilden.**

Gesenkschmiedearbeiten mit Unter- und Obergesenk sind ebenfalls am Amboss üblich. So werden z. B. Profile hergestellt. Um sich die Arbeit zu erleichtern, können auch hier Maschinen wie Luft- oder Federhämmer eingesetzt werden.

2.8.4 Wärmebehandlung von Werkstoffen

Glühen

Definition

Glühen beschreibt den Vorgang, in dem Stähle langsam erwärmt werden, um grobe Gefügemuster zu feinen.

Dies ist immer dann nötig, wenn Stahl bei falscher Schmiedetemperatur behandelt worden ist. Bei vielen Stählen ist das Normalglühen aber auch der erste Schritt der Werkstoffhärtung.

Härten

Definition

Härten ist der Vorgang, bei dem das Material für den Werkzeugeinsatz widerstandsfähiger gemacht wird.

Der Härtevorgang besteht immer aus 4 Arbeitsschritten:

1. langsame **Erwärmung** auf die Härtetemperatur, die stets > 723 °C liegt, je nach Stahlsorte
2. **Halten** auf Härtetemperatur für einige Minuten
3. **Abschrecken**, d. h. die in sehr kurzer Zeit stattfindende Abkühlung von:
   - unlegierten Stählen in Wasser
   - niedrig legierten Stählen in Öl oder Wasser-Öl-Emulsion
   - hoch legierten Werkzeugstählen entweder in Öl oder an bewegter Luft

Merke

Der Härtezustand, der nach dem Abschrecken erreicht ist, ist technisch unbrauchbar. Das Material ist extrem hart, man spricht von der „Glashärte“. Schon eine geringe mechanische Beanspruchung bringt den Stahl zum Zerbrechen.

4. **Anlassen:** Um die Härte technisch verwertbar zu machen, muss das Werkstück „angelassen“ werden. Die Anlasstemperatur liegt zwischen 200 und 350 °C (► **Abb. 2.14**) und sollte einige Zeit auf dieser Höhe gehalten werden. Zwei Anlassverfahren sind in der Schmiedewerkstatt üblich: Traditionell wurden Werkstücke in flüssigem Blei angelassen, da dessen Temperatur leicht zu bestimmen ist (327 °C). Heutzutage wird in der Schmiedewerkstatt meist im Elektroofen **angelassen.**

Die genauen **Härte- und Anlasstemperaturen** der Werkzeugstähle sind in der **Böhler-Tabelle** nachzulesen.

Zusammenstellung der Anlassfarben		
Farbtafel	Temperatur in °C	Farbbeschreibung
	200	weißgelb
	220	strohgelb
	230	goldgelb
	240	gelbbraun
	250	braunrot
	260	rot
	270	purpurrot
	280	violett
	290	dunkelblau
	300	kornblumenblau
	320	hellblau
	340	blaugrau
	360	grau

► **Abb. 2.14** Anlassfarben.

2.8.5 Verarbeitung von Kunst- und Klebstoffen

Kunststoffe

Kunststoffe, die für Hufbeschläge zur Anwendung kommen, sind schneidbar, schleifbar und in vielen Fällen auch schweißbar.

Besonders wichtig sind die **Schweißvorgänge**. Mittels eines Heißluftföhns (Industrie- oder Warmluftgebläse) sowie einer feinen Düse werden Kunststoffbeschläge und z. B. anschweißbare Klebelaschen erwärmt und dann im teigigen Zustand zusammengepresst. Es entsteht eine stoffschlüssige Verbindung.

So hergestellte **Hufschuhe** sind für Fohlenkorrekturen üblich und werden nun mittels Sekundenkleber am Wandhorn des Hufs befestigt. Die Technik ist einfach zu erlernen, und es ist lediglich die Anschaffung eines Heißluftgebläses notwendig.

Klebstoffe

Klebeverbindungen bedürfen einer genauen Vorbereitung der Klebestellen. Die Klebeflächen sind gemäß den Herstellervorgaben zu entfetten und zu schleifen (aufzurauen).

Merke
Ein Vorgehen genau nach den Anweisungen des Herstellers ist eine zwingende Voraussetzung für die Haltbarkeit der Klebestellen.

Für alle Verklebungen gilt, dass die Klebestellen für die Beanspruchung durch Torsion (Drehung) oder Scherung geeignet sein müssen.

Die Verwendung von Klebstoffen ist ungeeignet für Beanspruchung auf Zug, Schälung oder Spaltung. Dies muss bei der Herstellung der Klebestellen dringend beachtet werden. Man sollte in jedem Fall die Fläche der Klebestellen vergrößern und Schäl- oder Spaltungsbeanspruchungen z. B. durch Hinterschneiden von Auffüllstellen im Wandhorn verringern.

3 Huf- und Gleitschutz

Willem Back, Stephan Becker, Gerben Bronkhorst, Florian Häfner, Christoph Schweppe, Melanie Striebinger, Jan de Zwaan

3.1 Hufeisen

Melanie Striebinger, Florian Häfner, Christoph Schweppe

Das Hufeisen kommt seit vielen Jahrhunderten als Hufschutz zum Einsatz. Lange Zeit wurde es **handgeschmiedet** und mit Feuerschweißungen gefügt. Das **Feuerschweißen** hatte eine sehr hohe Bedeutung, da in Zeiten des Materialmangels aus 2 alten, abgenutzten Hufeisen ein neues Hufeisen durch Feuerschweißen, in dem Fall Pauschen genannt, hergestellt werden konnte. Man spricht hier von einem **Pauschhufeisen.**

Seit Anfang des 20. Jahrhunderts wird die Hufeisenherstellung durch das **Fabrikhufeisen** wesentlich erleichtert. Das Fabrikhufeisen kann vielseitig verändert und bearbeitet, durch Einschweißen von Stegen modifiziert sowie in Orthopädie und Sport eingesetzt werden. Neu am Markt ist beispielsweise das Orthokit 2.0 (S. 58). Ein Bausatz verschiedener vorgefertigter Einschweißteile (Halbzeuge), die das Modifizieren des Hufeisens erleichtern. Es gibt eine große Auswahl an Fabrikhufeisen, die bereits einen Schwerpunkt vorgeben. Von diesen wird eine kleine Auswahl im Kapitel Fabrikhufeisen (S. 52) vorgestellt.

Im Laufe der Zeit sind das Schmieden von Hufeisen und der Beschlag mit handgeschmiedeten Hufeisen in den Hintergrund getreten. Trotz des großen Angebots an guten Fabrikhufeisen sollte das Schmieden von Hufeisen und das damit verbundene handwerkliche Können nicht untergehen, sondern bei der täglichen Arbeit im Interesse der Pferdegesundheit genutzt werden.

3.1.1 Schmiedehufeisen

Melanie Striebinger, Christoph Schweppe

Das Hufeisen (▶ **Abb. 3.1**) besteht aus einer **Bodenfläche** und einer **Tragfläche**. Die Tragfläche ist die Seite, auf welcher der Huf aufliegt. Die Flächen müssen plan und eben sein. Der Rand des Hufeisens kann senkrecht zu den Flächen stehen, weist jedoch meist eine bodenweite oder bodenenge Ränderung auf.

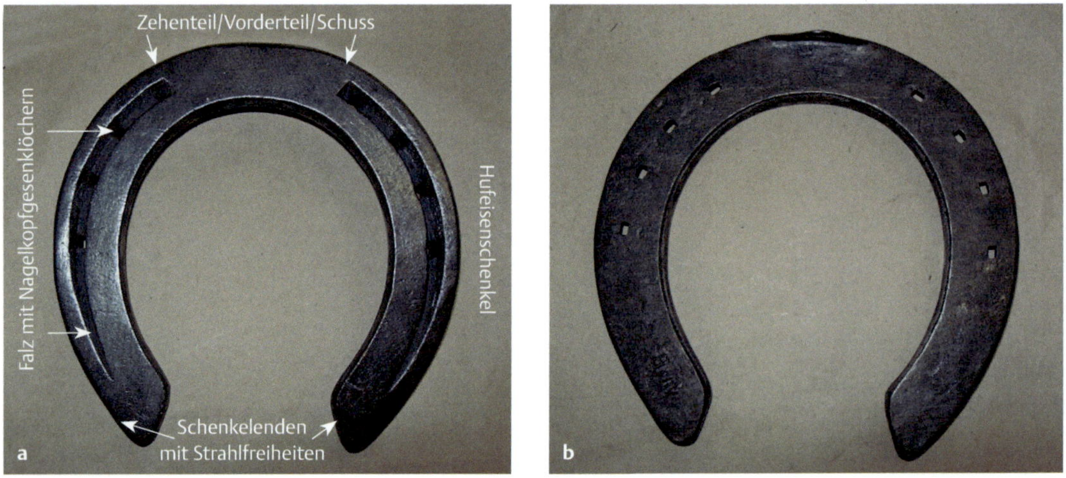

▶ **Abb. 3.1** Regelmäßiges Vorderhufeisen.
a Bodenfläche.
b Tragfläche.

Definition

Rändern bedeutet das Anbringen einer Fase, die hufformabhängig an der Trag- oder Bodenfläche als bodenweite oder bodenenge Ränderung angebracht wird.

Ist die Fase an der Tragfläche angebracht und minimiert diese, spricht man von einer **bodenweiten Ränderung**, da die Bodenfläche eine größere Fläche erhält als die Tragfläche. Im umgekehrten Fall, bei der **bodenengen Ränderung**, wird die Bodenfläche am äußeren Rand des Hufeisens abgefast. Die Tragfläche ist somit größer als die Bodenfläche. Je nach Hufform kann so die Unterstützungsfläche am Hufeisen optimiert werden. Dadurch kann auf den Huf, die Gliedmaße und somit auch auf den Pferdekörper eingewirkt werden.

Der innere Rand der Tragfläche sollte eine Kantenbrechung, die so genannte **Abdachung**, besitzen. Durch die Abdachung, welche sich in ihrer Stärke nach der Sohlenwölbung richtet, wird ein Druck auf das Sohlenhorn und die darunterliegende Sohlenlederhaut vermieden.

Das Hufeisen besteht aus einem Zehenteil, regional (z. B. Schweiz) auch als Schuss bezeichnet, zwei Seitenteilen und den Schenkelenden. Es gibt einen rechten und linken Schenkel, somit auch einen inneren und äußeren Schenkel. Die Schenkelenden können mit einer so genannten **Strahlfreiheit** versehen sein. Diese verhindert ein Drücken des Schenkelendes auf den Strahl.

In der Mitte des Zehenteils befindet sich bei einem regelmäßigen Vorderhufeisen ein **Zehenaufzug**. Dieser sollte i. A. die gleiche Breite wie die Tragfläche aufweisen. Der Zehenaufzug eines Vorderhufeisens sollte eine runde Form besitzen. Der oder die Aufzüge eines Hinterhufeisens haben eher eine spitz-runde Form. Die Form der Aufzüge richtet sich hierbei nach der Form des Hufeisens, wodurch ein charakteristischer Ausdruck der Hufeisen entsteht. Beim Schmieden von Hinterhufeisen gibt es die Möglichkeit, ein Hufeisen mit einem vorderen Zehenaufzug oder zwei seitlichen Zehenaufzügen herzustellen. Die Aufzüge geben dem Hufeisen mehr Halt am Huf und verringern die Scherkräfte, welche auf die Hufnägel einwirken.

Das Anpassen der Aufzüge beim Beschlagen muss mit großer Sorgfalt geschehen, da ansonsten der Huf eingeengt werden kann.

Praxistipp

Zu beachten ist, dass die Aufzüge nicht spitz und scharfkantig ausfallen, da ein Eintreten des Aufzugs bei Lockerung oder Verrutschen des Hufeisens Verletzungen der anatomischen Strukturen der Hornkapsel (z. B. Sohlenlederhaut, Hufbein) verursachen können.

Die Bodenfläche des Hufeisens wird mit **Falz** und **Stempelnagellöchern** versehen, in welche sich der Hufnagel passend einsetzen soll. Es gibt auch Hufeisen, die keinen Falz, sondern nur Stempelnagellöcher besitzen. In diesem Fall spricht man von einem **Stempelhufeisen.**

Schmiedetechniken

Zur Herstellung eines Hufeisens benötigt man **Flachstahl** aus schmiedbarem Stahl. Hier bietet sich der allgemeine Baustahl S 235 JR (DIN EN 10025) mit einem Kohlenstoffgehalt von 0,17 % an. Der Flachstahl kann in unterschiedlichen Profilen verwendet werden. Dies richtet sich letztendlich nach der Größe des herzustellenden Hufeisens. Hat man nur stärkeres Profil zu Verfügung, kann der Querschnitt des Materials durch Abschmieden und Verjüngen des Stabes entsprechend verändert werden. Ausgeschmiedete Flachstähle haben aufgrund der Materialverdichtung eine höhere Festigkeit, was sich in einer geringeren Abnutzung der Hufeisen bemerkbar macht.

Um ein Hufeisen aus Flachstahl herzustellen, kann alleine oder mit einem Zuschläger gearbeitet werden. Die erforderlichen Werkzeuge sind:

- Schmiedehammer mit Ballseite
- Falzhammer
- Stempelhammer
- Lochdorn
- Schmiedezange, die der Materialstärke entspricht

Die **Schmiedezange** gibt es in verschiedenen Modellen. Dabei ist zu beachten, dass sie für ein sicheres Arbeiten der Profilstärke des Stabstahls entspricht. Wird das Hufeisen mit einem Zuschläger unter einem Vorschlaghammer ausgeschmiedet, empfiehlt sich die Verwendung einer **Kastenzange**. Diese sorgt für einen sicheren Halt des warmen Halbzeugs unter den Schlägen der Hämmer.

Merke

Bei der Verwendung von Hämmern ist ein Überprüfen der Hammerkeile für die Arbeitssicherheit unerlässlich.

Zu Beginn der Herstellung eines Hufeisens zeichnet man zunächst die Mitte mit Hilfe von Lineal und Körner an.

Benötigt man mehr Material am Zehenteil oder am Schenkelende, kann dies durch Anstauchen erreicht werden. Beim **Stauchen** wird nur der Teil des Eisens erwärmt, der gestaucht werden soll. Die anderen Teile des Stabes werden im Löschbecken abgekühlt. Der Schenkel sollte unter Berücksichtigung der Stauch- und Streckzonen ausgeschmiedet werden. Während sich beim späteren Einbiegen der innere Rand aufstaucht und an Stärke gewinnt, streckt sich der äußere Rand und verliert an Materialstärke. Um einen gleichmäßigen Schenkel zu erzielen, sollte der innere Rand etwas mehr abgeschmiedet werden als der äußere Rand.

Grundsätzlich gibt es mehrere Möglichkeiten, ein Hufeisen zu schmieden. Im Laufe der Zeit haben sich zwei Möglichkeiten durchgesetzt, welche in der Praxis vermehrt Anwendung finden: zum einen die im 19. Jahrhundert entwickelte deutsche Variante (v. Einsiedel) und zum anderen die englische Variante.

Der große Unterschied der beiden Methoden liegt in der Abfolge des Einbiegens des Zehenteils und der Hufeisenschenkel. Das Anbringen der Falz- und der Nagelkopfgesenklöcher unterscheidet sich nicht voneinander.

Beim Anschmieden der Aufzüge gibt es bei der **englischen Methode** die zusätzliche Verwendung eines Bob Punches (siehe unten). Bei der **deutschen Methode** wird, nach dem Anzeichnen der Mitte, der rechte Hufeisenschenkel bis über die Mitte weiß-warm erhitzt und der Aufzug in der Mitte abgesetzt. Dann wird der rechte Hufeisenschenkel auf das gewünschte Profil abgeschmiedet.

Am Schenkelende kann eine Strahlfreiheit angeschmiedet werden. Nach Fertigstellung des Hufeisens können die Schenkelenden mit einem halbrunden Abschrothammer auch abgeschrotet werden.

Ist der rechte Schenkel ausgeschmiedet, kann dieser **eingebogen** werden. Dazu muss das Hufeisen bis über die Mitte erwärmt und mit der Ballseite des Hammers in eine halbrunde Form gebracht werden. Man beginnt am Ende des Stabes und gleitet mit dem Ballhammer in Richtung des Zehenteils.

Nach dem Einbiegen wird die Bodenfläche des Hufeisens leicht überschmiedet. Es folgt das Anzeichnen des **Falzes**. Hierzu wird der Falzhammer etwa in der Entfernung seiner doppelten Breite am Schenkelende angesetzt und unter wiegenden Bewegungen und Daraufschlagen mit dem Schmiedehammer bis zum Zehenteil geführt. Hier wird der Falzhammer in der Entfernung einer Falzhammerbreite von der Mitte des Hufeisens scharf eingesetzt. Zum Aussehen des Falzes ist zu erwähnen, dass er im Zehenbereich scharf eingesetzt beginnt und zum Schenkelende hin ausläuft.

Der Falz sollte etwa die halbe Hufeisenstärke tief sein. Sein Verlauf richtet sich nach Stärke und Verlauf der Hufwand.

Es folgt das Anbringen der 3–5 **Nagelkopfgesenklöcher** – je nach Hufeisengröße, beginnend im Zehenteil bis zum Schenkelende. Beim Anbringen des ersten Nagellochs sollte darauf geachtet werden, dass zum Falzanfang ausreichend Platz zum Einsetzen einer Nagelziehzange bleibt. Die Anzahl der Nagellöcher richtet sich nach Größe und Form des Hufeisens. Der Abstand der Nagellöcher richtet sich nach der Anzahl der Nagelkopfgesenklöcher. Grundsätzlich sollte sich – bei einem regelmäßigen Hufeisen – das letzte Nagelloch **nicht hinter der weitesten Stelle** des Hufeisens befinden. Der Stempelhammer wird in den Falz eingesetzt und gelangt mittels Schlägen durch den Schmiedehammer in das Material. Mit Lochdorn und Schmiedehammer werden nun über dem Gesenkloch des Ambosses die dünnen Metallplättchen innerhalb der Nagelkopfgesenklöcher von Seiten der Bodenfläche herausgeschlagen, und gegebenenfalls wird das fertige Nagelloch mit der Feile entgratet. Das Hufeisen wird noch einmal über das Rundhorn überschmiedet und bei Bedarf erneut aufgelocht.

Generell sitzt beim regelmäßigen Hufeisen das erste Nagelloch „fetter" als das letzte Nagelloch, da die Wand im Bereich der Zehe stärker ist als die Seitenwand oder die Hufwand im Bereich der Trachten. Man spricht bei diesem Abstand zum äußeren Rand des Hufeisens von **fett** und **mager**, bzw. von **tief** und **flach gelocht**. Folglich bezieht sich das auch auf die Nagellöcher. Ein Hufeisen kann also fett oder mager gelocht sein und muss individuell zum Huf passen. Zur groben Orientierung sollte am Falzanfang die Mitte der Materialbreite nicht überschritten werden.

Ist der rechte Schenkel fertig geschmiedet, wird mit dem linken Schenkel genauso verfahren. Das Ziehen des Falzes beginnt beim linken Schenkel mit einem scharfen Einsetzen des Falzhammers am Zehenteil des Hufeisens und endet auslaufend am Schenkelende. Die Methode, einen Schenkel fertig zu schmieden, hat einen wirtschaftlichen Hintergrund aus Zeiten des Materialmangels, da die Hitze stets im Material bleibt. Dadurch wird Zeit und Kohle eingespart. Natürlich können auch erst beide Schenkel ausgeschmiedet werden, allerdings geht hier Wärme aus dem Material verloren, die beim Ausschmieden des 2. Schenkels nicht mehr genutzt wird.

Nach Falzen, Stempeln und Lochen erhält das Hufeisen nun seine Form und die **Abdachung** – eine Kantenbrechung an der Tragfläche am inneren Rand des Hufeisens, welche sich nach der Wölbung der Sohle richtet.

Bei der englischen Variante wird als Erstes das Zehenteil weiß-warm erwärmt und in die gewünschte Form, mit der Ballseite des Schmiedehammers, gebogen. Die Form richtet sich in dem Fall nach der Hufform. Dann wird der äußere Hufeisenschenkel erwärmt, eine Strahlfreiheit angeschmiedet und der Hufeisenschenkel über das runde Ambosshorn gebogen. Der Falz wird angezeichnet, dies kann auch mit einem Messzirkel erfolgen, und dann auf circa die halbe Hufeisenstärke gefalzt. Im Anschluss werden die Nagelgesenklöcher mit Hilfe des Stempelhammers eingeschlagen und mit dem Lochdorn durchgelocht. Danach wird der innere Hufeisenschenkel in der gleichen Reihenfolge angefertigt.

Es folgt das **Anschmieden des Aufzugs**. Hierzu wird das mindestens rot-warme Hufeisen mit der Tragfläche in einem Winkel von 45° gegen die vordere Ambossfläche gehalten. Der vordere, äußere Rand überragt die Ambosskante. Nun wird der Aufzug mit der Ballseite des Schmiedehammers aus dem Material gezogen. Die Höhe des Aufzugs sollte der Breite des Hufeisenschenkels entsprechen. Ist der Aufzug angeschmiedet, sollte er am Rundhorn überschmiedet werden, um einen vollkantigen Verlauf des äußeren Hufeisenrandes zu erzielen.

Eine weitere Möglichkeit zum Anschmieden eines Aufzugs ist die englische Methode mit dem **Bob Punch**. Hierbei wird eine Lippe an der gewünschten Stelle mit einem Dorn, dem Bob Punch, herausgetrieben und zu einem Aufzug ausgeschmiedet. Nach dem Richten der Form kann das Hufeisen mit einem Schlichthammer geglättet werden. Während des Schmiedens kann der Zunder mit einer Drahtbürste abgebürstet werden, wodurch das Hufeisen eine saubere Oberfläche erhält. Nach Bedarf kann das Hufeisen nachgefalzt und nachgestempelt werden.

Zum Schmieden des **Hinterhufeisens** ist zu erwähnen, dass die Formgebung der größte Unterschied ist (▸ **Abb. 3.2**). Die Form ist spitz-rund an der Zehe, und die Schenkelenden werden im 2. Drittel, also im Bereich der weitesten Stelle, zum Zehenteil hin eingebogen. Die Seitenteile verlaufen gestreckt. Der Abstand der Nagellöcher ist im Bereich der seitlichen Zehenaufzüge etwas größer, um eine freie Stelle für den Aufzug zu bieten und das Nageln im Bereich des Aufzugs zu vermeiden.

Das Zehenteil sollte bei Vorder- und Hinterhufeisen etwas breiter ausfallen als die Schenkel. Die Materialstärke sollte rundum gleich sein. Die Hufeisen müssen plan und eben sein.

Im Allgemeinen erhält jedes regelmäßige Vorderhufeisen eine **Zehenrichtung**. Diese unterstützt die Gliedmaße beim Abfußen und ermöglicht je nach Ausmaß einen frühen Abrollpunkt. Die Zehenrichtung kann „im" und/oder „am" Hufeisen angebracht sein (▸ **Abb. 3.3**). Ist die Zehenrichtung in das Hufeisen gebogen, spricht man von einer Zehenrichtung „im" Hufeisen. Ist die Zehenrichtung angeschmiedet oder angeschliffen, handelt es sich um eine Zehenrichtung „am" Hufeisen. Kriterium für die Wahl der Art der Zehenrichtung ist immer der zu beschlagende Huf. Bei Hufen mit schwacher Sohle wird man z. B. eher eine Zehen-

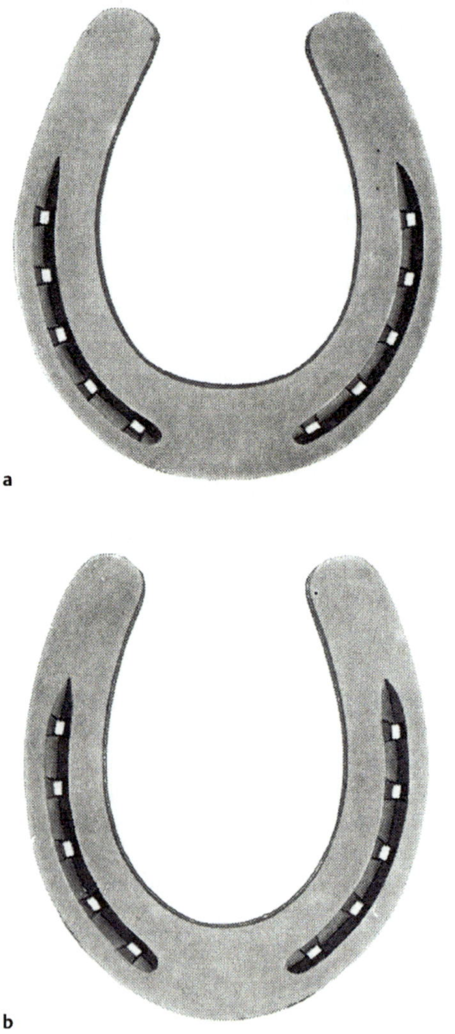

▸ **Abb. 3.2** Schmiedehufeisen im Vergleich.
a Vorderhufeisen.
b Hinterhufeisen.

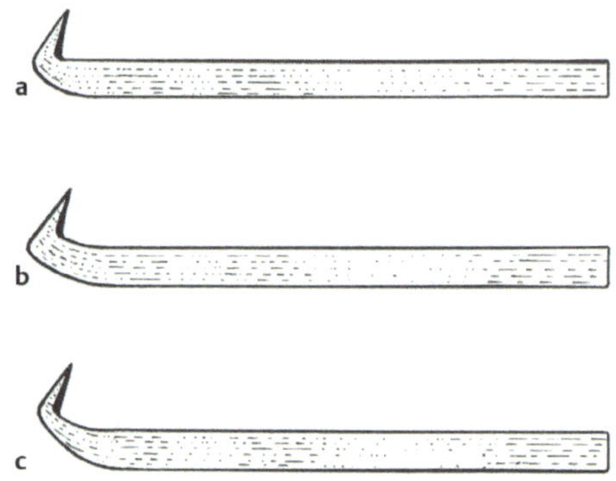

▸ **Abb. 3.3** Zehenrichtungen: **a** am Hufeisen; **b** im Hufeisen; **c** am und im Hufeisen.

richtung am Hufeisen anbringen. In besonderen Fällen können auch beide Arten von Zehenrichtung an das Hufeisen angebracht werden (z. B. bei an Hufrollen-Syndrom erkrankten Pferden).

Aber nicht nur am Schmiedehufeisen muss die Technik des Schmiedens beherrscht werden. Fabrikhufeisen können nicht ohne fachmännische Bearbeitung am Amboss auf den Huf aufgepasst werden.

3.1.2 Fabrikhufeisen

Melanie Striebinger, Florian Häfner

Die Herstellung von Fabrikhufeisen unterscheidet sich nur wenig von der manuellen Fertigung. Allerdings werden von den verschiedenen Herstellern teilweise abweichende Verfahren genutzt.

Beim Gesenkschmieden wird der Flachstahl zuerst in Form gebogen und dann durch ein Gesenk mit gewünschtem Profil, Falz und Lochung versehen. Der Vorteil hierbei ist die große Vielfalt. Es können unterschiedlichste Formen, Profile und Varianten hergestellt werden.Von Nachteil ist die geringere Produktionsgeschwindigkeit und der erhöhte Verschleiß der Werkzeuge.

Wird mit gewalztem Stahl gearbeitet, kommen andere Produktionstechniken zum Einsatz. Der abgelängte Flachstahl wird erhitzt und durch stählerne Rollen gewalzt – dies entspricht dem Arbeitsschritt des Abschmiedens bei handgefertigten Hufeisen. Hierbei werden nicht nur Länge und Breite des Stabmaterials verändert, sondern auch die Teilchenstruktur des Stahls verdichtet. Das Hufeisen wird so abriebfester. Nach dem Walzen wird der Flachstahl in Form gebogen. Anschließend erfolgt das Anschmieden der Aufzüge sowie das Anbringen von Falz- und Nagellöchern durch Fallhämmer.

Der Vorteil dieses Produktionsverfahrens sind die pro Zeiteinheit höheren Stückzahlen und die optimierte Eisenstruktur.

▶ Abb. 3.4 zeigt ein Fabrikhufeisen. Wie bereits erwähnt, ist Schmiedetechnik auch bei der Verarbeitung von Fabrikhufeisen erforderlich. Nicht selten benötigt das Hufeisen eine Verbreiterung am Hufeisenschenkel durch Ausplatten oder Auffalzen, um eine Verbesserung der Unterstützungsfläche zu bewirken.

Fabrikhufeisen können zusätzliche Nagellöcher durch Falzen und Stempeln erhalten (▶ Abb. 3.5), um bei stark ausgebrochenen Wänden ein Aufnageln zu ermöglichen.

Bei Flach- und Vollhufen muss eine Abdachung an die Tragfläche des Hufeisens angeschmiedet werden.

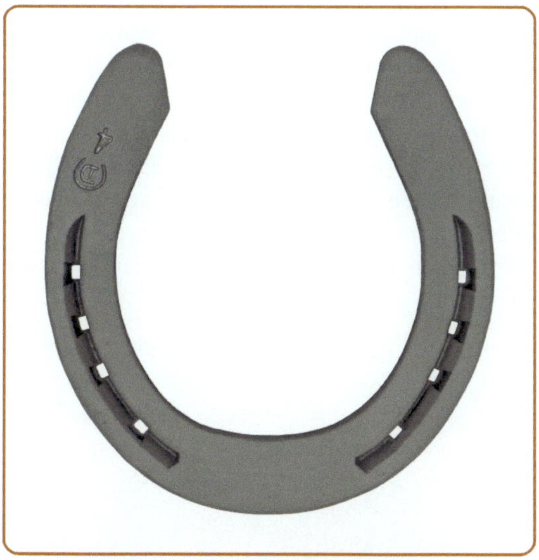

▶ **Abb. 3.4** Fabrikhufeisen, regelmäßiges Vorderhufeisen mit Zehenaufzug (Bodenfläche, Aufzug verdeckt).

▶ **Abb. 3.5** Hufeisen mit zusätzlichen Nagellöchern durch Falzen und Stempeln, angefertigt für ein Pferd mit hohler Wand.

Ein individuelles Anschmieden von Aufzügen ist auch bei Fabrikhufeisen erforderlich.

Beim **Umschmieden** des Hufeisens ist die Schmiedetechnik ebenfalls von großer Bedeutung, damit Falz und Nagellöcher nicht beschädigt werden. Veränderungen des Fabrikhufeisens wie Anschmieden eines geraden Zehenteils in Verbindung mit einer Zehenrichtung am Hufeisen (▶ Abb. 3.6) oder Umschmieden zu einem zehenoffenen Hufeisen verlangen routiniertes Handwerk am Amboss.

Die Herstellung von orthopädischen Beschlägen erfordert das Modifizieren von Fabrikhufeisen durch Schmiedetechnik, Schweißen, Schleifen und die Verwendung ergänzender Materialien wie Einlagen und Polster.

Da der Markt ein sehr großes Angebot an unterschiedlichen Hufeisenmodellen bietet, die sich rassespezifisch und nach Gebrauchszweck unterscheiden, kann die Arbeit am Huf auch durch die Wahl des „Fabrikrohlings“ optimiert werden.

In erster Linie unterscheiden sich die Fabrikhufeisenmodelle in **Querschnitt** und **Lochung**. Für den regelmäßigen Beschlag bei einem Warmblutpferd mit einem großen Huf und einer starken

▶ **Abb. 3.6** Hufeisen mit geradem Zehenteil und angeschmiedeter Zehenrichtung, hergestellt aus einem Fabrikhufeisen mit Zehenaufzug. Der Zehenaufzug wurde vor der Bearbeitung entfernt.

Hufwand empfiehlt sich ein Hufeisen mit einer fetten Lochung und einem breiten Materialquerschnitt von 25 × 8 mm oder 25 × 10 mm, da so genügend Auflage und Unterstützungsfläche geboten werden und die Wand in ihrer natürlichen Stärke bleibt. Würde man einen solchen Huf mit einem 19 mm breiten Hufeisen beschlagen, entspräche die unbearbeitete Wand annähernd der Hufeisenbreite. Die somit gebotene Auflagefläche wäre zu gering, wenn man berücksichtigt, dass der natürliche Tragrand beim Barhufgänger etwa der doppelten Wandstärke entspricht. Bei anderen Rassen, z. B. dem Quarter Horse, ist ein Hufeisen mit schmalem Querschnitt erforderlich, da deren Wandstärke deutlich geringer ausfällt.

Außerdem unterscheiden sich Fabrikhufeisenmodelle nach der **Art der Aufzüge**. Fabrikhufeisen für die Herstellung von Sonderbeschlägen in der Form des Vorderhufs sind erhältlich mit seitlichen Zehenaufzügen, Seitenwandaufzügen und ohne Aufzüge. Die Auswahl an unterschiedlichen Vorderhufeisen ist deutlich vielfältiger als die Auswahl an Hinterhufeisen, da an der Vordergliedmaße mehr Erkrankungen auftreten als an der Hintergliedmaße und somit ein erhöhter Bedarf an orthopädischen Beschlagmaßnahmen besteht.

Einige Hersteller bieten Hufeisen mit **Stollenloch** und **Gewinde** an.

3.1.3 Hufeisen für besondere Hufformen

Melanie Striebinger

Nicht alle Pferde weisen eine regelmäßige Hufform auf und können mit einem regelmäßigen Hufeisen beschlagen werden. **Hufe der weiten Form** sollten beispielsweise mit einem breiten Hufeisen mit einer größeren Auflagefläche und einer bodenengen Ränderung beschlagen werden (► **Abb. 3.7**). Im Gegenzug wird ein **Huf der engen Form** mit einem etwas schmaleren Hufeisen beschlagen und an Stellen, an denen keine Streichgefahr besteht, mit einer bodenweiten Ränderung versehen (► **Abb. 3.8**). Hierbei spielt nicht nur der Huf, sondern auch die Unterstützungsfläche (S. 161) des Pferdekörpers eine bedeutende Rolle. Nicht zu unterschätzen ist die Ränderung der Hufeisen. Durch korrektes Richten und Rändern des Hufeisens kann eine optimale Unterstützung erzielt werden.

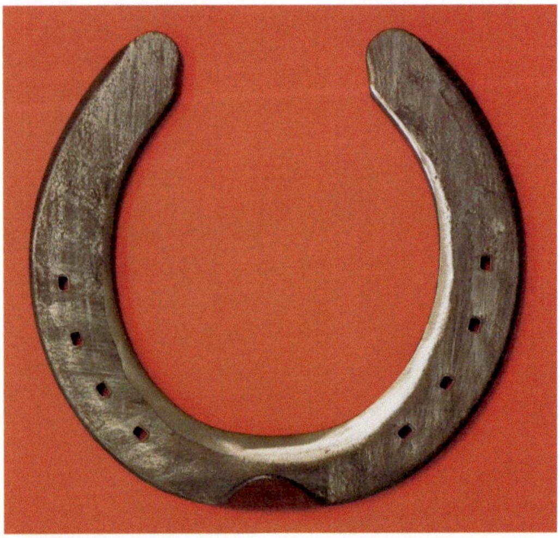

► **Abb. 3.7** Das Hufeisen weist eine kreisrunde Form auf und besitzt an der Innenkante der Tragfläche eine Abdachung, da Hufe der weiten Form eine schwache Sohlenwölbung aufweisen. Bei weiten Hufen empfiehlt sich ein breiter Materialquerschnitt, hier ein Hufeisen im Querschnitt 25 × 8 mm. An der Bodenfläche ist eine bodenenge Ränderung (S. 48) angeschliffen (nicht sichtbar).

► **Abb. 3.8** Das Hufeisen für den engen Huf weist eine spitzrunde Form auf und besitzt eine bodenweite Ränderung. Der Materialquerschnitt fällt hierbei geringer aus, es handelt sich um ein Hufeisen mit dem Querschnitt 22 × 8 mm.

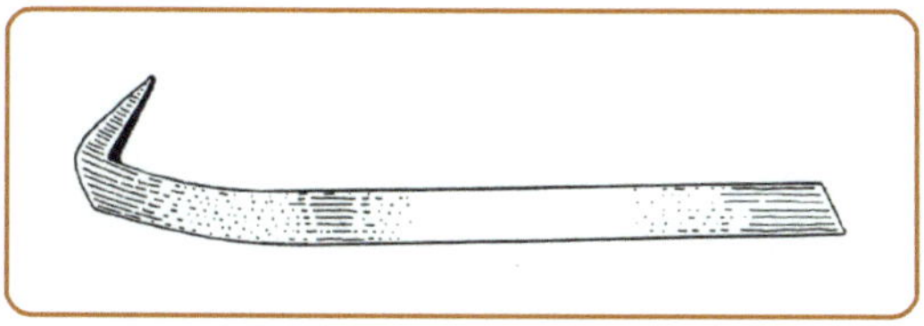

► **Abb. 3.9** Hufeisen für spitz gewinkelte Hufe.

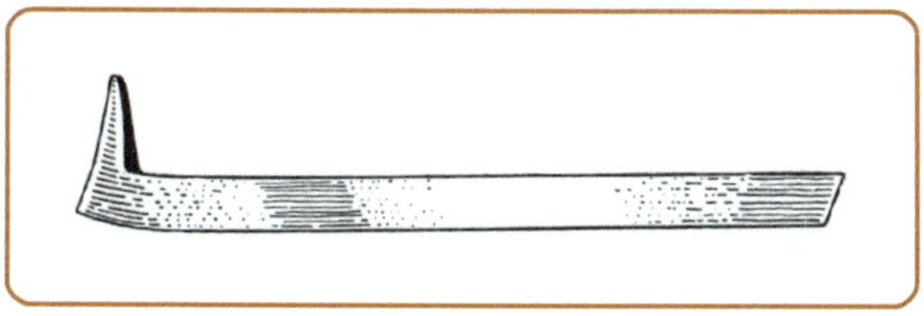

► **Abb. 3.10** Hufeisen für stumpf gewinkelte Hufe.

Merke

Generell sollte das Hufeisen für den weiten Huf breit sein, im Gegensatz zum engen Huf, der aufgrund der starken Sohlenwölbung wenig Sohle zum Tragen bringt und ein schmaleres Hufeisen benötigt.

Hufeisen für **spitz gewinkelte Hufe** sind länger, am Zehenteil bodeneng und an den Schenkelenden bodenweit gerändert. Der Zehenaufzug wird in die Mitte der Hornwand eingebettet. Im Zehenteil ist eine starke und lange Zehenrichtung anzubringen, um das Abrollen zu erleichtern (► Abb. 3.9).

Hufeisen für **stumpf gewinkelte Hufe** sind an den Schenkelenden kürzer (► Abb. 3.10). Der Zehenaufzug wird auf die Hornwand gelegt und der Zehenteil des Hufeisens mit einer kurzen Zehenrichtung versehen. Ist der Huf sehr stumpf gewinkelt, kann der vordere Teil des Hufeisens bodenweit gerändert werden, die Schenkelenden dagegen bodeneng.

Bei Pferden mit **nach hinten gebrochenem Fesselstand** und einem **spitzen Zehenbodenwinkel** ist die Korrektur des Abrollpunktes durch Zehenrichtung oder Zurücksetzen des Hufeisens in Verbindung mit der Wahl der Aufzüge ein wichtiges Beschlagkriterium.

Ein weiteres Hufeisen für besondere Hufformen ist das **lyraförmige Eselhufeisen** (► Abb. 3.11), welches wegen der starken Wände des Eselhufs mit einer fetten Lochung versehen ist.

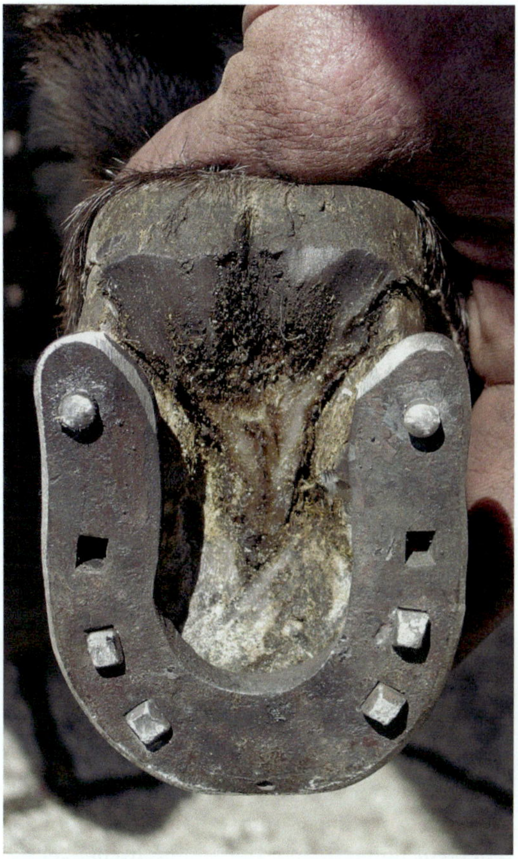

► **Abb. 3.11** Lyraförmiges Stempelhufeisen für den Beschlag von Eseln.

3.1.4 Sonder- und Korrekturbeschläge

Melanie Striebinger, Florian Häfner

Bei der Wahl des Beschlags sind Körperbau und Verwendungszweck des Pferdes ausschlaggebend. Der Verwendungszweck entscheidet über die Wahl des Sonderbeschlags, da Pferde nicht unnötigerweise mit einem solchen beschlagen werden sollten (z. B. Beschlag mit Griffen und Stollen).

Bei krankhaften Veränderungen an Huf und Gliedmaße können durch Anbringen eines orthopädischen Beschlags eine Verbesserung und Korrektur der Bewegungsabläufe erzielt werden.

Therapeutische Beschläge kommen bei der Behandlung von Krankheiten zum Einsatz – hier wird durch den passenden Beschlag die Heilung unterstützt. Jedes Hufeisen kann durch Schmiedetechnik oder Modifikation durch Stege sowie den Einsatz von Einlagen und Polstern zu einem individuellen Sonderbeschlag verändert werden.

Nachfolgend wird eine Auswahl häufig verwendeter orthopädischer Hufeisen und Sonderbeschläge vorgestellt.

Breitschenkelhufeisen

Steckbrief
Breitschenkelhufeisen
Das Breitschenkelhufeisen kommt häufig im orthopädischen Hufbeschlag zum Einsatz. Hier besteht ein enger Zusammenhang mit der Unterstützungsfläche des Pferdekörpers. Beim Breitschenkelhufeisen ist einer der Schenkel verbreitert und weist eine bodenweite Ränderung auf. Der andere Schenkel zeigt die Abmessungen eines regelmäßigen Schenkels mit bodenenger Ränderung.

Das Breitschenkelhufeisen wird bei Pferden mit **unregelmäßigen Hufformen** in Verbindung mit einer unregelmäßigen Gliedmaßenstellung eingesetzt (► **Abb. 3.12**). Der breite Schenkel wird auf die steilere, engere Hufhälfte mit eingezogener Hufwand angebracht und sollte den Kronrand senkrecht unterstützen. Der Hufeisenschenkel für die weite, schräge Hufwand wird mit einer bodenengen Ränderung versehen. Meist erhält das Hufeisen einen Zehenaufzug. Zusätzlich kann je nach Winkelung der schrägen Seitenwand des Hufs ein weiterer seitlicher Aufzug angeschmiedet werden. Zur Nagelung ist zu erwähnen, dass der breite Schenkel eine zum Schenkelende hin zunehmend fettere Lochung aufweisen muss, da sonst eine korrekte Nagelung in die weiße Linie nicht möglich wäre. Beachtet werden sollte die Nagelung vor der weitesten Stelle.

Häufig ist es bei einem **diagonalen Huf** (► **Abb. 3.13**) oder **halbeng-halbweiten Huf** (► **Abb. 3.14**) sinnvoll, den Breitschenkel auf der eingezogenen Hufwand nur mit 2 Nägeln zu befestigen. Auf der weiten Hufwandhälfte können häufig 4 Nägel eingeschlagen werden.

Wenn das Hufeisen mit Schraub-, Steck- oder Nietstollen versehen werden soll, befindet sich das **Stollenloch** auch am breiten Schenkel in der Mitte des Schenkelendes.

Verwendung findet das Hufeisen außerdem bei Pferden mit **Hornspalten, Hufknorpelverknöcherungen** oder **arthrotischen Veränderungen**, häufig in Verbindung mit Einlagen. Das Herstellen einer optimalen Unterstützungsfläche der Gliedmaße und somit des Pferdekörpers kann durch ein Breitschenkelhufeisen mit entsprechender Ränderung annähernd erreicht werden.

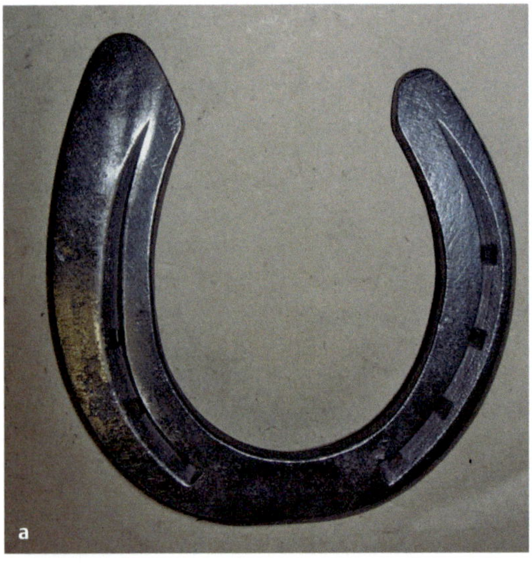

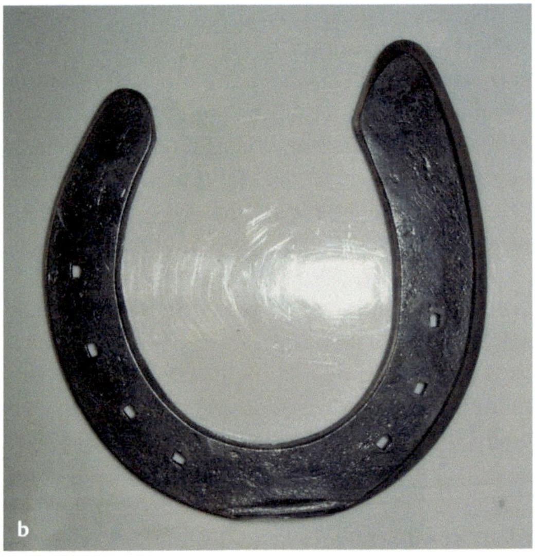

► **Abb. 3.12** Handgeschmiedetes Breitschenkelhufeisen.
a Bodenfläche.
b Tragfläche.

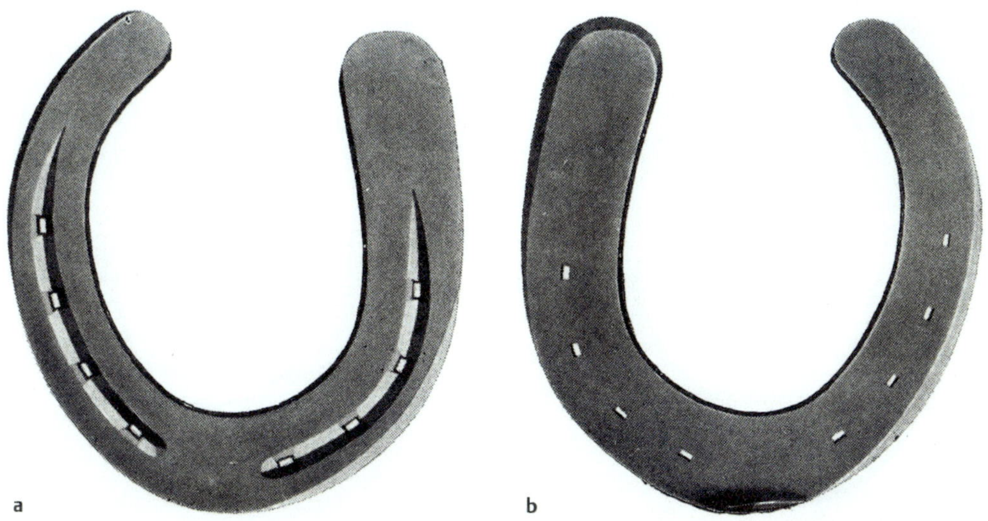

▶ **Abb. 3.13** Hufeisen für den diagonalen Huf. **a** Bodenfläche; **b** Tragfläche.

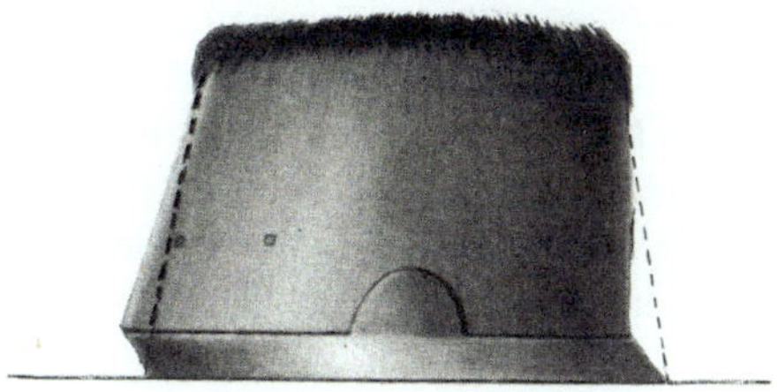

▶ **Abb. 3.14** Beschlag des halbeng-halbweiten Hufs.

Zur Herstellung kann man verschiedene Techniken anwenden: Zum einen kann das Hufeisen aus einem Stabstahl **handgeschmiedet** individuell dem Huf angepasst werden. Die als Breitschenkel auszuschmiedende Hälfte des Stabstahls sollte länger belassen werden. Dafür ist der Körnpunkt aus der Mitte des Stabstahls zu setzen, um den Breitschenkel deutlich weniger auszuschmieden. Der erwünschte breite Materialquerschnitt bleibt erhalten. Der Schenkel des weiten Wandabschnitts wird stärker ausgeschmiedet, da er einen schmaleren Materialquerschnitt aufweist. Die erforderlichen Ränderungen – bodenweit am Breitschenkel und bodeneng am Schenkel des weiten Hufabschnitts – können angeschmiedet und am fertiggestellten Hufeisen bei Bedarf durch Schleifen verstärkt werden. Der Verlauf des Falzes und der Nagelung wird am Breitschenkelhufeisen – im Unterschied zu einem regelmäßigen Beschlag – vom Zehenteil zum Schenkelende zunehmend fetter.

Die Herstellung aus einem **Fabrikhufeisen** kann zum einen durch starkes Ausschmieden und Ausplatten des gewünschten Schenkels entstehen, zum anderen kann zusätzliches Stabmaterial zur Verbreiterung an den Schenkel angeschweißt werden. Mittlerweile sind verschiedene Hufeisen mit verbreiterten Schenkeln auf dem Markt erhältlich, welche sich sehr gut individuell modifizieren lassen.

Das Breitschenkelhufeisen hatte in früheren Zeiten seinen Einsatzbereich hauptsächlich bei **Arbeitspferden**. Tiere mit bodenengen, zehenengen oder diagonalen Gliedmaßenstellungen und drehendem Gang erhielten aufgrund der starken Belastung der äußeren Wandabschnitte ein Breitschenkelhufeisen. Dieses Hufeisen war auf der Außenseite des verbreiterten Schenkels mit einem seitlichen Aufzug versehen, um zusätzlich Stabilität und Halt in der Belastung zu bieten (▶ **Abb. 3.15**).

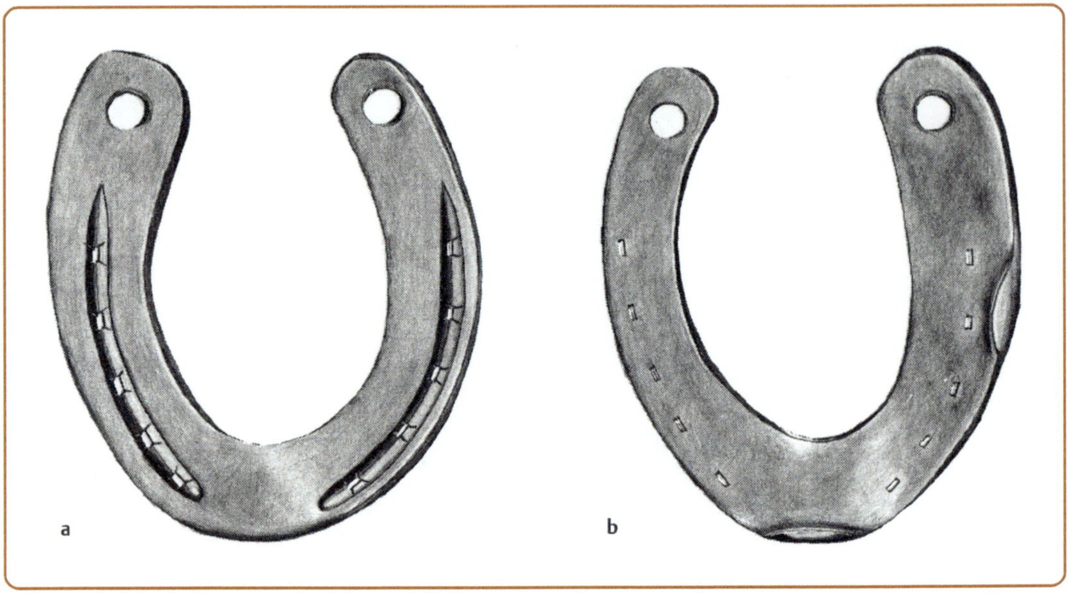

► **Abb. 3.15** Breitschenkelhufeisen mit Aufzug am Breitschenkel für Arbeitspferde mit bodenenger Gliedmaßenstellung und drehendem Gang. **a** Bodenfläche; **b** Tragfläche.

Geschlossenes Hufeisen

Bei einem geschlossenen Hufeisen wird ein **Quersteg** zwischen die Schenkelenden gesetzt, wobei besondere Aufmerksamkeit auf dem Strahl liegen sollte. Der Strahl darf keinesfalls durch den Schlusssteg zu viel Druck erfahren, da dies zu einer Quetschung der Strahllederhaut führen könnte. Deshalb kam in der Vergangenheit bei Flach- und Vollhufen eine weitere Variante des geschlossenen Hufeisens, das **Hufeisen mit durchgekröpftem Steg**, in Verbindung mit Stollen zum Einsatz. Eine heutzutage nicht mehr angewandte Technik. Von Stollen sollte in diesem Falle abgesehen werden, da durch den Steg und die Stollen ein hoher Druck in diesem sensiblen Hufabschnitt entsteht und es so zu Schmerzen und Lahmheit führen könnte. Eine weitere Form des geschlossenen Hufeisens ist der Schluss mit einem **Keilsteg**, der zu einer Erhöhung der hinteren Hufabschnitte führt.

Bei handgefertigten Eisen wird der Steg durch Feuerschweißen gefügt, später kam der Einsatz von mobilen Schweißgeräten hinzu. In jüngerer Zeit gibt es verschiedene vorgefertigte Einschweißteilsets wie z. B. das Orthokit 2.0® (Fa. Werkman Horseshoes, Groningen), welche die Herstellung von Sonderbeschlägen deutlich vereinfachen. Das Orthokit 2.0® enthält pro Formteil unterschiedliche Größen, um das Einpassen zeiteffizient zu gestalten. Es können so Stegeisen, Eiereisen, Herzeisen, Sterneisen, Breitschenkeleisen, Rehebeschläge nach Bolz und Hufeisen mit verbreiterter Zehe einfach hergestellt werden. Wichtig ist hierbei, dass die Schweißarbeit sorgfältig ausgeführt wird, da es durch Lockerung des Steges zu Verletzungen am Huf, besonders im Bereich des Strahls, kommen kann.

Eingesetzt wird das geschlossene Hufeisen, wenn z. B. partiell Wandabschnitte durch eine Schwebe entlastet werden sollen oder eine orthopädische Maßnahme nach tierärztlicher Diagnostik angeordnet ist.

Eierhufeisen

Beim Eierhufeisen (Eggbar Shoe) handelt es sich um eine Sonderform des geschlossenen Hufeisens. Es zeichnet sich durch einen **halbovalen Schlusssteg** aus, der mindestens in einer senkrechten Linie mit dem Ballen abschließen muss, um ausreichend Unterstützungsfläche zu bieten. Der Schlusssteg darf keinesfalls auf dem Strahl aufliegen oder Druck ausüben.

▶ **Abb. 3.16** Handgeschmiedetes Eierhufeisen mit Zehenaufzug (Bodenfläche).

▶ **Abb. 3.17** Full Rolling Shoe aus Aluminium.

Das Eierhufeisen kommt sehr häufig bei **Erkrankungen des Strahlbeins und der tiefen Beugesehne** zum Einsatz. Der Beschlag stellt in Verbindung mit einer korrekten Hufzubereitung unter Beachtung des Fesselstandes und einer Unterstützung der hinteren Hufabschnitte die Balance der Gliedmaße wieder her. Ein Einsinken der hinteren Hufabschnitte wird verhindert.

Das Hufeisen kann als fertiges Eierhufeisen direkt erworben und verwendet werden, ▶ **Abb. 3.16** zeigt ein handgeschmiedetes Eierhufeisen mit Zehenaufzug. Eine individuelle Herstellung ist jedoch von Vorteil. Je nach Bedarf können regelmäßige Vorderhufeisen oder andere Hufeisen mit seitlichen Aufzügen oder geradem Zehenteil zu einem Eggbar Shoe modifiziert werden: Länge und Form des halbrunden Schlusssteges sind individuell anzupassen. Der Steg wird im Beschlagalltag meist mit einem Schutzgas- oder Elektrodenschweißgerät eingeschweißt. Das Hufeisen kann natürlich auch mit einer Feuerschweißung aus Stabstahl passend geschmiedet werden.

Weitere Varianten dieses Hufeisens sind das **Keil-Eierhufeisen** mit einem keilförmig ausgebildeten Schlusssteg zur Erhöhung der hinteren Hufabschnitte und der **Full Rolling Shoe** aus Aluminium (▶ **Abb. 3.17**). Dieser hat eine stark bodenenge Form und ermöglicht bei einer unregelmäßigen Gliedmaßenstellung ein leichteres Einfußen und Abrollen.

Herzförmiges Hufeisen (Heartbar Shoe)

Beim herzförmigen Hufeisen handelt es sich um ein geschlossenes Hufeisen mit einer zusätzlichen Unterstützung für den Strahl, die in Form eines dreieckigen Keiles zwischen den Schenkelenden sitzt (▶ **Abb. 3.18**). Dieses Hufeisen kommt zum Einsatz, wenn z. B. andere Teile des Hufs krankheitsbedingt schweben und der Strahl deutlich zum Tragen herangezogen werden soll.

! Merke

Es gilt der Grundsatz, dass der gesunde Teil des Hufs trägt und der erkrankte Teil schwebt, z. B. bei Erkrankungen wie Hornspalten oder hohler Wand.

Beim Beschlag mit einem herzförmigen Hufeisen ist besondere Sorgfalt bei an **Hufrehe** erkrankten Pferden geboten.

▸ **Abb. 3.18** Herzförmiges Hufeisen (zehenoffen).

Merke

Der dreieckige Steg zur Unterstützung des Strahls darf keinesfalls Druck ausüben und nie im Bereich der Strahlspitze oder des davor angrenzenden Sohlenkörpers liegen!

Eine Folge wäre eine durch Druck entstehende Nekrose der umgebenden Sohlenlederhaut mit gravierenden Folgen für das Pferd. Daher erfordert die Anbringung dieses Beschlags besondere Erfahrung.

Die Herstellung eines herzförmigen Hufeisens kann individuell erfolgen, sei es durch Schmieden aus Stabstahl oder Einschweißen eines passenden Steges. Bei der Auswahl des Stegmaterials ist zu beachten, dass es von ausreichender Materialstärke ist. Durch Abnutzung kann es zu dünn werden und sich auf unwegsamem Geläuf aufbiegen. Dies birgt eine hohe Verletzungsgefahr und ungünstigste Druckverhältnisse, die häufig schmerzhaft für das Pferd sind und bis zur hochgradigen Lahmheit führen können.

Häufig wird das Hufeisen modifiziert oder in Verbindung mit einem zehenoffenen Beschlag angewendet.

Natural Balance Shoe (NBS)

Der NBS-Beschlag besteht aus einem Hufeisen mit einem geraden Zehenteil und einer bodenengen, abgerundeten Fase an der Bodenfläche des Hufeisens. Es sind Vorder- und Hinterhufeisen aus Stahl und Aluminium erhältlich (▸ **Abb. 3.19**). Das Hufeisen kann durch sein gerades Zehenteil und die seitlichen Nagellöcher deutlich zurückgesetzt werden, wodurch ein früher Abrollpunkt entsteht.

▸ **Abb. 3.19** Natural Balance Shoe aus Stahl.

Der **Abrollpunkt** richtet sich nach Sohlenkörper und Strahlspitze und wurde anhand einer Studie an Wildpferden von Gene Ovnicek entwickelt. Seiner Theorie nach sollen die Trachten auf einer Ebene mit dem Strahl liegen, um einen Bodenkontakt und somit ein Mittragen des Strahls zu ermöglichen. Durch die zurückgesetzte Lage des Hufeisens wird trotz der niedrigen Trachten ein früher Abrollpunkt entsprechend einem passenden Fesselstand erreicht.

Der NBS-Beschlag ist vielseitig im orthopädischen Hufbeschlag einsetzbar und lässt sich gut durch Einschweißen von Stegen oder Anschmieden von Aufzügen modifizieren. Er bietet sich vorzüglich für die Korrektur bei Pferden mit einer nach hinten gebrochenen Zehenachse an und hat deshalb seinen Einsatzbereich besonders bei **Sportpferden mit Erkrankungen der Hufrolle**.

Roller-Hufeisen

Unter dem Überbegriff Roller-Hufeisen werden Beschläge bezeichnet, welche das Abfußen erleichtern. Meist besteht hier nicht nur eine vorgefertigte Zehenrichtung, sondern das Abfußen wird in jegliche Richtung erleichtert. Dies geschieht häufig durch Verwendung eines halbrunden Stabmaterials in der Herstellung. Hierdurch bietet das Hufeisen eine ebene Kontaktfläche auf der Hufseite, auf der Bodenseite erleichtert das halbrunde Profil das Abfußen. Dies erleichtert dem Pferd vor allem auch das Laufen in Wendungen, da sich hier ja je nach Boden, Geschwindigkeit und Kreisdurchmesser der Abrollpunkt von der Hufzehe weg Richtung Seitenwände verlagern kann.

Die so entstehende Hebelreduktion kann Pferden mit Erkrankungen der distalen Gelenke und dadurch verursachtem Wendeschmerz zugute kommen.

Halbmondförmiges Hufeisen

Das halbmondförmige Hufeisen hat seinen Einsatzbereich hauptsächlich in der Stellungskorrektur von **Fohlen** und **Jährlingen mit Bockhufen**. Es verfügt über ein breites Zehenteil, was dem Schutz der stark abgenutzten Zehe dient.

Das halbmondförmige Hufeisen bedeckt nur die vordere Hufhälfte etwa bis zur weitesten Stelle. Es ist dünner als ein regelmäßiges Hufeisen und mit Stempelnagellöchern versehen (▸ **Abb. 3.20**). Die Breite sowie die Stärke der Schenkel verjüngen sich in Richtung der Schenkelenden, welche im Bereich der weitesten Stelle in den Huf eingelassen werden, um auf einer Ebene mit den Trachten zu liegen (▸ **Abb. 3.21**). Dadurch können sich die starken Trachten in der täglichen Bewegung eigenständig abnutzen, die Zehe wird geschont, und die unregelmäßige Stellung kann so korrigiert werden. Hierbei empfiehlt es sich, kurze Beschlagintervalle von 4 Wochen einzuhalten.

Merke

Eine orthopädische Beschlagmaßnahme am Fohlenhuf ist nur mit ausreichender, kontrollierter Bewegung erfolgreich.

Dieses Hufeisen kann unkompliziert individuell nach Hufgröße und Wandstärke aus Stabmaterial geschmiedet werden. Die Nagellöcher werden gestempelt und richten sich nach der Größe der benötigten Nägel.

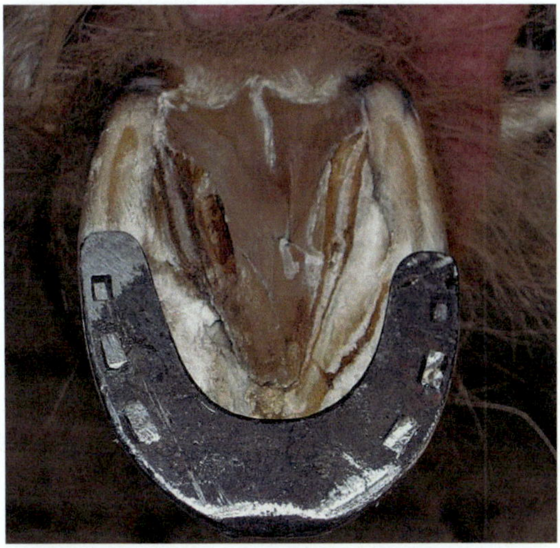

▸ **Abb. 3.20** Beschlag mit Halbmondhufeisen von der Sohlenansicht.

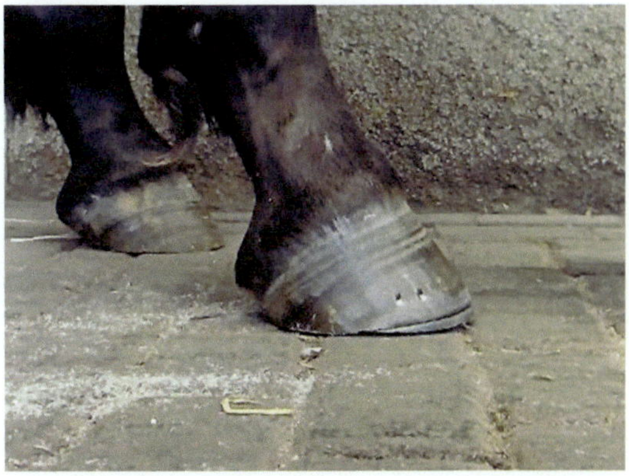

▸ **Abb. 3.21** Beschlag mit Halbmondhufeisen von der Seitenansicht.

Dieser Beschlag dient ausschließlich der Korrektur und sollte nicht bei arbeitenden Pferden eingesetzt werden.

Dreiviertelhufeisen

Das Dreiviertelhufeisen hat seinen Einsatzbereich ebenfalls in der Stellungskorrektur junger Pferde. Dreiviertelhufeisen haben einen vollständigen und einen halben Schenkel. Der halbe Schenkel entspricht einem Schenkel eines halbmondförmigen Hufeisens (▸ **Abb. 3.22**).

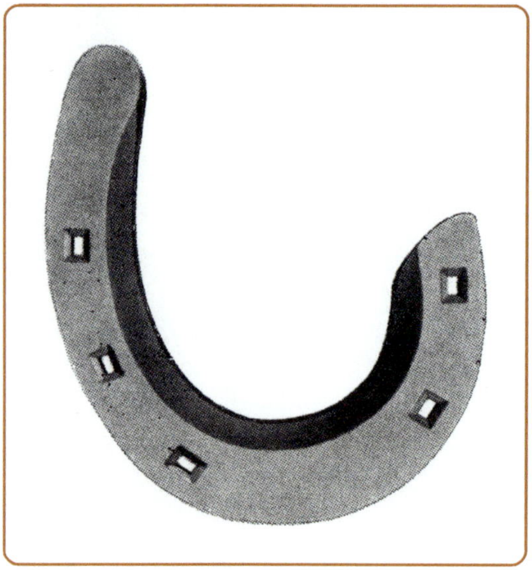

▶ **Abb. 3.22** Dreiviertelhufeisen.

Merke

Das halbmondförmige Hufeisen sowie das Dreiviertelhufeisen können bei Trachtenzwanghufen bedingt eingesetzt werden. Jedoch sollte dieser Beschlag nur bei Pferden angebracht werden, die auf einem weichen Untergrund leicht bewegt werden.

3.2 Beschlag mit Einlagen und Polstern

Melanie Striebinger, Gerben Bronkhorst, Jan de Zwaan, Willem Back

3.2.1 Einsatzbereich für Einlagen und Polster

Melanie Striebinger

Die Nutzung von Einlagen und Polstermaterialien kann im Pferdesport sowie im orthopädischen Hufbeschlag positive Einflüsse sowie Schutzfunktionen auf die Hornkapsel haben.

Diese kann man in „schützende Einlage" und „stoßdämpfende Einlage" einteilen. Eine **schützende Einlage**, in Form einer Ledersohle, kann beispielsweise bei einer dünnen, empfindlichen Hornsohle oder nach allmählicher Überhornung eines Defektes in der Hornsohle zum Einsatz kommen. Die Vorteile dieser natürlichen Produkte bestehen darin, dass das Wachstum anaerober Keime gemindert wird, da Leder atmungsaktiv ist und auch Feuchtigkeit aufnehmen kann.

Stoßdämpfende Einlagen haben ihren Einsatz im sportlichen Bereich sowie der Orthopädie. Sie polstern den Huf auf hartem, scharfem Geläuf oder können bei manchen krankhaften Veränderungen Milderung verschaffen.

Die Wahl des Produktes sollte stets nach Verwendungszweck und gewünschten Effekt abgewogen werden sowie Vor- und Nachteile durchdacht werden. Das gilt auch für die **Härtegrade** verschiedener Polstermaterialien aus Polyurethanen und Silikonen. Die Härtegrade werden in Shore angegeben, vgl. Kap. Kunststoffeinlagen (S.63). Ein Polster mit hohem Shore-Wert kann unter Umständen Schmerzen bereiten. Deshalb sollte der Huf vorher präzise mit der Hufuntersuchungszange geprüft werden, um eine Druckempfindlichkeit vor Einlassen des Polsters zu erkennen und ggf. Probleme zu vermeiden.

Eine weitere Möglichkeit bieten selbsthaftende 2-Komponenten-PU-Produkte, wie z. B. Vettec Equi Pak und insbesondere Vettec Sole Guard, welches nicht nur das beschlagene Pferd schützt und unterstützt, sondern auch beim Barhufgänger als alternativer Hufschutz eingesetzt werden kann.

Generell können Polster und Einlagen nicht nur zum Schutze und der Stoßdämpfung eingesetzt werden, sondern auch zum Tragen der Sohle und des Strahls, sowie partielles Tragen bestimmter Bereiche der Hufunterseite (z. B. bei Hufrehe können die hinteren Abschnitte zum Tragen herangezogen werden). Ein weiterer positiver Effekt ist die Wirkung in weichen Böden. Ein mit Polster und/oder Einlage versehener Huf erfährt mehr Auftrieb in weichem Geläuf und kann so orthopädische Eisen in ihrer Funktion verstärken (z. B. Fesselträger-Beschlag nach Denoix).

3.2.2 Einlagen

Melanie Striebinger

Der Hufbeschlag mit Einlagen kann in unterschiedlichen Varianten ausgeführt werden und ist von den Bedürfnissen des Pferdes abhängig.

Lederplatte

Bei druckempfindlicher und dünner Hufsohle, Flachhuf oder Vollhuf, nach eitrigen und nichteitrigen Entzündungen der Huflederhaut oder Strahlfäule und Hufkrebs bietet sich eine „trockene“ Einlage in Form einer Lederplatte an (▶ **Abb. 3.23**).

Der Vorteil von Leder und Werg bzw. Hanf ist die Luftdurchlässigkeit dieser Werkstoffe. Dadurch kann eine weitere Zersetzung durch anaerobe Bakterien weitgehend vermieden werden.

Bei der Verarbeitung bietet sich 2–6 mm starkes Rindsleder an. Das Leder wird passend zum Hufeisen zugeschnitten und gerändert. Die Nagellöcher sollten mit einer Ahle in das Leder eingebrannt werden, um eine sichere Nagelung zu gewährleisten. Die Lederplatte wird mit 2 Hufnägeln am Hufeisen fixiert. Diese 2 fixierenden Hufnägel können nach dem Aufnageln wieder entfernt werden. Das Werg wird in Form von stramm gewickelten Zöpfen oder Schnecken zwischen Huf und Ledersohle gelegt. Die Hornsohle kann zusätzlich mit Buchenholzteer oder Lärchenharz bestrichen werden, um zusätzlich eine bakterielle Zersetzung des Horns zu verhindern.

Bei dünnen Hornsohlen, insbesondere nach einem Defekt, sollte die Verwendung von Kunststoff-/PU-/Silikonprodukten vermieden werden, da durch den Luftabschluss die Keimvermehrung begünstigt wird und ein Zersetzen des neu gebildeten Horns stattfinden kann. Ebenso sollten die Wärmeentwicklung und der Härtegrad solcher Produkte in Betracht gezogen werden. Deshalb empfiehlt es sich in solchen Fällen eine schützende Einlage in Form einer Lederplatte mit natürlichem Füll/-Polstermaterial wie z. B. geteertes Werg, teerhaltige Polstermassen (z. B. Sole Pack, Fa. Hawthorne) anzuwenden.

▶ **Abb. 3.23** Hufeisen mit Lederplatte und Wergeinlage mit durchgebrannten Nagellöchern und umgelegten Hufnägeln zum Fixieren.

Kunststoffeinlagen

Soll eine Stoßbrechung oder ein partielles Tragen der Hufsohle erreicht werden, bieten sich Kunststoffeinlagen in Verbindung mit Hufpolstern aus speziellen hochwertigen Silikonen und Polyurethanen an. Für diesen Einsatzbereich haben mehrere Hersteller verschiedene Systeme auf den Markt gebracht. Eine stoßdämpfende Einlage bietet sich bei **arthrotischen Veränderungen der Zehengelenke** oder bei **Hufknorpelverknöcherungen** an.

Gitterplatten aus Kunststoff sind in unterschiedlichen Ausführungen, Größen und Materialhärten erhältlich (▶ **Abb. 3.24**, ▶ **Abb. 3.25**). Die Materialhärte für Kunststoffe wird in Shore mit Werten zwischen 0 und 100 angegeben. Eine hohe Shore-Zahl bedeutet eine große Härte. Der Markt bietet unterschiedliche Produkte mit verschiedenen Shore-Werten an. Die Gitterplatten werden zwischen Huf und Hufeisen angebracht und mit Silikonen und Polyurethanen in unterschiedlichen Härtegraden aufgefüllt. Dadurch können die Sohle und der Strahl zusätzlich zum Tragen herangezogen werden, s. Kap. Polster (S. 65).

▶ **Abb. 3.24** Beispiel einer keilförmigen Gitterplatte (Fa. Luwex).

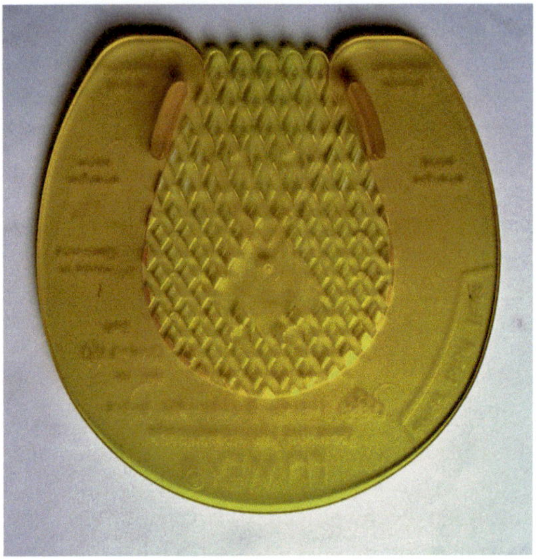

▶ **Abb. 3.25** Beispiel einer Gitterplatte (Fa. Luwex).

▶ **Abb. 3.26** Beispiel einer Hufeinlage mit Strahlunterstützung (Fa. Puhl).

Eine weitere Möglichkeit des Beschlags mit Einlagen bieten Hufplatten aus Kunststoff **mit Strahlunterstützung**, die hierzu in Keilform und in gerader Form angeboten werden (▶ **Abb. 3.26**).

Schneeeinlagen

Für den Hufbeschlag im Winter stehen spezielle Schneeeinlagen von verschiedenen Anbietern zur Verfügung. Durch diese Einlagen wird ein Aufstollen des Schnees im Hufeisen verhindert. Das Prinzip beruht darauf, dass der Schnee durch den Kontakt mit der beweglichen Gummieinlage nicht am Hufeisen anfriert, sondern aus dem Beschlag herausfällt (▶ **Abb. 3.27**).

▶ **Abb. 3.27** Schneeeinlage zur Verhinderung des Aufstollens.

▶ **Abb. 3.28** Splintverband.

Splintverband

Der Splintverband (▶ **Abb. 3.28**) ist eine Kombination aus Beschlag mit Polster und Verband. Er kommt meist nach Operationen mit großflächigen Hornabtragungen zum Einsatz.

Das Prinzip entspricht dem des Deckelhufeisens (S. 65). Die ungeschützte Huflederhaut wird mit Kompressen abgedeckt und mit Wergzöpfen gepolstert. Diese Polsterung wird mit **Splinten** fixiert. Zuvor ist eine starke Abdachung der Hufeisen-Tragfläche erforderlich. Die Splinte werden in den so entstandenen Spalt zwischen Hufeisen und Hufsohle eingesetzt. Sie bestehen aus Bandstahlstreifen und können gezielt einen hohen Druck auf die betroffene Stelle in der Hufsohle ausüben. So kann ein Vorfallen der Lederhaut verhindert werden. Vor zu starkem Einschlagen ist jedoch zu warnen, da bei zu hohem Druck die Heilung gestört wird und im Extremfall Nekrosen oder sogar Hufbeinfrakturen provoziert werden können.

Der Vorteil gegenüber einem Deckelhufeisen besteht darin, dass die Splinte einzeln fixiert werden und nach Hufoperationen an den erkrankten Stellen gezielt Druck ausüben können. Ein weiterer Vorteil des Splintverbands ist die unkomplizierte, zeitsparende Herstellung.

Deckelhufeisen

Deckelhufeisen sind an der Bodenfläche des Hufeisens durch eine Blechplatte geschlossen (▶ **Abb. 3.29**). Funktion und Verwendung entsprechen denjenigen des oben besprochenen Splintverbands. Das Deckelhufeisen ist jedoch aufwändiger anzufertigen. Der Deckel aus Blech wird meist mit einem Metallstift im Zehenteil eingehakt und am Schenkelende mit Schraubstollen oder Senkkopfschauben befestigt. Die Füllung kann ebenfalls aus Verbandmaterial und Werg bestehen. Der Deckel kann nach den Schenkelenden hin aufgebogen sein, um ein Herausrutschen der Verbandeinlage zu verhindern.

▶ **Abb. 3.29** Deckelhufeisen, das an der Bodenfläche des Hufeisens durch eine Blechplatte geschlossen ist.

3.2.3 Polster

Melanie Striebinger, Gerben Bronkhorst, Jan de Zwaan, Willem Back

Merke

Durch den Gebrauch von Einlagen und Polstern kann eine bestehende Strahlfäule verstärkt werden. Im Falle einer Strahlfäule sollte diese daher zuerst behandelt und erst im folgenden Schritt der orthopädische Beschlag sowie die damit einhergehende Behandlung fortgesetzt werden. Notfalls kann die mit Strahlfäule befallene Region frei belassen werden.

Der Markt bietet Polster mit Kupfersulfat (Vettec Equi-Pak CS), die nach Angaben der Hersteller der Prophylaxe von Strahlfäule dienen und bei anfälligen Pferden zum Einsatz kommen können. Nasse, blutende oder infizierte Bereiche sollten jedenfalls nicht bedeckt werden. Man kann mittels Knetmasse die betroffenen Bereiche, wie die seitlichen Strahlfurchen und die mittlere Strahlfurche im Trachtenbereich, beim Einfüllen des Polstermaterials abdecken und nach Aushärten entfernen. So kann kein Polstermaterial auf diese Bereiche gelangen. Der Huf erhält so ein stoßdämpfendes Polster, aber ermöglicht weiterhin eine Behandlung der Strahlfäule.

Für besseren Halt des eingegossenen Polstermaterials empfiehlt es sich, ein vom Hersteller angebotenes Gitternetz zwischen Huf und Hufschutz zu legen. Das Netz wird dann mit dem Schuh auf den Huf geklebt. Hierbei geht das Polstermaterial eine Verbindung mit dem festsitzenden Netz ein. Für eine saubere Arbeit und glatte Oberfläche bietet sich ebenfalls eine vom Hersteller angebotene Styroporplatte an (Foam Board), die beim Einfüllen auf die Unterseite des Hufs mit Beschlag geklebt wird. Der Kronrand, die Ballen und die darüberliegenden Haare können mit Vaseline eingecremt werden, damit überflüssiges Material nicht mit

▶ **Abb. 3.30** Eine selbsthaftende Styroporplatte wird unter das Hufeisen platziert, damit anschließend das Urethan eingefüllt werden kann.

dem Haarkleid verklebt. Das PU-Polstermaterial wird über die Ballen-Strahlregion eingefüllt (▶ **Abb. 3.30**). Dieser Bereich kann anschließend mit Klebeband verschlossen werden. Das Polster sitzt dann auf einem Niveau mit der Bodenfläche des Hufs. Die Sohle ist geschützt und trägt mit. Der Huf muss ca. 2–3 min aufgehalten werden, bis der PU-Kleber abbindet. Dann kann der Huf abgesetzt werden. Nach ca. 8 min ist das Material ausgehärtet und das Klebeband sowie die Styroporplatte können entfernt werden. Überstehendes oder überflüssiges Material kann mit dem Hufmesser einfach abgeschnitten werden.

3.3 Beschlag mit Gleitschutz (Griffe, Stollen und Widiastifte)

Melanie Striebinger

Das Anbringen eines Gleitschutzes kann aus verschiedenen Gründen sowie in unterschiedlichen Varianten erfolgen. So kann der Gleitschutz aus pferdesportlichen oder auch aus wirtschaftlichen Gründen erforderlich sein.

Sportpferde, die in den Sparten Springen, Vielseitigkeit, Fahren, Polo oder Jagdreiten aktiv sind, benötigen auf dem meist weichen Geläuf einen Gleitschutz in Form von Stollen. Ohne Stollen sind rasante Wendungen auf einem Grasgeläuf gefährliche Manöver, die ein Ausgleiten und Stürze provozieren.

Arbeitspferde, die als Holzrückepferde oder Zugtiere in einem Fuhrbetrieb eingesetzt werden, benötigen einen Gleitschutz, meist in Form von Stollen und Griffen, um ihre Arbeit mit einem sicheren, rutschfesten Gang zu erfüllen.

Allerdings weist der Beschlag mit Gleitschutz nicht nur Vorteile auf. Gelenke, Hufknorpel, Sehnen und Bänder werden stark beansprucht. Aufgrund der durch Griffe und Stollen verursachten Dreipunktauflage entstehen eine Minimierung der Unterstützungsfläche und die Gefahr einer unplanen Fußung. Nicht selten zeigen die Pferde besonders auf hartem Boden einen unsicheren Gang mit Stolpern. Der Strahl kann keinen Kontakt zum Boden bekommen und verkümmert. Dadurch wird der Hufmechanismus eingeschränkt. Das Verletzungsrisiko ist bei einem Beschlag mit Gleitschutz deutlich erhöht. Häufige Verletzungen und Erkrankungen sind Kronentritte, Stollbeulen, Hufknorpelverknöcherungen sowie Hornspalten. Gefährlich ist auch ein Hängenbleiben in Kanaldeckeln und Schienen.

Die am häufigsten verwendeten **Stollen** sind Schraubstollen. Der Vorteil ist die individuelle Anbringung nur bei Bedarf, wodurch eine Schonung der Gliedmaßen bewirkt wird. Auch kann so die Höhe und Schärfe des Stollens individuell für das vorhandene Geläuf gewählt werden. Weitere Arten von Stollen sind Aufschweißstollen, Steckstollen, angeschmiedete Stollen und Produkte verschiedener Hersteller mit unterschiedlichen Verbindungssystemen.

Als **Griffe** werden häufig Aufschweißgriffe verwendet. Früher kam meist der Steckgriff zum Einsatz.

! Merke

Bei Verwendung von Griffen und Stollen ist zu beachten, dass der Griff niemals höher sein darf als die Stollen. Die Stollenlöcher sollten sich in der Mitte des Schenkels mindestens 10 mm vom Schenkelende entfernt befinden. Als Richtwert gilt, dass der Stollen nicht höher sein sollte, als der Hufeisenschenkel stark ist.

Eine weitere Form des Gleitschutzes, besonders im Bereich der Freizeitpferde, ist die Verwendung von Hartmetallstiften, bekannt auch als **Widiastifte**. Diese kleinen Stifte werden durch ihre konische Form in eine Bohrung im Hufeisen eingeschlagen und verhindern ein Ausgleiten auf Asphalt. Außerdem gibt es Hufnägel mit integriertem Hartmetallstift als Gleitschutz. Vor Benutzung dieser **so genannten Widianägel** empfiehlt es sich, die Hufqualität genau zu beurteilen, denn ein Huf mit ausgebrochenen und dünnen Wänden ist für die Verwendung von Widianägeln nicht geeignet. Die Belastung der Hufwand durch diese „griffigen" Nägel ist deutlich erhöht.

Eine historische Besonderheit stellt die Verwendung von Stollen zu **therapeutischen Zwecken** dar. Eine Erhöhung durch Stollen kam bei Erkrankungen der tiefen Beugesehne zum Einsatz, ist jedoch heutzutage nicht mehr üblich, da ein instabiler Stand und ein punktueller Druck der Heilung und der Hufgesundheit nicht dienlich sind. Sie dient lediglich noch einer akuten Notversorgung.

3.4 Alternativer Hufschutz

Stephan Becker, Melanie Striebinger, Gerben Bronkhorst, Jan de Zwaan, Willem Back

3.4.1 Alternativen zum Eisenbeschlag

Stephan Becker, Melanie Striebinger

Die Suche nach Alternativen zum Eisenbeschlag beschäftigt den Menschen schon seit Langem. Im Zuge dessen wurde geforscht, getestet, wieder verworfen und weiterentwickelt. Die Hufschutzmaterialien, welche heute zum Einsatz kommen, basieren auf einer starken, innovativen Werkstofftechnologie, die erstaunliche Ergebnisse vorzuweisen hat. Daher werden diese auch immer öfter und erfolgreicher in der Praxis eingesetzt und sind in großer Vielfalt, besonders bei Freizeitreitern, anzutreffen. Allerdings kommt ein alternativer Hufschutz auch im Sport, vor allem im Distanzreiten, aufgrund seiner guten stoßdämpfenden Eigenschaften zum Einsatz. Außerdem wird die Verletzungsgefahr in der Herdenhaltung durch Kunststoffbeschläge vermindert. Der Markt bietet mittlerweile eine große Palette unterschiedlicher Produkte an.

Selbstverständlich ist es damit auch für zukünftige Hufbeschlagschmiede unumgänglich, sich mit den neuen Materialien sachlich auseinanderzusetzen – nicht zuletzt, da dies auch einen Prüfungsteil nach der Hufbeschlagverordnung darstellt (siehe HufBeschlV. § 10 Abs. 1).

Ferner bieten die alternativen Werkstoffe auch dem Tierarzt neue, gezielte Therapiemöglichkeiten.

Bei der Verwendung eines Hufschutzes ist es unerlässlich, sich vorab mit dem Kapitel Notwendigkeit von Hufschutz und Hufbeschlag (S. 195) zu befassen.

Weiterhin ist es notwendig, sich mit den folgenden Themen zu befassen:

- Bearbeitungsmöglichkeit
- individuelle Formbarkeit
- Haltbarkeit
- Einfluss auf die Bewegungsmechanik
- Einfluss auf die Hufmechanik
- Druckverteilung
- Stoßdämpfung
- Kosten für Material und Arbeitszeit

Hufschutz wird in 2 Hauptkategorien eingeteilt (► **Abb. 3.31**):

- **Permanente Systeme:** Ein Hufschutz, der für die Dauer einer Beschlagperiode (4 bis 7 Wochen) am Huf befestigt wird.
- **Temporäre Systeme:** Ein Hufschutz, der nur dann aufgebracht wird, wenn das Pferd genutzt wird bzw. für die Therapiedauer.

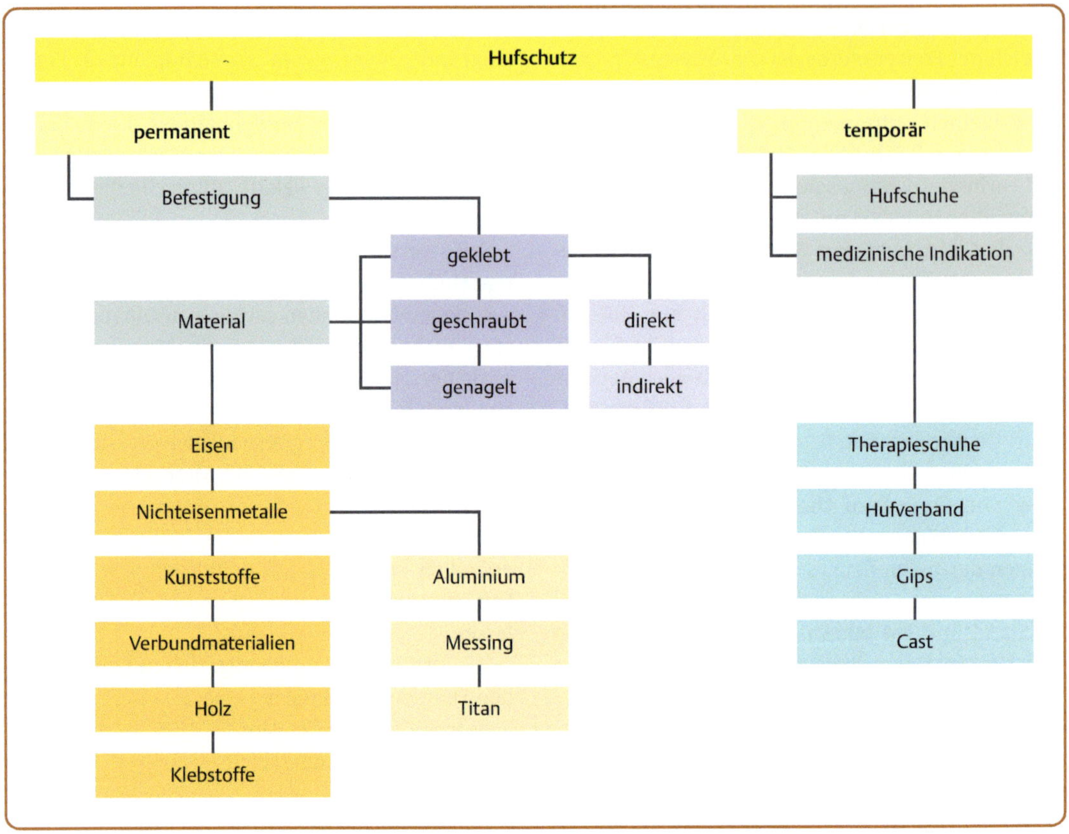

▸ **Abb. 3.31** Übersicht zur Auswahl eines permanenten und temporären Hufschutzes.

3.4.2 Permanenter Hufschutz

Stephan Becker, Melanie Striebinger, Gerben Bronkhorst, Jan de Zwaan, Willem Back

Hier wird als Erstes die Art der Befestigungsmethode gewählt. Sämtliche später aufgeführte Hufschutzmaterialien können auf unterschiedlichste Weise am Huf befestigt werden. Sie können genagelt, geschraubt oder geklebt werden.

Merke
Jede der aufgeführten Befestigungsmethoden erfordert fundierte Kenntnisse in Theorie und Praxis.

Genagelter Hufschutz

Melanie Striebinger, Stephan Becker

Bei der genagelten Befestigung ist wichtig, dass der Hufnagel (S. 77) passend zum verwendeten Hufschutz und zur Beschaffenheit der Hornkapsel ausgewählt wird.

Die folgenden Beschläge stellen eine Auswahl der zurzeit am Markt zur Verfügung stehenden Möglichkeiten zum genagelten alternativen Hufschutz dar:

Duplo-Beschlag

Der Duplo-Beschlag besteht aus einem weichen Kunststoff, der um eine Laser-geschnittene Blechplatte, ähnlich geformt wie ein Halbmondhufeisen, gegossen wird (▸ **Abb. 3.32**). In dieser Metalleinlage finden die Hufnägel einen sicheren Halt. Sie stabilisiert den Beschlag im vorderen Teil des Hufs. Im hinteren Bereich ist der Beschlag flexibel, wodurch die Gefahr des Abtretens durch Greifen verringert wird. Das Kunststoffmaterial ist ein thermoplastisches Polyurethan. Der Beschlag ist mit und ohne Aufzüge in 3 Materialhärten, die farblich gekennzeichnet sind, erhältlich. Er bekommt seine Stabilität und zusätzlichen Kraftschluss durch ein Noppenprofil aus härterem Kunststoff.

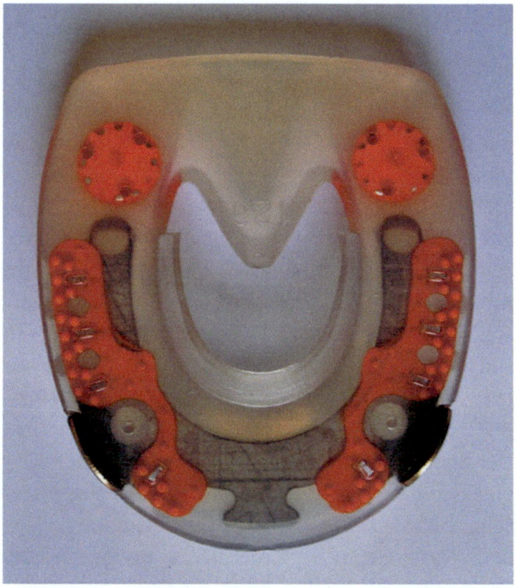

▶ **Abb. 3.32** Duplo-Beschlag.

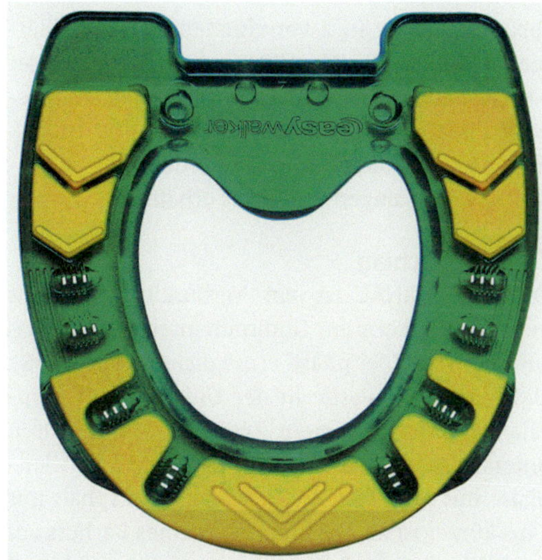

▶ **Abb. 3.33** Easywalker-Beschlag.

Die Nagellöcher sind als Langlöcher quer zur weißen Linie angeordnet. So kann der Hufnagel zum Aufnageln auf die weiße Linie gesetzt werden. Durch das Langloch kann die Nagelung variiert werden, der überstehende Beschlag wird mit der Raspel abgetragen.

Duplo-Beschläge sind in Vorder- und Hinterhufform, mit oder ohne Aufzüge sowie mit Schraubstollenlöchern erhältlich. Die Größe des Beschlags steigert sich um jeweils 4 mm.

Easywalker-Beschlag

Der Grundträger des Easywalker-Beschlags besteht aus einem formstabilen Polyurethan, das dem Huf Unterstützung und Flexibilität bieten kann. Der Steg im hinteren Bereich des Beschlags trägt am Strahl. Zusätzlich sind im Grundträger stoßdämpfende Elemente aus einem weichen, abriebfesten Polyurethan eingelassen, die ein ähnliches Gleitverhalten wie beim Barhuf bewirken. Durch die vorgestanzten Nagelkanäle innerhalb der Nagellöcher (▶ **Abb. 3.33**) können die Nägel passend in die weiße Linie genagelt werden. Zur Fixierung des Beschlags dienen Aufzüge. Zusätzlich kann dieser Beschlag mit Gewindeeinsätzen und Schraubstollen versehen werden. Der Beschlag ist in Vorder- und Hinterhufform erhältlich.

Hippoflex-Beschlag

Der Hippoflex-Beschlag besteht aus einem Polyurethan mit einer Shore-Härte von 60 D. Die Höhe des Beschlags beträgt 14 mm, wobei seine Bodenfläche aus Noppen besteht, die für einen rutschfesten Gang sorgen und Gewicht einsparen. Der Hippoflex-Beschlag ist mit Aufzügen versehen, die bedarfsabhängig entfernt werden können. Die Stabilität des Beschlags entsteht durch eine Brücke und eine Gegenbrücke, welche im Trachtenbereich verschraubt werden (▶ **Abb. 3.34**). Durch die verschiedenen Brückengrößen kann zusätzlich die Weite des Beschlags reguliert werden. Der Hippo-

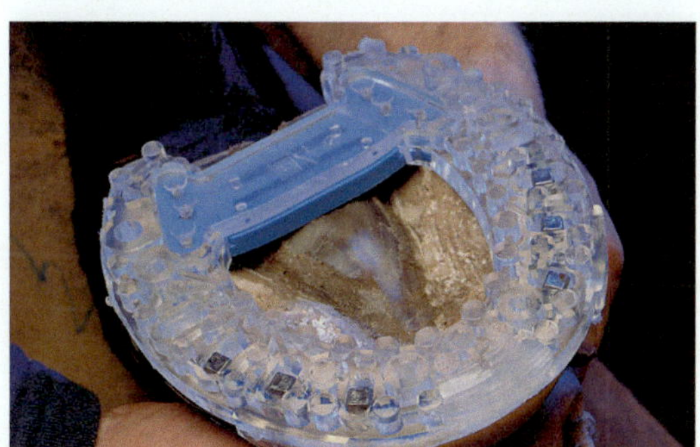

▶ **Abb. 3.34** Beispiel eines Hippoflex-Beschlages (Fa. Cera).

flex-Beschlag ist in 2 verschiedenen Materialhärten erhältlich. Die Nagellöcher werden nach der weißen Linie in die dafür vorgesehenen Kanäle gebohrt. Der Beschlag wird in Vorder- und Hinterhufform angeboten und ist außerdem mit Gewinde sowie Bohrungen für Spikes erhältlich.

ÖLLÖV-Beschlag

ÖLLÖV ORIGINAL ist ein Verbundbeschlag aus einem Metallkern mit Gummimantel, der eine naturidentische Gleitphase ermöglicht (▸ **Abb. 3.35**). Die Gleitphase wurde in der Universität in Uppsala/Schweden in einem Zeitraum von 2 Jahren untersucht. Die Studie hat ergeben, dass die Gleitphase mit einem ÖLLÖV-Beschlag auf Asphalt nur 1 ms kürzer ist als die Gleitphase eines Barhufs auf natürlichem Geläuf. Der Eisenbeschlag weicht auf Asphalt um den doppelten Wert vom Barhuf ab.

ÖLLÖV ORIGINAL wird seit 1993 von der AB Halmstads Gummifabrik in Schweden hergestellt. Beschläge dieser Art sind schon seit etwa 1900 bekannt. Die Metallkerne aus Aluminiumlegierung und Stahl werden seit 2007 warm im Gesenk geschmiedet. ÖLLÖV-Beschläge besitzen gezogene Aufzüge, am Vorderhufbeschlag vordere Zehenaufzüge und hinten seitliche Zehenaufzüge. Die Nagellöcher sind durchgängig und haben einen Stempel von 15/10°. Dadurch sind fast alle auf dem Markt befindlichen Nageltypen verwendbar. In dem Stahlkern finden Schraubstollen sicheren Halt. Der Gummimantel wird in einem aufwändigen Verfahren aufvulkanisiert. Die Lauffläche ist außen und innen stark profiliert, wodurch im weichen Untergrund ein sehr guter Griff erzeugt wird.

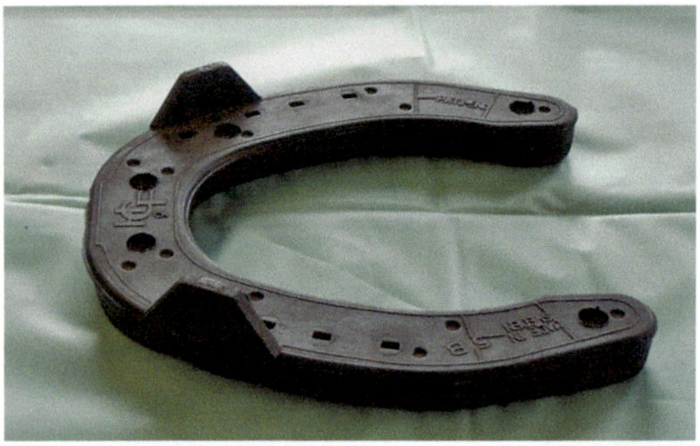

▸ **Abb. 3.35** Beispiel eines ÖLLÖV-Beschlages (ÖLLÖV ORIGINAL, Fa. HGF, Schweden).

Geschraubter Hufschutz

Stephan Becker

Die geschraubte Befestigung ist nur für den therapeutischen Einsatz geeignet. Hierbei sollte das Pferd keiner Belastung ausgesetzt sein. Ist eine Beklebung aufgrund einer ungenügenden Hufhornqualität (z. B. Risiko einer weiteren Verschlechterung oder das Entstehen von Hufabszessen) nicht möglich, kann das Schrauben eine Alternative darstellen. In den meisten Fällen wird Holz oder ein Holzverbundstoff verwendet (▸ **Abb. 3.36**). Die Löcher für die Schrauben werden mit einem Holzbohrer mit Zentrierspitze in den Huf vorgebohrt. Der Bohrerdurchmesser sollte 0,5 mm kleiner oder gleich des verwendeten Schraubendurchmessers sein, nicht größer. Die Bohrerführung hat, wie beim Nageln, von der Sohlenfläche aus zu erfolgen. Die Schrauben dürfen nicht zu stark angezogen werden. Zum Schluss sollten die Schraubenköpfe mit Klebeband abgedeckt werden. Es empfiehlt sich, Holzschrauben mit Senk- oder Linsensenkköpfen zu verwenden.

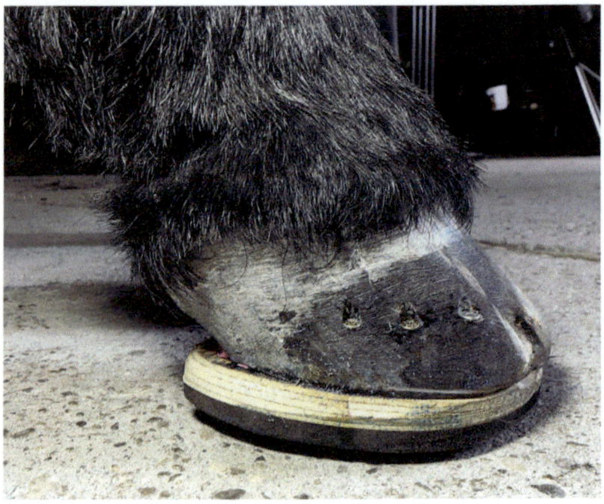

▸ **Abb. 3.36** Geschraubter Verbundhufschutz Holz/Ethylen-Vinylazetat bei einem Pferd mit Hufrehe.

Geklebter Hufschutz

Stephan Becker, Jan de Zwaan, Gerben Bronkhorst, Willem Back

Der Einsatz des geklebten Hufschutzes wird langfristig sicherlich einen Teil des konventionellen Hufbeschlags ersetzen. In den letzten Jahren wurde intensiv nach einem universell einsetzbaren Klebstoff gesucht. Die Schwachstelle ist heute immer noch die Verbindung zwischen Kleber und Hufwand. Im Vergleich zum konventionellen Hufbeschlag ist noch kein zeitlicher Vorteil ersichtlich, da der Huf intensiver und aufwändiger vorbereitet werden muss.

Es kommen je nach Fall 2 Verfahren zur Anwendung: die direkte (► **Abb. 3.37**) und indirekte (► **Abb. 3.38**) Klebung.

Bei der **direkten Klebung** wird der Klebstoff auf dem Tragerand aufgebracht. Dieses Verfahren sollte nicht bei Hufen mit zu dünner Sohle oder bei schmerzempfindlichen Trachten und Eckstreben angewandt werden. Bei der **indirekten Klebung** wird die Hufwand als Klebefläche genutzt.

Derzeit kommen unterschiedliche **Klebstoffe** auf Ein- und Zwei-Komponenten-Basis wie Epoxidharz, Cyanacrylate (Sekundenkleber), Polyurethan und Methylmethacrylatkleber zum Einsatz.

Bei der Anwendung sind verschiedene Parameter zu beachten:

- Temperatur
- Feuchtigkeit (hilfreich ist hier ein Feuchtigkeitsmessgerät)
- Art der Entfettungsmittel

Die Herstellerangaben sind bei der Verwendung der verschiedenen Klebstoffe unbedingt zu berücksichtigen.

Die Vorbereitung und Verarbeitung sind bei allen Klebern sehr ähnlich. Die Klebeflächen an Huf und Hufschutz und der Untergrund des Arbeitsplatzes müssen trocken, sauber, staub- und fettfrei sein. Das empfindliche Saumband ist vor einem Kontakt mit Klebstoff zu schützen (► **Abb. 3.39**).

Epoxidharz, z. B. Dallmer® Aufgrund der technischen Eigenschaften wie lange Aushärtezeit und geringe Elastizität sind diese Hufkleber heute nicht mehr zeitgemäß.

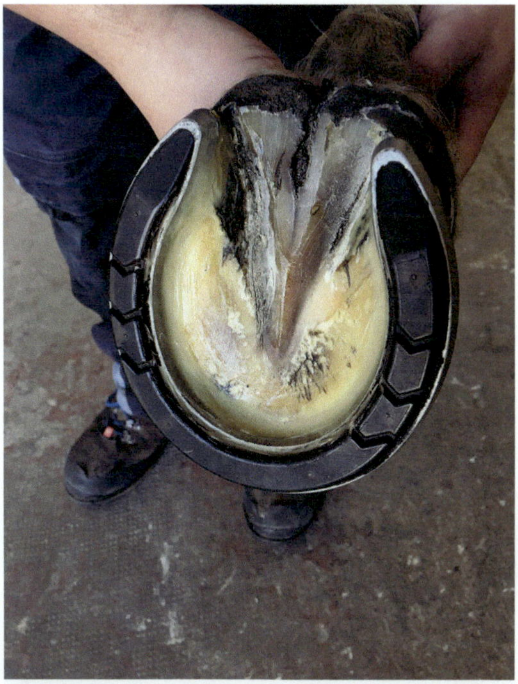

► **Abb. 3.37** Direkte Klebung eines Verbundmaterials.

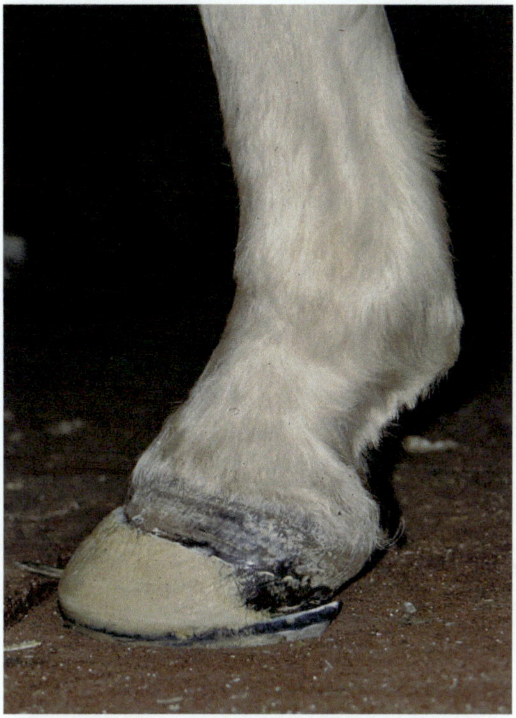

► **Abb. 3.38** Indirekte Klebung eines Verbundmaterials.

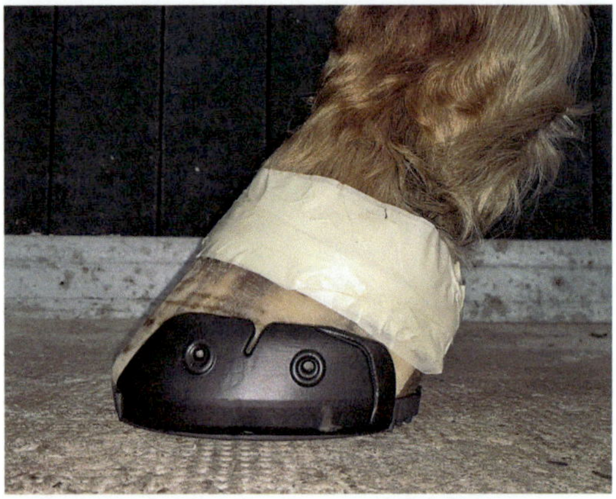

► **Abb. 3.39** Wichtige Vorbereitung für das Kleben: Schutz des Saumbandes.

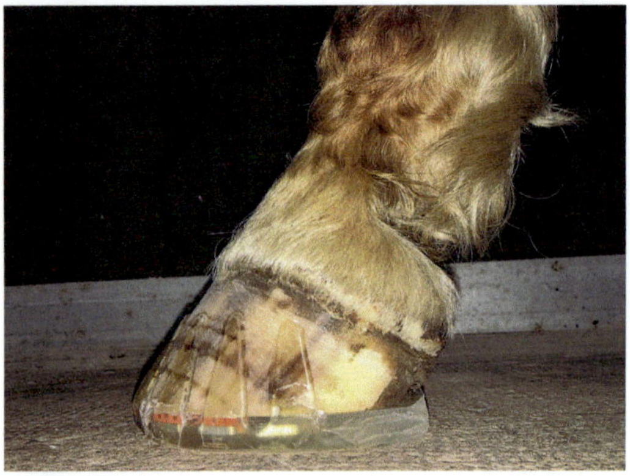

► **Abb. 3.40** Geklebter Hufschutz mit Laschenkragen.

Cyanacrylat-Sekundenkleber, z. B. Loctite® Die Verwendung findet mit Laschenkrägen statt (► **Abb. 3.40**). Die Klebung ist sehr zeitaufwändig, da jede Lasche separat an der Hufwand befestigt werden muss. Die Haltbarkeit bei starker mechanischer Belastung ist gering. Ein Vorteil dieser Klebung ist, dass keine Hitzeentwicklung stattfindet.

Zwei-Komponenten-Polyurethan (PU), z. B. Vettec® Dieses ist ein sehr zügig trocknender und dadurch auch schnell belastbarer Klebstoff (S. 35), optimal für ungeübte oder unruhige Pferde. Er wird beispielsweise oft bei Fohlen (S. 181) im Rahmen orthopädischer Hufkorrekturen eingesetzt. Außerdem findet er Verwendung in der Hornwandrekonstruktion und bei der Befestigung unterschiedlicher Materialien am Huf.

Zwei-Komponenten-Methylmethacrylat (MMA), z. B. Glue-U® MMA härtet langsamer aus als PU, welches länger die Möglichkeit der Korrektur am Huf gibt. Je nach verwendeter Verarbeitungsmethode muss das Pferd ruhig stehen und ein Aufhalten des Hufs über einen längeren Zeitraum tolerieren. Im Hinblick auf die mechanische Belastbarkeit eignet sich bei einer direkten Klebung MMA eher als PU. Ein Nachteil besteht darin, dass der Hufbeschlagschmied während des Aushärtungsprozesses für einen längeren Zeitraum den entstehenden Dämpfen ausgesetzt ist. Atemschutz und gute Belüftung sind daher sehr wichtig. Auch ist eine vermehrte Belastung des Rückens nicht außer Acht zu lassen.

Diese Hinweise zum Schutz des Hufbearbeiters sollten natürlich auch beim Einsatz von Urethan-Klebern beachtet werden.

Für beide Kleber gilt: Sowohl mit PU- als auch mit MMA-Klebstoffen ist es möglich, einen größeren Zwischenraum zwischen Hufschuh und Hufwand zu überbrücken.

Wenn die Hufwand so weit beschädigt ist, dass nicht mehr genagelt werden kann, geben Klebungen die Möglichkeit, den Huf zu schützen. Jedoch sollte in solchen Fällen stets die Hitzeentwicklung des Klebstoffs beim Aushärten beachtet werden.

Die geklebte und geschraubte Befestigung hat sich beim therapeutischen Hufschutz, gerade bei schmerzhaften und klopfempfindlichen Pferden, etabliert. Bei der Fohlenkorrektur ist der geklebte Hufschutz mittlerweile unerlässlich.

! Merke

Die Datensicherheitsblätter der verwendeten Klebstoffe und die zu benutzende persönliche Schutzausrüstung sind unbedingt zu beachten. Siehe hierzu Kap. Arbeits- und Unfallschutz (S. 351).

Der erfolgreiche Einsatz von geklebtem Hufschutz hängt auch von den Haltungsbedingungen des Pferdes ab. Steht das Pferd überwiegend in einer zu feuchten und unhygienischen Umgebung, kann es aufgrund des anaeroben Verschlusses zu einer gravierenden Verschlechterung des Hufhornes kommen.

Liegt eine derartige Haltungsform vor, ist von einem geklebten Hufschutz abzuraten.

Hufschutzmaterialien: Eigenschaften und Anwendungsmöglichkeiten

Stephan Becker

Eisen Auf dieses Material wird ausführlich in den Kapiteln Werkstoffe (S. 30) und Huf- und Gleitschutz (S. 48) eingegangen.

Nichteisenmetalle

Aluminium Der größte Vorteil des Aluminiumbeschlages ist die Gewichtsersparnis. Aus diesem Grund wird er häufig im Rennsport eingesetzt. Aluminium-Hufbeschläge gibt es in unterschiedlichen Modellen und Ausführungen. Sie werden gerade im orthopädischen Bereich, z. B. als Full Rolling Shoe (► **Abb. 3.17**), Rock-and-Roll-Beschlag (► **Abb. 3.41**) oder als geschlossene Systeme („Eiereisen") eingesetzt. Aluminiumbeschläge lassen sich besonders gut kleben. Nachteilig ist, dass, abhängig von der verwendeten Legierung, der weiche Werkstoff eine hohe Abnutzung aufweist. Siehe auch Kap. Aluminium (S. 33).

Kupfer/Messing Beschläge aus diesen Materialien werden immer wieder mit desinfizierenden Eigenschaften in Verbindung gebracht. In diesem Bereich fehlen allerdings noch ausreichende Untersuchungen. Nachteil ist der Materialpreis und das deutlich höhere Gewicht im Vergleich zu Stahl.

► **Abb. 3.41** Rock-and-Roll-Beschlag.

Titan Obwohl Titan schwerer als Aluminium ist, hat es deutlich bessere Verschleißeigenschaften. Je nach Legierung kann eine geringere Materialstärke eingesetzt werden. Dieses gleicht dann den Gewichtsunterschied wieder aus. Nachteil ist der hohe Anschaffungspreis. Zu beachten ist, dass durch das hexagonale Gefüge bei der Warmverformung andere Bearbeitungseigenschaften vorliegen. Interessant ist in diesem Zusammenhang die Arbeit der Australia's Commenwealth Scientific and Industrial Research Organisation (CSIRO). Diese stellt mit Hilfe von 3-D-Scannern und -Druckern passgenaue Beschläge aus Titan her.

Kunststoffe Die Werkstoffeigenschaften von Kunststoffen werden im Kap. Kunststoffe (S. 33) behandelt. Es gibt zwei Arten von Kunststoffbeschlägen: jene, die komplett aus einer Materialhärte bestehen, und andere, die zwei Härtegrade miteinander vereinen (► **Abb. 3.42**).

Kunststoffbeschläge verringern deutlich das Verletzungsrisiko für das Pferd (z. B. bei Rangordnungskämpfen) und sind meist sehr leicht.

Bei Kunststoffbeschlägen, die zwei Komponenten miteinander vereinen, liegt der härtere Kunststoff am Huf an. Dieses macht den Beschlag erheblich verwindungssteifer und führt dadurch deutlich weniger zu unerwünschtem Aufbiegen der Beschläge im Zehenbereich.

Der weichere Kunststoff stellt die Bodenfläche dar und entwickelt hier seine dämpfenden und gleitschützenden Eigenschaften.

Reine Kunststoffbeschläge sind in der Lage, der physiologischen Longitudinal-Bewegung der Hornkapsel zu folgen. Es gibt einen entscheidenden Nachteil, welcher dazu führt, dass diese Beschläge nur selten verwendet werden: Sie sind zu flexibel. Diese Hyperflexibilität hat zur Folge, dass sich die Beschläge im Zehenbereich in Richtung Sohle aufbiegen (► **Abb. 3.43**). Hier kann es zu Empfindlichkeiten und Schmerzprozessen kommen.

Ein Thema wird im Hinblick auf Kunststoffbeschläge immer wieder diskutiert. Die Rede ist von einem angeblich starken Bremseffekt des Beschlages und ein damit zusammenhängendes unnatürliches Stoppen. Hierzu gibt es mittlerweile zahlreiche Studien, die dieses Vorurteil widerlegen (► **Abb. 3.44**).

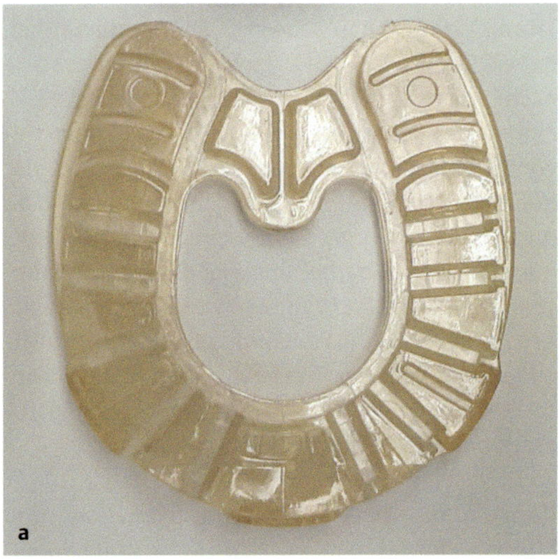

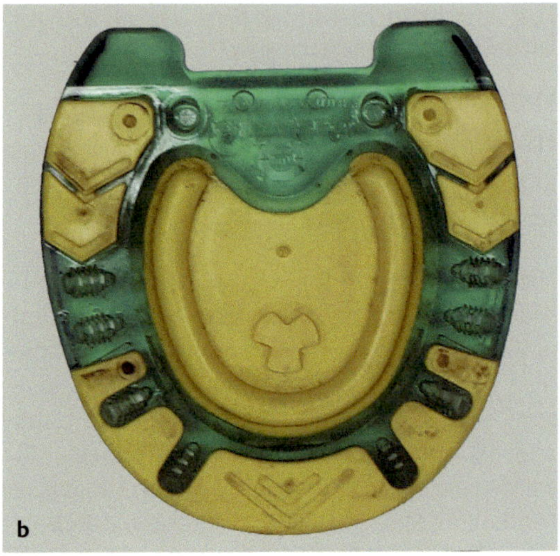

▶ **Abb. 3.42** **a** Ein-Komponenten- und **b** Zwei-Komponenten-Kunststoffbeschlag.

▶ **Abb. 3.43** Unerwünschter Effekt des Aufbiegens. Das Foto zeigt, dass sich der Kunststoffbeschlag komplett in Richtung Sohle biegt. Dies führt auch zu einer höheren Belastung der Wände.

Naturkautschuk Als alternativer Hufschutz kommt ebenfalls Naturkautschuk mit und ohne Metallkern zum Einsatz. Durch die Verwendung unterschiedlicher Mischungen bei der Herstellung kann die Elastizität und die Gleitphase des Hufschutzes beeinflusst werden. Eine Möglichkeit, die Beweglichkeit und das Hornwachstum möglichst wenig einzuschränken, besteht bei Verwendung des Turfcord® (Fa. Turfcord). Dieser permanente Hufschutz wird mit Cyanacrylat geklebt.

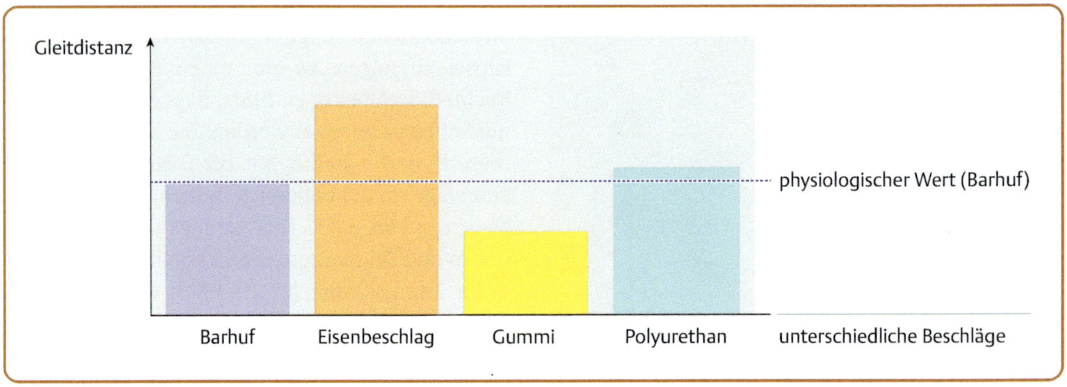

▶ **Abb. 3.44** Gleitphase unterschiedlicher Materialien im Vergleich zum Barhuf.

Klebstoffe Es ist auch möglich, die in dem Abschnitt zur Befestigungsmethode geklebt beschriebenen Kleber PU und MMA (S. 71) direkt als Hufschutz zu verwenden. Sie werden nur auf dem Tragrand (S. 118) aufgebracht. Nachteil ist, dass der Klebstoff als reiner Abriebschutz nur eine sehr geringe Wirkung hat. Einige dieser Klebstoffe werden auch als Polster in der Sohle verwendet, siehe Kap. Beschlag mit Einlagen und Polstern (S. 62).

Merke

Es dürfen keine Klebstoffe, die einen Härtegrad 25 Shore A nach DIN ISO 7619-1 überschreiten, alleine in der Sohle verwendet werden. Auch ist, je nach aufgebrachter Schichtdicke, die Aushärtetemperatur zu beachten.

Holz (Steward Clog) Holz ist ein Material, welches sich sehr gut für Hufrehepatienten eignet, die wieder vorsichtig bewegt werden sollen. Es ist preiswert, leicht, stoßdämpfend und hat eine ausreichende Abriebfestigkeit. Die 3–4 cm starke Leimholzplatte ist schnell an den Huf angebracht und lässt sich im befestigten Zustand gut nachbearbeiten. Aufgrund der guten atmungsaktiven Eigenschaften kann der Sohlenbereich sehr trocken gehalten werden. Als Befestigung wird geschraubt und/oder gecastet (siehe unten).

Verbundmaterialien/Kompositwerkstoffe Die Materialgruppe der Verbundwerkstoffe ist zurzeit die Werkstoffgruppe, bei der man die effektivsten Entwicklungen und gebrauchsfähigsten Hufschutzmaterialien zu erwarten hat. So ist es möglich, mit

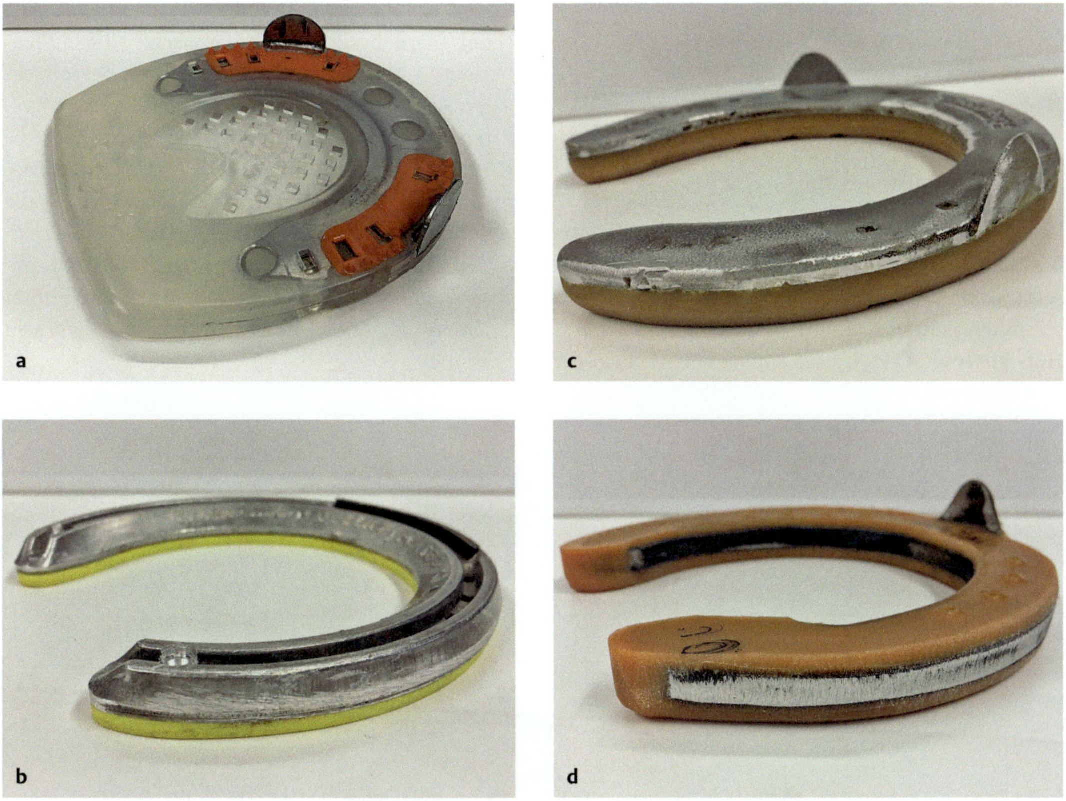

▶ **Abb. 3.45** Beschreibung der unterschiedlichen Verbundbeschläge.
a Metall vollständig kunststoffummantelt; Duplo-Beschlag (Fa. Duplo).
b Kunststofftragefläche, Metallbodenfläche; Leg Saver Plate (Fa. Thoro'Bred® Inc.).
c Metalltragefläche, Kunststoffbodenfläche; Footallbeschlag (Fa. FooTall®).
d Kunststofftragefläche, Metallkern und Kunststoffbodenfläche; Footallbeschlag (Fa. FooTall®).

Verbundmaterialien die positiven Eigenschaften zweier Werkstoffe zusammenzubringen, um ihre alleinigen Nachteile aufzuheben. Als Beispiel sind hier die stabilisierenden Eigenschaften von Stahl als Formträger mit den flexiblen und stoßdämpfenden Vorteilen von Kunststoffen zu nennen. Die einzelnen Werkstoffe lassen sich vielseitig miteinander kombinieren: Stahl-Kunststoff, Holz-Kunststoff, Aluminium-Kunststoff. Der **Cast** ist auch ein Verbundmaterial. Er besteht aus einem Fiberglasgewebe, das mit einem wasseraktivierbaren Polyurethanharz imprägniert ist.

Die unterschiedlichen Ziele der Hersteller bringen unterschiedliche Typen von Verbundbeschlägen hervor (▸ **Abb. 3.45**).

3.4.3 Temporärer Hufschutz

Stephan Becker, Jan de Zwaan, Gerben Bronkhorst, Willem Back

Hufschuhe

Stephan Becker, Jan de Zwaan, Gerben Bronkhorst, Willem Back

Bei den anschnallbaren Hufschuhen gibt es eine breite Produktpalette. Sie werden vor allem eingesetzt, wenn das barhuflaufende Pferd in einem bestimmten Zeitraum einem abnormalen Abrieb des Hufs ausgesetzt ist. Dieser Hufschutz ist ideal für Freizeitpferde, Fahrpferde und Distanzpferde. Hufschuhe bestehen meistens aus Urethan-Kunststoffen, welche sich durch einen hohen Widerstand gegen Verschleiß auszeichnen und den Huf schützen. Auch wirken diese Materialien stoßdämpfend, was anhand der Shore-Werte deutlich wird (z. B. ist ein Shore Wert von 50–60 A vergleichbar mit dem Strahl und einer von 80–90 A mit der Hufwand, abhängig vom Feuchtigkeitsgehalt der Hufe). Der größte Vorteil bei diesem vollwertigen Hufschutz liegt darin, dass das Pferd den Hufschuh nur trägt, wenn es genutzt wird, und sonst physiologisch barhuf läuft.

Hufschuhe lassen sich in 3 Gruppen einteilen:

- Hufschuhe, die vom Pferdebesitzer einfach an- und auszuziehen sind. Sie sind für kurze Reitstrecken bzw. Reitzeiten geeignet.
- Hufschuhe, die aufwändiger in ihrer Anpassung sind. Bei diesen Hufschuhen ist es sinnvoll, dass der Pferdebesitzer fachmännische Hilfe hinzuzieht (▸ **Abb. 3.46**). Sie ermöglichen bei korrekter Anpassung lange Reitstrecken bzw. Reitzeiten.
- Hufschuhe für therapeutische Maßnahmen. Diese werden z. B. genutzt, um das Hufhorn für die Behandlung einer Entzündung oder bei Pododermatitis, ähnlich einem Angussverband, einzuweichen. Bei der Hufrehe kann ein Keil unter einem Clog (z. B. Dallmer Hufschuh) angebracht werden.

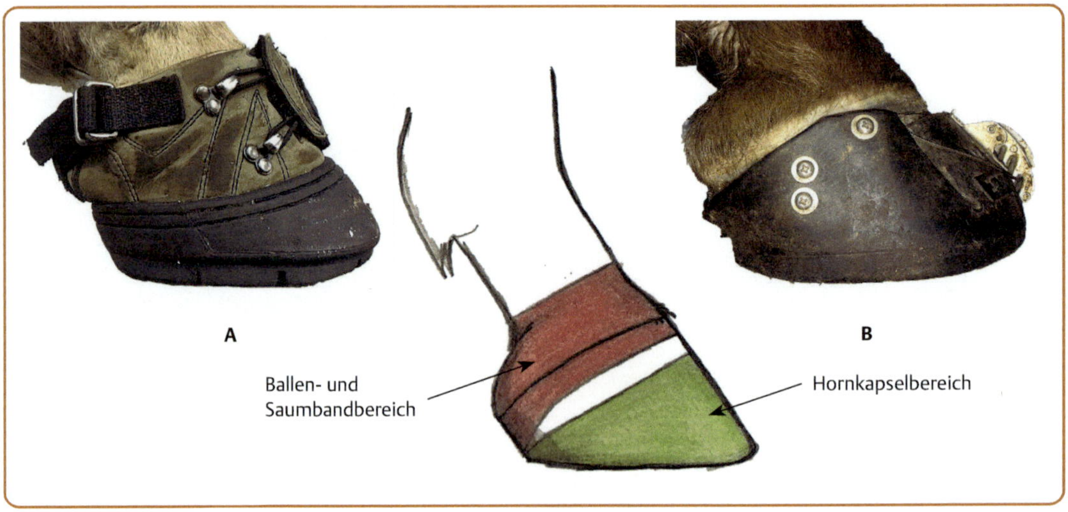

▸ **Abb. 3.46** Befestigungszonen am Huf. **A** Hufschuh, über den Ballenbereich und das Saumband gehend. **B** Hufschuh am harten Horn der Hufkapsel anliegend.

Es gibt Hufschuhe, die über Formschluss nur am harten Horn der Hufkapsel anliegen (▶ **Abb. 3.46**, grüne Zone), und solche, die über den Ballenbereich und das Saumband gehen (▶ **Abb. 3.46**, rote Zone).

Merke

Bei Hufschuhen, die die rote Zone (▶ Abb. 3.46) als Befestigungsareal miteinbeziehen, muss auf jeden Fall auf Irritationen zwischen Haut und Schuh geachtet werden. Bei einer solchen Reizung ist der Gebrauch zu überdenken.

Weiterer Hufschutz

Stephan Becker

Bei medizinischen Indikationen gibt es noch die Möglichkeiten, Hufverbände, Therapieschuhe, mineralische Gipse und Castverbände (Kunststoffgips, siehe oben) anzulegen. Siehe hierzu Kap. Verletzungen des Hufs (S. 258) und folgende.

3.4.4 Fazit

Stephan Becker

Für die Zukunft wäre ein sachlicher Erfahrungsaustausch zwischen Hufschmieden, Tierärzten und Herstellern wünschenswert, um bestehende Vorurteile und Anwendungsfehler zu vermeiden. Außerdem könnte so die Weiterentwicklung einiger Produkte beschleunigt werden. Durch neue Messverfahren wird es zunehmend möglich, die unterschiedlichen Hufschutzformen unter verschiedenen Aspekten miteinander zu vergleichen.

Zurzeit ist kein Hufschutz erhältlich, der für alle Pferde in jeder Hinsicht ideal wäre. Doch es gibt praxisreife Alternativen zum konventionellen Eisenbeschlag für viele Indikationen. Die erfolgreiche Anwendung aller Hufschutzformen erfordert eine genaue Auseinandersetzung mit dem Pferd und seiner Umgebung.

Fachkenntnisse über die Eigenschaften und den Umgang mit den einzelnen Materialien und Patenten müssen erworben werden. Man darf nicht vergessen, dass die wichtigste Grundlage für jede Form des Hufschutzes immer die korrekte Hufzubereitung ist.

Diese Arbeiten gehören in die Hände von Fachleuten; nur wer die Alternativen kennt und handwerklich verarbeiten kann, ist in der Lage, die bestmögliche Lösung für das Pferd anzubieten.

3.5 Hufnägel

Melanie Striebinger

Die Befestigung von Hufeisen und einigen alternativen Beschlägen aus Kunststoff und Aluminium erfolgt durch Hufnägel. Ein Hufnagel besteht aus einem kohlenstoffarmen Stahl und muss verhältnismäßig weich und elastisch sein.

Dies kann durch eine **Biegeprobe** nachgewiesen und überprüft werden: Ein Probenagel wird an der Stelle, an der er vernietet wird, in einen Schraubstock eingespannt, allerdings ohne ein Einkerben des Nagels durch die Schraubstockbacken zu verursachen. Nun wird der Nagel zunächst nach einer Seite rechtwinklig und dann in einem Winkel von 180° in die andere Richtung gebogen. Bei dieser Biegeprobe sollten kleinere Hufnägel 3- bis 4-mal gebogen werden können, Hufnägel mittlerer Größe 2- bis 3-mal und große Hufnägel 1- bis 2-mal. Die erste Biegung zählt mit, obwohl es sich hierbei nur um eine halbe Biegung handelt. Bricht ein Hufnagel früher ab, ist er zu hart. Lässt er sich öfter als angegeben biegen, ist er zu weich.

Der Hufnagel besteht aus einem Kopf mit dem so genannten Nageldach, der Klinge und der Spitze mit Zwicke (▶ **Abb. 3.47**). Der **Nagelkopf** mit dem Nageldach sollte passend zum Hufeisen gewählt werden und nicht weiter als bis zum Nageldach aus Falz und Nagelloch herausragen. Ist er zu stark gewählt, läuft das Pferd direkt nach dem Beschlag nur auf den Nagelköpfen, ist er zu schwach gewählt, versinkt der Nagelkopf in Falz und Nagelloch, und das Hufeisen ist mangelhaft befestigt.

Die **Klinge** des Hufnagels ist mitentscheidend, ob der Nagel für den Huf geeignet ist. Eine starke, breite Klinge kann einem Huf mit dünner Wand schaden. Die Wände können ausbrechen, und die Lederhaut kann gequetscht werden. Die Länge der Klinge ist ebenso ein Auswahlkriterium, ob der Nagel für Huf und Hufeisen geeignet ist. Ein Nagel

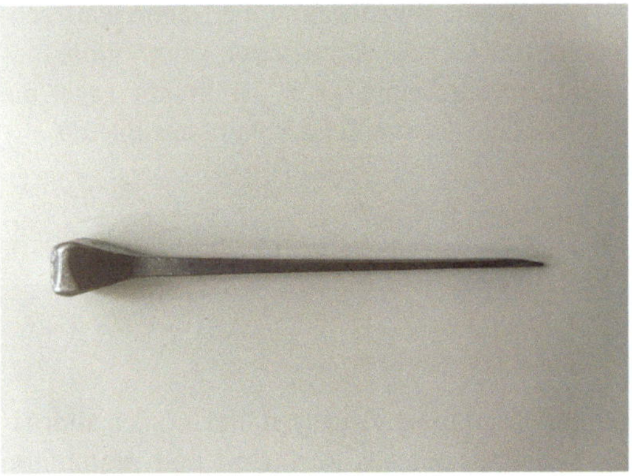

▶ **Abb. 3.47** Hufnagel mit Nageldach, Nagelkopf, Nagelklinge und Nagelspitze mit Zwicke (von links nach rechts).

sollte sich nach dem Einschlagen zu 2 Dritteln in der Hufwand befinden, ein Drittel sollte die Hufwand durchbrechen. Die Klinge weist eine leichte Kantenbrechung auf. Sie läuft in der Spitze aus, an welcher sich die so genannte **Zwicke** befindet. Dies ist eine Schräge an der Spitze des Nagels, welche den Verlauf des Nagels in der Hufwand bestimmt und das Austreten aus der Hornwand ermöglicht. Folglich muss die Zwicke beim Ansetzen des Hufnagels in Hufwandrichtung gesetzt werden. Ein falsches Ansetzen eines Hufnagels verursacht eine Verletzung der Lederhaut, da dieser direkt in „das Leben" gelenkt wird, die so genannte Vernagelung (S. 264). Die Zwicke hat annähernd die halbe Länge der Spitze.

Mittlerweile gibt es eine große Anzahl verschiedener **Typen** von Hufnägeln. Diese unterscheiden sich in erster Linie in Form und Größe des Nagelkopfs sowie in Stärke, Form und Länge der Klinge. Die Typen von Hufnägeln unterscheiden sich wiederum in ihrer Größe. Weltweit gibt es über 80 verschiedene Typen mit den unterschiedlichsten Größen. Diese große Anzahl an Hufnägeln hat einen vielseitigen Einsatzbereich. Im Bereich des Reining-Beschlags kommt häufig der Nagel des Typs REG zum Einsatz. Die Nägel des Typs MX oder E-SLIM finden Verwendung bei Hufen mit dünnen Wänden. Demgegenüber kommen bei schweren Pferden mit großen Hufeisen die Nägel des Typs VF zum Einsatz. Die genauen Angaben können den Maßtabellen der Hersteller entnommen werden (▶ **Tab. 3.1**). Des Weiteren werden Hufnägel mit einer Legierung aus Hartmetall am Nagelkopf hergestellt, die als Gleitschutz auf Asphalt dienen.

▶ **Tab. 3.1** Maßtabelle für Hufnägel (z. B. nach Angaben der Firma Mondial).

Hufnageltyp	Beschreibung	Größen	Länge nach Größe (mm)	Kopf
E	starker Nagel	E1–E9	39–64	rechteckig
Eslim	langer Nagel mit schlanker Klinge	Esl2–Esl7	45–60	rechteckig
Ex	langer Nagel mit schlanker Klinge	Ex4–Ex6	47–54	rechteckig
Mx	langer Nagel mit sehr schlanker Klinge	Mx45–Mx80	45–67	rechteckig
JC	starker Kopf mit langer Klinge	JC 00–JC 8	40–76	viereckig
JC 1 Sl	starker Kopf mit sehr schlanker Klinge	JC 1 Sl–JC 2 Sl	52–56	viereckig
JCX	starker Kopf mit schlanker Klinge	JCX1–JCX2	48–52	viereckig
JF	französisches Modell mit langer Klinge, besonders für 10-mm-Hufeisen	JF00–JF4	40–65	rechteckig
VF	starker Kopf und starke Klinge	VF4–VF10	44–71	viereckig
M	schlanke Klinge	M40–M65	40–65	rechteckig
CSTÖ	schlanke Klinge und kurzer Nagelhals	CSTÖ5	47	rechteckig
BH	australisches Modell mit schlanker Klinge	BH3–BH6	41–54	flach
FJ	schlanke Klinge, geeignet für Profilhufeisen	FJ00–FJ3	40–50	rechteckig
FJSL	langer Nagel mit schlanker Klinge, geeignet für Profilhufeisen	FJO SL	44–53	rechteckig

▶ **Tab. 3.1** Fortsetzung

Hufnageltyp	Beschreibung	Größen	Länge nach Größe (mm)	Kopf
PG	für Hufeisen ohne Nagelkopf-Gesenkloch, z. B. „Rock-and-Roll Shoe"	PG2–PG6	41–54	flach, viereckig
ASV	für Rennpferde mit Profilhufeisen	ASV41–ASV47,5	41–47,5	flach, rechteckig
City	amerikanisches Reitpferde-Modell, starker Nagel mit starkem Kopf	5 Combo, City5–City6	47,5–54	flach, rechteckig
Slim Blade	amerikanisches Sportpferde-Modell mit schlanker Klinge	4,5 SL BL–5 SL BL	45–50	flach, rechteckig
RH	amerikanisches Modell für Arbeitspferde, starker Nagel	RH5	50	flach, rechteckig
RN	amerikanisches Modell, schlanker Nagel, geeignet für Profilhufeisen	RN3,5–RN5	38–47	flach
REG	amerikanisches Modell mit breitem Kopf und starker Klinge	REG4–REG6	45–54	flach
ASM-RN R	geeignet für Westernpferde, schlanker Nagel	ASM4, ASM4,5, 44Slide, RN4,5R	45–47,5	flach
A	spanisches Arbeitspferde-Modell, starker, breiter Nagel mit hohem Kopf für gute Traktion	A3–A7	40–55	hoch, viereckig
JN	spanisches Arbeitspferde-Modell, starker Nagel	JN4–JN6	47–53,5	viereckig
SA	chilenisches Arbeitspferde-Modell, starker Nagel mit hohem Kopf	SA 1,3/4"	44	hoch, rechteckig
B	Klauennagel	B1	44	viereckig

Hufnägel dürfen nur in einem einwandfreien Zustand am Huf verwendet werden. Jeder Hufnagel muss vor dem Einschlagen überprüft werden. Es dürfen weder Rost noch weitere sichtbare Mängel am Nagel zu erkennen sein. Wird hier mit nicht einwandfreiem Material gearbeitet, welches sichtbare Mängel aufweist, liegt Fahrlässigkeit vor, die im Sinne der Haftpflichtparagrafen zu vertreten ist.

Eine Besonderheit stellen verkupferte Hufnägel dar, die ein Keimwachstum minimieren sollen.

Merke

Die Verwendung mangelhafter Nägel stellt eine Fahrlässigkeit dar und führt im Schadensfall zur Haftung des Hufschmieds.

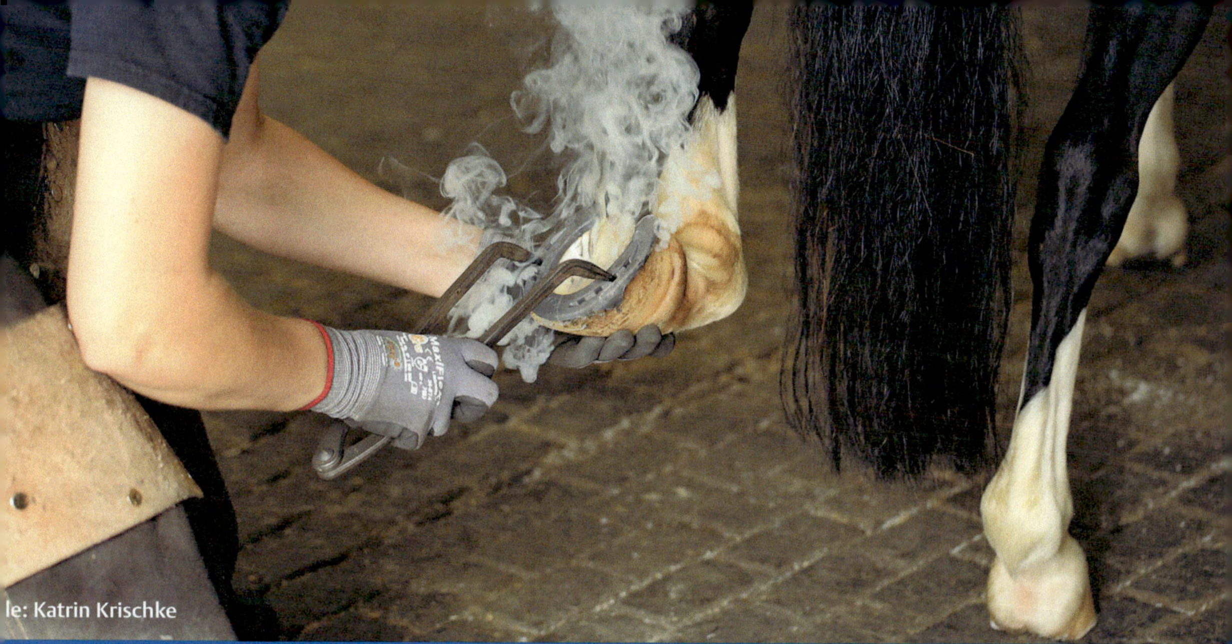

Teil 2
Pferdekunde

4 Funktionelle Anatomie des Pferdes

Klaus-Dieter Budras, Manfred Coenen, Ruth Maria Hirschberg, Charlotte von Zadow

4.1 Äußerer Körperbau

Charlotte von Zadow

Der Körper des Pferdes (▶ **Abb. 4.1**) lässt sich in Kopf, Hals, Rumpf und Gliedmaßen einteilen. Die 3 Körperabschnitte werden als Vorhand, Mittelhand und Hinterhand bezeichnet:

Zur **Vorhand** zählen Kopf, Hals, Widerrist, Schultern und die Vordergliedmaßen. Der **Widerrist** sollte beim regelmäßig gebauten Pferd die höchste Stelle des Rumpfes sein, weshalb hier die Messung der Größe des Pferdes (Stockmaß, Bandmaß) vorgenommen wird.

Die **Mittelhand** besteht aus dem Rumpf mit Brustkorb, Rücken und Flanken.

Als **Hinterhand** bezeichnet man den hinteren Teil des Pferdes von den Hüfthöckern ab. Zu ihr zählen die Kruppe mit den Sitzbeinhöckern, der Schweif und die Hintergliedmaßen.

Der äußere Körperbau des Pferdes kann sehr unterschiedlich ausgeprägt sein und ist von der Rasse abhängig, der das betroffene Tier angehört: Man unterscheidet **leichte**, **mittelschwere** und **schwere Pferdetypen.**

Das **Format** des Pferdes gibt an, ob es sich um ein Rechteck- oder Quadratpferd handelt. Bei einem Pferd im **Rechteckformat** ist die Widerristhöhe geringer als die Rumpflänge, wobei unter Rumpflänge die Entfernung zwischen Bug und Sitzbeinhöcker verstanden wird. Diese Pferde lassen im Rücken besser los und schwingen

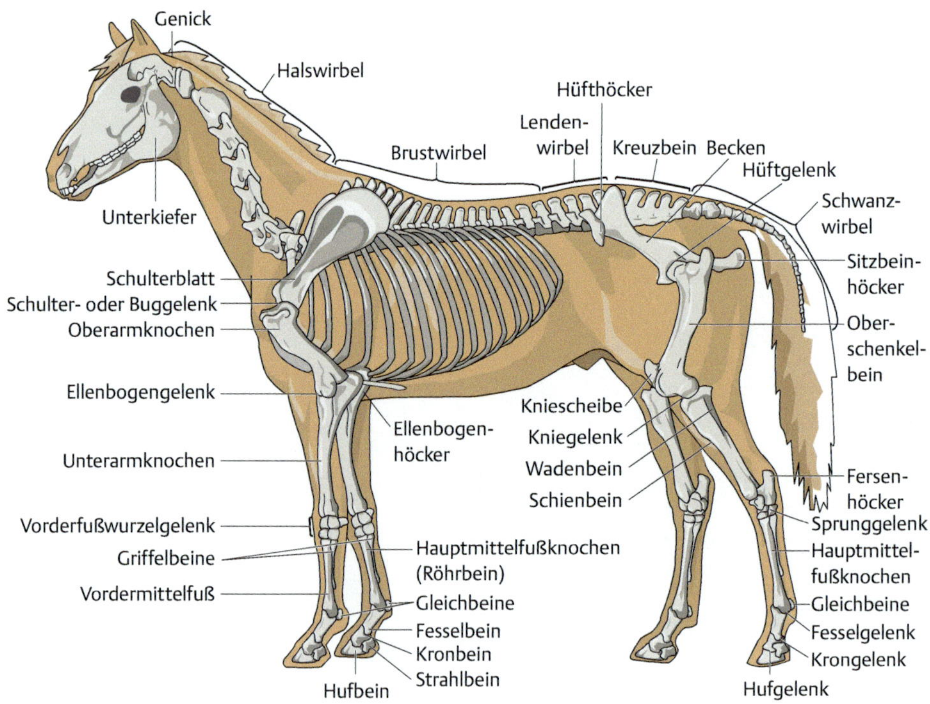

▶ **Abb. 4.1** Das Knochengerüst und tastbare Knochenpunkte des Pferdes.

daher in ihren Bewegungen besonders gut im Rücken mit.

Im Gegensatz dazu entspricht bei Pferden im **Quadratformat** die Widerristhöhe der Rumpflänge. Wegen ihres kürzeren Rückens haben sie oft Probleme, sich locker und elastisch zu bewegen. Deshalb lassen sie sich beim Reiten häufig weniger gut sitzen.

Ein Pferd bezeichnet man als **überbaut**, wenn die Kruppe höher ist als der Widerrist.

Lage- und Richtungsbezeichnungen dienen in der Anatomie zur Beschreibung der Position, der Lage und des Verlaufs einzelner Strukturen. Während sich klassische Lagebezeichnungen wie „oben" oder „unten" je nach Körperposition ändern, sind die anatomischen Lagebezeichnungen relativ und damit unabhängig von der Position des Körpers. Gleichzeitig wird durch die einheitlichen und eindeutigen Bezeichnungen Missverständnissen vorgebeugt. In diesem Text werden meistens die international verwendeten Begriffe der NAV (Nomina Anatomica Veterinaria) verwendet, anhand deren es möglich ist, die Lage von Strukturen in ihrem Bezug zur Gliedmaßenachse unverwechselbar zu beschreiben.

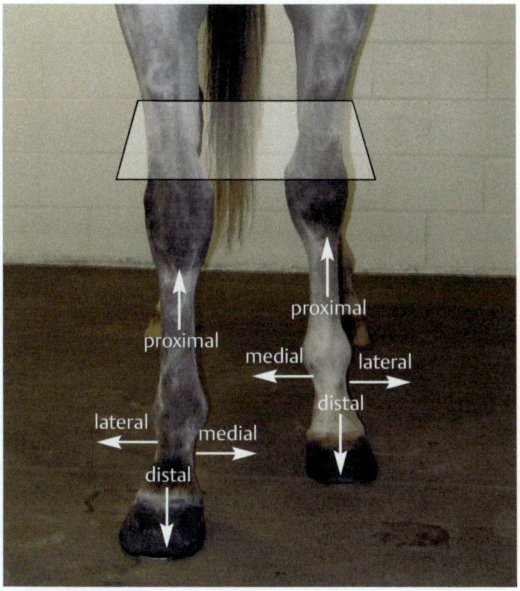

► **Abb. 4.2** Die Lagebezeichnungen an den Beinen des Pferdes von vorn gesehen (s. a. ► **Tab. 4.2**).

In ► **Tab. 4.1**, ► **Tab. 4.2**, ► **Abb. 4.2** und ► **Abb. 4.3** sind die wichtigsten Begriffe erklärt, die für die Beschreibung der Gliedmaße ober- und unterhalb des Vorderfußwurzel- bzw. Sprunggelenks gebräuchlich sind. Diese Wörter ermöglichen es, anatomische Texte und die eindeutige Beschreibung jeder Struktur zu verstehen. Vor allem in der Zusammenarbeit zwischen Hufbeschlagschmieden und Tierärzten ist dies notwendig, denn nicht selten ist der Erfolg einer Behandlung von deren eindeutiger Kommunikation abhängig.

► **Tab. 4.1** Die wichtigsten Lage- und Richtungsbezeichnungen des Pferdekörpers oberhalb von Vorderfußwurzel- und Sprunggelenk (s. a. ► **Abb. 4.3**).

Bezeichnung	Bedeutung
dorsal	rückenwärts
ventral	bauchseitig bzw. am Bauch gelegen
kranial	zum Schädel hin (beim stehenden Pferd nach vorn)
kaudal	zum Schweif hin (beim stehenden Pferd nach hinten)

► **Tab. 4.2** Die wichtigsten Lage- und Richtungsbezeichnungen der Gliedmaße an und unterhalb von Vorderfußwurzel- und Sprunggelenk (s. a. ► **Abb. 4.2**, ► **Abb. 4.3**).

Bezeichnung	Bedeutung
proximal	zur Wirbelsäule des Pferdekörpers, beim stehenden Pferd nach oben
distal	weg vom Pferdekörper, beim stehenden Pferd nach unten in Richtung Boden
dorsal	handrückenwärts, Rückenteil des Fußes, der beim stehenden Pferd nach vorn zeigt
palmar	handflächenwärts, der Teil des Vorderfußes, der beim stehenden Pferd nach hinten zeigt
plantar	fußflächenwärts, der Teil des Hinterfußes, der beim stehenden Pferd nach hinten zeigt
medial	zur Innenseite der Beine zeigend
lateral	zur Außenseite der Beine zeigend

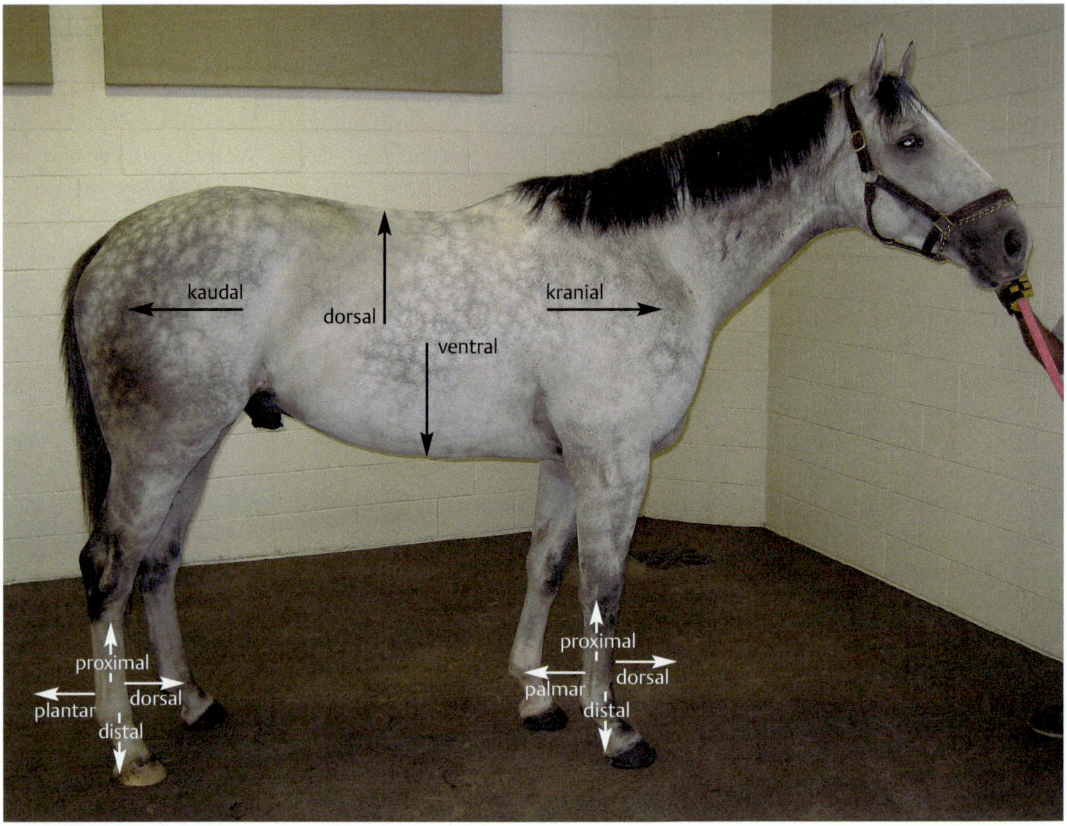

▶ **Abb. 4.3** Die wichtigsten Lagebezeichnungen am Pferd von der Seite gesehen (s. a. ▶ **Tab. 4.1**, ▶ **Tab. 4.2**).

Da dieser Text von Vorder- und Hinterhufen handelt, ist immer, wenn **palmar** geschrieben ist, gleichzeitig auch **plantar** gemeint. Liegen Unterschiede zwischen Vorder- und Hintergliedmaße vor, wird darauf hingewiesen.

Vom Unterarm-/Unterschenkelbereich an aufwärts werden die an der Zehe üblichen Termini **dorsal** und **palmar/plantar** durch **kranial** bzw. **kaudal** ersetzt.

Bei Richtungsangaben, die zwischen 2 Hauptrichtungen liegen, werden die Begriffe zusammengesetzt, mediopalmar z. B. bedeutet beim stehenden Pferd innen-hinten an der Vordergliedmaße.

Unter **medio-lateraler Balance** des Hufs versteht man das Verhältnis zwischen der Innen- und der Außenseite des Hufs. Unter **dorso-palmarer Balance** versteht man das Verhältnis zwischen vorderem und hinterem Hufbereich.

4.2 Der Fuß

Charlotte von Zadow

4.2.1 Fußknochen und Hufknorpel

Beim Pferd entsprechen die Knochen des Vorderfußes dem Skelett der Hand des Menschen (▶ **Abb. 4.4**). Das Skelett des Fußes besteht von proximal nach distal aus den **Fußwurzelknochen** (Ossa carpi/tarsi), den **Mittelfußknochen** (Ossa metacarpalia/metatarsalia) und den **Zehenknochen** (Ossa digitorum manus):

- Die Fußwurzelknochen formen an der Vordergliedmaße das **Vorderfußwurzelgelenk (Karpalgelenk)** und an der Hintergliedmaße das **Hinterfußwurzelgelenk (Sprunggelenk)**.
- Zu den Mittelfußknochen gehören das kräftige **Röhrbein** und die 2 schwächer entwickelten **Griffelbeine.**

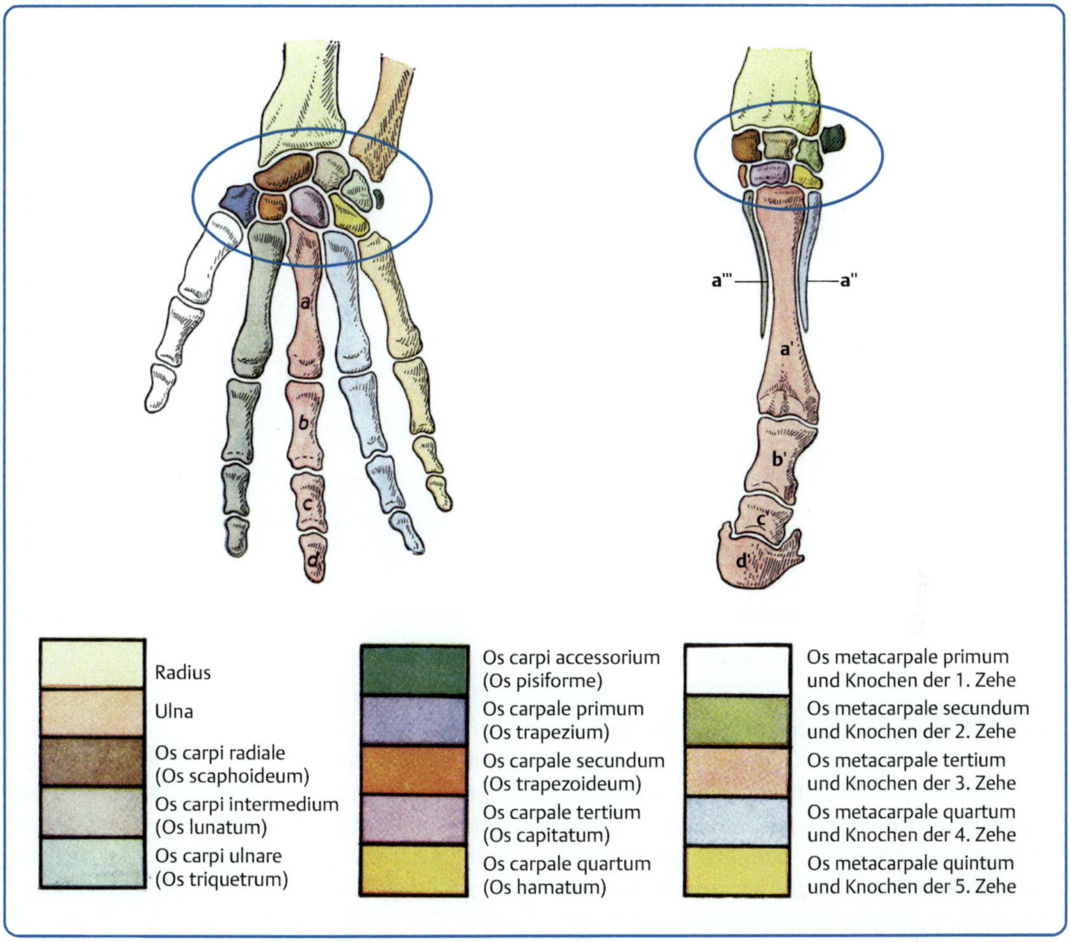

► **Abb. 4.4** Die Knochen des Vorderfußes des Pferdes (rechts) entsprechen denen der Hand des Menschen (links). Die Zehenknochen (Fesselbein, Kronbein und Hufbein) entsprechen dem 1., 2. und 3. Fingerglied des menschlichen Mittelfingers. **a** Mittelhandknochen; **a'** Röhrbein; **a''** laterales und **a'''** mediales Griffelbein; **b–d** Fingerknochen; **b'** Fesselbein; **c'** Kronbein; **d'** Hufbein; im Kreis: Handwurzelknochen bzw. Vorderfußwurzelgelenk. (Quelle: Nickel R, Schummer A, Seiferle E (Hrsg). Lehrbuch der Anatomie der Haustiere. Band I, 8. Aufl. Stuttgart: Parey in MVS Medizinverlage Stuttgart; 2003)

- Die Zehenknochen sind das **Fesselbein**, **Kronbein** und **Hufbein**, sie entsprechen dem 1., 2. und 3. Fingerglied des menschlichen Mittelfingers und sind vom Fesselgelenk abwärts annähernd gestreckt ausgerichtet.

Am Fuß des Pferdes gibt es insgesamt 3 **Sesambeine** (Ossa sesamoidea). Sie ergänzen die Gelenkflächen, bieten ein Gleitlager für die Beugesehnen und ermöglichen deren Richtungsänderung. Zu den Sesambeinen gehören die 2 **Gleichbeine** (Ossa sesamoidea proximalia) am Fesselgelenk und das **Strahlbein** (Ossa sesamoideum distale) palmar am Hufgelenk. Hufbein, Strahlbein und Teile des Kronbeins sind von der Hufkapsel (S. 105) umschlossen (► **Abb. 4.28**).

Hufbein (Phalanx distalis) und Hufknorpel (Cartilagines ungularis)

Am Hufbein unterscheidet man 3 Oberflächen: die Wand-, Sohlen- und Gelenkfläche (► **Abb. 4.5**).

- Die **Sohlenfläche** ist nach oben (innen) gewölbt, an ihrem hinteren Abschnitt (Beugesehnenfläche) setzt breit gefächert die tiefe Beugesehne an. Mit der Wandfläche bildet die Sohlenfläche eine scharfe Kante, die **Hufbeinrand** oder auch **Sohlenrand** genannt wird.

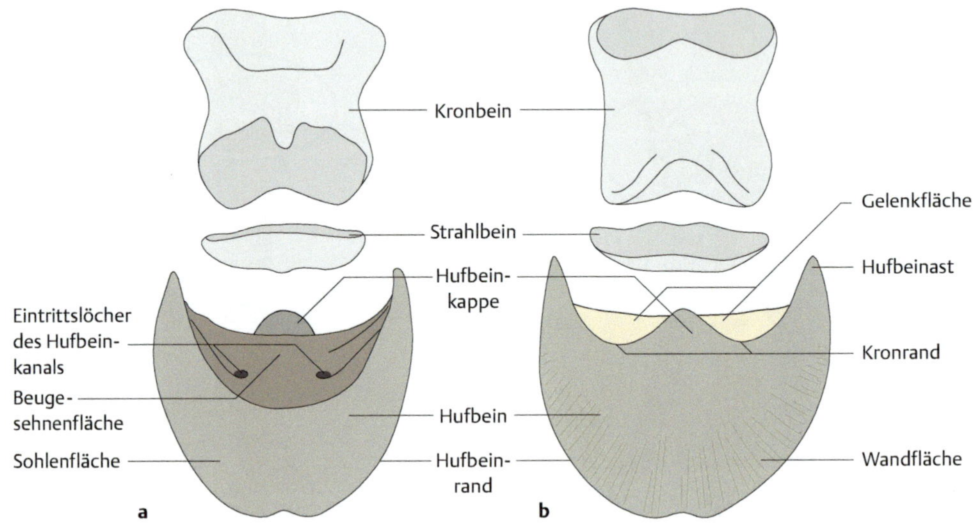

► **Abb. 4.5** Hufbein, Kronbein und Strahlbein von palmar (**a**) und von dorsal (**b**).

- Die **Wandfläche** trifft proximal mit der Gelenkfläche am **Kronrand** zusammen. Mittig (dorsal) am oberen Rand des Hufbeins ist der **Strecksehnenfortsatz** (Hufbeinkappe, Processus extensorius) ausgebildet, an dem die gemeinsame Strecksehne ansetzt. Mittig am Hufbeinrand ist häufig die **Sohlenrandkerbe (Crena)** ausgebildet, die den Sohlensporn der Hufkapsel aufnimmt.
- Die **Gelenkfläche** am proximalen Ende des Hufbeins bietet Kontakt für das Kronbein und dahinter eine sehr viel schmalere Kontaktfläche für das Strahlbein. Die Wandfläche des Hufbeins ist auffallend rau, mit distal gerichteten Knochenleisten und zahlreichen Gefäßlöchern. Diese Knochenleisten bieten der Wandlederhaut eine sehr feste Verankerung, s. Hufbeinträger (S. 121), und damit die Grundlage für die Aufhängung des Hufbeins in der Hufkapsel. In diesem Bereich fehlt dem Hufbein die Knochenhaut (Periost).

Im Inneren des Hufbeins befindet sich ein großer Gefäßkanal, der **Hufbeinkanal**. Seine beiden Eintrittslöcher in den Knochen liegen palmar in der Sohlenfläche neben dem Ansatz der tiefen Beugesehne. Im Hufbeinkanal bilden die Blutgefäße den **Terminalbogen**, der von Nerven begleitet wird. Aus dem Terminalbogen entspringen radiär viele kleine Gefäße, die durch den Knochen nach außen ziehen und durch zahlreiche Gefäßlöcher auf die Sohlen- und Wandfläche des Hufbeins gelangen. Diese Arterien und Arteriolen versorgen die Wandlederhaut in der Umgebung des Hufbeinrands. Der gefäßführende Hufbeinkanal und die radiär zum Sohlenrand abstrahlenden Knochenkanälchen sind häufig auf Röntgenbildern sichtbar.

Palmar endet das Hufbein beidseits (lateral und medial) in je einem **Hufbeinast** (Proc. palmaris). Die Hufbeinäste sind beim Fohlen noch nicht ausgebildet.

Da die **Struktur des Hufbeins** sehr fein und porös ist, passt sich die Form des Knochens stark an die Belastung der individuellen Gliedmaße und damit auch an die Gliedmaßen- sowie Hufstellung an. Bei dauerhafter Überbelastung einzelner Areale des Hufbeins kann es zu deren Umformung und Auflösung (Knochenschwund) kommen: Wenn z. B. bei Hufrehe das Hufbein rotiert und dadurch übermäßiger Druck auf die Hufbeinspitze ausgeübt wird, kann es zum Knochenschwund, zu einer hutkrempenartigen Aufbiegung oder gar Fraktur der Hufbeinspitze kommen.

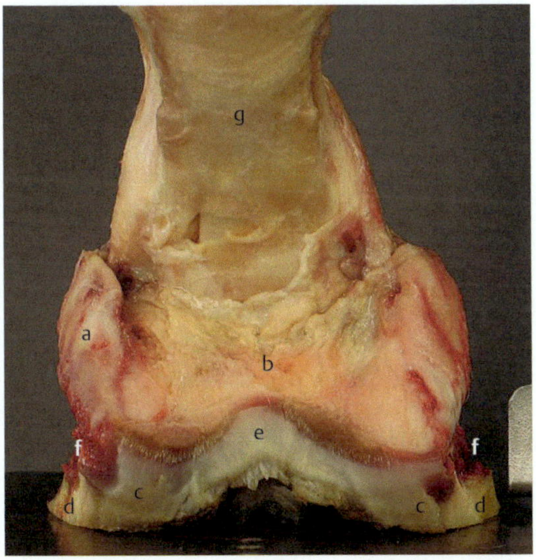

▶ **Abb. 4.6** Hufknorpel: Die Ansicht des Hufs von palmar. Haut und Hufwand wurden entfernt. Gut sichtbar sind die Hufknorpel und das dazwischenliegende Ballenpolster. **a** Hufbeinknorpel; **b** Ballen- und Strahlpolster; **c** Eckstreben; **d** Sohlenhorn; **e** Strahlhorn; **f** Wandlederhaut; **g** Beugesehnen. (Quelle: Michael Savoldi)

An der oberen Kante der Hufbeinäste setzen die aus Faserknorpel bestehenden **Hufknorpel** (▶ **Abb. 4.6**) an und reichen nach proximal. Die Hufknorpel sind große, flache und elastische Knorpelplatten. Nur ihre untere Hälfte liegt innerhalb der Hornkapsel, die obere Hälfte ragt über den Kronrand hinaus und reicht bis zur Mitte des Kronbeins, wo man sie unter der behaarten Haut gut ertasten kann. Hier kann die Elastizität der Hufknorpel überprüft werden. Bei Überbelastung oder Entzündung neigen die Hufknorpel zur Verknöcherung und verlieren dadurch ihre Beweglichkeit.

Zwischen den Hufknorpeln befinden sich das **Hufkissen (Hufpolster)** und das **innere Venengeflecht**, das bei Kompression den Rückfluss des venösen Blutes zum Herzen fördert und stoßbrechende Eigenschaften hat. Die Hufknorpel sind wesentliche Bestandteile des Hufs und für den Hufmechanismus (S. 170) bedeutsam.

Strahlbein (Os sesamoideum distale)

Das Strahlbein liegt palmar des Hufbeins zwischen den Hufknorpeln innerhalb der Hornkapsel. Es wird auch **distales Sesambein** genannt und vergrößert die Gelenkfläche des Hufbeins nach palmar. Beim Strahlbein handelt es sich um ein kleines, knöchernes Sesambein von komplexer Form, die häufig als „Weberschiffchenform“ beschrieben wird (▶ **Abb. 4.7**).

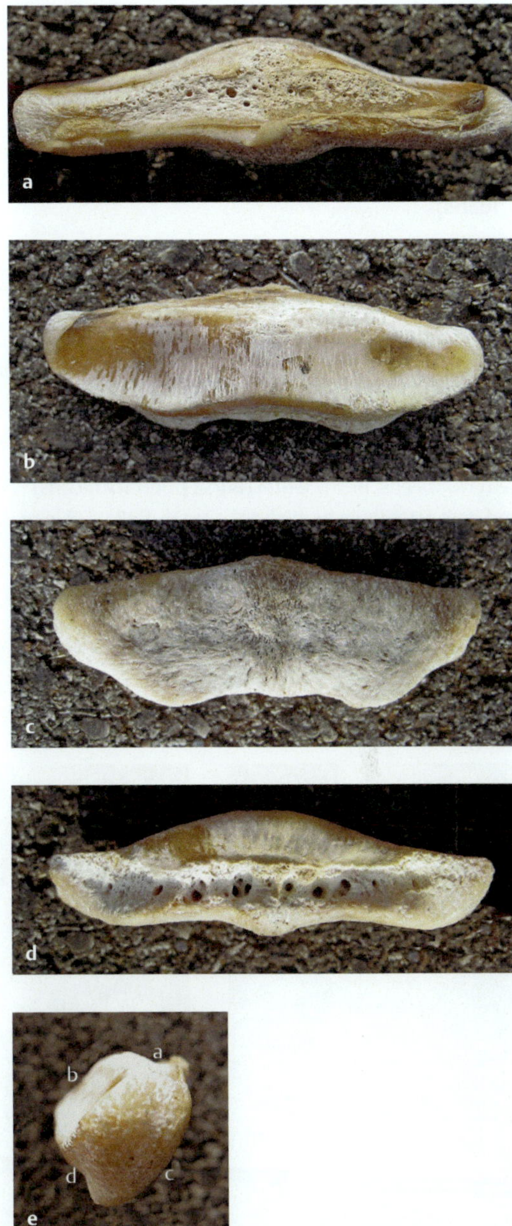

▶ **Abb. 4.7** Die verschiedenen Flächen des Strahlbeins: **a** Proximalrand, hier setzt das Fesselbein-Strahlbein-Band an; **b** Facies articularis, Gelenkfläche zum Hufgelenk, **c** Facies flexoria, Gleitfläche zur tiefen Beugesehne, **d** Distalrand, hier entspringt das Strahlbein-Hufbein-Band; **e** seitliche Ansicht.

Das Strahlbein hat eine Gelenkfläche und eine Gleitfläche:

- Die **Gelenkfläche** ist mit hyalinem Gelenkknorpel überzogen und hat Kontakt nach dorsal mit dem Hufbein sowie nach proximal mit dem Kronbein.
- Die palmare **Gleitfläche** des Strahlbeins ist als Kontaktfläche zur tiefen Beugesehne mit Faserknorpel überzogen. Zwischen dieser Beugeseite des Strahlbeins und der tiefen Beugesehne liegt der **Hufrollenschleimbeutel (Bursa podotrochlearis)**.

Das Strahlbein ist durch verschiedene **Bänder** mit dem Hufbein, den Hufknorpeln und dem Fesselbein verbunden.

Definition

Hufrollenkomplex (Podotrochlea): Unter Hufrolle wird die funktionelle Einheit aus der tiefen Beugesehne, dem Hufrollenschleimbeutel (Bursa podotrochlearis) und dem Strahlbein bezeichnet. Der Hufrollenschleimbeutel hat proximal und distal des Strahlbeins je eine kleine Aussackung und reicht sehr nahe an die Hufgelenkkapsel heran (▸ **Abb. 4.28**). Hier kann bei einer diagnostischen Anästhesie des Hufgelenks das Anästhetikum in den Schleimbeutel diffundieren, wodurch das diagnostische Ergebnis verfälscht werden kann.

Kronbein (Phalanx media)

Das Kronbein (▸ **Abb. 4.8**) ist ein quadratischer Knochen, der distal eine Gelenkfläche zum Hufbein und proximal eine Gelenkfläche zum Fesselbein hat. Etwa die Hälfte des Kronbeins liegt innerhalb der Hornkapsel, die andere Hälfte ragt aus der Hornkapsel hinaus. Am Kronbein setzt die oberflächliche Beugesehne an. In der Stützbeinphase, wenn Fessel- und Kronbein durch die Last des Pferdekörpers in Richtung Boden gedrückt werden, schiebt sich das Kronbein weiter zwischen die beiden Hufknorpel und drückt diese auseinander; s. Hufmechanismus (S. 170). Somit ist auch das Kronbein aktiv an der Verformung der Hornkapsel während der Belastung und am Hufmechanismus beteiligt (Stempel- oder Keilmechanismus).

Fesselbein (Phalanx proximalis)

Das Fesselbein (▸ **Abb. 4.8**) ist der längste Zehenknochen und etwa doppelt so lang wie das Kronbein. Distal hat es eine Gelenkfläche zum Kronbein, und proximal beteiligt sich seine Gelenkfläche mit dem Röhrbein und den beiden Gleichbeinen am Fesselgelenk.

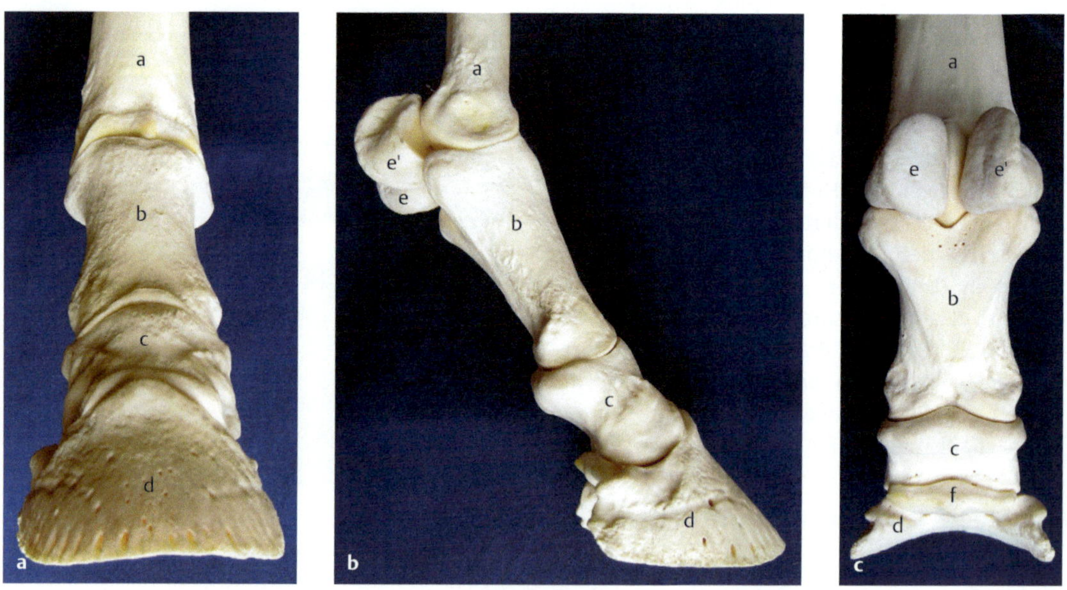

▸ **Abb. 4.8** Die Zehenknochen von dorsal (a), lateral (b) und palmar (c). **a** Röhrbein; **b** Fesselbein; **c** Kronbein; **d** Hufbein; **e, e'** mediales und laterales Gleichbein; **f** Strahlbein.

Gleichbeine (Ossa sesamoidea proximalia)

Die beiden Gleichbeine (► **Abb. 4.8**) haben die Form einer dreiseitigen Pyramide und liegen nebeneinander an der proximopalmaren Fläche des Fesselbeins. Hier ergänzen sie die Gelenkpfanne des Fesselbeins. Die Gleichbeine werden auch **proximale Sesambeine** genannt. Sie bieten Ansatz für die Fesselträgerschenkel des M. interosseus medius. Die hinteren Flächen der beiden Gleichbeine bilden miteinander eine Gleitrinne für die tiefe Beugesehne.

Röhrbein (Os metacarpale tertium) und Griffelbeine

Das **Röhrbein** (► **Abb. 4.4**) entspricht dem 3. Mittelhandknochen des Menschen, wobei beim Pferd nur dieser vollständig ausgebildet ist und die Körperlast trägt. Distal bildet das Röhrbein mit dem Fesselbein und den Gleichbeinen das Fesselgelenk, proximal mit den Fußwurzelknochen den distalen Teil des Vorderfußwurzelgelenks.

Dem 2. und 4. Mittelhandknochen des Menschen entsprechend sind die beiden **Griffelbeine** ausgebildet, die lateral bzw. medial am Röhrbein liegen. Die Griffelbeine sind mit dem Röhrbein eng verbunden und unterstützen mit den oben gelegenen verdickten Griffelbeinköpfchen die Gelenkfläche mit dem Vorderfußwurzelgelenk. Die Griffelbeine enden distal auf Höhe des unteren Drittels des Röhrbeins. Ihre Enden sind als kleine Griffelbeinknöpfchen verdickt. Sie bilden distal kein Gelenk mit einem anderen Knochen, haben aber eine feste bindegewebige Verbindung zum Röhrbein.

Vorderfußwurzelknochen (Ossa carpi)

Die Vorderfußwurzel (► **Abb. 4.9**) besteht beim Pferd aus 7–8 vieleckigen Knochen, die in 2 Reihen angeordnet sind. Sie bilden das Vorderfußwurzelgelenk, welches auch **Karpus** oder **Karpalgelenk** genannt wird.

Hinterfußwurzelknochen (Ossa tarsi)

Die Hinterfußwurzel (► **Abb. 4.10**) besteht aus 6 Knochen, die in 3 Reihen angeordnet sind. Zur oberen Reihe gehören das Rollbein, welches das Gelenk mit dem Schienbein (Tibia) formt, und das

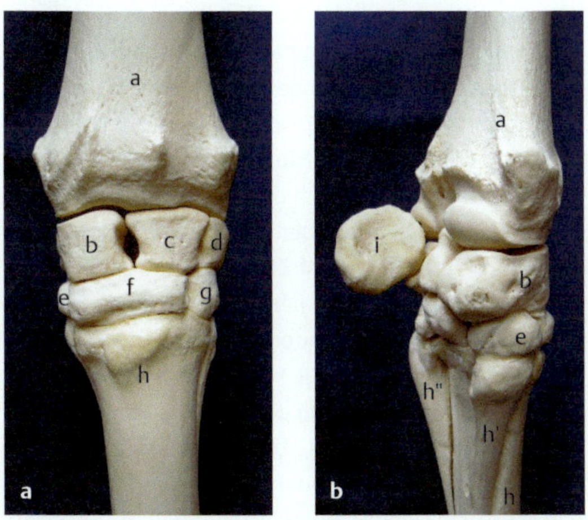

► **Abb. 4.9** Der linke Karpus (Vorderfußwurzelgelenk) von dorsal (a) und mediopalmar (b). Er besteht aus 7–8 kleinen Knochen, die in 2 Reihen angeordnet sind: **a** Radius, Unterarm; **b** Os carpi radiale; **c** Os carpi intermedium; **d** Os carpi ulnare; **e** Os carpale secundum; **f** Os carpale tertium; **g** Os carpale quartum; **h** Os metacarpale tertium, Röhrbein; **h'** Os metacarpale secundum, mediales Griffelbein; **h''** Os metacarpale quartum, laterales Griffelbein; **i** Os carpi accessorium, Erbsbein.

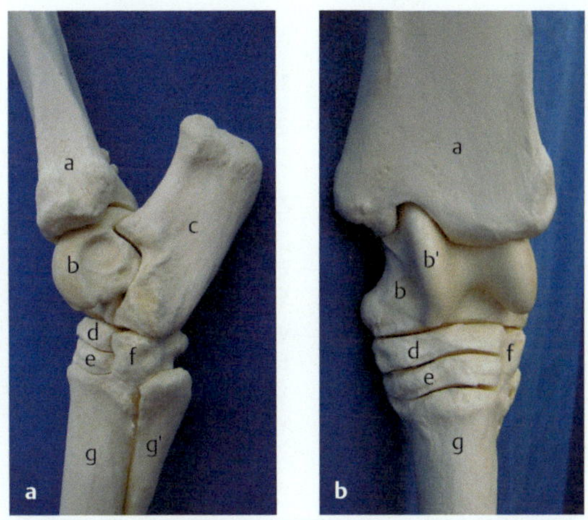

► **Abb. 4.10** Das linke Sprunggelenk (Tarsus) von lateral (a) und dorsal (b). Es besteht aus 6 Knochen, die in 3 Reihen angeordnet sind: **a** Tibia, Unterschenkel; **b** Talus; **b'** Rollkamm; **c** Calcaneus, Fersenhöcker; **d** Os tarsi centrale; **e** Os tarsale tertium; **f** Os tarsale quartum; **g** Os metatarsale tertium, Röhrbein; **g'** Os metatarsale quartum, laterales Griffelbein.

Fersenbein, das außen den gut sichtbaren Fersenbeinhöcker bildet. Das Hinterfußwurzelgelenk wird auch **Tarsus**, **Tarsal**- oder **Sprunggelenk** genannt.

Wachstumsfugen und postnatales Längenwachstum der Röhrenknochen

Das Längenwachstum der Gliedmaßenknochen beim Fohlen wird durch die Wachstumsfugen, auch Epiphysenfugen genannt, ermöglicht. Diese bestehen aus Knorpel und sind nach der Geburt an einem oder mehreren Enden der Knochen noch „offen" und aktiv. In den Wachstumsfugen werden ständig Knorpelzellen produziert, die dann durch Knochengewebe ersetzt werden. Dadurch wächst der Röhrenknochen in seiner Länge.

Schädigungen der Wachstumsfugen, z. B. durch übermäßigen Druck oder ein direktes Trauma, können das Längenwachstum stören und zu Fehlstellungen mit Verbiegungen der Gliedmaße führen.

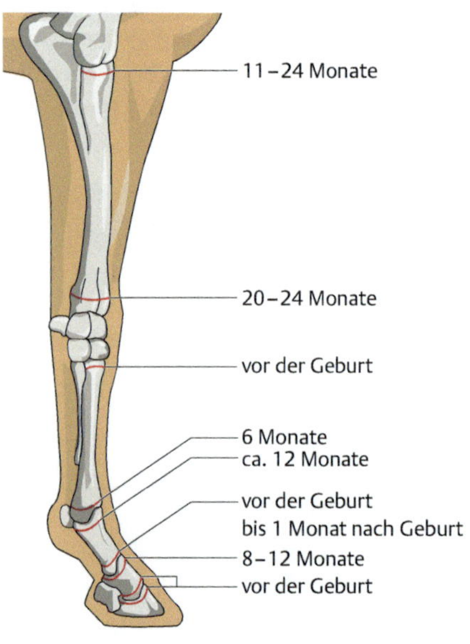

▸ **Abb. 4.11** Der röntgenologische Schluss der Wachstumsfugen an der distalen Gliedmaße erfolgt innerhalb des 1. Lebensjahrs. Die Möglichkeit, die Wachstumsfuge durch Hufbearbeitung zu beeinflussen – und damit die Stellung der Gliedmaße zu korrigieren –, endet schon weit vor dieser Zeit. Eine Korrektur von Fehlstellungen im Fesselgelenk sollte vor dem 3. Lebensmonat erfolgen, die Korrektur des distalen Unterarms (Fehlstellung des Vorderfußwurzelgelenks) vor dem 8. Lebensmonat.

Für die normale Entwicklung sind Zug- und Druckkräfte nötig, die auf die Wachstumsfugen wirken. Durch normalen Druck wird die Produktion von Knorpel angeregt. Wird der Druck allerdings zu groß, reagiert die Wachstumsfuge mit einer Verlangsamung oder einem Stopp des Wachstums. Deshalb kann es passieren, dass ein Fohlen mit starker Fehlstellung zu viel Druck auf einer Seite der Wachstumsfuge bekommt, wodurch das Wachstum hier eingestellt wird. Dies jedoch verschlechtert die Fehlstellung noch mehr.

Ist die Fehlstellung nicht zu extrem, der Druck auf die Wachstumsfuge also nicht zu stark, reagiert die Wachstumsfuge auf der stärker belasteten Seite mit gesteigertem Wachstum, wodurch sich die Fehlstellung ohne orthopädische Hilfe von alleine völlig normalisieren kann.

Eine orthopädische Korrektur hat zum Ziel, den Druck innerhalb der Wachstumsfuge gleichmäßig zu verteilen.

Überblick

Wachstumsfugenschluss

Wenn das Wachstum des Knochens endet, wird die knorpelige Wachstumsfuge allmählich schmaler und schließlich durch Knochengewebe ersetzt. Dann ist es nicht mehr möglich, an der ehemaligen Wachstumsfuge eine Gliedmaßenfehlstellung zu korrigieren.

Der Zeitpunkt, zu dem sich die Wachstumsfuge schließt, ist an den einzelnen Knochen unterschiedlich. Einige schließen sich früh (z. B. am Kronbein), während andere mehrere Jahre lang bestehen bleiben (z. B. an den Wirbelsäulendornfortsätzen des Widerrists). Jede Wachstumsfuge schließt sich zu einer relativ vorhersagbaren Zeit, an der Gliedmaße geschieht dies meist innerhalb des 1. Lebensjahrs [34] (▸ **Abb. 4.11**). Der Zeitpunkt einer Behandlung zur Korrektur von Gliedmaßenfehlstellungen ist deshalb von großer Bedeutung.

Die in Lehrbüchern gängigen Angaben zum Wachstumsfugenschluss beziehen sich meist auf die endgültige, radiologisch nachweisbare Verknöcherung. Funktionell schließen sich die Wachstumsfugen deutlich früher. Daher muss bei einer Gliedmaßenkorrektur frühzeitig gehandelt werden.

Knochen ist ein lebendiges, dynamisches Gewebe. Auch nachdem das Pferd ausgewachsen ist, reagiert das Knochengewebe auf Belastungen (Kompression, Zug, Druck und Biegung) mit Umbauvorgängen. Allerdings reagiert der Knochen beim ausgewachsenen Pferd sehr viel langsamer als beim Fohlen.

4.2.2 Muskeln und Sehnen

Die Körpermasse des Pferdes besteht je nach Rasse zu 40–55 % aus Muskulatur.

Definition

Als Skelettmuskeln bezeichnet man die Muskeln, die vor allem für die willkürlichen, steuerbaren Körperbewegungen zuständig sind, z. B. für die Bewegung der Gliedmaßen.

Ein Skelettmuskel besteht aus vielen kleinen Einheiten, den **Muskelfasern**. Jeder Muskel ist ummantelt von einer straffen Hülle aus Bindegewebe, der **Faszie**, die den Muskel zusammenhält und gegen andere Muskeln abgrenzt.

Der Skelettmuskel ist mindestens an 2 Stellen über **Sehnen** oder sehnige Fasern am Skelett oder an Faszien befestigt. Durch eine Kontraktion ermöglicht er so z. B. die Lageveränderung der beteiligten Knochen. Sehnen und Muskeln bilden immer eine funktionelle Einheit, wobei die Sehne die Funktion der passiven Kraftübertragung hat. Beim Pferd liegt der muskuläre Anteil der an den Fußknochen inserierenden Muskeln oberhalb des Vorderfußwurzelgelenks bzw. Sprunggelenks, der sehnige Anteil unterhalb. Die Sehnen bestehen aus vielen Sehnenfasern, die in Bündeln vorliegen.

Unter einer **Muskelkontraktion** versteht man die aktive Verkürzung eines Muskels. Sie wird durch Nervenimpulse ausgelöst, die von Gehirn oder Rückenmark ausgesandt und über Nerven weitergeleitet werden. Je nachdem, ob der Muskel ein Gelenk beugt oder streckt, spricht man von einem **Beuger** oder **Strecker** und singgemäß von einer **Beuge- oder Strecksehne.**

Da der Bau des Fußes an Vorder- und Hintergliedmaßen distal der Mittelhand- bzw. Mittelfußknochen weitgehend Übereinstimmung aufweist, wird hier nur der Vorderfuß besprochen, falls nicht anders beschrieben.

Gemeinsamer Zehenstrecker (M. extensor digitalis communis)

Der gemeinsame Zehenstrecker (Vordergliedmaße) verläuft entlang der Vorderseite des Röhrbeins (▸ **Abb. 4.12**). Sein Muskelbauch liegt am Unterarm etwas seitlich (lateral) und entspringt z. T. am Oberarmknochen (Humerus). Etwas oberhalb des Vorderfußwurzelgelenks geht er in seinen sehnigen Anteil über und zieht mit seiner gemeinsamen Strecksehne dorsal über das Vorderfußwurzelgelenk, das Röhrbein, Fesselbein und Kronbein bis zum Streckfortsatz des Hufbeins (Hufbeinkappe).

Der gemeinsame Zehenstrecker setzt an Kronbein (Zwischeninsertion) und breit gefächert an der Hufbeinkappe (Processus extensorius) sowie seitlich davon am Hufbein an. Hier setzen auch die Unterstützungsbänder des Fesselträgers an.

An der Vordergliedmaße spricht man vom „gemeinsamen Zehenstrecker“, weil sich mehrere Muskeln zur gemeinsamen Strecksehne vereinigen. An der Hintergliedmaße wird vom „langen Zehenstrecker“ (M. extensor digitalis longus) gesprochen, weil er vom Oberschenkelknochen kommt, also besonders lang ist.

Lateraler Zehenstrecker (M. extensor digitalis lateralis)

Der laterale Zehenstrecker ist ein relativ schwacher Muskel, der seitlich an der Speiche entspringt. Seine Sehne zieht lateral über die Außenfläche des Vorderfußwurzelgelenks, zieht am Röhrbein wieder mehr nach dorsal und legt sich lateral neben die gemeinsame Strecksehne. An der Vordergliedmaße endet der laterale Zehenstrecker dorsolateral am Fesselbein. An der Hintergliedmaße vereint sich seine Endsehne auf Höhe des Röhrbeins mit dem langen Zehenstrecker.

Oberflächliche Beugesehne (M. flexor digitalis superficialis)

Die oberflächliche Beugesehne liegt direkt unter der Haut an der Hinterseite der Gliedmaße. Ihre Ursprungssehne beginnt medial am Oberarm (Humerus), und ihr Muskelbauch liegt kaudal am Unterarm. Die oberflächliche Beugesehne nimmt an der Vordergliedmaße oberhalb des Karpus ihr Un-

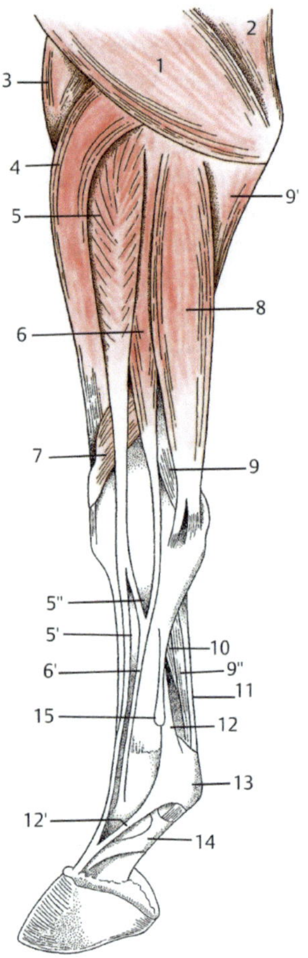

▶ **Abb. 4.12** Muskeln und Sehnen am Unterarm, linke Vordergliedmaße, laterale Ansicht: **1 und 2** M. triceps brachii, dreiköpfiger Oberarmmuskel; **3** M. brachialis, Armmuskel; **4** M. extensor carpi radialis, äußerer Speichenmuskel; **5** M. extensor digitalis communis, gemeinsamer Zehenstrecker; **5'** gemeinsame Strecksehne; **5''** Sehne des Phillips-Muskels; **6** M. extensor digitalis lateralis, seitlicher Zehenstrecker; **6'** seitliche Strecksehne; **7** M. abductor digiti longus, langer Auswärtszieher; **8** M. extensor carpi ulnaris, äußerer Ellbogenmuskel; **9 und 9'** M. flexor digitorum profundus, tiefer Zehenbeuger; **9''** tiefe Beugesehne; **10** Lig. accessorium, Unterstützungsband der tiefen Beugesehne; **11** oberflächliche Beugesehne; **12** M. interosseus, Fesselträger; **12'** Unterstützungsast zur gemeinsamen Strecksehne (5); **13** Fesselringband; **14** vierzipfelige Fesselplatte; **15** Griffelbeinknöpfchen. (Quelle: Salomon FV, Geyer H, Gille U (Hrsg.) Anatomie für die Tiermedizin. 3. Auflage. Stuttgart: Enke Verlag; 2015)

terstützungsband vom Radius auf und zieht anschließend oberflächlich durch den Karpaltunnel.

An der Hintergliedmaße bildet die oberflächliche Beugesehne im Unterschenkelbereich einen Anteil am gemeinsamen Fersensehnenstrang (Achillessehne). Sie zieht an der plantaren Seite des Sprunggelenks über den Fersenbeinhöcker, wo sie mit Haltebändern befestigt ist, und gelangt so zum Röhrbein.

Der Ansatz der oberflächlichen Beugesehne erfolgt für Vorder- und Hintergliedmaße nach dem gleichen Bauplan: Sie teilt sich in einen lateralen und medialen Schenkel und setzt seitlich am Kronbein an. Diese beiden Schenkel bilden gemeinsam mit dem Kronbein eine Manschette (Manica flexoria), durch die die tiefe Beugesehne durchtritt.

Tiefe Beugesehne (M. flexor digitalis profundus)

Die tiefe Beugesehne liegt zwischen Röhrbein und oberflächlicher Beugesehne an der Hinterseite der Gliedmaße.

Ihr Muskel besitzt an der Vordergliedmaße 3 Anteile, die eine funktionelle Einheit bilden und sich oberhalb des Vorderfußwurzelgelenks zu einer gemeinsamen Hauptsehne vereinen: Der größte Anteil des Muskels beginnt als **Caput humerale** medial am distalen Ende des Oberarmknochens; das **Caput ulnare** beginnt medial sowie kaudal am Ellbogenhöcker und das **Caput radiale** kaudomedial am Unterarmknochen. Sie vereinigen sich zur tiefen Beugesehne. Diese zieht an der Vordergliedmaße tief durch den Karpaltunnel und vereinigt sich danach mit ihrem Unterstützungsband, das distal am Vorderfußwurzelgelenk entspringt.

An der Hintergliedmaße ziehen mehrere Teilsehnen getrennt über die Plantarseite des Sprunggelenks und vereinigen sich danach zur tiefen Beugesehne. Diese erhält ein deutlich schwächeres Unterstützungsband vom Sprunggelenk.

Der Ansatz der tiefen Beugesehne erfolgt an der Vorder- und Hintergliedmaße nach einheitlichem Bauprinzip: Nachdem sie zwischen der Aufteilung der oberflächlichen Beugesehne hindurchschlüpft, zieht der Endabschnitt der tiefen Beugesehne über das Strahlbein (die tiefe Beugesehne bildet mit

Strahlbein und Hufrollenschleimbeutel die Hufrolle) und setzt an der Sohlenfläche des Hufbeins an.

Fesselträger (M. interosseus medius)

Der M. interosseus medius ist der bedeutendste Anteil des Fesseltrageapparats. Er ist beim Pferd stark sehnig durchsetzt. Sein Muskelbauch enthält bis zu 50 % quergestreifte Muskulatur, die sich jedoch unter einem dicken Sehnenmantel verbirgt. Der M. interosseus medius liegt zwischen den Griffelbeinen und dicht am Knochen, über dem Röhrbein und unter der tiefen Beugesehne. Sein sehniger Ursprung erfolgt proximopalmar am Röhrbein und distal am Karpus bzw. Tarsus sowie an der Hintergliedmaße mit einer langen Ursprungssehne am Fersenbein. Der Fesselträger teilt sich im unteren Drittel des Röhrbeins in 2 sehnige Fesselträgerschenkel, die an den jeweiligen Gleichbeinen ansetzen und jeweils ein Unterstützungsband nach vorn zur gemeinsamen Strecksehne abspalten.

Steckbrief

Fesseltrageapparat

Der Fesseltrageapparat (► **Abb. 4.13**) wirkt wie ein Tragegurt für das Fesselgelenk, der das Gelenk passiv (ohne Muskelarbeit) in einer Streckstellung hält. Er besteht aus folgenden Strukturen:

- M. interosseus medius (mit seinen 2 sehnigen Fesselträgerschenkeln zu den Gleichbeinen)
- Unterstützungsäste zur Strecksehne
- Gleichbeine (seitlich über Kollateralbänder am Röhrbeinende und über das Ligamentum palmare miteinander verbunden, welches ein knorpeliges Gleitlager für die tiefe Beugesehne bildet)
- oberflächliche Lage der distalen Gleichbeinbänder
  - gerades Gleichbeinband (y-förmig, von der distalen Basis der Gleichbeine über das Fesselbein hinweg zum Kronbein reichend)
  - schiefe Gleichbeinbänder (v-förmig, von der lateralen bzw. medialen Basis der Gleichbeine zusammen ans Fesselbein verlaufend)
- tiefe Lage der distalen Gleichbeinbänder mit kurzen und gekreuzten Bändern (verdeckt unter der oberflächlichen Lage)

Steckbrief

Spannsägenkonstruktion zwischen Knie- und Sprunggelenk

Um ein ermüdungsfreies Stehen zu ermöglichen, sind beim Pferd einige Sehnen und Bänder so ausgebildet, dass sie die Gelenke passiv (ohne größeren Kraftaufwand) in einer bestimmten Position fixieren. Das Kniegelenk kann durch die Kniescheibe und ihre Bänder vorübergehend in einer Streckstellung blockiert werden. Gleichzeitig überträgt der oberflächliche Zehenbeuger (M. flexor digitalis superficialis) den Zug von der Hinterfläche des Oberschenkelknochens auf das Fersenbein und hält damit ohne aktive Muskelarbeit das Sprunggelenk passiv gestreckt.

Nach dem seitlichen Abrollen der Kniescheibe vom medialen Rollkamm des Oberschenkelknochens (Femur) kann das Kniegelenk wieder gebeugt werden. Dabei wird durch den rein sehnigen 3. Wadenbeinmuskel (M. fibularis tertius) der Zug vom Oberschenkelknochen über die Beugeseite des Sprunggelenks auf das Röhrbein übertragen. Das Sprunggelenk wird in gleichem Maße mit der Beugung des Kniegelenks mitgebeugt.

Die Konstruktion der beiden sehnigen Stränge am Unterschenkel (der oberflächliche Beuger hinter dem Unterschenkelknochen und der 3. Wadenbeinmuskel vor dem Unterschenkelknochen) mit dem dazwischen eingespannten Schienbein (Tibia) wird als Spannsägenkonstruktion (Spannbandapparat) bezeichnet. Sie bedingt, dass Beugung und Streckung von Knie- und Sprunggelenk immer synchronisiert erfolgen; s. Vorführbogen (S. 163).

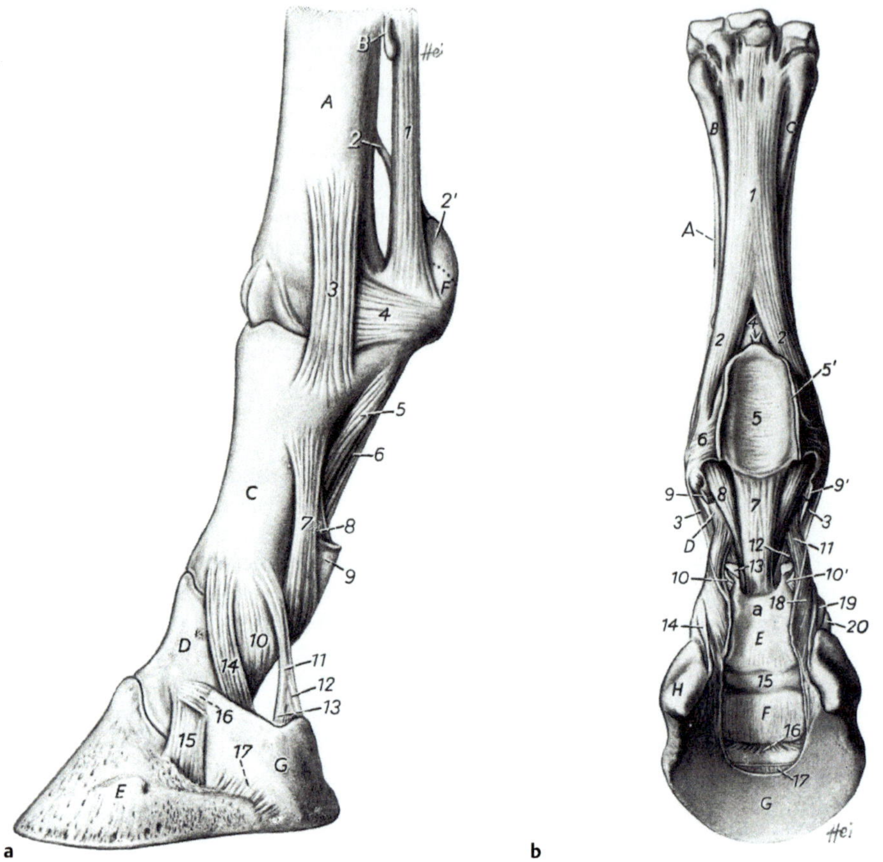

▸ **Abb. 4.13** Bänder am Fuß des Pferdes.

a Lateralansicht. **A** Röhrbein; **B** Griffelbein; **C** Fesselbein; **D** Kronbein; **E** Hufbein; **F** Gleichbein; **G** Hufknorpel **1** Fesselträger; **2** proximales Gleichbeinband; **2'** mittleres Gleichbeinband; **3** laterales Seitenband des Fesselgelenks; **4** laterales seitliches Gleichbeinband; **5** schiefes Gleichbeinband; **6** gerades Gleichbeinband; **7** laterales abaxiales, **8** axiales Lig. palmare des Krongelenks; **9** Stumpf der oberflächlichen Beugesehne; **10** laterales Seitenband des Krongelenks; **11** laterales Fesselbein-Hufknorpel-Hufbeinband; **12** sein Schenkel zum Hufknorpel; **13** sein Schenkel zum Hufbein; **14** laterales Fesselbein-Strahlbein-Hufbeinband; **15** laterales Seitenband des Hufgelenks; **16** laterales Hufknorpel-Kronbeinband; **17** laterales Hufknorpel-Hufbeinband. (Quelle: Nickel R, Schummer A, Seiferle E (Hrsg). Lehrbuch der Anatomie der Haustiere. Band I, 8. Aufl. Stuttgart: Parey in MVS Medizinverlage Stuttgart; 2003)

b Palmaransicht. **A** Röhrbein; **B** laterales, **C** mediales Griffelbein; **D** Fesselbein; **E** Kronbein; **F** Strahlbein; **G** Hufbein, **H** lateraler Hufknorpel
1 Fesselträger; **2** seine Endschenkel zu den Gleichbeinen; **3** seine Verbindungsschenkel zur gemeinsamen Strecksehne; **4** proximales Gleichbeinband; **5** mittleres Gleichbeinband; **5'** Schnittfläche des Fesselringbandes; **6** laterales seitliches Gleichbeinband; **7** gerades Gleichbeinband; **8** laterales schiefes Gleichbeinband; **9, 9'** proximale, **10, 10'** distale Schenkel der vierzipfeligen Fesselplatte (Stümpfe); **11** mediales abaxiales, **12** axiales Lig. palmare des Krongelenks; **13** lateraler Endschenkel der oberflächlichen Beugesehne; **14** laterales Fesselbein-Hufknorpel-Hufbeinband; **15** Gelenkkapsel des Hufgelenks; **16** Strahlbein-Hufbeinband; **17** Stumpf der tiefen Beugesehne; **18** Sohlenbinde (abgeschnitten); **19** mediales Seitenband des Krongelenks; **20** mediales Fesselbein-Strahlbein-Hufbeinband. (Quelle: Nickel R, Schummer A, Seiferle E (Hrsg). Lehrbuch der Anatomie der Haustiere. Band I, 8. Aufl. Stuttgart: Parey in MVS Medizinverlage Stuttgart; 2003)

4.2.3 Sehnenscheiden und Schleimbeutel

Eine **Sehnenscheide** ist ähnlich aufgebaut wie eine Gelenkkapsel: Es gibt eine äußere, bindegewebige Schicht und eine innere, synoviale Schicht. Diese innere Schicht durchschleust und resorbiert Sehnenscheidenflüssigkeit. Die Sehnenscheide umgibt doppelt einen Sehnenabschnitt, im dazwischenliegenden Spalt befindet sich die Sehnenscheidenflüssigkeit. Eine Sehnenscheide reduziert Reibung sowie Druck und schützt so die Sehne an Stellen, wo sie mit erhöhter Spannung über Gelenke zieht.

Ein **Schleimbeutel (Bursa)** ist ein kissenförmiger, flüssigkeitsgefüllter Hohlraum, der im Bewegungsapparat in Bereichen mit erhöhter Druckbelastung vorkommt. Schleimbeutel erleichtern ebenfalls die Bewegung von Sehnen oder Haut über Knochenvorsprüngen, indem sie die Reibung herabsetzen. Der Aufbau eines Schleimbeutels gleicht dem einer Gelenkkapsel oder Sehnenscheide, die innere Schicht (Stratum synoviale) produziert die Schleimbeutelflüssigkeit.

4.2.4 Fußgelenke

Definition

Ein Gelenk ist die bewegliche Verbindung zweier oder mehrerer Knochen. Es wird zwischen „echten" und „unechten" Gelenken unterschieden: Echte Gelenke haben einen flüssigkeitsgefüllten Gelenkspalt. Bei den unechten Gelenken handelt es sich um eine Knochenverbindung ohne Gelenkspalt, z. B. durch Knorpel- oder Bindegewebe.

Bestandteile echter (synovialer) Gelenke sind:

- Gelenkhöhle mit Aussackungen
- Gelenkkapsel mit faserreichem Außenanteil und zellreicher Innenauskleidung
- Gelenkbänder
- Gelenkflüssigkeit (Synovia)
- Gelenkknorpelüberzug (hyaliner Knorpel) der am Gelenk beteiligten Knochen

Die **Gelenkhöhle (Cavum articulare)** verengt sich zwischen den Gelenkflächen zu einem dünnen Spalt. Am Übergang zu Aussackungen liegen geräumige Abschnitte der Gelenkhöhle vor. Aussackungen werden vom Tierarzt für Gelenkpunktionen (Einstiche mit Injektionsnadeln) zum Einspritzen von Medikamenten oder zur diagnostischen Gewinnung von Gelenkflüssigkeit genutzt. Alle 3 Zehengelenke besitzen vordere (dorsale) und hintere (palmare/plantare) Aussackungen, die sich nach oben (proximal) ausdehnen.

Die **Gelenkkapsel (Capsula articularis)** umschließt die Gelenkhöhle samt Aussackungen. Sie besteht aus einer äußeren Schicht, die überwiegend aus sich überkreuzenden Bindegewebsfasern (Kollagenfasern) zusammengesetzt ist, und einer inneren zellreichen Schicht, welche die Gelenkhöhle bedeckt und deshalb auch Deckzellschicht genannt wird.

Diese innere **Deckzellschicht (Stratum synoviale)** besteht aus 2 verschiedenen Zelltypen, die locker aneinander gefügt sind:

- absondernde (sezernierende) Deckzellen, die die Gelenkflüssigkeit produzieren
- Fresszellen (Phagozyten), die das Gelenk sauber halten und z. B. Abschilferungen von Knorpel oder Blutzellen fressen

Die **Gelenkflüssigkeit (Synovia)** ist eine visköse, klare und fadenziehende Flüssigkeit, die auf den Gelenkflächen einen Gleitfilm bildet und den hyalinen Gelenkknorpel ernährt. Sie enthält u. a. Hyaluronsäure, welche als Schmiermittel wirkt, die Blut-Synovia-Schranke beeinflusst und wesentlichen Einfluss auf die Knorpelernährung ausübt. Die Gelenkflüssigkeit zählt zu den zellarmen Körperflüssigkeiten.

Überblick

Aufgaben der Synovia

- Ernährung des Gelenkknorpels
- Schmierung der Gelenkflächen
- Stoßdämpfung (mit dem Gelenkknorpel)

Absonderung und Aufnahme von Gelenkflüssigkeit befinden sich in gesunden Gelenken im Gleichgewicht. Ein Ungleichgewicht liegt beispielsweise bei Entzündungen vor, weil vermehrt Gelenkflüssigkeit gebildet wird. Diese Vermehrung der Gelenkflüssigkeit ist als Druckveränderung in der Gelenkhöhle messbar. Man spricht vom Gelenkerguss (Hydrops). Ein Mangel an Gelenkflüssigkeit kommt bei Bewegungseinschränkung vor.

Der **Gelenkknorpel** überzieht die Gelenkflächen der Knochen. Er hat eine hohe Druckelastizität, so dass er die Erschütterung beim Fußungsaufprall dämpft. Da im Gelenkknorpel keine Blutgefäße enthalten sind, wird er durch Diffusion über die Gelenkflüssigkeit ernährt. Damit Nährstoffe aus der Gelenkflüssigkeit in den Knorpel aufgenommen und Abfallprodukte aus dem Gelenkknorpel in die Gelenkflüssigkeit abgegeben werden können, ist Bewegung notwendig. Ist der Knorpel entlastet, so saugt er sich mit Nährstoffen voll wie ein Schwamm, den man nach dem Auspressen loslässt. Wird der Gelenkknorpel belastet und zusammengedrückt, so gelangen Stoffe wieder in die Gelenkflüssigkeit. Ändert sich die Gelenkflüssigkeit in ihrer Zusammensetzung, wird der Gelenkknorpel nur unzureichend ernährt und reagiert mit krankhaften Veränderungen. Veränderungen mit Knorpelverlusten sind sehr gravierend, weil die natürliche Knorpelerneuerung sehr langsam und unvollständig erfolgt. Nach der Geburt besitzt der hyaline Gelenkknorpel von Säugetieren nur noch ein eingeschränktes Regenerationsvermögen.

Die **Gelenkbänder** liegen teils außerhalb (z. B. Seitenbänder), teils innerhalb der Gelenkhöhle (Kreuzbänder im Kniegelenk) und teils als Faserverstärkungen in der Gelenkkapsel selbst (im Schultergelenk) vor. Die Gelenkbänder verbinden die Enden der am Gelenk beteiligten Knochen und tragen so entscheidend zur Stabilisierung des Gelenks bei. Sie sorgen auch dafür, dass sich die Beweglichkeit eines Gelenks auf bestimmte Bewegungsrichtungen und ein bestimmtes Ausmaß beschränkt.

Die **Schmerzhaftigkeit eines Gelenks** ist von der Nervendichte abhängig. Starke Schmerzen führen zur Funktionseinschränkung und zur Inaktivität bzw. Lahmheit. An den äußeren Gelenkanteilen, also an der fibrösen Gelenkkapsel und den Bändern, ist die Schmerzhaftigkeit viel ausgeprägter als an innen gelegenen Gelenkteilen, also an der inneren synovialen Gelenkkapsel und am unter dem Gelenkknorpel gelegenen (subchondralen) Knochen. Der hyaline Gelenkknorpel ist nicht innerviert und somit schmerzunempfindlich.

Die **Gelenkformen** beeinflussen die Bewegungsfreiheit der Gelenke.

- **Kugelgelenke** mit kugelähnlichem Gelenkkopf und entsprechender (konkaver) Gelenkpfanne gestatten Bewegungen in alle Richtungen, sofern sie nicht durch straffe Seitenbänder wie am Schultergelenk eingeschränkt werden.
- **Walzengelenke** und besonders eine Variante, das **Scharniergelenk** (z. B. Ellenbogengelenk und Fesselgelenk), gestatten nur Bewegungen in einer Ebene (Beugung und Streckung).
- Ein **Sattelgelenk** besitzt eine konkave, sattelförmige Gelenkfläche und eine entsprechend geformte gegenüberliegende konvexe Gelenkfläche. Diese Form ermöglicht Bewegungen in 2 Achsen (Beugung/Streckung und Seitwärtsbewegungen). Huf- und Krongelenk sind Sattelgelenke.

Vorder- bzw. Hinterfußwurzelgelenk

Vorder- und Hinterfußwurzelgelenk sind zusammengesetzte Gelenke, da sie aus mehreren Einzelknochen bestehen. Ihre Einzelgelenke weisen horizontale oder vertikale Gelenkspalten auf. Während am Karpus (▶ **Abb. 4.9**) alle Gelenkreihen für die Bewegung und Streckung des Karpalgelenks verantwortlich sind, besitzt am Tarsus (▶ **Abb. 4.10**) nur das proximale Gelenk (Talokruralgelenk) Bedeutung für die Beweglichkeit des Tarsalgelenks. Die distalen Gelenke sind straffe Gelenke, die kaum Bewegung zulassen und häufig an Spat erkranken.

Fesselgelenk

Das Fesselgelenk enthält die Walze des Röhrbeins und die Pfanne aus Fesselbein und Gleichbeinen. Es handelt sich um ein mehrfach zusammengesetztes Scharniergelenk, das nur Beugung und Streckung, also Bewegungen um 1 Achse, zulässt. Man unterscheidet am Fesselgelenk Seitenbänder und Gleichbeinbänder (▶ **Abb. 4.13**):

- Die **Seitenbänder** verbinden seitlich das Röhrbein mit dem Fesselbein.
- Zu den **Gleichbeinbändern** werden die Strukturen des Fesseltrageapparats (S. 93) gezählt, sowie die darunterliegenden tiefen distalen Gleichbeinbänder:

- Die **gekreuzten** Gleichbeinbänder ziehen von der Basis beider Gleichbeine an die gegenüberliegende Seite des Fesselbeins, wobei sie sich kreuzen.
- Die **kurzen** Gleichbeinbänder verbinden die Gleichbeinbasis mit dem Gelenkrand des Fesselbeins.

Krongelenk

Das Krongelenk ist ein einfaches Sattelgelenk, das Bewegungen um 2 Achsen zulässt (Beugung/Streckung und Seitwärtsbewegungen). Es setzt sich zusammen aus der Gelenkwalze des Fesselbeins und der Gelenkpfanne des Kronbeins. Am Krongelenk unterscheidet man die Seitenbänder und die palmaren Krongelenkbänder:

- Die **Seitenbänder** verbinden das Fesselbein seitlich mit dem Kronbein.
- **palmare Krongelenkbänder** (Ligg. palmariae)
  - Das **mittlere Palmarband** reicht von der Hinterfläche des Fesselbeins zum Kronbein. Es formt gemeinsam mit dem geraden Gleichbeinband das mittlere Gleitlager für die tiefe Beugesehne.
  - Die **seitlichen Palmarbänder** reichen proximal von der Seitenfläche des Fesselbeins seitlich zum Kronbein.

Hufgelenk

Das Hufgelenk zwischen Kronbein und Hufbein wird durch das Strahlbein vervollständigt und ist deshalb sowie aufgrund seiner Form ein mehrfach zusammengesetztes Sattelgelenk. Hufbein und Strahlbein bilden die Gelenkpfanne, die die Gelenkwalze des Kronbeins aufnimmt. Es lässt Bewegungen um 2 Achsen zu, also Beugung, Streckung und Seitwärtsbewegungen, wie auch zusätzlich leichte Drehbewegungen. Dies hilft, Unebenheiten des Bodens auszugleichen. Das Hufgelenk ist von der Hufkapsel umschlossen. Am Hufgelenk unterscheidet man Seitenbänder, Strahlbeinbänder und Hufknorpelbänder (► **Abb. 4.13**):

- Die **Seitenbänder** verbinden das Kronbein seitlich mit dem Hufbein.
- Strahlbeinbänder:
  - Das **Strahlbein-Hufbein-Band** reicht von der unteren Kante des Strahlbeins an den hinteren Rand der Gelenkfläche des Hufbeins.
  - Die **Fesselbein-Strahlbein-Hufbein-Bänder** werden auch „Aufhängebänder des Strahlbeins“ genannt. Sie entspringen seitlich sowie distal am Fesselbein und ziehen schräg distopalmar bzw. -plantar an die Innenfläche des jeweiligen Hufknorpels. Von hier aus ziehen Fasern nach innen zum Strahlbein. Bevor sie an der proximalen Kante des Strahlbeins ansetzen, geben sie noch einen Verbindungsstrang zum Hufbein ab.
- Hufknorpelbänder:
  - **Hufknorpel-Kronbein-Bänder** ziehen vom dorsalen Rand der Hufknorpel seitlich ans Kronbein.
  - **Hufknorpel-Hufbein-Bänder** ziehen vom vorderen und unteren Rand der Hufknorpel an den jeweiligen Hufbeinast.
  - **Hufknorpel-Strahlbein-Bänder** ziehen von der Innenseite der Hufknorpel zur jeweiligen Strahlbeinseite.
  - **Fesselbein-Hufknorpel-Hufbein-Bänder** sind elastische Bänder. Sie ziehen seitlich vom Fesselbein zur Innenfläche der Hufknorpel und zum Hufbein.

4.2.5 Zehenfaszien

Die Gliedmaßenfaszien liegen direkt unter der Haut und bestehen aus 2 übereinanderliegenden Bindegewebshüllen. Die oberflächliche Zehenfaszie ist strumpfförmig, die tiefe Zehenfaszie stärker zur „Zehenbinde“ strukturiert. Sie weist folgende Verstärkungen auf:

- Fesselringband
- 4-zipfelige Fesselplatte
- Sohlenbinde

Bei einer Entzündung kommt es durch das Anschwellen des Gewebes zu einem erhöhten Druck, was zu Schmerzen im Bereich dieser Strukturen führen kann.

4.3

Der Huf

Klaus-Dieter Budras, Manfred Coenen, Ruth Maria Hirschberg, Charlotte von Zadow

4.3.1 Hufformen

Charlotte von Zadow

Obwohl Hufe einen gemeinsamen Grundbauplan aufweisen und aus denselben anatomischen Strukturen aufgebaut sind, weichen sie in ihrer Form und der Ausprägung ihrer Strukturen z. T. stark voneinander ab. So wie die Linien auf der Innenseite der Handflächen jedes Menschen individuell ausgeprägt sind, gibt es keine 2 Hufe, die völlig übereinstimmen.

Die Hufform wird beeinflusst durch die Art der Bewegung, die Bodenverhältnisse, auf denen das Pferd arbeitet, seine Aufzucht, sein Gewicht, die Hufzubereitung und den Beschlag. Zugleich ist die Hufform ein Spiegelbild der Gliedmaßen- und Zehenstellung und damit der einwirkenden Kräfte.

Manche Hufformen sind auch charakteristisch für eine zugrundeliegende Erkrankung, z. B. kann ein starker Abrieb der Vorderwand des Hinterhufs auf eine Spaterkrankung hinweisen.

Die Form des Hufs ist immer eine Momentaufnahme, sie kann sich an Veränderungen relativ schnell anpassen. Eine Hufform kann in eine andere übergehen, wenn z. B. ein Schmerzzustand vorliegt oder sich die Hufbearbeitung oder Bodenverhältnisse verändern. Auch die Arbeit und Belastung des Pferdes, z. B. die Reitweise, hat Einfluss auf die Form. Häufig findet man bei einem Pferd 2 ungleiche Hufe, z. B. kann der rechte Vorderhuf deutlich steiler sein als der linke.

Bei den folgenden Beschreibungen sollte beachtet werden, dass die Hufform häufig rassebedingt ist. So haben z. B. Vollblüter eher eine flache Hufform mit einer spitzen Winkelung der Vorderwand, bedingt durch eine lange Fessel und flache Schulter, wohingegen Andalusier zu einer eher stumpfen Hufform neigen mit einem steilen dorsalen Hufwinkel (Zehenwand-Boden-Winkel) und steiler Fessel. Bei der Beurteilung, ob eine Hufform regelmäßig ist, müssen also auch die rassetypischen Merkmale bekannt sein.

Regelmäßige Vorderhufe

Der regelmäßige Vorderhuf (▸ **Abb. 4.14**) ist niedriger und weiter als der entsprechende Hinterhuf. Die Wände verlaufen gleichmäßig, aber etwas schräger zum Erdboden.

Definition

Der Hufwinkel ist der Winkel zwischen der entsprechenden Wandfläche und der Tragfläche des Hufs. Der Hufwinkel der Vorderwand wird auch als dorsaler Hufwinkel, Zehenwandwinkel oder Zehenwand-Boden-Winkel bezeichnet.

Der Hufwinkel der Vorderwand des regelmäßigen Vorderhufs beträgt 45–50°. In neueren Untersuchungen wird eine größere Variabilität von 45–55° angegeben. Zu den Trachten hin wird die Winkelung stumpfer und erreicht etwas hinter der weitesten Stelle des Hufs 90°. Weiter palmar besteht eine geringgradige Neigung nach innen. Die innere Wand kann etwas steiler als die Außenwand stehen. Der Hufwinkel der Seitenwände beträgt etwa 80° (Winkel der inneren Seitenwand 82 ± 3°, der äußeren Seitenwand 75 ± 3°).

Das **Längenverhältnis** der Vorderwand zur Seitenwand und Trachtenwand verhält sich wie 3 : 2 : 1 (▸ **Abb. 4.15**).

Der Vorderhuf ist am Tragrand etwa 2–3 cm weiter als am Kronrand, gemessen im **Querdurchmesser** der weitesten Stelle. Deswegen ist zwischen dem Querdurchmesser am Kronrand und dem am Tragrand zu unterscheiden.

Der Verlauf des **Tragrands** ist in der vorderen Hufhälfte eher rund und in der hinteren Hälfte eher längs-oval. Die weiteste Stelle liegt etwas hinter der Mitte des Hufs. Von der Grundfläche aus

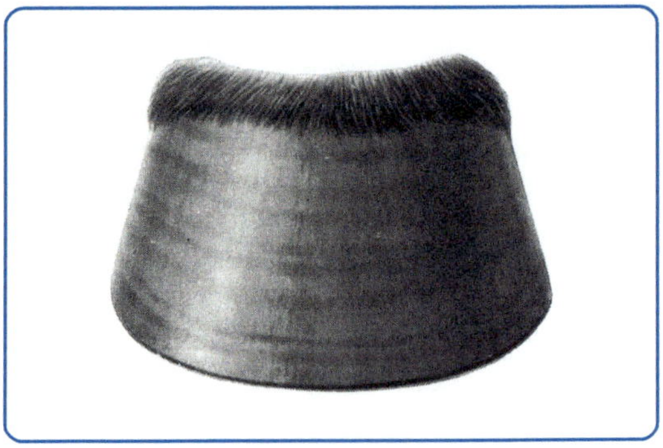

▸ **Abb. 4.14** Regelmäßiger Vorderhuf von vorn betrachtet.

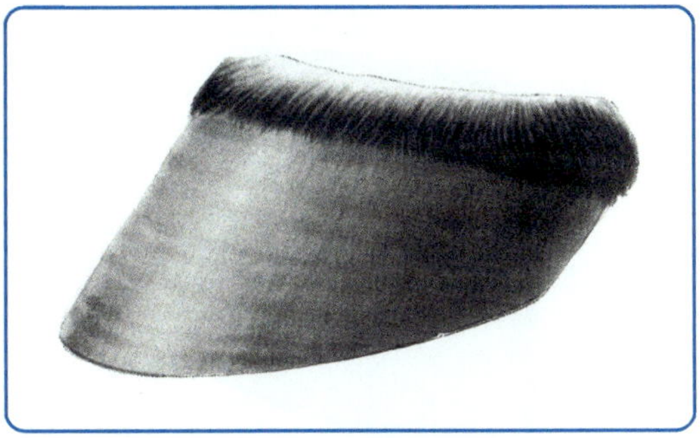

► **Abb. 4.15** Regelmäßiger Vorderhuf von der Seite betrachtet.

► **Abb. 4.16** Regelmäßiger Vorderhuf, Sohlenfläche (halbschematisch).

gesehen ist die Vorderwand etwa doppelt so dick wie die Wand im Trachtenbereich (2 : 1). Die Sohle ist mäßig gewölbt, die Eckstreben sind wie die Seitenwände schräg nach außen geneigt (► Abb. 4.16).

Von der Seite gesehen verläuft der **Kronrand** in einem gleichmäßigen Bogen von vorn-oben nach hinten-unten und geht hier gerundet in die Ballen über; von vorn betrachtet liegt der Kronrand außen und innen gleich hoch über dem Erdboden und am Zehenteil am höchsten.

Die **Hufhöhe** ergibt sich durch Messung der Senkrechten von der Tragfläche zum höchsten Punkt an der Krone im Bereich der Vorderwand. Die Höhe des Hufs ist somit nicht gleichzusetzen mit der Länge der Vorderwand, welche die **Huflänge** angibt. Unter dem **Längsdurchmesser des Hufs** versteht man die Entfernung vom vordersten Punkt des Vorderwandtragrands bis zur Verbindungslinie zwischen den beiden Trachtenecken.

Regelmäßige Hinterhufe

Der regelmäßige Hinterhuf (► **Abb. 4.17**) ist höher und enger als der entsprechende Vorderhuf. Die Wände stehen i. A. steiler. Der dorsale Hufwinkel beträgt 50–55°. Das Längenverhältnis der Vorderwand zur Seitenwand und Trachtenwand verhält sich wie 4 : 3 : 2 (► **Abb. 4.18**).

Die Weite am Tragrand ist etwa 2 cm größer als am Kronrand, gemessen am Querdurchmesser der weitesten Stelle. Die Form der Tragfläche ist spitzrund, etwa herzförmig. Im Vergleich zum regelmäßigen Vorderhuf stehen die Trachten weiter auseinander, der Strahl und die Eckstreben sind meist kräftiger entwickelt, und die Sohle ist stärker gewölbt (► **Abb. 4.19**).

► **Abb. 4.17** Regelmäßiger Hinterhuf von vorn betrachtet.

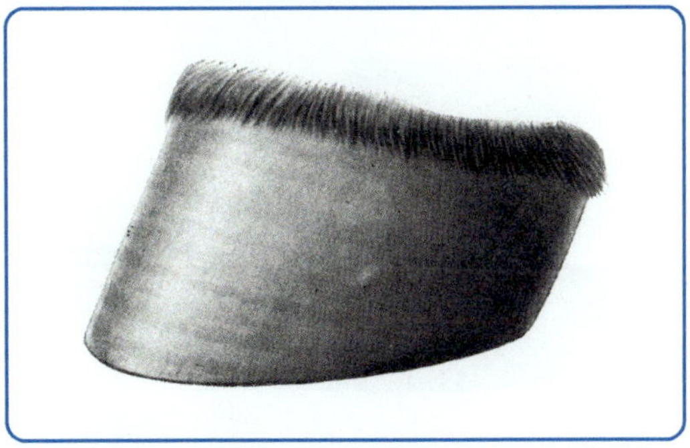

► **Abb. 4.18** Regelmäßiger Hinterhuf von der Seite betrachtet.

► **Abb. 4.19** Regelmäßiger Hinterhuf, Sohlenfläche (halbschematisch).

Spitz gewinkelte Hufe

Definition

Spitz gewinkelte Hufe (► **Abb. 4.20**) haben einen sehr flachen dorsalen Hufwinkel (Vorderhuf < 45°, Hinterhuf < 50°).

Das Längenverhältnis von Vorderwand zu den Trachtenwänden beträgt mehr als 3 : 1. Die lange Vorderwand ist eindeutig dicker als die kurzen, dünnen Trachtenwände. Diese werden stark belastet und sind wegen ihrer verhältnismäßig schrägen Richtung weniger stützfähig. Der spitz gewinkelte Huf gehört zur regelmäßig spitz gewinkelten, vorständigen bzw. vorbiegigen Gliedmaßenstellung (S. 149).

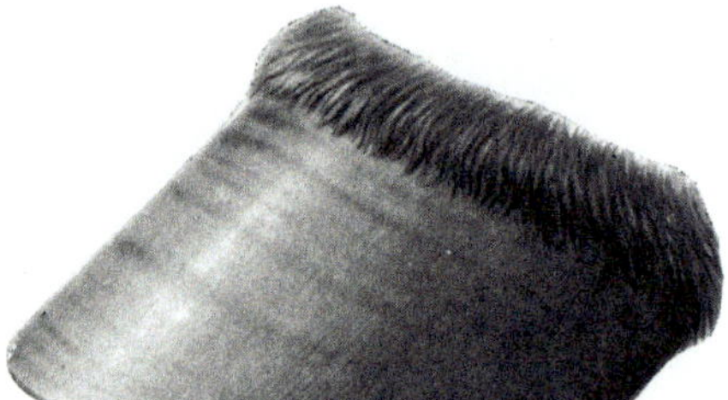

► **Abb. 4.20** Spitz gewinkelter Huf.

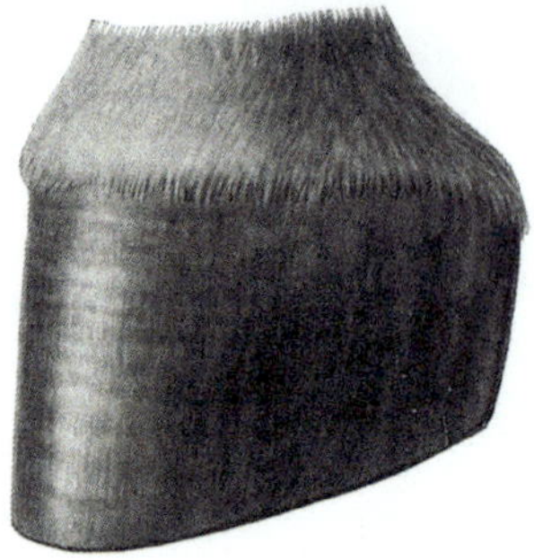

► **Abb. 4.21** Stumpf gewinkelter Huf.

Stumpf gewinkelte Hufe

Definition

Stumpf gewinkelte Hufe (► **Abb. 4.21**) weisen an der Vorderwand einen dorsalen Hufwinkel von > 55° auf. Die Länge der Trachtenwände ist im Verhältnis zur Vorderwand größer als beim regelmäßigen Huf.

Die steil stehende, verhältnismäßig kurze Vorderwand wird stärker belastet als die langen, meist kräftigen Trachtenwände. Stumpf gewinkelte Hufe kommen bei der regelmäßig stumpf gewinkelten sowie der rückständigen, rückbiegigen und bärenfüßigen Stellung der Gliedmaßen vor.

Ist die Hufform extrem stumpf, spricht man ab einem dorsalen Hufwinkel von 60° von einem **Bockhuf** (S. 180). Stehen Vorderwand und Trachtenwände im Winkel von etwa 90° zum Erdboden, dann verläuft der Kronrand fast horizontal. Eine Ausnahme stellen junge Fohlen dar, bei denen unter normalen Bedingungen selten ein Vorderwandwinkel von unter 63° zu finden ist.

Enge Hufe

Definition

Enge Hufe (► **Abb. 4.22**) sind im Ganzen gesehen höher als regelmäßige Hufe. Die Seitenwände stehen steiler, so dass die Form des Tragrands länglich-rund ist.

Die steileren Seitenwände haben einen Hufwinkel von fast 90° und neigen sich zu den Trachten hin in der Regel mehr nach innen als beim regelmäßigen Huf. Die Weite am Tragrand übertrifft nur

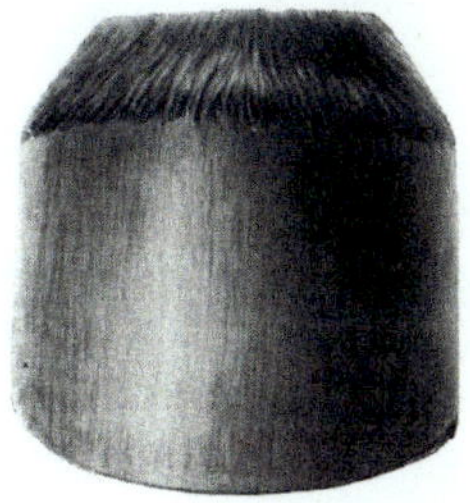

▶ **Abb. 4.22** Enger Huf.

etwa um 1 cm die des Kronrands. Die Sohle ist stark konkav gewölbt, der Strahl mäßig entwickelt. Die Eckstreben stehen steil. Die Hornwand ist von fester Struktur mit härterem Horn, da weniger weiches Zwischenröhrchenhorn zwischen den Hornröhrchen vorhanden ist. Der enge Huf kann gleichzeitig eine stumpfe Form haben.

Weite Hufe

Definition

Weite Hufe (▶ **Abb. 4.23**) sind i. A. etwas niedriger als regelmäßige Hufe. Am Tragrand sind sie erheblich weiter als an der Krone.

Der Unterschied zwischen der Weite (Durchmesser) am Kronrand und der am Tragrand beträgt etwa 3 cm. Höhe und Weite verhalten sich wie 1 : 2. Die Seitenwände stehen schräger. Der Hufwinkel der Seitenwände zum Erdboden beträgt etwa 70° und weniger, sie neigen sich nur an den Trachtenwänden nach innen. Dementsprechend verlaufen auch die Eckstreben sehr schräg zum Erdboden. Die Form des Tragrands ist kreisrund. Die Sohle ist flach gewölbt. Der Strahl ist kräftig entwickelt und hat flache Furchen. Von der Seite gesehen tendiert der weite Huf oft der spitzen Hufform zu. Er kommt hauptsächlich bei schweren Pferden vor und wird vornehmlich an der Vordergliedmaße angetroffen.

Halbeng-halbweite Hufe

Definition

Der halbeng-halbweite Huf (▶ **Abb. 4.24**) weist von der Tragfläche aus betrachtet im Bereich der einen Hufhälfte die Merkmale eines engen, an der anderen die eines weiten Hufs auf. Besteht die enge Form auf der äußeren Hufhälfte, so bezeichnet man ihn als halbweit-halbeng (bodeneng), liegt sie innen, als halbeng-halbweit (bodenweit) (▶ **Abb. 4.25**).

Der **bodenenge Huf** hat somit einen äußeren engen und einen inneren weiten Abschnitt. Die äußere Seitenwand ist wenig gebogen, steht steil und ist an der Seite und Trachte nach innen geneigt, während die innere Seitenwand schräger gestellt und oft auch gebogen ist. Der bodenenge Huf gehört zur bodenengen, o-beinigen und zehenengen Gliedmaßenstellung.

Beim **bodenweiten Huf** verhält es sich umgekehrt, denn er gleicht in seiner äußeren Hälfte etwa einem weiten und in seiner inneren Hälfte einem engen Huf. Die innere, mehr in einem flachen Bogen verlaufende Seitenwand steht steil.

▶ **Abb. 4.23** Weiter Huf.

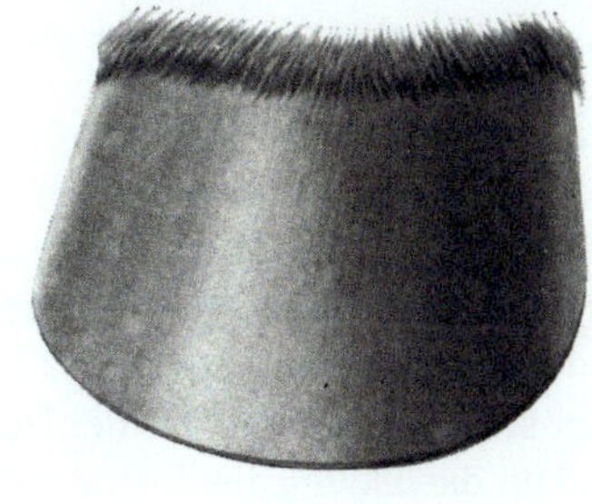

▶ **Abb. 4.24** Der halbeng-halbweite Huf von vorn betrachtet, bodenweiter rechter Vorderhuf oder bodenenger linker Vorderhuf.

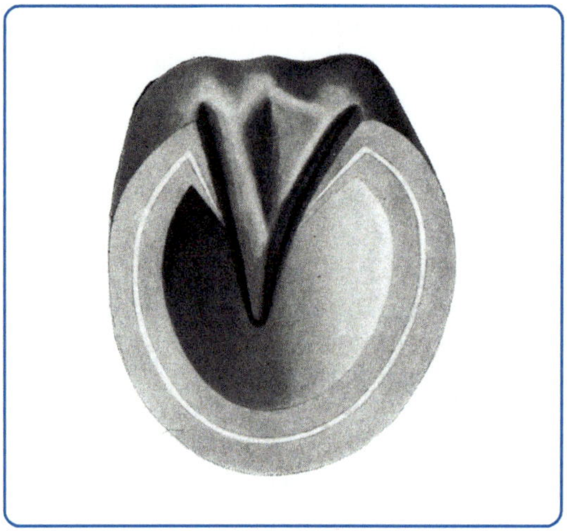

▶ **Abb. 4.25** Der halbeng-halbweite Huf (Sohlenfläche), bodenweiter rechter Vorderhuf oder bodenenger linker Vorderhuf.

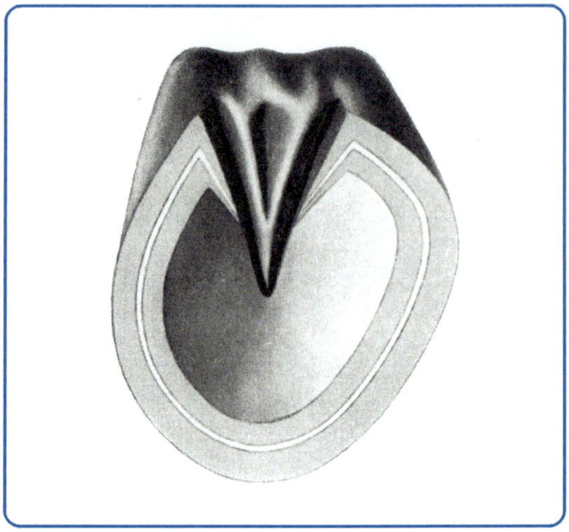

▶ **Abb. 4.26** Diagonaler Huf, Sohlenfläche (halbschematisch).

Das hintere Drittel dieser Seitenwand sowie die Trachtenwand sind nach innen geneigt, während die äußere Seitenwand fast durchweg schräg nach außen verläuft und nur am hinteren Ende der Trachte senkrecht steht oder nach innen geneigt ist. Der bodenweite Huf wird bei der bodenweiten, x-beinigen und zehenweiten Stellung angetroffen.

Diagonale Hufe

Definition

Beim diagonalen Huf (▶ **Abb. 4.26**) ist der Hufwinkel von diagonal gegenüberliegenden Wandabschnitten ähnlich, das heißt, dass bei steil stehender Trachtenwand die diagonal gegenüberliegende Vorderwandhälfte ebenfalls eine steilere Stellung zum Erdboden zeigt. Demgegenüber stehen die beiden anderen diagonalen Hornwandteile gleichmäßig schräger.

An der Tragfläche des diagonalen Hufs verlaufen die gleichen Viertel des Tragrands mehr gestreckt oder gerundet. Zu gestreckt verlaufenden Tragrandabschnitten gehören steilere Wandabschnitte und zu den gerundeten Abschnitten des Tragrands die schräger stehenden Abschnitte der Hornwand. Maßgebend für die Bildung dieser Hufform ist eine verhältnismäßig stark belastete Trachtenwand, die dann steiler steht. So findet man bei x-beinigen und zehenbodenweit gestellten, sowie bei deutlich diagonal nach außen gedrehter Stellung der Gliedmaße einen steileren Stand der äußeren Trachten- und inneren Vorderwand.

Bei diagonaler Drehung der Gliedmaße oder des Hufs nach innen sowie bodenweiter Stellung stehen die innere Trachten- und äußere Vorderwand steiler und verlaufen, von der Tragfläche des Hufs aus betrachtet, ziemlich gerade.

Bei Warmblütern kommt häufig an den Hintergliedmaßen eine bodeneng-zehenweite Stellung mit diagonaler Drehung nach außen vor. Bei diesen Hufen sind in der Regel die äußere Trachte und ein Teil der äußeren Seitenwand als die stärker belasteten Hufabschnitte steiler gestellt als beim rein bodenengen Huf.

Für den Hufbeschlag ergibt sich aus diesen Gegebenheiten die Schlussfolgerung, dass der Hufbeschlagschmied beim Zubereiten des diagonalen Hufs zum Beschlag nicht versuchen darf, diese Hufe ohne Grund in eine regelmäßige Form zu überführen. Erfahrungsgemäß werden an diesen Hufen die meisten Fehler beim Zubereiten und Beschlagen gemacht, und zwar besonders dann, wenn keine sorgfältige Beurteilung der Gliedmaßen- und Zehenstellung sowie der Hufform des Pferdes vor dem Beschlag vorgenommen wurde.

Umformungshuf

Definition

Der Umformungshuf (▶ **Abb. 4.27**) ist eine Übergangserscheinung, bei der der Huf allmählich eine stumpfere Form annimmt. Diese Veränderung der Hufform hängt mit einem steiler werdenden Fesselstand zusammen.

Ursache hierfür kann z. B. ein schmerzhafter Prozess in dieser Gliedmaße sein, etwa infolge einer chronischen Gelenk- oder Beugesehnenerkrankung oder bei der Ausbildung einer rückständigen oder rückbiegigen Stellung. Der Bewegungsablauf der betroffenen Gliedmaße wird verändert, und diese wird gegenüber dem gesunden Bein weniger belastet.

Durch die veränderte Belastung ändert sich auch der Druck, der auf die Hornkapsel wirkt, wodurch der hintere Kronrand nach oben verschoben wird. Der Kronrand erscheint dann von der Seite gesehen fast parallel zum Erdboden. Auch der Winkel, unter dem das Horn der Zehen- und Trachtenwände zum Erdboden verläuft, wird stumpfer.

Da die Umformung langsam vor sich geht, d. h. im Tempo des Hornnachschubs von der Krone her, entsteht an der Zehenwand eine konkave, an den Trachtenwänden eine konvexe Verformung, die nach unten wächst. Hat sie den Tragrand erreicht, ist der Verlauf der Wände wieder gestreckt und die Hufform im Gesamten stumpfer geworden.

▶ **Abb. 4.27** Umformungshuf.

Eine physiologische Form der Umformung in entgegengesetzte Richtung beobachtet man beim neugeborenen Fohlen: Unter Belastung ändert der eher stumpfe Fohlenhuf allmählich seine Form hin zum regelmäßigen Huf. Da der Fohlenhuf im 1. Jahr sehr schnell wächst, ist die Umformung meist im 4. Monat abgeschlossen.

4.3.2 Bauelemente

Klaus-Dieter Budras

Der Huf besteht aus der **Hufhaut** mit der äußerlich sichtbaren **Hufkapsel**, die die **inneren Hufstrukturen** umschließt (▶ **Abb. 4.28**). Dazu gehören die zentralen Skelettelemente, nämlich der untere Abschnitt des Kronbeins und das Hufbein, die an der Bildung des Hufgelenks beteiligt sind. Ebenfalls umschlossen sind die Endigung der Strecksehne sowie die Bänder des Hufs mit ihren Verbindungen zum Hufbein und zu beiden Hufknorpeln. Das Strahlbein, der überlagernde Hufrollenschleimbeutel und der darüber hinwegziehende Endabschnitt der tiefen Beugesehne bilden zusammen die **Hufrolle**. Die Versorgung des Hufs erfolgt über die Blutgefäße (S. 127) (Arterien und Venen), Lymphgefäße und Nerven (S. 133) der Zehen, die mit ihren Verzweigungen überwiegend in der Leder- und Unterhaut verlaufen [30].

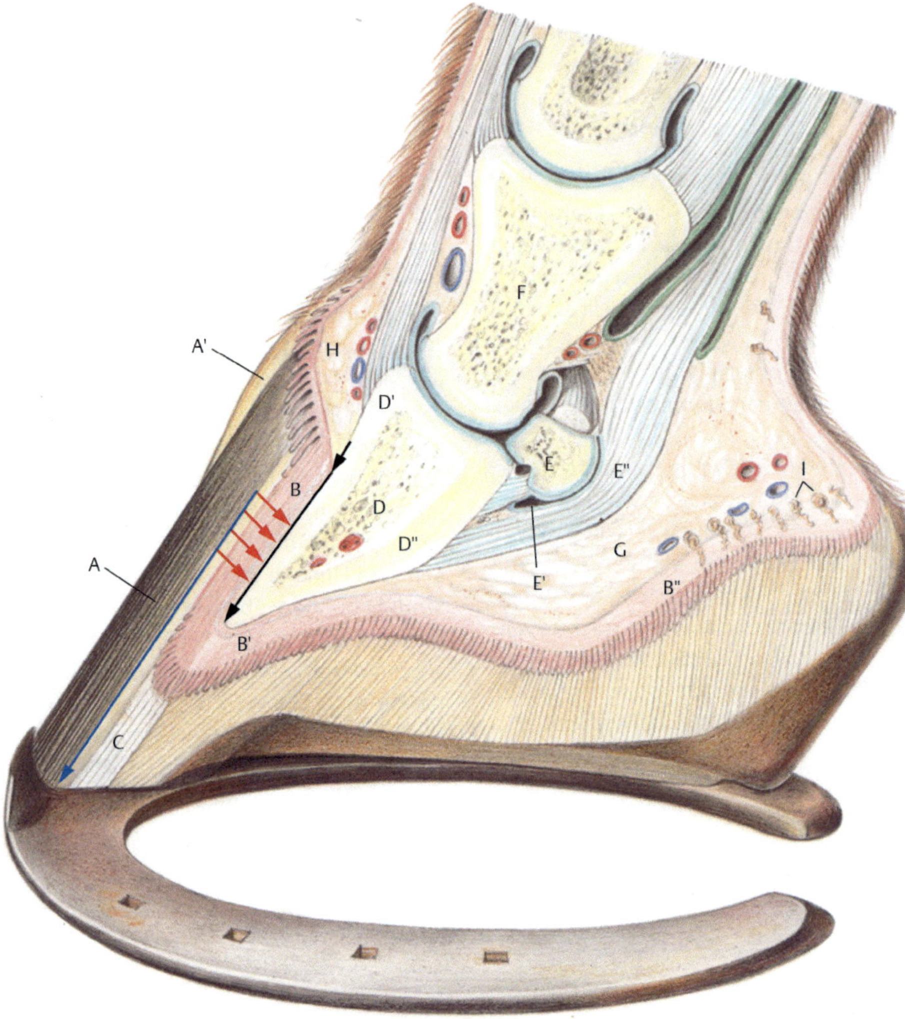

▸ **Abb. 4.28** Halbierender Längsschnitt durch den Huf. **A** Hufplatte mit (dunklem) Kronhorn und (hellem) Saumhorn (**A'**); **B** Lederhautblättchen, Sohlenlederhaut (**B'**) und Ballenlederhaut (**B''**); **C** Hornblättchen; **D** Hufbein mit Ansatz der Strecksehne (**D'**) und der tiefen Beugesehne (**D''**); **E** Hufrolle mit Strahlbein (**E**) und aufliegendem Hufrollenschleimbeutel (**E'**) sowie darüber hinwegziehendem Abschnitt der tiefen Beugesehne (**E''**); **F** Kronbein; **G** Hufkissen; **H** Kronkissen; **I** Ballendrüsen. Die Pfeile symbolisieren die Funktion des Hufbeinträgers, der die Druckkräfte der Körperlast (schwarzer Pfeil) in einen Zug umwandelt (4 rote Pfeile). In der Hufplatte erfolgt eine Rückwandlung in eine Druckkraft (blauer Pfeil), die am Tragrand auf dem Hufeisen (bzw. auf dem Boden) lastet. (Quelle: Budras KD, Huskamp B. Belastungshufrehe – Vergleichende Betrachtungen zu anderen systemischen Hufreheerkrankungen. Pferdeheilkd 1999; 15: 89–110)

4.3.3 Hufkapsel (Capsula ungulae)

Klaus-Dieter Budras

Die Hufkapsel besteht nur aus Horngewebe und wird deshalb auch Hornkapsel genannt. Man unterscheidet Hufwand (Hornplatte) und Basisteile (Fußungsfläche, Sohlenflächen- oder Grundflächenanteile) und die dazwischen befindliche weiße Linie.

Die **Hufwand** beginnt oben am Haaransatz mit dem Kronrand und endet unten mit dem Tragrand. Sie besteht aus dem Vorderteil (Hufrücken, auch Zehe genannt), dem Seitenteil und dem verformbaren Trachtenteil, welcher am Eckstrebenwinkel in die Eckstrebe übergeht (▶ **Abb. 4.29**, ▶ **Abb. 4.30**). Die Eckstrebe schlägt sich nach innen in Richtung Hufzentrum um und endet auf halber Länge des Strahls ▶ **Abb. 4.36**).

Zu den **Basisteilen** (Sohlenfläche) gehört das **Sohlenhorn** mit dem Sohlenkörper, der sich beidseits nach hinten in die Sohlenäste fortsetzt, welche den Strahl außen flankieren. Das **Strahlhorn** endet mit seinen beiden (vorn konvergierenden) Strahlschenkeln an der Strahlspitze und geht hinten an seiner Basis in das **Ballenhorn** über, welches die Hufkapsel hinten abschließt. Zwischen beiden Strahlschenkeln liegt die mittlere Strahlfurche, während die beiden seitlichen Strahlfurchen beide Strahlschenkel außen flankieren (▶ **Abb. 4.29**, ▶ **Abb. 4.36**).

Form und Größenverhältnisse der Hufkapselanteile sowie die Unterschiede zwischen Vorder- und Hinterhufen sind den Kapiteln zu Hufkapsel (S. 105) und Hufformen (S. 98) zu entnehmen.

Die **Funktionen** der Hufkapsel sind sehr vielfältig und werden detailliert im Zusammenhang mit den Hufsegmenten (S. 113) abgehandelt.

Die 2 segmentübergreifenden Hauptfunktionen sind folgende:

- Die Hufkapsel schützt die umschlossenen Strukturen vor mechanischen, thermischen, chemischen oder biochemisch-enzymatischen (hornauflösenden) Einflüssen, z. B. durch Harnstoff (sehr starkes Lösungsmittel) oder Enzyme, die von Mikroorganismen gebildet werden.
- Die in verschiedenen Hufsegmenten unterschiedlich stark verformbare Hufkapsel (S. 170) dient der Aufnahme, Verteilung und Weiterleitung von Kräften, die von innen oder außen auf sie einwirken.

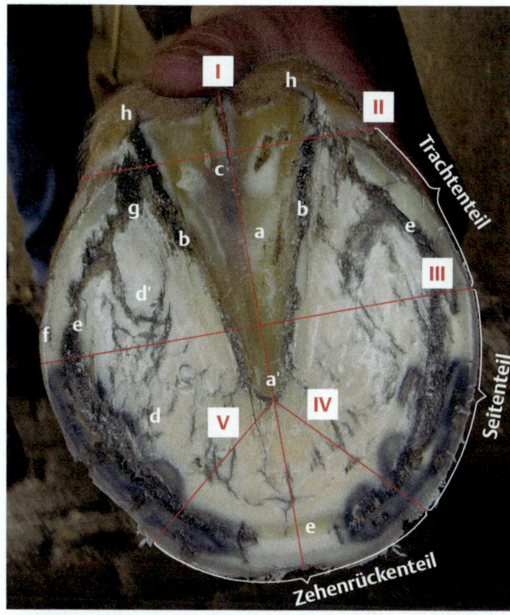

▶ **Abb. 4.29** Linker Vorderhuf, Sohlenfläche. Der Huf kann mit folgenden Linien eingeteilt werden: **I** Längsachse der Sohlenfläche = Hufachse; **II** Gerade durch beide Trachtenwinkel; **III** Gerade durch die weiteste Stelle des Hufs; **IV** Schenkel im 45°-Winkel vor der Strahlspitze **a** Strahl, **a'** Strahlspitze; **b** seitliche Strahlfurchen; **c** mittlere Strahlfurche; **d** Sohle, **d'** Sohlenschenkel; **e** weiße Linie; **f** Hufwand; **g** Eckstrebe; **h** Ballen.

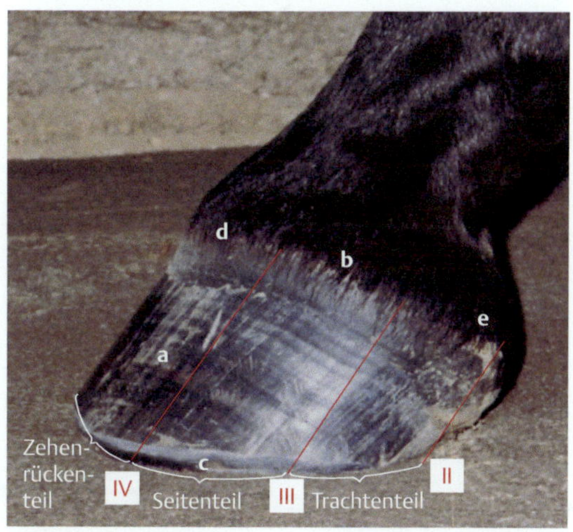

▶ **Abb. 4.30** Linker Vorderhuf, Seitenansicht. **II** Gerade durch beide Trachtenwinkel; **III** Gerade durch die weiteste Stelle des Hufs; **IV** Schenkel im 45°-Winkel vor der Strahlspitze. **a** Hufwand; **b** Kronrand; **c** Tragrand; **d** Saumhorn; **e** Ballen.

Steckbrief

Aussehen des gesunden Hufs (▶ Abb. 4.29, ▶ Abb. 4.30)

Von der Seite und von vorn betrachtet

Der Huf sollte in Größe und Form zum Pferd passen. Beim gesunden Huf verlaufen alle Wandabschnitte vom Kronrand zum Tragrand gesteckt und gerade.

Die **Hornwand** zeigt keinerlei Zusammenhangstrennungen, ist proximal von der Glasurschicht überzogen, und die Oberfläche erscheint leicht glänzend bis glatt.

Einschränkend ist zu sagen, dass regelmäßige, d. h. um die gesamte Hornwand gleichmäßig und mit dem Kronrand parallel verlaufende leichte **Ringe**, die als seichte Rinnen oder undeutliche Erhabenheiten in Erscheinung treten, nahezu regelmäßig in der Hornwand beobachtet werden. Häufig treten sie in gleicher Höhe an allen 4 Hufen in Erscheinung. Sie sind auf Schwankungen im Nährstoffangebot und der Hornbildung im Kronsegment zurückzuführen. Man kann solche Ringe nach Futter- oder Besitzerwechsel, bei wechselnder Bewegungsintensität, länger anhaltenden Allgemeinerkrankungen und dergleichen, insbesondere jedoch im Zusammenhang mit dem Haarwechsel beobachten. Unregelmäßig verlaufende Ringe, wie z. B. zu den Trachten hin divergierende Ringe, wie sie bei chronischer Hufrehe typisch sind, weisen auf eine Huferkrankung hin.

Der **Kronrand** fällt an beiden Seiten in gleichmäßigem Bogen von vorn oben nach hinten unten ab.

Von der Seite gesehen verlaufen die Zehen- und Trachtenlinien parallel. Unter **Zehenlinie** (auch Hufrückenlinie) versteht man die vordere Begrenzungslinie der gestreckt verlaufenden Zehenwand, die **Trachtenlinie** ist die hintere Begrenzungslinie der Trachtenwand.

Von unten (von der Sohlenfläche her) betrachtet

Der **Tragrand** beschreibt einen gleichmäßigen Bogen und ist vollkantig sowie stützfähig.

Die **Hornsohle** ist je nach Hufform mehr oder weniger gewölbt.

Der **Strahl** ist kräftig entwickelt und besitzt bei entsprechendem Feuchtigkeitsgehalt eine elastische Konsistenz. Das Strahlhorn weist keine scharfen Kanten, Zerklüftungen, Risse oder lose Hornteile auf. Die mittlere und die seitlichen Strahlfurche(n) sind trocken und gut ausgeprägt. Die Strahlspitze weist in Richtung Hufspitze. Der Strahl sollte die Sohlenfläche in 2 nahezu gleiche Anteile trennen.

Die **Eckstreben** sind gestreckt. Die Eckstrebenwände verlaufen von den Trachten-Eckstreben-Winkeln aus nach vorn innen.

Die **weiße Linie** verläuft in einem gleichmäßigen Bogen und lässt keinerlei Trennungen oder sonstige Veränderungen erkennen.

Die gleich großen **Ballen** sind gleichmäßig gerundet, kräftig entwickelt und liegen in gleicher Höhe. Die Ballengrube ist gut ausgefüllt und nicht auffallend tief. Die Hufknorpel sind elastisch.

4.3.4 Mikrostruktur der Hufhaut

Klaus-Dieter Budras

Die Hufhaut mit Ober-, Leder- und Unterhaut weist dieselben Anteile wie die äußere behaarte Haut der Körperoberfläche auf. Sie ist aber im Vergleich zur äußeren Haut sehr stark modifiziert, was nachfolgend erläutert wird.

Oberhaut (Epidermis)

Zur Oberhaut gehört das **Deckgewebe (Epithel)** mit einem lebenden, stoffwechselaktiven (tiefgelegenen) und einem toten (verhornten, oberflächlichen) Anteil. Das Deckgewebe besteht aus dicht gelagerten, annähernd kubischen Oberhautzellen, die von einer geringen Menge an Zwischenzellsubstanz ummantelt und miteinander verbunden sind. Von den lebenden, teilungsfähigen Oberhautzellen differenzieren sich die nachgeschobenen Tochterzellen zu toten Hornzellverbänden, die durch programmierten Zelltod entstehen. Die Menge der so gebildeten Hornmassen ist so umfangreich, dass sie zum Aufbau der gesamten Hufkapsel ausreicht.

Die Oberhaut besitzt keine eigene Versorgung mit Blut- und Lymphgefäßen, sondern wird von den Blutgefäßen der unterlagernden Lederhaut durch Diffusion ernährt.

Zwischen Ober- und Lederhaut liegt eine **Basalmembran.** Sie wird auch als Grenzmembran bezeichnet, weil sie unten an der Basis der Oberhaut an die Lederhaut grenzt (▶ **Abb. 4.31**). Die Basalmembran besteht hauptsächlich aus Kohlenhydrat- und Eiweißverbindungen und hat 2 Hauptaufgaben:

- Zur Regulierung des Austausches von Nährstoffen, Abbauprodukten, Boten- und Wirkstoffen zwischen den angrenzenden Geweben fungiert sie als halbdurchlässiger (semipermeabler) Filter und damit als Schutzmembran besonders für die Oberhaut.
- Sie sorgt für den mechanischen Zusammenhalt zwischen beiden angrenzenden Geweben (Blasenbildung bei lokaler Ablösung der Oberhaut von der Lederhaut).

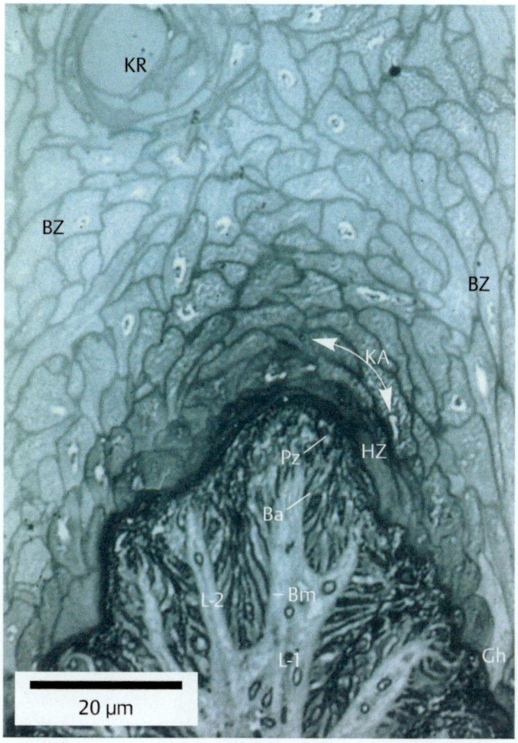

▶ **Abb. 4.31** Hornbildung am Beispiel des Kappenhorns im lichtmikroskopischen Bild. Das Kappenhorn besteht aus Kappenhornarkaden (**KA**) und Kappenhornröhrchen (**KR**) und wird beidseits von Blättchenhornzellen (**BZ**) flankiert. Das Kappenhorn liegt kappenartig über den Spitzen (Firsten bei räumlicher Betrachtung) der primären Lederhautblättchen (**L-1**), die sekundäre Lederhautblättchen (**L-2**) abstrahlen. Zur Hornbildung teilen sich die Basalzellen der Oberhaut (**Ba**). Ihre Tochterzellen lösen sich als Parabasalzellen (**Pz** = Spinosazellen) von der Basalmembran (Bm), sterben (in der dunklen Verhornungsgrenze) programmiert ab und werden dadurch im Zuge der Verhornung zu Hornzellen (**HZ**). Seitlich in den Oberhautblättchen liegt im Bereich der Gleithaft (**Gh**) eine sehr geringe Hornbildungsrate vor.

Lederhaut (Dermis)

Die Lederhaut des Hufs ist wie die der äußeren behaarten Haut gebaut und besteht aus verdichtetem Bindegewebe, das im Gegensatz zum Deckgewebe der Oberhaut nur wenige Zellen und im weiten Interzellularraum reichlich Grundsubstanz mit darin eingeschlossenen Bindegewebsfasern (Kollagenfasern) enthält (▶ **Abb. 4.31**). Sie kann in eine zellreichere, oberflächliche Schicht (Stratum papillare sive lamellare) und eine faserreiche, tiefe Schicht (Stratum reticulare) eingeteilt werden.

Die Blut- und Lymphgefäße der Lederhaut treten nicht in die Oberhaut ein, sondern versorgen diese durch Diffusion (▶ **Abb. 4.34**). Von den Nervenästen der Lederhaut treten feinste Verzweigungen an wenigen Stellen in die unteren Schichten der Oberhaut ein. An der Lederhaut des Hufs besteht die strukturelle Besonderheit, dass auffällige Blättchen und Zöttchen mit einer Höhe von mehreren Millimetern, die mit bloßem Auge gut erkennbar sind, gegen die Oberhaut vordringen.

Unterhaut (Subkutis)

Sofern die Unterhaut am Huf überhaupt vorkommt – sie fehlt im Wand- (S. 116) und Sohlensegment (S. 118) –, besteht sie ähnlich wie die Huflederhaut aus straffem Bindegewebe, das in der Unterhaut zusätzlich durch Einlagerungen von Knorpelinseln verfestigt ist und hier die Funktion als abfederndes, stoßdämpfendes Polster (Kissen) wahrnimmt (Hufkissen in ▶ **Abb. 4.28**). Sie verhindert Faltenbildungen und Verschiebungen gegenüber angrenzenden Geweben, wodurch Quetschungen am Huf vermieden werden.

Die Unterhaut des Hufs hat daher eine grundsätzlich andere Zusammensetzung und Funktion als die Unterhaut der äußeren behaarten Haut, welche aus lockerem Bindegewebe besteht und die Verschiebung zu unterlagernden Geweben gewährleistet.

4.3.5 Mikrostruktur des Horns

Klaus-Dieter Budras

Hornbildung

Info

Die Lederhaut wird in älteren Büchern, besonders aus der klinischen Veterinärmedizin, als Quelle für die Hornbildung angegeben. Diese Auffassung ist falsch und kann nicht aufrechterhalten werden, weil die Oberhaut eine eigene Schicht mit eindeutigen strukturellen, entwicklungsgeschichtlichen und funktionellen Eigentümlichkeiten darstellt, die sich von solchen der Lederhaut sehr deutlich unterscheiden. Die unterlagernde Lederhaut ist für die Ernährung der Oberhaut durch Diffusion zuständig und nicht für die Hornbildung. Die hier wiedergegebene Ansicht, dass die Hornbildung von der Oberhaut ausgeht, entspricht der gültigen Lehrmeinung.

Die Hornbildung (Verhornung; ▶ **Abb. 4.31**) erfolgt in der Oberhaut in 3 Schritten:

1. Die Oberhautzellen entstehen an der Basis der Oberhaut durch Zellteilung. Eine Tochterzelle verbleibt an Ort und Stelle an der Basalmembran. Die 2. Tochterzelle reift beim Zellnachschub in Richtung Oberfläche zur verhornenden Zelle heran.
2. Die verhornende Zelle stirbt (bei programmiertem Zelltod) ab, wobei die lebenden Zellbestandteile (Zellorganellen samt Zellkern) aufgelöst werden.
3. Das Rohmaterial für die Hornbildung, nämlich feinste Hornhärchen (sog. Keratinfilamente mit einem winzigen Durchmesser von 8 nm) und ein ummantelndes (nichtfädiges) Protein (Kfap = Keratinfilament-assoziiertes Protein), werden über spezielle Verbindungen (Disulfidbrücken) miteinander vernetzt. So entstehen **Hornzellbälkchen**, die je nach Druck oder Zugbelastung entweder netzartig oder parallel in der Hornzelle angeordnet sind (▶ **Abb. 4.32**). Die verhornende Zelle produziert zusätzlich **Zwischenzellkitt**, der in den Zwischenzellspalt (S. 109) ausgeschleust wird [29].

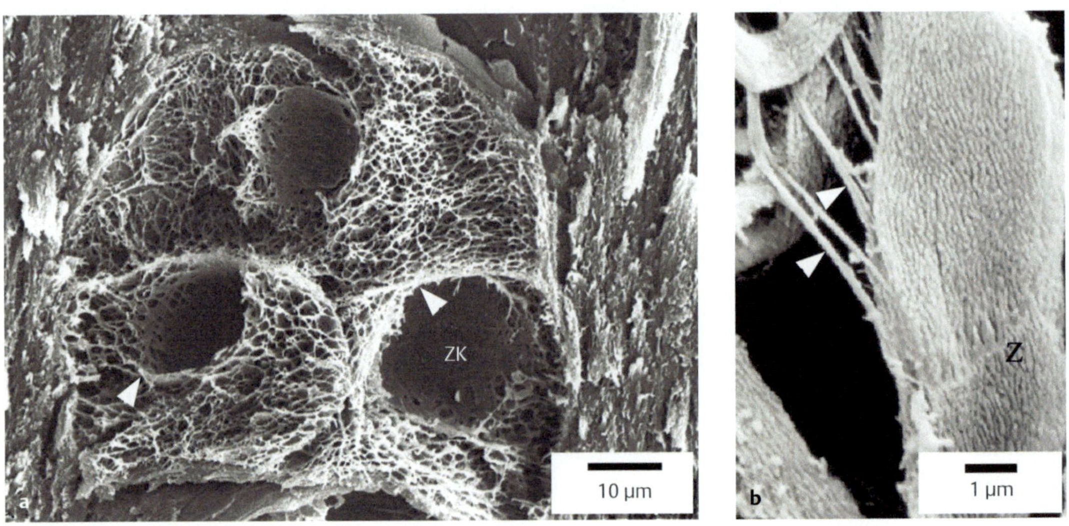

▶ **Abb. 4.32** Hornzellen mit netzförmiger und paralleler Anordnung der Hornbälkchen.

a Netzartig angeordnete Hornbälkchen aus dem Mark eines Hornröhrchens verleihen den Hornzellen eine hohe Druckbelastbarkeit (weiße Pfeilköpfe). Die Hornbälkchen fehlen in der Position des aufgelösten Zellkerns (**ZK**). (Quelle: Patan B, Budras KD. Segmentspezifitäten am Pferdehuf – Teil II: Zusammenhang zwischen Hornstruktur und mechanisch-physikalischen Horneigenschaften in den verschiedenen Hufsegmenten. Pferdeheilkd 2003; 19: 177–184)

b Blättchenhornzellen mit parallel angeordneten Hornbälkchen sind in Längsrichtung stark zugbelastbar. Bei schräger Zugrichtung liegt eine geringe Belastbarkeit vor, weil die Hornbälkchen leicht abscheren (weiße Pfeilköpfe). **Z** Zellgrenze. (Quelle: Patan B, Budras KD. Segmentspezifitäten am Pferdehuf – Teil II: Zusammenhang zwischen Hornstruktur und mechanisch-physikalischen Horneigenschaften in den verschiedenen Hufsegmenten. Pferdeheilkd 2003; 19: 177–184)

Info

Der Verhornungsvorgang ist vergleichbar mit der Herstellung von Fiberglas. Die Glasfasern entsprechen den Hornhärchen, und der noch visköse Kunststoff ist vergleichbar mit dem fast homogenen Protein (Keratinfilament-assoziiertes Protein = Kfap), das die Hornhärchen umschließt. Auch die Zugabe eines Starters zur Aushärtung von Fiberglas ist vergleichbar mit der Zellhärtung, die durch die Entstehung stabilisierender Verbindungen (Disulfidbrücken) zwischen den Hornzellbestandteilen gefördert wird. Schließlich haben die entstehenden Materialien (Fiberglas bzw. Hornmaterial) durchaus ähnliche Eigenschaften. Sie sind fest, haltbar und widerstandsfähig und dennoch etwas elastisch sowie reversibel verformbar. Die Materialeigenschaften von künstlichem Hufhorn und natürlichem Hufhorn sind sehr ähnlich. Bei der Reparatur von Defekten in der Hufwand dringt Kunsthorn tief in feinste Spalten vor und bildet eine sehr innige, fast natürlich aussehende Verbindung mit dem Hufhorn.

Hornzellverbände (Hornmassen)

Die Hornzellen bilden gemeinsam mit dem umgebenden Zwischenzellkitt die **Hornmassen**, die in ihrer Mikrostruktur mit einem Mauerwerk aus Ziegelsteinen (entsprechend den Hornzellen) und dem Fugenmörtel (Zwischenzellkitt) strukturell – aber kaum funktionell – vergleichbar sind. Eine rissige Mauer erinnert an rissige Hornmassen, deren Spaltbildung meistens durch den Fugenmörtel bzw. den Zwischenzellkitt erfolgt (▸ **Abb. 4.33**). Die Hornzellen sind dagegen viel stabiler.

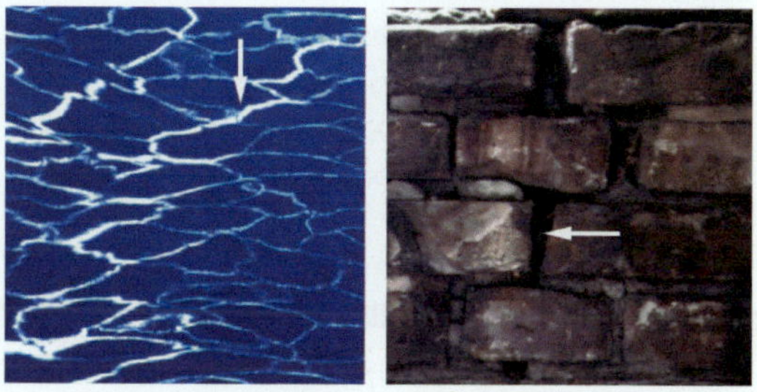

▸ **Abb. 4.33** Rissiges Horn (links) im Vergleich mit einem rissigen Mauerwerk (rechts). Die Hornzellen entsprechen den Mauersteinen, der Zwischenzellkitt dem Fugenmörtel. Beide sind bei Rissigkeit partiell herausgelöst (Pfeil). (Quelle: Prof. Dr. Ch. Mülling)

Der **Zwischenzellkitt** (▸ **Abb. 4.35**) wird gebildet und ausgeschieden von den verhornenden Zellen, die sich dabei mit diesem Kitt ummanteln und regelrecht aneinander kitten. Es handelt sich dabei um beachtliche biologische Leistungen absterbender (verhornender) Zellen. Die Menge, die Funktion und die chemische Zusammensetzung des Interzellularkitts aus Kohlenhydraten, Fetten (Lipiden) und Eiweißen (Enzymproteinen) variieren in den verschiedenen Hufsegmenten (S. 113) erheblich.

- Der **Kohlenhydratanteil** ermöglicht die adhäsive (kittende) Hauptfunktion des Interzellularkitts.
- Der **Lipidanteil** sichert zwischen den Hornzellen hauptsächlich die Barrierefunktion. Diese halbdurchlässige (semipermeable) Barriere dient der Einschränkung des Wasserverlustes aus dem Inneren des Hufs und verhindert den Wassereintritt (samt Keimbesiedlung) von außen in den Huf.
- Die enzymatischen **Eiweißanteile** des Interzellularkitts sind u. a. für die Auflösung der Zwischenzellkontakte verantwortlich und ermöglichen somit das Abschilfern alter Hornzellen als Hornschuppen. Dieser Vorgang ist besonders im Sohlenhorn und Strahlballenhorn bei der Entstehung des Zerfallshorns bedeutsam (▸ **Abb. 4.40**).

Reifung, Alterung und Zerfall

Die **Reifung** der Hornmassen erfolgt im Zuge des Hornnachschubs. Das neugebildete Horn hat noch einen hohen Wassergehalt und ist dadurch ziemlich weich. Im Zuge der Hornreifung verliert es beim Hornnachschub zunehmend an Feuchtigkeit und härtet dabei aus. Reife Hornmassen erreichen ihre maximale Festigkeit und weisen eine hohe Widerstandsfähigkeit auf.

Der **Alterungsprozess** des Horns setzt unter natürlichen Bedingungen nach bestimmten Distanzen des Hornnachschubs ein. Dabei entsteht eine zunehmende Hornrissigkeit, vornehmlich durch Ausweitung der Zwischenzellspalten und einhergehende Auflockerung des Zwischenzellkitts mit Verlust seiner kittenden (adhäsiven) Funktion und seiner Barriereeigenschaften (▸ **Abb. 4.33**).

Zerfallshorn besteht aus abgebröckelten und zunehmend isolierten Hornzellgrüppchen, die ihre typische Hornstruktur verlieren (► **Abb. 4.40**). Das lockere Zellgefüge verleiht dem Zerfallshorn, besonders an der Hornsohle, eine kreidig-kalkige Farbe und bröckelige Konsistenz.

Das besonders beständige **Harthorn** der Wand lässt unterhalb des Hufbeinrandes einen gering ausgeprägten Alterungsprozess (mit Minderung der Festigkeit zum leichteren Hornabrieb), aber keinen Zerfallsprozess erkennen. Im wenig beständigen **Weichhorn** (Saumhorn, aber auch im Markanteil des harten Röhrchenhorns) laufen die Reifungs-, Alterungs- und Zerfallsprozesse dagegen schnell ab.

Abnormale, verfrühte Zerfallsprozesse können mit besonderer Heftigkeit einsetzen und dann die Hufgesundheit gefährden. Sie sind von inneren oder äußeren Faktoren abhängig:

- Innere Faktoren sind z. B. Entzündungen wie bei der Hufrehe. Dabei erfolgt von Anfang an eine defekte Bildung krankhaften Horns, das im starken Übermaß bei völlig unzureichender Qualität entsteht.
- Äußere Faktoren liegen bei schlechter Stallbodenhygiene vor. Dabei können ausgereifte (normale) Hornmassen durch den Harnstoff der Gülle partiell gelöst oder durch mikrobielle Hornzersetzung (durch hornauflösende Bakterien oder Pilze) zerstört werden.

Horneigenschaften und Hornqualität

Horneigenschaften wie Härte, Elastizität, Zug- oder Druckbelastbarkeit und das Wasserbindungsvermögen sind in den verschiedenen Hufsegmenten recht unterschiedlich. So werden weichere und härtere Hornmassen unterschieden, die in ganz bestimmten Segmenten der Hornkapsel dominieren. Je nach Hornzellbestandteilen und Reifungsprozess können in der Hufkapsel **Weichhorn** und **Harthorn** unterschieden werden.

Die **Hornqualität** ergibt sich aus der Summe der Horneigenschaften und ist keineswegs mit der Hornhärte gleichzusetzen. Horn guter Qualität kann in Anpassung (Adaptation) an die unterschiedlichen Anforderungen in den verschiedenen Hufsegmenten seine Schutzfunktion gegenüber mechanischen, chemischen und mikrobiellen Noxen (hornzerstörende Bakterien und Pilze) oder seine Funktion hinsichtlich der Wasserbindung voll erfüllen. Horn schlechter Qualität ist funktionell eingeschränkt und stellt somit eine Schwachstelle (Prädilektionsstelle) für Hufkrankheiten dar. Die Hornqualität ist von verschiedenen Faktoren abhängig: genetischen Faktoren, anderen körperinneren sowie äußeren Faktoren.

Genetische Faktoren

B Überblick

Genetisch festgelegter Grundbauplan des Hufhorns

- **Hornzellbestandteile** (S. 109): Menge, Anordnung sowie ihre chemische Verbindung
- **Interzellularkitt:** Menge, chemische Zusammensetzung sowie mechanisches Bindungsvermögen zur Hornzelloberfläche
- Die Architektur der Hornmassen aus **einfachen Hornschichten**, **Hornblättchen** oder **Hornröhrchen** wird nach dem Prinzip von Patrize (Stempel) und Matrize (Stempeleindruck) durch die Lederhautoberfläche formal geprägt (s. u.).

Einfach übereinandergeschichtete Hornzellverbände sind typisch für die äußere Haut und fehlen weitgehend am Huf, wo die Hornmassen zur besseren Stabilisierung in Blättchen- oder Röhrchenhorn strukturiert sind.

Blättchenhorn kommt nur im Wandsegment (S. 116) vor. Die Hornblättchen sind ca. 8 cm lang (vom Kronsegment bis zur Tragfläche reichend), etwa 3 mm hoch und papierartig dünn (► **Abb. 4.38**). Sie sind mit gleich geformten Lederhautblättchen verzahnt (► **Abb. 4.42**) und weisen beide als Hauptanteile des Hufbeinträgers (S. 121) eine sehr hohe Zugbelastbarkeit auf. Die Hornblättchen sind in der weißen Linie als radiäre Streifung äußerlich sichtbar (► **Abb. 4.44**).

Röhrchenhorn kommt in allen Hufsegmenten vor und wird jeweils vom Oberhautüberzug eines Lederhautzöttchens gebildet sowie durch dieses formal geprägt (► **Abb. 4.34**). Es gibt verschiedene Hornröhrchentypen, deren Form als Spiegelbild der Einwirkung verschiedener Zug- und Druckkräfte gilt.

Über der Spitze des Lederhautzöttchens wird vom Oberhautüberzug das **Röhrchenmark** gebildet, dessen Zellen sich durch den Zellnachschub

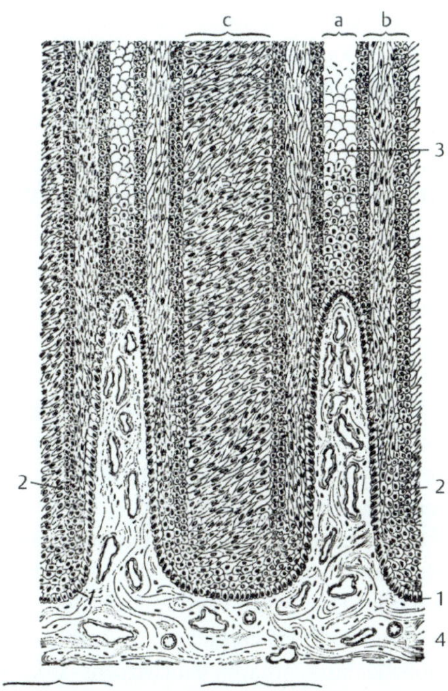

▶ **Abb. 4.34** Halbschematische Darstellung der Röhrchen-Hufhaut im Sagittalschnitt.
1–3: Oberhaut mit **1** Basalschicht, **2** Mittelschicht, **3** Hornschicht; **4** Lederhaut mit Blutversorgung; **a:** Röhrchenmark; **b:** Röhrchenrinde; **c:** Zwischenröhrchenhorn. (Quelle: Nickel R, Schummer A, Seiferle E (Hrsg). Lehrbuch der Anatomie der Haustiere. Band I, 8. Aufl. Stuttgart: Parey in MVS Medizinverlage Stuttgart; 2003)

sehr schnell von den Blutgefäßen der Lederhaut entfernen und so durch die zunehmend kritisch werdende Versorgungslage nur flüchtig verhornen und schnell zerfallen. Sie stellen insgesamt eine Schwachstelle in der Barriere gegen eine aufsteigende Keimbesiedelung dar. Das trifft besonders für kurze Hornröhrchen zu, die beispielsweise in der weißen Linie des Tragrandes vorkommen, und viel weniger für lange Hornröhrchen, die im Kronsegment gebildet werden (Kronhorn). In vorteilhafter Weise weist das Röhrchenhorn eine Leichtbauweise auf, und seine Markzellen sind befähigt, Wasser zu speichern und abzugeben, wodurch die umgebenden Hornzellverbände feucht gehalten werden.

Die **Röhrchenrinde** wird jeweils über der großflächigen seitlichen Rundung des Lederhautzöttchens vom Oberhautüberzug gebildet. Bei guter Ernährungslage durch die benachbarten Blutgefäße der Lederhaut entsteht eine widerstandsfähige, stabile Röhrchenrinde.

Das **Zwischenröhrchenhorn** mit mittlerer Hornstabilität wird zwischen den Basisabschnitten der Lederhautzöttchen vom Oberhautüberzug gebildet und bietet eine solide Verbindung zwischen den einzelnen Hornröhrchen, die jedoch bei krankhafter Veränderung zur Spaltbildung neigt. Spalten im Röhrchenhorn können mit Kunsthorn repariert werden.

Innere Körperfaktoren

Besondere Stoffwechsellagen wie während der Trächtigkeit und der **Hormonhaushalt** haben einen Einfluss auf die Hornqualität. Die Kortikoidhormone aus der Nebennierenrinde beeinflussen den normalen Ablauf bei der Verhornung und damit die Hornzellstabilität.

Negative Wechselwirkungen bestehen zwischen der Hornqualität und der **Hornbildungsrate**. So wurde bei Urwildpferden in den **Wintermonaten** eine geringe Hornbildungsrate bei bester Hornqualität festgestellt (▶ **Abb. 4.35**). In den **Sommermonaten** liegen gegenteilige Verhältnisse vor. Die Bewegungsaktivität beeinflusst über die Durchblutung die Hornbildungsrate positiv.

Das **Vitamin Biotin** (S. 145), das körpereigen (endogen) im Verdauungstrakt gebildet wird und zusätzlich mit der Nahrung (exogen) aufgenommen wird, verbessert die Hornqualität, solange es zugefüttert wird. Dabei ist jedoch zu bedenken, dass ein Effekt am Tragrand erst nach geraumer Zeit erkennbar wird, denn Hornmassen, die im Kronsegment unter Biotineinfluss gebildet werden, benötigen für den Nachschub ca. 1 Jahr, bis sie den Tragrand an der Basisfläche erreicht haben. Entsprechend ist am Tragrand eine lange Nachwirkung nach Absetzen der Biotinzufütterung feststellbar.

Äußere Umweltfaktoren

Ein normaler (physiologischer) **Wassergehalt**, der von Segment zu Segment variiert, ist ein entscheidender Faktor für eine gute Hornqualität. Er beträgt im äußeren Kronhorn etwa 15 %, im Sohlenhorn etwa 25 % und im Ballenstrahlhorn etwa

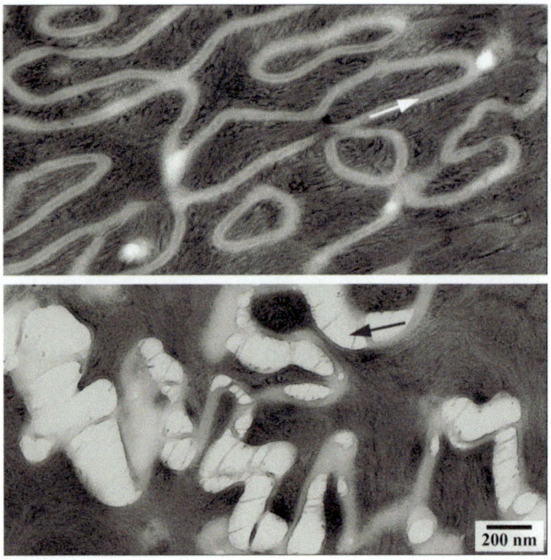

▶ **Abb. 4.35** Äußeres Kronhorn mit einem Vergleich zwischen Winter- und Sommerhorn. Oben: Winterhorn mit engem Zwischenzellspalt, der vollständig mit Zwischenzellkitt gefüllt ist (weißer Pfeil). Unten: Sommerhorn mit aufgelockertem Zwischenzellspalt und spangenförmigen Resten an Zwischenzellkitt (Pfeil). (Quelle: Patan B. Saisonaler Einfluss auf Hornbildungsrate, Hornabrieb und Hornqualität in der Hufwand von Przewalskipferden (Equus ferus przewalskii). Freie Universität Berlin Fachbereich Veterinärmedizin: Diss 2001)

40 %. In Abhängigkeit von Umweltfaktoren beeinträchtigen sehr hohe oder sehr niedrige (abnorme) Wassergehalte die Eigenschaften und die Struktur der Hornmassen. Ein sehr hoher Wassergehalt führt zur quellenden Aufweichung des Horns. Ein sehr niedriger Wassergehalt verursacht Hornbrüchigkeit mit Schrumpfungseffekten und Rissbildungen.

Eine mangelhafte **Stallbodenhygiene** mit einem hohen Gehalt an Gülle, die hohe Konzentrationen an hornauflösendem Harnstoff und Bakterien sowie Pilze enthält, wirkt aggressiv zerstörerisch auf Hornmassen.

Mineralstoffe und Spurenelemente (S. 144) wie Kalzium, Phosphat, Schwefel, Selen und Zink, die vornehmlich mit dem Futter aufgenommen werden, beeinträchtigen bei stark erhöhten oder erniedrigten Konzentrationen die Hornqualität.

Die **Bodenverhältnisse** wie besonders trockener oder feuchter Boden beeinflussen die Hornqualität in Abhängigkeit vom Wetter.

Hornqualitätsunterschiede, die nach älteren Meinungen in der Literatur durch fehlende oder vorhandene **Pigmentierung** beeinflusst werden sollen (helle oder dunkle Hufe), konnten durch neuere Untersuchungen nicht bestätigt werden.

Hornnachschub und Hornabnutzung

Hornnachschub und Hornabnutzung stehen bei wildlebenden Pferden in einem **Gleichgewicht**. Beim domestizierten Pferd überwiegt je nach Nutzungsart die eine oder die andere Komponente. Ein erhöhter Hornnachschub (Bildungsrate) wird durch Hufzubereitung ausgeglichen. Bei Überwiegen der Hornabnutzung, vornehmlich durch verstärkten Abrieb, wird ein Hufschutz angebracht, meistens durch einen Hufbeschlag.

Der Hornnachschub vollzieht sich in der gesamten Hufwand vom Hufrücken bis zur Trachte gleichmäßig. Dies zeigt sich am geraden (annähernd waagerechten) Verlauf der äußerlich an der Hornoberfläche sichtbaren **Wachstums- oder Fütterungsringe**, die teils als Erhabenheiten über die Hornoberfläche hervorragen und teils rinnenförmige Vertiefungen darstellen. Bei manchen Hufkrankheiten wie bei der Hufrehe erfolgt ein ungleichmäßiger Hornnachschub, was sich in Form der trachtenwärts divergierenden Hufreheringe zeigt.

Der **Hornnachschub** beträgt an der Hufwand von Warmblutpferden ca. 6–8 mm in 4 Wochen. Bei starker Abhängigkeit von Rasse und Nutzung bestehen deutliche individuelle Unterschiede im Hornnachschub. Bei Islandpferden wurden lediglich 4 mm in 4 Wochen gemessen. Beschlagene Hufe zeigen meistens einen ca. 1–2 mm geringeren monatlichen Nachschub als Barhufe. Bis zum Pferdealter von 5 Jahren ist der monatliche Hornnachschub um 1–2 mm intensiver als bei älteren Pferden (segmentspezifische Hornbildungsrate); vgl. Segmente des Hufs und ihre Hornprodukte (S. 113).

Die **Huferneuerungszeit**, der Nachschub vom Kronrand bis zum Tragrand, beträgt im Hufrücken etwa 1 Jahr. Da die einzelnen Hufwandabschnitte verschieden lang sind, benötigen sie unterschiedlich lange Zeiten, um sich gänzlich zu erneuern, und zwar am Hufrücken ca. 12 Monate, am Seitenteil 8 und am Trachtenteil 6 Monate. Das Sohlenhorn wird etwas langsamer nachgeschoben (ca. 5 mm/Monat).

Im Winter ist der Hornnachschub bei Stallhaltung um etwa 10–20 % vermindert, was als Andeutung eines jahreszeitlichen Rhythmus gedeutet werden kann (s. u.).

Sofern Hauspferde **ganzjährig auf der Weide** gehalten werden, entwickelt sich innerhalb 1 Jahres ein **jahreszeitlicher Rhythmus (innere Uhr)**, der sich auf den Hornnachschub und die Hornabnutzung auswirkt. Der Hornnachschub ist in den Sommermonaten ca. 3-mal so hoch wie in den Wintermonaten (Jahresmittelwert: 4,40 mm/28 Tage), und entsprechendes gilt auch für die Hornabnutzung.

Info

Przewalski-Pferde wurden von einer Haltung im Zoologischen Garten zur Vorbereitung einer Wiederauswilderung in der Mongolei in halbwilde Bedingungen (z. B. Semireservate) verbracht. Bei diesen **Urwildpferden** entwickelte sich innerhalb 1 Jahres ein ausgeprägter jahreszeitlicher Rhythmus. Im Jahresmittel betrug der Hornnachschub bei individuellen Unterschieden 4,8–6,4 mm/28 Tage, woraus ein Durchschnittswert von 5,8 mm/28 Tage errechnet wurde. In den Sommermonaten wurde bei diesen Tieren ein etwa doppelt so hoher Hornnachschub gemessen (7,62 mm/28 Tage) wie in den Wintermonaten (3,71 mm/28 Tage).

Die **Hornabnutzung**, die von Bewegungsaktivität, Körpergewicht und Bodenverhältnissen beeinflusst wird, erfolgt durch Hornabrieb bei ähnlichen jahreszeitlichen Unterschieden wie bei der Hornbildungsrate. Sofern aber der **Hornabrieb** bei eingeschränkter Bewegungsaktivität und/oder bei aufgeweichten Bodenverhältnissen und/oder bei einem leichten Körpergewicht geringer ist als der Hornnachschub, wird dieses Ungleichgewicht durch normale (nicht krankhafte) **Tragrandausbrüche** ausgeglichen. Dabei brechen an überlangen Hufen nach Bildung von Längs- und Horizontalspalten ganze Hornchips mit zentimeterlangen Kanten aus dem Tragrand heraus, was durch eine Hebelwirkung und Spreizspannungen gefördert wird **(Chipping)**. Diese Vorgänge beginnen im Mai am Hufrücken und enden im September im Trachtenbereich. Sie bewirken eine sprunghafte Verkürzung der Hufkapsel. Hornabrieb und natürlich vorkommende Tragrandausbrüche bewirken bei Entwicklung eines funktionierenden Jahresrhythmus eine **Selbstregulation der Huflänge**, ohne Hilfe durch den Hufbeschlagschmied.

Hornqualitätsunterschiede basieren ebenfalls auf einem jahreszeitlichen Rhythmus. Bei hoher Hornbildungsrate wurde bei Przewalski-Pferden ein weniger festes Sommerhorn mit aufgelockertem Zwischenzellkitt und bei niedriger Hornbildungsrate ein vergleichsweise festes, stabiles Winterhorn mit engem Zwischenzellspalt gebildet (▶ **Abb. 4.35**).

4.3.6 Segmente des Hufs und ihre Hornprodukte

Klaus-Dieter Budras

Von den 5 Segmenten des Hufs lassen sich die 3 Segmente im Bereich der Hufkapselwand (Saum-, Kron- und blättchentragendes Wandsegment) nur nach dem Ausschuhen des Hufs exakt voneinander abgrenzen, und zwar auf beiden angrenzenden Flächen: der äußeren Oberfläche der Lederhaut und der inneren Oberfläche der Oberhaut (▶ **Abb. 4.36**). Die beiden übrigen Segmente (Sohlensegment und Ballen-Strahl-Segment) lassen sich auch äußerlich an der Grundfläche (Fußungsfläche, Sohlenfläche) voneinander abgrenzen. Die Einteilung in Hufsegmente ist erforderlich, weil jedes Segment in den 3 modifizierten Hautschichten einen typischen Aufbau und die hier gebildeten Hornmassen spezifische Eigenschaften und Funktionen aufweisen.

Saumsegment (Limbus)

Das Saumsegment (▶ **Abb. 4.28**) schließt sich als wenige Millimeter breites, halbkreisförmiges Band nach unten an den Haaransatz des Hufs an und geht nach hinten in das Ballensegment (S. 119) über.

Das von der **Saumoberhaut** gebildete **Saumröhrchenhorn** entsteht durch den weichen Verhornungstyp, der mikroskopisch am Fehlen eines Stratum granulosum in der verhornenden Zelle erkennbar ist; s. Kap. Verhornungstyp (S. 120) und ▶ **Tab. 4.3**. Das Saumhorn bildet die äußere, dünne Schicht der Hufplatte (Hufwand) und besteht oben

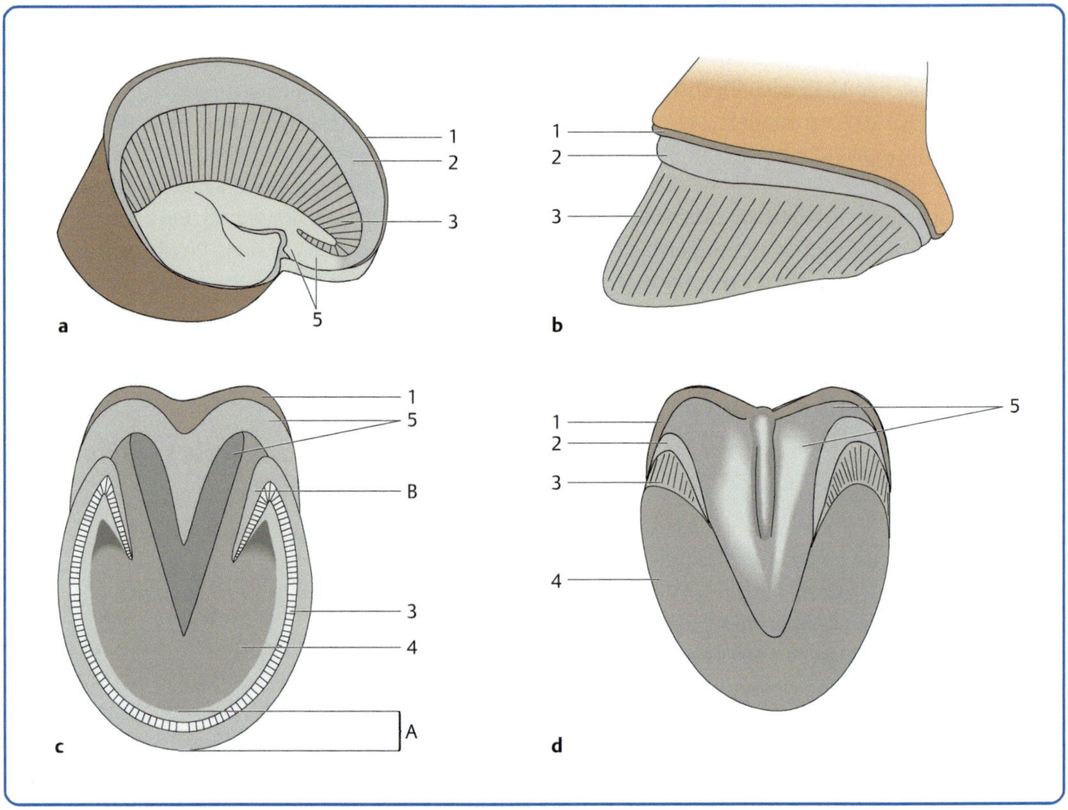

▶ **Abb. 4.36** Segmenteinteilung am ausgeschuhten Huf mit Hornkapsel (links, a und c) und Lederhautoberfläche (rechts, b und d). **1** Saumsegment; **2** Kronsegment; **3** Wandsegment (in c als weiße Linie sichtbar); **4** Sohlensegment; **5** Strahl-Ballensegment.

a Innenansicht.

b Lederhautoberfläche der Hufwand.

c Basisfläche mit Tragfläche, bestehend aus Tragrand, weißer Linie und äußerem Sohlenrand (A), die sich in die Eckstrebe (B) fortsetzen.

d Lederhautoberfläche an der Hufbasis.

am Haaransatz aus einem wenige Millimeter dicken Saumhornwulst, der nach Flüssigkeitsaufnahme durch Quellung besonders in Erscheinung tritt, und einer nach unten folgenden schleierartig-dünnen (hellgrauen) Glasurschicht, die nicht den Tragrand erreicht, sondern vorher abgerieben wird. Das geschieht z. B. beim Laufen im hohen Gras oder im tiefen Sand. Der Saumhornwulst ist funktionell mit einem Dachüberstand vergleichbar, der in der „Scharnierregion“ am oberen Hufrand als härteausgleichende Verbindungsstruktur zwischen der weich-elastischen äußeren Haut und dem sehr harten äußeren Kronhorn fungiert. Die Barrierefunktion gegen eine mikrobielle Besiedlung ist im hellen, strukturarmen Saumhorn ebenso schwach ausgeprägt wie dessen mechanische Widerstandsfähigkeit.

Das Saumhorn sollte keineswegs mit einer harten Bürste bei der Hufpflege oder mit der Raspel bei der Hufzubereitung entfernt werden, weil es eine beachtliche Funktion erfüllt. Es dient der schnellen Wasseraufnahme und -abgabe an die unterlagernden Hornschichten, deren Horneigenschaften und -qualität in hohem Maße vom Feuchtigkeitsgehalt abhängen.

Die **Saumlederhaut** trägt sehr dünne und kurze (1 mm lange) Lederhautzöttchen, die der Oberfläche ein samtartiges Aussehen verleihen.

Die **Unterhaut**bildet ein straffes Saumpolster, das ohne Grenze in das Kronpolster übergeht.

▸ **Tab. 4.3** Vergleich der verschiedenen Hufsegmente bzw. Teilsegmente.

Hufsegmente bzw. Teilsegmente	Unterhaut	Lederhaut	Oberhaut	Verhornungstyp	Hornkonsistenz	Wasserspeicherung
Saumsegment	+	Zöttchen	Röhrchenhorn	weich	Weichhorn	Tr, diffus
Kronsegment						
• außen	+	Zöttchen	Röhrchenhorn	hart	Harthorn	diffus
• innen	+	Zöttchen	Röhrchenhorn	hart	Weichhorn	Sp, diffus
Blättchentragendes Wandsegment	– (!)	Blättchen (!)	Blättchenhorn (!)	hart	Weichhorn	Sp, diffus
Weiße Linie						
• Blättchenhorn	–	Blättchen	Blättchenhorn	hart	Weichhorn	Sp, diffus
• Füllhorn	–	Zöttchen	Röhrchenhorn	weich	Weichhorn	Sp, diffus
Sohlensegment	– (!)	Zöttchen	Röhrchenhorn	hart	Hart- und Zerfallshorn	diffus
Strahlkörper	+	Zöttchen	Röhrchenhorn	hart	Harthorn	diffus
Strahlfurchen	+	Zöttchen	Röhrchenhorn	weich	Weichhorn	diffus
Ballensegment	+	Zöttchen	Röhrchenhorn	weich	Weichhorn	diffus

Unterhaut: + /– = vorhanden/fehlend
Wasserspeicherung: Tr = in Tropfenform im Interzellularspalt, Sp = in spongiösen Zellen, diffus = diffus in der Hornzelle

Kronsegment (Corona)

Das Kronsegment schließt sich nach unten als ca. 12 mm breites, halbkreisförmiges Kronband an das Saumsegment an und ist von diesem durch eine seichte Furche der Lederhaut (Saumfalz) undeutlich getrennt. Es reicht nach hinten als Eckstrebenteil des Kronsegments bis zur seitlichen Strahlfurche.

Der lebende **Oberhautanteil** bildet durch harte Verhornung das **Kronhorn**, das wegen seiner besonderen Festigkeit auch **Schutzschicht** genannt wird. Das Kronhorn setzt sich ebenfalls in die Eckstrebe fort (▸ **Abb. 4.36**). Es ist nicht homogen, sondern besteht aus 3 ineinander übergehenden Röhrchenhornschichten:

- Die **äußere Kronhornschicht** besteht aus vergleichsweise kleinen Röhrchen (ca. 14 pro mm²) mit ovaler Querschnittsform (▸ **Abb. 4.37** links oben). Die Zellen der Röhrchenrinde sind sehr kompakt und von felsiger Beschaffenheit. Das äußere Röhrchenhorn ist flüssigkeitsarm und entsprechend hart, womit es geeignet ist, Druckkräfte vornehmlich aus horizontaler Richtung aufzunehmen und weiterzuleiten.
- Die **mittlere Kronhornschicht** ist nach funktionellen und strukturellen Kriterien als Übergangsschicht zur inneren Kronhornschicht zu werten.
- Die **innere Kronhornschicht** besteht aus großen Hornröhrchen (ca. 7 pro mm²) mit abgerundeter Form. Sie ist flüssigkeitsreich und weich-elastisch, da ihre Röhrchenrinde aus schwammigen Hornzellen besteht, deren Hohlräume wassergefüllt sind (▸ **Abb. 4.37**). Sie dient der Aufnahme und elastischen Abfederung von schräg-horizontalen Zugkräften des Hufbeinträgers (S. 121).

Die 3-fache Schichtung des Kronhorns ist von klinischer Bedeutung, da sich die Schichten in krankhafter Weise voneinander lösen können, wodurch eine „hohle" Wand entsteht. Außerdem wirken die Schichten als „Bremse" für senkrecht in die Tiefe vordringende Hornspalten, die an der Grenzfläche zwischen den unterschiedlichen Hornmaterialien aufgehalten werden.

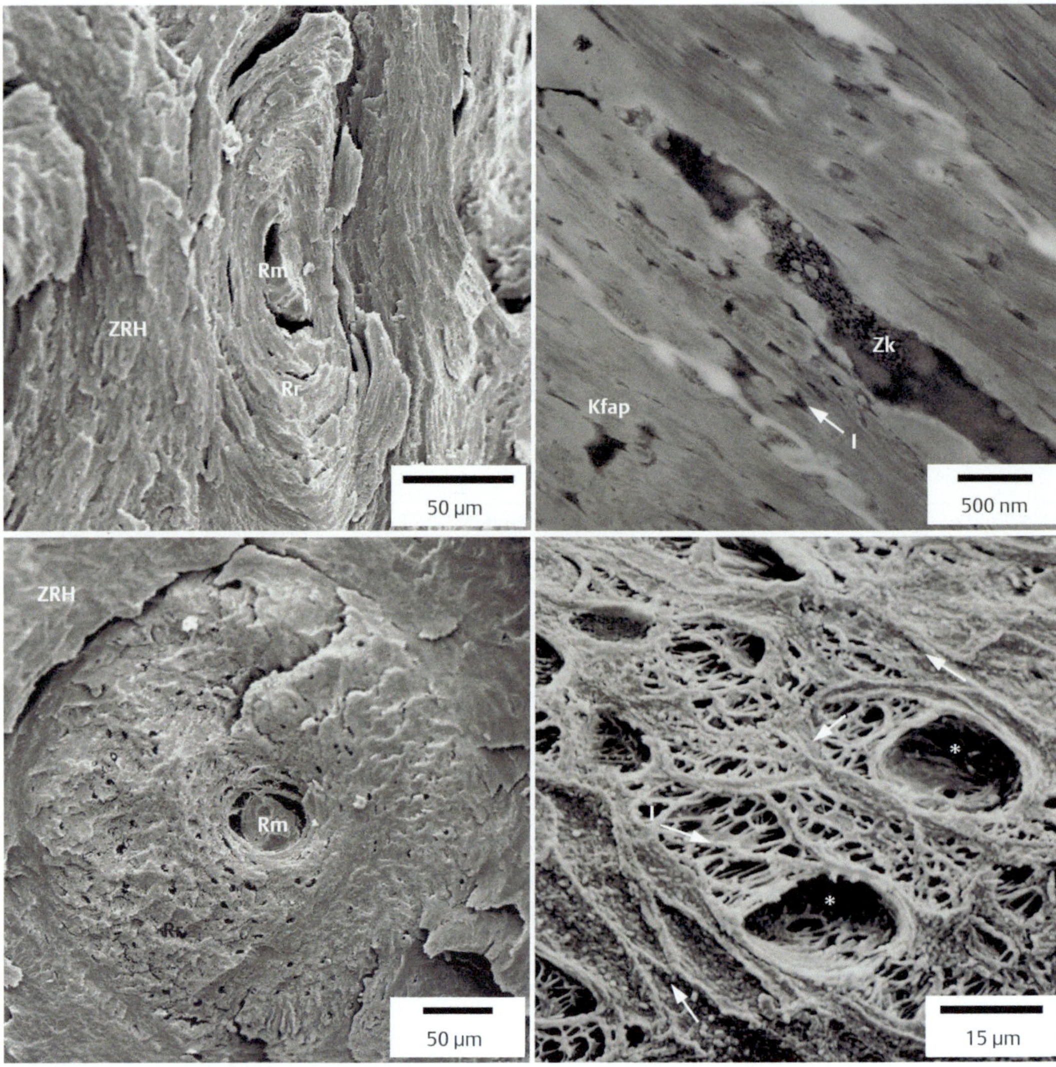

► **Abb. 4.37** Hornröhrchen (links) und Hornzellen (rechts) aus dem äußeren Kronhorn mit kompakter (felsiger) Konsistenz (oben) und aus dem inneren Kronhorn (unten) mit schwammiger Konsistenz (elektronenmikroskopische Bilder). **Kfap** Keratinfilament ummantelndes (assoziiertes) Protein (dunkler Fleck in Abb. oben rechts), **I** Interzellularspalt mit enthaltenem Interzellularkitt (weißer Pfeil), **Rm** Röhrchenmark, **Rr** Röhrchenrinde, **ZRH** Zwischenröhrchenhorn, **Zk** Zellkernrest (selten erhalten), * herausgelöster Zellkern. (Quelle: Patan B. Saisonaler Einfluss auf Hornbildungsrate, Hornabrieb und Hornqualität in der Hufwand von Przewalskipferden (Equus ferus przewalskii). Freie Universität Berlin Fachbereich Veterinärmedizin: Diss 2001)

Die **Kronlederhaut** trägt an ihrer Oberfläche zur Oberhaut vergleichsweise große Zöttchen mit einer Länge von ca. 3 mm (maximal 8 mm), die für die umgebenden Hornröhrchen formprägend sind.

Die **Kronunterhaut**ist zum festen und straffen Kronpolster modifiziert. Es wölbt die darüberliegende Kronlederhaut wulstartig (kronenartig) hervor.

Blättchentragendes Wandsegment (Paries)

Das blättchentragende Wandsegment fällt an den aneinanderstoßenden Grenzflächen der Ober- und Lederhaut durch seinen spiegelbildlich gleichen Blättchenbesatz von 3 mm Höhe auf, der bereits mit bloßem Auge gut erkennbar ist. Es beginnt an der Grenze zum Kronsegment (► **Abb. 4.38**) und

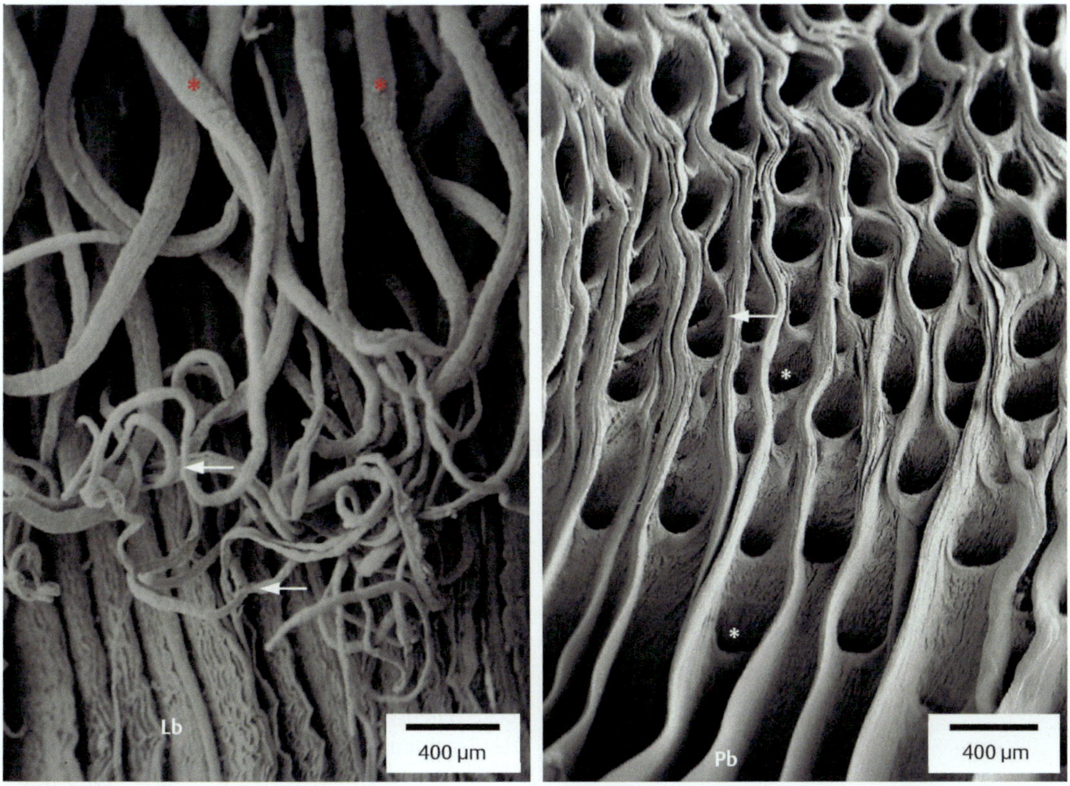

▶ **Abb. 4.38** Grenze zwischen Kronsegment und blättchentragendem Wandsegment im rasterelektronenmikroskopischen Bild. Die dermo-epidermalen Grenzflächen zwischen der Basis der Oberhaut (rechts) und der Oberfläche der Lederhaut (links) wurden separiert und wie Buchseiten aufgeschlagen. Dabei wurden die langen Lederhautzöttchen (rote Sternchen) mit ihren dünnen Spitzen (Pfeil) aus den Oberhautröhrchen (weiße Sternchen) herausgezogen. **Lb** Lederhautblättchen mit feinen Sekundärblättchen, **Pb** Primärblättchen der Oberhaut. (Quelle: Patan B. Saisonaler Einfluss auf Hornbildungsrate, Hornabrieb und Hornqualität in der Hufwand von Przewalskipferden (Equus ferus przewalskii). Freie Universität Berlin Fachbereich Veterinärmedizin: Diss 2001)

reicht bis zum Sohlenrand des Hufbeins. Nach hinten setzt es sich (ebenso wie das Kronsegment) am Eckstrebenrand (Margo palmaris) auf die Eckstrebe fort (▶ **Abb. 4.36**).

Die **Oberhautblättchen** weisen eine beträchtliche Längenausdehnung von ca. 80 mm auf, denn sie beginnen an der Grenze zum Kronsegment und enden mit ihren (primären) Hornblättchen unten am Tragrand. Die ca. 3 mm hohen (primären) Oberhautblättchen sind mit den gleich hohen (primären) Lederhautblättchen über ihre zahlreichen Abzweigungen (jeweils ca. 120 Sekundärblättchen) zur enormen Vergrößerung der Oberfläche sehr innig miteinander verzahnt (▶ **Abb. 4.42**). Die sehr großen Hornzellen mit einer Länge bis zu 0,1 mm sind schwammartig und verleihen den dünnen, zugfesten Hornblättchen dadurch eine weich-elastische Verformbarkeit.

Die **Lederhautblättchen** mit einer Höhe von 3 mm sind ebenso wie das blättchentragende Wandsegment im Hufrücken ca. 60 mm lang und damit kürzer als die Oberhautblättchen, denn sie erreichen als lebende schmerzempfindliche und blutversorgte Blättchen – zu ihrem eigenen Schutz – nicht den Tragrand, sondern enden vorher wenige Millimeter unterhalb des Hufbeinsohlenrandes (▶ **Abb. 4.28**). Jedes Blättchen erscheint unten ausgefranst, denn es geht wenige Millimeter unterhalb des Hufbeins in ca. 15 endständige (fransenförmige) Zöttchen über (▶ **Abb. 4.39**), von deren Oberhautüberzug das Zwischenblättchenhorn (Füllhorn) der weißen Linie (S. 124) gebildet wird.

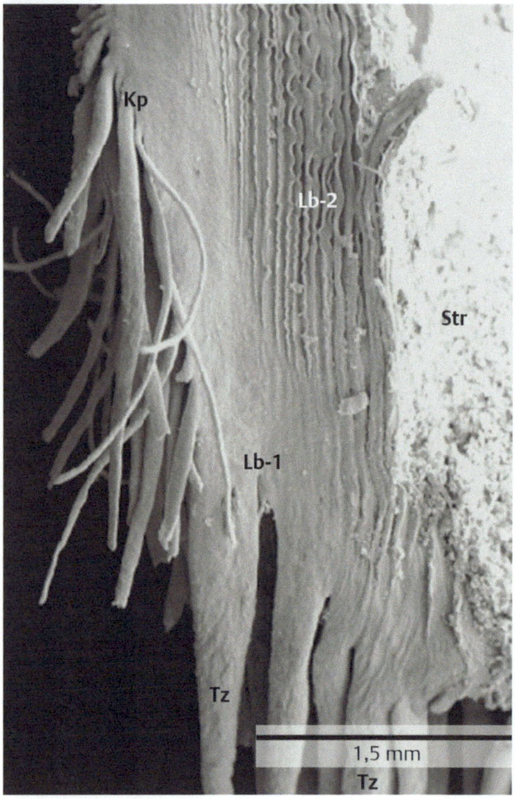

► **Abb. 4.39** Endabschnitt eines primären Lederhautblättchens (**Lb-1**) mit sekundären Lederhautblättchen (**Lb-2**) im rasterelektronenmikroskopischen Bild. Unterhalb des Hufbeins werden Terminalzöttchen (**Tz**) abgeschnürt, von deren Oberhautüberzug die Füllhornröhrchen der weißen Linie gebildet werden. An den Firsten der Lederhautblättchen werden Kappenpapillen (**Kp**) abgeschnürt, von deren Oberhautumhüllung die Kappenhornröhrchen der weißen Linie gebildet werden (gebogener Pfeil in ► **Abb. 4.44**). **Str** Stratum reticulare der Lederhaut (Schnittfläche). (Quelle: Prof. Dr. H. Bragulla)

Eine „klassische" **Unterhaut** fehlt. Neueren Untersuchungen zufolge scheint die während der Embryonalentwicklung ursprünglich angelegte Unterhaut in diesem Bereich zu verknöchern und mit der Hufbeinanlage zu verschmelzen.

Das sehr dünne Saumhorn, das übermächtige Kronhorn (Schutzschicht) und das dünne Blättchenhorn des Wandsegments bilden zusammen die **Hufplatte**, den **Wandabschnitt der Hufkapsel.**

Der **Tragrand** (Margo solearis) besteht aus dem Fußungsrand der Hufplatte (Hufwand). Das am Tragrand endende Kronhorn bildet zusammen mit der weißen Linie und dem direkt innen anliegenden Rand des Sohlenhorns die Tragfläche des Hufs. Die Körperlast ruht in Abhängigkeit von den Bodenverhältnissen im Wesentlichen auf der Tragfläche (S. 206).

Definition

Die Begriffe „Wand der Hornkapsel" und „Wandsegment" dürfen nicht verwechselt werden. Zur klaren Unterscheidung wird hier vom „blättchentragenden" Wandsegment gesprochen, das nur nach dem Ausschuhen abgrenzbar ist. Die Wand der Hornkapsel ist dagegen deutlich umfangreicher und auch äußerlich kenntlich (► **Abb. 4.36a**, braune Wand).

Sohlensegment (Solea)

Das Sohlensegment liegt an der Basisfläche und ist vom Tragrand samt weißer Linie „eingerahmt". Nach hinten reicht es mit dem nach oben gewölbten Sohlenkörper bis zur Strahlspitze und mit beiden Sohlenschenkeln seitlich des Strahls bis zum Eckstrebenwinkel, der zwischen der Eckstrebe und der Trachtenwand liegt (► **Abb. 4.29**).

Von der **Oberhaut** wird durch harte Verhornung das Röhrchenhorn der Sohle gebildet, das aus einer tiefen, kompakten Hornschicht von mittlerer Härte und einem oberflächlichen Zerfallshorn besteht, das schichtweise ausbröckelt und abschilfert (► **Abb. 4.40**).

Bei übermäßiger Entfernung des Zerfallshorns, etwa bei der Hufpflege, entsteht eine dünne, druckempfindliche Hornsohle. Die kompakte Schicht der Hornsohle bildet vornehmlich einen

► **Abb. 4.40** Zerfallshorn mit Hornröhrchen-Rest (Hr) aus dem Sohlensegment (rasterelektronenmikroskopisches Bild).

Schutz vor Zerstörungen durch mechanische, chemische, mikrobielle und thermische Einflüsse (Erfrierung und Verbrennung durch Heizbrand beim Hufbeschlag). Sie hat nur eine untergeordnete Tragefunktion. Bei einer Hufbeinrotation im Zuge einer chronischen Hufrehe kann es zum Durchbruch des Hufbeins kommen, wenn unter dem Druck der Hufbeinspitze eine zu dünne Hornsohle ausgebildet wird.

Die **Lederhaut** ist stark wasserhaltig und visköselastisch, weshalb sie in ihrer Konsistenz an die Sohle moderner Turnschuhe erinnert. Sie ist an ihrer Unterseite mit Zöttchen mittlerer Größe (3 mm) besetzt.

Eine „klassische" **Unterhaut** fehlt; s. Wandsegment (S. 116).

Ballen-Strahl-Segment (Torus ungulae, Cuneus)

Das Ballen-Strahl-Segment (► **Abb. 4.36**) bildet mit seinem schräg ansteigenden Ballenanteil samt Ballenhorn den hinteren Abschluss des Hufs und geht nach vorn kontinuierlich in den Strahl über, der zwischen den beiden Sohlenschenkeln liegt.

Das von der **Oberhaut** gebildete Horn entsteht am Ballen und in den Strahlfurchen durch weiche Verhornung und in den übrigen Bereichen durch harte Verhornung. Es erinnert hier in seiner Konsistenz an einen Radiergummi. Zahlreiche Fetttropfen, die in und zwischen den Zellen liegen, wirken wie druckelastische Kissen. Die Hornröhrchen sind teils gebogen sowie überwiegend spiralig angeordnet und so funktionell in der Lage, äußeren Druck aufzunehmen, abzufedern und in tiefere Bereiche weiterzuleiten. Die schräge und teils gebogene Verlaufsrichtung der Hornröhrchen ist auf der Schnittfläche durch die Hornmassen als parallele Linienführung erkennbar (► **Abb. 4.28**).

Die elastische Verformbarkeit des Strahls ist eine Voraussetzung für das Funktionieren des Hufmechanismus (S. 170), besonders bei der Trachtenspreizung infolge der Belastung durch das Körpergewicht, wobei sich die Strukturen des Strahls zur Seite ausbreiten und in ihrer Höhe abnehmen (Abflachung der Strahlfurchen und Erniedrigung der Strahlschenkel).

Die elastisch verformbare Konsistenz des Strahlhorns mit unterschiedlichen Festigkeitsgraden und die spezielle Form des Sohlengewölbes bergen die Gefahr des Eindringens, Festhaftens und Tieferdringens von Fremdkörpern. Besonders gefürchtet sind Nageltritte (S. 262), die je nach Eindringstelle, -tiefe und -richtung zu eitrigen Lederhautentzündungen mit Beteiligung lebenswichtiger Strukturen wie z. B. der Hufrolle oder des Hufgelenks führen können.

Die **Lederhaut** trägt bogenförmige oder spiralförmige Zotten, die formprägend für die umlagernden spiraligen Hornröhrchen sind [59].

Die **Unterhaut** formt Ballen- und Strahlpolster (auch **Hufkissen** genannt) aus straffem, geflechtartigem Bindegewebe mit enthaltenen Fett- und Knorpeleinlagerungen sowie wasserbindenden Gewebekomponenten. Die Polster dienen der Druckaufnahme, der Abfederung und Druckverteilung. Sie sind im Bereich der paarigen Ballenwülste, die durch die Verlängerung der mittleren Strahlfurche voneinander getrennt sind, und der Stahlschenkel besonders voluminös.

Im Ballenpolster liegen **Ballendrüsen** (► **Abb. 4.28**), deren Sekrete zur elastischen Geschmeidigkeit des Horns beitragen. Ob ihre Ausführungsgänge Eintrittspforten für Mikroorganismen und damit einer aufsteigenden Infektion darstellen können, ist ungewiss.

Eigenschaften des Hufhorns

Wasserspeicherung und Hornhärte

Zwischen dem **Feuchtigkeitsgehalt des Hufhorns** und der **Hornhärte** besteht eine negative Wechselbeziehung. Wenn der Wassergehalt des Hufhorns sinkt, steigt die Hornhärte (die Hornzellen werden härter). Je niedriger der Wassergehalt, desto höher ist der Härtegrad.

Die **Wasserspeicherkapazität** des Hufhorns ist abhängig von der Zeit sowie vom Volumen der Wasseraufnahme und -abgabe. Eine segmentvergleichende Übersicht hierzu gibt ► **Tab. 4.3**.

Die Wasserspeicherung erfolgt im Horn bzw. in der Hornzelle nach 3 verschiedenen Prinzipien:

- Eine (chemisch ungebundene) Speicherung **in Tropfenform** erfolgt in blasigen Erweiterungen des Zwischenzellspalts zwischen den Hornzellen. Diese Sonderform der Wasserspeicherung liegt nur im Saumhorn vor. Die Wasseraufnahme und -abgabe erfolgen vergleichsweise schnell.

- Eine (chemisch ungebundene) Wasserspeicherung geschieht **in vorgeformten Hohlräumen schwammartiger Hornzellen.** Dieser Zelltyp kommt im inneren Kronhorn und im Blättchenhorn des Wandsegmentes vor. Die Wasserfüllung in den vorgeformten, kommunizierenden Speicherräumen wird vorwiegend von den Blutgefäßen der nahegelegenen Lederhaut nach dem Prinzip eines Dauerspeichers aufrechterhalten. Diese schwammartigen Hornzellen funktionieren nach dem System eines unterkammerten Wasserkissens, indem sie die Zugkräfte des hier ansetzenden Hufbeinträgers abfedern und dämpfen. Sie verlieren zunehmend ihren Wassergehalt nach langem Hornzellnachschub bei Annäherung an den Tragrand, wenn die Umgebung abgetrocknet ist und eine Auffüllung von den weit entfernten Blutgefäßen der Lederhaut nicht mehr erfolgen kann. Das ausgetrocknete, spröde Horn neigt wegen der Schrumpfung zur Rissbildung, und so kann im Horn der weißen Linie und an der Grenze zum inneren Kronhorn eine Trennung erfolgen. Eine Folge ist die Ausbildung einer losen (S. 252) oder hohlen Wand (S. 253).
- Eine **diffuse Speicherung mit Durchnässung der gesamten Hornzelle** erfolgt durch chemische Wasserbindung an den so genannten Strukturproteinen (Hornhärchen = Keratinfilamente und ummantelnde Proteine). Die Wasseraufnahme und -abgabe erfolgen vergleichsweise langsam. Diese Speicherungsform geschieht in den Hornzellen aller Segmente. Die Speicherkapazität ist jedoch abhängig vom (hohen oder niedrigen) Gehalt der oben genannten Strukturproteine. Die (in ▶ **Abb. 4.41** hell dargestellten) Saumhornzellen sind arm, und die äußere (dunkle) Kronhornschicht ist sehr reich an diesen Strukturproteinen, weshalb diese Strukturen über eine niedrige bzw. sehr hohe Kapazität an diffuser Wasserspeicherung verfügen.

Verhornungstypen (Verhornungsmodus)

Der **weiche** und der **harte Verhornungstyp** (▶ **Tab. 4.3**) sind histologisch am Mikroskop anhand ihrer Schichten unterscheidbar. Beim harten Verhornungstyp fehlt die Körnerschicht – Stratum granulosum – im Verhornungsbereich. Das dort entstehende Horn weist in den verschiedenen Hufsegmenten unterschiedliche Härtegrade auf,

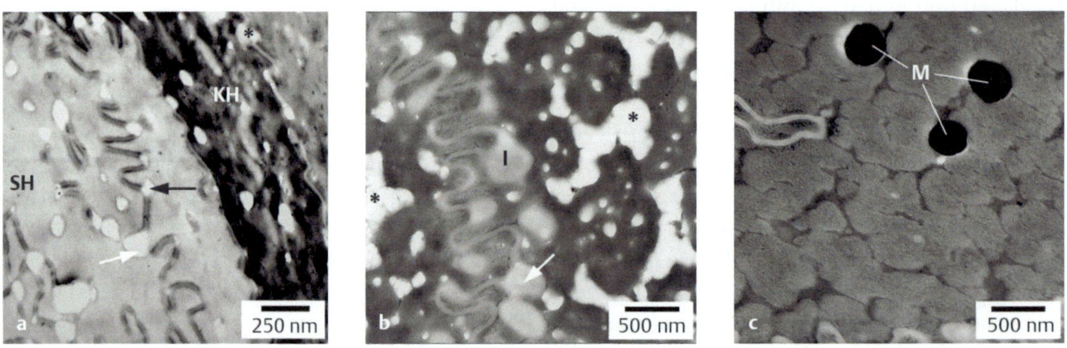

▶ **Abb. 4.41** Unterschiedliche Wasserspeicherung in den verschiedenen Hornzelltypen (elektronenoptische Bilder).
a Im hellen Saumhorn (SH), das an das dunkle Krohnhorn (KH) grenzt, liegt abgesehen von der (nicht darstellbaren) diffusen Zelldurchtränkung nur im Interzellularspalt eine spezielle Wasserspeicherung in Tropfenform (weiße u. schwarze Pfeile) vor. (Quelle: Budras KD, Patan B. Segmentspezifitäten am Pferdehuf. Pferdeheilkd 2003; 19: 58–64)
b Wandhorn und im (nicht abgebildeten) Kronhorn erfolgt – abgesehen von der (nicht darstellbaren) diffusen Wasserdurchtränkung – eine Dauerspeicherung in vorgeformten spongiösen Hohlräumen (*) vor. Zwischen den spongiösen Hornzellen erkennt man den Interzellularspalt (I), gefüllt mit Interzellularkitt (weißer Pfeil). (Quelle: Budras KD, Patan B. Segmentspezifitäten am Pferdehuf. Pferdeheilkd 2003; 19: 58–64)
c Die äußeren soliden Kronhornzellen mit Pigmentkörnchen (M) weisen ausschließlich eine (nicht darstellbare) diffuse Wasserdurchtränkung auf, die zusätzlich auch in allen anderen Segmenten vorkommt. (Quelle: Patan B. Saisonaler Einfluss auf Hornbildungsrate, Hornabrieb und Hornqualität in der Hufwand von Przewalskipferden (Equus ferus przewalskii). Freie Universität Berlin Fachbereich Veterinärmedizin: Diss 2001)

die sehr stark vom Feuchtigkeitsgehalt des Horns abhängen. Im inneren Kronhorn und im Blättchenhorn des Wandsegments weist das durch den harten Verhornungstyp entstehende Horn geringe Härtegrade auf, weil es aus schwammigen Zellen besteht, deren vorgeformte Hohlräume mit Wasser gefüllt sind und das Horn deshalb weniger hart erscheinen lassen.

Die Hornhärte wird auf einer Skala von 0 bis 100 in **Shore-Einheiten** gemessen – mit einem Messgerät, das üblicherweise zur Bestimmung der Holzhärte genutzt wird.

Hornbildungsrate und -bildungspotenzial

Abgesehen vom blättchentragenden Wandsegment ist die **Hornbildungsrate** in den anderen Hufsegmenten hoch. Deshalb verwendet man hier den Begriff **Fertilbett**. Von **Sterilbett** spricht man dagegen im blättchentragenden Wandsegment, dort liegen besondere Verhältnisse vor: Die Hornzellen des Blättchenhorns werden weit überwiegend proximal an der Grenze zum Kronsegment (im Anfangsabschnitt des blättchentragenden Wandsegments) gebildet. Auch im Terminalabschnitt, wo wenige Millimeter unterhalb des Hufbeinsohlenrandes das Füllhorn der weißen Linie (S. 124) entsteht, liegt eine hohe Hornbildungsrate vor. In dem dazwischenliegenden Hauptbereich werden nur sehr wenige (nach anderer Auffassung gar keine) Hornzellen gebildet und an die Hornblättchen angelagert. Die sehr geringe Hornbildung ist funktionell mit dem Hufbeinträger und dessen **Gleithaft** (S. 123) verknüpft.

Die Hornbildungsrate ist begrifflich vom **Hornbildungspotenzial** abzugrenzen, das im gesamten blättchentragenden Wandsegment sehr hoch ist, denn im Falle einer Entzündung (Hufrehe/Laminitis) wird sehr viel Blättchenhorn gebildet, was sich in einer deutlichen Verbreitung der weißen Linie zeigt.

4.3.7 Hufbeinträger

Klaus-Dieter Budras

> **Steckbrief**
> **Hufbeinträger**
> Der Hufbeinträger – eine lebenswichtige Einrichtung von erheblicher medizinischer Bedeutung – befindet sich zwischen dem Hufbein und der Innenfläche der Hufkapsel (▶ **Abb. 4.28**). Er verbirgt sich unter der Hufkapsel und ist nur am Tragrand als dessen „Spiegelbild" in der weißen Linie sichtbar.
> Der Hufbeinträger besteht aus zahlreichen Trageelementen der Leder- und Oberhaut, die mit dem Lederhautanteil auf der gesamten Wandfläche des Hufbeins sowie an den Hufknorpeln verankert sind und mit dem Oberhautanteil an der gesamten blättchentragenden Innenfläche der Hufkapsel enden. Der Hufbeinträger hat die Funktion, Druckkräfte in Zugkräfte zu transformieren und dadurch das Hufbein (samt Körpergewicht) in einer Schwebeposition zu tragen [26].

Die nach oben gewölbte Sohlenfläche des Hufbeins und dessen scharfer Sohlenrand weisen eine so kleine Fläche auf, dass sie das Körpergewicht nicht abstützen können, ohne Schaden zu erleiden. Wenn bei Funktionsverlust oder Funktionseinschränkung des Hufbeinträgers, wie bei der chronischen Hufrehe mit Hufbeinsenkung und/oder Hufbeinrotation, das Hufbein tatsächlich aus seiner Schwebeposition absinkt und einer hohen Druckbelastung durch das Körpergewicht ausgesetzt ist, kann es unter Knochenschwund zu hutkrempenartigen Aufbiegungen oder gar Brüchen am Sohlenrand kommen.

Ausdehnungsbereich

Die Ausdehnung (Reichweite) des Hufbeinträgers kann am ausgeschuhten Huf an den Trennungsflächen auf den ersten Blick erkannt werden: Sie ist identisch mit dem Ausdehnungsbereich des deutlich sichtbaren, 3 mm hohen Blättchenapparats an der Oberhaut und an der Lederhaut (▶ **Abb. 4.36**). Es liegt eine fast geschlossene Rundumaufhängung vor, die lediglich an der Ansatzstelle der tiefen Beugesehne unterbrochen ist. Die Aufhängekapazität ist am Hufrücken am stärksten und nimmt trachtenwärts deutlich ab.

Einteilung

Der Lederhautanteil besitzt eine Anfangsverankerung am Hufbein (A in ▶ **Abb. 4.42**), und der Oberhautanteil weist eine Endverankerung (E) an der Hufkapsel auf. Zwischen beiden liegt die 1. Zwischenverankerung mit Zwischenschaltung einer Basalmembran (Grenzmembran Z_1, s. a. ▶ **Abb. 4.31**). Im Oberhautanteil ist eine 2. Zwischenverankerung (Z_2) zwischen den lebenden, unverhornten und den toten Hornzellschichten als „Gleithaft" ausgebildet, die durch Interzellularkitt zusammengehalten wird.

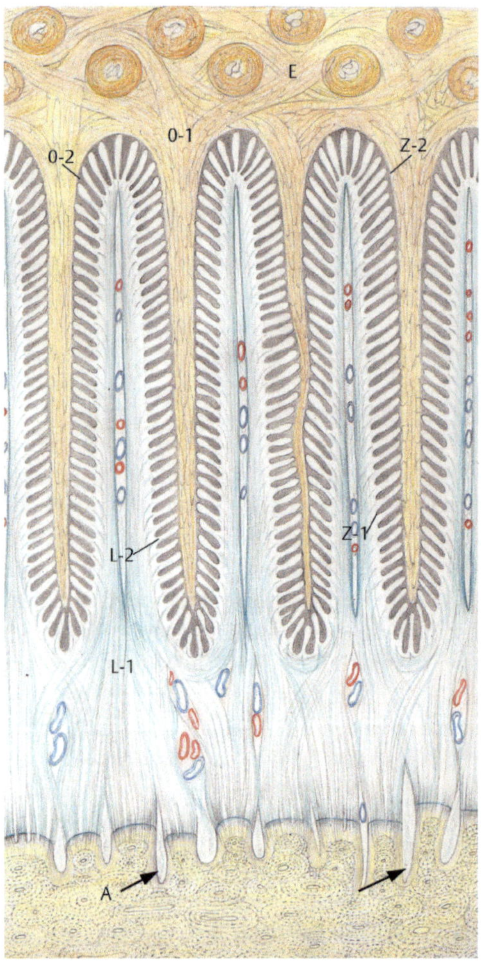

▶ **Abb. 4.42** Elemente des Hufbeinträgers. **A** Anfangsverankerung am Hufbein; **E** Endverankerung an der Hufkapsel; **Z-1** 1. Zwischenblättchenverankerung; **Z-2** 2. Zwischenverankerung (Gleithaft); **L-1** primäres Lederhautblättchen; **L-2** sekundäres Lederhautblättchen; **O-1** primäres Oberhautblättchen; **O-2** sekundäres Oberhautblättchen. Eine streifig angeordnete Beinhaut befindet sich nur in der Tiefe (Pfeil) zwischen den Knochenkämmen mit Knorpelbedeckung, wo die Lederhaut-Zugelemente aus dem Hufbein hervorgehen. (Quelle: Pellmann R, Budras KD, Bragulla H. Struktur und Funktion des Hufbeinträgers beim Pferd und seine Bedeutung bei der Hufrehe. Pferdeheilkd 1997; 13: 53–64)

Verankerung

Alle Verankerungsstellen dienen der elastischen Abfederung der einwirkenden Zugkräfte und erweisen sich beim krankhaften Funktionsverlust des **Hufbeinträgers** als mögliche Bruchstellen für entstehende Zusammenhangstrennungen in der Verankerung, die besonders bei der Hufrehe zur krankhaften Verlagerung des Hufbeins und – beim totalen Funktionsverlust – zum Ausschuhen (Exungulation) führen können.

Anfangsverankerung

Hier treten Bindegewebsfasern (kollagene Fasern) an streifenförmigen, periostfreien Arealen aus dem Hufbein aus, durchziehen eine Knorpelumhüllung (4-zonale Insertion) und durchkreuzen sich in der netzförmigen Lederhautschicht, um danach in die primären Lederhautblättchen (L_1) einzutreten und feinste Abzweigungen für die sekundären Lederhautblättchen (L_2) abzustrahlen.

Im Bereich des Eckstrebenwinkels (zwischen der Trachtenwand und der Eckstrebe) wird das Skelett nicht vom Hufbein, sondern vom Hufknorpel gestellt. Der auch hier vorhandene Blättchenapparat dient in erster Linie der Verankerung der Hufkapsel am Hufknorpel.

1. Zwischenverankerung (Z_1)

Die 1. Zwischenverankerung zwischen Leder- und Oberhaut erfolgt zwischen deren Sekundärblättchen, die durch die Basalmembran (Grenzmembran) innig miteinander verbunden sind (dermo-epidermal interlaminary bond). Die Basalmembran folgt in Aufbau und Funktion dem allgemeinen Bau- und Funktionsprinzip, wie es an zahllosen Körperstellen vorkommt. Im Hufbeinträger liegt allerdings die Einmaligkeit vor, dass die mechanische Beanspruchung auf Zug an keiner anderen Körperstelle so hoch ist wie hier zwischen Ober- und Lederhaut. Entsprechend ist die Basalmembran durch Verdopplung und Schleifenbildung erheblich verstärkt.

Die Primärblättchen mit abstrahlenden Sekundärblättchen der Leder- und Oberhaut sind formal vergleichbar mit einer Vogelfeder aus Federkiel (entspricht dem Primärblättchen) und Federfahnen (entsprechen den Sekundärblättchen). Sie sind jedoch bei Seit-zu-Seit-Verzahnung entgegengesetzt ausgerichtet, indem sich die Spitzen der primären Lederhautblättchen zur Hufkapsel und die der primären Oberhautblättchen zum Hufbein hin orientieren (► **Abb. 4.42**).

Im Oberhautteil des Hufbeinträgers wird der Zug von den Sekundärblättchen (O_2) auf die primären Hornblättchen (O_1) übertragen.

2. Zwischenverankerung (Z_2)

Die 2. Zwischenverankerung (Z_2), die in der Oberhaut ausgebildet ist, wird Gleithaft genannt.

Überblick

Gleithaft

Zwischen den fest verankerten, noch lebenden Oberhautzellen (Basalzellen) und den wenigen verhornenden (absterbenden) Zellen (Parabasalzellen) muss einerseits eine Verbindung (Haftung) und andererseits ein langsames Vorbeigleiten erfolgen. Der Gleitvorgang und die Haftung (Adhäsion) werden bei beginnender Produktion von Zwischenzellkitt durch die verhornenden Zellen möglich. Vor seiner endgültigen Aushärtung ermöglicht der Kitt einerseits als klebrig haftendes „Gleitmittel" das Vorbeigleiten, andererseits löst er mit seinem Enzymgehalt die Haftbrücken (Desmosomen) zwischen den stationären Basalzellen und den mobilen Parabasalzellen auf, wodurch die zuletzt genannten verhornenden Zellen aus ihrer Verankerung gelöst und nach unten in Richtung Tragrand geschoben werden. Die Kombination beider Vorgänge (Haft bei gleichzeitigem Gleiten) wird „Gleithaft" genannt, und beide sind in ihrer Funktion (nach Art eines Kompromisses) stark eingeschränkt. Der Gleithaftbereich ist deshalb eine mögliche Bruchstelle für eine krankhafte Zusammenhangstrennung im Hufbeinträger.

In den Hornblättchen sind die sehr langen, schwammigen Hornzellen in Zugrichtung durch den Zwischenzellkitt hintereinandergereiht [27].

Endverankerung

Zur Endverankerung des Hufbeinträgers treten die schwammigen Hornblättchen in das innere Kronhorn über und umschlingen hier die ebenfalls schwammigen Kronhornröhrchen zur federnd-elastischen Verbindung (E).

Faserverlaufsrichtung

Die Ausrichtung der Zugelemente, sowohl der gebündelten Bindegewebsfasern als auch der hintereinandergereihten Hornzellen, und schließlich innerhalb der Blättchenhornzellen (parallel angeordnete Hornbälkchen, s. ► **Abb. 4.32**) folgt der Zugrichtung in der Aufhängung des Hufbeins nach dem Hängematten-Prinzip. Vom durchhängenden Hufbein ausgehend, sind die Zugelemente von unten-innen nach oben-außen zur Verankerung an der Hufkapselinnenwand ausgerichtet (► **Abb. 4.28**).

Funktionen

Das Funktionsprinzip bewirkt, dass die Druckkräfte der Körperlast im Hufbeinträger in einen Zug umgewandelt werden und in der Hufkapselwand eine Rückwandlung in eine Druckkraft erfolgt, die am Tragrand auf dem Boden lastet (► **Abb. 4.28**). Die einzelnen Funktionen haben folgende Bedeutung:

- Durch die Umwandlung in Zugkräfte wird das Knochengewebe des Hufbeins vor zerstörenden Druckkräften geschützt.
- Durch die elastische Aufhängung senkt und hebt sich das Hufbein um wenige Millimeter bei jeder Be- und Entlastung im Schrittrhythmus.
- Durch den Zug an der Innenfläche der Hufkapsel wird der Hufmechanismus (S. 170) ausgelöst.

Alle 4 Verankerungsstellen (2 End- und 2 Zwischenverankerungen) können als mögliche Bruchstellen reißen. Das erfolgt in erster Linie bei der chronischen Hufrehe und führt zur Hufbeinverlagerung (Senkung oder Rotation).

4.3.8 Weiße Linie (Linea alba ungulae, Zona alba)

Klaus-Dieter Budras

Die weiße Linie, die bei Betrachtung der Basisfläche (Sohlenfläche) in ganzer Länge überblickbar ist, verbindet mit ihrem weich-elastischen Horn scharnierartig das Sohlenhorn mit dem Kronhorn. Das Horn der weißen Linie besteht aus den Wandhornblättchen und den dazwischenliegenden Füllhornröhrchen. Die oben im blättchentragenden Wandsegment gebildeten Wandhornblättchen verbinden sich unterhalb des Hufbeinsohlenrandes mit den hier entstehenden Füllhornröhrchen zum Horn der weißen Linie.

Ausdehnung

Die **Länge** der weißen Linie ergibt sich aus der horizontalen Ausbreitung des Hufbeinträgers, nämlich vom Hufrücken beidseits über den Trachten-Eckstreben-Winkel bis zum zentral gerichteten Ende der Eckstrebe (► **Abb. 4.43**). Ihre **Breite** beträgt im Hufrückenteil ca. 3 mm und verschmälert sich im hinteren Hufbereich um mindestens 0,5 mm.

Erscheinungsbild

Die weiße Linie ist trotz ihres Namens eher gelblich. Eindeutig bestimmbar und abgrenzbar ist die weiße Linie durch ihre unverwechselbare Struktur der **radiären Streifung** (► **Abb. 4.44**). Im Hufrückenbereich sind die Streifen gestreckt. Im Seiten- und Trachtenbereich nehmen die Streifen zunehmend eine Wellenform mit unterschiedlicher Windungsrichtung an (► **Abb. 4.43**). Die radiäre Streifung besteht in abwechselnder Folge aus durchgezogenen und gepunkteten Streifen.

Bei den **durchgezogenen, weißen Streifen** handelt es sich um quer geschnittene (abgeriebene) Wandhornblättchen, die oben (proximal) im blättchentragenden Wandsegment gebildet werden (► **Abb. 4.44**).

Zwischen den radiären Streifen aus gelblichweißen Hornblättchen wird jeder Zwischenraum mit einem **gepunkteten (braun-gelblichen) Streifen** ausgefüllt, der bis zu 15 quer getroffene Füllhornröhrchen in radiär-linearer Anordnung enthält. Die Füllhornröhrchen werden wenige Millimeter unterhalb des Hufbeinsohlenrandes von der Oberhautumhüllung der Terminalzöttchen der Lederhautblättchen gebildet (► **Abb. 4.39**). Bei der Verhornung der Füllhornröhrchen wird auch Verbindungshorn zu den benachbarten Wandhornblättchen gebildet, und die hier beginnende weiße Linie markiert die Höhenausdehnung (Dicke der weißen Linie), die etwa der Dicke des Sohlenhorns entspricht.

Bedeutung und Funktionen

Das innere weiße (pigmentfreie) Kronhorn grenzt die weiße Linie nach außen ab. Es wurde früher in manchen Lehrbüchern zur weißen Linie gezählt. Diese Auffassung wurde inzwischen nach internationaler Übereinkunft in der Nomenklaturkommission aufgegeben, weil die stellenweise wechselnde Breite dieser strahlend weißen inneren Kronhornschicht vom Zufall der vorhandenen oder fehlenden Pigmentierung abhängt.

> **Merke**
> **Breite und Begrenzung der weißen Linie müssen jedoch exakt bestimmbar sein, weil die äußere Grenzlinie als Nagellinie für die korrekte Platzierung des Hufnagels beim Hufbeschlag sehr wichtig ist.**

Die weiße Linie ist als quer getroffenes Spiegelbild des Hufbeinträgers zu werten, da ihre Anteile auch wichtige Komponenten dieses Trageapparats sind. Vom Aussehen der weißen Linie kann auf den strukturell-funktionellen Zustand des Hufbeinträgers geschlossen werden. Bei entzündlicher Erkrankung des Hufbeinträgers, wie bei der Hufrehe, ist die gesamte weiße Linie erheblich verbreitert, da die Hornblättchen verbreitert sind und die Zahl der Füllhornröhrchen sowie besonders der Kappenhornröhrchen stark erhöht ist (► **Abb. 4.31**).

Funktionell dient die weiße Linie als (unzureichende, insuffiziente) Barriere gegen aufsteigende Keimbesiedlungen zum Schutz des lebenswichtigen Hufbeinträgers. In der weißen Linie sind oftmals Defekte zwischen den Hornanteilen zu erkennen, die auch durch Altersunterschiede bedingt sind. Das Blättchenhorn wurde ca. 12 Monate zuvor proximal im Wandsegment gebildet, bevor es auf langem Wege den Tragrand erreicht. Das Füllhorn benötigt von seiner Bildungsstelle wenige Millimeter unterhalb des Hufbeinsohlenrandes für den kurzen Weg zum Tragrand lediglich 1–2 Monate. Diese Unterschiede bieten unter Berücksichtigung der Hornalterung (S. 109) eine Erklärung für oft vorkommende Hornrissigkeit samt Hornspalten und Zerfallserscheinungen mit schwarzer Verfärbung, die zwischen den verschiedenen Anteilen der weißen Linie beginnen und zum Funktionsverlust mit Erkrankung der weißen Linie (white line disease, lose Wand) führen können.

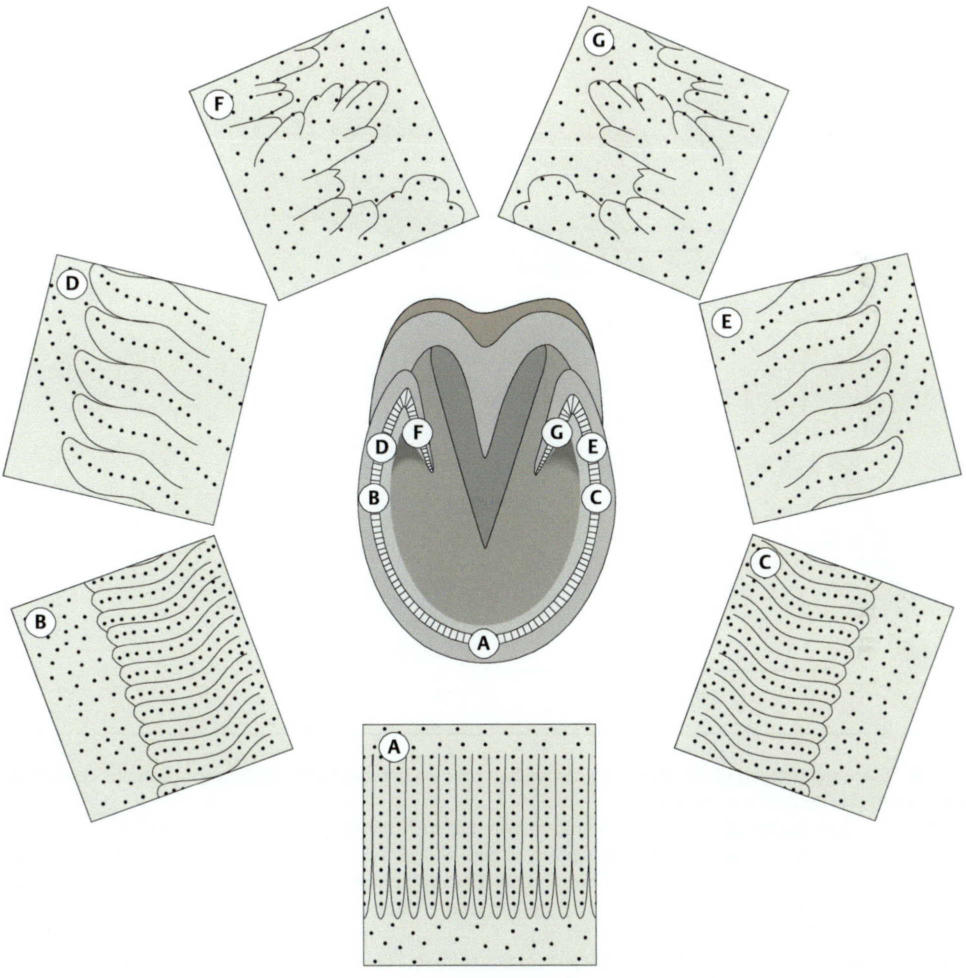

► **Abb. 4.43** Die weiße Linie dehnt sich vom Hufrücken (**A**) über den Seiten-(**B/C**) und Trachtenteil (**D/E**) zum Eckstrebenrand aus, biegt im Eckstrebenwinkel spitz um und reicht schließlich bis zum Ende der Eckstrebe (**F/G**). In allen Abschnitten sind die Elemente der weißen Linie, nämlich das Blättchenhorn (durchgezogene Begrenzung) und die Füllhornröhrchen (gepunktete Linien), lokal-spezifisch ausgerichtet (siehe kleine Randskizzen); basierend auf Zadow CH von. Linea alba unguis (Zona alba) – zur weißen Linie des Pferdehufs. Freie Universität Berlin Fachbereich Veterinärmedizin: Diss 2001

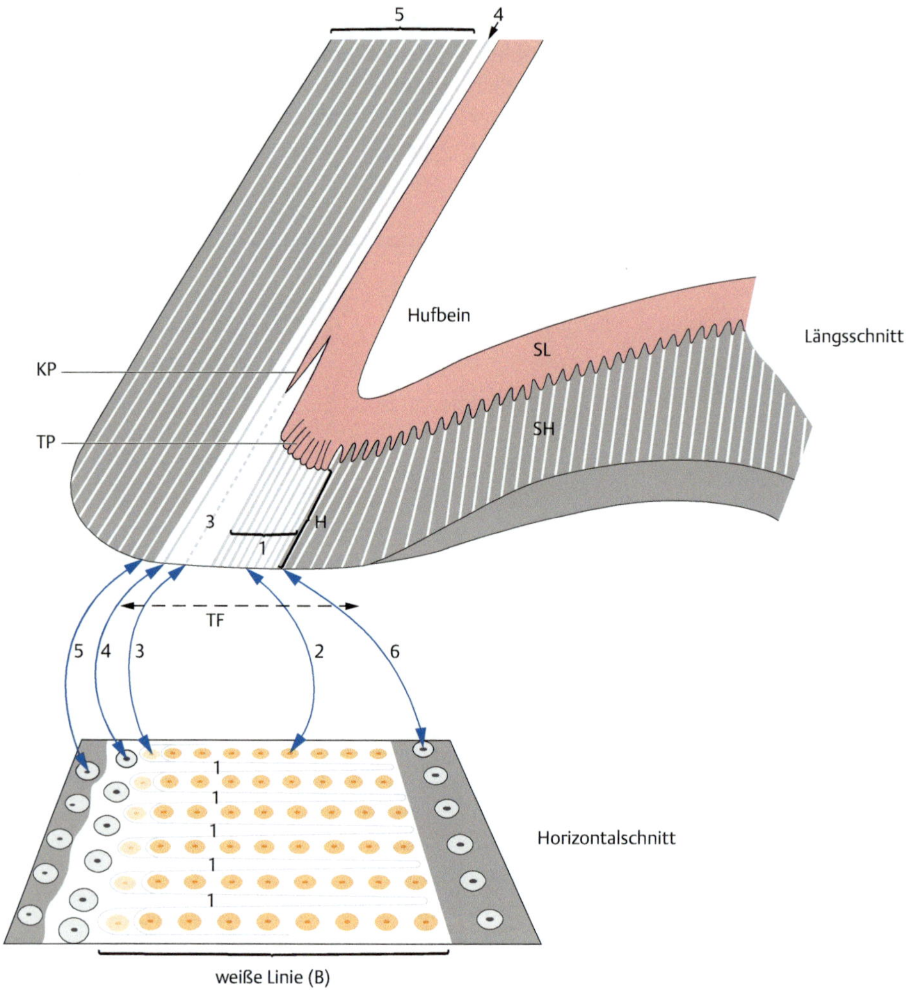

▶ **Abb. 4.44** Zusammensetzung und Begrenzung der weißen Linie im unteren Hufrückenbereich (unteren Zehenteil). Das Horn der weißen Linie besteht aus 3 Anteilen:

I) Die ca. 80 mm langen Hornblättchen, die von der Kron-Wandsegmentgrenze herunterwachsen, bilden mit ihrem unteren Viertel den Hauptanteil der weißen Linie **(1).** Sie prägen auf dem Horizontalschnitt die typische radiäre Streifung **(1).**

II) Die dazwischenliegenden, 20 mm langen Füllhornröhrchen **(2)**, die wenige mm unterhalb des Hufbeins von der Oberhautumhüllung der dermalen Terminalzöttchen **(TP)** gebildet werden, füllen hintereinandergereiht die Spalten zwischen der radiären Streifung mit braun-gelblichem Füllhorn aus.

III) Nur wenige Kappenhornröhrchen **(3)** werden oberhalb des Hufbein-Sohlenrandes von der Oberhautumhüllung der Kappenzöttchen **(KP)** gebildet und stellen als äußerer Anteil der weißen Linie die Verbindung zu den inneren (weißen, unpigmentierten) Kronhornröhrchen **(4)** her, die an einer unregelmäßigen Pigmentierungsgrenze in dunkles Kronhorn **(5)** übergehen.

Die Breite **(B)** der weißen Linie erstreckt sich vom inneren weißen Kronhorn **(4)**, bis zu den äußeren Sohlenhornröhrchen **(6)**. Diese Begrenzungsstrukturen **(4 und 6)** gehören nicht zur weißen Linie.

Die ca. 20 mm messende Höhenausdehnung **(H)** der weißen Linie reicht von der Tragfläche (**TF,** bestehend aus Tragrand, weißer Linie und Außenrand des Sohlenhorns) bis zu den Terminalpapillen, in deren Oberhautumhüllung die Füllhornröhrchen entstehen, die mit dem distalen Viertel der Hornblättchen zum Horn der weißen Linie verkleben.

SH Sohlenhorn; **SL** Sohlenlederhaut.

> **Steckbrief**
> **Weiße Linie**
> Die weiße Linie verbindet mit ihren weich-elastischen Hornanteilen, die alle im Wandsegment gebildet werden, scharnierartig das Sohlenhorn mit dem Kronhorn, die beide die weiße Linie innen bzw. außen begrenzen, jedoch nicht zu ihr gehören.
> Die weiße Linie besteht aus gelblichem Horn und kann nicht an ihrer Färbung, sondern an ihrer typischen radiären Streifung erkannt werden.
> Ihr äußerer Rand ist als **Nagelleiste für den Hufbeschlag** sehr wichtig, denn er markiert die korrekte Platzierung der Hufnägel.
> Funktionell dient die weiße Linie außerdem als unzureichende Barriere gegen aufsteigende Keimbesiedelungen zum Schutz des lebenswichtigen Hufbeinträgers.

Sohlensporn

Der Sohlensporn ist eine lokale, eng begrenzte Verbreiterung und Verdickung (Höhenausweitung) der weißen Linie. Er ist bei Aufsicht auf dem Tragrand in der Hufmitte bei ca. 50 % aller Fälle erkennbar und fügt sich eng in eine entsprechende Kerbe (Crena) des Hufbeinsohlenrands ein. Entgegen früherer vereinzelter Auffassung entstehen beide Strukturen (Sohlensporn und Kerbe) nicht durch den Hufbeschlag. Der Sohlensporn ist deshalb bedeutsam, weil er durch Höhenzunahme und Bildung krankhaften Horns zur viel größeren **Hornsäule** entarten kann, die innen der Hornkapsel anliegt und am Hufbein eine Knochenvertiefung (Usur) verursachen kann. Hornsäulen und kleine abgerundete Formvarianten, die **Hornschwielen**, mit entsprechenden Hufbeinvertiefungen können jedoch auch an anderen Stellen der weißen Linie (entfernt von der Hufmitte) und dann unabhängig vom Sohlensporn entstehen.

4.3.9 Blutgefäßversorgung

Ruth Maria Hirschberg, Klaus-Dieter Budras

Für die funktionelle Koordination der 3 Hautschichten (Ober-, Leder- und Unterhaut) sowie für die Ernährung des gesamten Hufs ist dessen Blutgefäßsystem verantwortlich. Zum besseren Verständnis des folgenden Textes werden in ▸ **Tab. 4.4** die wichtigsten Fachbegriffe erläutert. Die **Arterien** führen dem Huf sauerstoff- und nährstoffreiches Blut zu, während die **Venen** Stoffwechselendprodukte aus dem Huf abführen. Die feineren Gefäße der **Endstrombahn** (Arteriolen, Kapillaren und Venulen) sind für den Stoffaustausch und die Regulierung der aktuellen Gewebedurchblutung, insbesondere in der Lederhaut, verantwortlich. Ihnen wird eine grundlegende funktionelle Rolle sowohl unter physiologischen als auch unter krankhaft veränderten Gegebenheiten wie der Hufrehe zugesprochen. Dabei sind vor allem die Lokalisation und die Anzahl der arteriovenösen Brücken (Kurzschlüsse, Shunts), Polsterarterien (Drosselarterien) sowie der Venenklappen für die Durchblutung von besonderer Bedeutung.

Hauptblutgefäße der Gliedmaßen

Vordergliedmaßen

Das arterielle Hauptgefäß der Vordergliedmaße ist die **Oberarmarterie** (A. brachialis), welche aus der **Achselarterie** (A. axillaris) hervorgeht und sich im Bereich des Unterarms als **Mittelarterie** (A. mediana) sowie nach Passage des Handwurzelkanals als **Hauptmittelfußarterie** (A. digitalis palmaris communis II) fortsetzt. Letztere ist die größte Arterie der Hand und kann auf der **Innenseite** der Gliedmaße neben der tiefen Beugesehne bzw. deren Unterstützungsband ertastet werden. Bei Hufrehe oder eitriger Huflederhautentzündung zeigt diese Mittelfußarterie eine verstärkte Pulsation.

▸ **Tab. 4.4** Nomenklatur des Gefäßsystems mit Singular und Plural.

Fachbegriff	lateinischer Begriff	Abkürzung	Erläuterung
Arterie/Arterien	Arteria/Arteriae	A./Aa.	größere Schlagader(n)
Arteriole/Arteriolen	Arteriola/Arteriolae	–	kleinste Arterie(n)
Kapillare/Kapillaren	Vas capillare/Vasa capillaria	–	Haargefäß(e)
Venule/Venulen	Venula/Venulae	–	kleinste Vene(n)
Vene/Venen	Vena/Venae	V./Vv.	größere Blutader(n)
Ast/Äste	Ramus/Rami	R./Rr.	

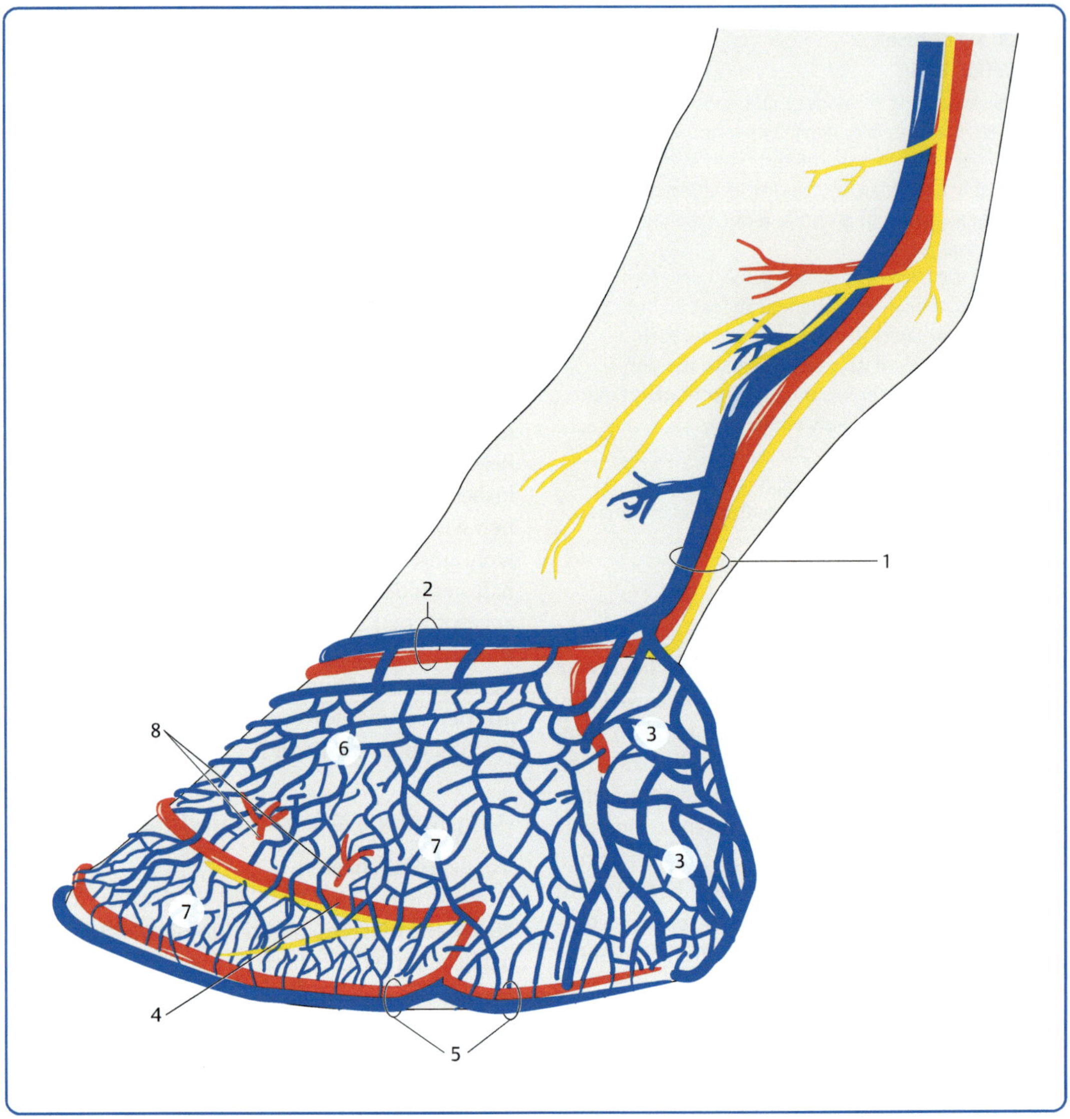

► **Abb. 4.45** Halbschematische Darstellung der Blutgefäße und Nerven am Vorderfuss des Pferdes. Seitenansicht. **1** Direkt zu- bzw. abführende Zeheneigengefäße und begleitender Nerv (A., V. et N. digitalis palmaris sive plantaris lateralis sive medialis); **2** Krongefäße (A. et V. coronalis); **3** Ballenäste (Rr. tori digitales); **4** äußerer Wandast (R. parietalis, R. externus); **5** Sohlenrandgefäße (A. et V. marginis solearis); **6** Venennetz der Kronlederhaut; **7** Venennetz der Wandlederhaut; **8** aus dem Sohlenkanal austretende arterielle Äste zur Versorgung von Kron- und Wandsegment.

Die arteriellen Hauptgefäße der Vordergliedmaßen werden von entsprechenden Venen begleitet.

Hintergliedmaßen

Das arterielle Hauptgefäß der Hintergliedmaße ist die **Schenkelarterie** (A. femoralis), die sich in die **Kniekehlarterie** (A. poplitea) fortsetzt und sich im Bereich des Unterschenkels in eine starke **vordere** bzw. eine schwächere **hintere Schienbeinarterie** (Aa. tibiales cranialis et caudalis) aufteilt. In der Sprunggelenkbeuge geht das vordere Gefäß in die **Fußrückenarterie** über (A. dorsalis pedis), deren Fortsetzung als **Hauptmittelfußarterie** (A. metatarsea dorsalis III) über die Außenkontur des Röhrbeins zieht und danach zwischen dem Röhrbein sowie dem Distalende des äußeren Griffelbeins verläuft. Zur Prüfung der Pulsation kann dieses Gefäß **außen** am Röhrbein zwischen diesem und dem äußeren Griffelbein ertastet werden.

Die arteriellen Hauptgefäße der Hintergliedmaßen werden von entsprechenden Venen begleitet.

Makroskopische Anatomie der Hufgefäße

Der Huf erhält seine arterielle Hauptversorgung über die (an der Innen- bzw. Außenseite gelegenen) medialen und lateralen **Zehengefäße** (Aa. palmares lateralis et medialis), die innerhalb des Hufbeins in einem entsprechenden Knochenkanal (Canalis solearis, Sohlenkanal) liegen und einen inneren Endbogen (Arcus terminalis, auch R. internus) bilden (▸ **Abb. 4.45**).

Saum-, **Kron**- und **Ballen-Strahl-Segment** werden jeweils durch stark verzweigte und miteinander Verbindung aufnehmende Äste versorgt (z. B. Kronarterie – A. coronalis; Ballenast – R. tori digitalis), die aus den Zeheneigengefäßen (Aa. digitales palmares lateralis et medialis) noch vor deren Eintritt in das Hufbein hervorgehen.

Dagegen erfolgt die Versorgung des **Wand- und Sohlensegments** überwiegend über radiäre und hufspitzenwärts gerichtete, das Hufbein durchziehende Äste aus dem arteriellen Endbogen, die wiederum die Sohlenrandgefäße (Aa. marginis solearis) speisen und mit den entsprechenden Ballengefäßen anastomosieren.

Zusätzlich entspringt vor Eintritt in das Hufbein jeweils innen (medial) und außen (lateral) ein **Wandast** (R. parietalis lateralis sive medialis), der durch eine entsprechende Öffnung im Hufknorpel außen in der Wandrinne des Hufbeins zum Hufrücken verläuft (R. externus), wo er mit den das Hufbein durchziehenden Gefäßen Verbindung aufnimmt.

Das **venöse System** des Hufs bildet stark verzweigte Gefäßgeflechte, die insbesondere medial und lateral des Hufknorpels besonders mächtig ausgebildet sind. Aus diesen Venengeflechten wird das Blut über größere Zehenvenen abgeleitet, die die Zehenarterien begleiten (▸ **Abb. 4.46**).

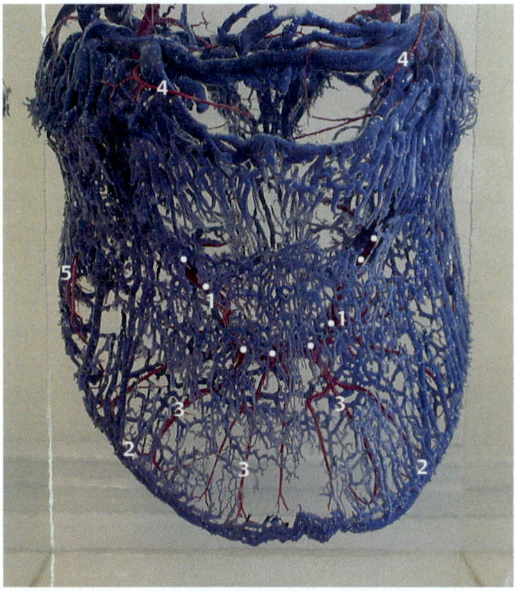

▸ **Abb. 4.46** Gefäßausgusspräparat eines Hufs, die Arterien wurden mit rotem, die Venen mit blauem Kunststoff gefüllt. Die jeweiligen arteriellen Äste werden von entsprechenden stark untereinander verbundenen Venengeflechten begleitet. **1** Terminalbogen der Hufeigenarterie, Arcus terminalis (Verlauf zusätzlich durch weiße Punkte markiert); **2** Sohlenrandgefäß; **3** Primäräste aus dem Terminalbogen zur Versorgung von Sohle und Wand; **4** Kronäste; **5** Ballenäste.

Überblick

Klinische Bedeutung der Hufgefäße

Die **digitale Venografie** (auch: Phlebografie) wird insbesondere zur Beurteilung des Perfusionsgeschehens bei **Hufrehe** eingesetzt. Das Ergebnis dieser Angiografie korreliert nach bisherigen Erfahrungen sehr gut mit den klinischen und sonstigen radiologischen Befunden, sowie mit dem Verlauf und Ausgang des jeweiligen Hufrehefalls, und kann bei unklaren oder subakuten Verläufen die Diagnose erleichtern. Erkennbare Füllungsdefekte in der Hufangioarchitektur geben klare Hinweise auf das Krankheitsgeschehen.

Mikroskopische Anatomie der Hufgefäße in Unter- und Lederhaut

Unterhaut und tiefe Schicht der Lederhaut

Die tief gelegenen bindegewebigen Schichten der Hufhaut, also die Unterhaut und die tiefe Schicht der Lederhaut, übernehmen vorwiegend **Verteilerfunktion** für die Leitungsstrukturen des Hufs, d. h. sie führen größere Leitungsstrukturen zu und verteilen diese in regelmäßiger Anordnung.

Im Saum-, Kron- und Ballen-Strahl-Segment bilden die Arterien in der Unterhaut ein Netzwerk, aus dem die Gefäße für die Lederhaut hervorgehen. Im Wand- und Sohlensegment (die beide keine „klassische" Unterhaut aufweisen) entsprechen die radiär und hufspitzenwärts aufsteigenden Primär- und Sekundäräste aus dem Zehenendbogen den jeweiligen Arteriengeflechten der Unterhaut. Innerhalb der Lederhaut verzweigen sich die kleinsten Arterien nahe der Grenze zur Oberhaut in ein dichtes Kapillarnetz, aus dem die abführenden kleinsten Venen hervorgehen, die sich zu Geflechten vereinen und das Blut über die bereits genannten Zehenvenen abführen.

Oberflächliche Schicht der Lederhaut und Papillarkörper

Die oberen Schichten der Hufhaut, nämlich die komplett gefäßfreie Oberhaut und die dicht mit feinen Blutgefäßen versorgte obere Schicht der Lederhaut, sind sowohl in zweckgerechter als auch in räumlicher Hinsicht eng miteinander gekoppelt und formen eine funktionell wichtige, dreidimensional gestaltete Grenzfläche, den bindegewebigen **Papillarkörper** des Hufs (► **Abb. 4.47**). Dieser weist 2 Formentypen auf: **Zöttchen**, auch Papillen genannt, die formprägend für die von der Oberhaut gebildeten Hornröhrchen sind (► **Abb. 4.34**), und **Blättchen** (► **Abb. 4.42**). Die feinen Blutgefäße der oberen Schicht der Lederhaut bilden ein **feinmaschiges Netzwerk** innerhalb der Zöttchen und Blättchen, wobei die äußersten Kapillaren bis dicht an die Grenzfläche zur Oberhaut ziehen (► **Abb. 4.47**). Dieses feine funktionelle Blutgefäßnetzwerk wird von größeren aufsteigenden Gefäßstraßen aus tiefer Lederhautschicht und Unterhaut gespeist.

Gefäßmuster der Zöttchen

Das Gefäßmuster der Zöttchen besteht aus den in der Achse des Zöttchens gelegenen zentralen Gefäßen (kleine Zöttchenarterie und -vene), die an der Spitze des Zöttchens durch eine Spitzenschleife direkt miteinander verbunden sind (► **Abb. 4.34**, ► **Abb. 4.47**). Aus der zentralen Zöttchenarterie geht ein dichtes, in der Regel geschlängelt verlaufendes Kapillarnetz hervor, das besonders intensiv die Peripherie sowie durch Diffusion die angrenzende Oberhaut mit dem hornbildenden Anteil versorgt und schließlich das Blut über die zentrale Zöttchenvene ableitet.

Gefäßmuster der Blättchen

Die Gefäße für die Lederhautblättchen gehen aus dem oberflächlichen Lederhautgeflecht des Wandsegments hervor. Die Arterien und Venen dieses Lederhautgeflechts verlaufen überwiegend vom Kronrand zum Hufbeinrand hin orientiert dicht an der Oberfläche des Hufbeins in entsprechenden kleinen Knochenrinnen, die im Huf älterer Pferde zu Knochenkanälchen geschlossen sein können, welche dann die Gefäße einhüllen. In unregelmäßigen Abständen sind diese Gefäße strickleiterartig durch Queräste miteinander verbunden, sie speisen den eigentlichen Gefäßapparat der Lederhautblättchen. Das Gefäßmuster der Lederhautblättchen besteht aus einem dichten, in der Blättchenachse gelegenen, arkadenartig angeordneten und relativ gestreckt verlaufenden System aus kleinsten Arterien und Venen. Aus den kleinsten Arterien zweigen Kapillaren in die sekundären Lederhautblättchen ab, die auch die angrenzende Oberhaut durch Diffusion versorgen, bevor das Blut über die Venen der Blättchen abgeführt wird (► **Abb. 4.47**).

Kreislaufregulierende Einrichtungen

Aufgrund der engen räumlichen Nähe der größeren Arterien und Venen, speziell im Verlauf des Zehenendbogens durch den knöchernen Sohlenkanal, wird die arterielle Pulswelle auf die begleitenden Venen übertragen, wodurch der Blutabfluss aus dem Huf gefördert wird. Die beim Auf- und Abfußen durch den Hufmechanismus induzierten Formveränderungen des Hufs (insbesondere die reversible Trachtenspreizung beim

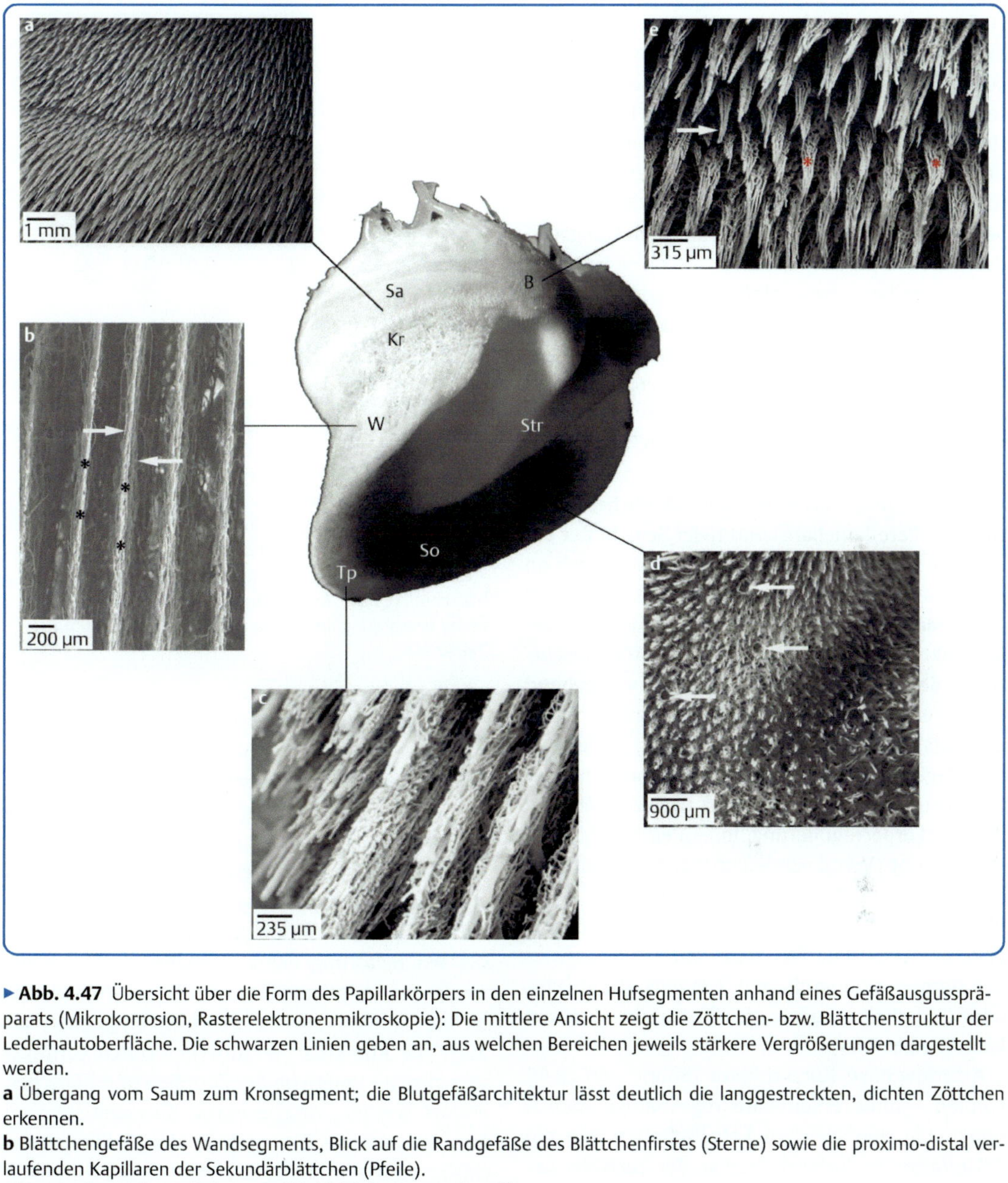

► **Abb. 4.47** Übersicht über die Form des Papillarkörpers in den einzelnen Hufsegmenten anhand eines Gefäßausgusspräparats (Mikrokorrosion, Rasterelektronenmikroskopie): Die mittlere Ansicht zeigt die Zöttchen- bzw. Blättchenstruktur der Lederhautoberfläche. Die schwarzen Linien geben an, aus welchen Bereichen jeweils stärkere Vergrößerungen dargestellt werden.

a Übergang vom Saum zum Kronsegment; die Blutgefäßarchitektur lässt deutlich die langgestreckten, dichten Zöttchen erkennen.

b Blättchengefäße des Wandsegments, Blick auf die Randgefäße des Blättchenfirstes (Sterne) sowie die proximo-distal verlaufenden Kapillaren der Sekundärblättchen (Pfeile).

c Terminalbereich mit dichtem Gefäßabbild der Terminalpapillen.

d Zöttchenstruktur im Strahlsegment mit deutlich erkennbaren Hohlräumen der Strahldrüsen (Pfeile).

e Breitere Zöttchen des Ballensegments mit deutlich erkennbarer Gefäßarchitektur: zentrale Zöttchengefäße mit Spitzenschleife (Pfeile), periphere Kapillarschleifen (Sterne).

Sa Saumsegment, **Kr** Kronsegment, **W** blättchentragendes Wandsegment, **Tp** Terminalpapillen, **So** Sohlensegment, **B** Ballensegment, **Str** Strahlsegment. (basierend auf Hirschberg RM, Bragulla HH. Funktionelle Aspekte der Angioarchitektur des Pferdehufs. Pferdeheilkd 2007; 23: 27–38)

Hufmechanismus) können nach Art einer Druck-Saug-Pumpe ebenfalls den Abfluss aus den venösen Geflechten unterstützen. Durch die im gesamten Huf regelmäßig verteilten und bis in die oberflächlichen Schichten der Lederhaut (an der Basis der Lederhautzöttchen bzw. -blättchen) vorkommenden **Venenklappen** wird ein Blutrückfluss verhindert und der Blutabfluss aus dem Huf gefördert.

Die zöttchen- bzw. blättchentragende Schicht der Lederhaut beherbergt die funktionell bedeutsame und aktiv regulierte **Endstrombahn**, die vor allem für die Koordinierung zwischen Ober- und Lederhaut sowie für die Ernährung der benachbarten lebenden Oberhautschichten (durch Diffusion) zuständig ist.

An der Grenze zwischen oberflächlicher (Stratum papillare/lamellare) und tiefer Schicht der Lederhaut (S. 107) (Stratum reticulare) wie auch an der Basis der Huflederhautblättchen regulieren **Polsterarterien** die Durchblutung, indem sie bei Kontraktion der Gefäßmuskulatur durch Hervortreten des „Polsters" das Gefäßlumen weitgehend verschließen bzw. an Gefäßaufzweigungen den Blutfluss in eine bevorzugte Richtung umlenken. Das Regulierungssystem für die Versorgung der Lederhautblättchen funktioniert nach dem Prinzip der Heizkörperregulierung, indem eine Verschlusseinrichtung (Ventil vergleichbar z. B. mit der Polsterarterie) am Zufluss zum Heizkörper bzw. an der Blättchenbasis das ganze System des Heizkörpers bzw. des Lederhautblättchens unter Einfluss des autonomen sympathischen Nervensystems ein- oder ausschalten oder die Blutzufuhr drosseln kann (▸ **Abb. 4.48**).

Arteriovenöse Kurzschlüsse (Shunts, Brücken) können – ohne erkennbare regelmäßige Anordnung – in den gleichen Lokalisationen wie die Polsterarterien, insbesondere an der Basis der Lederhautblättchen vorkommen. Die arteriovenösen Kurzschlüsse und Polsterarterien an der Basis der Zöttchen und Blättchen erlauben eine fein abgestimmte Regulierung der Lederhautdurchblutung unter dem Einfluss des autonomen sympathischen Nervensystems (S. 135).

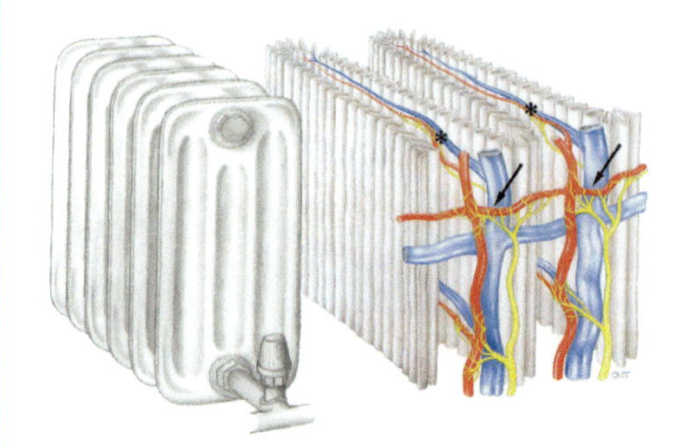

▸ **Abb. 4.48** Schema zur Blutgefäßversorgung der Lederhautblättchen. Die Lage der durch Nerven regulierbaren Polstergefäße und arteriovenösen Brücken an der Blättchenbasis (Pfeile) ist vergleichbar mit dem Ventil eines Heizkörpers: Durch Eng- bzw. Weitstellung der zuführenden Gefäße wird die Durchblutung im Blättchenapparat feinreguliert. Rot: Arterien; blau: Venen; gelb: Nerven; Sterne: zentrale Blättchengefäße in der Achse der Primärblättchen. (Quelle: Buda S, Budras KD. Die segmentspezifische Versorgung am Pferdehuf. Pferdeheilkd 2005; 21: 280–284)

Entgegen früherer Lehrmeinung kommen arteriovenöse Kurzschlüsse **nicht** als regelmäßige Bestandteile der Endstrombahn innerhalb der Lederhautzöttchen bzw. -blättchen vor, sondern liegen vor allem an deren Basis. Allein durch die Regulierung der den Kapillaren vorgeschalteten Verschlusseinrichtungen sowie durch mechanisch verursachte „Abknickungen" von Gefäßstrecken, die bei Belastung der Gliedmaße durch Verformung der Lederhautzöttchen und -blättchen auftreten, können sowohl die physiologischen als auch die krankhaft veränderten Durchblutungsverhältnisse innerhalb der Zöttchen und Blättchen erklärt werden. Arteriovenöse Kurzschlüsse sind äußerst reaktive Bestandteile des Gefäßsystems (insbesondere in der Haut) und können innerhalb kurzer Zeit bei entsprechenden Zirkulationsbedingungen (niedrige Umgebungstemperatur, anhaltende venöse Blutfülle) neu gebildet werden und wieder verschwinden.

4.3.10 Nervenversorgung

Klaus-Dieter Budras

Definition

Alle Gliedmaßennerven sind aus Nervenfaserbündeln zusammengesetzt. Eine **Nervenfaser** besteht aus einem Nervenzellfortsatz, der vom Rückenmark aus einem Nervenzellkörper stammt, sowie aus einer bindegewebigen und (in dickeren Fasern) aus einer markhaltigen (myelinen) Umhüllung. Alle Nervenfasern bilden zusammen mit ihren Umhüllungen einen **Nerven**.

Die Nervenfasern eines Nerven sind bezüglich Umfang und Funktion keineswegs alle gleich:

Im willkürlich beeinflussbaren **somatischen Nervensystem** überwiegen Nervenfasern mit dicker Markscheide und hoher Leitungsgeschwindigkeit. Dazu gehören die **gemischten (motorisch-sensiblen) Gliedmaßennerven**, deren motorische Nervenfasern die Muskeln zur Verkürzung (Kontraktion) bringen, sowie sensible Anteile, die akute, stechende und klar abgrenzbare Schmerzen besonders schnell leiten und dadurch einen Fluchtreflex auslösen können. Die Nervenzellkörper der motorischen Neurone (= Nervenzelle mit ihren Fortsätzen) liegen im Ventralhorn des Rückenmarks (▶ **Abb. 4.49**) und die der sensiblen Neurone dicht daneben im Spinalganglion (Ganglion = Nervenzellknoten).

Zum **autonomen Nervensystem,** das nicht dem Willen unterworfen ist, zählen die marklosen oder markarmen Nervenfasern, die dumpfe, schwer lokalisierbare Schmerzen langsam leiten und Schonhaltungen auslösen können (z. B. Nichtbelastung eines Hufs).

Das autonome Nervensystem gliedert sich in zuführende (afferente) und abführende (efferente) Nervenfasern des **Sympathikus** (Kampf- und Fluchtnerv) und des **Parasympathikus** (Erholungsnerv). Die Gliedmaßen und der Huf werden zwar sympathisch, aber nicht parasympathisch versorgt.

Die Nervenzellkörper der **efferenten sympathischen Neurone** liegen zwischen dem Ventral- und Dorsalhorn im Zwischenhorn des Rückenmarks. Sie schicken ihre langen (markhaltigen) Fortsätze durch die Zwischenwirbellöcher zum paarigen **sympathischen Grenzstrang** (Truncus sympathicus). Beide Grenzstränge ziehen parallel zum Rückenmark, und zwar außen (ventrolateral) an der Wirbelsäule. In den Nervenzellknoten (Ganglien) des sympathischen Grenzstrangs erfolgt bei kurzer Unterbrechung der Nervenbahn durch einen synaptischen Spalt die synaptische Umschaltung vom 1. markhaltigen Neuron auf das 2. marklose Neuron. Die postsynaptischen marklosen Neurone ziehen zunächst im sympathischen Grenzstrang nach vorn oder nach hinten und verlassen diesen, um zu ihren Versorgungsgebieten, besonders den Eingeweiden, aber auch den Gliedmaßen, zu gelangen.

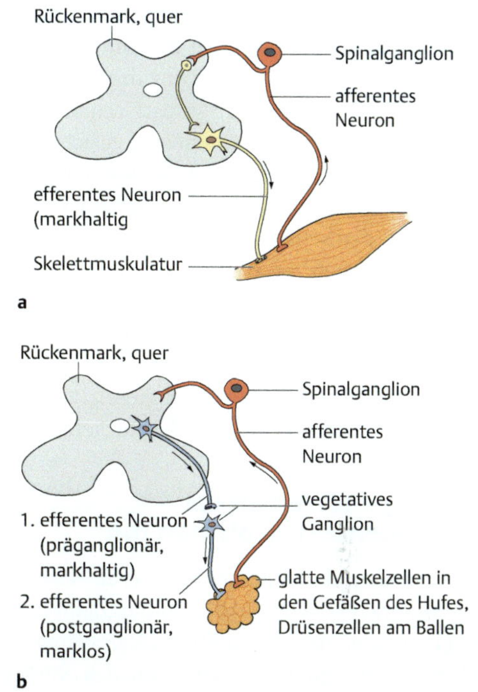

▶ **Abb. 4.49** Gegenüberstellung der willkürlichen Nerven und der unwillkürlichen Nerven.

a Verschaltung im somatischen (willkürlichen) Nervensystem (Eigenreflex).

b Verschaltung im sympathischen (unwillkürlichen) Nervensystem (Fremdreflex).

Zur sympathischen Versorgung der Gliedmaßen gelangen die Nervenfasern zur Peripherie der Gliedmaßengefäße, wo sie in deren Begleitung nur eine kurze Strecke nach unten ziehen. Um dennoch die Gefäßversorgung aufrechtzuerhalten, treten nacheinander weitere sympathische Nervenfasern aus den Gliedmaßennerven aus und in die Gefäßperipherie ein. Nach diesem Übertrittsmuster ist bis zur Endverzweigung der Nerven die Versorgung mit efferenten sympathischen Fasern zur Regulation der Gefäßlumenweite gesichert.

Afferente sympathisch-sensible Nervenfasern, vor allem die langsam leitenden **Schmerzfasern**, ziehen auf demselben Weg, aber in entgegengesetzter Richtung. Sie trennen sich erst kurz vor Erreichen des Rückenmarks von den efferenten Nervenfasern und erreichen nahe dem Zwischenwirbelloch das Spinalganglion, wo ihre Nervenzellkörper (Somata) liegen. Von diesen gelangen kurze Fasern in das Dorsalhorn des Rückenmarks.

Ursprung und Verlauf der Gliedmaßennerven bis zum Huf

Der Ursprung der Gliedmaßennerven liegt im **Rückenmark**. Die Wurzeln der Vordergliedmaßennerven entstammen den hinteren Halssegmenten und den vorderen Brustsegmenten des Rückenmarks, die der Hintergliedmaßennerven den hinteren Lendensegmenten und den vorderen Kreuzsegmenten.

Die Wurzeln der Rückenmarknerven verzweigen sich unter dem Schulterblatt zum **Armgeflecht** der Vordergliedmaße und innerhalb des knöchernen Beckens zum **Lenden-Kreuz-Geflecht** der Hintergliedmaße. Dort tauschen die Nervenwurzeln untereinander Faseranteile aus, und die Gliedmaßennerven werden entlassen, von denen einzelne mit distalen Nervenästen (als Zehennerven) den Huf erreichen:

- An der **Vordergliedmaße** zweigen der mediale (an der Gliedmaßeninnenseite gelegene) und der laterale (an der Außenseite gelegene) **Zehennerv** (N. digitalis palmaris medialis bzw. lateralis) direkt oberhalb der Handwurzel vom **Mittelnerven** (N. medianus) ab und verlaufen danach beidseits der Beugesehnen in Begleitung der Zehenarterien und -venen zum Huf. Der an der Außenseite der Zehe gelegene laterale Zehennerv erhält noch Zuflüsse vom **Ellennerven** (N. ulnaris).
- An der **Hintergliedmaße** wird der Huf von Ästen des **Nervus ischiadicus** versorgt. Dieser Nerv teilt sich auf halber Höhe des Oberschenkels in den **Wadenbeinnerven** (N. fibularis) und den **Schienbeinnerven** (N. tibialis). Die Äste des Wadenbeinnerven reichen lediglich zum Saumsegment des Hufs. Die Äste des Schienbeinnerven verlaufen dagegen als medialer und lateraler **Zehennerv** (N. digitalis plantaris medialis bzw. lateralis) weiter und versorgen den gesamten Huf.

Die **Verzweigungen des lateralen und des medialen Zehennerven** folgen an der Vorder- und Hintergliedmaße einem übereinstimmenden Muster, das nachfolgend beschrieben wird (► **Abb. 4.50**).

Der laterale und der mediale Zehennerv entlassen am Fesselgelenk je einen **vorderen Ast** (Ramus dorsalis), der bis zum Saum-, Kron- und blättchentragenden Wandsegment des Hufs zieht. Am Krongelenk, kurz vor Erreichen des Hufs, entlassen die beiden genannten Zehennerven jeweils nach hinten einen **Ast zum Ballen** (Ramus tori), bevor sie sich an der Seitenfläche des Hufs, innen am Hufknorpel, in 2 Endäste teilen, die in Begleitung großer Blutgefäße den Huf versorgen:

- Der **äußere Endast** zieht zwischen Hufbeinast und Hufknorpel durch das hier gelegene Wandloch (Foramen parietale) nach außen zur Wandrinne (Sulcus parietalis) des Hufbeins, in welcher er nach vorn zieht und dabei seine Äste nach unten zum Sohlenrand des Hufbeins abgibt.

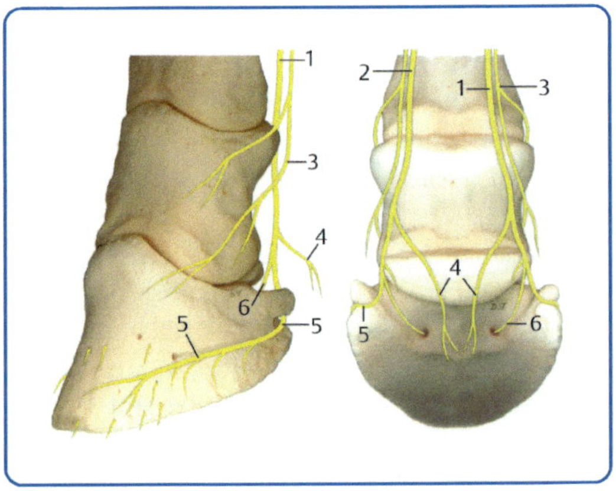

► **Abb. 4.50** Nervenversorgung des Hufs. **1** lateraler Zehennerv; **2** medialer Zehennerv; **3** vorderer Ast (Ramus dorsalis); **4** Nervenast zum Ballen (Ramus tori); **5** äußerer Endast; **6** innerer Endast. (Quelle: Buda S, Budras KD. Die segmentspezifische Versorgung am Pferdehuf. Pferdeheilkd 2005; 21: 280–284)

- Der **innere Endast** gibt Nervenzweige an die Hufrolle und die Hufgelenkkapsel ab und zieht gemeinsam mit den entsprechenden Blutgefäßen durch den Sohlenkanal (Canalis solearis) in das Innere des Hufbeins. Seine Zweige gelangen in radiär verlaufenden Knochenkanälchen zum Hufbeinsohlenrand, dessen Umgebung sie gemeinsam mit dem äußeren Endast versorgen. Die Gliedmaßen- und Hufnerven haben sowohl willkürlich beeinflussbare (somatische) als auch willentlich unbeeinflussbare (sympathische) Anteile.

Willentlich beeinflussbare Nervenanteile

Die willentlich beeinflussbaren Hauptanteile enthalten sensible (ableitende) und motorische (zuführende) Nervenfaserqualitäten, die zusammen nach dem Prinzip eines einfachen **Reflexbogens** funktionieren.

Überblick

Kniescheibenreflex

Über sensible Nervenfasern wird eine Spannungsänderung in der Kniescheibensehne aufgenommen und als Signal an das Rückenmark weitergeleitet. Von dort löst ein Impuls über motorische Nervenfasern eine Verkürzung (Kontraktion) in dem Muskel aus, der an der Kniescheibe ansetzt.

Motorische Nervenfasern enden am Mittelfuß mit der Versorgung des Musculus interosseus medius und erreichen nicht den Huf, weil dieser keine quergestreiften Muskeln enthält.

Willentlich unbeeinflussbare (autonome) Nervenanteile

Die willentlich unbeeinflussbaren Nervenanteile des Hufs gehören zum **Sympathikus.**

Die **zuführenden (efferenten)** sympathischen Nervenfasern versorgen im Huf Drüsen und Blutgefäße. An den Blutgefäßen werden besonders die glatten Ringmuskeln und die speziellen Regulierungseinrichtungen wie arteriovenöse Brücken reguliert. Damit wird über die Einstellung der Lumenweite im Zusammenwirken mit hormonellen Komponenten (Adrenalin und Noradrenalin) die Durchblutung beeinflusst.

Info

Eine teilweise Ausschaltung der sympathischen Nervenversorgung durch **perivaskuläre Teil-Sympathektomie** an den Zehenarterien und -venen (chirurgische Entfernung der bindegewebigen Gefäßumhüllung mit den enthaltenen Nervenästen) wird in einigen Kliniken zur Behandlung chronischer Erkrankungen vorgenommen, um z. B. bei chronischen Hufrollenerkrankungen durch Weitstellung der Blutgefäße die Durchblutung zu verbessern und so die Heilung zu fördern [151].

Afferente (= sympathisch-sensible) Nervenfasern nehmen über Rezeptoren Impulse auf, und die Nervenerregungen werden auf demselben Weg vom Huf zum Rückenmark und zum Gehirn weitergeleitet, wo sie als Schmerz- oder Tastreiz (Bodenfühligkeit) wahrgenommen werden.

Schmerzen am Huf – Entstehung, Bedeutung und Behandlung

Im Huf können peinigende Schmerzen, besonders Gefäßschmerzen, entstehen, weil bei Nervenreizung vermehrt Neuropeptide ausgeschüttet werden, die eine Gefäßerweiterung und einen schmerzauslösenden erhöhten Gewebedruck verursachen, weil in der engen und verhältnismäßig starren Hufkapsel kaum Möglichkeiten zur Ausdehnung bestehen. (Das gleiche Prinzip des Gefäßschmerzes durch Druckerhöhung – ohne Möglichkeit zur Ausdehnung – liegt innerhalb der Schädelkalotte des Menschen vor und führt bei Fehlregulation zur Migräne.)

Die verschiedenen Hufsegmente unterscheiden sich erheblich im Hinblick auf die **Dichte der Nervenversorgung** und damit ihre **Schmerzhaftigkeit**:

- Besonders hoch ist sie in der Umgebung des Hufbeinsohlenrands, die von den Endverzweigungen sowohl der äußeren als auch der inneren Nervenendäste versorgt wird, wodurch überlappende Versorgungsgebiete vorliegen (Prüfung der Schmerzhaftigkeit mit der Hufzange oder mittels diagnostischer Anästhesie).
- Auch an den Bändern des Hufgelenks, des Hufbeins und der Hufknorpel sowie an der Hufrolle und an der Fußungsfläche des Hufs liegen eine beachtliche Nervendichte und eine entsprechend hohe Schmerzhaftigkeit vor [78].

Eine Vielzahl von **körperschädigenden Einwirkungen** löst den Schmerz aus:

- lokaler Sauerstoffmangel
- Hitze- und Kälteeinwirkungen
- erhöhter Gewebedruck

Schmerzen gelten jedoch auch als **biologisches Warnsignal** und haben eine **Schutzfunktion** für den Körper.

Die schmerzleitenden Nervenfasern besitzen die bemerkenswerte Eigenschaft, bei Erregung (Schmerzhaftigkeit) vermehrt Nervenbotenstoffe in die Umgebung auszuschütten. Diese **Neuropeptide** haben vielfache Wirkungen:

- Sie **aktivieren Knochenfresszellen (Osteoklasten)**, und dadurch kommt es zur röntgenologisch feststellbaren Erweiterung der Knochenkanäle im Hufbein.
- Andererseits werden in Verbindung mit der gefäßerweiternden Wirkung auch **Entzündungszellen angelockt.**
- Durch die entzündungsbedingte Aktivierung von Schmerzfasern wird eine bestehende **Entzündung** durch den Aufschaukelungseffekt noch **verstärkt.**

Überblick
Schmerzbehandlung

Der Tierarzt muss bei Hufkrankheiten sorgfältig abwägen, ob **Schmerzmittel** eingesetzt werden oder nicht. Schmerzmittel führen – abgesehen vom Tierschutzaspekt – einerseits zur **Milderung von Entzündungsprozessen** und andererseits zur **Aufhebung von nervalen Warnsignalen**. Dadurch besteht die Gefahr, dass nach Schmerzausschaltung ein Pferd seine Hufe unkontrolliert zu stark belastet. Schmerzmitteleinsatz kann besonders bei der **Hufrehe** fatale Folgen haben, weil der krankhaft überdehnte und stellenweise zerrissene Hufbeinträger durch Überbelastung noch zusätzlich traumatisiert wird und so weitere Hufrehe-Episoden mit Schüben von Hufbeinrotationen provoziert werden.

Ein **Nervenschnitt (Neurektomie)** zur dauerhaften (irreversiblen) Schmerzausschaltung kommt nur als letzter Ausweg (Ultima Ratio) bei Vorliegen unheilbarer struktureller Veränderungen infrage, die weder mit physikalischen noch mit medikamentösen Behandlungsmethoden zu beheben sind. Bei dem Eingriff ist keine selektive Ausschaltung einzelner Nervenfunktionen möglich, und es kommt zum Ausfall nervaler Warnsignale sowie zur Aufhebung der Bodenfühlung. Die auftretenden Nebenwirkungen wie Entmineralisierung des Hufbeins mit begleitendem Knochenschwund sind erheblich. Allerdings kann nach Nervenschnitten eine restliche Schmerzhaftigkeit noch erhalten bleiben, weil die perivaskulären sympathischen (afferenten) Schmerzfasern nicht durch Nervenschnitte erreichbar sind.

4.3.11 Röntgenanatomie

Charlotte von Zadow

Röntgenaufnahmen des Hufs liefern sowohl dem Tierarzt als auch dem Hufbeschlagschmied eine Fülle an Informationen. Mit dem geeigneten Bild kann man „in die Hornkapsel hineinsehen" und auch die Strukturen beurteilen, die sich wegen der harten Hornkapsel dem Ertasten entziehen. Wichtige Details können jedoch übersehen werden, besonders wenn die Bildqualität ungenügend ist. Die Interpretation eines korrekt angefertigten Röntgenbildes hilft vor allem bei therapeutischen Beschlägen, für das Pferd die individuell beste Beschlaglösung zu finden.

Überblick
Aussagen eines Röntgenbildes
(► Abb. 4.51 u. ► Abb. 4.52)

- Position des Hufbeins innerhalb der Hornkapsel
- Sohlendicke unterhalb der Hufbeinspitze und unter den Hufbeinästen
- Abstand und Winkel zwischen Hufbeinrand und Boden („palmarer Winkel")
- Parallelität zwischen Hufbein und dorsaler Hufwand (Zehenwand)
- Abstand zwischen Hufbein und dorsaler Hufwand, gemessen im rechten Winkel (> 2,2 cm Risikobefund bei Warmblutpferden mit durchschnittlicher Hufgröße; nach Röntgenleitfaden 2018)
- Abstand zwischen Kronrand und Hufbeinkappe („Rehestrecke")
- Positionierung des Beschlags
- Abrollpunkt des Beschlags relativ zur Hufbeinspitze
- Hebelkräfte, die auf das Hufgelenk wirken
- eine eventuelle medio-laterale Verkippung des Hufbeins
- krankhafte Veränderungen

Der Zentralstrahl sollte möglichst waagerecht auf die zu beurteilenden Strukturen treffen.

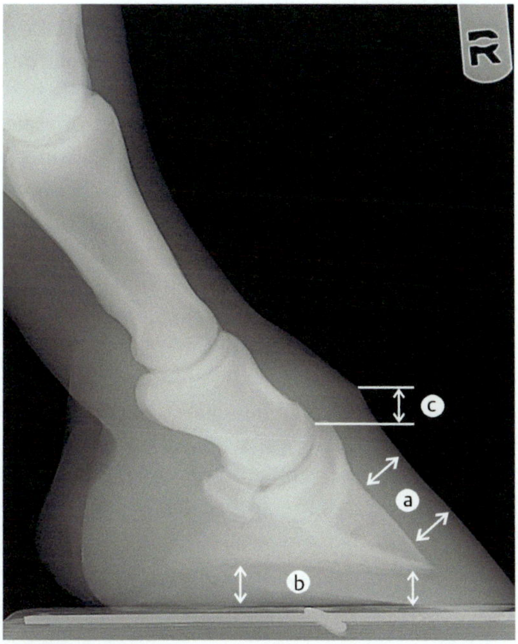

▶ **Abb. 4.51** Röntgenbild der Zehe im latero-medialen Strahlengang. Der Zentralstrahl ist etwa 1,5 cm über die Bodenfläche gerichtet. **a** Parallelität zwischen dorsaler Hufbeinfläche und Vorderwand; **b** Winkel zwischen Hufbeinrand und Boden („palmarer Winkel"); **c** Abstand zwischen Kronrand und Hufbeinkappe („Rehestrecke"). Röntgenbild der Zehe im latero-medialen Strahlengang. Der Zentralstrahl ist etwa 1,5 cm über die Bodenfläche gerichtet. **a** Parallelität zwischen dorsaler Hufbeinfläche und Vorderwand; **b** Winkel zwischen Hufbeinrand und Boden („palmarer Winkel"); **c** Abstand zwischen Kronrand und Hufbeinkappe („Rehestrecke").

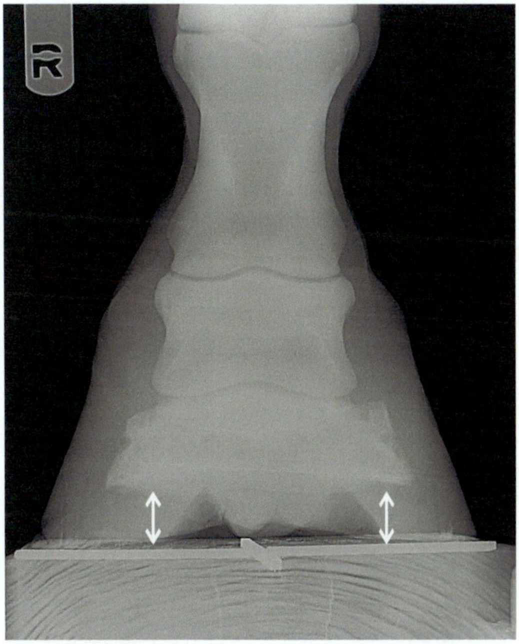

▶ **Abb. 4.52** Röntgenbild der Zehe im dorso-palmaren Strahlengang. Der Zentralstrahl ist etwa 1,5 cm über der Bodenfläche ausgerichtet. Die Pfeile kennzeichnen den Abstand zwischen Hufbeinrand und Bodenfläche. Ist dieser Abstand nicht gleich, so ist das Hufbein medio-lateral verkippt oder in „Imbalance".

Je nach Fragestellung werden unterschiedliche Röntgenaufnahmetechniken angewendet. Für die Darstellung des Strahlbeins wird z. B. die Oxspring-Aufnahmetechnik (S. 289) gewählt.

Die Techniken zur Erstellung von Röntgenbildern sind in speziellen Lehrbüchern ausreichend beschrieben. Deshalb soll hier nur auf Besonderheiten eingegangen werden, die bei Röntgenaufnahmen des Hufs zusätzlich zu beachten sind.

Vorbereitung des Hufs

Der Huf sollte (z. B. mit einer Drahtbürste) gesäubert sowie der Strahl sauber ausgeschnitten sein. Es ist je nach Aufnahmezweck nicht zwingend erforderlich, den Beschlag abzunehmen. So kann eine Röntgenaufnahme mit Beschlag z. B. wertvolle Informationen über den Abrollpunkt enthalten. Jodhaltige Medikamente sind röntgendicht und sollten vor der Röntgenaufnahmen vom Huf entfernt werden. Für die Oxspring-Aufnahme ist die Hornsohle von Zerfallshorn zu befreien und die Strahlfurchen sollten sauber ausgeschnitten sein. Bei Bedarf kann die Bodenfläche des Hufs mit Fassblende, Knete, Playdo oder etwas Ähnlichem aufgefüllt werden.

Zentralstrahl

Definition

Der Zentralstrahl ist die gebündelte Röntgenstrahlung, die vom Röntgengerät ausgeht. Die Stelle, die der Zentralstrahl trifft, ist nachher im Röntgenbild scharf und mit der geringsten Verzerrung abgebildet.

Sehr hilfreich für den Hufbeschlag sind die lateromediale Aufnahme (Strahlengang seitlich von außen nach innen) und die dorso-palmare Aufnahme (von vorn nach hinten). Sollen anhand des Röntgenbildes Aussagen z. B. über die Sohlendicke, die Positionierung des Beschlags, den Winkel zwischen Hufbeinrand und Boden getroffen werden, so ist es notwendig, den Zentralstrahl des Röntgengeräts etwa 1,5 cm über die Bodenfläche zu positionieren. Zur vollständigen Darstellung muss der Huf auf einen **Holzblock** (auch **Podoblock** genannt) gestellt werden, damit der Zentralstrahl die gewünschte Stelle trifft. Um die Zehenachse beurteilen zu können, sollten beide Gliedmaßen gleichmäßig durch einen Podoblock erhöht werden.

Die Ausrichtung der Zehenachse ist von der Belastung abhängig. Steht also ein Bein noch auf dem Boden, oder wird es hochgenommen, so ist eine Beurteilung der knöchernen Zehenachse nicht sinnvoll. Erfahrungsgemäß stehen Pferde auf **2 Blöcken** auch deutlich ruhiger, als wenn nur eine Gliedmaße erhöht ist. Ist die Interpretation des Huf-, Kron- oder Fesselgelenks erwünscht, wird der Zentralstrahl deutlich höher, nämlich auf das entsprechende Gelenk positioniert.

Markierungen

Je nach Sensibilität des Röntgensystems helfen röntgendichte Markierungen, die Hornkapsel im Röntgenbild zu erkennen und so die Position des Hufbeins innerhalb derselben besser zu bestimmen. Sinnvoll sind bei seitlichen Aufnahmen ein Marker an der vorderen Hufwand, der bis zum Kronrand reicht, und eine Markierung der Fläche, auf der der Huf steht (z. B. im Podoblock). Zusätzlich kann die Strahlspitze markiert werden, hierfür eignet sich z. B. eine Büroklammer oder eine Reißzwecke (natürlich nur bei ausreichender Sohlendicke). Mit dieser Hilfe kann anhand des Röntgenbildes der gewünschte Abrollpunkt ausgemessen und dann auf die Hufkapsel übertragen werden.

Messungen

Alle Strukturen werden im Röntgenbild mit einer bestimmten Vergrößerung abgebildet (▶ **Abb. 4.51** u. ▶ **Abb. 4.52**). Dies liegt an der strahlenförmigen Ausbreitung der Röntgenstrahlen von der Röntgenröhre aus. Sollen im Röntgenbild Messungen vorgenommen werden, ist es hilfreich, wenn eine der Markierungen eine vorher festgelegte Länge hat. Auch im Podoblock können **Marker einer definierten Länge** angebracht werden. Mit Hilfe dieser messbaren Länge können dann mittels Dreisatz alle anderen Abstände im Röntgenbild auf ihren tatsächlichen Wert im Huf berechnet werden.

Eine Besonderheit des Röntgenbildes stellt die **Phlebografie** dar. Hierbei wird am stehenden Pferd das Blut im Fuß gestaut und röntgendichtes Kontrastmittel in die Hufvene auf Höhe des Krongelenks injiziert. Dieses Kontrastmittel füllt das Blutgefäßsystem im Fuß aus. Im Röntgenbild erscheinen die durchbluteten Gefäßstrukturen (S. 127) zeitabhängig gut sichtbar. Ist der Huf erkrankt und die Durchblutung gestört, so gelangt auch das Kontrastmittel nicht mehr in alle Gefäße.

4.3.12 Bedeutung der Fütterung für die Hufgesundheit

Manfred Coenen

Die außerordentlich komplexe Organisation verschiedener Gewebe an der Gliedmaßenspitze genügt perfekt den mechanischen Anforderungen in Bezug auf die Lastaufnahme und Abriebsfestigkeit. Die Hufkapsel muss zu diesem Zweck einerseits verschleißarm und lebenslang nachwachsend, andererseits elastisch verformbar und dennoch fest mit der knöchernen Grundlage verbunden sein. Dieses leistet ein hochspezialisiertes Gewebe, dessen Zusammensetzung nicht allzu große Variationen aufweisen kann. Dieses für das Überleben des Fluchttieres entscheidende Gewebe darf nicht von temporären Engpässen bei den benötigten Baustoffen beeindruckt sein. Das evolutionäre Ergebnis, die Hufkapsel, stellt also ein erfolgsoptimiertes Modell dar, das sich beliebigen Veränderungen der Nährstoffzufuhr des Tieres in der natürlichen Umgebung weitgehend entzieht. Aus Arbeiten zur Beschaffenheit der Zähne fossiler Funde ist zu schließen, dass der Dickdarmfermenter Pferd der Ausdehnung des Graslandes folgte und sich anpasste. Offensichtlich bot das silikathaltige Gras des steppenartigen Lebensraumes auch die nutritiven Bausteine für die Ausbildung der Hufe. Allein dieses Faktum muss der Vorstellung, die Fütterung könne einfachen Zugang zum Hufhorn haben, Zügel anlegen. Zugleich kann es nicht überraschen, dass die dem Wildpferd fremde Bedingung des konstanten Überflusses beim modernen Pferd häufig mit Schäden am Huf und Hufhorn verbunden ist.

Zusammensetzung des Hufhorns

Das Hufhorn ist im Gegensatz zu anderen Geweben mit hoher Festigkeit (Knochen, Zähne) mineralstoffarm; die mechanischen Eigenschaften beruhen auf einer besonderen Struktur des Eiweißes. Die zelluläre Grundlage wird durch Keratinozyten gestellt. Sie gewährleisten einerseits durch Zellteilung die konstante Erneuerung des Horns, andererseits durch Faltungen von Proteinen eine zellinterne Skelettierung und interzelluläre Verkittung; das resultierende Zellaggregat gibt dann keine typischen Zellgrenzen mehr zu erkennen. Das „fertige" Hufhorn wird nicht aktiv mit dem inneren Gewebe verbunden; vielmehr „leisten" Keratinozyten in der Phase der Zellteilung und frühen Ausdifferenzierung die feste Verzahnung von Huflederhaut und Hufhornkapsel. Das amorphe, mechanisch hoch belastbare Gewebe repräsentiert das Finalstadium in der Entwicklung von Keratinozyten; es weist im Bereich des Kronhorns Wachstumsraten von rd. 0,2–0,3 mm/Tag auf [65], [137].

Der Feuchtegehalt des Horns aus der Wand der Hufkapsel variiert um 30 %, während das Sohlenhorn insgesamt etwa absolut 5 % höhere Feuchtegehalte aufweist. Das Hufhorn unterscheidet sich im Feuchtegehalt deutlich vom Haar, das nur etwa 10 % Wasser enthält. Insgesamt ist sensorisch schwaches, in der Tragfähigkeit offensichtlich beeinträchtigtes Hufhorn durch höhere Feuchtegehalte ausgezeichnet als das augenscheinlich harte Hornmaterial. Dennoch eignet sich dieses Merkmal nicht zur allgemeinen Klassifizierung der Hornqualität, u. a. da der Feuchtegehalt nicht mit funktionalen Zuständen der Keratinozyten korreliert.

Die Horntrockenmasse besteht zu rd. 98 % aus organischer Substanz, genauer aus einer Proteinstruktur, die über ein ungewöhnliches Aminosäurenprofil verfügt (► **Tab. 4.5**). Insgesamt bestehen rd. 9 % des Proteins im Kronhorn aus den schwefel-

► **Tab. 4.5** Aminosäurenprofil im Hufhorn (% Aminosäuren im Eiweiß) und relativ zum Lysin (= 1) im Vergleich zum Grasprotein (Hufhorn: [152], Gras: [83]).

Aminosäure	Wand	Sohle	Wand	Sohle	Gras
	%		relativ, Lysin = 1		
Cystin	7,51	6,43	1,80	1,30	0,28
Histidin	3,75	2,52	0,90	0,51	0,39
Isoleucin	4,28	4,46	1,03	0,90	0,87
Leucin	10,01	10,44	2,40	2,11	1,45
Lysin	4,17	4,94	1,00	1,00	1,00
Methionin	1,44	1,82	0,35	0,37	0,44
Phenylalanin	3,21	3,76	0,77	0,76	0,83
Threonin	4,73	4,57	1,13	0,93	0,83
Valin	5,98	5,80	1,43	1,17	1,28
Alanin	5,21	5,63	1,25	1,14	–
Arginin	12,03	11,57	2,88	2,34	–
Asparagin	8,46	9,02	2,03	1,83	–
Glutamin	17,06	17,02	4,09	3,45	–
Glycin	4,81	5,98	1,15	1,21	–
Prolin	5,15	4,56	1,23	0,92	–
Serin	7,76	7,78	1,86	1,58	–
Tyrosin	4,43	5,80	1,06	1,18	–

(S)-haltigen Aminosäuren (AS) Cystin und Methionin; im Sohlenbereich ist der Anteil dieser Aminosäuren geringer. Dies steht mit der unterschiedlichen Einbaurate von Cystin bei der harten (Kronhorn) bzw. weichen (z. B. Ballen- und Strahlhorn) Verhornung (S. 113) in Zusammenhang. Insgesamt ist die Keratinisierung mit einer selektiven Bevorzugung bestimmter Aminosäuren, allen voran Cystin, verbunden; das Cystin:Lysin-Verhältnis im Hufhorn liegt bei > 1,5 : 1. Im Grasprotein, der natürlichen Proteinquelle, liegt das Verhältnis bei 0,28 : 1 Cystin zu Lysin.

Auffällig gering sind die Differenzen im Aminosäurenprofil zwischen mechanisch festem und nicht tragfähigem Hufhorn. Offenbar ist weniger die Anwesenheit der Aminosäuren, insbesondere Cystin, entscheidend, sondern deren Einbau und die Ausformung der Disulfidbrücken. Nur bei hoher mechanischer Festigkeit besteht eine Beziehung zwischen dem Cystingehalt des Keratins und der Hornhärte [37]. Das Fehlen dieser Beziehung bei mangelnder Hufhornbeschaffenheit deutet auf Irritationen in der Nutzung dieser Aminosäure bei der Keratogenese und nicht auf mangelnde Verfügbarkeit des Cystins hin. Methionin, die zweite Schwefel(S)-haltige AS, korreliert nicht mit der Härte des Horns.

Erwartungsgemäß ist auf der anorganischen Seite des Hufhorns Schwefel (S) mit rd. 19 g/kg Trockenmasse im Vordergrund (► Tab. 4.6). Mengenmäßig folgen Chlorid (Cl) und Kalium (K). Die übrigen Mengenelemente sind mit weniger als 700 mg/kg Trockenmasse vertreten. Zink (Zn), Kupfer (Cu) und Selen (Se) interferieren mit Vorgängen der Keratogenese [116].

Dennoch sind konstante Differenzen in der Zusammensetzung des Hufhorns gesunder Pferde bei praxisüblicher Fütterung (d. h. ohne klinisch sichtbare Schäden aufgrund eventueller Fehlernährung) in Abhängigkeit von der Hornfestigkeit nur schwach ausgeprägt. Zink ist im Material von unbefriedigender Tragfähigkeit in insgesamt geringerer Konzentration gefunden worden als in festem Hufhorn (► Tab. 4.7), während Kupfer und Selen eher die gegenteilige Anordnung zeigten. Dieses Bild wiederholt sich in diversen Untersuchungen auch beim Rind. Bei den Elektrolyten sowie Eisen und Mangan streuen die publizierten Werte erheblich, offensichtlich ohne Bedeutung für physikalische Eigenschaften des Hufhorns.

In der Gesamtschau ist das Hufhorn hinsichtlich des chemischen Profils gut beschrieben. Die Härte, u. a. in ShoreD-Einheiten zwischen 60 und 80 oder Zugfestigkeit um 60 N/mm² [65] bemessen, hat darin zwar ihre stoffliche Grundlage, doch wird die Variation in der mechanischen Qualität bei gesunden Pferden (keine Nährstoffmängel) in der chemischen Zusammensetzung des Horns nicht sicher abgebildet.

► **Tab. 4.6** Mengen- und Spurenelementgehalte in Kronhorn – gewichtete Mittelwerte, bezogen auf die Horntrockenmasse (TS).

–	S	Cl	Ca	P	Mg	Na	K	Cu	Zn	Fe	Mn	Se
	g/kg TS		mg/kg TS									
Konz.	19,1	3,7	551	240	137	637	957	5,8	155	567	1,7	0,23

► **Tab. 4.7** Zink, Kupfer und Selen im Hufhorn differenziert nach Lokalisation und Festigkeit [37].

Lokalisation	Qualität	Zn	Cu	Se
		mg/kg TS		
Kronhorn	intakt	195	4,6	0,22
	auffällig[1]	171	5,4	0,24
Sohlenhorn	intakt	102	3,6	0,19
	auffällig[1]	96	3,9	0,21

[1] mangelnde mechanische Festigkeit objektiviert durch verminderte Härtegrade (ShoreD)

▶ **Tab. 4.8** Bedeutung von Fütterungsfaktoren für die Hufgesundheit im Falle eines Mangels bzw. Überschusses.

Fütterungsfaktoren	Versorgungsbedingung	
	Defizit	Überschuss
Energie	empirisch; verzögertes Wachstum	forciertes Hornwachstum
Eiweiß		
spezielle Proteine, S-haltige Aminosäuren		Methionin, Gelatine: erhöhtes Wachstum; sehr hohe Methioninzufuhr: Beeinträchtigung der Festigkeit des Hufhorns
Fettsäuren	kein Effekt belegt	kein Effekt belegt
Kalzium (Ca)	indirekt, bei Korrektur der Versorgung: Verbesserung der Hornqualität	kein Effekt belegt
andere Mengenelemente (P, Mg, Na, K)	S, denkbar bei Mangel an S-haltigen Aminosäuren	kein Effekt; K steht in inversem Verhältnis zur Hornhärte
Kupfer (Cu)	Destruktion im Bereich der weißen Linie („White Line Disease“)	kein Effekt belegt
Zink (Zn)	gestörte Keratinbildung vermindertes Wachstum	unsichere Wirkung auf Hornhärte; forciertes Wachstum, besonders bei Kombination von Zn mit Methionin
Selen (Se)	kein Effekt belegt	Störung der Keratinbildung, Kronsaumentzündung, Hornkluft, Ausschuhen bei Selenvergiftung
Vit. A	Hornbrüche	kein Effekt belegt
Vit. E	kein Effekt belegt	kein Effekt belegt
Biotin	Stabilitätsverlust	Verbesserung der Hornkapsel durch Stärkung von Wachstum und Hornfestigkeit

Nutritive Einflüsse auf die Hufhornbeschaffenheit

Energie- und Nährstoffzufuhr allgemein

In ▶ **Tab. 4.8** sind Effekte der Nährstoffzufuhr auf die Beschaffenheit des Hufhorns zusammengefasst, die durch entsprechende Untersuchungen belegt sind oder begründetermaßen angenommen werden können.

Naheliegend ist, dass bei einem Fehlen der Baustoffe für die Keratogenese das Wachstum des Horns beeinträchtigt wird und das gebildete Gewebe Abweichungen aufweist. Derart massive Irritationen treten jedoch nur bei einem **schwerwiegenden Nährstoffentzug** auf. Die Auswirkungen solcher Versorgungsstörungen (z.B. Kupfermangel, Proteinverarmung) sind jedoch vielfältig, nicht spezifisch für den Huf und an anderen Geweben bzw. Funktionen i.d.R. erheblicher als am Hufhorn. Mängel an Nährstoffen, die für die Keratinbildung relevant sind, werden somit nicht selektiv in Form von Störungen der Keratinbildung wirksam. In Verdachtsfällen bedarf es einer meist nicht aufwändigen, aber kritischen Durchsicht der Versorgung, um Nährstoffengpässe zu verifizieren. Hierbei ist zu berücksichtigen, dass eine Phase möglicherweise mangelhafter Versorgung Monate zurückliegen kann, wenn sich das zum Tragrand hin vorgeschobene Horn als schadhaft erweist. Entsprechend muss die Überprüfung der Versorgungsbedingungen auch retrospektiv ausgerichtet sein.

Die **aktuellen Versorgungsempfehlungen** für Pferde [62] sind nach den auch für landwirtschaftliche Nutztiere geltenden Prozeduren abgeleitet und berücksichtigen auch die Anforderungen der Stoffwechselvorgänge in Haut und Hautanhangsorganen. Die Keratinbildung bei Pferden ist durch die verschiedenen Leistungen nicht verändert. Lediglich während der späten Gravidität ist eine Zunahme des Bedarfs an Aminosäuren gegeben; dies

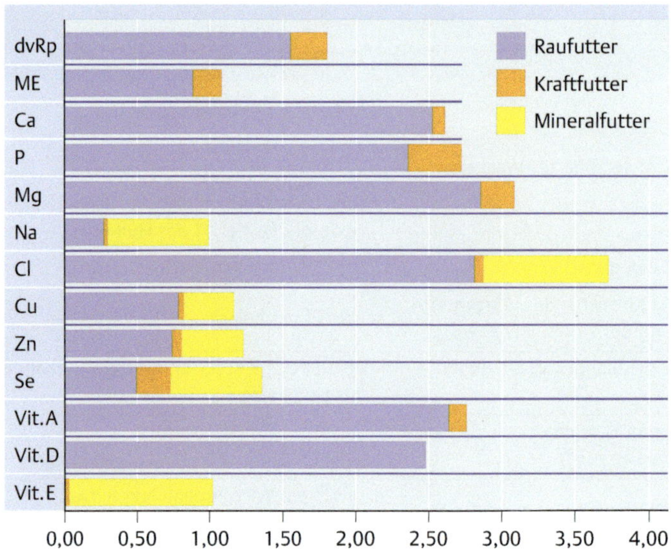

▶ **Abb. 4.53** Relative Versorgungsbedingungen (1 = Energie- und Nährstoffangebot entsprechen den Versorgungsempfehlungen) für ein Pferd (600 kg KM) bei leichter Arbeit (45 min, Schritt, Trab, leichter Galopp) über eine heureiche Ration; Tagesration: Heu, 1. Schnitt, mittleres Vegetationsstadium 12 kg, Hafer 1,5 kg, Viehsalz 40 g, Spurenelement-Vit.-E-Mischung 50 g (mg/kg, Kupfer 800, Zink 4000, Selen 15, Vit. E 12000; dvRp = dünndarmverdauliches Rohprotein; ME = metabolische Energie).

schließt – wenngleich mengenmäßig nicht prominent – auch den Bedarf an Aminosäuren für die Entwicklung von Haut und Hufen des Fetus ein. Insgesamt kann daher konstatiert werden, dass eine Energie- und Nährstoffzufuhr auf Höhe der Versorgungsempfehlungen auch die Bedürfnisse für Wachstum und Erhalt des Hufhorns abdeckt. Im Folgenden (▶ **Abb. 4.53**) wird beispielhaft die Versorgung von Pferden bei leichter Arbeit über eine Heu-Hafer-Mineralfutter-Ration aufgeführt.

Bei mittlerer Heuqualität (ca. 100–120 g Rohprotein/kg) werden sicher genügend Aminosäuren angeboten; Proteingehalte < 80 g/kg sind ungünstig, da die Verdaulichkeit solcher Heuqualitäten vermindert ist und daher auch die Proteinqualität nicht befriedigt.

Übliche grasbetonte Aufwüchse enthalten ausreichend Kalzium (Ca), Magnesium (Mg) und Phosphor (P), so dass die Versorgung i. d. R. ein Mehrfaches des Benötigten erreicht. Dies kann bei Stuten in der späten Gravidität oder während der Laktation anders sein, da der Bedarf insbesondere an Ca wesentlich höher ist als unter den hier exemplarisch vorgestellten Bedingungen. Kritisch sind < 3 g Ca und < 1 g Mg/kg Heu bei 86 % Trockensubstanz (selten). Die Natriumgehalte (Na) in Heu und Hafer sind nicht ausreichend; entsprechend ist die Supplementierung von Viehsalz angezeigt. Die ▶ **Abb. 4.53** verdeutlicht, dass ohne Ergänzung der Spurenelemente Kupfer (Cu), Zink (Zn) und Selen (Se) zu Heu und Hafer keine befriedigende Versorgung gegeben ist. Dies trifft auch für Vit. E zu. Die Carotingehalte im Heu sind unsicher, reichen aber bei nicht ausgebleichtem Material aus, um den Vit.-A-Bedarf zu decken. Anders als Gras sind Graskonserven keine sichere Vit.-E-Quelle.

Auch mit Blick auf die Bildung des Hufhorns sind danach besonders die Gehalte von Futtermitteln an Kupfer, Zink und Selen beachtenswert (▶ **Tab. 4.9**).

Energie und Eiweiß

Das Hufwachstum kann bei **erhöhter Energie- und Eiweißzufuhr** forciert sein, insbesondere nach Phasen retardierten Wachstums. Dem Protein-

▶ **Tab. 4.9** Gehalte von Kupfer, Zink und Selen in gräserbetontem Weideaufwuchs oder Heu.

Spurenelement	Gehalte (mg/kg Trockenmasse)		
	ausreichend	üblich	kritisch
Cu	10	6–8	< 5
Zn	40	30	< 25
Se	0,15	0,05–0,1	< 0,05

überschuss kommt hierbei größere Bedeutung zu- als der Energieversorgung. Allerdings ist (Analogieschluss aufgrund von Befunden beim Rind) eine Abnahme der Hornhärte wahrscheinlich. Dies spricht dafür, dass ein Überangebot an schwefelhaltigen Aminosäuren keine Veränderung der Hornhärte zu induzieren vermag. Dies passt zu Befunden, nach denen auch die Gabe von Gelatine offenbar das Hornwachstum fördern kann, Effekte auf die Hornfestigkeit sind hingegen nicht belegt. Methionin steht als synthetische AS zur Verbesserung der Proteinqualität zur Verfügung und unterliegt hierbei als Zusatzstoff den entsprechenden futtermittelrechtlichen Regelungen. Die übertriebene Methioningabe fördert zwar das Hornwachstum, aber ohne Verbesserung der Hornhärte; hierfür ist der Einbau von Cystin erforderlich.

Ein **Mangel an Protein** dürfte nur dann „hufrelevant" sein, wenn das Angebot an S-haltigen Aminosäuren unzureichend ist. Dies ist denkbar, wenn bei Großpferden die Aufnahme an Protein längerfristig unter rd. 200–250 g/Tag fällt und die Proteinqualität niedrig ist (überständiges Gras, Stroh); diese Bedingungen bilden sich dann auch im Gesamteiweiß- und Albuminspiegel des Blutplasmas ab. Länger andauernde Erkankungen können auch bei rechnerisch ausreichender Proteinzufuhr zu Engpässen in der Aminosäurenversorgung aktuell nicht vitaler Funktion führen, wenn ein erhöhter Bedarf für das Immunsystem, Wundheilung oder Regeneration anderer Gewebeverluste (Darmtrakt) besteht.

Zur Verbesserung der Versorgung mit wertigem Protein kommen Grünmehle, Extraktionsschrote (Soja-, Raps-, Leinextraktionsschrot, 440–350 g Rohprotein/kg) in Betracht. Diese Proteine bieten auch S-haltige AS. Für deren explizite Supplementierung kommt allein Methionin als synthetische Aminosäure in Betracht. Über heureiche Rationen für Großpferde im Erhaltungsstoffwechsel oder bei körperlicher Arbeit werden üblicherweise täglich ca. 30–60 g S-haltige AS aufgenommen. Eine exzessive Supplementierung ist kritisch und führt ihrerseits zu Deformationen des Hufhorns (s. Cystin u. Methionin im Hufhorn (S. 139)); falls angezeigt, sollte die Methioninsupplementierung auf etwa die Hälfte der üblichen Zufuhr beschränkt bleiben.

Mengenelemente

In üblichen Rationen liegen die Mengenelemente meist **überschüssig** vor, ausgenommen Na. Das quantitativ dominierende Element S ist mit den Aminosäuren Cystin und Methionin behandelt; S geht nur über diese Aminosäuren in die Keratogenese ein. Das Angebot an S kann für die Hornbildung nicht durch Zulagen von Sulfaten gestärkt werden. Ca, Mg und P sind in funktionelle Proteine (Membrane, Transporter, Kanäle, Enzyme) inkorporiert und daher auch für die Funktion der Keratinozyten essenziell. Da die Homöostase streng reguliert ist, lässt sich das Angebot an diesen Elementen für das Keratin-bildende Gewebe nicht steigern; Zulagen zu bedarfsdeckenden Rationen müssen demnach wirkungslos bleiben (▶ **Tab. 4.8**).

Die Kalium- und Chloridaufnahmen erreichen auch unter extensiven Bedingungen auf einer ertragsarmen Grünfutterfläche i. d. R. ein Vielfaches des Bedarfs. Ein Einfluss auf das Hufhornwachstum ist offensichtlich nicht gegeben. Dennoch ist K beachtenswert. Beim Rind wurde eine inverse Beziehung zwischen der Klauenhornhärte und dem Kaliumgehalt des Horns beobachtet. Es ist unklar, ob dies durch exzessive K-Aufnahme (üblicherweise > 20 g K/kg Trockenmasse Gras bzw. Heu) allein bedingt ist, die Veränderungen im intrazellulären Milieu oder eine Erhöhung des Wassergehaltes verursachen könnte.

Für eine selektive Schädigung der Hornbildung durch einen **Mangel** an Mengenelementen fehlen eindeutige Belege. Nach epidemiologisch auswertbaren Daten war nach einer Korrektur defizienter Ca-Versorgung auch eine Verbesserung der Hufhornbeschaffenheit beobachtet worden [86]; allerdings waren sowohl Versorgungslücken als auch Supplementierungsmaßnahmen nicht auf Ca beschränkt. Bei länger bestehender Unterversorgung von Ponys mit Mg, Na sowie Cl und weitgehender Verarmung der Tiere waren trotz klinischer Effekte des Mangels keine Veränderungen am Hufhorn erkennbar.

Ingesamt kann gefolgert werden, dass bei Rationen, die Mineralstoffmängel erzeugen können, multiple Funktionsstörungen auf zellulärer Ebene auftreten können, die auch die Funktion der Keratinozyten einschließen. Zellbiologisch betrachtet sind Ca, P und Mg zu nennen, unter Praxisbedingungen ist nach Literaturdaten allerdings primär

Ca zu betrachten. Die oben skizzierte Beispielration (▶ **Abb. 4.53**) zeichnet für Pferde im Erhaltungsstoffwechsel oder bei Arbeitsbelastung eine großzügige Versorgungslage, während Gras bzw. heureiche Rationen (5–6 g Ca/kg Heu) den Ca-Bedarf laktierender Stuten und den von Fohlen und evtl. auch von Jährlingen nicht abdecken, Versorgungslücken daher bei fehlerhafter Supplementierung möglich sind. Anderserseits gilt, dass bei Rationen, die den üblichen Versorgungsempfehlungen entsprechen, Zulagen anorganischer Nährstoffe für die Entwicklung tragfähigen Hufhorns wirkungslos bleiben.

Spurenelemente

Eine **unbefriedigende oder gar defiziente Versorgung** kann bei Cu, Zn und Se vorliegen (▶ **Tab. 4.9**, ▶ **Abb. 4.53**).

Kupfer (Cu) katalysiert die Bildung der Disulfitbrücken und erfüllt damit spezifische Aufgaben in der Keratinbildung. Ein Mangel kann daher zu Horndeformationen führen. Wesentlicher dürfte u. a. nach epidemiologischen Arbeiten an verschiedenen Tierarten die Störung des produktiven Gewebes im Bereich der weißen Linie (sog. White Line Disease) sein. Tatsächlich kann unter solchen Bedingungen auch der Cu-Gehalt des Horns vermindert sein. Bei praxisüblicher Fütterung unter hiesigen Bedingungen konnte allerdings keine Beziehung zwischen dem Cu-Gehalt der Ration und dem Cu-Gehalt des Hufhorns beobachtet werden, auch wenn die mechanischen Eigenschaften unbefriedigend waren. Somit ist schadhaftes Hufhorn bzw. der Cu-Gehalt des Keratins kein Indikator für die Cu-Aufnahme, was auch die Auswertung umfangreicher Daten zur Zusammensetzung des Haares bestätigt.

Eine Cu-Aufnahme **über den Bedarf** führt zu einer Deposition des Elements in der Leber. Die Funktionen in der Keratinbildung werden nicht gestärkt, so dass eine bedarfübersteigende Versorgung nicht zu empfehlen ist, vielmehr ist dieser Umstand mit der Kritik an Emissionen durch die Tierhaltung verbunden (erhöhte fäkale Cu-Abgabe → Boden). Bei sehr hoher Fe-Aufnahme ist die Verwertung von Cu behindert; auch bei angemessener Cu-Aufnahme kann dann eine unzureichende Verfügbarkeit vorliegen. In diesen Fällen ist eine forcierte Cu-Gabe ineffektiv, wenn nicht der Fe-Exzess abgebaut wird (Fe-Gehalte > ca. 500 mg/kg Trockenmasse Gras, Heulage oder Heu durch Erdkontamination oder durch Abrieb von Geräten bedingt).

Zink (Zn) ist Bestandteil spezieller Proteine (Zn-Finger-Protein), die für die Differenzierung und Ausreifung der Keratinozyten essenziell sind. Hyperkeratotische Veränderungen der Haut sind typisch für einen Mangel an Zn, der auch durch exzessive Ca-Aufnahme induziert sein kann, da Ca im Überfluss aufgenommen die Zn-Verwertung stört (sek. Zn-Mangel).

Zn, in anorganischer Form oder in Kombination mit Methionin, fördert offensichtlich die Aufnahme des Elements in das Hufhorn; wird die spezifische Retention maßgeblich in Form der Zn-Finger-Proteine unterstellt, wäre eine Verbesserung der Keratogenese denkbar. Positive Befunde zum Huf-, Klauenwachstum bei Gabe von Zn-Methionin scheinen dies zu bestätigen, es fehlen jedoch Belege für eine Erhöhung der Hufhornfestigkeit. Mögliche Nachteile einer exzessiven Methioninzufuhr bei Verwendung von Zn-Methionin in proteinreichen Rationen geben Anlass, zur Zn-Supplementierung anorganische Zn-Träger z. B. Zn-Chlorid oder Zn-Sulfat zu präferieren.

Selen (Se): Eine marginale oder defiziente Selenversorgung tritt meist dann auf, wenn bei Weidehaltung oder heureichen Rationen keine Supplementierung erfolgt (▶ **Abb. 4.53**); primäre Folgen sind Schäden der Muskelzellen (sog. Weißmuskelkrankheit) und Einschränkungen der Immunkompetenz, während die Hornbildung unberührt bleibt.

Außerordentlich kritisch ist eine **überhöhte Se-Zufuhr**. Die Störung der Keratogenese u. a. durch Verdrängen des S durch Se führt zu schweren Gewebedefekten, da die spezifische Faltung des Proteins ausbleibt und die mechanische Belastbarkeit verloren geht. Die als Reaktion auf den Funktionsverlust auftretende Entzündung kann am Kronsaum sichtbar werden. Am Hornschuh zeigen sich querverlaufende Ringe bzw. Zusammenhangstrennungen (Hornkluft, ▶ **Abb. 4.54**). Schmerzbedingt entwickelt sich bei mangelnder Fußung ein spitzer Huf mit konkaver dorsaler Hufwand. Im Einzelfall kann es zum Ausschuhen kommen. Haarausfall (Mähne, Schweif) als Resultat gestörter Keratinbildung gilt als frühes und spezifisches Anzeichen

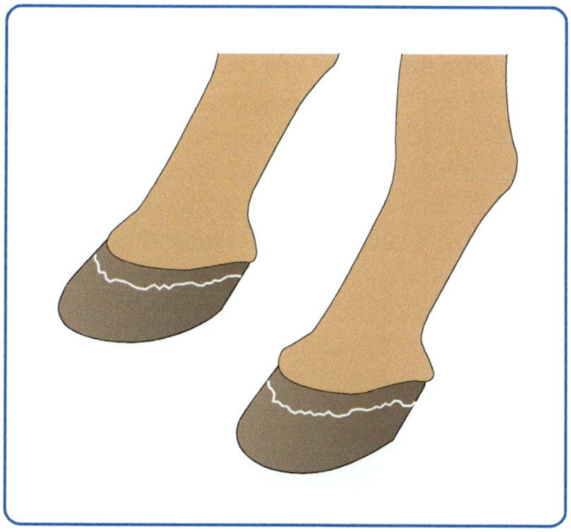

▶ **Abb. 4.54** Hornkluft.

einer Selenvergiftung. Die Aufnahme hoher Selenmengen während der Trächtigkeit kann bereits beim Fohlen zu Missbildungen der Hufe führen.

Aufgrund des toxischen Potenzials sind auch rechtlich der Selensupplementierung Grenzen gesetzt (max. 0,5 mg Se/kg der Tagesration bei 88 % Trockenmasse). Bei unreflektierter Verwendung von Se-haltigen Ergänzungsfuttermitteln kann dieser Wert überschritten werden. Die Beziehung zwischen Se im Futter bzw. in der Gesamtration und dem Se-Gehalt in Haar oder Hufhorn belegt, dass die Keratinozyten gegenüber einer ungünstigen Se-Inkorporation nicht geschützt sind. Da Störungen der Keratinbildung nicht erst einsetzen dürften, wenn das Element in eindeutig toxischen Mengen zugeführt wird, ist vor einer unnötig hohen Supplementierung zu warnen.

Vitamine

Vitaminmangelerkrankungen sind beim Pferd selten. Die Verfügbarkeit von Carotin (Gras, gutes Heu, Heulagen) gewährleistet allgemein einen ausreichenden **Vit.-A**-Status (Umwandlungsrate 400 IE Vit. A je mg β-Carotin), Epitheldefekte bei Vit.-A-Mangel gehen auf eine Störung der Zellteilung zurück, entsprechend begründen sich Störungen der Keratinbildung.

Der **Vit.-D**-Bedarf des Pferdes ist niedrig und sowohl über die Sonnenlicht-abhängige Eigensynthese in der Haut (Aktivierung von Cholecalciferol aus 7-Dehydrocholesterol; tierartgerechte Haltung vorausgesetzt) als auch durch Gehalte in Graskonserven, Getreide und Mischfuttermitteln gedeckt.

Die **Vit.-E**-Aufnahme ist bei Weidehaltung ausreichend, während die Zufuhr über Heu oder Heulagen sowie Getreide unsicher ist und besonders bei leistungsbedingt erhöhtem Bedarf nicht befriedigt (▶ **Abb. 4.53**). Die Folgen betreffen Gewebe, die gegenüber oxidativem Stress sensibel sind (Nervengewebe, Muskel, Leber, Lunge, Uterus). Auswirkungen eines Mangels auf die Bildung des Hufhorns sind nicht belegt. Epidemiologische Arbeiten an Rindern zeigen einen verminderten Vit.-E-Status bei Klauenerkrankungen und assoziierten Fruchtbarkeitsstörungen auf; allerdings ist die Kausalität nicht geklärt.

Bei physiologischer Darmflora stehen dem Pferd ausreichende Mengen wasserlöslicher Vitamine, auch an **Biotin** zur Verfügung. Oxidierte Nahrungsfette und Alterationen der Mikroflora werden mit einer Zerstörung von Vit. A, E und auch Biotin in Verbindung gebracht. Ein mangelhaftes Angebot an Biotin für die Keratinozyten stört deutlich die Ausdifferenzierung der Zellen, ist aber wahrscheinlich mit einer verminderten Verfügbarkeit des Biotins und weniger mit unzureichender Aufnahme verbunden.

Bei bedarfsgerechter Versorgung mit fettlöslichen Vitaminen und physiologischer Aktivität der Intestinalflora sind Effekte einer **bedarfsüberschreitenden Vitaminaufnahme** nicht zu erwarten, ausgenommen Biotin. Vielfältig beobachtet und in diversen Untersuchungen bestätigt begünstigt Biotin besonders in supranutritiven Dosierungen das Hornwachstum bei gleichzeitiger Erhöhung der Hornhärte.

Erwähnenswert ist in diesem Zusammenhang, dass genetisch bedingte Schwächen in der Ausdifferenzierung der Keratinozyten (s. Lippizaner, [62], [65]) durch hohe Biotingaben überwunden werden können.

Durch Biotin wird die Differenzierung der Keratinozyten (in Zellkultur wie auch in vivo bei diversen Tierarten) gefördert und es entwickelt sich ein optimierter Zellverband. Allerdings ist eine andauernde Biotingabe auf therapeutischem Niveau erforderlich.

Schlussfolgernd müssen die Perspektiven, bei bedarfsgerechter Nährstoffzufuhr durch gezielte

Fütterungsmaßnahmen die Hornbeschaffenheit positiv zu beeinflussen, als sehr begrenzt gewertet werden. Dokumentierte Befunde begründen folgende Maßnahmen:

- Gelatine: ~25 g/100 kg Körpermasse (KM) täglich
- Zink: ~100 mg/100 kg KM täglich (entsprechen 210 mg Zinkchlorid oder 450 mg Zinksulfat-7-Hydrat; Zink-Aminosäurenchelate wie Zink-Methionat werden nach dem produktindividuellen Zinkgehalt dosiert)
- Biotin: 5–10 mg/100 kg KM täglich

Indirekte Effekte von Fütterungsfehlern

Die **Hufrehe** ist das Synonym für eine schwere Störung auch der Keratinbildung und des Erhalts der Verbindung der Hufkapsel mit den keratinbildenden Arealen der Oberhaut. Vielfältige Ursachen sind hierfür genannt worden [73], [124]; gemeinsam ist den diversen Einwirkungen, dass die Stoffwechselaktivität der Keratinozyten zum Erliegen kommt. Da nach Aufheben der störenden Einwirkung erst wieder eine funktionsfähige Zellpopulation etabliert werden muss, ist naheliegend, dass eine Wiederherstellung des physiologischen Zustandes kaum möglich ist.

Bei der „typischen" ernährungsbedingten Rehe kollabiert die Energieversorgung der Keratinozyten unter 2 Bedingungen: bei intestinaler Dysbiose und bei einer Endokrinopathie, meist infolge einer Adipositas.

Intestinale Dysbiose

Die **konzentratbetonte Rationsgestaltung** beim Pferd birgt die Risiken einer Dysbiose im Dickdarm und einer metabolischen Entgleisung als Folge chronischer Verfettung (Metabolisches Syndrom).

Die infolge **hoher Stärkeaufnahme** im gesamten Magen-Darm-Trakt sichtbare Verschiebung im Profil der bakteriellen Besiedlung zugunsten der Milchsäureproduzenten und zuungunsten der Milchsäurekonsumenten [58] kann bei exzessivem Kraftfutterverzehr und unbefriedigender Raufutterzuteilung in einer **Übersäuerung des Zäkums und des Kolons** münden. Die abweichenden Milieubedingungen im Dickdarm bedingen Schleimhautschäden und infolge derer den Übergang von nachteilig wirkenden Stoffen in die Blutzirkulation. Hierzu zählen insbesondere die **Endotoxine** (Zellwandbestandteile gram-negativer Bakterien) sowie **biogene Amine**, die aus der mikrobiellen Modifikation von Aminosäuren entstehen, aber auch Oberflächenproteine von Bakterien. Die Perfusion des sensiblen Kapillarnetzes der Gliedmaßenspitze wird durch die genannten Stoffe massiv gestört. Die Irritation der Keratogenese geht mit einer heftigen Entzündung der Huflederhaut einher, die klinisch sichtbare Konsequenz einer intraintestinalen Dysbiose kann somit die Hufrehe sein.

Endokrinopathie bei Adipositas (Metabolisches Syndrom)

Das Unvermögen zur insulinabhängigen Glukoseaufnahme kennzeichnet die **Insulinresistenz** als Bestandteil des so genannten **Metabolischen Syndroms** [109]; diese Fehlstellung ist in der Regel, aber nicht zwingend mit einer Verfettung assoziiert. Allerdings erfolgt der Glukosetransport in die am Aufbau des Hufes beteiligten Zellen auch unabhängig vom Insulin. Hohe Insulinkonzentrationen im Blut verändern jedoch im Konzert mit lokal freigesetzten Hormonen, Cortisol und Entzündungsmediatoren, die Blutversorgung des Kapillargebietes der Gliedmaßenspitze selbst und stören auf diese Weise den Energiestoffwechsel des Gewebes. Ausgangspunkt der komplexen Deregulierung des Energiehaushalts ist die anhaltend stärkereiche, hyperkalorische Versorgung, evtl. verschärft durch bewegungsarme Haltung. Bei diesen Pferden sind mittels neuer Verfahren Abweichungen in der Mikroflora des Darmes aufgezeigt worden (Clostridien). Nach diesen Befunden wird der Intestinalflora eine wesentliche Rolle in der Entwicklung einer Rehe zugeschrieben, ohne dass es zu einer Übersäuerung bzw. Dysbiose kommt. Die Befunde deuten darauf hin, dass ein derart alteriertes Mikrobiom mit immunologischen Defekten und entzündungsähnlichen Zuständen in der Darmwand assoziiert ist.

Für die Wirksamkeit von Fütterungsmaßnahmen zur Förderung der Regeneration rehegeschädigter Hufe fehlen die Belege; das Ziel ist, eine dem optimalen Ernährungszustand des Pferdes ensprechende Energie- und Nährstoffaufnahme zu realisieren. Gut verdauliches Raufutter bietet die besten Voraussetzungen, die Intestinalflora zu erhalten oder zu entwickeln, nötigenfalls bei Zulage explizit gut fermentierbarer Zellulose (Sojabohnenschalen) oder Pektinen. Ist eine Proteinergänzung angezeigt (< 10 % Rohprotein im Heu), können die üblichen Extraktionsschrote verwendet werden (20–30 g Rohprotein/100 kg Körpermasse).

Merke

Vorausschauend ist die bedarfsgerechte Energieversorgung einschließlich einer optimierten Fütterungstechnik ([174], [175], [176], [181]) für die Gesundheit der Hufe von herausragender Bedeutung. Folgende Orientierungswerte können zur Absicherung der Ration herangezogen werden [62]:

- **Raufutter (Gras, Graskonserven) entsprechend dem energetischen Erhaltungsbedarf oder mind. 1,5 kg Trockenmasse/100 kg KM täglich**
- **max. 0,1 kg Stärke bzw. max. 0,3 kg stärkehaltiges Kraftfutter/100 kg KM je Mahlzeit**

Orale Aufnahme von Toxinen

Anorganische Stoffe

Die bereits erwähnte **Se-Vergiftung** ist eine seit Langem als hufschädigend bekannte Vergiftung. Quellen für die abnorme Se-Aufnahme sind fehldosierte selenhaltige Ergänzungsfutter oder Fehlmischungen. Regional können auch Se-akkumulierende Pflanzen wie Tragant (Astralagusarten) zu einer Se-Intoxikation beitragen; entsprechende Bedingungen auf Futterflächen bestehen jedoch in Europa kaum.

Futterflächen und die entsprechenden Futterkonserven können u. a. durch Havarien in Industrieanlagen, Überflutung oder industriell bedingte Emissionen mit **Blei**, **Cadmium** und **Fluor** kontaminiert sein. Diese Stoffe werden in das Keratin eingelagert, so dass Hufhorn oder Haare als „Biorecorder" solcher Belastungen dienen können. Eine kritische Belastung zeigt sich durch unspezifische Beeinträchtigungen des Allgemeinbefindens und Affektionen des Nervengewebes; eine primäre Schädigung der Hufhornbildung ist bei erhöhter Belastung nicht beobachtet worden.

Quecksilber- und **Arsenvergiftungen** können hingegen mit einer Rehe einhergehen; jedoch ist auch in diesen Fällen die Schädigung des Hufhorns nicht das bestimmende Symptom der Erkrankung.

Toxine pflanzlicher Herkunft

Zu den Pflanzen, die beim Pferd Hufschäden in Form einer Rehe auslösen können, gehören der in Nordamerika beheimatete **Schwarznussbaum** (Juglans nigra; auch zur modellhaften Darstellung der Pathogenese eingesetzt), der **Rotahorn** (Acer rubrum) und die **Graukresse** (Berteroa incana). Unter hiesigen Bedingungen sind diese Pflanzen allerdings von untergeordneter Bedeutung.

Die **Herbstzeitlose** bzw. das enthaltene Colchizin steht im Verdacht, durch die Mitosehemmung auch Rehe auslösen zu können. Das Leitsymptom einer kritisch hohen Colchizinaufnahme ist jedoch eine Kolik, die durch die massive Störung der Darmmukosa begründet ist, während eine Hufrehe offensichtlich nicht zwingend auftreten muss.

Ergotalkaloide

Durchblutungsstörungen der Akren gehören zu den klassischen Symptomen der Ergotalkaloide beim Menschen wie auch beim Tier. Die typische Herkunft ist **mutterkornhaltiges Getreide**. Da der Pilz (*Claviceps purpurea*) eine starke Präferenz für Roggen und Triticale (Kreuzung von Weizen und Roggen) aufweist, diese Getreidearten aber beim Pferd nicht oder nur limitiert genutzt werden, sind die Risiken gering; außerdem tragen futtermittelrechtliche Regelungen zum Schutz der Gesundheit von Tieren vor Mutterkornalkaloiden bei (max. zulässig 1000 mg Mutterkorn/kg Getreide). Beachtenswert ist allerdings, dass in Jahren mit hoher Infektionsrate auch Wiesen-, Weidegräser mit dem Pilz *Claviceps purpurea* massiv befallen sein können und der Aufwuchs wie auch das Heu betroffener Flächen nicht verwendungsfähig sind.

Eine weitere Quelle für gefäßverengend wirkende **Mykotoxine** sind endophytisch lebende Pilze (*Acremonium coenophialum*), die u. a. im Rohrschwingel vorkommen (*Festuca arundinacea*). Der Endophytenbefall von Gräsern ist offenbar sehr hoch und korreliert mit dem Alkaloidgehalt. Das Risiko der Gefäßschädigung durch diese Ergotalkaloide ist auf Grünfutterflächen mit hohem Endophytenbesatz tatsächlich erhöht [141]. Die Bereitstellung entsprechend sicheren Saatgutes und Kontrolle der Pflanzenbestände müssen zur Risikominderung beitragen.

5 Gliedmaßenstellung

Lutz-Ferdinand Litzke

Die Gliedmaßen tragen einerseits den Körper des Tieres und dienen andererseits gleichzeitig der Fortbewegung. Aus der Stellung der Gliedmaßen zueinander als auch zum Rumpf des Tieres ergeben sich die Lastverteilung im Stand sowie die Belastung der einzelnen Gelenke während des Bewegungsablaufs. Die Gliedmaßenstellung ist abhängig vom Pferdekörper, der Größe und Länge der Gliedmaßenknochen sowie von der Winkelung in den verschiedenen Gelenken. Eine regelmäßige Gliedmaßenstellung stellt unter den Gesichtspunkten von Statik und Dynamik die optimale Gliedmaßenhaltung dar und führt zu einer möglichst gleichmäßigen Belastung der verschiedenen Gelenkanteile und der Hufe. Die Gliedmaßenstellung hat Einfluss auf die Gewichtsverteilung, den Fesselstand, die Form sowie Abnutzung der Hufe, den Bewegungsablauf in den verschiedenen Gangarten und den Vorführbogen der Gliedmaßen in der Bewegung.

Definition

Als Gliedmaßenstellung bezeichnet man den Verlauf und das Verhalten der Gliedmaßenachse vom Körper bis zum Drehpunkt des Fesselgelenks.

Die als **regelmäßig bezeichnete Gliedmaßenstellung** entspricht einem Idealbild. In Wirklichkeit wird man aber feststellen, dass nur die wenigsten Pferde diesem Ideal entsprechen. Eine abweichende Stellung muss nicht a priori eine Fehlstellung darstellen. Eine abweichende Gliedmaßenstellung oder ein abweichender Fesselstand können zu einer lokalen Überlastung von Sehnen, Bändern oder Gelenken führen und damit einer Lahmheit Vorschub leisten. Die Gliedmaßenstellung gibt einen gewissen Hinweis darauf, ob ein Pferd möglichst zeitlebens ohne Erkrankung des Bewegungsapparats genutzt werden kann. Andererseits können sich bereits bestehende gesundheitliche Probleme in der Gliedmaßenstellung wiederspiegeln.

Die 4 Hufe bilden die Unterstützungsfläche (S. 161) des Pferdekörpers. Da die senkrechte Projektion des Körperschwerpunkts vor dem Mittelpunkt der Unterstützungsfläche liegt, resultiert daraus, dass die Vorhand mehr belastet wird als die Hinterhand. Ein gesundes Pferd wird in Ruhe natürlicherweise immer beide Vordergliedmaßen gleichmäßig belasten. Demgegenüber zeigen Pferde häufig ohne schmerzhafte Ursachen oder besondere Veranlassung eine wechselnde Entlastung einer Hintergliedmaße. Dieses **Schildern** darf daher nicht grundsätzlich als Anzeichen einer orthopädischen Erkrankung gewertet werden. Im Zusammenhang mit einer Lahmheitsuntersuchung sollte allein aus den Befunden der Gliedmaßenstellung keine vorschnelle Diagnose gezogen werden.

Die Beurteilung der Gliedmaßen erfolgt aus angemessener Entfernung und aus der Nähe. Hierfür muss das Pferd auf festem Boden beurteilt werden. Das Pferd muss gerade und geschlossen stehen. Darunter versteht man, dass Vorder- und Hinterbeine genau nebeneinander stehen, die Körperlängsachse einschließlich des Kopfes gestreckt verläuft und alle 4 Gliedmaßen gleichmäßig belastet werden.

Anhand der Stellung der Hufe der einzelnen Gliedmaßen zu Fixpunkten des Rumpfes (Schulter- und Hüftgelenk, Sitzbeinhöcker), der Gliedmaßenachse und der Winkelung in den Gelenken kann die Gliedmaßenstellung beurteilt werden. Um dies korrekt auszuführen, ist das Pferd bzw. die jeweilige Gliedmaße von der Seite, von vorn und von hinten zu betrachten.

5.1 Seitliche Ansicht

5.1.1 Vordergliedmaßen

Für die Beurteilung der Stellung der Vordergliedmaßen von der Seite dienen als Bezugspunkte am Huf die Mitte des Zehentragrands und das Buggelenk. Dafür kann vom Huf aus eine Senkrechte errichtet oder vom Buggelenk ein Lot gefällt werden. Die **Mitte des Zehentragrands** liegt an dem

Punkt, wo die nach vorn verlängerte Linie der mittleren Strahlfurche die dorsale Hufwand schneidet. Da die Mitte des Zehentragrands exakt und einfach bestimmt werden kann und es dem Hufbeschlagschmied möglich ist, durch entsprechende Korrekturmaßnahmen am Huf Einfluss zu nehmen, soll im Weiteren jeweils die gedachte Senkrechte vom Huf aus besprochen werden.

Weitere Hilfslinien bilden die Linie des Schulterblatts (die an der Schulterblattgräte gut zu ertasten ist), die Achse von Unterarm und Röhrbein (Gliedmaßenachse) und die Fessellinie.

Die **Fessellinie** ist eine durch die Mitte der Fessel (Fessel-, Kron- und Hufbein) gedachte gerade Linie. Man nennt sie deshalb auch Fesselhalbierungslinie, Zehenachse oder Achse der Zehenknochen.

Regelmäßige Stellung

Eine Vordergliedmaße ist von der Seite gesehen **regelmäßig** gestellt, wenn die von der Mitte des Zehentragrands aus errichtete Senkrechte das Buggelenk trifft und Unterarm sowie Röhrbein senkrecht stehen. Dabei verläuft die Fessellinie in einem Winkel von 45–50° zum Erdboden und parallel zur Linie des Schulterblatts (▶ **Abb. 5.1**).

- Ist der Winkel der Fessellinie größer, handelt es sich meist um eine kürzere Fesselung: Die Gliedmaße ist stumpf gewinkelt oder steil gefesselt.
- Liegt der Fesselwinkel unter 45°, handelt es sich meistens um eine lange Fesselung: Die Gliedmaße ist spitz gewinkelt oder weich gefesselt.

Abweichende Stellungen

Entscheidend für die Bezeichnungen vorständig, vorbiegig, rückständig oder rückbiegig ist immer die Stellung des Hufs in Beziehung zum Buggelenk (▶ **Abb. 5.1**). Bei Anwendung dieses Beurteilungsverfahrens verhält sich die Fessellinie insofern gleich, als sie bei vorständiger bzw. vorbiegiger Gliedmaßenstellung spitz, bei Rückständigkeit bzw. Rückbiegigkeit stumpf zum Erdboden gerichtet ist.

Bei der **vorständigen Stellung** trifft die von der Mitte des Zehentragrands aus gedachte Senkrechte vor das Buggelenk. Unterarm und Röhrbein verlaufen gestreckt, jedoch etwas schräg nach vorn zum Erdboden. Die Fessellinie zeigt hierbei eine spitze Winkelung (▶ **Abb. 5.1**).

Bei der **rückständigen Stellung** liegt die von der Mitte des Zehentragrands aus gedachte Senkrechte hinter dem Buggelenk. Unterarm und Röhrbein zeigen einen gestreckten Verlauf, der leicht nach hinten geneigt sein kann. Die Fesselung ist steil (▶ **Abb. 5.1**).

Bei der **vorbiegigen Stellung** steht die von der Mitte des Zehentragrands aus errichtete Senkrechte vor dem Buggelenk. Zusätzlich verläuft die Gliedmaßenachse durch Unterschenkel und Röhr-

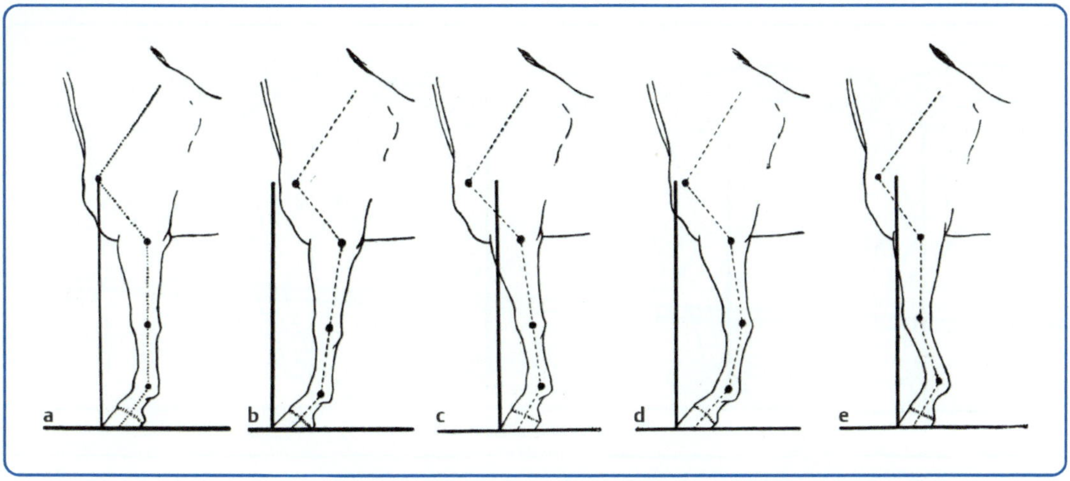

▶ **Abb. 5.1** Die Stellungen der Vordergliedmaßen von der Seite betrachtet. **a** regelmäßig, **b** vorständig, **c** rückständig, **d** kälberbeinig (vorbiegig), **e** bockbeinig (rückbiegig).

bein bei dieser Gliedmaßenstellung nicht gestreckt, sondern es liegt eine Winkelung im Vorderfußwurzelgelenk (Karpalgelenk) nach kaudal vor (**kälberbeinig**, ▸ **Abb. 5.1**). Der Scheitelpunkt des Winkels liegt also an der rückwärtigen Gelenkfläche. Mit der vorbiegigen Stellung verbunden ist eine weiche Fesselung.

Besteht eine Brechung der Gliedmaßenachse im Vorderfußwurzelgelenk nach vorn, so spricht man von einer **rückbiegigen Stellung**. Die vom Zehentragerand aus errichtete Senkrechte liegt hinter dem Buggelenk (**bockbeinig**, ▸ **Abb. 5.1**). Hiermit verbunden ist eine stumpfe Fessellinie. Diese Stellung wird auch als „struppiert" bezeichnet.

Die vorbiegige und die rückbiegige Stellung können angeboren oder gelegentlich auch erworben sein. Von den erworbenen Stellungsabweichungen der Vordergliedmaßen wird die rückbiegige Stellung älterer Reit- und Sportpferde häufiger beobachtet, bei denen die „struppierte" Stellung der Vordergliedmaßen eine Folge hoher körperlicher Beanspruchung sein kann.

5.1.2 Hintergliedmaßen

Zur Beurteilung der Stellung der Hintergliedmaßen wird eine Hilfslinie herangezogen, die man erhält, indem eine Senkrechte am Berührungspunkt der Trachtenecke mit dem Erdboden errichtet wird. Sodann wird die Lage dieser Hilfslinie in Bezug zum Hüftgelenk beurteilt. Weiterhin achtet man auf die Stellung des Röhrbeins und auf den Sprunggelenkwinkel. An den Hintergliedmaßen unterscheidet man die regelmäßige, die vorständige, die rückständige und die säbelbeinige Stellung (▸ **Abb. 5.2**).

Regelmäßige Stellung

Eine Hintergliedmaße steht von der Seite gesehen **regelmäßig**, wenn die an der Huftrachte errichtete Senkrechte das Hüftgelenk trifft (▸ **Abb. 5.2**). Das Röhrbein steht senkrecht. Das Sprunggelenk zeigt einen Winkel von ca. 145°. Auch an den Hintergliedmaßen können im Zusammenhang mit einer regelmäßigen Gliedmaßenstellung stumpfe oder spitze Winkelungen der Fessellinie (S. 149) beobachtet werden.

Abweichende Stellungen

Von einer **vorständigen Stellung** der Hintergliedmaße spricht man, wenn die gedachte Senkrechte vor das Hüftgelenk fällt. Bei dieser Gliedmaßenstellung ist das Röhrbein meist nicht mehr senkrecht ausgerichtet, sondern verläuft leicht schräg nach vorn. Die Fessellinie ist eher spitz gewinkelt, der Huf zeigt eine lange Zehenwand und niedrige Trachten (▸ **Abb. 5.2**). Diese Gliedmaßenstellung kann angeboren sein oder auch im Zusammenhang mit Erkrankungen der Vordergliedmaßen (z. B. Hufrehe) stehen.

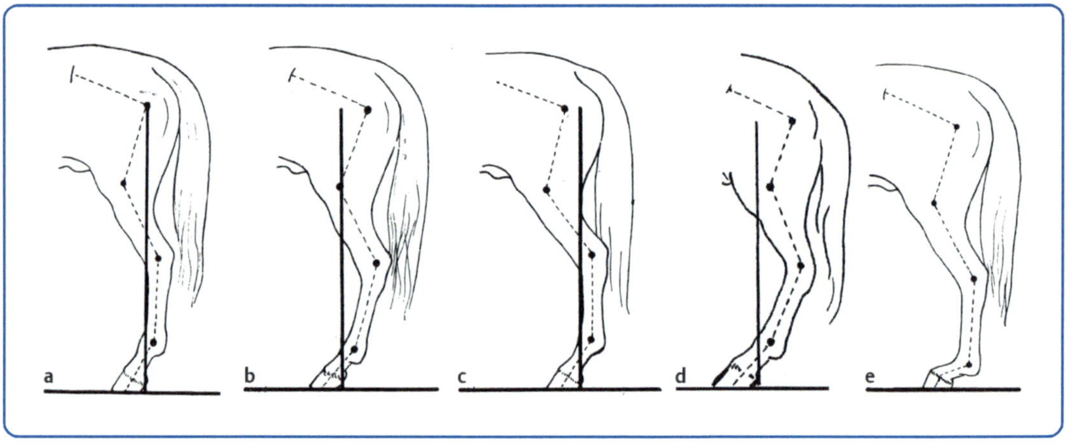

▸ **Abb. 5.2** Die Stellungen der Hintergliedmaßen von der Seite betrachtet. **a** regelmäßig, **b** vorständig, **c** rückständig, **d** säbelbeinig, **e** bärenfüßig.

Bei der **rückständigen Stellung** der Hintergliedmaße liegt die von den Trachten aus errichtete Hilfslinie hinter dem Hüftgelenk. Bei stumpfer Fessellinie und stumpfer Hufform ist der Sprunggelenkwinkel meist größer als 145°, und auch die Winkelung im Hüftgelenk erscheint größer (► **Abb. 5.2**).

Bei der **säbelbeinigen Stellung** ist der Sprunggelenkwinkel auffallend verkleinert und die Linie des Röhrbeins verläuft deutlich schräg nach vorn. Die von den Trachten aus errichtete Senkrechte liegt wie bei der vorständigen Stellung vor dem Hüftgelenk (► **Abb. 5.2**).

Alle bereits geschilderten Stellungen der Vorder- und Hintergliedmaßen haben gemeinsam, dass die Fessellinie zwar in verschiedenen Richtungen zum Erdboden stehen kann, jedoch stets gestreckt verläuft. Von dieser Regel gibt es eine Ausnahme, bei der Fesselbein und Kronbein mehr oder weniger waagerecht verlaufen, während das Hufbein auffallend steil zum Erdboden steht: Hier spricht man von einer **bärenfüßigen** oder auch **bärentatzigen Stellung** (► **Abb. 5.2**). Sie ist meist angeboren und muss keine krankhaften Ursachen haben.

5.2

Ansicht von vorn und hinten

5.2.1 Vordergliedmaßen

Die Beurteilung der Stellung der Vordergliedmaßen erfolgt von vorn. Hierbei ist es zweckmäßig wiederum eine Senkrechte als Hilfslinie zur Unterstützung heranzuziehen. Bezugspunkte sind auch hier die Mitte des Zehentragrands und das Schultergelenk. Eine weitere gedachte Hilfslinie ist die so genannte **Gliedmaßenachse** oder **Knochenachse**, die als Knochenhalbierungslinie durch alle Röhrenknochen der Vordergliedmaße gelegt wird.

Regelmäßige Stellung

Die Vordergliedmaßen sind **regelmäßig** gestellt, wenn die vor der Mitte des Zehentragrands des Hufs errichtete Senkrechte das Buggelenk trifft und mit der Knochenachse der Gliedmaße zusammenfällt. Dabei stehen die Gliedmaßen parallel zueinander sowie senkrecht zum Erdboden und die Gelenke weisen keine seitliche Abweichung im Sinne einer Winkelung auf (► **Abb. 5.3**).

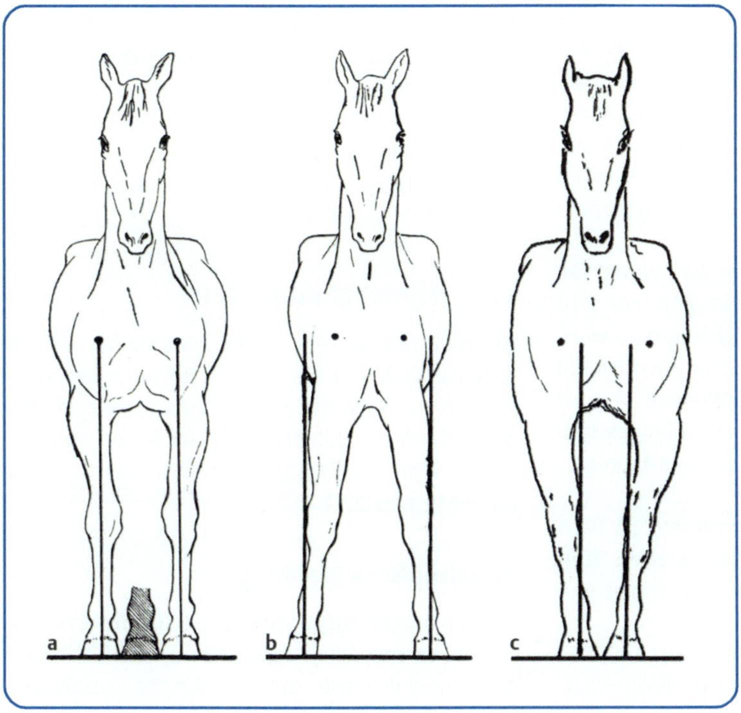

► **Abb. 5.3** Die Stellungen der Vordergliedmaßen von vorn betrachtet. **a** regelmäßig, **b** bodenweit, **c** bodeneng.

Dabei kann rassebedingt – je nach Brustbreite – die Entfernung der beiden Gliedmaßen voneinander unterschiedlich sein. So findet man bei Pferden mit breiter Brust eine regelmäßige Stellung mit einem weiten Abstand der Vordergliedmaßen voneinander vor, bei Tieren mit schmaler Brust dagegen mit einem geringen Abstand.

! Merke
Allgemein gilt die Regel, dass bei regelmäßiger Stellung ein Huf gleicher Größe zwischen beiden Vorderhufen Platz finden sollte.

Abweichende Stellungen

Bei Beurteilung der Gliedmaßenstellung von vorn findet man als Abweichungen hauptsächlich die bodenweite und die bodenenge Stellung vor. Daneben treten auch o-beinige (Fassbeinigkeit, Varusstellung) und x-beinige (Valgusstellung) Stellungen auf.

Bei der **bodenweiten Stellung** läuft die vom Zehentragrand aus errichtete Senkrechte seitwärts außerhalb an den Buggelenken vorbei. Die Gliedmaßenachsen der beiden Vorderbeine verlaufen nicht parallel, sondern zeigen eine bodenwärts verlaufende Divergenz (▶ **Abb. 5.3**).

Bei der **bodenengen Stellung** liegen die vom Zehentragrand aus errichteten Senkrechten zwischen den Buggelenken. Gleichzeitig verläuft die Richtung der Knochenachsen zwar gestreckt, jedoch nicht parallel, sondern von oben außen nach unten innen (bodenwärts konvergierend; ▶ **Abb. 5.3**).

Besondere Verhältnisse liegen vor, wenn die Gliedmaßenachsen nicht gestreckt sind, sondern im Vorderfußwurzel- oder Fesselgelenk eine Winkelung zeigen. Liegt ein auffallend weiter Abstand zwischen den Vorderfußwurzelgelenken vor, so bezeichnet man diese Stellung als **o- oder fassbeinig**, ist der Abstand nur sehr gering, als **x-beinig.**

Verläuft die Gliedmaßenachse bis zum Fesselkopf gerade oder bodeneng und von dort ab nach außen, spricht man von einer **zehenweiten Stellung** (S. 154), bei einem Verlauf nach innen von einer **zehenengen Stellung** (S. 154).

Die vorstehenden Betrachtungen sind im Wesentlichen theoretischer Natur, denn die geschilderten Stellungen kommen isoliert außerordentlich selten vor. Häufig trifft man eine zusätzliche Eigentümlichkeit an, die darin liegt, dass die Gliedmaßen in sich um ihre eigenen Achsen gedreht sind, was man als **diagonale Drehung** bezeichnet. Regelmäßige, bodenweite und bodenenge Stellungen treten vielfach in Kombination mit einer diagonalen Drehung auf, wobei eine Drehung **nach außen** weitaus häufiger anzutreffen als eine **nach innen** (▶ **Abb. 5.4**).

▶ **Abb. 5.4** Bodeneng-zehenweite Stellung mit diagonaler Drehung nach außen.

5.2.2 Hintergliedmaßen

Die Beurteilung der Hintergliedmaßen erfolgt grundsätzlich von hinten. Als Hilfslinie kann zusätzlich zur Gliedmaßenachse eine Senkrechte genutzt werden, die in der Mitte der Ballengrube errichtet wird. Als Bezugspunkt dient der Sitzbeinhöcker (▶ **Abb. 5.5**).

Regelmäßige Stellung

Bei der **regelmäßigen** Stellung trifft die errichtete Senkrechte den Sitzbeinhöcker und fällt mit der Knochenachse der Gliedmaße zusammen (▶ **Abb. 5.5**).

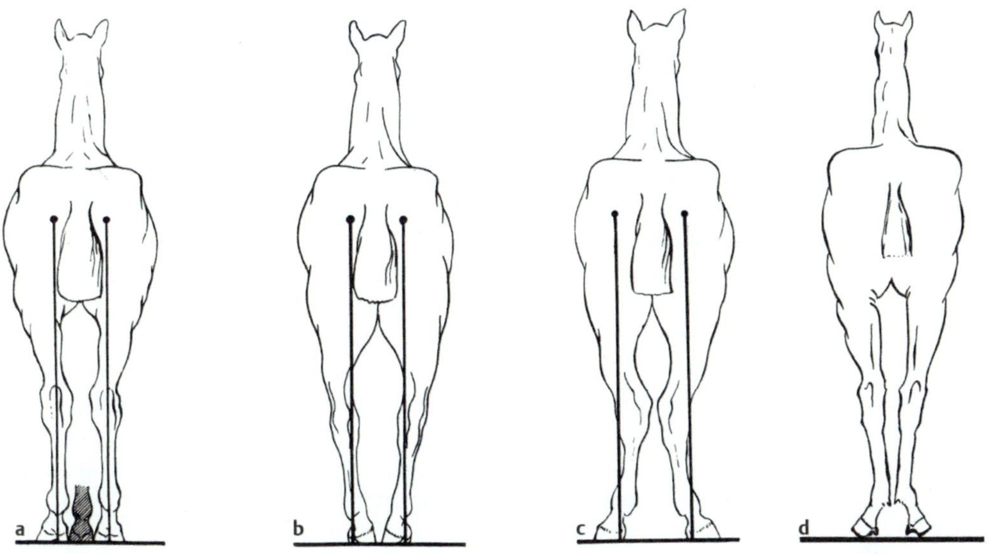

► **Abb. 5.5** Die Stellungen der Hintergliedmaßen von hinten betrachtet. **a** regelmäßig, **b** o-beinig, **c** kuhhessig, **d** bodeneng-zehenweit.

Abweichende Stellungen

Die Abweichungen von der regelmäßigen Stellung verhalten sich sinngemäß wie diejenigen der Vordergliedmaßen.

Bei einer **bodenweiten Stellung** stehen die Gliedmaßenachsen nicht senkrecht und parallel, sondern divergieren bodenwärts. Die in der Mitte der Ballengrube errichteten Senkrechten liegen außerhalb der Sitzbeinhöcker.

Bei einer **bodenengen Stellung** nähern sich die Gliedmaßenachsen dagegen bodenwärts an, die Hufe der Hintergliedmaßen stehen dicht beieinander. Die senkrechten Hilfslinien verlaufen innen an den Sitzbeinhöckern vorbei. Bei bodeneng stehenden Pferden besteht nicht selten eine zusätzliche Brechung der Gliedmaßenachse im Fesselgelenk mit gleichzeitiger diagonaler Drehung der Zehenknochen nach außen. Damit liegt eine **bodeneng-zehenweite Stellung mit diagonaler Drehung nach außen** vor (► Abb. 5.5).

Hintergliedmaßen mit **fassbeiniger** oder **o-beiniger Stellung** zeigen eine Brechung der Gliedmaßenachse in Höhe des Sprunggelenks und meist auch im Fesselgelenk. Der Abstand zwischen den Sprunggelenken ist deutlich vergrößert (► **Abb. 5.5**). Pferde mit o-beiniger Stellung zeigen häufig eine Drehbewegung des Hufs während der Fußung.

Eine **kuhhessige Stellung** ist dadurch gekennzeichnet, dass die Sprunggelenke dicht beieinander und innerhalb der Senkrechten stehen. Die Gliedmaßenachse ist in Höhe des Sprunggelenks nach innen gebrochen. Gleichzeitig besteht eine diagonale Drehung des Fußes um die Längsachse nach außen (► **Abb. 5.5**). Dadurch wird auch der Huf nach außen gedreht und steht zehenweit.

6 Fesselstand

Lutz-Ferdinand Litzke

Die Gliedmaßen- wie auch die Zehenstellung können angeboren oder erworben sein. Gliedmaßenstellung und Fesselstand beeinflussen das Gangbild und die Form der Hufe. Beschaffenheit, Form und gesundheitlicher Zustand der Zehe haben einen größeren Einfluss auf die Hufform als die Stellung der gesamten Gliedmaße. Deshalb ist die Ermittlung und Beachtung der Zehenstellungen für den Hufbeschlag besonders wichtig. Es ist zweckmäßig, zwischen den Stellungen der Gliedmaßen (S. 148) und den Stellungen der Fessel zu unterscheiden:

Definition

Als Gliedmaßenstellung bezeichnet man den Verlauf und das Verhalten der Gliedmaßenachse vom Körper bis zum Drehpunkt des Fesselgelenks.
Die Zehenstellung, also der Fesselstand, ergibt sich aus der Länge, der Richtung und dem Verhalten der Zehenknochen zueinander (Fessel-, Kron- und Hufbein). Der Fesselstand wird charakterisiert durch den Verlauf und das Verhalten der Zehenachse vom Fesselgelenk bis zum Erdboden.
Als Zehenachse (Achse der Zehenknochen, Fußachse, Fessellinie, Fesselhalbierungslinie) wird eine durch die Mitte des Fessel-, Kron- und Hufbeins gedachte Linie bezeichnet. Die Zehenachse stellt die Verbindungslinie der Mittelpunkte der Zehengelenke dar.

Der Fesselstand wird somit vorwiegend vom Verhalten und Verlauf sowie von der Länge und Richtung der **Zehenachse** bestimmt. Ihre Ermittlung und Beurteilung, in erster Linie die Lage des Fesselbeins zum Huf, ist für den Hufbeschlag von großer Bedeutung, weil sowohl die Hufform als auch die Gangart, also der Bewegungsablauf der Gliedmaße, wesentlich von ihr beeinflusst werden.

Die Zehenstellung kann regelmäßig oder unregelmäßig sein. Ihre Beurteilung erfolgt an den Vordergliedmaßen von der Seite und von vorn, an den Hintergliedmaßen von der Seite und von vorn oder hilfsweise von hinten.

6.1 Regelmäßiger Fesselstand

Von der Seite gesehen verläuft die Zehenachse bei der regelmäßigen Stellung gestreckt und gerade. Sie bildet mit dem Erdboden einen Winkel, der an der Vordergliedmaße zwischen 45 und 55° und an der Hintergliedmaße zwischen 50 und 55° liegt.

Von vorn betrachtet gilt die Zehenstellung als regelmäßig, wenn die Zehenachse in gerader Fortsetzung der Gliedmaßenachse nach vorn und unten, parallel mit der der Gegenseite und parallel zur Medianebene des Körpers verläuft.

6.2 Unregelmäßiger Fesselstand

Auch beim Fesselstand kommen die verschiedensten Abweichungen von der regelmäßigen Stellung vor:

Eine **spitz gewinkelte Zehenstellung** (weiche Fesselung) liegt vor, wenn der Bodenwinkel bei seitlicher Betrachtung unterhalb der angegebenen Grenzwerte liegt, eine **stumpf gewinkelte Zehenstellung** (steile Fesselung), wenn er sie übersteigt. Auch ein gerader Verlauf ist nicht immer gegeben, denn die Zehenachse kann im Kron- oder Hufgelenk gebrochen sein und von einer Geraden nach hinten oder vorn abweichen. Dabei besteht im jeweiligen Gelenk eine **Überstreckung** bzw. eine **Beugehaltung**.

Eine **zehenweite Stellung** liegt vor, wenn bei Beurteilung von vorn die Zehenachsen nach außen hin, also divergierend verlaufen. Eine **zehenenge Stellung** besteht, wenn die Zehenachsen nach innen hin, also konvergierend verlaufen. Die Zehenachse ist ebenfalls nicht immer gerade, sondern kann in den einzelnen Zehengelenken nach innen oder außen abweichen.

Es kommt eine Vielzahl verschiedener Stellungen vor, da die zahlreichen abweichenden Gliedmaßen- und Zehenstellungen in reiner Form selten, sondern meistens miteinander kombiniert beobachtet werden können. So findet man häufig unregelmäßige Gliedmaßen- und Zehenstellungen zusammen vor, wie bodenweit-zehenweite, bodeneng-zehenenge, bodeneng-zehenweite Stellungen etc., meistens noch verbunden mit einer diagonalen Drehung um ihre Längsachse. Diese Mannigfaltigkeit der Stellungsformen erklärt auch die zahlreichen Hufformen sowie die unregelmäßigen Gangarten bzw. die sehr individuellen Bewegungsabläufe der Gliedmaßen.

6.3 Stellung des Hufs zum Fesselstand

6.3.1 Beziehung zwischen Hufstellung und Fesselstand

Beim Betrachten der Zehenachse (Fesselhalbierungslinie) – sowohl von der Seite, als auch von vorn bzw. von hinten – erkennt man, dass der Huf in bestimmter Weise von ihr abhängig ist.

Definition

Die Stellung des Hufs soll nicht von der Grundrichtung der Zehenachse (Fessellinie) abweichen. Man bezeichnet dieses von der Fessellinie abhängige Verhalten des Hufs als die Stellung des Hufs zum Fesselstand.

Eine wesentliche Grundforderung in dieser Hinsicht besteht darin, dass der Huf sowohl beim Betrachten von der Seite als auch von vorn möglichst zum jeweiligen Fesselstand passt.

Gliedmaßen- und Zehenstellung können beim einzelnen Pferd **angeboren** sein. Somit beruhen die Hufform und das Verhalten des Hufs zum Fesselstand ebenfalls auf einem angeborenen Zustand. Diese können sich jedoch in gewissen Grenzen ändern, denn mit der **Abnutzung** der Boden- bzw. Tragfläche des Hufs, besonders wenn diese ungleich erfolgt und unterschiedlich lange Hornwände entstehen lässt, verändert sich auch die Form des Hufs, insbesondere das Längenverhältnis der einzelnen Wandabschnitte. Die Folge ist, dass der Huf nicht mehr zum Fesselstand passt. In dieser Veränderlichkeit des Passens des Hufs zum Fesselstand liegt die Bedeutung für Hufpflege, Hufkorrekturmaßnahmen und die Zubereitung des Hufs zum Hufbeschlag. Der unbeschlagene wie auch der beschlagene Huf werden nicht in gleicher Weise abgenutzt. Die Abnutzung wird von den verschiedensten äußeren Einflüssen bestimmt und ist somit recht vielseitig. Daraus leitet sich die Grundforderung für den Hufbeschlag ab, dass der Huf zum Fesselstand passt bzw. passend gemacht wird; s. Kap. Spezielle Hufpflege und -korrektur (S. 189). Diese zunächst theoretische Forderung wurde zwar durch eingehende Untersuchungen als zutreffend erkannt, jedoch kann ihre Richtigkeit bereits aus einfachen Beobachtungen abgeleitet werden.

Von der Seite gesehen ergibt sich, dass die Natur bereits von sich aus bestrebt ist, den Huf an den Fesselstand anzupassen, denn bei dem durchaus nicht seltenen Vorgang einer allmählich steileren Stellung der Fesselrichtung formt sich der Huf selbsttätig um, s. Umformungshuf (S. 103), und nimmt ebenfalls die entsprechende stumpfere Form an. Hervorgerufen wird diese Eigentümlichkeit durch eine Änderung der Belastungseinwirkung auf die Krone, die als die Bildungsstätte des Wandhorns richtungsgebend für das Hornwachstum ist. Dadurch ändert sich bei einer Verlagerung der Belastungseinwirkung auf den Kronrand die gesamte Hufform entsprechend.

Von vorn bzw. hinten betrachtet ist zu erkennen, dass die Fessellinie senkrecht auf die Kronebene treffen muss, um die statisch günstigste Verteilung der einfallenden Last zu gewährleisten. Allerdings darf hierbei keine Drehung des Hufs vorliegen. Die Fessellinie (S. 154) muss in ihrem weiteren Verlauf zum Boden hin die Mitte der Zehenwand treffen. Sind diese Forderungen erfüllt, so passt der Huf zum Fesselstand. Der Huf darf weder nach innen noch nach außen abweichen. Bei länger anhaltenden Abweichungen von dieser Regel ist mit nachhaltigen krankhaften Veränderungen im Bereich der Zehengelenke und -knochen sowie der Hufknorpel zu rechnen.

Merke

Der Huf eines beschlagenen oder unbeschlagenen Pferdes sollte immer zum Fesselstand passen. Die Erfüllung dieser Bedingung ist beim Zubereiten eines Hufs (S. 191) vordringlich anzustreben.

Als Ausnahme hiervon sind die Verhältnisse bei der **bärenfüßigen Stellung** anzusehen. Hier weicht der Huf mitunter fast rechtwinklig vom Fesselstand ab. Die Brechung der Zehenachse liegt im Hufgelenk. Eine Korrektur darf **nicht** erfolgen.

Auch bei **älteren Pferden**, speziell beim Vorliegen von Huf- oder Gliedmaßenerkrankungen, richtet sich die Hufzubereitung nicht allein nach dem Fesselstand. In diesen Fällen sind andere Theorien zur Hufkorrektur (S. 190) anzuwenden.

6.3.2 Korrektur der Hufstellung

Definition

Von der Seite gesehen **passt** der Huf zum Fesselstand, wenn die verlängerte Fessellinie mit der Zehenlinie des Hufs, also der vorderen Begrenzungslinie des gestreckt verlaufenden Hufrückens (Zehenwand), und der Trachtenlinie – der hinteren Begrenzungslinie der Trachtenwand – in gleicher Richtung verläuft (► **Abb. 6.1**).

Wenn Zehen- und Trachtenlinie schräger verlaufen, ist der Huf **zu spitz gewinkelt** und muss durch keilförmiges Kürzen der vorderen Hufhälfte oder künstliches Erhöhen der Trachtenwände korrigiert werden (► **Abb. 6.1**). Die Korrektur muss grundsätzlich in der Weise ausgeführt werden, dass ein planer Tragrand des Hufs hergestellt wird. Zeigen Zehen- und Trachtenlinie eine steilere Grundrichtung, so ist der Huf **zu stumpf gewinkelt**, d. h., die Trachtenwände sind zu hoch (► **Abb. 6.1**).

Definition

Bei der Beurteilung des Zehenteils der Gliedmaße von vorn passt der Huf zum Fesselstand, wenn die verlängerte Fesselhalbierungslinie die Mitte des Zehentragrands trifft (► **Abb. 6.2**).

Wie bereits erwähnt, wird dieser Punkt dadurch festgelegt, dass man die mittlere Strahlfurche (S. 148) nach vorn verlängert.

Werden diese Bedingungen nicht erfüllt, können grundsätzlich 2 verschiedene Abweichungen vorliegen: Zunächst kann ein **Abweichen des Hufs von der Geraden** (Fessellinie usw.) **nach innen oder außen** vorliegen. Wenn der Huf nach innen abgewichen ist, muss die innere Hufhälfte zu hoch bzw. die äußere zu niedrig sein. Dadurch trifft die Fesselhalbierungslinie von vorn gesehen auf die

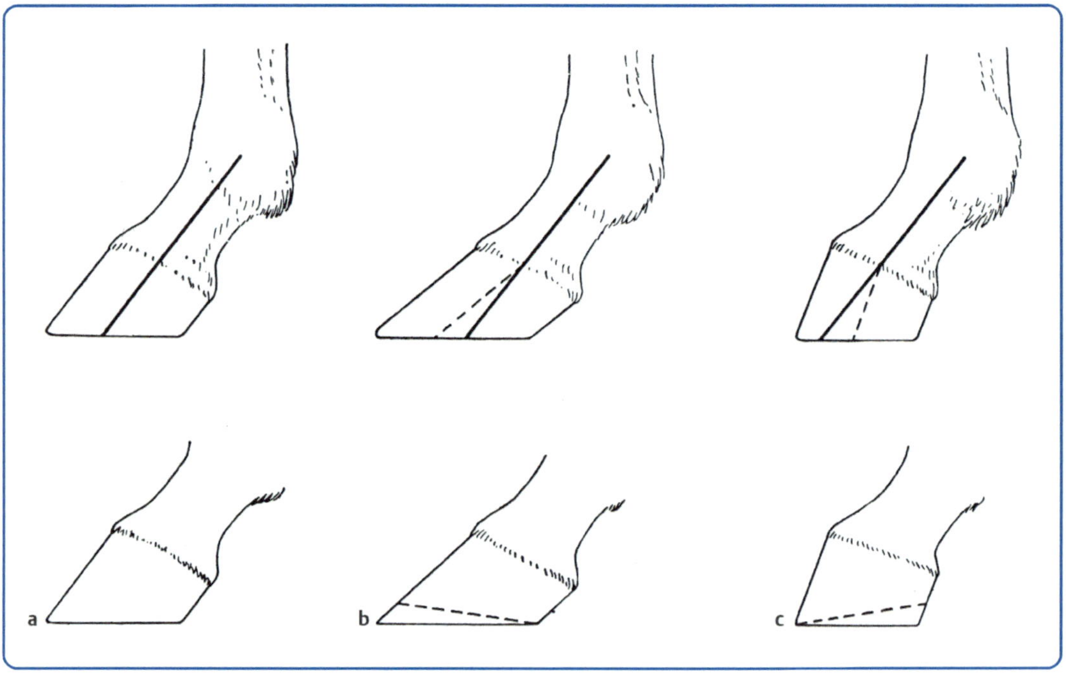

► **Abb. 6.1** Stellung des Hufs zum Fesselstand von der Seite betrachtet. Die jeweiligen Hufkorrekturmaßnahmen sind in den unteren Abbildungen gestrichelt dargestellt. **a** passend, **b** zu spitz, **c** zu stumpf.

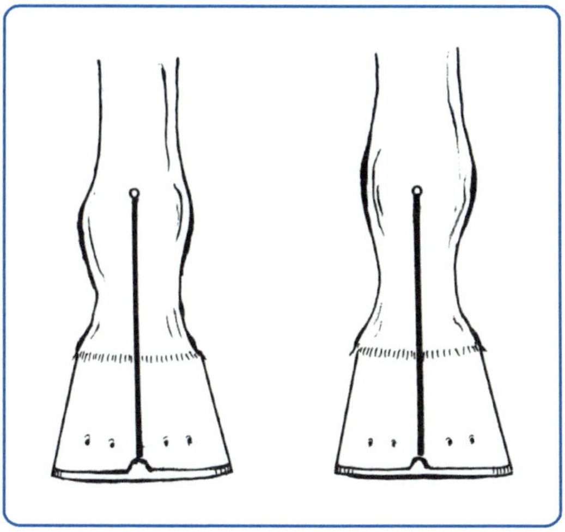

► **Abb. 6.2** Passen des Hufs zum Fesselstand bei Betrachtung von vorn.

äußere Zehenwand (► **Abb. 6.3**). Beim Abweichen der Hufe nach außen sind die Verhältnisse entsprechend umgekehrt (► **Abb. 6.3**).

In vielen Fällen besteht jedoch nicht nur ein einfaches Abweichen der Zehenachse nach innen oder außen, sondern ist dies mit einer **diagonalen Drehung um die Zehenachse** nach innen oder außen verbunden. Die verlängerte Fessellinie fällt dann ebenfalls auf die innere oder äußere Zehenwand.

Der Huf weicht im Allgemeinen nach dem zu langen Abschnitt des Tragrands hin ab. Demnach ist beim Abweichen des Hufs nach innen der **innere Tragrand** oder ein Teil desselben **zu lang** (► **Abb. 6.3**, ► **Abb. 6.4**). Bei hornarmen oder einseitig zu stark abgenutzten Hufen unbeschlagener Pferde ist der **äußere Tragrand** oder ein Teil desselben **zu kurz.**

Umgekehrt ist bei einer Abweichung des Hufs nach außen der **äußere Tragrand** oder ein Teil desselben **zu lang** (► **Abb. 6.3**). Bei unbeschlagenen Pferden ist bei hornarmen oder einseitig zu stark abgenutzten Hufen der **innere Tragrand** oder ein Teil desselben **zu kurz.**

Die Beurteilung der Stellung der Hufe zum Fesselstand kann durch **ungenau passende Hufeisen** oder **einseitig stark abgelaufene Hufeisen** beeinflusst und erschwert werden. Ein Hufeisenteil mit einem zu weit gehaltenen äußeren Rand wirkt wie ein zu langer Tragrandabschnitt, umgekehrt wirkt

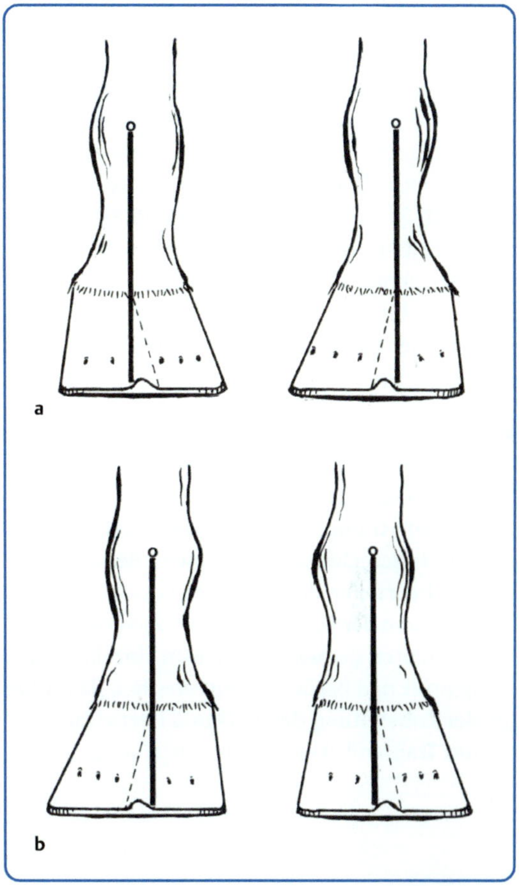

► **Abb. 6.3** Bei Betrachtung von vorn: Nicht zum Fesselstand passende Hufstellung. **a** Die Hufe sind nach innen abgewichen. **b** Die Hufe sind nach außen abgewichen.

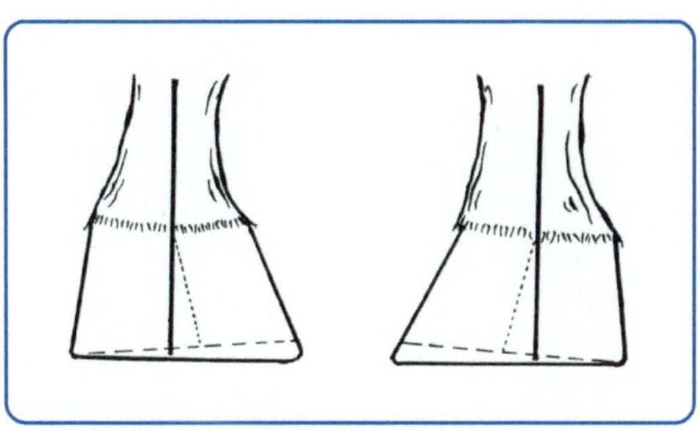

► **Abb. 6.4** Die Hufe passen nicht zum Fesselstand, sie sind von der Fessellinie nach innen abgewichen (punktierte Linie). Eine Hufkorrektur erfolgt durch Kürzen der zu langen inneren Zehenwände (gestrichelte Linie).

ein zu eng gerichtetes Hufeisenteil wie ein zu kurzer Tragrandabschnitt. Extrem einseitig abgelaufene Hufeisenschenkel können den Anschein zu langer oder auch zu kurzer Tragrandabschnitte entstehen lassen. Um in solchen Fällen bei der Zubereitung des Tragrands Fehler zu vermeiden, empfiehlt es sich, die Ermittlung und Beurteilung des Verhaltens des Hufs zum Fesselstand erst nach dem Abnehmen der Hufeisen vorzunehmen und dann ggf. durch keilförmige Unterlagen unter den betreffenden Hufabschnitten die Lage genau zu prüfen.

! Merke

In Anbetracht der vielfältigen Möglichkeiten der vorkommenden Abweichungen müssen, um dem Grundsatz des passenden Fesselstands gerecht zu werden, beim Betrachten und Beurteilen der Hufe zum Fesselstand diese von der Seite wie auch von vorn bzw. von hinten gemeinsam in allen Einzelheiten geprüft und berücksichtigt werden, damit bei der Zubereitung des Hufs und Herrichtung des Tragrands keine Fehler unterlaufen.

Nach der Zubereitung und Herrichtung des Hufs muss sichergestellt sein, dass der belastete Huf mit allen Teilen des Tragrands plan auf dem ebenen Erdboden fußt. Ausnahmen gelten nur für besondere Fälle und bei bestimmten Krankheiten in Verbindung mit orthopädischen Maßnahmen. Wenn im Vorstehenden die Ansicht vertreten wird, dass der Huf beim Zubereiten zum Fesselstand passend zu machen ist, so wurde absichtlich der Ausdruck „es ist anzustreben“ gewählt. Es gibt nämlich Fälle, in denen die Erfüllung dieser Forderung fehlerhaft wäre. So würde eine derartige Korrektur Lahmheiten zur Folge haben, wenn chronische krankhafte Veränderungen wie z. B. eine Krongelenkschale bestehen.

Während die Zubereitung des Hufs passend zum Fesselstand bei regelmäßiger Gliedmaßen- und Fesselstellung bzw. Hufform sehr hilfreich ist, können bei unregelmäßigen Stellungen auch andere Kriterien für die Hufkorrektur (S. 190) zur Anwendung kommen.

7 Das Pferd in der Bewegung

Heinz H. Florian Buchner

Definition
Unter Bewegung versteht man die Ortsveränderung eines Körpers in seiner Umgebung. Dies kann den ganzen Körper umfassen, also eine Bewegung seines Schwerpunkts in einer Richtung, oder die Bewegung einzelner Körperteile, etwa einer Gliedmaße.

7.1 Bewegungsanalyse

Die Bewegung kann grundsätzlich auf 2 verschiedene Weisen untersucht und analysiert werden:

Einerseits kann die sichtbare Bewegung durch das Auge beobachtet oder durch entsprechende technische Hilfsmittel aufgenommen und beschrieben werden. Diese Untersuchung der Bewegung des Körpers oder der verschiedenen Körperteile im Raum wird **Kinematik** genannt. Dabei werden zeitliche Aspekte der Bewegung untersucht, die Bewegung der einzelnen Körperteile in den 3 Richtungen des Raumes (Translation) und die Drehbewegungen der Gelenke (Rotation).

Andererseits können die Kräfte untersucht werden, die zwischen Körper und Umgebung (Boden) wirken, sowie die Kräfte im Inneren des Körpers. Diese Untersuchung wird **Kinetik** genannt. Am Boden können die vertikale Kraft, Vorwärts-Rückwärts-Kräfte und seitliche Kräfte sowie der Druck zwischen Huf und Hufeisen bzw. Boden gemessen werden, im Inneren des Körpers können Zug- und Druckkräfte sowie Drehmomente in Gelenken, Sehnen oder Knochen gemessen bzw. berechnet werden.

Definition
Kinematik beschreibt die Untersuchung der Bewegung des Körpers oder der verschiedenen Körperteile im Raum.
Kinetik beschreibt die Untersuchung der Kräfte, die zwischen Körper und Umgebung wirken, sowie die im Inneren des Körpers wirkenden Kräfte.

Die Faszination der Pferdebewegung hat eine lange Geschichte. Schon im Altertum haben Aristoteles und Xenophon Abhandlungen über die Bewegung der Pferde geschrieben. Schon sehr früh, Ende des 19. Jahrhunderts, wurde die Bewegung auch mit technischen Hilfsmitteln untersucht. Die ersten kinematischen Methoden waren Serien von Fotokameras, um die Fußungsfolge und das Vorhandensein von Schwebephasen festzustellen. Später wurden Filmkameras, Hochfrequenzkameras, Videokameras und optoelektronische Methoden eingesetzt. Selbst der Hufmechanismus wurde bereits 1882 von Bayer und 1919 von Habacher mittels elektrischer Apparaturen nachgewiesen und vermessen. Bei kinetischen Untersuchungen wurden zunächst Waagen und Druckkissen eingesetzt, später kamen Kraftmessplatten, Druckplatten, Kraftmessschuhe, Dehnungsmessstreifen und feine Kraftaufnehmer zum Einsatz.

Mit Hilfe dieser bewegungsanalytischen Methoden konnten sehr viele Charakteristika der Pferdebewegung erforscht werden. Dazu zählen die Kennzeichen der einzelnen Gangarten, die Bewegung des Schwerpunkts sowie die Bewegung der Gliedmaßen und der Hufe. Ebenso kann die Verformung der Hornkapsel, der Hufmechanismus, gemessen und erklärt werden. Des Weiteren wurden die Besonderheiten von Lahmheiten der Pferde mittels der Bewegungsanalyse genau untersucht und sollen hier dargestellt werden.

7.2 Gangarten

Grundsätzlich können beim Pferd 3 Grundgangarten (Schritt, Trab und Galopp) sowie besondere Gangarten, die nicht von allen Rassen beherrscht werden, unterschieden werden. Die Gangarten unterscheiden sich in der Abfolge der Fußungen aller 4 Gliedmaßen, in der Dauer der Stützbein- und Hangbeinphasen jeder Extremität sowie eventueller Schwebephasen.

Die **Stützbeinphase** einer Extremität ist die Phase, in der eine Extremität im Kontakt mit dem Boden ist und den Körper unterstützt. In der **Hangbeinphase** hat der Huf keinen Bodenkontakt und wird nach vorn geführt. Beide Phasen zusammen ergeben den gesamten Bewegungszyklus. Besteht in einer Gangart ein Moment, in dem keine einzige Extremität am Boden ist, also alle 4 Gliedmaßen in einer Hangbeinphase sind, wird dies als **Schwebephase** bezeichnet. Alle Gangarten haben verschieden schnelle Varianten.

Von einer **symmetrischen** Gangart spricht man, wenn rechte und linke Gliedmaße zeitversetzt gleichartig bewegt und belastet werden.

7.2.1 Schritt

Definition

Der Schritt ist eine symmetrische Gangart im Viertakt, bei der jede Gliedmaße einzeln aufgesetzt wird und zwischen den Fußungen der einzelnen Gliedmaßen gleiche Zeitabstände bestehen.

Die jeweilige Hinterextremität ist der gleichseitigen Vorderextremität dabei um einen viertel Bewegungszyklus voraus. Beim Schritt wechseln sagittale Zweibeinstützen (also rechte Vorder- und Hintergliedmaße oder linke Vorder- und Hintergliedmaße) und diagonale Zweibeinstützen (also rechte Hinter- und linke Vordergliedmaße oder linke Hinter- und rechte Vordergliedmaße) einander ab, es gibt weder Schwebephasen noch Einbeinstützen (es sind also immer mindestens 2 Gliedmaßen am Boden).

Beim **starken Schritt** bestehen nur Zweibeinstützen, während sich beim **Mittelschritt** und **versammelten Schritt** zwischen 2 Zweibeinstützen je eine Dreibeinstütze einschiebt.

Beim **Rückwärtstreten** oder Rückwärtsrichten erfolgen wechselweise eine diagonale Zweibeinstütze und Vierbeinstützen.

7.2.2 Trab

Definition

Der Trab ist eine symmetrische Gangart im Zweitakt mit jeweils diagonalen Zweibeinstützen.

Beim **Arbeitstrab** gibt es nur eine kurze oder gar keine Schwebephase zwischen den Stützbeinphasen der beiden Diagonalen. Beim **verstärkten Trab** (Mitteltrab, starker Trab und Renntrab) wird die Hangbeinphase verlängert und die Stützbeinphase eher verkürzt. Daher wird zwischen den diagonalen Stützbeinphasen eine mehr oder weniger lange Schwebephase eingeschoben und damit eine vergrößerte Trittlänge erreicht.

Meist fußen die Hinterextremitäten etwas vor den diagonalen Vorderextremitäten, nur bei langsamem Trab und bei Unsicherheit des Pferdes werden erst die Vorderextremitäten auf den Boden gesetzt. Beim **Renntrab** werden die Hintergliedmaßen außen an den Vordergliedmaßen vorbeigeführt.

Passage und **Piaffe** sind Übungen aus der hohen Schule mit hohem Versammlungsgrad bei langsamem Tempo (Passage) oder fast auf der Stelle (Piaffe).

7.2.3 Galopp

Definition

Der Galopp ist eine nicht symmetrische, schnelle Gangart meist im Drei- oder Viertakt, die entweder als Rechts- oder als Linksgalopp möglich ist.

Je nach Tempo unterscheidet man den **langsameren Galopp** bzw. **Canter** im Dreitakt oder den **schnelleren Galopp** und den **Renngalopp** im Viertakt.

Beim **Rechtsgalopp** beginnt der Bewegungszyklus mit der Fußung der linken Hinterextremität, danach folgt eine diagonale Zweibeinstütze der gegenüberliegenden rechten Hinterextremität und der linken Vorderextremität. Zuletzt fußt die rechte Vorderextremität. Danach folgt eine Schwebephase. Beim **Linksgalopp** gilt die umgekehrte Reihenfolge.

Der **Sprung** ist als besondere Form des Galopps anzusehen, wobei zwischen den beiden Hinterextremitäten und den Vorderextremitäten eine mehr oder weniger lange Schwebephase liegt.

7.2.4 Tölt

Definition

Der Tölt ist eine besondere Gangart mit der gleichen Fußungsfolge wie im Schritt, jedoch in einem höheren Tempo. Er ist also eine symmetrische Gangart im Viertakt mit gleichen Zeitabständen zwischen allen Fußungen.

Im Gegensatz zum Schritt wechseln allerdings Einbein- und Zweibeinstützen ab, daher können 8 Phasen der Unterstützung unterschieden werden. Es tritt keine Schwebephase oder Dreibeinstütze auf, und der Rücken der Pferde zeigt eine geringe seitliche sowie vertikale Bewegung, wodurch diese Gangart wegen der Schonung des Reiters besonders angenehm ist.

Wenn der Viertakt nicht völlig rein ist, können Verschiebungen der einzelnen Gliedmaßenbewegungen zueinander auftreten. Dann kommt es entweder zu einer Verlängerung des diagonalen Zeitabstands (z. B. Zeitdauer zwischen Fußung vorn rechts und Fußung hinten links), also zum **Passtölt**, oder zu einer Verlängerung des sagittalen Zeitabstands, dem **Trabtölt**.

7.2.5 Pass

Definition

Der Pass ist eine symmetrische, laterale Gangart im Zweitakt mit sagittalen Zweibeinstützen.

Es unterstützen also zugleich die linke oder rechte Hinter- und Vordergliedmaße, mit einer Schwebephase unterschiedlicher Dauer zwischen diesen sagittalen Zweibeinstützen. Wie bei allen anderen Gangarten ist der Pass meist nicht völlig rein. Die Hinterextremität fußt dann etwas vor der Vorderextremität. Im **Rennpass** können Geschwindigkeiten bis zu 45 km/h erreicht werden.

7.2.6 Weitere Gangarten

Rasseabhängig wird noch eine Vielzahl besonderer Gangarten beschrieben, die den oben genannten ähnlich sind, z. B. Walk, Slow Gait, Marcha, Running Walk, Rack (American Saddlebred) und Foxtrot (Missouri Foxtrotter).

7.3 Körperschwerpunkt im Stand und in der Bewegung

Sowohl im Stehen als auch in der Bewegung müssen die Gliedmaßen den gesamten Körper tragen, ihm also eine stabile Unterstützung bieten. Dies trifft zu, wenn der Körper mit seinem Schwerpunkt über der Unterstützungsfläche aller Gliedmaßen liegt. Diese Fläche wird durch eine Verbindung der Außenflächen aller 4 Hufe gebildet und ist beim gerade stehenden Pferd i. A. ein Rechteck oder Trapez (▶ **Abb. 7.1**).

Definition

Der Körperschwerpunkt ist der gedachte Mittelpunkt aller Masseanteile des Körpers.

Mittels anatomischer und kinematischer Methoden kann die Position des Körperschwerpunkts sowohl beim stehenden als auch beim bewegten Pferd bestimmt werden. Beim **stehenden Pferd** liegt der Körperschwerpunkt in der Mittellinie, in der Längsachse etwa am tiefsten Punkt der Sattellage (Dornfortsatz des 13. Brustwirbels) und vertikal etwa auf einer Höhe knapp oberhalb des Hüftgelenks (▶ **Abb. 7.1b**). Damit werden die linken und rechten Gliedmaßen gleich belastet, die Vordergliedmaßen etwas mehr (ca. 55 %) als die Hintergliedmaßen (ca. 45 %).

In der Bewegung wird der Körperschwerpunkt relativ ruhig gehalten, die seitlichen und vertikalen Bewegungen sind geringer als die außen sichtbaren Bewegungen des Rumpfes. Dies wird durch teilweise gegenläufige Bewegungen von linker und rechter Gliedmaße oder Kopf, Hals und Rumpf erreicht. Im Schritt schwingt so der Körperschwerpunkt nur etwa 2 cm seitlich hin und her, sowie ebenfalls nur etwa 2 cm auf und ab. Im ruhigen Trab (Arbeitstrab) beträgt die seitliche Auslenkung ebenfalls nur etwa 2 cm und die vertikale Schwingung etwa 5–6 cm.

Die Bewegung des Schwerpunkts ist auch **beim lahmen Pferd** gering, und die Verschiebung in Richtung der gesunden Gliedmaße wurde in seiner Bedeutung für eine Entlastung eines lahmen Beins immer überschätzt. Erst mit modernen bewegungsanalytischen Methoden konnten die Verschiebungen des Körperschwerpunkts auch beim

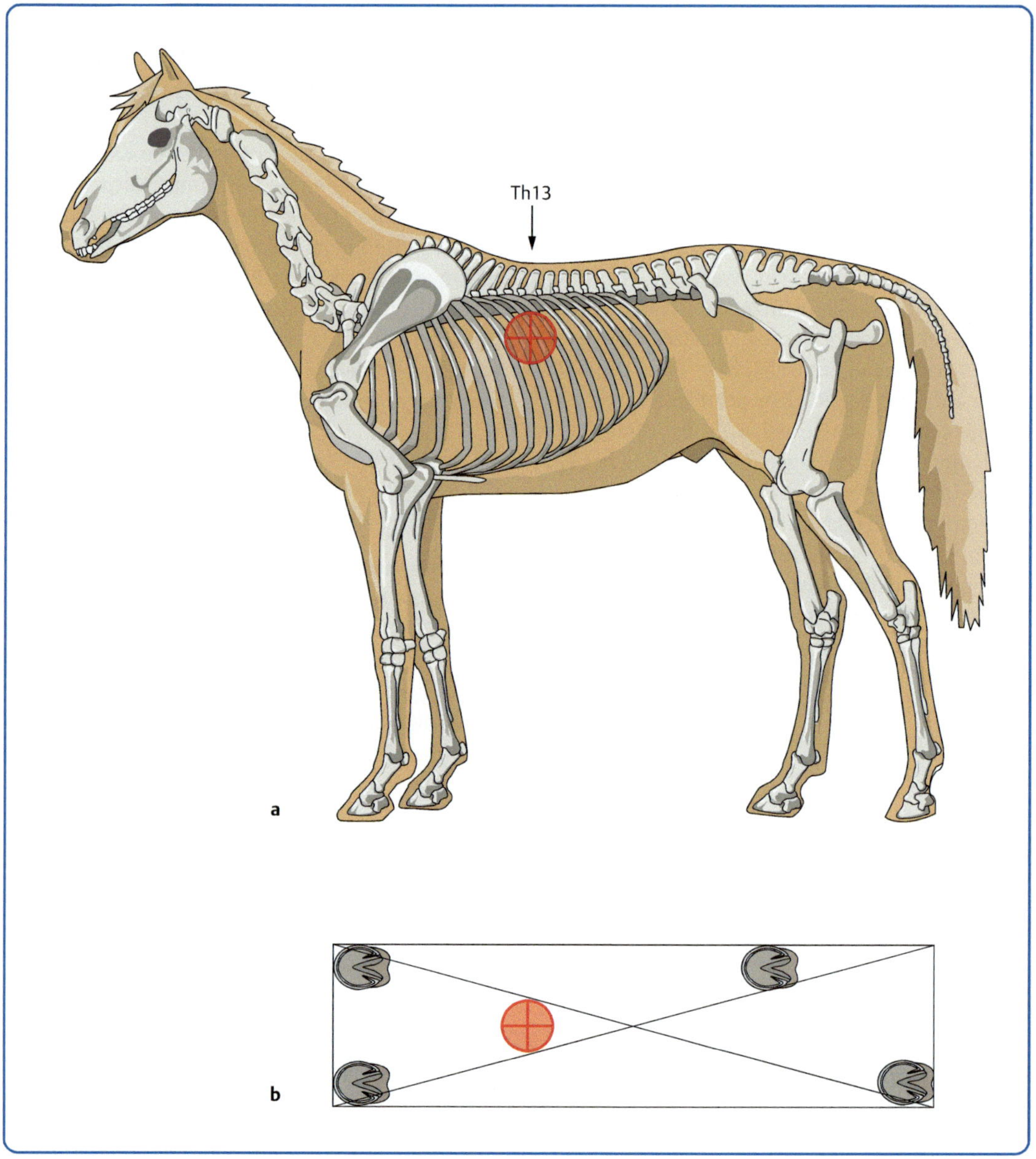

▶ **Abb. 7.1** Die Position des Körperschwerpunkts beim stehenden Pferd (**a**) und die Unterstützungsfläche (**b**).

lahmen Pferd genau bestimmt werden. So beträgt bei einer mittleren Stützbeinlahmheit einer Vorderextremität die Verschiebung des Schwerpunkts nach hinten nur etwa 9 mm. Die dadurch erreichte Entlastung ist im Vergleich zu den Entlastungen, die durch die dynamischen Effekte der veränderten Kopf- und Rumpfbewegung erreicht werden, deutlich geringer (etwa um den Faktor 10).

7.4 Beurteilung des Gangbildes

Vor jedem Beschlag bzw. jeglicher Hufkorrektur ist es essenziell, das Gangbild des Pferdes zu beurteilen. Damit wird nicht nur das individuelle Bewegungsbild erfasst, sondern auch festgestellt, ob eine Lahmheit vor dem Beschlag vorliegt. Ebenso muss nach dem Beschlag das Gangbild kontrolliert werden, um eventuelle Veränderungen des Gangbildes, z. B. durch Vernagelung, sofort festzustellen. Beide Beurteilungen sind im Rahmen der Sorgfaltspflicht und Haftpflicht (S. 328) des Hufbeschlagschmieds von Bedeutung.

Für die Beurteilung des Gangbildes muss das Pferd durch eine Hilfsperson sowohl im Schritt als auch im Trab vorgeführt werden. Das Vorführen sollte auf ebenem, festem Boden auf einer geraden Bahn am lockeren Zügel oder Strick erfolgen. Der Hufbeschlagschmied sollte das Pferd dabei von vorn, von hinten sowie von der Seite begutachten. Bei der Beurteilung des Ganges eines Pferdes muss der Hufbeschlagschmied auf 3 Aspekte achten:

- Vorführbogen jeder Extremität
- Landen bzw. Fußung jedes Hufs am Boden
- Vorhandensein einer Lahmheit

Bei der **Vorwärtsbewegung** wird die Gliedmaße in jeder Gangart nach der Stützbeinphase während der Hangbeinphase nach vorn vorgeführt, um die nächste Stützbeinphase vorzubereiten. Bei dieser zyklischen Bewegung lassen sich am Huf **4 charakteristische Phasen** unterscheiden (► **Abb. 7.2**):

- Vorführphase (Hangbeinphase)
- Landung (Fußung)
- Stützbeinphase mit vollem Bodenkontakt
- Abrollen (Abwickeln, break over) des Hufs

Jede dieser Phasen ist charakterisiert durch besondere Bewegungen, einwirkende Kräfte und Verformungen.

7.4.1 Vorführbogen

Definition

Als Vorführbogen bezeichnet man den Weg des Hufs während der Hangbeinphase, den er nach seinem Abheben beim Nach-vorn-Führen beschreibt.

Der Vorführbogen zeigt je nach Beobachtungsrichtung von vorn oder von der Seite eine charakteristische Form: Von der Seite gesehen wird der Huf zunächst angehoben, erreicht während einer kon-

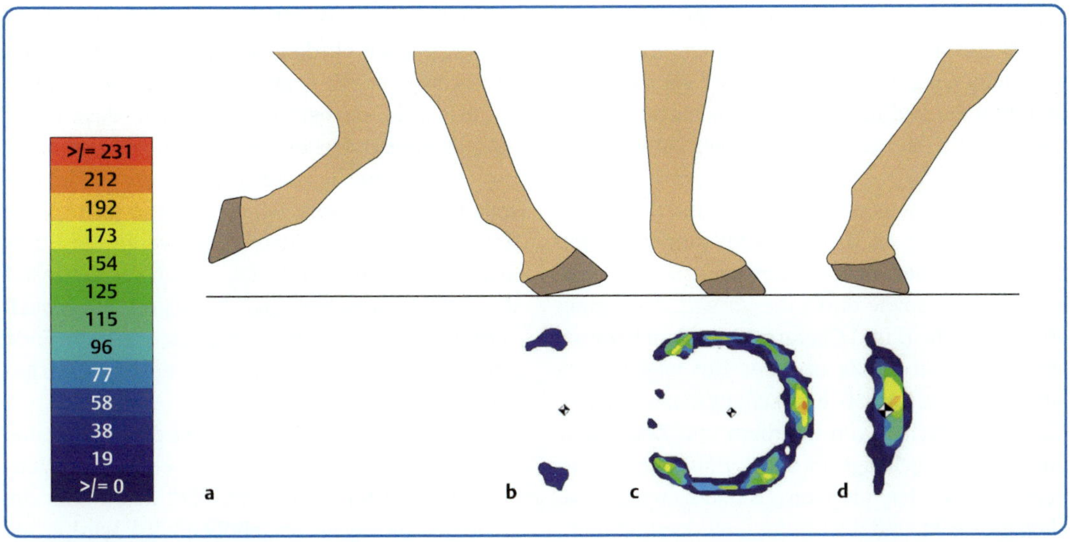

► **Abb. 7.2** Die 4 Phasen der Gliedmaßenbewegung während eines kompletten Bewegungszyklus inklusive Druckverteilungsmuster (Druckmessungen bei einem 5-jährigen lahmheitsfreien Warmblutwallach). Die Untersuchungen erfolgten mit dem HufScan System® (Savecomp Megascan-Hannover). Farbige Druckskala zur Darstellung der verschiedenen Druckwerte (N pro cm²).

a Vorführphase, die Gliedmaße schwebt;

b Landungsphase und Druckverteilungsmuster mit dem Kraftzentrum während der Landung;

c Mitte der Stützbeinphase und Druckverteilungsmuster mit dem Kraftzentrum während der Stützbeinphase mit vollem Bodenkontakt;

d Abrollen (Abwickeln) des Hufs am Ende der Stützbeinphase und Druckverteilungsmuster mit dem Kraftzentrum während der Abrollphase.

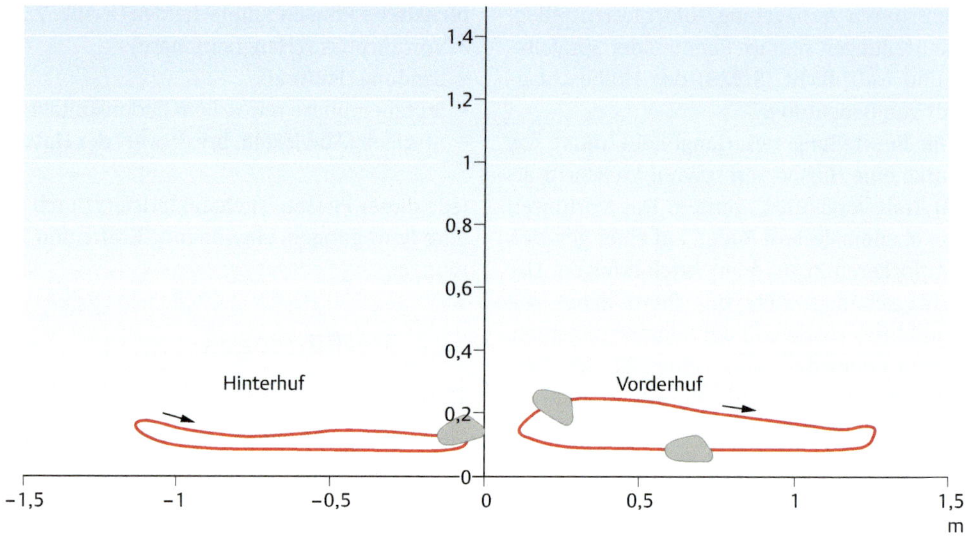

► **Abb. 7.3** Die Vorführbögen von Vorder- und Hinterhuf von der Seite als Kreisbahn auf einem Pferdelaufband bei Bewegung im Schritt.

tinuierlichen Vorwärtsbewegung noch im ersten Drittel des Bogens seinen höchsten Punkt und sinkt dann langsam wieder ab. Kurz vor dem Landen wird der Huf manchmal etwas nach oben gehoben und dann mehr oder weniger betont abgesetzt (► **Abb. 7.3**).

Die Aufwärtsbewegung am Beginn der Hangbeinphase wird an der **Vordergliedmaße** durch das Beugen der oberen Gelenke (Schulter/Ellbogengelenk) sowie durch die Vorwärtsbewegung von Schulterblatt und Oberarm am Rumpf bedingt. Die untere Gliedmaße und der Huf folgen weitgehend passiv. Karpal- und Zehengelenke werden durch die Trägheit von Röhrbein und Zehe mehr oder weniger gebeugt. In der 2. Hälfte der Hangbeinphase werden dann Karpus und Zehengelenke aktiv gestreckt, und die Landung wird vorbereitet.

An der **Hintergliedmaße** werden Hüftgelenk und Kniegelenk in der 1. Hälfte der Hangbeinphase aktiv gebeugt, und das Sprunggelenk beugt synchron durch seine Kopplung an das Kniegelenk; s. Spannbandapparat der Hinterextremität (S. 93). In der 2. Hälfte werden Knie- und Sprunggelenk sowie die Zehen aktiv gestreckt.

Die Form des Vorführbogens wird, anders als früher grafisch oft dargestellt, nur wenig von der Hufform oder Hufwinkelung beeinflusst. Auch konnte nicht nachgewiesen werden, dass durch eine längere Hufzehenwand der Bogen verändert und damit eine längere Schrittlänge sowie womöglich eine bessere Rennleistung erreicht werden kann. Auf der anderen Seite vergrößern derartige spitze Hufe mit langen Zehen die Kräfte auf die tiefe Beugesehne und die damit funktionell verbundenen Strukturen (Hufrolle etc.) am Ende der Stützbeinphase und können dort zu Überbelastungen führen.

Die Höhe des Vorführbogens wird in erster Linie durch das Tempo der Bewegung beeinflusst. Während der Huf im normalen Schritt kaum über die Höhe des Fesselgelenks gehoben wird, wird er bei schnellem Tempo, z. B. im Renntrab, sehr hoch geschleudert, teilweise bis an das Ellbogengelenk (elbow hitting). Des Weiteren spielen rassebedingte Bewegungscharakteristika (Hackney Ponys, Tennessee Walker) und Verhaltensmuster (Aufregung) sowie zusätzliches Gewicht (durch Hufeisen oder Gewichte) eine Rolle. Ein besonders niedriger Vorführbogen kann ein Zeichen für Störungen der oberen Gelenke (Schulter-, Ellbogen- und Karpalgelenk) sein, z. B. bei Schmerzen in der Beugung.

Von vorn betrachtet wird der Huf einer **regelmäßig gebauten Gliedmaße** gerade „auf der Linie" vorgeführt (▶ Abb. 7.4).

Bei **bodenenger**, **o-beiniger** oder **zehenenger Stellung** wird der Huf meist erst nach außen geführt, um die stützende Gliedmaße herum und wieder nach innen zur Fußung. Der Huf wird also innen-außen-innen vorgeführt, was man als **Bügeln** bezeichnet (▶ Abb. 7.5).

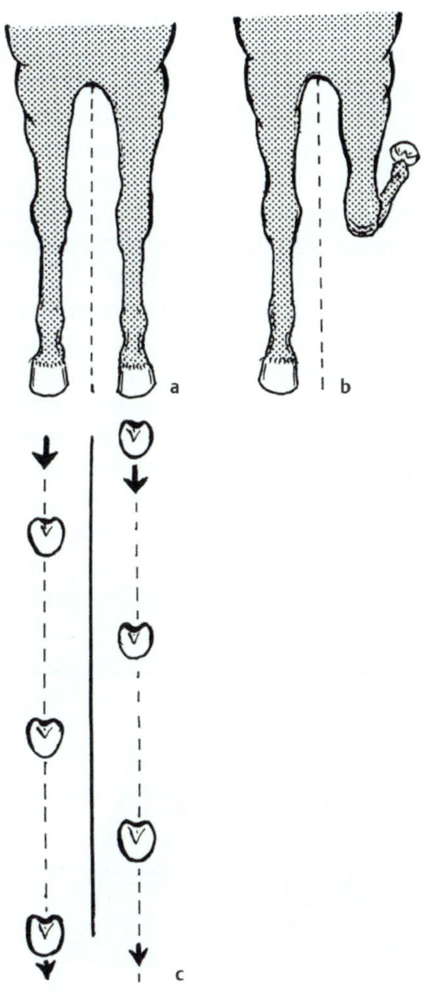

▶ **Abb. 7.4** Bewegungsablauf der Vordergliedmaßen bei regelmäßiger Stellung von vorn betrachtet: „auf der Linie". **a** im Stand, **b** Vorwärtsschwingen der linken Vordergliedmaße, **c** Auftritte und Bewegungslinien der Hufe.

Bei **bodenweiter, x-beiniger** oder **zehenweiter Stellung** wird der Huf meist erst nach innen vorgeführt, knapp an der stützenden Gliedmaße vorbei und wieder nach außen zur Fußung. Der Huf wird also außen-innen-außen vorgeführt, was man als **Paddeln** bezeichnet (▶ Abb. 7.6).

Oft werden aber unregelmäßige Hufbewegungen festgestellt, die von den oben genannten Vorführbögen abweichen und auf komplizierten Stellungsabweichungen beruhen. Gravierende Abweichungen vom normalen Vorführbogen können zu Verletzungen führen und werden als Störungen des Vorführbogens (Gangfehler, Interferenzen) bezeichnet. Dazu gehören das Streichen (S. 242), das Greifen (S. 244) und der schleifende Gang (S. 246).

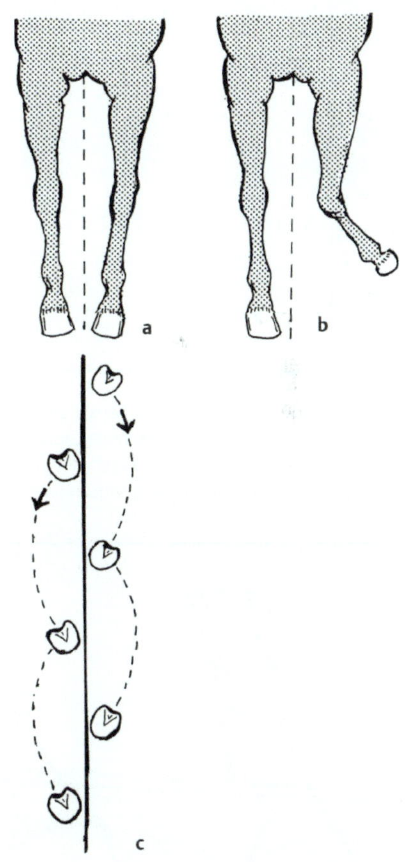

▶ **Abb. 7.5** Bewegungsablauf der Vordergliedmaßen bei bodenenger Stellung von vorn betrachtet: „innen-außen-innen". **a** im Stand, **b** Vorwärtsschwingen der linken Vordergliedmaße, **c** Auftritte und Bewegungslinien der Hufe.

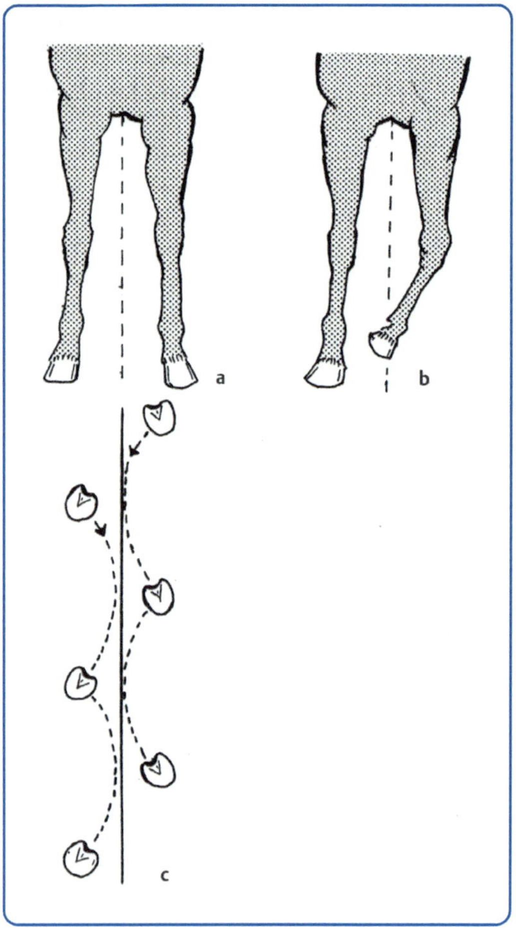

▶ **Abb. 7.6** Bewegungsablauf der Vordergliedmaßen bei bodenweiter Stellung von vorn betrachtet: „außen-innen-außen“. **a** im Stand, **b** Vorwärtsschwingen der linken Vordergliedmaße, **c** Auftritte und Bewegungslinien der Hufe.

7.4.2 Landung (Fußung)

Nach der Vorführphase erfolgt die Landung oder Fußung des Hufs. Diese Landungsphase ist meist kurz und umfasst den Zeitraum vom ersten Bodenkontakt bis zum vollen Kontakt des gesamten Tragrands mit dem Boden. Im Idealfall setzen alle Teile des Tragrands zugleich am Boden auf, dann wird dies als **plane Fußung** bezeichnet.

Meist aber berühren einzelne Teile des Hufs vor den anderen den Boden, und der Huf klappt dann erst anschließend mit dem übrigen Tragrand auf den Boden. Je nachdem, welcher Teil zuerst den Boden berührt, unterscheiden wir die **Trachtenfußung**, eine innere oder äußere **Trachten- oder Seitenfußung** und eine **Dorsal- oder Zehenspitzenfußung** (▶ Abb. 7.7).

Eine plane Fußung ist eher bei langsamem Tempo zu beobachten, während bei schnellerem Tempo meist eine Trachtenfußung auftritt. Abweichungen zu einer seitlichen oder Zehenfußung sind meist auf Stellungsfehler oder Schmerzhaftigkeiten bei der Fußung zurückzuführen.

Bei der Fußung wirken große Kräfte auf den Huf, die sich als **Fußungserschütterung** (impact peak) am Hornschuh zeigen. Diese können mit Beschleunigungsaufnehmern (Akzelerometern) genau bestimmt werden. Die Größe dieser Erschütterung sowie Frequenz und Dauer der bewirkten Vibrationen hängen von der Bodenbeschaffenheit und einem eventuellen Beschlag ab. Diese Vibration am Hornschuh wird in abgeschwächter Form auf das Hufbein sowie weiter in der Zehe nach oben

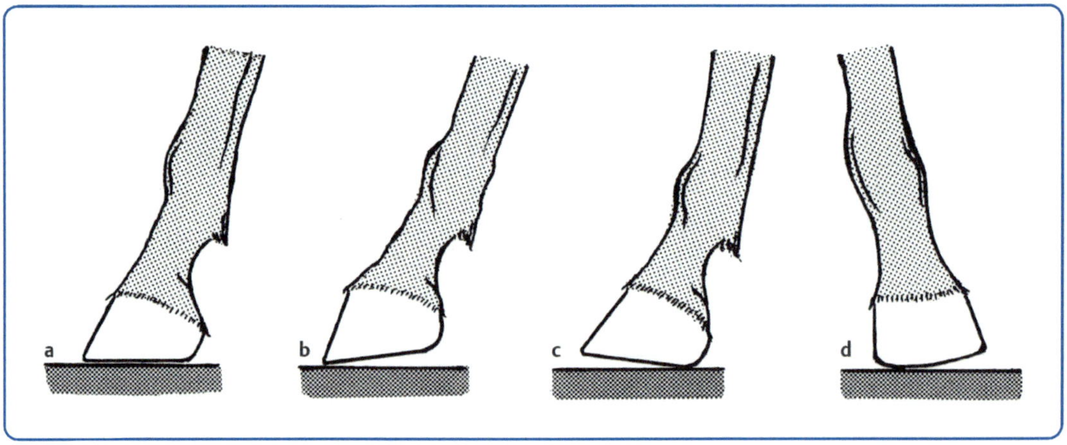

▶ **Abb. 7.7** Verschiedene Fußungstypen der Hufe: **a** plane Fußung, **b** Zehenspitzenfußung, **c** Trachtenfußung, **d** Fußung mit der inneren oder äußeren Seitenwand.

geleitet und belastet die Gelenke. Des Weiteren können unregelmäßige, schiefe Belastungen bei seitlicher Fußung auf Dauer zu Erkrankungen (Arthrosen) der Zehengelenke führen.

Mit der Landung beginnt auch eine **Gleitphase** des Hufs, die stark von Hufoberfläche (Beschlag) und Bodenbeschaffenheit sowie dem Tempo des Pferdes abhängig ist. Die Gleitphase kann innerhalb der Landungsphase beendet sein, sich aber auch in die eigentliche Stützbeinphase mit vollem Huf-Boden-Kontakt erstrecken. Über die Bedeutung einer kürzeren oder längeren Gleitphase für die Gesundheit von Huf und Gliedmaße gibt es keine wissenschaftlichen Erkenntnisse.

7.4.3 Stützbeinphase

Nach vollständiger Fußung des gesamten Tragrands bzw. von Sohle und Strahl wird der Huf während der Stützbeinphase einerseits vertikal belastet und andererseits Brems- und Beschleunigungskräften ausgesetzt. Die vertikale Kraft steigt bis etwa in die Mitte der Stützbeinphase bis zu einem Maximum an, um dann in der 2. Hälfte der Stützbeinphase wieder abzusinken (▶ **Abb. 7.8**). Im Trab wird diese maximale vertikale Kraft bei senkrechtem Röhrbein und maximalem Überstrecken im Fesselgelenk erreicht. Im Schritt wird das Maximum bereits kurz vor der Mitte der Stützbeinphase erreicht, dem ein 2. Gipfel kurz nach der Mitte folgt (▶ **Abb. 7.8**).

In der Bewegungsrichtung wirkt am Huf in der 1. Hälfte der Stützbeinphase eine bremsende Kraft (Bremsphase mit negativer Kraft), um dann in der Mitte über einen Moment ohne Krafteinwirkung zu einer beschleunigenden Kraft zu wechseln (▶ **Abb. 7.9**) (Beschleunigungs- oder Stemmphase). Seitliche Kräfte sind wesentlich geringer und spielen nur bei unregelmäßiger Gliedmaßenstellung sowie bei der Kurvenbewegung eine Rolle.

Alle in der Stützbeinphase beschriebenen Kräfte bewirken am Huf eine Verformung, die als Hufmechanismus (S. 170) bezeichnet wird. Aufgrund der elastischen Eigenschaften des Hornschuhs kehrt der Huf am Ende der Stützbeinphase nach Abklingen aller Kräfte wieder in seine Ruheform zurück.

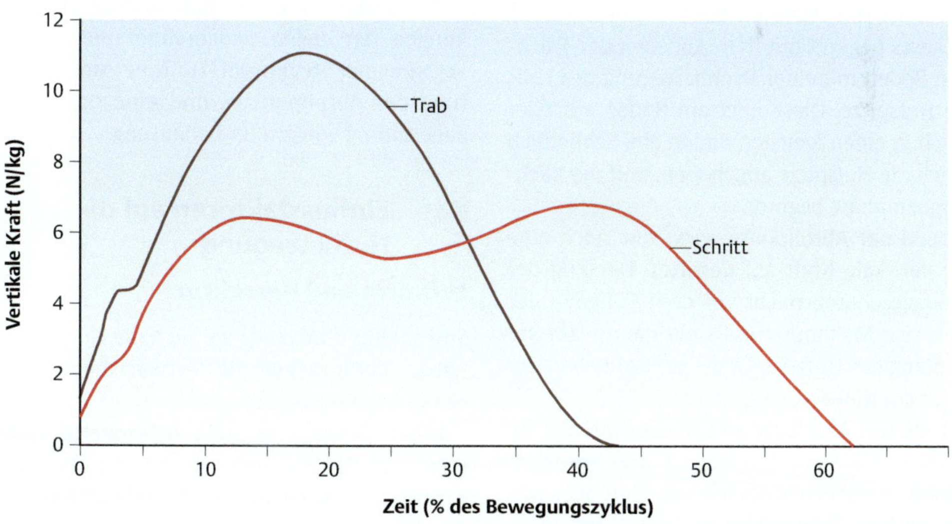

▶ **Abb. 7.8** Verlauf der vertikalen Kraft am Boden eines Pferdes im Schritt und im Trab während der Stützbeinphase. Diese dauert im Schritt etwa gut 60 % des gesamten Bewegungszyklus, im Trab nur etwas unter 50 % des Zyklus. Die vertikale Kraft ist auf die Masse des Pferdes standardisiert, d. h., für ein 500 kg schweres Pferd müssen die Werte mit 500 multipliziert werden, um die effektive vertikale Kraft zu erhalten.

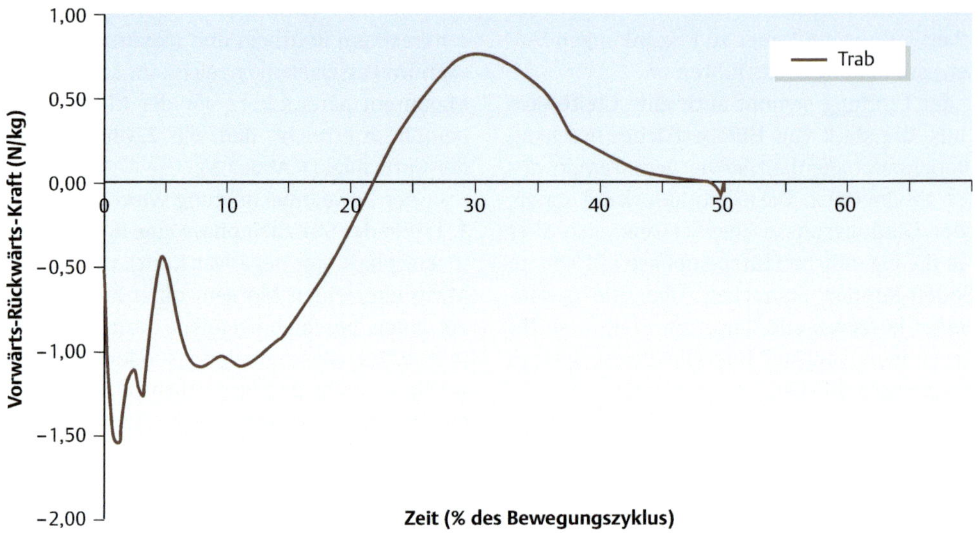

▶ **Abb. 7.9** Vorwärts-Rückwärts-Kraft am Boden bei einem Pferd im Trab während der Stützbeinphase. Die Kraft ist auf die Masse des Pferdes standardisiert, d. h. für ein 500 kg schweres Pferd müssen die Werte mit 500 multipliziert werden, um die effektive Vorwärts-Rückwärts-Kraft zu erhalten.

7.4.4 Abrollen

Die 4. Phase der Hufbewegung am Ende der Stützbeinphase ist das Abrollen oder Abfußen (break over). Dieses beginnt mit dem Abheben der Trachten vom Boden mit einer Drehbewegung des Hufs um die Hufspitze. Diese liegt am Boden auf oder gräbt sich in einen weichen Boden ein. Schließlich wird auch die Hufspitze abgehoben, und die nächste Hangbeinphase beginnt.

Während der Abrollphase wirkt nur noch eine geringe vertikale Kraft auf den Huf. Der Zug der tiefen Beugesehne erreicht vor dem Abheben der Trachten sein Maximum und sinkt dann während der Beugung des Hufgelenks bis zum Abheben der Hufspitze auf Null ab.

Während des Abrollens wirken die Bodenkräfte am Zehentragrand auf den Huf ein und bewirken dort einen vermehrten Abrieb von Hufhorn, was als **angelaufene Zehenrichtung** bezeichnet wird. Diese liegt je nach Stellung von Gliedmaße und Zehe genau vorn oder mehr oder weniger seitlich versetzt. Lange, spitze Hufe verzögern das Abrollen. Kurze, steile Hufe sowie eine deutliche Zehenrichtung erleichtern das Abrollen und verringern so die Kräfte in der tiefen Beugesehne am Ende der Stützbeinphase.

Zur Vorbeugung und Behandlung von Erkrankungen der tiefen Beugesehne und funktionell verbundener Strukturen (Hufrolle) sind die Beachtung des Abrollpunktes und eine optimale Hufzubereitung von großer Bedeutung.

7.4.5 Einflussfaktoren auf die Hufbewegung

Hufform und Korrektur

Sowohl die Winkelung als auch die Länge des Hufs haben Einfluss auf die Vorwärtsbewegung des Hufs im Bewegungsablauf.

Lange Zehen und **spitz gewinkelte Hufe** erschweren das Abrollen (Abwickeln) über den Zehentragrand am Ende der Stützbeinphase. Durch den längeren Hebelarm der langen Zehe wird das Abrollen zeitlich verzögert und bedarf einer größeren Zugkraft der tiefen Beugesehne. Trotzdem werden dadurch die Höhe des Vorführbogens und die Schrittlänge kaum verändert.

Umgekehrt ist bei **stumpf gewinkelten Hufen** das Abrollen leichter. Mit einer Zehenrichtung, also dem Abschrägen des Zehentragrands, wird das Abrollen ebenfalls durch eine Verkürzung des Hebelarms erleichtert. Diese Zehenrichtung sollte daher bei jeder Hufkorrektur, ähnlich der angelaufenen Zehenrichtung, angebracht werden.

Hufbeschlag

Die Form des Hufeisens am Zehenteil (auch als Schuss bezeichnet) hat ähnliche Bedeutung für das Abrollen des Hufs wie die Zehenrichtung beim Barhuf. Eine **Zehenrichtung** kann mit Hufeisen mit verschiedenen Methoden erreicht werden:

- Hufeisen mit abgeschrägter, angeschliffener Zehenrichtung (rolled toe)
- angeschmiedete, angebogene Zehenrichtung (rocker toe)
- gerader Zehenteil (square toe)
- umgekehrtes Hufeisen (open toe shoe)
- Natural Balance Shoe (NBS): gerades Zehenteil mit abgerundeten Kanten und weit zurück gesetzte Position am Huf

Alle diese Maßnahmen erleichtern und beschleunigen das Abrollen und verringern damit die maximale Kraft in der tiefen Beugesehne, ohne die Schrittlänge zu verändern.

Umgekehrt erschwert ein **nach vorn verlängertes Zehenteil** das Abrollen. Dies kann bei Bockhufen oder Sehnenstelzfüßen als orthopädischer Beschlag eine notwendige zusätzliche Maßnahme zur allgemeinen und chirurgischen Therapie darstellen.

Veränderungen der Länge und Form der Hufeisenschenkel können die Landung beeinflussen und damit den Vorführbogen verändern. **Verlängerte Schenkel** führen bei der Landung zu einem früheren Bodenkontakt und damit zu einer kürzeren Hangbeinphase und Schrittlänge. Dies kann bei Pferden, bei denen die Hinterhufe an die Vorderhufe schlagen, s. „Greifen“ (S. 244), günstig sein. Des Weiteren verhindern verlängerte Schenkel oder **Eierhufeisen** ein Einsinken der hinteren Hufpartien in einen weichen Boden und damit eine Überstreckung im Hufgelenk sowie eine starke Belastung der tiefen Beugesehne bzw. Hufrolle.

Werden einzelne Schenkelenden ausgeschmiedet und zu einem Ausleger, dem sog. **Trailer**, nach außen gebogen, so führen sie zu einem frühzeitigen einseitigen Bodenkontakt und damit einer gewissen Drehbewegung bei der Landung. Einsatzbereiche ergeben sich z. B. bei Trabern. Es muss aber darauf hingewiesen werden, dass aus einem Beschlag mit Trailer eine erhöhte Verletzungsgefahr und Gelenkbelastung resultieren können.

Verdickte Schenkelenden oder eingelegte **Keile** bewirken ähnliche Veränderungen der Kräfte in der Zehe und beim Abrollen wie eine entsprechende Hufform. Durch verdickte Schenkelenden wird also wie bei stumpf gewinkelten Hufen das Abrollen erleichtert und die maximale Kraft in der tiefen Beugesehne verringert.

Neben diesen allgemeingültigen Mechanismen bei der Einwirkung veränderter Hufeisenanteile auf die Hufbewegung zeigen verschiedene Studien eine hohe Individualität der Pferde in ihrer Hufbewegung, ähnlich Fingerabdrücken, und wirken die beschriebenen Einflüsse durch einen (orthopädischen) Beschlag ebenso in sehr unterschiedlichem Ausmaß. Jegliche Korrektur der Hufbewegung bedarf daher einer genauen individuellen Begutachtung der Hufbewegung vor und nach dem Beschlag, um das gewünschte Resultat sicherzustellen.

Gewicht

Jedes Hufeisen, insbesondere solche mit zusätzlichem Gewicht, vergrößern die Masse und das Trägheitsmoment des Huf-Hufeisen-Komplexes. Dies bewirkt einen erhöhten Kraftaufwand beim Abheben des Hufs zu Beginn der Hangbeinphase. Ist der schwerere Huf einmal angehoben und in Bewegung, führt die größere Trägheit des Hufs bei der Vorwärtsbewegung der Gliedmaße zu einer vermehrten passiven Beugung von Fessel und Karpalgelenk und damit zu einem **höheren Vorführbogen**. Dies ist ein beabsichtigter Effekt bei Gangpferden (Tennessee Walker) oder bestimmten Wagenpferden (Hackney-Ponys), um einen animierten Gang darzustellen. Die Länge des Vorführbogens wird jedoch genauso wenig wie die Geschwindigkeit des Pferdes verändert. Mit der zusätzlichen Höhe des Vorführbogens verlängert sich die Dauer der Hangbeinphase auf Kosten der Stützbeinphase. Besondere Beschläge mit zusätzlichem Gewicht sind aufgrund eines erhöhten Kraftaufwands sowie der Verletzungsgefahr durch die unnatürliche Aktion der Gliedmaßen kritisch zu sehen. Das Gewicht der Hufeisen wirkt sich auch aufgrund der exponierten Lage deutlich auf den Energiehaushalt des Pferdes aus, leichte Materialien vermindern dagegen seinen Kraft- und Energieaufwand.

7.4.6 Störungen des Vorführbogens

Während des Vorführens des Hufs in der Hangbeinphase kann es zu verschiedenen Problemen durch ein Anschlagen des vorführenden Hufs kommen, die teilweise mittels Hufbeschlag verbessert werden können, oder auf die ein Beschlag zur Verhinderung von Verletzungen Rücksicht nehmen muss. Zu diesen Störungen des Vorführbogens (S. 242) zählen:

- Streichen (S. 242)
- Greifen (S. 244)
- schleifender Gang (S. 246)

Merke

Insbesondere der schleifende Gang muss immer als Symptom einer orthopädischen Erkrankung angesehen werden. Hier sind zunächst eine orthopädische Untersuchung und Behandlung anzustreben.

7.5 Hufmechanismus

Der Huf bzw. die Hufkapsel dient als Verbindungsglied zwischen dem Boden und dem Körper des Pferdes. Der Hornschuh überträgt die Körperlast auf den Boden und wird dabei durch die einwirkenden Kräfte verformt.

Definition

Als Hufmechanismus bezeichnet man die Formveränderungen des Hornschuhs bei der Be- und Entlastung des Hufs.

Die Verformung von Huf und Hornschuh ist möglich, da diese keine starren Strukturen sind, sondern aus verschiedenen **elastischen Elementen** bestehen. Durch diese Elastizität ist bei Krafteinwirkung eine Verformung möglich sowie bei der Beendigung der Krafteinwirkung die Wiederherstellung der ursprünglichen Form. Zu den elastischen Elementen zählen einerseits außen der Hornschuh mit seiner charakteristischen konusartigen Form selbst, andererseits innere Strukturen wie der Hufbeinträger (S. 121) und besondere elastische Strukturen wie der Hufknorpel und das Strahlpolster.

7.5.1 Auf den Huf einwirkende Kräfte

Auf den Huf wirken sowohl im Stehen als auch in der Bewegung verschiedene Kräfte ein. Schon bei ruhigem Stehen bewirkt die Schwerkraft eine vertikale Belastung, die von der Masse des Pferdes (und des Reiters) abhängig ist. Andererseits wirken durch die Bewegung des Pferdes zusätzliche Kräfte auf den Huf ein. Dies sind die vertikalen Kräfte beim Anheben des Körpers, die bremsenden oder beschleunigenden (Vorwärts-/Rückwärts-) Kräfte sowie geringe Seitwärtskräfte, die bereits im Kap. Beurteilung des Gangbildes (S. 162) beschrieben wurden. Alle diese Kräfte werden über das Knochenskelett und die Sehnen letztendlich auf Kron- und Hufbein übertragen und über deren Verbindung mit dem Hornschuh auf den Boden.

Die auf den Huf einwirkenden Kräfte werden mechanisch durch ihre Größe, ihre Richtung und ihren Angriffspunkt charakterisiert. Zur Illustration kann die Summe dieser Kräfte als Kraftvektor dargestellt werden, wobei der Ursprung dieses Vektors als **Kraftangriffspunkt** am Huf bezeichnet wird (▸ **Abb. 7.10**). Größe, Richtung und Angriffspunkt des Vektors ändern sich im Verlauf der Landung, der Stützbeinphase und des Abrollens.

Bei der **Landung** liegt der Kraftangriffspunkt an der ersten Kontaktfläche, z. B. den Trachten. Die horizontale Kraft wirkt bremsend (nach hinten gerichtet), die vertikale Kraft ist noch klein. Daher ist der resultierende Kraftvektor klein und schräg nach hinten gerichtet (▸ **Abb. 7.10a**).

Während der Stützbeinphase mit vollem Huf-Boden-Kontakt liegt der Kraftangriffspunkt etwa knapp hinter der Strahlspitze bzw. knapp vor dem Lot des Hufgelenkdrehpunkts. In der **Mitte der Stützbeinphase** ist einerseits die horizontale Kraft gleich Null, es wirkt also weder ein Bremsen noch

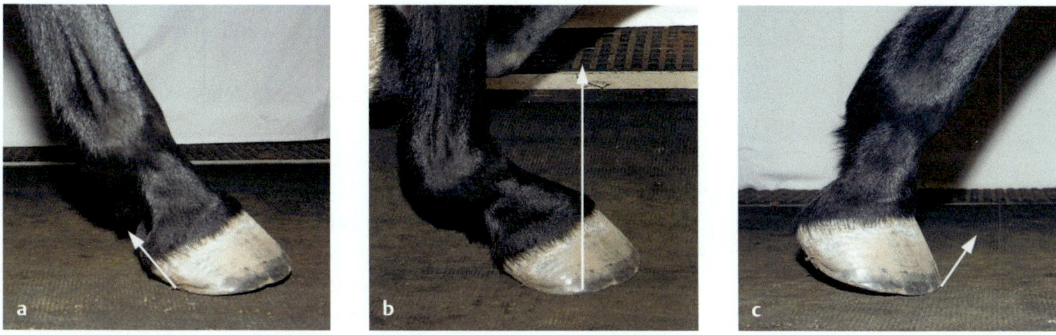

► **Abb. 7.10** Der Kraftvektor der Bodenreaktionskräfte in den verschiedenen Momenten der Stützbeinphase.
a Landung. (Quelle: Dr. M. Bernkopf)
b Mitte der Stützbeinphase. (Quelle: Dr. M. Bernkopf)
c Abrollen. (Quelle: Dr. M. Bernkopf)

ein Beschleunigen. Andererseits ist die vertikale Kraft maximal und daher der Kraftvektor groß sowie vertikal orientiert (► **Abb. 7.10b**).

Gegen Ende der Stützbeinphase im Augenblick des Abstemmens wandert der Kraftangriffspunkt Richtung Hufspitze und liegt beim **Abrollen** genau an der Hufspitze. Der Vektor wird aufgrund der abnehmenden vertikalen Kraft wieder kleiner und ist aufgrund der beschleunigenden horizontalen Kraft schräg nach vorn gerichtet (► **Abb. 7.10c**).

Die auf das Hufbein wirkenden Kräfte werden nicht einfach als Druckkraft weiter nach unten auf die Hornkapsel weitergeleitet, wie vom Fuß des Menschen auf einen Schuh. Vielmehr ist das Hufbein über ein komplexes Fasergeflecht, den **Hufbeinträger** (S. 121) in der Hornkapsel fixiert und gleichsam aufgehängt. Ähnlich wie bei der Aufhängung in einem Speichenrad wird die vertikale Druckkraft also in eine Zugkraft in den Fasern des Hufbeinträgers umgeleitet. Entsprechend der Kraftrichtung sind diese Fasern vorwiegend vertikal zwischen Hornkapsel und Hufbein orientiert, aber auch zusätzlich schräg entsprechend den Richtungen der horizontalen Kräfte. Der Hauptteil der Körperlast wird also mittels des Hufbeinträgers als **Zugkraft** auf die Hornkapsel übertragen. Ein kleiner Teil der Körperlast wirkt über die Bewegung des Kronbeins nach unten (bei Beugung des Hufgelenks). Die durch die Drehung im Hufgelenk bedingte Abwärtsbewegung bewirkt einerseits eine seitliche Druckkraft auf die Krone und die Hufknorpel, welche dadurch nach außen gedrängt werden. Andererseits drücken das Kronbein und in geringem Ausmaß auch das Strahlbein auf die tiefe Beugesehne und weiter auf das Strahlpolster, welche nach unten gedrängt werden. Die Summe aller Zug- und Druckkräfte auf die Hornkapsel bewirkt nun bei einem festen Bodenkontakt charakteristische Formveränderungen, die als Hufmechanismus bezeichnet werden.

7.5.2 Verformung des Hufs

Grundsätzlich kann bei Belastung des Hufes eine typische Verformung der Hornkapsel beschrieben werden. Diese kann zwar durch eine Vielzahl von Faktoren (S. 173) beeinflusst werden, äußert sich jedoch in den verschiedenen Bereichen der Hornkapsel in typischen Bewegungen:

Zehenwand und Teile der Seitenwand

Während der Stützbeinphase wird durch den Zug des Hufbeins am Hufbeinträger nach unten der korrespondierende Wandanteil nach unten gezogen. Da die Wand selbst nur gering in der Richtung der Hornröhrchen komprimierbar ist, neigt sie sich entsprechend ihrer Winkelung zum Boden um die Hufspitze herum nach hinten und unten. Diese Bewegung nach „innen" ist am Kronrand der Zehenwand am größten und beträgt dort bis zu 1,5 mm. Sie wird nach unten immer kleiner und verringert sich zum Tragrand hin gegen Null. Auch nach hinten nimmt diese Innenbewegung ab und endet etwa an der weitesten Stelle (von vorn gesehen) des Hufs (► **Abb. 7.11**).

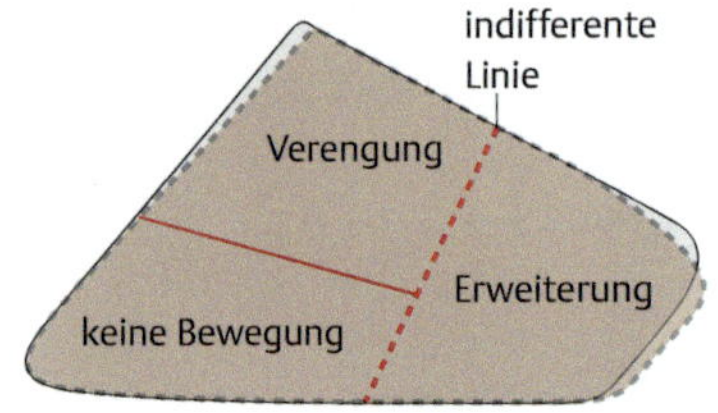

▶ **Abb. 7.11** Der Hufmechanismus (Schema): Bereiche am Huf mit Bewegung nach innen (Verengung), nach außen (Erweiterung) oder keiner Bewegung bei Be- und Entlastung.

Hintere Seitenwand und Trachtenwand

Hinter der weitesten Stelle des Kronrands zeigt die Hornkapsel bei der Absenkung des Kronbeins eine Erweiterung, und der Kronrand der Trachtenwand sowie die Ballen bewegen sich nach außen. Der Abstand zwischen den Ballen wird also weiter.

Sohle und Strahl

Durch die Drehbewegung des Hufbeins nach hinten-unten sowie die Abwärtsbewegung des Kronbeins senken sich die Sohle und der Strahl gegen den Boden und die Sohlenwölbung wird etwas flacher. Mit der Abflachung der Sohle geht auch eine Erweiterung des Tragrands hinter der weitesten Stelle des Hufs einher und der Trachtentragrand bewegt sich, wie der Trachtenkronrand, nach außen (▶ **Abb. 7.12**).

An der gesamten Hufwand sehen wir also Bereiche mit:

- einer Verengung: obere Zehen- und vordere Seitenwand
- einer Erweiterung: hintere Seiten- und Trachtenwand
- wenig oder keiner Bewegung: untere vordere Wandanteile sowie der Übergangsbereich zwischen dem enger und dem weiter werdenden Teil der Seitenwand

Definition

Der Übergangsbereich ohne Bewegung wird auch als indifferente Linie bezeichnet und liegt etwa auf der Verbindungslinie zwischen dem weitesten Teil des Kronrands und dem weitesten Teil des Tragrands.

Merke

Die indifferente Linie verläuft nicht parallel zu den Hornröhren der Wand, sondern ist steiler und dient dem Hufbeschlagschmied als Orientierung für den Beschlag. Da vor dieser Linie kaum Bewegung in der unteren Hornwand auftritt, dahinter aber eine mit jeder Belastung auftretende Auswärts- und Einwärtsbewegung erfolgt, dürfen nur im Bereich vor der indifferenten Linie Hufnägel gesetzt oder Aufzüge angebracht werden. Nägel oder Aufzüge hinter der indifferenten Linie würden die Bewegung der Hornkapsel in den Trachten einschränken und zu starken Spannungen in der Hornwand und den Nägeln führen.

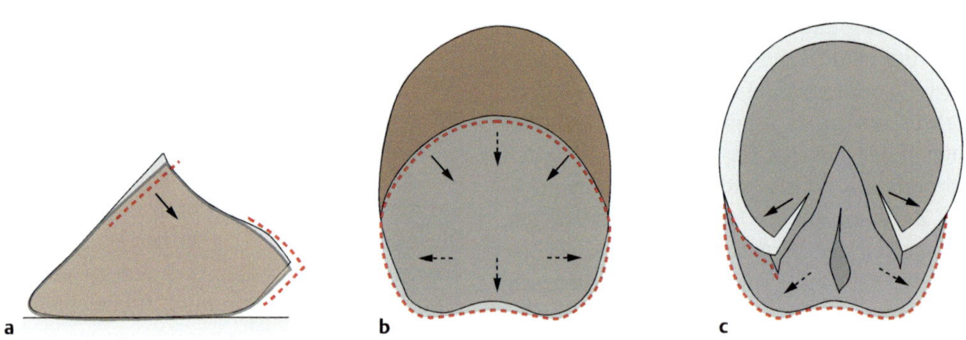

▶ **Abb. 7.12** Formveränderungen der Hufkapsel beim Hufmechanismus. Die rot gestrichelt umrandeten bzw. hellgrauen Flächen bedeuten die veränderte Hufform bei Belastung. Die Pfeile kennzeichnen die Bewegungsrichtung bei Belastung. Hufkapsel (a) von der Seite, (b) von oben und (c) von unten gesehen.

7.5.3 Einflussfaktoren

Die typische Verformung der Hornkapsel wird durch eine Reihe von Faktoren beeinflusst. Aufgrund dieser vielfältigen Einflüsse zeigen sich große individuelle und situationsbedingte Variationen in der Hufmechanik, die immer wieder zu Kontroversen über die Hufmechanik führen. Folgende Faktoren müssen berücksichtigt werden:

Die wirksamen **Kräfte** sind abhängig von:

- der Masse von Pferd (und Reiter)
- der Arbeit (Art und Tempo) des Pferdes

Die **Verformbarkeit des Hufs** ist abhängig von:

- der Geometrie des Hufs (Winkelung und Länge der Wände, Wölbung der Sohle, Größe des Strahls)
- der Hornqualität (Elastizität)
- der Verformbarkeit der inneren Strukturen (Hufknorpel)

Schließlich bestimmen auch die Bodenqualität („Härte", Verformbarkeit) und die Art des Hufbeschlags ganz wesentlich Ausmaß sowie Art der Verformung:

Die **Bodenqualität** – also Härte, Verformbarkeit und Oberflächenstruktur des Bodens (glatt oder griffig, uneben etc.) – bestimmt, welche Anteile der Hufbodenfläche tatsächlich unterstützt werden. So kann die Kontaktfläche bei hartem Boden nur aus dem Tragrand bestehen, bei weichem Boden werden zusätzlich Sohle, Eckstreben und Strahl belastet. Hat der Strahl festen Bodenkontakt (oder gute Unterstützung durch eine Einlage im Hufeisen) kann er sich weniger stark vertikal absenken, bewirkt aber mehr Druck nach außen auf Eckstreben und Trachtenwand. Schwebt der Strahl bei hartem Boden (bzw. schwachem Strahl oder hohen Hufeisenschenkeln), so sinkt er vertikal mehr ab, kann aber kaum erweiternd wirken. Ist der Boden uneben, kann die unregelmäßige Belastung zum Teil durch einseitige Verformung ausgeglichen werden.

Der Hufmechanismus sollte beim **Hufbeschlag** des gesunden Pferdes grundsätzlich so wenig wie möglich eingeschränkt werden. Beim traditionellen Beschlag mit Eisen und Hufnägeln wird dies durch eine regelrechte Nagelung, also in der Zahl und Lokalisation begrenzte Nagelung erreicht. In der Regel sollten 3 Nägel je Hufseite (in Ausnahmefällen auch 4 Nägel) ausreichen. Diese müssen vor der indifferenten Linie, also dem Bereich mit sehr geringer Hufwandbewegung, platziert werden. Analog dürfen keine Aufzüge hinter der indifferenten Linie angebracht werden. Die indifferente Linie verläuft im Bereich der weitesten Stelle des Hufs (► **Abb. 7.11**).

Ein **elastischer Hufschutz** wie ein Kunststoffbeschlag kann den Bewegungen der Hufwand mehr folgen. Allerdings kann die Verformung des Hufschutzes auch eine besondere Belastung der Hufnägel und Nieten oder einer Klebestelle bedeuten und damit zu Schäden an der Hufwand führen.

Fehler beim Hufbeschlag können zu Einschränkungen der Hufmechanik führen. Dazu zählen nichtpassende Eisen wegen zu enger oder zu kurzer Schenkel, zu lange Beschlagperioden, nach innen abfallende oder unebene Hufeisenschenkel.

In besonderen Fällen kann es aus medizinischen Gründen sinnvoll sein, die Hufmechanik bewusst mit Beschlagmaßnahmen einzugrenzen. Dies ist bei Hufbeinfrakturen und auch teilweise bei Hornspalten notwendig. Als Maßnahmen zur Begrenzung der Hufmechanik können eine Nagelung oder Aufzüge hinter der indifferenten Linie oder feste Einlagen zur Unterbindung einer Sohlen- und Strahlabsenkung dienen. Darüber hinaus kann ein immobilisierender Hufcast statt eines Beschlags die Hufmechanik weitgehend ausschalten.

7.5.4 Bedeutung für die Gesundheit des Pferdes

Der Hufmechanismus bzw. die Verformbarkeit des Hufs haben Bedeutung für verschiedene Aspekte der Pferdegesundheit. Als elastisches Element zwischen Boden und Hufbein übt er eine dämpfende Rolle bei der Fußung der Gliedmaße aus. Die Erschütterungen (Vibrationen) bei der Landung (impact) werden im Hornschuh sowie Hufbeinträger gedämpft und erreichen nur zu einem geringen Teil das Hufbein bzw. die Zehengelenke. Dies ist ein wichtiger Schutz vor Überlastung der Gelenkknorpel und damit der Arthroseentstehung. Des Weiteren bewirkt die durch die Hufmechanik bedingte zyklische Kompression und Dekompression der inneren Hufanteile eine Unterstützung der Blutzirkulation, welche sich positiv auf Nährstoff- und Sauerstoffversorgung des Hufs auswirkt.

7.6 Lahmheit

Definition

Eine Lahmheit ist eine Störung des normalen Bewegungsablaufs aufgrund von Schmerzen, einer Störung der motorischen Nerven oder von mechanischen Störungen im Bewegungsapparat.

Eine Lahmheit ist also keine Erkrankung an sich, sondern ein Symptom einer Erkrankung. Je nachdem, ob die Störung, meist ein Schmerz, vor allem in der Stützbeinphase auftritt oder während der Hangbeinphase, also beim Vorführen der Gliedmaße, sprechen wir von einer Stützbein- oder einer Hangbeinlahmheit.

Am häufigsten treten **Stützbeinlahmheiten** auf, die vorwiegend durch Erkrankungen in den unteren Gliedmaßenabschnitten bedingt sind. Alle Erkrankungen im Hufbereich (Vernagelung, Nageltritt, Entzündungen, Prellungen, Knochenbrüche usw.) verursachen daher typische Stützbeinlahmheiten.

Seltener und eher durch Erkrankungen in den oberen Gliedmaßenabschnitten (Schulter, Ellbogen, Kniegelenk) treten **Hangbeinlahmheiten** auf.

Ist sowohl das Stützen als auch das Vorführen schmerzhaft, resultiert daraus eine **gemischte Lahmheit**. Ursachen sind oft Erkrankungen in der Karpal- oder Sprunggelenkregion.

Eine Lahmheit zeigt sich bei der Bewegung des Pferdes, kann aber auch schon im Stehen als Entlastungsstellung (stetes Entlasten oder Vorstellen einer Gliedmaße) erkennbar sein. Um eine Lahmheit zu erkennen und beurteilen zu können, muss das Pferd **vorgeführt** werden. Dies ist vor allem im **Schritt und Trab** sinnvoll, da bei diesen symmetrischen Gangarten die Bewegung bei der Belastung einer Gliedmaße mit der Bewegung bei Belastung der gegenüberliegenden Gliedmaße verglichen werden kann.

Zur objektiven Beurteilung von Lahmheiten eignet sich das Untersuchungssystem Lameness Locator® von Equinosis® (Columbia, USA). Dieses System ermöglicht mit Hilfe von nicht-invasiven Beschleunigungssensoren und einer speziellen Software in Echtzeit die Erkennung, ob ein Pferd lahmt und welche Gliedmaße(n) betroffen sind. Das System zeigt auch an, welchen Lahmheitsgrad das Pferd aufweist.

Bei bestimmten Lahmheiten kann eine Untersuchung in anderen Gangarten, auf unterschiedlichen Böden sowie bei Belastung (Reiter, Wagen) notwendig sein.

7.6.1 Lahmheitsgrade

Das Ausmaß der Lahmheit, also wie gravierend die Schmerzen und daher die Lahmheit sind, wird mit Lahmheitsgraden beschrieben. Bei den meisten Veränderungen wird dazu ein einfaches System mit 3 Schweregraden benutzt: **gering-, mittel- und hochgradige** Veränderung oder Lahmheit.

Nur bei der **Stützbeinlahmheit** gibt es wegen des Wunsches nach möglichst genauer Differenzierung weltweit verschiedene, feinere Graduierungen mit 4, 5 oder sogar 10 Lahmheitsgraden. Obwohl alle Systeme einsetzbar sind, wird hier eine 5-stufige Einteilung empfohlen, die jeweils für Schritt und Trab 5 verschiedene Grade der Stützbeinlahmheit definiert:

- 1. Grad: gerade eben sichtbare Lahmheit, manche Schritte undeutlich
- 2. Grad: geringe, aber immer sicher erkennbare Lahmheit
- 3. Grad: mittlere, klar erkennbare Lahmheit mit Ausgleichsbewegung von vorn nach hinten und umgekehrt
- 4. Grad: schwere Lahmheit mit gerade noch planer Fußung
- 5. Grad: keine Fußung oder nur Zehenspitzenfußung der Extremität

Die verschiedenen Lahmheiten werden durch typische Veränderungen im Gangbild erkennbar, die durch das Bemühen des Pferdes entstehen, die Schmerzen während der Bewegung so gering wie möglich zu halten oder durch eine Unfähigkeit, die normale Bewegung durchzuführen.

Die Kenntnis des normalen Bewegungsmusters eines Pferdes sowie der typischen Veränderungen der Bewegung der einzelnen Teile des Körpers sind Voraussetzung, um eine Lahmheit zu erkennen. Die wichtigsten Aspekte der Pferdebewegung und ihre Abweichungen bei einer Lahmheit sollen nun im Detail beschrieben werden.

7.6.2 Stützbeinlahmheit

Vordergliedmaßen

Das wichtigste und einfachste Merkmal einer Lahmheit der Vorderextremität ist die **veränderte Kopfbewegung**. Das gesunde Pferd senkt den Kopf bei Beginn jeder Stützbeinphase einer Gliedmaße ab und hebt ihn während dieser Phase wieder hoch. Bei Belastung der gegenüberliegenden Extremität wird der Kopf wieder gesenkt und anschließend gehoben. Daher sind während eines Bewegungszyklus 2 symmetrische **Wellenbewegungen** erkennbar. Die Wellenbewegung ist normalerweise im Schritt deutlicher als im Trab, bei dem der Kopf individuell unterschiedlich ruhiger gehalten wird.

Ist die Belastung einer Vordergliedmaße schmerzhaft, dann geht das Pferd lahm. Dabei senkt das Pferd den Kopf bei Belastung dieser schmerzhaften Extremität, also der lahmen Extremität, weniger stark ab und hebt ihn auch weniger hoch. Dafür wird der Kopf dann bei Belastung der gesunden, nicht schmerzhaften Extremität umso deutlicher abgesenkt und auch mit Schwung hochgehoben (der Kopf „fällt" auf die gesunde Extremität). Er erreicht dann am Ende der Stützbeinphase des gesunden Beins den höchsten Punkt. Daher wird die Wellenbewegung des Kopfes mehr oder weniger deutlich asymmetrisch, je nach Grad der Lahmheit (▶ **Abb. 7.13**). Durch die verminderte Absenkung des Kopfes bei Belastung der lahmen Gliedmaße wird die Kraft auf diese Extremität vermindert. Bei der verstärkten Kopfbewegung beim Stützen des gesunden Beins wird dieses dagegen stärker belastet.

Der **Rumpf** des Pferdes macht dieselbe Bewegung wie der Kopf, nur in einem geringeren Ausmaß. Daher kann eine Lahmheit z. B. am Widerrist im Prinzip ebenso wie am Kopf erkannt werden. Durch die geringere Auslenkung ist die Asymmetrie in der vertikalen Bewegung jedoch schwieriger zu sehen.

Die verringerte Belastung des lahmen Beins kann man auch am **Fesselgelenk** erkennen, welches in der Mitte der Stützbeinphase weniger durchgetreten, also weniger überstreckt wird.

Im **Trab** sind die Belastungen für die Extremitäten größer, daher werden geringe Lahmheiten nur im Trab sichtbar. Stärkere Lahmheiten sind dagegen auch im Schritt erkennbar.

Interessanterweise ist die Dauer der Stützbeinphase an der lahmen Gliedmaße nicht verkürzt, wie oft angenommen, sondern beide Stützbein-

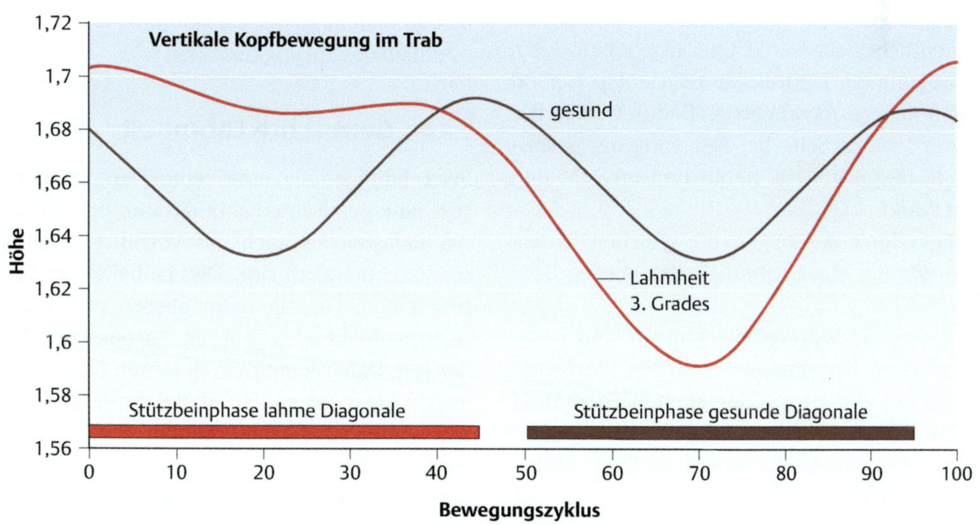

▶ **Abb. 7.13** Vertikale Kopfbewegung eines Pferdes während eines Bewegungszyklus im Trab ohne Lahmheit und mit einer mittelgradigen Stützbeinlahmheit.

phasen, von der lahmen wie der gesunden Extremität, werden bei Lahmheit gleichermaßen eher länger. Eine Verkürzung der Stützbeinphase tritt erst bei extremer Lahmheit auf, wenn nur noch die Zehenspitze belastet wird oder das Pferd den Fuß gar nicht mehr belastet.

Hintergliedmaßen

Ähnlich wie bei der Kopfbewegung beschrieben, zeigt die **Kruppe** des Pferdes eine wellenförmige, vertikale Bewegung. Wenn man die Mitte der Kruppe begutachtet, sieht man beim gesunden Pferd ebenso eine symmetrische Bewegung wie am Kopf und Widerrist. An der Seite, bei den Hüfthöckern, tritt durch die Drehungen des Beckens in der Längsachse eine zusätzliche vertikale Bewegung auf. Daher wird ein **Hüfthöcker** bei Belastung der rechten und linken Hintergliedmaße unterschiedlich stark auf und ab bewegt, er zeigt eine geringe Bewegungsasymmetrie schon beim gesunden Pferd. Das bedeutet, dass bei Belastung einer Hinterextremität jeweils der Hüfthöcker der kontralateralen Seite etwas tiefer steht.

Zeigt das Pferd eine Lahmheit einer Hintergliedmaße, so kann man in der Mitte der Kruppe dieselbe Charakteristik wie am Kopf beobachten: Bei Belastung der lahmen Hinterextremität wird die Kruppe weniger abgesenkt und gehoben, bei Belastung der gesunden Hinterextremität dagegen umso deutlicher abgesenkt und angehoben. Auch die Bewegung der Hüfthöcker zeigt entsprechend eine deutlichere Asymmetrie. Dadurch fällt die Hüfte der lahmen Seite bei Belastung der gesunden Seite besonders tief herab und erreicht den tiefsten Punkt.

Die **Fesselgelenke** zeigen die gleichen Unterschiede wie bei einer Lahmheit der Vordergliedmaßen.

Mit diesen Entlastungsbewegungen und kompensatorischen Bewegungen erreichen die Pferde eine effektive Entlastung der lahmen Extremität und eine gewisse Umverteilung der Belastungskräfte auf die anderen Extremitäten. Diese Mehrbelastung der anderen Extremitäten können die Pferde allerdings durch verschiedene Mechanismen sehr gering halten. Dafür verändern sie sowohl die zeitliche Koordination aller Gliedmaßen als auch die vertikale Bewegung von Rumpf und Kopf.

7.6.3 Hangbeinlahmheit

Ist nicht das Belasten schmerzhaft, sondern das Vorführen einer Extremität gestört, so zeigt das Pferd die charakteristischen Abweichungen einer Hangbeinlahmheit im Gangbild. Meist sind Gelenke oder Muskeln im oberen Gliedmaßenabschnitt, z. B. Schulter- oder Hüftgelenk, betroffen. Dabei werden diese Gelenke beim Vorführen weniger gebeugt und gestreckt, sondern in einer weniger schmerzhaften Mittellage gehalten. Dies führt zu einem **niedrigeren Vorführbogen** und kann zum Schleifen der Extremität am Boden führen. Des Weiteren ist meist der **Vorführbogen nach vorn verkürzt**, daher ist die Schrittlänge des lahmen Beins im Vergleich zum gesunden kürzer.

Auch mechanisch oder durch Nervenlähmungen bedingte Lahmheiten können sich als Hangbeinlahmheiten zeigen, insgesamt sind reine Hangbeinlahmheiten aber sehr selten. Hangbeinlahmheiten aufgrund von Nervenstörungen können durch einen totalen Ausfall einzelner motorischer Nerven bedingt sein (Paralyse) oder nur durch eine partielle Störung (Parese). Bekannte motorische Störungen sind die Radialisparese am Oberarm, die Lähmung des N. suprascapularis am Schultergelenk sowie die Lähmung des N. fibularis oberhalb des Sprunggelenks.

7.6.4 Gemischte Lahmheit

Weit häufiger als eine reine Hangbeinlahmheit tritt eine gemischte Lahmheit auf, bei der sowohl das Belasten als auch das Vorführen der Gliedmaße schmerzhaft sind. Dies ist bei vielen Gelenkproblemen, vor allem im oberen und mittleren Gliedmaßenbereich, z. B. an Karpus oder Tarsus, der Fall. Daher kann man in diesen Fällen alle Abweichungen einer Stützbeinlahmheit (typische Kopf- oder Kruppenbewegung) mit denen einer Hangbeinlahmheit (eingeschränkte Bewegung der Gelenke, niedriger Vorführbogen) kombiniert finden.

7.6.5 Bilaterale Lahmheit

Ein besonderes Bild einer Stützbeinlahmheit tritt auf, wenn beide benachbarten Extremitäten, also beide Vorder- oder beide Hinterextremitäten, erkrankt und schmerzhaft sind. Dies beobachtet man typischerweise bei chronischen Gelenkerkrankungen (Hufrollenerkrankung, Krongelenkschale, Spat) oder bei der Hufrehe. In diesen Fällen kann das Pferd die Belastung nicht von einer auf die andere Extremität verlagern, sondern versucht beide Gliedmaßen zu schonen. Daher entfallen asymmetrische Bewegungen von Kopf oder Kruppe, aber die gesamte Bewegung zeigt weniger Schwung, flache Vorführbögen und eine geringere vertikale Bewegung des Rumpfes. Dieses Gangbild wird daher als „spießig" oder „klamm(rig)" bezeichnet, in extremen Fällen wie bei Rehe als „rehig" oder „Am-Boden-Kleben".

7.6.6 Scheinlahmheit

Bei Lahmheit einer Vordergliedmaße treten auch Veränderungen und Asymmetrien in der Rumpfbewegung und damit der Kruppbewegung auf, die irrtümlich als Lahmheit der Hinterextremität gedeutet werden können. Ebenso treten bei einer Lahmheit einer Hinterextremität auch kompensatorische, asymmetrische Kopfbewegungen auf, die irrtümlich als Vorderhandlahmheit gedeutet werden können.

Diese **Ausgleichsbewegungen** von vorn nach hinten und umgekehrt werden als Scheinlahmheiten bezeichnet. Eine sichere Abgrenzung zu einer echten Lahmheit kann nur durch Ausschaltung der primären Lahmheit mittels diagnostischer Lokalanästhesie erreicht werden.

Typischerweise kommt es bei einer Vorderhandlahmheit zu einer so genannten **diagonalen Lahmheit**. Scheinbar ist die kontralaterale Hintergliedmaße betroffen. Bei einer Hinterhandlahmheit kommt es eher zu einer scheinbaren Lahmheit auf der gleichseitigen Vorderextremität.

7.6.7 Ataxie

Von einer Lahmheit ist eine Ataxie bei Pferden abzugrenzen. Eine Ataxie ist eine Störung in der Bewegungskoordination, die im Allgemeinen durch Störungen im Zentralnervensystem (ZNS) verursacht wird. Dabei zeigen die Pferde verschiedene Grade des Schwankens und Taumelns („Wobbler"), ein eingeschränktes Vermögen, rückwärts zu treten, bis hin zum Stürzen. Ursachen können in Erkrankungen des ZNS selbst oder in Erkrankungen der Wirbelsäule, insbesondere der Halswirbelsäule, liegen, die zu Einengungen und Quetschungen der Nervenbahnen im Rückenmark führen. Diese Ataxien treten am häufigsten bei jungen Pferden auf, erfordern eine genaue neurologische Abklärung und können gravierende Einschränkungen der Verwendungsfähigkeit der Pferde darstellen.

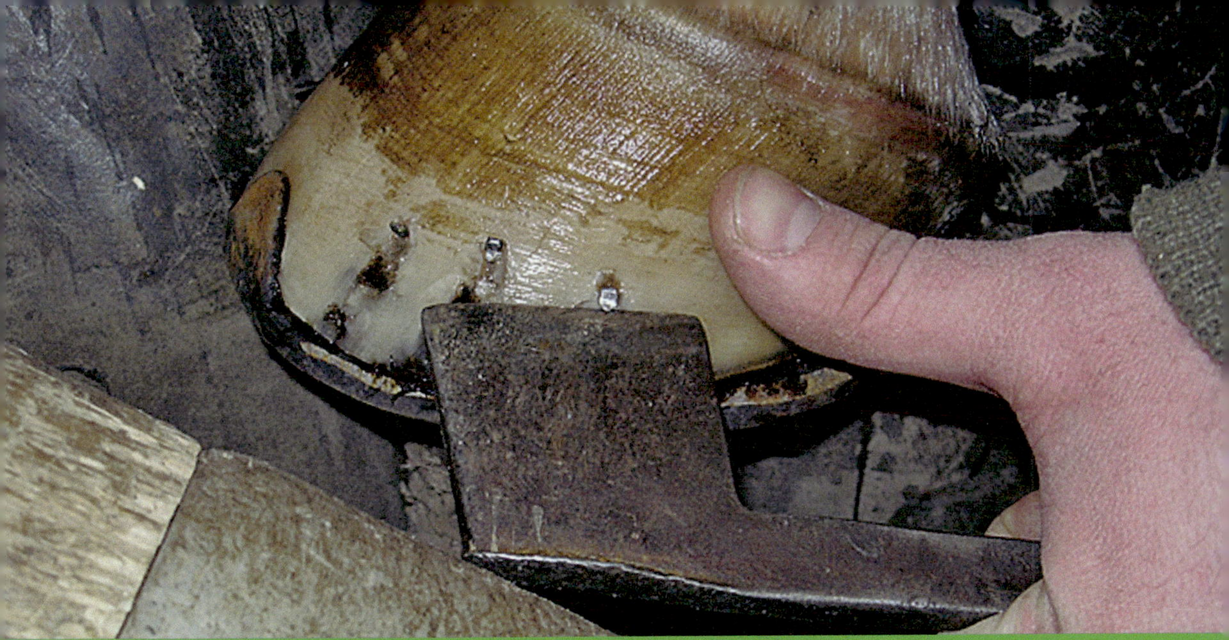

Teil 3
Hufpflege und Hufbeschlag

8 Hufpflege beim Fohlen und Jungpferd

Uwe Lukas

8.1 Der Fohlenhuf

8.1.1 Anatomie

Wenn ein Fohlen zur Welt kommt, hat es in aller Regel einen perfekt geformten Huf. Diesen gilt es für die Zukunft zu erhalten und zu pflegen.

Das **Eponychium (Fohlenkissen)** umschließt den Tragrand und die Hufsohle mit dem Hornstrahl. Dies ist von der Natur so eingerichtet, damit das Fohlen die Stute während der Trächtigkeit und Geburt nicht verletzen kann (▸ **Abb. 8.1**).

Aus demselben Grund ist der **Tragrand schmaler als der Kronrand**. Die Form eines Fohlenhufs unterscheidet sich dadurch von der Hufform älterer Pferde. Erst durch die Belastung mit dem Körpergewicht entwickelt sich im Laufe der Zeit die endgültige Hufform.

Merke
Die typische Fohlenhufform mit schmalerem Tragrand ist in den ersten Lebenswochen als physiologisch anzusehen und darf nicht mit einem Fohlenzwanghuf verwechselt werden.

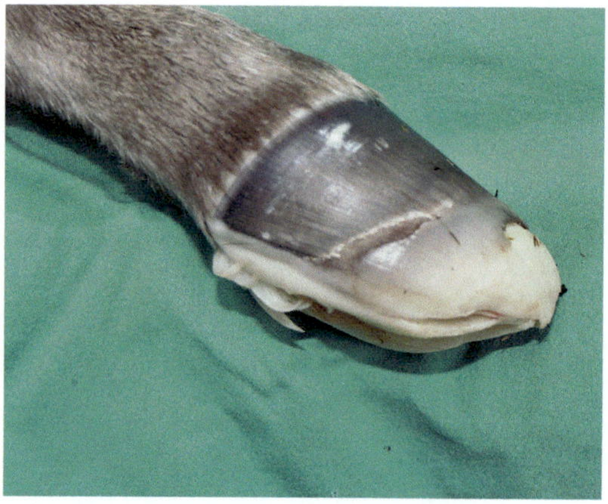

▸ **Abb. 8.1** Fohlenhuf direkt nach der Geburt.

8.1.2 Hufpflege und -korrektur

Wenn das Fohlen einige Tage alt ist, sollte der Hufbeschlagschmied einen ersten Blick auf das Fohlen werfen und den Züchter beraten.

Bevor man Fohlenhufe dann ausschneidet, sollte man eine Beurteilung des gesamten Körperbaus und der Gliedmaßenstellung bzw. -führung im Stand, im Schritt sowie im Trab vornehmen. Der Untergrund sollte hierfür eben und fest sein.

Danach werden Stute und Fohlen wieder in die Box gebracht, denn dort ist die Verletzungsgefahr für das Fohlen am geringsten.

Merke
Fohlenhufe werden grundsätzlich nicht auf einer betonierten oder gepflasterten Stallgasse ausgeschnitten!

Bei ganz jungen Fohlen lässt man eine Hilfsperson das Fohlen folgendermaßen festhalten: Man steht z. B. auf der linken Seite des Fohlens und greift es mit dem linken Arm unter dem Hals. Mit der rechten Hand hält man die Schweifrübe direkt am Schweifansatz vorsichtig fest. So kann der Hufbeschlagschmied auf der rechten Seite gut und gefahrlos am Fohlen arbeiten.

Sehr junge Fohlen werden grundsätzlich nicht am Halfter angebunden, die Verletzungsgefahr ist hier viel zu groß. Außerdem hat die oben beschriebene Methode den Vorteil, dass man sehr schnell reagieren kann, wenn man merkt, dass das Fohlen sich verspannt und zu befreien versucht. Dann kann man die Arbeit kurz unterbrechen und anschließend ganz ruhig wieder da anfangen, wo man aufgehört hat.

Ruhige Mutterstuten dürfen dabei in der Box bleiben, weil es beruhigend auf das Fohlen wirkt, wenn die Stute dabeisteht. Sehr unruhige und nervöse Mütter bleiben besser mit einer Vertrauensperson außerhalb der Box, um die Personen in der Box und das Fohlen nicht zu gefährden. Alles sollte mit Ruhe und Gelassenheit, jedoch auch konsequent und bestimmt ablaufen.

In der Regel wird bei Fohlen ausschließlich der Tragrand korrigiert. Strahl und Sohle sind so natürlich wie möglich zu belassen. Besonders zu beachten ist die Ausformung der Trachtenregion. Wenn die Trachten zu lang gelassen werden, besteht die Gefahr, dass sie sich verformen, einrollen oder unterschieben. Deshalb sollten die Trachten bei Fohlen bis zu einem Alter von etwa 6–10 Monaten nicht zu lang werden. Die Regel „Kürze die Zehe und schone die Trachte" gilt bei Fohlen nur begrenzt.

Angeborene Fehlstellungen sind genau wie beim Menschen am leichtesten zu beheben, wenn man sie sehr früh erkennt und sofort entsprechende Maßnahmen einleitet. Gegebenenfalls sind schon ein paar kleine, aber entscheidende Korrekturen vorzunehmen. Je eher man mit der Korrektur anfängt, umso leichter kommt man zu einem guten Ergebnis.

Hufkorrekturen sollten regelmäßig in Abständen von 2–6 Wochen stattfinden. Längere Intervalle stellen den erwünschten Erfolg in Frage.

Aber auch die Haltungs- und Fütterungsbedingungen sind entscheidend für die Entwicklung von gesunden, korrekten Gliedmaßen und Hufen.

8.2 Fehlstellungen

8.2.1 Beugefehlstellungen

Definition

Beugefehlstellungen zeichnen sich durch das mehr oder weniger stark ausgeprägte Unvermögen des Pferdes aus, die Gliedmaße normal zu strecken.

Beugefehlstellungen können angeboren sein oder sich im Laufe der Zeit entwickeln.

Die **angeborenen** Beugefehlstellungen des Fohlens betreffen überwiegend das Fesselgelenk. Bei den erworbenen Beugefehlstellungen im Fohlenalter ist es meist das Hufgelenk, während im Jährlingsalter vor allem **erworbene** Beugefehlstellungen des Fesselgelenks vorkommen (► **Tab. 8.1**).

Angeborener Sehnenstelzfuß des Fohlens

Beim angeborenen Sehnenstelzfuß liegt funktionell eine Verkürzung der Beugesehnen vor (► **Abb. 8.2**). In der Regel sind die oberflächliche, oft zusätzlich auch die tiefe Beugesehne und der Fesselträger betroffen. Folglich können die Fesselgelenke nicht vollständig gestreckt werden. In schweren Fällen kommt es sogar zum Überköten des Fesselkopfes. Durch Verkürzung der Sehne, die das Karpalgelenk beugt, können auch die Vorderfußwurzelgelenke betroffen sein.

Die Behandlung der angeborenen Beugefehlstellungen richtet sich nach deren Schweregrad. Während leichte Veränderungen oft durch ausgewogene Bewegung ausheilen, können mittelschwere Erkrankungsgrade häufig mit schienenden Verbänden (wodurch die Beugesehnen geschwächt und somit funktionell verlängert werden) und durch medikamentöse Therapie, z. B. intravenöse Injektionen mit Oxytetrazyklin, erfolgreich behandelt werden.

Daneben benötigen die Fohlen ein intensives Management. Besonders wenn mehrere Gliedmaßen betroffen sind, ist eine Unterstützung beim Stehen und beim Trinken am Euter der Stute notwendig. Die Aufnahme von Kolostrum muss in den ersten Lebensstunden sichergestellt werden.

In schweren Fällen, insbesondere bei Mitbeteiligung des Vorderfußwurzelgelenks, sollte eine chirurgische Durchtrennung von Unterstützungsbändern oder Sehnen in Erwägung gezogen werden.

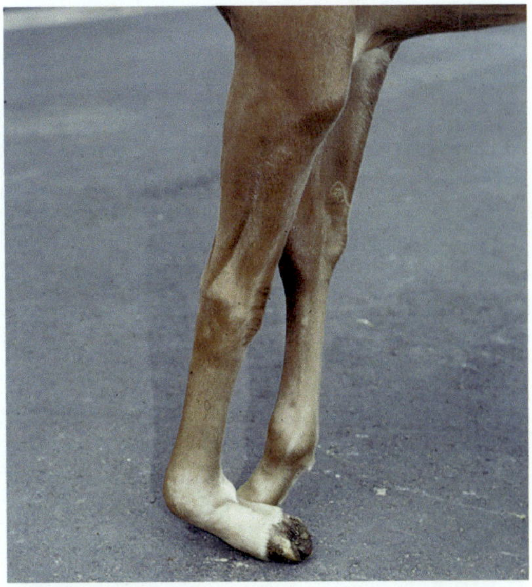

► **Abb. 8.2** Angeborener Sehnenstelzfuß des Fohlens. (Quelle: Lutz-Ferdinand Litzke)

▶ **Tab. 8.1** Stelzfuß des Pferdes (nach: Brehm W, Gehlen H, Ohnesorge B, Wehrend A, Hrsg. Handbuch Pferdepraxis. 4. Aufl. Stuttgart: Enke; 2017).

Form	Symptome	Fehlstellung	Erkrankungsbeginn	Ätiologie	Therapie	Prognose
Angeborener Sehnenstelzfuß des Fohlens	• uni- oder bilaterale Kontraktur einer oder mehrerer Beugesehnen mit Winkelung aller 3 Zehengelenke • Überköten bis Fußen auf dem Fesselkopf	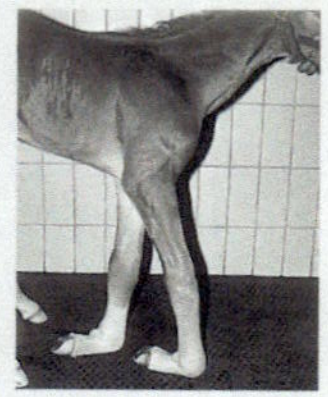	1. Lebenswoche	• ungünstige intrauterine Lage • ungünstige Größenrelationen zwischen Hengst und Stute • Missverhältnis zwischen Streckern und Beugern bzw. zwischen Knochen- und Sehnenwachstum • Ruptur des M. extensor digitalis communis • Schwäche der Streckmuskulatur • Erblichkeit	• Bandagieren • Schienenverband • Oxytetrazyklin i. v. • orthopädische Hufschuhe • Desmotomie	gut bis zweifelhaft (Infektionsrisiko durch Dekubitus)
Erworbener Sehnenstelzfuß des Fohlens mit Bockhuf	• Zehenachse im Hufgelenk nach vorn gewinkelt • Kontraktur der tiefen Beugesehne • schwebende Trachten • Vorderwandwinkel: 60–90° Stadium I, >90° Stadium II	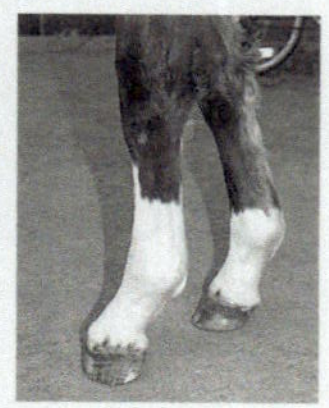	1. bis 6. Lebensmonat	• Bodenverhältnisse • mangelnde Bewegung • bei weicher Einstreu sinkt die Vorderwand tief ein und macht eine Kontraktur des Hufbeinbeugers möglich • Hufschmerzen	• Hufkorrektur • Beschlag • Desmotomie des Unterstützungsbandes der tiefen Beugesehne	gut
Erworbener Stelzfuß des Jungpferdes	• Überköten (pathologische Fesselgelenkflexion) • Brechung der Zehenachse im Hufgelenk nach palmar • Kontraktur der oberflächlichen Beugesehne und/oder des M. interosseus medius	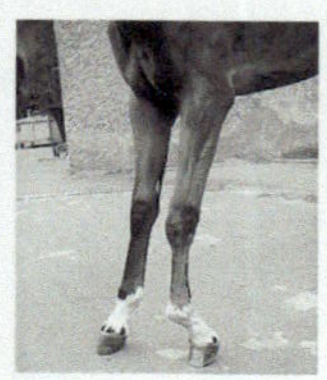	6. bis 18. Lebensmonat	• Epiphysitis? • Knochen- und Gelenkschmerzen verursachen eine unphysiologische Stellung des Fessel-/Hufgelenks • energie- und proteinreiche Fütterung • Imbalancen bei Mineralstoffen und Vitaminen	• Futterregulierung • Vitamine, Mineralstoffe • orthopädischer Beschlag • Desmotomie des Unterstützungsbandes der oberflächlichen Beugesehne	zweifelhaft bis ungünstig
Erworbener, tendo- oder arthrogener Stelzfuß des erwachsenen Pferdes	• Überköten im Fesselgelenk • Brechung der Zehenachse im Hufgelenk nach palmar/plantar	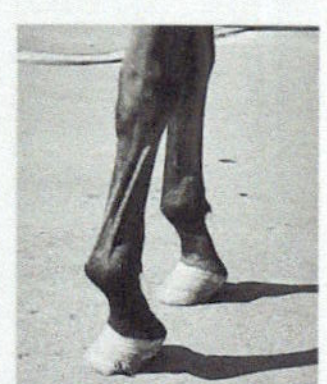	meist ältere Pferde	• Tendinitis chronica fibrosa • Arthritis • Periarthritis • Arthrose	• symptomatisch • orthopädischer Beschlag	ungünstig bis schlecht (eingeschränkte Leistungsfähigkeit)

Erworbener Sehnenstelzfuß des Fohlens mit Bockhufbildung

Der erworbene Sehnenstelzfuß des Fohlens tritt typischerweise in den ersten Lebensmonaten auf. Die dabei vorliegende relative Verkürzung der tiefen Beugesehne (Hufbeinbeuger) führt zu einer Beugung des Hufgelenks (▸ **Abb. 8.3**). Ein damit einhergehender **Bockhuf** entwickelt sich vorzugsweise im Alter zwischen 2 und 8 Monaten. Einflussfaktoren dabei sind:

- ungenügende Bewegung
- Überfütterung mit Energie und Eiweiß
- eine genetische Veranlagung zu schnellem Wachstum
- stark abgegraste Weiden, besonders in trockenen Sommern
- unzureichende Kontrolle der Fohlen
- mangelhafte Hufpflege

Im englischsprachigen Raum wird der Bockhuf auch „grassfoot" genannt. Dies kommt daher, dass die Fohlen immer die gleiche Gliedmaße nach vorn oder hinten stellen, um an das Gras zu gelangen, weil der Hals im Verhältnis zur Gliedmaße noch zu kurz ist.

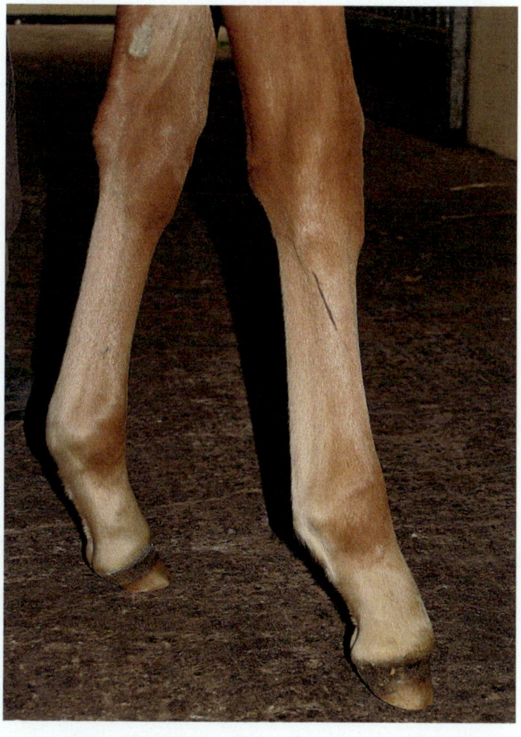

▸ **Abb. 8.3** Fohlenbockhuf.

Der Weidegang ist dann drastisch zu reduzieren und das Futter in erhöhter Position anzubieten. Werden die erkrankten Fohlen nicht sorgsam überwacht, kann sich in kurzer Zeit durch übermäßige Abnutzung des Hufhorns im Zehenbereich eine erhebliche Lahmheit einstellen. Das führt zu weiterer Fehlbelastung (Entlastung) der Gliedmaße mit zunehmender Verkürzung der tiefen Beugesehne. Ein Teufelskreis kann entstehen, der zu schweren Hufveränderungen bis hin zu knöchernen Deformationen des Hufbeins und sogar zu Hufrehe führen kann.

Die Therapie des Bockhufes richtet sich nach dem Schweregrad der Erkrankung. Zum Behandlungsspektrum zählen:

- Futterreduzierung
- Hufkorrektur: Kürzen der Trachten
- orthopädischer Hufbeschlag: Halbmondeisen mit verlängertem Vorderteil des Hufeisens, alternativ Fohlenklebeschuh mit oder ohne Keil
- Training der tiefen Beugesehne: Führen auf festem Untergrund (4- bis 5-mal täglich 10 min) und häufiges Aufhalten der gegenüberliegenden (kontralateralen) gesunden Gliedmaße
- chirurgische Therapie: Durchtrennung des Unterstützungsbandes der tiefen Beugesehne

Eine Korrektur ist umso schwieriger, je später damit begonnen wird. Häufig sind kombinierte therapeutische Maßnahmen mit Hufkorrektur, orthopädischem Beschlag und Operation notwendig.

! Merke

Ein Lahmgehen des Fohlens auf der erkrankten Gliedmaße ist zu vermeiden bzw. zu behandeln, um eine normale Gliedmaßenbelastung zu bewahren. Dafür können kontrollierte Gaben von schmerzstillenden Medikamenten angebracht sein.

Insbesondere dann, wenn sich der Tragrand im Zehenbereich übermäßig abnutzt, ist es notwendig, den Huf zu schützen. Dies kann bei größeren Fohlen durchaus mit einem entsprechenden Hufbeschlag geschehen. Seit Jahren finden neben verschiedenen aufzuklebenden Kunststoffhufschuhen (▸ **Abb. 8.4**) immer mehr modellierbare Kunstharze Verwendung (▶ Abb. 8.5). Diese haben den Vorteil, dass das relativ große Risiko des Vernagelns entfällt.

Sollten konservative Maßnahmen nicht innerhalb von 4–6 Wochen eine deutliche Verbesserung herbeiführen, so ist die chirurgische Durchtrennung des Unterstützungsbandes der tiefen Beugesehne zu empfehlen.

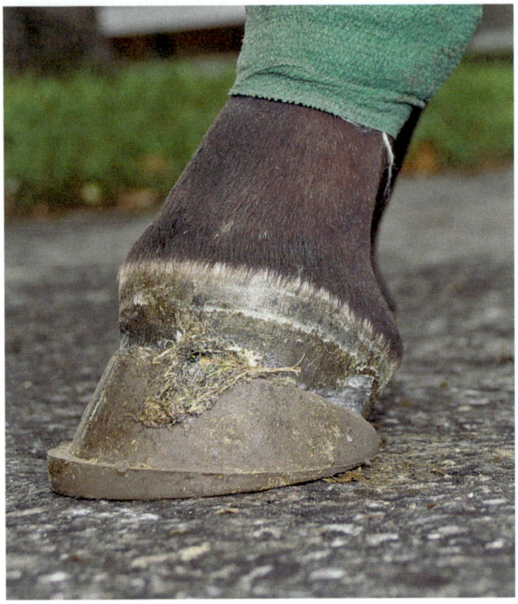

▶ **Abb. 8.4** Anklebbare Korrekturschuhe sind gut zur Korrektur des Fohlenbockhufs geeignet. Das Risiko des Vernagelns entfällt.

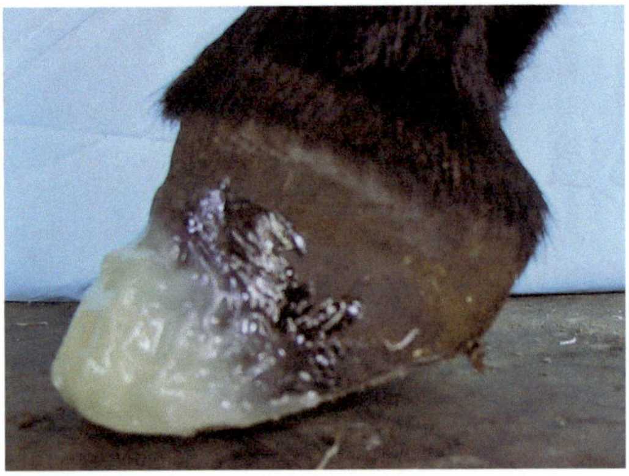

▶ **Abb. 8.5** Modellierbares Kunstharz ist gut geeignet, um bei einem Fohlenbockhuf eine künstliche Zehe in der gewünschten Winkelung anzubringen.

Erworbener Stelzfuß des Jungpferdes

Innerhalb der ersten beiden Lebensjahre kann sich bei Jungpferden eine ein- oder beidseitige Beugefehlstellung an den Vordergliedmaßen entwickeln. Typisch ist eine Beugehaltung im Fesselgelenk (Überköten) bei gleichzeitiger Brechung der Zehenachse nach palmar (Überstreckung im Hufgelenk). Der Huf kann fast normal, spitz gewinkelt oder mit erhöhten Trachten ausgebildet sein.

Merke

Das klinische Bild beim erworbenen Stelzfuß der Jungpferde unterscheidet sich deutlich von demjenigen der Fohlen!

Der erworbene Stelzfuß der Jungpferde beruht auf einer Verkürzung (Kontraktur) der oberflächlichen Beugesehne. Zusätzlich kann eine Verkürzung des Fesselträgers vorliegen. Als Ursachen der krankhaften Fehlstellung gelten neben einer unausgewogenen Fütterung ein schnelles Knochenwachstum und Störungen der Verknöcherung bzw. schmerzhafte Entzündungen der Wachstumsfugen.

Eine Korrektur des erworbenen Stelzfußes bei Jungpferden ist schwierig und im Ergebnis fraglich. Alleinige orthopädische Maßnahmen sind meist nicht ausreichend und nur in leichten Fällen sowie bei frühzeitigem Behandlungsbeginn erfolgversprechend. Die auf einer exakten Diagnose basierende Behandlung erfordert die Zusammenarbeit von Hufbeschlagschmied und Tierarzt. Sie umfasst neben Hufkorrekturmaßnahmen, orthopädischem Beschlag und schmerzstillenden Medikamenten als chirurgische Therapie die Durchtrennung des Unterstützungsbandes der oberflächlichen Beugesehne.

8.2.2 Streckfehlstellungen/ Hyperextensionen

Definition

Angeborene Überstreckungen von Gelenken, insbesondere der Fesselgelenke, aber auch der Vorderfußwurzelgelenke, resultieren aus schlaffen und schwachen Beugesehnen. Sie kommen besonders häufig an den Beckengliedmaßen vor. Man bezeichnet diese Streckfehlstellung als Durchtrittigkeit (▶ Abb. 8.6).

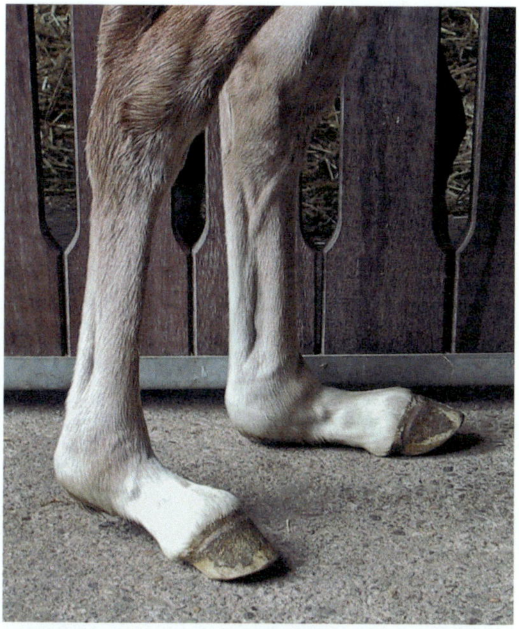

► **Abb. 8.6** Durchtrittigkeit bei einem Fohlen an der Hintergliedmaße vor Beginn der Behandlung.

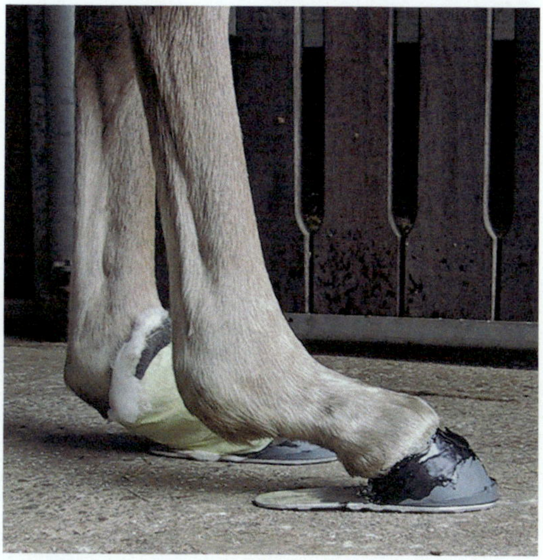

► **Abb. 8.7** Kunststoffschuh gegen Durchtrittigkeit.

In der Regel kommt es innerhalb weniger Tage zu einer spontanen Verbesserung. Ansonsten müssen Maßnahmen ergriffen werden, da als Folgeschäden Gelenkerkrankungen entstehen können. Je nach Erkrankungsgrad werden zunächst die Trachten der betroffenen Gliedmaßen gekürzt, und gegebenenfalls wird ein orthopädisches Hufeisen oder ein entsprechender Kunststoffschuh zur Trachtenverlängerung angebracht (► **Abb. 8.7**).

Locker angelegte Verbände können zum Schutz vor äußeren Verletzungen (Durchscheuern der Haut) notwendig sein, während feste Stützverbände sogar kontraindiziert sind, da sie die Beugesehnen zusätzlich schwächen.

8.2.3 Winkelige Gliedmaßenfehlstellungen

Definition

Bei den winkeligen Gliedmaßenfehlstellungen handelt es sich um Abweichungen der Gliedmaßenachse nach innen oder außen.

Größere Bedeutung kommt den Fehlstellungen im Vorderfußwurzelgelenk, Fesselgelenk und Sprunggelenk zu. Sie sind gewöhnlich **angeboren** (z. B. durch intrauterine Fehllagen), können aber auch **verletzungsbedingt** (z. B. durch Stauchung oder Fraktur der Wachstumsfuge) oder durch **Fehlbelastungen** (z. B. durch Überfütterung, exzessive Bewegung, fehlerhaftes Zubereiten der Hufe) entstehen.

Die Form der Behandlung richtet sich nach dem Alter des Fohlens, dem Ausprägungsgrad der Deformation und der genauen Lokalisation (d. h., welches Gelenk bzw. welche Knochenwachstumszone betroffen ist) sowie der Richtung der Deformation. Eine **Valgusdeformation** wird auch als X-Beinigkeit bezeichnet (► **Abb. 8.8**), die **Varusdeformation** als O-Beinigkeit.

Diese Parameter müssen im Rahmen einer klinischen Untersuchung und durch die Anfertigung von Röntgenaufnahmen ermittelt werden.

Geringgradige Fehlstellungen verbessern sich (bei notwendiger guter Kontrolle) oft spontan. Eine leichte X-Beinigkeit des Vorderfußwurzelgelenks kann bei den heute vorzufindenden Pferden sogar als normal angesehen werden.

Die Behandlung der Mehrzahl der Gliedmaßendeformationen zielt auf eine **Manipulation der Wachstumsfuge** ab. Dies gelingt aber nur, solange diese noch wachstumsaktiv ist. So ist das Längenwachstum des Röhrbeins schon wenige Wochen nach der Geburt weitgehend abgeschlossen, während sich das Wachstum des Unterarmknochens

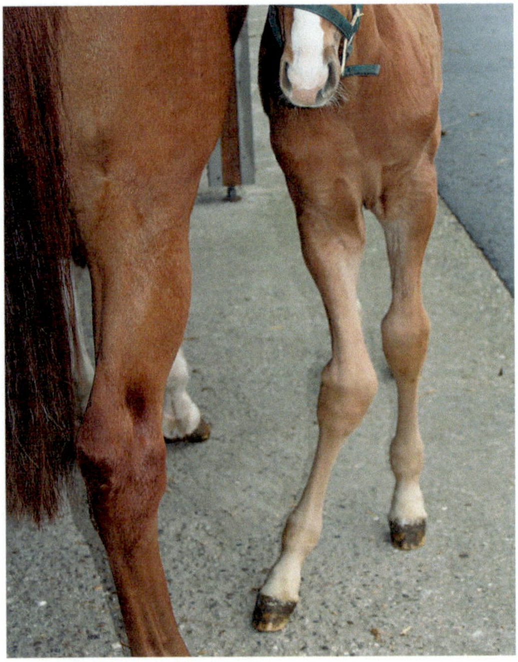

▶ **Abb. 8.8** Carpus valgus = X-Beinigkeit des rechten Vorderfußwurzelgelenks.

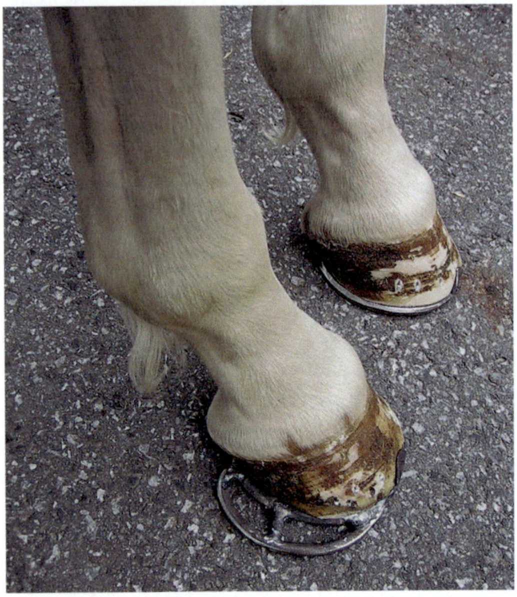

▶ **Abb. 8.9** Korrekturbeschlag mit Erweiterung und Unterstützung der äußeren Hufwand bei O-Beinigkeit (Carpus varus).

und des Schienbeins etwa 6–8 Monate nach der Geburt erheblich verlangsamt. Nach diesem Zeitraum werden Maßnahmen zur Gliedmaßenkorrektur immer ineffektiver und aufwändiger.

Huforthopädische Korrekturen führen während der ersten Lebenswochen in vielen Fällen zu guten Behandlungsergebnissen. So können verschiedene Maßnahmen zum Schutz und zur vorübergehenden Erweiterung der mehrbeanspruchten Hufwand (z. B. bei X-Beinigkeit die innere Hufwand) durchgeführt werden:

- Aufnageln von Extensionseisen (▶ **Abb. 8.9**)
- Ankleben von Extensionshufschuhen (▶ **Abb. 8.10**)
- Aufbringen von modellierbaren Kunststoffen auf die Hufwand

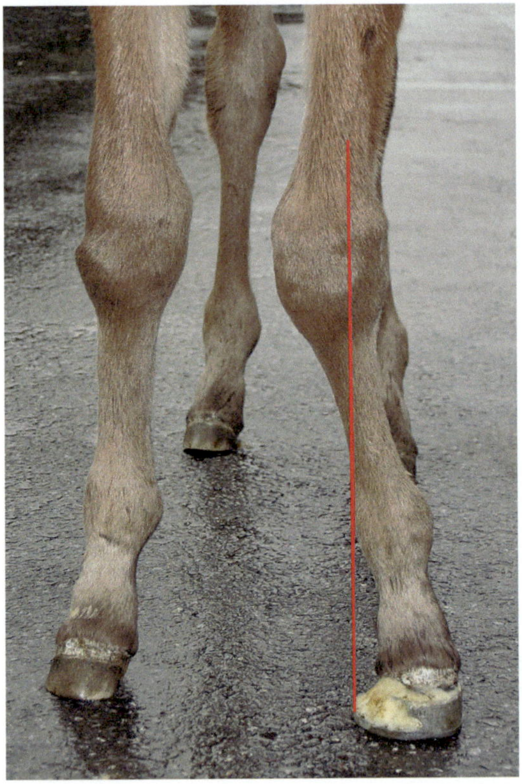

▶ **Abb. 8.10** Geklebter Extensionsschuh mit Unterstützung und Erweiterung der inneren Hufwand bei X-Beinigkeit (Carpus valgus).

Neben eingeschränkter Bewegung und Fütterungsumstellung (insbesondere zusätzlicher Gabe von Mineralstoffen und Spurenelementen) können auch fixierende Verbände zum Einsatz kommen, um Gelenkinstabilitäten entgegenzuwirken.

Sollten die konventionellen Maßnahmen keine Verbesserung der Gliedmaßendeformation bewirken, so müssen unmittelbar (bei Fehlstellungen des Fesselgelenks bereits innerhalb weniger Wochen nach der Geburt!) chirurgische Korrekturen in Erwägung gezogen werden.

Merke

Gerade bei Fohlen ist eine intensive Zusammenarbeit mit dem Tierarzt unerlässlich!

Eine intensive Beratung und Aufklärung der Pferdebesitzer lassen die fachmännische Kompetenz des Hufbeschlagschmieds erkennbar werden und erleichtern ihm die weitere Zusammenarbeit wesentlich.

9 Hufpflege und Hufkorrektur beim erwachsenen Pferd

Axel Berndt

In diesem Kapitel werden Pflege- und Korrekturmaßnahmen am Huf **barfuß gehender** erwachsener Pferde behandelt.

Diese Maßnahmen dienen der Erhaltung der Gesundheit des Hufs sowie seiner naturgemäßen Form zur jeweiligen Stellung und der Beibehaltung vorhandener guter Hornqualität bzw. seiner Verbesserung.

Hufpflege und Hufkorrektur werden seit über 2000 Jahren intensiv beschrieben und sind keine Erscheinung der letzten 25 Jahre. Von jeher laufen wesentlich mehr Pferde barfuß als mit Hufschutz, doch es kommen ständig neue Erkenntnisse durch genauere bildgebende und messtechnische Verfahren (Bildgebung, Druckmessplatten, Laufbandmessung usw.) hinzu.

Die Hufpflege wird eingeteilt in:

- die allgemeine, tägliche Hufpflege, die dem Pferdehalter obliegt
- die spezielle Hufpflege, Hufbearbeitung und Hufkorrektur, die in der Verantwortung der Hufbeschlagschmiede, Hufpfleger, Huftechniker und Huforthopäden liegt

9.1 Regelmäßige, tägliche Hufpflege

9.1.1 Reinigen der Hufe

Zur regelmäßigen Hufpflege gehört das tägliche Reinigen der Hufe, egal ob das Pferd in der Box oder im Auslauf steht. In der Box bzw. im kleinen Auslauf drückt sich Mist in die Bodenfläche sowie in die Strahlfurchen des Hufs, der zersetzend auf das Hufhorn wirkt.

Kommen die Pferde von der Koppel (größerer Auslauf), werden die Hufe auf eventuell **eingetretene Steinchen** in der weißen Linie, in der Sohle (vor allem im Sohlenwinkel) sowie in den seitlichen und mittleren Strahlfurchen kontrolliert. Diese können sich beim Arbeiten mit dem Pferd tiefer nach oben schieben und somit die darunterliegende Huflederhaut direkt oder indirekt verletzen. Außerdem muss der Huf auf eventuell eingetretene **Fremdkörper** (S. 262) wie Äste, Nägel, Glas und spitze Gegenstände kontrolliert werden.

Die Reinigung wird mit einem Hufräumer und einer Bürste durchgeführt. Gleichzeitig werden lockere Sohlen- und Strahlhornteile entfernt. Erdanteile, die sich in der Tiefe der seitlichen Strahlfurchen befinden, sind bei gesunden Hufen nicht täglich bis auf den Grund zu entfernen. Sie bilden den nötigen Gegendruck auf die darunterliegenden Lederhautabschnitte.

Kleinere Löcher, die durch eingetretene Steinchen entstanden sind, sollte man reinigen und zweckmäßig mit Laubholzteer, Hornfestiger usw. auspinseln sowie mit teergetränkter Watte oder Hanf ausfüllen. Ein sicherer Schutz vor erneutem Eintreten von Steinchen kann aber auch hiermit nicht gewährleistet werden.

Im Bereich des Tragrands werden entstandene Ecken, kleinere Risse und Fransen mit der Feilenseite der **Hufraspel** geglättet, um ein Weiterreißen und die Entstehung von Hornspalten zu verhindern.

9.1.2 Erhaltung bzw. Verbesserung der Hornqualität

Ein weiterer wichtiger Punkt ist die Hornqualität. Sie kann spröde, mürbe, zäh, trocken, hart oder weich sein. Am besten ist die Hornkonsistenz bei einem ausgewogenen Feuchtigkeitshaushalt. Der Pferdehalter sieht dies an der Hornbeschaffenheit. Je nach Hornfarbe sieht trockenes Horn heller aus als genügend feuchtes.

Wild lebende Pferde befeuchten ihre Hufe täglich an den Stellen, an denen sie Wasser aufnehmen.

Bei im Stall oder auf einem trockenen Auslauf gehaltenen Pferden werden die Hufe 2-mal wöchentlich, bei Notwendigkeit täglich, befeuchtet und nach dem Abtropfen mit säurefreiem Huffett oder -öl dünn eingerieben. Somit bleibt die Feuchtigkeit längere Zeit in den Hornschichten von Sohle, Strahl und Saumband, die fähig sind, Wasser, Öle und Fette aufzunehmen; s. Kap. Hufkapsel (S. 105). Sehr gute Huffette bzw. -öle tragen in diesen Hornschichten zur Elastizität bei.

Spezielle Salben und Öle, die das Hornwachstum beschleunigen sollen, haben nicht immer den gewünschten Effekt. Auch kann ein zu schnelles Hornwachstum negative Auswirkungen auf die Hornqualität haben. So genannte Hornfestiger können den Abrieb des Hornes nur bedingt hemmen und sind kein Ersatz für einen Hufschutz.

Für Strahlfäule (S. 281) empfängliche Hufe werden 2-mal wöchentlich kontrolliert.

Großen Einfluss auf die Hornqualität haben die Bodenverhältnisse. Feuchte, weiche Böden können unterstützend wirken, so dass Hufe, die wegen Trockenheit enger geworden sind, wieder etwas weiter werden. Ein Haltungswechsel des Pferdes von festem auf weichen Boden und ausreichende Bewegung wirken sich positiv auf die Hornqualität und das Hornwachstum aus.

Sind Nährstoffe, die für das qualitativ gute Hornwachstum sorgen, nicht ausreichend im täglichen Futter vorhanden, sollten sie durch die nötigen Zusatzstoffe ergänzt werden. Das trifft vor allem für die Zeit des Haarwechsels zu, da hier den Hufen geringere Mengen an Nährstoffen für das Hornwachstum zur Verfügung stehen.

Pferde, die Tag und Nacht auf der Sommerweide stehen und deren Hufe nachts durch den Tau befeuchtet werden, bedürfen nur der Kontrolle auf Wachstum und Abnutzung des Hufs sowie auf Fehlstellungen, die sich daraus ergeben können, auf Lahmheiten, Hornspalten und eingetretene Fremdkörper.

9.2 Spezielle Hufpflege und -korrektur

Die spezielle Hufpflege umfasst das Bearbeiten der Sohle, des Strahls, der Eckstreben und der Hornwand. Sie beeinflusst wesentlich die Statik des Hufs, weshalb sie in ihrer Begrifflichkeit nicht von der Hufkorrektur zu trennen ist. Diese wird von **Hufbearbeitern** ausgeübt – denjenigen Personen, die nach dem Hufbeschlaggesetz berechtigt sind, Hufbeschlag, -pflege und -korrektur durchzuführen.

Definition

Zur Hufkorrektur zählen alle Hufzubereitungsmaßnahmen die Größen-, Hornwandverlaufs- sowie sämtliche Winkelveränderungen der Hornkapsel bewirken. Dazu gehören die Bearbeitung der Hornwand, der Hornsohle, der Eckstreben und des Strahls, die jeweils eine Belastungsveränderung erfahren.

Ziele der Hufkorrektur sind:

- den Huf auf die dem Pferd angepasste natürliche Größe zu bringen und gleichmäßige Belastungsverhältnisse herzustellen bzw. diese zu erhalten
- die Hufform passend zur jeweiligen Stellung zu erhalten
- den Abrieb zu steuern, um eine möglichst gleichmäßige Abnutzung zu erreichen
- Griffigkeit (Gleitschutz) für den jeweiligen Gebrauchszweck im Rahmen der Möglichkeiten zu gewährleisten
- die gesamte Stütz- und Tragfähigkeit der Hornkapsel zu erhalten bzw. wiederherzustellen
- negative Veränderungen der Hornkapsel, z. B. Veränderungen der Hornqualität, -struktur und -beschaffenheit, das Verbiegen der Hornwände, das Steiler- oder Schrägerwerden einzelner Wandabschnitte sowie krankhafte Ringbildungen zu verhindern bzw. zu beheben
- Hufkrankheiten zu vermeiden, die auf mangelnde Hufkorrektur zurückzuführen sind
- vorhandene Hufkrankheiten im Rahmen der Möglichkeiten zu beheben oder zu beheben helfen, z. B. Hornspalten, Trachtenzwang, lose Wand, Hufrollen-, Bändererkrankungen usw.
- Gliedmaßenstellung und Zehenachse positiv zu beeinflussen
- den gesamten Bewegungsapparat und die damit in Wechselwirkung stehenden Körperregionen gesund zu erhalten
- die Vorgaben des Tierschutzes einzuhalten
- den Wert des Pferdes zu erhalten

9.2.1 Theorien zur Hufkorrektur

Nach welchen Gesichtspunkten die Hufkorrektur erfolgen soll, wird in verschiedenen Theorien beschrieben:

Die **Fesselstandstheorie** fand durch Bauer (1944) ihren Höhepunkt und ist wohl bis in die heutige Zeit die noch in Deutschland begrifflich am weitesten verbreitete Hufzubereitungstheorie. Sie wird landläufig vielfältig und inhaltlich mit der Zehenachsen- und Fußungstheorie sowie vereinzelt mit anderen Theorien vermischt, was der Klarheit jeder einzelnen Theorie abträglich ist und vor allem Praktikanten in ihrer Ausbildung verwirrt. Dennoch können im Zweifelsfall verschiedene Hufzubereitungstheorien und -methoden positiv zusammenwirken.

Nach der Fesselstandstheorie passt der Huf **von der Seite gesehen** zum Fesselstand, wenn sich die vordere Begrenzungslinie des Fesselbeins in ihrer Verlängerung nach unten mit der Vorderwand des Hufs deckt. Der Huf passt nicht zum Fesselstand, wenn er stumpfer bzw. spitzer zum Fesselbein steht. **Von vorn betrachtet** soll die gedachte Halbierungslinie des Fesselbeins in ihrer Verlängerung durch die Mitte des Kron- und Hufbeins verlaufen. Fällt die Fessellinie auf die äußere bzw. innere Vorderwand, weicht der Huf je nach Richtung nach innen bzw. außen ab. Wird derselbe Fuß **von hinten betrachtet**, zeigt die Verlängerung der Halbierungslinie des Hauptmittelfußes, ob der Huf endgültig zum Fesselstand passt oder ob er durch Kippen, Drehen oder beides nach innen bzw. außen abgewichen ist. Die Art der Abweichung gibt an, an welcher Stelle der Huf gekürzt werden muss.

Nach der **Zehenachsentheorie** verläuft eine gedachte Linie durch Huf-, Kron- und Fesselbein. Von vorn gesehen soll sie durch die Mitte der Zehenknochen verlaufen, von der Seite betrachtet ebenfalls durch die Zehenknochen und parallel zur Vorderwand des Hufs. Der Kronrand muss innen und außen auf derselben Höhe liegen. Sind diese Punkte erfüllt, stehen auch die 3 Zehenknochen gerade in einer Linie und sind optimal belastbar. Die Fußung sollte nach diesen Punkten plan sein, die Abnutzung des Hufs gleichmäßig.

Die **Fußungstheorie** besagt, dass das Pferd mit seinem gesamten Tragrand gleichermaßen, also plan auftreten soll. Die Fußung sei dann federnd und optimal.

Die **Stark-Guther-Theorie** will die Sohle und die Eckstreben zu einem großen Teil, ähnlich wie bei wild lebenden Pferden, zum Tragen mit heranziehen. Die bis heute als solche bezeichnete „Tragfläche" reicht nach Guther für die Lastaufnahme nicht aus. Die Verbreiterung der Tragfläche nach Stark und Guther hat sich bis in die Gegenwart erhalten und bewährt.

Die **Theorie des Trachtenlängenverhältnisses** wurde für die Hufzubereitung entwickelt, bei welcher für die Beurteilung kein ebener Untergrund (Feld, Gebirge usw.) zur Verfügung steht. Die Linie von einer Trachtenecke zur anderen befindet sich waagerecht zur Mittellinie, die aus der mittleren Strahlfurche und der Mitte der Hufzehe hervorgeht. Trachtenlinie und Mitte der Hufzehe ergeben die Trachtenebene. Liegen Tragrand und Sohlenrandebene des Hufbeins parallel sowie Tragrandebene und Mittelebene waagerecht, sind die günstigsten Bedingungen für ein statisches Gleichgewicht gegeben.

Die **Hufzubereitungsmethode nach Kurt Kloß** soll eine gestreckte Zehenachse von vorn und von der Seite ergeben. Dabei sollen die sich gegenüberliegenden Seiten- und Trachtenwände gleich hoch sein. Sohle, Eckstreben und Strahl werden geschont. An regelmäßigen Hufen erfolgt eine Kantenbrechung der unteren Hornwand von der weitesten Stelle des Hufs über die Vorderwand bis wieder zur weitesten Stelle. Die Hornwand wird im Winkel von 45° je nach Statik und Hornmenge maximal bis zur weißen Linie gebrochen, jedoch nur unter Berücksichtigung einer gut ausgebildeten und stützfähigen Sohle. Bis zu den Trachtenecken wird der Tragrand mit der feinen Seite der Hufraspel berundet. An bodenweiten und bodenengen Hufen wird die schräge Hornwand im Tragrandbereich gebrochen, der steilere Wandabschnitt auf gleiche Höhe mit dem gegenüberliegenden gebracht und der Tragrand berundet. Der steilere Wandabschnitt ist der mehr belastete und muss seine Stützweite beibehalten. An stumpfen Vorderwänden wird der Tragrand berundet, während an regelmäßigen und spitzen Vorderwänden ebenfalls eine Kantenbrechung im Winkel von 45° erfolgt.

Bei der **naturgemäßen Hufzubereitung** (natural trim procedure) nach Ovnicek wird von 4 Stellen als Tragelementen des Hufs gesprochen: den 2 hinteren Trachtenwandabschnitten und je 1 Auflagepunkt am Übergang von Vorder- zur Seitenwand. Die vorderen 2 Tragelemente ergeben in ihrer Verbindung die Abrolllinie. Sie wird von Ovnicek als **Hornhautschwiele** bezeichnet. Zwischen den beiden Stützen auf jeder Seite beschreibt die Hornwand einen leichten Bogen nach oben. Diese Untersuchungen wurden von Ovnicek und Redden an wild lebenden Pferden durchgeführt. Nach den Autoren soll auch die Hufkorrektur an den vom Menschen genutzten Pferden in dieser Weise erfolgen: Von Sohle, Strahl und Eckstreben wird nur das lose Horn entfernt. Der Tragrand wird mit der Hufraspel gebrochen. Ab der so genannten Hornhautschwiele, die sich je nach Hufgröße 25 bis 38 mm vor der tatsächlichen Strahlspitze befindet, wird die Zehenrichtung im Winkel von 15–20° angeschnitten oder angeraspelt. An Hufen mit dünner Sohle und dünnen Wänden wird der Tragrand nicht gebrochen und keine Zehenrichtung angebracht.

Das **Hufzubereitungskonzept „F-Balance"** von Hufbeschlagschmied Daniel Anz (Argentinien) wurde nach seinen Angaben erstmals im Jahr 1999 von ihm beschrieben. Basis der „F-Balance" ist die Berücksichtigung der Flexibilität des Hufs in seiner Längsrichtung. Hierbei werden anhand sicht- und messbarer natürlicher Marken an den Trachten (z. B. der Vorderhand) diese auf die gleiche Länge, nicht unbedingt auf gleiche Höhe, gekürzt. Durch eine spiralförmige Beraspelung des Tragrands 90° zur Zehenachse bis auf Sohlenniveau nivelliert sich aufgrund der Flexibilität des Hufs um die Zehenspitze der Höhenunterschied beider Hufhälften beim ersten Auftreten auf planes Niveau. Bei Anwendung der „F-Balance" richtet sich der Hufbearbeiter streng nach den am Huf ablesbaren natürlichen Vorgaben und nicht nach subjektiven Vorstellungen, um schließlich eine Balance zu erreichen, wie sie die Natur des jeweiligen Pferdes erfordert.

9.2.2 Durchführung der Hufkorrektur

Merke

Jeder Hufkorrektur muss nach dem Gespräch mit dem Pferdehalter über den Gebrauch des Pferdes (wo, wie oft, welche Art des Einsatzes, Bodenverhältnisse) die Beurteilung des Tieres vorausgehen.

Im Beurteilungsgang (S. 196) wird u. a. das Vorführen der Pferde beschrieben. Dazu müssen die Tiere auf ebenem Boden vorgeführt werden, auch wenn barfuß gehende Pferde die Hufe je nach Stellung und Gliedmaßenführung durch Abnutzung schneller korrigieren, als das bei Pferden mit Hufschutz möglich ist. Nicht immer ist die o. g. Abnutzung identisch mit der optimalen Statik und den bestmöglichen Belastungsverhältnissen.

Allein aus der Körperform, der Stellung der Gliedmaßen und den Hufformen, die schon im Stand Aufschluss über Gliedmaßenführungen geben, kann auch der beste Hufbearbeiter nicht feststellen, wie sich das Pferd in der Bewegung verhält. Es müssen die Bewegungsabläufe und die Fußung von vorn, von hinten und von der Seite beurteilt werden. Das gilt für die Abnutzung der Hufe in ihrer Längs- (innen und außen) und Querrichtung (vorn bzw. hinten). Dazu muss die Hufzubereitung so erfolgen, dass die Zehenachse von vorn und von der Seite gesehen gestreckt verläuft. Ausnahmen bilden hier die Bärenfüßigkeit (S. 151) und verschiedene Huf- bzw. Gliedmaßenerkrankungen, die aus dem Vorbericht hervorgehen müssen.

Ist sich der Hufbearbeiter nach der Beurteilung darüber im Klaren, in welcher Weise er den Huf kürzt, fängt er mit dem **Probeschnitt** an. Dieser wird mit dem Hufmesser am Vorderteil des Hufs von der Sohle über die weiße Linie zur Hornwand hin ausgeführt. Es wird so viel Horn entfernt, bis eine feste Verbindung zu erkennen ist. Bei überlangen Hufen wird der größte Teil mit der Hauklinge, Hufschere oder Hufschneidezange abgetragen. Danach wird das überschüssige Horn vom Strahl entfernt und die seitlichen Strahlfurchen werden freigeschnitten.

Am Anschluss von der Strahlspitze in die Sohle ist bei weiten und regelmäßigen Hufen die **Sohlendicke** erkennbar. Von Eckstreben und Sohle wird nur das sich in Selbstlösung befindende Horn entfernt. Konkav verbogene Hornwände sind gestreckt zu raspeln (▶ **Abb. 9.1**).

Wenn auch in verschiedenen Zeitepochen das **Gestrecktraspeln** der Hornwände wegen der Zerstörung der Glasurschicht strengstens untersagt wurde, so steht doch eine gerade Hornwand im Vordergrund. Die Glasurschicht (S. 105) reicht nach heutigen Untersuchungen von der Krone bis maximal zur Hälfte der Hornwand. Zwar wird beim Gestrecktraspeln der verbogenen Wände die oberste harte Hornschicht teilweise oder auch ganz abgetragen, aber gerade Wände und das stabile nachwachsende Horn verhindern Deformierungen und evtl. Hufkrankheiten wie abgedrückte Wände, Tragrandhornspalten, lose Wände, Flach- und Vollhufbildung usw. In regelmäßigen Korrekturabständen wachsen diese Hornwände wieder gerade herunter.

Danach werden die **Hornwände gekürzt**, so dass sie innen wie außen unabhängig von ihrer Länge gleich hoch stehen. Dabei soll die Zehenachse von vorn gesehen gestreckt verlaufen. Diese beiden Kriterien sind allein durch die Hufkorrektur nicht immer zu erreichen (evtl. Korrekturbeschlag). Die Vorder-, Seiten- und Trachtenbereiche werden in dem Maße unter Berücksichtigung des Probeschnitts gekürzt, dass die Zehenachse von der Seite gesehen gestreckt verläuft. Dies trifft auch für unterschiedlich gewinkelte Hufe mit ihren darüberliegenden Zehenknochen zu. Das Kürzen hornreicher Hufe wird mit Hufschneidezange, Hauklinge oder Hufschere vorgenommen. Hornarme Hufe werden schonend mit dem Hufmesser und der Hufraspel bearbeitet. Sind die Hufe allerdings so hornarm, dass kein Horn abgetragen werden darf (Pferde gehen sonst klamm bzw. lahm), muss auf jegliches Bearbeiten verzichtet werden (Haftpflicht). Besteht aber ein ausgeglichenes Verhältnis zwischen Hornwachstum und -abrieb und geht das Pferd weder klamm, fühlig oder lahm, besteht kein Handlungsbedarf. Im Falle eines Mehrabriebs ist ein Hufschutz erforderlich.

An regelmäßigen Hufen wird an der Hornwand im Bereich des Tragrands von der weitesten Stelle bis wieder zur weitesten Stelle in halber Breite der Hornwand eine **Kantenbrechung** von ca. 45–50° vorgenommen (▶ **Abb. 9.2**). An Hufen von Pferden, die auf weichen Wiesen oder im Laufstall mit tiefer Einstreu gehalten werden, kann diese Kantenbrechung bei ausreichend stützfähiger Sohle und unempfindlichen Hufen bis zur weißen Linie erfolgen. An hornarmen Hufen wird keine Kantenbrechung vorgenommen. Zu den Trachten hin wird der Tragrand mit der Feilenseite der Hufraspel berundet. Die Kantenbrechung wird angebracht, um das Ausbrechen der Hornwand zu verhindern. Sie

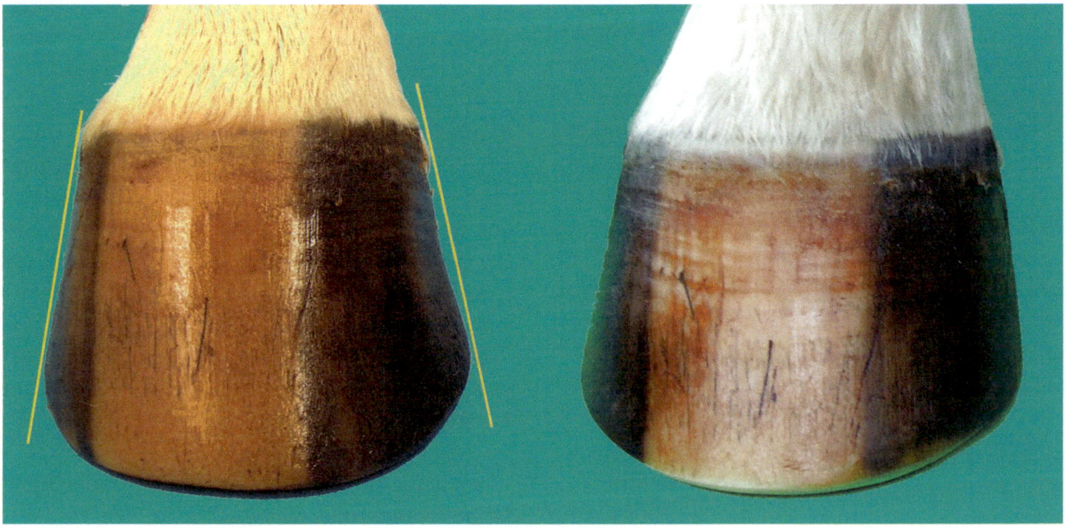

▶ **Abb. 9.1** Links: Huf mit konkaven Seitenwänden. Rechts: Derselbe Huf. Die konkaven Seitenwände wurden gestreckt geraspelt, der Seitenwandhöhenunterschied korrigiert und die Hornwand im unteren Bereich gebrochen (Kantenbrechung).

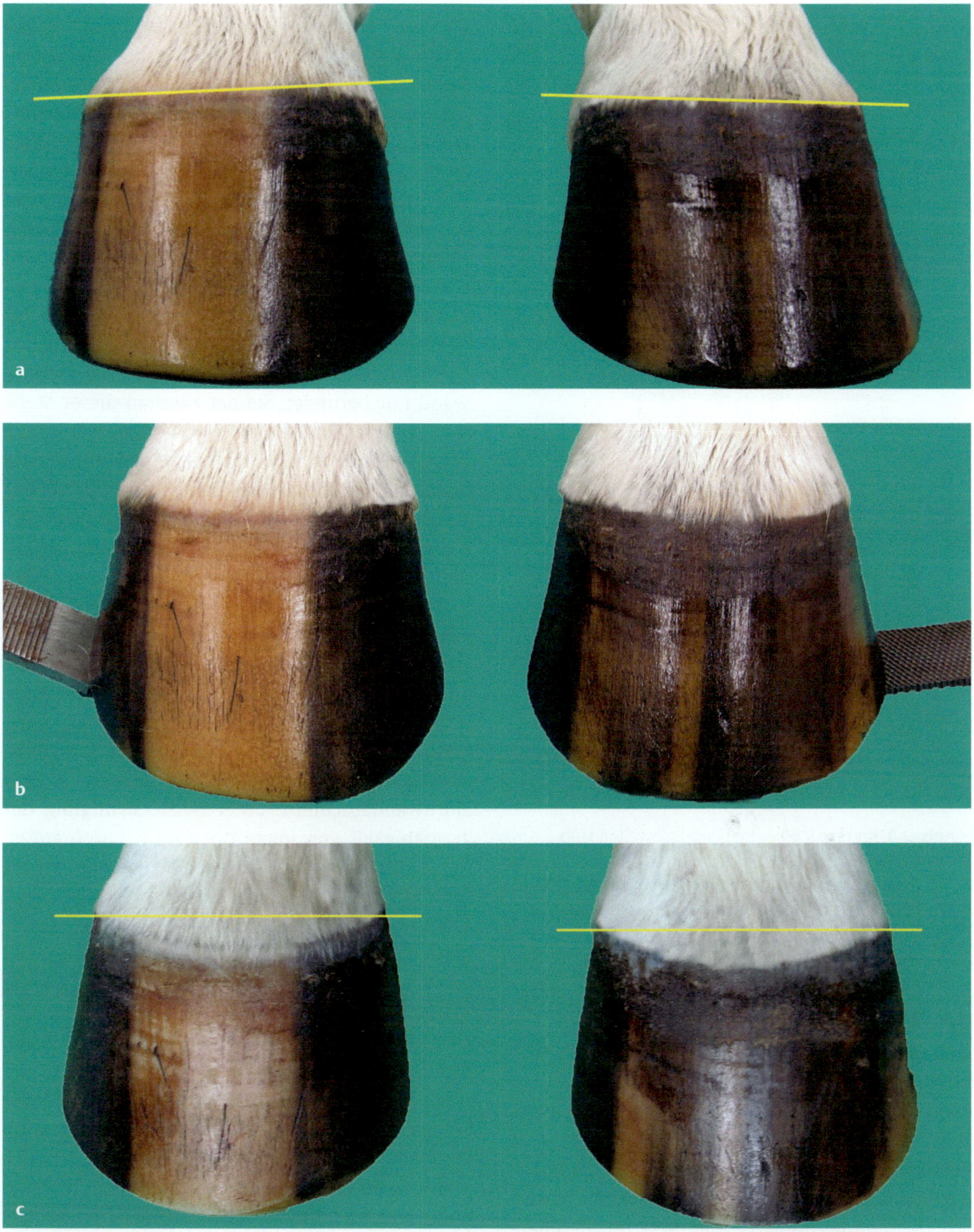

► **Abb. 9.2** Korrektur von Hufen mit konkav verbogenen Seitenwänden.

a Hufpaar mit konkav verbogenen Seitenwänden. Die innen höher liegenden Kronränder sind markiert.

b Dasselbe Hufpaar probehalber auf gleich hohe Seitenwandabschnitte gebracht.

c Dasselbe Hufpaar im Seitenwandbereich annähernd gestreckt geraspelt. Seiten- und Trachtenwandbereich auf gleiche Höhe korrigiert und mit einer Kantenbrechung versehen.

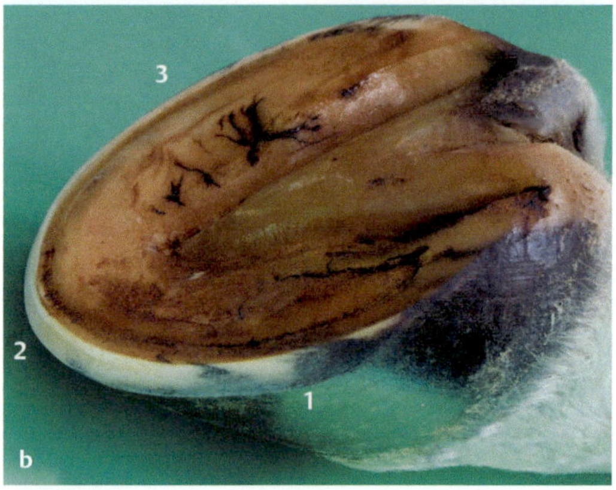

► **Abb. 9.3** Korrektur eines halbeng-halbweiten Hufs (bodenweiter Huf).
a Die innere Seiten- und Vorderwand wurden gekürzt.
b Derselbe Huf mit gebrochener äußerer Seiten- und Vorderwandtragrandkante (1, 2) und gekürzter sowie berundeter innerer Seitenwand (3). Eine geringe Sohlenwölbung ist erkennbar.

darf niemals hinter der weitesten Stelle des Hufs erfolgen.

An **bodenweiten** Hufen wird die äußere untere Hornwand bis zur inneren unteren Vorderwand gebrochen. Ab dort wird die innere Hornwand nach dem Kürzen auf gleiche Höhe wie die äußere am Tragrand berundet (► **Abb. 9.3**). An **bodenengen** Hufen erfolgt dies umgekehrt.

Hufe, die aus der **zehenengen** Stellung hervorgehen, laufen sich meist an der äußeren Vorderwand mit Übergang zur Seitenwand eine Zehenrichtung an. Dieser Wandabschnitt wird kürzer als der an der inneren Vorderseitenwand. Hier wird die Kante an der inneren Vorderwand in der Weise gebrochen, dass der Huf von vorn regelmäßig aussieht.

Hufe, die aus der **zehenweiten** Stellung hervorgehen, laufen sich ebenfalls in den meisten Fällen an der äußeren Vorderwand mit Übergang zur Seitenwand eine Zehenrichtung an. Dies resultiert aus der Gliedmaßenführung und der Auffußungsreibung. Hierbei handelt es sich von vorn gesehen um bodenweite Hufe, und die Sohlenfläche zeigt zumeist eine diagonale Hufform, ähnlich wie bei der zehenengen Stellung, nur etwas deutlicher. Die Kante wird hier an der inneren Vorderseitenwand nur berundet. Sie hat zwar an dieser Stelle die größere Entfernung zur Verlängerungslinie mittlere Strahlfurche/Strahlspitze gegenüber dem äußeren Vorderteil, wird aber wegen der zehenweiten Stellung als größere Stützfläche innen gebraucht. Die Kantenbrechung erfolgt außen wie an bodenweiten Hufen.

An **krummen** Hufen werden die konkaven Wandabschnitte gestreckt geraspelt und eine Kantenbrechung angebracht. Die konvexe Seitenwand wird auf gleiche Höhe wie die gegenüberliegende gekürzt und der Tragrand berundet.

An **engen** Hufen und solchen mit **Trachtenzwang** wird die Innenseite der engeren unteren Hornwandabschnitte unter Berücksichtigung der Tragfähigkeit von innen oben nach unten außen beschnitten. Dadurch werden Hornwände vor allem in weichem Boden leicht nach außen gedrückt, und so das Weiterwerden dieser Wandabschnitte begünstigt.

An **weiten** Hufen werden die schrägen Wände im unteren Bereich minimal konvex geraspelt. Dies verhindert das zu schnelle konkave Verbiegen der Wände.

Die **Eckstreben** sollten stabil bleiben, da bei Fehlen derselben die Bildung von Trachtenzwang begünstigt wird.

Am **Sohlenkörper** muss immer eine geringe Sohlenwölbung angebracht werden bzw. vorhanden bleiben (► **Abb. 9.3b**). Sohlenkörper, Strahl und bedingt die Eckstreben senken sich während der Belastung des Hufs geringfügig; s. Hufmechanismus (S. 170). Bei ebener oder hervorstehender Sohle würde es zu Quetschungen der Sohlenlederhaut kommen. Berührt der Strahl während der Fußungsphase unter Belastung den Erdboden, ist dies für den gesamten Huf von tragendem Vorteil und fördert die Durchblutung.

Die **Zehenrichtung** wird am Huf in dem Maße angebracht, wie sie sich das Pferd in einer normalen Korrekturperiode angelaufen hat. An regelmäßigen Hufen und solchen mit zehenenger Stellung wird die Zehenrichtung in Verlängerung der mittleren Strahlfurche/Strahlspitze an der Vorderwand angeraspelt bzw. angeschnitten. Pferde der boden- und zehenweiten Stellung fußen in den meisten Fällen mit der äußeren unteren Vorderseitenwand zuerst auf und kippen dann nach innen. Die Erweiterung der mittigen Zehenrichtung bis zur äußeren Vorderseitenwand lässt die Fußungsphase weicher und eleganter ablaufen.

Im Anschluss wird das Pferd nochmals im Schritt und im Trab **vorgeführt**, um zu überprüfen, ob sich das Tier dem Korrekturplan entsprechend bewegt und fußt. Eventuell verbliebene Mängel müssen, wenn noch möglich (Hornmenge), korrigiert werden.

Die **Korrekturperiode** beträgt bei normalem Abrieb des Hufs 6–8 Wochen. Pferde, die sich die Hufe vermehrt ungleichmäßig ablaufen, sind schon nach 3–4 Wochen zu korrigieren. Dagegen sind Pferde mit annähernd regelmäßigen Hufen, bei denen sich Abrieb und Hornwachstum im Gleichgewicht halten, im Abstand von 8–10 Wochen zu berunden und können der Hufpflege zugeteilt werden.

9.2.3 Hufschutz oder Barhufgehen

Unbestritten bleibt, dass das Barhufgehen für die meisten Pferde gesünder ist, als sie mit einem Hufschutz zu versehen. Letzterer hat doch immer eine gewisse einengende Wirkung, sei es durch Hufnägel, Hufschuhe, Kunsthorn usw. sowie durch Abheben des Hufs vom Erdboden. Der natürliche weiche Erdboden, welcher die gesamte Bodenfläche des Hufs zum Tragen mit heranzieht, kann durch keinen Hufschutz, auch nicht durch das Anbringen von Hufpolstern, ersetzt werden. Dennoch benötigen Pferde für bestimmte Gebrauchszwecke, bei verschiedenen Huf- und Gliedmaßenerkrankungen, Gang- und Stellungsfehlern einen geeigneten Hufschutz bzw. Korrekturbeschlag. Auch Kritiker des Hufbeschlags räumen heute die Notwendigkeit eines Hufschutzes in bestimmten Fällen ein.

Das Anbringen von Hufschuhen, Hufeisen oder Kunsthorn wird nötig bei:

- Sportpferden, die einen geeigneten Gleitschutz wie Stollen benötigen
- Westernpferden, die in ihrer täglichen Arbeit das Manöver „Sliding Stop" ausführen
- Forstpferden (Holzrückepferde), die im Gebirge arbeiten und ebenfalls einen Gleitschutz benötigen
- Pferden, die ihren Dienst auf gepflasterten oder asphaltierten Straßen verrichten, zum Gleitschutz bzw. gegen vermehrten Abrieb
- Pferden, an deren Hufen mehr Horn abgerieben wird als nachwächst
- Pferden mit sehr dünnen Hufwänden und dünner Sohle, die ohne Hufschutz so fühlig bzw. klamm gehen, dass sie sich bei ihrer Arbeit quälen oder Schmerzen erleiden
- Pferden mit schleifendem Gang (S. 246)
- Pferden, die aufgrund einer Huf- oder Gliedmaßenerkrankung, sei es auch nur vorübergehend, einen orthopädischen Beschlag benötigen, z. B. bei Hufrollenerkrankung, Hufbeinbruch, Hufrehe, Spat oder Sehnenschäden
- Pferden mit Flachhufen, die ohne Hufschutz auf hartem Untergrund nicht schmerzfrei laufen können
- Pferden mit Vollhufen, denen es überhaupt nicht möglich ist, barfuß auf hartem Boden zu gehen, da es hierbei zu drastischen Quetschungen der Sohlenlederhaut kommt
- Pferden, die aufgrund ihrer Stellung (erheblich bodenweit, x-beinig, bodeneng, o-beinig etc.) die inneren bzw. äußeren Wandabschnitte der Hufe in dem Maß abnutzen, dass dies zur Verschlimmerung der Stellung und Hufform führt (Maßnahme: Breitschenkelhufeisen)
- bei Pferden, die durch Scharren oder Kratzen die Vorderwand derart abnutzen, dass sie stumpfer wird
- bei extrem spitz gewinkelten Hufen mit untergeschobenen Trachtenwänden

Die Rückführung der Tiere mit Hufschutz zum Barhufgehen nach Ausscheiden aus dem o. g. Einsatzgebiet oder nach behobenen Huf- und Gliedmaßenerkrankungen kann in den meisten Fällen bis ins hohe Alter der Pferde erfolgen.

10 Hufbeschlag beim erwachsenen Pferd inkl. orthopädischer Beschläge

Axel Berndt, Walter Brehm, Lutz-Ferdinand Litzke, Burkhard Rau, Melanie Striebinger; unter früherer Mitarbeit von Hubert Schwendenmann

10.1 Beurteilung des Pferdes

Axel Berndt

Info

Das Pferd diente dem Menschen seit jeher mit seiner Fortbewegung. Diesen Bewegungsapparat so gesund und leistungsfähig wie möglich zu erhalten, muss das Ziel eines jeden Hufbeschlagschmieds sein. Dazu sind hohes Fachwissen, handwerkliches Geschick und Verantwortungsbewusstsein notwendig.

Um dieses Ziel zu erreichen, muss das Pferd vor jeder Hufkorrektur und vor jeder Beschlaghandlung beurteilt werden. Die Beurteilung selbst ist ein Teil der Beschlaghandlung. Das Weglassen der Beurteilung oder bestimmter Teile davon ist gleichsam ein Vernachlässigen bzw. Nichtausführen bestimmter Schritte der Beschlaghandlung. Gerade die Hufbeschlagschmiede, von denen angenommen wird, dass sie durch ihr hohes Maß an Kompetenz der Beurteilung nicht bedürfen, unterziehen jedes Pferd vor dem Beschlag eingehend diesem Schritt.

Merke

Die vorherige Beurteilung ist notwendige Sorgfaltspflicht, um ein Pferd optimal korrigieren und beschlagen zu können.

Wie intensiv der gesamte Beurteilungsgang vorgenommen wird, hängt von der theoretischen und praktischen Fachlichkeit des Hufbeschlagschmieds/Hufbearbeiters sowie von seiner Einstellung zum Hufbeschlag und zum Tier ab.

Aus der Beurteilung ergeben sich dann u. a. die notwendigen Maßnahmen der Hufkorrektur. Diese unterliegt wiederum einer oder mehreren **Hufzubereitungstheorien** (S. 190). Bis heute ist keine der Hufzubereitungstheorien 100 %ig zutreffend. Das Zusammenwirken zweier oder mehrerer Theorien bzw. das Ausweichen auf eine andere bei Nichtzutreffen einer einzigen ist von großem Nutzen. Beispielgebend für die verschiedenen Hufzubereitungstheorien sind hier die Zehenachsen- und die Fesselstandtheorie angeführt. Die Beurteilung für die Pferde aller Sportarten, Verwendungszwecke und Zuchtziele hinsichtlich der Arbeiten am Huf können hier nicht (Umfang) aufgeführt werden. Das Gleiche gilt für die unzähligen Beurteilungsgänge, die sich die Hufbearbeiter im Laufe ihrer Tätigkeit selbst angeeignet haben und für sie außerordentlich wichtig sind.

Das von Bauer (1938) und später weiterführend von Kaul (1947) und Ruthe (1959) beschriebene Beurteilen des Pferdes zum Beschlag ist bis heute in seiner Gliederung und in seinem Inhalt richtungsweisend. Viele neue Gesichtspunkte und Erkenntnisse wurden eingearbeitet bzw. hinzugefügt. Für den Ablauf des Beurteilungsgangs hat sich die im Folgenden beschriebene Vorgehensweise bewährt.

10.1.1 Erfassung des Vorberichts

Der Vorbericht umfasst alle für die Hufkorrektur/den Hufbeschlag wichtigen Details (Merkmale). Dies beinhaltet normale wie auch abweichende, ob von Geburt an oder erworbene:

- Alter des Tieres
- warum Beschlagdürftigkeit
- war das Tier schon beschlagen
- bisherige Beschläge
- Verwendungszweck, Einsatzgebiet
- Auslauf, Einstreu
- bisherige Huf- und Gliedmaßenerkrankungen
- Befunde, vorhandene Röntgenaufnahmen
- aktuelle Probleme usw.

Des Weiteren erfasst er alle Vorgänge und Änderungen seit der letzten Hufbearbeitung bzw. dem letzten -beschlag:

- evtl. Mängel, die nach dem letzten Beschlag aufgetreten sind
- Lahmheiten (auch zwischenzeitliche), Behandlungen/Anweisungen durch den Tierarzt
- Stolpern, verändertes Gangverhalten (Greifen, Streichen, schleifender Gang)
- veränderte Bodenverhältnisse
- geänderter Gebrauchszweck, Springreiten, Dressur, Freizeitpferd (Gleitschutz) usw.
- längere oder kürzere Arbeitszeit mit dem Pferd
- Haltbarkeit des Hufschutzes, Gewicht

Als mögliche Gründe für den Neubeschlag sind festzuhalten:

- Einhalten der Beschlagperiode
- Hornwand teilweise oder gänzlich über den äußeren Hufeisenrand geschoben
- Hufeisen zu unterschiedlich abgelaufen, gebrochen
- Beschlag locker, verschoben, Hufnägel abgebrochen
- Erwägen des Barfußgehens (nach Abnahme der Hufeisen, Hufkorrektur)
- veränderter Hufschutz nötig (Kunststoff, Aluminium, Titan, Hufschuhe u. a.)
- Beschlagänderung (Huf- bzw. Gliedmaßenerkrankungen, Lahmheit)
- Zehenachse gebrochen bzw. Huf passt nicht mehr zum Fesselstand
- veränderte Hufkorrektur
- Höhen- und Längenverhältnis bei unterschiedlich gewinkelten Zehenknochen und Hufen zu groß geworden (Auswirkungen auf die Gelenke darüber sowie Unregelmäßigkeiten im Bewegungsablauf)
- Erneute Hufkorrektur
- alle Mängel und Vorgänge, die aus dem Vorbericht hervorgehen

10.1.2 Beurteilung im Stand

Die Beurteilung im Stehen erfolgt auf ebenem Boden. Das Pferd wird von einer Person, die mit dessen Umgang vertraut ist, aufgetrenst vorgestellt. Gesattelte oder aufgeschirrte Pferde sind vorher abzusatteln bzw. abzuschirren.

Das Pferd wird vom Halter so zum Stehen gebracht, dass sich die Vorder- und Hintergliedmaßen von der Seite gesehen annähernd oder ganz decken. Wird dies erschwert, weil das Pferd unruhig ist, empfiehlt es sich, ein 2. Tier zur Beruhigung danebenzustellen.

Das Erfassen des Signalements, also von Farbe, Abzeichen, Geschlecht, Kaliber, Rasse und Körperform, erfolgt von links in einem Abstand von ca. 3 m, je nach Größe des Pferdes, so dass das gesamte Tier in Augenschein genommen wird. Sodann erfolgt die Beurteilung der einzelnen Gliedmaßen (S. 148) von vorn bzw. hinten, von der Seite und am aufgehobenen Bein.

Signalement

- Farbe, bleibende Abzeichen und Brand sind besondere Merkmale (wichtig für die Dokumentation, bei evtl. später auftretenden Mängeln, Haftpflicht) und dienen dem Ausschluss von Verwechslungen
- Geschlecht (Hengst, Stute oder Wallach)
- Rasse und Kaliber (z. B. Pony, Sportpferd, Vollblut, Traber, Warmblut, schweres Warmblut, Kaltblut)
- Körperform (Quadrat, Hoch- oder Langrechteck, überbaut, Oberlinie, Unterlinie, Proportion des Rumpfes zueinander und zu den Gliedmaßen)

Verwendungszweck

- Sportpferd (welche Art)
- Zugpferd (Sport- oder Arbeitspferd)
- Freizeitpferd
- Zuchtpferd
- Beistellpferd, Gnadenhofpferd
- Tragtier
- Sonstiges

Vordergliedmaßen

Von der Seite

Krankhafte Erscheinungen

- Wunden, Schwellungen, Prellungen, haarlose Stellen
- alle Umfangsvermehrungen, z. B. an den Sehnen oder Gelenken, Gallen, Stollbeule
- alle sichtbaren Veränderungen
- ansteckende Krankheiten (dürfen nicht auf andere Tiere übertragen werden)

Merke
Es ist nicht Aufgabe des Hufbeschlagschmieds, diese krankhaften Erscheinungen zu diagnostizieren, er muss sie aber registrieren. Dabei ist besonders auf evtl. vorhandene Lahmheiten zu achten – Haftpflicht!

Gliedmaßen

- Stellung der Gliedmaßen von der Seite (regelmäßig, vor- oder rückständig, vor- oder rückbiegig, bärenfüßig), Abstand der Gliedmaßen zum Schwerpunkt (Unterstützungsfläche, Winkelung der einzelnen Gliedmaßenabschnitte selbst und der dazugehörigen Gelenke, z. B. Schräge und Länge des Schulterblattes, des Oberarmes, Beckens, Oberschenkels, Unterschenkels usw.)
- Winkelung der Zehenknochen (regelmäßig, spitz, stumpf)
- Winkelung des Hufbeins in der Hornkapsel (nur, wenn Röntgenaufnahme vorhanden ist)
- Zehenachse (Verlauf gestreckt, nach vorn bzw. nach hinten gebrochen)
- Fesselstand
  - Huf passt zum Fesselstand
  - Huf zu spitz oder zu stumpf gewinkelt in Relation zum Fesselstand

Hufe

- Hufform (S. 148) (regelmäßig, spitz, stumpf, Umformungshuf, abnorme Hufform)
- Kronrand
  - Verlauf von vorn nach hinten
  - im leichten Bogen, gerade, unregelmäßig abfallend, steigend
- Vorderwand-Trachtenwand-Verhältnis (normalerweise 3 : 1; um wie viel weniger oder mehr)
- Vorderwand (gerade, konkav, konvex)
- Trachtenwand (gerade, konvex, untergeschoben, parallel oder steiler zur Vorderwand)
- Tragrand (vollkantig, ausgebrochen, stützfähig, nicht stützfähig)
- Hufoberfläche
  - glatt, glänzend, matt
  - verschmutzt, schuppig, Saumbandentzündung, äußerlich erkennbare Hufkrankheiten, Hornspalten, Hornkluft, Ringbildungen

Vorhandener Beschlag

- Länge
  - passt zur Hufform, zu kurz, zu lang, zurückgesetzt
  - passt zu Bewegungsablauf und Verwendungszweck
- Ränderung am Vorderteil und am Schenkelende (senkrecht, bodenweit, bodeneng)
- Abnutzung
  - gleichmäßig
  - keilförmig
  - kahnförmig
  - am Vorderteil bzw. an den Schenkelenden vermehrt (Trachtenfußung) scharfe Kanten, Gratbildung
- Zehenrichtung
  - keine vorhanden
  - angebogen, angeschliffen, auch kombiniert, angelaufen (Länge, Höhe), HE zurückgesetzt
  - Aufbiegung an den Schenkelenden (Länge, Höhe)
- Aufzüge
  - Vorderwandaufzug (angelegt oder eingelassen, abstehend)
  - seitliche Vorder- und Seitenwandaufzüge (Größe, Form, Stärke)
  - Trachtenwandaufzüge (angelegt, abstehend, Höhe)
- Nagelniete
  - Anzahl, Verteilung, Höhe, Form (quadratisch, rechteckig)
  - in die Hornwand eingelassen oder aufgelegt, aufgebogen

Von vorn

Krankhafte Erscheinungen

Wie von der Seite beschrieben.

Gliedmaßen

- Stellung
  - regelmäßig, regelmäßig weit, regelmäßig eng, bodenweit, bodeneng, o-beinig, x-beinig
  - zehenweit und zeheneng (kann auch zu den vorher angeführten Stellungen gehören)
  - diagonale Drehung (Angabe von welchem Gelenk ab)
  - Abweichungen von den standardisierten Stellungen, z. B. von den Gelenken ausgehende, versetzt stehende Knochen sowie hiervon ausgehende Verdrehungen (Angabe wo und in welchem Gelenk)
- Höhe der Fessel- und Vorderfußwurzelgelenke, der Brust und der Schulter

  - gleich oder ungleich hoch
  - rechts oder links höher
- Zehenachse (gestreckt, nach innen oder außen gebrochen)
- Fesselstand
  - passt
  - Halbierungslinie fällt auf innere bzw. äußere Vorderwand

Hufe
- Hufform (regelmäßig, weit, eng, bodenweit, bodeneng, schief, krumm)
- Kronrand
  - liegt innen und außen in einer Höhe, innen höher, außen höher
  - Verlauf im Vorderwandbereich normal, spitzrund, eingesunken
- Stellung der Seitenwände
  - unterschiedlich im Winkel zum Erdboden
  - gestreckt, konkav, konvex (welche Seitenwand?)
- Tragrand und Oberfläche, wie von der Seite

Vorhandener Beschlag
- Weite (passt, innen bzw. außen zu weit, zu eng)
- Ränderung (innen und außen senkrecht, bodenweit, bodeneng, roller)
- Abnutzung (gleichmäßig, innen bzw. außen vermehrt, scharfe Kanten)
- Zehenrichtung (vorhanden, nicht vorhanden, innen oder außen höher, gleich hoch, ungleich hoch angelaufen)
- Aufzüge
  - Vorderwandaufzug (Größe, Form, eingelassen)
  - seitliche Vorderwandaufzüge, Seitenwandaufzüge (eingelassen oder angelegt, abstehend)
- Nagelniete (innen und außen gleich hoch, unterschiedlich hoch)

Von hinten

Krankhafte Erscheinungen
- nur zusätzliche, die von der Seite nicht zu sehen sind

Gliedmaßen
- Fesselstand
  - passt
  - Halbierungslinie des Mittelfußes fällt auf den äußeren oder inneren Ballen
  - Festlegung, ob der Huf zum Fesselstand passt, wenn nicht, weshalb der Huf nach innen bzw. außen abgewichen ist (Kippen, Drehen oder beides)

Hufe
- Trachtenwände
  - gleich oder unterschiedlich hoch
  - gestreckt, konvex, konkav, eingezogen
  - Ringbildungen, die hinten herum verlaufen und von der Seite nicht zu sehen sind
- Ballen
  - passen in Größe und Form zum übrigen Huf
  - zu spitz, mager, ungleich groß, ungleich hoch, verschoben

Vorhandener Beschlag
- Weite der Schenkelenden in Bezug auf Unterstützung des Kronrands sowie der Stellung
- Weite von der mittleren Strahlfurche

Am aufgehobenen Fuß

Hufeisen
- Art des Hufeisens
  - Stempel- bzw. Falzhufeisen, Fabrikhufeisen, handgefertigtes Hufeisen
  - verschiedenartige Beschläge, Gleitschutz
  - Aluminium-, Kunststoffbeschläge, andere Materialien
  - Hufschuhe, Platten, Einlagen, Kunsthorn, sonstiges
- Form des Beschlags (entspricht nicht immer der Hufform)
- Auflagebreite, Hufeisenstärke
- Abstand der Schenkelenden von der mittleren Strahlfurche
- Strahlfreiheit, Abnutzung (Trachtenfußung)
- Zehenrichtung, Hufeisen zurückgesetzt (bis wohin)
- Nagelköpfe: hervorstehend, zu groß, abgelaufen, zu tief im Hufeisen

Hornsohle
- mäßig (normal), stark oder gering gewölbt
- Veränderungen, Flach- und Vollhufbildung
- volle Sohle (viel Sohlenhorn), Konsistenz fest, elastisch, Zerfallshorn
- Verfärbungen (Steingallen usw.), sonstige Veränderungen

Eckstreben

- kräftig entwickelt, schwach ausgebildet
- ausgebrochen, lose, gerade, verbogen (z. B. Trachtenzwang)

Strahl

- gut oder schwach entwickelt, ragt über die Hornwand nach unten
- zerklüftet, Strahlfäule

Ballen

- Veränderungen, die aus der Betrachtung von hinten nicht zu sehen waren

Hufknorpel

- Beurteilung erfolgt durch Tasten
- elastisch, beweglich
- Beweglichkeit eingeschränkt, Verknöcherung nur im Endstadium fühlbar

Nach Abnahme des Hufeisens

- Hufform (regelmäßig, weit, eng, halbweit, halbeng, diagonal)
- Breite und Qualität der Hornwand
- weiße Linie (verbreitert, lose Wand usw.)
- Veränderungen, die unter dem Hufeisen nicht zu sehen sind
- Beschaffenheit der Sohle
  - zäh, bröckelig, brüchig
  - doppelte Sohle (kann erst im Laufe der Hufzubereitung endgültig ermittelt werden)

Hintergliedmaßen

Von der Seite

Krankhafte Erscheinungen

Beurteilung wie an der Vordergliedmaße von der Seite.

Gliedmaßen

- Stellung (regelmäßig, vor- oder rückständig, säbelbeinig, bärenfüßig)
- Winkelung der Zehenknochen, Zehenachse bzw. Fesselstand, wie an der Vordergliedmaße von der Seite betrachtet

Hufe

- Hufform etc., wie an der Vordergliedmaße von der Seite betrachtet

Vorhandener Beschlag

Beurteilung wie an den Vordergliedmaßen von der Seite.

Von vorn

Beurteilung wie an den Vordergliedmaßen von vorn:

- krankhafte Erscheinungen
- Zehenachse bzw. Fesselstand
- Hufform
- Kronrand
- Stellung der Wände
- Tragrand
- Hufoberfläche
- vorhandener Beschlag

Von hinten

Krankhafte Erscheinungen

Beurteilung wie an den Vordergliedmaßen von hinten.

Kruppe/Wirbelsäule

- rechts und links gleich hoch
- rechts tiefer als links oder umgekehrt
- einseitiger Muskelschwund u. a.
- Wirbelsäule (gerade, gebogen, verdreht, von Geburt an oder erworben)
- Haltung des Schweifes
- Kopfhaltung

Gliedmaßen

- Stellung
  - regelmäßig, bodenweit, bodeneng, o-beinig, x-beinig
  - diagonale Drehung, zehenweit und zeheneng
  - Letztere können wie bei der Betrachtung von vorn zu den anderen Stellungen dazugehören.
- Fesselstand, wie bei der Betrachtung der Vordergliedmaßen von hinten

Hufe

- Ballen, wie bei der Betrachtung der Vordergliedmaßen von hinten
- Trachten, wie bei der Betrachtung der Vordergliedmaßen von hinten

Vorhandener Beschlag

Wie bei der Beurteilung der Vordergliedmaßen von hinten.

Am aufgehobenen Fuß
Die Beurteilung ist analog zu den Vordergliedmaßen durchzuführen.

Gegenüberliegende Gliedmaßen

Die Beurteilung der gegenüberliegenden Vorder- und Hintergliedmaßen hat in derselben, oben genannten Weise zu erfolgen. Die Punkte, die schon einbezogen wurden (Gliedmaßenstellung vorn von vorn und hinten von hinten) und die zum Vergleich herangezogenen (Hufform, Winkelung der Zehenknochen usw.) werden nicht noch einmal beurteilt.

10.1.3 Beurteilung in der Bewegung

Das Vorführen des Pferdes im Schritt und Trab wird auf ebenem Boden (ausnahmsweise bergauf und bergab, auf weichem und auf hartem Boden) ausgeführt. Treten während der Belastung (Vorbericht) beim Reiten, Fahren sowie in den verschiedenen Gangarten etc. veränderte Gliedmaßenbewegungen, Fußungen oder sonstige Abweichungen auf, welche beim Neubeschlag Berücksichtigung finden müssen, sollte das Pferd in o.g. Belastungen und Gebrauchszwecken beurteilt werden. Zusätzlich sollte die Beurteilung, wenn erforderlich, in den verschiedenen Gangarten auf dem Zirkel erfolgen.

Sind die Hufeisen locker, verschoben oder einseitig zu sehr abgenutzt, sind diese vorher abzunehmen, da sonst die Beurteilung verfälscht wird.

Es ist in vielen Fällen erforderlich, das Pferd nach Abnahme der Hufeisen sowie nach der Hufkorrektur unter Berücksichtigung der Belastungsmöglichkeit erneut vorzuführen.

Schritt

Zuerst wird das Pferd vom Betrachter weg (Beurteilung der Hintergliedmaßen) geführt, rechts herum gewendet und wieder auf den Betrachter zugeführt (Beurteilung der Vordergliedmaßen). Die Betrachtung der Vordergliedmaßen beim Wegführen und die der Hintergliedmaßen auf dem Rückweg kommen nur bei vorheriger Nichterkennung der Fußung, Gliedmaßenführung usw. in Frage.

Die Betrachtung in Richtung der Diagonalen des Pferdes dient zur besseren Erkennung von Gliedmaßendrehungen.

Gliedmaßenführung
- in Längsrichtung
  - gerade, um den stützenden Fuß oder gegen ihn (Streichgefahr), Bügeln, gemischte oder sonstige Unregelmäßigkeiten (Drehen usw.)
  - Fußung (plan, außen, innen)
- von der Seite
  - Schrittlänge (Greifen), Schritthöhe, Schrittgeschwindigkeit, seitliche Fußung (wo)
  - Fußung (plane Fußung); Abfußen (wo), Schwebephase, Auffußen, Stützen; Zehen-, Trachtenfußung, Abrollen (wo); Schleifen (S. 246)
  - Beugung und Streckung der Gelenke, Stolpern, Sonstiges

Lahmheit
- Lahmheit (S. 174): Stützbein- oder Hangbeinlahmheit, gemischte Lahmheit (gering-, mittel- oder hochgradig)
- klammer Gang

Merke
Es gehört nicht in den Aufgabenbereich des Hufbeschlagschmieds, Lahmheiten bzw. deren Ursachen zu diagnostizieren. Er sollte sie jedoch erkennen und registrieren (Haftpflicht!). Weitere Formen und Abstufungen der Lahmheit sowie die Lahmheit selbst sind Sache des Tierarztes und vor der Beschlagsausführung abzuklären.

Ausnahmen sind Lahmheiten, die unmittelbar vor oder während der Beurteilung z. B. durch abgetretene Hufeisen (Druck auf Sohlen- und Strahllederhaut) auftreten. Sie können mit Zustimmung des Besitzers – unter Vorhersehung der Beseitigung der Lahmheit – durch einen Neubeschlag behoben werden (Ledersohle, Kunsthorn usw.).

Trab

Der Vorführende trabt mit dem Pferd vom Betrachter weg, wendet im Schritt und trabt wieder an.

Gliedmaßenführung

- Beurteilungskriterien wie im Schritt
- kann anders als im Schritt sein

Lahmheit

- verstärkt gegenüber im Schritt, gleichbleibend
- jetzt erst im Trab auftretend (erkennbar)

Überblick

Beschlagplan

- Hufzubereitung (wo und wie wird der Huf korrigiert)
- Art der Hufeisen: Dicke, Breite, Aufzüge (Anzahl, Lage), Gleitschutz
- Art der Zehenrichtung am Hufeisen, Richtung der Schenkelenden (gerade oder Aufbiegung)
- Sonderbeschläge, Hufeisenzwischenlagen, Polster
- ob das Pferd barfuß bleibt
- ob das Pferd nach der Hufzubereitung nochmals vorgeführt wird (Nachkorrektur, Neuorientierung des Beschlags)

10.1.4 Beurteilung nach dem Beschlag

Im Stehen

Überprüfung des Beschlags:

- Sind die im Beschlagplan festgelegten Punkte ordnungsgemäß ausgeführt worden?
- Korrektur, Passen des Beschlags, Nagelung (fachgerechte Ausführung)
- Sind minimale Abweichungen bis zum nächsten Beschlagwechsel vertretbar oder müssen sie sofort abgestellt werden?

In der Bewegung

Das Pferd wird wieder im Schritt, im Trab usw. vorgeführt:

- Fußung (verbessert, geblieben, verschlechtert)
- Gliedmaßenführung (verbessert, geblieben, verschlechtert; von hinten, von vorn und von der Seite gesehen) etc.

10.1.5 Abstellen der Mängel

Gehen vom Neubeschlag Mängel aus oder hat dieser die o. g. Aufgaben verfehlt, sind sie umgehend bzw. in einem für das Tier vertretbaren Zeitraum abzustellen. Liegt nach dem Beschlag eine Lahmheit vor, die zuvor nicht vorhanden war, muss die Ursache ermittelt und, wenn möglich, (ggf. durch den Tierarzt) beseitigt werden.

10.1.6 Hinweise für den Besitzer

Während und am Ende des Beschlagens wird der Besitzer auf die Besonderheiten, wie veränderte Hornqualität, Steingallen, Strahlfäule (Pflegehinweise) oder sonstige festgestellte Veränderungen am Huf, sowie auf den Beschlag in Beziehung zum Bewegungsablauf hingewiesen.

Die differenzierte Betrachtung des Pferdes (Beurteilung zum Beschlag) wird in den letzten Jahren erfreulicherweise wieder von immer mehr Hufbeschlagschmieden vorgenommen.

10.2 Ausführung des Beschlags bei gesunden Hufen

Melanie Striebinger

Merke

Der Hufbeschlag ist in Ruhe sowie mit der erforderlichen Konzentration und Routine durchzuführen. Das Pferd ist ein Fluchttier. Seine Reaktionen können für eine pferdeunerfahrene Person überraschend und gefährlich sein.

Deshalb ist es erforderlich, aufmerksam mit dem Tier zu kooperieren und einige **Grundregeln** zu berücksichtigen:

- Es sollte stets ein geeigneter Arbeitsplatz mit guten Lichtverhältnissen, ausreichend Raum für Tier und Mensch und guten Bodenverhältnissen gegeben sein. Ein sicherer Stand ist für Hufbeschlagschmied, Aufhalter und Pferd unerlässlich. Rutschiger Untergrund kann zu einem unsicheren Stand führen und birgt erhöhte Unfallgefahr.
- Eine ebene Strecke zum Vorführen sollte zur Verfügung stehen, da vor Beginn des Beschlagens das Pferd im Stand, im Schritt sowie im Trab beurteilt wird.
- Bei der Behandlung junger und unerfahrener Tiere sollte ausreichend Zeit eingeplant werden, um diese an den Vorgang der Hufpflege und des Beschlagens zu gewöhnen. Es ist ratsam, junge Pferde bereits frühzeitig für die notwendigen Maßnahmen zu trainieren. Sie können beim Beschlagen erfahrener Pferde beigestellt werden,

damit sie sich frühzeitig an die Geräusche und den Rauch gewöhnen können.

- Nervösen Pferden hilft es, wenn ein ruhiges Beistellpferd beim Beschlagen anwesend ist. Zweckmäßig ist es auch, unruhige Pferde zuvor zu longieren oder zu arbeiten. Im Umgang mit schwierigen Pferden sollten stets erfahrene Personen anwesend sein, die das Halten des Pferdes am Kopf, ein routiniertes Aufhalten der Hufe sowie das Zureichen von Werkzeugen ermöglichen. Es hat sich bewährt, wenn bei solchen Pferden eine Person, die möglichst mit dem Pferd vertraut ist, am Kopf des Pferdes steht, das Halfter erfasst und dem Pferd leise zuredet.
- Hengste sind grundsätzlich allein oder nur in Anwesenheit von Wallachen zu beschlagen. Das Gleiche gilt für rossige Stuten.
- Es ist zu beachten, dass sich im Radius von 3 m um das Pferd keine Gegenstände befinden sollten.

10.2.1 Aufhalten

Definition

Unter Aufhalten versteht man das sachgemäße Aufheben und Halten einer Gliedmaße unter Berücksichtigung der anatomischen Gegebenheiten und Möglichkeiten. Das Aufhalten dient dazu, die für das Zubereiten des Hufs und den Beschlag erforderlichen Arbeiten möglichst schnell und gesundheitsschonend ausführen zu können.

Bevor die Gliedmaße aufgenommen wird, sollte das Pferd angesprochen und auf die folgende Situation aufmerksam gemacht werden, um ein Erschrecken und Abwehrbewegungen zu vermeiden. Es muss überprüft werden, ob die Anbindeposition des Pferdes geeignet ist oder ob das Pferd von einer erfahrenen Person aufgezäumt festgehalten werden sollte. Ist das Aufhalten bei Pferden mit krankhaften Veränderungen schlecht durchzuführen, sollte man dem Tier entgegenkommen und es in der ihm möglichen Position aufhalten. Der sichere Stand des Pferdes muss gewährleistet sein.

Das **Arbeiten mit Aufhalter** ist eine Variante zur Durchführung des Hufbeschlags. Der Arbeitsablauf für die Hilfsperson beim Aufhalten der linken Vorder- und Hintergliedmaße ist wie nachfolgend beschrieben empfehlenswert:

Überblick

Aufheben der linken Vordergliedmaße

Der Aufhalter tritt von der linken Seite an den Kopf des Pferdes, streicht mit der rechten Hand über Hals, Schulter, Unterarm sowie Röhrbein und umfasst – mit dem Daumen nach außen – die Fessel von vorn. Dann drückt er mit der linken Hand gegen die Schulter, um dem Tier zu signalisieren, das Körpergewicht nach rechts zu verlagern (► **Abb. 10.1a**).

Nun beugt der Aufhalter die entlastete Gliedmaße im Vorderfußwurzelgelenk ab und umfasst mit der linken Hand von innen her ebenfalls die Fessel in der gleichen Weise wie mit der rechten. Beide Daumen sollten nun übereinanderliegend in der Fesselbeuge ruhen. Das Vorderfußwurzelgelenk stützt er gegen seinen linken vorgestellten Oberschenkel, seine Schulter liegt an der Schulter des Pferdes an (► **Abb. 10.1b**).

Ist die erforderliche Maßnahme am Huf durchgeführt, sollte die Gliedmaße langsam abgesetzt werden. Ein abruptes Loslassen der Gliedmaße könnte zu Prellungen innerhalb der Hornkapsel bis hin zu Verletzungen des Hufbeins führen.

Aufheben der linken Hintergliedmaße

Der Aufhalter wendet seinen Rücken dem Kopf des Pferdes zu und streicht mit der rechten Hand über die linke Kruppe bis zum Röhrbein. Dabei drückt er mit der linken Hand gegen den linken Hüfthöcker des Pferdes (► **Abb. 10.1c**).

Das Röhrbein wird nun von hinten außen von der rechten Hand umfasst und die Gliedmaße nach vorn gezogen, so dass das Sprunggelenk gebeugt wird.

Die linke Hand greift sodann von innen um die Fessel, die rechte Hand von außen. Beide Hände werden in der Fesselbeuge platziert. Der Aufhalter drückt die Gliedmaße langsam nach hinten (► **Abb. 10.1d**).

Der Fesselkopf des Pferdes kommt auf dem linken vorgestellten Oberschenkel des Aufhalters zu liegen.

Der Kontakt zum Pferdekörper sollte möglichst nah sein, um bei Abwehrbewegungen ein sicheres Stützen und optimales Fixieren des Hufs zu gewährleisten.

Abhängig von der Größe des Pferdes differiert die Position und Körperhaltung des Aufhalters. Ein gerader Stand des Aufhalters sollte angestrebt werden, jedoch ist dies bei Pferden der kleineren Rassen manchmal nicht möglich.

Das Absetzen hat wie bei der Vordergliedmaße langsam zu erfolgen.

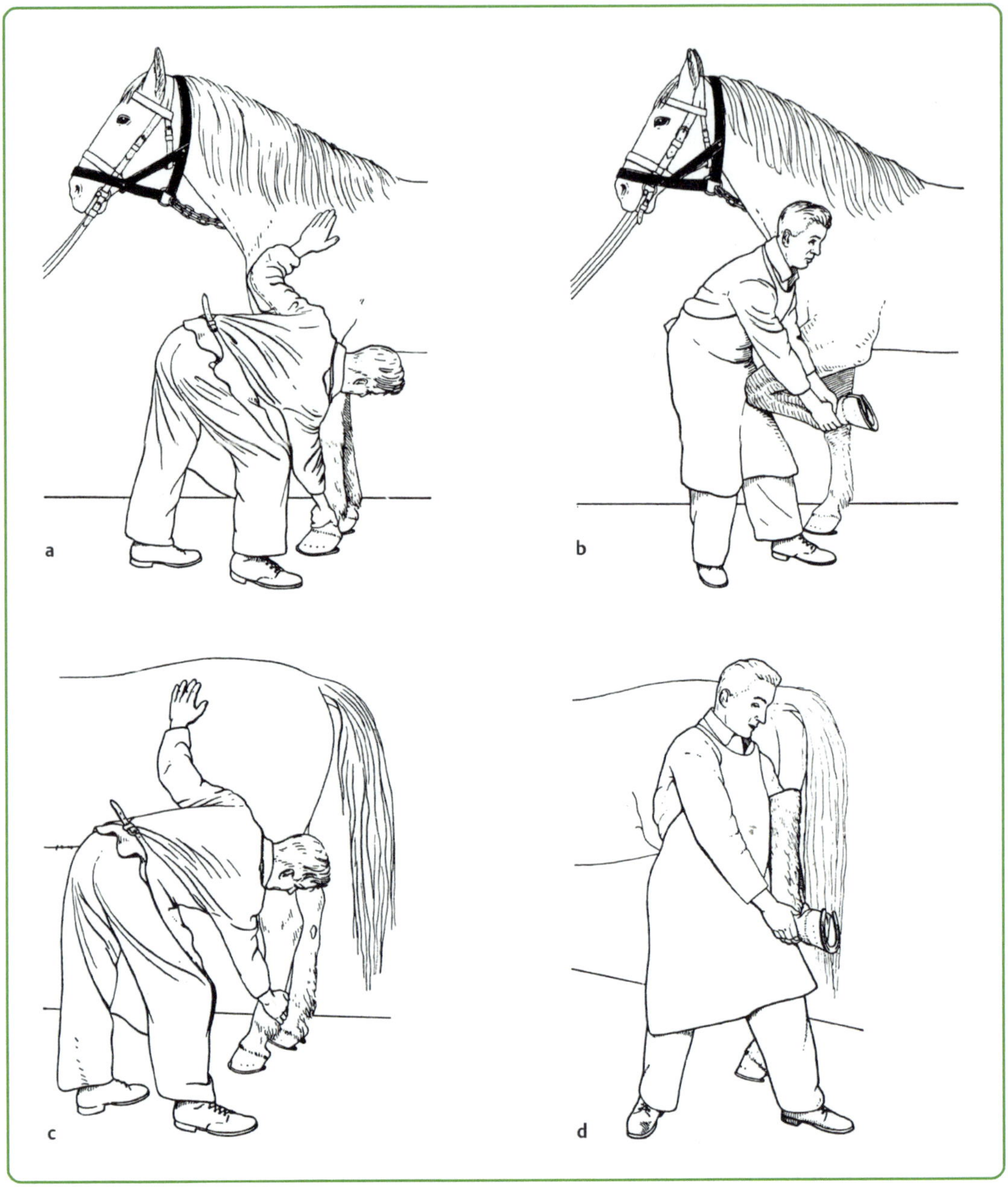

► **Abb. 10.1** Sachgemäßes Aufhalten der linken Vordergliedmaße (**a, b**) und der linken Hintergliedmaße (**c, d**).

10.2.2 Abnehmen der Hufeisen

Das Abnehmen der Hufeisen darf nicht wahllos ausgeführt werden, sondern muss in einer bedachten Reihenfolge ablaufen.

Überblick

Abnehmen der Hufeisen

Es empfiehlt sich bei der Durchführung des regelmäßigen Beschlags, zuerst die Hufeisen der Vorderhufe abzunehmen und diese mit einem neuen Beschlag zu versehen. Danach kann das Aufnieten der Nägel und das Abnehmen der Hufeisen an den Hinterhufen durchgeführt werden.

Diese Reihenfolge dient der Schonung und dem Schutz der Hufe. Pferde, die bereits seit längerer Zeit beschlagen werden, können auf das Barhufstehen während des Beschlags sensibel reagieren, wodurch eine Reizung der Sohlenlederhaut entstehen kann. Ebenfalls löst ein Scharren und mehrfaches Wenden des Pferdes während des Beschlagens ein Ausbrechen des Tragrands aus. Diese Schäden werden durch einen geplanten Arbeitsablauf vermieden.

Weitere Ausnahmen vom Arbeitsablauf entstehen bei Pferden mit krankhaften Veränderungen, wie z. B. der Beschlag an einem chronischen Rehehuf mit vorgewölbter Sohle. Diese schmerzhaften Umstände bedürfen individueller Behandlung. Hier muss dem Pferd ein komfortabler Stand geboten werden, in dem jeder Huf einzeln beschlagen wird, um ein langes Stehen ohne Hufschutz zu vermeiden. Zusätzlich kann der krankhaft veränderte Huf während des Beschlagens durch eine weiche Unterlage geschützt werden.

Das Abnehmen der alten Hufeisen besteht aus folgenden Arbeitsschritten:

- Öffnen der Niete
- Anlüften des Hufeisens (entfällt bei Verwendung einer Nagelziehzange)
- Ziehen der Hufnägel
- Entfernen des Hufeisens

Öffnen der Niete

Der 1. Arbeitsschritt zum Abnehmen der alten Hufeisen ist das Öffnen der Niete. Hier können verschiedene Methoden angewendet werden. Die Nietklinge wird unter den Nagelniet gesetzt und mit dem Daumen der haltenden Hand am Hufeisen fixiert, um ein Abgleiten und ein Verletzen der Krone zu verhindern (▸ **Abb. 10.2**). Geöffnet wird der Niet durch leichte Schläge mit dem Klopfschlegel. Dieser Arbeitsschritt kann mit einem Aufhalter oder auf dem Hufbeschlagbock durchgeführt werden.

> **Merke**
> **Niete können durch das Öffnen abreißen und so Verletzungen, besonders der Augen, verursachen.**

▸ **Abb. 10.2** Aufnieten der Nagelniete mit der Nietklinge und dem Klopfschlegel. Dabei sollte aufmerksam gearbeitet werden, um Verletzungen des Kronrands zu vermeiden.

Pferde, die auf das Klopfen empfindlich reagieren, z. B. bei krankhaften Veränderungen wie Hufrehe oder einer Hufbeinfraktur, sollten mit der Raspel aufgenietet werden. Bei dieser Methode werden die Niete mit der Raspel entfernt.

Anlüften des Hufeisens

Sind alle Nagelniete vollständig geöffnet oder entfernt, kann das Hufeisen mit der **Abnehmzange** angelüftet und gelockert werden. Dabei wird die Abnehmzange zwischen Schenkelende und Trachtentragrand gesetzt und leicht hebelartig bewegt. Hierbei sollte möglichst wenig Druck auf das Sohlenhorn ausgeübt und sorgfältig gearbeitet werden, um ein Ausbrechen des Hufs im Bereich der Nagellöcher und Aufzüge zu vermeiden.

Ziehen der Hufnägel

Durch das Lockern des Hufeisens treten die Nagelköpfe hervor. Wird das Hufeisen wieder zurück an den Huf geschlagen, können die Nägel durch die hervorgetretenen Nagelköpfe leicht entfernt und das Hufeisen ohne Kraft abgenommen werden (▸ **Abb. 10.3**). Die Nägel werden einzeln herausgezogen und beim Verdacht auf eine Vernagelung sorgfältig geprüft. Die beiden vorderen Hufnägel werden zusammen mit dem Hufeisen mittels Abnehmzange entfernt.

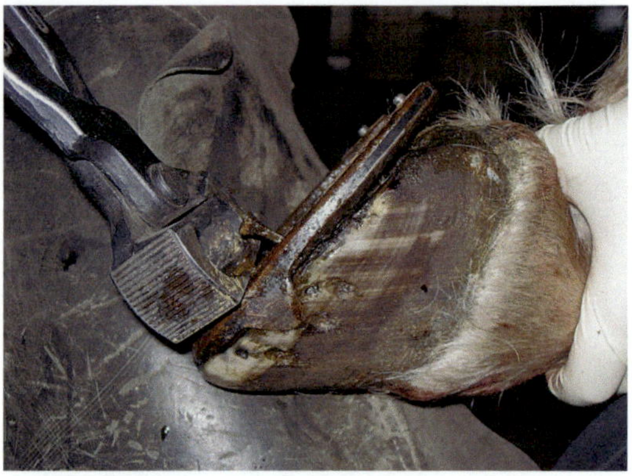

▶ **Abb. 10.3** Ziehen der Hufnägel nach dem Lockern und Lüften des Hufeisens mit der Abnehmzange.

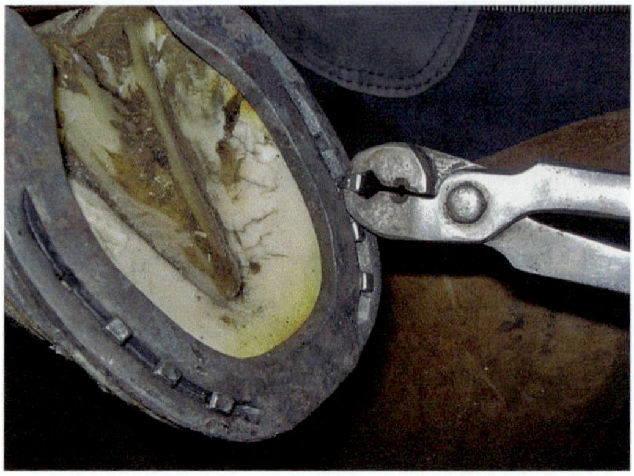

▶ **Abb. 10.4** Die Nägel werden aus einem neu aufgeschlagenen Hufeisen einzeln mit der Nagelziehzange gezogen.

! Merke

Vorsicht ist geboten bei Hufen mit dünner Sohle, bei Flach- oder Vollhufen. Die Abnehmzange kann eine Quetschung der Sohlenlederhaut provozieren.

In solchen Fällen, besonders bei frisch beschlagenen Hufen, bietet sich die Verwendung der **Nagelziehzange** an, da diese die Nägel direkt am Falz greifen kann – ohne ein vorheriges Anlüften des Hufeisens (▶ **Abb. 10.4**).

! Merke

Sollte ein Nagel durch Abbrechen in der Wand steckenbleiben, so muss dieser unbedingt mittels einer Zange, einem Hammer und einem Dorn sorgfältig herausgetrieben und entfernt werden. Verbleibt der Nagelstumpf innerhalb der Hornwand, kann er eine Vernagelung verursachen: Der neue Nagel kann auf den Nagelstumpf treffen und durch diesen seine Einschlagrichtung verlieren. Der eingeschlagene Nagel richtet sich sodann gegen die Lederhaut und verletzt diese.

Überprüfen der Nagellöcher

Nach dem Abnehmen der Hufeisen sollte die Position der alten Nagellöcher überprüft werden, besonders wenn die Hufeisen noch einmal verwendet werden (Umbeschlagen). Sitzen diese in der Wand oder gar in der Sohle, muss das Hufeisen vor dem erneuten Aufbringen unbedingt umgerichtet werden.

10.2.3 Zubereiten der Hufe

Da sich das Hufhorn eines beschlagenen Hufs aufgrund des Hufmechanismus i. A. nur im Bereich der Trachtenwände abnutzt und die Zehe wächst, sollte eine Beschlagperiode von maximal 8 Wochen eingehalten werden, auch wenn das Hufeisen noch nicht erneuerungsbedürftig ist. In dieser Zeit kommt es zu Veränderungen des Fesselstands und somit zu einer stärkeren Belastung der Beugesehnen, besonders im Moment des Abfußens. Beim „Umbeschlagen" werden die gebrauchten Hufeisen nochmals benutzt.

Die Art der Hufzubereitung richtet sich nach der im Vorfeld durchgeführten Beurteilung des Pferdes. Am häufigsten werden die „Zehenachsentheorie nach Moser" (S. 189), die „Fesselstandstheorie nach Bauer" (S. 189) und die „Fußungstheorie nach Dominik" (S. 189) angewandt.

! Merke

Beim Bearbeiten der Hufunterseite ist zu beachten, dass die Sohle, die Eckstreben und der Strahl geschont werden.
Es ist eine möglichst breite Auflage für das Hufeisen zu schaffen.
Als Grundregel muss gelten, nicht zu viel Horn aus der Sohle herauszunehmen und den Huf nicht zu klein zu machen.

Ist der **Strahl** gesund und nicht von Fäulnis befallen, benötigt er meist keinerlei Bearbeitung mit dem Rinnhufmesser (▶ **Abb. 10.5**). Nur lose Hornteile, Taschen und scharfe Kanten sind zur Vorbeugung von Strahlfäule abzutragen. Der Strahl ist möglichst kräftig zu belassen, er sollte jedoch den Tragrand des Hufs bodenwärts nicht überragen. Der Strahl dient der Stoßdämpfung und unterstützt den Hufmechanismus in seiner Funktion. Ein durch Strahlfäule verkümmerter Strahl oder ein dauerhaft stark beschnittener Strahl führen zu einer Verengung der Hornkapsel.

Die **Eckstreben** dürfen nur so weit abgetragen werden, dass sie nicht mehr auf den Sohlenschenkeln aufliegen. Zu lange oder verbogene, auf die Sohlenschenkel drückende Eckstreben sind stets in Querrichtung zum Hornröhrchenwachstum zu kürzen. Ein Schwächen der Eckstreben in Längsrichtung der Strahlfurchen, ihr vollständiges Ausschneiden und ein Aushöhlen der Sohlenschenkel fördern die Bildung eines Trachtenzwanghufs, besonders bei engen Hufen.

Das Entfernen des **Zerfallshorns** aus dem Zehenbereich der Sohle dient der Orientierung beim Kürzen des Hufs (Probeschnitt in der Zehe). Ansonsten sollte das Horn in der Sohle möglichst geschont und nur loses Zerfallshorn abgetragen werden, um die Sohle stabil zu belassen. Häufig weisen Hufe nach Verwendung von Einlagen eine kräftige Sohle ohne Zerfallshorn auf. Diese sollte sachgemäß ausgeschnitten werden, um ein optimales Kürzen der Hufe zu gewährleisten. Oft ist es in solchen Fällen schwierig, den Huf auf die richtige Größe zu kürzen.

Ein weiterer Orientierungspunkt bei der Zubereitung der Hufe ist die **Tiefe der Strahlspitze und der seitlichen Strahlfurchen** (► Abb. 10.6).

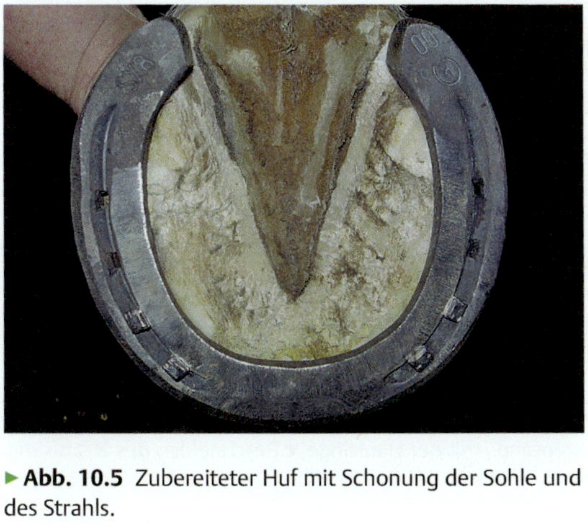

► **Abb. 10.5** Zubereiteter Huf mit Schonung der Sohle und des Strahls.

Sind die Orientierung und die Bearbeitung im Bereich der Sohle und des Strahls abgeschlossen, kann der überstehende **Tragrand** mit der Hauklinge, der Hufschneidezange oder der Hufschere gekürzt werden (► **Abb. 10.7**, ► **Abb. 10.8**).

Daraufhin folgt die Bearbeitung mit der Raspel. Die **Tragfläche** ist mit der Hufraspel abzuplanen und die äußere Kante zu brechen. Die Tragfläche

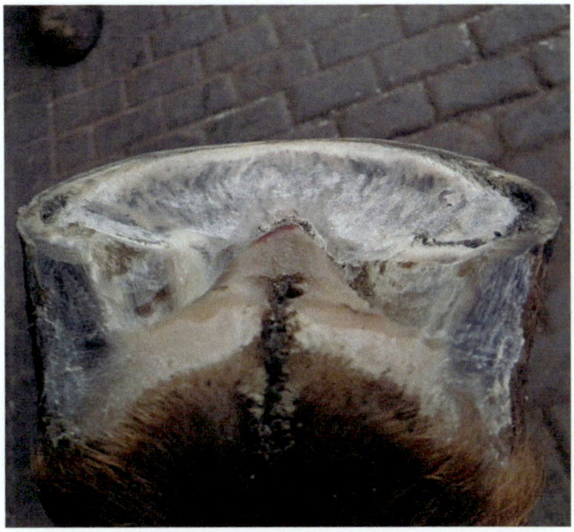

► **Abb. 10.6** Fehlerhafte Hufzubereitung! Die Sohle wurde stark bis an die weiße Linie ausgehöhlt, wodurch die Tragfläche (► **Abb. 4.36**) auf die Hornwand reduziert wird. Der Strahl wurde stark heruntergeschnitten und kommt seiner tragenden und stoßdämpfenden Aufgabe nicht mehr nach.

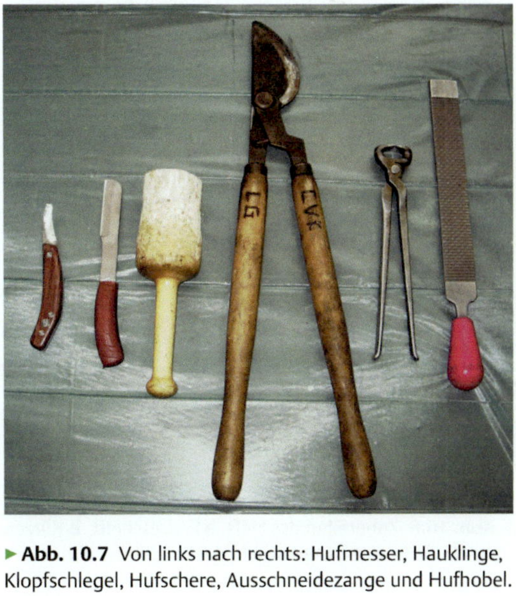

► **Abb. 10.7** Von links nach rechts: Hufmesser, Hauklinge, Klopfschlegel, Hufschere, Ausschneidezange und Hufhobel.

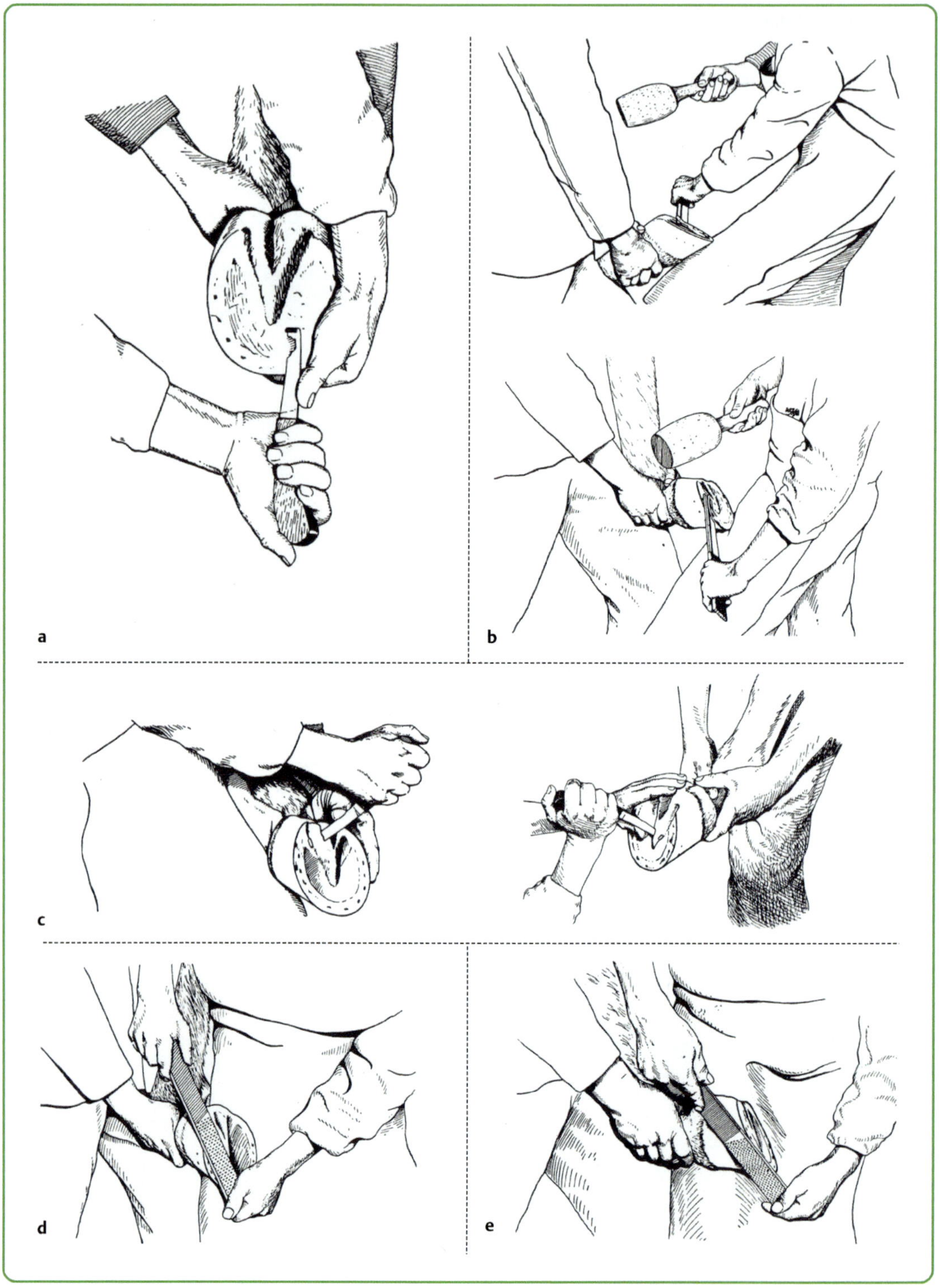

▸ **Abb. 10.8** Zubereiten des Hufs. **a** Probeschnitt, **b** Kürzen des Tragrands mit der Hauklinge, **c** Beschneiden des Strahls mit dem Rinnhufmesser, **d** Beraspeln der Tragfläche, **e** Brechen der äußeren Kante des Tragrands.

ist so herzurichten, dass das Hufeisen die erforderliche Auflagefläche erhält.

Definition
Die Tragfläche des Hufs wird gebildet von der Hornwand (Kronhorn), der weißen Linie und dem Sohlenhorn in Wandstärke. Für eine optimale Lastverteilung sollte die Tragfläche am Huf etwa die doppelte Hornwanddicke betragen.

Es ist dringend geraten, während der Zubereitung der Tragfläche den Huf mehrfach abzusetzen und Größe, Stellung und Winkelung des Hufs in Beziehung zum Fesselstand zu überprüfen.

Soll der Huf einen Beschlag mit einer angebogenen **Zehenrichtung** (S. 49) im Hufeisen erhalten, wird diese bei der Hufzubereitung angebracht. Wenn der Huf sehr kurz ist, wird die Zehenrichtung am Eisen angeschmiedet.

Zur Bearbeitung der **Hufwand** ist zu erwähnen, dass alle Wandabschnitte stets gestreckt verlaufen müssen, da nur solche Wände tragfähig sind. Verlaufen sie nicht gestreckt, sollten sie mit der Raspel entsprechend bearbeitet werden. Bei einem gesunden Huf mit gestreckt verlaufenden Wänden sollte die Bearbeitung der Wand so gering wie möglich ausfallen, damit die natürliche Wandstärke und somit die Stabilität des Hufs erhalten bleiben.

Bei einem regelmäßigen Beschlag mit **Zehenaufzug** wird die Zehenwand im Bereich des Zehenaufzugs eingeschnitten. Hier bietet sich die Halbrundschneidezange an, da diese ein ordentliches Einsetzen des Aufzugs ermöglicht. Wird der Aufzug nicht in die Zehenwand eingelassen, lässt sich das Hufeisen nicht korrekt anpassen. Ein Einbrennen des Zehenaufzugs ist aufgrund der hohen Wärmeentwicklung nicht zu empfehlen.

10.2.4 Richten und Aufpassen der Hufeisen

Zunächst steht die Auswahl des Hufeisens im Vordergrund. Diese wird beeinflusst durch Hufgröße, Wandstärke, Verwendungszweck des Pferdes sowie durch krankhafte Veränderungen der Gliedmaße (nach Anweisung durch den Tierarzt) oder Bewegungsstörungen. Der Markt bietet eine große Anzahl verschiedener Hufeisen mit unterschiedlichen Querschnitten und Lochungen an, so dass ein optimal zu Pferd und Huf passendes Hufeisen gewählt oder selbst geschmiedet werden kann.

Als weiteres Auswahlkriterium dient die Unterstützungsfläche des Hufeisens in Verbindung mit der am Huf vorliegenden Tragfläche. Zur Orientierung kann der Umfang des Tragrands auf eine einfache Schablone aus Pappe oder Papier abgezeichnet werden.

Merke
Bei der Durchführung eines regelmäßigen Beschlags mit einem Vorderhufeisen mit Zehenaufzug erhält das Hufeisen eine Zehenrichtung, die Nagellöcher treffen auf die weiße Linie und das Hufeisen unterstützt ab der weitesten Stelle senkrecht den Kronrand.

Bei Pferden mit einem **drehenden Gang** (S. 247) kann es zu einem frühzeitigen Lösen der Hufeisen aufgrund der vermehrten Scherkräfte am Huf kommen. Hier empfiehlt es sich, einen **zusätzlichen Aufzug** am stärker belasteten Wandabschnitt anzubringen.

Die **Länge** des regelmäßigen Beschlags ergibt sich aus dem gefällten Lot zwischen Ballen und Trachtenende. Die Schenkelenden verhalten sich in gleichmäßigem Abstand zum Strahl und haben die gleiche Länge.

Je nach Hufform wird eine **Strahlfreiheit** an das Hufeisen angebracht, um Druck auf den Strahl sowie ein Einklemmen von Steinen zu verhindern. Im Bereich der Sohle, an der Tragfläche des Hufeisens, wird eine **Abdachung** angebracht, um Druck auf das Sohlenhorn zu verhindern.

Zur Durchführung eines **Warmbeschlags** ist es wichtig, dass das Hufeisen vollständig auf rotwarme Temperatur gebracht wird und durch Schmieden über das Rundhorn in die gewünschte Form gebracht wird. Hier ist ein gutes Augenmaß erforderlich. Nach Richten der Form wird die Zehenrichtung (S. 48) an das Hufeisen angebogen und/oder angeschmiedet. Der Aufzug wird in Wandwinkelung gestellt. Boden- und Tragfläche sind völlig eben zu halten. Besonders wichtig sind plan gerichtete Hufeisenschenkel, da diese sonst einen unerwünschten Druck auf die Hornkapsel ausüben und den Hufmechanismus behindern. Sind alle Arbeiten am Amboss ausgeführt, kann das Hufeisen mit dem Brennzirkel auf den gut vorbereiteten Huf warm aufgepasst werden.

Merke

Das Hufeisen sollte beim warmen Aufpassen (Aufbrennen) nicht mehr glühen, sondern nur mäßig erwärmt sein. Dieser Vorgang darf nur kurze Zeit dauern, weil sonst zu viel Horn verbrannt und dem Hufhorn unnötig Feuchtigkeit entzogen wird. Es ist zu beachten, dass das Hufeisen nicht verdreht wird. Die Mitte des Aufzugs befindet sich in der Verlängerung der mittleren Strahlfurche.

Nach kurzem Aufbrennen und konzentriertem prüfendem Blick wird das versengte Horn mit der Raspel entfernt. So kann eine extreme Hitzeentwicklung vermieden und minimale, noch vorhandene Unebenheiten können korrigiert werden. Das Hufeisen selbst sollte den Huf nicht plan machen. Deshalb ist eine sorgfältige Hufzubereitung unerlässlich. Auch eine sog. **Brennkante** darf nicht entstehen. Die Nagellöcher müssen auf der weißen Linie, der Nagellinie, liegen. Dies ist beim Aufbrennen meist deutlich zu erkennen. Ein Kontrollieren mit dem abgekühlten Hufeisen ist sinnvoll, besonders bei einem unruhigen Pferd.

Praxistipp

Ist der Huf im Vorfeld schon sehr kurz, empfiehlt sich ein nur kurzes Aufpassen der Hufeisen und ein sofortiges Abkühlen der Sohle durch einen nassen Schwamm.

Alternativ kann ein **Kaltbeschlag** durchgeführt werden. Hierbei können die Hufeisen kalt oder warm gerichtet werden. Sie werden allerdings kalt am Huf aufgepasst. Die Beschlagkriterien sind identisch mit dem Warmbeschlag. Es handelt sich hierbei nicht um einen Beschlag von minderer Qualität.

Nachdem das Hufeisen passend zum Huf gerichtet ist und den Kriterien des regelmäßigen Beschlags entspricht, ist das Hufeisen zu rändern. Die **Ränderung** (S. 48) kann bodeneng und/oder bodenweit gehalten sein und hängt vom Verwendungszweck, der Hufform und evtl. Bewegungsstörungen ab. Beim regelmäßigen Beschlag unterstützt das Hufeisen den Kronrand ab der weitesten Stelle senkrecht. Diese vorgegebene Unterstützungsfläche sollte zum Schutze vor einem Abtreten mit einer bodenweiten Ränderung versehen werden.

10.2.5 Aufnageln des Hufeisens

Die Wahl der Hufnägel hängt von der Wahl des Hufeisens, der Hornqualität und dem Verwendungszweck (S. 214) des Pferdes ab.

Zum Aufnageln wird das fertig bearbeitete Hufeisen auf den vorbereiteten Huf gelegt, welcher vorher noch einmal mit der feinen Raspel oder einer Drahtbürste gesäubert wurde, um Schmutz und evtl. eingetretene kleine Steine zu entfernen. Zuerst werden die beiden **Zehennägel** angesetzt. Diese können vor dem Einschlagen noch einmal auf ihre Position kontrolliert werden. Zunächst wird der innere Hufnagel eingeschlagen. Der einzelne Hufnagel wird mit dem Daumen und Zeigefinger so im Nagelloch angesetzt, dass seine gebrochene Klingenkante und die Zwicke hufwärts zeigen, damit er aus der Hornwand austreten kann. Nun wird er durch leichte Schläge mit dem Hufbeschlaghammer in das Horn der weißen Linie hineingetrieben, bis der Nagel einen helleren Klang und stärkeren Widerstand aufweist. Der Nagel sollte möglichst lange zwischen den beiden Fingern geführt werden.

Ist der Nagel in das harte Wandhorn eingedrungen, kann er mit gezielten Schlägen aus der Wand austreten. Der Nagel wird sofort umgelegt, um das Verletzungsrisiko zu minimieren. Sind beide Zehennägel eingeschlagen, lässt man das Pferd den Huf kontrolliert absetzen, um die Lage des aufgeschlagenen Hufeisens zu überprüfen. Jetzt ist der Zeitpunkt, um die Lage und Ränderung des Hufeisens nochmals zu überprüfen. Ist die Lage des Hufeisens nicht optimal oder die Ränderung nicht ausreichend, sollte das Hufeisen abgenommen und das Problem behoben werden. Ist die Lage des Hufeisens zufriedenstellend, kann das Nageln fortgesetzt werden und das Anlegen des Aufzugs erfolgen.

Die Anzahl der Nägel hängt von der Größe des Hufs ab und ihre Platzierung richtet sich nach der weitesten Stelle. Hinter der weitesten Stelle eingeschlagene Nägel beeinträchtigen den Hufmechanismus und die damit verbundenen Funktionen.

Merke

Vorsicht bei der Nagelung im Bereich der Aufzüge, da dies zu einer Quetschung der Wandlederhaut führen kann.

Bei einem Warmblutpferd mit regelmäßigen Hufen werden durchschnittlich 6 Nägel pro Huf verwendet. Die Nagelhöhe wird durch die Hornbeschaffenheit bestimmt. Im Allgemeinen gilt, dass ca. zwei Drittel der Nagellänge in der Hufwand liegen sollten, ein Drittel des Hufnagels durchbricht die Hornwand und tritt aus. Bei schlechter Hornqualität und zernagelter, ausgebrochener, loser oder hohler Wand muss höher genagelt werden.

Nach dem Aufnageln müssen die Hufnägel **vernietet** werden. Zuerst werden die Nägel mit der Beschlagzange abgekniffen. Mit Unterhauer und Beschlaghammer wird unter jeden Nagel ein Nietbett in Form einer kleinen Kerbe angelegt. Pferde, die auf das Klopfen empfindlich reagieren, können statt mit einem Unterhauer mit der Hufraspel das erforderliche Nietbett erhalten. Danach können die Nagelniete entweder mit der Nietzange oder dem Beschlaghammer und der Hufbeschlagzange

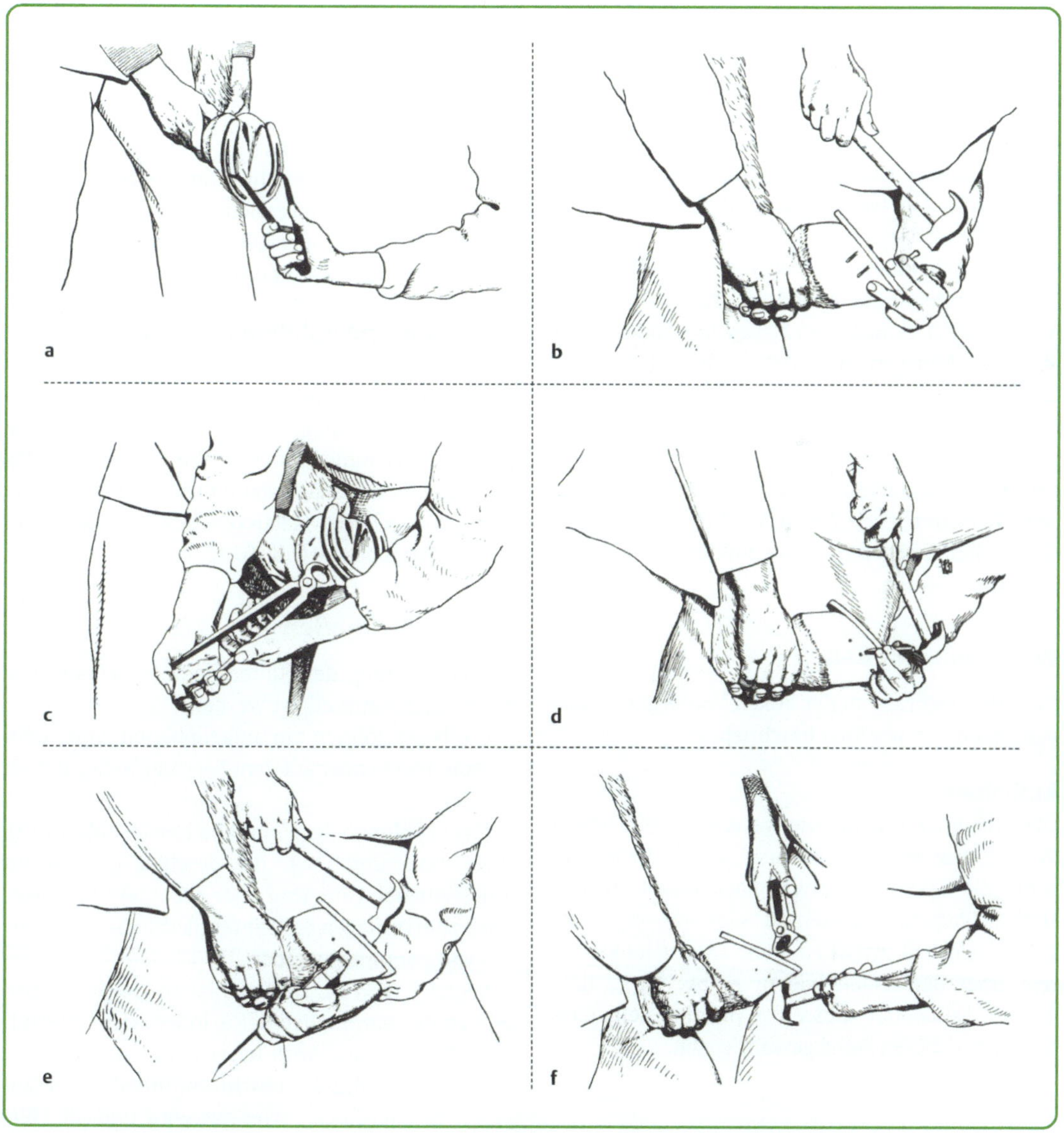

▸ **Abb. 10.9** Arbeitsschritte bei der Ausführung des Hufbeschlags. **a** Aufpassen, **b** Aufnageln, **c** Abzwicken, **d** Unterhauen, **e** Anziehen, **f** Einbetten des Niets.

in das Nietbett gelegt werden. Die Niete sollten gleichmäßig verteilt sowie von quadratischer Form sein und aufgrund der Verletzungsgefahr in der Hornwand liegen. Ein starkes Beraspeln der Nagelniete ist zu vermeiden.

Diese Arbeitsschritte können mit Aufhalter, allein oder auf dem Bock durchgeführt werden. Sie werden schematisch in ▶ **Abb. 10.9** dargestellt.

10.2.6 Ausführung des Hufbeschlags ohne besonderen Aufhalter

Seinen Ursprung hat das Arbeiten ohne Aufhalter in England. Die Ausführung des Hufbeschlags ohne Mitwirkung einer Hilfsperson, die als Aufhalter tätig ist, kann bei allen Pferden vorgenommen werden. Bei den sensiblen Vollblutpferden, die meist kalt beschlagen werden, kommt diese Methode häufig zum Einsatz.

Die Entscheidung, ob man mit oder ohne Aufhalter arbeitet, muss individuell getroffen werden. Manchmal ist es auch vom zu beschlagenden Pferd abhängig. Meist ist diese Art des Beschlagens für das Pferd vorteilhafter und komfortabler, da die Gliedmaße niemals unnatürlich hochgehoben wird. Für den Hufbeschlagschmied ist das Beschlagen ohne besonderen Aufhalter dagegen eine körperlich anstrengende Arbeit. Wichtig ist, dass beide Methoden beherrscht und auf die Situation abgestimmt werden.

Vordergliedmaßen

Die Arbeitsschritte an der linken Vordergliedmaße vollziehen sich wie folgt beschrieben:

Aufhalten

Die Gliedmaße wird wie gewohnt aufgehoben (S. 203). Die rechte Hand fasst an die Zehe und senkt die Gliedmaße etwas nach unten ab. Der Hufbeschlagschmied klemmt sich nun den aufgehobenen Fuß zwischen seine Oberschenkel direkt über den Knien wie in ▶ **Abb. 10.10** dargestellt. Seine Füße müssen so platziert sein, dass sie einen sicheren Stand gewährleisten.

Abnehmen der Hufeisen

Nun können die Nagelniete geöffnet werden und das Hufeisen wird in der vorher beschriebenen Art und Weise abgenommen. Auch hier kann zum Öffnen der Nagelniete der Bock verwendet werden.

Hufzubereitung

Es folgt die Hufzubereitung und das Kürzen des Tragrands. Hier bietet sich die Ausschneidezange an, allerdings ist auch die Arbeit mit der Hauklinge möglich (▶ **Abb. 10.10**).

Das Beraspeln der Tragfläche erfolgt ebenfalls zwischen den Knien, das Beraspeln der Wände kann zwischen den Knien oder auf dem Bock vorgenommen werden.

Richten des Hufeisens

Das Hufeisen wird gerichtet und warm oder kalt aufgepasst. Zum Aufbrennen gibt es für das Arbeiten ohne Aufhalter spezielle **Brennzirkel**, die einen sicheren Halt des warmen Hufeisens gewähren.

Aufnageln und Aufnieten des Hufeisens

Das Aufnageln erfolgt in gleicher Position mit dem Huf zwischen den Knien. Das Hufeisen und die Nägel werden einhändig fixiert, während die andere Hand den Hammer führt (▶ **Abb. 10.10**). Für das Vernieten der Hufnägel kann die Arbeit erleichtert werden durch ein Platzieren des Hufs auf dem Hufbeschlagbock (▶ **Abb. 10.10**).

Hintergliedmaßen

Die Bearbeitung der Hintergliedmaßen kann unterschiedlich ausgeführt werden.

Die Niete können am aufgehobenen Hinterbein (▶ **Abb. 10.11**) oder auf dem Beschlagbock geöffnet werden.

Das Abnehmen der Hinterhufeisen (▶ **Abb. 10.12**), die Zubereitung sowie der Beschlag können am aufgehobenen Hinterhuf oder auf einem Beschlagbock zum Auflegen der Hintergliedmaße nach hinten vorgenommen werden.

Beendet wird der Hufbeschlag in gleicher Weise wie an der Vordergliedmaße, indem der Unterfuß mit dem Huf nach vorn heraus entweder auf den Oberschenkel des Hufbeschlagschmieds oder auf einen Beschlagbock aufgesetzt wird und die Hufnägel vernietet werden. Rechts wird entsprechend verfahren.

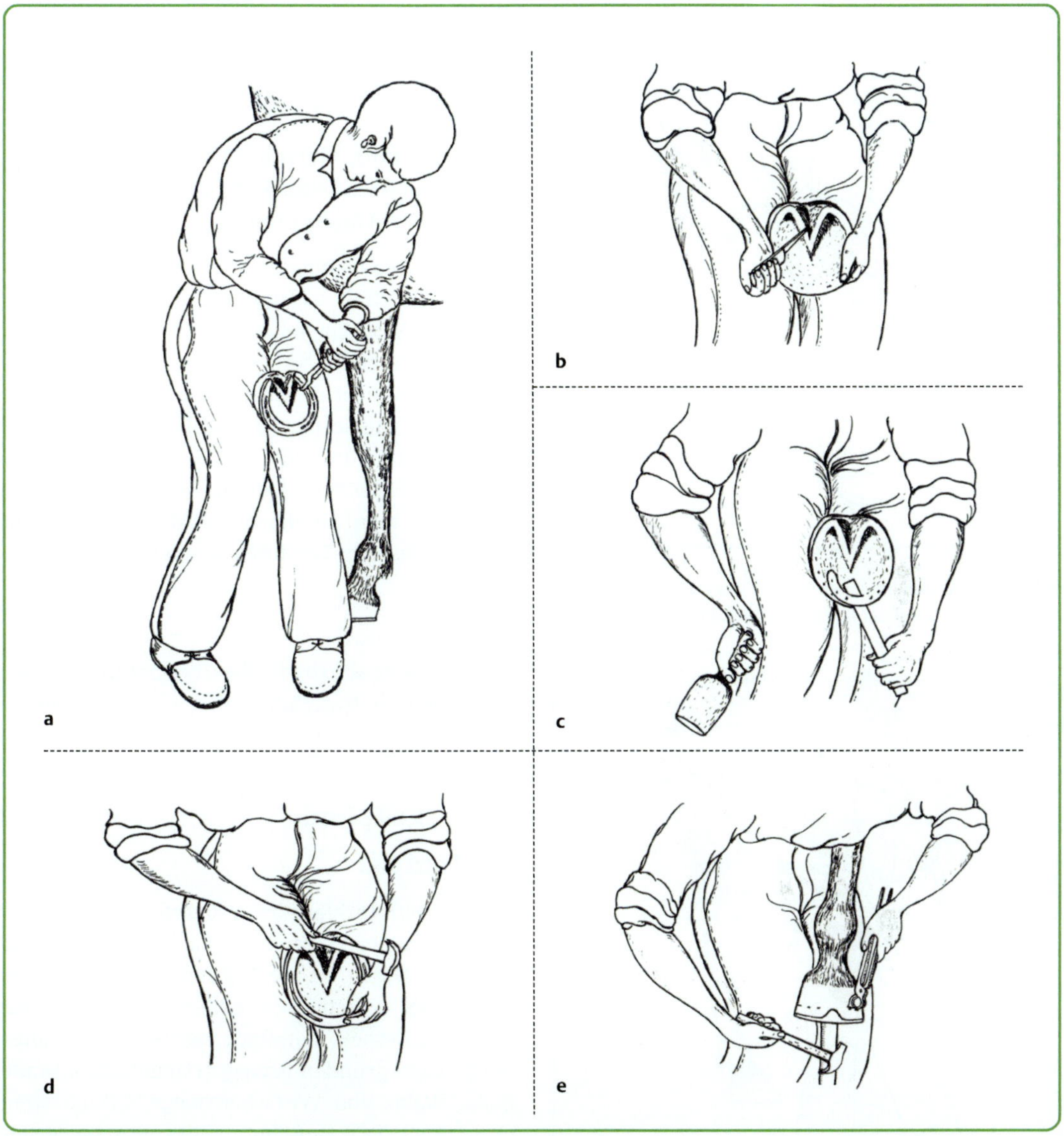

► **Abb. 10.10** Arbeitsschritte zur Ausführung des Hufbeschlags an der Vordergliedmaße ohne besonderen Aufhalter.
a Aufhalten der linken Vordergliedmaße ohne Hilfsperson und Abnehmen des Hufeisens mit der Abnehmzange.
b Aufhalten der linken Vordergliedmaße ohne besonderen Aufhalter und Zubereiten des Hornstrahls mit dem Rinnhufmesser.
c Aufhalten der linken Vordergliedmaße ohne besonderen Aufhalter und Kürzen des Tragrands mit der Hauklinge.
d Aufhalten der linken Vordergliedmaße ohne besonderen Aufhalter und Befestigen des Hufeisens mit Ansetzen des 1. Zehennagels.
e Aufsetzen des Hufs auf den Hufbock zum Vernieten.

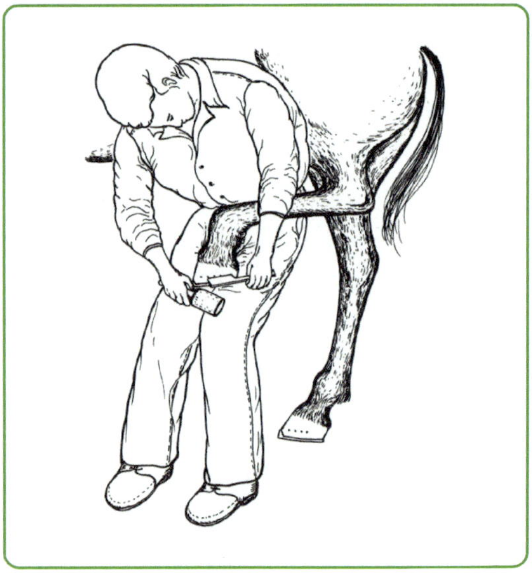

► **Abb. 10.11** Aufhalten der linken Hintergliedmaße ohne Hilfsperson und Aufnieten mit der Nietklinge.

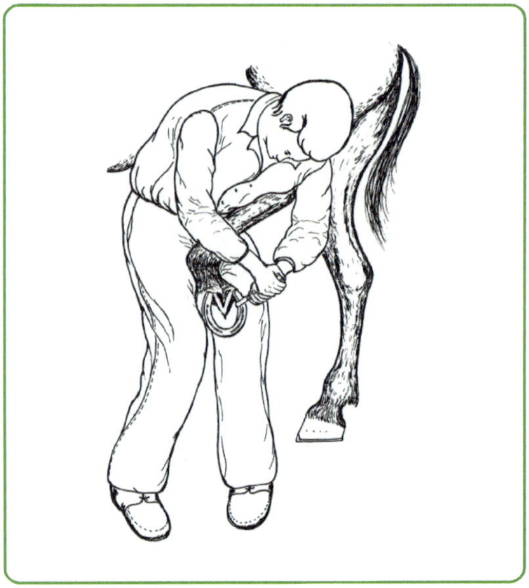

► **Abb. 10.12** Aufhalten der linken Hintergliedmaße ohne Hilfsperson und Abnehmen des Hufeisens mit der Abnehmzange.

10.3 Hufbeschlag nach Verwendungszweck

Burkhard Rau, Melanie Striebinger; unter früherer Mitarbeit von Hubert Schwendenmann

Nach der Betrachtung des Hufs zielen die Überlegungen des Hufbeschlagschmieds zunächst darauf ab, ob ein Beschlag notwendig ist. Für die meisten Einsatzgebiete des Pferdes ist der Barhuf anzustreben. Ist das nicht möglich, da die Abnutzung des Hufhorns stärker ist als das Horn nachwächst, oder der Hufschutz für die Gesunderhaltung des Pferdes oder für die Ausübung der Arbeit notwendig, sollte man für die Auswahl des geeigneten Hufschutzes alle Optionen kennen und berücksichtigen.

Merke

Es ist Aufgabe des Hufbeschlagschmieds, die sinnvollste Hufschutzvariante auszuwählen und einzusetzen.

10.3.1 Reitpferde

Burkhard Rau

Ziel des Hufbeschlags beim Reitpferd soll es sein, die natürlichen Bewegungsabläufe möglichst wenig zu stören. Ist die Abnutzung des Hufhorns stärker als dessen Nachwachsen, muss der Huf geschützt werden. Reitpferde werden auf verschiedenen Untergründen bewegt (Hallenboden, Sandplatz, Wald- und Wirtschaftswege, Geländestrecken usw.). Der Hufschutz muss also universell tauglich sein. Das Hufeisen ist hier die gebräuchlichste Form, daneben existieren für Reitpferde jedoch unzählige alternative Hufschutzmöglichkeiten. Ein Hufschutz kann heute permanent, aber auch temporär am Huf angebracht werden. Permanente Hufschutzmodelle können geklebt oder genagelt, starr oder flexibel sein. Sie können dabei aus einem oder aus mehreren Materialien bestehen.

Das **Hufeisen** erfüllt seine Funktion als Abriebschutz hervorragend und hat bedeutende Vorteile (► **Abb. 10.13**):

- Es ist kostengünstig.
- Es ist leicht anzupassen.
- Es ist mit einfachem Werkzeug zu montieren.
- Es ist durch Annageln einfach am Huf zu befestigen und kann mit Gleitschutzstollen, Stiften oder Griffen versehen werden.
- Es kann dabei helfen, die Lastaufnahme in der Hornkapsel zu steuern und zu regulieren.
- Von der Regelmäßigkeit abweichende Hornkapseln können im Wachstum korrigierend beeinflusst und verändert werden.

Es ist darauf zu achten, ein Hufeisen auszuwählen, das sowohl den Untergründen als auch dem Gewicht des Pferdes angemessen gestaltet ist. Hierbei gilt i. A., dass das Hufeisen **so leicht wie möglich** sein soll. Sowohl die vorderen als auch die hinteren Eisen sind standardmäßig **Falzeisen.**

▶ **Abb. 10.13** Glatte Standard-Reitpferdeeisen (Falzhufeisen) in verschiedenen Größen.

Das Stahlhufeisen muss von der Zehe bis zur weitesten Stelle **streng nach der weißen Linie gelegt** werden. Ab der weitesten Stelle des Hufs richtet sich die Lage des Hufeisens nach dem Verlauf der Hufkrone. Die **Ränderung** des Hufeisens soll an den steileren Wänden bodenweit und an der schrägeren Wand bodeneng gestaltet sein. Die **Zehenrichtung** ist je nach Fesselstand von stumpf mit geringer Zehenrichtung bis zu spitz mit langer Zehenrichtung zu gestalten. Die Länge des Eisens soll bis zur Mitte der Strecke zwischen Trachtenecke und Ballenlot reichen (▶ Abb. 10.14).

Der Standardbeschlag an den **Schultergliedmaßen** ist ein regelmäßiges Vordereisen mit einer mittig platzierten Zehenkappe und einer der Hufform sowie dem Fesselstand angepassten, angebogenen Zehenrichtung.

Die **Hintergliedmaßen** von Reitpferden sind standardmäßig mit einem **Greifbeschlag** zu versehen: Hierfür wird ein Falzeisen mit 2 Zehenkappen verwendet und so weit zurück gelegt, dass Hufhorn die Vorderkante des Hufeisens schützend überragt.

Merke

Bei jedem in den schnellen Gangarten bewegten Pferd kann es durch Stolpern oder Konditions- bzw. Konzentrationsmängel zum Greifen kommen. Dessen Auswirkungen sind durch ein Zurücklegen des Hintereisens zu minimieren.

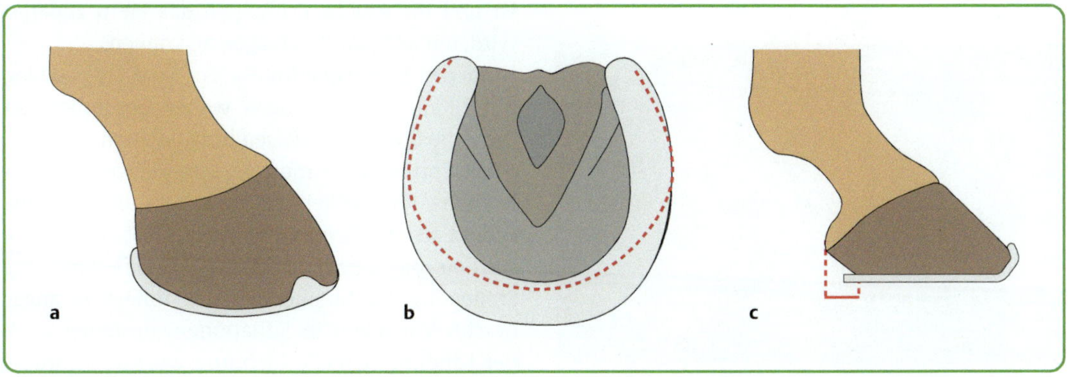

▶ **Abb. 10.14** Richtig gelegtes Reitpferdeeisen. Ab der weitesten Stelle folgt das Eisen dem Kronrandverlauf. **a** Ansicht von schräg vorn; **b** Ansicht von unten, die rote Linie kennzeichnet den Kronrandverlauf; **c** Seitenansicht mit korrekter Länge des Eisens.

Besonderheiten beim Dressurpferd

Der Beschlag des gesunden Dressurpferdes soll seine Bewegung und die Qualität seiner Gangarten in keiner Weise behindern, sondern eher fördern. Bei der Auswahl des Hufschutzes ist davon auszugehen, dass das Pferd hauptsächlich auf Reitplatz- und Hallenboden bewegt wird. Die Basis der Überlegung kann deshalb durchaus sein, ob ein Hufschutz überhaupt notwendig ist.

Ist die Abnutzung des Hufs aber zu groß, sollte nicht zu lange gezögert und ein Hufschutz angebracht werden, da die Qualität der frei und locker gezeigten Gangarten unter einer „Fühligkeit" des Pferdes durch zu stark abgenutzte Hufe sehr leiden wird.

Da sich das Dressurpferd vorrangig auf weichen Böden bewegt, kann und sollte der Hufschutz ab der weitesten Stelle des Hufs **möglichst weit gelegt werden**, um einem übermäßigen Einsinken des Hufs im Seiten- und Trachtenwandsegment entgegenzuwirken. Je besser das Pferd im Verlauf seiner Ausbildung die Fähigkeit zur Versammlung und korrekten Biegung erlernt hat, desto weiter können die Eisen gelegt werden, ohne dass das Pferd in Wendungen die Gelenke der distalen Gliedmaße überlastet.

Die Möglichkeiten des Hufschutzes reichen beim Dressurpferd vom Aluminiumbeschlag bis hin zu einem kräftigeren, also 10 mm dicken Hufeisen (▶ **Abb. 10.15**). Das **Gewicht des Hufeisens** ist für den Beschlag des Dressurpferds von großer Bedeutung. Ein sich ausbalanciert und harmonisch bewegendes Pferd wird vorrangig mit einem möglichst leichten Eisen beschlagen werden können. Der Einsatz eines 10-mm-Eisens kann jedoch dazu beitragen, die Bewegung des Pferdes harmonischer, taktreiner und ausdrucksvoller werden zu lassen.

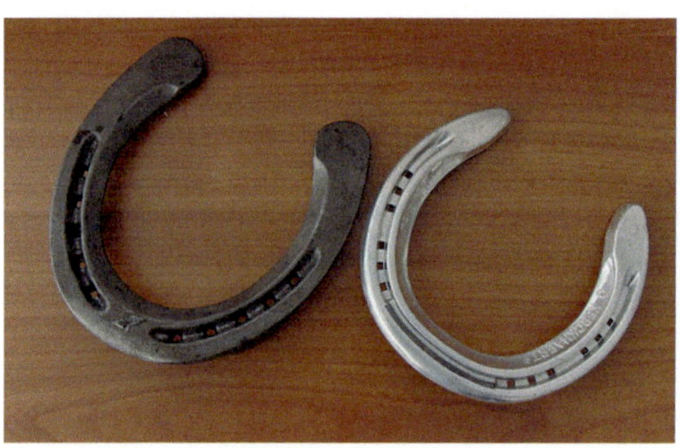

▶ **Abb. 10.15** Schweres Dressureisen mit verbreiterten Schenkeln (links) und leichtes Aluminium-Profileisen (rechts). Welches Eisengewicht für welches Pferd angebracht ist, kann nur im Einzelfall nach der Beurteilung in der Bewegung entschieden werden.

An der Hintergliedmaße ist ein **Greifbeschlag** mit gerader Zehe und 2 Kappen anzubringen, wobei das Hufhorn an der Zehe über das Hufeisen hinausstehen muss.

Stollen sind für den Dressurbeschlag unnötig, ein **Gleitschutz** in Form von Hartmetallstiften wird für die bessere Trittsicherheit auf Beton jedoch häufiger gewünscht.

Besonderheiten beim Springpferd

Bei Springpferden sind die Hufe zum Fesselstand passend zu kürzen und mit flächigen Hufeisen an der **Schultergliedmaße** zu beschlagen. Der Standardbeschlag ist ein regelmäßiges, etwa 8 mm starkes Hufeisen, rund gelegt mit einer Zehenkappe und einer dem Huf angemessenen angebogenen Zehenrichtung.

Die **Weite des Eisens** richtet sich beim Springpferd nach den Anforderungen der Prüfung, vor allem aber auch nach dem Ausbildungsstand des Pferdes. Je besser das Pferd in der Lage ist, sich in Wendungen zu biegen, desto weiter kann das Eisen gelegt werden. Weit gelegte Eisen können bei engen Wendungen und sich schräg legenden Pferden durch den größeren Hebel eine größere Spreizwirkung im Krongelenk des Hufs bewirken. Der Hufbeschlagschmied hat hier die Aufgabe zu überprüfen, wie der Ausbildungsstand des Pferdes ist und für welche Prüfungen das Pferd genannt wird, um adäquat beschlagen zu können.

An der **Hintergliedmaße** ist ein Greifbeschlag mit 2 Kappen anzubringen, wobei das Hufhorn an der Zehe über das Hufeisen hinausstehen muss.

Für Springpferde muss in den allermeisten Fällen eine Möglichkeit gegeben sein, einen **Gleitschutz** an den Eisen zu montieren. Üblicherweise werden die Gewindelöcher zur Aufnahme der Stollen im Trachtenbereich des Hufeisens angebracht. Vor allem in Situationen, in denen nach der Landung schnelle Richtungswechsel erforderlich sind, sieht man auf Turnierplätzen immer häufiger, dass die beiden im Trachtenbereich montierten Stollen durch einen einzigen im Außenschenkel im Bereich des 3. Nagels ersetzt werden.

Merke

Vor allem für Rasenplatzturniere ist ein Gleitschutz zwingend, um die Sicherheit von Pferd und Reiter zu gewährleisten (► Abb. 10.16). Dabei muss unbedingt ein Wechselstollensystem verwendet werden. Angeschweißte Stollen gelten beim Springpferd als nicht fachgerecht.

Besonderheiten beim Vielseitigkeitspferd

Definition

Die Vielseitigkeitsprüfung (auch Military oder Eventing genannt) besteht aus den 3 Teildisziplinen Dressurreiten, Springen und Geländestrecke mit Hindernissen.

Beim Beschlag von Vielseitigkeitspferden sind deshalb alle genannten Anforderungen zu berücksichtigen. Entsprechend muss der Hufschutz die natürliche Bewegung des Pferdes unterstützen, die Möglichkeit zur Anbringung von Gleitschutz haben und eine gute Haftung auf ungünstigen Untergründen bieten.

Der Beschlag darf angesichts des schnellen Galopps und der Sprünge **nicht übermäßig lang und weit** gelegt werden. Trotzdem ist das Standardmaß für die Schenkellänge anzustreben. Es ist günstig, die beiden Schenkelenden der vorderen Hufeisen **stark bodeneng zu rändern** (► **Abb. 10.17**). Die genaue Beschlagplanung hat aber wie immer nach der Beurteilung des Pferdes zu erfolgen.

► **Abb. 10.16** Springpferdeeisen müssen mit einem abnehmbaren Gleitschutz, wie hier mit Schraubstollen, versehen sein. Angeschweißte Stollen sind beim Springpferdebeschlag fachwidrig.

Besonderheiten beim Wanderreitpferd

Definition

Ein Wanderritt ist ein mehrtägiger oder mehrwöchiger Ritt, bei dem in der Regel das Gepäck am Pferd mitgeführt wird. Beim Wanderreitpferd ist die hauptsächlich zu beachtende Gangart der Schritt.
Davon zu unterscheiden sind das wettkampfmäßige Wanderreiten, bei dem auch höheres Tempo gefordert wird, sowie Wanderritte, bei denen mit Trossbegleitung das Gepäck von Station zu Station transportiert wird und die Reiter folglich schneller unterwegs sind.

Beim Wanderreitpferd mit Gepäck hat der Rücken ein hohes Gewicht zu tragen. Wanderreiter nutzen gewohnheitsgemäß neben Reit- und Wirtschaftswegen auch unwegsames Gelände, um an ihr Ziel zu gelangen. Entsprechend muss der Hufbeschlag des Wanderreitpferdes unterschiedlichste unvorhersehbare Geländeschwierigkeiten meistern und sollte so bedienerfreundlich sein, dass sich der Wanderreiter bei Verlust eines Eisens im Notfall selbst helfen kann.

Stoßdämpfung spielt nur dann eine Rolle, wenn geplant ist, dass ein Großteil des Rittes auf härteren Wegen erfolgt. Der Hufschutz muss eine gute **Abriebfestigkeit** haben, da ja viele Kilometer zu-

► **Abb. 10.17** Auch für Vielseitigkeitspferde eignen sich profilierte Eisen besonders gut. Zusätzlicher Gleitschutz durch Stollen ist nötig.

rückgelegt werden. Er muss eine gute **Griffigkeit** besitzen und mit unterschiedlichsten Geländeproblemen zurechtkommen. Da der Wanderreiter sich unterwegs selbst helfen können muss, ist es günstig, wenn das hierfür notwendige **Werkzeug leicht mitführbar** ist.

Das **10-mm-Hufeisen** mit **Gewindebohrungen** und **Widiastiften** kann hier sicherlich als Standardbeschlag angesehen werden (▶ **Abb. 10.18**). Der Wanderreiter wird sich vom Hufbeschlagschmied immer noch einen **2. Satz Hufeisen** anfertigen lassen, der bei Verlust eines Eisens unterwegs mit dem Wanderreitwerkzeug in den alten Löchern befestigt werden könnte. Die Gewindelöcher stellen sicher, dass unterschiedliche Untergründe gefahrlos passierbar sind.

Eine Alternative zum Hufbeschlag mit Eisen stellen sicher die **Hufschuhe** (S. 76) dar. Hufschuhe werden nur für die Zeit der Nutzung des Pferdes am Huf angebracht. Man kann sie mit Stollen oder Hartmetallstiften versehen. Der Huf braucht eine Gewöhnungszeit, um sich an die Nutzung mit Hufschuhen anzupassen. Dies kann einige Wochen in Anspruch nehmen und sollte vom Hufbeschlagschmied begleitet sein. Der Huf des Pferdes sollte idealerweise nach Anpassen der Hufschuhe auf dieser konstanten Größe gehalten werden. Ein gewisses handwerkliches Geschick des Reiters ist für die Nutzung von Hufschuhen zwingend notwendig.

▶ **Abb. 10.18** Der Standardbeschlag für ein Wanderreitpferd mit Gewindebohrungen und Widiastiften.

Auch der **Kunststoffbeschlag** (S. 67) gilt bei Wanderreitern als geeigneter Hufschutz für lange Streckenritte. Der Nachteil des Kunststoffbeschlags besteht darin, dass er nicht auf allen Untergründen die gleiche Griffigkeit besitzt und daher nicht als so universell anzusehen ist. Das Versehen von Kunststoffbeschlägen mit Stollen ist möglich, allerdings nicht empfehlenswert, weil die auf die Hufnägel übertragenen Kräfte oft zum Verdrehen des Beschlags führen können. Der Vorteil von Kunststoffbeschlägen ist, dass sich der Reiter bei einem Beschlagproblem im Gelände mit wenig Material sehr leicht selbst helfen kann.

Als günstige Alternative für den Wanderreiter hat sich ein **Kombibeschlag** aus Stahl und Polyurethan, z. B. der ÖLLÖV-Beschlag (S. 70), erwiesen. Hier ist ausreichende Griffigkeit mit Stoßdämpfung verbunden.

Besonderheiten beim Distanzreitpferd

Definition

Im Distanzsport müssen Reiter und Pferd lange bzw. sehr lange Distanzen bis zu 160 km in hohem Tempo und möglichst kurzer Zeit absolvieren. Das ideale Distanzpferd zeigt mit geradem und unauffälligem Fundament flache und raumgreifende Bewegungen (energiesparendes Laufen).

Der Hufbeschlag eines Distanzreitpferdes muss einen Kompromiss aus Standfestigkeit (Haltbarkeit), möglichst geringem Gewicht und guter Griffigkeit finden. Distanzen werden auf unterschiedlichsten Geläufen von Veranstaltern organisiert, entsprechend muss der Hufbeschlagschmied zwingend über Wege, Profil und Geländebeschaffenheit informiert sein.

Mehrere Beschläge kommen im Distanzsport zum Einsatz: Neben Profileisen mit und ohne Gleitschutzstiften (▶ **Abb. 10.19**) sind Kunststoffbeschläge, aber auch Kombibeschläge aus Alu/Metall und Gummi/Polyurethan von Bedeutung.

Der universellste Beschlag ist im Distanzsport immer noch das **Hufeisen**, vor allem wenn mit steinigem, gerölligem Geläuf oder Untergrund zu rechnen ist. Dann stellt das Hufeisen oft in Kombination mit einer **Sohlenschutzplatte** den effizientesten Hufschutz dar.

► **Abb. 10.19** Bei Distanzpferden spielt das Gewicht neben der Griffigkeit eine große Rolle. Leichte Profileisen mit oder ohne Gleitschutz sind gut geeignet.

► **Abb. 10.20** Für Jagdpferde haben sich profilierte Eisen als besonders geeignet erwiesen.

Auf weniger anspruchsvollen Untergründen finden **Kombibeschläge** aus Stahlkern mit Polyurethanummantelung immer mehr Zuspruch. Das Material ist abriebfest, die Griffigkeit auf unterschiedlichen Untergründen gut und ein Abtreten oder Verlieren dieser Beschläge selten.

Reine **Kunststoffbeschläge** (S. 67) aus Polyurethan sind in vielen Fällen für den Distanzsport hervorragend geeignet, da ihr geringes Gewicht und die gute Stoßdämpfung das Pferd ermüdungsfrei laufen lassen. Bei Pferden mit gutem Fundament und unauffälligen, problemlosen Hufen ist die Haltbarkeit reiner PU-Beschläge bei Training und Wettkampf gegeben.

Besonderheiten beim Jagdpferd

Der Beschlag von Jagdpferden muss vorrangig für weiche Wiesenuntergründe und lange Galoppaden sowie Sprünge geeignet sein. Daher gelten vor allem 2 Dinge: Der Beschlag muss dem Jagdpferd ausreichenden Griff geben, damit es auf ungünstigen Untergründen auch im Galopp sowie vor und nach Sprüngen sicheren Halt finden kann. Da die vorrangige Gangart des Jagdpferdes der Galopp ist, muss außerdem sichergestellt sein, dass der Beschlag nicht abgetreten wird.

Entsprechend muss der Beschlag ein wenig **enger und kürzer** ausgeführt und mit einer **umlaufend bodenengen Ränderung** versehen werden. Es hat sich gezeigt, dass durch **gefalzte** oder **profilierte** Hufeisen bei dieser Art des Reitens ein besserer Halt gegeben ist (► **Abb. 10.20**).

► **Abb. 10.21** Beim Jagdpferd können zusätzlich Schraubstollen angebracht werden.

Kleine **Schraubstollen** sind ebenfalls üblich (► **Abb. 10.21**).

Durch das enger und kürzer gelegte Eisen mit einer angeschmiedeten oder angebogenen Zehenrichtung an den vorderen Hufeisen und durch einen Greifbeschlag mit einem bis zur weißen Linie zurückgelegten Eisen an der Hintergliedmaße verkürzt sich die **Beschlagperiode** stark. Ein Umbeschlag nach 5–6 Wochen ist in den meisten Fällen angebracht.

Besonderheiten bei Gangpferden

Definition
Unter Gangpferden versteht man Pferde, die neben den 3 Grundgangarten Schritt, Trab und Galopp weitere Gangarten wie Tölt (Viertakt ohne Schwebephase) oder Pass (lateraler Zweitakt) zeigen können.

Isländer, Paso Peruanos, Paso Finos, Tennessee Walker, Mangalara Marchador, Aegidienberger sind neben anderen die gebräuchlichsten Gangpferderassen. Allen Gangpferden ist gemein, dass sie sowohl freizeitmäßig als auch bei den turnierambitionierten Reitern meist auf **harten Böden** und häufig in **hohem Tempo** geritten werden. Hieraus ergibt sich die Notwendigkeit, dass schon mäßig gearbeitete Gangpferde einen **Eisenbeschlag** erhalten.

Ähnlich wie Trabrennpferde reagieren Gangpferde stark auf Veränderungen des Hufwinkels, genauso wie auf Gewichte, Gewichtsveränderungen und Ausbalancierungen. Der Wunsch nach **Manipulation der Bewegung** liegt deshalb nah, allerdings ist die Basis der Hufbearbeitung auch beim Gangpferd das Streben nach der physiologisch korrekten Stellung des Tieres.

Info
Beim **Islandpferd** ist die Ausgestaltung des Hufbeschlags für nationale und internationale Wettkämpfe in der IPO (Islandpferde-Prüfungsordnung, Teil A1 – Allgemeine Bestimmungen) streng geregelt, um eine missbräuchliche Beeinflussung der Bewegungen durch „Gewichtsbeschläge" zu verhindern.
So sind übermäßig lange Hufzehen (über 9 cm vom Kronrand bzw. Beginn des harten Horns bis zur Zehe) sowie künstliche Zehenverlängerungen verboten, das Hufeisen darf höchstens 10 mm dick und 23 mm breit sein, und sein Gewicht darf das spezifische Gewicht von handelsüblichen Schmiedeeisen nicht überschreiten. Bei Verwendung von Polstern darf das Eisen nur 8 mm dick sein. Die Differenz des Umfangs der Vorder- und Hintereisen darf nicht mehr als 4 cm betragen. Auch die Verwendung von Polstern, Platten, Keilen, Stegen und Stollen ist streng reglementiert.
Da sich die Einzelheiten der Vorschriften von Jahr zu Jahr ändern können, empfiehlt es sich, eine aktuelle Fassung der IPO bei der Geschäftsstelle des Islandpferde-Reiter- und Züchterverbands, IPZV e. V. (www.ipzv.de) anzufordern.

Die Gangart Tölt ist je nach natürlicher Veranlagung des Pferdes sehr anfällig für Taktfehler. So genannte **Trabtölter** tendieren zu einer Verschiebung des klaren Viertakts in Richtung Trab (diagonaler Zweitakt), während die **Passtölter** zur Verschiebung in Richtung Pass, also zu lateralem Zweitakt neigen.

Der Tölt des Trabtölters kann verbessert werden, indem das Pferd hinten etwas schwerer beschlagen wird als vorn, z. B. mit 10-mm-Eisen an den Hintergliedmaßen und mit 8-mm-Eisen an den Vordergliedmaßen. Bei der Veranlagung zum Passtölt gilt das Entgegengesetzte, hier ist vorn schwerer zu beschlagen als hinten. Um ein optimales Ergebnis erzielen zu können, sind eine genaue, fachkundige Beurteilung des Pferdes in Bewegung sowie die Zusammenarbeit mit Reiter und/oder Trainer unerlässlich.

Besonderheiten bei Westernpferden

Beim Westernpferd ist streng nach der Disziplin zu unterscheiden, in der es geritten wird, da diese z. T. sehr spezielle Anforderungen an den Hufbeschlag stellen. Die wichtigsten Turnierdisziplinen sind Pleasure, Reining und Cutting.

Für die Westerndisziplin **Pleasure** sowie für die weiteren Turnierdisziplinen **Hunter under Saddle** und **Trail** gelten die gleichen Anforderungen wie an einen normalen Reit- bzw. Dressurpferdebeschlag, da hier keine extremen Manöver gefordert werden, sondern die Qualität der Grundgangarten, die Rittigkeit und Sicherheit des Pferdes überprüft werden.

Die besonderen Anforderungen bei der Reining und beim Cutting bzw. Working Cowhorse werden im Folgenden genauer ausgeführt.

Reining

Definition

Reining ist die „Dressur des Westernpferdes". Die Hauptelemente sind:

- größere und kleinere Zirkel im langsamen und schnellen Galopp
- der **Sliding Stop**, bei dem das Pferd nach Beschleunigung auf der Geraden aus dem schnellen Galopp so zum Stehen kommt, dass die untergeschobene Hinterhand bremsend rutscht und die Vorhand weiterläuft
- der **Rollback** als eine gesprungene Hinterhandwendung
- der **Spin**, eine gelaufene Wendung um den inneren Hinterfuß als Drehpunkt, in der sich das Pferd sehr schnell und mehrfach hintereinander um die eigene Achse dreht.
- Rückwärtsrichten
- Galoppwechsel

Die spektakulären Bewegungen der Reining, vor allem der Sliding Stop und der Spin, fordern die Präzision des Hufbeschlagschmieds in besonderem Maße. Das Stoppverhalten sowie das Gebäude und Temperament des Pferdes bestimmen den Beschlag sowohl von Hinter- als auch Vordergliedmaßen. Anzustreben ist immer, die **Vorderbeine des Reining-Pferdes nicht zu beschlagen.**

Ist ein Beschlag notwendig, so ist ein halbrund profiliertes Eisen oder ein Hufeisen mit einer rundum laufenden, bodeneng geränderten Kante als ideal anzusehen. In vielen Fällen ist das geringe Gewicht eines Aluminiumbeschlags von besonderem Vorteil. Ebenfalls üblich ist ein Vordereisen ohne Kappen mit einem weit in Richtung Strahlspitze **zurückverlagerten Abrollpunkt** (► Abb. 10.22).

In jedem Fall ist eine angeschliffene **Zehenrichtung** umlaufend vom 2. Zehennagel zum 2. Zehennagel – oft in Verbindung mit dem zurückgelegten Eisen – eine Notwendigkeit, damit das Reining-Pferd die typischen engen Wendungen in Rollback und Spin schadlos für die Gliedmaßengelenke vollziehen kann. Weil bei vielen Manövern eine erhöhte Streichgefahr besteht, müssen die Vordereisen relativ eng gelegt sein, was die Beschlagperiode entsprechend verkürzt.

Um einen Sliding Stop durchführen zu können, benötigt das Reining-Pferd an der Hintergliedmaße einen Sliding-Beschlag (Sliding = Rutschen der hinteren Beine beim Stopp).

► **Abb. 10.22** Eisen mit zurückverlagertem Abrollpunkt sind bei vielen Westernpferden üblich und unterstützen die schnellen Dreh- und Wendemanöver. Bei Reining-Pferden können sie nur an den Vorderhufen verwendet werden.

Überblick

Sliding-Beschlag

Bei den **Sliding Plates** („Rutschplatten") handelt es sich um im Zehenteil breit gehaltene Eisen, die zum Schenkelende hin dünner werdend sehr lang verlaufen (► Abb. 10.23). Die Eisen sind glatt und als Stempeleisen ausgeführt. Dies ist gewünscht, weil das Sliding-Eisen eine große Auflagefläche haben soll, um den Hinterhuf optimal zu unterstützen.

Folgende Probleme gilt es beim Sliding-Beschlag zu minimieren:

- Der Hufbeschlag muss so gestaltet sein, dass das Pferd bei der Rutschbewegung mit den hinteren Beinen weder auseinanderspreizt noch diese zusammenführt.
- Er muss dafür Sorge tragen, dass die Zehe in den für den Sliding Stop geeigneten, oft tiefen Sandböden nicht übermäßig in den Boden rutscht.
- Der Beschlag muss lang genug sein, um die Ballen der Hinterhufe bei der Rutschbewegung zu schützen.

Meist wird der Sliding-Beschlag mit einer leicht angebogenen oder angeschliffenen **Zehenrichtung** versehen. Nachdem der Huf passend zum Fesselstand zugerichtet worden ist, kann über das **Verformen des äußeren Eisenschenkels** nach außen oder innen die Geradlinigkeit der Rutschbewegung beeinflusst werden. Nach dem Aufschlagen werden die

▼

► **Abb. 10.23** Sliding Plates sind ein absoluter Spezialbeschlag für die Hinterhufe des Reining-Pferdes, welche die langen, auf der Hinterhand gerutschten „Sliding Stops" erst ermöglichen. Mit der mehr oder weniger starken Eindrehung eines Eisenschenkels kann man die Rutschrichtung der Gliedmaße je nach Stellung und Bewegung des Pferdes bestimmen.

▼

Hufnagelköpfe mit einer Raspel glattgefeilt, so dass die Bodenfläche des Hufeisens vollkommen eben wird.
Ein so ausgeführter Sliding-Beschlag wirkt sich auf die Haltung und Nutzung des Pferdes aus: Es wird nur sehr eingeschränkt etwa Hangweiden nutzen oder im Gelände geritten werden können, da es mit der Hinterhand schon beim Antreten wegrutschen würde. Sliding Stops sind nur auf speziell dafür angelegten Untergründen für Pferd und Reiter gefahrlos möglich.

Cutting und Working Cowhorse

Definition

Cutting ist die Westernreitdisziplin, in der Rinder durch Reiter und Pferd separiert und getrieben werden. Das Pferd muss extrem schnelle Sprünge und Bewegungen um die Hinterhand (z. B. das Manöver „Roll Back" wie in der Reining) ausführen.
Die Disziplin Working Cowhorse entspricht im Grundsatz dem Cutting, beinhaltet aber etwas weniger schnelle und rasante Manöver.

► **Abb. 10.24** Roller-Eisen erleichtern auch das seitliche Abrollen des Hufs, was sich besonders bei schnellen Wendemanövern gelenkschonend auswirkt.

Der **Cutting-Beschlag** muss also ebenfalls die distale Gliedmaße schützen, weshalb an den Vorderbeinen profilierte Beschläge oder Halbrundprofile (Roller-Eisen) sinnvoll sind (► **Abb. 10.24**). Wie bei jedem Roller-Eisen ergibt es keinen Sinn und ist überflüssig, sie weit zu legen, sie müssen immer bündig mit dem Verlauf der Hufwand liegen. Die hinteren Eisen müssen entsprechend auch die Drehbewegung der Hufe zulassen, d. h. glatt ausgeführt sein.

10.3.2 Fahrpferde

Burkhard Rau

Der Beschlag des Fahrpferdes ist vor allem unter den beiden Gesichtspunkten Stoßdämpfung und Gleitschutz zu sehen.

Die Pferde werden sehr häufig auf harten und unnachgiebigen Untergründen bewegt. In vielen Fällen zeigt es sich, dass der Beschlag zur Gesunderhaltung des Tieres deshalb zwingend eine **stoßdämpfende Zwischenlage** zwischen Huf und Hufeisen erfordert. Hochwertige Kunststoffe (► **Abb. 10.25**) kommen dabei genauso zum Einsatz wie Tragrandringe oder Sohlen aus Leder. Sollten **Ledersohlen** verwendet werden, hat es sich gezeigt, dass dünnere Sohlen deutlich besser geeignet sind als dickere. Fehlende Stoßbrechung

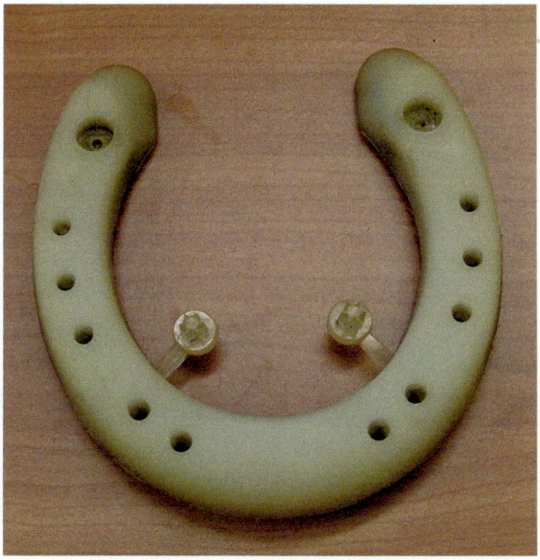

▶ **Abb. 10.25** Wenn Fahrpferde viel auf hartem Boden wie Asphalt eingesetzt werden, muss über Stoßdämpfung nachgedacht werden. Kombibeschläge wie dieser „Mustad Nail Shu“ aus Polyurethan und Stahl sind eine der Möglichkeiten.

▶ **Abb. 10.26** Beim Fahrpferdebeschlag ist für ausreichenden Gleitschutz zu sorgen, hier durch Stollenlöcher und Stifte.

führt auf Dauer nicht nur zu Erkrankungen von Knochen und Gelenken, sondern kann auch im Vorfeld schon zu mechanischen Überlastungen des Hufhorns führen.

Fahrpferde, die auf harten Böden bewegt werden (Asphalt etc.), benötigen, um ihre Kraft in Zugleistung umsetzen zu können, eine gute Haftung auf dem Untergrund. Zum Gleitschutz hat sich das Anbringen von **Hartmetallstiften** am Hufeisen in allen Fällen als ausreichend erwiesen. Der Einsatz von 4 Stiften (jeweils 2 an der Trachte und im Zehenbereich), die jeweils am Falzbeginn und am Falzende angebracht werden, gewährleistet dem Pferd einen sicheren Halt auf Straßenuntergründen.

Das nachträgliche Anbringen von Schraubstollen, Schlagstollen, Click-and-Ride-Systemen etc. sollte möglich sein (▶ **Abb. 10.26**). In tiefen Böden verlieren die Hartmetallstifte ihre Funktion, nur **Stollen** können dann ein Ausgleiten und Rutschen des Pferdes verhindern. Sportlich eingesetzte Fahrpferde, die z. B. im Gelände für die Disziplin Marathonfahren eingesetzt werden, benötigen wegen der dort geforderten schnellen, engen Wendungen und der zu überwindenden Steigungen zwingend einen Gleitschutz in Form von Stollen.

Der Stolleneinsatz auf harten Böden bzw. auf der Teerstraße ist immer kritisch zu bewerten: Zum einen ist der Einsatz von Stollen im Sommer, wenn der Asphalt weich ist, in vielen Regionen untersagt, da die Schäden an der Straßendecke erheblich sind. Zum anderen ist die hohe Belastung, die auf harten Böden durch den punktuellen Druck der Stollen auf den Huf stattfindet, als potenziell gesundheitsschädigend für das Pferd zu bewerten.

Für das Fahrpferd ist bei der Auswahl des Hufeisens sowie auch für das Legen des Hufeisens neben der Betrachtung des Pferdes selbst auch immer an die Nähe des im Zwei- oder Mehrspänner mitlaufenden Pferdes zu denken. Allgemein sollte das Hufeisen des Fahrpferdes weit und lang gelegt werden. Bei Mehrspännern ist immer die Gesamtsituation für eine angemessene Hufeisenlänge ausschlaggebend. Abhängig von der Wandstärke der Hufe sind breite Eisen mit einer Stärke von 10 mm angebracht.

10.3.3 Arbeitspferde

Burkhard Rau

Definition

Unter Arbeitspferden versteht man alle Pferde, die im Transport-, Forst- oder landwirtschaftlichen Gewerbe eingesetzt werden. Dabei geht es in allen Fällen um die Zugleistung der Tiere. Arbeitspferde können vom Norweger bis zum schweren Kaltblüter den unterschiedlichsten Rassen angehören.

Waldarbeit

Im Wald müssen die Arbeitspferde Holzstämme auf einen Abtransportweg hinausziehen. Bei dieser Arbeit müssen die Tiere zielgenau zwischen Stämme treten und z. T. höchste Zugleistungen auf schwierigem Gelände vollbringen. In der heutigen Zeit ist dies meistens auf Hangstücken der Fall, denn Arbeitspferde werden meist aus ökologischen Gründen im Wald eingesetzt, um diejenigen Lagen zu schonen, die bei maschineller Bewirtschaftung zu stark geschädigt würden.

Zur Verrichtung der schweren Zugarbeit sind neben z. T. hohen **Trachtenstollen** auch **Griffe** im Zehenbereich des Hufeisens notwendig (▶ **Abb. 10.27**). Zur Übertragung der großen Kräfte sind die für die Arbeitspferde vorgesehenen **Eisen breiter und dicker** dimensioniert. Gleichfalls müssen die **Hufnägel** (meist VF-Nägel) größer gewählt werden. Hieraus ergibt sich, dass Pferde mit dünnen Hufwänden zum Arbeitspferdeeinsatz meist weniger geeignet sind.

Der Beschlag wird als **Schrittbeschlag** ausgeführt. Es ist üblich, dass sowohl an den vorderen als auch an den hinteren Hufen Eisen mit einer **mittigen Zehenkappe** verwendet werden. Ein Greifbeschlag ist nicht notwendig, da das Pferd nur Schritt geht. Die Weite und Länge des Hufeisens beim Arbeitspferd im Wald wird auch bestimmt von der Lage des Holzes: Zu weit und zu lang gelegte Arbeitspferdeeisen laufen Gefahr, beim Herausziehen des Hufs aus den engen Zwischenräumen zwischen 2 Stämmen hängenzubleiben und abgezogen zu werden.

▶ **Abb. 10.27** Arbeitspferdeeisen mit Stollen und Griffen.

Landwirtschaft

Arbeitspferde in der Landwirtschaft haben in der letzten Zeit eine deutliche Renaissance erlebt. Sie zeigen häufig zehenenge Stellungen und bewegen sich um die stützende Gliedmaße, was das Laufen in der Ackerfurche für das Pferd angenehmer macht. Die zu erwartenden Zugleistungen in der Landwirtschaft sind teilweise erheblich: Beim Ziehen eines pferdebetriebenen Mähwerks entstehen ca. 80 kg Dauerzug auf dem Brustblatt des Geschirrs. Das bedeutet, dass die zu erwartenden physikalischen Belastungen auf das Hufeisen durch die hohen zu übertragenden Kräfte enorm sind.

In der Landwirtschaft genutzte Pferde werden wie **Schrittpferde** mit **groß dimensionierten Eisen** und **einer Zehenkappe** an den vorderen und hinteren Hufeisen beschlagen (▶ **Abb. 10.28**). Die Hufeisen sollten **weit gelegt** werden und ausreichend Unterstützung geben. Die **Hufnägel** müssen hoch gesetzt werden. Entfern- und auswechselbare Stollen sowie Zehenstollen oder -griffe sind wünschenswert.

Auf sich ankündigende Hufhornprobleme ist frühzeitig mit der Empfehlung eines Zusatzfuttermittels o. ä. zu reagieren.

Schwerer Zugbetrieb

Arbeitspferde im schweren Zugbetrieb laufen vorrangig auf Asphaltstraßen und harten Wegen. Dadurch drohen Hufhornprobleme, Pflasterlahmheit und/oder Verschleißerkrankungen an Knochen und Gelenken sowie Deformationen der Hornkapsel. Der Hufbeschlagschmied hat mit seiner Arbeit hier Vorsorge zu treffen.

▸ **Abb. 10.28** Für Arbeitspferde, die hohe Zugleistungen auf ausschließlich weichem, tiefem Untergrund erbringen müssen, sind Stollen und Griffe sinnvoll.

Für Arbeitspferde z. B. im Planwagenbetrieb gilt, dass eine **stoßbrechende Einlage** zwischen Huf und Hufeisen dringend anzuraten ist. Leder oder Tragrandringe aus Polyurethan wären die 1. Wahl. Der **Gleitschutz** muss im Planwagenbetrieb häufig mit Stollen realisiert werden. Diese sollten so klein wie möglich sein, um den Strahl nicht unnötig weit vom Boden abzuheben.

Es ist streng darauf zu achten, die **Hufeisen möglichst weit** zu legen, da Arbeitspferde im Zugeinsatz z. B. zur Entstehung des Tragrandzwangs neigen. Die Lastverteilung des Hufeisens sollte hier vorbeugen. Da Arbeitspferde im Planwageneinsatz häufig auf harten Wegen traben, ist ein **Greifbeschlag** der Hintergliedmaße angemessen.

Bei Arbeitspferden, die im Zugbetrieb auf der Straße eingesetzt werden und bei denen durch Hufeisen plus Stollen ein großer Abstand zwischen Strahl und Boden gegeben ist, sollte man überprüfen, ob zusätzlich ein **Polster** sinnvoll ist, da es sicherstellen kann, dass der Strahl seine natürliche Aufgabe erfüllen kann, indem er Bodenkontakt bekommt.

10.3.4 Trabrennpferde

Melanie Striebinger; unter früherer Mitarbeit von Hubert Schwendenmann

Die Traberzucht nahm in Frankreich ihren Ursprung und ist aus den Rassen Englisches Vollblut, Englischer Norfolk und Cob Normand hervorgegangen. Um das Jahr 1880 fanden die ersten „Trabrennen" in und um die Dörfer Frankreichs statt, und schon bald entstand die erste Rennbahn in Lande Gabriele in der Nähe von Cherbourg in Frankreich. Der Norfolk hat sich beim Exterieur besonders am Kopf durchgesetzt. Der französische Traber nahm zusammen mit dem russischen und dem amerikanischen Traber Einfluss auf den heutigen modernen Traber in Deutschland.

In der heutigen Zeit unterscheidet man 2 Trabertypen:

- Der französische Traber ist ein großes Pferd mit einem Stockmaß von 160–170 cm und sehr viel Muskelmasse, die ihm Kraft, Schwung und Ausdauer verleiht. Diese Pferde haben ihren Einsatz auf flachen Rennbahnen mit ebenen Kurven, wo sie Distanzen von 2100–2700 m zurücklegen.
- Der amerikanische Traber ist ein kleines Pferd mit einem Stockmaß von 150–155 cm und einem sehr zierlichem Körperbau. In der Bewegung hat er eine höhere Trabfrequenz als der französische Traber (Verhältnis 2,5 : 1). Diese Pferde eignen sich hervorragend für Kurzstrecken von 1 Meile (1,67 km) und aufgebauten scharfen Kurven.

Der Trabergang

Über den Trab als Gangart ist zu erwähnen, dass das Pferd in der Natur den Trab nur zum Übergang nutzt. Unter natürlichen Bedingungen bewegen sich Pferde beim Fressen im Schritt oder galoppieren in Fluchtsituationen. Damit ein Pferd angaloppieren kann, muss es den Kopf senken und die Hinterhand unter den Körper nehmen, um so kraftvoll anzuspringen.

Um das Angaloppieren auf der Trabrennbahn zu verhindern, trägt der Traber einen **speziellen Zaum mit 2 Gebissen.** Das eine Gebiss ist mit den Fahrleinen verbunden, damit der Jockey die Kontrolle behält. Das zweite Gebiss ist über den Kopf sowie das Genick am Kammdeckel des Geschirrs verschnallt und verhindert so durch eine künstliche hohe Kopfhaltung das Angaloppieren. Aufgrund dieser Haltung entwickeln Traber eine schwache Rückenmuskulatur und eine unvorteilhafte Halsmuskulatur, es bildet sich ein **Unterhals.**

Im Gegensatz zum Reitpferd, welches auf 2 Spuren läuft, bewegt sich der Traber auf 4 Spuren. Die Vorderbeine des Trabers benötigen wenig Raum in der Breite, denn sie werden stark nach vorn geschleudert. Die Hinterhand läuft dagegen auf einer breiteren Spur und muss die Vorderhand überholen. Man schätzt eine Schwebephase auf etwa 6 m.

Zusammenarbeit zwischen Trainer und Hufbeschlagschmied

Jedes zukünftige Trabrennpferd absolviert als 2-jähriges Pferd eine Prüfung, ob es als Rennpferd geeignet ist. Von diesem Tag an darf der Traber bis zur Vollendung seines 11. Lebensjahrs Trabrennen laufen. Während des Trainings versucht der Trainer den breiten Gang der Hinterbeine zu trainieren und Muskelmasse und Kondition aufzubauen. Besonders wichtig ist hier die Zusammenarbeit zwischen Trainer und Hufbeschlagschmied. Der erfahrene Trainer entscheidet erstrangig, welcher Beschlag für das Pferd benötigt wird, da er die Stärken und Schwächen des Pferdes im Training kennt.

Spezifische Aufgaben des Hufbeschlagschmieds

Die Hauptaufgabe des Hufbeschlagschmieds ist, durch den Beschlag eine perfekte Balance und Taktreinheit zu gewährleisten, damit das Pferd eine optimale Unterstützung in Bewegung und Schwung erfahren und nutzen kann. Die Vordergliedmaßen müssen weit nach vorn geschleudert werden und die Hinterhand muss die Vorderhand überholen. Junge Pferde müssen das oft mit Hilfe des Beschlags und eines optimalen Trainings lernen.

Ziel des Beschlags ist eine lange und weite Vorwärtsbewegung der Vordergliedmaßen und eine weite, die Vorhand überholende Hinterhand. In der Vergangenheit trainierte man die Pferde häufig mit **Zehen-** und **Seitengewichtshufeisen**, um den idealen Gang zu erreichen. Da sich die Zucht des Trabers in den letzten Jahrzehnten deutlich verbesserte, kommen die Beschläge mit Gewichten seltener zum Einsatz, da die Pferde zuchtbedingt mehr Potenzial besitzen.

Voraussetzungen für einen erfolgreichen Traber sind eine ideale Gliedmaßenstellung und ein geeigneter Körperbau. Der Traber sollte an den **Vordergliedmaßen** eine **schmale, enge Hufform** haben, damit wenig Platz zwischen den Vordergliedmaßen benötigt wird. Die Stellung der **Hintergliedmaßen** ist **zehenweit** gewünscht, um einen breiten Gang zu ermöglichen. Ist diese Stellung und Hufform nicht von Geburt an gegeben, kann man dies durch Ausschneiden im Fohlenalter erreichen. Der Traber hat zudem meist eine überbaute Hinterhand.

Hufbeschläge und Beschlagtechniken bei Trabern

Das Gangverhalten des Trabers kann sehr unterschiedlich sein. Einige Pferde zeigen sehr viel „Aktion", wodurch die Geschwindigkeit negativ beeinflusst werden kann, da wenig Gangweite erreicht wird. Hier kann zur Erzielung von mehr Gangweite mit einem **sternförmigen Aluminiumbeschlag** gearbeitet werden. Der Sohlenbereich sowie der hintere Teil des Hufs erhalten hierbei mehr Gewicht, und das Pferd hat die Möglichkeit, sein Gangverhalten zu verändern oder zu kompensieren. Generell kommen beim Beschlag des Trabers sehr leichte **Profilhufeisen** aus Stahl und Aluminium (▸ **Abb. 10.29**) sowie Kunststoff zum Einsatz.

Auch **Kombibeschläge** aus Kunststoff und Metall werden verwendet. Bei diesen Beschlägen besteht die hintere Hälfte aus Kunststoff, wodurch die Verletzungsgefahr bei den extrem athletischen Bewegungen des Trabers deutlich verringert werden kann. Der Kombibeschlag „Hadens Hovslageri Sweden" zeigt ein ähnliches System wie das Rock-and-Roll-Hufeisen (▸ **Abb. 3.41**) und wird auch beim Traber zur Unterstützung des Bewegungsapparats in Form eines therapeutischen Beschlags eingesetzt. Der Markt bietet eine sehr große Auswahl mit etwa 300 unterschiedlichen Modellen für den Traber an.

Die Hufeisen müssen beim Trabrennpferd stets **bodeneng gerändert** werden und bündig mit dem Tragrand und den Trachten liegen, um ein Verletzen durch Streichen oder Anschlagen zu minimieren.

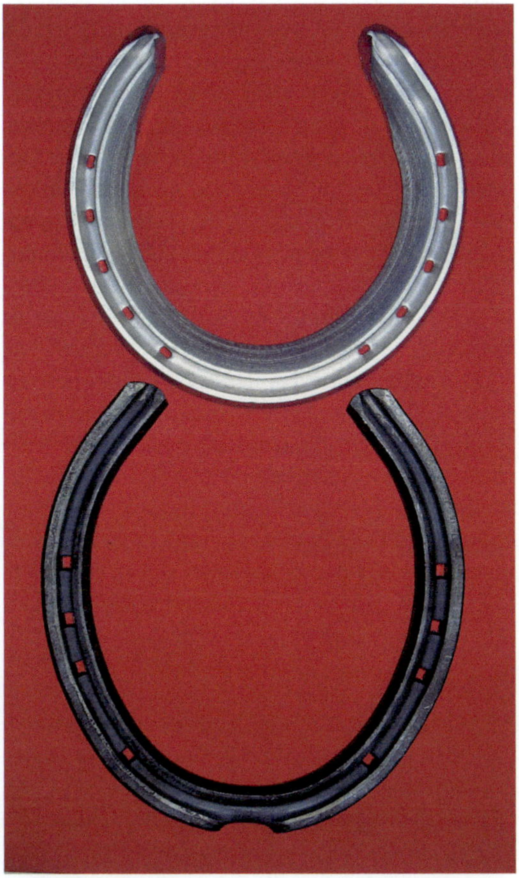

▶ **Abb. 10.29** Profilhufeisen aus Stahl und Aluminium. Das konkave Profil weist ein geringeres Gewicht als volles Stabmaterial auf.

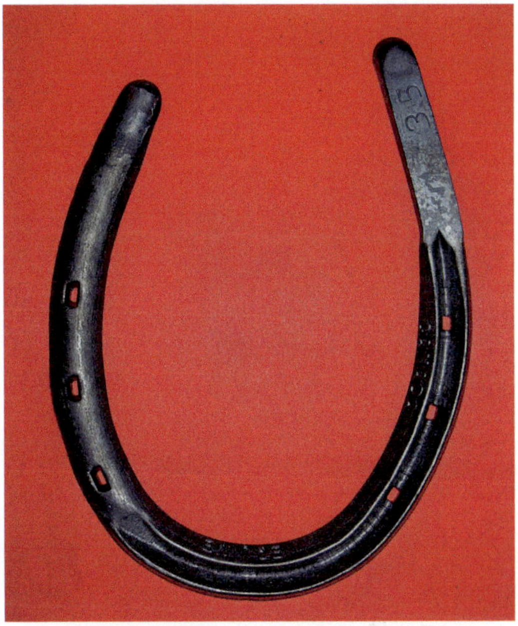

▶ **Abb. 10.30** „Knieschlägerhufeisen" für Pferde mit extremer Bewegung, um ein Streichen oder Anschlagen an Vorderfußwurzelgelenk, Unterarm oder Ellenbogen zu vermeiden (rechtes Vorderhufeisen, Bodenfläche).

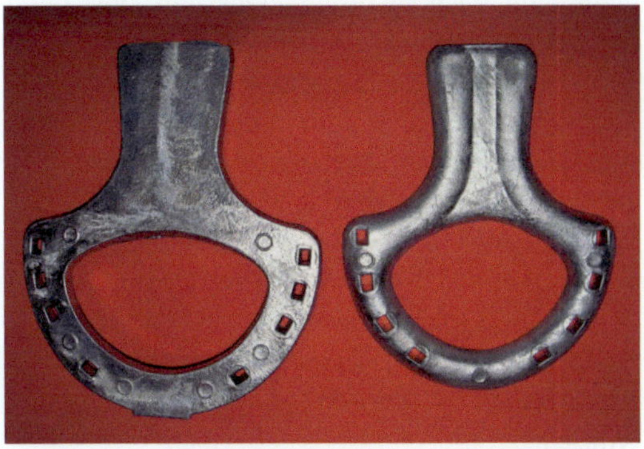

▶ **Abb. 10.31** Pilzförmiges Hufeisen mit (rechts) bzw. ohne (links) Halbrundprofil aus Aluminium.

Beim Anschlagen mit dem Schenkelende gegen den Unterarm oder Ellenbogen des Pferdes kann der Verletzungsgefahr durch den Beschlag mit einem **Knieschlägerhufeisen** (▶ Abb. 10.30) entgegengewirkt werden. Hierdurch erreicht man eine ähnliche Wirkung wie mit dem Vorderstreichhufeisen beim Streichen (S. 242).

Das **pilzförmige Hufeisen** (▶ Abb. 10.31) hat keine Schenkelenden bis zu den Trachten, sondern schließt sich im Bereich des Strahls, welcher dadurch stark zum Tragen herangezogen wird. Bevorzugt wird das Hufeisen an der Hintergliedmaße eingesetzt, da so beim seitlichen Auffußen des Pferdes ein sanfteres, rollendes Aufkommen des Hufs und der Gliedmaße ermöglicht werden kann. Damit verbunden ist eine Schonung der Gliedmaße, besonders im Bereich des Knies und der Kniebänder. Allerdings sollte hierbei genau beurteilt werden, ob dieser Beschlag für das Pferd angenehm ist oder einen zu starken Druck auf den Strahl und die darunterliegenden anatomischen Strukturen ausübt.

Halbrundes Material kommt bei unterschiedlichen Beschlägen häufig zum Einsatz, wie bereits in ▶ **Abb. 10.31** am pilzförmigen Hufeisen zu erkennen. Verletzungsrisiko und Gewicht werden

▶ **Abb. 10.32** Aluminiumhufeisen mit Hartmetalleinsätzen und Stahlprofilhufeisen mit Widia-Auftragungen für den Gleitschutz.

bei Beschlägen mit halbrundem Material reduziert. Ein weiterer Vorteil ist das leichte Abrollen des Hufs.

Der **Gleitschutz** spielt je nach Geläuf der Rennbahn eine wichtige Rolle, denn ein unsicherer Gang des Pferdes verspricht keine Höchstleistungen. Im Trabrennsport bedeutet Gleitschutz nicht Beschlag mit Griffen und Stollen. Hier erfüllen Aluminiumhufeisen mit Hartmetalleinsätzen an der Zehe sowie an den Schenkelenden im Profil des Hufeisens oder eine Widia-Auftragung am äußeren Rand der Bodenfläche des Hufeisens (▶ **Abb. 10.32**) diesen Zweck.

Aufzüge kommen selten zum Einsatz, da man sich Flexibilität bei der Lage des Hufeisens wünscht.

Die **Beschlagperioden** sind bei Trabern sehr kurz, man spricht von 2–4 Wochen. Auch ist es nicht unüblich, das Pferd vor dem Rennen mit dem idealen „Rennbeschlag" auszustatten oder das Pferd barhuf ins Rennen zu schicken. Im Vordergrund stehen hierbei die Gewichtsersparnis und die Renngeschwindigkeit des Pferdes. Diese Entscheidung wird letztendlich der Trainer treffen.

Generell wird der **Beschlag kalt durchgeführt**, da am Huf des Trabers sehr wenig Horn zum Bearbeiten zu Verfügung steht. Ausgeführt wird der Beschlag möglichst in vertrauter Umgebung, da die hoch im Blut stehenden Trabrennpferde meist ein schwaches Nervenkostüm besitzen. Aufgrund der kurzen Beschlagintervalle wird sehr niedrig genagelt, um ein schnelles Herauswachsen der alten Nagellöcher zu erreichen. Auch das Kleben eines künstlichen Tragrands und das Einlassen eines selbstklebenden Polsters zum Schutz der Sohle werden aufgrund der mittlerweile sehr hochwertigen Materialien vorgenommen, da es sich um einen sehr leichten Hufschutz handelt.

Man sollte bedenken, dass sich der Körper mit seiner Gliedmaßenführung auf verschiedene Beschläge einstellen kann und entsprechend reagiert, so dass ein **häufiger Wechsel der Beschlagvarianten** – bei guter Zusammenarbeit zwischen Trainer und Hufbeschlagschmied – je nach Bedarf möglich ist, um das gewünschte Ziel zu erreichen. Letztendlich erfordert der Traberbeschlag sehr viel Erfahrung von Trainer und Hufbeschlagschmied.

! Merke

Die Gesunderhaltung des Pferdes darf unter dem Erfolgsdruck nicht leiden und muss bei jeder Beschlaghandlung bedacht werden. Letztlich richtet sich der Beschlag nach der Anatomie und Physiologie, dem Leistungspotenzial sowie nach der spezifischen Gangart des Pferdes.

10.3.5 Galopprennpferde

Burkhard Rau

Galopprennpferde werden vor allem auf weichen Grasböden bewegt. Die wichtigsten Gangarten sind der langsame Galopp (Kanter) sowie der Renngalopp im Viertakt. Die Bewegungen sind extrem, so dass als erste Forderung an den Beschlag eines Galopprennpferdes gelten muss, dass er eine möglichst geringe Gewichtsbelastung darstellen sollte. Zusätzliches Gewicht an den Hufen beeinflusst den Bewegungsbogen des Pferdebeins, was sich beim Galopprennpferd extrem negativ auswirken kann.

Zu unterscheiden ist der Beschlag von Pferden, die Flachrennen gehen, von demjenigen, der auch für Hindernisrennen geeignet sein soll.

▶ **Abb. 10.33** Für Galopprennpferde werden in der Regel leichte, glatte Profileisen verwendet.

▶ **Abb. 10.35** Profilhufeisen für Jagdrennen.

Üblicherweise werden Galopprennpferde für **Flachrennen** mit Stahlhufeisen, Hufeisen aus Konkavmaterial oder profilierten Eisen beschlagen (▶ **Abb. 10.33**).

Ein guter **Griff** des Hufschutzes ist notwendig, weil vor allem während der Antrittsphase des Starts aus den Boxen enorme Schubkräfte aus der Hinterhand des Pferdes entwickelt werden und sichergestellt werden muss, dass das Pferd sich in dieser Situation optimal nach vorn abdrücken kann und keine Energie dadurch verliert, dass die Hinterhufe keinen 100%igen Halt auf dem Untergrund finden. Dieser Griff wird meist durch die **Profilierung des Eisens** erreicht.

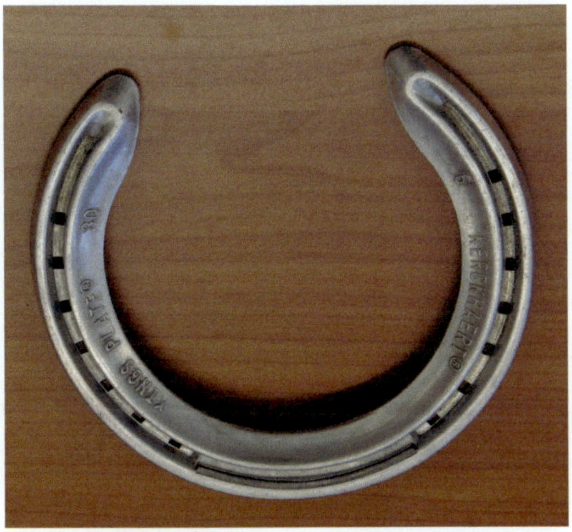

▶ **Abb. 10.34** Aus Gründen der Gewichtsersparnis kommen bei Galoppern häufig Aluminiumbeschläge zum Einsatz.

Sowohl an den vorderen als auch an den hinteren Gliedmaßen verwendet man **glatte Beschläge** (ohne Stollen). Junge Rennpferde werden meist überhaupt **nicht beschlagen**. Man findet auch **halbmondförmige Eisen** nur für die Vorderhufe.

In jedem Fall ist auf das geringe Gewicht der Hufeisen zu achten, **50–75 g je Hufeisen** gelten als Obergrenze. Da das Gewicht bei Rennpferden einen überaus wichtigen Faktor darstellt, ist der Einsatz von Leichtmetallen weit verbreitet (▶ **Abb. 10.34**). Bedingt durch die extremen Bewegungen müssen die Eisen mit dem Tragrand bündig gelegt werden. Entsprechend verkürzt sich das Beschlagintervall auf etwa 3 Wochen.

In vielen Fällen ist zu beobachten, dass bei Galopprennpferden die Nagelung über die weiteste Stelle des Hufs hinausreicht. Dies ist sehr kritisch zu bewerten.

Galopprennpferde werden in der Regel kalt beschlagen. Wegen ihrer geringen Materialstärke können die Hufeisen bequem kalt verformt, angepasst und aufgeschlagen werden.

Bei Pferden, die **Hindernisrennen** absolvieren, findet man häufig Konkaveisen an den Vordergliedmaßen und die üblichen glatten Profilhufeisen an den Hintergliedmaßen (▶ **Abb. 10.35**).

10.4

Korrekturbeschläge bei Veränderungen der Hufform

Walter Brehm, Axel Berndt

10.4.1 Flach- und Vollhuf

Definition

Als Flachhuf bezeichnet man einen oft übermäßig weiten Huf, bei dem die Seitenwände in einem sehr spitzen Winkel zum Erdboden stehen und die Sohle mit der Tragfläche in einer Ebene liegt (▶ **Abb. 10.36**). Der Vollhuf ist dadurch gekennzeichnet, dass sich die Sohle ganz oder teilweise erdbodenwärts hervorwölbt, besonders im Bereich der Sohlenschenkel. Bei einseitigem Sohlenschenkel-Vollhuf tritt dieses Leiden an der stärker belasteten Hufhälfte auf.

Erscheinungsbild und krankhafte Veränderungen

Beim Flachhuf ist das Sohlenhorn schwach entwickelt, und der Hornstrahl überragt in den meisten Fällen die Tragflächenebene nach unten und ist kräftig entwickelt. Nicht selten findet man als Begleiterscheinung eine lose Wand (S. 252). Die Wandlederhautblättchen werden als Teil des Aufhängeapparats des Hufbeins besonders stark beansprucht. Das Hufbein entspricht in seiner Form der des Hufs, seine Wände sind infolge der Zerrung der mit ihm innig verwachsenen Wandlederhaut poröser als die des Hufbeins eines regelmäßigen Hufs.

Aus dem Flachhuf kann sich ein Vollhuf entwickeln. Dieser ist dadurch gekennzeichnet, dass sich die Sohle ganz oder teilweise erdbodenwärts hervorwölbt, besonders im Bereich der Sohlenschenkel. Bei einseitigem Sohlenschenkel-Vollhuf tritt dieses Leiden an der stärker belasteten Hufhälfte auf.

Das Sohlenhorn ist sehr dünn und entsprechend druckempfindlich. Im Bereich der größten Weite des Hufs bestehen nicht selten lose Wände (S. 252). Der Huf weist oft niedrige, zuweilen auch untergeschobene und am Tragrand eingerollte Trachtenwände auf sowie nach außen umgelegte Eckstrebenwände. Der massig entwickelte Hornstrahl ist mit einem durchgedrückten Strahlkörper und seichten Strahlfurchen versehen. Die Seitenwände weisen häufig eine mit dem Kronrand parallel verlaufende Ring- und Rillenbildung des Horns auf. In vereinzelten Fällen werden breite Längsrillen in Richtung der Hornröhrchen an der weitesten Stelle des Hufs oder dahinter beobachtet, die der Seitenwand ein wellenartiges Aussehen verleihen (▶ **Abb. 10.37**).

Beim Vollhuf liegt oft ein **weiter, spitz gewinkelter Huf** zugrunde.

Auch im Inneren der Hornkapsel finden sich krankhafte Veränderungen. Die **Huflederhaut- und Hornblättchen** haben ihre feine Aufgliederung und Form verloren. Sie sind oft keulen-, flaschen-, bürsten- oder strauchartig verformt.

▶ **Abb. 10.36** Flachhuf von der Sohlenfläche aus gesehen.

▶ **Abb. 10.37** Vollhuf (Seitenansicht).

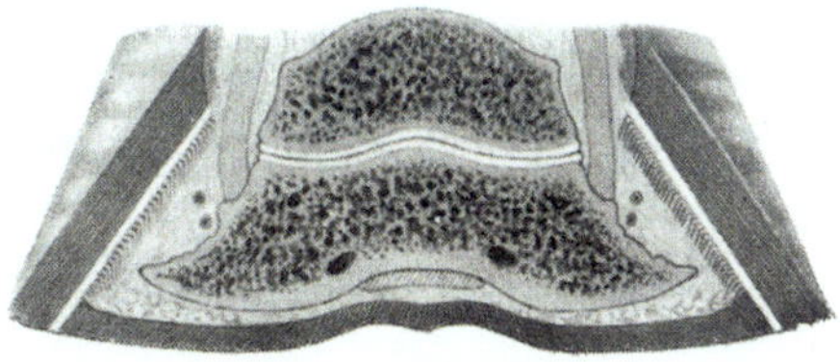

▶ **Abb. 10.38** Vollhuf (Querschnitt).

Das **Hufbein** ist auffallend niedrig, seine Sohlenwölbung erdbodenwärts gleicht der der Hornsohle bzw. umgedreht. An seinem unteren äußeren Rand ist es abgeflacht und geschwunden, so dass es in seiner Form einer Hutkrempe ähnelt (▶ **Abb. 10.38**).

Der **Tragrand** ist infolge der mangelhaften und bröckeligen Hornqualität nicht selten mehr oder weniger ausgebrochen.

Der beschriebene Zustand kann im Bereich der ganzen Sohle, an beiden oder auch lediglich an einem Sohlenschenkel wie auch ausschließlich auf einer Hufhälfte bestehen. Dementsprechend unterscheidet man nach den jeweils vorliegenden Veränderungen zwischen einem **Sohlenkörper-** und einem **Sohlenschenkel-Vollhuf.**

Flach- oder Vollhufe findet man vorwiegend an den Vordergliedmaßen. Das Pferd kann je nach Empfindlichkeit der unteren Hufflache und der Beschaffenheit des Erdbodens mehr oder weniger deutlich lahm oder klamm gehen.

Ursachen

Zumindest die Anlage zu Flachhufen kann angeboren und vererbt sein, denn sie zeigen sich schon im Fohlenalter. Erfahrungsgemäß haben Fohlen, die ihre Jugend auf feuchten Weiden verbringen, weite Hufformen, aus denen sich später leicht flache Hufe entwickeln können. Begünstigt wird diese Entwicklung noch durch fehlende oder mangelhafte Hufpflege und -korrektur.

Als Ursachen für die Entstehung von Flach- bzw. Vollhufen kommen alle diejenigen Möglichkeiten in Frage, die geeignet sind, bei einem weiten Huf den Aufhängeapparat des Hufbeins übermäßig zu beanspruchen. Dieser Zustand zeigt sich besonders an den hinteren Hufabschnitten. Hier ist die Belastung schon von Natur aus außerordentlich stark, die Trachtenwände sind dagegen wenig stützfähig. Daher tritt die Formveränderung in der Regel an diesen Hufteilen zuerst auf. Bei übermäßiger Belastung einer Hufhälfte (bodenenge oder bodenweite Gliedmaßenstellung) kann auch nur diese Hälfte betroffen sein. Der vorwiegende Gebrauch solcher Pferde auf hartem Boden bzw. Pflaster, zu langes Laufen ohne geeigneten Beschlag sowie zu langes Belassen des alten Beschlags auf dem Huf fördern das Entstehen.

Des Weiteren tragen chronische Entzündungsvorgänge der Huflederhaut und vernachlässigte Hufpflege bei gefährdeten Hufen zur Entstehung von Flach- und Vollhufen bei. Folgende Fehler bei der Zubereitung des Hufs und beim Beschlag wirken sich negativ aus:

- ungenügende Reduzierung des Tragrandumfangs bei Hufen der weiten Form
- starkes Beschneiden der Hornsohle, insbesondere an ihrer Verbindung zur Hornwand
- übermäßiges Kürzen der Hornwand, besonders der Trachten und der Sohle, so dass Letztere übermäßig geschwächt wird und sich abflacht sowie nach unten durchwölbt
- zu schmale und zu enge bzw. hohl gerichtete Hufeisen, die eine zu geringe Unterstützung der Sohle und der Eckstrebenwände bewirken

Auch Griffe und Stollen begünstigen die Bildung von Flach- oder Vollhufen.

Info

Eine besonders schädliche Wirkung ist der **muldenförmigen Hohlrichtung** der Hufeisen zuzuschreiben. Die Hornsohle wird in diesem Fall nicht gestützt und senkt sich infolgedessen ungewöhnlich ab. Ebenso begünstigt die **mangelnde Hufeisenauflage** die Bildung der losen Wände.

In derselben Weise verschlechtert der Hufbeschlag mit **hohen Griffen und Stollen** sowie **schmalen Hufeisen ohne Strahl- und Sohlenunterstützung** die Hufform und begünstigt einen Übergang vom Huf mit geringer Sohlenwölbung zum Flachhuf oder Vollhuf.

Diese Entwicklung ist besonders bei schweren Zugpferden, aber auch bei anderen Pferden zu beobachten, die das Hufbein während des tiefsten

Durchtretens im Fesselgelenk und beim Abstemmen sehr stark belasten, so dass allmählich eine **bleibende Lageveränderung des Hufbeins** zustande kommt. Da sich das Hufbein hierbei um seinen vorderen Sohlenrand dreht, nehmen die Hufbeinäste eine tiefere Lage ein und drücken die Hornsohlenschenkel mit ihrer darüberliegenden Lederhaut nach unten. Hier findet sich deshalb die häufigste und deutlichste Vorwölbung erdbodenwärts.

Korrekturmaßnahmen

Flach- und Vollhuf sind unheilbar. Pferde mit derartigen Hufen sind jedoch noch brauchbar und auch einsatzfähig. Je günstiger die Gliedmaßenstellung ist und je besser die Hufform sowie Hornbeschaffenheit und -qualität sind, desto positiver sind im Einzelfall die Brauchbarkeit und Leistungsfähigkeit eines solchen Pferdes zu beurteilen.

Auch beim Vollhuf ist, sofern nicht zusätzlich hochgradige und schwere krankhafte Veränderungen vorliegen, eine Verwendungs- und Dienstfähigkeit gegeben. Denn mit Hilfe einer zweckentsprechenden Behandlung und vor allem eines sorgfältigen und den Veränderungen angepassten Hufbeschlags (▸ **Abb. 10.39**) lassen sich solche Hufe leistungsfähig erhalten und in ihrer Form sogar verbessern. In manchen Fällen jedoch sind Pferde mit Vollhufen zur Verwendung in schnelleren Gangarten und für anspruchsvolle Arbeiten gänzlich untauglich.

Pferde mit Flachhufen können auf hartem Untergrund nur unter Schmerzen barfuß gehen, Pferden mit Vollhufen ist das Laufen auf hartem Untergrund ohne Hufschutz überhaupt nicht möglich (Quetschung der Sohlen- und Strahllederhaut).

Für die Erhaltung der Einsatzfähigkeit sollten Pferde mit Flach- und Vollhufen vorzugsweise auf **weichem Boden** gearbeitet werden. Weiterhin ist ein Beschlag mit einer **möglichst breiten und der Sohlenform angepassten Tragfläche** anzubringen (▸ **Abb. 10.39**). Dabei ist darauf zu achten, dass die innere Kante nicht die empfindliche Sohle quetscht und die Tragfläche der Schenkelenden horizontal gerichtet ist, weil sonst die Entstehung eines Trachtenzwangs (S. 233) gefördert wird.

Breite Seitenwandaufzüge können, ohne den Huf einzuklemmen, dazu behilflich sein, der Neigung der Seitenwände zum Weiterwerden entgegenzuwirken. Beim Vollhuf ist außerdem häufig eine **künstliche Erhöhung der Hornwand** in seiner ganzen Ausdehnung oder teilweise notwendig. Hierfür können Leder, Hufléderkitt, Kunsthorn oder anderes verwendet werden.

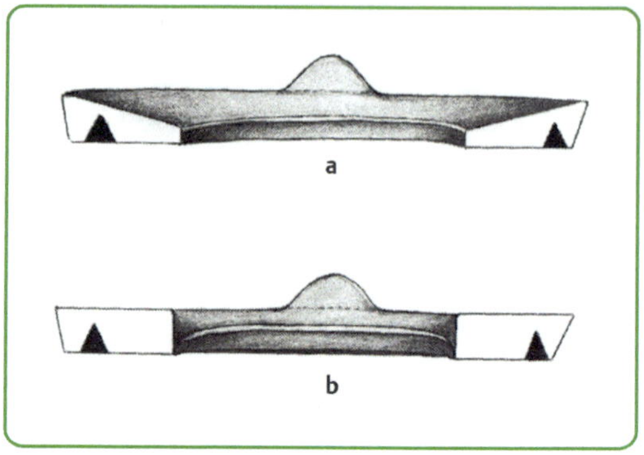

▸ **Abb. 10.39** Querschnitt durch ein Hufeisen für einen Vollhuf: **a** Im Bereich der Lochung: Die Tragfläche fällt, genau zur Vorwölbung der Sohle passend, nach innen ab. **b** Im Bereich der Schenkelenden: Die Tragfläche ist waagerecht.

Merke

Beim Beschlagen muss an einer Gliedmaße das Hufeisen wieder angebracht sein, ehe an dem anderen das alte Hufeisen abgenommen wird. Anderenfalls muss durch Unterlegen eines mit Sand oder dergleichen gefüllten Sackes für einen weichen Stand gesorgt werden.

Die Herstellung einer breiten, die ganze Sohle deckenden Tragfläche erfolgt mit **Spickel** (▸ **Abb. 10.40**) oder einer ganzen **Sohlenplatte**, die beim Vollhuf der Sohlenwölbung angepasst werden muss und vorzugsweise aus Blech (ca. 2,5 mm stark) hergestellt wird. Spickel bzw. Sohlenplatte dürfen nicht hart auf der Sohle aufliegen (Quetschung der Sohlenlederhaut). An hornarmen Hufen (dünne Sohle) wird eine dicke, weiche Leder-, Filz- (auch kombiniert) oder Kunststoffsohle zwischen Spickel bzw. Sohlenplatte und Hornsohle gelegt.

Die Verwendung von sich durchbiegenden Kunststoffplatten mit Hufeisen ohne Sohlen- und Strahlunterstützung ist zu vermeiden, da sie zum Tragen der Sohle und des Strahls nicht genügend Widerstand besitzen, sich nach unten durchwölben und den ohnehin schon krankhaften Zustand verschlechtern.

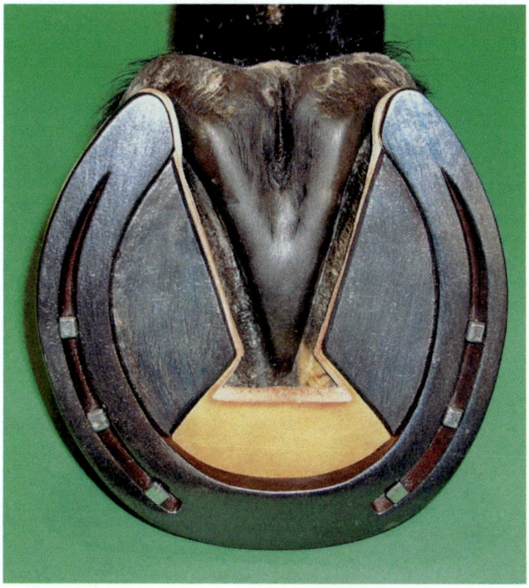

▶ **Abb. 10.40** Hufeisen mit Spickel und dicker, weicher Ledersohle.

Soll der **Strahl zusätzlich zum Tragen herangezogen** werden, kann dies mittels eines den gesamten Strahl tragenden, eingeschweißten Blechstegs erfolgen, der ebenfalls nicht hart aufliegen darf und zusätzlich unterpolstert wird. Je nach Höhe des Strahls wird dieser breite Blechsteg an der Tragfläche, der Bodenfläche oder dazwischen eingeschweißt. Ragt der Strahl noch über die Bodenfläche des Hufeisens (Hufschutzes) nach unten hinaus, muss der Huf im Ganzen unter Berücksichtigung der Zehenachse bzw. des Fesselstands so weit angehoben werden (dicke Leder- oder Kunststoffsohle usw. mit Strahlaussparung), dass es nicht zu Quetschungen des Strahls kommt.

10.4.2 Zwanghuf

Definition

Unter Zwanghufen versteht man eine Verengung der Hornkapsel an bestimmten Abschnitten. Die Veränderungen werden nach den betroffenen Teilen benannt.

Trachtenzwang

Definition

Beim Trachtenzwang ist die Hornkapsel in der hinteren Hufhälfte eingeengt. Es können beide Trachtenwände oder nur eine einzelne betroffen sein, weshalb man von einem beid- oder einseitigen Trachtenzwang spricht (▶ **Abb. 10.41**).

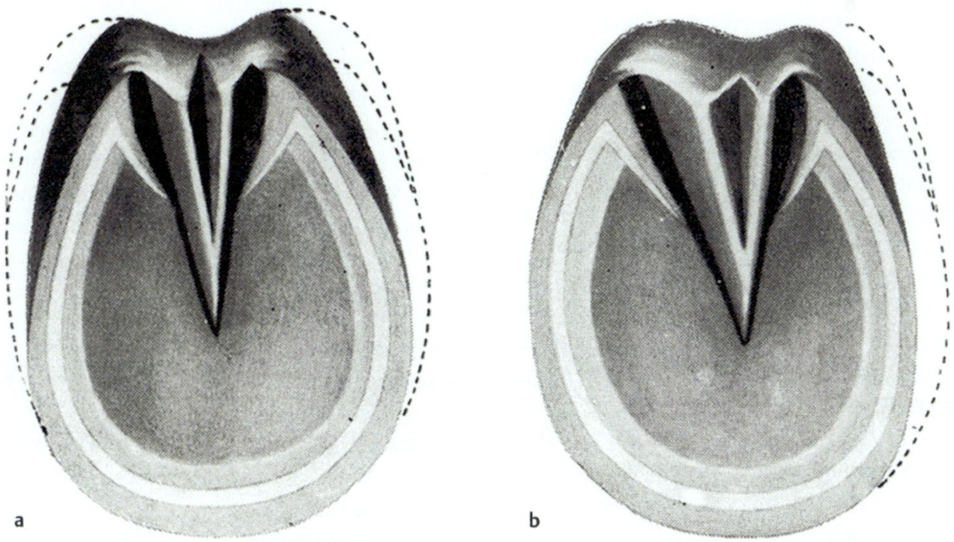

▶ **Abb. 10.41** Trachtenzwang: **a** beidseitig, **b** einseitig.

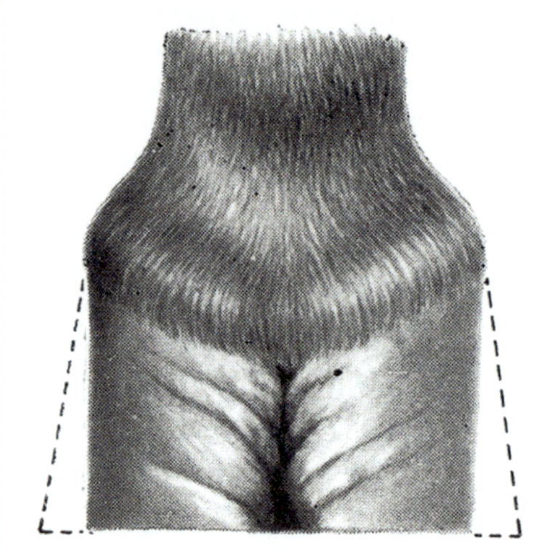

▶ **Abb. 10.42** Trachtenzwanghuf von hinten gesehen.

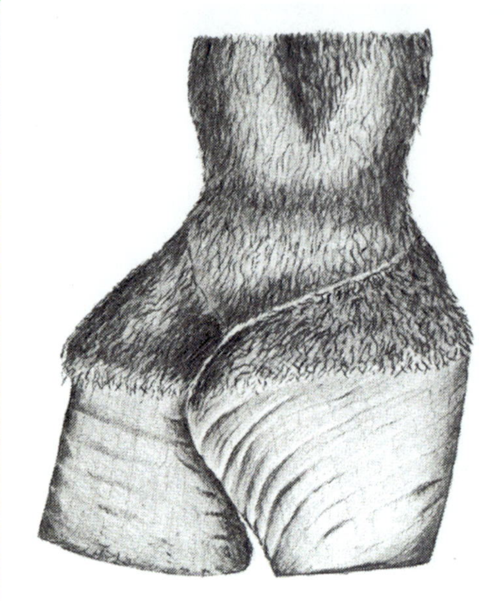

▶ **Abb. 10.43** Hochgradiger einseitiger Trachtenzwanghuf mit Verlagerung des Ballens und der Trachte nach oben und über die Gegenseite, von hinten gesehen.

Erscheinungsbild und krankhafte Veränderungen

Der Trachtenzwanghuf wird von allen Zwanghufen am häufigsten angetroffen. Dabei sind die Trachtenwände deutlich eingezogen und die Eckstreben verbogen. Meist tritt eine verstärkte **Ringbildung** von den Seiten-zu den Trachtenwänden hin auf (▶ Abb. 10.42). An hellen Hufen zeigen sich vielfach **Steingallen**, und zwar im Sohlenwinkel, an den Eckstreben sowie im Trachtenwandbereich.

Enge Hufe und Hufe mit Trachtenzwang weisen oft **Strahlfäule** und einen **zurückgebildeten Strahl** auf (durch seitlichen Druck auf die Strahllederhaut), während der Strahl an weiten Hufen meist kräftig ausgebildet bleibt.

Von der Seite betrachtet sind die **Trachtenwände** oft untergeschoben, vor allem an weiten spitzen Hufen (Trachtenzwang weiter Hufe), bei denen sich die dünnen unteren Trachtenwände nach innen umlegen (einrollen).

Die **Hufbeinäste** verändern je nach Dauer des Zwanges sowie des Druckes der Trachtenwände von außen ihre Lage und Form. Sie weisen dann vielfach Auflockerungen und eine Bildung von Zacken auf, die sich bei Belastung in die umschließende Huflederhaut drücken (Steingallen). Veränderungen der Hufbeinäste lassen sich röntgenologisch gut abbilden.

Bei **einseitigem** Trachtenzwang liegen der Ballen sowie die Trachten- und Seitenwand des betroffenen Hufabschnitts oft höher als auf der anderen Seite. In hochgradigen Fällen kommt es sogar zur **Überlagerung des betreffenden Ballens über den anderen** (▶ Abb. 10.43). Dieses Erscheinungsbild kann aber auch bei beidseitigem Trachtenzwang auftreten, bei dem eine Seite stärker betroffen ist als die andere.

Die Pferde gehen klamm bis hochgradig lahm. Das Auffußen geschieht vorwiegend mit dem Vorderteil des Hufs (durch Schmerzen im hinteren Bereich). Nicht selten kommt es zu durchlaufenden oder Kronrandhornspalten (S. 248) im Trachtenbereich, die in ihrer Tiefe durchdringend sind.

Ursachen

Mögliche Ursachen für die Entstehung eines Trachtenzwangs sind:

- zu hohe Trachtenwände (und dadurch erhöhter Druck auf diese)
- ungleich hohe Trachtenwände (einseitiger Trachtenzwang)
- zu lange Hufe
- zu wenig Bewegung

Auch eine **zu lange Hufkorrektur- bzw. Beschlagperiode** bedingt einen erhöhten Druck auf die Trachtenwände. Mit fortschreitendem Hornwachstum schieben sich die Trachtenecken und -wände schräg nach unten und vorn, wodurch die auf die Trachten einwirkende Kraft ständig größer wird. Eine ähnliche Wirkung entsteht bei **zu kurzen Beschlägen.**

Bei der Ausführung des Hufbeschlags können weiterhin folgende Faktoren einen Trachtenzwanghuf begünstigen:

- zu schmale Hufeisen (zu wenig Auflage bzw. Tragfläche)
- zu enge Hufeisen (nicht genügend Unterstützungsfläche)
- zu weite Hufeisen (zu wenig Auflagefläche nach innen bei nicht genügend breiten Schenkelenden und evtl. Einklemmen der Trachtenwände)
- Stollen oder Keile, die den Huf hinten so hoch anheben, dass die Zehenachse nach vorn gebrochen bzw. der Huf zu stumpf zum Fesselstand ist
- Hufeisen mit Griff und Stollen
- nach innen geneigte Schenkelenden
- Aufzüge hinter der weitesten Stelle des Hufs

Hufzubereitungsfehler sind:

- Herausschneiden der Eckstreben
- zu starkes Kürzen der Sohle und des Strahls (Schwächen desselben)
- schiefes Beschneiden der Hufe (einseitiger Trachtenzwang)

Die einseitige Überlastung der **bodenengen**, **bodenweiten** und **diagonalen** Hufe an ihren mehr belasteten Trachtenwandabschnitten führt ebenfalls zu einseitigem Trachtenzwang.

Pferde mit spitz gewinkelten Hufen, deren Mehrbelastung vor allem im hinteren Bereich liegt, neigen zu diesem Leiden. Ebenso verhält es sich mit spitz gewinkelten, weiten Hufen, bei denen die Trachtenwände dünn und oftmals eingerollt (nach innen umgelegt) sind.

Korrekturmaßnahmen

Die Hufzubereitung muss darauf ausgerichtet sein, die betroffenen Trachten ihrer Mehrbelastung zu entheben und die einfallende **Last vermehrt auf die vorderen Hufabschnitte zu übertragen**. Dabei sind die Voraussetzungen für den weiteren Ablauf:

- gleich hohe Trachten- und Seitenwände
- eine gestreckte Zehenachse bzw. das Passen des Hufs zum Fesselstand
- das Schonen der Eckstreben, der Sohle und des Strahls

Barfußgehen auf weichem, feuchtem Boden mit von innen nach außen abgeschrägten Trachtenwänden (S. 189) hat eine positive Wirkung.

Lässt die Verwendung des Pferdes das Barfußgehen nicht zu, so wirken **selbsttätige Erweiterungshufeisen** mit einer breiten, nach außen abfallenden Tragfläche der Schenkelenden (▶ **Abb. 10.44**) erweiternd – bei senkrechter Unterstützung des Kronrands und in Zusammenhang mit Dünnraspeln der Trachtenwände.

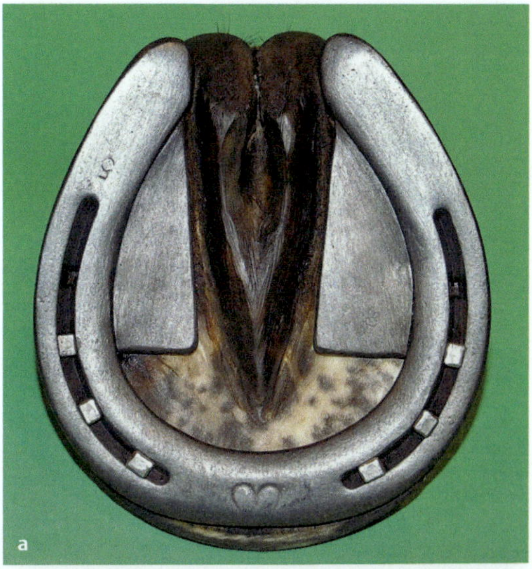

a

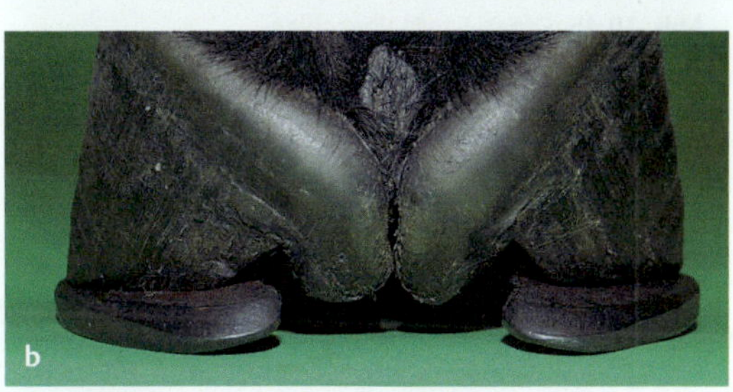

b

▶ **Abb. 10.44** Beidseitiger Trachtenzwang.

a Beschlag mit Werkman®-Fabrikhufeisen mit eingeschweißten Spickeln.

b Derselbe Huf, von hinten betrachtet: Die Schenkelenden fallen nach außen ab.

Nach außen abfallende Tragflächen an den Schenkelenden dürfen nicht **bei stark gekürzten Trachtenwänden** und **hornarmen Hufen** angebracht werden (Druck auf die Lederhaut im Eckstreben- und Sohlenbereich). In diesem Fall müssen **verbreiterte Schenkelenden waagerecht gehalten** werden, bis die Trachtenwände der nötigen Druckaufnahme gewachsen sind, die schräg nach außen abfallende Schenkelenden erzeugen. Hierfür sowie für Trachtenzwang im Anfangsstadium eignet sich der Fifpe®-Sagittalbeschlag (► **Abb. 10.45**).

Zusätzliche Erfolge erzielt man durch das Dünnraspeln der Trachtenwände sowie durch Schneiden (in Absprache mit Besitzer und Tierarzt) von **Rinnen nach Lungwitz, Meßler oder Habacher** (► **Abb. 10.46**).

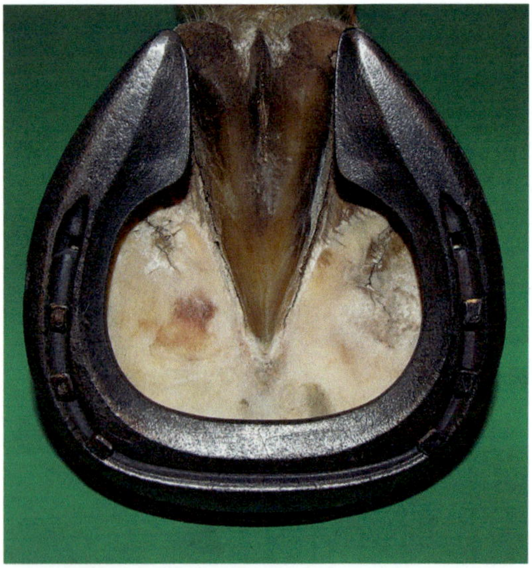

► **Abb. 10.45** Fifpe®-Sagittalbeschlag.

Praxistipp

Dünnraspeln und das **Schneiden von Rinnen** sollten inklusive der vorherigen Beurteilung und der weiterführenden Maßnahmen nur von Hufbearbeitern ausgeführt werden, die hierin die nötige Erfahrung haben. Durch diese Maßnahme wird der einengende Druck von der Trachtenwandlederhaut genommen und der Huf wächst in den meisten Fällen in diesem Bereich von oben in einem etwas weiteren Umfang herunter.

Merke

Dünn geraspelte Trachtenwände bzw. Rinnen sind stets feucht (geschmeidig) zu halten. Trocknen sie aus, kann es zu Rissbildungen und Entzündung der Trachtenwandlederhaut kommen. Dann ist der Tierarzt hinzuziehen.

Bei einseitigem Trachtenzwang mit **hochgestauchtem Ballen** bzw. mit einer höheren Trachtenwand wird diese nach Möglichkeit auf gleiche Höhe mit der gegenüberliegenden gekürzt. Zusätzlich lässt man diesen **Hufabschnitt schweben** (► **Abb. 10.47**).

Steghufeisen, bei denen der Steg nur den hinteren Teil des Strahls unterstützt, haben keine Wirkung. Dagegen sind eingeschweißte **breite Blechstege** (► **Abb. 10.48**) und **Polster**, auch im Zusammenhang mit o. g. Maßnahmen, die den gesamten Strahl gefühlvoll mit tragen lassen und dadurch auch einen zurückgebildeten bzw. schwach entwickelten Strahl kräftigen, positiv zu bewerten.

Ein Weiterwerden der Trachtenwände nur im untersten Bereich mit konkaver Verbiegung darü-

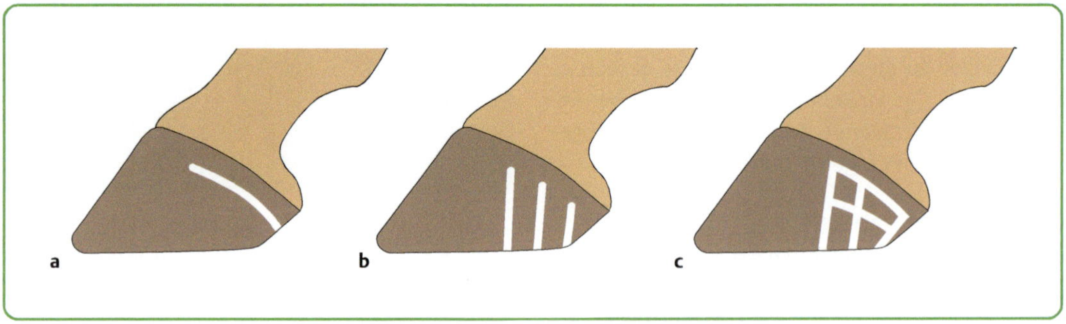

► **Abb. 10.46** Rinnen bei Trachtenzwang: **a** Rinne nach Lungwitz, **b** Rinnen nach Meßler und **c** Rinnen nach Habacher.

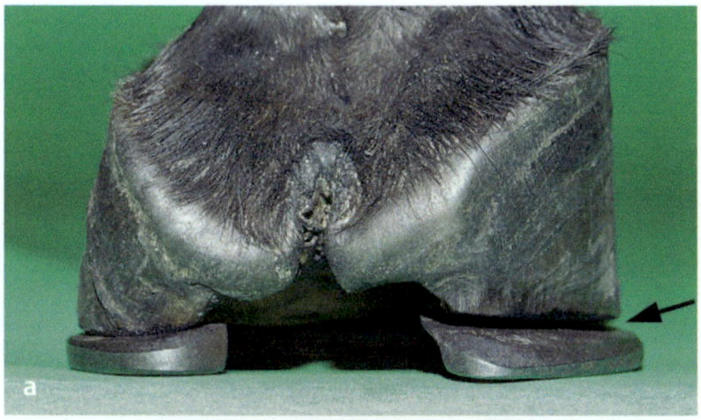

► **Abb. 10.47** Einseitiger Trachtenzwanghuf der rechten Hufhälfte.

a Beschlag mit selbsttätigem Erweiterungshufeisen und Schwebenlassen (Pfeil) des zu hohen Hufabschnitts.

b Derselbe Huf, von der Bodenfläche her betrachtet.

ber sieht anfangs optisch erfolgversprechend aus, wirkt aber nicht gesamtheitlich. Die Wände brechen aus, spalten sich innerlich und verlieren ihre Tragfähigkeit.

! Merke

Alle Maßnahmen wirken nur, wenn die Pferde ausreichend bewegt werden. Aufgaben des Pferdebesitzers sind zudem das Feuchthalten der Trachtenwände und die Veranlassung der rechtzeitigen Hufkorrektur bzw. des Beschlagwechsels (alle 5 Wochen).

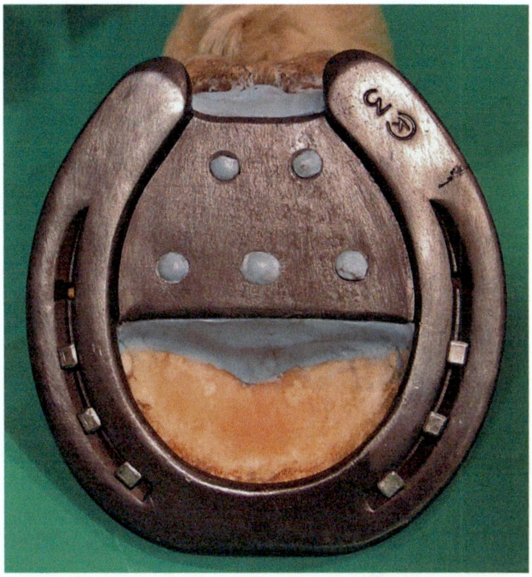

► **Abb. 10.48** Kerckhaert®-Fabrikhufeisen mit eingeschweißtem breitem Steg und weichem Polster.

Kronenzwang

Definition

Kronenzwang nennt man eine Verengung des Hufs unterhalb seiner oberen Begrenzung (Krone), die vorwiegend an den Trachtenwänden auftritt.

Erscheinungsbild und krankhafte Veränderungen

Von dieser Formveränderung sind vorwiegend Pferde mit weiten Hufen betroffen, die plötzlich von weichem auf harten Boden (Pflaster) umgestellt wurden. Zusätzlich zum Kronenzwang kann eine lose Wand (S. 252) entstehen. Da das Leiden selten an einem Huf, sondern meistens an beiden Vorderhufen auftritt, gehen die Pferde klamm. In hochgradigen Fällen kann die Verengung sanduhrförmig an der ganzen Hornkapsel beobachtet werden (► **Abb. 10.49**).

Ursachen

Kronenzwanghufe entstehen aufgrund einer Veränderung der Belastungsverhältnisse der Hornkapsel, da die Sohle, Eckstreben und Strahl beim Wechsel von weichem auf harten Boden nicht mehr mittragen, sondern die Last fast ausschließlich vom Aufhängeapparat des Hufbeins, d. h. von den schräg stehenden Hornwänden, aufgefangen

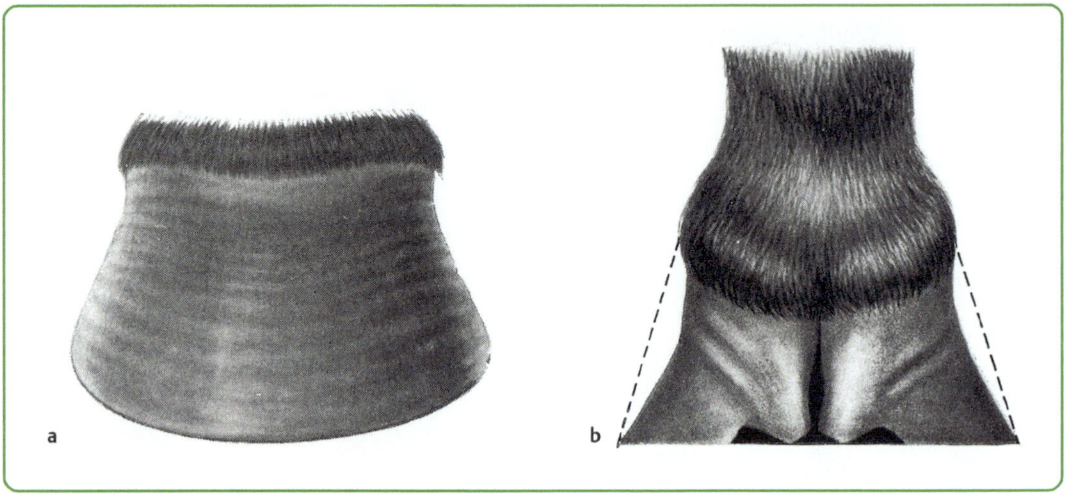

▶ **Abb. 10.49** Kronenzwanghuf: **a** von vorn, **b** von hinten.

wird. Eine gewisse Rolle bei der Ausbildung dieser Formveränderung soll eine Senkung von Huf- und Strahlbein spielen, in deren Folge die Hufknorpel einwärts gezogen werden. Begünstigend können alle diejenigen Zubereitungs- oder Beschlagfehler wirken, die bereits beim Flach- und Vollhuf aufgeführt worden sind. Nicht selten wird gleichzeitig Trachtenzwang beobachtet.

Ein Kronenzwanghuf kann auch im Zusammenhang mit anderen längerfristigen, schmerzhaften Erkrankungen an der betroffenen Gliedmaße infolge ungenügender Belastung entstehen.

Korrekturmaßnahmen

Bei der Behandlung muss man davon ausgehen, dass eine schnelle „Heilung" nicht möglich ist. Da bei dieser Hufveränderung eine Art Umformung erfolgt und die Hornkapsel insgesamt allmählich enger wird, ist der Vorgang erst dann beendet, wenn die Einengung den Tragrand erreicht hat und die Hornwände wieder gestreckt verlaufen. Eine evtl. Lahmheit oder ein klammer Gang verschwinden. Inzwischen können Maßnahmen ergriffen werden, durch welche der Schmerz gemildert wird (Dünnraspeln des Endbereichs der Seitenwände und der Trachtenwände, dazu Feuchthalten durch Berieseln oder Einschlagen der Hufe).

Breite Hufeisen mit Ledersohle und straffer Polsterung oder ein Aluminium-Sternbeschlag mit Polster unter Berücksichtigung der Strahlhöhe (z. B. Colleoni® PPSK Straight Bar „K", ▶ **Abb. 10.50**), welche die Sohle zum Tragen heranziehen, verhindern eine stärkere Ausbildung des Leidens. Günstig wirkt sich das Barfußgehen bzw. die Verwendung des Pferdes auf weichem Boden aus.

▶ **Abb. 10.50** Colleoni® PPSK mit Polster.

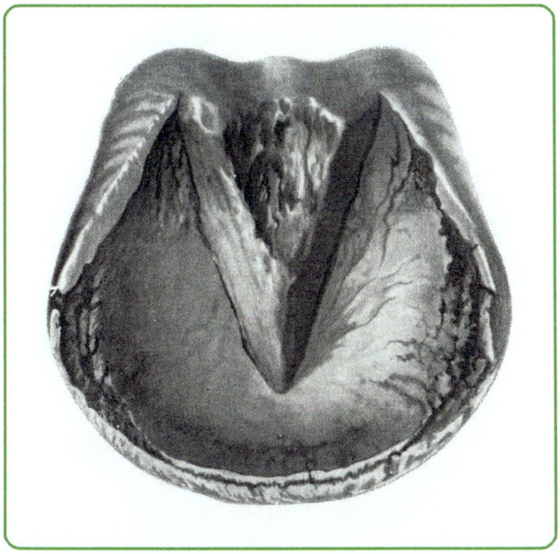

▸ **Abb. 10.51** Sohlenzwanghuf: Verkürzung des Längsdurchmessers, Verbreiterung des Querdurchmessers sowie erhebliche Aufwölbung des Sohlenkörpers.

Sohlenzwang

Definition

Sohlenzwang ist eine erhebliche Aufwölbung des Sohlenkörpers nach oben, bei der es zu einer Verkürzung des Längsdurchmessers des Hufs kommt (▸ Abb. 10.51).

Erscheinungsbild und krankhafte Veränderungen

Von einem Sohlenzwang sind vorwiegend beschlagene Hufe betroffen. Gleichzeitig kann ein Trachtenzwang vorliegen.

Beim Betrachten von der Seite bemerkt man, dass die **Vorderwand der Hornkapsel konvex**, d. h. krallenartig verbogen ist. Die Trachten sind oft untergeschoben, und der Kronrand ist an der weitesten Stelle des Hufs häufig nach oben verlagert (▸ **Abb. 10.52**).

Mitunter wird die Bildung mehrerer **Ringe** oder **Rinnen** in der Hornwand beobachtet, die an der weitesten Stelle des Hufs näher aneinanderliegen und nach oben verlagert sind; an den Vorder- und Trachtenwänden wird ihr Abstand voneinander weiter (▸ **Abb. 10.52**).

Bei Betrachtung der **Sohlenfläche** fällt auf, dass der Längsdurchmesser verkürzt und der Querdurchmesser vergrößert ist (▸ **Abb. 10.51**), womit gelegentlich auch das Auftreten einer losen Wand an der weitesten Stelle des Hufs verbunden ist. Die Sohle ist vor der Strahlspitze auffallend gewölbt. Hier findet man häufig Steingallen (S. 258). Durch Druck auf diese Gegend lässt sich Schmerz auslösen.

Merke

Beim Sohlenzwang ist wie sonst selten festzustellen, dass eine Lahmheit vornehmlich bei Bewegung auf weichem Boden auftritt und auf hart gepflasterter, ebener Straße völlig fehlen kann.

Nicht zu verwechseln ist der Sohlenzwanghuf mit Hinterhufen, bei denen die Hufeisen weit zurückgelegt werden, so dass die Vorderwand über das Hufeisenvorderteil nach vorn übersteht und im Laufe der Zeit von Sand, Erdboden usw. konvex

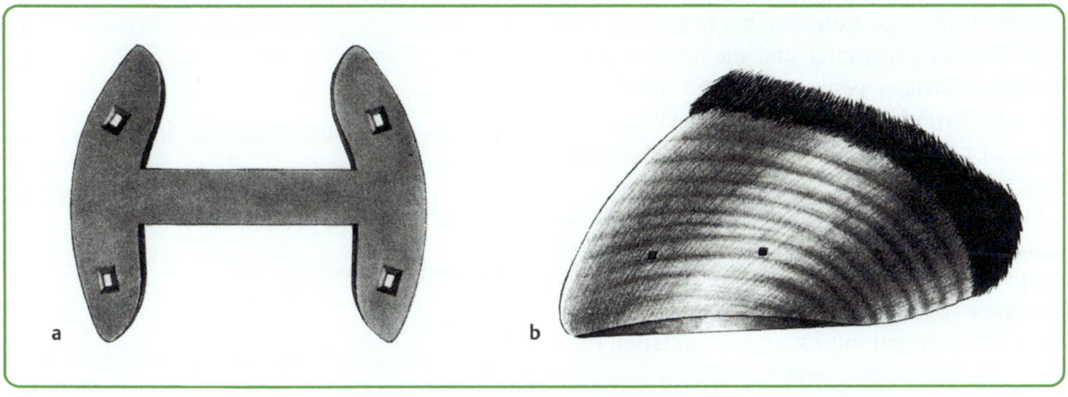

▸ **Abb. 10.52** **a** H-förmiges Hufeisen; **b** Sohlenzwanghuf von der Seite betrachtet mit konvexer Vorderwand und deutlich sichtbaren Ringen. Beschlag mit H-förmigem Hufeisen.

abgerieben wird. Die hieraus resultierende Hufform ähnelt nur äußerlich dem Sohlenzwanghuf.

Ursachen

In erster Linie beobachtet man dieses Leiden an Hufen mit starken Vorderwänden und vornehmlich bei edleren Pferden. Nicht selten tritt es bei Sportpferden infolge zu starker Belastung der hinteren Hufabschnitte auf. Ebenso begünstigend wirken:

- eine vermehrte Belastung der vorderen Hufhälfte
- ein breiter, in die Hornwand eingelassener Vorderwandaufzug
- mangelhaftes Kürzen der Vorderwand
- dauerndes Zu-lang-Lassen der Vorderwand
- übermäßiges Kürzen der Seiten- und Trachtenwände sowie des Hornstrahls
- zu kurze Hufeisen mit tief eingelassenem Vorderwandaufzug
- Hufeisen mit nach innen abfallender Tragfläche an den Schenkelenden

Korrekturmaßnahmen

Zunächst sollten die bestehenden, oben beschriebenen Ursachen abgestellt werden. Die Vorderwand des Hufs muss so weit wie möglich gekürzt werden. Der Beschlag erfolgt ohne Vorderwandaufzug, stattdessen können 2 Seitenwandaufzüge an den weitesten Stellen angebracht werden, die jedoch den Huf nicht einengen dürfen.

Bewährt hat sich in vergangener Zeit einerseits ein Beschlag mit einem **besonderen Hufeisen**, dessen **Vorderteil gerade und sehr breit gehalten** werden muss, um den empfindlichen Sohlenkörper vor Druck von unten zu schützen. Andererseits wurden **H-förmige Hufeisen**, bei denen der vordere Teil der Hornwand und die Trachtenecken unbedeckt bleiben, verwendet (► **Abb. 10.52**). Der breite Steg wurde dabei vor die Strahlspitze gelegt, ohne Last aufzunehmen. Gleichzeitig ist Weidegang zu empfehlen.

In heutiger Zeit werden die Pferde mit einem **glatten Hufeisen, guter Zehenrichtung** und **ohne Aufzug** beschlagen, wobei die Vorderwand schweben muss. Das Schwebenlassen der Vorderwand kann auch sehr gut mit einem **zehenoffenen Hufeisen** erreicht werden (► **Abb. 10.53**). Je nach Ursache und Empfindlichkeit wirkt eine weiche **Ledersohle** stoßbrechend und erschütterungsdämpfend. Liegt zusätzlich Trachtenzwang (S. 233) vor, muss der Beschlag entsprechend modifiziert werden.

a

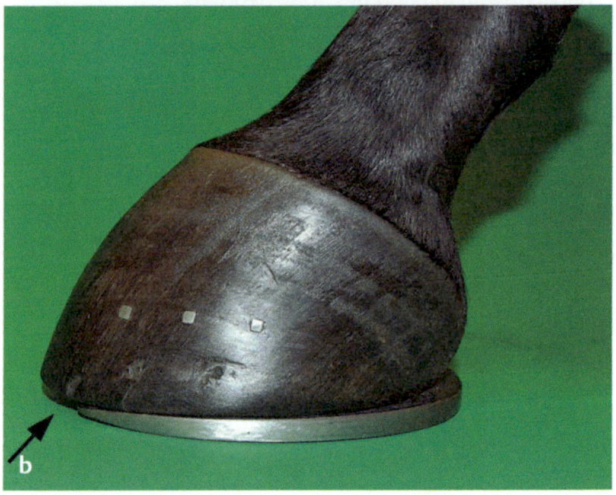
b

► **Abb. 10.53** Sohlenzwanghuf.
a Ansicht von der Bodenfläche, beschlagen mit einem zehenoffenen Hufeisen.
b Derselbe Huf, von der Seite betrachtet: Schwebe (Pfeil) im Bereich der Vorderwand.

Tragrandzwang

Definition

Als Tragrandzwang bezeichnet man einen Zustand, bei dem der Durchmesser des Hufs am Tragrand kleiner als am Kronrand ist (► **Abb. 10.54**).

In älteren Lehrbüchern wird eine derartige Veränderung der Hufform teilweise als „Zwang der engen Hufe“ bezeichnet. Diese Benennung ist jedoch irreführend, weil sie zur Verwechslung mit dem Trachtenzwang (S. 233) der Stadtpferde führen kann.

Ursachen

Einen Tragrandzwanghuf trifft man meistens bei **jüngeren Pferden** an, deren Aufzucht **ohne ausreichenden Auslauf** stattfand. Die Fohlenhufe können sich nicht von ihrer ursprünglichen Form umbilden und behalten diese bei. Die natürliche Form des Fohlenhufs (S. 180) ähnelt zwar einem Tragrandzwang, darf mit diesem jedoch nicht verwechselt werden. Mit zunehmendem Gewicht des Pferdekörpers wirkt sich die vermehrte Last insofern ungünstig aus, als die Hufe zunächst eine auffallend stumpfe Form annehmen, die dann die Entwicklung eines Bockhufs bzw. Stelzfußes zur Folge haben kann. Da die Erschütterung beim Auffußen von den Trachtenwänden nicht elastisch aufgefangen werden kann, weil diese umgekehrt verlaufen, treten Zerrungen an der Krone auf, welche die Hufknorpel reizen, so dass eine Hufknorpelverknöcherung (S. 285) entstehen kann. Dieser Zustand wurde bei jungen Pferden aller Rassen und Schläge beobachtet, die noch niemals gearbeitet hatten.

Bei **Fohlen**, bei denen aufgrund lang anhaltender Stelzfuß-, Bockhuf- oder Durchtrittigkeitsbehandlung die Hufe **mit Hufschuhen bzw. Hufeisen** versehen werden mussten, können sich die unteren Hufabschnitte ebenfalls nur bedingt in ihrer Weite ausdehnen. Sie werden durch die Behandlungsmaßnahme in ihrer Form und Weite fixiert und können sich nicht in gleicher Weise wie der Kronrand dem schnellen Wachstum des Fohlens anpassen, so dass es zum Tragrandzwanghuf kommen kann (▶ **Abb. 10.55**). Es ist sehr darauf zu achten, dass Hufschuhe und Beschläge im Abstand von etwa 2 bis höchstens 3 Wochen gewechselt werden, um das Engerbleiben des Tragrands möglichst gering zu halten.

Sehr selten kommt diese Formveränderung bei älteren Pferden als Folge längerer Krankheit oder durch Vernachlässigung der Hufe vor.

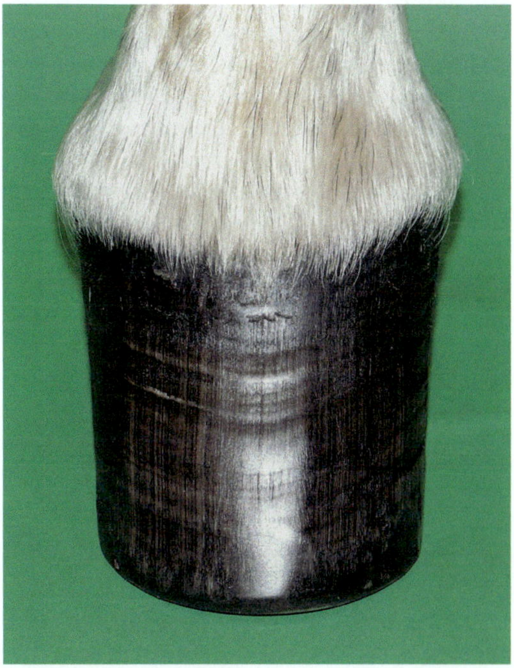

▶ **Abb. 10.54** Tragrandzwanghuf.

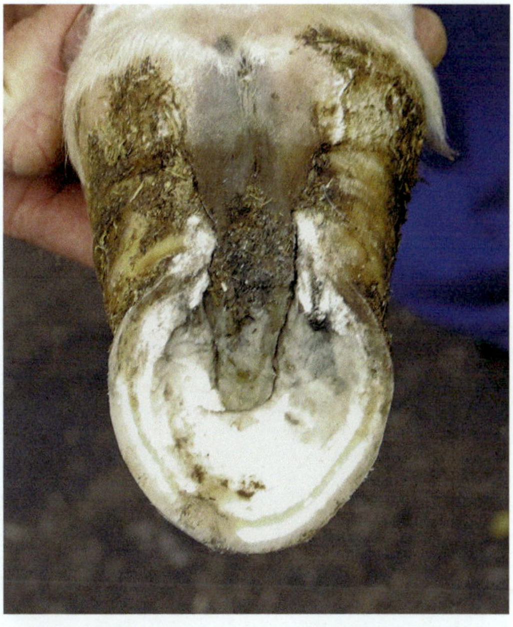

▶ **Abb. 10.55** Tragrandzwanghuf bei einem Fohlen, entstanden durch einengende Korrekturmaßnahmen im Zusammenhang mit einer Frakturversorgung, von der Bodenfläche aus betrachtet.

Korrekturmaßnahmen

Im Anfangsstadium des Leidens kann durch ausgiebige Bewegung auf weichem Boden unter evtl. Anbringung von Längsrinnen im Bereich der Seiten- und Trachtenwände eine Besserung erzielt werden. Ist die Form des Tragrandzwanghufs bereits ausgeprägt, ist dies nur schwer zu korrigieren.

Wenn das Pferd aufgrund seines Gebrauchszweckes einen Hufschutz benötigt, bieten Kunststoffbeschläge im Zusammenhang mit dem Feuchthalten (Weichhalten) der Hornkapsel sowie selbsttätige Erweiterungshufeisen in Verbindung mit Rinnen (vorzugsweise Meßler-Rinnen) oder Hufeisen mit Polster die Möglichkeit einer geringfügigen Erweiterung in Richtung des Tragrands.

10.5

Orthopädischer Beschlag bei Bewegungsstörungen

Melanie Striebinger

Definition

Eine Bewegungsstörung ist eine Behinderung des regelmäßigen Ablaufs von Gliedmaßenführung und -belastung.

Als Bewegungsstörungen sind bekannt:

- Streichen
- Greifen und Einhauen (auch „Schmieden" genannt)
- schleifender Gang
- drehender Gang
- bügelnder Gang

10.5.1 Streichen

Definition

Streichen ist das wiederholte seitliche Anschlagen des Hufs der vorschwingenden Gliedmaße gegen die stützende Gliedmaße der Gegenseite.

Erscheinungsbild und krankhafte Veränderungen

Das Streichen betrifft stets die Innenseite der Gliedmaße und ist an den Vordergliedmaßen von Hufhöhe bis hinauf zum Vorderfußwurzelgelenk möglich, an den Hintergliedmaßen bis zum oberen Ende des Röhrbeins. Hauptsächlich ist jedoch der Fesselkopf betroffen. Durch das ständige Anschlagen kann es zu Wunden und Schwellungen kommen. Über einen längeren Zeitraum kann das Streichen Knochenzubildungen in Form von Überbeinen auslösen.

Ursachen

Das Streichen kann unterschiedliche Ursachen haben. Es kann durch unregelmäßige Stellungen wie bei bodenweit, zehenweit, x-beinig und diagonal nach innen gestellten Gliedmaßen entstehen, die beim Vorschwingen gegen die stützende Gliedmaße geführt werden. Zusätzlich begünstigt ein unregelmäßiger, gebrochener Fesselstand an der stützenden wie an der vorschwingenden Gliedmaße diese Bewegungsstörung.

Ein Streichen ebenfalls auslösen können:

- Lockerung oder Verrutschen des aufgeschlagenen Hufeisens während der Beschlagperiode
- Aufziehen der Nagelniete durch Greifen
- Beschlag mit zu weiten Hufeisen
- zu lange Beschlagperioden, bei denen das Horn über die Eisen wächst

Schlechte Bodenverhältnisse und Ermüdung begünstigen diese Bewegungsstörung.

Korrekturmaßnahmen

Das Streichen kann durch verschiedene Korrekturmaßnahmen sowie einen Beschlag deutlich verbessert oder sogar abgestellt werden. Der Beschlag richtet sich nach den individuellen Ursachen.

Merke

Werden die Hufeisen noch enger gelegt, verschlimmert sich das Streichen meist. Aufgrund der fehlenden Unterstützungsfläche entsteht eine größere Imbalance.

Es bieten sich 2 Beschlagmöglichkeiten für diese Form der Bewegungsstörung an. Das **Seitengewichtshufeisen** (▶ Abb. 10.56) weist auf der Innenseite einen stark ausgehauenen oder ausgeschliffenen Schenkel auf, während es auf der Außenseite einen massiveren Schenkel hat. Durch die

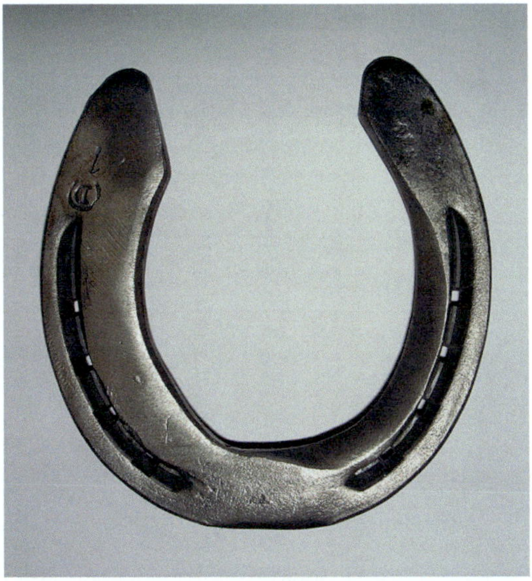

▶ **Abb. 10.56** Seitengewichtshufeisen für den Korrekturbeschlag beim Streichen. Es handelt sich um ein Fabrikhufeisen (Firma Kerckhaert, NL) mit eingeschweißtem Seitengewicht.

Gewichtsunterschiede im Hufeisen wird die Gliedmaßenführung deutlich beeinflusst und das Streichen meist abgestellt. Allerdings sollte bedacht werden, dass die Wirkung nur auf hartem Geläuf effektiv ist, da das Seitengewichtshufeisen in weichem Boden aufgrund der unterschiedlichen Flächen unterschiedlich tief einsinkt und der wirkende Effekt schwindet.

Eine weitere Möglichkeit ist der Beschlag mit **Zehenstreichhufeisen** (auch Vorderstreichhufeisen genannt; ▶ **Abb. 10.57**). Zuerst muss die anschlagende Stelle, z. B. mit Hilfe von Kreide, ermittelt werden, um das Hufeisen entsprechend zu fertigen. Das Hufeisen erhält an dieser Stelle eine starke bodenenge Fase bzw. Ränderung, der Tragrand steht etwa mit einem Viertel der Hornwanddicke über das Hufeisen und wird an dieser Stelle stark berundet. Dadurch wird die Verletzungsgefahr deutlich verringert.

Das **Hinterstreichhufeisen** (▶ Abb. 10.58) mit Streichschenkel ist lediglich für den Fall des Gleitschutzes vorgesehen. Dabei wird anstatt des inneren Stollens der gesamte innere Schenkel des Hufeisens durch Ausschmieden erhöht und von der weitesten Stelle an bis zum Schenkelende bodeneng gerändert.

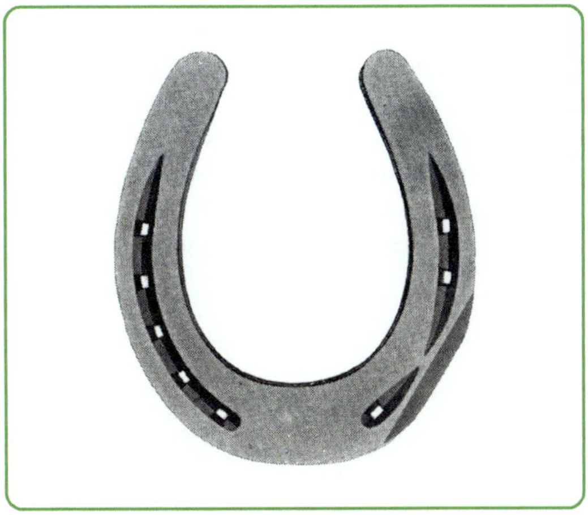

▶ **Abb. 10.57** Vorderstreichhufeisen.

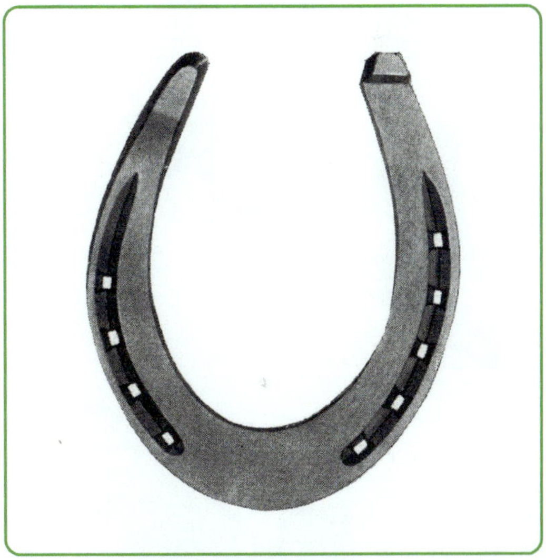

▶ **Abb. 10.58** Hinterstreichhufeisen mit Streichschenkel.

Die in ihrer Form verschiedenen Streichhufeisen müssen ihrem Zweck entsprechend individuell gefertigt werden. Jedoch erhält jedes Streichhufeisen am äußeren Schenkel einen Seitenaufzug, um das Verrutschen des Hufeisens zu vermeiden. Bei einem handgeschmiedeten Hufeisen sollte bedacht werden, dass der innere Schenkel eine magere Lochung erhalten sollte, um ein bündiges Legen des Hufeisens zur Wand mit passender Nagelung auf die weiße Linie zu ermöglichen.

Sollten alle Beschlagmaßnahmen versagen, besteht die Möglichkeit, das Pferd mit Streichkappen, Gamaschen, Bandagen, Streichriemen oder Springglocken zu schützen. Generell sollte weitgehend auf Stollen, Griffe und unwegsames Gelände verzichtet werden, da diese Faktoren den unsicheren Gang und somit das Streichen unterstützen.

10.5.2 Greifen und Einhauen

Definition

Beim Greifen schlägt die vorschwingende hintere Gliedmaße in die Vordergliedmaße während ihrer Bewegung ein, während beim Einhauen die vorschwingende hintere Gliedmaße in die stützende Vordergliedmaße einschlägt.

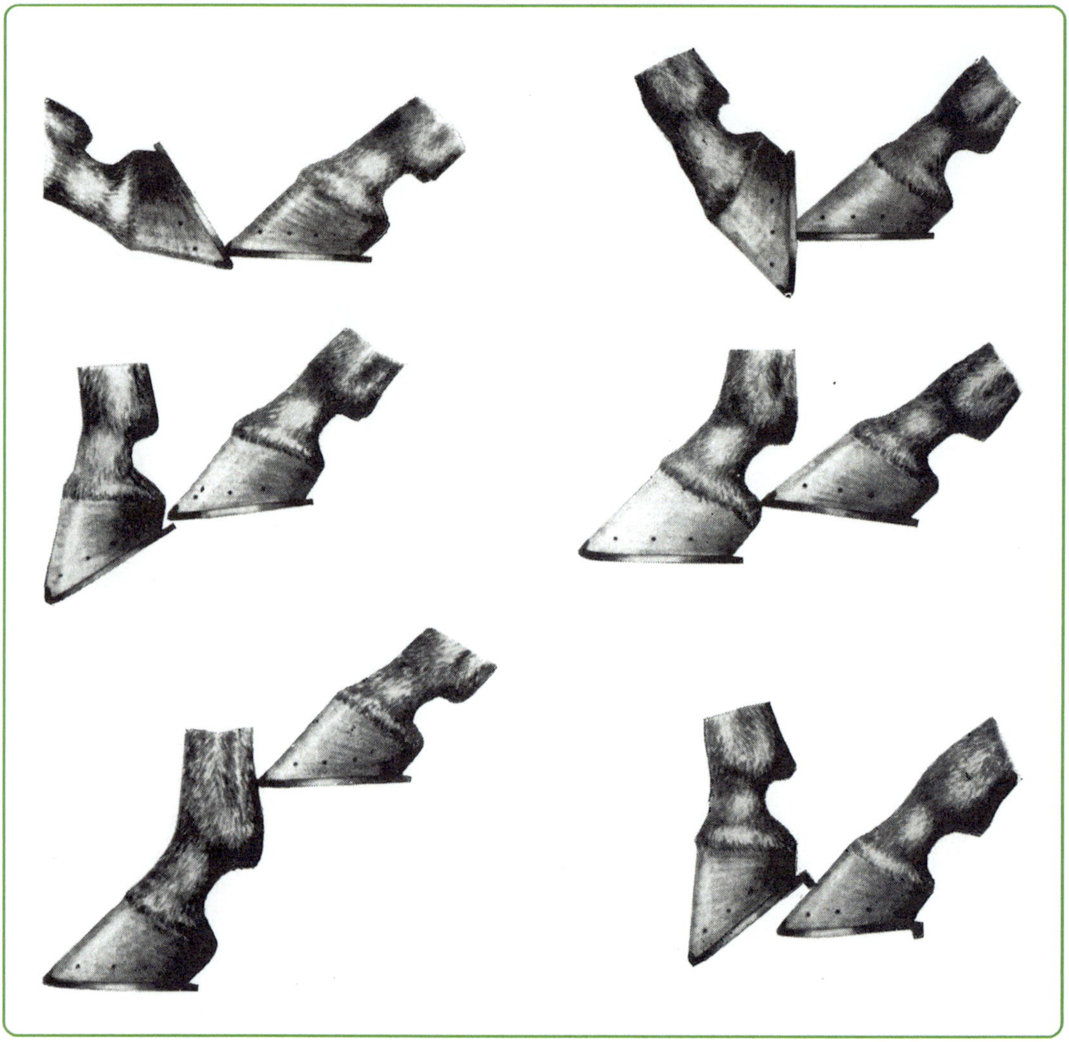

▸ **Abb. 10.59** Das Greifen (nach Bauer).

Erscheinungsbild und krankhafte Veränderungen

Dies geschieht meist im Trab oder Galopp und betrifft die Hufsohle, die Bodenfläche des Hufeisens, die Schenkelenden des Hufeisens, den Ballen und den Kronrand bis hinauf über das Röhrbein bis zum Vorderfußwurzelgelenk (▸ **Abb. 10.59**). Außer den Verlust des Hufeisens kann diese Bewegungsstörung Verletzungen wie Ballentritte verursachen. Ein Pferd kann sich auch greifen, wenn es nicht beschlagen ist. Allerdings ist die Verletzungsgefahr hierbei deutlich geringer.

Ursachen

Ursachen des Greifens und Einhauens sind Unregelmäßigkeiten im Körperbau, wie bei überbauten Pferden, Quadrat- und Hochrechteckpferden, Pferden mit langen Gliedmaßen und einem kurzen Rumpf, sowie unregelmäßige Gliedmaßenstellungen. Letzteres trifft auf Pferde mit einer **rückständigen Stellung der Vordergliedmaße** in Verbindung mit einer **spitzen Hufwinkelung** zu, wodurch es zu einem verzögerten Abfußen kommt.

Weitere Ursachen sind:

- fehlerhafte Hufzubereitung wie mangelhaftes Kürzen der vorderen Hufabschnitte an den Vorder- und Hinterhufen
- fehlerhafter Hufbeschlag mit nicht ausreichender Zehenrichtung
- ungünstige Wahl der Hufeisen bezüglich Größe und Gewicht
- schlechte Bodenverhältnisse (tiefer Boden)

Diese verhindern ein frühzeitiges Abfußen der vorderen Gliedmaße und ermöglichen so das Greifen oder Einhauen der vorschwingenden hinteren Gliedmaße.

Sonstige Ursachen können auch Fehler beim Reiten oder Fahren sein. Diese Bewegungsstörung auslösen können beispielsweise:

- zu starke Versammlung durch den Zügel
- unkontrollierte Bewegungsabläufe
- schlechtes Anspannen

Meist handelt es sich um junge Pferde, noch nicht ausreichend ausbalancierte oder ermüdete Pferde.

Korrekturmaßnahmen

Es besteht die Möglichkeit, diese Bewegungsstörung durch die Hufzubereitung und den Beschlag zu kompensieren. Durch ein ausreichendes Kürzen der vorderen Hufabschnitte unter Berücksichtigung des Fesselstands an den Vorder- und Hinterhufen wird ein frühes Abfußen ermöglicht. Zusätzlich muss eine starke Zehenrichtung an den Vorderhufen sowie im und am Hufeisen angebracht sein.

Es empfiehlt sich der Beschlag mit dem Vorder- und Hintergreifhufeisen.

Das **Vordergreifhufeisen** (▸ **Abb. 10.60**) besitzt eine ausgehauene (oder ausgeschliffene) Bodenfläche, eine bodenenge Ränderung und wird mit den Trachten sowie dem Tragrand bündig abschließend aufgenagelt. Die ausgehauene Tragfläche sowie die bodenenge Ränderung bieten keinerlei Angriffsfläche zum Greifen und das Gewicht des Hufeisens wird reduziert.

Allerdings muss eine verkürzte Beschlagperiode von maximal 6 Wochen berücksichtigt werden, da sich dieser Beschlag ansonsten negativ auf die Hufgesundheit auswirken kann. Häufig ist es sinnvoll, eine **Leder- oder Kunststoffsohle** zusätzlich anzubringen, da so durch das Greifen in die Hufsohle Quetschungen und Prellungen der Lederhaut vermieden werden können.

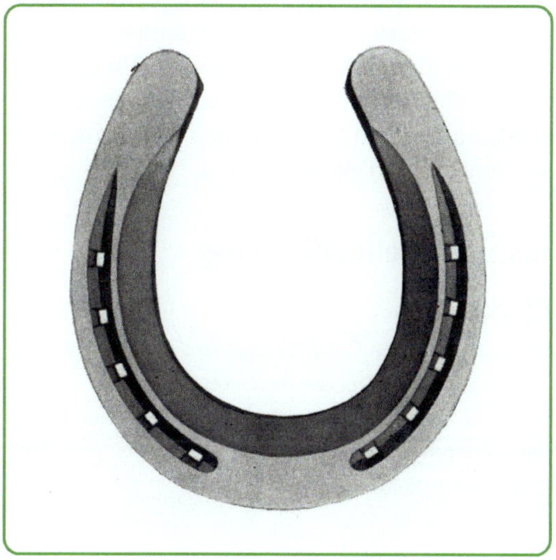

▸ **Abb. 10.60** Vordergreifhufeisen (Bodenfläche).

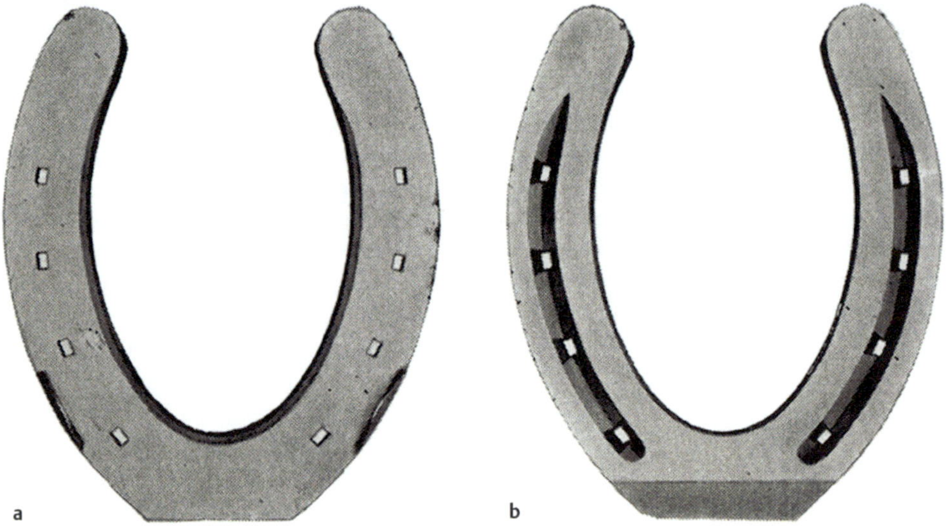

▶ **Abb. 10.61** Hintergreifhufeisen: **a** Tragfläche; **b** Bodenfläche.

Das **Hintergreifhufeisen** (▶ Abb. 10.61) besitzt 2 seitliche Zehenaufzüge sowie ein gerades Zehenteil mit angeschmiedeter Zehenrichtung und wird bis zur weißen Linie zurückgesetzt. Das überstehende Zehenteil wird mit der Raspel berundet und verringert so die Verletzungsgefahr.

Der Pferdehalter sollte darauf aufmerksam gemacht werden, schlechte Bodenverhältnisse und unkontrollierte Bewegung zu vermeiden. Zusätzlich kann er durch Springglocken und Gamaschen das Verletzungsrisiko reduzieren.

10.5.3 Schleifender Gang

Definition

Beim schleifenden Gang handelt es sich um eine Bewegungsstörung, bei der die Gliedmaße beim Vorführen nicht ausreichend angehoben wird, sondern mit der vorderen unteren Wandhälfte des Hufs über den Erdboden schleift.

Erscheinungsbild und krankhafte Veränderungen

Dabei verschleißt der Aufzug völlig, das Zehenteil des Hufs wird geradegeschliffen. In ▶ **Abb. 10.62** ist ein Huf mit stark abgeschliffener Zehenwand zu sehen, welcher aufgrund einer o-beinigen Stellung (Varusstellung) der Sprunggelenke auch in Teilen der Seitenwand geschädigt ist. Am unbeschlagenen Huf kann sich die Hufwand im unteren Teil des Hufs bis zur Lederhaut abnutzen, worauf dort häufig ein entzündlicher Prozess folgt. Am beschlagenen Huf ist das Hufeisen am Zehenteil stark verschlissen, Huf und Hufeisen sind meist in einer geraden Linie abgeschliffen.

Ursachen

Ursachen eines schleifenden Ganges sind krankhafte Veränderungen der Sehnen, Muskeln, Gelenke oder Nerven der Gliedmaße sowie Ermüdungserscheinungen nach langer Arbeit oder Arbeit in tiefem Boden sowie Steifigkeit.

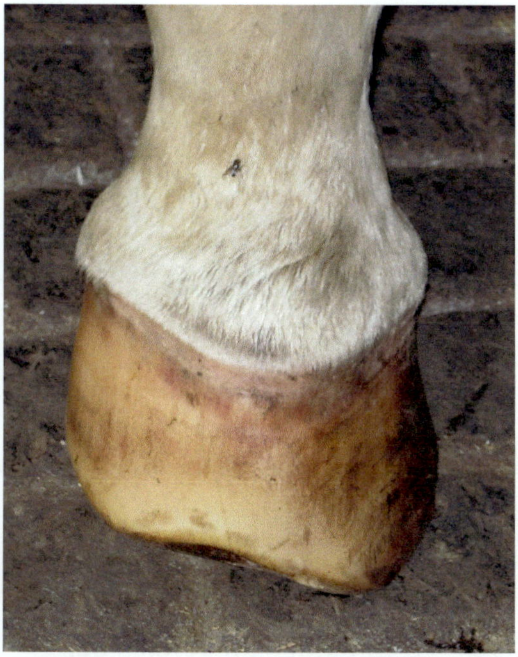

▶ **Abb. 10.62** Durch einen schleifenden Gang geschädigter Huf.

Die krankhaften Veränderungen müssen von einem Tierarzt behandelt werden. Meist ist jedoch ein chronischer Zustand eingetreten, welcher nicht mehr zu heilen ist. Häufig sind ältere Pferde von dieser Bewegungsstörung betroffen.

Korrekturmaßnahmen

In solchen Fällen besteht die Möglichkeit, durch den Beschlag einen Schutz für die Zehenwand anzubringen. Das Hufeisen für den schleifenden Gang sollte ein verbreitertes Zehenteil besitzen, welches in Form eines großen Aufzugs um 45° aufgebogen wird. Als Alternative bietet sich generell ein verstärkter Zehenaufzug an, welcher wahlweise angeschmiedet oder angeschweißt werden kann. In besonderen Fällen, wie in ▶ **Abb. 10.63** dargestellt, kann mit Flachstahl ein im Wandwinkel aufgeschweißter Rand an das Hufeisen angebracht werden, um den Huf zu schützen und ein Freiliegen der Lederhaut zu verhindern. Die Benutzung von Hartmetall eignet sich hierbei aufgrund der längeren Standzeit.

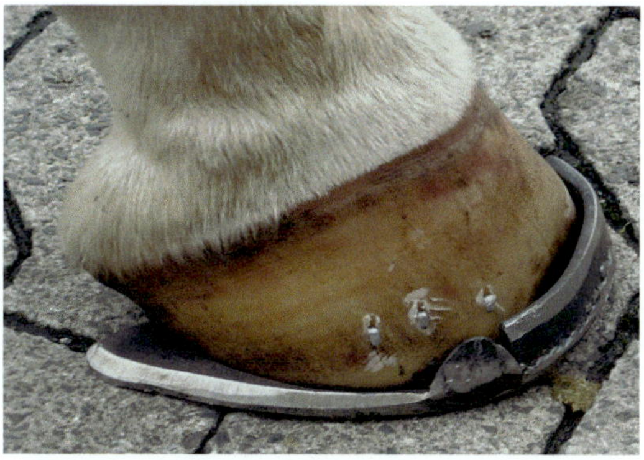

▶ **Abb. 10.63** Modifizierter Beschlag mit Zehenschutz für Pferde mit schleifendem Gang.

10.5.4 Drehender Gang

Definition

Ein drehender Gang ergibt sich an den Hintergliedmaßen aus unregelmäßigen Gliedmaßenstellungen, besonders bei o-beiniger und x-beiniger Stellung mit diagonaler Drehung der Zehe und bei extrem bodeneng-zehenweiter Stellung mit diagonaler Drehung nach außen.

Erscheinungsbild und krankhafte Veränderungen

Der Bewegungsablauf der Hintergliedmaßen bei einem Pferd mit o-beiniger Stellung und diagonaler Drehung der Zehe ist folgendermaßen: Huf und Zehe beschreiben einen Bogen nach außen, während das Sprunggelenk eine unharmonische Bewegung gegen die stützende Gliedmaße ausführt. Im Moment des Auffußens und der Belastung des Hufs folgt eine Drehung von Sprunggelenk und Trachten nach außen. Die Gliedmaße befindet sich nun wieder in ihrer ursprünglichen Stellung.

Ursachen

Unregelmäßige Gliedmaßenstellungen und krankhafte Veränderungen können zu einem drehenden Gang beitragen.

Korrekturmaßnahmen

Dieser Gang sollte nicht durch Beschläge mit Gleitschutz „abgestellt" werden. Eine **Korrekturmöglichkeit ist beim erwachsenen Pferd nicht mehr**

möglich und würde nur Schäden mit sich führen. Wird die oben beschriebene Stellung nicht im Fohlenalter korrigiert, kann man nur mit **unterstützenden Beschlägen** arbeiten. Meist hilft es, den betroffenen Pferden eine starke Zehenrichtung am Hinterhufeisen und eine gute Unterstützungsfläche, z. B. durch ein Breitschenkelhufeisen, anzubieten.

10.5.5 Bügelnder Gang

Definition

Beim bügelnden Gang wird die vorschwingende Gliedmaße zunächst um und dann gegen die stützende Gliedmaße geführt. In manchen Fällen beobachtet man aber auch zuerst eine Bewegung gegen und dann um die stützende Gliedmaße.

Erscheinungsbild und krankhafte Veränderungen

Der Huf beschreibt während der Bewegung einen s-förmigen Bogen mit der Zehe, wobei die Zehenendknochen deutlich nach außen geschleudert werden.

Ursache

Ursache ist eine unregelmäßige Gliedmaßenstellung. Besonders bodenenge Gliedmaßenstellungen mit diagonaler Drehung der Zehe führen zum bügelnden Gang. Bei bestimmten Pferderassen wie dem Paso Peruano ist die s-förmige Gliedmaßenführung erwünscht („Termino"). Der s-förmige Bogen, den die vorschwingende Gliedmaße in der Bewegung beschreibt, ermöglicht den komfortablen Gang dieser Rasse, denn er verringert den Stoß beim Auffußen.

Korrekturmaßnahmen

Wird die zum bügelnden Gang führende Gliedmaßenstellung nicht im Fohlenalter behoben, besteht beim erwachsenen Pferd keine Korrekturmöglichkeit mehr.

10.6 Orthopädischer Beschlag bei Erkrankungen des Bewegungsapparats

Lutz-Ferdinand Litzke

10.6.1 Trennungen im Bereich der Hornkapsel

Hornspalte

Definition

Hornspalte sind Trennungen im Bereich der Hornwand in Längsrichtung der Hornröhrchen.

Erscheinungsbild und krankhafte Veränderungen

Entsprechend der Ausdehnung und Lokalisation der Hornspalte unterscheidet man **Tragrand-, Kronrand- und durchlaufende Hornspalte** (▶ **Tab. 10.1**, ▶ **Abb. 10.64**).

▶ **Tab. 10.1** Einteilung der Hornspalte nach betroffenen Hornwandanteilen und Ausdehnung.

Bezeichnung	Betroffene Strukturen	Klinik
Windriss (oberflächlicher Hornspalt)	Glasurschicht, äußere Röhrchenschicht	Zusammenhangstrennung sichtbar, keine Lahmheit
tiefer Hornspalt	Glasurschicht und Röhrchenschicht	Zusammenhangstrennung sichtbar, keine Lahmheit
durchdringender Hornspalt	Glasur-, Röhrchen- und Blättchenhorn der Hornwand	Zusammenhangstrennung meist mit Austritt von Blut oder Eiter, Lahmheit
durchgehender Hornspalt	reicht vom Kron- bis zum Tragrand mit unterschiedlicher Tiefe	durchgehende Zusammenhangstrennung vom Kron- bis zum Tragrand sichtbar, je nach Tiefe der Hornspalten kann Lahmheit auftreten

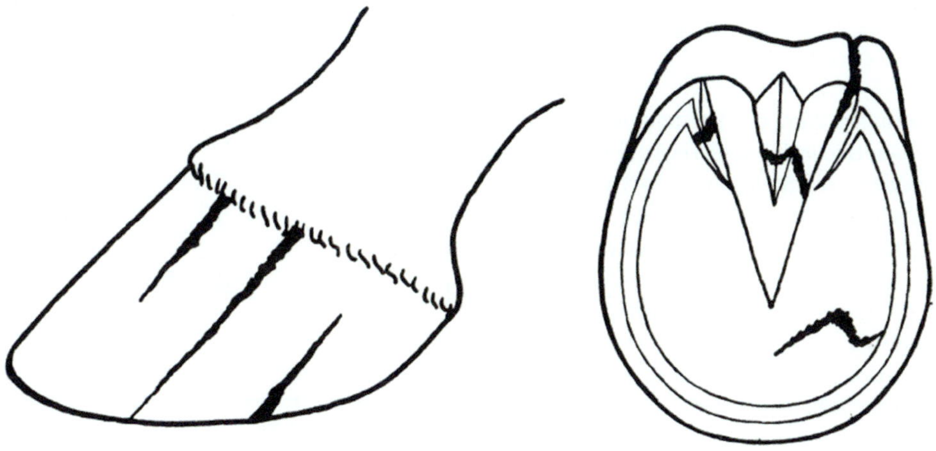

▶ **Abb. 10.64** Schematische Darstellung verschiedener Hornspalte. Links: Kronrandhornspalt der Zehenwand, durchlaufender Hornspalt der Seitenwand, Tragrandhornspalt der Trachtenwand. Rechts: Sohlen-, Eckstreben-, Hornstrahl- und Strahl-Eckwandhorn-Bruch.

Nach dem Bereich der betroffenen Hornwand spricht man von **Zehen-, Seiten- und Trachtenwandhornspalten** (▶ Abb. 10.64). Hornspalte können auch an den Hornwand-Eckstreben, Eckstreben, am Strahl und an der Sohle auftreten, werden hier jedoch als **Eckwand-, Eckstreben-, Strahl- oder Sohlenbrüche** bezeichnet.

Hornspalte unterscheiden sich auch hinsichtlich der Tiefe und der Beteiligung verschiedener Schichten der Hornwand (▶ **Tab. 10.1**):

- **Oberflächliche Hornspalte** verlaufen in der Glasurschicht und nur an der Außenfläche der Röhrchenschicht (Windrisse).
- **Tiefe Hornspalte** reichen bis in die Röhrchenschicht der Hornwand.
- Sind alle Schichten der Hornwand, also Glasurschicht, Röhrchenschicht und Blättchenschicht in Mitleidenschaft gezogen, spricht man von **durchdringenden Hornspalten.**

Windrisse und tiefe Hornspalten zeigen lediglich eine Zusammenhangstrennung. Bei durchdringenden Hornspalten kommt es häufig durch Quetschung der Wandlederhautblättchen zu **Blutungen** oder **Eiterungen** (blutende und eiternde Hornspalten), die mit einer Lahmheit einhergehen. Aus einem Hornspalt kann sich eine Hornsäule (S. 255) entwickeln.

Ursachen

Hornspalte entstehen durch unregelmäßige Stellungen oder durch Zubereitungs- und Beschlagfehler, die zu ungleichen Belastungsverhältnissen am Huf führen. Durch übermäßig starke Belastung einzelner Hufabschnitte entstehen so hohe Spannungen in der Hornkapsel, dass das Horn der Zugbeanspruchung und Dehnung nicht mehr standhalten kann und einreißt.

Hornspalte können im Zusammenhang mit ausgeprägt bodenweiter und bodenenger bzw. zehenweiter und zehenenger Stellung, diagonalen Drehungen der Gliedmaßen oder Nichtpassen des Hufs zum Fesselstand entstehen.

Ebenfalls zu Hornspalten führen können:

- unregelmäßig gerichtete Hufeisen
- zu lange Beschlagperioden
- ungleichmäßiges Abnutzen der Hufeisen oder der Griffe und Stollen
- Verlust eines Stollens
- zu schmale oder zu enge Hufeisen

- schlechte Hornqualität oder -beschaffenheit infolge zu starken Austrocknens oder durch fehlerhafte Hufpflege mit verdorbenen oder ungeeigneten Fetten bzw. Ölen

An Vorderhufen wird die Entstehung von Hornspalten hauptsächlich im Bereich der weitesten Stelle oder der Trachtenwand in Verbindung mit einem Trachtenzwang beobachtet. Unbeschlagene Hufe, die nicht regelmäßig berundet werden, zeigen oft Tragrandhornspalte. Eckstrebenbrüche werden bei Trabern mit spitzer Hufform und langer Zehenwand beobachtet. An den Hinterhufen treten Hornspalte bei schweren Zugpferden eher im Bereich der Zehenwand auf.

Kronentritte mit Verletzungen der Saum- und Kronlederhaut können bei ungünstiger Narbenbildung zu einer gestörten Wandhornbildung mit Entstehung von Hornspalten führen. Diese sind unter Umständen therapeutisch schwer zu beheben (▸ **Abb. 10.65**).

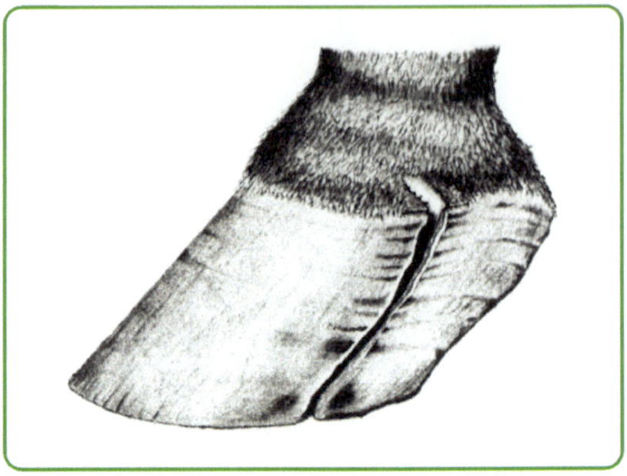

▸ **Abb. 10.65** Durchlaufender und durchdringender Hornspalt der Seitenwand infolge Narbenbildung in der Saum- und Kronlederhaut nach Kronentritt.

Behandlung

Die Behandlung zielt darauf ab, wieder ein normales Hornwachstum zu ermöglichen. Vorhandene Zusammenhangstrennungen im Hufhorn (totes Gewebe!) können im Bereich der vorhandenen Spaltränder nicht wieder zusammenwachsen. Die Heilung der Hornspalte erfolgt vielmehr durch das **Nachwachsen neuen zusammenhängenden Wandhorns.**

Die Behandlung beginnt mit dem Erkennen der Ursachen der Hornspaltbildung. Es kommt darauf an, die Ursachen abzustellen und möglichst gleichmäßige Belastungsverhältnisse herzustellen.

Wesentlich dafür ist, die Belastungs- und Druckverhältnisse im Huf durch **sachgemäßes Zubereiten und Beschlagen** zu regeln. Um ein zusammenhängendes Hornwachstum von der Krone herab zu erreichen, darf der Abschnitt der Leder- und Oberhaut im Kronensegment, der als Bildungsstätte für das Nachwachsen der neuen Hornwand in Frage kommt, möglichst wenig erschüttert werden. Zur **Entlastung der Kronlederhaut** wird der Tragrand in der Umgebung des Hornspalts so weit gekürzt, dass er nicht mehr auf dem Hufeisen aufliegt. Die Ausdehnung der **Schwebe** orientiert sich am Verlauf des Hornspalts (▸ **Abb. 10.66**). Die vordere Begrenzung ergibt sich aus der Verlängerung des Hornspalts bis zum Tragrand. Trachtenwärts wird vom oberen Anfang des Hornspalts ein Lot zum Tragrand gefällt. Der dazwischenliegende Abschnitt der Tragfläche des Hufs mit den angrenzenden Rändern wird um 2–3 mm gekürzt, so dass bis zum nächsten Beschlagwechsel der Bodendruck des Hufeisens auf diesen Wandabschnitt aufgehoben ist.

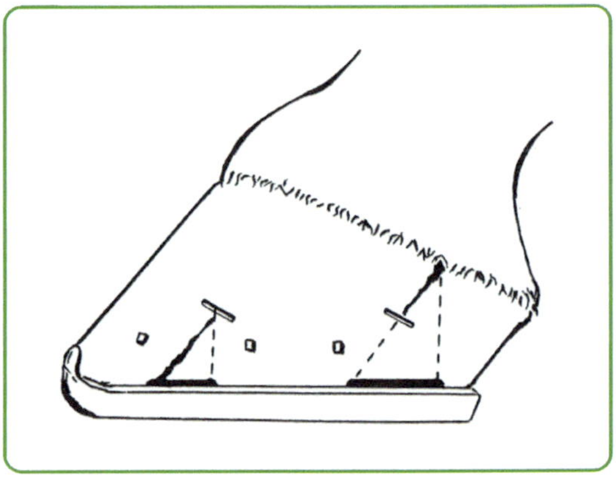

▸ **Abb. 10.66** Hufbeschlag bei Tragrand- und Kronrandhornspalt mit Querrinnen und Schweben des Tragrands.

Das anzubringende Hufeisen muss die **Tragfläche des Hufs möglichst breit unterstützen**, um ein möglichst sicheres Auftreten zu gewährleisten. Lage, Zahl und Verteilung der Aufzüge und der Hufnägel richten sich nach der Position, Ausdehnung und Beschaffenheit des Hornspalts. Bei Zehenwandhornspalten wird das Hufeisen mit 2 genügend großen seitlichen Zehenwandaufzügen versehen. Gegebenenfalls ist ein geschlossenes Hufeisen sinnvoll.

Auch **Hufeinlagen** können nützlich sein: Durch Einlagen aus Huflederkitt, Kork oder modernen Kunststoffmaterialien können die Belastung im Bereich des Hornspalts und die Hornbewegungen infolge des Hufmechanismus reduziert werden, und die Sohle wird zum Tragen herangezogen.

Gleichzeitig muss erreicht werden, dass Kron- oder Tragrandhornspalte nicht weiter einreißen. Hierfür wird am Ende des Hornspalts eine parallel zum Kronrand verlaufende **Querrinne** bis auf die Hornblättchenschicht gebrannt oder eingeschnitten. Die Entlastungsrinne ist nur erfolgreich, wenn sie eine genügende Tiefe aufweist und die gesamte Hauptschicht durchtrennt.

Bei Kronrandhornspalten empfiehlt sich ein **halbmondförmiges Abtragen der Hornwand am Kronsaum**, um ein ungestörtes Nachwachsen der Hauptschicht von der Kronlederhaut aus zu gewährleisten.

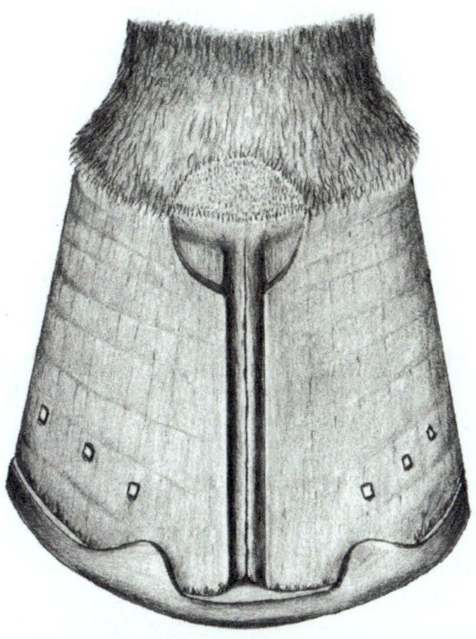

▶ **Abb. 10.67** Orthopädische Behandlung und Hufbeschlag bei durchlaufendem und durchdringendem Zehenwandhornspalt; Hufeisen mit 2 seitlichen Zehenaufzügen und Schwebe der Tragfläche des Hufs im Spaltbereich, Ausfräsen und Verdünnen der Spaltränder, Anbringen einer halbmondförmigen Kerbe am Kronrand.

Teilweise wird versucht, die Hornspaltränder mit Hilfe von Nieten oder dem Anbringen von Blechbeschlägen auf der Hornwand ruhigzustellen. Diese Verfahren können nicht empfohlen werden, da die Bewegungen im Hornspalt und am Kronrand dadurch nur unwesentlich beeinflusst werden können.

In ungünstigeren Fällen von Hornspalten sind zusätzliche Maßnahmen erforderlich. Durchdringende Hornspalte bedürfen einer besonders gründlichen Behandlung. Neben den bereits genannten orthopädischen Maßnahmen empfiehlt sich, zusätzlich das **Horn seitlich des Hornspalts** in breiter Fläche so weit **dünn zu raspeln bzw. zu fräsen**, bis es auf Daumendruck nachgibt (▶ **Abb. 10.67**). Dadurch soll eine von den Rändern des Hornspalts ausgehende mechanische Reizung der Wandlederhautblättchen und der Oberhaut vermieden werden.

Praxistipp

Besteht bereits ein **eitriger, durchdringender Hornspalt**, der mit einer Lahmheit einhergehen kann, ist eine chirurgische Versorgung durch den Tierarzt angezeigt. In Vorbereitung auf eine Hufoperation ist ein warmer Angussverband mit desinfizierenden Mitteln angebracht. Gegebenenfalls ist eine Tetanusprophylaxe notwendig. Ein anschließender Hufverband ist im Abstand von 10 Tagen zu erneuern.

Eckstrebenbrüche und **Strahl-Eckwand-Spalte** (Trennung der Verbindung des Strahls und der Eckwand an der Stelle, wo sich das Ende des Strahlschenkels am Ballen mit der Eckwand verbindet) treten seltener auf, sind wegen ihrer versteckten Lage oft schwer zu erkennen und werden deshalb leicht übersehen. Sie müssen als ungünstig beurteilt werden, wenn sie durchdringend sind und bei unregelmäßigen und kranken Hufen vorkommen. Meistens bedürfen sie einer tierärztlichen Behandlung, da sie nicht selten mit einer eitrigen Entzündung verbunden sind. Zur Behandlung werden die Spaltränder dünn geraspelt oder gefräst und bis zur Huflederhaut freigelegt. Der Tragrand der angrenzenden Trachtenwand erhält eine Schwebe. Als Beschlag eignet sich ein geschlossenes Hufeisen mit Ledersohle und Polsterung oder ein Splintverband.

Bei erfolgreicher Behandlung wächst im Laufe der Zeit von der Krone aus zusammenhängendes Horn herab. Durch vermehrte Hornbildung zeigt die **neu gebildete Hornwand** teilweise eine deutliche Verdickung, die anfangs mäßig beraspelt werden muss.

Die Pferde können unter der orthopädischen Behandlung von Hornspalten **leicht bewegt** werden, sollten aber nicht in scharfem Trab und Galopp gearbeitet werden. Bei operativer Therapie müssen die Pferde Boxenruhe haben.

Hornkluft

Definition

Mit Hornkluft bezeichnet man einen mehr oder weniger breiten Defekt der Hornwand in der Querrichtung der Hornröhrchen parallel zum Kronrand, der bis an die Wandlederhaut reichen kann (► **Abb. 10.68**).

Ursachen und Erscheinungsbild

Ursache einer Hornkluft ist oft ein Kronentritt, bei dem es zur Verletzung der Kronlederhaut, Ablösung des Horns und Störungen der Hornproduktion gekommen ist. Eine Hornkluft kann auch die Folge von anderweitigen Verletzungen oder Wunden am Kronrand, z. B. durch eingetretene Holzstücke, oder von Eiteraufbrüchen an der Krone bei Hufabszessen sein. Bis zum Zeitpunkt der Wundheilung findet keine Hornbildung an dieser Stelle statt, so dass ein Defekt in der Glasur- und Hauptschicht entsteht, der sich entsprechend dem Tempo des Hornwachstums allmählich nach unten verlagert. In der Tiefe der Hornkluft bildet sich meist dünnes Narbenhorn, das die Wandlederhaut abdeckt und schützt. Die Hornkluft kann zu einer Lahmheit führen, wenn gleichzeitig eine Huflederhautentzündung (eitrige oder aseptische Pododermatitis) besteht.

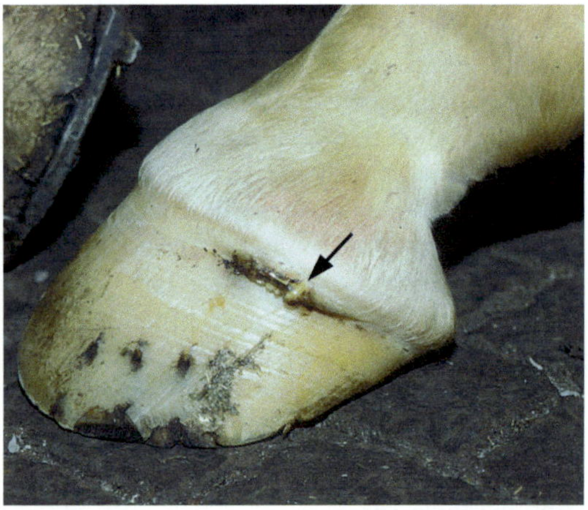

► **Abb. 10.68** Eitrige Hornkluft (Pfeil) durch eingetretenes Holzstück (8-jährige Warmblutstute, linker Hinterhuf).

Diagnose

Die Diagnose basiert auf dem typischen horizontalen Defekt der Hornwand. Lahmheit besteht nicht, sofern die Trennung nur gering und nicht von einer umfangreichen hohlen Wand oder Huflederhautentzündung begleitet ist.

Lahmheit, Abfluss von Eiter an der Hornkluft, verstärkte Pulsation der Hauptmittelfußarterie und positiver Palpations- und Perkussionsbefund weisen auf eine gleichzeitig bestehende Komplikation (Huflederhautentzündung) hin.

Frische Verletzungen an der Krone sind auf eingedrungene Fremdkörper zu untersuchen.

Behandlung und Prognose

Man kann eine trockene Hornkluft mit Huflederkitt, Kunsthorn oder Wachs verschließen. Wenn die Hornkluft bis zum Tragrand vorgeschoben ist, kann es zum Ausbrechen der Hufwand kommen. Barfuß gehende Pferde können zum Schutz des Tragrands bis zum Auswachsen der Hornkluft beschlagen werden. Im Bereich der Hornkluft sollte nicht genagelt werden. Das Hufeisen mit 2 Seitenwandaufzügen, die nicht im Bereich der Hornkluft liegen dürfen, muss sorgfältig angepasst werden. Die Hornkluft hat bei fehlender Lahmheit eine gute Prognose und die Heilung ist nur eine Frage der Zeit.

Lose Wand

Definition

Unter einer losen Wand versteht man einen Hornverlust mit einhergehender Trennung der Hornwand von der Hornsohle im Bereich der weißen Linie (► **Abb. 10.69**).

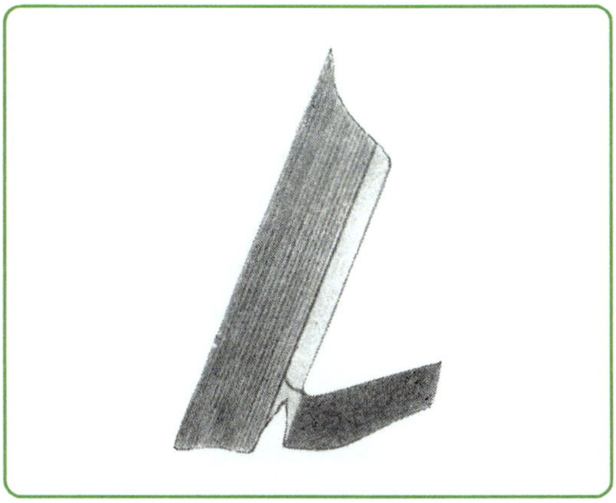

▶ **Abb. 10.69** Lose Wand (schematisch).

Ursachen und Erscheinungsbild

Eine lose Wand entsteht durch allmählichen Hornverlust im Bereich der weißen Linie. Das übrige Horn der weißen Linie ist meist porös und bröckelig.

Die lose Wand wird vornehmlich bei weiten oder halbeng-halbweiten Hufen (bei Letztgenannten an der weiten Hufhälfte) bzw. bei Flach-, Voll- oder Sohlenzwanghufen (weiteste Stelle!) angetroffen. Ihr Horn ist von Natur aus lockerer.

Bei **unbeschlagenen, schlecht gepflegten Hufen der weiten Form** biegt sich die Hornwand am Tragrand nach außen ab, auch setzen sich Sand und Steinchen in der weißen Linie fest. Ein zu starkes Ausschneiden der Sohle, so dass die Tragfläche allein von der Hornwand gebildet wird, begünstigt die Entstehung einer losen Wand.

Bei **beschlagenen Hufen** können zu starke oder zu dicht nebeneinandergesetzte Hufnägel die weiße Linie schädigen. Auch durch übermäßiges Aufbrennen beim Beschlag wird das feste Gefüge der weißen Linie geschädigt. Eine anatomisch bedingte Schwachstelle stellen hierbei die schwammartigen Hornzellen im inneren Kronhorn und im Blättchenhorn der weißen Linie dar, die unter der Wärmeeinwirkung austrocknen und schrumpfen, s. Wasserspeicherung (S. 119).

Feuchtigkeit und eindringende Erreger und Fäulnisvorgänge zerstören das Weichhorn. Bei stark wechselnder Witterung oder durch übermäßiges Waschen der Hufe findet ein dauerndes Auflockern des Horns durch Nässe und Trocknen statt, bis das Horn teilweise herausfällt.

Eine lose Wand ist meist ein Nebenbefund ohne Lahmheit, der bei Abnahme der Hufeisen sichtbar wird. Bei chronischen Rehehufen mit verbreiterter weißer Linie tritt sie gehäuft auf.

Diagnose

Bei der Hufzubereitung ist die lose Wand durch Adspektion leicht festzustellen. Differenzialdiagnostisch ist die lose Wand von der hohlen Wand abzugrenzen.

Behandlung und Prognose

Als Gegenmaßnahme werden die Vertiefungen locker mit Werg ausgefüllt, das mit Holzteer getränkt wird, wobei der betroffene Wandabschnitt schweben muss. Im Bereich der losen Wand sollte möglichst nicht genagelt werden. Im Übrigen sind die Regeln für den Beschlag weiter oder flacher Hufe genau zu beachten (gut passende, breite Hufeisen!). Das Ausfüllen bzw. Ausgießen mit harten, unelastischen Kunststoffen ist nicht empfehlenswert und sogar kontraindiziert, da die Kunststoffe eher einen Keileffekt haben und die Ablösung des Horns in der weißen Linie begünstigen.

Durch fachgerechte Behandlung kann das Fortschreiten der losen Wand gestoppt werden und die Pferde können weiterhin gearbeitet werden. Eine vollständige Beseitigung gelingt selten. Bei Vernachlässigung der losen Wand kann die Trennung fortschreiten und eine hohle Wand oder eine eitrige Huflederhautentzündung mit Lahmheit entstehen.

Hohle Wand

Definition

Als hohle Wand bezeichnet man eine Trennung innerhalb der Hufwand mit mehr oder weniger großem Hohlraum, meist zwischen der Röhrchen- und Blättchenhornschicht (▶ **Abb. 10.70**).

Erscheinungsbild und krankhafte Veränderungen

Eine hohle Wand ist meist bei Abnahme des Eisens als Zusammenhangstrennung unterschiedlicher Ausdehnung zwischen Wandhorn und Sohle vom Tragrand her zu erkennen und kommt vorrangig bei weiten Hufen an allen Wandabschnitten vor.

▸ **Abb. 10.70** Hohle Wand (schematisch).

Eine hohle Wand kann aber auch innerhalb der Hornwand vorhanden sein, ohne dass die dem Tragrand nahe gelegenen Hornschichten betroffen sind. Diese Form der hohlen Wand lässt sich deshalb bei Adspektion von der weißen Linie aus nicht erkennen.

Die Hornwand kann geringgradig nach außen vorgewölbt sein. Typisch ist beim Beklopfen ein hohler Perkussionsschall über der Ablösung. Die hohle Wand kann im Einzelfall bis an die Krone reichen. Bei größerer Flächenausdehnung ist meist eine Stützbeinlahmheit vorhanden. Bei chronischen Rehehufen findet man eine hohle Wand vorrangig an der dorsalen Hufwand.

Ursachen

Im Gegensatz zur losen Wand entsteht die hohle Wand hauptsächlich an steil stehenden Hornwänden durch traumatische Einflüsse und Spannungen. Dadurch kann es zum langsamen Auseinanderweichen oder bei Erschütterungen zum plötzlichen Auseinanderreißen der Hornwand kommen, so dass die sonst innige Verbindung zwischen Blättchen- und Röhrchenhornschicht der Wand gewaltsam gelöst wird. Zu den Ursachen zählen starke Prellungen auf hartem Boden, eitrige Hufléderhautentzündungen (eitrig hohle Wand), z. B. nach Vernagelung. Nicht selten entwickelt sich eine hohle Wand bei einem chronischen Rehehuf durch Schädigung des Hufbeintrageapparats.

Diagnose

Die Diagnose lässt sich durch Adspektion und Perkussion stellen. Zusätzlich zur sichtbaren Zusammenhangstrennung im Bereich der weißen Linie und zum hohlen Klang beim Beklopfen kann die Sondierung zur Erkennung der Ausdehnung genutzt werden. Im Röntgenbild sind Lufteinschlüsse in der Hufwand gut zu erkennen (▸ **Abb. 10.83**). Eine Abgrenzung zur losen Wand ist durch die genannten Maßnahmen sicher möglich.

Behandlung und Prognose

Hohle Wände bedürfen eines orthopädischen Hufbeschlags und gegebenenfalls der Behandlung durch einen Tierarzt. Das Behandlungsprinzip ist, den betroffenen Wandabschnitt zu entlasten und ein ungestörtes Nachwachsen der Hufwand von der Krone aus zu ermöglichen. Hierfür kann unterhalb der Krone eine **Entlastungsrinne** angebracht werden. Teilweise gelingt es nur schwer, eine Verbindung zwischen der getrennten Blättchen- und Röhrenhornschicht herzustellen, da das neugebildete Horn ähnlich wie beim Hornspalt stets wieder einreißt.

Der Hohlraum ist sorgfältig zu reinigen. Das Entstehen von Fäulnisprozessen innerhalb der Hufwand ist zu vermeiden. Der Defekt wird mit geteertem Werg nicht zu fest ausgefüllt, um eine Keilwirkung zu vermeiden. Sodann erfolgt der Beschlag mit einem **breiten, geschlossenen Hufeisen**, um die Last auf eine möglichst große Fläche zu verteilen. An der betroffenen Stelle werden ein **großer Aufzug** und eine **Schwebe** angebracht. Das Nageln an dieser Stelle sollte möglichst unterbleiben. Diese orthopädische Maßnahme verspricht nur bei mäßig ausgedehnter hohler Wand einen Erfolg.

In hochgradigen Fällen mit **größerer Ausdehnung** hat sich das vollständige Abtragen des losgelösten Wandabschnitts bewährt. Alle hohlen Teile der Hornwand werden mit dem Rinnhufmesser oder mit der Fräse abgetragen, damit das nachwachsende neue Horn in fester Verbindung mit der Blättchenhornschicht bleibt. Vom Verschließen des Hohlraums durch Kunsthorn ist abzuraten, da sich im anaeroben Milieu unkontrolliert Bakterien vermehren und schwere Hufléderhautentzündungen entstehen können.

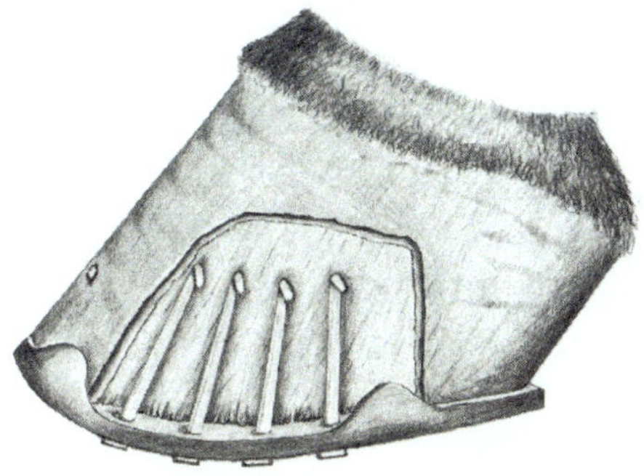

► **Abb. 10.71** Hufbeschlag und Behandlung bei ausgedehnter hohler Wand. Der unterminierte Wandabschnitt ist bis zur gesunden Hornwand abgetragen. An dem aufgenagelten Hufeisen sind im Defektbereich Hufnägel punktgeschweißt. Anschließend erfolgt der Wandaufbau mit selbsthärtendem Kunsthorn.

Durch die Entfernung der unterminierten Hornwand wird die Befestigung eines Hufeisens erschwert. Es kommt ein **Hufeisen mit verbreiterter Tragfläche** zur Anwendung. Ausnahmsweise wird im Trachtenbereich genagelt. Alternativ kann ein nagelloser Beschlag verwendet werden. Der Defekt in der Hornwand und das verbliebene dünne Wandhorn werden ggf. mit Werg oder Gaze abgedeckt und durch einen Verband geschützt.

Das Hornwachstum bzw. die Hornqualität kann durch Zufütterung von **Biotin** und durch lokale **hyperämisierende Einreibungen** an der Krone gefördert werden (z. B. mit Lorbeeröl).

Besteht die Gefahr, dass sich das Pferd das Hufeisen abtritt, können in Ausnahmefällen im Bereich des Horndefekts die **Hufnägel durch Punktschweißung befestigt** werden (► Abb. 10.71). Das mit mehreren Aufzügen versehene Hufeisen wird an den gesunden Hornwandabschnitten in der üblichen Weise aufgenagelt. Der Bereich des Horndefekts wird anschließend mit Kunsthorn (z. B. Technovit® Hoofseal, Heraeus Kulzer) ausgefüllt, das durch die angeschweißten Hufnägel getragen wird. Voraussetzung hierfür ist, dass das unterminierte Horn vollständig abgetragen und der Hohlraum sorgfältig gesäubert, desinfiziert und getrocknet wird, um einem anaeroben Keimwachstum und einer Wandlederhautinfektion vorzubeugen.

Die orthopädischen Hufbeschläge werden so lange fortgesetzt, bis eine gesunde Hornwand heruntergewachsen und wieder ein zum Nageln geeigneter Tragrand vorhanden ist.

Bei geringer Ausdehnung hat die hohle Wand eine gute Prognose. Eine umfangreiche hohle Wand ist vorsichtig zu bewerten. Der Hufbeschlagschmied sollte beim Erkennen einer hohlen Wand sofort mit orthopädischen Beschlägen einer weiteren Ausdehnung entgegenwirken.

10.6.2 Hornsäule

Definition

Als Hornsäule bezeichnet man eine säulen-, leisten- oder kegelförmige Verdickung an der Innenfläche der Hornwand (► **Abb. 10.72**). Sie kann vom Kronrand bis zum Tragrand reichen und besteht aus verbildetem, narbigem Blättchen- und Röhrchenhorn.

Erscheinungsbild und krankhafte Veränderungen

Hornsäulen kommen vorrangig im Bereich der Dorsalwand des Hufs vor, Seiten- und Trachtenwand sind seltener betroffen. An der Außenfläche der Hornwand sind in der Regel keine Anzeichen erkennbar. Manchmal ist die Hufwand im Bereich der Hornsäule nach außen vorgewölbt. Im Zusammenhang mit Hornspalten können auch **klaffende Hornsäulen** (S. 248) auftreten.

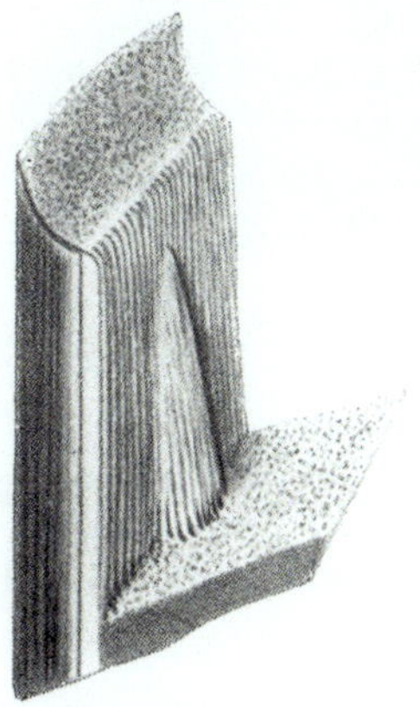

► **Abb. 10.72** Hornsäule (halbschematisch).

Am aufgehobenen Huf zeigt die weiße Linie an der betreffenden Stelle eine lokale Verbreiterung und einen mehr oder weniger großen, sohlenwärts gerichteten Bogen. Durch den kontinuierlichen Druck der Hornsäule kann es an der Huflederhaut zur Atrophie, Nekrose und Infektion, am Hufbein zur Usur kommen. Bei eitriger Infektion sieht man eine dunkel gefärbte Stelle, in deren Zentrum sich wenig schmutzig-grauer, übelriechender Eiter entleert. Man spricht dann von einer **eitrigen Hornsäule** (▸ Abb. 10.73).

Eine Hornsäule ruft nicht immer eine Lahmheit hervor und kann einen Zufallsbefund beim Zubereiten des Hufs darstellen. Beim Vorliegen einer eitrigen Hornsäule ist dagegen stets mit einer typischen Lahmheit zu rechnen. Die Pferde zeigen im Schritt oft einen charakteristischen, auffallend schleudernden Gang mit Trachtenfußung. Bei Vorderwandhornsäulen an der Beckenextremität kann die Gliedmaße auch hahnentrittartig angehoben werden. Es besteht eine gering- bis mittelgradige Stützbeinlahmheit mit verstärkter Pulsation der Mittelfußarterie.

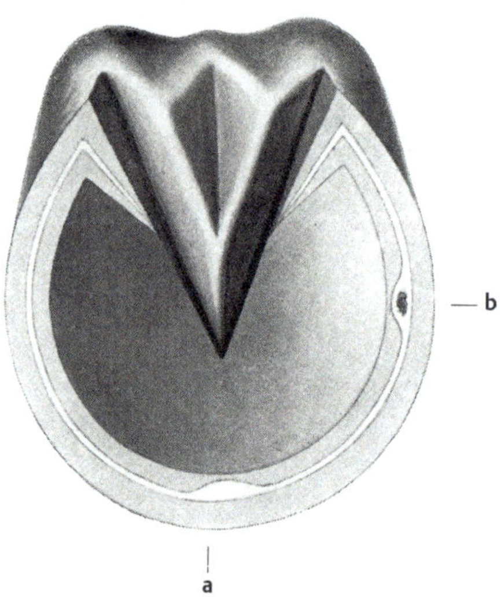

▸ **Abb. 10.73** Tragfläche mit Hornsäulen: **a** nichteitrig, **b** eitrig.

Ursachen

Eine Hornsäule entsteht nach einer umschriebenen chronischen Entzündung der Huflederhaut und vergrößert sich allmählich in ihrer Ausdehnung. Als Ursachen der Entzündung, die mit einer verstärkten Hornbildung einhergeht, kommen Reizungen oder Verletzungen der Ober- und Lederhaut im Kron- oder Wandsegment in Frage, wie Kronentritt, durchdringende Hornspalten oder Vernagelung.

Der **Sohlensporn**, eine lokal umschriebene Verbreiterung der weißen Linie, der im Terminalbereich der dorsalen Wandlederhaut beobachtet wird, kann Ausgangspunkt einer Hornsäule sein (Prädilektionsstelle). Ebenso können sich Hornschwielen zu Hornsäulen auswachsen. Das Hufbein reagiert auf den Druck einer derartigen Veränderung durch Abbau von Knochensubstanz, so dass eine Delle als Abdruck der Hornsäule entsteht (Hufbeinusur).

Diagnose

Die Symptome am Huf, wie lokale Verbreiterung der weißen Linie, evtl. Abfluss von Eiter, Perkussions- und Palpationsbefund und eine typische Lahmheit sind markant. Zangenpalpation und Hammerperkussion ergeben Schmerzhaftigkeit und einen veränderten Schall im Bereich der Hornsäule. Die Hufbeinusur lässt sich gut im Röntgenbild darstellen (▸ **Abb. 10.74**). Die Usur darf im Röntgenbild nicht mit der natürlich vorkommenden Sohlenrandkerbe (S. 85) (Crena) verwechselt werden.

Differenzialdiagnostisch sind die Hornschwiele und der Sohlensporn abzugrenzen. Hinsichtlich der Fußung und des Gangbildes sind eine Ruptur der tiefen Beugesehne und der idiopathische Hahnentritt an der Hintergliedmaße auszuschließen.

Behandlung und Prognose

Stellt die Hornsäule einen Zufallsbefund beim Beschlagwechsel dar, nimmt man den veränderten Wandteil aus der Belastung und lässt ihn schweben. Im Bereich der Hornsäule dürfen am Eisen keine Aufzüge angebracht werden. Der Wand-

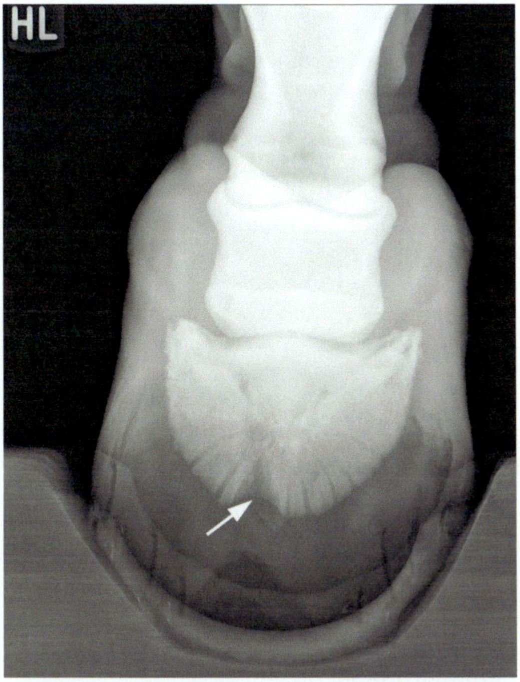

▸ **Abb. 10.74** Röntgenbefund einer Hufbeinusur (Pfeil) bei einer Hornsäule.

abschnitt über der Hornsäule kann dünn geraspelt werden. Nichteitrige Hornsäulen müssen nicht entfernt werden. Zum Beschlag verwendet man ein verhältnismäßig **breites Eisen**. Bei einer bestehenden geringgradigen Lahmheit empfiehlt sich im Bereich der Hornsäule eine **Abdachung auf der Tragfläche des Hufeisens** (Schwebe im Hufeisen). Geeignet sind auch Breitschenkel- oder ausgeplattete Hufeisen, das Einschweißen eines vergrößerten und flachen Stegs sowie Polstereinlagen.

Die Behandlung eitriger oder umfangreicher Hornsäulen erfordert ein **chirurgisches Vorgehen**, bei dem die Hornsäule in toto entfernt wird (▸ **Abb. 10.75**). Hierbei wird an jeder Seite der Hornsäule eine **Rinne** vom Kronsaum bis zum Tragrand geschnitten und das Hornwandstück mit der Hornsäule mittels Schnabelzange entfernt. Das zu entfernende Hornstück ist so schmal wie möglich zu halten, um der Gefahr einer Hufbeinrotation oder Deformierung des Hufs vorzubeugen.

Im Anschluss an die Operation wird ein orthopädischer Hufbeschlag (s. o.) mit 2 seitlichen Aufzügen, die neben dem Operationsgebiet zu liegen kommen, vorgenommen. Die freiliegende Lederhaut wird mit einem Druckverband abgedeckt. Nach 14 Tagen erfolgt der erste Verbandwechsel. Bis zur vollständigen Verhornung der Wandlederhaut ist die Wunde unter Verband zu halten.

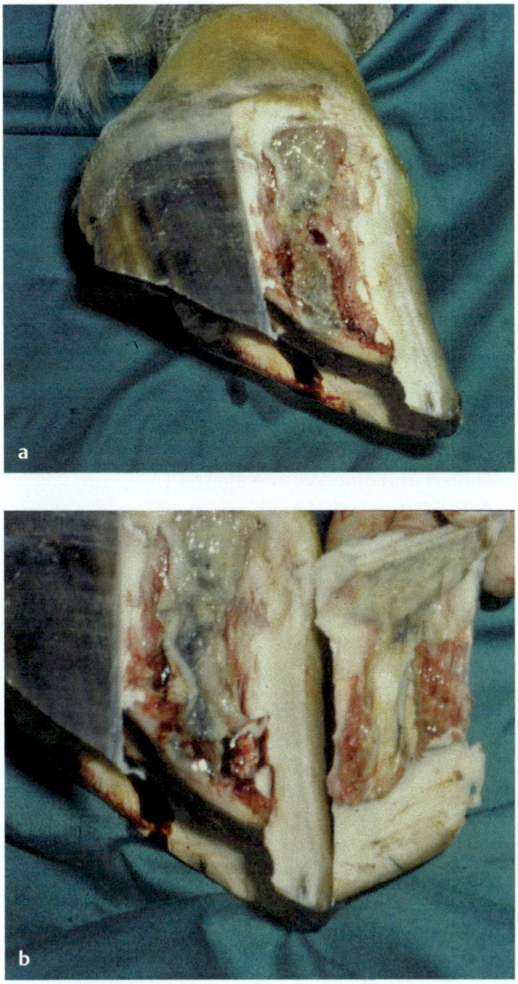

▸ **Abb. 10.75**

a Operative Entfernung einer eitrigen Hornsäule.

b Operationsgebiet mit eitriger Nekrose der Wandlederhaut und entferntes Hornwandstück.

Wenn im Rahmen der Hornsäulenoperation die Hornwand vom Tragrand bis zur Krone entfernt werden musste, kann das Pferd frühestens wieder gearbeitet werden, wenn ca. ein Drittel der Hornwand nachgewachsen ist. Der Huf sollte bis zum vollständigen Auswachsen des Defekts beschlagen werden. Es besteht besonders bei bereits vorhandenen Hufbeinusuren eine Rezidivgefahr.

10.6.3 Verletzungen des Hufs

Definition

Verletzungen sind die Folge von äußeren mechanischen Gewalteinwirkungen.

Bei **stumpfen Traumen** bleibt die schützende Hornkapsel des Hufs meist in ihrer Kontinuität erhalten und es entsteht eine gedeckte oder geschlossene Verletzung der Huflederhaut in Form von Quetschungen, die mit Blutungen und Austritt von Gewebeflüssigkeit einhergehen.

Bei **mechanischen Insulten (Traumen) durch scharfkantige oder spitze Gegenstände** kann es zur Durchtrennung der schützenden Hornkapsel kommen und eine Wunde entsteht.

Bei zufälligen Verletzungen mit Nägeln, Schrauben oder anderen spitzen Gegenständen spricht man vom **Nageltritt**. Aber auch beim Beschlag kann es zu Wunden durch eine **Vernagelung** kommen. Typisch für solche Stich- oder Schnittwunden ist das Eindringen von Infektionserregern in die lebenden Strukturen des Hufs.

Merke

Jede zufällige (akzidentelle) Wunde gilt als primär infiziert.

Je nach Tiefe der Wunde können nur die Lederhaut oder auch lebenswichtige Strukturen wie der Hufrollenschleimbeutel oder das Hufgelenk betroffen sein.

Infektionen des Hufgelenks oder des **Hufrollenschleimbeutels** haben aufgrund der Anatomie dieser synovialen Räume (zahlreiche Aussackungen) und des erhöhten Risikos von Sekundärinfektionen durch Bodenkeime häufig eine ungünstige Prognose. Deshalb dürfen solche Stichwunden, wie sie z. B. bei Nageltritten entstehen, nicht unterschätzt werden und bedürfen einer sofortigen adäquaten Behandlung durch den Tierarzt.

Außerdem muss immer mit daran gedacht werden, dass neben den Wundinfektionen durch pyogene Keime oder Fäulniserreger auch der Erreger des **Wundstarrkrampfs** (*Clostridium tetani*) über die Wunde eindringen kann. Der Tetanuserreger gehört zu den sporenbildenden Anaerobiern. Seine Sporen kommen überall im Erdreich vor und finden auch in dem sauerstoffarmen Milieu einer Stichverletzung innerhalb der Hornkapsel günstige Vermehrungsbedingungen.

Merke

Pferde sind gegenüber Tetanus hochempfindlich und eine entsprechende rechtzeitige tierärztliche Behandlung, insbesondere wenn das Pferd nicht gegen Tetanus geimpft wurde, ist dringend geboten.

Steingallen

Definition

Als Steingalle bezeichnet man eine lokal umschriebene, gelblich rötliche oder dunkle Verfärbung des Hufhorns.

Die Steingalle ist Folge einer Quetschung, Zerrung oder Überdehnung der Huflederhaut, die zu einer primär aseptischen lokalen Huflederhautentzündung (Pododermatitis) mit Einblutung in die Hornkapsel führt.

Erscheinungsbild und krankhafte Veränderungen

Das Entstehen einer Steingalle beruht auf einer Quetschung oder Überdehnung der Huflederhaut, die mit einer Zerreißung der feinen Blutgefäße (Kapillaren) und Blutaustritt verbunden ist. Das ausgetretene Blut wird von den Hornröhrchen und -blättchen aufgenommen und verfärbt diese rot. Während das Blutserum allmählich austrocknet, bleibt der Farbstoff der roten Blutkörperchen mehr oder weniger erhalten. Frisch entstandene Steingallen sind rot, ältere grün, gelblich oder braun verfärbt.

Dieser Vorgang ist zunächst nicht sichtbar. Erst mit dem nachfolgenden Hornwachstum kommen die mit dem Blutfarbstoff durchtränkten Hornteile an die Oberfläche der betreffenden Stelle und werden hier sichtbar. Es fällt also die Entstehung der Steingalle mit ihrem Sichtbarwerden zeitlich nicht zusammen.

Man unterscheidet trockene (aseptische), blutende, eitrige und chronische Steingallen. Am häufigsten kommen Eckstreben-Steingallen vor. Daneben unterscheidet man nach der Lage am Huf Sohlen- und Wand-Steingallen. Steingallen kommen häufiger an den stärker belasteten Vorderhufen als an den Hinterhufen vor.

Eine **Lahmheit** tritt nur unmittelbar im Zusammenhang mit der Lederhautquetschung oder bei eitrigen Steingallen auf. Die Lahmheit bessert sich bei aseptischen Prozessen häufig nach einigen Tagen spontan.

Frische Steingallen haben eine deutlich rote Farbe. Erscheinen die Flecke blaurot gefärbt und trocken, so handelt es sich um eine **trockene Steingalle**, die am häufigsten vorkommt. Erfolgen wiederholte Quetschungen der Huflederhaut an derselben Stelle, können mehrere derartige Hornflecke übereinanderliegen **(etagenförmige Steingalle)**. Eine trockene Steingalle ist meist ein Zufallsbefund, der bei der Hufzubereitung festgestellt wird.

Eine **blutende Steingalle** entsteht, wenn frische Steingallen kurz nach ihrer Entstehung ausgeschnitten werden. Bei sehr feinem, festem Hufhorn (Vollblüter, Esel, Maultiere, Maulesel) kann das Austrocknen auch unterbleiben. Man beobachtet dann beim Kürzen des Hufs ausschließlich im Bereich des Sohlenhorns das plötzliche Auftreten einer Blutung, ohne dass die Sohlenlederhaut akut verletzt ist und freiliegt.

Bei **chronischen Steingallen** besteht kaum noch Lahmheit. Die betreffende Stelle ist gelb-grün verfärbt. Das oberflächliche Horn ist bröckelig, weich oder mürbe.

Eitrige Steingallen entstehen häufig dadurch, dass aseptische, trockene Steingallen zu tief ausgeschnitten werden und dadurch nachträglich eine Infektion der Huflederhaut stattfindet. Eitrige Steingallen sind hochgradig schmerzhaft. Wenn eine Steingalle eine Lahmheit verursacht, kann man mittels Hufuntersuchungszange und Perkussion eine Schmerzhaftigkeit nachweisen.

Ursachen

Mögliche Ursachen von Steingallen sind:

- ausgeprägt unregelmäßige Gliedmaßen- und Zehenstellungen mit den zugehörigen schiefen Hufformen
- mangelhafte und fehlerhafte Beschaffenheit des Hufs
- Fehler der Hufzubereitung und des Beschlags
- vernachlässigte Hufpflege
- unebenes Geläuf, steiniger Boden

Bei fehlerhaften Gliedmaßen- oder Zehenstellungen werden stark belastete Wand- oder Sohlenabschnitte gequetscht. So treten Steingallen häufig bei Zwanghufen, Schiefhufen, krummen Hufen, Flach- und Vollhufen, Rehehufen, Hufen mit schwachen Trachten sowie bei zu trockenen und zu spröden Hufen auf. Sohlen-Steingallen sind vorwiegend im Sohlenwinkel von spitz gewinkelten und flachen Hufen anzutreffen (► **Abb. 10.76**).

Als Fehler der Hufzubereitung und des Beschlags sind zu nennen:

- übermäßiges schiefes und einseitiges Kürzen der Hufe
- übermäßiges Ausschneiden mit Schwächen und Durchschneiden der Eckstreben
- unnützes Nachschneiden nach Steingallen
- zu enge, zu weite, zu kurze, schief gerichtete und ungleich aufliegende Hufeisen
- ungünstige Hufeiseneinlagen
- Bei ungenügender Strahlfreiheit können sich Steine oder andere Fremdkörper zwischen Hufeisen und Strahl einklemmen.
- zu lange Beschlagintervalle

Eitrige Steingallen sind die Folge von zu tiefem Nachschneiden oder auch von Rissen im Horn, wodurch Eitererreger eindringen können. Eitrige Steingallen werden fast nur in der Trachtenecke bzw. im Bereich des Sohlenschenkels angetroffen und sind meistens auf unsachgemäßes, zu tiefes Ausschneiden zurückzuführen. Die Huflederhaut liegt dann frei und entzündet sich eitrig.

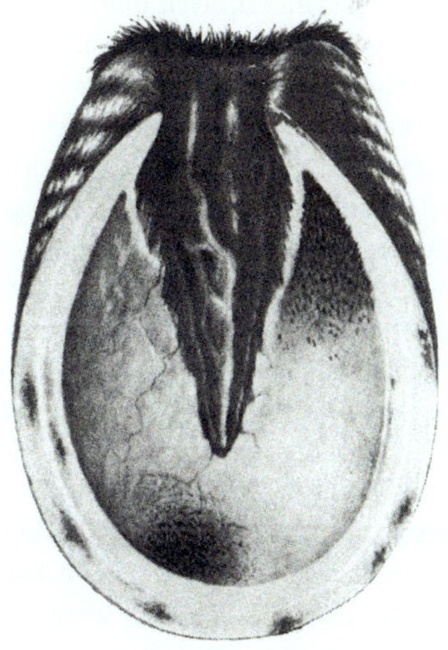

► **Abb. 10.76** Huf mit Steingallen. Verfärbungen des Horns im Sohlenkörper und im Sohlenschenkel (Sohlenwinkel).

Merke

Das Ausschneiden des verfärbten und weichen Horns ist eine abwegige und absolut falsche Maßnahme. Damit würden Eintrittsstellen für Eitererreger geschaffen, die schwere, lang währende eitrige Huflederhautentzündungen zur Folge haben können, für die der Beschlagschmied haftpflichtig (S. 336) gemacht werden kann. Es wird deshalb dringend vor dem fehlerhaften Ausschneiden oder Durchschneiden von Steingallen gewarnt. Es handelt sich hierbei um einen Kunstfehler!

Diagnose

Die Diagnose wird bei der Hufzubereitung oder -beurteilung durch Adspektion, Hufzangenpalpation und Perkussion gestellt. Besteht eine Huflederhautentzündung, ist die Pulsation der Mittelfußarterie verstärkt und eine Lahmheit kann auftreten.

Behandlung

Durch entsprechende Zubereitung des Hufs, orthopädischen Beschlag oder durch Erhöhung tragfähiger Hufabschnitte müssen die Steingallen aus der Belastung genommen werden.

Bei pathologischen Hufformen ist ein entsprechender Hufbeschlag vorzunehmen. Zusätzlich müssen die Ursachen ermittelt und abgestellt werden. Die ggf. vorhandene unregelmäßige Gliedmaßen- und Zehenstellung, die Hufform und mangelhafte Beschaffenheit des Hufhorns sowie andere vorliegende Ursachen sind zu berücksichtigen. Die Hufe sind ihrer Form und dem Fesselstand entsprechend zuzubereiten und mit stollenlosen, offenen Hufeisen zu beschlagen. Die betreffende Stelle lässt man zur Entlastung schweben.

Bei erheblichen Steingallen empfiehlt sich ein **geschlossenes Hufeisen** mit gepolsterter Ledersohle oder einer anderen weichen **Hufeinlage.**

Bei geringgradigen Steingallen ist ein besonderer Hufbeschlag nicht erforderlich. Wenn möglich, kann auch Barfußgehen auf weichem Boden hilfreich sein. In jedem Fall ist für eine sorgfältige Hufpflege zu sorgen. Danach heilen **trockene (aseptische) Steingallen** bei guter Prognose komplikationslos ab. Um die Entstehung eitriger Steingallen zu verhindern, schneidet man grundsätzlich die betroffenen Stellen nicht aus.

Alte (chronische, habituelle) Steingallen, die oft unheilbar sind, bedürfen einer dauernden Behandlung und eines orthopädischen Hufbeschlags, um die Pferde leistungsfähig zu erhalten.

Liegen **eitrige Steingallen** vor, besteht eine oberflächliche oder tiefe Huflederhautentzündung. Die eitrige Steingalle ist in jedem Fall als eine erhebliche Erkrankung anzusehen, deren Ausmaß nicht ohne Weiteres zu überblicken ist. Die Behandlung einer eitrigen Steingalle ist deshalb Sache des Tierarztes.

Aufgabe des Hufbeschlagschmieds ist es, weiteren Schaden abzuwehren. Eine eitrige Steingalle ist vorsichtig zu säubern und mit Jodtinktur zu desinfizieren. Anschließend ist ein geschlossenes Hufeisen anzubringen, dessen Steg an der betroffenen Stelle so zu verbreitern ist, dass sie von unten völlig abgedeckt wird. Der Zwischenraum wird mit Mull und geteertem Werg locker ausgefüllt.

Der Tierarzt wird das unterminierte Horn entfernen, bis die erkrankte Lederhaut vollständig freiliegt und Anschluss zum gesunden Gewebe besteht. Anschließend ist ein entsprechender Hufverband (Druckverband) anzulegen. Die Lederhaut neigt bei eitrigen Steingallen zur Nekrose. Deshalb darf der Druck bei Anlegen eines Splintverbands oder bei einem Deckelhufeisen nicht zu stark sein.

Bei eitrigen Steingallen ist die Prognose vorsichtig zu stellen.

Kronentritt

Definition

Mit Kronentritt bezeichnet man eine Verletzung der Krone, die durch das Auftreten benachbarter Hufe oder durch Hufe eines Nachbarpferdes hervorgerufen werden kann. Aber auch Draht oder andere eindringende Fremdkörper können an der Krone zu Verletzungen führen.

Erscheinungsbild und krankhafte Veränderungen

Kronentritte führen zu mehr oder weniger tiefen Wunden. Meistens führen Kronentritte zu Verletzungen des Saumbands, der Saum- oder Kronlederhaut.

Bei tieferen Verletzungen können auch Streck- und Beugesehne, Hufgelenk, Huf- oder Kronbein und Hufknorpel mit einbezogen sein. Der Abfluss von Gelenkschmiere (Synovia) aus einer Wunde am Kronrand weist auf die **Eröffnung des Hufgelenks** hin.

Je nach Tiefe und Alter der Wunde kann eine unterschiedlich starke Lahmheit auftreten. Infolge des Kronentritts ist mit einer Wundinfektion zu rechnen, die eine zirkuläre Schwellung der Krone (koronäre oder subkoronäre Phlegmone) hervorrufen kann. Neben der Lahmheit können Fieber und eine Störung des Allgemeinbefindens auftreten. Die **koronäre Phlegmone** kann zur Abszedierung führen.

Als Folgen eines Kronentritts können eine Hornspalte, Hornkluft, Hornsäule oder eine Hufknorpelfistel entstehen.

Ursachen

Pferde können sich selbst verletzen oder werden von Nachbarpferden getreten. Kronentritte entstehen beim Verladen bzw. beim Transport, durch Ausrutschen bei Schnee und Eis oder auf unebenem Boden und werden durch Beschläge mit scharfen Stollen und Griffen begünstigt. Bei Kaltblütern kann Juckreiz bei Fußräude zum Scheuern und zur Selbstverletzung führen.

Das Saumband und die Haut an der Krone sind sehr empfindlich gegenüber mechanischen, aber auch chemischen und thermischen Noxen. So werden Verletzungen der Krone auch nach Stallbränden und durch ungelöschten Kalk beobachtet.

Behandlung

Die Behandlung besteht im Entfernen der Haare an der betreffenden Stelle und dem vorsichtigen Abtragen des geschädigten Horns mit dem Hufmesser, um die Bildung einer Tasche hinter der Hornwand zu vermeiden. Dadurch wird die Versackung von Wundexsudat vermieden.

In schweren Fällen mit Verletzung der Saum- und Kronlederhaut sollte sogleich ein Tierarzt zu Rate gezogen werden. Die Wundversorgung erfolgt nach den Regeln der allgemeinen Chirurgie. Die freiliegende Saum- oder Kronlederhaut ist unter Verband zu nehmen. Durch leichten Druck ist dabei einem Lederhautvorfall vorzubeugen.

Besteht eine **koronäre Phlegmone**, sind Angussverbände, eine Antibiose und Boxenruhe notwendig. Bei Beteiligung des Hufgelenks sind eine lokale intraartikuläre und systemische Antibiose sowie eine Gelenklavage angezeigt. Die Prognose ist in diesen Fällen immer vorsichtig zu stellen.

Weitere auslösende Ursachen wie fehlerhafte Beschläge oder Bewegungsstörungen (z. B. Streichen) oder Fußräude sind adäquat zu behandeln.

Ballentritt und Verballung

Definition

Wird der Huf im Bereich des Ballens verletzt, spricht man von einem Ballentritt.

Unter Verballung versteht man eine nichteitrige Entzündung im Bereich der hinteren Lederhautteile und des Strahlpolsters.

Erscheinungsbild und krankhafte Veränderungen

An den Ballen und in der Ballengrube sind schmerzhafte Anschwellungen vorzufinden, verbunden mit klammem Gang oder Lahmheit. Hauptsächlich sind spitze Vorderhufe bei Reitpferden oder Zugpferden betroffen, die in bergigem oder unebenem Gelände gearbeitet werden.

Ursachen

Als Ursachen kommen Prellungen im Bereich der hinteren Hufhälfte in Frage, die durch zu niedrige oder ungleich hohe Trachtenwände, Hufeisen mit nach innen abfallender Tragfläche an den Schenkelenden sowie zu kurze Hufeisen bei untergeschobenen Trachtenwänden oder zu fest auf dem Strahl aufliegende, geschlossene Hufeisen zustande kommen. Auch wiederholtes Treten der Hinterhufe auf die Ballen der Vorderhufe bzw. Aufreiten kann das Leiden hervorrufen.

Behandlung

Eine 3-tägige Ruhe, Kühlverband und Beschlag mit breiten und genügend langen, evtl. geschlossenen Hufeisen unter Anwendung von Lederkeilen, die auf die Tragfläche der Schenkelenden des Hufeisens genietet werden, schaffen Abhilfe. Bei Ablösungen des Ballenhorns ist das geschädigte Horn vorsichtig mit dem Rinnhufmesser abzutragen, um einer Taschenbildung vorzubeugen.

Nageltritt

Definition

Als Nageltritt bezeichnet man das Eindringen spitzer Gegenstände (Nägel, Schrauben etc.) in die Bodenfläche (Sohlenfläche) des Hufs, das mit einer Verletzung der Huflederhaut oder innerer Strukturen des Hufs, mit akuter Lahmheit und einer Wundinfektion einhergeht.

Erscheinungsbild und krankhafte Veränderungen

Der Nageltritt stellt eine besondere Form der Verletzung des Hufs dar. Infolge des anatomischen Baues der Bodenfläche der Hornkapsel (Sohlengewölbe) und der besonderen Hornqualität sind fast ausnahmslos die seitlichen Strahlfurchen oder der Strahl betroffen.

Bei einem Nageltritt zeigt das Pferd eine plötzliche Lahmheit. Je nachdem, ob der spitze Fremdkörper von der Sohle, vom Strahl oder von den Strahlfurchen aus das Horn durchdringt, werden unterschiedliche Strukturen des Hufs verletzt (► **Abb. 10.77**).

Wenn der Fremdkörper das Hufhorn durchdringt, resultiert daraus an allen Bereichen der Grundfläche (Bodenfläche) eine Verwundung der lebenden Basalzellschicht der Oberhaut und der darunterliegenden Lederhaut. Es entwickelt sich

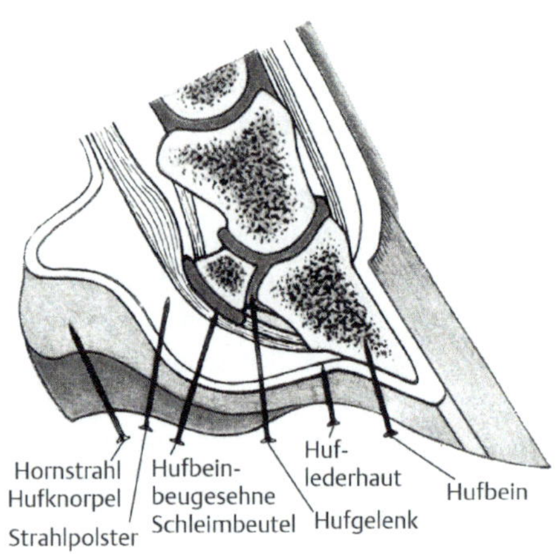

► **Abb. 10.77** Verletzungsrisiko für die Huflederhaut und tiefere Strukturen des Hufs bei Nageltritten an verschiedenen Positionen in die Basisteile des Hufs (schematisch).

eine **eitrige Huflederhautentzündung** (Pododermatitis purulenta).

Dringt der Fremdkörper tiefer in den Huf ein, werden je nach Lokalisation verschiedene innere Strukturen verletzt. Befindet sich der Stichkanal im Bereich des Sohlenkörpers, resultiert daraus eine **Verletzung des Hufbeins** mit mittel- bis hochgradiger Stützbeinlahmheit.

Eine prognostisch ungünstige Mitbeteiligung von **Hufgelenk, Hufbeinbeugesehne, Schleimbeutel der Hufrolle** (Bursa podotrochlearis) oder des **Strahlbeins** ist bei einer Lokalisation der Verletzung im vorderen oder mittleren Drittel des Strahls oder der Strahlfurchen zu befürchten. Eine Verletzung der tiefen Beugesehne mit Eröffnung des Hufrollenschleimbeutels oder des Hufgelenks geht mit einer hochgradigen Stützbeinlahmheit einher. Zusätzlich zu den **lokalen Symptomen** wie vermehrter Wärme, Schmerz, Rötung und Schwellung im Bereich der Krone (koronäre oder subkoronäre Phlegmone) können **Symptome einer Allgemeininfektion** (gestörtes Allgemeinbefinden, Fieber) auftreten.

Liegt der Nageltritt im hinteren Drittel des Strahls oder seiner Furchen resultiert daraus bei tiefen Wunden eine **Verletzung des Strahlpolsters** oder der **Hufknorpel**. Im weitmaschigen Binde- oder Fettgewebe des Strahlpolsters breiten sich die Erreger schnell aus und rufen eine Strahlpolsterphlegmone hervor. Neben einer mittelgradigen Stützbeinlahmheit erscheint die Ballengrube verstrichen und der Strahl ist schmerzhaft.

Merke

Wird die Erkrankung nach Entfernung des stechenden Fremdkörpers nicht fachgerecht behandelt, kann es zur Miterkrankung weiterer, primär nicht beteiligter Strukturen kommen. Die Prognose verschlechtert sich deutlich. Ein Nageltritt muss immer als ein Notfall angesehen werden und bedarf einer sofortigen fachgerechten tierärztlichen Behandlung.

Da nach Entfernung des stechenden Fremdkörpers im ersten Augenblick die Lahmheit geringer wird, da das weiche Strahlhorn den Austritt von Blut oder Synovia verhindern kann, wird das Ausmaß der Verletzung durch den Laien leicht unterschätzt. Die Schwere der Erkrankung wird dann häufig erst mit dem Einsetzen einer starken Lahmheit zwischen dem 2. und 5. Tag nach Verletzung sichtbar. Eine eitrige Hufgelenk- oder Hufrollenentzündung ist dann jedoch kaum noch erfolgreich zu behandeln.

Ursachen

Ursachen können alle spitzen Fremdkörper wie Nägel, Schrauben, Draht, Eggenzinken, Holz- oder Glassplitter sein. Verbogene Nägel können mit den Vorderhufen aufgerichtet werden und dann bei Belastung in die Hinterhufe eindringen. Mit dem Eintreten kommt es zur nachfolgenden Wundinfektion durch Eitererreger (Streptokokken, Staphylokokken, sporenlose Anaerobier), Fäulniskeime oder Tetanuserreger.

Diagnose

Ein Nageltritt ruft eine plötzlich auftretende Lahmheit hervor. Bei der Hufuntersuchung fällt dann der eingetretene Fremdkörper auf. Zur Abklärung einer Hufbeinverletzung, Hufbeinfraktur oder -fissur bzw. von bereits vorliegenden osteomyelitischen Prozessen kann eine Röntgenuntersuchung hilfreich sein.

Merke

Vor einer Sondierung des Stichkanals durch den verschmutzten Huf ist zu warnen, da dadurch zusätzliche Keime in die Wunde eingetragen werden können bzw. die Gefahr der Eröffnung des Hufrollenschleimbeutels mit der Sonde besteht.

Deshalb sollte die Sondierung stets unter aseptischen Bedingungen erst nach Umschneidung, Reinigung und Desinfektion des Stichkanals erfolgen. Entleert sich aus dem Stichkanal normale oder getrübte Synovia, ist das immer ein Hinweis auf eine Beteiligung von Synovialräumen (Hufrollenschleimbeutel oder Hufgelenk). Die Schwere der Lahmheit entspricht nicht immer der Schwere der Verletzung.

Bei Verdacht auf **Beteiligung des Hufgelenks** kann dieses von der Krone aus unter aseptischen Bedingungen **punktiert** werden. Eine Spülung mit steriler Ringer- oder Kochsalzlösung unter Zusatz eines wässrigen Antibiotikums (z. B. 10 Mio. IE Penicillin) führt unter passiver Bewegung des Hufgelenks im positiven Fall zum Abfluss der Spüllösung über den Stichkanal und hat gleichzeitig einen therapeutischen Effekt. Exakt ist die Diagnose erst nach partieller Resektion der tiefen Beugesehne möglich.

Behandlung

Als **Notversorgung** ist der stechende Fremdkörper sofort vorsichtig (Gefahr des Abbrechens!) in der dem Eindringen entgegengesetzten Richtung zu entfernen. Für die weitere Behandlung ist die Eintrittsstelle oberflächlich zu umschneiden oder anderweitig zu markieren. Wegen der Gefahr einer Wundstarrkrampfinfektion ist **immer ein Tierarzt hinzuzuziehen.**

Bei der gemeinsamen Behandlung durch den Tierarzt und den Hufbeschlagschmied bzw. Hufpfleger ist der Huf nach Abnahme des Hufeisens gründlich zu reinigen und zu desinfizieren und das Horn um den Stichkanal trichterförmig zu umschneiden. Die betroffene Huflederhaut ist so weit freizulegen, bis Anschluss an gesundes Gewebe besteht, und mit Jodtinktur oder Jodoformäther zu desinfizieren. Danach ist die freiliegende Huflederhaut mit Mull abzudecken und unter Verband (Hufverband, Splintverband) zu nehmen.

Besteht aufgrund der Lokalisation oder der Länge des eingedrungenen Fremdkörpers der nicht seltene Verdacht der Verletzung tiefergelegener Gewebeschichten, ist ein **operativer Eingriff** unumgänglich.

Merke

Jeder Nageltritt muss als eine gefährliche Verletzung mit schwerwiegenden Folgen angesehen werden, die unbedingt einer tierärztlichen Behandlung bedarf. In jedem Fall muss das Ende des Stichkanals operativ freigelegt werden.

Beugesehnenverletzungen sind elliptisch zu umschneiden. Hufbeinwunden sind freizulegen und zu kürettieren. Wurde der Hufrollenschleimbeutel (Bursa podotrochlearis) durch den Nageltritt eröffnet, wird die tiefe Beugesehne partiell reseziert. Die Bursa wird desinfizierend gespült und antibiotisch versorgt. Eine zusätzliche Punktion und antibiotische Versorgung des Hufgelenks (s. o.) ist angezeigt. Bei Beteiligung des Hufgelenks erfolgt eine gründliche Lavage.

Merke

In allen Fällen mit Verletzung der tiefen Beugesehne oder mit Eröffnung des Hufrollenschleimbeutels bzw. des Hufgelenks ist eine über mehrere Tage andauernde antibiotische und antiphlogistische Allgemeinbehandlung unbedingt erforderlich. Zusätzlich ist eine Tetanusprophylaxe durchzuführen.

Die Operationswunde ist unter Verband zu nehmen. Bei sofortiger Operation am Unfalltag ist selbst bei Eröffnung des Hufgelenks eine Heilung möglich. Die Prognose verschlechtert sich, je länger gewartet wird. Alte, eitrige Infektionen des Hufgelenks sind kaum noch zu heilen.

Vernagelung

Definition

Als Vernagelung bezeichnet man jede Verletzung der von der Hornkapsel umschlossenen Gewebe des Hufs durch einen Hufnagel beim Beschlagen.

In der Regel sind die vitalen Anteile der Oberhaut und die Huflederhaut betroffen, seltener das Hufbein, ausnahmsweise ein Hufknorpel.

Man unterscheidet grundsätzlich 2 Formen der Vernagelung: die indirekte (unblutige) und die direkte (blutige) Vernagelung.

Erscheinungsbild und krankhafte Veränderungen

Die **indirekte (unblutige) Vernagelung** nennt man auch **Nageldruck** oder **Nagelbrennen.** Beim Setzen des Hufnagels wird die Huflederhaut nicht direkt verletzt, sondern durch die Nähe des Nagels einer Quetschung ausgesetzt (▶ **Abb. 10.78**). Meist besteht bei der abschließenden Beurteilung des Pferdes nach dem Beschlag noch keine Lahmheit. Durch den Nageldruck entsteht zunächst eine nichteitrige Entzündung, aus der sich meistens einige Tage nach dem Neubeschlag oder auch noch später eine Lahmheit entwickelt. Im Allgemeinen kann bis zu 14 Tagen nach Beschlagwechsel noch eine auf einem Nageldruck basierende Lahmheit auftreten. Aus einer indirekten Vernagelung kann sich durch eindringende Keime eine oberflächliche, eitrige Huflederhautentzündung entwickeln.

Bei der **direkten (blutigen) Vernagelung** wird die Lederhaut direkt verletzt, und es tritt eine Blutung auf. Dabei kommt es zum Blutaustritt an der Stelle, an der die Nagelspitze aus der Hornwand hervordringt, oder am Nagelkopf. Tritt der die Huflederhaut verletzende Nagel nicht aus der Hornwand aus, nennt man diese Erscheinung **Nagelstich.** Der Hufbeschlagschmied bemerkt das Eindringen des Hufnagels in die Lederhaut im Moment der Verletzung sofort durch Schmerzäußerungen des Pferdes, wie Zucken oder Absetzen der Gliedmaße, und zieht den Nagel sogleich wieder heraus, statt ihn ganz einzuschlagen.

Als **vollständige direkte Vernagelung** bezeichnet man die Form der blutigen Vernagelung, bei der die Verletzung vom Hufbeschlagschmied nicht sofort bemerkt wird. Bei Pferden, die beim Beschlag unruhig sind, kann die Schmerzreaktion übersehen werden. Der Hufbeschlagschmied schlägt deshalb den Nagel ganz ein (▶ **Abb. 10.78**). Tritt die Nagelspitze trotz der fehlerhaften Richtung durch die Hornwand nach außen, quillt manchmal etwas

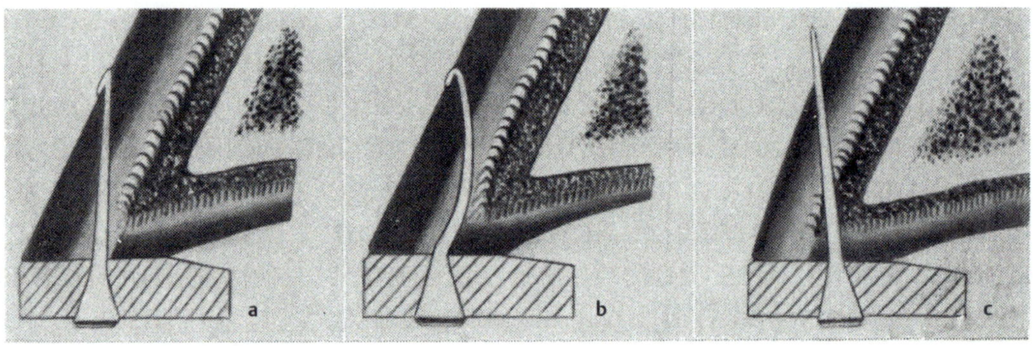

▶ **Abb. 10.78** Sitz des Hufnagels: **a** korrekt, **b** Nageldruck, **c** direkte Vernagelung.

Blut hervor. Wird der Nagel sofort bei Schmerzreaktion entfernt, kommt es zur Blutung aus dem Nagelloch, der Nagel selbst ist blutig. Das Pferd geht bei der direkten Vernagelung sofort lahm. Es ist eine gering- bis mittelgradige Stützbeinlahmheit vorhanden. Wird die Lahmheit unmittelbar bei der direkten Vernagelung übersehen, entwickelt sich innerhalb der nächsten 3–4 Tage eine eitrige Huflederhautentzündung mit zunehmender Lahmheit und Pulsation der Mittelfußarterie. Wird der Nagel dann entfernt, entleert sich über den Nagelkanal als Zeichen einer eitrigen Huflederhautentzündung schwarz-grauer Eiter.

Ursachen

Die Ursachen für eine Vernagelung können am Huf selbst liegen. Jedoch kann auch der Hufbeschlagschmied Fehler machen.

Der Hufbeschlagschmied kann **für eine Vernagelung und die Folgen haftbar** (S. 337) gemacht werden,

- wenn der Huf fehlerhaft zugerichtet wurde, z. B. durch übermäßiges Kürzen des Hufs, starkes Beraspeln der Wand von oben oder zu starke Brechung des Tragrands,
- wenn das Hufeisen mangelhaft gefertigt wurde, z. B. zu tiefe (fette) Lochung des Hufeisens, zu schräge Richtung des Nagelkanals im Hufeisen nach innen, nicht passende Hufeisen oder zu enges Richten des Hufeisens,
- wenn die Hufnägel falsch oder bewusst mangelhafte Hufnägel verwendet wurden, z. B. zu stark, unvollständig, zu wenig oder gar nicht durchgerichtete Hufnägel, solche, die ungenügend gezwickt sind, oder ein falsches Ansetzen des Hufnagels (Zwicke außen) oder zu hohes Nageln,
- wenn bei nicht ausreichender Beleuchtung, etwa im Halbdunkeln, beschlagen worden ist.

Der Hufbeschlagschmied trägt **keine Verantwortung** für eine Vernagelung,

- wenn es sich um ein nicht „schmiedefrommes" Pferd handelt,
- wenn durch nicht vorhersehbare Ereignisse im Moment des Nageleinschlagens (Knall, Sirenengeheul etc.) ein plötzliches Erschrecken bei Mensch und Tier ausgelöst wird und es zum Wegzucken des Pferdes kommt,
- wenn das Pferd nur unter Anwendung von Zwangsmitteln oder Sedierung beschlagen werden kann,
- wenn stark abgelaufene, unbeschlagene Hufe oder unregelmäßige Hufformen (Rehe-, Flach-, Voll-, Schiefhuf), hohle oder lose Wand, sprödes Hufhorn, ausgebrochene Tragränder oder sehr dünne bzw. steile Hornwände mit hartem Horn vorliegen,
- wenn im Huf befindliche alte Nagelstümpfe den Hufnagel ablenken,
- wenn verdeckte, für den Hufbeschlagschmied nicht erkennbare Fehler im Material (Nagel, Eisen) vorliegen,
- wenn ein Nageldruck die Folge einer Lockerung und Verrutschens des Hufeisens während der Beschlagperiode ist.

Zu erwähnen ist noch, dass erfahrungsgemäß die Vernagelung an Vorderhufen meist durch den inneren Trachtennagel, an Hinterhufen im Bereich der Zehenwand erfolgt.

Diagnose

Die Vernagelung steht meist in unmittelbarem Zusammenhang mit einem Beschlagwechsel. Bei einer direkten Vernagelung ist der Blutaustritt am Nagel ein sicheres Zeichen für eine Vernagelung. Tritt eine Lahmheit in den nächsten Tagen nach Beschlag auf und besteht der Verdacht einer Vernagelung, sind der Huf und alle Hufnägel gründlich mit der Hufuntersuchungszange abzutasten oder abzuklopfen. Dabei wird der äußere Zangenschenkel jeweils auf einen Nagelniet gesetzt und es zeigt sich ein deutlicher Schmerzpunkt am betroffenen Nagel.

Zur Sicherung der Diagnose sind der Beschlag und der betroffene Nagel zu entfernen. Eine gründliche Untersuchung und Beurteilung des Hufbeschlags, der Eintrittsstelle der Hufnägel in die weiße Linie und des Verlaufs des Nagelkanals, der Gliedmaßenstellung, der Hufform und der Hornbeschaffenheit sind zur Klärung der Haftung erforderlich. Insbesondere sollten alle Hufnägel nach Entfernung genau beurteilt werden. Seröse oder eitrige Flüssigkeit und vermehrte Wärme am betroffenen Hufnagel sind dabei typische Befunde.

Behandlung

Beim Nageldruck genügt es, den Nagel zu entfernen.

Merke
Jedoch darf an dieser Stelle kein neuer Nagel eingeschlagen werden (Kunstfehler!), da sonst mit Sicherheit wiederum eine Vernagelung, wahrscheinlich sogar blutiger Natur, eintritt.

Beim Nagelstich wird der betreffende Nagel ebenfalls sofort entfernt. Das entsprechende Loch im Hufeisen bleibt frei. Zusätzlich wird Jodtinktur in den Nagelkanal bzw. das Nagelloch des Hufeisens geträufelt und dieses danach mit einem geteerten Wergpfropf verschlossen.

Bei Feststellung einer direkten oder indirekten Vernagelung **einige Tage nach dem Beschlag** wird das Hufeisen abgenommen und der Huf im Bereich der weißen Linie trichterförmig nachgeschnitten. Die freigelegte Huflederhaut wird mit Jodoformäther oder Jodtinktur behandelt.

Eine **eitrige Vernagelung** ist wie ein Hufabszess im Bereich der weißen Linie zu behandeln. Anschließend wird ein Druckverband angelegt. Die Abklärung des Impfstatus des Pferdes in Bezug auf Wundstarrkrampf und ggf. die Gabe von Tetanusserum bzw. eine Simultanimpfung gehören ebenfalls zur Behandlung.

Die Vernagelung kann schuldhaft oder schuldlos durch den Hufbeschlagschmied erfolgen; s. Haftpflicht (S. 336). Auch beim Heften eines lockeren Eisens z. B. durch Reiter oder Halter kann es zur Vernagelung kommen. Der Hufbeschlagschmied hat im Fall einer Vernagelung den Besitzer bzw. Tierhalter von dem Vorfall zu unterrichten. Eine Versorgung der Wunde durch den Tierarzt ist angezeigt.

Merke
Die direkte Vernagelung ist stets als eine erhebliche Schädigung bzw. Erkrankung zu bewerten, da sich tödliche Komplikationen mit erheblichen Schadenersatzansprüchen anschließen können.

Verletzungen der Huflederhaut bei der Hufzubereitung

Hin und wieder kommt es vor, dass beim Zubereiten des Hufs zu viel Horn entfernt und die Huflederhaut verletzt wird. Dann tritt regelmäßig eine starke Blutung auf, die auf die große Zahl von Blutgefäßen zurückzuführen ist, mit denen die Huflederhaut versorgt ist. Die Blutung ist nicht ungünstig zu beurteilen, denn sie bedingt eine Selbstreinigung der Wunde, so dass eine anschließende Eiterbildung selten ist.

Die verletzte Stelle wird mit Jodlösung oder Jodoformäther desinfiziert, mit Mull belegt und mittels Werg abgedeckt, das mit Holzteer getränkt wird, um eine nachträgliche Verschmutzung zu verhindern. Lederstreifen oder eine Ledersohle unterstützen diese Maßnahmen. In jedem Fall ist der Tierhalter in Kenntnis zu setzen und auf die Gefahr einer Wundstarrkrampfinfektion hinzuweisen.

10.6.4 Nichtinfektiöse Entzündungen der Huflederhaut

Definition
Eine Huflederhautentzündung (Pododermatitis) stellt eine entzündliche Erkrankung der Huflederhaut (Korium, Dermis) dar und kann Saum-, Kron-, Wand-, Ballen-, Strahl- und Sohlenlederhaut betreffen.

Meist ist nur ein Huf betroffen, selten beide Vorder- bzw. Hinterhufe oder alle 4 Hufe. In Bezug auf Manifestation und Verlauf ist die Huflederhautentzündung lokal umschrieben oder diffus sowie akut oder chronisch.

Nichtinfektiöse (aseptische) Huflederhautentzündungen sind im Allgemeinen traumatisch bedingt, können aber wie z. B. die Rehe (S. 272) auch andere Ursachen haben.

Nichtinfektiöse, lokal umschriebene Huflederhautentzündung

Definition
Die nichtinfektiöse, lokal umschriebene Pododermatitis (P. aseptica circumscripta) entsteht durch Traumatisierung einzelner Lederhautbereiche. Sie führt zur Ansammlung seröser, serofibrinöser oder blutiger Gewebsflüssigkeit (Exsudat) unter der Hornkapsel und ruft eine Lahmheit hervor.

Erscheinungsbild und Vorkommen

Die nichtinfektiöse, lokal umschriebene Pododermatitis wird an allen Lederhautabschnitten beobachtet und tritt vorrangig im Bereich der Sohle und der Eckstreben, s. Steingallen (S. 258), an den stärker belasteten Hufen der Schultergliedmaßen (Schwerpunktverlagerung des Pferdekörpers) auf. Es erkranken unbeschlagene und beschlagene Pferde.

Die **akute Entzündung** der stark innervierten Huflederhaut und der Einschluss von Exsudat in der starren Hornkapsel rufen eine schmerzbedingte gering- bis mittelgradige Stützbeinlahmheit hervor. Andere Anzeichen der Entzündung, wie Schwellung, Rötung oder vermehrte Wärme, sind am Huf meist nicht oder nur an Krone und Ballen auffällig. Die Entzündung geht mit einer verstärkten Pulsation der Mittelfußarterie einher.

Bei einer **chronischen Entzündung** sind die Symptome schwächer. Es besteht meist nur noch eine geringe Lahmheit. Über der erkrankten Huflederhaut bildet die Epidermis ein verändertes Horn von bröckeliger Beschaffenheit. Entfernt man an diesen Stellen das mürbe „Zerfallshorn", wird eine Gelb- bis Rotfärbung oder später eine Grüngelbfärbung des Horns infolge der Einlagerung bzw. des Abbaus des Blutfarbstoffs sichtbar.

Ursachen

Als Ursachen kommen lokal umschriebene Zerrungen oder Quetschungen der Huflederhaut in Frage, die verschieden bedingt sein können. Begünstigend wirken bodenenge, bodenweite, zehenenge oder zehenweite Gliedmaßenstellungen.

Als Fehler in der Hufzubereitung seien genannt:

- zu starkes Kürzen oder übermäßiges Schwächen einzelner Hornabschnitte bzw. -teile
- Schiefschneiden des Hufs und damit Schaffung von Imbalancen und einseitigen Belastungsverhältnissen
- Entstehen eines Druckes auf die Sohlenschenkel (besonders beim weiten Huf) durch umgelegte Eckstreben

Zudem können folgende Mängel am Hufeisen oder beim Hufbeschlag diese Art von Huflederhautentzündung verursachen:

- nicht plan geschmiedete Tragflächen
- zu eng gelegte Schenkelenden
- zu kurze oder zu weite Hufeisen
- Hufeisen ohne Abdachung oder Brechung der inneren Kante der Tragfläche bei weiten Hufen
- zu festes Aufliegen des Steges auf dem Strahl
- zu langes Liegen der Hufeisen (Einwachsen)
- Nageldruck (S. 264)

Auch können krankhafte Formveränderungen der Hornkapsel, ein in die seitliche Strahlfurche eingeklemmter Fremdkörper oder eine Hufknorpelverknöcherung verursachend sein.

Diagnose

Bei der Hufuntersuchung mit der Zange und bei Hammerperkussion ist über dem Entzündungsherd ein erhöhter Druckschmerz auslösbar. Die Mittelfußarterie zeigt bei Palpation eine vermehrte Füllung und eine gering- bis mittelgradige Pulsation. Die Befunde sind mit denen der gesunden Extremität zu vergleichen. Die Stützbeinlahmheit verstärkt sich beim Vortraben auf hartem Boden bzw. zeigt auf weichem Boden eine geringere Intensität.

Bei der chronischen Form sind die Symptome schwächer ausgeprägt. Differenzialdiagnostisch müssen eine eitrige Huflederhautentzündung und eine Hufbeinfraktur ausgeschlossen werden.

Behandlung und Prognose

Die Ursachen sind abzustellen. Das betroffene Lederhautareal ist vor Druck zu schützen, z. B. durch Anbringen einer Schwebe, eines Lederstreifens, einer Ledersohle mit lockerer Wergpolsterung oder eines Deckeleisens.

Unmittelbar nach Entstehung einer umschriebenen Lederhautquetschung durch z. B. den Tritt auf einen Stein empfiehlt sich ein kühlender Hufverband über 24 h. Danach kann für 2–3 Tage mit feuchter Wärme die Durchblutung gesteigert und die Heilung gefördert werden. Bis zum Abklingen der Lahmheit ist Boxenruhe bei weicher Einstreu angezeigt.

Eine zirkumskripte aseptische Huflederhautentzündung hat i. A. eine günstige Prognose. Bei Vernachlässigung kann die Erkrankung jedoch in eine chronische, langwierige und schleichend verlaufende Form übergehen.

Saumlederhautentzündung

Definition

Eine Saumlederhautentzündung ist gekennzeichnet durch einen chronisch-wuchernden (proliferativen) Entzündungsprozess. Die überschießende Verhornung der Saumepidermis führt zu borkigen Auflagerungen der Glasurschicht.

Erscheinungsbild

Die Haare über dem Kronrand sind gesträubt. Durch eine Überproduktion spröden, bröckligen Horns der Glasurschicht erscheint die Hufoberfläche nicht mehr glatt und glänzend, sondern borkig und von grauweißer Farbe (▸ **Abb. 10.79**). Es bestehen keine Schmerzhaftigkeit und daher keine Lahmheit.

Ursachen

Eine Saumlederhautentzündung entsteht meist durch fehlende oder schlechte Hufpflege bzw. durch die Verwendung von ungeeigneten (z. B. Motorenöle oder Wagenschmiere), ranzigen, gesalzenen oder säurehaltigen Huffetten. Meist steht die chronische Saumlederhautentzündung im Zusammenhang mit Strahlfäule oder Strahl- bzw. Hufkrebs.

Diagnose

Das Erscheinungsbild ist typisch. Bei Kaltblütern mit starkem Behang kann die Erkrankung leicht übersehen werden.

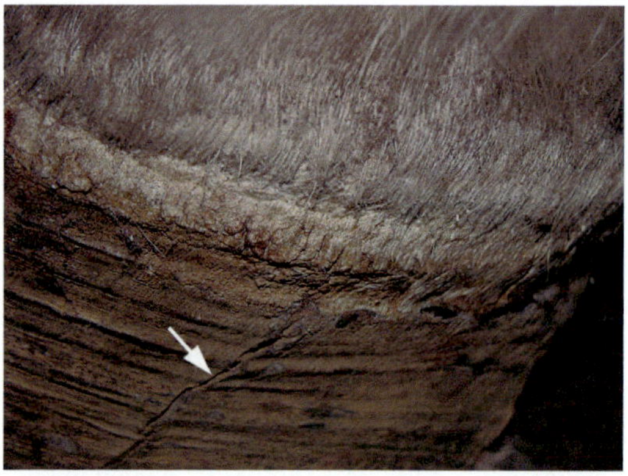

▸ **Abb. 10.79** Chronische Saumbandentzündung bei Hufkrebs. Typisch für die chronische Saumbandentzündung sind die borkigen Auflagerungen und die zahlreichen Ringe. Haare am Kronrand wurden gekürzt. Zusätzlich sieht man im Bild noch einen oberflächlichen Hornspalt (Windriss; Pfeil).

Behandlung und Prognose

Neben dem Abstellen der Ursachen erfolgt ein vorsichtiges Ablösen der borkigen Auflagerungen mittels Seifenbädern (Kernseife) und -waschungen. Danach fettet man mit Vaseline oder mit Prednisolonsalben. Die Krone kann mit Lorbeersalbe massiert werden. Ein Zusatzfutter mit Vitamin A ist empfehlenswert. Die Prognose muss vorsichtig gestellt werden.

Nichtinfektiöse diffuse Huflederhautentzündung

Definition

Die nichtinfektiöse diffuse Pododermatitis (P. aseptica diffusa) ist gekennzeichnet durch eine ausgedehnte entzündliche Erkrankung der gesamten Huflederhaut oder von Abschnitten davon, verbunden mit einer Lahmheit.

Erscheinungsbild und Vorkommen

Die aseptische diffuse Lederhautentzündung entsteht vorwiegend an den Hufen der Vordergliedmaßen im Bereich der Sohle und des Hufbeinträgers an den Dorsalwänden, s. Hufrehe (S. 272).

Erkrankte Pferde zeigen meist eine deutliche, akute Stützbeinlahmheit. Die Hufe sind vermehrt warm und reagieren auf Zangendruck und Hammerperkussion schmerzhaft. Die Anzeichen einer diffusen Lederhautentzündung sind ähnlich, aber deutlicher als bei der P. aseptica circumscripta. Die Pulsation der Mittelfußarterie ist verstärkt, z. T. klopfend. Die erkrankte Gliedmaße wird im Stand geschont oder nur mit der Hufspitze aufgesetzt.

Ursachen

Mögliche Ursachen von aseptischen diffusen Huflederhautentzündungen sind:

- großflächige Schädigungen der Huflederhaut
- Quetschungen verschiedenster Art
- fehlerhaftes Zubereiten des Hufs zum Beschlag, insbesondere zu starkes Ausschneiden der Sohle oder starkes Kürzen der Hufe
- fehlerhafter Beschlag bei Flach- oder Vollhuf

Ausgedehnte Huflederhautquetschungen können auch durch Schlagen mit dem Huf gegen Wände entstehen.

Thermische Verletzungen der Huflederhaut werden immer wieder als Ursache diskutiert. Untersuchungen haben gezeigt, dass Verbrennungen im Zusammenhang mit dem Beschlag jedoch nur vorkommen können, wenn bei extrem gekürzten oder abgelaufenen Hufen übermäßig aufgesengt wird.

Erfrierungen der Huflederhaut sind bis −50 °C bei unverletzter Hufkapsel auszuschließen.

Diagnose

Die Diagnose erfolgt analog zur P. aseptica circumscripta (S. 266). Im Rahmen der Diagnostik darf nur vorsichtig nachgeschnitten werden, um ein Durchschneiden und eine sekundäre Infektion zu vermeiden.

Eine Hufbein- oder Hufbeinastfraktur (Röntgen) und eine infektiöse Huflederhautentzündung sind auszuschließen. Ein feucht-warmer Angussverband über ca. 3 Tage führt bei einer P. aseptica zum Abklingen der Schmerzsymptomatik, bei Vorliegen einer eitrigen Huflederhautentzündung zum Aufbruch an der Krone.

Behandlung

Die Therapie erfolgt analog zur nichtinfektiösen lokal umschriebenen Huflederhautentzündung. In der akuten Phase sind ein Abnehmen der Eisen, Boxenruhe bei weicher Einstreu und die Gabe von nichtsteroidalen Entzündungshemmern (Meloxicam, Phenylbutazon, Flunixin o. ä.) angezeigt. Nach Abklingen der akuten Lahmheit kann ein Beschlag mit guter Abdachung oder Brechung der inneren Kante der Tragfläche und mit stoßdämpfender Einlage (Ledersohle) angebracht werden.

10.6.5 Infektiöse Entzündungen der Huflederhaut

Definition

Bei der infektiösen Huflederhautentzündung (Pododermatitis infectiosa) handelt es sich um eine durch unterschiedliche Infektionserreger hervorgerufene entzündliche Erkrankung der Huflederhaut, die immer mit einer Lahmheit einhergeht. Je nach beteiligten Erregern und Ausdehnung der Erkrankung besteht die Gefahr des Übergreifens der Infektion auf das Hufbein und Hufgelenk, des Ausschuhens und einer aufsteigenden Allgemeininfektion.

Vorkommen und Einteilung

Eine infektiöse Pododermatitis tritt vor allem an Sohlen-, Strahl- und Wandlederhaut auf. Die Infektion erfolgt entweder unmittelbar mit einer perforierenden Verletzung der Hornkapsel, s. Nageltritt (S. 262), oder durch Eindringen von pyogenen oder putriden Infektionskeimen über die vorgeschädigte weiße Linie. Sporenlose Anaerobier können das Horn der weißen Linie zersetzen (keratolytische Wirkung). Nach dem Charakter der Entzündung teilt man die infektiösen Lederhautentzündungen ein in:

- oberflächliche eitrige Huflederhautentzündung (Pododermatitis purulenta superficialis; ▶ **Abb. 10.80a**)
- tiefe eitrige Huflederhautentzündung (Pododermatitis purulenta profunda; ▶ **Abb. 10.80b**)
- jauchige Huflederhautentzündung (Huflederhautbrand, Pododermatitis gangraenosa)
- absterbende Huflederhautentzündung (Pododermatitis necroticans)

Oberflächliche eitrige Huflederhautentzündung (Pododermatitis purulenta superficialis)

Erscheinungsbild

Betroffene Pferde zeigen eine Stützbeinlahmheit. Die Pulsation der Mittelfußarterie ist an der erkrankten Gliedmaße verstärkt. Solange der Eiter nicht abfließen kann, steigt der Druck auf die Lederhaut, und die Lahmheit ist meist hochgradig.

Bei längerem Bestehen der Erkrankung breiten sich die Entzündung und der Eiter weiter aus. Dabei geht der Eiter den Weg des geringsten Widerstands und wandert zwischen Lederhautblättchen und Wandhorn nach oben, bis es zum Aufbruch im Saumbereich an Krone oder Ballen kommt. Die Beschaffenheit des Eiters gibt einen Hinweis auf den Erkrankungstyp: Bei der oberflächlichen Huflederhautentzündung ist der Eiter grauschwarz, dünnflüssig und manchmal übelriechend. Der Geruch des Eiters hängt mit der die Infektion verursachenden Bakterienart zusammen. Die dunkle Färbung entsteht durch die Zersetzung des Hufhorns.

Mit dem Abfluss des Eiters sinkt der Druck in der Hornkapsel und die Lahmheit wird geringer. Wenn die Erkrankung nicht erkannt oder fachge-

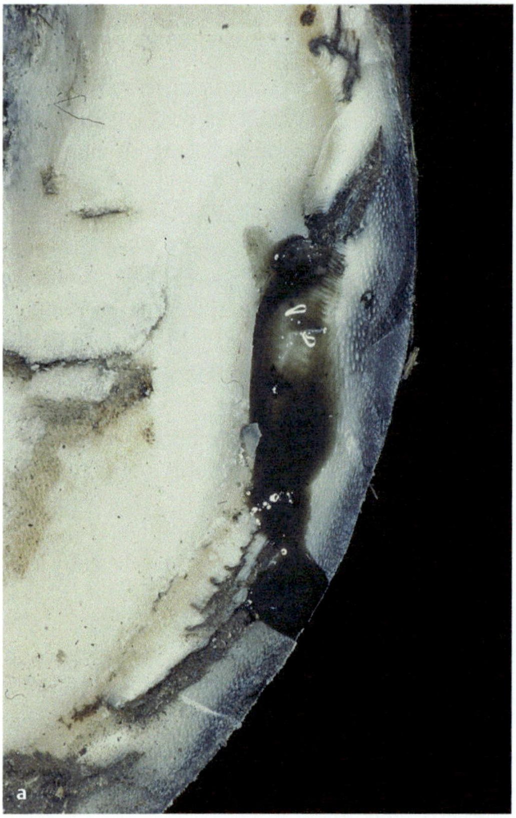

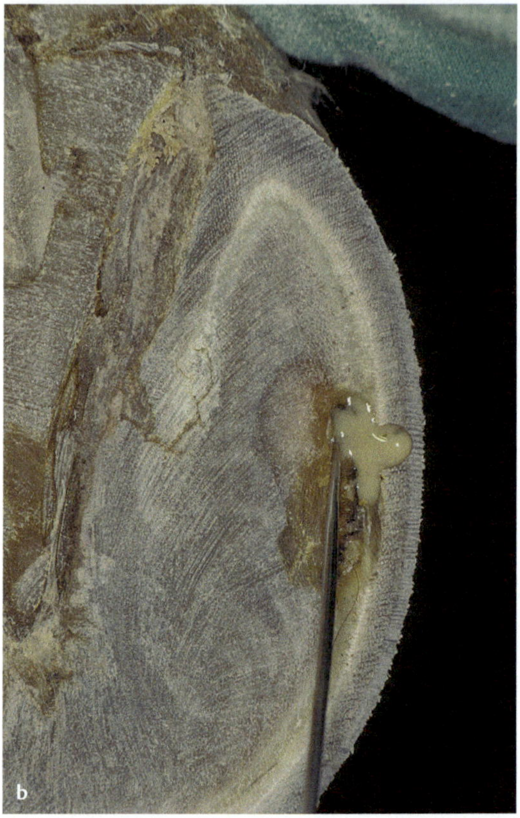

▶ **Abb. 10.80** Eitrige Huflederhautentzündung.
a Typischer Befund bei **oberflächlicher** eitriger Huflederhautentzündung. Beim Nachschneiden entleert sich schieferfarbener dünnflüssiger Eiter.
b **Tiefe** eitrige Huflederhautentzündung mit Abfluss von gelbem Eiter.

recht behandelt wird, kommt es mit erneuter Eiteransammlung wieder zur deutlichen Lahmheit, es entsteht ein **Hufgeschwür** bzw. **Hufabszess**. In der Folge kann es zu einer **Doppelsohlenbildung** kommen, d. h., unter der von der Lederhaut abgelösten Sohle kann sich eine neue, zweite Sohle bilden.

Ursachen
Die eitrige Huflederhautentzündung entwickelt sich als Folge einer eitrigen Wundinfektion. Als Erreger kommen vorrangig Streptokokken (Streptococcus equi) und Staphylokokken (Staphylococcus aureus) in Frage. Der häufigste Ort der Entstehung einer eitrigen Huflederhautentzündung befindet sich im Bereich der weißen Linie, wenn nicht sinnfällig Schäden des Hufhorns, wie z. B. durchdringende Hornspalten, Steingallen im Sohlenschenkel, Nageltritt oder dergleichen, vorliegen.

Diagnose
Eine eitrige Huflederhautentzündung ist meist gut zu diagnostizieren. Neben einer Stützbeinlahmheit und verstärkter Pulsation der Mittelfußarterie zeigen die Pferde auf Zangendruck Schmerzen im erkrankten Hufbereich. In den allermeisten Fällen sieht man in der weißen Linie an einer Stelle eine grauschwarze Verfärbung des Horns, die beim Nachschneiden deutlicher und feucht wird. Beim weiteren Nachschneiden über dem Schmerzpunkt zeigt sich Eiter. Im Unterschied dazu erscheinen bei intakter Huflederhaut kleine rote Blutpunkte. Eine Doppelsohlenbildung kann die Diagnosestellung erschweren. In unklaren Fällen empfiehlt sich ein feuchtwarmer Angussverband für 2–3 Tage.

Differenzialdiagnostisch sind neben der aseptischen Huflederhautentzündung auch Hufbein- und Strahlbeinfrakturen abzugrenzen.

Behandlung und Prognose

Der Eiter zwischen Lederhaut und Hornkapsel muss abfließen können. Bei einem lokal umschriebenen Hufabszess führt teilweise das Schneiden eines sohlenwärts angelegten trichterförmigen Lochs zum Erfolg. Nach Abfluss des Eiters wird mit Jodoformäther desinfiziert und die Stelle mit Mull und geteertem Werg verschlossen und ein Hufverband oder ein Hufeisen aufgebracht. Der Behandlungserfolg ist nach 2 Tagen zu kontrollieren.

Sollte nach 2-maliger Behandlung keine Besserung eingetreten sein, muss ebenso wie bei ausgedehnten eitrigen Huflederhautentzündungen **chirurgisch** vorgegangen werden. Die Operation erfolgt unter Esmarchscher Blutleere. Das gesamte unterminierte Horn im Bereich der weißen Linie, der Sohle oder der Wandabschnitte muss abgetragen werden, bis überall Anschluss zum gesunden Gewebe besteht. Jodoformäther wirkt desinfizierend und blutstillend. Anschließend muss ein Druckverband angelegt werden, um die Huflederhaut zu schützen und einem Lederhautvorfall vorzubeugen. Die wichtigste Voraussetzung für eine gute Verhornung ist ein gleichmäßiger Druck. Hierfür eignet sich ein Hufverband, ein Splintverband oder auch ein Deckeleisen. Bei 7- bis 14-täglichem Verbandwechsel ist die Heilung zu kontrollieren. Nach 3–4 Wochen ist mit einer vollständigen Verhornung zu rechnen.

Die Prognose ist bei einer oberflächlichen eitrigen Huflederhautentzündung gut.

Tiefe eitrige Huflederhautentzündung (Pododermatitis purulenta profunda)

Erscheinungsbild

Das Allgemeinbefinden ist meist gestört und die Tiere haben Fieber. Betroffen sind alle Schichten der Huflederhaut. Es bleibt nicht nur bei einer Trennung zwischen Lederhaut und Hornkapsel, sondern Lederhautblättchen und -zöttchen werden durch den eitrigen Prozess eingeschmolzen und es können sich Abszesshöhlen bilden **(Hufabszess)**. Die Pferde zeigen eine mittel- bis hochgradige Stützbeinlahmheit und eine deutliche, klopfende Pulsation der Mittelfußarterie. Charakteristisch sind die Bildung und Ansammlung eines dickflüssigen, rahmartigen gelben Eiters.

Ursachen

Eine tiefe eitrige Huflederhautentzündung kann aus einer Pododermatitis superficialis entstehen. Bei beiden Formen der Huflederhautentzündung sind dieselben Eitererreger anzutreffen.

Diagnose

Hochgradige Lahmheit und klopfende Pulsation der Mittelfußarterie bei gleichzeitiger Störung des Allgemeinbefindens sind typische Anzeichen. Auf Zangendruck und Beklopfen reagieren die Pferde deutlich. Die Beschaffenheit des Eiters ist charakteristisch.

Behandlung und Prognose

Die lokale Behandlung ist analog zur oberflächlichen eitrigen Huflederhautentzündung. Das gesamte unterminierte Horn muss abgetragen und der Eiterherd entfernt werden. Die lokale Behandlung erfolgt mit Jodoformäther. Anschließend wird ein Druckverband angelegt. Bei schweren Fällen mit fieberhafter Allgemeinerkrankung erfolgt zusätzlich zur Hufoperation eine systemische antibiotische und antiphlogistische Behandlung. Die Pferde sind bei weicher Einstreu in einer Box aufzustallen.

Die Prognose ist i. A. gut, jedoch kann der eitrige Prozess in das Hufgelenk oder die Hufrolle einbrechen.

Jauchige Huflederhautentzündung (Pododermatitis gangraenosa)

Erscheinungsbild

Es besteht eine hochgradige Lahmheit bei klopfender Pulsation der Mittelfußarterie. Meist besteht Fieber. Die erkrankte Lederhaut zeigt eine graugrüne bis schwarz-blaue Verfärbung, der Eiter ist dünnflüssig, grau-rötlich bis schokoladenfarben und stinkend. Die jauchige Huflederhautentzündung hat die Tendenz zur raschen Ausbreitung auf die umliegenden Gewebe wie Hufbein, tiefe Beugesehne usw. und kann zum Ausschuhen bzw. zur Allgemeininfektion führen.

Ursachen

Die eitrige Pododermatitis geht unter der Einwirkung von Fäulniserregern in eine meist lokalisierte jauchige (gangränöse) Huflederhautentzündung über.

Diagnose

Typische lokale Veränderungen wie stinkender, jauchiger Eiter und grau-rötliche bis braun-schwarze Verfärbung der Lederhaut sowie ein gestörtes Allgemeinbefinden begründen die Diagnose.

Behandlung und Prognose

Die Behandlung erfordert eine gründliche und radikale Entfernung des erkrankten Gewebes bis weit ins Gesunde. Die Wunde wird mit desinfizierenden Lösungen gespült und unter Druckverband genommen. Eine lokale und allgemeine Antibiose sind erforderlich. Zusätzlich werden nichtsteroidale Antiphlogistika verabreicht. Eine eventuelle zusätzliche Allgemeinbehandlung richtet sich nach der Symptomatik. Die Prognose ist schlecht. Nur eine frühzeitige und intensive Behandlung ist erfolgversprechend.

Absterbende Huflederhautentzündung (Pododermatitis necroticans)

Erscheinungsbild

Eine Nekrose der Huflederhaut tritt meist lokal umschrieben als trockene Nekrose auf. Im Unterschied zur jauchigen Huflederhautentzündung kann das Allgemeinbefinden lange Zeit ungestört bleiben. Zangendruck und Hammerperkussion sind positiv.

Ursachen

Lederhautnekrosen entstehen in der Mehrzahl durch Druck (z. B. bei Senkung des Hufbeins bei Rehe) oder Lederhautquetschungen und dadurch hervorgerufene Durchblutungsstörungen. Die Infektion entsteht meist erst sekundär. Lederhautnekrosen sind auch nach Nervenschädigung (Neurektomie) beschrieben und führen zum Ausschuhen. Auch eine Mutterkornvergiftung (Ergotismus) kann eine trockene Nekrose der Körperspitzen verursachen.

Behandlung und Prognose

Eine trockene, umschriebene Nekrose wird konservativ mit Salben unter Verband behandelt. Nur bereits demarkierte und abgelöste Lederhautpartien werden entfernt. Bei bestehender Infektion sind die Verbände regelmäßig zu wechseln. Umschriebene Nekrosen der Lederhaut sind heilbar. Bei ausgedehnten, diffusen Nekrosen ist ein Ausschuhen zu befürchten.

10.6.6 Hufrehe

Definition

Als Hufrehe (Hufverschlag, Pododermatitis aseptica diffusa) bezeichnet man eine diffuse Entzündung der Huflederhaut, die mit einer Schädigung des Hufbeinträgers einhergeht. Im Extremfall kann es zum völligen Funktionsverlust des Hufbeinträgers und zum Ausschuhen kommen.

Der **Hufbeinträger** ist im Bereich des Wandsegments des Hufs lokalisiert. Das Hufbein wird durch den Hufbeinträger innerhalb der Hornkapsel in einer Schwebeposition gehalten. Der Druck des Körpergewichts, der auf das Hufbein wirkt, wird durch den Hufbeinträger in Zugkräfte umgewandelt und auf die Wand der Hornkapsel und am Tragrand auf die Bodenfläche übertragen.

Die lamellenartigen Blättchen sind der Hauptanteil des Hufbeinträgers. Im englischen Sprachraum wird die Rehe daher als **Laminitis** – Entzündung des Blättchenapparats – bezeichnet.

Die Schädigung des Hufbeinträgers geht mit einer Ablösung der Oberhaut von der Lederhaut einher, die in eine **Hufbeinverlagerung (Hufbeinrotation oder -senkung)** münden kann. Es können aber auch alle vier Anteile des Hufbeinträgers (S. 121) (dermale Anfangsverankerung, 1. Zwischenverankerung (dermo-epidermale Basalmenbran), 2. Zwischenverankerung im Oberhautanteil (Gleithaft) und epidermale Endverankerung ▸ **Abb. 4.42**) von der Hufrehe betroffen sein.

Erscheinungsbild und krankhafte Veränderungen

Alle Pferderassen können an Hufrehe erkranken, hauptsächlich sind jedoch verschiedene Ponyrassen, Isländer und Haflinger betroffen. Vorrangig sind die beiden Vorderhufe erkrankt, es können aber auch alle 4 Hufe betroffen sein. Die krankhaften Prozesse spielen sich bei der Hufrehe vorwiegend am Hufrücken (Vorderwand) ab und können sich auf die Seitenwände und die Sohle ausdehnen.

Zu Erkrankungsbeginn in der **Initialphase** sind noch keine klinischen Rehesymptome erkennbar. Die Dauer dieser Phase beträgt bei toxischer Hufrehe ca. 12–72 Stunden. Wurde die Hufrehe mechanisch verursacht, verlängert sich die symptomlose Initialphase auf ca. 8 Tage.

Beim klinischen Bild der Hufrehe unterscheidet man das akute Stadium vom chronischen Stadium.

Das **akute Stadium** (Pododermatitis aseptica diffusa acuta) ist vor allem durch die klassischen Entzündungssymptome geprägt.

Die klinischen Anzeichen sind bei der Fütterungsrehe etwa 24 Stunden nach übermäßiger Kraftfutteraufnahme zu erwarten. Als Ausdruck einer systemischen Erkrankung kommt es zum Anstieg der Puls- und der Atemfrequenz sowie der Körpertemperatur. Die erkrankten Pferde zeigen Muskelzittern, Schweißausbruch sowie z. T. Durchfall.

An den Hufen erscheint am Kronsaum eine Rötung, und am Kronsaum sowie teilweise auch an der Hufwand ist vermehrte Wärme zu fühlen. Entzündungsmediatoren und Flüssigkeitsaustritt aus den Blutgefäßen führen zu einem extrem schmerzhaften Anstieg des Gewebedrucks in der Wandlederhaut unter dem Hornschuh.

Infolge der Erkrankung zeigen die Pferde Bewegungsunlust und eine typische Haltung. Zur Entlastung werden die meist stärker erkrankten Vorderhufe nach vorn und die Hinterbeine unter den Körper gestellt. Es werden verstärkt die Trachten belastet.

Die Lahmheit bei akuter Rehe wird nach Obel entsprechend den charakteristischen klinischen Symptomen in 4 Grade eingeteilt, die einen Hinweis auf die Schwere der Rehe geben.

Überblick

Differenzierung von Hufrehesymptomen in Obel-Grade bei der akuten Rehe

Grad 1

- in Ruhe wechselseitiges Entlasten der Gliedmaßen
- der Schritt ist lahmheitsfrei
- kurzer, gebundener Trab
- Wendeschmerz

Grad 2

- kurzer, gebundener Schritt
- Trab erfolgt auf hartem Boden widerwillig
- hochgradiger Wendeschmerz
- Hufeaufheben ohne Schwierigkeiten möglich

Grad 3

- widerwillige Bewegung im Schritt und Trab
- Schwierigkeiten beim Aufheben einer Gliedmaße

Grad 4

- Pferd ist ohne Zwang nicht vorwärtszubewegen
- Pferd weigert sich, von weichem auf harten Boden zu wechseln
- ein Aufheben der Gliedmaßen ist nicht möglich

Bei der akuten Rehe zeigen die Pferde meist die stärksten klinischen Symptome an den beiden Vorderhufen, es können aber auch alle 4 Hufe erkranken. Dann liegen die Pferde viel. Schmerzen und Destruktion des Hufbeinträgers führen zu einer gestörten Funktion.

Beim seltenen **perakuten Krankheitsverlauf** mit vollständigem Funktionsverlust des Hufbeiträgers kann es zum frühen Ausschuhen (Exungulation) kommen. Erste Anzeichen dafür sind ein starkes Einsinken der Krone und Ablösungen am Kronsaum verbunden mit hochgradiger Lahmheit.

Überblick

Akute Rehe

Das klinische Bild bei **akuter Rehe** umfasst:

- Lahmheit, Wendeschmerz und Trachtenfußung (pantoffelnder Gang)
- positive Zangenprobe und Perkussion am Hufrücken
- verstärkte Pulsation an der Mittelfußarterie
- sägebockartige Gliedmaßenstellung (▶ **Abb. 10.81**) mit untergeschobenen Hintergliedmaßen
- Schweißausbruch
- Muskelzittern
- Erste Anzeichen einer Hufbeinsenkung werden an einer rinnenartigen Absenkung der Haut oberhalb des Kronsaum sichtbar.

Die Hufrehe geht in das **chronische Stadium** (Pododermatitis aseptica diffusa chronica) über, wenn es zur Hufbeinrotation oder -senkung kommt. Eine Verlagerung des Hufbeins kann bereits in den ersten Tagen der Erkrankung entstehen. Am Anfang sind die klinischen Anzeichen ähnlich denen der akuten Rehe. Mit fortschreitender Erkrankungsdauer kommt es bei chronischer Rehe innerhalb von Wochen und Monaten zur Ausbildung eines typischen **Rehehufs**. Pferde mit chronischer Rehe zeigen häufig wiederkehrende, sog. **rezidivierende akute Reheschübe.**

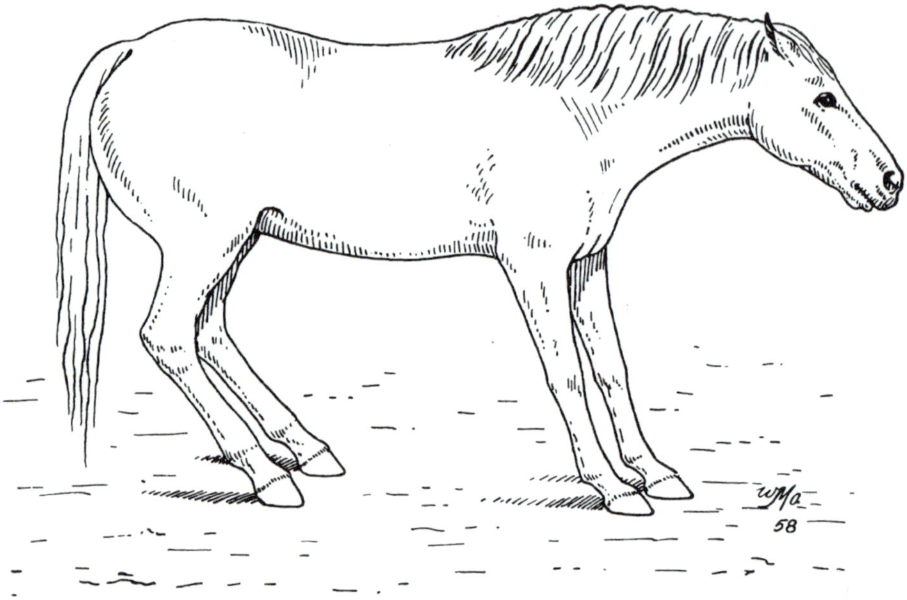

► **Abb. 10.81** Pferd mit typischer Gliedmaßenstellung bei akuter Rehe.

Überblick

Chronische Rehe

Im **chronischen Stadium ohne akute Symptomatik** wird klinisch der **typische Rehehuf** erkennbar:

- Einsinken der Krone (rinnenförmige Vertiefung der Haut über dem Saumband)
- Vorwölbung der Sohlenfläche vor der Strahlspitze bzw. Verlust der konkaven Sohlenwölbung mit Ausbildung eines Flach- oder Vollhufs, evtl. Durchbruch der Hufbeinspitze
- divergierende Reheringe (durch vermindertes Hornwachstum im Bereich der Dorsalwand, ► Abb. 10.82)
- konkave Verbiegung der Vorderwand bis zur Knollhufbildung
- hohe Trachten
- Verbreiterung der weißen Linie
- verminderte Hornqualität
- klammer Gang mit Trachtenfußung
- Pulsation kaum bis mittelgradig verstärkt

▼

▼

Im **chronischen Stadium mit rezidivierendem akutem Reheschub** beobachtet man neben dem Rehehuf die typischen akuten Rehesymptome.

Im chronischen Stadium können zusätzlich spezielle **Komplikationen** auftreten:

- lose oder hohle Wand
- Sohlendurchbruch
- eitrige Huflederhautentzündung
- Hufbeindeformierung, -nekrose oder -fraktur
- totale oder partielle Saumbandablösung
- Ausschuhen

Ursachen

Bezogen auf die Krankheitsursache unterscheidet man die toxinbedingte, die hormonell bedingte und die mechanisch ausgelöste Hufrehe.

Toxinbedingte Hufrehe

Eine toxinbedingte Rehe entsteht bei der Freisetzung von bakteriellen Endotoxinen.

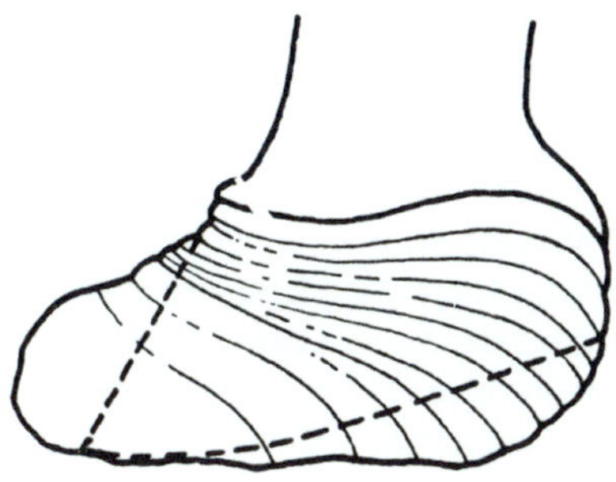

▶ **Abb. 10.82** Pferdehuf mit typischen Reheringen bei chronischer Hufrehe und Kürzen des Rehehufs (schematisch).

Dies ist bei der **Fütterungsrehe** zu beobachten, bei der es durch die Aufnahme von kohlenhydratreichen Substanzen (Kraftfutter, Getreide, fruktanreichen Gräsern = Grasrehe) zur Verschiebung der Darmflora, zum pH-Wert-Abfall und durch das Absterben von Darmbakterien zur massenhaften Freisetzung von bakteriellen Endotoxinen im Dickdarm kommt, die in die Blutbahn gelangen.

Ein ähnlicher Mechanismus liegt bei **systemischen Erkrankungen** wie Infektionskrankheiten, z. B. Salmonellose oder Blutvergiftung (Sepsis), Nachgeburtsstörungen (Geburtsrehe) und Erkrankungen des Magen-Darm-Traktes (Kolik, Colitis) vor. Auch hier kommt es zu einer starken Aufnahme von Endotoxinen aus verschiedenen Organen, z. B. dem Darm oder der Gebärmutter in die Blutbahn.

Die bakteriellen Endotoxine gelangen über die Blutbahn in den Huf und führen zu einer Aktivierung von Matrix-Metalloproteinasen, die zu einer Ablösung von Leder- und Oberhaut in der Basalmembran führen und eine Entzündung auslösen. Daneben rufen Endotoxine Durchblutungsstörungen in der terminalen Endstrombahn im Sinne einer disseminierten Gerinnungsstörung (Thrombozytenaggregation, Verlangsamung der Fließgeschwindigkeit, Bluteindickung) hervor. Dadurch werden die Schädigung und Entzündung des Hufbeinträgers verstärkt.

Eine Vergiftungsrehe kann auch durch **pflanzliche Giftstoffe** entstehen, z. B. nach Aufnahme von Eibenzweigen.

Hormonell bedingte Hufrehe

Zu einer hormonell bedingten Rehe kommt es im Zusammenhang mit einer gesteigerten Aktivität der Nebennierenrinde beim Cushing-Syndrom sowie beim equinen metabolischen Syndrom (EMS).

Beim **Cushing-Syndrom** des Pferdes, das i. A. auf ein Hypophysenadenom zurückzuführen ist, führt eine vermehrte Produktion von ACTH zu einer Überproduktion von Kortisol in der Nebenniere. Neuerdings wird das equine Cushing-Syndrom als Dysfunktion der Pars Intermedia der Hypophyse (Pituitary Pars Intermedia Dysfunction – PPID) bezeichnet.

Beim **equinen metabolischen Syndrom (EMS)** hemmen Glukokortikoide sowie Störungen des Insulinstoffwechsels die Glukoseaufnahme in die Zelle. Ein damit im Zusammenhang stehender erhöhter Glukosespiegel im Blut führt ebenfalls zur Schädigung der Basalmembran.

Auch medikamentös verabreichte hohe Dosen von **steroidalen Entzündungshemmern** (Glukokortikoide) durch den Tierarzt können einen Reheschub auslösen.

Mechanisch bedingte Hufrehe

Eine mechanisch ausgelöste Rehe entsteht durch das Einwirken traumatischer Ereignisse und liegt bei **Belastungshufrehe** vor. Ursächlich sind hier Überbelastungen bei schmerzhaften Erkrankungen der kontralateralen Gliedmaße und bei langen Märschen auf hartem Boden mit starkem Hornabrieb oder bei dünner Sohle.

Entstehung der Erkrankung

Die lokalen Mechanismen bei der Entstehung der Hufrehe (Pathogenese) in der **Initialphase** werden unterschiedlich erklärt:

Die **Vasokonstriktionstheorie** geht davon aus, dass die Endotoxine gefäßaktive Mediatoren (z. B. Histamin) freisetzen, die zu einer sog. disseminierten Gerinnungsstörung führen. Im kapillären Endstromgebiet kommt es zur Umleitung des Blutes durch arteriovenöse Anastomosen (Shunts), ernährende Kapillaren werden weniger oder kaum noch durchblutet. Weiterhin kommt es durch den sistierenden bzw. stark verlangsamten Blutstrom zur Verklumpung der Blutzellen (Thrombozyten- und Erythrozytenaggregation) und zur Ausbildung von Mikrothromben. Die Verlangsamung der Fließgeschwindigkeit des Blutes und die gefäßaktiven Substanzen führen im Kapillarbereich zur Permeabilitätserhöhung und zum Austritt von Flüssigkeit aus den Lederhautgefäßen. Dadurch entwickelt sich eine lokale Mangeldurchblutung (Ischämie) der Lederhautlamellen, die Ernährung der Epidermis (Oberhaut) ist nicht mehr gewährleistet und die innige Verzahnung des Hufbeinträgers zwischen Ober- und Lederhaut geht – unterstützt durch den Zug der tiefen Beugesehne – verloren.

Die **Matrix-Metalloproteinasen-Theorie** erklärt die Hufrehe durch eine primär entzündungsbedingte Schädigung der Basalmembran. Bakterielle Endotoxine (z. B. von Streptococcus bovis) führen zu einer Imbalance bzw. zu einer Aktivierung der Matrix-Metalloproteinasen in der Basalmembran. Daraus resultiert ein Funktionsverlust dieser Grenzmembran, der mechanische Zusammenhalt zwischen Leder- und Oberhaut geht verloren. Die Ernährung der gefäßfreien Oberhaut über die Basalmembran ist dadurch nicht mehr gewährleistet, und eine schwerwiegende Schädigung der Keratinbildung sowie der Verhornung sind die Folge.

Auch die Hufrehe beim EMS kann mit der Matrix-Metalloproteinasen-Theorie erklärt werden. Beim EMS kann die Glukose nicht mehr für die Energiegewinnung in den epidermalen Basalzellen genutzt werden. Damit einher geht eine Aktivierung der Matrix-Metalloproteinasen.

Die Initialphase bei der **Belastungsrehe** ist gekennzeichnet durch eine Kompression und Abknickung der kapillären Blutgefäße.

Mit Auftreten der typischen Symptome geht die Initialphase in die **akute Hufrehe** über. Die klinischen Anzeichen sind abhängig vom Schweregrad der Schädigung des Hufbeinträgers.

Abhängig von der Destruktion des Hufbeinträgers (S. 122) kann es in unterschiedlichem Ausmaß zur **Hufbeinsenkung** und/oder **-rotation** kommen. Diese Veränderungen am Hufbein münden in die **chronische Hufrehe**. In diesem Stadium kann es im Bereich der primären und sekundären Horn- und Lederhautblättchen zu Mikrorissen und Auffaserungen kommen.

Typisch für die chronische Rehe ist eine **Verbreiterung der weißen Linie**. Das dabei gebildete Narbenhorn ist minderwertig und bröckelig. Dadurch verliert die weiße Linie zunehmend ihre Barrierefunktion gegenüber aufsteigenden Infektionen.

Bei schwerem Krankheitsverlauf führt die Nekrose des alten Hufbeinträgers und Neubildung eines zweiten Hufbeinträgers zu einer **deutlichen Hufbeinverlagerung** und vermehrter Narbenhornbildung. Hieraus kann im weiteren Verlauf die Ausbildung einer **hohlen Wand** resultieren.

Im ungünstigen Fall kann es bei rezidivierenden Schüben unterstützt durch den Zug der tiefen Beugesehne zu einem zunehmenden Rotationswinkel mit **Durchbruch der rotierten Hufbeinspitze**, Hufbeindeformierung und **Infektion des Hufbeins** (Osteomyelitis) kommen.

Ein vollständiger Funktionsverlust des Hufbeinträgers führt zum **Ausschuhen** (Exungulation).

Diagnose

Die Diagnose basiert auf den beschriebenen klinischen Erscheinungen und dem röntgenologischen Befund.

Die **Röntgenuntersuchung** dient der Beurteilung der pathologisch-anatomischen Veränderungen (Hufbeinsenkung und/oder -rotation), der Ab-

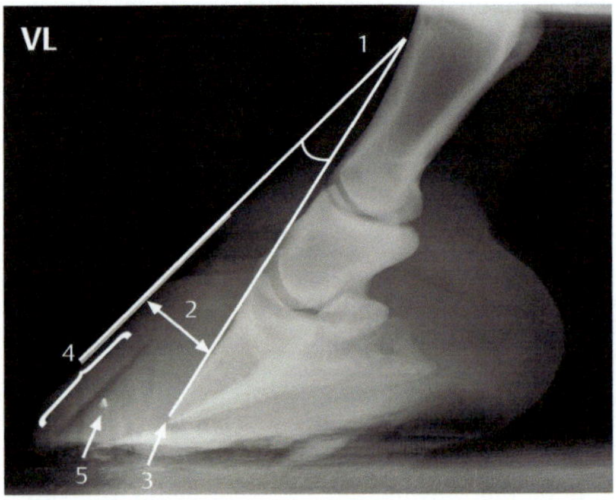

▸ **Abb. 10.83** Röntgenbild bei chronischer Hufrehe mit zusätzlichem Befund einer hohlen Wand. Befunde der chronischen Hufrehe: **1** Hufbeinrotation mit Divergenz zwischen dorsaler Huf- und Hufbeinwand; **2** deutlich verbreiterter Abstand von Horn- und Hufbeinwand; **3** Hufbeinspitze abgesenkt. Befunde der hohlen Wand: **4** Aufhellungslinie im Bereich der dorsalen Hufwand durch Lufteinschluss. Zusätzlich sieht man eine Verschattung metallischer Dichte **(5)** – Hinweis auf einen abgebrochenen Hufnagel.

schätzung der Prognose und der Kontrolle des Behandlungserfolgs. Des Weiteren ist sie Grundlage für die orthopädische Bearbeitung des Hufs.

Die Aufnahmen werden im **latero-medialen Strahlengang** angefertigt (▶ **Abb. 10.83**), bei einem akuten Schub möglichst bereits innerhalb der ersten beiden Tage nach Auftreten der ersten Symptome. Gegebenenfalls ist die Röntgenuntersuchung nach einigen Tagen zu wiederholen. Weiterhin ist es sinnvoll, eine **0°-Aufnahme** des Hufbeins anzufertigen, um mögliche Struktur- und Konturveränderungen im Sohlenrandbereich beurteilen zu können. Eine dorso-palmare/plantare Aufnahme (0°) ist besonders bei einer Belastungsrehe sinnvoll, da es hierbei zu einer Rotation des Hufbeins um seine Längsachse mit lateraler Absenkung kommen kann.

Eine **Kontrastmitteldarstellung der Gefäße (Phlebografie/Arteriografie)** kann die Durchblutungsverhältnisse am Huf sichtbar machen.

Als **Markierungspunkte** bei der latero-medialen Röntgenaufnahme (90°-Aufnahme) dienen ein auf der Dorsalwand des Hufs, beginnend am Kronsaum, aufgebrachter Metallstab sowie ein im Bereich der Strahlspitze aufgebrachter Pin. Zusätzlich kann die Unterseite des Hufs zur Beurteilung der Sohlendicke mit Bariumsulfat ausgestrichen werden.

Überblick

Winkel- und Streckenmessungen beim Röntgen von Rehehufen (▶ Abb. 10.84)

- **A**: Hufwinkel (Winkel zwischen Dorsalwand des Hufs und Sohlenfläche [Basisfläche])
- **B**: Hufbeinwinkel (Winkel zwischen Dorsalwand des Hufbeins und Sohlenfläche [Basisfläche])
- **D**: dorsale Hufwanddicke (Distanz zwischen dorsaler Hufwand und dorsaler Hufbeinkontur, gemessen an 3 Messpunkten)
  D 1 - proximale Messstrecke (unmittelbar distal des Proc. extensorius)
  D 2 – mittlere Messstrecke (Mitte Hufbein)
  D 3 – distale Messstrecke (unmittelbar oberhalb der Hufbeinspitze)
- **L:** Länge des Hufbeins
- **S**: Abstand des Hufbeins zur Sohle (an der Hufbeinspitze kleiner als an den Hufbeinästen)
  S 1 vordere Messstrecke (Hufbeinspitze – Sohle)
  S 2 mittlere Messstrecke (Hufbein in Höhe der Strahlspitze – Sohle)
  S 3 hintere Messstrecke (Kaudalrand Hufbein – Sohle)
- **R**: Rehestrecke nach Eustace (Höhenunterschied Kronsaum – Processus extensorius)

Hufbeinrotation

- Messung von A und B
- Divergenz von Horn- und Hufbeinwand: B–A; günstige Prognose, wenn < 7°
- Messung der Sohlendicke (S 1 bis S 3) oder des Palmarwinkels

Die Destruktion des Hufbeinträgers betrifft vor allem den distalen Teil der dorsalen Hornwand, so dass es in diesem Bereich zur Lockerung der Zellverbindungen und zur Nekrose kommt. Der Zug der tiefen Beugesehne führt zu einer Rotation nach kaudodistal.

Hufbeinsenkung

- Abstand von Horn- und Hufbeinwand (normal beim Warmblüter 19 ± 1,5 mm [46]): nur einsetzbar, wenn keine vorangegangene Hufkorrektur, keine Knollhufe
- Messung nach Linford: prozentualer Anteil von D 1, D 2, D 3 an L; günstige Prognose, wenn proximal < 35 %, mittig < 37 %, distal < 40 % [74]
- Rehestrecke nach Eustace (R): Höhenunterschied Kronsaum/Processus extensorius

Eine Hufbeinsenkung entsteht, wenn sich das Hufbein auf seiner gesamten Fläche vom Trageapparat gelöst hat.

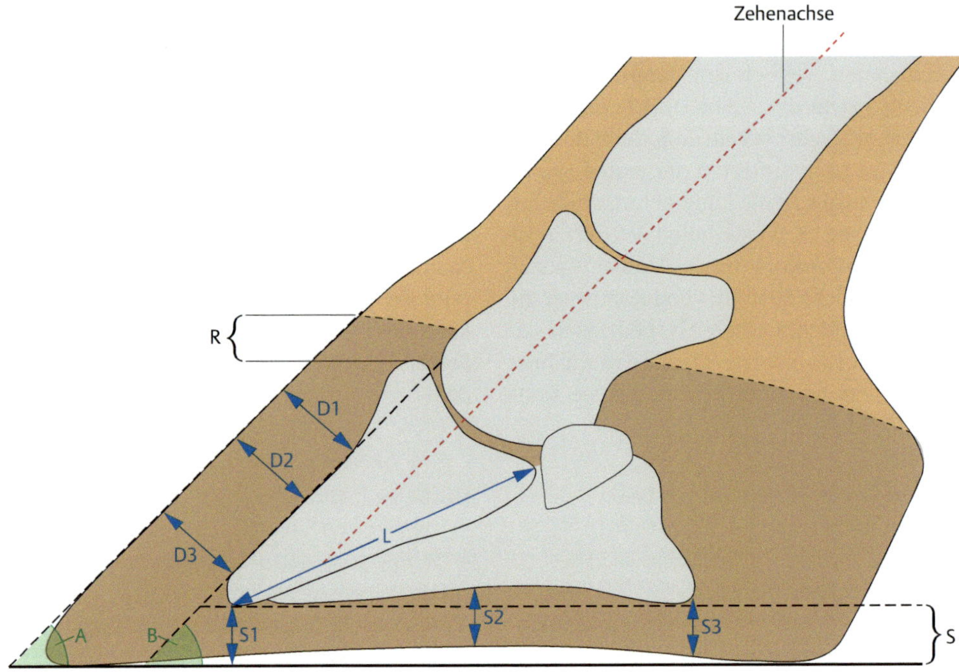

▶ **Abb. 10.84** Skizze zum Röntgenbild im latero-medialen Strahlengang mit Winkel- und Streckenmessungen. **A** Winkel zwischen Dorsalwand des Hufs und dem Boden; **B** Winkel zwischen Dorsalwand des Hufbeins und dem Boden; **D** Hufwanddicke - Distanz zwischen dorsaler Hufwand und dorsaler Hufbeinkontur, gemessen an 3 Messpunkten, **D 1** proximale Messstrecke (unmittelbar distal des Proc. extensorius), **D 2** mittlere Messstrecke (Mitte Hufbein), **D 3** distale Messstrecke (unmittelbar oberhalb der Hufbeinspitze); **L** Länge des Hufbeins; **S** Sohlendicke - Abstand des Hufbeins zur Sohle (bei gesunden Pferden ist S 1 < S 3; Palmarwinkel zwischen Margo solearis des Hufbeins und dem Boden ca. 3–10°); **S 1** vordere Messstrecke (Hufbeinspitze – Sohle); **S 2** mittlere Messstrecke (Hufbein in Höhe der Strahlspitze – Sohle); **S 3** hintere Messstrecke (Palmar-/Plantarrand Hufbein – Sohle); **R** Rehestrecke nach Eustace (Höhenunterschied Kronsaum – Processus extensorius).

Überblick

Röntgenschwellige Veränderungen an Huf und Hufbein beim chronischen Rehehuf

- **Aufbiegung des Margo solearis, Hutkrempenbildung, Bruch der Hufbeinspitze:** Folgeerscheinung einer Hufbeinrotation durch Druck der Hufbeinspitze gegen die Sohle
- **Atrophie des Margo solearis:** bei Hufbeinrotation durch Druck der Hufbeinspitze gegen die Sohle
- **Ostitis rarefaciens:** an Dorsalwand oder Sohlenfläche des Hufbeins, Knochenstruktur/-kontur durch Knochenabbau zerfranst und unregelmäßig
- **Ostitis ossificans:** Hyperostosen und Verdickung des Knochengewebes, vor allem der Facies parietalis; röntgenologisch als sklerosierte, raue Zubildungen der Dorsalwand sichtbar
- **Osteolyse:** Deformierungen des Hufbeins, eingeschmolzene Knochenstruktur (▶ **Abb. 10.85**)
- **Strahlbeinatrophie:** Durch Hufbeinrotation und Zug der tiefen Beugesehne zeigt das Strahlbein (druckbedingt) eine Auflockerung der Knochenstruktur.
- **Aufhellungszonen im Hufhorn:** aufgehellte Zonen zwischen Dorsalwand und Hufbein infolge Verbreiterung der weißen Linie bzw. durch Lufteinschlüsse im Sinne einer losen oder hohlen Wand

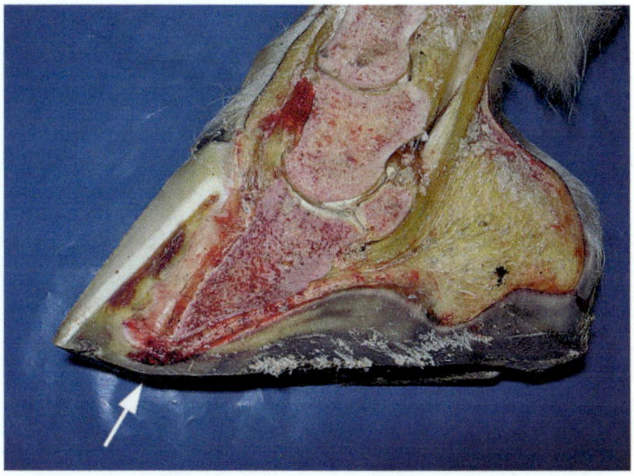

▶ **Abb. 10.85** Sagittalschnitt durch einen chronischen Rehehuf mit Hufkapselrotation. Die Hufkapsel hat sich vom Hufbein abgehoben, die Zehenachse ist noch nahezu ungebrochen. Im Bereich der Hufbeinspitze Einblutung mit Vorwölbung der Sohle, kurz vor dem Sohlendurchbruch (Pfeil).

Behandlung

Die Behandlung ist abhängig von Stadium und Schweregrad der Reheerkrankung.

Merke

Die akute Rehe gilt als dringender Notfall. Es gilt, die Behandlung vor einer Hufbeinverlagerung einzuleiten bzw. diese zu verhindern.

Die **Ursachen** der Rehe sind abzuklären und abzustellen. Das bedeutet z. B. im Falle einer übermäßigen Kohlenhydrataufnahme eine Futterumstellung auf Heu, restriktive Fütterung und ggf. eine Magenspülung. Die Darmpassage ist mit Hilfe von Laxanzien zu beschleunigen. Bei Geburtsrehe ist die Nachgeburtsverhaltung zu beseitigen.

Bei **akuter Rehe** sind die Pferde in einer Box weich aufzustallen (Sand, tiefe Torf- oder Lohebox). Bei ersten Anzeichen der akuten Rehe wird in den ersten 3 Tagen eine **Kryotherapie** empfohlen. Hierfür werden die Pferde in ein kaltes Wasserbad gestellt, oder die erkrankten Hufe sind kalt anzugießen.

Ein **Aderlass** (2 l Blut/100 kg KM) wirkt der Ödembildung entgegen und dient der Ausschwemmung von Toxinen. Eine unmittelbar anschließende intravenöse Gabe von kolloidalen Infusionslösungen (oder Ringer-Lösung) verbessert die Durchblutung der Huflederhaut.

Es werden bei akuter Rehe verschiedene **Medikamente** empfohlen, deren Wirkung aber z. T. fraglich ist. Heparin soll die Bildung von Blutgerinnseln (Mikrothromben) verhindern. Der Verbesserung der Durchblutungsverhältnisse am Huf dient auch die Gabe von Acepromazin (Gefäßerweiterung; alle 8 Stunden 0,02–0,06 mg/kg KM i. m.). Wegen des damit verbundenen Blutdruckabfalls sollte Acepromazin nicht unmittelbar nach einem Aderlass verabreicht werden. Die sedierende Wirkung von Acepromazin führt weiterhin zur Ruhigstellung bzw. zum Niederlegen der Pferde. Die Hufe werden dadurch entlastet und einer Hufbeinrotation wird vorgebeugt.

Nichtsteroidale Entzündungshemmer (NSAIDs), z. B. Phenylbutazon, Flunixin-Meglumin, Azetylsalizylsäure, Meloxicam oder Firocoxib, werden gegen die Entzündung und Schmerzen verabreicht. Vor einer zu hohen Dosierung der NSAIDs ist zu warnen, da sich die Pferde unter der schmerzstillenden Wirkung mehr bewegen und dadurch der Zug der tiefen Beugesehne eine Hufbeinrotation begünstigt. Weiterhin werden Isoxsuprin und DMSO zur Behandlung der akuten Rehe empfohlen. Lokale Anwendung von Nitroglycerin in Salben- und Verbandform soll die Durchblutung verbessern. Nach Meinung aktueller Studien werden Nitroglyzerinderivate nicht von der Pferdehaut resorbiert.

Bei Pferden, bei denen die Rehe auf einem hypophysären Cushing beruht, ist eine zusätzliche medikamentöse Dauerbehandlung mit Pergolid durchzuführen.

Wesentlich ist eine dem Stadium der Erkrankung angepasste **orthopädische Behandlung**. Bei akuter Rehe verfolgt die orthopädische Behandlung das Prinzip, erkrankte Hufabschnitte zu entlasten und den Zug der tiefen Beugesehne zu verringern. Die Sohle sollte bis zu einer gedachten Linie daumenbreit hinter der Strahlspitze entlastet werden. Der Strahl ist mit gleichzeitiger Trachtenhochstellung zu unterstützen (Gips, Huflederkitt, lilly-pads).

Bei akuter Rehe sollten beim beschlagenen Pferd in jedem Falle die **Zehennägel entfernt** werden und eine **Zehenschwebe** (Unterbrennen oder mittels Säge) ist anzubringen. Evtl. vorhandene Aufzüge sind dabei zu entfernen.

Ein **Entfernen der Hufeisen** kann erfolgen, wenn es der Zustand des Patienten erlaubt und damit keine zu starke Traumatisierung des Hufs zu befürchten ist. Im Fall von schlechter Hufpflege, zu langer Zehe bzw. eines schon längere Zeit überfälligen Beschlagwechsels sind ein Abnehmen der Eisen und eine schonende Hufzubereitung sinnvoll.

Mit Hilfe von **Rehegipsverbänden** nach Huskamp oder mittels **Reheschuh** mit Trachtenkeil wird der Huf im Trachtenbereich keilförmig um ca. 3–4 cm hochgestellt und so der Zug der tiefen Beugesehne am Hufbein reduziert, um der Gefahr einer weiteren Hufbeinrotation entgegenzuwirken.

Bei der **chronischen Hufrehe** stehen die orthopädischen Behandlungsmaßnahmen im Vordergrund. Grundlage hierfür sind tierärztliche Verlaufs- und Röntgenkontrollen. Grundsätzlich sind bei der Hufzubereitung die Sohle und der Strahl zu schonen. Ebenso sind die Trachten zu schonen und hoch zu belassen. Bei Bedarf sind die Trachten bis zum stützfähigen Horn zu kürzen und orthopädisch zu erhöhen. Die dorsale Hufwand ist zu strecken und so weit wie möglich dünn zu raspeln, um deren Hebelwirkung zu minimieren und wieder eine **Parallelität zwischen Hufbein und dorsaler Hornkapsel** herzustellen. Dieses Ziel ist meist nur über mehrere Beschlagsperioden zu erreichen.

Zusätzlich kann an der dorsalen Hufwand ca. daumenbreit unterhalb des Kronsaums eine **horizontale Rinne** (Bolz-Rinne) durch das Röhrchenhorn bis auf das Blättchenhorn geschnitten oder geraspelt werden. Dadurch wird eine Druckentlastung erreicht und das vom Kronsegment gebildete Horn kann parallel zum Hufbein nach unten wachsen.

Chirurgische tierärztliche Therapieverfahren kommen meist erst bei chronischer Hufrehe mit speziellen Komplikationen zur Anwendung. Zu nennen sind die partielle Wandresektion, die chirurgische Therapie einer eitrigen Huflederhautentzündung nach Sohlendurchbruch und die Durchtrennung (Tenotomie) der tiefen Beugesehne bzw. ihres Unterstützungsbandes.

Spezielle Beschlagmethoden bei chronischer Hufrehe

Der orthopädische Hufbeschlag ist darauf ausgerichtet, eine möglichst breite Unterstützungsfläche zu bieten und Strahl sowie Trachtenwände verstärkt zum Tragen des Körpergewichts heranziehen. Das Hufeisen soll den Hufbeinträger entlasten und den Zug der tiefen Beugesehne bzw. die Hebelwirkung an der Hufbeinspitze während der Abrollphase verringern.

Dieses Ziel kann unterschiedlich erreicht werden, z. B. durch eine gute Zehenrichtung, die Verwendung eines Eisens mit geradem Zehenteil, durch ein zehenoffenes Eisen bzw. durch ein deutliches Zurücklegen des Hufeisens.

Es gibt verschiedene Möglichkeiten, einen Rehepatienten zu beschlagen oder mit einem temporären Hufschutz zu versehen, z. B. mit einem modifizierten Rehebeschlag nach Bolz-Sander (▶ **Abb. 10.86**), einem geklebten Hufschuh mit Umkehreisen, einer Reheplatte nach Stark-Guther, Heartbar-Hufeisen, NBS-Hufeisen, zehenoffenen glatten Hufeisen (Peter-Manning-Hufeisen) oder mit Rehecuffs. Zusätzlich kann eine Sohlenplatte (Leder, Kunststoff) oder hinter der Strahlspitze eine Sohleneinlage (Hufledekitt, Kunststoff) verwendet werden. Soll gleichzeitig noch eine Trachtenhochstellung mit abgeschrägtem Zehenteil erreicht werden, eignen sich geklebte Hufschuhe mit Trachtenkeilplatte oder ein Holzbeschlag nach O'Grady. Welche Variante die geeignetste ist, sollte individuell entschieden werden und richtet sich danach, ob der orthopädische Hufbeschlag zur Rehabilitation oder nach Ausheilung erfolgt.

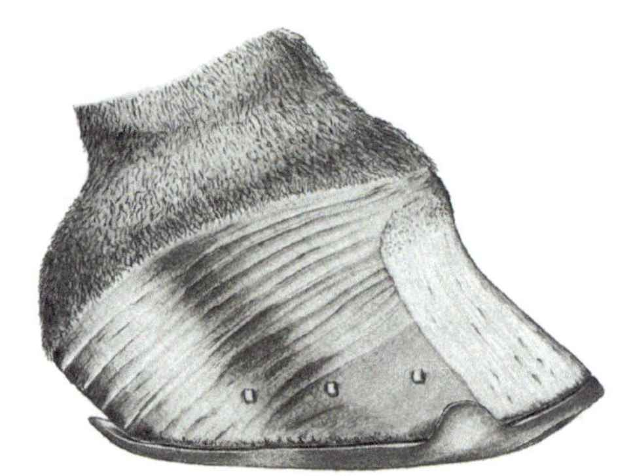

▶ **Abb. 10.86** Rehebeschlag nach Bolz-Sander (modifiziert). Hufeisen mit 2 seitlichen Zehenwandaufzügen sowie mit Zehen- und Trachtenrichtung (Trachtenaufzug) an den Schenkelenden. Die Zehenwand ist dünn geraspelt bzw. gefräst.

Prognose

Bei der Rehe ist die Prognose vorsichtig zu stellen. Kommt es zu einer Hufbeinverlagerung, ist oft eine langwierige Behandlung notwendig. Untersuchungen habe gezeigt, dass sowohl dem Grad der Hufbeinrotation als auch der Hufbeinsenkung eine prognostische Bedeutung (S. 275) zukommt. Pferde mit einem Rotationswinkel zwischen Hufbein und dorsaler Hufwand über 11,5° haben eine schlechte Prognose und bleiben meist chronisch lahm. Kommt es infolge der Rehe zu einem Sohlendurchbruch mit eitriger Huflederhautentzündung bzw. Hufbeininfektion oder zum Ausschuhen, ist die Prognose ungünstig bis infaust. Als langwierig mit häufig therapieresistentem Verlauf und infauster Prognose haben sich Rehefälle nach Verabreichung von Glukokortikoiden erwiesen.

10.6.7 Strahl- und Hornfäule

Strahlfäule

Definition

Unter Strahlfäule versteht man die Zersetzung und allmähliche Umwandlung des Strahlhorns in eine schmierige, übelriechende, missfarbene Masse durch Fäulniserreger (► Abb. 10.87).

Vorkommen und Erscheinungsbild

Strahlfäule ist häufiger an den Hinter- als an den Vorderhufen anzutreffen. Eine Rassedisposition ist nicht bekannt.

Die Strahlfäule nimmt meist in der mittleren Strahlfurche ihren Anfang, die durch den Substanzverlust sehr tief erscheint, so dass sie bereits bei der Besichtigung der Gliedmaßen von hinten auffällt. Sie kann aber auch von Taschen, Einrissen, losen Fetzen und stark zerklüftetem Strahlhorn ausgehen.

In den entstandenen Furchen sammeln sich **übelriechende, schmierige, grauweiße bis schwärzliche Belege**. Meist breitet sich der Fäulnisprozess von der mittleren Strahlfurche auf das Horn der übrigen Strahlteile aus. Das Horn des Hahnenkamms wird zuerst zerstört. Dadurch nähern sich die Strahlschenkel einander an, und die mittlere Strahlfurche wird zusammengepresst. Die Entstehung eines Trachtenzwanghufs wird begünstigt.

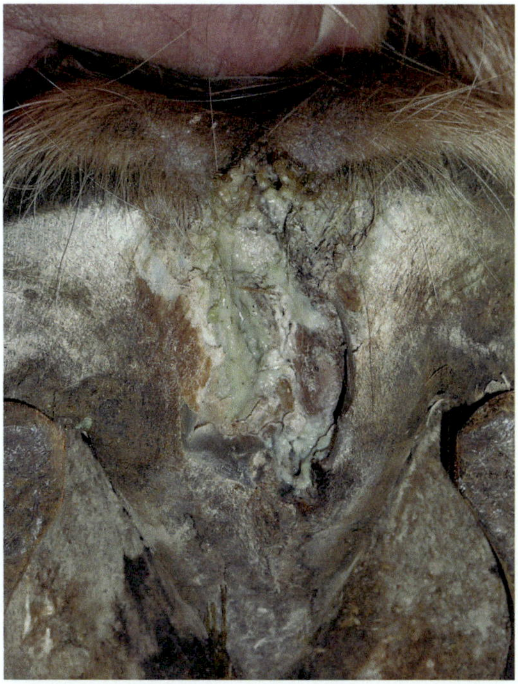

► **Abb. 10.87** Strahlfäule mit schmierigen Belägen an der mittleren Strahlfurche.

Auch das Ballenhorn kann einbezogen sein, quellen und sich von der Lederhaut abheben. Bei längerem Bestehen der Strahlfäule wird mitunter die Strahllederhaut vollständig vom Horn entblößt. Durch Quetschung der Lederhaut und sich festsetzende Fremdkörper wie Sand entstehen dann **entzündliche Reizzustände**, die eine **Lahmheit** bedingen.

Seltener pflanzt sich bei Strahlfäule ein entzündlicher Reiz auf die **Saumlederhaut** fort. Als Folge einer produktiven, langsam nach vorn (dorsal) fortschreitenden Saumlederhautentzündung produziert die Epidermis im Bereich der Saumlederhaut vorübergehend vermehrt lockeres Horn. Es bilden sich dadurch die für Strahlfäule charakteristischen Ringe. Im Gegensatz zu anderen Ringen am Huf stellen die **Strahlfäuleringe** schmale Auflagerungen auf der Hornwand dar, die die Form einer unregelmäßigen Schnur haben und mit dem Hornwachstum allmählich bodenwärts geschoben werden. Da sich die Erkrankung von den Ballen nach vorn ausbreitet, verlaufen die Strahlfäuleringe schräg nach vorn und liegen an den Trachtenwänden tiefer (► **Abb. 10.88**).

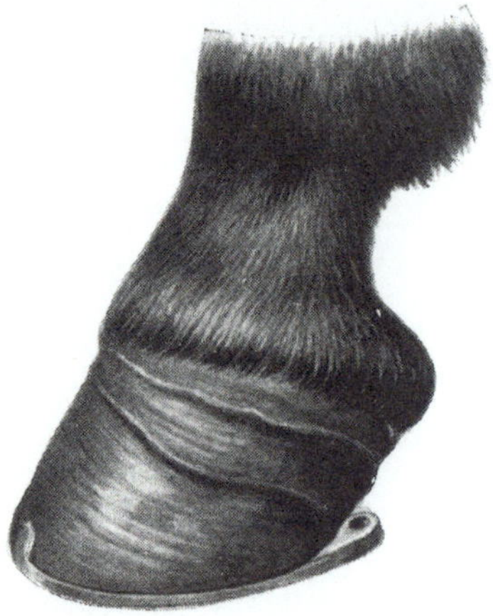

▶ **Abb. 10.88** Huf mit Strahlfäuleringen.

Ursachen

Die Entstehung der Strahlfäule wird begünstigt durch:

- enge Hufe mit verhältnismäßig tiefer mittlerer Strahlfurche
- Risse oder Taschen
- mangelhafte Strahlzubereitung (Belassen von stark zerklüftetem Strahlhorn)
- ungenügende Bewegung
- einen Beschlag, der den Strahl teilweise oder ganz bedeckt (Steghufeisen, ungeeignete Einlagen)

Als eigentliche Ursache sind **Fäulniserreger** anzusehen, die überall im Boden vorkommen. Besonders sporenlose Anaerobier finden unter Luftabschluss ideale Bedingungen und wirken hornzersetzend (keratolytisch). Bei Vernachlässigung der Hufpflege, starker Verschmutzung, nasser Einstreu oder Weide und feuchter Witterung finden die Keime auf dem weichen Strahlhorn, das aus viel Zwischen- und wenig Röhrchenhorn besteht, einen geeigneten Nährboden.

Diagnose

Die Anzeichen der Strahlfäule sind typisch, und eine gründliche Betrachtung (Adspektion) der Hufe sichert die Diagnose. Strahlfäuleringe weisen auf das Vorliegen von Strahlfäule hin. Lediglich eine Verwechslung mit Strahlkrebs ist möglich, doch fehlen bei der Strahlfäule die für Strahlkrebs typischen Wucherungen der Strahllederhaut.

Behandlung und Prognose

Sämtliche losen Teile, Taschen und veränderten Hornmassen des Strahlhorns werden gründlich entfernt. Auf den betroffenen Strahl und die Strahlfurchen sind bis zur Abheilung regelmäßig Desinfektionsmittel (Iodoformether (4-10 %ig), Povidon-Jod, Wasserstoffperoxid-Lösung oder 10-20 %ige Zinksulfatlösung) aufzutragen. Akoholische Iodlösungen und Iodoformether haben neben der desinfizierenden Wirkung auch einen austrocknenden Effekt. Zur besseren Wirkung kann ein getränkter Wattebausch in die erkrankten Strahlfurchen eingedrückt werden. Kupfersulfatlösungen sind jahrzehntelang erfolgreich eingesetzt worden, sind aber in der EU arzneimittelrechtlich nicht mehr zur Therapie zugelassen. Bei Zinkmangelzuständen kann Zink (S. 144) in Form von Zinkchlorid, Zinksulfat oder Zink-Methionat zugefüttert werden.

Merke

Vor der Anwendung von zu hochprozentigen Lösungen ist zu warnen, da sie an der freiliegenden Strahllederhaut Verätzungen hervorrufen und den Strahl austrocknen können. Von dem Auftragen von Holzteer bei Strahlfäule ist ebenfalls abzuraten, da unter der Teerschicht der Fäulnisprozess fortschreitet.

Zum Schutz und zur Regulierung des Feuchtigkeitsgehalts kann auf das gereinigte Strahlhorn auch **Terpentinöl** gepinselt werden.

Die Haltungsbedingungen sind zusätzlich zu optimieren und begünstigende Faktoren auszuschalten. Durch regelmäßige Hufpflege und trockene Aufstallung kann der Strahlfäule vorgebeugt werden.

Die Strahlfäule hat eine gute Prognose. Folgeerscheinungen wie Saumlederhautentzündung und Trachtenzwanghuf sind schwieriger zu beseitigen.

Hornfäule

Definition

Bei Hornfäule läuft ein Fäulnisprozess innerhalb der Hornwand oder in der weißen Linie ab.

Erscheinungsbild

Naturgemäß ist von einer Hornfäule in erster Linie das Weichhorn betroffen. Infolgedessen findet man in **alten Nagelkanälen** oder im Hohlraum einer **hohlen Wand** einen meist geringgradig ausgebildeten Fäulnisvorgang, der durch eine dünne Schicht schmierigen und übelriechenden Zerfallshorns gekennzeichnet ist. Gegebenenfalls fällt im Anschluss an das Waschen und nachfolgende Trocknen von Hufen ein dunkel gefärbter Bezirk um ein altes Nagelnietloch herum auf. Die Erkrankung neigt wenig zur Weiterverbreitung.

Ein ähnlicher Zerfallsprozess kann sich gelegentlich im **Sohlenwinkel** abspielen, der dann mit dem Entstehen einer eitrigen Steingalle (S. 258) an dieser Stelle in ursächlichem Zusammenhang steht. Geringfügige und wenig ausgedehnte Fäulnisvorgänge werden nicht selten im Horn der **weißen Linie** angetroffen.

Man beobachtet um alte Nagellöcher herum schwarz-graue Verfärbungen, die beim Nachschneiden verschwinden.

Ursachen

Die Ursachen der Hornfäule sind ähnlich wie bei der Strahlfäule. Hohle oder lose Wand, mangelnde Hornqualität, Risse im Horn und zu lange Beschlagintervalle begünstigen die Entstehung von Hornfäule. Fäulniserreger zersetzen das Horn.

Merke

Vor Behandlungsfehlern bei hohler Wand ist zu warnen. Durch unhygienisches Aufbringen von Kunsthorn ohne ausreichende Reinigung, Desinfektion und Trocknung entstehen unter dem Kunsthorn ideale Gärkammern für Fäulniskeime.

Diagnose

Hornfäule erkennt man an den beschriebenen typischen Veränderungen.

Behandlung

Die Behandlung besteht im Reinigen, Umschneiden bzw. Abtragen der Fäulnisprozesse und in der Desinfektion z. B. mit Jodoformether.

10.6.8 Hufkrebs

Definition

Als Hufkrebs (Pododermatosis chronica verrucosa s. migrans) bezeichnet man eine chronisch verlaufende Störung der Hornbildung (Parakeratose), die mit einer Wucherung des Papillarkörpers der Huflederhaut und ausbleibender Verhornung einhergeht.

Vorkommen und Erscheinungsbild

Hufkrebs kommt vorrangig an den Hinterhufen bei Kaltblütern und schweren Warmblutpferden vor. Füchse sind häufiger erkrankt als Dunkelbraune oder Rappen. Selten ist nur ein Huf befallen. Nach der Lokalisation unterscheidet man Strahl-, Wand-, Eckstreben- und Sohlenkrebs. Man beobachtet fließende Übergänge.

Hufkrebs tritt meist am Strahl, aber auch an Eckstreben und Sohle auf und kann bei stärkerer Ausbreitung die Trachten und die gesamten Wandabschnitte befallen. Man findet unverhornte Abschnitte, die mit käsigen, übelriechenden Belägen bedeckt sind. Die erkrankte Lederhaut zeigt blumenkohlartige Wucherungen (▶ **Abb. 10.89**). Die Ausdehnung des Hufkrebses kann häufig erst nach Abtragen sämtlicher unterminierter Hornbereiche festgestellt werden. Bei Hufkrebs können die Trachtenwände konkav nach außen verbogen sein, da der Zusammenhang mit der darunterliegenden Lederhaut fehlt.

Die freiliegenden gewucherten Huflederhautzotten sind bei Berührung kaum schmerzhaft. Im Anfangsstadium zeigen hufkrebskranke Pferde gewöhnlich keine Lahmheit und die Erkrankung wird beim Ausschneiden durch den Hufbeschlagschmied festgestellt. Bei unebenem, hartem Untergrund können Blutungen und Lahmheit auftreten. Bei ausgedehnten Veränderungen zeigen die Pferde mittel- bis hochgradige Lahmheit, da tragfähige Wandabschnitte fehlen.

Im Zusammenhang mit länger andauerndem Strahlkrebs zeigen die erkrankten Hufe eine **chronische Saumbandentzündung** mit borkenartigen Auflagerungen am Kronrand und darüber struppierte, abstehende Haare. Bei umfangreichem Wandkrebs kann sich das Hufbein infolge Lockerung des Aufhängeapparats ähnlich wie bei der Hufrehe senken und es kann zum Ausschuhen kommen.

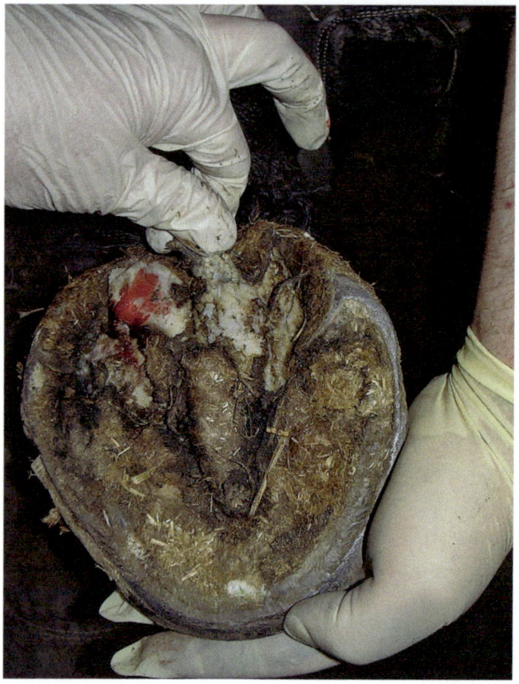

► **Abb. 10.89** Hufkrebs mit typischen blumenkohlartigen unverhornten Wucherungen des Papillarkörpers der Lederhaut.

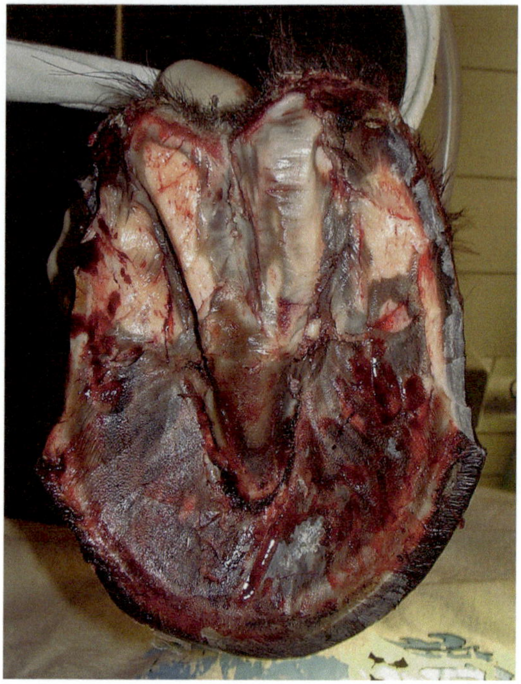

► **Abb. 10.90** Hufkrebs nach operativer Abtragung der veränderten Lederhaut.

Ursachen

Die Bezeichnung „Hufkrebs" geht auf das krebsartige Aussehen der warzenartigen (verrukösen) Wucherungen zurück. Es handelt sich bei der Erkrankung aber nicht um ein Karzinom. Die Erkrankung entwickelt sich vorwiegend bei Pferden, deren Hufe ständiger Nässe (sehr feuchte Weiden, mit Urin durchtränkte Einstreu) ausgesetzt sind, und bei vernachlässigter Hufpflege. Eine gewisse Veranlagung wird vermutet. Als spezifische Ursache wird ein Infektionsprozess mit Pilzen, sporenlosen Anaerobiern oder Viren vermutet. Ein eindeutiger Nachweis des auslösenden Agens mit Reproduktion der Hufkrebserkrankung steht noch aus.

Diagnose

Das klinische Bild der Hufkrebserkrankung ist so typisch, dass die Diagnose anhand der Adspektion und des aufdringlichen käsigen Geruchs gestellt werden kann. Verwechslungen sind lediglich mit der Strahlfäule möglich. Strahlfäule beginnt mit einer bakteriellen Zersetzung des Horns von außen, während Hufkrebs unter dem Horn beginnt.

Behandlung und Prognose

In leichten Fällen kann Hufkrebs **konservativ** behandelt werden. Nach unblutigem Abtragen aller käsigen Beläge und des unterminierten Horns wird der freiliegende, hyperplastische Papillarkörper mit adstringierenden, leicht ätzenden und desinfizierenden Medikamenten (z. B. Jodoformether, Salicylsäure, Müllersches Hufkrebspuder, 10 %iges Formalin) behandelt. Der erkrankte Huf erhält einen Beschlag mit einem Splintverband.

Mit dem erkrankten Pferd kann unter der Behandlung weiter gearbeitet werden, Bewegung fördert den Heilungsverlauf.

Bei der **operativen Behandlung** wird der gewucherte Papillarkörper radikal bis ins Gesunde abgetragen (► **Abb. 10.90**). Bei Strahlkrebs darf das bindegewebige Strahlpolster dabei nicht verletzt werden. Sind mehrere Hufe erkrankt, wird diagonal operiert. Zum Abschluss der Operation wird die erneute Verhornung durch austrocknende, adstringierende Mittel (s. o.) und durch Druck unter einem Splintverband oder Deckelhufeisen gefördert. Ein Verbandwechsel im Abstand von 8–10 Tagen erfolgt bis zur vollständigen Verhornung.

Die Behandlung von Hufkrebs ist zeitaufwändig und Aufgabe des Tierarztes. Sinnvoll ist eine gute Zusammenarbeit von Hufbeschlagschmied und Tierarzt. Zur Vermeidung von Rezidiven ist unbedingt auf eine trockene Aufstallung, regelmäßige Hufpflege und gute Stallhygiene zu achten.

Die Behandlung ist bei ausgedehntem Wand- oder Sohlenkrebs nicht immer erfolgreich. Die Prognose ist zweifelhaft, da Hufkrebs jederzeit erneut auftreten kann. Im rechtlichen Sinne gilt Hufkrebs als erheblicher und im Allgemeinen als verborgener Mangel.

10.6.9 Erkrankungen des Hufknorpels

Hufknorpelverknöcherung

Definition

Eine Verknöcherung des Hufknorpels (Ossificatio cartilaginis ungularis) ist eine allmählich fortschreitende Umwandlung des Hufknorpelgewebes in Knochen (► Abb. 10.91).

Vorkommen und Erscheinungsbild

Besonders anfällig für Hufknorpelverknöcherungen sind Pferde vom schweren Schlag. Leichtere Schläge bzw. Warmblutpferde neigen weniger zu dieser krankhaften Veränderung. Auch junge Pferde können erkranken. Die Vordergliedmaßen und hier besonders die äußeren (lateralen) Hufknorpel erkranken häufiger als die Hintergliedmaßen. Die Vordergliedmaßen unterliegen einerseits einer höheren Belastung (Gewicht des Kopfes) und andererseits zeigen eine Vielzahl der Pferde eine Außenwand- bzw. laterale Trachtenfußung.

Bei Hufknorpelverknöcherung werden die Trachten allmählich höher und der Huf nimmt eine stumpfere Form an. Im Allgemeinen behält der Knorpel unter der Verknöcherung seine Form bei, jedoch kann er in schweren Fällen eine unregelmäßige, raue Oberfläche zeigen und an Umfang zunehmen. Dann ist der betreffende Ballen nicht gerundet, sondern zeigt eine vergrößerte, höckerige, unregelmäßige Form. Beim Betasten fühlt man, dass der Hufknorpel ganz oder teilweise verhärtet ist und seine Elastizität verloren hat.

Eine vorhandene Hufknorpelverknöcherung kann monate- bis jahrelang ohne Lahmheit bleiben. Im fortgeschrittenen Stadium ist, auf hartem Untergrund stärker als auf weichem Boden, eine **Lahmheit**, häufiger aber **klammer, stumpfer Gang** zu beobachten, da meist beide Hufe eines Gliedmaßenpaars betroffen sind. Die Lahmheit entsteht durch Zerrungen und Entzündungen der Wandlederhaut über den veränderten Hufknorpeln, durch Übergreifen der Erkrankung auf die Hufknorpelbänder (Insertionsdesmopathie) und durch negative Beeinflussung des Hufmechanismus.

Im Trachten- und Eckstrebenbereich findet man nicht selten gelb-rötliche Verfärbungen der weißen Linie (Steingallen) infolge einer Quetschung der Wandlederhaut über den verknöcherten Hufknorpeln.

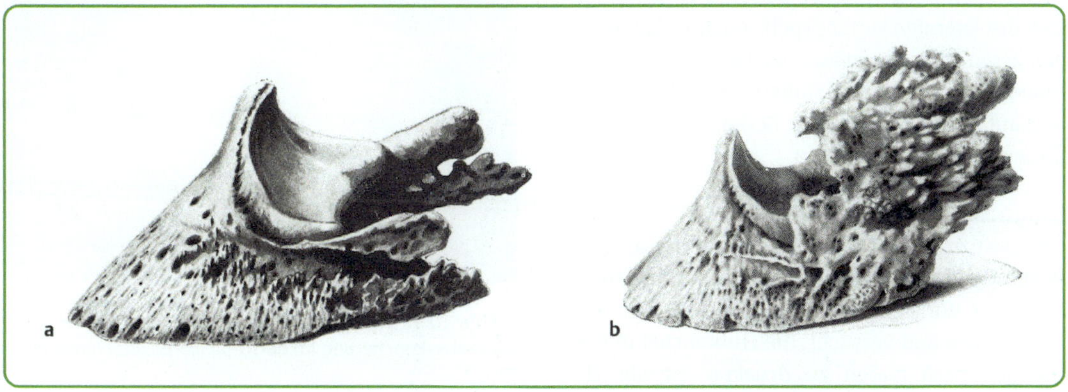

► **Abb. 10.91** Präparat von Hufbein und Hufknorpel bei Hufknorpelverknöcherung: **a** teilweise; **b** total.

Die knöchern vergrößerten Hufknorpel können im Extremfall Huf- und Krongelenk „schalenartig" umbauen und eine mechanisch bedingte Lahmheit verursachen.

Ursachen

Die Hufknorpelverknöcherung ist die Folge einer chronischen, aseptischen, produktiven Entzündung des Hufbeinastes und des daraufliegenden Knorpels. Der Prozess kann sowohl vom Hufbeinast, der Anheftungsstelle des Hufknorpels (Hufknorpelbänder), als auch vom Zentrum des Knorpels ausgehen.

Als Ursachen sind in erster Linie übermäßige Erschütterungen beim ständigen Gebrauch der Pferde auf harten Straßen zu nennen. Begünstigend wirken einseitige Belastungsverhältnisse, wie sie bei bodenenger, bodenweiter, o- und x-beiniger, zehenenger und zehenweiter Stellung sowie bei ausgeprägten diagonalen Drehungen der Gliedmaßen vorliegen.

Eine bei schweren, kaltblütigen Pferden häufig anzutreffende bodenenge Stellung begünstigt eine Verknöcherung der äußeren (lateralen) Hufknorpel. Bei Warmblutpferden spielt eher eine bodenweit-zehenweite Stellung bei der Verknöcherung der inneren (medialen) Hufknorpel eine Rolle. Bei jungen Pferden tritt eine Hufknorpelverknöcherung in Verbindung mit steilen, engen Hufen, Bockhufen und dem Tragrandzwang (S. 240) auf.

Wiederholte Kürzungs- und Beschlagfehler können ebenfalls eine Hufknorpelverknöcherung hervorrufen. Ausschließliches Kürzen des äußeren Tragrands nach der Fußungstheorie führt bei Außenwandfußung zu einer Verstärkung der bereits vermehrten Belastung der äußeren Hufabschnitte und des lateralen Hufknorpels. Auch zu langes Liegenlassen schief abgelaufener Hufeisen oder permanenter Gleitschutz (Stollen) bei ständiger Arbeit auf hartem, unebenem Boden sind in diesem Zusammenhang zu nennen.

Diagnose

Die Elastizität der Hufknorpel ist an der aufgehobenen Gliedmaße zu prüfen. Hierfür legt man beide Hände um die Krone sowie die Daumen in die Ballengrube und versucht, die Hufknorpel mit den Daumen nach außen zu drücken. Ist der Hufmechanismus infolge Hufknorpelverknöcherung eingeschränkt, lassen sich an den Schenkeln des Hufeisens keine Scheuerstellen mehr nachweisen.

Je nach Ausmaß der Wandlederhautquetschung über dem verknöcherten Hufknorpel und der Einschränkung des Hufmechanismus gehen die Pferde lahm. Auf weichem Boden verringert sich die Lahmheit oder verschwindet ganz. Manche Pferde mit Hufknorpelverknöcherung laufen sich ein.

Huf- und Krongelenkschalen (Arthrosen und Periarthritiden) sowie eine Hufrollenerkrankung (Podotrochlose) können ähnliche Symptome wie die Hufknorpelverknöcherung auslösen. Stützbeinlahmheit sowie Palpations- und Röntgenbefund (▶ **Abb. 10.92**) lassen eine Hufknorpelverknöcherung als Lahmheitsursache vermuten. Die Diagnose ist durch entsprechende Leitungsanästhesien zu sichern. Da eine Verknöcherung meist nur den äußeren oder inneren Hufknorpel betrifft, werden der Zehennerv bzw. seine Äste zunächst nur lateral oder medial betäubt.

Behandlung und Prognose

Eine anatomische Wiederherstellung ist ausgeschlossen. Ist das Pferd lahmheitsfrei, kann durch **orthopädische Maßnahmen** dem Fortschreiten des Verknöcherungsprozesses entgegengewirkt werden. Bei bestehender Lahmheit muss versucht werden, die Schmerzen zu lindern, um die Tiere gebrauchsfähig zu erhalten.

Der Huf wird zunächst fachgerecht zubereitet. Auf gleiche Höhe der Seitenwände ist zu achten. Bei **Verknöcherung der äußeren Hufknorpel** im Zusammenhang mit bodenenger Stellung und ent-

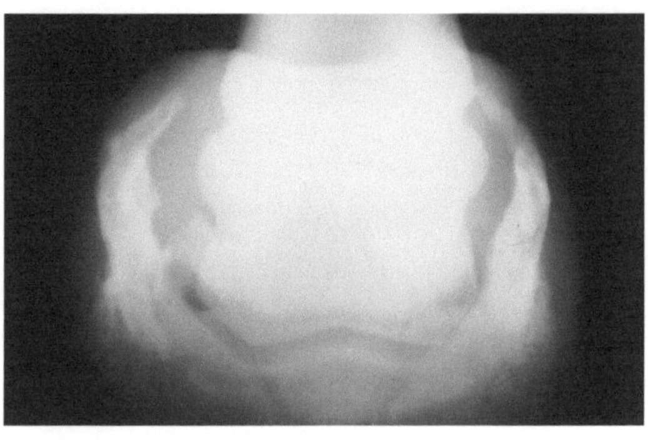

▶ **Abb. 10.92** Röntgenaufnahme bei hochgradiger Hufknorpelverknöcherung im dorso-palmaren Strahlengang (0°).

sprechender Hufform kommt es darauf an, durch eine ausbalancierte Hufzubereitung Gliedmaßenstellung und -führung zu beeinflussen und dadurch eine plane Fußung zu erreichen. Dadurch kann ein Fortschreiten der einseitigen Hufknorpelverknöcherung vermieden werden.

Das **Dünnraspeln der Hornwand** oder das Schneiden von verschiedenartigen **Entlastungsrinnen** (► **Abb. 10.46**) über den Seiten- bzw. Trachtenwänden führt zu einer Erweiterung der Hornkapsel über den verknöcherten Knorpeln.

Zum Beschlag eignen sich **Breitschenkelhufeisen** oder **breite, ausgeplattete Hufeisen**, ggf. mit stoßbrechenden Einlagen oder Lederstreifen. Der breite Schenkel wird auf die Seite der Hufknorpelverknöcherung gelegt.

Die Hufe können durch häufiges Baden oder feuchte Verbände mit anschließendem Einfetten weich gehalten werden.

Bei bestehender Lahmheit können verknöcherte Hufknorpel **chirurgisch** entfernt werden. Rezidive sind nicht sicher zu vermeiden.

Merke

Neurektomien sind bei Hufknorpelverknöcherung kontraindiziert, da die bekannten Komplikationen dieses Eingriffs hier vermehrt zur Wirkung kommen.

Auch eine völlige Verknöcherung des Hufknorpels muss nicht ursächlich zu einer Lahmheit führen. Eine Hufknorpelverknöcherung sollte aber bei der Kaufuntersuchung berücksichtigt werden, da sie eines Tages leistungseinschränkend werden kann.

Hufknorpelfistel

Definition

Bei der verletzungsbedingten Hufknorpelfistel (Fistula cartilaginis ungularis) besteht an Krone oder Ballen eine Fistelöffnung. Über Fistelkanal und Fistelöffnung entleert sich Eiter. Am Fistelgrund besteht eine umschriebene, infizierte Nekrose des Knorpelgewebes.

Vorkommen und Erscheinungsbild

Im Vergleich zur Hufknorpelverknöcherung ist die Hufknorpelfistel relativ selten. Sie tritt vorrangig an den Hufen der Schultergliedmaßen auf. Man beobachtet eine oder mehrere kraterartige Fistelöffnungen, aus denen mehr oder weniger ständig eine trübe, klebrige und etwas übelriechende Flüssigkeit in geringer Menge austritt. Manchmal ist der Eiter mit grünlichen, nekrotischen Knorpelstücken versetzt. Die Fistelöffnung befindet sich meist seitlich oberhalb der Krone oder am Ballen, selten in einer Trachtenecke.

Die Hufknorpelfistel ruft eine gering- bis mittelgradige Stützbeinlahmheit hervor. Zwischenzeitlich können die Pferde lahmheitsfrei sein. Unmittelbar nach Verletzung und bei umschriebener, eitriger Gewebeeinschmelzung (zirkumskripte subkoronäre Phlegmone) ebenso wie bei Verklebung der Fistelöffnung und Druckanstieg im Gewebe zeigen die Pferde eine deutliche Symptomatik mit einer verstärkten Pulsation der Mittelfußarterie.

Ursachen

Die Hufknorpelfistel entsteht nach Verletzungen und Wundinfektion des Hufknorpels, z. B. durch Ballen-, Kronen- oder Nageltritt, seltener infolge einer Vernagelung. Am häufigsten kommt als Ursache ein Kronentritt mit scharfen Stollen in Frage. Die Pferde können sich selbst verletzen. Bei Gespannpferden kann der laterale Hufknorpel durch Tritt vom Nachbarpferd betroffen sein. Neben den klassischen Eitererregern (Streptokokken und Staphylokokken) des Pferdes können auch sporenlose Anaerobier (Bacteroides- und Fusobakterien) nachgewiesen werden.

Diagnose

Bei eitrigem Aufbruch über dem Hufknorpel an Krone und Ballen muss an eine Hufknorpelfistel gedacht werden. Befindet sich die Fistelöffnung in einer Trachtenecke, muss eine eitrige Steingalle abgegrenzt werden. Mittels Perkussion und Hufzangenuntersuchung ist Schmerzhaftigkeit nachzuweisen. Die Pferde zeigen eine Lahmheit unterschiedlichen Grades.

Zur Absicherung der Diagnose wird der Fistelkanal mit einer biegsamen Metallsonde sondiert. Eine Verletzung des Hufgelenks ist dabei zu vermeiden! Eine Röntgenuntersuchung mit einem Kontrastmittel (Fistulografie) ist i. A. nicht erforderlich.

Behandlung und Prognose

Die Behandlung obliegt ausschließlich dem Tierarzt. Eine abwartende oder konservative Therapie ist kontraindiziert, da Huf- und Krongelenk miterkranken können.

Bei der chirurgischen Therapie wird das verletzte Hufknorpelgewebe umschnitten und partiell unter Schonung des Hufgelenks reseziert. Der Zugang erfolgt nach Hautschnitt von der Krone aus. Operationsverfahren mit Durchtrennung des Saumbands bzw. des Kronwulstes sind zu vermeiden, um Deformierungen des nachwachsenden Hufs vorzubeugen.

Zusätzlich erfolgt eine lokale oder allgemeine Antibiose.

Die Prognose ist am besten, wenn die frische Hufknorpelverletzung sofort chirurgisch versorgt wird. Ohne Anwendung eines operativen Verfahrens ist die Prognose schlecht.

10.6.10 Hufrollenerkrankungen

Definition

Die Hufrolle (Podotrochlea) besteht aus dem Strahlbein, dem Hufrollenschleimbeutel (Bursa podotrochlearis) und dem unteren Abschnitt der tiefen Beugesehne und spielt eine wichtige Rolle bei der Gelenkmechanik des Hufgelenks und der Funktion der tiefen Beugesehne. Strahlbein und Hufrollenschleimbeutel fungieren als Gleitlager (Hypomochlion) für die tiefe Beugesehne. Außerdem vergrößert das Strahlbein die Gelenkfläche im Hufgelenk.

Außer der möglichen Erkrankung der Hufrolle an einer infektiösen Hufrollenentzündung im Anschluss an einen Nageltritt (S. 262) können die Strukturen der Hufrolle auch an einer degenerativen Erkrankung, dem Podotrochlose-Syndrom, leiden.

Chronisch-aseptische Hufrollenerkrankung (Podotrochlose, Podotrochlose-Syndrom)

Definition

Als Podotrochlose bezeichnet man eine chronische, degenerative und progressive Erkrankung der Hufrolle, die alle 3 Bestandteile der Hufrolle, also Strahlbein, Hufrollenschleimbeutel (Bursa podotrochlearis) und tiefe Beugesehne, betreffen kann und eine der häufigsten Ursachen einer intermittierenden Vorderhandlahmheit darstellt.

Vorkommen und Erscheinungsbild

Das Auftreten der Krankheit wird fast nur an den Vordergliedmaßen beobachtet, meistens sind beide Gliedmaßen betroffen. In erster Linie erkranken Spring- und Dressurpferde (durch vermehrte Belastung der Vorhand), seltener Zugpferde. Man bezeichnet die chronische Hufrollenerkrankung deshalb auch als eine „Berufskrankheit der Reitpferde“ (Warmblüter). Bei Trabern können auch die Hintergliedmaßen betroffen sein. Araber und Ponys erkranken selten. Die Erkrankung wird hauptsächlich bei Pferden im Alter von 6–14 Jahren diagnostiziert. Das Durchschnittsalter liegt etwa bei 8 Jahren. Aber auch schon 3- und 4-jährige Pferde erkranken an Podotrochlose.

Die Podotrochlose entwickelt sich meist schleichend und wird daher erst spät erkannt. Die chronisch-degenerative Erkrankung der Hufrolle äußert sich in einer schmerzbedingten, gering- bis mittelgradigen **Stützbeinlahmheit** (S. 175) im Übergang zum Abrollen. Da häufig beide Vorderbeine erkranken, zeigen die Pferde einen **wenig schwungvollen Gang** mit flacher, stumpfer, spießig-klammer Aktion der betroffenen Gliedmaßen. Bei Beanspruchung, besonders bei Bewegung auf dem Kreis (Wendeschmerz) und auf hartem, leicht ansteigendem Asphalt oder Betonuntergrund, nimmt die Lahmheit gewöhnlich an Intensität zu, kann aber, wenn die Pferde warmgeritten sind, wieder geringgradiger werden. Bei fortgeschrittener Erkrankung bleibt ein wenig raumgreifender Gang auch nach der Arbeit sichtbar.

Während der Erkrankung kann sich die Form der Hufe verändern. Die Pferde zeigen teilweise symptomatische Trachtenzwanghufe, eine stumpfe Hufform und Zehenstellung oder einen „krallenartigen" Huf mit konvexer Vorderwand und starker Sohlenwölbung. Bei verstärkt einseitiger Erkrankung ist eine Atrophie der Schultermuskulatur oder des Hufs beschrieben.

Über längere Zeit greifen die krankhaften Veränderungen auf alle Teile der Hufrolle über, insbesondere auf das Strahlbein und seine knorpelüberzogene Gleitfläche sowie auf die tiefe Beugesehne, die schließlich auffasert und teilweise mit der Gleitfläche des Strahlbeins verwächst. Mit dem Fortschreiten dieser Veränderungen sind Schmerzen sowie eine allmählich und schleichend auftretende Lahmheit verbunden.

Ursachen und Entstehung

Als primäre Ursachen werden degenerative Prozesse im Sinne einer Abnutzungsarthrose und nicht Entzündungen verantwortlich gemacht. Als ursächliche Faktoren kommen diejenigen Einwirkungen in Betracht, die eine besondere funktionelle Belastung der ganzen Hufrolle bedingen, denen diese auf die Dauer nicht standhalten kann.

So wird vor allem eine inadäquate Belastung bei jungen, nicht belastungsreifen Reit- und Springpferden im Leistungssport diskutiert. Bei Springpferden wirkt die hohe Belastung der Hufrolle im Augenblick des Landens begünstigend. Bei Dressurpferden scheinen eher die kurzen Wendungen das Erkrankungsrisiko zu fördern.

Als weitere Faktoren, die Abnutzungserscheinungen an der Hufrolle begünstigen, sind zu nennen:

- erbliche Veranlagung
- Aufzuchtschäden
- Haltungsfehler
- nutritive Einflüsse
- unregelmäßige Gliedmaßen- und Zehenstellungen sowie Hufformen: enge, trockene, hohe Hufe; steile Fesselstellungen, spitze Winkelung und rückständige Stellung
- fehlerhafte Hufkorrektur, z. B. an den Trachten zu stark niedergeschnittene Hufe, Nichtpassen des Hufs zum Fesselstand
- fehlerhafter Hufbeschlag, z. B. zu kurze Hufeisen

Bei der Entstehung und Entwicklung der Podotrochlose ist eine gestörte arterielle Blutversorgung des Strahlbeins beteiligt. Neben diesem Teilaspekt werden vorrangig mechanische Faktoren, wie mechanische Belastung des Strahlbeins, Zug und Druck an den Strahlbeinbändern im Sinne einer Insertionsdesmopathie, ein erhöhter Gelenkdruck im Hufgelenk und gesteigerter Druck im Knochengewebe durch venöse Abflussstörungen verantwortlich gemacht.

Die Beteiligung verschiedener Gewebestrukturen und unterschiedliche Entstehungsmechanismen sprechen für den Syndrom-Charakter der Podotrochlose. Die Erkrankung führt zu krankhaften (pathologischen) Veränderungen am Strahlbein und am Bandapparat des Strahlbeins, hauptsächlich am Strahlbein-Hufbein-Band, am Hufbein, am Hufrollenschleimbeutel (Bursa podotrochlearis) und an der tiefen Beugesehne. Für die Diagnose der Podotrochlose haben besonders die Knochenveränderungen des Strahlbeins klinische Bedeutung, da sie röntgenologisch erfassbar sind.

Diagnose

Die Anwendung der **Beuge-, Brett- oder Keilprobe**, die auch der Hufbeschlagschmied durchführen kann, gibt einen Verdacht auf Podotrochlose, wenn anderweitige Krankheitserscheinungen im Bereich der Fußgelenke und Sehnen fehlen. Im Falle einer Erkrankung der Hufrolle lösen diese Proben durch eine kontrollierte Beugung oder Streckung eine größere Schmerzempfindung aus. Eine zunächst geringgradige und kaum in Erscheinung tretende Lahmheit wird durch diese Provokationsproben kurzzeitig verstärkt und deutlicher sichtbar gemacht. Das positive Ergebnis der Proben für sich allein berechtigt jedoch noch nicht die Diagnosestellung chronische Hufrollenentzündung.

Die Diagnostik durch den Tierarzt erfordert eine exakte klinische Lahmheitsuntersuchung einschließlich Provokationsproben, diagnostischer Anästhesien der Zehennerven (Ramus pulvinus, N. digitalis palmaris) und des Einsatzes bildgebender Verfahren. Häufig kann bei Hufrollenerkrankung ein gesteigerter Druck im Hufgelenk gemessen werden.

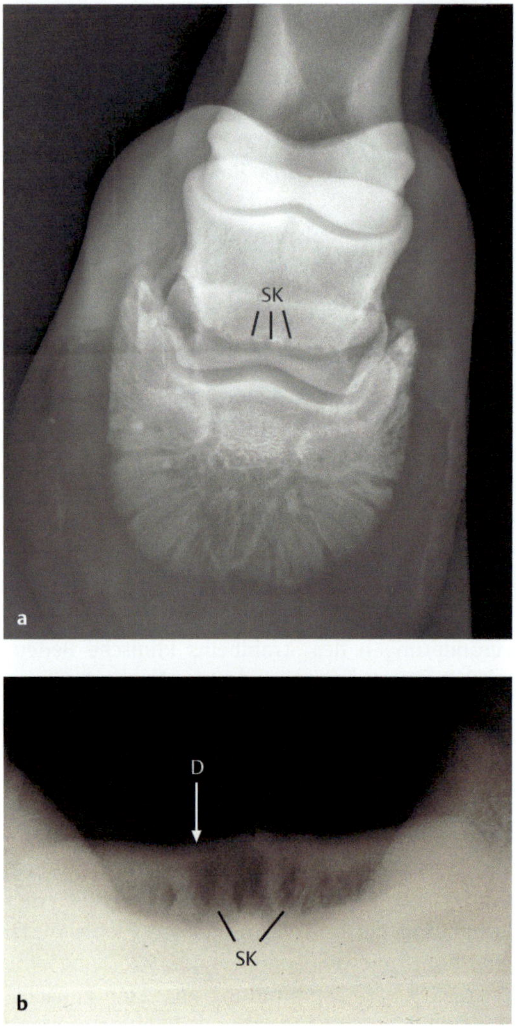

▸ **Abb. 10.93** Röntgenbild bei Podotrochlose mit kolbig erweiterten Strahlbeinkanälen (SK) am unteren Strahlbeinrand und Defekt der Endplatte (D).
a Oxspring-Aufnahme.
b Skyline- oder Tangentialaufnahme.

Die **Röntgenuntersuchung** erfolgt in **Oxspring-Technik** (▸ **Abb. 10.93a**). Zusätzliche Informationen geben die Tangentialaufnahme (▸ **Abb. 10.93b**) und die seitliche Aufnahme. Bei der Röntgenuntersuchung können die Befunde unter Berücksichtigung der altersabhängigen Strahlbeinstruktur und -kontur in unverdächtig, verdächtig und pathologisch eingeteilt werden. Typische Röntgenkriterien bei Podotrochlose sind:

- Gefäß- oder Strahlbeinkanäle (Canales sesamoidales): erhöhte Anzahl, kolbige Auftreibung, Lokalisation an den schrägen Seitenteilen und am oberen Strahlbeinrand
- Knochenstruktur: zentrale Aufhellungen, zystoider Defekt, Einbruch in der Endplatte, Ossifikationsstörungen, Sklerosierung
- Knochenkontur: Zubildungen an den Seitenenden oder am oberen Strahlbeinrand

Bei Erkrankung der Bursa oder der tiefen Beugesehne allein können Röntgenbefunde am Strahlbein fehlen. Hier können Sonografie, Szintigrafie, Computertomografie oder Magnetresonanztomografie hilfreich sein.

Für die Diagnosestellung zusammen entscheidend sind:

- Vorbericht
- klinischer Befund: Stützbeinlahmheit, Hufform, positive Zangenprobe an Strahlkörper oder Trachten
- Ergebnis der diagnostischen Anästhesien: Verschwinden oder Umspringen der Lahmheit
- Röntgenbefund

Differenzialdiagnostisch sind die Hufgelenkschale (Podarthrose et Periarthritis), die Hufknorpelverknöcherung, Strahlbeinfissuren und -frakturen sowie Huflederhautentzündungen abzugrenzen.

Behandlung und Prognose

Die Podotrochlose gilt als unheilbar. Alle therapeutischen Bemühungen des Tierarztes in Zusammenarbeit mit dem Hufbeschlagschmied zielen darauf ab, die Lahmheitserscheinungen zu mildern oder zu beseitigen und ein Fortschreiten der Erkrankung zu verzögern bzw. zu unterbinden.

Es kommen verschiedene therapeutische Verfahren zur Anwendung, die auch miteinander kombiniert werden können. Gleichzeitig sollte ein gezieltes Bewegungsprogramm mit regelmäßiger Schrittarbeit unter Vermeidung von scharfen Wendungen erfolgen.

Im Rahmen **orthopädischer Maßnahmen** ist der Huf korrekt auszuschneiden und eine möglichst optimale Hufbalance herzustellen. Die Hufzubereitung und der orthopädische Beschlag sollen das Abrollen erleichtern und die tiefe Beugesehne entlasten. Hierfür ist die Hufform durch Kürzen des Zehenteils stumpfer zuzubereiten, oder die Trachten sind durch Leder- oder Plastikkeile bzw. durch Hufeisen mit verdickten Schenkelenden zu erhöhen.

Eine Unterstützung der tiefen Beugesehne erreicht man auch durch verlängerte Schenkel, stoßbrechende Einlagen und eine gute Zehenrichtung in Verbindung mit seitlichen Aufzügen.

Als Hufbeschläge sind empfehlenswert:

- Natural Balance Shoe
- Steghufeisen
- geschlossene Hufeisen
- eiförmige Hufeisen (Egg Bar Shoe)

Die **medikamentöse Podotrochlosebehandlung** umfasst u. a. die Anwendung von nichtsteroidalen Antiphlogistika, Tiludronat, Orthokin (IRAP-Therapie), Kalzitonin und Protein-angereichertem Plasma (autologes thrombozytenreiches Plasma).

Bei Podotrochlose ist auch die extrakorporale fokussierte **Stoßwellentherapie** erfolgversprechend.

Chirurgische Methoden zur Therapie der Podotrochlose sind die Fasziotomie/Neurolyse und die perivaskuläre Sympathektomie (PVS). Als Therapieeffekt der PVS konnten eine Zunahme der Durchblutung und eine signifikante Senkung des intraartikulären Hufgelenkdrucks nachgewiesen werden. Weitere Operationsmethoden sind die Desmotomie der Fesselbein-Strahlbein-Bänder und die Desmotomie des Unterstützungsbandes der tiefen Beugesehne.

Als letzte Möglichkeit kann unter Abwägung des Tierschutzes und der Dopingrichtlinien eine **Neurektomie** (Nn. digitales palmares) durchgeführt werden. Auf die bekannten Komplikationen der Neurektomie, wie Strahlbein- bzw. Hufbeinfraktur, Ruptur der tiefen Beugesehne, nicht oder erst spätes Erkennen von Nageltritten und eitrigen Huflederhautentzündungen, Ausschuhen und unerkanntes Fortschreiten der Hufrollenerkrankung, muss hingewiesen werden.

10.6.11 Hufbein- und Strahlbeinfrakturen

Hufbeinfraktur

Definition

Bei der Hufbeinfraktur (Fractura phalangis distalis) handelt es sich um einen in der Mehrzahl traumatisch bedingten Knochenbruch des Hufbeins. Hinsichtlich der Lokalisation des Bruchspalts unterscheidet man Sagittal-, Hufbeinast- (▶ **Abb. 10.94**) und Sohlenrandfrakturen sowie solche der Hufbeinkappe.

Vorkommen und Erscheinungsbild

Hufbeinfrakturen sind an den Vorderhufen häufiger als an den Beckengliedmaßen festzustellen. Bei der am häufigsten vorkommenden **Sagittalfraktur** ist das Hufbein in 2 annähernd gleich große Bruchstücke geteilt. Der Bruchspalt zieht in das Hufgelenk.

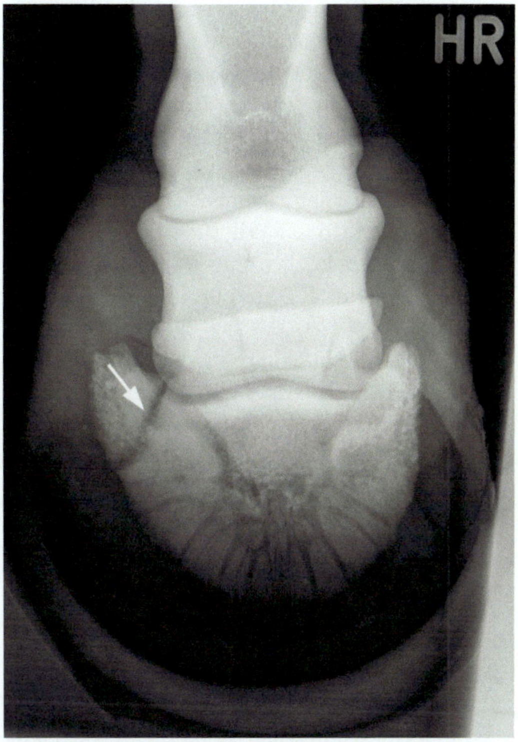

▶ **Abb. 10.94** Röntgenbild einer Hufbeinast-Fraktur (Pfeil; Oxspring-Technik).

Eine Gelenkbeteiligung besteht auch bei der nicht seltenen **Abrissfraktur der Hufbeinkappe** (Processus extensorius), die zu den Chip-Frakturen zählt.

Wird die Hornkapsel durch eingetretene Fremdkörper durchbohrt (z. B. Eggenzinken) oder entsteht der Knochenbruch im Zusammenhang mit einer Wunde an der Krone, spricht man von einer **offenen Fraktur.**

Je nach Art der Fraktur treten unterschiedlich deutliche Lahmheiten auf. Typisch für die Sagittalfraktur ist eine plötzlich auftretende, hochgradige Stützbeinlahmheit in der 1. Phase (unmittelbar bei der Fußung). Der Huf wird geschont oder nur mit der Hufspitze aufgesetzt. Der Kronrand ist meist schmerzhaft geschwollen.

Ursachen

Hufbeinfrakturen entstehen durch **Traumen** wie Aufprallen auf Steine, Schlagen gegen Boxenwände oder Eindringen von Gegenständen in die Sohle (Nageltritt). Hufbeinastfrakturen treten nach einseitigen Quetschungen des Hufs auf. Frakturen der Hufbeinkappe sieht man im Zusammenhang mit extremer Streckung des Hufgelenks im Augenblick des Fußens.

Beim Hufbeschlag können Hufbeinfrakturen entstehen, wenn das Pferd steigt oder den aufgehobenen Fuß plötzlich dem Aufhalter entzieht und mit dem Huf auf hartem, unebenem Boden aufprallt.

Pathologische Hufbeinfrakturen sieht man auch bei schweren Huflederhautentzündungen und bei chronischer Hufrehe, wenn es infolge der Primärerkrankung zu einem Abbau von Knochengewebe (Ostitis rarefaciens) gekommen ist. Nach einem Nervenschnitt stellt die Hufbeinfraktur eine Komplikation dar.

Diagnose

Bei plötzlich auftretenden Lahmheiten muss an Frakturen gedacht werden. Bei Hammerperkussion oder Zangendruck reagiert das Pferd meist am gesamten Huf schmerzhaft. Rotation im Hufgelenk ist deutlich positiv. Eine Krepitation ist nicht auslösbar.

Die Pulsation der Mittelfußarterie ist verstärkt, jedoch meist nicht so pochend wie bei eitriger Huflederhautentzündung oder Hufrehe. Die Diagnose kann durch Röntgen gesichert werden (▶ **Abb. 10.94**). Es sind mindestens 2 Aufnahmen in unterschiedlichen Ebenen anzufertigen.

Die Hufbeinfraktur ist von allen anderen Hufkrankungen abzugrenzen, die ebenfalls eine plötzliche, hochgradige Lahmheit auslösen können, wie Hufrehe, Nageltritt, Vernagelung, Prellung (Kontusion), Verstauchung (Distorsion), Strahlbein- und Kronbeinfrakturen.

! Merke

Typisch ist ein positiver Trachtenspanngriff bei einer Hufbein-Sagittalfraktur. Bei geringstem Verdacht auf eine Fissur oder Fraktur dürfen keine diagnostischen Anästhesien durchgeführt werden.

Behandlung und Prognose

Die Hufbeinfraktur kann konservativ oder operativ behandelt werden. Zur Ruhigstellung der Fraktur (Ausschaltung des Hufmechanismus) sollte der Huf in Zusammenarbeit zwischen Tierarzt und Hufbeschlagschmied zusätzlich oder als alleinige Behandlung ein Eisen mit **Trachtennagelung**, Steg und Ledersohle erhalten. Zur konservativen Behandlung eignen sich auch Kunststoff-Hartschalenverbände.

Bei Absprengungsfrakturen an der Hufbeinkappe empfiehlt sich die Entfernung des Chip-Fragments unter Gelenkspiegelung. Bei Sagittalfrakturen können die Bruchstücke geschraubt werden. Pferde mit Hufbeinfraktur sind für ca. 3 Monate in einer Box weich aufzustallen.

Bei Hufbeinastfrakturen ist die Prognose günstig. Bei Frakturen mit Gelenkbeteiligung ist die Prognose eher vorsichtig zu stellen, eine Hufgelenksarthrose kann nicht sicher ausgeschlossen werden. Besteht die Fraktur schon länger, ist operativ meist keine korrekte Adaptation der Fragmente möglich. Stufenbildung im Hufgelenk führt zur Arthrose. Bei offenen Frakturen und Splitterbrüchen ist die Prognose schlecht.

Strahlbeinfrakturen

Vorkommen und Erscheinungsbild

Strahlbeinfrakturen (Frakturen des Os sesamoideum phalangis distalis) kommen meist an den Vordergliedmaßen, bei Trabrennpferden auch an der Hinterhand vor. Sie rufen eine plötzliche, hochgradige Lahmheit hervor.

Ursachen

In der Mehrzahl sind die Strahlbeinfrakturen traumatisch bedingt. Bei ungünstiger Stichrichtung können bei Nageltritten offene, meist infizierte Strahlbeinfrakturen entstehen. Als Folge einer Hufrollenerkrankung (Podotrochlose-Syndrom) sind spontane (pathologische) Strahlbeinbrüche bekannt.

Diagnose

Neben einer Lahmheit besteht verstärkte Pulsation der Mittelfußarterie. Die Ballengrube erscheint verstrichen. Bei Hufuntersuchung mit Zange und Perkussionshammer reagieren die Pferde meist nur gering. Nur der Trachtenspanngriff ist deutlich schmerzhaft. Der Verdacht einer Strahlbeinfraktur wird durch Röntgenaufnahmen gesichert. Gelegentlich kann ein 2-teilig angelegtes Strahlbein mit einer Fraktur verwechselt werden. In diesem Fall fehlen Lahmheit und andere Symptome.

Behandlung und Prognose

Wie bei Hufbeinfraktur kann durch Beschlag mit Trachtennagelung und gleichzeitigem Hochstellen der Trachten (Lederkeile) das Strahlbein entlastet und ruhiggestellt werden. Bei Sagittalfraktur kann eine chirurgische Bruchversorgung mittels Zugschraube erfolgen. Gefürchtet ist hierbei die Auflösung des Strahlbeins durch Knochenschwund.

Die Prognose hinsichtlich weiterer sportlicher Nutzung ist bei Strahlbeinfraktur vorsichtig zu stellen. Bei offenen Strahlbeinbrüchen ist die Prognose von vornherein ungünstig, da Infektionen schwer zu beherrschen sind.

10.6.12 Schale und Gelenkschale

Definition

Die Schale ist eine Erkrankung, bei der es zu einer Knochenzubildung am Huf-, Kron- oder Fesselbein kommt.

Als Gelenkschale (Arthrosis deformans, Arthritis et Periarthritis chronica deformans) bezeichnet man eine chronisch-degenerative Erkrankung der Zehengelenke, die mit reaktiven Veränderungen am Knochen und am Gelenkkapselgewebe einhergeht. Knöcherne Zubildungen können im Endstadium der Erkrankung zu einer Versteifung (Ankylose) des Huf- oder Krongelenks führen.

Vorkommen und Erscheinungsbild

Die Erkrankung sieht man bei allen Pferderassen relativ häufig, nur bei Vollblütern ist sie selten.

Je nach den beteiligten Strukturen kann zwischen **Gelenk- oder gelenknaher Schale** unterschieden werden. Bei der Gelenkschale treten die Knochenzubildungen an den Gelenkflächen bzw. unmittelbar im Gelenkbereich auf.

Des Weiteren kann es sich um eine hohe oder eine tiefe Schale handeln:

- Bei der **hohen Schale** sind das distale Ende des Fesselbeins bzw. das proximale Ende des Kronbeins betroffen und es liegt eine Erkrankung des Krongelenks vor.
- Die **tiefe Schale** charakterisiert eine Erkrankung des Hufgelenks. Es treten die Knochenzubildungen am distalen Ende des Kronbeins bzw. am proximalen Ende des Hufbeins auf (speziell an der Hufbeinkappe, dem Processus extensorius).

Typisch sind **derbe Schwellungen** an der Fessel, speziell in Höhe von Huf- bzw. Krongelenk.

Bei Gelenkschale sind diese Bereiche anfangs lokal druckempfindlich und vermehrt warm. Bei einseitiger Erkrankung zeigen die Pferde eine Stützbeinlahmheit, z.T. mit Trachtenfußung. Bei beidseitiger Gelenkschale kommt es zu einem verkürzten, stachligen Gang.

Schalen ohne Gelenkbeteiligung verlaufen häufig symptomlos, ohne eine Lahmheit zu verursachen. Nur in fortgeschrittenen Fällen oder bei akuter Reizung kommt es auf hartem Boden zu einer Lahmheit.

Ursachen und Entstehung

Bodenenge oder bodenweite Stellungen begünstigen die Entstehung einer Schale durch einseitige Mehrbelastung der Gelenkfläche bzw. der Gelenkkapsel. Eine steile Fesselung führt zu einer gesteigerten Erschütterung im Krongelenk.

Die **Schale ohne Beteiligung der Gelenke** entsteht infolge einer traumatisch bedingten Reizung und Entzündung der Knochenhaut (Periostitis) nach Schlagverletzung, kontinuierlicher Zerrung oder übermäßigem Zug an den Bandansatzstellen bzw. an den Ansatzstellen von Sehnen. Ein übermäßiger Zug an diesen Strukturen schädigt die

Knochenhaut mit nachfolgender Entzündung und Knochenzubildung. Sind die Ansatzstellen der Bänder oder Sehnen betroffen, ist die Erkrankung den **Insertionsdesmopathien** zuzurechnen.

Die Ursache von **Gelenkschalen** sind Gelenkentzündungen, gelenkeinbeziehende Frakturen oder auch Osteochondrosen. Die initialen Veränderungen einer degenerativen Gelenkerkrankung liegen vorrangig im Gelenkknorpel.

Daneben können mechanische Schädigungen auch zu Verletzungen der Gelenkkapsel oder am gelenknahen Knochen zu Knochenhautreizungen und zu kleinen Absprengungsfrakturen mit der Bildung von kleinen Knochenfragmenten im Gelenk, sog. **freien Körpern** (S. 307), führen. Eine tiefe Schale kann im Zusammenhang mit einer Fraktur der Hufbeinkappe auftreten.

Unter der stetigen Gelenkbewegung kommt es zum fortschreitenden **Knorpelverlust**, besonders an den gewichtsbelasteten Zonen des Gelenks. Der Abrieb des hyalinen Gelenkknorpels führt zu einer mechanischen Mehrbelastung des gelenknahen Knochens. Es kann zu Einbrüchen der knöchernen Deckplatte und zur Ausbildung von **Pseudozysten** im Knochen kommen. Die Zerfallsprodukte des hyalinen Gelenkknorpels rufen eine Reaktion der Gelenkkapsel hervor. In druckentlasteten Randzonen der Gelenke entwickeln sich charakteristische knöcherne Zubildungen **(Randexostosen)** infolge der arthrotischen Umbauprozesse. Bei weiterem Fortschreiten der Erkrankung verliert das Gelenk seine typische Form. Man spricht dann von einer **deformierenden Arthrose** (Arthrosis deformans) oder auch von einer Gelenkschale. Im Extremfall kann es zur **vollständigen Versteifung** eines Gelenks kommen.

Diagnose

Die Knochenhautreizungen und -zubildungen kann man an einer mehr oder weniger ausgeprägten zirkulären Auftreibung um Krone oder Fessel adspektorisch erkennen oder ertasten. Rotations- und Beugeprobe sind bei Gelenkschale geringgradig schmerzhaft. Die Beugung der Zehengelenke kann eingeschränkt sein.

Eine Gelenkschale zeigt typische **röntgenologische Veränderungen** einer Arthrose (▸ **Abb. 10.95**), wie z. B.:

- knöcherne Zubildungen an den Gelenkrändern unterschiedlicher Größe (Osteophyten, Exostosen, Spangenbildung)
- Gelenkspaltverschmälerung
- Ausbildung einer unregelmäßigen subchondralen Knochenstruktur, z. T. Pseudozysten mit sklerosiertem Randsaum

Bei der Diagnosestellung muss berücksichtigt werden, dass teilweise röntgenologische Befunde nicht mit den klinischen Erscheinungen korrelieren.

Merke

Periostale Zubildungen am Knochen sind häufig röntgenologische Zufallsbefunde. Sie dürfen bei Ankaufsuntersuchungen oder anderweitigen Röntgenuntersuchungen nicht überbewertet werden. Durch eine Röntgenuntersuchung wird ein Röntgenbefund erhoben und keine klinische Diagnose gestellt.

Daraus ergibt sich, dass die klinische Diagnose „Schale“ als Lahmheitsursache nicht allein durch den Röntgenbefund gestellt werden kann. Der Tierarzt hat durch eine entsprechende Lahmheitsuntersuchung (Zehenbeugeprobe, diagnostische Anästhesien u. a.) die klinische Bedeutung und Relevanz der Röntgenbefunde abzuklären.

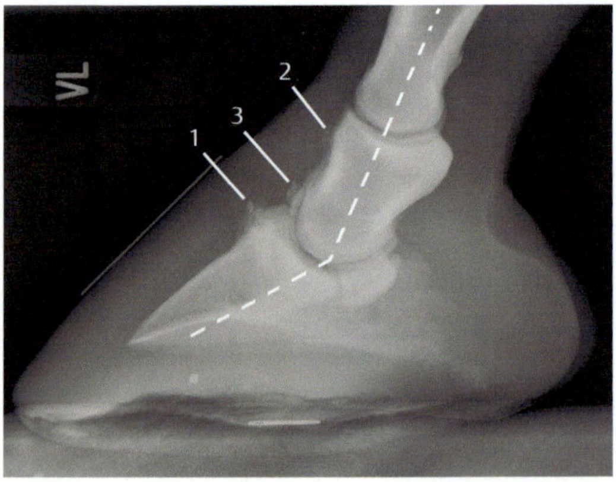

▸ **Abb. 10.95** Ausgeprägte Schale im Hufgelenk (1, tiefe Schale) und geringgradige Schale im Krongelenk (2, hohe Schale). Zusätzlich liegt ein freier Körper im Hufgelenk (3, Chipfraktur der Hufbeinkappe) vor. Man beachte auch die Brechung der Zehenachse nach palmar (gestrichelte Linie).

Behandlung und Prognose

Eine anatomische Heilung der Schale ist nicht möglich.

Ein **orthopädischer Beschlag** dient der Entlastung der erkrankten Gelenke und orientiert sich an der Fußung. Es kommen Beschläge mit guter Zehenrichtung und stoßdämpfende Einlagen zur Anwendung. Bei Trachtenfußung kann eine Trachtenlehne den Bewegungsablauf erleichtern.

Zusätzlich können nichtsteroidale Antiphlogistika schmerz- und entzündungshemmend verabreicht werden. Die Nutzung des Pferdes sollte der Erkrankung und dem Leistungsvermögen angepasst werden. Im Anfangsstadium können Gelenkinjektionen von Hyaluronsäure oder Glukosaminglykan sinnvoll sein.

Bei ausgeprägten Gelenkdeformierungen des Krongelenks (hohe Gelenkschale) kann eine **chirurgische Gelenkversteifung (Arthrodese)** durchgeführt werden. Auch eine **spontane Versteifung (Ankylose)** des Gelenks kann zu einer Lahmfreiheit führen. Wenn keine Bewegung mehr im Gelenk möglich ist, kommt es zum Abklingen bzw. Verschwinden der Schmerzen und der Lahmheit.

Als letzte Möglichkeit kann ein **Nervenschnitt** durchgeführt werden. Die Spätfolgen der Nervuspalmaris-Neurektomie (S. 290) müssen mit dem Tierbesitzer besprochen werden.

Die Unterscheidung zwischen den verschiedenen Formen einer Schale ist im Hinblick auf die **Prognose** bedeutungsvoll. Hohe peri- bzw. extraartikuläre Schalen haben bei entsprechender Behandlung die günstigste Prognose. Demgegenüber haben Gelenkschalen eine schlechtere und tiefe artikuläre Schalen die ungünstigste Prognose.

10.6.13 Spat

Definition

Eine chronisch-deformierende Sprunggelenkerkrankung im Bereich der straffen Sprunggelenke (lokale Periarthritis et Osteoarthrosis tarsi) bezeichnet man als Spat (oder Spatkrankheit), der eine typische, in der Bewegung sich bessernde Lahmheit hervorrufen kann. Spat wird als häufigste Lahmheitsursache der Hintergliedmaßen angesehen.

Vorkommen und Erscheinungsbild

An Spat erkranken Pferde unterschiedlichen Alters. Das Entstehen wird durch unregelmäßige Gliedmaßenstellungen sowie erhebliche Inanspruchnahme des Pferdes im schweren Zug oder als Reit- und Springpferd wie auch als Traber begünstigt. Spat kann ein- oder beidseitig auftreten.

Typisch sind derbe, harte, bei Palpation **schmerzlose Knochenauftreibungen** (**Spatexostosen**) an der Innenfläche des Sprunggelenks, die aber auch fehlen können. Die manifeste klinische Erkrankung zeigt sich durch Lahmheit der jeweils stärker betroffenen Hinterhand, die sich meist in der Bewegung bessert. Die **Spatlahmheit** ist eine gering- bis mittelgradige gemischte oder Stützbeinlahmheit. Unter der Belastung bzw. nach dem Warmreiten verringert sich die Lahmheit oder kann völlig verschwinden; das Pferd „läuft sich ein".

Merke

Spatexostosen und Spatlahmheit sind typische Erscheinungen dieser Krankheit. Diese Befunde korrelieren nicht immer miteinander und können unabhängig voneinander existieren.

Wenn beide Sprunggelenke gleich stark betroffen sind, zeigen die Pferde einen **schwunglosen, stachligen Gang**. Zum Teil äußert sich die Erkrankung in einer Verspannung des Rückens. Traber zeigen bei Erkrankung einen unsauberen Gang bzw. fallen leicht in Galopp.

Durch das Schleifen der Zehe nehmen die Hufe von spatlahmen Pferden eine stumpfe Form an, bzw. nutzen sich die Hufeisen im Vorderwandabschnitt stärker ab (angelaufene Zehenrichtung). In schweren Fällen zeigen die Pferde ein ruckartiges Heben des Fußes, das als **Zuckfuß** oder **Hahnentritt** bezeichnet wird. Pferde mit Spat nehmen eine Schonhaltung ein (sog. **Schildern**) und stellen die erkrankte Gliedmaße im Stand etwas vor.

Ursachen

Kommt es durch Fehlstellung der Gliedmaße oder Überbelastung durch die Nutzung des Pferdes (z. B. bei Trabern) im Bereich der inneren Abschnitte der straffen Sprunggelenke zu einer Reizung, kann sich daraus eine chronisch-deformierende Arthrose der straffen Sprunggelenke entwickeln.

Eine **bodenenge Gliedmaßenstellung** bei gleichzeitig diagonal nach außen gerichteter Verdrehung des Fußes **(Kuhhessigkeit)** begünstigt die Entstehung von Spat und wird beim Spat des jugendlichen Pferdes gesehen. Als weitere begünstigende Stellungsfehler werden Rückständigkeit, Säbelbeinigkeit, Bärenfüßigkeit und fassbeinige Stellung genannt. Ebenso spielen Bau und Winkelung des Sprunggelenks sowie Gefäß- und Nervenverzweigungstyp im Tarsalbereich bei der Entstehung der Erkrankung eine Rolle.

Eine besondere Form stellt der **juvenile Spat** dar. Radiologisch zeigen sich bereits im jugendlichen Alter schwere Veränderungen, ohne dass das Tier großen Belastungen ausgesetzt war. Wahrscheinlich sind vererbte Missbildungen und Störungen in der Entwicklung der Hinterfußwurzelknochen ursächlich.

Äußere auslösende Ursachen sind Dauerbelastung, kleinste, sich wiederholende Quetschungen oder auch einmalige Traumen an der inneren, stärker belasteten Seite des Sprunggelenks.

Die Erkrankung beginnt meist mit einem Verlust von Knorpelgewebe an den kleinen Tarsalknochen (**innerer** oder **unsichtbarer Spat**). Im weiteren Verlauf der Erkrankung kommt es zu fortschreitenden Deformierungen, Zubildungen und Verwachsungen der betroffenen Sprunggelenkknochen, z. T. auch am Röhrbein.

Diagnose

Die Diagnose berücksichtigt die Gliedmaßenstellung und -haltung, die Kontur des Sprunggelenks, die Hufform sowie die Abnutzung des Hufeisens. Bei längerer Erkrankung kann Muskelschwund in der Nachhand auftreten. Bei der Überprüfung auf Spatexostosen sind beide Sprunggelenke vergleichend zu palpieren.

! Merke
Die Spatauftreibungen allein sind noch kein Beweis für eine Spatlahmheit, da nach Wamberg pathologisch-anatomische Veränderungen an den kleinen Tarsalknochen auch an funktionell gesunden Sprunggelenken bei 80–90 % der Pferde vorkommen.

Zur **Lahmheitsbeurteilung** ist das Pferd, unmittelbar wenn es aus dem Stall kommt, im Schritt und Trab von hinten und von der Seite zu beurteilen. Am besten sieht man sich die Pferde bereits in der Box an und achtet auf ein evtl. Schildern.

Die **Spat- oder Beugeprobe** ist bei Spat positiv und führt zur Verstärkung der Lahmheit. Eine positive Beugeprobe tritt auch bei einer Knie- oder Hüftgelenkerkrankung auf. Zur endgültigen Diagnose sind daher entsprechende diagnostische Anästhesien notwendig (z. B. Gelenkanästhesien der straffen Sprunggelenke oder Nervus-tibialis- und Nervus-peroneus-Anästhesie).

Zur Diagnose werden auch **bildgebende Verfahren (Röntgen, Szintigrafie)** eingesetzt. Die Beurteilung erfolgt anhand von 3 Röntgenaufnahmen (0°, 45–70° und 135°). Spatexostosen findet man röntgenologisch hauptsächlich am Os tarsi centrale und am Os tarsale III. Die proximalen Intertarsalgelenke sind weniger häufig von Veränderungen betroffen als die distalen (am häufigsten) oder die Tarsometatarsalgelenke (▶ **Abb. 10.96**).

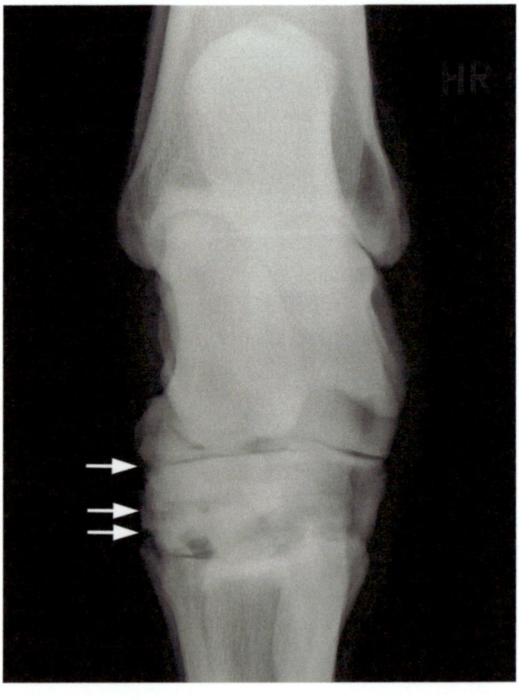

▶ **Abb. 10.96** Typische Spatauftreibung an der Innenseite der straffen Sprunggelenke (Röntgenbild, 0°-Aufnahme). Neben den Spatexostosen erkennt man eine fast vollständige Durchbauung des distalen Intertarsalgelenks (mittlerer Pfeil).

Von **blindem** oder **okkultem Spat** wird gesprochen, wenn noch keine radiologischen Veränderungen sichtbar sind, aber bereits Entzündungen der Gelenke und der periartikulären Bereiche zur Lahmheit führen. In diesem Fall kann eine szintigrafische Untersuchung bereits einen erhöhten Knochenstoffwechsel nachweisen. Aber auch beim Vorhandensein deutlicher radiologischer Befunde korreliert die Schwere der Befunde nicht immer mit dem Grad der Lahmheit.

Behandlung und Prognose

Bei der Therapie der Erkrankung verfolgt man je nach Veränderung unterschiedliche Ansätze.

Bei Lahmheit ohne große morphologische Veränderungen wird versucht, durch Medikation, orthopädischen Beschlag und Schonung die Entzündung einzudämmen. In jedem Fall kommt dabei dem Hufbeschlag eine wichtige Rolle zu. Hierfür ist die Zusammenarbeit zwischen Tierarzt und Beschlagschmied unbedingt notwendig und für den Erfolg sehr wichtig. Ein richtig ausgeführter orthopädischer Hufbeschlag vermag fast immer eine Besserung und in manchen Fällen sogar eine völlige Beseitigung der Lahmheit zu erzielen.

Im Rahmen **der orthopädischen Huf- und Beschlagskorrektur** sind verschiedene Beschläge beschrieben. Als günstig haben sich eine ausgeprägte Zehenrichtung am und im Hufeisen, 2 seitliche Zehenaufzüge und beidseits erhöhte Schenkel erwiesen. Beim Beschlagwechsel ist im Zusammenhang mit verdickten Schenkeln auf die Entwicklung der Trachten zu achten. Um den Abrollpunkt weiter nach hinten zu verlagern, kann das Eisen auch etwas nach hinten versetzt oder mit geradem Zehenteil geschmiedet werden.

Der **Hufbeschlag nach Nyffenegger** besteht aus einem Hufeisen mit verbreitertem und weiter gerichtetem äußerem Schenkel. Allgemein sind bei der Zurichtung des Hufs und beim Richten des Hufeisens die Gliedmaßen- und Zehenstellung und die damit verbundene stärkere Abnutzung des äußeren oder inneren Hufeisenschenkels zu beachten, die die Dicke und Breite des Hufeisenschenkels bestimmen. Der Hufbeschlag sollte auf eine optimale Unterstützungsfläche der Gliedmaße und des Pferdekörpers sowie auf einen ausbalancierten Bewegungsablauf abzielen. Bei der Festlegung des Beschlags sind die Bodenverhältnisse, auf denen das Pferd gearbeitet wird, zu berücksichtigen. Vor einseitig erhöhten Schenkeln oder Stollen ist zu warnen, da sie zu Problemen führen können.

Es sind verschiedene **Operationsverfahren zur Spatbehandlung** entwickelt worden. Als chirurgische Therapie bei Trabern ist die Operation nach Wamberg (Periosteotomie, periphere Neurektomie) beschrieben. Für die Spatbehandlung von Warmblütern eignet sich die Durchtrennung der Spatsehne (Tenotomie des medialen Schenkels des M. tibialis cranialis).

Bei starken Veränderungen an den straffen Sprunggelenken wird medikamentös oder durch chirurgische Therapie die möglichst schnelle **Durchbauung der Gelenkabschnitte (Ankylose/Arthrodese)** gefördert. Durch das **Ausfräsen des Gelenkknorpels** an den straffen Gelenken soll eine chirurgische Versteifung (Arthrodese) der Gelenke erzielt werden. Wenn die mit dem Umbau des Gelenks einhergehende, Schmerzen verursachende Entzündung abgeklungen ist und das Gelenk vollständig versteift ist, können viele Pferde wieder normal genutzt werden. Eine **medikamentöse Versteifung** der erkrankten Gelenke kann durch die wiederholte Injektion von Kortikosteroiden in die straffen Sprunggelenke erreicht werden. Unter dem gleichzeitigen entzündungshemmenden Effekt können die Pferde weiter trainiert werden.

Eine anatomische Heilung (restitutio ad integrum) ist nicht möglich. Die chronischen Veränderungen am Gelenk, die vorwiegend in einer entzündlichen Zubildung von Knochengewebe bestehen, sind unheilbar und lassen sich nicht beseitigen. Dagegen besteht jedoch in vielen Fällen die Chance einer funktionellen Heilung und Beseitigung der Spatlahmheit durch die verschiedenen tierärztlichen Behandlungsverfahren, die jeweils mit orthopädischen Maßnahmen kombiniert werden sollten. Da die Spatkrankheit meistens beidseits auftritt, empfiehlt es sich, diesen orthopädischen Hufbeschlag an beiden Hintergliedmaßen auszuführen und über eine längere Zeit hin fortzusetzen.

10.6.14 Luxation bzw. Fixation der Kniescheibe

Steckbrief

Anatomie des Kniescheibengelenks

Das Kniescheibengelenk ist ein Schlittengelenk mit Wechselbewegung. Die Kniescheibe gleitet dabei auf der Kniescheibenrolle des Oberschenkelknochens (Trochlea ossis femoris). Die Kniescheibe gehört zum speziell beim Pferd vorhandenen Spannbandapparat, der dem Pferd ein Ruhen im Stehen ohne Muskelkraft ermöglicht. Hierfür besitzt das Pferd 3 gerade Kniescheibenbänder, im Unterschied zu anderen Tierarten und auch zum Menschen, die nur über 1 gerades Kniescheibenband verfügen.

Bei der Kniescheibenverrenkung (Luxatio patellae, Kniescheibenverlagerung) kann eine zeitweilige (habituelle) oder eine permanente (stationäre) Verlagerung und Fixation der Kniescheibe vorliegen. Es kommen beim Pferd im Wesentlichen 2 verschiedene Formen der Erkrankung mit unterschiedlichem Erscheinungsbild vor.

Fixation der Kniescheibe nach oben

Definition

Die Kniescheibenfixation (Fixatio patellae) nach dorsal ist durch eine plötzlich auftretende habituelle oder permanente Beugehemmung und Unbeweglichkeit im Knie- und Sprunggelenk gekennzeichnet. Hierzu kommt es durch ein Festhaken über dem medialen Rollkamm des Oberschenkelknochens.

Vorkommen und Erscheinungsbild

Eine Fixation der Kniescheibe nach oben wird meist bei 2- bis 3-jährigen Pferden beobachtet. Bei der Kniescheibenfixation nach proximal zeigen die Pferde eine plötzlich auftretende Streckstellung im Knie- und Sprunggelenk. Gleichzeitig sind die Zehengelenke gebeugt. Die Streckstellung im Knie- und Sprunggelenk führt dazu, dass die Vorderwand des Hufs beim Vorführen der Gliedmaße den Erdboden berührt bzw. über den Boden schleift.

Durch Antreiben oder geringes Seitwärts- oder Rückwärtstreten des Pferdes kann die Kniescheibe wieder in ihre Ausgangslage zurückgleiten, und die klinischen Anzeichen sind schlagartig nicht mehr vorhanden. Derselbe Vorgang kann sich bei weiterer Bewegung des Tieres ständig wiederholen. In diesen Fällen liegt eine **habituelle Patellafixation nach oben (dorsal)** vor. Die habituelle Fixation der Kniescheibe nach dorsal tritt nach dem Aufstehen, während der ersten Schritte in der Bewegung und auch beim Seitwärts- und Rückwärtstreten auf. Es entsteht immer nur die übliche kurzzeitige Bewegungsstörung mit der typischen Streckstellung der Extremität durch das Festhaken der Patella. Die Kniescheibe springt danach wieder in ihre Ausgangslage zurück. Die Erkrankung tritt manchmal nur einseitig auf, bei genauer Untersuchung fallen meist jedoch an beiden Hintergliedmaßen ein ruckartiges Gleiten der Kniescheibe sowie eine Hypertrophie des medialen geraden Kniescheibenbands auf.

Bleibt die Kniescheibe oberhalb des medialen Rollkammes fixiert, so dass das Pferd beim Vorwärtsgehen die Gliedmaße nur in gestreckter Haltung mit mähender, halbkreisförmiger Bewegung vorführen kann, spricht man von einer **stationären oder permanenten Kniescheibenfixation nach oben** (► **Abb. 10.97**). Im luxierten Zustand ist die Kniescheibe auf dem medialen Rollkamm des Oberschenkelknochens bei gleichzeitig straff gespannten Kniescheibenbändern zu ertasten.

► **Abb. 10.97** Pferd mit einer stationären Kniescheibenfixation nach dorsal. (Quelle: Dietz O, Huskamp B, Hrsg. Handbuch Pferdepraxis. 3. Aufl. Stuttgart: Enke; 2006)

Ursachen

Es wird davon ausgegangen, dass eine erbliche Disposition für die Kniescheibenluxation nach dorsal besteht. Pferde mit großem Winkel zwischen Ober- und Unterschenkel, also einer **geraden Beckengliedmaße**, sowie mit einem eher langen Unterschenkelknochen sollen stärker für diese Erkrankung prädisponiert sein. Daneben können Stellungsfehler, schlechte Hufpflege und eine ungenügende Kondition und Schwäche ebenfalls prädisponierend wirken. Untrainierte Pferde mit schwacher Bemuskelung sind ebenfalls gefährdet.

Eine stationäre Kniescheibenfixation nach dorsal ist auch nach schweren Traumen beobachtet worden, die mit einer extremen Überstreckung der Gliedmaße (Muskelkontraktur des Quadrizepsmuskels) einhergehen. In diesem Zusammenhang werden z. B. Ausgleiten, Auskeilen, Springen oder das Fixieren der Hintergliedmaße im Behandlungsstand genannt.

Gelegentlich soll eine Patellaluxation nach dorsal auch bei Pferden auftreten, die abrupt aus dem Training genommen werden und im Stall stehen. Offensichtlich spielen hier Missverhältnisse zwischen Knochen, Bandapparat und Muskulatur eine Rolle, die zum Festhaken der Kniescheibe führen. Unter einem Training sollen sich diese Zustände normalerweise schnell bessern. Ist eine Patellaluxation nach dorsal aufgetreten, kann es zur Bänderdehnung kommen, die zu häufigen Rezidiven führt.

Diagnose

Die habituelle Fixation der Patella wird meist deutlich, wenn das Pferd aus dem Stall geführt wird.

Vorbericht, typisches Bild der zeitweiligen Fixation, gleichzeitiges Vorliegen einer Muskelatrophie in der Hinterhand, typische Veränderungen der Hufform und verdicktes inneres Kniescheibenband führen zur Diagnose. An den Hufen der erkrankten Hinterextremität fällt meist eine angelaufene Zehenrichtung auf. Die innere Seitenwand ist höher als die äußere. Infolge einer eingeschränkten Beugung des Kniegelenks wird das Hufeisen an der Zehenspitze und am lateralen Hufeisenschenkel verstärkt abgenutzt.

Beim Rückwärtsrichten kann man ein kurzzeitiges Festhaken der Kniescheibe sehen oder ertasten. Es lässt sich teilweise auch durch Druck auf die Kniescheibe nach innen-oben während des Rückwärtsrichtens provozieren.

Die stationäre Form der Fixation der Kniescheibe ist typisch sowohl im Vorbericht als auch im klinischen Bild.

Differenzialdiagnostisch müssen anderweitige Kniegelenkerkrankungen und eine Luxation bzw. Fraktur des Oberschenkelknochens ausgeschlossen werden.

Behandlung und Prognose

Bei jungen Pferden mit geringgradiger zeitweiliger (habitueller) Patellafixation kann man zunächst versuchen, durch ein gezieltes Training (Schrittarbeit an der Steigung) die Oberschenkelmuskulatur aufzubauen. Ein orthopädischer Beschlag bei Knieproblemen zielt darauf ab, ein schmerzfreies Beugen des Kniegelenks zu erleichtern. Hierfür eignen sich ähnlich wie bei der Spaterkrankung ein Beschlag mit guter Zehenrichtung und ein Steilerstellen des Hufs durch entsprechendes Zurichten, laterale Unterstützung oder verdickte Schenkel. Als günstig hat sich auch ein erschütterungsfreies Abrollen durch Zentrierung des Abrollpunkts (Full Rolling Shoe) erwiesen. Insgesamt sind die orthopädischen Möglichkeiten begrenzt.

Die tierärztliche Behandlung der Kniescheibenfixation beinhaltet neben der lokalen Injektion von Medikamenten (Irritantien u. a.) an das innere oder auch mittlere Kniescheibenband die chirurgische Durchtrennung des inneren Kniescheibenbands.

Kniescheibenverrenkung nach außen

Definition

Bei der Kniescheibenverrenkung (Luxatio patellae) nach außen (lateral) liegt die Kniescheibe nicht mehr zwischen den Rollkämmen des Oberschenkelknochens, sondern seitlich daneben. Damit verbunden ist ein mangelndes Stehvermögen auf der erkrankten Hintergliedmaße.

Erscheinungsbild

Die Kniescheibenluxation nach lateral, die beim Pferd meist als stationäre Verrenkung vorkommt, erzeugt ein völlig anderes klinisches Bild als die Fi-

▶ **Abb. 10.98** Fohlen mit Kniescheibenluxation nach außen.

xation der Kniescheibe nach oben (▶ **Abb. 10.98**): Bei Belastung der Gliedmaße besteht hier eine Beugestellung im Knie- und Sprunggelenk. Bei Lastübernahme hat es den Anschein, als breche das Pferd mit der erkrankten Extremität zusammen. Bei Palpation des Kniegelenks ist die Kniescheibe außen am lateralen Rollkamm zu fühlen.

Ponyfohlen mit angeborener beidseitiger Kniescheibenverlagerung zeigen eine typische hundesitzige Stellung und können die Knie- und Sprunggelenke nicht strecken.

Ursachen

Die Erkrankung wird bei Fohlen von Kleinpferden und Ponys als angeborene Erkrankung diagnostiziert. Gelegentlich kann diese Form der Patellaluxation nach lateral auch durch Traumen bei erwachsenen Pferden entstehen.

Diagnose

Die Diagnose beruht auf Vorbericht, klinischem Erscheinungsbild, Palpationsbefund und Röntgenuntersuchung.

Die Kniescheibenluxation nach innen (medial) ist beim Pferd äußerst selten und entspricht in ihrem klinischen Bild der Luxation nach lateral.

Behandlung und Prognose

Eine Behandlung ist nur durch Operation möglich. Die Prognose ist ungewiss bis ungünstig.

10.6.15 Sehnenerkrankungen

Steckbrief

Sehnen – Anatomie und Physiologie

Sehnen verbinden Muskeln mit Knochen und haben die Aufgabe, Muskelkraft auf das Skelett zu übertragen. Sehnen bestehen zum großen Teil aus kollagenen Fasern und haben neben einer hohen Zugfestigkeit eine geringe Dehnbarkeit. Bei Belastung können sich Sehnen infolge der elastischen Eigenschaften bis zu 4 % dehnen und danach wieder ihre ursprüngliche Form annehmen. Durch die Elastizität der Beugesehnen wird ein Teil der Körpermasse in kinetische Energie umgewandelt, die für die weitere Fortbewegung genutzt werden kann.

Sehnen stellen ein gefäß- und nervenarmes Gewebe dar, das einen verlangsamten (bradytrophen) Stoffwechsel besitzt. Daraus resultiert eine besondere Anfälligkeit gegenüber Überdehnung und Ruptur der Sehnenfibrillen. Außerdem muss bei Sehnenerkrankungen infolge der schlechten Regenerationsfähigkeit eine lange Heilungsdauer eingeplant werden, die Monate bis Jahre in Anspruch nehmen kann. Nach Sehnenschäden bildet sich meist fibröses Narbengewebe, das weniger belastbar und dehnbar ist. Eine umfangreiche Sehnenschädigung kann zu einer dauerhaften Sehnenverkürzung (Sehnenkontraktur) führen. Daraus kann ein tendogener Stelzfuß resultieren. Für die Diagnose von Sehnenerkrankungen hat der Ultraschall neben der klinischen Untersuchung eine besondere Bedeutung.

Im nachfolgenden Kapitel werden die aseptischen Erkrankungen der Sehnen besprochen. Lediglich die unfallbedingten Durchtrennungen der Sehnen, die auch mit einer Wundinfektion einhergehen können, werden beschrieben, da bei der Behandlung dieser Erkrankungen die orthopädischen Maßnahmen neben der tierärztlichen medikamentösen und chirurgischen Therapie eine große Bedeutung haben.

Entzündung der Beugesehnen (Tendinitis, Tendopathie)

Definition

Eine traumatisch bedingte Zerreißung von Sehnenfibrillen und -fasern führt zu einer aseptischen, reaktiven und produktiven Sehnenentzündung (Tendinitis) und zum Untergang von Sehnenfasern. Diese Erkrankung der Sehnen wird als Tendopathie bezeichnet.

Vorkommen und Erscheinungsbild

Tendopathien der tiefen Beugesehne an der Vorderextremität sieht man bei Reitpferden. Wagen- und Zugpferde erkranken eher an den Hinterbeinen an einer Tendopathie der tiefen Beugesehne und ihres Unterstützungbandes. Der Einsatz im Galopprennsport oder im Springen führt eher zu einer Erkrankung der oberflächlichen Beugesehne. Bei Trabern sieht man eher eine Sehnenerkrankung des Fesselträgers.

Tendopathien führen im **akuten Stadium** zu einer diffusen, weichen und druckempfindlichen Schwellung der Beugesehnen und des Fesselträgers, die mit einer mittel- bis hochgradigen Lahmheit einhergeht. Die Hauttemperatur über der Sehne ist erhöht, die Pulsation der Mittelfußarterie verstärkt.

Im **chronischen Stadium** sieht man eine derbe, z. T. knotige, druckschmerzfreie Umfangsvermehrung. Eine solche Umfangsvermehrung bezeichnet man als **Wade** (▸ Abb. 10.99). Man unterscheidet eine hohe und eine tiefe Wade (oberer oder unterer Bogen). Bei Erkrankung des Fesselträgers kommt es ebenfalls zu einer Verdickung, die sich aber nicht so deutlich zeigt. Im Trab zeigen die Pferde wechselnde Lahmheitsgrade.

Die Hufform kann sich unter der Sehnenerkrankung je nach Erkrankungsursache und Gangbild in Richtung Bockhuf, Trachtenzwanghuf oder Schiefhuf verändern. Es kann ein tendogener Stelzfuß entstehen.

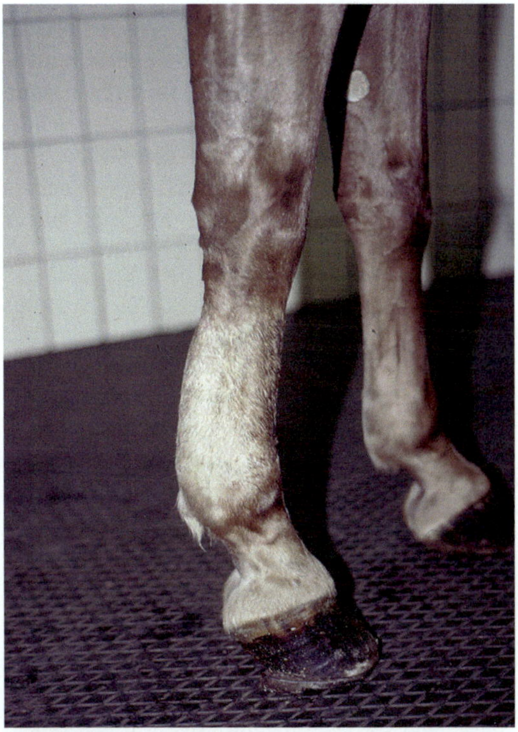

▸ **Abb. 10.99** Wadenbildung bei chronischer Sehnenentzündung (Tendinitis).

Ursachen und Entstehung

Sehnenschäden werden durch ungenügende Erwärmung vor sportlichem Einsatz, Konditionsmängel, mangelhaftes Training, Muskelermüdung, Gliedmaßenfehlstellungen wie z. B. lange, weiche Fesselung, vor- und rückständige, rückbiegige, zehenweite oder -enge Stellung begünstigt. Fehler in der Hufzubereitung und im Beschlag können ebenfalls Erkrankungen der Beugesehnen (Tendopathien) fördern. Hierzu zählen eine zu lange Zehenwand, zu niedrige Trachten, zu kurz gelegte Hufeisen, Hufeisen ohne Zehenrichtung und Hufeisen mit Stollen und Griffen. Eine ungünstige Bodenbeschaffenheit, wie zu tiefer, weicher oder unebener Boden, und fehlende Kurvenerhöhung auf Rennstrecken können sich ebenfalls negativ auswirken.

Die Beugesehnen unterliegen in der Stützbeinphase einer hohen Zugbelastung. Durch Traumen kann es zum Zerreißen von Sehnenfasern oder Faserbündeln kommen. Zerreißungen werden begünstigt, wenn bei sportlicher Dauerbelastung oder zum Ende eines Rennens die Muskulatur ermüdet und die Sauerstoffversorgung im Sehnengewebe vermindert ist. Die Fibrillen- und Faserzerreißungen rufen eine reparative Sehnenentzündung hervor, die infolge der typischen Sehnenstruktur in einen Teufelskreis (Circulus vitiosus) münden kann. Kapilläre Blutungen und Flüssigkeitsaustritt aus den Gefäßen führen zu einer

Schwellung der Sehne, die sich aber innerhalb des umgebenden Bindegewebes (Endo-, Peri- und Paratendineum) nur ungenügend ausdehnen kann. Dadurch steigt der Gewebedruck in der Sehne, komprimiert die kleinen arteriellen Gefäße und verstärkt durch die Verschlechterung der Sauerstoffversorgung die Gewebeschädigung. Dieser Prozess wird als **Kompartmentsyndrom** bezeichnet.

Diagnose

Hinweise auf eine Tendopathie erhält man durch:

- Beurteilung der Lahmheit auf weichem und hartem Boden
- sorgfältige Palpation der Beugesehnen: Druckschmerz, Umfangsvermehrung, Wärme und freie Beweglichkeit der Sehnen untereinander (Ausschluss von Verwachsungen)
- Palpation der Mittelfußarterie

Das genaue Ausmaß des Sehnenschadens wird durch **Ultraschalluntersuchung (Sonografie)** im Längs- und Querschnittsbild erfasst. Dabei zeigen sich Auflockerung, umschriebene Unterbrechung des Fasergefüges und Umfangsvermehrung.

Bei **chronischer Tendinitis/Tendopathie** auftretende Verkalkungen und Begleiterkrankungen an Griffel-, Röhr- oder Gleichbeinen lassen sich sonografisch und durch Röntgen nachweisen. Zunehmend kommen auch die Computertomografie und die Magnetresonanztomografie zum Einsatz. Bei chronischen Tendopathien kann auch eine diagnostische Anästhesie notwendig werden.

Differenzialdiagnostisch sind vor allem Arthrosen, Podotrochlose, Gleichbeinlahmheit und Gleichbeinfrakturen sowie Nervenlähmungen auszuschließen.

Behandlung und Prognose

Die **konservative tierärztliche Behandlung** umfasst neben feuchten Umschlägen (zuerst Kälte, nach 3–5 Tagen Wärme) und physikalischen Heilmethoden (Massage, Ultraschalldusche u. a.) die Gabe von Hyaluronsäure, Schmerzmitteln und Entzündungshemmern (nichtsteroidale Antiphlogistika, Kortikosteroide) sowie eine autologe Stammzelltherapie.

Als chirurgisches Verfahren ist das **Sehnensplitting** speziell bei schweren akuten Sehnenschäden mit sonografisch nachweisbarer Flüssigkeitsansammlung in der Sehne (core lesion) zur Behandlung des Kompartmentsyndroms angezeigt. Bei einer Tendinitis der oberflächlichen Beugesehne kann eine **Durchtrennung (Desmotomie) des zugehörigen Unterstützungsbands** erfolgen.

Dem **orthopädischen Beschlag** muss eine genaue tierärztliche Untersuchung und Diagnosestellung vorausgehen, da die Tendopathien sowohl hinsichtlich der betroffenen einzelnen Beugesehnen als auch je nach Stadium der Erkrankung unterschiedliche Beschläge erfordern. Der orthopädische Beschlag soll die Sehnenfunktion erleichtern und die Zugbelastung verringern.

- Bei **akuter Tendopathie der tiefen Beugesehne** und **seines Unterstützungsbands** wird zur Entlastung und Ruhigstellung der Sehne ein Beschlag mit erhöhten Trachten empfohlen, der den Zug auf die tiefe Beugesehne mindert. Hierfür eignen sich Beschläge mit nach unten durchgekröpftem Steg oder Keile. Es kann auch ein Dallmer-Hufschuh mit aufgeschraubten Keilen oder ein unter den Huf geklebter Holzkeil zur Anwendung kommen. Je nach Heilungsverlauf erfolgt nach 2–3 Wochen ein Beschlagwechsel mit guter Zehenrichtung und erhöhten Schenkeln.
- Eine **Tendopathie der oberflächlichen Beugesehne, ihres Unterstützungsbandes** oder **des Fesselträgers** erfordert einen Beschlag mit starker Zehenrichtung und verlängerten Schenkeln.

Eine Behandlung von Beugesehnenschäden sollte immer mit einem entsprechenden **Bewegungsprogramm** kombiniert werden. Dabei ist dem verzögerten (bradytrophen) Stoffwechsel des Sehnengewebes Rechnung zu tragen. Je nach Schwere der Erkrankung benötigt eine Tendopathie ein Bewegungsprogramm von bis zu 9 Monaten. Nach einer 2- bis 3-wöchigen Phase der Boxenruhe folgt eine 6-wöchige Schrittphase, in der das Pferd langsam aufbauend täglich 15 min bis zu 1 h im Schritt geführt wird. Frühestens nach 2 Monaten wird mit einem Aufbauprogramm begonnen, bei dem leichte Trabarbeit mit Schrittarbeit wechselt.

Zu frühe Belastung kann Rezidive begünstigen. Daher sollte die Rekonvaleszenz regelmäßig durch eine klinische und Ultraschalluntersuchung tierärztlich überwacht werden.

Zerreißung (Ruptur) der Beugesehnen

Definition

Eine Sehnenruptur stellt eine partielle oder vollständige Zerreißung der Sehne dar. Als Niederbruch bezeichnet man die Zerreißung des Fesselträgers und/oder der oberflächlichen Beugesehne.

Erscheinungsbild

Eine **Ruptur der tiefen Beugesehne** mit vollständigem Funktionsverlust führt zu einer typischen Lahmheit mit Ballenfußung und einem Aufrichten des Hufs. Die Hufspitze hebt sich vom Boden ab (► **Abb. 10.100**). Im Hufgelenk kann es zur Subluxation kommen. Beim Vorführen zeigt die Zehe eine Schleuderbewegung.

Bei **Ruptur des Fesselträgers** oder seiner beiden Schenkel tritt das Pferd stark durch und zeigt im Krongelenk eine Subluxation (Niederbruchschale).

Die **Zerreißung der oberflächlichen Beugesehne** zeigt das gleiche Bild, das als Niederbruch bezeichnet wird (► **Abb. 10.101a**). Dabei berührt der Kötenschopf meist den Boden. Liegt eine Zerreißung sowohl des Fesselträgers als auch der oberflächlichen Beugesehne vor, kann der Fesselkopf den Boden berühren, während der Huf noch plan fußt.

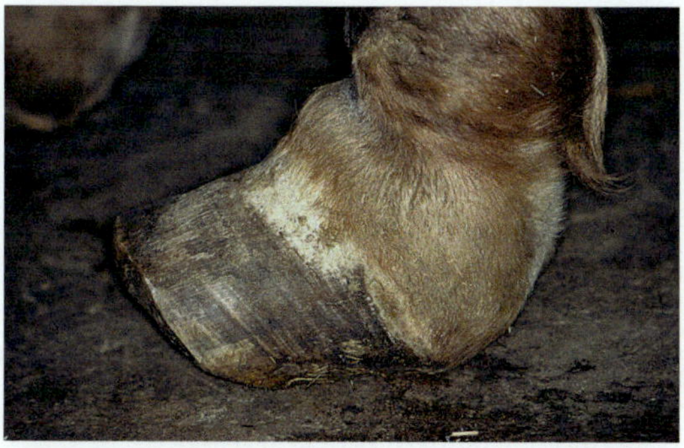

► **Abb. 10.100** Ruptur der tiefen Beugesehne mit Aufrichten der Hufbeinspitze.

Eine Zerreißung aller 3 Beugesehnen erkennt man daran, dass das Pferd auf der Fessel steht. Huf und Zehen richten sich auf bzw. werden schleudernd vorwärts bewegt (► **Abb. 10.101c**). Die Prognose ist in diesem Fall infaust.

Ursachen

Elastische Sehnenfasern sind bei Zugbelastung in der Lage, sich in Längsrichtung zu dehnen und danach wieder auf die ursprüngliche Länge zu verkürzen. Bei zu hoher Belastung kommt es zur Schädigung der Sehnenstruktur. Wird die Sehne um mehr als 8–12 % gedehnt, entstehen Sehnenrupturen. Untersuchungen haben gezeigt, dass beim Stützen (Auffußen) bei gleichzeitiger Beugung des Hufgelenks und Überstreckung des Fesselgelenks die oberflächliche Beugesehne und der Fesselträger belastet sind, während die tiefe Beugesehne entlastet wird. Beim Abstemmen erfolgt die Streckung des Hufgelenks. Damit einher geht eine Entlastung von oberflächlicher Beugesehne und Fesselträger, während die tiefe Beugesehne belastet wird.

Totale Sehnenrupturen der tiefen Beugesehne sind eine gefürchtete Komplikation von **Nervenschnitten.**

Einen **Niederbruch** mit Zerreißung des Fesselträgers und/oder der oberflächlichen Beugesehne sieht man bei Galopprennpferden im Finish infolge Überlastung der Sehne bei gleichzeitiger Ermüdung der zugehörigen Muskeln.

Im Zusammenhang mit **Schnittwunden** in der Fesselbeuge und bei eitrigen Wunden kann es ebenfalls zur Durchtrennung von Sehnen kommen.

Diagnose

Die Diagnose erfolgt nach dem klinischen Bild. Bei totaler Ruptur einer Sehne ist die Kontinuität der Sehne unterbrochen, mit fehlendem oder reduziertem Tonus der Sehne bei Palpation.

Im Ultraschallbild ist die Unterbrechung des Sehnenschalls auffällig. Das restliche Sehnengewebe zeigt eine aufgelockerte, wellige Struktur.

Frakturen der Gleichbeine oder anderer Knochen und Verrenkungen (Luxationen) sind röntgenologisch auszuschließen.

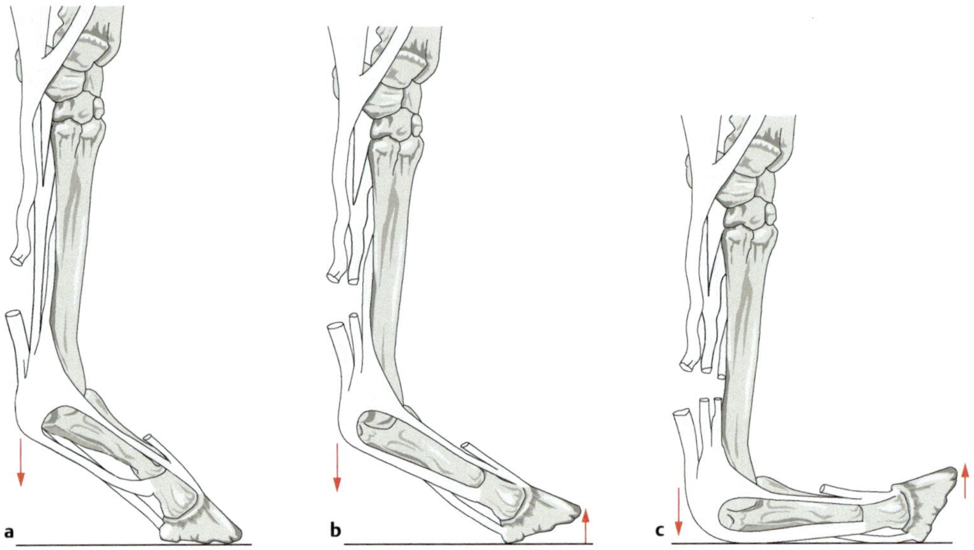

► **Abb. 10.101** Schematische Übersicht des Niederbruchs bei Ruptur der Beugesehnen und des Fesselträgers. **a** Ruptur der oberflächlichen Beugesehne. **b** Ruptur von oberflächlicher Beugesehne und Fesselträger. **c** Ruptur der oberflächlichen und tiefen Beugesehne und des Fesselträgers.

Behandlung und Prognose

Die Prognose für eine vollständige Wiederherstellung ist bei Sehnenrupturen sehr vorsichtig zu stellen und meist nicht gegeben. Eine gefürchtete Komplikation bei Sehnenruptur ist die Belastungsrehe auf dem gegenüberliegenden Bein.

Nach einer **Ruptur der tiefen Beugesehne** wird zur Ruhigstellung ein hoher Zehen-Hartschalenverband (Castverband) angelegt und Boxenruhe verordnet. Eine Sehnennaht kann bei Durchtrennung der tiefen Beugesehne erfolgen. Häufig kommt es durch die starke Zugbelastung trotz Hartschalenverband zum Ausreißen der Nähte. Zur Ruhigstellung bzw. Entlastung der Sehne erfolgt ein Beschlag mit nach unten durchgekröpftem, angeschweißtem oder angeschraubtem Steg. Mit dem Castverband kann zusätzlich ein Keil unter den Trachten befestigt werden. Das Ausmaß der Trachtenerhöhung von ca. 3–4 cm oder mehr soll zur vollständigen Entlastung der tiefen Beugesehne beitragen und dem Pferd ein entspanntes Stehen ermöglichen.

Mit fortschreitender Heilung wird unter sonografischer Kontrolle die Höhe des Stegs bzw. des Keils reduziert und der Castverband durch einen gut gepolsterten hohen Zehenverband ersetzt. Die Höhe der Aufrichtung lässt sich im Laufe der Behandlung am besten dadurch verändern, dass man den entsprechend geformten Steg durch Schraubstollen an den beiden Schenkelenden befestigt. So braucht zum Auswechseln nicht das Hufeisen abgenommen zu werden. An den Hintergliedmaßen besteht bei einem solchen Eisen die Gefahr des Umkippens nach hinten. Deshalb sind für die Hintergliedmaßen unbedingt Hufeisen mit ausreichend verlängerten Schenkelenden, s. Durchtrittigkeitseisen (S. 181), zu verwenden.

Bei Beginn des Bewegungstrainings auf hartem Boden wird der Huf mit aufgeschweißtem Steg und verlängerten Schenkeln beschlagen. Durch eine gute Zehenrichtung oder ein bis zur weißen Linie zurückgelegtes gerades Zehenteil soll der Abrollpunkt nach hinten verlegt werden.

Zum aufbauenden Bewegungstraining sollten die Pferde zur Unterstützung der vorgeschädigten Sehne mit einem geschlossenen Eisen (Stegeisen) und verlängerten, evtl. verstärkten Schenkeln sowie mit Zehenrichtung beschlagen werden (► **Abb. 10.102**).

Eine vollständige Wiederherstellung ist nur im Ausnahmefall zu erwarten.

Bei **Durchtrennung der oberflächlichen Beugesehne** oder **des Fesselträgers** kann eine Sehnennaht zur Adaptation der Stümpfe erfolgen. Danach wird ein Castverband angelegt. Teilweise wird als Erstversorgung ein Castverband bei maximaler Einbeugung der Zehengelenke empfohlen. Zusätzlich zum Castverband erfolgt ein Beschlag mit verlängertem, geschlossenem Eisen (Durchtrittigkeitseisen) und erhöhten Trachten.

Im Weiteren wird mit einem den Fesselkopf vollständig unterstützenden, geschlossenen Hufeisen beschlagen. Die Trachtenhochstellung wird entsprechend dem Heilungsverlauf (sonografische Kontrolle) mit jedem Beschlagwechsel reduziert. Wenn mit dem Führen des Pferdes im Schritt begonnen wird, eignet sich ein Beschlag mit guter Zehenrichtung oder zurückgelegtem, geradem Zehenteil und verlängerten, den Fesselkopf unterstützenden Schenkeln sowie aufgeschweißtem Steg. Die Länge der Eisen und die Trachtenerhöhung werden bei Beibehaltung der Zehenrichtung zunehmend reduziert. Nach Abheilung können die Schenkel weiter verkürzt werden.

Entzündung der Fesselbeugesehnenscheide (Tendovaginitis)

Vorkommen und Erscheinungsbild

Die Sehnenscheidenentzündung tritt an den Vorder- und Hinterbeinen auf. Eine aseptische Entzündung der gemeinschaftlichen Fesselbeugesehnenscheide ist durch eine längliche, umschriebene, fluktuierende oder prall gefüllte Anschwellung um die tiefe und oberflächliche Beugesehne in Höhe des Fesselgelenks gekennzeichnet. Die Umfangsvermehrung kann bis in die Fesselbeuge reichen und unterhalb der 4-zipfeligen Fesselplatte hervortreten.

Eine akute Sehnenscheidenentzündung zeigt eine vermehrte Füllung und Wärme im Bereich der Sehnenscheide. Die Mittelfußarterie pulsiert verstärkt. Die Streckung des Fesselgelenks ist für das Pferd schmerzhaft. Die Pferde zeigen auf der erkrankten Gliedmaße eine gering- bis mittelgradige Stützbeinlahmheit.

Ursachen

Eine aseptische Sehnenscheidenentzündung kann infolge traumatisch bedingter Dehnung, Zerrung oder Quetschung der Sehnenscheide entstehen. Auch kann eine Beugesehnenentzündung auf die Sehnenscheide übergreifen. Bei andauernder Schädigung geht die akute Sehnenscheidenentzündung in eine chronische Form über. Die Sehnenscheidenwand zeigt eine Zunahme der Zotten (villöse Synovialitis, Zottenhypertrophie) und eine Kapselverdickung. Es kann zu Verwachsungen der Beugesehnen untereinander und mit der Sehnenscheidenwand kommen, wodurch die Gleitfunktion der Sehnenscheide deutlich eingeschränkt wird. Zusätzlich können Verkalkungen im Bereich der Sehnenscheide auftreten.

Diagnose

Die Diagnose erfolgt anhand des klinischen Bildes und durch Ultraschalluntersuchung. Verkalkungen können zusätzlich röntgenologisch erfasst werden.

Behandlung

Die konservative medikamentöse Behandlung der aseptischen Sehnenscheidenentzündung besteht neben Boxenruhe in der allgemeinen oder lokalen Verabreichung von Entzündungshemmern und feuchten Umschlägen. Zusätzlich kann ein Beschlag mit Zehenrichtung, stoßbrechenden Einlagen und erhöhten Schenkeln erfolgen.

Eine akute Sehnenscheidenentzündung hat bei adäquater Behandlung eine gute Prognose. Bestehen bereits chronische Schäden, sind die Pferde meist nur noch eingeschränkt einsetzbar.

Sehnenscheidengallen

Definition

Als Sehnenscheidengalle bezeichnet man eine Schwellung der Sehnenscheide ohne Anzeichen einer Entzündung und ohne Lahmheit.

Ursachen

Gallen können angeboren sein, sich durch Überlastung langsam entwickeln oder nach einer erfolgreich behandelten Sehnenscheidenentzündung bestehen bleiben.

Behandlung

Die Behandlung besteht in der Punktion der Sehnenscheide. Nach Ablassen der Synovialflüssigkeit kann die Sehnenscheide medikamentös behandelt werden (Hyaluronsäure, Glukokortikoide). Die Behandlung ist nicht immer erfolgreich. Bei älteren Pferden gelten Sehnenscheidengallen als Schönheitsfehler.

Fesselringband-Syndrom

Definition

Als Fesselringband-Syndrom bezeichnet man eine Einschnürung der gemeinsamen Fesselbeugesehnenscheide durch das Fesselringband. Man unterscheidet ein primäres und ein sekundäres Ringbandsyndrom.

Vorkommen und Erscheinungsbild

Vom Fesselringband-Syndrom können Vorder- und Hintergliedmaßen betroffen sein. Dabei fällt eine sanduhrförmige Einziehung an der palmaren bzw. plantaren Kontur der Fessel und des Mittelfußes auf. Es besteht eine gering- bis mittelgradige Stützbeinlahmheit.

Ursachen

Das primäre Ringbandsyndrom entsteht bei Schädigung des Fesselringbands durch Traumen, Streichverletzung oder Überbeanspruchung. Durch Narbenzug oder Verdickung kommt es zur Einschnürung der Beugesehnen. Beim sekundären Ringbandsyndrom entsteht die Behinderung nach vorangegangener Tendinitis und Verdickung der Beugesehnen.

Diagnose

Die typische Einschnürung der Sehnenscheide durch das Fesselringband bei gleichzeitiger Vorwölbung der oberen und unteren Sehnenscheidenaussackungen ist auffällig. Beim sekundären Ringbandsyndrom ist meist zusätzlich die Verdickung der Sehnen palpatorisch nachzuweisen. Im Ultraschall ist die Verdickung des Fesselringbands auffällig. Während ein unverändertes Ringband lediglich 1–2 mm stark ist, kann die Dicke beim Ringbandsyndrom 2–10 mm betragen. Beim sekundären Ringbandsyndrom lassen sich zusätzlich Sehnenschäden sonografisch nachweisen.

Behandlung

Die chirurgische Behandlung besteht in der vollständigen Durchtrennung des Ringbands, einem anschließendem Verband und Boxenruhe. Nach 10–14 Tagen werden die Pferde im Schritt an der Hand geführt. Zusätzlich erhalten die Pferde einen Beschlag mit Zehenrichtung und verlängerten Schenkeln.

Ruptur der Strecksehnen

Vorkommen und Erscheinungsbild

Eine vollständige oder partielle Ruptur oder Durchtrennung der Strecksehnen ist meist die Folge von Weideverletzungen im Mittelfußbereich. Häufiger sind die Hintergliedmaßen betroffen. Liegt eine vollständige Durchtrennung der Sehnen des gemeinsamen und des seitlichen Zehenstreckers (Vorderbein) oder der Endsehne des langen und des seitlichen Zehenstreckers (Hinterbein) vor, sind die Pferde nicht mehr in der Lage, die Zehe zu strecken. Im Augenblick des Fußens kommt es zum Überköten.

Ursachen

Quetsch-Riss-Wunden oder Schnittwunden können zur partiellen oder vollständigen Ruptur bzw. Durchtrennung der Strecksehnen führen.

Diagnose

Bei verletzungsbedingten Durchtrennungen der Strecksehnen ergibt sich die Diagnose aus der Lokalisation und Beschaffenheit der Wunde sowie aus dem gestörten Vorführen der Gliedmaße (Überköten). Bei gelegentlich auftretender Ruptur der Strecksehne ist die Diagnose durch Palpation und Sonografie zu sichern. Differenzialdiagnostisch sind Nervenlähmungen (Nervus-radialis- bzw. Nervus-fibularis-Paresen) auszuschließen.

Behandlung

Meist kommt es bei Weideverletzungen durch Quetschung zum stärkeren Gewebeverlust an den Strecksehnen. Nur bei glatten Schnittwunden ist eine Sehnennaht sinnvoll. Die Behandlung der Wunde bzw. Verletzung richtet sich nach den Regeln der allgemeinen Chirurgie und der Antibiose. Nach chirurgischer Versorgung der Wunde ist ein hoher Zehen-Hartschalenverband (Castverband) zur Ruhigstellung anzulegen, der eine plane Fu-

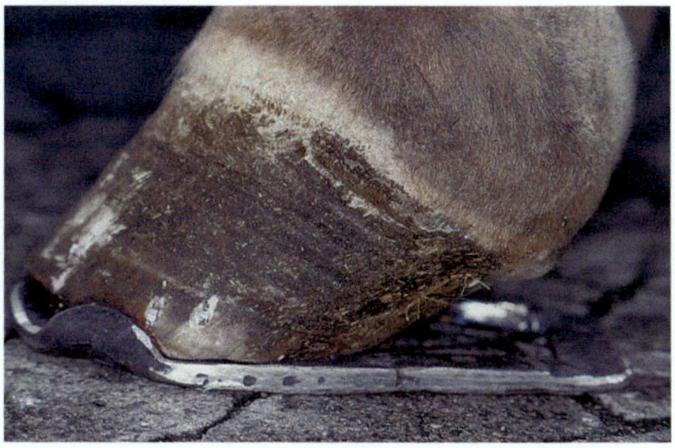

▸ **Abb. 10.102** Beschlag bei Ruptur der tiefen Beugesehne mit geschlossenem Eisen mit verlängerten Schenkeln (selbes Pferd wie in ▸ **Abb. 10.100**).

ßung ermöglicht. Beim Verbandwechsel muss ein Überköten durch Sicherung der Gliedmaße mittels Kälberstrick vermieden werden.

Nach Entfernen des Castverbands kann dem Überköten durch ein gut gepolstertes Bügeleisen vorgebeugt werden.

Merke

Bei Anbringen eines Bügeleisens ist darauf zu achten, dass das Bügelblatt nicht dicht unterhalb des Kronsaums gelegt wird, weil sonst die Lederhaut des Kronsegments durch die dünne Hornschicht hindurch gequetscht wird.

10.6.16 Gelenkmäuse (Corpora libera, Chips)

Definition

Als freie Gelenkkörper, Gelenkmäuse, Corpora libera oder auch Chips bezeichnet man kleine Knorpel-Knochen-Stücke in einem Gelenk. Freie Gelenkkörper können infolge einer Knorpelablösung (Osteochondrosis dissecans, OCD) oder einer Absprengungsfraktur (Chipfraktur) des Knochens unmittelbar im Gelenkbereich entstehen.

Vorkommen und Erscheinungsbild

Freie Gelenkkörper können an allen Gelenken auftreten und kommen an den Vordergliedmaßen vorrangig im Huf-, Fessel- und Karpalgelenk vor. An den Hintergliedmaßen sind neben Huf- und Fesselgelenk hauptsächlich das Knie- und Sprunggelenk betroffen. Chipfragmente liegen meist direkt unter der Strecksehne.

Knorpelablösungen infolge von Wachstumsstörungen sieht man meist an typischen Gelenkarealen, wie im Kniegelenk am äußeren Rollkamm des Femurs oder im Sprunggelenk am Führungskamm des Schienbeins. Bei jungen Pferden entwickelt sich bei einer OCD der freie Gelenkkörper meist allmählich. Ein erstes Anzeichen der Erkrankung ist dann ein vermehrt gefülltes Gelenk.

Im Zusammenhang mit einem freien Gelenkkörper beobachtet man ähnliche Symptome wie bei einer traumatischen Gelenkentzündung mit vermehrter Gelenkfüllung und Trablahmheit. Bei einigen Pferden treten bei Chipfrakturen im Zusammenhang mit dem akuten Trauma nur undeutliche Bewegungsstörungen auf. Im weiteren Verlauf kommt es meist zu einer Verdickung der fibrösen Gelenkkapsel und es kann sich eine chronisch-rezidivierende Lahmheit, speziell nach der Arbeit, entwickeln. Die Beugeprobe des betreffenden Gelenks ist oft schmerzhaft. Im Anschluss an eine Ruhephase kann die Lahmheit verschwinden, um unter Belastung wieder aufzutreten.

Freie Gelenkkörper können auch akut auftretende, hochgradige Lahmheiten auslösen, die durch Einklemmung der Gelenkmaus entstehen. Nach Verlagerung des Chips verschwindet die Lahmheit innerhalb weniger Tage.

Zusammengefasst kann festgestellt werden, dass freie Gelenkkörper Anlass zu Gelenkirritationen geben, die dann zu Gelenkentzündungen und, wenn diese nicht zur Ausheilung gelangen, zur Arthrose (chronische Degeneration) des Gelenks führen. Infolge dieser Erkrankungen kommt es zu chronisch rezidivierenden Lahmheiten unterschiedlicher Schweregrade.

Gelenkirritationen treten dann auf, wenn der Gelenkkörper nicht festsitzt, sondern sich noch mehr oder weniger bewegen kann und benachbarten Gelenkknorpel und weitere Strukturen schädigt. Andererseits können freie Gelenkkörper auch einen **Zufallsbefund** darstellen. Wenn die Dissekate relativ fest sitzen, können sie zeitlebens vorliegen, ohne Beschwerden zu verursachen („stumme" Osteochondrose).

Ursachen und Entstehung

Bei einer **Osteochondrosis dissecans (OCD)** entstehen kleine Gelenkknorpelablösungen (Dissekate) am Gelenkrand oder auf der Gelenkfläche als Folge von Wachstumsstörungen an meist typischen Lokalisationen.

> **Steckbrief**
> **Eigenschaften von Knorpel**
> Beim jungen wachsenden Pferd ist der dem Gelenk zugewandte Teil des Knochens weitgehend knorpelig und wächst in die Länge und Breite, indem sich in der Tiefe des Knochens Knorpelzellen aneinanderlagern und zu Knochenzellen mit umgebender Knochenstruktur umwandeln.
> Die in der Knorpelgrundsubstanz eingelagerten Knorpelzellen werden im Gegensatz zum Knochen nicht von Blutgefäßen, sondern nur durch Diffusion von den umgebenden Körpersäften ernährt, beim Gelenkknorpel besonders von der Gelenkflüssigkeit aus.

Wenn es durch Belastungen oder andere Ursachen zu lokalen Ernährungsstörungen kommt, sterben Knorpelzellen ab und es gibt, langsam eintretend, umschriebene Knorpeldegenerationen, die zu Lücken und damit zu Ablösungen von Knorpelteilen führen. Durch den Zug am Gelenkrand ansitzender Bänder wird die Ablösung begünstigt.

Die abgelösten Teile bestehen größtenteils aus Knorpel, gelegentlich an der Basis auch noch aus Knochenanteilen. Da die Knorpelzellen per Diffusion weiter ernährt werden, können die Dissekate sich isoliert weiter vergrößern und auch verknöchern. Sie sind dann röntgenologisch sichtbar. Es bilden sich am Gelenkrand oder im Gelenkkapselbereich liegende, meist abgerundete Knochenstückchen, die an der Oberfläche mit Knorpel überzogen sind. Teilweise liegen die Gelenkmäuse nicht völlig isoliert im Gelenk, sondern sind noch mehr oder weniger fest mit dem Entstehungsort (Mausbett) verbunden.

Chipfrakturen sind traumatischen Ursprungs. Ursächlich werden Stauchungen und Überstreckungen des Gelenks verantwortlich gemacht. Typische Chipfragmente z. B. im Fesselgelenk liegen meist in der vorderen Gelenkaussackung. Bei Überstreckung des Gelenks wird der dorsale Gelenkrand des Fesselbeins gegen das Röhrbein gepresst und es kommt zu Frakturen am vorderen Rand des Fesselbeins.

Diagnose

Die Diagnose basiert auf einer klinischen Untersuchung einschließlich Beugeprobe und diagnostischen Anästhesien sowie einer Röntgenuntersuchung. Zur Abklärung sollten die Gelenke der erkrankten Gliedmaße getrennt gebeugt werden. Dies geht in der Form, dass man z. B. am Hinterbein einerseits nur die Zehengelenke beugt und zum anderen das Sprung- und Kniegelenk gemeinsam beugt.

Im Röntgenbild erkennt man freie Gelenkkörper als isolierte knochendichte Verschattungen in Höhe des Gelenkspalts (▸ **Abb. 10.103**). Ein gleichzeitig verstärkter Weichteilschatten in der Gelenkregion weist auf eine reaktive chronische Kapselentzündung hin. Der Röntgenbefund wird dann als chronisch eingeschätzt. Das Entstehungsdatum

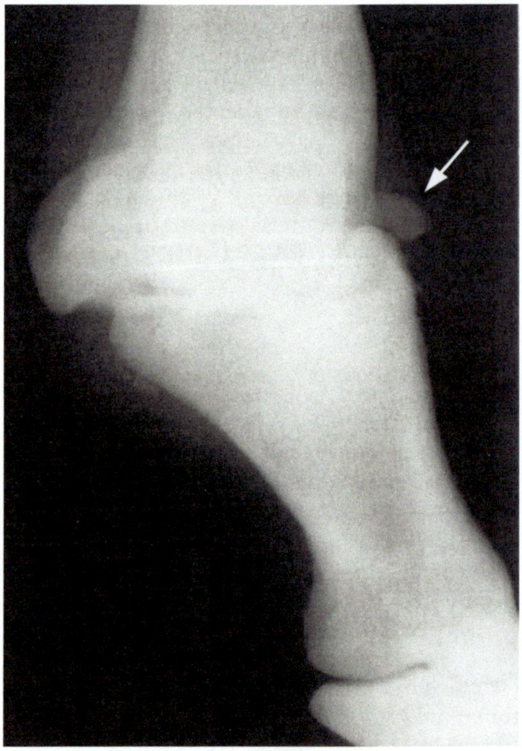

▸ **Abb. 10.103** Freier Gelenkkörper (Pfeil) im dorsalen Gelenkabschnitt des rechten vorderen Fesselgelenks eines 2-jährigen Warmblüters im tangentialen Strahlengang.

des Chips liegt meist Wochen oder Monate zurück.

Die Beteiligung des Chips als Lahmheitsursache ist nur zweifelsfrei, wenn gleichzeitig die Beugeprobe positiv ist (verstärkte Lahmheit nach Beugeprobe) und eine beweisende diagnostische Anästhesie durchgeführt wird.

Behandlung und Prognose

Die Behandlung von freien Gelenkkörpern obliegt dem Tierarzt.

Ein **orthopädischer Hufbeschlag** empfiehlt sich:

- beim Auftreten einer Lahmheit
- begleitend bei konservativer Behandlung
- in der Trainingsphase nach erfolgter chirurgischer Entfernung des freien Gelenkkörpers

Ein orthopädischer Beschlag soll das erkrankte Gelenk entlasten und der Entstehung einer Arthrose vorbeugen. Hierfür eignen sich Beschläge mit guter Zehenrichtung und stoßdämpfenden Einlagen. Wichtig ist eine gute Zubereitung des Hufs, die sich an der Fußung sowie der Gliedmaßen- und Zehenstellung orientiert und zur Entlastung der erkrankten Gelenkareale beitragen soll. Durch verbreiterte Schenkel und entsprechende Ränderung ist die Unterstützungsfläche des Hufs bzw. der Bewegungsablauf zu optimieren.

Bei kleinen, nicht verlagerten Chip-Frakturen ohne deutliche klinische Anzeichen kann eine konservative Therapie (Ruhigstellung, intraartikuläre Medikation von Hyaluronsäure, Analgetika, feuchte Wärme, Verbände) erfolgreich sein. Die kleinen Fragmente können bindegewebig anwachsen und führen zu keiner weiteren Schädigung des Gelenkknorpels.

In Fällen, wenn bei sorgfältiger Untersuchung und Ausschluss anderer möglicher Lahmheitsursachen eine meist rezidivierende, im Zusammenhang mit dem freien Gelenkkörper stehende Gelenkentzündung nachzuweisen ist, ist die operative Entfernung des Dissekats die Therapie der Wahl. Die Heilungsergebnisse sind bei frühzeitiger Operation gut. Auch nach Entfernung der freien Körper besteht ein Restrisiko für das Auftreten erneuter Lahmheiten, wenn im Gelenk bereits eine Arthrose mit ausgedehnten Knorpeldefekten besteht. In diesen Fällen ist die Prognose ungünstig.

Chipfrakturen der Hufbeinkappe (isolierter Processus extensorius)

Vorkommen und Erscheinungsbild

Frakturen der Hufbeinkappe (Processus extensorius) können ein- oder beidseitig an den Schultergliedmaßen auftreten. Seltener werden sie an den Beckengliedmaßen beobachtet. Zusammen mit Frakturen können auch Knochenzubildungen (Exostosen) am Processus (Proc.) extensorius des Hufbeins entstehen (▶ **Abb. 10.103**).

Je nach Dauer der Erkrankung, Größe des Fragments und Mitbeteiligung des Hufgelenks (Hufgelenkarthritis/-arthrose) treten Lahmheitssymptome unterschiedlichen Schweregrads auf.

Unmittelbar nach Entstehung der Fraktur der Hufbeinkappe zeigen die Pferde meist eine hochgradige Lahmheit. Der Kronrand erscheint durch vermehrte Füllung des Gelenks verdickt. Auf die Hufperkussion im Bereich der Zehenwand distal der Krone reagieren die Pferde empfindlich. Die Zehengelenkbeugeprobe wird von den Pferden wegen der dabei entstehenden heftigen Schmerzen häufig nicht toleriert.

Bei länger bestehenden Frakturen äußert sich die Bewegungsstörung in einer geringgradigen Lahmheit, die sich nach ungleichmäßiger Belastung des Gelenks (z. B. nach kurzer Wendung) vorübergehend verstärkt.

Ursachen und Entstehung

Pferde, die in der Bewegung die Gliedmaßen in hoher Aktion kurz und schnell anheben, wie der Paso Fino oder Friesen, scheinen für diese Erkrankung prädisponiert zu sein. Als begünstigend werden auch Hufe mit hohen Trachtenwänden und kurzer Zehe beschrieben. Eine schnelle Winkelbeschleunigung der Gliedmaße bei Pferden mit hohen Trachtenwänden soll zu einer Überlastung am Strecksehnenansatz des Proc. extensorius führen.

Die Entstehung von Frakturen des Proc. extensorius kann unterschiedlichen Ursprungs sein. Die Absprengungsfraktur entsteht durch übermäßigen Druck der distalen Gelenkfläche des Kronbeins auf die Hufbeinkappe bei Überstreckung des Hufgelenks oder durch starken, unphysiologischen Zug der Sehne des gemeinsamen Zehenstreckers, die am Proc. extensorius ansetzt. Infolge einer subchondralen Knochenzyste kann schon eine physiologische Zugbelastung der Strecksehne zu einer Abrissfraktur führen. Das Fragment, das auch als isolierter Proc. extensorius bezeichnet wird, kann die Größe zwischen einem Streichholzkopf und einer Haselnuss besitzen.

Darüber hinaus sind auch Fälle von angeborenen Zusammenhangstrennungen des Proc. extensorius beschrieben. Hierbei handelt es sich meist um sehr große Fragmente, die häufig beidseits an den Vorderextremitäten auftreten. In diesen Fällen geht die Verknöcherung (Ossifikation) der Hufbeinkappe von einem eigenen Ossifikationskern aus. Letztlich kommt es zu einer Ablösung des Proc. extensorius vom Rest des Hufbeins.

Bei den traumatisch bedingten Frakturen der Hufbeinkappe kommt es meist zu deutlichen, umfangreichen Knochenzubildungen in der Nachbarschaft der Bruchfläche. Die sich bildenden Exostosen umbauen das Fragment schalenförmig, ohne sich damit knöchern zu verbinden. Eine Knochenheilung bleibt aus.

Diagnose

Bei Betrachtung und Palpation der Zehe können deutliche, derbe Auftreibungen dorsal im Saumbereich und oberhalb des Hufs als eine fortgeschrittene Form von tiefer Schale festgestellt werden. Druck auf den dorsalen Anteil des Saumbereichs kann schmerzhaft sein. Pferde mit solch starken Knochenauftreibungen und schwerer Hufgelenkarthritis/-arthrose zeigen deutliche Lahmheitssymptome.

Im seitlichen Röntgenbild des Hufs bzw. der Zehe ist eine isolierte Hufbeinkappe sicher nachweisbar. Bei jungen Pferden können kleine Chipfrakturen des Proc. extensorius röntgenologische Zufallsbefunde darstellen, da die Pferde keine Lahmheit zeigen.

Behandlung und Prognose

Ein orthopädischer Beschlag stellt eine ergänzende Maßnahme zur Behandlung durch den Tierarzt dar. Es gelten die gleichen Grundsätze wie bei einem freien Gelenkkörper (S. 309) bzw. beim Beschlag eines Pferdes mit Schale (S. 295).

Solange noch keine arthrotische Veränderung besteht, bietet die operative Entfernung des Fragments Aussicht auf eine befriedigende Wiederherstellung. Die Indikation zur arthroskopischen Entfernung ist außerdem an die Chipgröße gebunden. Bei großen Chipfragmenten kann eine Schraubenosteosynthese erfolgen.

Teil 4
Umgang mit Pferden

11 Tierschutzgerechter Umgang mit Pferden

Margit H. Zeitler-Feicht

Das Verhalten des Pferdes spiegelt seine Befindlichkeit. Deshalb ist es Voraussetzung für einen tierschutzgerechten Umgang mit Pferden, dass Personen, die mit ihnen Umgang haben, ihr Verhalten beurteilen können. Dazu muss man nicht nur die spezifischen anatomischen und physiologischen Merkmale der Pferde kennen, sondern auch ihr Normalverhalten. Zudem muss man in der Lage sein, das vom Einzeltier im Laufe seines Lebens erworbene Verhalten und die jeweils bestehende Handlungsbereitschaft des Pferdes zu erkennen und entsprechend zu berücksichtigen. Ein nicht tiergerechter Umgang kann beim Pferd zu Angst, Schmerzen, Leiden oder Schäden führen. Tierschutzwidrige Situationen können entstehen durch:

- Nichtberücksichtigung des arttypischen Verhaltens
- Unkenntnis und/oder Missachtung des Ausdrucksverhaltens
- Unkenntnis und/oder Missachtung des Lernverhaltens von Tieren
- Einsatz von schmerzhaften oder nicht pferdegerechten Zwangsmitteln

11.1 Arttypisches Verhalten

Obwohl das Pferd seit etwa 5000 Jahren ein Haustier ist und an das Leben mit dem Menschen und im Stall gewöhnt wurde, haben sich sein Verhalten und seine Anforderungen an die Lebensbedingungen, die sich im Laufe seiner Stammesgeschichte über Millionen von Jahren entwickelten, nicht wesentlich geändert. Somit sind die angeborenen Verhaltensweisen auch heute noch bei unseren Pferden erhalten und als Richtschnur für einen pferdegerechten Umgang anzusehen. Bei der Hufkorrektur sind das Sozial-, Feindvermeidungs- und Bewegungsverhalten von besonderer Bedeutung und sollen deshalb nachfolgend näher ausgeführt werden.

11.1.1 Sozialverhalten

Merke
Pferde sind Herdentiere.

Nur im Sozialverbund war für Equiden im Laufe der Stammesgeschichte ein Überleben möglich. Auch die heutigen Pferde haben nach wie vor das angeborene Bedürfnis, mit Artgenossen zusammenzuleben. Daraus folgt, dass sich Pferde nur in Gesellschaft mit anderen Pferden – zumindest mit einem – sicher fühlen. Deshalb ist es insbesondere in der Anlernphase bei der Hufkorrektur wichtig, dass dem Neuling ein gut vertrautes, möglichst schmiedefrommes Pferd beigestellt wird. Das kann auch bei manchen Problempferden sehr hilfreich sein. Bei Fohlen ist die Anwesenheit der Mutter unbedingt notwendig. Darüber hinaus ist es erforderlich, dass die Personen, die mit dem Pferd umgehen, diesem ausreichend Sicherheit vermitteln können, s. Kap. Umgang und Ausbildung (S. 316). Das Bedürfnis bei Artgenossen zu sein und diesen zu folgen, ist nicht selten die Ursache für Widersetzlichkeiten. Dazu kommt es, wenn z. B. während der Hufkorrektur ein anderes Pferd vorbeigeführt wird. Diese Situation ist beim Beschlag auf der Stallgasse häufig gegeben.

11.1.2 Feindvermeidungsverhalten

Merke
Pferde sind Fluchttiere.

Für Pferde waren im Laufe der Evolution die Beine bzw. das schnelle Davonlaufen die einzige Überlebenshilfe bei tatsächlicher oder vermeintlicher Gefahr. Schreckhaft zu sein bzw. Angst zu haben, ist wesensbestimmend für Fluchttiere. Dieses Verhalten ist angeboren und muss beim Umgang berücksichtigt werden. Durch Erfahrungen kann die **Angstreaktion** des Pferdes im positiven wie im negativen Sinne verändert werden. Anhand von Übungen, die auf schrittweiser Gewöhnung mit positiver Verstärkung (S. 322) beruhen, kann man das Pferd an Situationen, die ihm Angst machen, gewöhnen und somit die Fluchtreaktion eindämmen bzw. unterbinden. Furchteinflößend bei der Hufkorrektur können sein: eine nicht vertraute Umgebung, eine Schmiede, die wie eine „dunkle Höhle" wirkt, ungewohnte Gerüche und Geräusche beim Beschlagen sowie grobes oder hektisches, aber auch ängstliches Verhalten der anwesenden Personen (es genügt eine). Pferde wegen einer Angstreaktion zu bestrafen, ist der falsche Weg, denn Strafe steigert nur noch die Angst und somit die Abwehrreaktionen. Stehenbleiben, Hufe aufheben und hochhalten sind ein Vertrauensbeweis dem Menschen gegenüber und Verhaltensweisen, die das Pferd erst lernen muss.

11.1.3 Bewegungsverhalten

Merke

Arttypisch für den Pflanzenfresser Pferd ist, sich täglich etwa 16 Stunden lang überwiegend im Schritt grasend vorwärtszubewegen.

Die durchschnittliche Wegstrecke liegt dabei zwischen 6 und 10 km am Tag. Pferde haben demnach einen täglich mehrstündigen Bewegungsbedarf. Unzureichende Bewegung kann zu Erkrankungen führen, aber auch zu Problemverhalten. Beides ist bei der Hufkorrektur zu berücksichtigen. So können zum einen Schmerzen, zum anderen aber auch ein angestauter Bewegungsdrang die Ursache für ein Abwehrverhalten sein. Deshalb sollte man sich bereits im Vorfeld erkundigen, ob das Pferd längere Zeit auf 3 Beinen stehen kann oder möglicherweise krankheitsbedingt (z. B. durch eine Arthrose) Schmerzen hat. Ebenso gilt es abzuklären, ob möglicherweise ein angestauter Bewegungsdrang der Grund dafür ist, dass ein Pferd nicht stehen bleiben will. Bei Pferden, die oftmals bis zu 23 Stunden am Tag in ihrer Box eingesperrt sind, ist dies nicht selten die Ursache für Widersetzlichkeiten.

11.2 Ausdrucksverhalten

Pferde kommunizieren in erster Linie über das **optische Ausdrucksverhalten**. In der intraspezifischen Verständigung, also der Verständigung mit Artgenossen, spielen zusätzlich die akustische, olfaktorische und taktile Kommunikation eine wichtige Rolle. Die Befindlichkeit eines Pferdes ist vor allem am optischen Ausdrucksverhalten erkennbar. Es hilft dem geübten Beobachter zu unterscheiden, ob das Tier entspannt ist oder Angst bzw. Schmerzen hat oder ob es vielleicht sogar aggressiv ist. Das optische Ausdrucksverhalten beinhaltet:

- Mimik
- Körperhaltung
- Gestik
- Schweifhaltung

Neben dieser Betrachtung des Pferdes in seiner Gesamtheit müssen zusätzlich die Individualität des Pferdes (Rasse, Temperament, körperliche Verfassung, negative Vorerfahrungen etc.) als auch der Kontextbezug und die Situation, in der das Verhalten abläuft, erfasst werden. Nur so können Fehlinterpretationen vermieden werden. Zeigt ein Pferd Abwehrverhalten bei der Hufkorrektur, muss man als Erstes anhand des Ausdrucksverhaltens unterscheiden, ob das Pferd Angst oder Schmerzen bzw. beides hat oder ob Ausbildungsmängel die Ursache hierfür sind.

11.2.1 Woran erkennt man Angst?

Große Angst erkennt man beim Pferd leicht. Es trägt den Kopf hoch erhoben, die Nüstern sind stark geweitet, die Augen weit aufgerissen („rollende" Augen) und die Bewegungen verspannt bzw. nervös. Die ganze Körperhaltung ist auf Flucht ausgelegt. Bei überaus großer Angst und fehlender Fluchtmöglichkeit werden Pferde völlig bewegungsunfähig. Sie erstarren regelrecht, Puls- und Atemfrequenz sind erhöht.

Angst von geringerem Umfang ist schwerer festzustellen. Oftmals zeigen die Pferde nur ein fest geschlossenes Maul mit verspannter Kaumuskulatur. Dabei erscheint die angespannte Oberlippe geringfügig verlängert und überragt die Unterlippe.

▸ **Abb. 11.1** Sowohl die Mimik (angespannte Kaumuskulatur, geweitete Nüstern, verlängert wirkende Oberlippe, Maulspalt bogenförmig nach hinten-unten gezogen) als auch die Körperhaltung (hoch erhobener Kopf, eingeknickte Sprunggelenke, eingezogene Hinterpartie) signalisieren Angst.

Diese ist ebenfalls angespannt, wodurch das Kinn deutlich sichtbar wird. Der Maulspalt erscheint verlängert und bogenförmig. Weitere Merkmale sind nach unten-hinten gerichtete Ohrmuschelöffnungen, wobei die Ohren seitlich bis waagerecht gestellt sind (▸ **Abb. 11.1**), sowie ein eingeschränktes Ohrenspiel.

Sehr auffallend sind bei Angst die verspannten Bewegungen. Sie beginnen als Erstes am Maul und am Hals. Ein ängstliches Pferd kann zunächst Ober- und Unterkiefer nicht mehr bewegen. Die Schweifrübe wird abgewinkelt bzw. eingeklemmt, das Hinterteil eingezogen. Insgesamt wirkt der Körper verkürzt. Auch das häufige Absetzen von nicht voll geformtem Kot oder Harnspritzen sind ein wichtiger Hinweis für Angst.

11.2.2 Woran erkennt man Schmerz?

Im Unterschied zu vielen anderen Tierarten verfügen Pferde über keinen Schmerzlaut. Akute Schmerzen am Bewegungsapparat erkennt man jedoch in der Regel sehr gut am Ausdrucksverhalten (Mimik, Körperhaltung und Gestik), an den Änderungen im Bewegungsablauf oder allgemein am auffälligen Verhalten. Merkmale hierfür sind:

- Anheben einer Gliedmaße (Entlastungshaltung)
- steifer, unsicherer Gang bis hin zur Lahmheit
- reduzierte Bewegungsbereitschaft
- ungewöhnliche Haltung, ungleichgewichtiges Stützen (vor-/rückständig)
- Trippeln (abwechselndes Entlasten, wenn beide Vorder- oder Hintergliedmaßen schmerzen)

Ein Beispiel für eine Verhaltensänderung ist, wenn ein üblicherweise schmiedefrommes Pferd sich z. B. weigert, den linken Vorderhuf zu geben. Die Ursache für das auffällige Verhalten des Pferdes kann eine bis dato noch unbekannte Arthrose im rechten Karapalgelenk sein. Manche Tiere geben ihren Schmerz auch nur durch häufiges Schweifschlagen zu erkennen.

Ganz allgemein ist ein ungewöhnlicher Muskeltonus, üblicherweise als **Verspannung** bezeichnet, ein wichtiger Indikator für Schmerzen. Meist äußert er sich in einer verspannten Gesichts-, Hals- und Rückenmuskulatur. Auch verkrampfte Bewegungen von Ober- und Unterkiefer, verbunden mit Zähneknirschen, Leerkauen oder zusammengebissenen Zähnen, können auf ein schmerzhaftes Geschehen hindeuten. Verspannung ist für sich alleine jedoch kein Schmerzindikator, sie ist auch bei Angst zu beobachten.

Nach neuesten Erkenntnissen sind Schmerzen beim Pferd sehr gut an der **Mimik** ablesbar. Bei akutem Schmerz haben Pferde oftmals „kleine" oder glasig wirkende Augen, der Blick wirkt stumpf und nach innen gekehrt. Die Nüstern sind angespannt und erscheinen dadurch verschmälert mit abgeflachtem Nasenprofil. Auf Schmerzen hinweisend sind auch die bewegungslosen, seitlich gestellten Ohren mit nach unten-hinten weisenden Ohrmuschelöffnungen, wie es auch bei Angst der Fall ist.

Im Rahmen eines EU Projektes (Animal Welfare Indicators Projekt, AWIN) entwickelten Wissenschaftler den **Horse Grimace Scale** (▸ **Abb. 11.2**). Mit ihm steht eine standardisierte, objektive und wissenschaftlich überprüfte Methode zur Verfügung, um über die Mimikerfassung beim Pferd Schmerzen zu quantifizieren. Der Horse Grimace Scale kann als Smartphone-Applikation z. B. im Google Play Store kostenfrei heruntergeladen werden.

Die Palette des schmerzinduzierten **Abwehrverhaltens** reicht vom ängstlichen Ausdruck bis hin zu erhöhter Aggressivität. Ein aufmerksamer Be-

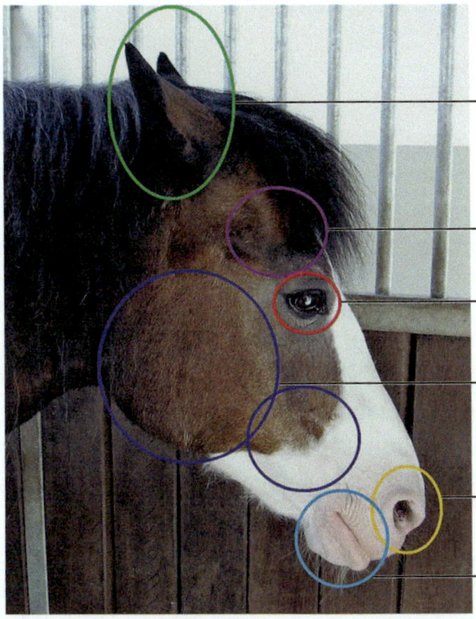

▶ **Abb. 11.2** Horse Grimace Scale (HGS; Smartphone-Applikation). (Foto: Stucke/AWIN (FP7-KBBE-2010-4))

obachter kann Schmerzen durch genaue Beobachtung des Pferdes bereits im Vorfeld erkennen und dadurch bedingte Widersetzlichkeiten erst gar nicht aufkommen lassen. Angst und Schmerzen sind häufig miteinander verbunden. Pferde, die einmal eine schmerzhafte Erfahrung beim Hufbeschlag gemacht haben, werden sich sofort daran erinnern, sobald dieselbe Situation wieder eintritt.

Grundsätzlich gilt, dass das Anzeigen von Schmerzen beim Pferd durch verschiedene Einflussfaktoren beeinträchtigt werden kann. So kann Angst Schmerzen potenzieren, aber auch völlig verdrängen. Auch negative Vorerfahrungen bzw. das Schmerzgedächtnis können das Anzeigen von Schmerzen beeinflussen. Deswegen sind bei der Schmerzdiagnostik Kontextbezug und Situation sowie das Gesamtverhalten des Pferdes immer gemeinsam zu beurteilen.

11.2.3 Woran erkennt man Angriff oder Verteidigung?

Zeigt das Pferd **Drohverhalten**, dann muss unterschieden werden, ob dieses defensiv (Verteidigungshaltung) oder dominanzaggressiv (Angriffshaltung) ist. Wenn sich das Pferd lediglich aus **Angst** verteidigt, dann scheint es zwar Drohmimik zu zeigen, doch die Ohren sind mehr oder weniger seitlich gestellt und die Ohröffnungen weisen schräg nach unten-hinten. Die Körpermuskulatur ist angespannt und das Pferd hat das Bestreben, sich „klein zu machen". Bei dominanzaggressivem **Drohen** sind demgegenüber die Ohren flach nach hinten gelegt und zwar umso weiter, je intensiver gedroht wird. Die Augen wirken schlitzförmig verkleinert durch die Anspannung von Ober- und Unterlid. Das Pferd versucht sich „groß zu machen".

Dem Menschen gegenüber drohen Pferde überwiegend mit Hinterhanddrohen als Verteidigungsgeste bzw. sie zeigen lediglich ihr „Drohgesicht". Aggressives, auf den Menschen gerichtetes Drohen wie Drohschwingen, Beißdrohen und Beißen kommt eher selten vor. Pferde mit **sehr großer Angst** können in Ausnahmefällen versuchen, gezielt den Menschen zu schlagen oder zu beißen. Dies kann insbesondere auch bei der **Hufkorrektur** der Fall sein. Der Grund hierfür ist, dass das Pferd festgehalten wird und nicht fliehen kann, was es unter natürlichen Lebensbedingungen in furchteinflößenden Situationen sofort tun würde.

In der Regel sind auch gezielte, auf den Menschen gerichtete Angriffe schadensvermeidende Reaktionen, die auf Angst oder Schmerz zurückzuführen sind. Eine Sonderform ist das aggressive Verhalten von sexuell oder sozial fehlgeprägten Pferden, dem eine schwere Verhaltensstörung zugrunde liegt.

11.3 Umgang und Ausbildung

11.3.1 Grundsätzliches

Merke
Grundlegende Voraussetzung im Umgang ist, dass das Pferd Vertrauen zu, aber auch Respekt vor den anwesenden Personen hat.

Ein Pferd wird sich nur dann ruhig die Beine bei der Hufkorrektur aufhalten lassen, wenn es gleichzeitig Vertrauen und Respekt zu den Personen hat, die es zusammen mit dem Hufschmied behandeln.

Ziel der Mensch-Pferd-Beziehung ist deshalb, dass der Mensch eine Führungspersönlichkeit für das Pferd darstellt. Nur wenn das Pferd keine Angst vor dem Menschen hat, lässt sich Abwehrverhalten vermeiden und ein guter Lernerfolg erzielen.

Vertrauensbildende Maßnahmen sind Handlungsweisen, die helfen, eine positive Beziehung zum Pferd aufzubauen wie z. B. Kraulen am Widerrist. Vertrauen bei der Arbeit erhält man, wenn diese in so kleinen Schritten aufgebaut ist, dass jeder Abschnitt vom Pferd erfolgreich absolviert werden kann. Beim Anlernen des Hufehochhaltens begnügt man sich z. B. am Anfang mit einem kurzen Hochheben, um dann die Anforderungen schrittweise zu steigern.

Respekt beinhaltet die wertschätzende Anerkennung des anderen Lebewesens. Dabei soll dem Pferd das Gefühl vermittelt werden, dass es der Führungspersönlichkeit vertrauen und sich bei ihr auch in bedrohlichen Situationen sicher fühlen kann. Respekt bekommt man, wenn alle Übungen mit absoluter Konsequenz und Bestimmtheit, jedoch stets einfühlsam und auf der Basis des Vertrauens durchgeführt werden. Vertrauen und Respekt gehen verloren, wenn das Pferd z. B. an einem Tag den Huf beim Auskratzen wegziehen darf, am anderen Tag jedoch nicht und dafür bestraft wird. Unverständlich für ein Pferd sind auch unklare Kommandos bzw. verschiedene Befehle für ein und dieselbe Verhaltensweise während der Anlernphase. Deshalb ist es besonders wichtig, dass jeder, der mit Pferden umgeht, über spezielle Kenntnisse zum Lernverhalten von Tieren verfügt.

11.3.2 Lernverhalten

Merke
Grundlage der Ausbildung zum „schmiedefrommen" Pferd ist die Konditionierung mit positiver Verstärkung und schrittweise Gewöhnung (Habituation) an die noch unbekannten Aufgabenstellungen.

Für Pferde waren im Laufe der Evolution die Beine bzw. das schnelle Davonlaufen die einzige Waffe und Überlebenshilfe bei tatsächlicher oder vermeintlicher Gefahr. Stehenbleiben, Hufe aufheben und hochhalten sind deshalb ein Vertrauensbeweis dem Menschen gegenüber und Verhaltensweisen, die das Pferd erst lernen muss.

Voraussetzung bei der Erziehung des Pferdes zum Hufegeben und -hochhalten ist, dass der verantwortliche Personenkreis nicht nur das praktische Können aufweist, sondern auch Kenntnisse zum Verhalten, insbesondere zum Lernverhalten von Pferden hat und diese entsprechend tiergerecht umsetzen kann.

Das Hufeaufheben ist ein Lernprozess. Die hierfür erforderlichen Ausbildungsschritte sollten stets je Pferd individuell abgestimmt werden. Zu berücksichtigen sind dabei Alter, körperlicher Zustand, Lernfähigkeit sowie Vorerfahrung und persönliche Eigenheiten des jeweiligen Pferdes.

Tiere haben nicht die Fähigkeit, ein Schüler im menschlichen Sinne zu sein. Das ist vielen Pferdehaltern gar nicht so recht bewusst. Gerade die Lernprozesse, die uns Menschen leicht erscheinen, stellen Tiere oft vor unlösbare Probleme. Erste Forschungsbefunde weisen zwar darauf hin, dass Pferde bei bestimmten Aufgabenstellungen wie der Mensch zum Lernen durch Nachahmung befähigt sind. Doch es darf in der Regel nicht davon ausgegangen werden, dass ein Pferd das Hufehochheben durch Nachahmung bzw. durch Zuschauen bei anderen Pferden lernt. Pferde können uns am besten verstehen, wenn wir sie über klassische und operante Konditionierung in Kombination mit Gewöhnung ausbilden.

Gewöhnung

Gewöhnung ist die einfachste Form des Lernens. Sie basiert darauf, dass die Reaktionsstärke eines Tieres abnimmt, wenn ein gleichartiger Reiz wiederholt in der gleichen Art und Weise sowie Umgebung angeboten wird. Dieser Lernvorgang ist sinnvoll, da er verhindert, dass in der Umwelt vorkommende Reize ohne negative Folgen ein Leben lang mit einer Schreckreaktion beantwortet werden. In der Ausbildung gewöhnt man ein Pferd durch eine entsprechende Anzahl von Wiederholungen an bestimmte Aufgabenstellungen.

Operante Konditionierung

Die operante Konditionierung wird auch als „Lernen am Erfolg" bezeichnet. Bei ihr kommt es zu einer Assoziation zwischen einem Signal aus der Umwelt und der darauf folgenden Verhaltensreaktion sowie der daraus resultierenden Konsequenz für das eigene Wohlbefinden. Ist eine positive Erfahrung die Folge, erhöht sich die Wahrscheinlichkeit für eine Wiederholung, sobald das Pferd sich wieder in einer vergleichbaren Situation befindet. Kommt es dagegen zu keiner Veränderung der ursprünglichen Situation oder widerfährt dem Pferd gar eine negative Erfahrung, dann sinkt die Wahrscheinlichkeit einer Wiederholung. Bei der operanten Konditionierung wirkt „Belohnung" wie Leckerli, Kraulen oder verbales Lob als positiver Verstärker, „Strafe" hingegen als negativer Verstärker. Letzteres ist nicht gleichzusetzen mit Schlägen. Auch die Stimme kann sehr gut als Strafe eingesetzt werden. Bei sensiblen Pferden stoppt ein scharfes „Nein" eine unerwünschte Aktion bereits im Ansatz.

Belohnung und Strafe

Bei der Arbeit mit Pferden ist wichtig zu beachten, dass es zwischen ihrem Denkvorgang und dem unseren einige Unterschiede gibt. Für uns ist es normal, dass wir den Erfolg oder Misserfolg einer Tat zuordnen können, auch wenn diese längere Zeit zurückliegt. Dazu ist das Pferd nicht fähig. Es kann nur eine Verknüpfung herstellen, wenn die positive oder negative Erfahrung unmittelbar der Aktion zugeordnet ist. Nur wenn Lob oder Strafe zeitlich – und zwar im Sekundenbereich (1–2 sec) – mit der Tat koordiniert ist, kann das Pferd unsere Bewertung auch verstehen. Ich muss also ein Pferd, dem ich das ruhige Hochhalten der Hufe beibringen möchte, während der richtigen Ausführung, d. h. während des Hochhaltens, belohnen. Falsch wäre es, die Belohnung zu geben, wenn das Pferd den Huf abgesetzt hat, denn in diesem Fall bringt es diese mit dem Auffußen in Verbindung.

Macht das Pferd einen Fehler, sollte man diesen ignorieren. Strafe darf nur eingesetzt werden, wenn eine massive Dominanzaggression vorliegt. Auch sie muss dem unerwünschten Verhalten unmittelbar, d. h. innerhalb von maximal 2 Sekunden, zugeordnet sein. Falsch eingesetzte Strafe (zu spät, nicht der richtigen Aktion zugeordnet) ist sinnlos, verunsichert das Pferd und ist als nicht tierschutzkonform anzusehen.

! Merke

Strafe darf bei der Hufkorrektur nur ausnahmsweise eingesetzt werden, denn meistens ist Angst die Ursache für das unerwünschte Verhalten.

Anschreien, Schläge etc. potenzieren nur die Angst und steigern zusätzlich das Abwehrverhalten.

12 Schmiedefrömmigkeit

Margit H. Zeitler-Feicht

Definition

Unter einem schmiedefrommen Pferd versteht man ein Tier, das ruhig und gelassen auf Zuruf oder Antippen jeden Huf anhebt und diesen willig so lange wie erforderlich hochhält. Ein schmiedefrommes Pferd akzeptiert ohne Gegenwehr alle Handlungen, die zur Ausführung einer ordnungsgemäßen Hufkorrektur bzw. eines Beschlags notwendig sind, vorausgesetzt, diese erfolgen fach- und tiergerecht.

12.1 Voraussetzungen

Für die Durchführung einer Hufkorrektur werden 2 Personen benötigt: ein Aufhalter, der mit dieser Tätigkeit gut vertraut ist, und der Hufbeschlagschmied, der die erforderliche Fertigkeit und Übung in seinem Handwerk besitzt. Beide Personen sollten ausreichend Kenntnis über den pferdegerechten Umgang haben und ruhig, ohne Hektik und Schreien, mit Freundlichkeit, aber Bestimmtheit und dem Tier verständlich die notwendigen Handlungen durchführen.

Bei entsprechender Erfahrung des Hufbeschlagschmieds und in Abhängigkeit vom Temperament des Pferdes kann eine Hufpflege bzw. ein Hufbeschlag ohne Aufhalter (S. 212) ausgeführt werden.

Das zur Hufkorrektur anstehende Pferd sollte ein stabiles, gut sitzendes **Halfter** tragen, das mit einem langen und griffigen **Anbindestrick** versehen ist. Vorsicht bei zu dicken Stricken oder glatten Nylonstricken, denn bei diesen lösen sich geknüpfte Knoten mitunter auch von selbst. Das Pferd wird mit einem schnell lösbaren Knoten so angebunden, dass etwa 1 m Spielraum besteht. Zu kurzes Anbinden kann zu Angstreaktionen bis hin zu Unfällen aus Panik führen. Falls das Pferd weder den Aufhalter noch den Hufbeschlagschmied gut kennt oder ängstlich ist, sollte eine mit dem Tier vertraute Person den Strick halten.

Im Sommer ist zusätzlich darauf zu achten, dass das Pferd entweder durch eine Fliegendecke oder über entsprechende Antifliegenmittel **gegen Insekten geschützt** ist. Diese könnten ansonsten Ursache für Widersetzlichkeiten sein, die nichts mit dem eigentlichen Schmiedevorgang zu tun haben.

Der Hufkorrekturplatz sollte einen rutschfesten, ebenen Bodenbelag aufweisen und möglichst ruhig gelegen sein. Orte mit Durchgangsverkehr sind ungeeignet. Benötigt werden des Weiteren gute Lichtverhältnisse, eine ausreichende Belüftung und Raumhöhe (2–2,5 × Widerristhöhe). Auch eine Anbindevorrichtung in Widerristhöhe ist in der Regel erforderlich. Gefährlich sind elektrische Anschlüsse und Leitungen sowie andere gefährliche Gegenstände in Reichweite der Pferde.

12.2 Anlernen von Fohlen

Es ist empfehlenswert, Fohlen so früh wie möglich an das Hufeaufhalten zu gewöhnen. Schon in den ersten Lebenswochen kann man spielerisch mit grundlegenden Lektionen beginnen. Das Fohlen sollte aber, bevor man mit dem ersten Hufeaufheben beginnt, bereits an Berührungen, sanftes Bürsten, Halfteranlegen, Festhalten und Stehenbleiben sowie Führen gewöhnt sein und dies vertrauensvoll mit sich machen lassen.

12.2.1 Übungsaufbau

Weil sich junge Fohlen nur für kurze Zeit konzentrieren können, ist weniger im Fohlentraining oft mehr. Ein paar Minuten genügen für eine Übungseinheit. Jeder Schritt wird spielerisch gelehrt und bei erfolgreicher Durchführung sofort positiv verstärkt (S. 316). Gelingt die Übung nicht, wird ignoriert und keinesfalls bestraft, denn das würde das Fohlen verunsichern. Bei einem Fehlschlag übt man stattdessen eine einfachere Lektion, die das Jungtier schon kann. Auf dieser muss man aber bestehen, denn Konsequenz ist außerordentlich wichtig in der Fohlenerziehung. Die Belohnung darf auch hier nicht vergessen werden. Das Jungtier lernt auf diese Weise 3 Dinge:

1. Mir passiert nichts Schlimmes.
2. Ich muss etwas tun.
3. Ich werde dafür belohnt.

Die Folge davon ist, dass das Tier zum einen Vertrauen zum Menschen und zum anderen Respekt vor ihm aufbaut.

Merke

Wichtig ist, dass man von Anfang an bei jeder Übung dasselbe Kommando zum Hufeaufheben gibt, um das Jungtier rechtzeitig auf ein bestimmtes Stimmkommando zu konditionieren.

12.2.2 Aufheben der Fohlenhufe

Für den ersten Übungsschritt „Hufe kurz anheben" ist es vorerst noch nicht nötig, das Fohlen anzubinden. Man hält den Führstrick nur locker in einer Hand und beginnt mit dem **Aufheben der Vorderbeine**. Dazu fährt man mit der freien Hand langsam am Bein entlang von oben nach unten. Berührt man das vordere Röhrbein, machen die meisten Fohlen von sich aus Anstalten, im Karpalgelenk abzuknicken und geben den Huf freiwillig. Belastet es gerade das gewünschte Bein, drückt man mit der freien Hand leicht gegen die Schulter des Fohlens, bis es das Gewicht auf das andere Bein verlagert. Diese Übung ist an beiden Vorderbeinen mehrmals zu wiederholen, ohne dass der Huf für längere Zeit hochgehoben wird.

Erst wenn das Fohlen nach einigen Wiederholungen auf Zuruf und Antippen das Bein freiwillig hochnimmt, beginnt man mit dem nächsten Schritt. Dieser hat zum Ziel, das Fohlen zu ermuntern, seinen Huf für einige Zeit oben zu lassen. Dazu ist zunächst das Ausbalancieren zu üben, denn das noch unerfahrene Jungtier muss erst lernen, sein Gleichgewicht auf 3 Beinen zu halten. Falsch ist, vom Fohlen von Anfang an zu verlangen, dass es seinen Huf über längere Zeit hochhält. Ein anderer Fehler bei der Übung wäre, das Fohlen mit dem Körper abzustützen, denn dadurch lernt es nur, sich auf unsere Hand zu legen.

Beim **Aufheben der Hinterbeine** verfährt man wie bei den Vorderbeinen beschrieben. Schlägt das Fohlen bei den ersten Berührungen aus, sollte man dies anfangs ignorieren, denn es kennt den Sinn der Übung noch nicht. Die meisten Fohlen ziehen bei einer Berührung das Hinterbein nach einer gewissen Zeit von selbst an und heben es nach vorn unter den Bauch. In dieser Position wird es zunächst für kurze, dann für längere Zeit gehalten. Erst wenn das Fohlen sein Gleichgewicht halten kann, zieht man vorsichtig den Huf etwas nach hinten heraus. Dabei sollte ein Helfer das Fohlen vorne halten. Auch diese Position wird mehrmals geübt. Geht man konsequent in dieser Weise vor, erhält man in kürzester Zeit ein Pferd, bei dem man problemlos die Hufe aufheben kann. Für jede Übung gilt, dass man stets darauf achten muss, das Bein nicht zu hoch zu halten und auch nicht schräg, sondern gerade. Ansonsten kann es für das Fohlen unangenehm werden, und es wird widersetzlich.

Praxistipp

Jungtiere sollten sobald wie möglich mit dem Vorgang des Beschlagens vertraut gemacht werden. Je früher ein Fohlen den Geruch und die Geräusche beim Hufbeschlagschmied kennenlernt, desto weniger Angst wird es haben, wenn es selbst zum ersten Mal in diese Situation kommt.

Am besten lässt man das Fohlen seine Mutter zum Hufbeschlagschmied begleiten. Wird diese nicht beschlagen, was bei vielen Zuchtstuten der Fall ist, kann man sich mit Mutterstute und Fohlen einem anderen Pferd, das beschlagen wird, anschließen. Sinnvoll ist diese Übung jedoch nur, wenn das zu beschlagende Tier schmiedefromm und die Atmosphäre beim Hufbeschlagschmied ruhig und entspannt ist.

13 Umgang mit schwierigen Pferden

Margit H. Zeitler-Feicht

Unter unseren Haltungsbedingungen ist es erforderlich, dass bei jedem Pferd regelmäßig Hufpflege/-korrektur bzw. ein Hufbeschlag durchgeführt wird. Dabei sind Probleme besonders beim Beschlagen nicht selten. Die Palette des Abwehrverhaltens reicht vom Hufe-aus-der-Hand-Reißen, Schlagen, Steigen bis hin zu panikartigen Versuchen, sich der Prozedur mit aller Vehemenz zu entziehen. Dieses Verhalten ist sowohl für die beteiligten Personen als auch für das Pferd nicht ungefährlich.

13.1 Widersetzlichkeiten während der Hufkorrektur

13.1.1 Ursachen und Symptome

Wenn sich ein Pferd die Hufe nicht aufheben lässt, muss man zunächst nach der Ursache des Abwehrverhaltens suchen. Diese sind:

- Angst
- Schmerzen
- fehlender Respekt
- fehlkonditioniertes Verhalten aufgrund schlechter Erfahrungen (Angst/Schmerz) oder mangelhafter Grundausbildung

Merke

Pferde mit Abwehrverhalten sind stets mit größtmöglicher Ruhe und Überlegung zu behandeln, keinesfalls dürfen sie aus Wut gewaltsam zu etwas gezwungen werden.

Gerade beim Hufbeschlag können Schläge oder andere Strafen ein Pferd auf Dauer verderben.

Ängstliche Pferde

Die Hauptursache für Abwehrverhalten bei der Hufkorrektur ist Angst, die meist mit einer mangelhaften Grundausbildung in Zusammenhang steht. Die Fehler beginnen bereits im Fohlenalter. So wird die Gewöhnung der Jungpferde an eine regelmäßige Hufpflege nicht selten vernachlässigt. Doch ohne vorbereitende Maßnahmen sind Probleme beim ersten Termin mit dem Hufschmied bereits vorprogrammiert. Bei nicht wenigen Jungtieren werden deshalb schon zu diesem Zeitpunkt die ersten Zwangsmaßnahmen ergriffen. Ein Teufelskreis beginnt, und das Pferd bekommt von Mal zu Mal mehr Angst. Die Furcht wird noch gesteigert, wenn es beschlagen werden muss, was mit Brandgeruch und zischenden Geräuschen verbunden ist. Pferde sind sehr empfindlich gegenüber derartigen Sinneseindrücken. Beim Pferd führen schlechte Erfahrungen unweigerlich zu Angst. Sensible Tiere müssen gar nicht geschlagen worden sein. Es genügt mitunter schon ein Anschreien. Auch eine hektische und laute Atmosphäre während der Hufkorrektur kann unerfahrene oder leicht erregbare Pferde stark verunsichern.

Merke

Jungpferde ohne Erfahrung müssen mit größter Ruhe und Geduld mit den verschiedenen Maßnahmen, die bei der Bearbeitung der Hufe erforderlich sind, vertraut gemacht werden. Jede Strafe ist unbedingt zu vermeiden.

Ängstliche Pferde lässt man zunächst die Hand beschnuppern und streicht dann mit dieser von oben nach unten am Bein entlang. Sie dürfen auch nicht angebunden werden, sondern sind von einer vertrauten Person zu halten. Nach Praxiserfahrungen stehen manche Pferde vor der Schmiede oder auf Sandboden besser. Oft halten sie völlig ruhig, sobald ein zweites Pferd anwesend ist. Dieses sollte schmiedefromm und dem ängstlichen Tier gut bekannt sein. Sehr hilfreich kann bei Angst auch sein, wenn man den Pferden Futter anbietet. Hierbei ist aber zu unterscheiden! Eine Heuvorlage als Dauerbeschäftigung kann sinnvoll sein, weil das langsame Kauen entspannnend wirkt. Leckerligaben hingegen erhöhen in der Regel den Erregungspegel. Darüber hinaus können sie das unerwünschte Verhalten verstärken, wenn sie zur Beruhigung oder Ablenkung gedacht zum falschen Zeitpunkt gegeben werden. Empfehlenswert ist bei ängstlichen Pferden, während des Schmiedevorgangs mit ihnen beruhigend zu sprechen und das „Richtigmachen" mit Fellkraulen zu belohnen (S. 317).

Praxistipp
Nicht nur die Angst des Pferdes, sondern auch die des Halters kann das Verhalten des Tieres beeinflussen.

Bei **sehr ängstlichen Tieren** sollte man jede Gelegenheit nutzen, diese an die Atmosphäre des Hufbeschlags bzw. an den Geruch und an die Geräusche zu gewöhnen, ohne dass sie davon selbst betroffen sind. An der Seite eines ruhigen, schmiedefrommen anderen Pferdes kann das ängstliche Tier beispielsweise lernen, dass der Schmiedevorgang weder mit negativen noch mit positiven Erfahrungen verbunden ist. Auch ein allgemeines Training zur Scheufreiheit vor fremden Gerüchen (Brandgeruch an Feuerstellen etc.) und Geräuschen (Hämmern, Bohren, Zischen) kann sehr hilfreich sein.

Nicht wenige Pferdehalter fürchten sich vor den Reaktionen ihres Pferdes bzw. vor der möglichen Verletzungsgefahr, wenn mit Nägeln und glühendem Eisen hantiert wird. Ihre Angst überträgt sich unweigerlich auf das Pferd und lässt mitunter auch schmiedefromme Tiere unruhig werden. In diesem Fall ist darauf zu bestehen, dass eine mit Pferden und dem Schmiedevorgang gut vertraute Person die Aufgabe des Aufhalters übernimmt.

Ungehorsame Pferde

Abwehrreaktionen während der Hufkorrektur bzw. beim Beschlag können auch auftreten, ohne dass das Pferd schlechte Erfahrungen während der Hufkorrektur gemacht hat. In der Regel ist die Ursache eine **unzureichende Grundausbildung** mit der Konsequenz, dass das Pferd den Vorgang des Hufaufhebens und Beschlagens nochmals von Grund auf lernen muss. Dazu ist die Unterstützung des Pferdehalters bzw. -betreuers erforderlich, der über Konditionierung mit positiver Verstärkung in Kombination mit schrittweiser Gewöhnung (S. 317) das Pferd auf die Hufkorrektur vorbereiten sollte.

Manchmal ist auch **Dominanzverhalten** bzw. eine nicht geklärte Rangordnung die Ursache für Widersetzlichkeiten. Verweigert das Pferd das Hufegeben aus Gründen des Nichtwollens (fehlender Respekt), hilft nur ein bestimmter und absolut konsequenter Umgang. Mit dominanter Stimme, die in diesem Fall ruhig etwas lauter werden darf, wird das Bein mit festem Griff hochgenommen. Ein kurzer Druck mit spitzen Fingern auf den Fesselträger kann das Hufegeben beschleunigen. Bei sehr dickfelligen Pferden kann man ein Tuch zu Hilfe nehmen, das man um die Fessel schlingt. Wenn das Pferd dann brav steht, darf auch in diesem Fall ein Lob nicht fehlen. Auch einige Meter Rückwärtsrichten kann bei einem Tier, dem es an Unterordnung fehlt, angebracht sein.

„Stallmutige" Pferde

Bei unruhigen Pferden, die wegen eines angestauten Bewegungsdrangs nicht stillstehen können, hat es sich bewährt, mit diesen vor dem Termin mit dem Hufbeschlagschmied einen längeren Ritt zu unternehmen bzw. sie arbeiten zu lassen. Darauf sollte der Pferdehalter bzw. -betreuer hingewiesen werden. Meist lassen sich diese Tiere, wenn sie müde sind, problemlos die Hufe richten.

Merke
Temperamentvolle Pferde oder solche, die sich aus Übermut unruhig und ungeduldig aufführen, dürfen keinesfalls für ihr Verhalten bestraft werden.

Die Gefahr wäre groß, dass diese an sich gutmütigen Tiere verdorben werden.

Junge, alte und kranke Pferde

In der Regel sind bei ordnungsgemäßer Durchführung die Hufkorrektur und der Hufbeschlag für das Pferd nicht mit Schmerzen verbunden. Dies gilt jedoch nur für gesunde Tiere. Leiden die Tiere unter einer Erkrankung des Bewegungsapparats wie z. B. Spat (S. 295), dann können auch Schmerzen die Ursache für das unerwünschte Verhalten sein.

Bei jungen Pferden, die erst angelernt werden, ist bei langem Hochhalten der hinteren Extremitäten mitunter ein Muskelzittern zu beobachten. Die

Ursache hierfür kann die Anstrengung sein, denn das Ausbalancieren auf 3 Beinen und das Hochhalten sowie Nach-hinten-Strecken eines Beins müssen erst gelernt werden.

Merke
Bei Jungpferden, alten Tieren und solchen mit einer krankhaften Veränderung des Bewegungsapparats darf das Aufhalten nicht zu lange andauern.

Man lässt sie deshalb öfter niedertreten. Ebenso ist bei diesen Pferden besonders darauf zu achten, dass man das Bein nicht zu hoch anhebt.

13.1.2 Korrektur widersetzlichen Verhaltens

Zeigt ein Pferd Abwehrverhalten bei der Hufkorrektur, kann der Pferdehalter bzw. -betreuer einen wertvollen Beitrag dazu leisten, das Pferd schmiedefromm zu machen. Dazu sind entsprechende Übungen erforderlich, bei deren Durchführung folgende Regeln zu beachten sind:

1. Der Pferdehalter muss seitlich vom Pferd stehen. In dieser Position kann das Pferd den Menschen in der Regel nicht mit den Hufen erreichen.
2. Zu Beginn der Übungen sollte sich ein Helfer am Kopf des Pferdes befinden. Er kann das Tier beruhigen, zum richtigen Zeitpunkt belohnen, aber auch bestrafen, wenn das Pferd z. B. zubeißen möchte.
3. Die Übungssequenzen zum Hufegeben sollten kurz sein, aber täglich erfolgen.

Praxistipp
Bevor man mit der Korrektur beginnt, ist es wichtig abzuklären, was die Ursache für das Abwehrverhalten ist.

Ängstliche Pferde

In der Regel zeigt das Pferd ein Abwehrverhalten aus Angst. Entweder verbindet es schlechte Erfahrungen mit dem Schmiedevorgang oder es ist nicht ausreichend daran gewöhnt worden. In beiden Fällen muss das Pferd den Vorgang des Hufaufhebens und Beschlagens nochmals von Grund auf erlernen. Dies erfolgt am besten über die **Desensibilisierung**. Darunter versteht man eine Korrekturmethode, die auf schrittweiser Gewöhnung an ein primär Angst auslösendes Signal oder Objekt aus der Umwelt beruht. Diese koppelt man am besten noch mit einer Gegenkonditionierung auf der Basis der positiven Verstärkung (Leckerli, Stimme, Kraulen). Man beginnt bei der Desensibilisierung damit, dass man zunächst die Anforderungen ganz gering hält, und zwar in dem Maß, dass das Pferd keine Abwehrreaktion zeigt. Dann folgt eine allmähliche Steigerung der Anforderungen. Dabei wird jeder Schritt in die richtige Richtung positiv verstärkt und so lange geübt, bis Gewöhnung eintritt. Zeigt das Pferd Abwehrverhalten, geht man wieder zu dem Übungsschritt zurück, bei dem es bereits willig mitmachte.

Bei Angst vor der Hufkorrektur kann die Desensibilisierung wie folgt durchgeführt werden, vorausgesetzt, das Pferd hat bereits gelernt, ruhig zu stehen: Zunächst wird das Berühren der Beine geübt. Erst wenn das Pferd dies ohne Gegenwehr duldet, wird das Hufegeben perfektioniert. Dabei soll das Pferd lernen, auf Zuruf (stets dieselbe Stimmhilfe) bzw. auf eine leichte Berührung hin den Huf zu heben. Die Dauer des Hochhaltens sollte zunächst kurz sein und wird nach und nach verlängert. Zu beachten ist dabei immer, dass die Belohnung (S. 317) zum richtigen Zeitpunkt durchgeführt wird und dass das Wiederabsetzen des Hufs stets vom Menschen ausgeht. Auch die Höhe des Hochhaltens muss geübt werden. Am Anfang genügen wenige Zentimeter, dann wird sukzessiv gesteigert. Allgemein gilt dabei der Grundsatz, dass das Wiederabsetzen des Hufes stets vom Menschen und nicht vom Pferd ausgeht.

Hat das Pferd gelernt, sich die Hufe aufheben zu lassen und länger hochzuhalten, beginnt man, es an zukünftige Manipulationen am Huf zu gewöhnen. Eine vorbereitende Übung ist, dass man sich ausgiebig mit den Hufen beschäftigt, indem man sie gründlich auskratzt und wäscht. Bei Pferden, die beschlagen werden müssen, sollte man das Abklopfen des Hufs mit einem metallenen Gegenstand üben. Dabei ist zu Beginn ein leichter Gegenstand wie ein Hufkratzer zu benutzen. Dann werden nach und nach die Anforderungen gesteigert, bis man schließlich mit einem Hammer gegen das Eisen klopft.

Praxistipp
Bei Pferden, die Angst vor der Atmosphäre beim Hufbeschlag haben, sollte man jede Gelegenheit nutzen, diese an den Geruch und die Geräusche zu gewöhnen, ohne dass sie davon selbst betroffen sind.

An der Seite eines ruhigen, schmiedefrommen Pferdes kann das ängstliche Tier beispielsweise lernen, dass der Schmiedevorgang weder mit negativen noch mit positiven Erfahrungen verbunden ist. Auch ein allgemeines Training zur Scheufreiheit vor fremden Gerüchen (Brandgeruch an Feuerstellen etc.) und Geräuschen (Hämmern, Bohren, Zischen) kann sehr hilfreich sein. Auch hier sollte die Desensibilisierung mit Gegenkonditionierung mit Belohnung als Korrekturmethode zum Einsatz kommen. Ebenso sind angstaggressive Pferde auf diese Weise zu behandeln.

Ungehorsame Pferde

Verweigert das Pferd das Hufegeben aus Gründen des Nichtwollens, und reißt es die Hufe einfach mehr oder weniger vehement aus der Hand oder ist vielleicht sogar dominanzaggressiv, dann liegt ein Rangordnungsproblem vor. In diesem Fall sollte der Pferdehalter als Erstes mit dem Pferd Übungen durchführen, die seine eigene Autorität bzw. die des Menschen erhöhen. Gute Erfolge erzielt man z. B. mit der Bodenarbeit. Die **Gehorsamsübungen** sind am besten täglich – anfangs etwa 20, später genügen 5 min – mit Bestimmtheit und Konsequenz durchzuführen.

Merke
Gehorsamsübungen sind nicht zu verwechseln mit Bestrafung. Das Ziel muss stets sein, über einen konsequenten, bestimmten und ruhigen Umgang, der zugleich einfühlsam und freundschaftlich ist, das Pferd im Gehorsam zu schulen.

Dabei sind die Übungen immer so anzulegen, dass sie gleichzeitig dem Vertrauensgewinn dienen. Auch bei einem Pferd, das Probleme mit der Unterordnung hat, gilt der Grundsatz, dass jede richtig absolvierte Übung belohnt wird.

Erst wenn über Gehorsamsübungen die Führungsposition des Pferdehalters gestärkt wurde, beginnt man mit Übungen zum Hufeheben und Aufhalten. Ausgesprochen wichtig ist dabei, dass jede Lektion erfolgreich abgeschlossen wird. Deshalb ist auch bei Rangordnungsproblemen die Desensibilisierung die Methode der Wahl. Allerdings dürfen in diesem Fall die einzelnen Übungsschritte mit größerem Nachdruck durchgeführt werden. Eine laute Ansprache, ein fester Griff oder ein strenger, in die Augen des Pferdes gerichteter Blick können mitunter Wunder wirken.

Bei dominanzaggressiven Pferden sollte immer eine zweite Person das Pferd halten und im Notfall, wenn z. B. das Pferd zubeißen möchte, dieses über einen Halfterruck und mit einem scharfen „Nein!“ bestrafen.

Pferde lassen sich grundsätzlich nur dann ohne Abwehr die Beine aufhalten, wenn eine **vertrauensvolle Mensch-Tier-Beziehung besteht und der erforderliche Respekt** vorhanden ist.

14 Tierschutzgesetz und Zwangsmittel

Margit H. Zeitler-Feicht

Bei Pferden, die nicht in ausreichendem Maße an die Hufkorrektur gewöhnt wurden, ist mit der gesamten Palette des pferdespezifischen Abwehrverhaltens zu rechnen. Es zählen dazu der mehr oder weniger gezielte Hinterhand-, aber auch Vorderhandschlag, Steigen, der Versuch des Weglaufens bzw. des Umrennens von Personen und das Zubeißen. In Anbetracht der Größe und Körpermasse von Pferden ist es in solchen Situationen unumgänglich, geeignete Vorsorgemaßnahmen zu treffen, um zum einen die anwesenden Personen und zum anderen das Tier selbst zu schützen. Die Anwendung von Zwangsmaßnahmen liegt daher nahe, doch dürfen diese nur unter Beachtung des Tierschutzes erwogen werden.

Recht

Grundsatz

§ 1 des Tierschutzgesetzes beinhaltet grundsätzliche Forderungen an die Haltung von Tieren und an den Umgang mit ihnen. Danach darf niemand einem Tier ohne vernünftigen Grund Schmerzen, Leiden oder Schäden zufügen.

Es stellt sich daher vor jedem Einsatz von Zwangsmaßnahmen die Frage, ob es hierfür einen vernünftigen Grund gibt. Denn derartige Maßnahmen dürfen keinesfalls routinemäßig eingesetzt werden, sondern immer nur dann, wenn andere, weniger belastende Maßnahmen wirkungslos sind und eine erforderliche Behandlung sonst nicht durchgeführt werden kann. Beispielsweise ist die Anwendung einer Nasenbremse bei tierärztlichen Behandlungen wie z. B. bei speziellen Injektionen oder dem Schieben einer Nasen-Schlund-Sonde zu rechtfertigen. Demgegenüber ist der prophylaktische Einsatz von Zwangsmitteln bei Haltungs- und Pflegemaßnahmen wie der Hufpflege tierschutzrechtlich nicht vertretbar, denn das erwünschte Verhalten kann in der Regel auch mittels schrittweiser Gewöhnung und entsprechender Konditionierung (S. 317) erreicht werden.

Falls dennoch Zwangsmaßnahmen erforderlich sind, sollte immer nach dem Prinzip des geringsten notwendigen Zwanges vorgegangen werden. Darüber hinaus sollten diese nur von sachkundigen Personen (Tierärzte, Hufbeschlagschmiede, Pferdewirte, veterinärmedizinisch-technische Assistenten, Tierarzthelfer und Tierpfleger) durchgeführt werden, um die Gefahr, dem Tier Schmerzen, Leiden oder Schäden zuzufügen, so gering wie möglich zu halten.

Folgende Zwangsmaßnahmen sind bei korrekter Durchführung erlaubt bzw. tierschutzkonform:

- Anlegen von Trense oder Kappzaum
- Aufziehen einer Hautfalte am Hals
- Aufheben einer Vordergliedmaße
- Spannen der Hintergliedmaße
- Anlegen einer Oberlippenstrickbremse (► **Abb. 14.1**)
- Ohrgrundgriff in Ergänzung zum Halfter
- stationärer Untersuchungsstand

► **Abb. 14.1** Die Oberlippenstrickbremse („Nasenbremse") sollte nur von sachkundigen Personen bei sehr widersetzlichen Pferden im Notfall eingesetzt werden.

Die **Oberlippenstrickbremse**, auch „Nasenbremse“ genannt, darf nur im Notfall eingesetzt werden. Sie besteht aus einem etwa 1 cm dicken Strick, der in Schlaufenform an einem Holzgriff befestigt ist. Die Strickschlaufe wird über die Oberlippe des Pferdes gelegt. Mit der einen Hand wird die Oberlippe innerhalb der Schlaufe fixiert und mit der anderen der Holzgriff in Richtung Pferd verdreht, so dass die Schlaufe verdrillt wird. Der Vorgang ist für das Pferd mit erheblichen Schmerzen verbunden. Durch das Stressgeschehen kommt es zu einer Freisetzung körpereigener Opioide (Endorphine), die schmerzlindernd und beruhigend wirken. Zudem befinden sich im Oberlippenbereich zahlreiche Akupunkturpunkte, denen eine stark sedative Wirkung zugesprochen wird. Bereits das Massieren dieser Akupunkturpunkte kann auf Pferde beruhigend wirken. Das Pferd reagiert bei der korrekten Anwendung der Nasenbremse sehr schnell (innerhalb von 12–80 sec). Man erkennt das Einsetzen der Wirkung am Senken des Kopfes. Richtig „gebremste“ Pferde stehen absolut still und reagieren kaum mehr auf Umweltreize.

Zu beachten ist, dass die Bremse nicht über den gesamten Anwendungszeitraum gleich stramm angezogen ist. Sie sollte abwechselnd gelockert und wieder angedreht werden, um den Blutfluss in der Oberlippe zu gewährleisten. Ein sanftes „Wackeln“ an der Bremse kann die beruhigende Wirkung verstärken. Ein „gebremstes“ Pferd darf niemals angebunden werden. Es ist mit einer Hand am Strick zu halten, in der anderen befindet sich die Bremse. Ansonsten kann es zu gefährlichen Situationen kommen. Die Anwendung erfolgt durch die Person, welche auch das Halfter hält.

Tierschutzwidrig sind eine unsachgemäße Handhabung der Nasenbremse, die zu Verwundungen an der Haut führt, ein zu starkes Zudrehen sowie die Fixierung der Bremse am Halfter. Die Anwendung ist auf das notwendige Minimum zu reduzieren und sollte 10 min nicht übersteigen.

Insbesondere ist darauf zu achten, dass die Atemwege durch die Oberlippenbremse nicht eingeengt und dadurch Abwehrbewegungen des Pferdes provoziert werden. Eine Verengung der Nüstern kann entstehen, wenn die Schlaufe zu weit auf die Oberlippe geschoben oder die Bremse in falscher Richtung gedreht wird. Letztere ist immer in Richtung auf den Nasenrücken zu drehen.

Nicht eingesetzt werden sollte die Nasenbremse bei Pferden, die vor deren Einsatz bereits stark erregt sind, sowie bei Fohlen und Jungpferden. In diesen Fällen ist die Zwangsmaßnahme meist wirkungslos bzw. führt zu noch heftigeren Abwehrreaktionen.

Seilkonstruktionen bzw. **Plattlongen**, die dazu dienen, das Pferd am Ausschlagen zu hindern oder das Aufheben und Halten eines Fußes zu unterstützen (► **Abb. 14.2**), dürfen nur angewandt werden, wenn dem Pferd keine Schmerzen zugefügt werden bzw. keine Sturzgefahr besteht.

Genaue Angaben zu **erlaubten Gebissen** und **Ausrüstungsgegenständen** sind der Leistungsprüfungsordnung (LPO) der Deutschen Reiterlichen Vereinigung e. V. (FN) zu entnehmen.

! Merke

Hilfskonstruktionen, die mit einem erhöhten Verletzungsrisiko einhergehen, dürfen nur unter tierärztlicher Aufsicht eingesetzt werden und sind auf besondere Fälle zu beschränken.

Wenn trotz Anwendung erlaubter Zwangsmittel eine Hufkorrektur bzw. ein Hufbeschlag nicht ausgeführt werden kann, ist es im Einzelfall möglich,

► **Abb. 14.2** Erlaubt ist die Aufhalteschleife, da man sie im Notfall leicht lösen kann.

eine **medikamentöse Beruhigung (Sedierung)** des Pferdes vorzunehmen. Diese darf nur durch einen Tierarzt erfolgen. Die zur Verfügung stehenden Medikamente führen bei korrekter Dosierung zu einer Beruhigung des Pferdes, ohne dass die Stehfähigkeit verloren geht. Es ist aber zu berücksichtigen, dass unter der Wirkung der Medikamente auch die Schmerzempfindlichkeit des Pferdes vermindert ist. Daher kann eine indirekte Vernagelung leichter übersehen bzw. nicht erkannt werden. Zum Applikationszeitpunkt sollte das Pferd möglichst entspannt sein, denn ein hoher Erregungszustand stellt die Wirkung in Frage.

Folgende Zwangsmittel sind **nicht erlaubt** bzw. **tierschutzwidrig**:

- Schläge mit Besenstielen, Knüppeln, Zangen, Hämmern und Ähnlichem
- Strickbremse an der Unterlippe, Zangenbremse, Bremsen mit zu dünnen Schnüren (z. B. Heuschnüre), Maulschleimhautbremse (Equine Restraint System), polnische Bremse, Scharnierbremse aus Eisen, Ohrenbremsen, Bremsen mit der Feuerzange, Oberlippenbremse mit Metallkette
- Fixierung des Pferdes nur an der Zunge oder den Ohren
- Rarey-Riemen zur Gliedmaßenfixierung
- Aufziehen einer Gliedmaße mit Seil an fixiertem Ring bzw. befestigter Rolle
- kurzes Anbinden
- Wurfzeuge
- Verwendung von Hilfsmitteln, die zu Schmerzen führen, wie spezielle Zäumungen (z. B. Kappzaum mit eingearbeitetem Stahlbügel, Metallketten)
- spanische Wand, Zwangsablegestände

Die Strickbremse bzw. Seile und ähnliche Hilfsmittel sind **nur im Notfall** einzusetzen. Das ist der Fall, wenn ein Pferd beißt, steigt, schlägt oder sich zu Boden wirft und nicht ohne Gefahr beschlagen werden kann. Bei derart widersetzlichen Pferden ist das Problem in aller Regel jedoch bekannt. Deshalb sollte der Halter eines solchen Tieres dazu angehalten werden, dieses bereits im Vorfeld über die entsprechenden Übungen (S. 322) auf die Hufkorrektur vorzubereiten. In manchen Fällen kann es sinnvoll sein, die Aktion abzubrechen und auf einen anderen Tag zu verschieben.

§ Recht

Nach **§ 17 des Tierschutzgesetzes** wird mit einer Freiheitsstrafe bis zu 3 Jahren oder mit Geldstrafe bestraft, wer einem Wirbeltier ohne vernünftigen Grund aus Rohheit

a. erhebliche Schmerzen oder Leiden oder

b. länger anhaltende oder sich wiederholende erhebliche Schmerzen oder Leiden zufügt.

Ordnungswidrig handelt nach **§ 18 des Tierschutzgesetzes**, wer vorsätzlich oder fahrlässig einem Wirbeltier, das er hält, betreut oder zu betreuen hat, ohne vernünftigen Grund erhebliche Schmerzen, Leiden oder Schäden zufügt.

Teil 5
Gesetzliche Bestimmungen bei der Ausübung des Hufbeschlags

15 Gesetzliche Bestimmungen zum Hufbeschlag

Sascha Brückner, Corinna Odine Bobsien, Katrin Krischke

15.1 Einleitung

Sascha Brückner, Corinna Odine Bobsien

Die gesetzlichen Bestimmungen zum Hufbeschlag haben in jüngster Zeit für kontroverse Diskussionen gesorgt und gipfelten in 2 Entscheidungen des Bundesverfassungsgerichts (BVerfG): einer Eil-Entscheidung in Form einer einstweiligen Anordnung (Beschluss vom 05.12.2006, Az. 1 BvR 2186/06) und der Entscheidung über eine Verfassungsbeschwerde (Urteil vom 03.07.2007).

Die Streit- und Kritikpunkte sowie die Entscheidungsgründe des Bundesverfassungsgerichts und die aus der Entscheidung resultierenden Folgen werden im Folgenden dargelegt.

15.1.1 Kontroverse um das Hufbeschlaggesetz von 2006

„Die Sicherstellung der notwendigen Qualität der Hufversorgung im Interesse des Tierschutzes" – so lautete das Ziel, das der Gesetzgeber mit dem neuen Hufbeschlaggesetz im Jahre 2006 (HufBeschlG 2006) verfolgte. Aufgrund der vielen willkürlich vom Berufsbild des Hufbeschlagschmieds abgespaltenen Tätigkeiten sei nach Ansicht der Bundesregierung die Einhaltung der tiergesundheitlichen und tierschutzrechtlichen Mindestanforderungen nicht mehr garantiert. Gestützt wird diese These auf diverse Aussagen von praktizierenden Tierärzten und Amtstierärzten, die von „erheblichen Problemen durch nicht fach- und sachgerecht ausgeführte Hufbehandlungen durch Huftechniker und Hufpfleger" berichteten. Kritiker hingegen wendeten ein, dass den für die Kontrolle und Registrierung tierschutzrelevanter Anzeigen zuständigen Ländern kaum Fälle von unsachgemäßer Hufpflege bekannt seien. Der Gesetzgeber habe offensichtlich vielmehr das Ziel verfolgt, eine Initiative zum „Schutz vor Wettbewerb" (Frankfurter Allgemeine Zeitung, 27.12.2005) zu starten. Manche Medien sprachen sogar von der Aktion „Jobkiller" (Pegasus 8/2005).

Tatsächlich ergibt sich aus dem Gesetz in seiner im Jahr 2006 verabschiedeten Fassung eine Zusammenführung von Hufbeschlagschmied, Huftechniker und Hufpfleger zu einem einheitlichen Beruf, da der Hufbeschlag erstmals „als Gesamtheit aller Verrichtungen an einem Huf zum Zwecke des Schutzes, der Gesunderhaltung, der Korrektur oder der Behandlung" (§ 2 Abs. 1 HufBeschlG 2006) definiert wird. Während **Hufpfleger**, auch Hufheilpraktiker oder Huforthopäden genannt, sich der Hufversorgung an Pferden ohne oder mit lediglich temporärem Hufschutz wie Hufschuhen (Barhufpferden) widmen, kümmern sich **Huftechniker** um alle Arten der Hufhilfsmittel und den Hufschutz mit Ausnahme des Eisenbeschlags, also um Kunststoff- und Aluminiumbeschläge, Klebeschuhe, Hufschuhe, Reparaturen mit Kunsthorn oder anderen Hufersatzmaterialien.

Sämtliche Arbeiten am Pferdehuf – ob mit oder ohne Anbringung eines Hufschutzes oder Eisens – dürfen nach dem umstrittenen Gesetz ausschließlich von geprüften und staatlich anerkannten Hufbeschlagschmieden ausgeübt werden. Dazu ist neben der schmiedetechnischen Ausbildung eine 2-jährige hauptberufliche Beschäftigung bei einem Hufbeschlagschmied erforderlich (§ 4 Abs. 1 HufBeschlG 2006). Die Voraussetzung der staatlichen Anerkennung betrifft auch die Lehrkräfte von Hufbeschlagschulen, für deren Zulassung eine 5-jährige Tätigkeit als Hufbeschlagschmied vorausgesetzt wird (§ 5 Abs. 1 HufBeschlG 2006), sowie die Betreiber solcher Schulen (§ 6 HufBeschlG 2006). Im Ergebnis resultieren damit aus dem HufBeschlG 2006 die Abschaffung der Berufsbilder des Huftechnikers und -pflegers und damit die Monopolisierung des Hufbeschlagschmiedeberufs.

15.1.2 Entscheidung des Bundesverfassungsgerichts

Gegen die weitreichenden Folgen des Gesetzes setzte sich eine Gruppe von praktizierenden Huftechnikern sowie Betreibern von Schulen für Hufpflege und Huftechnik, Lehrern und (zukünftigen) Schülern solcher Einrichtungen zur Wehr. Von den insgesamt 21 Beschwerdeführern und ihrem Rechtsbeistand wurde vor dem BVerfG Verfassungsbeschwerde eingelegt, die v. a. auf eine Verletzung der Berufsfreiheit aus Art. 12 Abs. 1 GG gestützt wurde. Im Dezember 2006 wurde vom BVerfG bereits die Zulässigkeit der eingelegten Beschwerde bejaht und eine einstweilige Anordnung getroffen, die dazu führte, dass weite Teile des Gesetzes vorläufig ausgesetzt wurden.

Diverse Organisationen reichten daraufhin beim BVerfG ihre Stellungnahmen ein. Sowohl der Erste Deutsche Hufbeschlagschmiede-Verband als auch die Deutsche Reiterliche Vereinigung (FN) und die Gesellschaft für Pferdemedizin gaben sich als Befürworter des neuen Gesetzes zu erkennen. Zur Begründung wurde von den Vertretern dieser Institutionen u. a. angeführt, dass eine „Kontrolle von Autodidakten", jedoch „keine Differenzierung der Berufe rund um den Huf erforderlich" seien.

Das Institut für Hufgesundheit, die Vereinigung der Freizeitreiter und -fahrer in Deutschland, die Deutsche Huforthopädische Gesellschaft, der Verband der Hufpfleger und Hufheilpraktiker sowie die Deutsche Vereinigung zum Schutz des Pferdes hingegen verdeutlichten ihre kritische bis ablehnende Haltung dem neuen Gesetz gegenüber. Sie führten u. a. aus, dass keine Gefährdung des Tierwohls zu erkennen sei, zumal ihnen keinerlei Beschwerden über Huftechniker oder -pfleger vorlägen. Im Gegenteil würden Barhufigkeit bzw. alternativer Hufschutz den Anforderungen des modernen Pferdesports besser gerecht als der klassische Eisenbeschlag.

Mit diesen Stellungnahmen setzte sich der 1. Senat des BVerfGs auseinander und gelangte am 03.07.2007 zu einer endgültigen Entscheidung. Im Rahmen seiner Prüfung stellte er zunächst fest, dass Huftechniker und Hufpfleger eigenständige Berufe i. S. d. Art. 12 Abs. 1 GG darstellen, auch wenn der Gesetzgeber entsprechende Berufsbilder (noch) nicht vorgesehen hat. Durch die Monopolisierung der gesamten Hufversorgung bei den Hufbeschlagschmieden können Huftechniker sowie Schüler, Betreiber und Lehrer von Schulen für Hufpflege und -technik ihre Tätigkeiten nicht fortführen bzw. erlernen, wenn sie nicht entsprechende Qualifikationen als Hufbeschlag(lehr)schmied nachweisen. Ein unmittelbarer Eingriff in die Berufswahlfreiheit wurde deshalb bejaht.

Den entscheidenden Part der bundesverfassungsgerichtlichen Prüfung stellte die Untersuchung der Angemessenheit, also die Klärung der Frage dar, ob eine übermäßige unzumutbare Belastung der Beschwerdeführer vorliegt. Das BVerfG hat diese bejaht. Denn das Ziel der Verbesserung des Tierschutzes respektive die Qualitätssicherung könne auch alternativ erreicht werden. Eine Möglichkeit bestehe darin, den Zugang zum Beruf des Hufpflegers und Huftechnikers von dem Erwerb und Nachweis theoretischer Kenntnisse abhängig zu machen, die notwendig sind, um aus dem gesamten Versorgungsspektrum der Hufversorgung – unter Einschluss von Hufschutzmaterialien und Eisenbeschlag – die jeweils indizierte Methode auszuwählen. Somit könne eine umfassende und kompetente Beratung des Tierhalters und erforderlichenfalls auch die Verweisung an einen Hufbeschlagschmied gewährleistet werden. Im Rahmen von Ausbildungs- und Prüfungsvorschriften könne der Gesetzgeber auch die Vermittlung und den Prüfungsnachweis der Fertigkeiten, Kenntnisse und Fähigkeiten regeln, die speziell für eine qualifizierte Barhufpflege bzw. einen alternativen Hufschutz erforderlich sind. Zur Verdeutlichung stellte das BVerfG einen Vergleich mit der nichtärztlichen Heilkunde an. Selbst dort, wo es um die menschliche Gesundheit und damit um ein besonders wichtiges Gemeinschaftsgut geht, gibt es kein Heilkundemonopol für Ärzte: Heilpraktiker müssen nicht über umfassende heilkundliche Kenntnisse und Fähigkeiten verfügen, dürfen Patienten aber nur im Rahmen ihres persönlichen Könnens behandeln.

Die Monopolisierung der Barhufpflege zugunsten der Hufbeschlagschmiede biete keine Vorteile für die Tiergesundheit, die entscheidend über das hinausgingen, was durch nachgewiesene theoretische Kenntnisse im gesamten Spektrum der Hufversorgung erreicht werden könne. Demgegenüber steht aber die Schließung eines Berufs und damit ein schwerwiegender Eingriff in die Berufsfreiheit der Betroffenen.

Die Huftechniker- und Hufpflegerberufe haben entstehen können, weil der Eisenbeschlag bei den modernen Freizeit- und Sportpferden nicht länger die allein angezeigte Methode darstellt. Mit dem Erfordernis einer schmiedetechnischen Ausbildung auch für Huftechniker und -pfleger würden diese dazu gezwungen, Fertigkeiten zu erlernen, von denen sie ihrem Berufsethos und den Kundenwünschen entsprechend gerade keinen Gebrauch machen wollen. Diese Tätigkeiten würden durch die Neuregelung zu einem Beruf mit dem des Hufbeschlagschmieds zusammengefasst, obwohl ihre Entstehung und ihr Fortbestand sich gerade aus der Abgrenzung in Ansatz und Methoden von der Arbeit des Hufbeschlagschmieds erklärten.

Zudem würden von einem Berufsbewerber Kenntnisse und Fähigkeiten verlangt, die in keinem Verhältnis zu der geplanten Tätigkeit stehen („überschießende Qualifikationen“) und die nicht durch einen Zuwachs an beruflichen Chancen und sozialem Ansehen aufgewogen werden.

Obwohl es sich bei Huftechniker bzw. -pfleger und Hufbeschlagschmied um Berufe mit teilidentischen Tätigkeitsbereichen handelt, genügen für Erstere aus sachlichen Gründen deutlich andere Ausbildungs- und Prüfungsanforderungen, als sie der höher qualifizierte Beruf des Hufbeschlagschmieds erfordert. Ebenso handelt es sich bei den Zulassungsvoraussetzungen für Betreiber und Lehrer von entsprechenden Schulen um unzumutbare Überqualifikationen.

15.1.3 Folgen der bundesverfassungsgerichtlichen Entscheidung

Rechtsfolge dieser Entscheidung ist die Nichtigkeit der §§ 3 Abs. 1 und 2, 6 Abs. 1 HufBeschlG 2006, jeweils i. V. m. der Begriffsdefinition des Hufbeschlags aus § 2 Nr. 1. Dies gilt jedoch nur, soweit Huftechniker und Hufpfleger sowie Schüler, Lehrer und Betreiber entsprechender Schulen davon betroffen sind. Die Situation bleibt für die genannten Personengruppen damit so, wie sie sich bereits im Jahre 2007 dargestellt hat, in dem die entsprechenden Teile aufgrund der einstweiligen Anordnung für sie ebenfalls gesperrt waren.

Für die Zukunft ist die Verabschiedung eines entsprechend der bundesverfassungsgerichtlichen Entscheidung modifizierten Hufbeschlaggesetzes sowie einer Verordnung, die die (theoretische) Ausbildung und die Zulassungsvoraussetzungen von Huftechnikern und Hufpflegern regelt, zu erwarten. Bis Redaktionsschluss (01.01.2019) lagen hierüber allerdings noch keine Erkenntnisse vor.

15.2 Gesetz über den Beschlag von Hufen und Klauen (Hufbeschlaggesetz – HufBeschlG)

Sascha Brückner, Corinna Odine Bobsien

Im „Gesetz über die Reform hufbeschlagrechtlicher Regelungen und zur Änderung tierschutzrechtlicher Vorschriften vom 19. April 2006“ (BGBl. I 2006 Nr. 18, S. 900–904) wird Folgendes geregelt:

§ Recht

Gesetz über den Beschlag von Hufen und Klauen (Hufbeschlaggesetz – HufBeschlG)

- § 1 Anwendungsbereich
- § 2 Begriffsbestimmungen
- § 3 Hufbeschlagschmiede/Hufbeschlagschmiedinnen, Hufbeschlaglehrschmiede/Hufbeschlaglehrschmiedinnen
- § 4 Anerkennung der Hufbeschlagschmiede/Hufbeschlagschmiedinnen
- § 5 Anerkennung der Hufbeschlaglehrschmiede/Hufbeschlaglehrschmiedinnen
- § 6 Hufbeschlagschulen
- § 7 Widerruf der Anerkennung
- § 8 Ermächtigungen
- § 9 Bußgeldvorschriften
- § 10 Übergangsregelungen
- § 11 Aufhebung von Vorschriften

15.2.1 Die partiell nichtigen Regelungen im Überblick

Laut Beschluss des Bundesverfassungsgerichts vom 3. Juli 2007 sind § 3 Absatz 1 und Absatz 2 sowie § 6 Absatz 1 jeweils in Verbindung mit § 2 Nummer 1 des Hufbeschlaggesetzes vom 19. April 2006 mit Artikel 12 Absatz 1 des Grundgesetzes unvereinbar und nichtig, soweit Berufsgruppen, die Verrichtungen an einem Huf zum Zweck des Schutzes, der Gesunderhaltung, der Korrektur oder der Behandlung vornehmen, ohne dabei einen Eisenbeschlag anzubringen, sowie Personen und Einrichtungen, die zu solchen Verrichtungen ausbilden, von diesen Bestimmungen erfasst werden.

§ 2 Begriffsbestimmungen

Im Sinne dieses Gesetzes sind

1. Hufbeschlag:
   Die Gesamtheit aller Verrichtungen an einem Huf zum Zweck des Schutzes, der Gesunderhaltung, der Korrektur oder der Behandlung;
2. Klauenbeschlag:
   Die Gesamtheit aller Verrichtungen bei der Anbringung, Instandsetzung oder Entfernung eines Beschlags an der Klaue eines Tieres, wenn dieses Tier als Zug-, Last- oder Reittier verwendet werden soll.

§ 3 Hufbeschlagschmiede/Hufbeschlagschmiedinnen, Hufbeschlaglehrschmiede/Hufbeschlaglehrschmiedinnen

(1) Der Huf- und Klauenbeschlag darf nur von geprüften und staatlich anerkannten Hufbeschlagschmieden/Hufbeschlagschmiedinnen ausgeübt werden.

(2) Die fachbezogene Ausbildung an Hufbeschlagschulen darf nur von geprüften und staatlich anerkannten Hufbeschlaglehrschmieden/Hufbeschlaglehrschmiedinnen und Fachtierärzten/Fachtierärztinnen für Pferde oder Tierärzten/Tierärztinnen mit einer vergleichbaren Qualifikation ausgeübt werden.

§ 6 Hufbeschlagschulen

(1) Hufbeschlagschulen dürfen nur betrieben werden, wenn sie staatlich anerkannt sind.

15.3

Verordnung über den Beschlag von Hufen und Klauen (Hufbeschlagverordnung – HufBeschlV)

Sascha Brückner, Corinna Odine Bobsien

In der „Verordnung über den Beschlag von Hufen und Klauen (Hufbeschlagverordnung – HufBeschlV) vom 15. Dezember 2006" (BGBl. I 2006 Nr. 62 S. 3205–3218) wird Folgendes geregelt:

§ Recht

Abschnitt 1 Staatliche Anerkennung

- § 1 Staatlich anerkannter Hufbeschlagschmied/staatlich anerkannte Hufbeschlagschmiedin
- § 2 Staatlich anerkannter Hufbeschlaglehrschmied/staatlich anerkannte Hufbeschlaglehrschmiedin
- § 3 Staatlich anerkannte Hufbeschlagschule

Abschnitt 2 Ausbildung und Prüfung zum Hufbeschlagschmied/zur Hufbeschlagschmiedin und erforderliche Lehrgänge

- § 4 Ziel der Prüfung
- § 5 Zulassung zur Prüfung
- § 6 Einführungslehrgang
- § 7 Praktische Tätigkeit
- § 8 Vorbereitungslehrgang
- § 9 Prüfungsstelle
- § 10 Praktischer Teil der Prüfung
- § 11 Theoretischer Teil der Prüfung
- § 12 Prüfungsausschuss
- § 13 Prüfungsverfahren
- § 14 Bewerten und Bestehen der Prüfung
- § 15 Wiederholung der Prüfung

Abschnitt 3 Prüfung zum Hufbeschlaglehrschmied/zur Hufbeschlaglehrschmiedin

- § 16 Ziel der Prüfung
- § 17 Zulassung zur Prüfung
- § 18 Prüfung
- § 19 Prüfungsausschuss
- § 20 Prüfungsverfahren
- § 21 Bewerten und Bestehen der Prüfung
- § 22 Wiederholung der Prüfung

Abschnitt 4 Schlussvorschriften

- § 23 Übergangsvorschriften
- § 24 Inkrafttreten

15.4

Die Ausbildung zum Hufbeschlagschmied und Hufbeschlaglehrschmied

Katrin Krischke

Das Hufbeschlagrecht gibt klare Vorgaben, wer als Hufbeschlagschmied in Deutschland arbeiten darf. Dazu wird die Berechtigung zur Ausübung des Beschlags von Hufen und Klauen staatlich geregelt. Jede Person, die beabsichtigt, als Hufschmied zu arbeiten, benötigt vor Aufnahme der Tätigkeit die staatliche Anerkennung als geprüfter Hufbeschlagschmied.

Basis für die Weiterbildung zum staatlich geprüften Hufschmied ist eine abgeschlossene Berufsausbildung, die Voraussetzung für die spätere staatliche Anerkennung ist. Die Ausbildung beginnt mit einem staatlich anerkannten **Einführungslehrgang**, der mindestens vier Wochen dauert. Der Lehrgang dient der Vermittlung notwendiger Grundkenntnisse vor der Aufnahme einer praktischen Tätigkeit und kann bei einem staatlich anerkannten Hufbeschlagschmied oder in einem Metallbaubetrieb mit Kernbereich Hufbeschlag erfolgen. Für den ausbildenden Hufbeschlagschmied ist wichtig zu wissen, dass er nach der staatlichen Anerkennung seit mindestens drei Jahren ein Hufbeschlaggewerbe betreiben muss, um einen Schmiedeschüler ausbilden zu können.

In der **mindestens zweijährigen praktischen Tätigkeit** – einer sozialversicherungspflichtigen hauptberuflichen Beschäftigung – soll der angehende Hufbeschlagschmied die Routinearbeiten bei der Versorgung von Hufen und Klauen erlernen. Es sind neben der praktischen Umsetzung die einschlägigen berufsbezogenen Vorschriften, insbesondere die des Tierschutzes, der Arbeitssicherheit, des Gesundheitsschutzes, des Umweltschutzes und der Haftung, zu verwirklichen. Der Schmiedeschüler soll befähigt werden, selbstständig einen regelmäßigen Hufbeschlag zu planen und qualifiziert auszuführen. Die erworbene berufliche Handlungsfähigkeit ist von ihm zu dokumentieren, z. B. in einem Berichtsheft, und durch Unterschrift des Arbeitgebers zu bestätigen.

Bei Vorliegen erheblicher Vorkenntnisse zum Huf- und Klauenbeschlag, z. B. bei einem Berufsabschluss im Bereich der Pferdehaltung, kann die zuständige Behörde den Antragsteller nach Anhörung des Prüfungsausschusses von den Zulassungsvoraussetzungen zur Prüfung teilweise befreien und die zweijährige praktische Tätigkeit bis zu zwölf Monate verkürzen.

An die praktische Ausbildung schließt sich ein vier Monate dauernder **Vorbereitungslehrgang** in einer staatlich anerkannten oder privaten Hufbeschlagschule an. Der Lehrgang dient der Vertiefung und Festigung der im Einführungskurs und im Verlauf der praktischen Tätigkeit erworbenen Fertigkeiten, Kenntnisse und Fähigkeiten. Er gliedert sich in einen praktischen Teil (mindestens 420 Stunden) und einen theoretischen Teil (mindestens 220 Stunden). Die einzelnen zu vermittelnden Fertigkeiten, Kenntnisse und Fähigkeiten regelt die Verordnung über den Beschlag von Hufen und Klauen – Hufbeschlagverordnung (HufBeschlV).

Für die **Zulassung** zur staatlichen Hufbeschlagprüfung sind der Besuch beider Lehrgänge Voraussetzung. Die **Hufbeschlagprüfung** hat zum Ziel, festzustellen, ob der Prüfling in der Lage ist, eine sach-, fach- und tiergerechte Tätigkeit als Hufbeschlagschmied auszuüben.

Die **Anerkennung als staatlich geprüfter Hufbeschlagschmied** bildet den Abschluss der Ausbildungszeit.

Überblick
Weiterbildung zum staatlich geprüften Hufbeschlagschmied

- abgeschlossene Berufsausbildung
- Einführungslehrgang
- mindestens zweijährige sozialversicherungspflichtige hauptberufliche Beschäftigung bei einem staatlich anerkannten Hufbeschlagschmied
- Vorbereitungslehrgang
- erfolgreich bestandene Hufbeschlagprüfung
- staatliche Anerkennung

§ Recht
Der Huf- und Klauenbeschlag mit Eisen darf nur von geprüften und staatlich anerkannten Hufbeschlagschmieden ausgeübt werden. Ein Verstoß gegen § 3 Abs. 1 des Gesetzes über den Beschlag von Hufen und Klauen – Hufbeschlaggesetz (HufBeschlG) – ist eine Ordnungswidrigkeit und kann mit einem Bußgeld bis zu 3000 Euro geahndet werden.

Die Fortbildung zum **Hufbeschlaglehrschmied** hat zum Ziel, Hufbeschlagschmiede zu befähigen, als Lehrkraft an Hufbeschlagschulen im Rahmen der Ausbildung von Hufbeschlagschmieden tätig zu werden. Der Schwerpunkt liegt in der Vermittlung von Unterrichtsstoff anhand praktischer und theoretischer Unterweisungen in pädagogisch geeigneter Art und Weise. Aus diesem Grund wird für die staatliche Anerkennung als Hufbeschlaglehrschmied ein Nachweis über berufs- und arbeitspädagogische Kenntnisse verlangt. Des Weiteren soll ein Hufbeschlaglehrschmied besonders anspruchsvolle Arbeiten des Huf- und Klauenbeschlages unter Beachtung der Anforderungen und Belange der Tiergesundheit, des Tierschutzes und des Arbeits- und Unfallschutzes sowie des zeitgemäßen Standes der Technik durchführen können.

Voraussetzungen für die **staatliche Anerkennung von Hufbeschlaglehrschmieden** sind der Nachweis der staatlichen Anerkennung als Hufbeschlagschmied, eine mindestens fünfjährige Tätigkeit als Hufbeschlagschmied, für den genannten Zeitraum der jährliche Besuch von Fortbildungsveranstaltungen, die erforderlichen berufs- und arbeitspädagogischen Kenntnisse und eine erfolgreich bestandene Prüfung zum Hufbeschlaglehrschmied.

15.5 Die Hufbeschlag-Anerkennungsverordnung und die staatliche Anerkennung von (Huf-)Schmieden aus dem Ausland

Katrin Krischke

In der **Hufbeschlag-Anerkennungsverordnung** (HufBeschl-AnerkennV) vom 10. März 2009 (BGBl. I 2009 Nr. I S. 485) geht es um die Frage der Gleichstellung von Prüfungszeugnissen und das Verfahren für die staatliche Anerkennung in Deutschland. In Anlage 1 der Verordnung sind die Länder mit ihren Prüfungszeugnissen und Abschlussbezeichnungen aufgelistet, die den Zeugnissen über die Prüfung zum Hufbeschlagschmied nach der Hufbeschlagverordnung gleichgestellt sind. Aus dem Vorliegen eines entsprechenden Zeugnisses resultiert aber noch kein Anspruch auf eine staatliche Anerkennung als Hufbeschlagschmied. Nach erfolgreichem Abschluss in einem der genannten Länder muss der Antragsteller den Besuch einer mindestens zweijährigen, geregelten und einschlägigen Ausbildungsmaßnahme nachweisen. Zeiten hauptberuflicher Beschäftigung im Hufbeschlag sind hierbei vollständig als Ausbildungsmaßnahme anzurechnen.

In Anlage 2 sind die Länder und Prüfungszeugnisse mit Bezeichnung des Abschlusses für Hufbeschlaglehrschmiede aufgeführt.

In den Ländern, die in Anlage 1 und 2 der HufBeschl-AnerkennV nicht genannt sind, gibt es in den meisten Fällen keine staatlich geregelte Qualifikation für Hufschmiede. Die betreffenden Personen können auch einen Antrag bei der zuständigen Behörde des jeweiligen Bundeslandes auf staatliche Anerkennung als Hufbeschlagschmied stellen. Ist aus den eingereichten ausländischen Unterlagen die Gleichwertigkeit der Qualifikation nicht ersichtlich, ist im nächsten Schritt durch behördliche Prüfung zu klären, ob der Antragsteller in seiner Berufspraxis Fähigkeiten, Kenntnisse und Fertigkeiten erworben hat, um die wesentlichen Unterschiede in der Ausbildung auszugleichen. Das kann z. B. in Form einer **Arbeitsprobe** erfolgen. Wird festgestellt, dass Fähigkeiten, Kenntnisse und Fertigkeiten ausreichen, dem Antragsteller zu bescheinigen, dass er in der Lage ist, den Hufbeschlag ordnungsgemäß auszuführen, kann die staatliche Anerkennung als Hufbeschlagschmied erteilt werden. Andernfalls ist die Gleichstellung vom Nachweis eines **Anpassungslehrgangs** oder einer **Eignungsprüfung** nach Wahl des Antragstellers abhängig zu machen.

Ein vergleichbares Verfahren ist auch bei Antragstellern mit Antrag auf staatliche Anerkennung als Hufbeschlaglehrschmied anzuwenden.

Wie eine Arbeitsprobe, ein Anpassungslehrgang oder eine Eignungsprüfung durchzuführen wären und mit welchem Inhalt, ist gesetzlich nicht geregelt. Eine Arbeitsgruppe, bestehend aus Vertretern der Bundesländer Bayern, Hessen und Niedersachsen, hat hierzu 2012 einen **Entwurf zu einer Verordnung zur Durchführung von Anpassungslehrgängen und Eignungsprüfungen gemäß Hufbeschlag-Anerkennungsverordnung** erarbeitet.

§ Recht

Rechtsgrundlagen:

- **Gesetz über den Beschlag von Hufen und Klauen (Hufbeschlaggesetz – HufBeschlG)** vom 19. April 2006 (BGBl. I S. 900) in der aktuellen Fassung

▼

- **Verordnung über den Beschlag von Hufen und Klauen (Hufbeschlagverordnung – HufBeschlV)** vom 15. Dezember 2006 (BGBl. I S. 3205)
- **Verordnung über die Gleichstellung von außerhalb des Anwendungsbereichs des Hufbeschlaggesetzes oder im Ausland erworbenen Prüfungszeugnissen mit den Prüfungszeugnissen nach der Hufbeschlagverordnung und deren Berücksichtigung bei der staatlichen Anerkennung (Hufbeschlag-Anerkennungsverordnung – HufBeschl-AnerkennV)** vom 10.03.2009 (BGBl. I S. 485)

15.6 Was sollte ein Hufschmied über das Arzneimittelrecht wissen?

Katrin Krischke

15.6.1 Gesetzliche Grundlagen

Das Arzneimittelrecht besteht aus zahlreichen Einzelvorschriften in Form von EU-Vorgaben und nationalen Gesetzen sowie Verordnungen. In Deutschland handelt es sich um das Gesetz über den **Verkehr mit Arzneimitteln (Arzneimittelgesetz – AMG)**. Im AMG sind u. a. Regelungen für den Bezug, die Anwendung und die Abgabe von Arzneimitteln sowohl für die **Human- als auch Tiermedizin** vorgeschrieben. Im § 2 AMG wird das Arzneimittel klar von anderen Mitteln wie Pflegeprodukten, Desinfektions- sowie Ergänzungsfuttermitteln abgegrenzt.

Im Weiteren wird zwischen **apothekenpflichtigen Arzneimitteln**, deren Verkauf an eine öffentliche Apotheke gebunden ist, und **freiverkäuflichen Arzneimitteln**, die auch im Einzelhandel zu erwerben sind, unterschieden. Viele **apothekenpflichtige Arzneimittel** unterliegen zudem der Verschreibungspflicht.

Merke

Arzneimittel können freiverkäuflich, apotheken- oder verschreibungspflichtig sein. Eine entsprechende Kennzeichnung befindet sich auf der Umverpackung (Faltschachtel) und der Packungsbeilage (Beipackzettel).

In Deutschland besteht ein **Apothekenmonopol** für Arzneimittel. Das bedeutet, dass ein Arzt für verschreibungspflichtige Medikamente ein Rezept ausstellen muss und der Patient bzw. Tierhalter bekommt diese in der Apotheke ausgehändigt. Für Tierärzte gibt es eine Ausnahme. Im Rahmen des **Dispensierrechts** kann ein Tierarzt direkt Arzneimittel an Tierhalter für die von ihm behandelten Tiere abgeben (§ 57 AMG). Apotheken- und verschreibungspflichtige Arzneimittel darf der Tierhalter nur in der Apotheke oder vom behandelnden Tierarzt beziehen.

§ Recht

Arzneimittel unterliegen grundsätzlich der **Zulassungs- oder Registrierpflicht**. Sie dürfen von Hufbeschlagschmieden und anderen Personen, die nicht Tierärzte sind, nicht selber hergestellt werden.
Auch der **Vertrieb von Arzneimitteln** aller Art ist durch Hufbeschlagschmiede **nicht zulässig**. Eine Ausnahme besteht für **freiverkäufliche Arzneimittel**. Für die Abgabe muss der Hufbeschlagschmied einen **Sachkundenachweis** gemäß § 50 AMG haben. Diesen kann er bei der Industrie- und Handelskammer (IHK) durch Ablegen einer Prüfung erlangen.

Bei der Behandlung von Tieren ist zu beachten, dass ein Arzneimittel für die jeweilige Tierart zugelassen sein muss. Nur der Tierarzt kann unter bestimmten Voraussetzungen (Therapienotstand) davon abweichen.

Info

Nur der **sorgfältige Umgang mit dem Arzneimittel** kann eine einwandfreie Qualität bis zum **Verfallsdatum** gewährleisten. Arzneimittel können bei falscher Lagerung (Temperatur, Licht und Feuchtigkeit) ihre Wirksamkeit verlieren oder sogar gesundheitsschädlich werden. Deshalb sind die **Lagerungshinweise der Hersteller** unbedingt zu beachten. Arzneimittel können nach Anbruch durch mikrobielle Belastung schnell verderben, daher ist es ratsam, das **Anbruchdatum** z. B. auf der Verpackung zu notieren und die Zeitspanne nach Anbruch laut **Verpackungsbeilage** zu beachten. Abgelaufene Arzneimittel oder Arzneimittel mit sinnfälligen Veränderungen sollten umgehend entsorgt werden. Wenn keine speziellen Hinweise für die **Entsorgung** vorliegen, kann dies über den Hausmüll oder eine Schadstoffsammelstelle erfolgen. Eine Entsorgung über das Abwasser ist ungeeignet, da dies das Grundwasser belasten kann.

15.6.2 Behandlung von Equiden – der Equidenpass

Pferde und andere Equiden gelten rechtlich betrachtet zunächst als Tiere, die der Gewinnung von Lebensmitteln dienen. Bei Ausstellung des **Equidenpasses** müssen Tierhalter eine Erklärung abgeben, ob ihr Equide der Gewinnung von Lebensmitteln dienen soll oder nicht; entsprechend erfolgt der Eintrag im Pass. Zudem wird dem Tier ein Transponder (Mikrochip) mit einer individuellen Kennnummer implantiert und diese im Pass zur Identifizierung festgehalten.

Merke

Der Tierhalter muss wissen, dass die Einstufung „nicht Lebensmittel liefernd“ unumkehrbar ist und sein Pferd dann nicht mehr einer Schlachtung zugeführt werden darf.

Nur der Tierarzt entscheidet anhand des Equidenpasses, mit welchen Arzneimitteln das Tier behandelt werden darf.

Bei Abgabe oder Anwendung von Arzneimitteln für Lebensmittel liefernde Tiere stellt der Tierarzt für den Tierhalter einen so genannten **Tierärztlichen Arzneimittel-Anwendungs- und Abgabebeleg** aus. Dieser Nachweis beinhaltet sowohl den Behandlungsplan als auch die Wartezeiten für die abgegebenen Medikamente. Die Einhaltung der Wartezeit vor der Schlachtung eines Tieres ist wichtig, um Arzneimittelrückstände im Fleisch zu vermeiden.

§ Recht

Die Behandlungsanweisungen des Tierarztes sind vom Tierhalter und anderen Personen, die nicht Tierärzte sind, zu befolgen. Eigenmächtiges Anwenden von verschreibungs- oder apothekenpflichtigen Arzneimitteln entgegen der Packungsbeilage ist untersagt. Sofern es sich um Lebensmittel liefernde Equiden handelt, ist die Anwendung von Arzneimitteln vom Tierhalter zu dokumentieren (Tierhalter-Arzneimittelanwendungs- und Nachweisverordnung). Bei nicht zur Schlachtung bestimmten Equiden entfallen die Behandlungsanweisung des Tierarztes und die Dokumentationspflicht des Tierhalters.

Neben den für Pferde zugelassenen Arzneimitteln gibt es weitere Wirkstoffe, die in einer EU-Verordnung, der so genannten **Positivliste,** aufgeführt sind. Nach der Behandlung mit einem der gelisteten Stoffe ist vom Tierarzt eine Wartezeit von sechs Monaten in den Pass einzutragen.

Pferdebesitzer, die ihre Pferde im Turniersport einsetzen, haben zusätzlich auch die Vorgaben verschiedener Pferdesportverbände zu beachten. Das gilt sowohl für den Wettkampf als auch für das Training.

16 Haftpflicht des Hufbeschlagschmieds

Sascha Brückner, Corinna Odine Bobsien

16.1 Einführung

„No hoof – no horse“ – Dieses alte englische Sprichwort offenbart, wie schwerwiegend eine Erkrankung der Pferdehufe ist und welch große Bedeutung deshalb einer korrekten und fachgerechten Hufpflege zukommt. Denn ein fehlerhafter oder unzulänglicher Beschlag kann zu ernsthaften, auch chronischen Huf- und Gliedmaßenschäden führen. Der Halter des geschädigten Tieres wird in solchen Fällen versuchen, von dem Hufbeschlagschmied Schadenersatz zu erlangen. In der anwaltlichen Praxis nimmt die Haftung des Hufbeschlagschmieds daher einen nicht unerheblichen Stellenwert ein. So finden sich in der juristischen Online-Datenbank „juris“ – einer umfassenden Sammlung von Gerichtsentscheidungen – diverse Urteile zu diesem Themenkomplex. Sogar der Bundesgerichtshof (BGH) in Karlsruhe hatte sich im Jahre 1968 mit der Haftung des Hufbeschlagschmieds zu befassen. Darüber hinaus lassen sich einige oberlandesgerichtliche Entscheidungen (Berufungsentscheidungen) sowie diverse Urteile von Land- und Amtsgerichten finden. Ein Studium dieser Rechtsprechung macht deutlich, dass das praxisrelevante Thema der Haftpflicht des Hufbeschlagschmieds eine Fülle juristischer Fragestellungen aufwirft.

16.2 Werkvertragliche Sachmängelhaftung

Nimmt der Hufbeschlagschmied ein Pferd zur Ausführung des Beschlags an, geht er mit dem Auftraggeber einen **Werkvertrag** ein (§ 631 BGB). Dessen Zustandekommen erfordert keine explizite Einigung oder schriftliche Niederlegung. Sowohl mündliche als auch stillschweigende Vertragsabschlüsse werden von den Hufbeschlagschmieden seit jeher praktiziert, und beide haben Gültigkeit.

Der Unternehmer (= Hufbeschlagschmied) wird zur Herstellung des versprochenen Werkes (= korrekter Hufbeschlag) verpflichtet (§ 631 Abs. 1 u. 2 BGB), und zwar unabhängig davon, ob er industriell gefertigte Eisen kauft oder die Eisen in Handarbeit selbst anfertigt. Die Abgrenzung zum Dienstvertrag (§§ 611 ff. BGB) ist nicht ganz einfach: Bei einem Dienstvertrag wird der Dienstherr lediglich zum Tätigwerden verpflichtet, ohne dass ein Erfolg geschuldet ist. Würde man demzufolge allein oder primär auf den Vorgang des Ausschneidens der Hufe sowie das Anpassen und Anbringen der Hufeisen abstellen, also auf die reinen Tätigkeiten des Hufbeschlagschmieds, könnte man einen Dienstvertrag annehmen. Diese rechtliche Einordnung geht jedoch fehl. Denn geschuldet im Sinne der Hauptleistungspflicht des zwischen Pferdehalter und Hufbeschlagschmied eingegangenen Vertrags ist das Ergebnis in Form eines korrekten Beschlags. Die Qualifikation als Werkvertrag entspricht daher auch ständiger Rechtsprechung (BGH, Urteil v. 28.05.1968, Az. VI ZR 35/ 67, NJW 1968, 1932).

Der den Auftrag erteilende Tierbesitzer ist als so genannter Besteller zur Entrichtung der vereinbarten Vergütung verpflichtet. Eine vorherige Preisabsprache ist jedoch – im Gegensatz zu einem Kaufvertrag – nicht erforderlich. Denn sofern die Höhe der Vergütung nicht bestimmt ist, richtet sich diese nach der „üblichen Vergütung“ (§ 632 BGB), die im Streitfall von einem Sachverständigen, ggf. auch von dem Gericht (§ 287 ZPO), zu schätzen ist.

Der Hufbeschlagschmied hat seinem Auftraggeber das Werk (den Beschlag) frei von Sachmängeln zu verschaffen (§ 633 BGB). Weist der Beschlag also einen Mangel auf, muss der Hufbeschlagschmied für diesen Fehler einstehen. Der Auftraggeber hat verschiedene Möglichkeiten, den Hufbeschlagschmied in die Haftung zu nehmen. Dem Schadenersatzanspruch kommt die bei Weitem größte praktische Relevanz zu.

16.2.1 Sachmängel des Werkes

Der Sachmangelbegriff wird in §633 Abs. 2 BGB durch ein 3-stufiges Prüfungsschema definiert. Danach ist der **Beschlag frei von Sachmängeln**, wenn er

1. die vereinbarte Beschaffenheit aufweist (1. Prüfungsstufe, Satz 1),
2. sich für die vertraglich vorausgesetzte Verwendung eignet (2. Prüfungsstufe, Satz 2 Nr. 1),
3. sich für die gewöhnliche Verwendung eignet sowie eine Beschaffenheit aufweist, die bei Werken der gleichen Art üblich ist und die der Besteller nach der Art des Werkes erwarten kann (3. Prüfungsstufe, Satz 2 Nr. 2).

Das Prüfungsschema wird in der oben genannten Reihenfolge abgehandelt. Es ist also zunächst der Frage nachzugehen, ob ein bestimmter Beschlag geschuldet wird, z.B. ein Standardbeschlag mit oder ohne Stollenlöcher oder ein Spezialbeschlag. Jegliche Abweichungen der tatsächlichen von der vereinbarten Beschaffenheit begründen einen Mangel.

Wurde mit dem Hufbeschlagschmied – wie es häufig der Fall ist – keine besondere Beschaffenheit des Beschlags vereinbart, ist auf die 2. Prüfungsstufe überzugehen. Der Beschlag muss sich in diesen Fällen an der vertraglich vorausgesetzten Verwendung messen lassen und sich demzufolge für den Einsatz des Pferdes eignen, z.B. für den Dressur- oder Springsport, für Pferderennen, Polospiele oder den Fahrsport.

War für den Hufbeschlagschmied auch der Verwendungszweck nicht erkennbar, ist der Beschlag entsprechend der 3. Stufe so auszuführen, wie es allgemein zu erwarten und üblich ist, also so, dass das Pferd in seiner gewöhnlichen Einsatz- und Gebrauchsfähigkeit nicht beeinträchtigt wird und keinerlei gesundheitlichen Schaden erleidet.

In den gerichtlichen Entscheidungen verwischen diese 3 Stufen häufig, so dass die typischen Fehler beim Beschlagen auch ohne Bezugnahme auf die dogmatische Einordnung in das oben genannte Prüfungsschema systematisch erfasst werden können. Auch die Grenzen zum Anspruch bei Schäden, die nicht in der Mangelhaftigkeit des Beschlags begründet sind, sondern bei Gelegenheit der Ausführung des Beschlags etc. entstehen, sind teilweise fließend; vgl. Kap. Haftung für Nebenpflichtverletzungen (S.343) und Haftung bei sonstigen Sorgfaltspflichtverstößen (S.346).

Überblick

Fehler beim Beschlagen

Beim Zubereiten der Hufe

Fehlerhaft sind z. B. zu starkes Kürzen des Huftragrands, der Sohle, des Strahles oder der Eckstreben – besonders bei Flach- und Vollhufen – sowie das Nachschneiden von nicht eitrigen Steingallen wegen einer Infektionsgefahr. Der Gebrauch von Hauklinge an Sohle, Strahl und Eckstreben hat bei Vollhufen sehr behutsam und gewissenhaft zu erfolgen. Alte Nagelstümpfe sind, wenn möglich, aus dem Huf zu entfernen.

Beim Aufpassen der Hufeisen

Ein zu starkes Auf- oder Durchbrennen des Hufeisens am Tragrand widerspricht der ordnungsgemäßen Durchführung des Beschlags. Besondere Gefahr besteht bei stark angebogener Zehenrichtung und bei zurückgesetztem Eisen im Bereich des vorderen Randes des Sohlenkörpers. Ebenso stellen schlecht verpasste, verlochte, schief aufgelegte oder falsch angebrachte Hufeisen einen Mangel dar.

Beim Befestigen der Hufeisen

Einen typischen Fehler beim Befestigen der Hufeisen stellt das Vernageln durch zu fett gelochte oder nicht passende Hufeisen, falsch gestellte Nagellöcher und -kanäle, fehlerhaft angesetzte, verbogene, verrostete oder zu starke Hufnägel dar.

Ebenso fehlerhaft ist das Einschlagen eines Hufnagels an einer Stelle, an der ein Nagelstich oder ein Nagelbrennen erfolgt war.

Das Hufeisen ist genauso aufzunageln, wie es angepasst wurde. Die einwandfreien Hufnägel müssen die passende Größe haben, richtig angesetzt werden und sollen bei dünnen oder steil stehenden Wänden nicht zu hoch eingeschlagen werden, da eine indirekte oder direkte Vernagelung die Folge sein kann. Ein Nagel, der nicht aus der Hornwand herauskommt, ist sofort zu entfernen, desgleichen ein Nagel, bei dem eine Vernagelung vermutet werden muss. Im unmittelbaren Anschluss muss eine Desinfektion durch Eingießen von Jodtinktur in den Nagelkanal erfolgen. Der Besitzer ist umgehend zu informieren und auf das Tetanus-Infektionsrisiko hinzuweisen.

16.2.2 Verschulden

Der fehlerhafte Beschlag allein führt jedoch nicht zum Schadenersatzanspruch. Vielmehr muss der Hufbeschlagschmied den Fehler verschuldet, also vorsätzlich oder fahrlässig gehandelt haben (§§ 280 Abs. 1 S. 2, 276 BGB). Denn auch im Werkvertragsrecht gilt der allgemeine zivilrechtliche Grundsatz: Keine Haftung ohne Verschulden/Vertretenmüssen.

Unter **Vorsatz** ist – vereinfacht ausgedrückt – das bewusste und gewollte Handeln zu verstehen. In der Praxis hat diese Verschuldensform kaum Relevanz, da kein Hufbeschlagschmied bewusst und gewollt eine schlechte Arbeit abliefern und Schaden an einem Tier anrichten wird. Ihm wird vielmehr versehentlich ein Fehler unterlaufen.

Zu prüfen ist daher, ob dem Hufbeschlagschmied der Vorwurf der **Fahrlässigkeit** zu machen ist. Diese wird als **Außerachtlassen der im Verkehr erforderlichen Sorgfalt** definiert (§ 276 Abs. 2 BGB). Fahrlässigkeit erfordert zudem **Vorhersehbarkeit/Erkennbarkeit** und **Vermeidbarkeit** des Schadenseintritts. Die juristische Subsumtion unter diese Voraussetzungen stellt häufig den schwierigsten Part der Prüfung dar, ob der Hufbeschlagschmied für einen Fehler haftet. Es liegt auf der Hand, dass die Gerichte zur Aufklärung dieser Fragen auf einen Sachverständigen und dessen Fachkompetenz angewiesen sind. Spätestens in diesem Stadium der Prüfung, meist jedoch schon bei der Klärung, ob ein Mangel des Beschlags vorliegt, verlagert sich die rechtliche Ebene des Falles auf die rein fachliche Auseinandersetzung mit dem vorgenommenen Beschlag.

§ Recht

Kein Verschulden trifft den Hufbeschlagschmied **grundsätzlich** in folgenden Konstellationen, die zu einem Mangel des Beschlags führen:

- Erschrecken der Tiere während des Beschlagens durch nicht vorherzusehende Ursachen (Straßengeräusche, Donner, Blitz usw.)
- plötzliche Unruhe oder Widersetzlichkeit der Tiere beim Beschlagen
- technische Defekte der Beschlagwerkzeuge, sofern diese nicht erkennbar waren (was jedoch nur selten der Fall sein dürfte)
- alte, in der Hornwand sitzende Nagelstümpfe, deren Vorhandensein nicht erkennbar war
- unsichtbare Fehler am Hufnagel, die ein Spalten der Spitze oder eine Richtungsänderung während des Einschlagens verursacht haben

In diesen Fällen fehlt es an der für den Fahrlässigkeitsvorwurf erforderlichen Vorhersehbarkeit bzw. Erkennbarkeit des Schadenseintritts.

Des Weiteren liegt **grundsätzlich keine** Fahrlässigkeit vor bei:

- einer unerwartet mangelhaften Beschaffenheit des Hufhorns (spröde, mürbe, bröckelig) und ausgebrochenem Tragrand
- einer unerwartet losen und hohlen Wand in großer Ausdehnung
- einer sehr dünnen, steil stehenden Hornwand
- nicht „schmiedefrommen“ jungen, erstmalig zu beschlagenden Pferden

Ein schuldhafter Fehler des Hufbeschlagschmieds kann sich jedoch daraus ergeben, dass er diese 4 beispielhaft genannten unvorhersehbaren Faktoren nicht in dem Moment erkennt, wo sie für ihn erkennbar werden, und sich daraus Fehler beim weiteren Beschlagvorgang ergeben.

! Merke

Dem Hufbeschlagschmied sei daher empfohlen, insbesondere bei ihm unbekannten Pferden im Zweifel eine Voruntersuchung bzw. genaue Adspektion der Hufe durchzuführen. Ergeben sich hieraus Anhaltspunkte für eine problematische Beschaffenheit des Hufs, ist der Auftraggeber über mögliche Komplikationen aufzuklären und diese Aufklärung als schriftlicher Vermerk in seinen Unterlagen festzuhalten.

Eine **Aufklärung** ist auch dann wichtig, wenn der Beschlag – insbesondere bei orthopädischen Problemen des Pferdes – auf unterschiedliche Art und Weise durchgeführt werden kann. Dem Auftraggeber sind in diesem Fall etwaige Alternativen, deren Chancen und Risiken aufzuzeigen, damit er eine korrekte Entscheidungsgrundlage erhält. Im Zweifel hat der Hufbeschlagschmied einen Tierarzt hinzuzuziehen. Einige Hufbeschlagschmiede fertigen vor dem Beschlag sogar eine **schriftliche Dokumentation inklusive Fotos von den Hufen und den Gliedmaßen** an. Aus Zeitgründen wird dies nicht immer oder nur selten möglich sein, sei jedoch v. a. bei wertvollen oder Pferden mit Stellungsfehlern bzw. orthopädischen Problemen dem Hufbeschlagschmied beim Erstbeschlag empfohlen.

Merke

Im Falle einer Inanspruchnahme des Hufbeschlagschmieds für etwaige Beschlagsfehler kann eine derartige Dokumentation einem gerichtlichen Sachverständigen wertvolle Hinweise geben. Sie wird den gewissenhaft tätigen Hufbeschlagschmied entlasten und ihn vor einer Haftung schützen, im Umkehrschluss aber auch den fehlerhaft handelnden Hufbeschlagschmied belasten.

Schließlich ist der Hufbeschlagschmied nicht nur für sein eigenes Verhalten verantwortlich. Entsprechend der **Erfüllungsgehilfenhaftung** hat er auch für schuldhafte Fehler, die seinem Schmiedegehilfen, Gesellen oder anderen Angestellten unterlaufen, einzustehen (§ 278 BGB).

Recht

Beispiele aus der Rechtsprechung

Zum Komplex des Verschuldens seien folgende Beispiele aus der Rechtsprechung genannt, wobei darauf hinzuweisen ist, dass es sich stets um Einzelfallentscheidungen handelt, die nicht zwangsläufig auf jeden Fall übertragbar sind:

- OLG Köln, Urteil v. 04.10.1989, Az. 13 U 88/89, VersR 1990, 389 f.:
  - „Der Hufbeschlagschmied hat das Vernageln (Anmerkung: Setzen eines Nagels in das Leben/in die Lederhaut) immer zu vertreten, wenn nicht der Huf Besonderheiten aufweist.“
  - Anmerkung: Unter solchen Besonderheiten sind z. B. stark ausgebrochene Hufe zu verstehen. Gleiches gilt bei einem unruhigen Pferd.
- OLG Köln, 1989, a. a. O.:
  - „Ein Verschulden des Hufbeschlagschmiedes kann ausscheiden, wenn der Nagel einen (nicht erkennbaren) Materialfehler hatte. Diesen muss der Hufbeschlagschmied beweisen.“

▼

▼

- AG Seesen, Urteil v. 07.10.2005, Az. 1 b C 404/04, RdL 2006, 37:
  - „Der Hufbeschlagschmied haftet nicht für eine Lahmheit und andere krankhafte Veränderungen bei dem von ihm zu beschlagenden Pferd, wenn nicht nachgewiesen wird, dass diese auf dem Hufbeschlag beruhen, sondern aufgrund einer Vorschädigung des Pferdes auch andere Ursachen haben können. Einem Hufbeschlagschmied muss nicht bekannt sein, dass nach neuen tiermedizinischen Erkenntnissen eine Lahmheit des Pferdes in bestimmten Fällen durch Anbringung eines orthopädischen Beschlags nach einer tierärztlichen Indikation und Anweisung verhindert werden kann.“

16.2.3 Schaden

Eine weitere Haftungsvoraussetzung ist, dass ein Schaden entstanden ist. Hat das Pferd beispielsweise kurz nach dem Beschlag ein Eisen verloren, ist dies als Schaden anzusehen. Gleiches gilt für jegliche Erkrankungen an Hufen und Gliedmaßen, z. B. Gallen an den Fesseln (vgl. AG Seesen, 2005), sowie für Lahmheiten, die das Tier aufgrund des fehlerhaften Beschlags erleidet (vgl. hierzu OLG Hamm, Urteil v. 30.08.1995, Az. 25 U 90/95, NJW-RR 1996, 1083–1084: „Hat das nicht fachgerechte Beschlagen eines Hufs eine unheilbare Lahmheit des Pferdes zur Folge, liegt ein Mangelfolgeschaden vor“, für den der Hufbeschlagschmied haftet.).

16.2.4 Kausalität

Abschließende Haftungsvoraussetzung ist ein ursächlicher Zusammenhang zwischen dem fehlerhaften Verhalten des Hufbeschlagschmieds und dem eingetretenen Schaden. Dieser darf nicht durch ein anderes Ereignis als die Beschlagarbeiten verursacht worden sein. Eine **Unterbrechung des Kausalzusammenhangs** kann sich vor allem aus 2 Gründen ergeben:

- einer Vorschädigung des Pferdes, die allein oder im Zusammenspiel mit dem Beschlag zu einer Erkrankung geführt hat, oder
- der Mitwirkung eines Tierarztes.

In diesem Fall, so das OLG Köln in seinem Urteil vom 04.10.1989, führt der Verstoß eines Tierarztes gegen die Regeln der Schulmedizin nicht automatisch zu einer Unterbrechung des Kausalzusammenhangs. Eine solche Unterbrechung sei aber anzunehmen, wenn der Verstoß schwerwiegend ist und der Tierarzt sich auch über einen längeren Zeitraum nicht auf das besinnt, was mit Aussicht auf Erfolg zu geschehen hat.

Bezüglich der Anforderungen, die an den Beweis der Kausalität zu stellen sind, erklärt das AG Seesen (2005), dass der enge zeitliche Zusammenhang zwischen den Beschlagarbeiten und den gesundheitlichen Problemen eines Pferdes zwar den Gedanken eines ursächlichen Zusammenhangs nahelegen könne, die Wahrscheinlichkeit für einen solchen aber nicht ohne Weiteres ausreiche. Dennoch dürfe das Gericht keine unerfüllbaren Beweisanforderungen stellen oder unumstößliche Gewissheit fordern. Vielmehr müsse (in Anlehnung an die ständige Rechtsprechung des BGH) ein „für das praktische Leben brauchbarer Grad von Gewissheit, der den Zweifeln Schweigen gebietet, ohne sie völlig auszuschließen“, genügen. Festzuhalten bleibt, dass es sich immer um eine Einzelfallprüfung handelt und es letztlich im Ermessen des Gerichts liegt, ob die **von dem Auftraggeber zu beweisende Kausalität** zu bejahen ist oder nicht. Die Gerichte greifen insoweit auf die forensisch anerkannten Wahrscheinlichkeitsmaßstäbe zurück: Danach ist der Grad der „Gewissheit/Sicherheit“ (= 100 %) entsprechend vorstehenden Ausführungen als unerfüllbar anzusehen. Aus forensischer Erfahrung wird jedoch der Grad der „mit an Sicherheit grenzenden Wahrscheinlichkeit“ (= 95–99 %) zur Beweisführung des Tierhalters gefordert, dass die fehlerhafte Maßnahme des Hufbeschlagschmieds den eingetretenen Schaden verursacht hat. Diese Erkenntnis ist auch für den Sachverständigen von Bedeutung, der häufig als Entscheidungsfinder der gerichtlichen Entscheidung fungiert und dem infolgedessen anzuraten ist, sich dieser Terminologie in seinem Gutachten zu bedienen.

16.2.5 Mitverschulden des geschädigten Tierhalters

Weiterhin kann dem Auftraggeber ein Mitverschulden (§ 254 BGB) an dem Schaden seines Pferdes vorzuwerfen sein. Dies trifft z. B. zu, wenn er den Hufbeschlagschmied fehlerhaft oder nicht über bestimmte Umstände, Eigenarten oder Vorschäden des Pferdes aufgeklärt oder es versäumt hat, für eine angemessene Beschlagperiode zu sorgen. Auch dieser Umstand sollte von dem Hufbeschlagschmied vorsorglich dokumentiert werden. In einem solchen Fall hängt der Umfang des Schadenersatzes insbesondere davon ab, zu welchen Anteilen der Schaden von wem verursacht worden ist. Diese Schätzung ist nach den Umständen des konkreten Falles vorzunehmen und liegt wiederum im Ermessen des Gerichts, das hierzu auf einen Sachverständigen zurückgreifen wird.

16.2.6 Beweislastverteilung

Wie sich gezeigt hat, hängt die Haftpflicht des Hufbeschlagschmieds häufig weniger von der rechtlichen Beurteilung als vielmehr von den tatsächlichen Umständen und deren Beweisbarkeit ab. Im Zivilprozess gilt der Grundsatz, dass jede Partei die für sie günstigen Tatsachen zu beweisen hat. Im Schadenersatzrecht gibt es jedoch folgende Besonderheit: Das Verschulden des Hufbeschlagschmieds wird zugunsten des geschädigten Auftraggebers vermutet (§ 280 Abs. 1 S. 2 BGB). Der Hufbeschlagschmied muss sich also entlasten und beweisen, dass er nicht fahrlässig gehandelt hat oder dass besondere Umstände wie „höhere Gewalt“ gegen die Annahme der Fahrlässigkeit sprechen. Eine derartige Beweisführung bestand nach der Entscheidung des OLG Köln (1989) darin, dass der verwendete Hufnagel einen **nicht erkennbaren Materialfehler** aufwies, der zu einem Schaden des Pferdes geführt hat. Pflicht des Tierhalters bleibt es, das Bestehen von Mangel, Schaden und dazugehörigem Kausalzusammenhang zu beweisen. Demgegenüber muss der Hufbeschlagschmied nachweisen, dass der Schadenseintritt für ihn weder vorhersehbar noch vermeidbar gewesen ist.

16.2.7 Beweislastumkehr bei „grob mangelhafter" Leistung des Hufbeschlagschmieds

In der Literatur und Rechtsprechung zur Tierarzthaftung ist bereits seit einigen Jahren anerkannt, dass ein grober Behandlungsfehler des Tierarztes zu einer Beweislastumkehr für die Voraussetzung des ursächlichen Zusammenhangs, s. Kausalität (S. 339), zwischen einem Behandlungsfehler und dem Gesundheitsschaden des Tieres führen kann (zuletzt: BGH, Urt. v. 10. Mai 2016, Az. VI ZR 247/15). Dies gilt allerdings nur dann, wenn der grobe Behandlungsfehler geeignet ist, einen Schaden der tatsächlich eingetretenen Art herbeizuführen. Ein Behandlungsfehler ist als grob zu bewerten, „wenn der Arzt eindeutig gegen bewährte ärztliche Behandlungsregeln oder gesicherte medizinische Erkenntnisse verstoßen und einen Fehler begangen hat, der aus objektiver Sicht nicht mehr verständlich erscheint, weil er einem Arzt schlechterdings nicht unterlaufen darf" (BGH, Urt. v. 25. Oktober 2011, Az. VI ZR 139/19, zur humanmedizinischen Haftung, deren Grundsätze auf die Haftung des Tierarztes in mehreren höchstrichterlichen Entscheidungen übertragen worden sind).

Es war daher vorhersehbar und lediglich eine Frage der Zeit, dass diese Grundsätze auch auf die Haftung des Hufbeschlagschmieds angewendet werden, wie kürzlich vom OLG Köln (Urt. v. 02. September 2015, Az. 19 U 129/15) bestätigt. Denn die Tätigkeit des Hufbeschlagschmieds bezieht sich – ebenso wie die des Tierarztes – auf einen lebenden Organismus, so dass eine vergleichbare Sach- und Interessenlage besteht (OLG Köln a. a. O.). Diese ist dadurch gekennzeichnet, dass bei einem „schwerwiegenden Verstoß gegen die anerkannten Regeln (…) Aufklärungserschwernisse in das Geschehen hineingetragen (werden) und dadurch die Beweisnot auf Seiten des Geschädigten vertieft wird" (OLG Köln a.a.O). Zudem greift auch der Hufbeschlagschmied in einen lebenden Organismus ein.

Die Darlegungs- und Beweislast für einen groben Fehler liegt demgegenüber bei dem geschädigten Tierhalter, sowohl im Bereich der Tierarzthaftung als auch gegenüber dem Hufbeschlagschmied. In einem Haftpflichtrechtsstreit muss sich der Tierhalter daher zunächst auf etwaige Zeugen der Beschlagmaßnahme, soweit vorhanden, auf eine Foto- oder Videodokumentation, die Angaben seines möglichst zeitnah hinzugezogenen Tierarztes und letztendlich auf ein vom Gericht einzuholendes Sachverständigengutachten stützen.

In dem vom OLG Köln entschiedenen Fall behauptete der Kläger ein zu starkes Kürzen des Hufes vorne rechts (um mehr als 3 cm) sowie eine Vernagelung. Hierdurch sei es zu einer chronischen Lahmheit des Pferdes gekommen. Der beklagte Hufbeschlagschmied behauptete demgegenüber, dass die chronische Lahmheit nicht auf seine Tätigkeiten, sondern auf degenerative Erkrankungen zurückzuführen sei, die bereits vor der von ihm durchgeführten Hufbeschlagmaßnahme vorgelegen hätten. Hiermit wendete er sich gegen den vom Kläger behaupteten Kausalzusammenhang (S. 339) zwischen seiner Tätigkeit und dem gesundheitlichen Schaden des Pferdes.

Das Gericht stellte – sachverständig beraten – ein zu starkes Einkürzen des Hufes und somit einen schuldhaften Sorgfaltspflichtverstoß fest, ebenso, dass hierdurch eine Huflederhautentzündung ausgelöst wurde. Die von dem Kläger behauptete Entzündung des Hufgelenks könne jedoch aus einer Vernagelung nicht herrühren, es sei denn, der Nagel sei in das Hufgelenk getrieben worden. Für diese Annahme bestanden jedoch keine Anhaltspunkte.

Da letztendlich nicht geklärt werden konnte, welche Ursache der chronischen Lahmheit des Pferdes zugrunde lag, hatte das Gericht weiterhin zu prüfen, ob infolge des zu starken Einkürzens ein grober Fehler des Hufbeschlagschmieds zu bejahen ist. Der gerichtliche Sachverständige stellte hierzu fest, dass die Bewertung als „grob fehlerhaft" davon abhänge, wie deutlich der Huf eingekürzt worden sei. Denn nicht jedes zu starke Einkürzen stelle sich als grob fehlerhaft dar; vielmehr müsse es ein gewisses Ausmaß erreicht haben. „Gegen ein so starkes Beschneiden, dass daraus auf einen groben Behandlungsfehler geschlossen werden könnte", spreche „zudem der Umstand, dass der Beklagte einen Heißbeschlag aufgebracht hat, was sich das Pferd nach den Angaben des Sachverständigen bei einem derart starken Einkürzen nicht hätte gefallen lassen". Die Klage des Tierhalters wurde infolgedessen abgewiesen.

Zur Verdeutlichung: Wenn dem Hufbeschlagschmied ein grober Fehler nachgewiesen worden wäre, hätte er mit dem Grad der an Sicherheit grenzenden Wahrscheinlichkeit beweisen müssen, dass ein kausaler Zusammenhang zwischen seiner Tätigkeit und dem Schaden des Pferdes nicht besteht. Diese Beweisführung kann schwierig werden. Umso wichtiger ist es daher für den Hufbeschlagschmied, seine Tätigkeiten zu dokumentieren, zumindest bei besonders schwierig erscheinenden Maßnahmen, s. Verschulden (S. 338). Diese Empfehlung gilt umso mehr, als dass es für jeden Tierarzt nicht nur berufliche Pflicht, sondern mittlerweile auch eine Selbstverständlichkeit ist, sein Behandlungsmanagement für einen Fachmann nachvollziehbar aufzuzeichnen – wenngleich derzeit nicht absehbar ist, dass diese berufsständische Dokumentationspflicht auch auf den Hufbeschlagschmied übertragen wird.

16.2.8 Vorrang der Nacherfüllung

Die Ausübung der werkvertraglichen Sachmängelrechte ist grundsätzlich erst dann zulässig, wenn der Auftraggeber dem Hufbeschlagschmied die Möglichkeit zur Nacherfüllung gegeben hat und diese entweder fehlgeschlagen oder eine dem Hufbeschlagschmied gesetzte Frist erfolglos verstrichen ist. Sinn und Zweck dieser Nacherfüllungsfrist ist es, dem Unternehmer (= Hufbeschlagschmied) eine 2. Chance zu geben, bevor der Besteller (= Eigentümer des Pferdes) weitergehende Rechte ausüben kann. Dies gilt selbstverständlich nicht, wenn dem Auftraggeber ein Schaden entstanden ist, der nicht in dem fehlerhaften Beschlag liegt, sondern darüber hinausgeht, wie es v. a. bei gesundheitlichen Schädigungen des Pferdes der Fall ist (Mangelfolgeschaden).

Verlangt der Auftraggeber Nacherfüllung, kann der Hufbeschlagschmied nach seiner Wahl den Mangel entweder beseitigen oder ein neues Werk (= komplett neuer Beschlag) herstellen (§ 635 BGB). Eine Mangelbeseitigung wäre beispielsweise das Nachschlagen oder Neuanbringen von Hufnägeln, die Herstellung eines teilweise neuen Beschlags, aber auch die Beseitigung und Behandlung einer einfachen Vernagelung, die keine veterinärmedizinische Behandlung erforderlich macht. Zumindest muss sich der Auftraggeber im Falle einer einfachen Vernagelung, die auch vom Hufbeschlagschmied behandelt und beseitigt werden könnte, der Gefahr bewusst sein, dass er etwaige tierärztliche Behandlungskosten nicht als Schadensposition ersetzt verlangen kann, wenn er dem Hufbeschlagschmied nicht zuvor die Möglichkeit zur Nacherfüllung gegeben hat. Inwieweit der Hufbeschlagschmied hierzu ggf. einen Tierarzt hinzuziehen sollte oder muss, ist einzelfallbezogen abzuwägen. Ein Gespräch mit dem Tierarzt des Vertrauens kann dem Hufbeschlagschmied hierüber Klarheit verschaffen.

Merke

Handelt es sich jedoch um eine schwerwiegende Vernagelung, die eine veterinärmedizinische Behandlung des Pferdes erfordert, besteht ein unmittelbarer Schadenersatzanspruch des Auftraggebers, ohne dass dieser den Hufbeschlagschmied zunächst zur Nacherfüllung auffordern muss.

Der Hufbeschlagschmied hat die zur Nacherfüllung erforderlichen Transport-, Wege-, Arbeits- und Materialkosten zu tragen (§ 635 Abs. 2 BGB). Er kann die Nacherfüllung nur verweigern, wenn sie unmöglich, unzumutbar oder nur mit unverhältnismäßigen Kosten möglich ist (§ 635 Abs. 3 BGB). Unmöglichkeit liegt vor, wenn der fehlerhafte Beschlag bereits vom Pferdebesitzer, einem anderen Hufbeschlagschmied oder einem Tierarzt entfernt bzw. korrigiert wurde. Liegen gesundheitliche Schäden des Pferdes vor oder verspricht die Nacherfüllung von vornherein keinen Erfolg, ist sie unzumutbar und damit ebenfalls entbehrlich.

16.2.9 Schadenersatz

Liegen alle Haftungsvoraussetzungen vor, kann der Pferdehalter von dem Hufbeschlagschmied Schadenersatz verlangen. Es ist der Zustand herzustellen, der ohne den zum Ersatz verpflichtenden Umstand bestehen würde. Der Pferdehalter kann jedoch auch den dazu erforderlichen Geldbetrag verlangen, was in der Regel der Fall ist (§ 249 Abs. 2 BGB).

Zu den ersatzfähigen Schadenspositionen zählen insbesondere:

- Kosten für einen neuen Beschlag
- Tierarztkosten, die dem Halter durch die Behandlung seines Pferdes entstanden sind und die bei langwierigen Erkrankungen eine beträchtliche Höhe erreichen können
- ggf. erhöhte Unterbringungskosten
- ggf. Kosten für den Pflegeaufwand des Tieres

Da die Höhe dieser Schäden meist genau bezifferbar ist, stellt deren Einforderung auch im Rahmen einer gerichtlichen Auseinandersetzung kaum Probleme dar.

Schwieriger gestaltet sich die Ermittlung der **Wertminderung** eines Pferdes, das infolge eines fehlerhaften Beschlags in seiner Einsatz- und Gebrauchsfähigkeit dauerhaft eingeschränkt oder chronisch erkrankt ist bzw. gar euthanasiert werden muss. Der Wert bzw. Wertverlust des Pferdes wird durch (öffentlich bestellte und vereidigte) Sachverständige für Pferdezucht, -sport, -haltung und Bewertung von Pferden im Auftrag des Geschädigten, des Gerichts oder von Versicherern vorgenommen. In der Literatur finden sich mittlerweile auch Wertminderungstabellen, wobei darauf hinzuweisen ist, dass diese nur Anhaltspunkte liefern und den Sachverständigen nicht von einer einzelfallbezogenen Taxation entbinden.

Zu denken ist schließlich auch an einen **entgangenen Gewinn** (§ 252 BGB), der ersatzfähig ist, soweit es sich um Erwerbstiere wie Schul- oder Verleihpferde sowie um Zuchtpferde handelt und der Besitzer darlegen kann, welche Gewinne er unter normalen Umständen mit seinem Pferd erzielt hätte.

Für ein Reitpferd, das für **rein private Zwecke** genutzt wird (Luxustier gem. § 833 S. 1 BGB) sieht die Rechtsprechung keine Nutzungsausfallentschädigung vor. Ein entgangener Gewinn kann allerdings auch daraus resultieren, dass durch die gesundheitliche Schädigung des Pferdes ein geplanter Verkauf scheitert. Hierzu muss der geschädigte Auftraggeber jedoch detailliert vortragen und den Beweis eines konkret gescheiterten Verkaufs führen.

16.2.10 Selbstvornahme und Minderung

Der Pferdebesitzer kann den Mangel des Beschlags auch selbst beseitigen und Ersatz der erforderlichen Aufwendungen verlangen (§§ 634 Nr. 2, 637 Abs. 1 BGB). Einer vorherigen Fristsetzung gegenüber dem Hufbeschlagschmied, die grundsätzlich erforderlich ist, bedarf es nicht, wenn die Nacherfüllung fehlgeschlagen oder dem Besteller unzumutbar ist. Letzteres ist dann anzunehmen, wenn sich der Hufbeschlagschmied bei seiner bisherigen Arbeit als äußerst unzuverlässig erwiesen hat. In diesem Fall kann der Pferdehalter also sofort einen anderen Hufbeschlagschmied mit der Korrektur bzw. dem Neubeschlag beauftragen und die dadurch entstehenden Kosten ersetzt verlangen.

Das werkvertragliche Rücktrittsrecht des Bestellers, also die Rückgewähr der empfangenen Leistungen, hat im Hufbeschlagswesen keine praktische Bedeutung.

Lediglich in Einzelfällen kann auch **Minderungsrecht** von Relevanz sein (§ 634 Nr. 3, 2. Halbsatz i. V. m. § 638 BGB). Erklärt der Pferdehalter gegenüber dem Hufbeschlagschmied die Minderung, wird die vereinbarte Vergütung in dem Verhältnis herabgesetzt, in dem der Wert des Beschlags in mangelfreiem Zustand zu dem wirklichen Wert gestanden hätte. Hat der Auftraggeber bereits mehr als die geminderte Vergütung bezahlt, steht ihm ein Rückerstattungsanspruch zu.

16.3 Haftung für Nebenpflichtverletzungen

Nicht nur der Beschlag selbst kann fehlerhaft sein und zu einer Haftung des Hufbeschlagschmieds führen. Noch bevor und insbesondere während der Hufbeschlagschmied seine Arbeit verrichtet, kann das Pferd zu Schaden kommen.

> **Merke**
> **Zu den vertraglichen Pflichten des Hufbeschlagschmieds zählt nicht nur die Erbringung eines ordnungsgemäßen Beschlags – die Hauptpflicht –, sondern auch der sorgfältige und verantwortungsbewusste Umgang mit dem Pferd. Verstößt der Hufbeschlagschmied gegen diesen Grundsatz, spricht man von vertraglichen Nebenpflichtverletzungen.**

Die Voraussetzungen eines Schadenersatzanspruchs richten sich in diesen Fällen nicht nach den §§ 633 ff. BGB, sondern nach den allgemeinen schadenersatzrechtlichen Vorschriften (§§ 280 ff. BGB i. V. m. § 241 Abs. 2 BGB oder § 823 Abs. 1 BGB, der deliktischen Haftung (S. 347)). Die Voraussetzungen der §§ 280 ff. BGB entsprechen weitgehend denen der werkvertraglichen Haftung. Anstelle des Mangels tritt jedoch eine Pflichtverletzung des Hufbeschlagschmieds.

Derartige Sorgfaltspflichtverstöße lassen sich überblickartig und ohne Anspruch auf Vollständigkeit wie folgt systematisieren:

16.3.1 Sorgfaltspflichtverstöße vor Ausführung des Beschlags

Fehlerhafte Beschaffenheit der Vorführbahn

Immer wieder kommt es vor, dass sich ein Pferd noch vor dem eigentlichen Beschlagen beim Vorführen an der Hand verletzt. Den Hufbeschlagschmied trifft die Verpflichtung, das Gefahrenpotenzial des Vortrabens zu minimieren bzw. weitestgehend auszuschalten, indem nur eine korrekt beschaffene Vorführbahn benutzt wird. Diese weist z. B. dann Mängel auf, wenn sie uneben, abschüssig, glatt, vereist oder nicht ausreichend gestreut ist, wenn Werkzeuge herumliegen oder sie an einem so unruhigen Ort gelegen ist, dass mit einem Erschrecken oder Scheuen des vorzuführenden Pferdes zu rechnen ist. Sofern sich der Hufbeschlagschmied das Pferd von dem Auftraggeber vorführen lässt oder dieser im Falle einer für ihn erkennbar ungeeigneten und gefahrträchtigen Vorführbahn nicht interveniert, muss sich dieser in den o. g. Fällen ein ggf. erhebliches Mitverschulden (S. 340) anrechnen lassen, das bis zu 100 % betragen kann.

Mängel des Beschlagortes (der Beschlagbrücke)

Voraussetzung für die Ausführung eines korrekten Hufbeschlags ist ein fachgerechter Beschlagplatz. Im Gegensatz zu früheren Zeiten, als die Pferde zum Hufbeschlagschmied in die Schmiede gebracht wurden, ist es heutzutage üblich, dass dieser zu den Pferden kommt.

Ein geeigneter Platz zum Beschlagen ist gut beleuchtet, liegt an einer vom allgemeinen Verkehr entfernten, ruhigen Stelle und verfügt über einen festen, planebenen, sauberen und rutschfesten Boden. Es dürfen sich jedoch keine Fenster in Reichweite der Pferde befinden oder diese müssen durch Drahtgitter o. Ä. geschützt und nicht zu niedrig sein. Unzulässig sind elektrische Einrichtungen und Maschinen, die für die Tiere erreichbar sind. Ebenso dürfen im Umkreis von ca. 3 m um den Standort des Tieres keine Gegenstände herumliegen oder -stehen, an denen sich Tiere verletzen können. Auch Nägel oder hervorstehende Haken an den Wänden bergen erhebliche Verletzungsrisiken.

In den Richtlinien für Reiten und Fahren der Deutschen Reiterlichen Vereinigung [43] wird zur Beschaffenheit der Hufbeschlagschmiede (S. 19) Folgendes ausgeführt:

„Dafür braucht man eine überdachte, windgeschützte Stelle, an die das Fahrzeug des Schmiedes problemlos herangefahren werden kann und wo der Schmied und die Pferde nicht dauernd gestört werden. Es müssen mindestens zwei Pferde in ausreichendem Abstand zueinander angebunden werden können, weil ein einzelnes Pferd oft nicht ruhig steht. Die Arbeitsbreite für den Schmied soll mindestens 3 bis 4 m betragen, mit mindestens 2,50 m Freiraum hinter dem Pferd, das ergibt einen Platz von mindestens 20 qm Größe. In kleineren Betrieben kann diese Fläche mit anderen Nutzungen, wie Putz- oder Waschplatz, kombiniert sein, in größeren Betrieben ist ein eigener Arbeitsplatz sinnvoll."

Es gibt jedoch keine zwingenden Regelungen über den Beschlagort. Die Rechtsprechung muss daher immer einzelfallbezogen entscheiden und sich dabei am Maßstab der „im Verkehr erforderlichen Sorgfalt" orientieren, die der Hufbeschlagschmied anzuwenden hat.

Verhält sich ein Pferd beispielsweise in der Box ruhiger und ausgeglichener, weil es dort weniger von äußeren Einflüssen abgelenkt und beeinträchtigt wird, kann der Beschlag – wenn auch nur im besonders begründeten Einzelfall – in der Pferdebox vorgenommen werden. Dies muss Ausnahme bleiben, da die Pferdebox die Anforderungen an den Beschlagort an sich nicht erfüllt. Zum einen ist die Box Zufluchtsort des Pferdes. Zum anderen widerspricht die Box als Beschlagort grundsätzlich auch der Größe der Beschlagbrücke, den Anforderungen an Beleuchtung, Fluchtwege und den Umgang mit offenem Feuer (glühendes Eisen) in Reichweite brennbaren Materials. Hinzu kommen die Gefahren, die sich durch Hufnägel für die Gesundheit des Pferdes in der Box ergeben. Auch können durch den unebenen Untergrund (Einstreu) Hufform und Gelenkstellung i. d. R. nicht (korrekt) beurteilt werden.

Demgegenüber hat das OLG Köln in seinem Urteil vom 25.11.1999 (Az. 12 U 121/99, SpuR 2001, 116–117) nach Anhörung eines Sachverständigen entschieden, dass es „üblich“ sei sowie „allgemeiner Übung“ und „den Regeln des Handwerks“ entspreche, Rennpferde in der Box zu beschlagen, sofern diese hinreichend groß und sauber ist. Auch diese Entscheidung zeigt, wie differenziert man von Einzelfall zu Einzelfall prüfen muss, ob dem Hufbeschlagschmied ein Fehler vorzuwerfen ist. Am Rande sei noch bemerkt, dass das OLG Köln den Fehler begangen hat, in seinen Entscheidungsgründen auf die „Üblichkeit“ und die „allgemeine Übung“ abzustellen, anstatt auf die „erforderliche“ Sorgfalt (s. u.).

Auch bei der Auswahl des Beschlagorts kann den Auftraggeber ein Mitverschulden treffen.

Anbinden des Pferdes

Darüber hinaus muss auch die Anbindevorrichtung der erforderlichen Sorgfalt genügen. Geeignet sind dazu ein robustes Stallhalfter sowie Strick und Panikhaken. Diese sollten in einem Ring oder einer anderen stabilen Vorrichtung enden, die in die Wand eingelassen und eingemauert oder mit einem durch die Wand geführten Bolzen mit Scheibe gesichert ist. Die Wände müssen frei von vorstehenden Nägeln, Haken o. Ä. sein. Wichtig ist, dass die Anbindevorrichtung im Notfall rasch gelöst werden kann.

Es ist jedoch nicht unbedingt erforderlich, das Pferd ortsfest anzubinden. Im Gegenteil kann es bei einem bekanntermaßen zu Panik neigenden Pferd sogar erforderlich sein, es lediglich am Strick festzuhalten. Ein solches Tier trotz Hinweisen des Halters anzubinden, stellt einen Sorgfaltspflichtverstoß dar, für den der Hufbeschlagschmied im Falle einer Verletzung des Tieres einzustehen hat. Die Rechtsprechung hat sich mit dem umgekehrten Fall bereits beschäftigt und geprüft, ob ein (ordnungsgemäßes) Festhalten des Pferdes durch den Schmiedegehilfen der erforderlichen Sorgfalt entspricht. Das OLG Köln (1999) hat diese Frage bejaht. Bei einem unruhigen Hengst kann es erforderlich sein, diesen an einer Trense zum Beschlagen vorzuführen.

16.3.2 Sorgfaltspflichtverstöße während der Ausführung des Beschlags

Beim Abnehmen der Hufeisen

Werden beim Abnehmen der Hufeisen nicht alle Niete (vorsichtig) geöffnet, kann es zu einer Quetschung der Sohle durch die zum Abnehmen verwendete Zange kommen.

Fehler liegen weiterhin im gewaltsamen Abreißen der Hufeisen und dem falschen Anwenden der Hufbeschlagzange (z. B. Nietvorrichtung nach innen). Gleiches gilt für das Unterlassen der Desinfektion bei beschlagbedingten Verletzungen, wobei zusätzlich auf das Tetanus-Infektionsrisiko hinzuweisen ist.

Verletzungen durch Werkzeuge etc.

Verletzungen der Pferde durch die Werkzeuge des Hufbeschlagschmieds kommen immer wieder vor. Werkzeuge sollten daher möglichst weit vom Pferd entfernt aufbewahrt werden, um das Verletzungsrisiko so gering wie möglich zu halten. Eine derartige Vorsichtsmaßnahme ist aber nicht immer möglich. Die Rechtsprechung hatte sich bereits mit der Verletzung eines Pferdes zu beschäftigen, das aus ungeklärten Gründen scheute und mit dem Amboss des Hufbeschlagschmieds kollidierte (OLG Köln 1999). Es handelte sich dabei um ein Rennpferd, das einen Kaltbeschlag mit Aluminiumeisen bekommen sollte. Das Gericht führt zur

Frage nach einem Sorgfaltspflichtverstoß des Hufbeschlagschmieds aus, dass es bei Kaltbeschlägen „üblich“ sei, die Eisen auf einem Richtwerkzeug zuzurichten, das in unmittelbarer Nähe des Pferdes steht. Da das Richtwerkzeug, um Verletzungen zu vermeiden, über abgerundete Kanten verfügte, wurde dem Hufbeschlagschmied kein Vorwurf des pflichtwidrigen Verhaltens gemacht. An dieser Stelle nochmals die Randbemerkung, dass das OLG Köln auch insoweit wieder fehlerhaft mit der „Üblichkeit“ argumentiert. Denkbar ist auch eine Verletzung des Pferdes durch einen versehentlichen Kontakt mit dem glühenden Eisen. Liegt der Grund für diese Berührung nicht in einem unvorhergesehenen Scheuen des Pferdes, also der Verwirklichung der spezifischen Tiergefahr, sondern in einer Ungeschicklichkeit bzw. Unachtsamkeit des Hufbeschlagschmieds, so ist dieses Verhalten als pflichtwidrig zu qualifizieren.

Zwangsmittel

Der Hufbeschlagschmied hat auch für Schäden an Pferden einzustehen, die durch die Anwendung unerlaubter Zwangsmittel entstehen. Dazu zählen alle Züchtigungen mit unzulässigen Mitteln wie das Anlegen der polnischen und eisernen Nasenbremse, das Anbinden der Zunge, die Benutzung von Feuerzangen als Bremsen an Lippen und Ohren, das Hochziehen eines Hinterbeins mit einem Seil durch an den Wänden oder Decken befestigte Ringe etc. ohne Benutzung eines Schwebegurts, das Niederlegen des Tieres mittels Wurfzeug ohne tierärztliche Aufsicht.

Es steht außer Frage, dass der Hufbeschlagschmied insoweit auch die **Vorschriften des TierSchutzG** beachten muss und sich durch die Verwendung tierschutzwidriger Zwangsmittel und Maßnahmen neben der zivilrechtlichen Schadenersatzhaftung strafbar machen kann.

Im Unterschied zur werkvertraglichen Haftung besteht in den Fällen der Haftung bei Gelegenheit der Ausführung kein Vorrang der Nacherfüllung. Ein solches Erfordernis wäre sinnlos, da es hier nicht um einen mangelhaften Beschlag, sondern um eine Verletzung des Tieres durch Handlungen des Hufbeschlagschmieds vor oder während der Beschlagarbeiten geht.

§ Recht

Von besonderer Bedeutung sind bei diesen Fallgruppen 2 Abgrenzungen im Hinblick auf die **Fahrlässigkeit**:

- Zum einen ist darauf hinzuweisen, dass als Maßstab der Beurteilung, ob sich der Hufbeschlagschmied fachlich korrekt verhalten hat, nicht die übliche, sondern die **erforderliche Sorgfalt** entscheidend ist (s. o.). Denn ein Verhalten kann durchaus üblich sein, da es häufig in der gewählten Form ausgeführt wird; es muss deshalb aber längst nicht der erforderlichen Sorgfalt entsprechen.
- Zum anderen ist die Fahrlässigkeit – namentlich die Vorhersehbarkeit und Vermeidbarkeit des Schadenseintritts – von der **höheren Gewalt** abzugrenzen. Unter diesem Terminus sind alle unglücklichen Zufälle zu verstehen, die man weder voraussehen noch abwenden kann.

Anders ausgedrückt ist ein **Schaden dann unverschuldet**, wenn er trotz eines Fehlers des Hufbeschlagschmieds auch bei Anwendung der erforderlichen Sorgfalt entstanden wäre. Fahrlässigkeit ist daher z. B. bei Schäden an bekanntermaßen nicht schmiedefrommen, jungen oder erstmalig zu beschlagenden Pferden trotz entsprechender Sicherheitsmaßnahmen eher zu verneinen.

16.4 Haftung bei sonstigen Sorgfaltspflichtverstößen

Sonstige Sorgfaltspflichtverstöße, die unter die allgemeinen schadenersatzrechtlichen Vorschriften (§§ 280 ff. BGB, § 823 BGB) fallen, können sich aus folgenden Gesichtspunkten ergeben, wobei ein Anspruch auf Vollständigkeit nicht erhoben wird, da die Haftung auslösenden Umstände sehr vielschichtig sein können.

16.4.1 Übernahmeverschulden

Bereits bei der Annahme eines Pferdes zum Beschlag hat der Hufbeschlagschmied Aufklärungs- und Schutzpflichten zugunsten des Auftraggebers zu beachten. Man denke an den Fall, dass es sich um ein vorgeschädigtes Tier handelt, dessen Hufbeschaffenheit oder -stellung die Behandlung durch einen in der Vornahme von Spezialbeschlägen besonders geschulten Hufbeschlagschmied oder die Einschaltung eines Tierarztes erfordert und dies für den Hufbeschlagschmied erkennbar war bzw. hätte erkennbar sein müssen. Der Hufbeschlagschmied ist dazu verpflichtet, den Auftraggeber darüber aufzuklären, und er hat – ebenso wie ein Tierarzt – die Behandlung des Pferdes abzulehnen und an einen kompetenten Berufskollegen zu verweisen. Der Hufbeschlagschmied gerät also in die Gefahr der Haftung, wenn er mit der Durchführung des Beschlags überfordert oder dafür aus welchen Gründen auch immer nicht geeignet ist, er das Pferd in Anbetracht der Umstände also zum Beschlag nicht hätte übernehmen dürfen. Zu den Aufklärungspflichten des Hufbeschlagschmieds s. a. Kap. Verschulden (S. 338).

16.4.2 Nichteinhaltung der Beschlagperiode

Auch das Nichteinhalten einer angemessenen Beschlagperiode, die im Allgemeinen bei 6–8 Wochen liegt, ist als fehlerhaftes Verhalten zu bewerten. Ein dem Hufbeschlagschmied zurechenbarer und damit die Haftung auslösender Sorgfaltspflichtverstoß liegt in diesem Fall jedoch nur unter der Prämisse vor, dass er sich mit dem Auftraggeber dahingehend geeinigt hat, für einen regelmäßigen Hufbeschlag bzw. dafür Sorge zu tragen, das nächste Intervall eigenverantwortlich einzuhalten. Aber auch in diesem Fall wird man kritisch zu überprüfen haben, ob und in welchem Umfang ein Mitverschulden (S. 340) des Auftraggebers vorliegt. Davon ist zumindest dann auszugehen, wenn dieser die Nichteinhaltung der Beschlagperiode bemerkt hat oder hätte bemerken müssen, ohne den Hufbeschlagschmied zum Beschlag aufzufordern oder einen anderen Hufbeschlagschmied zu beauftragen.

16.5 Deliktische Haftung nach § 823 BGB

Der Hufbeschlagschmied kann nicht nur aus vertraglichen Aspekten, sondern auch aus unerlaubter Handlung in die Haftung genommen werden (§ 823 Abs. 1 BGB). Denn bei einem zu beschlagenden Pferd handelt es sich um das Eigentum eines anderen und damit um ein von § 823 BGB geschütztes Rechtsgut, bei dessen widerrechtlicher Verletzung und unter den bereits bei der vertraglichen Haftung erörterten Voraussetzungen sich ein Schadenersatzanspruch des Tierhalters gegen den Hufbeschlagschmied ergibt. Dieser Anspruch besteht neben dem vertraglichen Haftungsanspruch. Eigenständige Bedeutung erlangt der deliktische Anspruch allerdings erst, wenn kein Vertrag zwischen den Parteien zustande gekommen ist, beispielsweise weil der Hufbeschlagschmied Pferde verwechselt und ein falsches beschlagen und dabei verletzt hat.

Ein Unterschied zwischen vertraglicher und deliktischer Haftung besteht in der Haftung des Hufbeschlagschmieds für Fehler seiner Mitarbeiter. Anders als bei der vertraglichen Erfüllungsgehilfenhaftung (§ 278 BGB), aufgrund derer dem Hufbeschlagschmied jegliches schuldhafte Fehlverhalten seiner Mitarbeiter zugerechnet wird, enthält das Deliktsrecht eine Entlastungsmöglichkeit für den Hufbeschlagschmied. Kann dieser darlegen und beweisen, dass er seinen Angestellten – den so genannten Verrichtungsgehilfen – ordnungsgemäß ausgewählt und überwacht hat, muss er nicht haften (§ 831 Abs. 2 BGB).

16.6 Verjährung

Die Verjährung der werkvertraglichen Gewährleistungsrechte tritt nach der regelmäßigen Frist ein, die gem. § 195 BGB 3 Jahre beträgt (§ 634 a Abs. 1 Nr. 3 BGB). Sie beginnt mit dem Schluss des Jahres, in dem der Anspruch entstanden ist und der Gläubiger, also der Geschädigte, von den anspruchsbegründenden Umständen Kenntnis erlangt (§ 199 Abs. 1 BGB); ohne Rücksicht auf die Kenntnis verjährt der Anspruch spätestens nach 10 Jahren (§ 199 Abs. 3 Nr. 1, Abs. 4 BGB). Es erscheint auch vertretbar, den Hufbeschlag als „Wartung einer Sache" anzusehen (§ 634 a Abs. 1 Nr. 1 BGB), zumal eine gründliche Kontrolle der Hufbeschaffenheit sowie der Huf- und Gliedmaßenstellung vor und nach jedem Beschlag durchgeführt werden muss. In diesem Fall würde die Verjährung lediglich

2 Jahre betragen, beginnend mit der Abnahme durch den Auftraggeber (§ 634 a Abs. 2 BGB). Nach unserer Ansicht ist dies jedoch abzulehnen, da es primär um die Erstellung eines neuen Beschlags geht und die beschriebenen Kontrollarbeiten lediglich dazu dienen, den individuell korrekten Beschlag überhaupt erst zu ermöglichen bzw. das Ergebnis zu überprüfen.

Auch Ansprüche aus §§ 280 ff. BGB wegen Nebenpflichtverletzungen und deliktische Ansprüche aus § 823 BGB verjähren in der regelmäßigen Verjährungsfrist. Bei der Haftpflicht des Hufbeschlagschmieds sind diese Bestimmungen jedoch nahezu bedeutungslos. Obgleich die Fehlentwicklung eines Hufs oftmals ein zeitliches Geschehen von mehr als einem halben Jahr darstellt, zeigt die anwaltliche Erfahrung, dass ein Mangel des Beschlags in aller Regel frühzeitig, zumindest aber innerhalb der Verjährungsfrist, entdeckt wird. Zum anderen wird es für den geschädigten Auftraggeber mit längerem Zeitablauf immer schwieriger, den Beweis zu führen, dass (gesundheitliche) (Mangelfolge-)Schäden auf einem Fehler des Hufbeschlagschmieds beruhen.

16.7 Der Hufbeschlagschmied als Tieraufseher

Eine weitere Frage lautet, ob und in welchen Konstellationen der Hufbeschlagschmied als Tieraufseher (§ 834 BGB) in die Haftung genommen werden kann. Nach dieser Vorschrift ist derjenige, der die Führung der Aufsicht über ein Tier durch Vertrag übernimmt, für den Schaden verantwortlich, den das Tier einem Dritten zufügt. Die Frage, ob der Hufbeschlagschmied durch den Abschluss des Hufbeschlagvertrags automatisch die mit dem Hufbeschlag verbundene Gefahr einer Verletzung Dritter durch das Tier übernimmt, wurde höchstrichterlich und damit gewissermaßen bindend bereits verneint (BGH 1968, so auch OLG Hamm; Urt. v. 22. April 2015, Az. 14U 19/14). Zu dem nach § 834 BGB erforderlichen Vertragsschluss müssen vielmehr weitere Umstände hinzukommen, die dafür sprechen, dass der Hufbeschlagschmied das Tier vollständig in seine Obhut genommen hat. In Betracht kommt eine Haftung als Tieraufseher daher nur in den selten gewordenen Fällen, in denen das Pferd zu dem Hufbeschlagschmied in die Schmiede gebracht und dort abgegeben wird. Gleiches gilt, wenn das Pferd von dem Hufbeschlagschmied oder einem seiner Angestellten vom Stall des Tierhalters abgeholt oder dorthin zurückgebracht wird. Doch auch in diesen Konstellationen haftet der Hufbeschlagschmied nicht für jeden Schaden, den das Pferd verursacht. Denn die Verantwortlichkeit tritt nicht ein, wenn bei der Aufsicht die im Verkehr erforderliche Sorgfalt beobachtet wurde oder wenn der Schaden auch bei Anwendung dieser Sorgfalt entstanden wäre (§ 834 S. 2 BGB). Kann der Hufbeschlagschmied diesen ihm obliegenden Entlastungsbeweis führen, können keine Ansprüche Dritter gegen ihn geltend gemacht werden. Auch wenn der Hufbeschlagschmied nur in den seltenen, oben genannten Fällen zum Tieraufseher wird, stellt sich die Frage, wie er diese Haftung umgehen kann. Die einfachste Möglichkeit besteht darin, dass er das Pferd weiterhin vom Tierhalter selbst beaufsichtigen lässt.

16.8 Haftungsausschlüsse

Auch wenn der Hufbeschlagschmied fast ausschließlich durch mündlichen oder stillschweigenden Vertragsabschluss tätig und verpflichtet wird, soll abschließend noch der Frage nachgegangen werden, ob und in welchem Umfang er seine Schadenersatzhaftung vertraglich einschränken kann.

Individualvertraglich, also mit dem Auftraggeber explizit ausgehandelt und aus Beweisgründen möglichst schriftlich fixiert, ist eine Reduzierung der Haftung sowohl dem Grunde nach (für einfache und grobe Fahrlässigkeit, nicht jedoch für Vorsatz) als auch der Höhe nach auf eine bestimmte Summe möglich (vgl. § 639 BGB), wobei sich hierauf kaum ein Auftraggeber einlassen dürfte.

Verwendet der Hufbeschlagschmied einen von ihm angefertigten oder beschafften Vertragsvordruck, den er dem Auftraggeber zur Unterzeichnung vorlegt, richtet sich dessen Wirksamkeit nach den strengen Prüfungsmaßstäben des Rechts der **Allgemeinen Geschäftsbedingungen** (AGB, §§ 305 ff. BGB). Fraglich ist insoweit zum einen, ob der Hufbeschlagschmied vereinbaren kann, nur im Falle von grober Fahrlässigkeit und Vorsatz, nicht aber bereits bei einfacher Fahrlässigkeit, zu haften. **Einfache Fahrlässigkeit** liegt – vereinfacht dargestellt – vor, wenn dem Hufbeschlagschmied ein Fehler unterläuft, der „mal passieren kann". **Grobe Fahrlässigkeit** liegt vor, wenn der Fehler „wirklich nicht passieren darf". Nach hier vertretener Ansicht ist ein derartiger Haftungsausschluss per AGB unzulässig, weil das sorgfältige Arbeiten des Hufbeschlagschmieds eine Kardinalpflicht darstellt und er in besonderem Maße das Vertrauen seines Auftraggebers in Anspruch nimmt. Zum anderen stellt sich die Frage nach einer Reduzierung der Haftung der Höhe nach. Diese Möglichkeit steht grundsätzlich auch dem Verwender von AGB zu, allerdings nur unter der Maßgabe, dass die vereinbarte Haftungssumme zu dem potenziell drohenden Schaden in einem angemessenen Verhältnis steht. Davon ist jedenfalls nicht mehr auszugehen, wenn der Wert des Pferdes deutlich über der vereinbarten Haftungssumme liegt. Bei zusammenfassender Betrachtung macht damit die Verwendung von AGB zwecks Reduzierung der Haftungsrisiken für den Hufbeschlagschmied wenig Sinn.

16.9 Haftpflichtversicherung

Die bisherigen Ausführungen haben gezeigt, dass der Beruf des Hufbeschlagschmieds sehr verantwortungsreich ist und er bei Verletzung seiner Pflichten Schadenersatzforderungen in beträchtlicher Höhe ausgesetzt sein kann. Auch im Hinblick auf die vielschichtigen, gesetzlich geregelten Haftpflichtbestimmungen, die oft unsichere Beweislage und den damit verbundenen ungewissen Ausgang eines Rechtsstreits ist dem praktizierenden Hufbeschlagschmied dringend zu raten, sich durch den Abschluss einer Haftpflichtversicherung abzusichern. Der Versicherer übernimmt dann das Risiko und stellt im Falle einer gerichtlichen Auseinandersetzung – meist in Absprache mit dem Hufbeschlagschmied – einen Anwalt, übernimmt damit also auch die Funktion eines Rechtsschutzversicherers. Der geschädigte Auftraggeber hat jedoch mangels Direktanspruchs nicht den Versicherer, sondern den Hufbeschlagschmied zu verklagen, auch wenn Rechtsanwälten immer noch der Fehler unterläuft, beide Seiten als Beklagte im Rubrum der Klage aufzuführen. Eine kostenpflichtige Abweisung oder Rücknahme der Klage gegen den Versicherer ist in diesem Falle unabdingbare Folge. Im Innenverhältnis zwischen dem Hufbeschlagschmied und dem Versicherer besteht bei einer Verurteilung ein Deckungsanspruch. Das heißt, dass der Versicherer den Hufbeschlagschmied bis zur Deckungssumme der Versicherung von allen Kosten aus dem verloren gegangenen Prozess freizuhalten hat.

Dem Hufbeschlagschmied sei vor Abschluss des Versicherungsvertrags empfohlen, mehrere Angebote zum Vergleich einzuholen, da die Versicherer im Detail voneinander abweichende Versicherungsbedingungen anbieten. Vor allem im Hinblick auf die Versicherungsprämien bestehen nicht unerhebliche Preis-Leistungs-Unterschiede. Insbesondere sollte der Hufbeschlagschmied darauf achten, dass auch die so genannten Vermögensschäden in adäquater Höhe vom Versicherungsschutz erfasst sind. Hierbei handelt es sich um den Schaden, der dem Auftraggeber durch eine Wertminderung des Pferdes entsteht. In der Regel vereinbaren die Versicherer für Vermögensschäden eine deutlich geringere Versicherungssumme, meist 50 000 oder 100 000 Euro. Der Hufbeschlagschmied sollte sich daher im Klaren darüber sein, ob der Versicherungsschutz für Vermögensschäden im Verhältnis zu dem Wert der Pferde steht, die von ihm beschlagen werden. Für die übrigen Haftpflichtschäden ist meist eine Deckungssumme in einer Größenordnung von 3 Mio. Euro vorgesehen, die nicht unterschritten werden sollte.

16.10 Exkurs: Verletzung des Hufbeschlagschmieds durch das Pferd

Wird der Hufbeschlagschmied beim Beschlagen durch ein Pferd verletzt, kann er den Tierhalter für die ihm entstandenen Schäden grundsätzlich in Anspruch nehmen. Der deutsche Gesetzgeber differenziert zwischen der **Luxustierhalter-** (§ 833

S. 1 BGB) und der **Erwerbstierhalter-Haftung** (§ 833 S. 2 BGB).

Der **Luxustierhalter** haftet – und zwar verschuldensunabhängig – für jegliche Schäden, die sich aus der Verwirklichung der Tiergefahr ergeben, z. B. durch Schlagen, Beißen und Durchgehen. Für seine Haftung kommt es allein darauf an, dass sich ein Schaden infolge einer Tiergefahr realisiert hat, unabhängig davon, ob ihm ein Verschulden vorzuwerfen ist (so genannte Gefährdungshaftung).

Demgegenüber kann sich der **Erwerbstierhalter** von der Haftung entlasten, wenn er darlegt und beweist, dass er bei der Beaufsichtigung des Tieres die erforderliche Sorgfalt eingehalten hat oder der Schaden auch bei Anwendung dieser Sorgfalt entstanden wäre. Als Erwerbstierhalter definiert das BGB denjenigen, dem das Tier zur Berufsausübung, Erwerbstätigkeit oder seinem Unterhalt dient.

Merke

Hieraus folgt: Wird der Hufbeschlagschmied durch ein Luxustier verletzt, sind seine Ansprüche gegen den Tierhalter grundsätzlich Erfolg versprechend. Bei einem Erwerbstier geht der Geschädigte demgegenüber haftungsrechtlich leer aus, wenn dem Tierhalter einer der o. g. Entlastungsbeweise gelingt.

Die Tierhalterhaftung gegenüber dem verletzten Hufbeschlagschmied ist nach einem aktuellen Urteil des OLG Hamm (Urt. v. 22. April 2015, Az. 14 U 19/14) nicht unter dem Gesichtspunkt des „Handelns auf eigene Gefahr" ausgeschlossen. Der Hufbeschlagschmied muss sich jedoch ein vom Tierhalter zu beweisendes Mitverschulden (§ 254 BGB) anrechnen lassen, wenn er anlässlich seiner Tätigkeit die erforderliche Sorgfalt nicht oder nur unzureichend eingehalten hat und der Schaden hierdurch mitverursacht worden ist. In diesen Fällen kommt es zu einer prozentualen Quotelung des Schadens, die davon abhängt, wie hoch der eigene Verursachungsbeitrag des Hufbeschlagschmieds an dem eingetretenen Schaden gewesen ist. Anhaltspunkte für ein derartiges Mitverschulden können sich beispielsweise daraus ergeben, dass das Pferd an einem ungeeigneten Ort beschlagen wird, keine erforderliche Schutzausrüstung getragen wird, der Beschlagplatz nicht hinreichend gesichert ist oder anerkannte Sicherheitsstandards beim Beschlagen und Umgang mit dem Pferd nicht (hinreichend) eingehalten werden. Soweit sich der Hufbeschlagschmied beim Beschlagen keiner Hilfsperson bedient, begründet dies nach Ansicht des OLG Hamm (a. a. O.) jedoch kein Mitverschulden. Sachverständig beraten führt das Gericht hierzu aus, „dass heute Hufschmiede regelmäßig allein arbeiten. Eine irgendwie geartete Regelung, wonach ein Helfer hinzuzuziehen sei, existiere nicht".

Als Schadenspositionen des Hufbeschlagschmieds kommen unter anderem in Betracht:

- Schmerzensgeld,
- Verdienstausfall,
- sonstige Schäden, wie beispielsweise an Gegenständen oder an der Kleidung,
- Fahrtkosten zu Arztterminen oder zum Therapeuten,
- etwaige Selbstbeteiligungen oder Zuzahlungen im Rahmen der Krankenversicherung.

Da die meisten Tierhalter heutzutage über eine Tierhalterhaftpflichtversicherung verfügen, wird sich der Hufbeschlagschmied im Schadensfall direkt an die Versicherungsgesellschaft wenden. Da ihm nicht abverlangt wird, die rechtlichen Zusammenhänge im Detail zu kennen und die Bezifferung der erstattungsfähigen Schäden selbst vorzunehmen, kann er sich hierzu anwaltlicher Hilfe bedienen. Die Kosten seiner Interessenvertretung müssen daher auf der Grundlage des Rechtsanwaltsvergütungsgesetzes von dem Tierhalterhaftpflichtversicherer übernommen werden, soweit die Durchsetzung der Ansprüche Erfolg hat.

17 Arbeits- und Unfallschutz

Burkhard Rau

17.1 Arbeitsschutz

Der Hufbeschlagschmied ist durch seine Arbeit umfangreichen gesundheitlichen Gefahren ausgesetzt, wovon die häufigsten im Folgenden behandelt werden.

17.1.1 Lärm

Eines der zentralen Probleme im Hufbeschlag ist die Lärmbelastung durch die Arbeit. Das Arbeiten am Amboss gilt seit jeher als charakteristisch für den Hufbeschlagschmied, aber auch die meisten anderen Arbeitsgänge des Hufbeschlags sind mit gesundheitsgefährdendem Lärm verbunden.

Merke
Der Gesetzgeber schreibt für alle Arbeitsplätze vor, dass der Lärmexpositionspegel unter 80 dB(A) betragen soll.

▶ **Tab. 17.1** zeigt eindrücklich, dass dieser Wert beim Beschlagen eines Pferdes häufig überschritten wird.

Merke
Bei allen Arbeiten mit einer Lärmbelastung von über 85 dB(A) und mehr muss ein Gehörschutz getragen werden. Für die im Hufbeschlag tätigen Personen ist die arbeitsmedizinische Vorsorgeuntersuchung G 20 (Lärm) Pflicht.

Zusätzlich zum Gehörschutz werden folgende Maßnahmen zur Lärmreduzierung empfohlen:

- Der Amboss sollte nicht direkt auf einem Metallgestell aufgebaut werden. Zusätzliche schwingungsdämpfende Holz- oder Kunststoffzwischenlagen sind zu verwenden.
- Schmiedearbeiten beim Kunden möglichst im Freien durchführen.
- Arbeiten mit Schleifbock oder Winkelschleifer nicht im Kundendienstfahrzeug, sondern an herausschwenkbaren Fahrzeugeinbauten durchführen.
- Doppelschleifbock, wenn möglich, durch eine Bandschleifmaschine ersetzen.
- In Schmieden mit Hufbeschlagwerkstatt Lärmminderungsmaßnahmen an Decken und Wänden vornehmen.

▶ **Tab. 17.1** Lärmexpositionspegel bei typischen Hufbeschlagsarbeiten.

Hufbeschlagsarbeit	Lärmexpositionspegel in dB(A)
Kompletter Hufbeschlag	85–87
Hufeisen abnieten, Hufeisen abnehmen, Huf beschneiden	70
Hufeisen auf Amboss richten	82
Schleifarbeiten mit Handschleifmaschine	90
Hufeisen im Fahrzeug mit Bandschleifmaschine bearbeiten	93
Hufeisen im Gasofen erwärmen und auf Amboss richten	79–87
Hufeisen aufnageln und aufnieten	73–77

Quelle: Preiß, Karsten und Weber, Reik (2009): Sicherheit und Gesundheitsschutz bei Hufbeschlagsarbeiten, BGI 5133 Berufsgenossenschaft Holz und Metall [134].

17.1.2 Schweißen (Lichtbogenschweißen)

Aus arbeitsmedizinischer Sicht birgt das Schweißen für den Hufbeschlagschmied erhebliche Gefahrenpotenziale:

- Umgang mit elektrischem Strom
- optische Strahlung durch den Lichtbogen
- Schadstoffe (Schweißrauche etc.)
- Lärm
- abplatzende Schlacke
- Brandgefahr (Funkenflug: horizontale Reichweite bis zu 7,5 m, vertikale Reichweite bis zu 4 m nach oben und bis zu 20 m nach unten)
- Hitze

Die zu ergreifenden Schutzmaßnahmen sind:

- lufttechnische Maßnahmen (Absaugung oder freie Lüftung beim Kunden)
- Brandschutzmaßnahmen
- Betriebsanweisungen zur Festlegung organisatorischer Maßnahmen (bei Angestellten)
- Auswahl der richtigen persönlichen Schutzkleidung und -ausrüstung (Atemschutzmaske mit Schweißerschutzfilter DIN EN 160 und DIN EN 379 9–14, Schweißerschutzschild nach DIN EN 175 oder Haube nach DIN 58214, Schweißerschutzhandschuhe DIN 4841-4 und Lederschürze)

17.1.3 Umgang mit Mineralwollen

Heutzutage sind die meisten im Hufbeschlag verwendeten mobilen Hufeisenerhitzungsgeräte mit Schamottsteinen und/oder Mineralwollen ausgekleidet. Letzteres sind Keramikfasern, die für hohe Hitzeeinwirkung geeignet sind. Wenn diese Mineralwolle herausgenommen oder ausgetauscht wird, entstehen durch die Bewegung feinste Stäube, die im Verdacht stehen, krebserregend zu sein und deren Einatmen deshalb unbedingt vermieden werden sollte.

Beim Umgang mit Mineralwollen ist deshalb zu beachten:

- nur im Freien
- Verwenden einer Atemschutzmaske mit einem FFP-2- oder FFP-3-Filter (FFP-1-Filter sind nur Grobstaubfilter, FFP-2 filtern Stäube und Keime)
- gründliches Reinigen von Händen und Bekleidung nach der Arbeit
- fachgerechte Entsorgung der Mineralwolle nur in dicht schließenden Behältern, z. B. in mit Klebeband verschlossenen, dichten Plastikbeuteln

17.1.4 Gefahrstoffe

Der moderne Hufbeschlagschmied kommt in seiner täglichen Arbeit immer wieder mit Gefahrstoffen in Berührung, sei es durch Reinigungsmittel oder durch Klebstoffe oder Kunsthorne. Für die Gefahrstoffe gilt der von der Berufsgenossenschaft empfohlene Leitsatz: Lesen geht vor Nehmen. Das bedeutet:

! Merke
Vor der Anwendung von Gefahrstoffen ist das so genannte Sicherheitsdatenblatt zu lesen und beim Kauf vom Verkäufer ausdrücklich zu verlangen.

Für alle Gefahrstoffe, auch wenn der Hersteller aus dem Ausland kommt, muss der Händler diese Sicherheitsdatenblätter zur Verfügung stellen. Der Aufbau ist dabei immer einheitlich:

Überblick
Inhalt und Aufbau eines EG-Sicherheitsdatenblatts

Allgemeine Angaben

- Hersteller/Vertreiber
- Erstellungsdatum
- Handelsname des Produkts

Systematischer Aufbau

1. Stoff-/Zubereitungs- und Firmenbezeichnung
2. Mögliche Gefahren
3. Zusammensetzung/Angaben zu Bestandteilen
4. Erste-Hilfe-Maßnahmen
5. Maßnahmen zur Brandbekämpfung
6. Maßnahmen bei unbeabsichtigter Freisetzung
7. Handhabung und Lagerung
8. Expositionsbegrenzung und persönliche Schutzausrüstungen
9. Physikalische und chemische Eigenschaften
10. Stabilität und Reaktivität
11. Angaben zur Toxikologie

▼

▼
12. Angaben zur Ökologie
13. Hinweise zur Entsorgung
14. Angaben zum Transport
15. Vorschriften
16. Sonstige Angaben
(Quelle: Verordnung des Europäischen Parlaments und des Rates 1907/2006/EG [REACH-Verordnung])

Besonders in der Pflicht sind Hufbeschlagschmiede als Unternehmer, wenn sie Angestellte haben. Es ist ihre Aufgabe, anhand von Betriebsanweisungen die Mitarbeiter über den korrekten Umgang mit den Gefahrstoffen zu unterweisen und dies zu dokumentieren. Der Inhalt der Betriebsanweisung beruht auf dem EG-Sicherheitsdatenblatt.

Hufpflegeprodukte

Hornfestiger, Strahlbehandlungspräparate, alte Hausmittel oder klassische Pflegemittel wie Fette und Öle sind gängiges Handwerkszeug des Hufbeschlagschmieds. Auch diese Arbeitsstoffe sind oft Gefahrstoffe. Es gehört zur Ermittlungspflicht des Hufbeschlagschmieds, sich vor dem Einsatz eines neuen Produkts über die Inhaltstoffe zu informieren. Wenn auch die Gefährdungen oft nur gering sind, ist das Tragen von Schutzhandschuhen in der Regel angeraten. Gemäß Gefahrstoffverordnung haben die Sicherheitsdatenblätter aller im Betrieb verwendeten Gefahrstoffprodukte in einem Gefahrstoffverzeichnis gesammelt zu werden.

Kunsthornprodukte

Für die optische Rekonstruktion von Hufhornbereichen werden von vielen Herstellern Materialien angeboten. Es handelt sich hierbei oft um so genannte Zweikomponenten-Materialien. Die Verarbeitung ist in der Regel unter besonderer Vorsicht durchzuführen, um die Gesundheit nicht zu gefährden. Große Gefahr geht von den Klebern aus: Isocyanate sind sehr flüchtige Stoffe, die zum Aushärten des Klebers benötigt werden. Da solche Substanzen schwere Haut- und Atemwegserkrankungen und bereits geringe Mengen eine chronische Bronchitis hervorrufen können, müssen folgende Schutzmaßnahmen ergriffen werden:

- Klebearbeiten, wenn möglich, im Freien durchführen und die Windrichtung beachten.
- In Ställen für eine gute Durchlüftung sorgen.
- Bei umfangreichen Hornrekonstruktionen Atemschutzmaske mit A1- oder A2-Filter tragen (Lösemittelfilter).

Merke
Besondere Vorsicht beim Aufbrennen von Hufeisen auf geklebte Hufe (unbekannte Verbrennungsprodukte)!

Gefahren beim Aufbrennen

Die Berufsgenossenschaft (BG) hat Gefahrstoffmessungen durchgeführt, die das Aufbrennen des heißen Hufeisens auf das Hufhorn betreffen. Hufhornproben sind bei 650° durch das Hufeisen verbrannt worden, und es sind Verbrennungsprodukte wie Rauch oder Staub entstanden. Folgende Stoffe wurden u. a. gemessen:

- Formaldehyd
- Acetonitril
- Benzol
- Feinstaub (sog. alveolengängige Fraktion)
- Grobstaub (sog. einatembare Fraktion)

Die entstandenen Messwerte lagen unter den Arbeitsplatzkonzentrationswerten, die zulässig sind. Die BG hat in ihrer Untersuchung darauf hingewiesen, dass in vivo Belastungen über Huffette, Hufteere und Hufpflegeprodukte hinzukommen könnten und die individuellen Bedingungen beim Beschlag sehr stark schwankende persönliche Belastungen für den Hufbeschlagschmied bedeuten könnten.

Überblick
Persönliche Schutzausrüstung
Um die vorgenannten Gefahren zu minimieren, ist folgende Schutzausrüstung anzuraten:

Fußschutz (Schutzschuhe mit Mittelfußschutz)
Die im Hufbeschlag verwendeten Sicherheitsschuhe müssen eine profilierte Sohle für gute Trittsicherheit haben, eine Zehenkappe als Schutz gegen herabfallende Teile und vor Pferdetritten, einen Mittelfußschutz mit der Kennzeichnung M, eine trittsichere Einlage gegen Nageltritte, einen Knöchelschutz, ggf. verbun-
▼

▼

den mit einem Polsterkragen gegen Pferdetritte. Für den Hufbeschlag spezialisierte Schuhe haben die Bezeichnung S 3 und einen zusätzlichen Mittelfußschutz.

Schutzkleidung (z. B. Schmiedeschürze)

Berufstypisch sind chromgegerbte Spaltlederschürzen. In dieser Weise hergestellte Schürzen bereiten einigen Allergikern Probleme, alternativ kann auf pflanzlich gegerbtes Leder zurückgegriffen werden. Bei der Schmiedeschürze ist auf die Beinlänge zu achten, zu kurze Schürzen gefährden die Schienbeine unnötig. Geteilte Schmiedeschürzen brauchen eine Fixierung der Beinteile durch Klett- oder Schnallenverschlüsse. DieSchmiedeschürze taugt als Schweißerschürze bei Schweißarbeiten geringen zeitlichen Umfangs.

Kopfschutz (z. B. Anstoßkappe)

Eine Empfehlung der Berufsgenossenschaft besagt, dass der Hufbeschlagschmied Anstoßkappen nach DIN EN 812 tragen soll. Sie schützen ähnlich wie Reitkappen gegen Stöße und Schläge. Die Anstoßkappe ist jedoch kein ausreichender Schutz für das Kopfhaar. Bei langen Haaren muss zusätzlich ein Haarband oder Haarnetz zum Schutz vor Verbrennungen des Haares am Schmiedefeuer oder Skalpierung an schnell bewegten Maschinenteilen getragen werden.

Handschutz (Schutzhandschuhe)

In jedem Handwerk gilt den Händen ein besonderes Schutzbedürfnis. Beim Hufbeschlag ist das vor allem beim Schneiden mit dem Hufmesser zu beachten. Die Hände betreffen Verletzungen durch Hufnägel, Verbrennungen durch glühende Hufeisen, Schweißarbeiten und die Verwendung von hautgefährdenden Stoffen. Für alle Gefährdungen gibt es spezielle Handschuhe. Gegen Schnittverletzungen schützen Handschuhe aus Aramid nach der Schnittschutzklasse 3 am besten, während zum Schmieden der Lederhandschuh geeignet ist. Beim Umgang mit Gefahrstoffen sind Einweghandschuhe aus Vinyl und für das Schweißen Lederstulpenhandschuhe nach DIN EN 12477 am besten geeignet.

Hautschutz

Hygiene ist für den Hufbeschlagschmied besonders wichtig, um das Übertragen von Krankheiten von Tier auf Mensch zu vermeiden (Zoonosen: Salmonellen,

▼

▼

Hautpilze und Tollwut). Häufiges Waschen ist für die Haut problematisch, daher empfiehlt die BG für Hufbeschlagschmiede die Verwendung von pH-neutralen Waschlotionen. Wenn möglich, vor allem beim Umgang mit Gefahrstoffen, sollten Einweghandschuhe aus Vinyl oder Nitril getragen werden.

Augen- und Gesichtsschutz (z. B. Schutzbrille)

Ein Augenschutz schützt den Träger vor wegfliegenden und spritzenden Teilen, chemischen Flüssigkeiten oder Strahlung. Der Hufbeschlagschmied ist gefährdet durch:

- mechanische Schädigung durch Funkenflug beim Schleifen, Zunderflug beim Schmieden und Abkneifen von Hufnägeln und Schweifschlagen
- optische Schädigung durch Strahlung beim Schweißen
- chemische Schädigung durch Umgang mit Klebern und Desinfektionsmitteln
- biologische Schädigung durch Infektion, z. B. durch Reiben von Keimen ins Auge

Die Schutzbrille soll durch DIN EN 166 gekennzeichnet sein.

Gehörschutz

Man unterscheidet Gehörschutzstöpsel und Kapselgehörschutz. Gehörschutzstöpsel sind als Einwegstöpsel lieferbar. Der so genannte Bügelgehörschutz ist für häufiges Auf- und Absetzen bei kurzzeitiger Lärmbelästigung gut geeignet. Eine Überprotektion ist zu vermeiden, daher ist der Kapselgehörschutz nur bedingt geeignet. Der Mittelwert der Schalldämmung sollte etwa 15 dB betragen. Die Berufsgenossenschaft gibt an, dass die bei den Stöpseln tatsächlich am Ohr wirksame Minderung ca. 9 dB niedriger ist als vom Hersteller angegeben. Bei der Verwendung von Gehörschutzstöpseln ist auf Hygiene zu achten.

Atemschutz

Atemschutzmasken mit der Bezeichnung P oder FFP 2, die vor Keimen oder Staubpartikeln schützen, sollten genauso im Werkstattwagen des Hufbeschlagschmieds zu finden sein wie Filter gegen Lösemittel nach der Kategorie A1 oder A2. Diese Filter haben eine begrenzte Haltbarkeit und sind nach der ersten Nutzung nur noch ca. 3–6 Monate brauchbar.

17.2 Unfallschutz

Stolpern und **Ausrutschen** sind vorrangige Gefahrenquellen im Hufbeschlag. Entsprechend ist sowohl bei den Arbeiten in der eigenen Schmiede als auch auf fremden Grundstücken sorgfältig darauf zu achten. Verschmutzungen und Pfützen müssen vor der Arbeit entfernt werden. Ein besonderes Augenmerk muss den verwendeten Hilfsgerätschaften wie dem Hufbock gelten.

Einer der sicherheitsrelevantesten Punkte überhaupt ist aber das **Einrichten der Hufbeschlagplätze** im Stall oder beim Pferdebesitzer.

! Merke

Es ist dringend darauf zu achten, dass keine Stolper- und Sturzfallen installiert werden und/oder Gefahren durch unsachgemäß verlegte Kabel bestehen. Werkzeuge sollten nicht näher als im Radius von 3 Metern um den Beschlagplatz herum liegen.

Für den Beschlag eines Pferdes ist ein ausreichend großer und ruhiger Platz nötig. Der Hufbeschlagschmied trägt die Verantwortung für das ihm anvertraute Tier. Auch wenn der Stallbetreiber ihm einen Platz zuweist, bleibt er in der Verantwortung, zu überprüfen, ob dieser Platz für die Beschlagarbeiten geeignet ist.

Der Beschlagplatz muss zusätzlich **abgesichert** werden. Die Gefahr, dass für das Pferd Unvorhergesehenes eintritt, ist zu minimieren. Mit beschrifteten Aufstellern auf dem Stallboden oder Absperrketten bzw. -bändern mit der Aufschrift „Achtung Hufbeschlag! Nicht stören“ oder „Vorsicht Hufbeschlag – Bitte Abstand halten“ ist der Arbeitsplatz vor dem Zutritt Unbefugter zu sichern.

Bei sämtlichem **Werkzeug**, egal ob Handwerkzeug oder Maschinenwerkzeug, ist auf die **Zulassung** zu achten: Werkzeuge und Gerätschaften müssen den gültigen DIN- oder EN-Normen entsprechen. Für Elektrowerkzeuge ist die Einhaltung der VDE-Vorschriften zwingend vorgeschrieben. Ein Mindeststandard ist das Vorhandensein des GS-Zeichens (geprüfte Sicherheit).

Handwerkzeug ist regelmäßig auf Brauchbarkeit zu überprüfen, Nacharbeiten sind durchzuführen. So sind alle Stahlwerkzeuge auf schlecht sichtbare Risse zu überprüfen und ggf. auszutauschen. Metallwerkzeuge wie Nietklinge, Unterhauer, Meißel, Lochhammer oder Falzhammer sind regelmäßig zu überprüfen, entstandene Stauchungen sind wegzuschleifen.

Überblick

Handwerkzeuge

Die Berufsgenossenschaft empfiehlt grundlegend für Handwerkzeuge:

- Aufbewahrung der Werkzeuge immer gesäubert und geordnet, trockene und fettfreie Griffe und Stiele. Entsprechend ist das Arbeiten unter regennassen Umständen zu überdenken.
- Nur ergonomisch geformte Handwerkzeuge verwenden.
- Werkzeuge nur bestimmungsgemäß verwenden.
- Aufbewahrung bei Nichtgebrauch überdenken, geeignete Werkzeugbehältnisse verwenden.

Teil 6
Hufpflege und Hufbeschlag bei Eseln und Maultieren

18 Hufpflege und Hufbeschlag bei Eseln und Maultieren

Claus P. Bartmann, Dieter Pietta

18.1 Eigenschaften von Esel und Maultier

Die domestizierte Spezies **Hausesel**, *Equus africanus f. asinus*, zeichnet sich im Vergleich zum Pferd durch einen schweren Kopf, lange Ohren, Stehmähne und einen Quastenschwanz aus. Der Widerrist ist wenig ausgeprägt, der Körperumfang eher oval. Widerriststreifen und Aalstrich bilden bei den Abzeichen das typische Esel- oder Schulterkreuz aus.

Das **Maultier**, *Equus africanus asinus* ♂ × *Equus ferus caballus* ♀, entsteht als Hybride durch die Kreuzung eines Eselhengstes mit einer Pferdestute und ist morphologisch pferdeähnlicher, während der durch die Anpaarung zwischen Pferdehengst und Eselstute entstehende **Maulesel** eselähnlicher gestaltet ist. Von diesen Kreuzungsprodukten verspricht man sich die Vereinigung positiver Eigenschaften der Elterntiere. Für die Zucht von Arbeitsmaultieren werden überwiegend Großeselhengste mit einem Stockmaß von über 1,35 m eingesetzt. Beide durch die genannten Kreuzungen entstehenden Hybriden sind mit Ausnahme weniger dokumentierter Fälle stets unfruchtbar.

Der Esel wird bereits seit dem 4. Jahrtausend v. Chr. domestiziert. Die Maultierzucht gilt seit über 3000 Jahren als belegt. Die heutige weltweite Eselpopulation wird auf einen Bestand von 50 Millionen geschätzt, während man beim Maultier von etwa 15 Millionen Tieren ausgeht.

Esel werden nach wie vor in vielen Gebieten der Erde als Arbeitstier eingesetzt. In Europa sind Esel und Maultiere vor allem in den Mittelmeerländern als Nutztiere verbreitet, während sie im deutschsprachigen Raum überwiegend als Freizeittiere, zum Reiten, Fahren oder als Handtier, gehalten werden.

Maultiere werden in Asien und Südamerika, innerhalb Europas in Deutschland und der Schweiz auch als militärische Lasttiere, vornehmlich im Gebirge, eingesetzt. Beim Einsatz als Lasttier wird ihre Ausdauer und große Tragleistung, daneben auch die Trittsicherheit geschätzt. Die klassische Arbeitsbewegung ist dabei der Schritt. Das Maultier wird ebenfalls als Reit-, Fahr- oder Handtier eingesetzt, wobei auch höhere Gangarten gefordert sind.

Esel und Maultiere haben bei artgerechter Haltung eine durchschnittlich höhere Lebenserwartung als Pferde und werden nicht selten bei gutem Allgemeinbefinden weit über 30 Jahre alt.

Hausesel sind durch ihre Abstammung vom Wildesel ausgezeichnet an ein arides Klima angepasst. Esel besitzen effektive, wassersparende Mechanismen des Schwitzens und zeigen bei Extremtemperaturen eine tageszeitlich bedingte Temperaturvariation, d. h. eine ausgeprägte und dabei doch physiologische Schwankung der Körperkerntemperatur. Auch dadurch wird der Flüssigkeitsverlust durch Schwitzen reduziert. Dennoch ist ihre Haut nicht etwa besonders dick, robuster oder unempfindlicher als die von Pferden. Selbst bei wesentlicher Dehydratation können Esel adäquate Kreislaufverhältnisse aufrechterhalten und bei Wassergabe im Vergleich zu Pferden schneller rehydrieren. Hohe Extremwerte in der Umgebungstemperatur werden sowohl vom Esel als auch vom Maultier gut toleriert. Maultiere besitzen nach Adaptierung ebenfalls eine gute Toleranz gegenüber trockener Kälte, selbst bei Minusgraden. Übermäßig feuchtes Klima mit ständiger Durchnässung wird dagegen besonders vom Esel nicht dauerhaft vertragen. Esel können in nasskaltem, zugigem Klima ernsthaft unterkühlen.

Esel und Maultiere differenzieren sich vom Pferd auch in ihrem Verhalten, wobei ihr Wesen überwiegend von Besonnenheit und Willensstärke geprägt ist. Sie zeigen dabei ein vergleichsweise reduziertes Schmerzverhalten, was mit dem Risiko undeutlicher Befunde und verspäteter Diagnosen einhergehen kann. Das Fehlen heftiger Schmerzäußerungen bis hin zu indolentem Verhalten darf nicht dazu führen, dass Krankheitszustände übersehen oder falsch eingeschätzt werden. Auch Lahmheitsprozesse können daher bereits fortgeschritten sein, bevor das Tier klinisch deutliche Symptome zeigt.

18.2 Bewegungsapparat

Die Grundsätze der Pferdebeurteilung können auch bei Eseln und Maultieren Anwendung finden. Wie das Pferd sollen Esel und Maultier bezüglich ihres Körperbaus ein harmonisches, proportioniertes Gesamtbild darstellen. Sie verfügen über gleichmäßige, allerdings weniger raumgreifende Gänge. Eine regelmäßige Gliedmaßenstellung ist erwünscht, häufige Abweichungen davon liegen als rückständige Stellung der Vordergliedmaßen und kuhhessige Stellung der Hintergliedmaßen vor.

Die x-beinige oder kuhhessige Stellung der Hintergliedmaßen wird dabei nicht zwangsläufig als Mangel, sondern eher als Vorteilsfaktor zur Erlangung der für Esel und Maultier typischen Trittsicherheit gerade in steilem Gelände betrachtet.

Der Huf sollte von der Seite betrachtet zum Fesselstand passen und von vorn gesehen symmetrisch zur senkrecht stehenden Zehen- und Gliedmaßenachse aufgebaut sein. Esel und Maultiere weisen jedoch eine regelmäßig stumpf gewinkelte Zehenstellung bei gerade verlaufender Zehenachse auf. Der regelmäßige Huf von Esel und Maultier ist im Vergleich zu dem des Pferdes enger und stumpfer (▶ **Abb. 18.1**). Beim regelmäßigen Huf des Esels und des Maultiers werden Zehenwandwinkel zwischen 53° und 65° gemessen, wobei kein signifikanter Unterschied zwischen Vorder- und Hinterhuf vorliegt. Die durchschnittlichen Werte betragen dabei 59° für den Vorderhuf

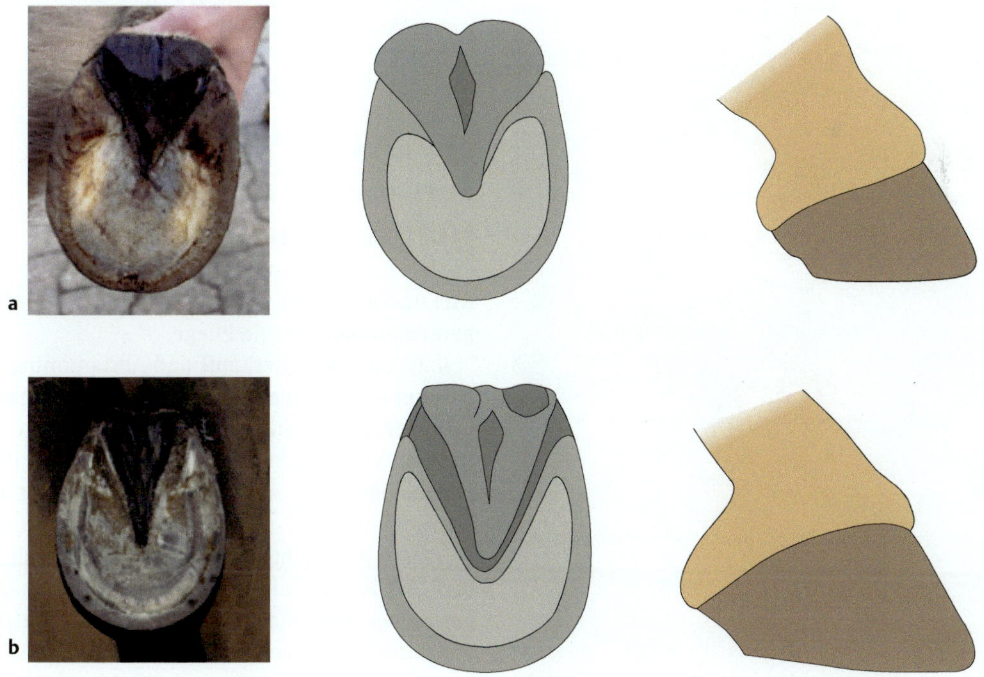

▶ **Abb. 18.1** Sohlen- und Seitenansicht des Vorderhufs. **a** Beim Esel. **b** Beim Maultier.

und 57° für den Hinterhuf beim Esel und 58° für Vorder- und Hinterhuf beim Maultier.

Das Verhältnis der Länge von Zehenwand zu Trachtenwand liegt beim Esel sowohl am Vorder- als auch am Hinterhuf bei 2 : 1, beim Maultier sogar nur zwischen 1,7 und 1,9 : 1. Es ist somit vor allem am Hinterhuf deutlich kleiner als beim Pferd. Die Zehenwand wird bei Esel und Maultier entsprechend stärker belastet.

Die stumpfe Hufform und die rückständige Stellung ergeben bezüglich der Gliedmaßenführung von der Seite betrachtet einen hohen und kurzen Führungsbogen, der nach flachem Beginn und höchstem Punkt bei Schrittende abschließend steil abfällt.

Eine extrem stumpfe Hufform mit gleichzeitiger Hyperflexionsstellung im Hufgelenk und nach vorn gebrochener Zehenachse im Sinne eines Bockhufs ist allerdings auch bei Esel und Maultier keine Spezieseigenschaft, sondern eine angeborene oder erworbene unphysiologische Abweichung (▶ **Abb. 18.2**).

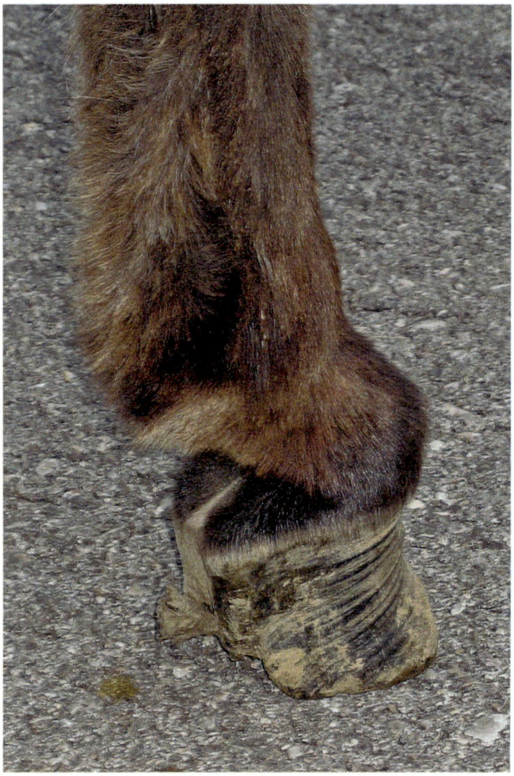

▶ **Abb. 18.2** Bockhuf beim Esel.

Die starke Wanddicke bleibt von der Zehenspitze bis zu den Trachten beim Esel konstant, während beim Maultier eine dünnere Trachtenwand auffällt. Der Strahl ist beim Esel kräftig ausgeprägt und besonders effektiv für die Stoßbrechung (▶ **Abb. 18.1**). Bedingt durch die Hufform liegt beim Maultier überwiegend ein schmalerer Strahl mit engen, tiefen Strahlfurchen vor (▶ **Abb. 18.1**). Hintere Anteile des Strahls können über die Trachten vorfallen, da der Eckstrebenrand nicht so lang ausgezogen ist wie beim Pferd. Die Form des Tragrands ist beim Eselhuf u-förmig, während die Form des Maultierhufs von unten betrachtet in Anlehnung an ein antikes Saiteninstrument als lyraförmig bezeichnet wird.

Typisch für die überwiegende Anzahl der Maultiere ist ein **angeborener beidseitiger Trachtenzwanghuf**. Im Gegensatz zum Pferd sollte dies nicht zwangsläufig als krankhaft veränderte Hufform angesehen werden, zumal eine dadurch bedingte Funktionseinschränkung oder Lahmheit kaum beobachtet wird.

Das Hufhorn von Esel und Maultier ist durch Härte und Elastizität, aber auch im Vergleich zum Pferd höheren Feuchtigkeitsgehalt und beschleunigtes Wachstum gekennzeichnet.

18.3 Einfluss von Haltung und Fütterung auf die Hufgesundheit

Esel und Maultiere bedürfen wie Pferde einer artgerechten Haltung und Pflege.

Aufgrund ihrer Herkunft und Abstammung sind sie eher an trockenes Klima mit trockenen, harten, steinigen Böden und nährstoffarmer, faserreicher Vegetation adaptiert. Dies spiegelt sich auch in der Hufanatomie und in der Beschaffenheit des Hufhorns wider.

Dauerhaft feuchte, unter Umständen mit Kot und Urin kontaminierte Böden sind daher der Hufgesundheit besonders abträglich und begünstigen die Entwicklung von Huferkrankungen wie Fäulnisprozessen am Hufhorn als Strahl- und Wandfäule oder Entzündungen der Huflederhaut. Besonders häufig kommt es unter diesen Bedingungen zum Auftreten von loser oder hohler Wand (► Abb. 18.3). Durch geeignete Bodenbeschaffenheit mit gut drainierter Weide oder Ausläufen mit Sand oder Kiesel als Tretschicht und sauberer Einstreu in Ställen kann entsprechend entgegengewirkt werden. Für Außenanlagen werden zusätzlich überdachte Futterplätze mit befestigten Wegen empfohlen.

Die Grundsätze der Pferdefütterung gelten auch für Esel und Maultiere. Dabei muss jedoch berücksichtigt werden, dass Esel und auch Maultiere eine wesentlich bessere Futterverwertung als Pferde besitzen. Dies gilt besonders für schwerverdauliche, faserreiche Futtermittel. Die Basis einer ausgewogenen Fütterung stellt faserreiches Raufutter in Form von Heu und Futterstroh guter Qualität dar, das in Abhängigkeit von der Leistungssituation der Tiere mit Zusatzfutter und vitaminisierten Mineralfuttermitteln zu ergänzen ist.

Gerade für die Hufgesundheit ist nicht nur eine Mangelversorgung, sondern auch ein Übergewicht des Tieres kontraproduktiv und kann zu schwerwiegenden Hufveränderungen führen. Ein für das Pferd als moderat angesehener Nährzustand wird beim grundsätzlich schmaleren ursprünglichen Wüstentier Esel schon als übergewichtig bezeichnet. Viele der als Freizeittier gehaltenen Esel sind erheblich übergewichtig und zeigen nicht selten neben wahrnehmbaren Fetteinlagerungen auch sekundäre Hufveränderungen. In diesem Zusammenhang sollte das Vorliegen eines durch Adipositas und Insulinresistenz gekennzeichneten Equinen Metabolischen Syndroms erwogen werden.

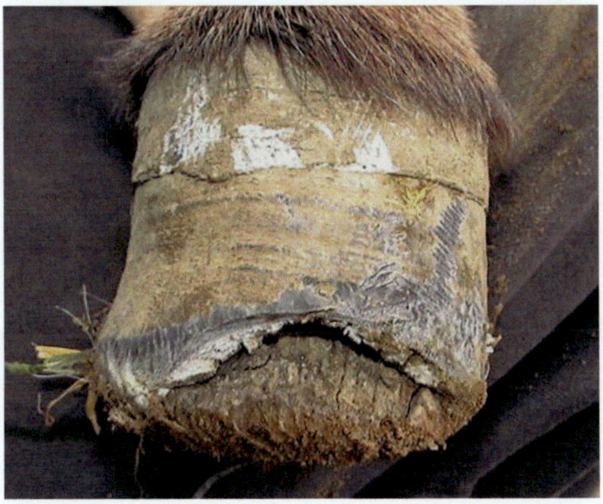

► **Abb. 18.3** Hohle Wand am ungepflegten Eselhuf.

Dieses stellt einen bedeutenden Risikofaktor für die Entstehung einer chronischen Hufrehe dar und macht therapeutisch auch eine kontrollierte rohfaserarme und stärkearme Diät erforderlich.

18.4 Untersuchungstechniken und Zwangsmaßnahmen

Maultiere und Esel sind oft nicht wie Pferde an Untersuchungs- und Behandlungsmaßnahmen einschließlich der Hufpflege adaptiert und tolerieren diese häufig schlechter. Dies ist allerdings eher eine Frage der Intensität von Ausbildung und Betreuung und weniger Ausdruck einer besonderen Wehrhaftigkeit. Ein Ausschlagen ist sowohl mit der Vorder- als auch mit der Hinterhand möglich, wobei besonders die Beweglichkeit der Hintergliedmaßen seitwärts und nach vorn nicht unterschätzt werden darf. Esel- und Maultierhengste benutzen auch das Gebiss vermehrt als Waffe. Die Gewöhnung bereits im Fohlen- oder Jährlingsalter an Berührung oder einfache Maßnahmen wie Aufheben der Gliedmaßen ist besonders wertvoll.

Grundsätzlich können bei Esel und Maultier die beim Pferd üblichen Untersuchungsverfahren angewandt werden. Bei der Lahmheitsuntersuchung ist das Vorführen der Tiere im Trab mitunter allerdings nur eingeschränkt zu erreichen. Diagnostische Anästhesien an den Gliedmaßen sind, vor allem im Wiederholungsfall, oft nur unter Schwierigkeiten möglich. Die Anwendung der Hufuntersuchungszange führt auch bei Vorliegen ausgedehnter entzündlicher Prozesse an der Huflederhaut nicht immer zu deutlichen Schmerzreaktionen.

Bei den Zwangsmaßnahmen gilt auch bei Esel und Maultier „so viel wie nötig und so wenig wie möglich". Der Einsatz von Behandlungsständen oder einer Nasenbremse kann gerechtfertigt sein, gut ausgebildete und adaptierte Tiere lassen Hufpflege und Hufbeschlag jedoch ohne besondere Maßnahmen zu. Im Fall einer notwendigen Ruhigstellung von Eseln und Maultieren durch Sedierung oder Allgemeinanästhesie muss die abweichende Pharmakokinetik und damit eine vom Pferd abweichende Dosierung für Sedativa und andere Wirkstoffe berücksichtigt werden.

18.5 Hufpflege und -korrektur

Die Hufe von Esel und Maultier sollten täglich kontrolliert und gereinigt werden. Dies beinhaltet bei beschlagenen Tieren auch die Überprüfung von Sitz und Zustand der Hufeisen. Bei der Pflege sollte man beachten, dass sich der Strahl bei Esel und Maultier unterscheidet. Der Esel hat einen kräftigen, breiten Strahl- und Ballenbereich, während das Maultier überwiegend durch einen tiefen, schmalen Strahl mit Anfälligkeit zur Strahlfäule gekennzeichnet ist (▶ **Abb. 18.1**).

Bei als Freizeittiere gehaltenen Eseln und Maultieren ist überwiegend eine **Barhuf-Haltung** sinnvoll. Ein regelmäßiges Ausschneiden der gesunden Hufe und einfache Hufkorrekturen sind in Abständen von 6–8 Wochen durch eine dazu qualifizierte Fachperson durchzuführen.

Beim Ausschneiden und Zubereiten der Hufe ist der **speziestypische Zehenwandwinkel** und die **regelmäßige steile Zehenstellung** zu berücksichtigen. Wird durch unzureichende Zubereitung des Hufs eine zu spitze Stellung zum Fesselstand erzielt, verändern sich die Belastungsverhältnisse am Huf, und die Last wird in die hinteren Hufabschnitte verlagert. Dadurch wird der Entwicklung niedriger und im weiteren Verlauf eingerollter oder untergeschobener Trachten Vorschub geleistet. Die Hufe sollen daher nicht nur von vorn, sondern besonders auch von der Seite betrachtet möglichst zum speziestypischen steileren Fesselstand passen. Neben der entsprechenden Kürzung der Zehenwand werden bei den beschriebenen Zuständen die Trachtenwände um die über den Tragrand herausragenden Abschnitte gekürzt. Ein orthopädischer Hufbeschlag kann angebracht sein, um die hinteren Hufabschnitte weiter zu entlasten und den Strahl zu unterstützen.

Eine Korrektur des sich bei der überwiegenden Anzahl von Maultieren findenden **angeborenen Zwanghufs** durch Anbringen von Entlastungsrinnen und Dünnraspeln ist kaum erfolgversprechend und sollte nicht angestrebt werden. Dagegen sollte der Strahl besondere Aufmerksamkeit und Pflege zur Vorbeugung oder frühzeitigen Behandlung einer Strahlfäule erfahren.

Haltungs- und Fütterungsfehler führen bei als Freizeittiere gehaltenen Eseln nicht selten zur **Hufrehe** mit den dann typischen Symptomen des chronischen Rehehufs. In vielen Fällen sind nicht nur die Vorder-, sondern auch die Hinterhufe betroffen. Es sind auch Fälle beschrieben, bei denen nur die Hinterhufe betroffen waren. Die Grundprinzipien der Rehetherapie müssen dann angewandt und eine passende huforthopädische Behandlung ergänzt durch Begleitmaßnahmen eingeleitet werden.

Nicht selten bildet sich am chronischen Rehehuf mit verbreiterter weißer Linie auch eine **hohle Wand** aus. Therapeutisch kann in Abhängigkeit von der Tiefe des Prozesses eine umfangreiche Resektion der unterminierten Hufwandanteile erforderlich sein. Obwohl Esel und auch Maultiere im Vergleich zu Pferden wesentlich besser auf der Sohle stehen können, sollte deren Entlastung über eine huforthopädische Maßnahme angestrebt werden. Mitunter kann die Hufwand im dorsalen Bereich auch nur gefenstert werden (▶ **Abb. 18.4**). Dadurch kann einerseits eine optimale Versorgung und Reinigung des freiliegenden Blättchenhorns erreicht werden, gleichzeitig bleibt die Integrität und Belastbarkeit der Hufkapsel weitestmöglich erhalten.

▶ **Abb. 18.4** Gefensterte Hufwand zur Therapie der hohlen Wand bei einem Maultier. Beschlag mit geschlossenem Eisen und Seitenkappen.

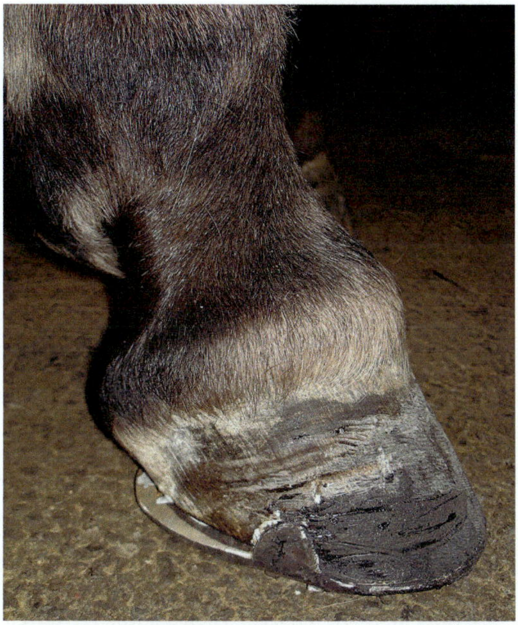

▶ **Abb. 18.5** Oberflächlich verhornter Wanddefekt mit Kunsthorn aufgefüllt. Beschlag mit geschlossenem Eisen und Seitenkappen. Zustand 6 Monate nach teilweiser Hufwandresektion aufgrund hohler Wand (▶ **Abb. 18.4**).

Ein geschlossenes Eisen mit Einlage schränkt den Hufmechanismus ein und verleiht dem Huf Stabilität. Im weiteren Verlauf können oberflächlich verhornte und am gesunden Horn angeschlossene Defekte mit Kunsthorn aufgefüllt werden (▶ **Abb. 18.5**).

Bei stark vernachlässigten, überwachsenen oder in der Hufform wesentlich veränderten Hufen kann die tierärztliche Anfertigung und Auswertung einer Röntgenaufnahme vor der Hufzubereitung und -pflege eine wichtige Hilfe sein.

18.6 Hufschutz

Die Notwendigkeit eines Hufschutzes kann sich auch bei Esel und Maultier aus dem Gebrauchszweck oder einer erforderlichen huforthopädischen Versorgung ergeben.

Bei Einsatz als Lastenträger oder Reit- und Fahrtier vor allem auf steinigen Böden werden die ungeschützten Barhufe einem starken Abrieb ausgesetzt. Die Hufe sollten daher, wie beim Pferd, mit einem geeigneten Hufschutz versehen sein, um die Verwendungsbereitschaft zu erhalten und das Tier vor Schäden zu schützen.

Die Möglichkeiten eines genagelten oder nagellosen Hufschutzes für Esel und Maultiere umfassen eine ähnliche Vielfalt wie für Pferde. Sie beinhalten Hufeisen aus Metall einschließlich Aluminium, Kunststoffbeschläge oder Kunststoff-Metall-Kombinationen bis hin zu klebbarem Hufschutz und Hufschuhen, wobei überwiegend auf Produkte für Pferde zurückgegriffen wird.

Allerdings müssen spezielle Hufeisen für Esel und Maultiere vom Hufbeschlagschmied speziell angefertigt oder aus vorgefertigten Hufeisen passend umgeformt werden. Besondere Hufeisen für Esel und Maultiere werden derzeit im deutschsprachigen Raum nicht industriell hergestellt. Dagegen wurde bis 1945 in Deutschland für militärische Bedürfnisse mit dem **Heereshufeisen H 32** ein Hufeisen für Maultiere hergestellt, welches speziell auf den Trachtenzwanghuf ausgelegt war.

Maultierfalzhufeisen („Diamond® Specialty shoe – mule“, Fa. CooperTools, USA, oder „Mule“ und „Mule heel“, St. Croix Forge, USA) mit oder ohne Gesenkstollen werden auch heute noch in verschiedenen Größen in den Vereinigten Staaten hergestellt.

Bedingt durch die eingezogenen Trachten des Maultiers müssen die Schenkelenden des Hufeisens, vor allem das äußere Schenkelende, lyraförmig nach außen abgebogen werden. Dadurch erfolgt eine gute Abdeckung im Trachten- und Eckstrebenbereich, und der Huf gewinnt durch die leicht ausgestellten Schenkelenden zusätzlich Stabilität (▶ **Abb. 18.6**).

Ein sorgfältiges Aufrichten des Eisens, passend zu Hufform, Kronsaum und Ballen, ist auch bei Esel und Maultier zur Erhaltung eines ungestörten Hufmechanismus von Bedeutung. Bei der Auswahl und dem Richten der Vorderhufeisen sollte der hintere Rand des Hufeisens zwischen der halben und der ganzen Länge zwischen Trachtenende und dem vom Ballenende gefällten Lot liegen. Am Hinterhuf kann eine Größe bis zum Erreichen dieses Lots gewählt werden, wobei die Strahlfreiheit immer gewährleistet sein muss.

Der mit Hufnägeln fixierte Hufschutz wird in der Regel mit **6 Hufnägeln** befestigt. Aufgrund der dünnen Trachtenwand kann aber beim Maultier

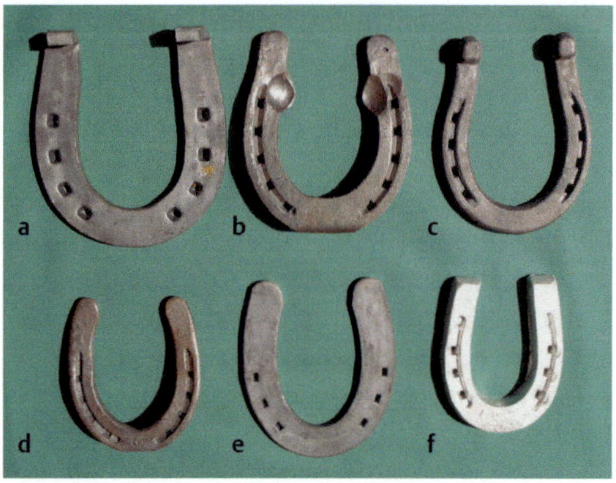

▶ **Abb. 18.6** Hufeisen für Esel und Maultier. Maultierbeschläge: **a** italienisches Stempelhufeisen mit angeschmiedeten Stollen; **b** deutsches Heereshufeisen H 32; **c** amerikanisches Falzhufeisen mit Gesenkstollen, Diamond®. Eselbeschläge: **d** Falzhufeisen mit Zehenkappe; **e** Stempelhufeisen; **f** italienischer Aluminiumbeschlag.

an der inneren Hufhälfte oft kein Trachtennagel geschlagen werden.

Durch einen geeigneten Hufbeschlag sollte auch einer weiteren Einengung der verengten Hufabschnitte des **Trachtenzwanghufs** vorgebeugt werden. Ein geschlossenes Eisen unterstützt das Vorgehen bei eingerollten oder untergeschobenen Trachten. Einlagen mit Huflederkitt oder den inzwischen eher üblichen Silikonverbindungen können beim engen Huf des Maultiers den Strahl kräftigen.

Der Gebrauchszweck vor allem bei Maultieren, die als Tragtiere in schwierigem Gelände eingesetzt werden, lässt einen **Gleitschutz** sinnvoll erscheinen. Stollen an den Schenkelenden festigen die Trittsicherheit, dagegen werden im Zehenbereich überwiegend Hartmetallstifte verwendet.

Für den Hufbeschlag bei Eseln empfehlen sich **u-förmige Hufeisen**. Diese werden entweder aus einem Flacheisen- oder Aluminiumstab geschmiedet, oder industriell hergestellte Hufeisen werden entsprechend adaptiert.

Hufschutz aus Kunststoff kann für Esel und Maultiere gleichermaßen angepasst werden wie bei Pferden, da diese Materialien sich sehr gut bearbeiten lassen und im Gegensatz zu Metall flexibler, allerdings weniger lang haltbar sind. Außerdem besteht bei einem Kunststoffbeschlag die Gefahr, dass die Hufnägel „wandern" und die Hornwand verstärkt belasten, wenn der Kunststoff-Hufschutz weit über einen geeigneten Beschlagrhythmus hinaus verwendet wird.

Orthopädische Beschläge zur Stellungs- bzw. Hufkorrektur sollten aus Metallbeschlägen bestehen, da sich Kunststoff bei einseitiger Belastung schneller abreibt und die angedachte Korrektur negativ beeinflussen kann.

Nagelloser, klebbarer Hufschutz, z. B. „Dallmer-Hufschuh" und „Cuff", (Fa. Strohm) oder Sigafoos (Fa. Horsetec) wird vor allem dann zum Einsatz gebracht, wenn eine schlechte Hornqualität kein Nageln mehr zulässt. Gleichzeitig ist durch die Kombination mit diversen aufschraubbaren Eisen oder Keilplatten auch eine nagellose huforthopädische Behandlung möglich.

Wird lediglich ein **temporärer Hufschutz** benötigt, bieten sich Hufschuhe als Alternative an. Diese sollten jedoch nicht auf Dauer eingesetzt werden, da sie den Hufmechanismus und den Ballen ungünstig beeinflussen und im Gegensatz zu anderem Hufschutz relativ schwer sein können. Da die Hersteller von Hufschuhen meist nur die runde Vorderhufform eines Pferdes produzieren, müssen diese für Esel und Maultiere auf ihre spezielle Hufform hin ergänzt werden. Dies erreicht man etwa mit Schaumstoffpolstern, außerdem muss der Schuh oft durch Ein- oder Abschneiden der Ballenschale angepasst werden, um ein tragebedingtes Aufreiben von Ballen und Kronsaum zu verhindern.

Teil 7
Klauenpflege und Klauenbeschlag

19 Funktionelle Klauenpflege beim Rind

Johann Kofler

19.1 Wirtschaftliche Bedeutung der Klauengesundheit beim Rind

Moderne Milchkühe sind wie Hochleistungssportler: Sie benötigen beste Bedingungen bei Haltung, Komfort, Betreuung und Fütterung, um die gewünschten Höchstleistungen auf Dauer erbringen zu können, ohne dabei krank zu werden.

Finanzielle Verluste und Abgänge infolge von Lahmheiten bei Milchrindern stehen an dritter Stelle, nach Verlusten bzw. Abgängen infolge von Euterentzündungen und Fruchtbarkeitsstörungen. Lahme Kühe sind auch anfälliger gegenüber Stoffwechselerkrankungen, Mastitiden und zeigen signifikant häufiger verschlechterte Fruchtbarkeitsparameter. Die lahmheitsverursachenden Erkrankungen liegen zu mehr als 90 % im Bereich der Klaue und der Klauenhaut. Der wirtschaftliche Schaden infolge von Lahmheiten bzw. Klauenerkrankungen ist beträchtlich und resultiert aus:

- der erhöhten Abschaffungsrate (frühzeitige Schlachtung bzw. Totalverlust des Schlachtkörpers)
- der verminderten Milchleistung (▶ **Tab. 19.1**)
- der herabgesetzten sexuellen Aktivität (verminderte Brunstanzeichen, die dann leicht übersehen werden, verlängerte Zwischenkalbezeiten)
- gesteigerten Arbeitskosten für Management und Behandlung lahmer Rinder
- Kosten für Zukauf neuer Tiere (Remontierung)
- Kosten für zusätzliche Tierarzt- und Klauenpflegervisiten
- Kosten infolge von Wartezeiten für Milch bei Medikamenteneinsatz

In Milchviehherden in Österreich und Deutschland wurden mittlere jährliche Lahmheitshäufigkeiten von 36 % festgestellt mit einer großen Varianz von 5 bis 78 %. In einer Studie aus England wurde der Einfluss von Lahmheiten auf die Milchleistung an 900 Kühen über einen Zeitraum von 18 Monaten untersucht: Die Lahmheitsprävalenz betrug im Mittel 70 %, der signifikante Milchmengenrückgang bei lahmen Kühen wurde im Mittel mit 360 kg Milch pro Kuh und Laktationsperiode berechnet. In einer jüngst durchgeführten österreichweiten Studie bei über 5300 Kühen ließ sich der negative Effekt von Lahmheit auf Fruchtbarkeitsparameter eindeutig nachweisen: Die mittlere Zwischenkalbezeit (ZKZ) bei lahmen Kühen (Locomotionscore ≥ 3) war signifikant verlängert im Vergleich zu niemals lahmen Kühen. Ebenso waren die mittlere Güstzeit und die mittlere ZKZ von Fleckvieh- und Holstein-Kühen, die in den ersten 100 Laktationstagen lahm waren, signifikant länger im Vergleich zu Kühen, die in diesem Zeitraum keine Lahmheit zeigten.

In der Literatur werden durchschnittliche Gesamtkosten von ca. 400 Euro je Kuh infolge von Lahmheit angegeben. Bei diesen Berechnungen sind natürlich die unterschiedlichen Preise für Milch, Arbeitsleistungen, Remontierungs- und Tierarztkosten je nach Region bzw. Land zu berücksichtigen. Daher ist es im Rahmen der regelmäßigen Klauenpflege bzw. bei tierärztlichen Bestandsuntersuchungen so wichtig, die Lahmheitshäufigkeit zu erheben. Mit diesem Parameter kann

▶ **Tab. 19.1** Beziehung zwischen dem Schweregrad der Lahmheit (Score 1–5), der Trockenmasseaufnahme (je stärker die Lahmheit, umso weniger TM-Aufnahme) und der Milchleistung. Die Milchleistung sinkt bei Kühen mit Locomotionscore 3 um 5 %, mit Locomotionscore 4 um bis zu 17 % und mit Locomotionscore 5 bis zu 36 % (nach Robinson, 2001).

Locomotion-score	Trockenmasse-Aufnahme % Reduktion	Milchleistungs-reduktion
1 = nicht lahm	0	0 %
2	1	1 %
3	3	5 %
4	7	17 %
5	16	36 %

man auch Landwirten mit weniger ausgeprägtem betriebswirtschaftlichen Denken und Rechnen die ungefähren durch Lahmheit verursachten finanziellen Verluste vor Augen führen.

19.2 Anatomie der Rinderzehe

Definition

Die Klaue ist das Zehenendorgan der Paarhufer. Die Hauptklauen der 3. und 4. Zehe dienen der Fußung, während die Afterklauen keinen Bodenkontakt aufweisen.

Die **Klaue** besteht aus Hornkapsel und darin eingeschlossenen Gebilden: dem Klauenbein, dem Klauensesambein und dem unteren Ende des Kronbeins, ferner dem unteren Abschnitt der tiefen Beugesehne mit dem unterlagerten Schleimbeutel des Sesambeins sowie den Strecksehnen und den inneren sowie äußeren Seitenbändern des Klauengelenks.

Das **Klauengelenk** selbst wird durch Klauenbein, Klauensesambein und Kronbein gebildet. Im Ballenbereich imponiert die Unterhaut mit ihren großen, stoßbrechenden Fettpolstern (▶ **Abb. 19.1**, ▶ **Abb. 19.2**, ▶ **Abb. 19.3a**).

19.2.1 Aufbau des Hornschuhs

Der Hornschuh zählt wie der Finger- oder Zehennagel zu den Hautanhangsgebilden und besteht von außen nach innen aus denselben Schichten wie die Haut:

- Epidermis = Oberhaut, mit
  - Stratum corneum = verhornte oberflächliche Zellschichten der Oberhaut/Epidermis
  - Stratum granulosum und spinosum = noch nicht verhornte Zellen der Oberhaut
  - Stratum germinativum = Keimschicht: bildet die Hornzellen der Oberhaut

Merke

Die Hornproduktion erfolgt in der Keimschicht der Oberhaut.

- Korium = Lederhaut (ca. 1 mm dünn): führt Gefäße und Nerven

An der Klauenlederhaut lassen sich 5 Segmente unterscheiden (▶ **Abb. 19.3a** und ▶ **Abb. 19.3b**):

- Saumsegment
- Kronsegment
- Wandsegment
- Sohlensegment
- Ballensegment

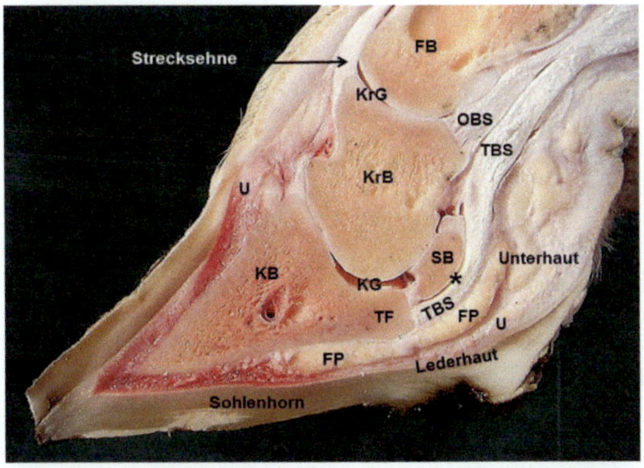

▶ **Abb. 19.1** Anatomischer halbierender Längsschnitt durch die Zehe und Klaue eines Rindes: Alle Schichten und Strukturen vom Sohlenhorn bis zum Fesselbein sind erkennbar. **FP**: Fettpolster; **KB**: Klauenbein; **SB**: Klauensesambein; **KrB**: Kronbein; **KG**: Klauengelenk; **KrG**: Krongelenk; **FB**: Fesselbein; **TF**: Tuberculum flexorium (Beugeknorren des Klauenbeins); **OBS**: oberflächliche Beugesehne; **TBS**: tiefe Beugesehne. **U** : Unterhaut. Zwischen Sesambein und tiefer Beugesehne liegt ein Schleimbeutel (*).

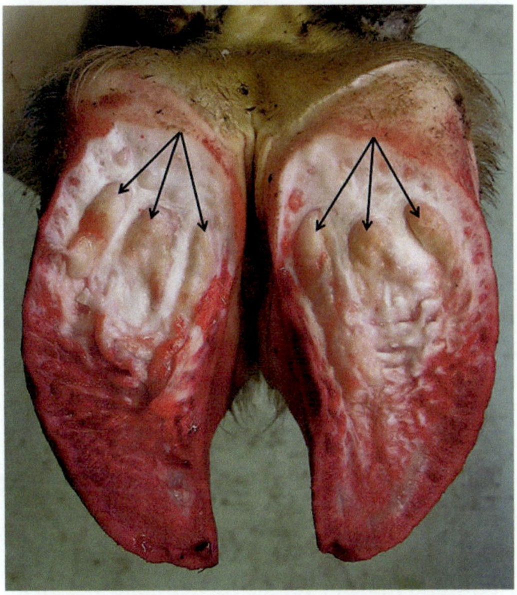

▶ **Abb. 19.2** Ansicht der Sohlenfläche eines Klauenpaares nach Entfernung des Sohlenhorns, der Sohlenlederhaut sowie oberflächlicher Unterhautanteile: Die 3 Fettpolster im hinteren Abschnitt (Pfeile) sind deutlich erkennbar.

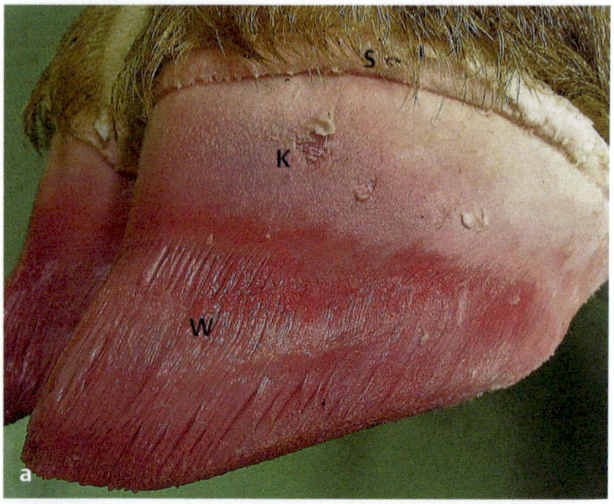

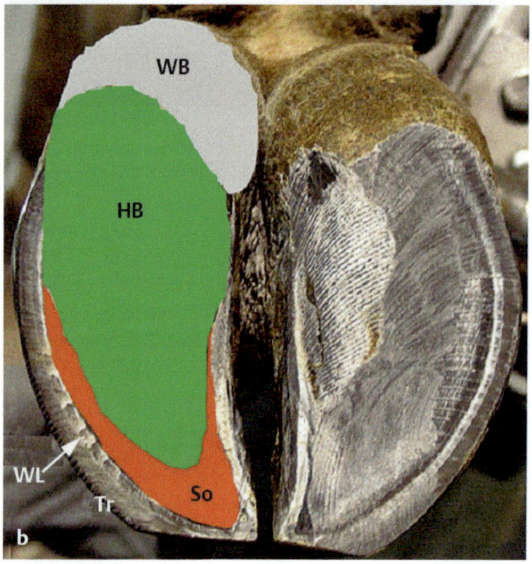

▸ **Abb. 19.3**

a Seitenansicht der Klaue nach Abziehen (Ausschuhen) der Hornschuhe: Die unzähligen kleinen Lederhautblättchen am Wandsegment (**W**; untere Wandhälfte) sowie die feinen Zotten am darüberliegenden breiten Kronsegment (**K**; obere Wandhälfte) und am schmalen Saumsegment (**S**) sind gut erkennbar.

b Ansicht der Fußungsfläche der Klaue mit schematisch eingezeichneten Segmenten: **WB**: Weichballen (Ballensegment), **HB**: Hartballen (Ballensegment); **So**: Sohlensegment. Des Weiteren sind der Tragrand (**TR**) und die weiße Linie (**WL**) zwischen Tragrand und Sohlenhorn markiert.

Saum-, Kron- und Wandsegment bilden die Hornwand (Innen-, Vorder-, Seiten- und Trachtenwand) mit dem oben gelegenen Kronrand und dem unten liegenden Tragrand. Das **Sohlensegment** ist anatomisch-histologisch gesehen nur in einem schmalen Streifen an der Klauenspitze und außen an der weißen Linie ausgebildet, der Rest der Fußungsfläche ist **Hartballen.** Die Fußungsfläche der Klaue besteht aus der Sohle, dem Hartballen, der weißen Linie und dem inneren und äußeren Tragrand. Im klinischen Gebrauch unterscheidet man die aus Sohlensegment und Hartballen bestehende **„Sohle“** und den dahinter anschließenden und darüberliegenden **Weichballen.**

Hornkapsel

Das **Saumband** ist eine haarlose, ca. 5–10 mm breite und 1–2 mm dünne Schicht aus weichem Horn, welches die Hornwand von der Haut im Bereich des Kronrands trennt. Es zieht von vorn nach hinten und geht in das Horn des Weichballens über.

Die **Hornwand** umgibt die Klaue außen und innen. Sie besteht aus 2 Schichten, der außen liegenden, dicken und harten Röhrchenhorn- und der innen liegenden, dünnen Blättchenhornschicht:

Das **Röhrchenhorn** wird von den Zotten (Papillen) der Keimschicht des Kronsegments gebildet und durch das kontinuierliche Wachstum nach unten bis zum Tragrand geschoben (d. h., es dauert bei einer 7,5–8 cm langen Vorderwand ca. 15 Monate, bis das Horn vom Kronrand zum Tragrand vorgeschoben ist bei einem mittleren Hornwachstum von 5 mm pro Monat). Die Hornröhrchen werden durch Kittsubstanz zusammengehalten.

Das **Blättchenhorn** ist einerseits mit dem Röhrchenhorn fest verbunden, andererseits mit den Lamellen der Wandlederhaut reißverschlussartig (korio-epidermale Verbindung: „Klauenbeinträger“) verzahnt und garantiert auf diese Weise eine feste Aufhängung des Hornschuhs am Klauenbein. Beim Rind sind ca. 1300 Primärlamellen an der Lederhaut des Wandsegments ausgebildet. Diese lamellenartige Struktur der Wandlederhaut ist mit bloßem Auge erkennbar (▸ **Abb. 19.3a**).

Sohlenhorn wie auch Ballenhorn werden von der Keimschicht gebildet, die die Lederhautzotten überzieht, und bestehen somit ebenfalls aus Hornröhrchen und Kittsubstanz. Dies gilt auch für den Hartballen. Seitlich, vorn und innen stößt die Sohle mit dem Wandhorn im Bereich der weißen Linie zusammen.

Die **weiße Linie** verläuft vom hinteren Ende des äußeren (abaxialen) Tragrandes (am Ballen) zur Klauenspitze und von dort bis zum Ende des inneren (axialen) Tragrandes, welcher ca. im vorderen Drittel der Klaue endet. An der weißen Linie verbinden sich 2 Strukturen (Sohlen- und Wandhorn) von unterschiedlicher Härte, daher stellt sie einen mechanischen Schwachpunkt dar. Dies bedingt eine erleichterte Möglichkeit des Aufweichens, der mechanischen Zusammenhangstrennung und des Eindringens von Schmutz, Sand und Steinchen. Das Horn der weißen Linie ist weich, es besteht ausschließlich aus Hornprodukten der Keimschicht des Wandsegments (Blättchenhorn).

Lederhaut (Korium)

Die Lederhaut stellt die erste durchblutete und nervenführende Schicht unter der Hornkapsel dar, sie ist ca. 1 mm dünn. Ihre Oberfläche ist sehr groß, da die Lederhaut je nach Segment jede Zotte bzw. jede Wandlamelle bildet. Dadurch ist eine sehr gute Durchblutung der Lederhaut sowie eine gute Sauerstoff- und Nährstoffversorgung der hornproduzierenden Keimschicht, aber auch eine sehr gute und feste Verbindung mit der Hornkapsel gewährleistet (▶ **Abb. 19.3a**) („Klauenbeinträger"). Abhängig von der Art des produzierten Horns unterscheidet man:

- Lederhaut mit Zotten an Sohlen-, Ballen-, Saum- und Kronsegment
- Lederhaut mit Lamellen nur am Wandsegment

Unterhaut und Ballenpolster

Unter der Lederhaut (Korium) liegt die Unterhaut (Subkutis). In dieser Schicht laufen viele Gefäße und Nerven für die Lederhaut und das Klauenbein. Übereinstimmung besteht darüber, dass es an der Rinderklaue ausgeprägte Unterhautareale im Bereich des Kronsegmentes und besonders umfangreich im Bereich des Ballenpolsters gibt. Im Ballensegment ist die Unterhautschicht bis zu 10–15 mm dick und bildet das Ballenpolster. Für eine gute Stoßdämpfung im Bereich des Hart- und Weichballens sorgen drei parallel eingelagerte und miteinander in Verbindung stehende Fettpolster sowie elastisches Bindegewebe (▶ **Abb. 19.1**; ▶ **Abb. 19.2**).

19.2.2 Hornqualität und -wachstum

Das Klauenhorn besteht aus Eiweißsubstanzen, vor allem aus dem harten Keratin. Abhängig vom Wassergehalt, von der Anzahl der Hornröhrchen pro Flächeneinheit, vom Verhältnis der Hornröhrchen zur Kittsubstanz ist das Horn härter oder weicher. Die Qualität des Klauenhornes wird von einer Vielzahl innerer und äußerer Faktoren bestimmt.

Wichtige innere Faktoren sind:

- Zahl der Hornröhrchen pro mm^2
- Rinden-Mark-Verhältnis der Hornröhrchen
- Zusammensetzung des Horns aufgrund der Fütterung

So wurden beim Schwarzbunten Rind Durchschnittswerte für die Dichte der Hornröhrchen im vorderen Wandbereich von 79,1/mm^2, an der Sohle von 16,4/mm^2 und am Ballen von 14,9/mm^2 ermittelt. Hornröhrchendichte und Rinden-Mark-Verhältnis haben eine hohe Heritabilität. Äußere Faktoren, welche die Hornqualität beeinflussen, sind:

- Feuchtigkeit und Hygiene im Lauf- und Liegebereich
- Bodenbeschaffenheit in Liegeboxen, Laufgängen, Auslauf, Weidewegen
- mechanische Einflüsse durch harte oder stark abrasive Böden, durch Kanten, verlängerte Stehzeiten
- Weidehaltung

Ein Trockensubstanzgehalt für Klauenhorn von 75–85 % wird als optimal angesehen. Das Gleichgewicht zwischen Hornwachstum und natürlicher Abnützung ist auch beim Weiderind nur selten gegeben, umso weniger bei alleiniger oder überwiegender Stallhaltung. Das Hornwachstum schwankt in Abhängigkeit von Rasse, Alter, Jahreszeit, Ernährung, Aufstallungs- bzw. Haltungsform, Hornabrieb der Laufflächen und Managementfaktoren.

> **Praxistipp**
> Das monatliche Hornwachstum der Vorderwand ist mit 4–6 mm je Monat bei Kühen (bzw. mit bis zu 7 mm bei Kälbern) und für das Sohlenhorn mit 3–5 mm anzunehmen. Jedoch ist der Nettozuwachs des Dorsalwandhorns (Hornneubildung minus Hornabrieb) auf älteren Betonböden mit nur 1–2 mm pro Monat zu beziffern.

Generell nimmt die Wachstumsrate mit zunehmendem Lebensalter der Rinder ab, im Frühjahr und Sommer ist das Hornwachstum stärker.

Je größer der Feuchtigkeitsgehalt des Horns, umso stärker ist in der Regel auch der Hornabrieb. Er ist jedoch geringer bei sehr trockenen Bodenverhältnissen, etwa an den Vorderklauen von Kühen in Anbindehaltung. Bei starkem Abrieb, auf neuen Spalten- oder rauen planbefestigten Böden, und auf sehr rauen Gussasphaltböden nimmt die Hornproduktion zu. Auch bei kraftfutterreicher Fütterung wird vermehrt Horn gebildet, allerdings von minderer Qualität. Die Hornhärte nimmt in diesen Fällen ab.

19.2.3 Funktion der Ballenpolster

Der Ballenfettkörper des Rindes besteht aus 3 längsgerichteten, parallel verlaufenden Fettpolstern: einem sehr großen inneren (axialen), einem mittleren und einem äußeren (abaxialen). Innerer und äußerer Fettkörper verbinden sich vor dem Beugeknorren (Tuberculum flexorium) des Klauenbeins (▶ **Abb. 19.1**, ▶ **Abb. 19.2**). Der Beugeknorren selbst wird vom mittleren Fettkörper nur wenig unterlagert. In diesem Fettgewebe ist komprimierbares Speicherfett vorhanden, welches eine Stoßdämpferfunktion hat. Durch die spezifische Anordnung der Fettpolster in der Klauenunterhaut wird ein Teil der großen vertikalen Kraft des eigenen Körpergewichts auf natürliche Weise abgefedert, so dass die Lederhaut im Bereich der Fußungsfläche nicht gequetscht wird. Die Ballenfettpolster haben weiterhin die Funktion einer Pumpe, da bei Be- und Entlastung die Blutzirkulation unterstützt wird (Druck und Sog). Die unterschiedliche Druckverteilung an der Fußungsfläche, jede weitere Laktation sowie auch Energiemangel beeinflussen den Klauenbeinträger und die Gewebezusammensetzung der Fettpolster. In jüngeren Studien wurde nachgewiesen, dass die Ballenfettkörper bei Energiemangel (z. B. oftmals im ersten Laktationsdrittel) signifikant dünner werden und daher die Stoßdämpferfunktion deutlich ab- und das Risiko für das Auftreten von Lahmheiten signifikant zunimmt. Die Dicke der Ballenfettkörper und der Body Condition Score waren dabei signifikant positiv korreliert. Das Fett in den Polsterkammern wird als Reaktion auf zunehmende Überbelastung, nach wiederholten Laktationen sowie infolge von wiederholten Klauenreheschüben längerfristig durch nichtelastisches Bindegewebe ersetzt (▶ **Abb. 19.3b**) und verliert damit die stoßdämpfende Wirkung.

19.2.4 Durchblutung der Klauenlederhaut

Der Blutfluss in der Klaue ist abhängig von der Bewegung der Tiere: Ausreichende Bewegung fördert den Druck- und Pumpmechanismus in den Klauen- und Klauenlederhautgefäßen. Damit gelangen auch mehr Nährstoffe und Sauerstoff in die Lederhautkapillaren und stehen dort der hornproduzierenden Keimschicht in ausreichender Menge zur Verfügung. Die Zellen der Keimschicht sind angewiesen auf eine optimale Versorgung mit Nährstoffen und Sauerstoff, um ausreichend und qualitativ hochwertiges Klauenhorn zu produzieren.

Merke
Die Versorgung der Keimschichtzellen mit Nährstoffen und Sauerstoff findet ausschließlich durch Diffusion aus den kleinen Blutgefäßen der Lederhaut statt, da die Oberhaut selbst keine Gefäße aufweist.

Dies bedeutet, dass der Transport der Nährstoffe zur hornproduzierenden Schicht vom Konzentrationsgefälle und von der Distanz zwischen den Gefäßen und der Keimschicht abhängt. Daher können alle Faktoren, welche die Bildung dieser Nährstoffe im Verdauungstrakt bzw. deren Aufnahme daraus beeinträchtigen (Pansenazidose), sowie Faktoren, die Änderungen des Gefäßdurchmessers bzw. die Aktivierung von Kurzschlüssen zwischen Arterien und Venen verursachen (Klauenrehe), die notwendige Blutversorgung der Keimschicht und der Lederhaut stören. Unter Berücksichtigung der Entstehung der Klauenrehe wird verständlich, dass fütterungsbedingte (Pansenazidose, Ketose), geburtsbedingte bzw. durch die hohe Laktationsleistung stoffwechselbedingte Störungen einen großen Einfluss auf die Durchblutung der Lederhautgefäße und damit auf die Verfügbarkeit von Mikronährstoffen (z. B. Aminosäuren, Fettsäuren, Mineralstoffe, Vitamine wie z. B. Biotin und Vitamin A sowie Spurenelemente wie Zink, Mangan, Kupfer und Schwefel u. a.) haben.

Eine anschauliche und einfache Methode, an den Füßen toter Rinder die oft großflächigen pathologischen Veränderungen an der Lederhaut zu studieren, wo man am Hornschuh von außen nur ein Geschwür, eine Hornspalte oder einen Riss in der weißen Linie feststellt, bietet die thermische Exungulation (Ausschuhen). Dazu wird der Rinderfuß für 25 min in ein auf 60 °C vorgeheiztes Wasserbad gestellt, das Wasser bedeckt die Klauen bis über das Saumband. Anschließend kann man die Klaue in einem Schraubstock fixieren und mit Hilfe des Röhrbeins, welches man als Hebelarm benutzt, den Hornschuh abziehen.

19.3 Klauenformen

Die Einteilung der Klauenformen erfolgt nach morphologischen Gesichtspunkten. Es gibt keine Normalklaue, die in gleicher Weise an Vorder- und Hintergliedmaßen von Kühen und Bullen zu finden ist. Am Hinterfuß des erwachsenen Rindes ist die Außenklaue i. d. R. deutlich größer als die Innenklaue, an der Vorderklaue kann die Innenklaue größer ausgebildet sein.

19.3.1 Physiologische Klauenformen

Regelmäßige Klauenformen

Regelmäßige Hinterklauen weisen einen Vorderwandwinkel (= Winkel zwischen Vorderwandkante und Fußungsfläche) von 45–50°, regelmäßige Vorderklauen einen Winkel von 50–55° auf. Die Länge der Fußungsfläche der Klaue misst bei erwachsenen Kühen ca. 10–12 cm (mit großer individueller Streuungsbreite), die Länge der vorderen Hornwand (Dorsalwand) ca. 7,5–8 cm, die Trachtenhöhe beträgt an Hinterklauen 3–3,5 cm, an Vorderklauen 4–4,5 cm (▸ **Abb. 19.4**). Das Gewicht wird von der gesamten Fußungsfläche inklusive äußerem und innerem Tragrand getragen. Regelmäßige Klauen weisen eine ebene Fußungsfläche mit geringer axialer Hohlkehlung auf. Die Vorderwand ist gerade und verläuft parallel zur Nachbarklaue. Der physiologischen Trachtenhöhe von 3,5 cm an inneren Hinterklauen wird große Bedeutung für die Selektion von klauengesunden Tieren zugeschrieben.

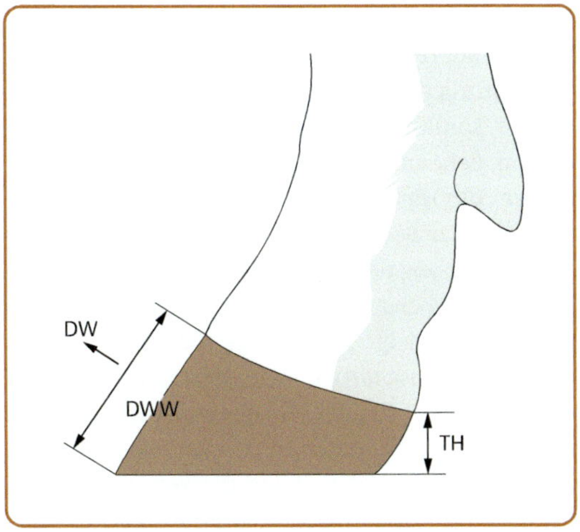

▸ **Abb. 19.4** Die Abmessungen der Normalklaue dienen als Richtlinie für die funktionelle Klauenpflege (Durchschnittswerte, die je nach Alter, Rasse, Vorder- u. Hinterklauen variieren können): **DW**: Dorsalwand: Länge vom unteren Rand des Saumbandes bis zur Klauenspitze 7,5–8 cm bei erwachsenen Kühen. **DWW**: Dorsalwandwinkel zwischen Dorsalwand und Fußungsfläche: misst 50–55° vorn und 45–50° hinten; **TH**: Trachtenhöhe: senkrechter Abstand vom Boden zum Saumband am Weichballen und soll im besten Fall nicht weniger als 3,5 cm an hinteren Innenklauen betragen.

Unregelmäßige Klauenformen

Spitz bzw. stumpf gewinkelte Klauen

Bei der **spitz gewinkelten Klaue** misst der Vorderwandwinkel an Vordergliedmaßen deutlich weniger als 50°, an Hintergliedmaßen deutlich weniger als 45°, das Längenverhältnis Vorderwand zu Trachtenhöhe kann bis 4 : 1 betragen.

Bei der **stumpf gewinkelten Klaue** misst der Vorderwandwinkel mehr als 55°, das Längenverhältnis Vorderwand zu Trachtenhöhe beträgt 5 : 4.

Stallklauen

Definition

Als Stallklauen gelten unregelmäßige Klauen mit mittel- bis hochgradig nachgewachsenem Klauenhorn (Vorderwandlänge > 9 cm). Diese können durch funktionelle Klauenpflege in physiologische Klauenformen verwandelt werden.

Stallklauenbildung ist die Folge der Aufstallung unter unnatürlichen Haltungsbedingungen bzw. infolge unregelmäßiger Klauenpflege. Durch eine unzureichende Bewegung (Anbindehaltung) oder Haltung auf reinen Gummiböden oder Tiefstreu ist der natürliche Hornabrieb nicht gewährleistet, und es kommt zu übermäßigem Hornwachstum v. a. an den Außenklauen der Hintergliedmaßen. Infolge des einwirkenden Druckes (großes Gewicht, harter Boden) kommt es dadurch vermehrt zur Quetschung der Sohlenlederhaut, was ein noch rascheres Wachstum zur Folge hat (vergleichbar mit dem Prinzip der Schwielenbildung an der Hand des Menschen). Infolge des starken Längenwachstums der Klauen verlagert sich das Gewicht zunehmend nach hinten in den Ballenbereich und verstärkt dort den Druck auf die Lederhaut (Sohlenblutungen, später Geschwürbildung). Stallklauen und pathologische Klauenformen führen zu geänderten Belastungsverhältnissen. Infolge der mittel- bis hochgradigen Zehenachsenbrechung und der Verstärkung der Hebelwirkung zu Ungunsten der hinteren Abschnitte der Fußungsfläche kommt es zu vermehrtem Auftreten von Klauenerkrankungen (Sohlenblutungen, Doppelsohlen, Sohlengeschwüre, Weiße-Linie-Erkrankung) bzw. längerfristig auch zu degenerativen Prozessen der Zehengelenke.

Bei der **Pantoffelklaue** ist die Vorderwand meist gerade und deutlich länger (> 9 cm) als bei Normalklauen. Der Vorderwandwinkel ist kleiner als 40°, die Klauenspitze hat aber Bodenkontakt. Die Belastung und damit auch die Abnutzung erfolgen überwiegend im Bereich des Hartballens bzw. sogar Weichballens. Die Dicke des Sohlenhorns ist im Ballenbereich oft normal, während sie gegen die Klauenspitze zu stark zunimmt (▶ **Abb. 19.5**).

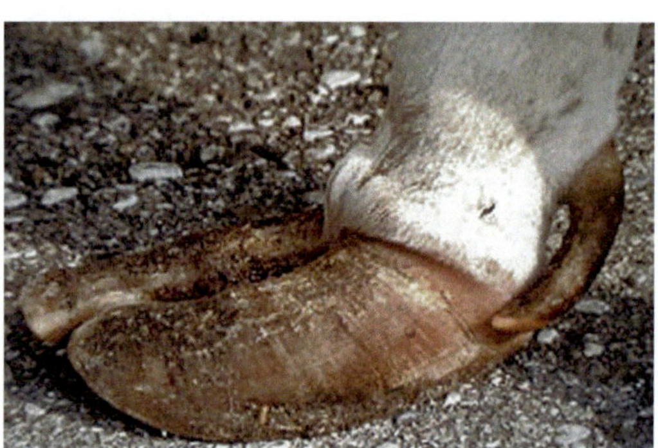

▶ **Abb. 19.5** Pantoffelklauen und hochgradig angewachsenes Horn der Afterklauen.

Die **Scherenklaue** hat eine lange Vorderwand, die Klauenspitzen sind einwärts gebogen und kreuzen einander. Ansonsten ist die Klauenform ähnlich der Pantoffelklaue. Die Klauenvorderwand ist deutlich konkav verformt. Meist liegt die Innenklaue mit ihrer Spitze über der Außenklaue und weist daher eine längere Vorderwand auf.

Bei der **Schnabelschuhklaue** hat die Bodenfläche der Klaue nur mit ihren hinteren Abschnitten Kontakt zum Boden. Die Vorderwand besitzt eine stark konkave Kontur, die Klauenspitze zeigt nach vorn und oben. Die **Posthornklaue** entwickelt sich aus der Schnabelklaue, die Klauenspitze ist hierbei nach rückwärts umgebogen.

19.3.2 Pathologische Klauenformen

Definition

Pathologische Klauenformen können durch Klauenpflege nicht mehr in physiologische Klauen verwandelt werden.

Bei **Spreizklauen** liegt meist eine physiologische Klauenform zugrunde. Eine genetisch bedingte Schwäche des gesamten Bandapparats im Zwischenzehenbereich bedingt jedoch einen zu weiten Zwischenklauenspalt. Andere Ursachen für Spreizklauenbildung sind unsachgemäße Klauenpflege wie das Entfernen des inneren (axialen) Tragrandes und „satteldachförmiges" Beschneiden der Fußungsflächen anstelle planer, senkrecht zur Mittelachse der Zehen geschnittener „Sohlen". Spreizklauen begünstigen das Auftreten von Erkrankungen an der Haut des Zwischenklauenspalts (Limax, Dermatitis digitalis, Interdigitalphlegmone).

Flachklauen besitzen eine breite, lange und flache Sohlenfläche von annähernd rechteckiger Form. Die axiale Hohlkehlung ist sehr flach oder nicht ausgebildet, das Sohlenhorn dünn. Die **Vollklaue** entwickelt sich aus der Flachklaue: Die Sohle ist sehr dünn, der abaxiale und der axiale Tragrand erreichen nicht den Boden, die Fußung erfolgt nur mit der Sohle. Flach- und Vollklaue finden sich v. a. bei älteren und schweren Rindern, sie stellen u. a. hgr. chronische Formen der Reheklaue dar. Bei beiden Klauenformen findet man häufig Sohlenblutungen, Weiße-Linie-Erkrankungen und auch Sohlengeschwüre.

Bei der **Bockklaue** liegt der Vorderwandwinkel zwischen 60° und 90°. Die Trachtenhöhe ist fast so lang angewachsen wie die Vorderwand lang ist. Die Fußungsfläche ist kurz und breit. Die **Stelzklaue** entwickelt sich aus der Bockklaue, der Vorderwandwinkel beträgt über 90°. Die Vorderwand ist kürzer als die Trachtenlänge. Bock- und Stelzklauen sind selten, ihre Ausbildung ist die Folge von schmerzhaften Prozessen an Klauen, Sehnen oder Gelenken. Bockklauen findet man neuerdings vermehrt bei Vorliegen von akuter Dermatitis digitalis (Mortellaro-Erkrankung) an der Haut über den Weichballen, wenn sich diese schmerzhafte Hauterkrankung über viele Monate hinzieht. Bockklauen kommen auch bei fortgeschrittenen Fällen von spastischer Parese vor.

Die **Zwangklaue (Rollklaue)** weist eine schmale und lange Fußungsfläche mit konvexer abaxialer Seiten- und Trachtenwand auf, die im Extremfall nach der „Sohlenfläche" zu umgebogen sind. Das Gewicht wird nur am äußeren Tragrand bzw. teilweise am äußeren und unteren Wandbereich getragen. Zwangklauen treten bei Milch- und Fleischrassen überwiegend an Hintergliedmaßen, besonders an äußeren Klauen, aber auch an anderen Klauen auf. Mit der Ausbildung einer Zwangklaue (Rollklaue) ist eine analoge Rotation des Klauenbeins um seine Längsachse verbunden. Die Klauenbeinsohlenfläche zeigt nach axial. Im abaxialen Bereich verlagert sich das Klauenbein bodenwärts und die Sohlendicke wird im Bereich der abaxialen weißen Linie schwächer als bei gesunden Klauen, während die Sohlendicke axialwärts keilförmig dicker wird. Zwangklauenbildung kann erblich bedingt sein, ist die Folge unterlassener oder falsch durchgeführter Klauenpflege und tritt häufiger bei Haltung auf harten Böden auf. Als Folge kann es zu Quetschungen der Lederhaut, zu Weiße-Linie-Erkrankungen und längerfristig auch zu Arthrosen der Zehengelenke kommen. Durch regelmäßige, in 4-Monats-Intervallen durchgeführte Klauenpflege lässt sich eine Verschlechterung der Klauenform sowie das Auftreten schmerzhafter Lederhauterkrankungen vermeiden (► **Abb. 19.6**).

Die **Korkenzieherklaue** ist die fortgeschrittene Form der Zwangklaue. Die Vorderwand ist stark konkav, die Klauenspitze spiralig gedreht und ohne Bodenkontakt.

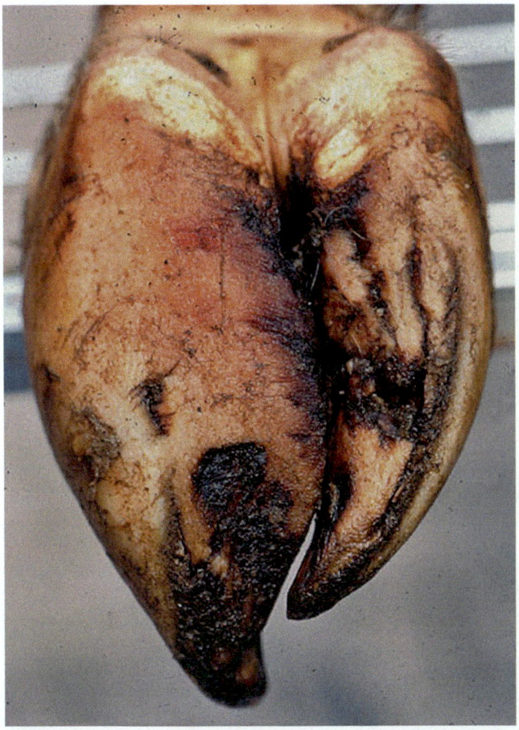

► **Abb. 19.6** Rollklaue (Zwangklaue): Das Seiten- und Trachtenwandhorn ist über die Sohlenfläche geschoben, die Kuh fußte bereits auf diesen Teilen der Wand. Das Sohlenhorn liegt schon über dem Zwischenklauenspalt bzw. schiebt sich über das Sohlenhorn der Innenklaue.

Die **Reheklaue** entwickelt sich als Folge einer subklinischen, subakuten bzw. akuten Klauenrehe über viele Monate (ca. 15 Monate), bis es zur Ausprägung der typischen chronischen Form kommt. Die Klauenrehe ist eine aseptische Entzündung der Wand- und Sohlenlederhaut, bei der es zur Loslösung der Wandlederhautlamellen vom Wandhorn kommt. Die Folge ist ein Absinken des Klauenbeins bzw. die Rotation der Klauenbeinspitze zur Sohle hin. Es entstehen chronische Reheklauen bzw. längerfristig Flach- und Vollklauen. Die Vorderwand ist typischerweise gering- bis hochgradig konkav gewölbt, die Klauenspitze kann nach vorn aufgebogen sein (► **Abb. 19.7a**). Reheklauen weisen eine deutliche Ringbildung an der Hornwand auf. Die Ringe liegen an der Vorderwand eng zusammen und divergieren zur Trachtenwand hin. Die weiße Linie ist gering- bis hochgradig (bis ≥ 1 cm) verbreitert (dadurch kommt es langfristig zur Bildung von Flach- bzw. Vollklauen), im Soh-

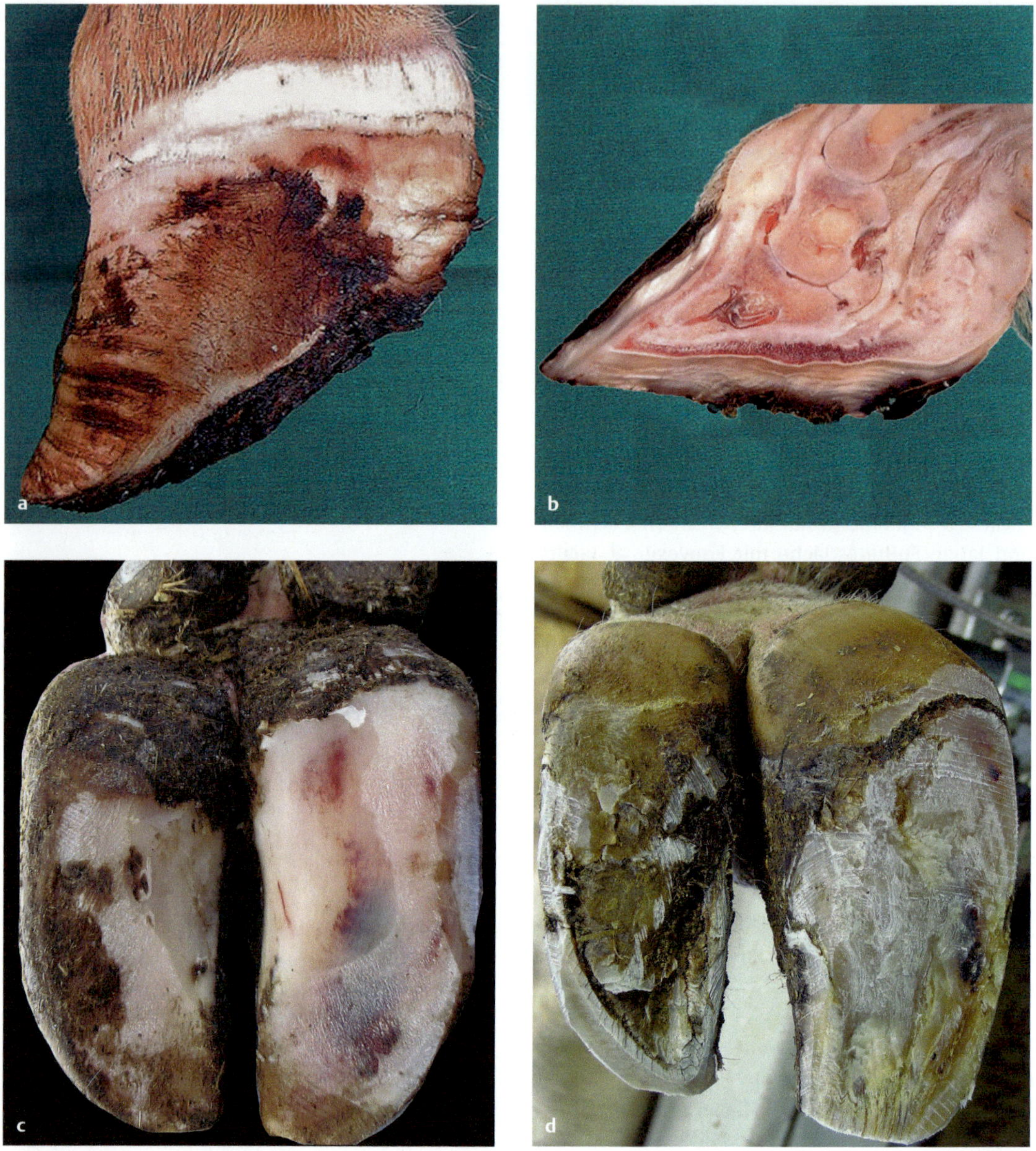

▶ **Abb. 19.7** Chronische Reheklauen in Seiten- und Sohlenansicht.

a Auffällig ist die konkave Vorderwand mit den Reheringen, die nach hinten hin divergieren.

b Halbierender Längsschnitt durch eine chronische Reheklaue: Das Sohlenhorn ist gelb-orange und in Schichten aufgebaut (auf die wiederholten Reheschübe hinweisend), die Fettpolster im Unterhautbindegewebe sind vollständig abgebaut und durch eine blutdurchtränkte Bindegewebsschicht ersetzt. Die distale Knochenkontur des Klauenbeines zur Sohle hin ist stark aufgeraut.

c Diffuse Sohlenblutungen an der Außenklaue (rechts im Bild) im hinteren axialen Bereich (Hinterklauen), wie sie typischerweise ca. 2 Monate nach subakuter bzw. akuter Klauenrehe beim Beschneiden der Sohlen sichtbar werden.

d In der Sohlenansicht chronischer Reheklauen (Hinterklauen) ist an der Außenklaue (im Bild rechts) die hochgradig verbreiterte weiße Linie sowie rötliches und gelbliches Sohlenhorn mit alten Blutungen im Horn der weißen Linie erkennbar, während die Innenklaue außer einer geringgradig verbreiterten weißen Linie nur Zerfallshorn an der Sohle aufweist.

lenhorn und an der weißen Linie stellt man nach oberflächlichem Beschneiden Verfärbungen (Sohlenblutungen) fest (▸ **Abb. 19.7c** und ▸ **Abb. 19.7d**).

Ursachen der Formveränderung der Reheklauen sind folgende: Die Klauen werden breiter, da das Klauenbein absinkt und die Verbindung zwischen Wandhorn und Wandlederhautlamellen („korio-epidermale" Verbindung) sich löst und dazwischen sich Spalten bilden. Diese werden mit weichem Blättchenhorn aufgefüllt, gebildet von der geschädigten Keimschicht über der Wandlederhaut. Die Folgen sind ein Dickerwerden der Wand und eine Verbreiterung der weißen Linie. Ringe entstehen bei jedem neuen Klauenreheschub, da in diesem Zeitraum die Hornproduktion im Kronsegment der Vorderwand vermindert ist. Durch das Absinken bzw. das Rotieren des Klauenbeins kommt es zu einer Lageveränderung der Lederhaut am Kronrand, da sie ja mit dem Knochen „mitverlagert" wird: Das erklärt die Bildung dieser „Stauchungsringe" am Kronwulst. Bei jeder neuerlichen subklinischen/subakuten Rehe werden neue Ringe gebildet, welche mit dem Hornwachstum langsam bis zum Tragrand nach unten vorgeschoben werden. Bei Reheklauen findet man häufig qualitativ minderwertiges Sohlen- und Wandhorn, Sohlenblutungen (▸ **Abb. 19.7b**, ▸ **Abb. 19.7c**, ▸ **Abb. 19.7d**), Doppelsohlen, Weiße-Linie-Defekte sowie in der Folge dann vermehrt Geschwüre an Sohle und Klauenspitze, eitrige Doppelsohlen und eitrige Weiße-Linie-Defekte (Weiße-Linie-Abszess).

Kippklaue

Die Kippklaue weist an der Klauenspitze keinen Bodenkontakt auf, die Klauenspitze zeigt nach oben und die Belastung findet nur im Ballenbereich statt. Eine Kippklauenbildung ist immer Folge eines funktionellen Ausfalles der tiefen Beugesehne infolge einer schwerwiegenden Erkrankung (eitrige Entzündung der tiefen Beugesehne am Ansatz am Klauenbein mit nachfolgender Zerreißung infolge eines tiefreichenden Sohlengeschwürs bzw. einer Durchtrennung der tiefen Beugesehne bei Schnittwunden oder infolge chirurgischer Durchtrennung).

19.3.3 Klauenbeurteilung (Klauen-Position-Scoring, Klauenuntersuchung)

Vor Durchführung der Klauenpflege wird das Rind beim Hinführen zum Klauenpflegestand beurteilt: Beurteilung von Gliedmaßenstellung, Klauen-Position-Score, Entlastungsstellung und Lahmheit. Dann wird das Rind im Klauenpflegestand fixiert: Die Klauen werden mit dem Hufmesser grob gereinigt, die Klauenform (physiologisch, hochgradig nachgewachsenes Horn, Zwang-, Reheklaue etc.), die bestehende Vorderwandlänge sowie die jeweilige Trachtenhöhe werden beurteilt, die Fußungsfläche wird auf lose Hornteile, eingetretene Fremdkörper und Klauenerkrankungen untersucht. Damit gewinnt der Klauenpfleger wichtige Informationen darüber, wie die Klauenpflege vorzunehmen ist (Pflege gesunder Klauen, Korrektur krankhafter Klauenformen oder Beschneiden von Klauen mit schmerzhaften Erkrankungen).

Möglichkeiten der Auswahl von Rindern in großen Herden, die unbedingt einer Klauenpflege unterzogen werden sollen, unabhängig von der 2- bis 3-mal jährlich geplanten Herdenpflege:

- Färsen bei der Erstbesamung sowie alle Kühe und Färsen ca. 6–8 Wochen vor dem Abkalbetermin
- Alle Rinder, bei denen der von der Wirbelsäulenlinie und dem Zwischenklauenspalt eingeschlossene Winkel von hinten betrachtet größer als 17° bzw. 23° ist (Klauen-Positions-Score 2 und 3); bei diesen Rindern ist die Trachtenhöhe der Außenklaue deutlich (oft ≥ 5 bis ≥ 10 mm) höher als an der Innenklaue. Die Außenklaue ist somit einer deutlich höheren Druckbelastung ausgesetzt als die Innenklaue (▸ **Abb. 19.8**).
- alle Rinder, die bereits im Stehen eine Entlastungsstellung einer oder mehrerer Gliedmaßen zeigen
- alle Rinder, die eine Lahmheit zeigen (im Stehen oder in der Schrittbewegung einen gekrümmten Rücken aufweisen (Locomotionscore ≥ 2)

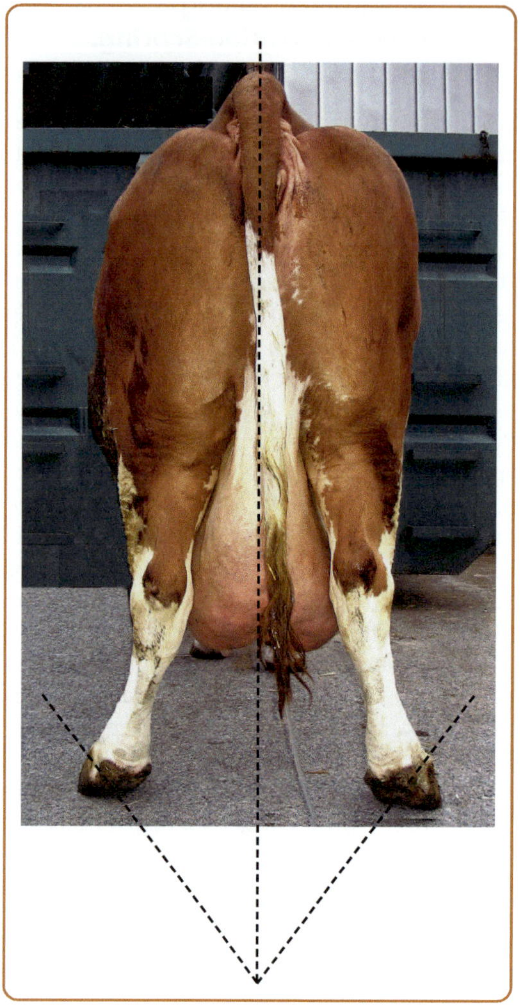

▶ **Abb. 19.8** Klauen-Positions-Scoring: Hierbei steht man hinter der Kuh und kontrolliert den Winkel, gebildet von der Mittellinie des Rückens und von einer Linie, die durch den Zwischenklauenspalt jeder Hinterklaue gelegt wird. Eine häufig anzutreffende Gliedmaßenstellung ist die hochgradig kuhhessige Stellung mit nach außen rotierten Zehen beidseits (Score 3), wobei die äußere Klaue deutlich höher ist als die innere. Infolge der dadurch deutlich erhöhten Druckbelastung ist sie einem erhöhten Risiko für die alsbaldige Entwicklung von schmerzhaften Klauenerkrankungen (Lederhautquetschung mit Sohlenblutung, Doppelsohlenbildung, Weiße-Linie-Erkrankung, Sohlengeschwür) ausgesetzt.

Klauenuntersuchung

Die Untersuchung der Klauen kann am zufällig liegenden Tier (z. B. in Liegebox) vorgenommen werden, eine wirklich gründliche Klauenuntersuchung ist aber nur in einem Durchtreibe- oder am Kippstand möglich. Vor der eingehenden Untersuchung sind die Klauen gründlich zu reinigen, kleine Defekte können sonst übersehen werden. Gegebenenfalls ist eine Klauenpflege durchzuführen. Ein frischer Schnitt mit dem Hufmesser ist bei jeder Klauenuntersuchung vorzunehmen („diagnostischer Klauenschnitt").

Merke

Ausnahme: Tiere, die Klauenprobleme infolge kurz zuvor erfolgter unsachgemäßer Klauenpflege (zu dünn geschnittenes oder durchgeschnittenes Sohlenhorn) bzw. infolge dünn gelaufener Sohlen bei zu starkem Hornabrieb (z. B. auf Gussasphalt- bzw. auf neuen Betonböden) aufweisen.

Die Überprüfung der **Schmerzhaftigkeit** der Klauen (bei Vorliegen von Sohlenblutungen, Weiße-Linie-Erkrankungen, Doppelsohlen, Lahmheiten usw.) erfolgt mit der Klauenuntersuchungszange. Damit kann auch eine **Schätzung der Sohlenhorndicke** vorgenommen werden.

Erhöhte Temperatur – als Zeichen einer Entzündung – wird mittels Auflegen des Handrückens an die Klauenwand und die Sohle geprüft, man vergleicht die gefühlte Temperatur am besten mit derselben Stelle an anderen Klauen.

Bei Betrachtung der gereinigten Klauen werden **Größe** und **Form** beurteilt. Das Vorliegen von deutlich angewachsenem Klauenhorn (in Länge und unterschiedlicher Trachtenhöhe) wird ebenso registriert wie eine krankhafte Klauenform.

Zusätzlich achtet man auf **Zusammenhangstrennungen in der weißen Linie** (▶ Abb. 19.9b) sowie auf ausgerissenes Horn am Tragrand, auf abgebrochenes Horn an der Klauenspitze sowie auf **Zusammenhangstrennungen des Hornschuhs im Wandabschnitt** wie Hornspalten (in Längsrichtung verlaufend), Hornklüfte (quer laufend, meist an der äußeren Wand) (▶ **Abb. 19.9a**).

Ernährungsringe laufen parallel zur Krone. Laufen die Ringe an der Hornwand nach hinten auseinander, liegen **Reheringe** infolge einer chronischen Klauenrehe vor (▶ **Abb. 19.7a**). Das Sohlen- und Ballenhorn ist auf übermäßige Erweichung und Zerklüftung (Ballenfäule), Doppelsohlenbil-

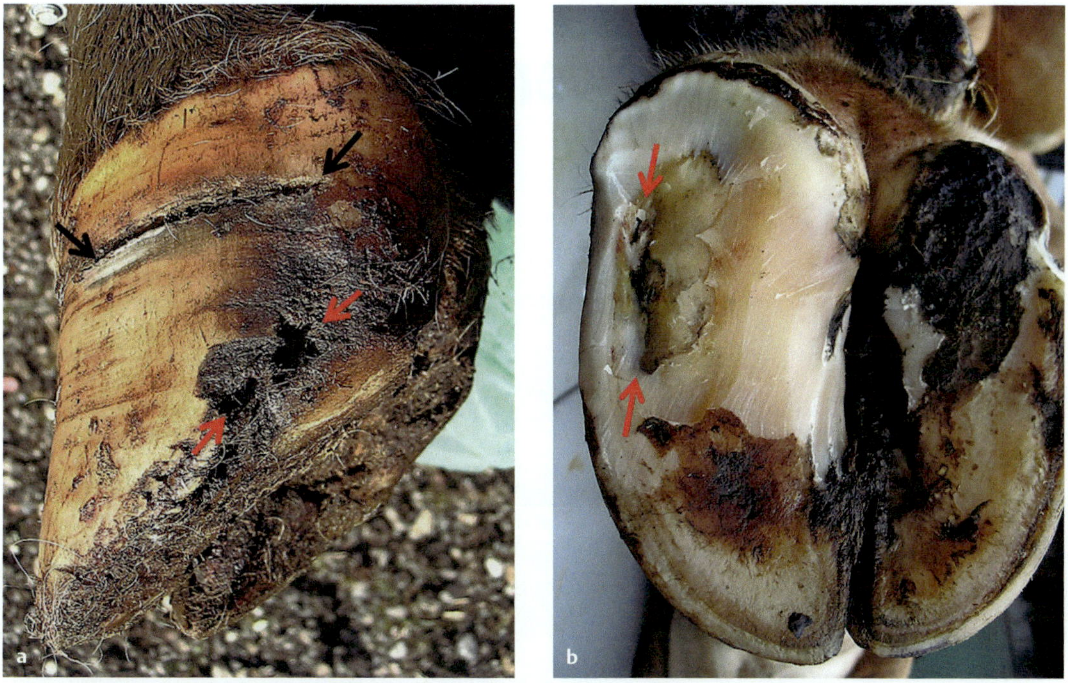

▶ **Abb. 19.9** Eine genaue Untersuchung der Sohle auf sichtbare Veränderungen ist erst nach Reinigung und Durchführung eines frischen Schnittes mit dem Hufmesser über das Sohlenhorn bzw. überhaupt erst nach Klauenpflege möglich.
a Seitenansicht der linken hinteren Klauen vor Reinigung (abaxiale Seitenwand). Horizontal verlaufende Zusammenhangstrennung der Hornwand (Hornkluft; schwarze Pfeile) und angebrochener Tragrand im Bereich eines Weiße-Linie-Defektes (rote Pfeile). Das Wandhorn ist von der weißen Linie bis zur Hornkluft hoch unterminiert und abgelöst (WLD: Weiße-Linie-Erkrankung).
b Sohlenansicht der gleichen Klaue nach teilweiser Bearbeitung. An der äußeren Klaue zeigt sich bei der Klauenpflege eine erhebliche Zusammenhangstrennung abaxial am hinteren Tragrand im Bereich der weißen Linie zwischen Wandhorn und Sohle (WLD: Weiße-Linie-Erkrankung mit Ausbildung einer Doppelsohle; rote Pfeile).

dung, umschriebene Verfärbungen (Sohlenblutungen), Vorliegen von Geschwüren an der Sohlenspitze und im axialen Bereich am Übergang von Sohle und Ballen (Rusterholz-Sohlengeschwür) sowie Ablösung des Sohlen- und Ballenhorns hinten am Weichballen zu prüfen.

Die für **Dermatitis digitalis** (Mortellaro-Krankheit) typischen Veränderungen findet man meist an der Hinterseite der Klauen am Übergang vom Weichballen zur Haut, aber auch an der Haut des Zwischenklauenspaltes und an der Haut der vorderen Klauenkommissur. Die Haut im Zwischenklauenbereich wird auf Wunden, Einrisse und Entzündungen (Limax, Mortellaro-Krankheit, Interdigitalphlegmone) untersucht.

19.4 Lahmheitsbeurteilung (Locomotion Scoring)

Definition

Unter Lahmheit versteht man eine schmerz- oder selten mechanisch bedingte Störung des Gangbildes.

Es können eine Gliedmaße oder mehrere Gliedmaßen gleichzeitig betroffen sein. Ist ein Gliedmaßenpaar (z. B. beide Hinterbeine) betroffen, spricht man von einer **bilateralen Lahmheit**: Ein daraus resultierender „spießiger" oder „klammer" Gang ist beim Rind häufig aufgrund bi- oder multilateraler Klauenerkrankungen wie Klauenrehe, Sohlengeschwüren, eitriger Weiße-Linie-Erkrankung oder Dermatitis digitalis an beiden Hinterfüßen vorhanden. Wie im Stand der Ruhe versucht das

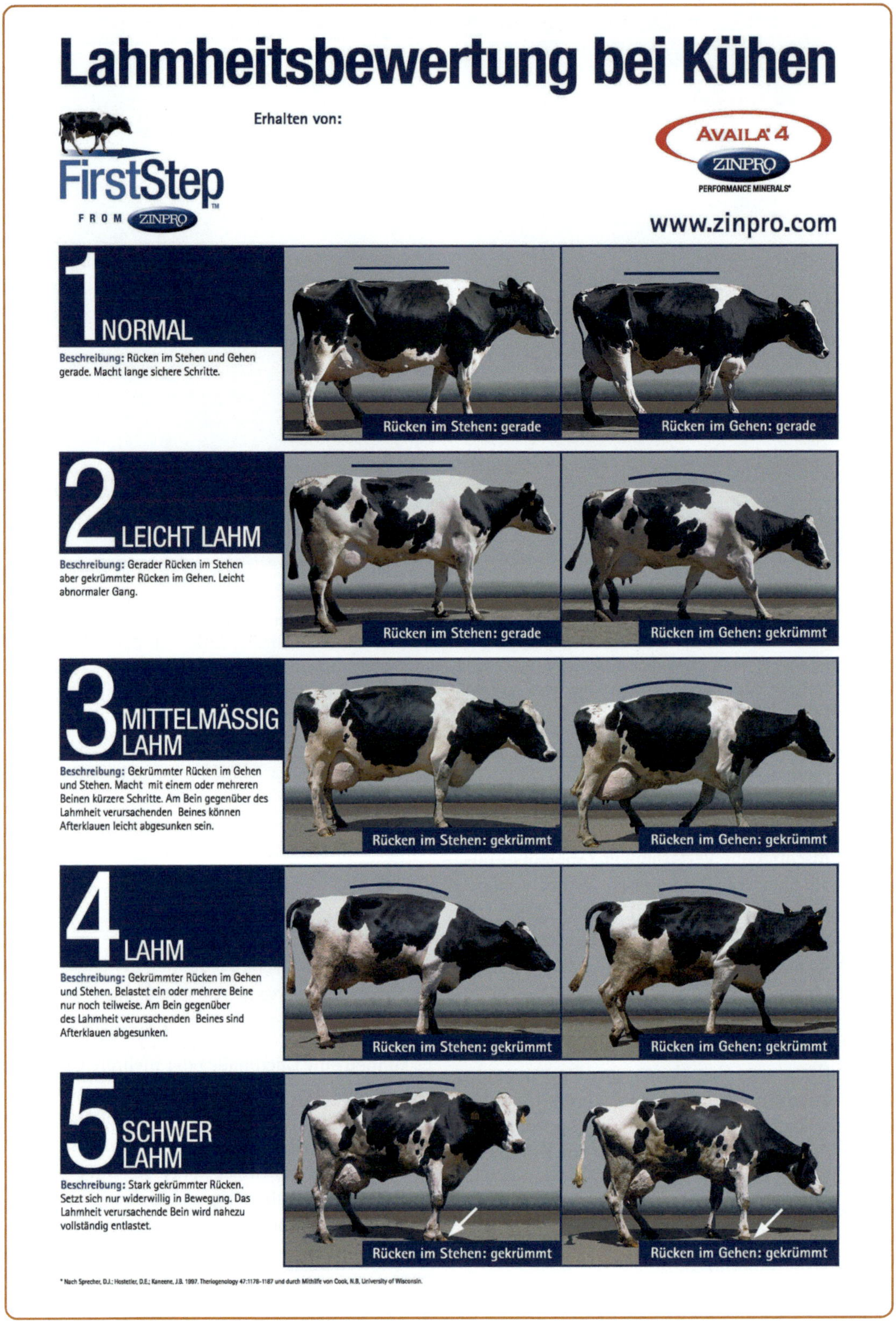

▶ **Abb. 19.10** Locomotion Scoring. (Quelle: Zinpro Inc.)

Tier auch im Schritt durch das vermehrte Belasten gesunder Klauenabschnitte schmerzhafte Bereiche zu entlasten.

Stützbeinlahmheiten werden im Moment der Stützbeinphase (bei Belastung der Gliedmaße), **Hangbeinlahmheiten** in der Phase des Vorführens der Gliedmaße erkennbar.

Im Laufstall kann das Rind in freier Bewegung, wenn nötig leicht angetrieben, beurteilt werden. Am besten nützt man die Gelegenheit für die Lahmheitsbeurteilung, wenn das Tier zum Melkstand hin- bzw. wieder weggeht. Bei Rindern in Anbindehaltung kann man im Stand auf Entlastungsstellung achten sowie die Rückenlinie beurteilen (Hinweis auf Lahmheit, wenn diese eine Krümmung aufweist) bzw. lässt man sie auf ebenem Boden führen.

Die Lahmheitsbeurteilung wird am stehenden Tier (z. B. im Fressgitter, in Anbindehaltung), unbedingt aber auch im Schritt vorgenommen. Dabei achtet man auf Entlastungsstellung, auf die Rückenlinie (ist bei Tieren ohne Lahmheit gerade bzw. bei lahmen Rindern deutlich nach oben gekrümmt) sowie auf Hin- und Hertrippeln und Entlastungsbewegung einzelner Gliedmaßen. Man beurteilt **Lokalisation, Grad** und **Art der Lahmheit**: Angegeben wird die Lokalisation (z. B. hinten links), ob Stütz-, Hangbeinlahmheit oder gemischte Lahmheit und der Lahmheitsgrad (Score 1–5).

In der Praxis bewährt sich das Locomotion-Scoring-System nach Sprecher et al. (1997), welches besonders bei Rindern in Laufställen oder Weidehaltung gut anwendbar ist. Dabei wird die Rückenlinie am stehenden Rind und im Schritt sowie die Rückenlinie und Entlastungsbewegungen des Rindes im Schritt bewertet mit Note 1 (= keine Lahmheit) bis Note 5 (gekrümmter Rücken im Stehen und Gehen und keine Belastung der erkrankten Gliedmaße) (▶ **Abb. 19.10**).

19.5 Durchführung der funktionellen Klauenpflege

19.5.1 Werkzeug

Zur Standardausrüstung gehören ein rechtes und linkes Hufmesser, eine Hufzwickzange (Ein- oder Zweigelenkzangen), Schleifgeräte für Messer und Zange, Winkelschleifer mit mehreren verschiedenen Messer- und Granulatscheiben sowie eine Klauenuntersuchungszange (▶ **Abb. 19.11**). Kaum noch Anwendung finden Klauenscheren.

Professionelle Klauenpfleger verwenden breite, aber auch schmale bzw. als Rechtshänder auch linke Hufmesser. Messer mit breiter Schneide sind gut geeignet, um plane Flächen zu schneiden. Messer mit schmaler Schneide bzw. auch linke Hufmesser dienen speziell zum Ausschneiden von Defekten (Geschwüre, Weiße-Linie-Defekte usw.), da sie die dabei nötige Feinarbeit erleichtern.

Bei Verwendung eines Winkelschleifers müssen zur eigenen Sicherheit eine Schutzbrille bzw. Helm mit Visier (Lärm- und Augenschutz) sowie dickere Gummi- oder Lederhandschuhe zum Schutz vor Verletzungen der Finger durch die rotierende Scheibe bzw. als Vibrationsschutz der Handgelenke verwendet werden. Bei Klauenpflege mit dem Winkelschleifer werden auch die Augen der Kuh mit einer Blende abgedeckt.

Traditionell wird die funktionelle Klauenpflege mit Hufmesser und Hufzwickzange durchgeführt, heute finden **Winkelschleifer** mit Messer- und/oder Granulatscheiben breite Verwendung. Da das Abtragen des Sohlenhorns damit wesentlich schneller möglich ist, muss aber noch genauer darauf geachtet werden, dass wirklich nur überschüssiges Horn entfernt wird.

! Merke

Die Feinarbeit beim Freilegen von Defekten nahe der bzw. bis an die Lederhaut muss immer mit dem Hufmesser erfolgen.

In älteren Lehrbüchern wird darauf hingewiesen, dass es bei Klauenpflege mit dem Winkelschleifer zu verstärkter Wärmeentwicklung an der Sohlenlederhaut von Rinderklauen und damit zu thermischen Schädigungen derselben kommen kann. Nach eigenen Untersuchungen kommt es bei Verwendung von Winkelschleifern mit ca. 10 000 Umdrehungen pro Minute bei fachgerechter Arbeitsweise weder mit Messer- noch mit Granulatscheiben (50 % bzw. 70 % Beschichtung mit Wolfram-Hartmetallgranulatkörnung) zu einer nennenswerten Erwärmung der Sohlenlederhaut. Nur bei Verwendung von Scheiben mit sehr feinem Granulat („Sandscheiben“) und längerem Beschlei-

► **Abb. 19.11** Die Abbildung zeigt die wichtigsten Werkzeuge für die Klauenpflege: Heute werden zumeist Winkelschleifer (**a**) mit Granulatscheiben (aber auch Messerscheiben), rechte (und linke) Hufmesser (**b**) sowie Hufzwickzangen zum Kürzen der Vorderwand und der Afterklauen verwendet (**c**). Mancherorts ist noch die Klauenschere (**e**) im Gebrauch, sehr selten findet das Stoßmesser (**d**) Anwendung (Allgäuer Methode).

fen derselben Stelle kann eine übermäßige Wärmeentwicklung mit thermischer Schädigung der Lederhaut resultieren. Derartige Scheiben sind jedoch wegen der enormen Staubentwicklung und der daraus resultierenden Gesundheitsgefährdung für den Menschen generell abzulehnen.

Bei Verwendung eines Winkelschleifers muss das Rind in einem Klauenpflegestand fixiert werden, und die Klauen müssen völlig bewegungslos befestigt sein. Die Vorgehensweise beim Bearbeiten des Klauenhorns ist ansonsten grundsätzlich die gleiche wie weiter unten (Schritt 1–5) beschrieben. Das Sohlenhorn wird zusammen mit dem Tragrand, beginnend an der Spitze bzw. hinten am Hartballen, abgetragen. Mit dem Winkelschleifer werden gleichmäßige Auf- und Ab-Bewegungen ausgeführt, immer mit senkrecht zur Mittelachse der Zehe positionierter Scheibe. Damit erreicht man am besten plane und senkrecht zur Zehenachse verlaufende Fußungsflächen. Die Trachtenhöhe v. a. an der hinteren Innenklaue (die oftmals die physiologisch gewünschte Höhe kaum oder auch nicht aufweist) muss immer ausreichend hoch belassen werden (3,5 cm). Die Hohlkehlung kann vorsichtig mit einer Granulatscheibe ausgefräst werden, man darf mit der Scheibe den Ballen der Nachbarklaue aber nicht verletzen. In Schritt 5 wird loses Horn entfernt. Zudem werden, sofern überhaupt vorhanden, scharfe Horngrate am Tragrand, spitze Kanten am Übergang von der

Schnittfläche an der Vorderwand zur äußeren und inneren Wand nur leicht abgerundet, ansonsten darf der Tragrand nicht abgeschliffen werden. Die Afterklauen werden gekürzt („so lang wie sie an ihrer Basis breit sind").

19.5.2 Fixierungssysteme

Moderne Klauenpflege erfordert zuverlässige und tiergerechte Systeme zur sicheren Fixierung der Rinder bzw. der Gliedmaßen. Hierfür finden Durchtreibestände und vielerorts auch hydraulische Kippstände (▶ **Abb. 19.12**) breite Verwendung. Beide Stände haben ihre Vor- und Nachteile, letztlich muss sich der Anwender entscheiden, mit welchem Fixierungssystem er besser arbeiten kann. Grundsätzlich sollten alle Klauenpflegestände auf tiergerechte Anwendung geprüft sein (z. B. DLG-Prüftest).

Unter Klauenpflegern gibt es Diskussionen, welche Klauenpflegestände für diese Arbeit besser geeignet sind und welche für die Tiere mehr Stress verursachen. Die Art des verwendeten Klauenpflegestandes obliegt der persönlichen Vorliebe. Bei Messung der Konzentration der Kortisolmetaboliten (Stresshormon) im Kot zeigten Kühe, die im Durchtreibestand gepflegt worden waren, einen statistisch signifikant höheren Anstieg der Stresshormonkonzentration bis 24 Stunden nach Klauenpflege im Vergleich zu den am Kippstand ausgeschnittenen Kühen. Allerdings ist dabei auch der Zeitfaktor zu berücksichtigen: In besagter Studie war die zur Klauenpflege im Durchtreibestand (Modell mit Seilfixierung über Kurbeln) benötigte Zeit signifikant länger. Stressreaktionen und ein stärkerer Rückgang der Milchleistung im Rahmen der Klauenpflege können deutlich vermindert werden, wenn man die Klauenpflege fachgerecht und rasch, mit tiergerechten, zertifizierten (möglichst leisen) Ständen und möglichst außerhalb des Stalles (so dass der Arbeitslärm nicht auch noch alle anderen Tiere stresst) vornimmt.

19.5.3 Häufigkeit bzw. Intervalle

Saisonale Klauenpflege

Die saisonale Herdenklauenpflege orientiert sich in erster Linie am Terminkalender des Landwirts und des Klauenpflegers. Hierbei werden meist alle Tiere eines Bestands (oftmals mit Ausnahme der hochträchtigen Tiere) anlässlich eines Betriebsbesuches ausgeschnitten. Die Häufigkeit der Klauenpflege ist abhängig zu machen von der jeweiligen Aufstallungsform, Bodenbeschaffenheit, den Möglichkeiten des Auslaufs (Weide), der Klauengesundheit in den Betrieben sowie dem Leistungsniveau der Herde.

Die Durchführung einer funktionellen Klauenpflege wird empfohlen:

▶ **Abb. 19.12** Moderner, vollhydraulischer Kippstand zur Klauenpflege von Rindern. Sämtliche Fixierungen am Körper des Tieres (Hals, Rumpf und alle 4 Gliedmaßen) erfolgen hydraulisch, der Klauenpfleger selbst muss somit keine einzige Fixierung (Gurten an Rumpf und Füßen) mehr händisch vornehmen. (Quelle: Robert Pesenhofer, Hitzendorf)

- 2-mal jährlich bei Milchkühen, besser 3-mal jährlich bei Milchkühen in Betrieben mit einer mittleren Jahresleistung von ≥ 9000 kg
- 3- bis 4-mal jährlich bei Rindern mit chronischen Rehe- und Zwangklauen (Rollklauen)
- mindestens 4-mal jährlich bei Besamungs- bzw. Zuchtbullen

Die Klauenpflege soll mindestens 6 Wochen vor einem geplanten Weideaustrieb bzw. vor Umstallung in einen (neuen) Laufstall stattfinden, damit die Sohle wiederum dick genug ist, wenn infolge Weidetrieb oder eines neuen, sehr rauen Betonbodens der Hornabrieb wesentlich größer ist als zuvor.

Klauenpflege bei **hochträchtigen Kühen** (< 8 Wochen vor Geburt) kann prinzipiell vorgenommen werden, man sollte aber immer den Tierhalter über das erhöhte Risiko eines Aborts aufklären. Färsen sollten bereits um den Zeitpunkt der ersten Besamung das erste Mal klauengepflegt werden.

Tierindividuelle Klauenpflege abhängig vom Trächtigkeitsstadium bzw. Geburtstermin

Bei Kühen bewährt sich immer mehr folgende Vorgehensweise, die sich am Geburtstermin orientiert und auf jeden Fall zu empfehlen ist, wenn der ausgebildete Tierhalter selbst die Klauenpflege bei den eigenen Rindern fachgerecht durchführt bzw. natürlich in großen Herden, wo viele Kühe gleichzeitig trockengestellt werden:

- Klauenpflege beim Trockenstellen ca. 6–8 Wochen vor der Abkalbung
- ca. 40–60 Tage nach Abkalbung (weil im Zeitraum 2–5 Monate nach der Geburt Lahmheiten am häufigsten zu erwarten sind (► **Abb. 19.13**), und weil in diesem Zeitraum auch die Klauenfettpolster viel dünner sind
- wiederum, wenn der Klauenpositionsscore 2 oder 3 beträgt bzw. wenn die Kuh Entlastungsstellung oder bereits eine geringgradige Lahmheit zeigt
- wiederum beim Trockenstellen

Bei dieser tierindividuellen Klauenpflege abhängig vom Abkalbetermin der Kuh kontrolliert und beschneidet man die Klauen zu jenen Zeitpunkten, an denen für die Kühe das größte Risiko für das Auftreten von Lahmheiten bzw. Klauenerkrankungen besteht. Am häufigsten wurden lahme Kühe zwischen dem 30. bis zum 150. Laktationstag registriert (► **Abb. 19.13**). Berücksichtigt man nun die Periode, in welcher die Besamungen erfolgen (optimal nach einer Wartezeit von 45–85 Tagen nach der Geburt), dann ist klar ersichtlich, dass der Zeitraum, in dem die Kühe wieder trächtig werden sollen, gleichzeitig die Periode mit dem

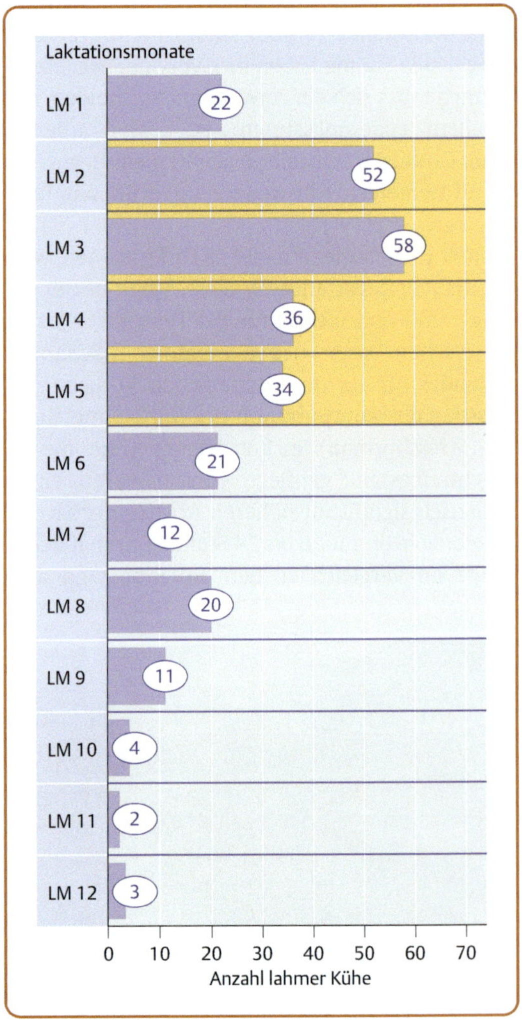

► **Abb. 19.13** Auftreten von Lahmheit bei Kühen in den einzelnen Laktationsmonaten: Ergebnis aus einer 18 Monate dauernden Studie an 900 Kühen aus 5 Herden: Am häufigsten treten Lahmheiten in den Laktationsmonaten 2–5 auf (basierend auf Daten aus [68]).

höchsten Risiko für das Auftreten von Lahmheit ist. Das bedeutet auch, dass der Zeitraum der höchsten Milchproduktion mit dem höchsten Risiko für das Auftreten von Lahmheit einhergeht. Zudem wurden die niedrigsten Werte der Klauenfettpolsterdicke in den Laktationsmonaten 2–5 gemessen. Daraus lässt sich klar ableiten, dass die Vermeidung von Lahmheiten in der Trockenstehzeit und in der Frühlaktation auch die Körperkondition der Kühe verbessert und damit auch eine übermäßige Abnahme der Dicke der Klauenfettpolster und damit deren Stoßdämpferfunktion verhindern kann. Deshalb wird ein gut geführter Betrieb alles unternehmen, um Lahmheiten bei Trockenstehern und bei Kühen in den ersten 100 Laktationstagen zu vermeiden.

Merke

Die klare Empfehlung lautet: fachgerechte Klauenpflege der Kühe beim Trockenstellen und wiederum am 40.–60. Laktationstag und eine dritte Klauenpflege etwa um den 150. Laktationstag.

19.5.4 Methode der funktionellen Klauenpflege beim Rind

Klauenerkrankungen sind unter heutigen Produktionsbedingungen als Zivilisationskrankheit der Hochleistungskühe anzusehen. Die Zunahme von Klauenerkrankungen ist bedingt durch:

- fehlerhafte Leistungsfütterung
- einstreulose Aufstallungsformen, nicht tiergerechte Liegeplätze
- unhygienische, feuchte, verschmutzte Lauf- und Liegeflächen
- harte, rutschige bzw. zu stark abrasive Böden
- Überbelegung, Sackgassen, verlängerte Stehzeiten
- sozialen Stress in der Herde, Hitzestress
- mangelnde Tierbeobachtung
- zu lange Klauenpflegeintervalle bzw. unzureichende Qualität der Klauenpflege

Übermäßiges Nachwachsen des Klauenhorns führt zur Bildung von Stallklauen bzw. ungleich hohen Hinterklauen (höhere Außenklauen), welche eine Änderung der Biomechanik bedingen. Die Folge sind unphysiologische Belastungsverhältnisse, die Stoßdämpferfunktion wird herabgesetzt und einzelne Bereiche der Klaue bzw. einzelne Abschnitte der Außenklaue werden überbelastet. Daraus entwickeln sich Quetschungen und Blutungen der Lederhaut sowie nachfolgende schmerzhafte Klauenerkrankungen wie Geschwüre und Infektionen ausgehend von der weißen Linie, meist abaxial an den hinteren Außenklauen.

Die Erhaltung der Klauengesundheit ist allein schon aus wirtschaftlichem Interesse anzustreben, denn nur Rinder, die gesund sind und sich wohl fühlen, können die erwarteten Leistungen erbringen. Noch bevor es zum Auftreten von sichtbaren Lahmheiten kommt, kann das „Wohlbefinden“ der Tiere bereits gestört sein (z. B. durch punktuellen chronischen Druck infolge ungleich hoher Klauen, durch Sohlenblutungen, durch subklinische Klauenrehe), was bereits zu einem Leistungsabfall führt.

Merke

Ziele der Klauenpflege sind die Kontrolle und Erhaltung der Klauengesundheit, die Erhaltung der natürlichen Form der Klauen und ausgewogener Belastungsverhältnisse.

Regelmäßig (zwei- bis dreimal pro Jahr) und fachgerecht durchgeführte Klauenpflege ist heute ein integraler Bestandteil jedes Prophylaxeprogramms zur Erhaltung der Klauengesundheit in den Herden. Die regelmäßige Kontrolle der Klauengesundheit ermöglicht die Früherkennung von Klauenerkrankungen und deren frühzeitige Behandlung.

Toussaint Raven aus Holland entwickelte 1978 das Prinzip der **funktionellen Klauenpflege**, welches sich mittlerweile europaweit durchgesetzt hat. „Funktionell“ bedeutet, dass die Klauen so beschnitten werden, dass sich die Belastung gleichmäßig auf jeweils beide Klauen einer Gliedmaße, aber auch gleichmäßig innerhalb einer Klaue verteilt.

Eine fachgerecht durchgeführte Klauenpflege bewirkt:

- Korrektur der Lastverteilung **an der Einzelklaue** durch Schaffung von stabilen, ebenen und senkrecht zur Längsachse des Fußes beschnittenen Fußungsflächen. Damit verteilt sich die Last auf eine größere Fläche. Ziel ist die Verlagerung der Last vom Ballen auf die gesamte Fußungsfläche (Reduktion der Hebelwirkung).

- Korrektur der Lastverteilung **innerhalb des Klauenpaars** (gleichmäßige Verteilung der Last auf beide Klauen, indem v. a. die meist deutlich höhere Außenklaue an der Hintergliedmaße der physiologischen Höhe der Innenklaue angepasst wird)
- Minderung der Umwelteinflüsse auf Ballen und Haut des Zwischenklauenspalts durch Gewinn an Trachtenhöhe über eine vertretbar kurze Vorderwandlänge und einen hohen Ballenbereich

Grundregeln

Merke
An der Hintergliedmaße beginnt die Klauenpflege an der Innenklaue, i. d. R. ist dabei der hintere Abschnitt der Fußungsfläche nicht zu beschneiden.

An den Hintergliedmaßen ist die Innenklaue durch die geringere Belastung weniger krankheitsanfällig, und es treten daher kaum Verformungen bzw. Defekte auf. Die Innenklaue befindet sich daher meist in einer physiologischen Form bzw. kann nur durch geringes Beschneiden (bzw. oftmals überhaupt keine Bearbeitung im Sinne von Schritt 1 und 2 bzw. nur an Sohlenspitze) leicht in eine Form gebracht werden, an der sich die Bearbeitung der deformierten und überbelasteten Außenklaue orientieren kann.

An den Vordergliedmaßen ist die Außenklaue weniger belastet, daher wird sie zuerst bearbeitet.

Praxistipp
„Der Klauenpfleger bei der Bearbeitung des Klauenhorns ist wie ein Bildhauer bei der Bearbeitung eines Marmorblockes, er muss vor dem ersten Schritt genau überlegen, wo was stehen bleiben und wo und wie viel Material (in mm) weggenommen werden muss." (J. Kofler)

Vor Beginn der Klauenpflege müssen die Klauen genau beurteilt (S. 375) werden, um zu entscheiden, ob eine Pflege gesunder Klauen, eine Korrektur krankhafter Klauenformen oder eine therapeutische Klauenpflege von Klauen mit (schmerzhaften) Erkrankungen vorzunehmen ist. Die Pflege gesunder Klauen unterscheidet sich grundsätzlich von der Pflege von Klauen mit (schmerzhaften) Läsionen!

Bei gesunden Klauen (ohne Defekte) strebt man eine möglichst gleichmäßige Lastverteilung an, d. h., Ziel ist es, an beiden Klauen die gleich hohe (und mit 3,5 cm für Hinterklauen auch richtige) Trachtenhöhe einzustellen (nur 4 Arbeitsschritte).

Hingegen strebt man bei der Pflege von Klauen mit (schmerzhaften) Läsionen eine Entlastung der erkrankten Klaue an, d. h., am Ende der Klauenpflege muss die Trachtenhöhe beider Klauen unterschiedlich hoch sein! Dies geschieht entweder durch keilförmige Höhenreduzierung an der erkrankten Klaue oder durch Erhöhung der gesunden Klaue mittels Klotz.

Die funktionelle Klauenpflege wird in 5 Arbeitsschritten durchgeführt:

Schritt 1: Richtiges Kürzen der Vorderwand und Beschneiden der Fußungsfläche der Innenklaue

- Abmessen von **7,5 cm** an der Vorderwand der Innenklaue (gilt als ungefähres Richtmaß für Schwarzbunte und Fleckviehkühe, 8 cm bei Braunviehkühen) ab der unteren Kante des weichen Saumbandes (Übergang zum harten Horn), d. h., das Saumband wird nicht mitgemessen. Die praktische Erfahrung hat gezeigt, dass ein exakt definierter und beschriebener Messpunkt (unterer Rand des Saumbandes) für Klauenpfleger eine klare Arbeitsrichtlinie vorgibt, und dieser Messpunkt entspricht *de facto* auch den ursprünglichen von Sohrt (1999) in seiner Dissertation beschriebenen Standardmaßen [149].
- Kürzen der Klauenspitze **im rechten Winkel zur bestehenden Fußungsfläche** mit der Zange oder dem Winkelschleifer (► **Abb. 19.14**, ► **Abb. 19.15**)
- Schneiden einer ebenen Fußungsfläche, die auch rechtwinklig zur Längsachse der Zehen steht, wobei an der Klauenspitze **immer 7 mm des Anschnitts stehen bleiben** müssen (► **Abb. 19.16**).

Merke
Wird das Sohlenhorn an der Klauenspitze trotzdem so weit niedergeschnitten, dass wieder eine Spitze zwischen Sohle und Vorderwand entsteht, dann ist die Sohle an der Klauenspitze zu dünn bzw. durchgeschnitten!

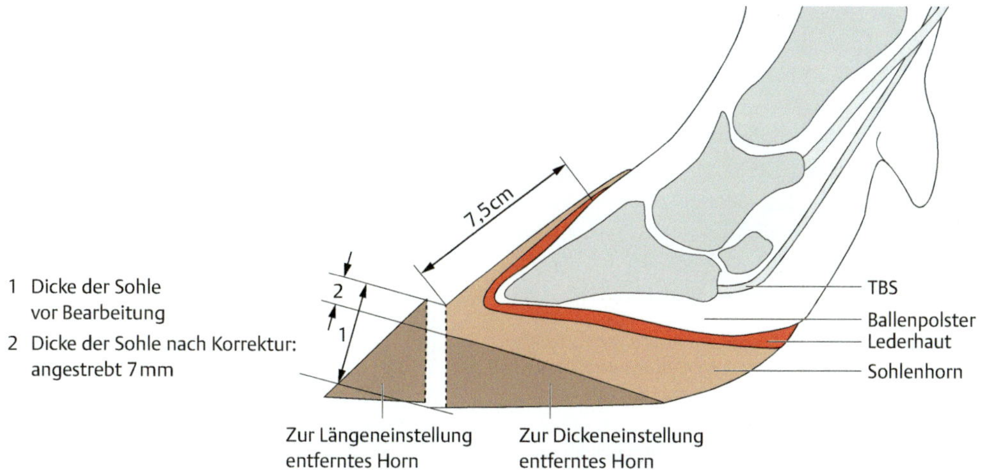

► **Abb. 19.14** Schema der funktionellen Klauenpflege: Bei erwachsenen Kühen mit gesunden, aber stark angewachsenen Klauen wird die Vorderwandlänge ab der unteren Kante des Saumbandes gemessen (7,5 cm). Die Vorderwand wird mit der Zange oder dem Winkelschleifer im rechten Winkel zur bestehenden Fußungsfläche gekürzt. Von diesem „Anschnitt" an der Klauenspitze müssen nach Abtragen des Sohlenhorns 7 mm als Sohlendicke unbedingt bestehen bleiben. Das überschüssige Sohlenhorn wird überwiegend im vorderen Sohlenbereich abgetragen, meist keilförmig nach hinten zum Ballen auslaufend, die Trachtenhöhe sollte an den hinteren Innenklauen so hoch wie möglich bleiben (3,5 cm). TBS = tiefe Beugesehne.

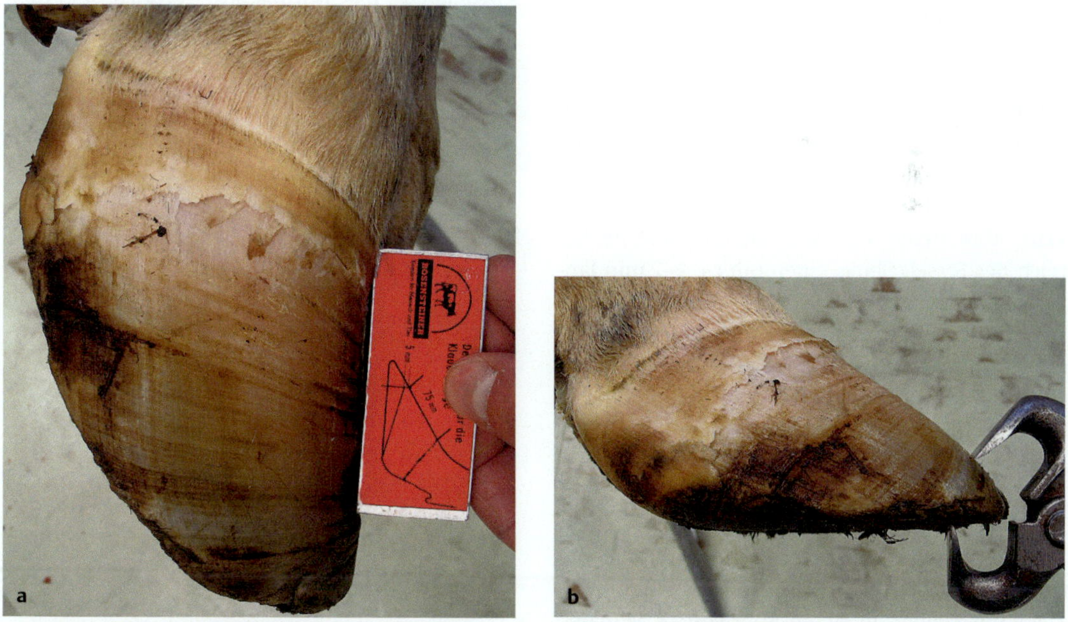

► **Abb. 19.15** Schritt 1 der funktionellen Klauenpflege.

a Mit einem Messstab wird die Vorderwandlänge von 7,5 cm beginnend an der unteren Kante des Saumbandes vermessen.

b Kürzen der Vorderwand im rechten Winkel zur bestehenden Sohlenfläche mit der Zange (oder auch mit dem Winkelschleifer möglich).

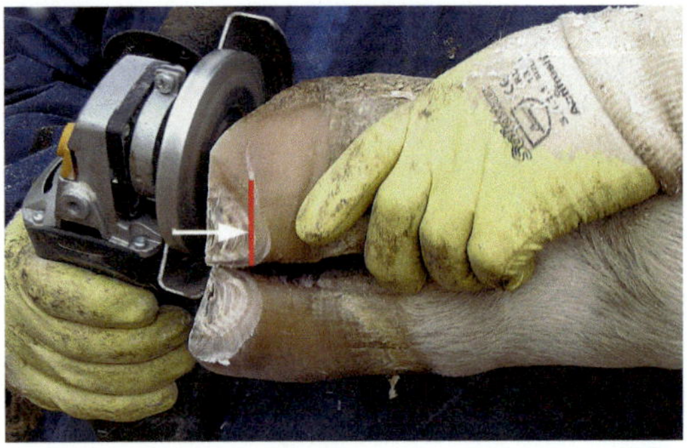

► **Abb. 19.16** Dieses Bild zeigt, wie der Anschnitt vorne für die Bestimmung der Sohlendicke auf 7 mm verwendet wird (von der unteren Kante der Vorderwand bis zur roten Linie). Sohlenhorn, welches an der Klauenspitze über die 7 mm hinausgeht (Pfeil), kann bei normal geformten Klauen bedenkenlos entfernt werden.

In einer Münchener Studie wurde gezeigt, dass bei Einstellung einer Sohlendicke von 5 mm an der Sohlenspitze der Innenklaue (wie in älterer Literatur vorgeschlagen) und bei Durchführung einer funktionellen Klauenpflege mit Herstellung planer, auf das gleiche Niveau geschnittener Sohlenflächen an der Innen- und Außenklaue die gemessene Sohlendicke der äußeren Klauen dann nur noch eine Dicke von 2,7 mm (Mittelwert) gegenüber 5 mm an den Innenklauen aufwiesen.

Die Frage, warum die Sohle der Außenklaue nun dünner ist, obwohl die Sohlen beider Klauen auf dasselbe Niveau geschnitten wurden, wurde in einer anderen Studie derselben Arbeitsgruppe geklärt. Man stellte fest, dass das Röhrbein im Bereich des Fesselgelenks einen um ca. 1–2 mm längeren Gelenkfortsatz außen gegenüber innen hat. Dadurch ragt eben auch die äußere Klaue um diese ca. 1–2 mm weiter nach unten, so dass auch die Lederhaut der äußeren Klaue etwa auch um dieses Maß tiefer liegt als die der Innenklaue.

Die **sichtbare Sohlenhorndicke** an der Klauenspitze muss daher nach dem Kürzen der Vorderwand (an senkrechter Schnittfläche):

- bei erwachsenen Rindern mindestens **7 mm** (► **Abb. 19.14**, ► **Abb. 19.16**)
- bei Jungrindern in einem Alter von 18 Monaten mindestens **5 mm** betragen.

Für die Einstellung der korrekten Sohlendicke im hinteren Sohlenanschnitt wird die Trachtenhöhe herangezogen. Die **Trachtenhöhe** v. a. an den hinteren Innenklauen muss ausreichend hoch bestehen bleiben (► **Abb. 19.4**, ► **Abb. 19.14**). Die physiologische Trachtenhöhe beträgt:

- an den Hinterklauen **3–3,5 cm**
- an den Vorderklauen **4–4,5 cm**

Merke

Ist die Trachtenhöhe von vornherein zu niedrig (< 3 cm, was häufig an hinteren Innenklauen zu finden ist), dann darf in diesem hinteren Bereich der Fußungsfläche überhaupt kein Horn entfernt werden! Oberstes Gebot für hintere Innenklauen ist, dass die Trachtenhöhe immer ausreichend hoch verbleiben muss, um den Höhenunterschied zur Außenklaue überhaupt ausgleichen zu können.

Als weitere Orientierung beim Beschneiden der Sohle dient die Beschaffenheit des Sohlenhorns: Oberflächlich gelegenes, mürbes Horn („Zerfallshorn") kann bis zum Übergang in speckiges Horn entfernt werden; erreicht das Horn „speckiges" Aussehen, ist die „Normaldicke" erreicht und man darf nicht mehr weiter schneiden.

Merke

Lässt sich Sohlenhorn auf starken Daumendruck gerade eindrücken, nicht mehr weiter schneiden! Lässt sich Sohlenhorn bereits auf leichten Daumendruck eindrücken, dann ist das Sohlenhorn bereits zu dünn (< 4 mm).

Überblick

Sohlendicke

- Die richtige Sohlenhorndicke muss bei erwachsenen Kühen 1 mm pro 100 kg KM betragen, das bedeutet mindestens 7 mm für erwachsene Kühe.
- Als Maß für die Bestimmung der korrekten Sohlendicke an der Sohlenspitze dient der 7 mm dicke verbleibende Anschnitt nach dem korrekten Kürzen der Vorderwand.
- Als Maß für die Bestimmung der Dicke im hinteren Sohlenabschnitt dient die physiologische Trachtenhöhe der Innenklaue (3–3,5 cm an den Hinter- und 4,5 cm an den Vorderklauen).

Schritt 2: Anpassen der Außenklaue

Ziel ist die Entlastung der meist höheren und daher überbelasteten Außenklaue. Diese wird in Länge und Sohlendicke der Innenklaue angeglichen, sofern die Innenklaue eine physiologische Trachtenhöhe von mindestens 3–3,5 cm aufweist. Bei Vorliegen einer gerade noch physiologischen Trachtenhöhe an hinteren Innenklauen von 3 cm bzw. wenn die Trachtenhöhe niedriger ist, dann darf im hinteren Teil der Sohle **überhaupt kein Horn** entfernt werden.

Wenn die gleiche Höhe an der Außenklaue nur durch übermäßiges Dünnschneiden derselben erreicht werden könnte, dann ist es für die Kuh besser, wenn die Sohlendicke an der Außenklaue ausreichend stark und damit etwas höher als an der zu niedrigen Innenklaue bleibt.

Um zu prüfen, ob die Außenklaue gleich lang und hoch ist wie die Innenklaue, müssen die Vorderwände beider Klauen mit der Hand in einer Ebene ausgerichtet werden.

Merke

Wichtig für die Kontrolle der Höhe und der Winkelung beider Sohlenflächen zur Mittelachse der Zehen ist der Blick von hinten auf die Ballen. Nur so kann man die Höhe beider Klauen wirklich prüfen und eine unterschiedliche Höhe feststellen. Beide Fußungsflächen müssen zudem rechtwinklig zur Mittelachse der Zehen stehen (► Abb. 19.17, ► Abb. 19.20c).

Ob die Fußungsflächen der bearbeiteten Klauen wirklich plan und im rechten Winkel zur Zehenmittelachse sind, prüft man mit einem Blick von hinten bzw. von unten auf diese Flächen (► **Abb. 19.17**) bzw. indem man z. B. den planen Griff eines Hufmessers auf die Fußungsflächen legt.

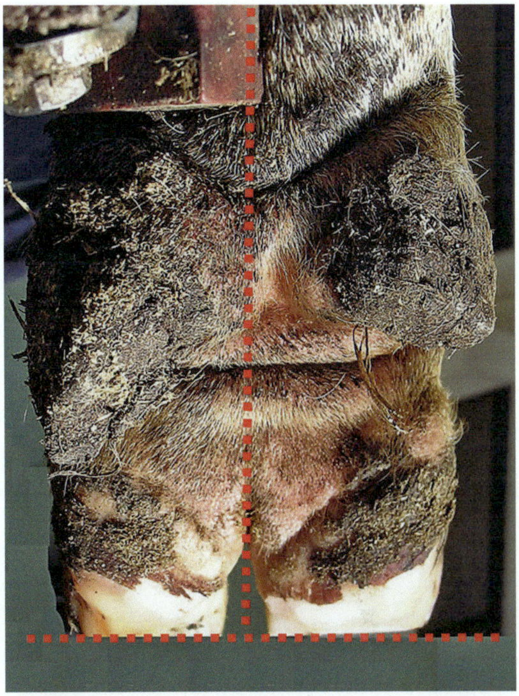

► **Abb. 19.17** Schritt 2 der funktionellen Klauenpflege: Vergleich der Höhe zwischen Innen- und Außenklaue durch Blick von hinten am Kippstand. Beide Klauen sollen gleich hoch sein, die Sohlenflächen sollen plan und senkrecht zur Zehenmittelachse liegen.

Schritt 3: Herausarbeiten einer Hohlkehlung

Im hinteren, axialen Bereich der Sohle wird eine Hohlkehlung geschnitten. Die Hohlkehlung gewährleistet die notwendige Mikrobewegung der Sohle und Selbstreinigung (Klauenmechanismus). Sie umfasst ca. die Hälfte der Sohlenbreite und muss ohne Kante in das Sohlen- und Ballenhorn übergehen (► **Abb. 19.18**). Neuerdings wird gelehrt, dass die Hohlkehlung an hinteren Außenklauen ca. zwei Drittel der Sohlenbreite umfasst, dies soll eine längere „Entlastung“ dieser oft mit Druckstellen (Sohlenblutungen) versehenen Zone gewährleisten. Anschließend werden überschüssiges Horn und Hornkanten um den Zwischenklauenspalt entfernt. Der innere Tragrand darf nicht beschnitten werden, da dies zu Instabilität der Klaue und zu Spreizklauen führen würde. Nur abgelöste Anteile des inneren Tragrands werden entfernt.

Schritt 4: Defekte im Sohlen- und Wandhorn entlasten

Merke

Schritt 4 ist nur dann nötig, wenn solche Defekte überhaupt vorhanden sind, bei gesunden Klauen entfällt dieser Schritt.

▶ **Abb. 19.18** Schritt 3 der funktionellen Klauenpflege: Schneiden einer Hohlkehlung im hinteren, axialen Abschnitt der Klaue, die ca. die Hälfte bis zu zwei Drittel der Sohlenbreite umfasst. Der Übergang von der Hohlkehlung zur Sohle muss ohne Kante sein.

Horndefekte, die auch nach Beendigung des Schrittes 3 noch vorhanden sind, müssen nun weiter behandelt werden. Es geht dabei **nicht** um geringgradige Gelb- und Rotverfärbungen von intakten Hornschichten, sondern vielmehr um Defekte im Sohlen- und Wandhorn (hochgradige Sohlenblutungen, Doppelsohlen, Sohlengeschwüre, Sohlenspitzengeschwüre, White Line Disease (Weiße-Linie-Defekte - WLD) bzw. WLD mit Hornklüften an der äußeren Wand, abgelöstes Ballenhorn), die unbedingt entlastet werden müssen (auch wenn sie nicht schmerzhaft sind). Liegen solche Defekte sowohl an Außen- und Innenklaue eines Klauenpaares vor, dann muss auf jeden Fall die schmerzhafte Läsion (Palpation mit Klauenuntersuchungszange) entlastet werden. Sind beide Defekte an Außen- und Innenklaue nicht schmerzhaft, dann wird aus Gründen des höheren Risikos immer der Defekt an der hinteren Außenklaue entlastet und der Defekt an der Nachbarklaue bleibt vorerst unbearbeitet, um nicht an beiden Klauen die Tragefunktion völlig zu reduzieren.

Die fachgerechte Entlastung eines Defektes erfolgt durch ein nach hinten keilförmiges Niederschneiden des Horns an der Sohle und am Tragrand. Bei allen im vorigen Absatz genannten Klauenhorndefekten ist auch der Tragrand in diesem Bereich zu kürzen, damit der gesamte Defekt nach Entlastung ohne Bodenkontakt „schwebt" (▶ **Abb. 19.19**). Anschließend wird alles lose Horn rund um den Defekt entfernt und dieser mit völlig flachem Übergang zum gesunden Bereich ausgeschnitten. Die funktionelle Klauenpflege wird v. a. mit dem Ziel durchgeführt, durch Entlastung und damit Ruhigstellung die Heilung der freiliegenden Lederhaut zu ermöglichen. Das heißt, Ziel ist es bei (schmerzhaften) Klauendefekten, dass am Ende der Klauenpflege zwei ungleich hohe Klauen vorliegen. Eine wirkliche Entlastung der Läsion wird durch diese Methode laut einer jüngst durchgeführten Studie aus der Veterinäranatomie in Leipzig nur erreicht, wenn ein Höhenunterschied zwischen der Trachtenhöhe der Innen- und Außenklaue von ≥ 10 mm hergestellt werden kann, jedoch muss immer noch Sohlenhorn verbleiben, welches gerade eben eindrückbar ist. Kann dieser Höhenunterschied durch keilförmiges Niederschneiden allein nicht erzielt werden, **muss** ein Klotz an der Nachbarklaue geklebt werden!

! Merke

Bei tief reichenden Infektionen – sicher und leicht erkennbar an der dabei immer vorhandenen mgr. bis hgr. wulstförmigen Schwellung an Ballen oder/und Krone oder durch Abfluss von dickflüssigem Eiter – ist ein tierärztlicher chirurgischer Eingriff unter Schmerzausschaltung nötig.

Schritt 5: Entfernung von losem Horn, Kürzen der Afterklauen, Kontrolle der Haut des Zwischenklauenspaltes

Anschließend werden noch verbliebenes loses Horn (z. B. um Horndefekte) entfernt und glatte, flache Übergänge geschaffen. Dies geschieht bei der tragenden Klaue (hinten meist die Innenklaue) nur im Weichballenbereich (bei Vorliegen von Ballenhornfäule), bei der kranken Klaue mit dem Defekt (meist eine hintere Außenklaue) an den hinteren zwei Dritteln der Sohle. Loses Horn an der Sohle, am inneren oder äußeren Tragrand wird

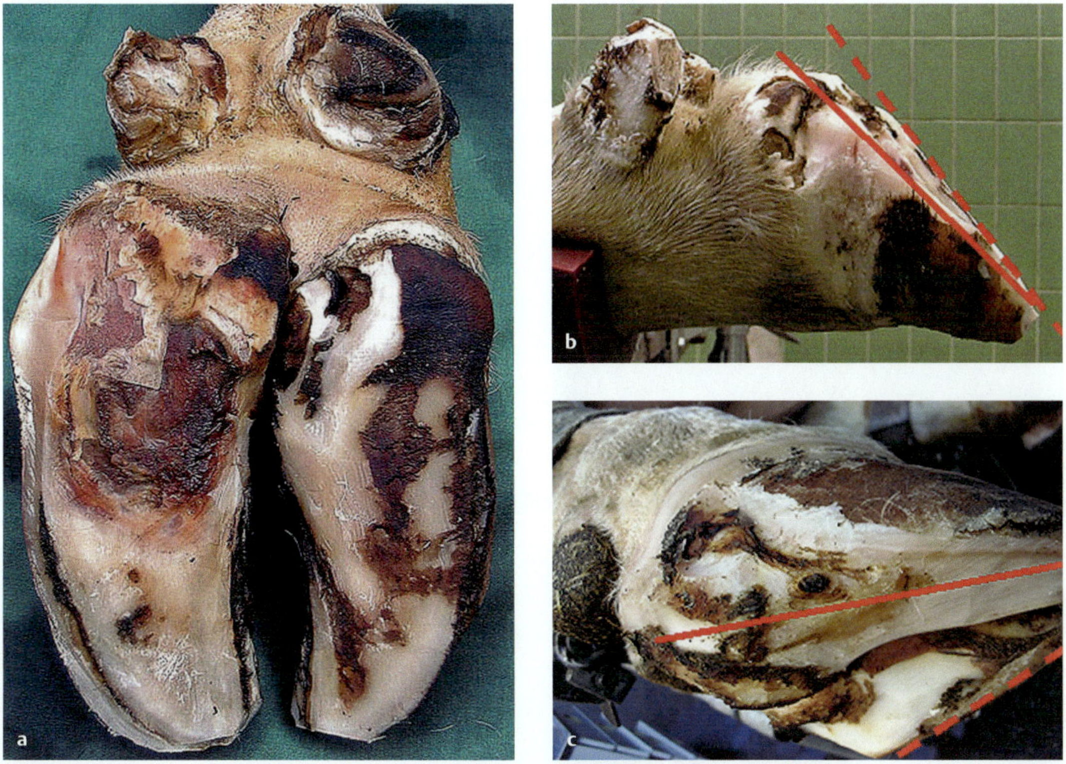

▶ **Abb. 19.19** Schritt 4: Entlastung eines Sohlengeschwürs durch keilförmiges Niederschneiden von Sohlenhorn und Tragrand: Bodenansicht (▶ **Abb. 19.19a**) und Seitenansicht (▶ **Abb. 19.19b**) eines großen, oberflächlichen Sohlengeschwürs an einer äußeren Hinterklaue. Die gesamte hintere Sohle und Wand an der Außenklaue mit dem freigelegten Sohlengeschwür liegt nun um ca. 5 mm tiefer als die Trachte der Innenklaue. Dieser erzielte geringe Höhenunterschied ist jedoch für eine wirklich ausreichende Entlastung zu gering, so dass hierfür ein Klotz an die Innenklaue geklebt werden muss.

a Bodenansicht.

b Seitenansicht.

c Entlastung eines Weiße-Linie-Defektes durch keilförmiges Niederschneiden von Tragrand und Sohlenhorn (Seitenansicht), zudem wurde alles lose Wandhorn mit flachem Übergang zum umgebenden Horn entfernt. Die Innenklaue war in diesem Fall auffällig hoch, sie wurde auch so hoch belassen, um den Weiße-Linie-Defekt an der Außenklaue völlig zu entlasten (hat nun absolut keinen Bodenkontakt mehr), der Höhenunterschied beträgt hierbei ≥ 10 mm.

entfernt und zerfurchtes Horn im Weichballenbereich (bei Ballenfäule) muss freigelegt werden, ohne die Lederhaut zu verletzen. Der Tragrand wird nur dann bearbeitet, wenn scharfe Horngrate vorstehen, ansonsten wird der Tragrand nicht abgerundet („der Tragrand ist zum Tragen da"). Kürzen der Afterklauen („so lang wie breit") und abschließende Kontrolle, ob alle Schritte fachgerecht ausgeführt wurden (▶ **Abb. 19.20**) und zudem Kontrolle der Haut des Zwischenklauenspaltes und des Kron- und Ballensaumes auf Klauenhauterkrankungen. Beim Verlassen des Klauenpflegestandes sollte man immer eine Kontrolle des Gangbildes in der Bewegung vornehmen.

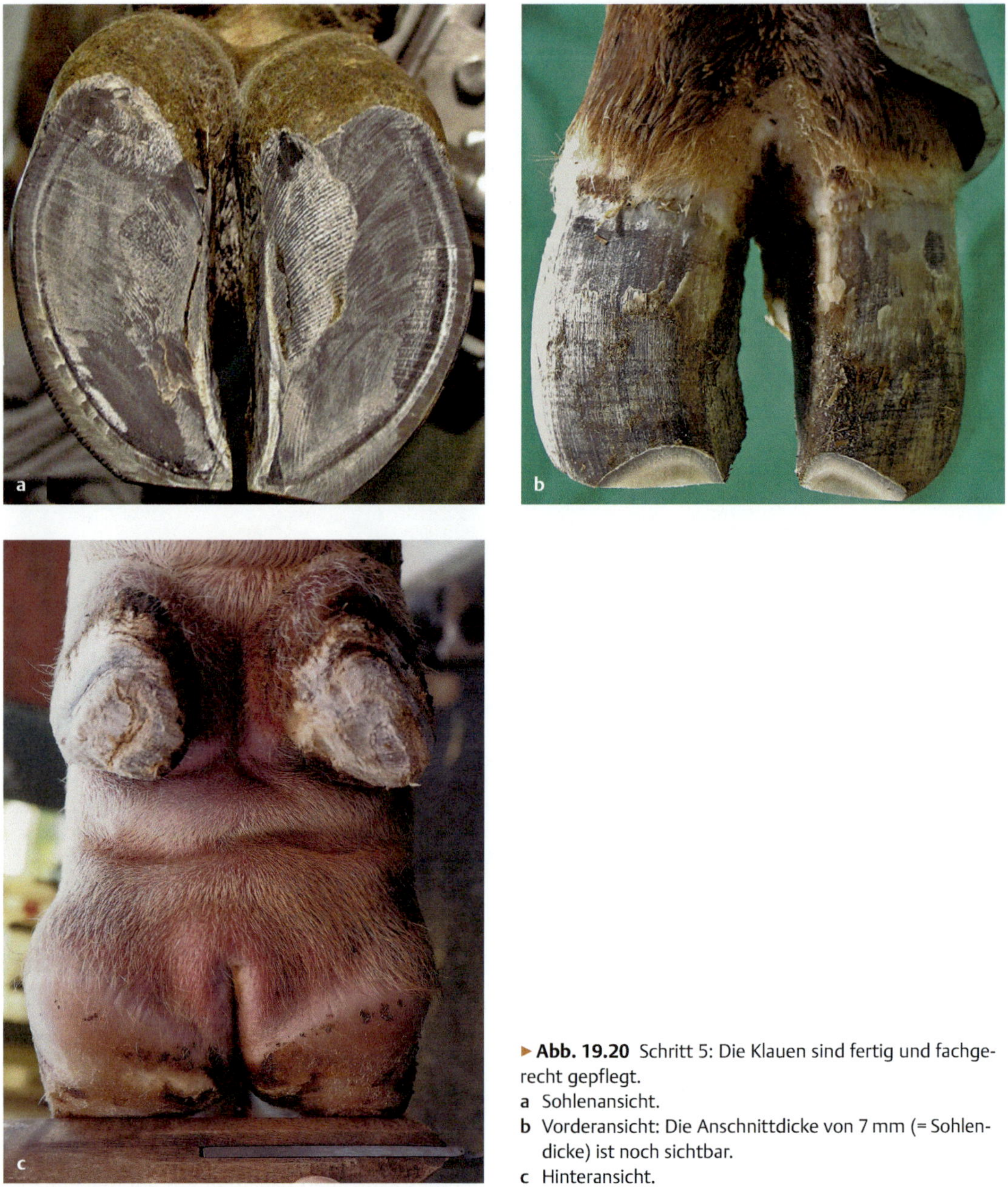

▸ **Abb. 19.20** Schritt 5: Die Klauen sind fertig und fachgerecht gepflegt.

- **a** Sohlenansicht.
- **b** Vorderansicht: Die Anschnittdicke von 7 mm (= Sohlendicke) ist noch sichtbar.
- **c** Hinteransicht.

Überblick

Orientierungshilfen zum korrekten Beschneiden der Sohlendicke

1. Vorderwandlänge richtig messen genau an Vorderwandkante ab der unteren Kante des Saumbandes („Länge falsch, alles falsch").
2. Vorderwand im rechten Winkel zur bestehenden Fußungsfläche kürzen, nachher müssen beide Klauen gleich lang sein.
3. Bei richtig gemessener Länge kann die geforderte Sohlendicke von 7 mm direkt an Schnittkante abgelesen und durch richtiges Beschneiden der Sohle eingestellt werden.
4. Trachtenhöhe vor Klauenpflege genau prüfen und entscheiden, ob im hinteren Teil der Sohle (speziell an hinteren Innenklauen) überhaupt Horn abgetragen werden darf.
5. Zerfallshorn nur so weit entfernen, bis man auf die „speckige" Hornschicht stößt, diese darf auf keinen Fall weiter beschnitten werden.
6. Wiederholter fester Daumendruck auf das Sohlenhorn.

19.5.5 Therapeutische Anwendung der Klauenpflege (Schritt 4 – Entlastungsschnitt)

Die Pflege gesunder Klauen unterscheidet sich grundsätzlich von der Korrektur kranker Klauen mit Defekten (Lahmheitsbehandlung). Bei **gesunden Klauen** strebt man eine **möglichst gleichmäßige Lastverteilung** an (Schritte 1, 2, 3 und 5). Das bedeutet, dass am Ende der Klauenpflege die Innen- und Außenklaue idealerweise gleich hoch (und auch physiologisch hoch) sind (▸ **Abb. 19.20c**).

Hingegen versucht man bei Korrektur von **kranken Klauen** eine **Entlastung der veränderten Klaue** herbeizuführen. Dies geschieht entweder durch Höhenreduzierung an der erkrankten Klaue, nachdem (meist) die Innenklaue absichtlich hoch genug belassen wurde (d. h. überhaupt nicht beschnitten wird) oder durch Erhöhung der gesunden Klaue mit einem Klotz, so dass die erkrankte Klaue in jedem Fall entlastet bzw. ohne Bodenkontakt ist (Schritt 4). Das bedeutet, dass am Ende der Klauenpflege bewusst die Trachtenhöhe an Innen- und Außenklaue ungleich hoch sein soll, im optimalen Fall ≥ 10 mm (▸ **Abb. 19.19c**), um die völlige Entlastung des erkrankten Bereiches zu ermöglichen.

Im Gegensatz zur Bearbeitung gesunder, wenn auch manchmal stark nachgewachsener Klauen sind prinzipielle Unterschiede bei der **Beschneidung pathologischer Klauenformen** wie chronischer Reheklauen, Zwang- (Roll-) und Korkenzieherklauen sowie bei Klauen mit dünnen Sohlen zu beachten. Diese pathologischen Klauenformen sind z. T. durch **irreversible Lageveränderungen des innenliegenden Klauenbeines** gekennzeichnet.

Merke

Aus den o. g. Gründen ist bei pathologischen Klauenformen die Lederhaut oberflächlicher gelegen (an Klauenspitze und am Übergang vom mittleren zum hinteren Drittel der Klaue bei Reheklauen; abaxial am Tragrand bei Zwangklauen (Rollklauen), was bei der Klauenpflege berücksichtigt werden muss.

Reheklauen

Bei Reheklauen ist zu beachten, dass die Vorderwandlänge ca. 7,5 cm beträgt (nicht anliegend an die gewölbte Wand, sondern in gerader Linie gemessen).

Merke

Die sichtbare Dicke der Anschnittfläche an der Klauenspitze muss dicker als 7 mm bleiben, da das Klauenbein im Hornschuh abgesunken bzw. mit der Klauenbeinspitze nach unten rotiert ist.

Die zusätzlichen Millimeter (2–5 mm) an Sohlendicke hängen vom Grad der Konkavität der Vorderwand ab (▸ **Tab. 19.2**). Die kranken Stellen sind zu entlasten (Schritt 4).

▸ **Tab. 19.2** Die Einstellung der Sohlendicke bei Reheklauen orientiert sich am Grad der Konkavität der Vorderwand, je stärker die Vorderwandkrümmung, desto mehr Sohlendicke muss zusätzlich zu den 7 mm belassen werden (nach Sohrt, 1999).

Krümmung der Vorderwand	Zusätzliche Sohlendicke
5–6 mm	2 mm
7–8 mm	3 mm
> 8 mm	5 mm

Merke
Vorsicht beim Anbringen der Hohlkehlung (Gefahr des Dünnschneidens, da Klauenbein im Hornschuh abgesunken ist).

Bei Vorliegen chronischer Reheklauen mit konkaver Vorderwand wird eine häufigere Klauenpflege empfohlen (3- bis 4-mal jährlich), da das Horn schneller wächst und bei chronischen Reheklauen das Risiko für die Entstehung von Erkrankungen an Sohle oder Wand (Sohlenblutung, Doppelsohle, Sohlengeschwür, Sohlenspitzengeschwür, Weiße-Linie-Erkrankung) deutlich höher ist.

Speziell bei Vorliegen von chronischen Reheklauen bei vielen Kühen einer Herde ist die Klauenpflege zum Zeitpunkt des Trockenstellens und dann wiederum am 40. – 60. Laktationstag sowie abermals um den 150. Laktationstag dringend zu empfehlen.

Zwangklauen bzw. Korkenzieherklauen

Bei Zwangklauen (Rollklauen) findet die Lastaufnahme fast ausschließlich am äußeren Tragrand sowie am angrenzenden äußeren und distalen Wandabschnitt statt. Dadurch wird das Sohlenhorn axial nicht abgerieben und wächst keilförmig verstärkt nach. Infolge des Druckes von abaxial wird es nach innen vorgeschoben und kann oft über den Zwischenklauenspalt zur anderen Klaue vorragen.

Es sind die ca. 7,5 cm Vorderwandlänge einzuhalten; bei hochgradigen Zwangklauen wird empfohlen, zuerst die Zwangklaue zu beschneiden und dann die Nachbarklaue, um beide Klauen sicher auf die gleiche Höhe zu bringen und dabei auch an der Zwangklaue eine ausreichend dicke Sohle zu erhalten.

Merke
Besondere Vorsicht beim Abtragen des Horns am abaxialen Tragrand, dabei immer wieder mit dem Daumen fest die Sohle drücken, um die Dicke zu prüfen (Gefahr des Dünnschneidens, weil das Klauenbein im Hornschuh um die Längsachse abaxial nach distal rotiert ist).

Das stark nachgewachsene und oft nach axial vorgeschobene Sohlenhorn wird zurückgeschnitten, beim Schneiden der Hohlkehlung ist dadurch viel Horn zu entfernen. Ansonsten sind beide Klauen prinzipiell gleich hoch zu schneiden, wenn keine Defekte vorhanden sind.

Es ist eine häufigere Klauenpflege dringend zu empfehlen (3- bis 4-mal jährlich), da bei halbjährlichen und noch größeren Intervallen sich wiederum eine hochgradige Zwangklaue entwickelt, mit der Gefahr von Sohlenblutungen und Weiße-Linie-Defekten am abaxialen Tragrand.

Klauen mit dünnen Sohlen

Man spricht von dünnen Sohlen, wenn die Sohlenhorndicke (meist im Bereich der Sohlenspitze) ≤ 4 mm beträgt. Das Vorkommen von dünnen Sohlen wird vermehrt an hinteren Außenklauen beobachtet. Ursachen dafür sind einerseits abnorm starker Abrieb (z. B. bei ausschließlicher Bewegung der Tiere auf Gussasphaltböden oder während der ersten 5–8 Monate nach Installation von neuen und daher sehr rauen Betonböden), unsachgemäße Klauenpflege mit Dünnschneiden der Sohle im vorderen Abschnitt bzw. andererseits auch sehr lange Wege zum Melkstand oder sehr lange Weidewege mit entsprechend starkem Hornabrieb. Typisch dabei ist, dass bereits an der stehenden Kuh die Vorderwandlänge deutlich kürzer erscheint und dass das dünne Sohlenhorn an der Sohlenspitze sich bereits mittels Daumendruck leicht eindrücken lässt (▶ **Abb. 19.21**). In weiterer Folge kommt es aufgrund der mechanischen Schwächung der Hornkapsel rasch zu Zusammenhangstrennungen an der apikalen weißen Linie bzw. zu Sohlenspitzengeschwüren (▶ **Abb. 19.21**). Die Infektion der Lederhaut kann anschließend innerhalb weniger Tage auf die Klauenbeinspitze übergreifen.

Wird in Betrieben mit übermäßigem Hornabrieb und Vorliegen von dünnen Sohlen eine Herdenklauenpflege vorgenommen, dann darf bei den Kühen mit dünnen Sohlen (bzw. mit zu kurzer Vorderwandlänge) die Vorderwand nicht gekürzt werden und oft entfällt auch das Bescheiden der Sohle (d. h. Schritt 1 und 2 der Klauenpflege) zur Gänze, um die Situation nicht noch weiter zu verschlimmern. Im Rahmen der Klauenpflege wird dann einzig die Hohlkehlung geschnitten (auch diese sehr vorsichtig, da nur wenig Sohlenhorn-

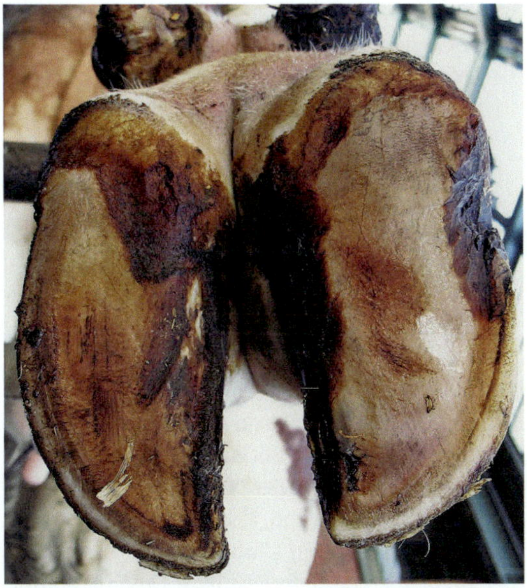

▸ **Abb. 19.21** Klauenpaar der rechten Hintergliedmaße mit dünner Sohle an der Außenklaue (im Bild rechts) bei einer Kuh aus einem Laufstall mit Gussasphaltboden: An der Sohlenspitze der Außenklaue scheint bereits die entzündete Lederhaut rosafarben durch die nur 1 mm dünne Sohle durch, axial an der weißen Linie liegt zudem bereits ein Sohlenspitzengeschwür vor.

dicke vorhanden ist) sowie v.a. allfällige Defekte freigelegt und entlastet.

Liegt an der Nachbarklaue eine ausreichende Sohlenhorndicke vor (nicht mit Daumen und kaum mit Untersuchungszange eindrückbar und nicht schmerzhaft), dann kann ein herkömmlicher Klotz mit den herkömmlichen Klebersystemen geklebt werden. Damit gelingt es, die zu dünne Sohle bzw. die Klaue mit einem Sohlenspitzengeschwür zu entlasten. Ist jedoch die Sohlendicke auch an der Nachbarklaue nicht mehr ausreichend dick, um ohne Gefahr einen Klotz mit der üblichen dicken Kleberschicht zu befestigen (mit Untersuchungszange bzw. sogar mit Finger leicht eindrückbar), dann können nur noch flexible Weichplastikklötze verwendet werden (▸ **Abb. 19.26**).

19.5.6 Häufige methodische Fehler bei der Klauenpflege

Die funktionelle Klauenpflege muss fachgerecht und sollte nur von gut ausgebildeten Klauenpflegern durchgeführt werden („unsachgemäße Klauenpflege macht gesunde Kühe lahm"), die auch regelmäßig Fortbildungen besuchen. Die Nichtbeachtung der Richtlinien der funktionellen Klauenpflege bedingt fehlerhafte Ergebnisse nach Beschneiden der Klauen, die mitunter dramatische Folgen für das Rind haben können. Auf jeden Fall sind solche Klauen nicht funktionell gepflegt, sondern weisen nach Beschneiden der Klauen mitunter dieselben bzw. noch größere biomechanische Störfaktoren auf als zuvor.

Überblick

Fehler bei der Klauenpflege (mit Hufmesser oder Winkelschleifer)

- Vorderwand zu stark gekürzt (< 7,5 cm bei Holstein- und Fleckviehkühen bzw. > 8 cm bei Braunviehkühen) mit frischer Lederhautblutung
- Sohlenhorn durchgeschnitten (meist an der Sohlenspitze) mit frischer Blutung
- Zu starkes Beschneiden der Innenklaue an der Hintergliedmaße im hinteren Abschnitt, wodurch dann häufig kein Höhenausgleich beider Klauen mehr erreicht werden kann.
- Zu starkes Niederschneiden der Trachtenhöhe beider Klauen: Vor Beginn der Klauenpflege immer die Trachtenhöhe beider Klauen (vor allem der hinteren Innenklaue) prüfen.
- Sohle zu dünn geschnitten (< 4 mm; ideal: 7 mm), daher immer Druckkontrolle mit Daumen und Kontrolle der sichtbaren Anschnittdicke an der Klauenspitze: Folgen sind großflächige Quetschungen der Lederhaut infolge des Gewichts der Tiere und des harten Bodens, Entstehung von Rissen in der apikalen weißen Linie oder der Sohle mit nachfolgender großflächiger Lederhautinfektion (▸ **Abb. 19.22**).
- Eine plan geschnittene Fußungsfläche ohne Hohlkehlung begünstigt die Entstehung von Druckstellen und von Sohlengeschwüren.
- Zu starkes Zurückschneiden des inneren Tragrands führt zu nachfolgender Spreizklauenbildung
- Satteldachförmiges Sohlenprofil: Die Kuh steht nur am äußeren Tragrand bzw. es kommt zur Spreizklauenbildung, da bei der Fußung die Klauen auseinandergedrückt werden.
- Zu starkes Zurückschneiden bzw. Abrunden des äußeren Tragrands (bis an weiße Linie), so dass die gesamte Belastung auf dem Sohlenhorn liegt (▸ **Abb. 19.22**). Als Folge treten meist Zusammenhangstrennungen in der weißen Linie mit nachfolgender Infektion der Lederhaut auf.

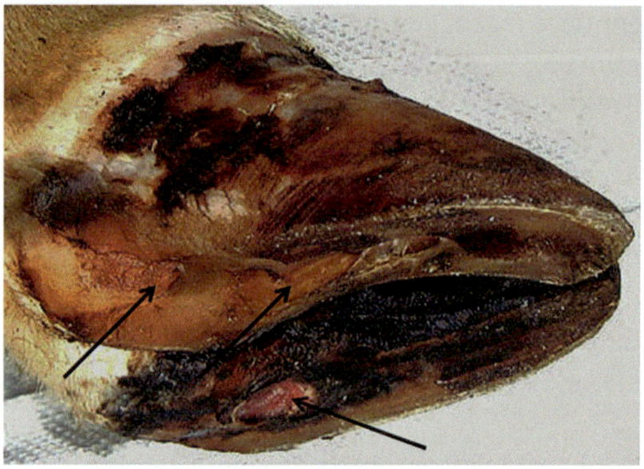

▶ **Abb. 19.22** Der Tragrand wurde bis zur weißen Linie abgefräst und beide Sohlen sind zu dünn geschnitten, sodass die Lederhaut frei liegt (Pfeile).

Um auf zu dünn geschnittene Sohlen aufmerksam zu werden (wenn man es nicht schon am Klauenpflegestand bemerkt), sollte man nach erfolgter Klauenpflege beim Weggehen des Rindes vom Klauenpflegestand eine erneute Lahmheitsbeurteilung vornehmen.

Häufige Folgen von vielen der genannten Fehler – vor allem zu dünn geschnittener Sohlen, zu knappem Kürzen der Vorderwand oder zu starkem Abrunden des äußeren Tragrands (▶ **Abb. 19.22**) – sind großflächige Lederhautquetschungen, Loslösung der Verbindung in der weißen Linie (Weiße-Linie-Defekte) mit nachfolgender, meist großflächiger Infektion (eitriger Weiße-Linie-Defekt, Klauenbeinspitzennekrose) und hochgradige Lahmheiten. Wenn solche ernsthaften Erkrankungen wenige Tage bis 2 Wochen nach der Klauenpflege an mehreren Klauen gleichzeitig auftreten, muss dies immer als ein Hinweis auf eine fehlerhaft durchgeführte Klauenpflege gewertet werden.

19.5.7 Digitale Dokumentation von Klauenbefunden

Die funktionelle Klauenpflege stellt heute in der Bestandsbetreuung von Milchviehherden eine der wichtigsten Maßnahmen für die Erhaltung und Kontrolle der Klauengesundheit sowie für jedes Sanierungsprogramm dar, welches in Herden mit Lahmheitsproblemen zur Anwendung kommt.

! Merke

Unter den heutigen Bedingungen in der Milchwirtschaft (Hochleistungskühe, Qualitätsstandards in Produktion und Verarbeitung, Tierwohl) ist die Dokumentation von Erkrankungen und den durchgeführten Behandlungsmaßnahmen bei der Klauenpflege auf speziellen Protokollen, heute bereits vielfach mittels elektronischer Dokumentationssysteme, unbedingt zu empfehlen.

Die Dokumentation der Klauenbefunde bei jedem Klauenschnitt in der Herde ermöglicht einen guten Überblick über die Entwicklung und Kontrolle der Klauengesundheit. Bei professionellen Klauenpflegern in Deutschland, Österreich, der Schweiz und in vielen anderen Ländern etabliert sich immer mehr die computergestützte Dokumentation von Klauenbefunden bei jeder Klauenpflegevisite (z. B. mit dem Programm „Klauenmanager“ bzw. „dsp Agrosoft“ u. a.m.). Damit ist eine detaillierte und kontinuierliche elektronische Dokumentation der erhobenen Klauendaten aller klauengepflegten Rinder gewährleistet. Ähnliche elektronische Dokumentationsprogramme werden mittlerweile in vielen Ländern weltweit verwendet (▶ **Tab. 19.3**). Die Dokumentation von Klauenbefunden mit Hilfe von Papierprotokollen hat mittlerweile nur noch eine geringe Bedeutung.

Bei Verwendung elektronischer Dokumentationssysteme (▶ **Abb. 19.23**) kann unmittelbar nach Beendigung der Herdenklauenpflege ein Protokoll ausgedruckt werden. Dieses beinhaltet sämtliche klauengepflegten Rinder mit allen festgestellten Klauenbefunden. Des Weiteren kann mit dem integrierten Softwareprogramm sofort eine breitgefächerte Analyse der Daten vorgenommen werden. So können die Häufigkeitsraten der diagnostizierten Klauenläsionen, ihre Schweregrade und die bei den Kühen einer Herde am häufigsten betroffenen Klauenzonen dargestellt werden. Weiterhin kann z. B. das Programm „Klauenmanager“ den CCS (Kuh-Klauen-Score) jeder Kuh sowie den FCS (Farm-Klauen-Score) jeder Herde automatisch berechnen. Somit kann mit einem einzigen Zahlenwert die Klauengesundheit der Einzelkuh (CCS) bzw. einer Herde (FCS) erfasst werden. Diese nummerischen Parameter (CCS, FCS) ermöglichen ra-

► **Tab. 19.3** Liste der weltweit am Markt verfügbaren elektronischen Dokumentationssysteme für Klauenbefunde (keine Gewähr für Vollständigkeit).

Name des Dokumentationssystems	Hersteller/Betreiber	Land	Webadressen
KLP/KLP mobil	dsp-Agrosoft GmbH, 14669 Ketzin	Deutschland	www.herde-net.de/produkte/klauenpfleger/
Klauenmanager	S.E.G. Informationstechnik GmbH, A-4820 Bad Ischl	Österreich	www.klauenmanager.eu/
DLBR Klovregistrering	Dansk Landbrugs-radgivning, Landscentret, DK-8200 Aarhus	Dänemark	www.clawhealthregistration.dk/DK/ www.seges.tv/tag/klovregistrering
Digiklauw	CRV, NL-6843 NW Arnhem	Niederlande	www.digiklauw.com/
I-SAP (Salud podal) recording system	CONAFE – Confederación de Asociaciones de Frisona Española; E-28340 Valdemoro	Spanien	www.conafe.com https://feagas.com/conafe-salud-podal/ www.icar.org/wp-content/uploads/2015/09/Charfeddine.pdf
Activ'Parage	BCEL Quest, F-22195 Plérin cedex	Frankreich	www.bcel-ouest.fr/parage-preventif/
CGen korekcja	Centrum Genetyczne, Kłosowa 17, PL-61–625 Poznan	Polen	www.cgen.pl/korekcja/
Hooftec	SKS Foot Trimming Service Ltd, BN27 4AJ Golden Cross, UK-East Sussex	UK	www.hooftec.eu/ www.hooftec.eu/software/
Hoof Supervisor System	Supervisor Systems, KS Dairy Consulting, Inc., Dresser, Wisconsin 54009	USA	www.supervisorsystems.com
Accu-Trac Hoof Analyzer	Comfort Hoof Care, Baraboo, Wisconsin 53913	USA	www.comforthoofcare.com/
Pocket Trimmer System Dairy Comp 305	VAS Valley Agricultural Software, Tulare, California 93274	USA	https://web.vas.com/dairycomp/

sche und einfache Vergleiche der Klauengesundheit mit vorausgegangenen Besuchen bzw. einen Vergleich der Klauengesundheit verschiedener Herden und somit ein kontinuierliches Monitoring der Klauengesundheit. Viele elektronische Dokumentationssysteme für Klauendaten (► **Tab. 19.3**) verfügen über Schnittstellen zu bestehenden tierärztlichen Herdenbetreuungsprogrammen, so dass im Rahmen einer umfassenden tierärztlichen Bestandsbetreuung laufend Bezüge zwischen Klauengesundheitsdaten und Leistungsparametern wie Milchleistung, Fruchtbarkeitsdaten und BCS (Body-Condition-Score) hergestellt werden können.

In mehreren europäischen Ländern (► **Tab. 19.3**) ist bereits eine zentrale Erfassung der von vielen Klauenpflegern dokumentierten Klauendaten durch nationale Rinderzuchtorganisationen etabliert bzw. wird eine solche gerade aufgebaut, so dass große Datensätze für die Zuchtwertschätzung von Klauenerkrankungen bereits jetzt bzw. zukünftig zur Verfügung stehen.

Info

Das Klauenhorn ist der „biologische Fahrtenschreiber" im Leben der Kuh. Der Fachmann/Die Fachfrau kann aufgrund von vorgefundenen Defekten oder Veränderungen am Klauenhorn ziemlich genaue Rückschlüsse auf zeitlich zurückliegende Ereignisse ziehen. So sind z. B. Sohlenblutungen, die bei der Klauenpflege am Sohlenhorn entdeckt werden, ca. 6–8 Wochen vorher an der Sohlenlederhaut entstanden (Pansenazidose, Trauma).

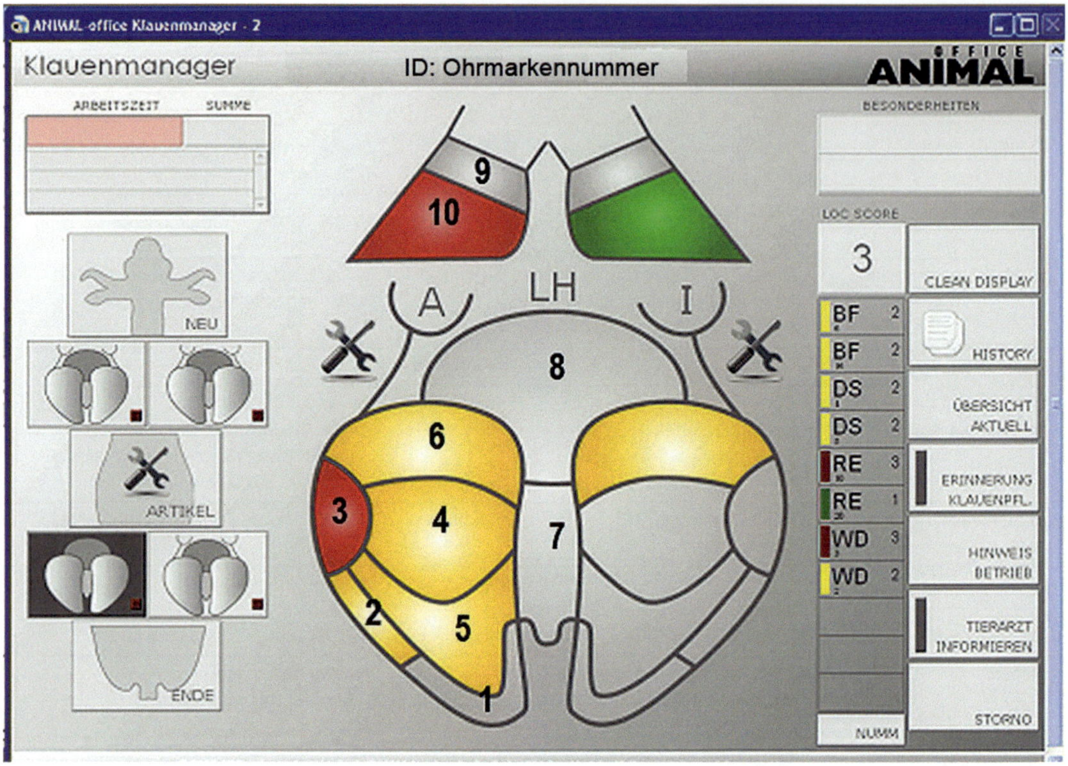

▸ **Abb. 19.23** Eingabemaske des digitalen „Klauenmanager“-Programms mit der „Navigationskuh“ links im Bild sowie dem Klauenpaar hinten links, welches gerade angeklickt wurde und nun alle eingetragenen Diagnosen zeigt. Jede Klaue ist in 10 Zonen unterteilt, bei Anklicken der Zonen erscheinen automatisch alle Diagnosen, welche an dieser Zone der Klauen vorkommen können. Man wählt nun die zutreffende Diagnose aus und gibt den jeweiligen Schweregrad an (geringgradig = grün = Schweregrad 1; mittelgradig = gelb = Schweregrad 2; hochgradig = rot = Schweregrad 3) an. NEU: Dokumentation der Klauendaten für eine neue Kuh; ENDE: Beendigung der Klauendokumentation; Artikel: Dokumentation und Verrechnung von Artikeln für die Klauenbehandlung. **A**: äußere Klaue; **I**: innere Klaue; **LH**: linker Hinterfuß; **LOC Score**: Locomotion Score.
In der Spalte unter dem LOC Score werden die dokumentierten Klauenläsionen in abgekürzter Form wiedergegeben: **BF 2**: Ballenfäule (Schweregrad 2); **DS 2**: Doppelsohle (Schweregrad 2); **RE 3**: chronische Reheklaue mit konkaver Vorderwand (Schweregrad 3); **WD 3**: Wanddefekt (Schweregrad 3). In der rechten Spalte beinhaltet das Programm noch weitere hilfreiche Applikationen wie HISTORY (dort können die Klauendaten vorausgegangener Dokumentationen sofort abgerufen werden); ERINNERUNG KLAUENPFLEGER bzw. TIERARZT INFORMIEREN, wo Kontrolltermine für den Klauenpfleger selber bzw. schriftliche Empfehlungen an den Landwirt festgehalten werden, bei speziellen Diagnosen unbedingt den Tierarzt verständigen.

19.6 Entlastung erkrankter Klauen

Eine Art von „Schmerzbehandlung“ ohne Anwendung von Medikamenten bei Vorliegen von Klauenerkrankungen, die mit deutlicher Lahmheit einhergehen, kann einfach durch Anbringen eines Klotzes (Kothurn) an der gesunden Nachbarklaue durchgeführt werden. Dadurch wird die erkrankte, schmerzhafte Klaue entlastet, sie „schwebt“ sozusagen 19 bis 23 mm über dem Boden, ohne Last aufnehmen zu müssen (▸ **Abb. 19.24**, ▸ **Abb. 19.25**). Diese Maßnahme – natürlich nur zusammen mit dem fachgerechten Ausschneiden und Freilegen von Klauendefekten – führt zu einer Schmerzverminderung und unterstützt den Heilungsprozess, da jeglicher Druck auf die vorliegende Wunde an der Lederhaut vermieden wird. Die Rinder werden schneller lahmheitsfrei, und bei kleinen Defekten kann von vornherein oder sehr bald auf einen Ver-

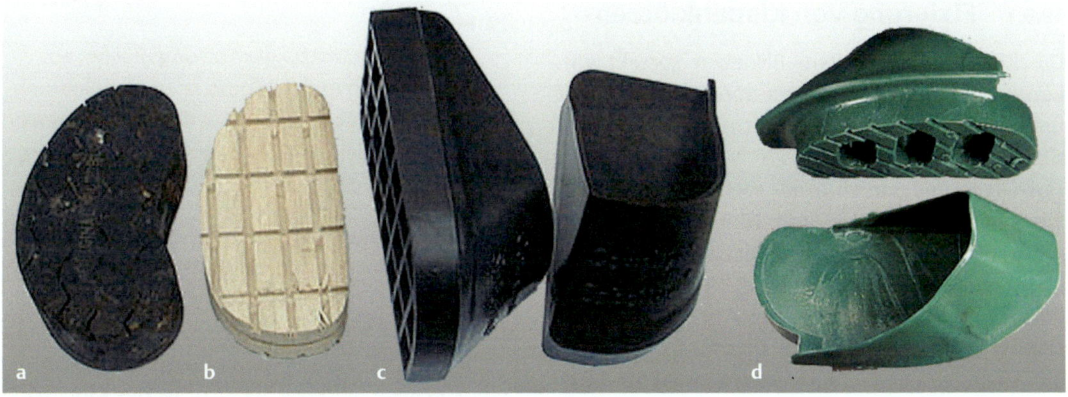

▶ **Abb. 19.24** Entlastungshilfen für Klauen. **a** Podobloc®; **b** Holzklotz; **c** Cow-slip®; **d** Easy-Bloc® .

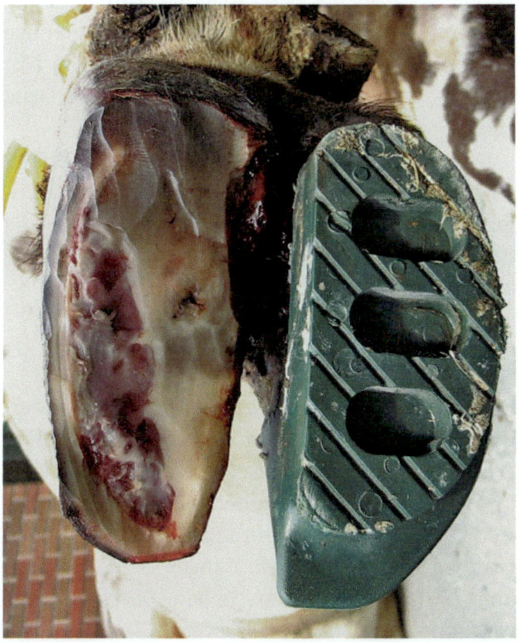

▶ **Abb. 19.25** Plastikklotz (Easy-Bloc®) zur Entlastung einer freigelegten eitrigen Lederhautentzündung im Rahmen einer Doppelsohle, welche nahezu die gesamte Fußungsfläche umfasste.

band verzichtet werden. Jede ernsthaft erkrankte Klaue muss entlastet werden. Das Kleben eines Klotzes (Holz- oder Plastikklotz) ohne fachgerechtes Freilegen des Defektes oder ohne tierärztliche chirurgische Behandlung einer tiefreichenden septischen Klauenerkrankung verlängert nur das Leiden des Tieres.

Gründe für das Anbringen von Entlastungshilfen an den Klauen sind:

- großflächige Sohlengeschwüre (Sohlen-, Sohlenspitzengeschwüre)
- großflächige Doppelsohlen
- eitrige Weiße-Linie-Erkrankung (eitrige hohle Wand) mit großflächiger Wandlederhautablösung, wo u. U. große, von der Lederhaut abgelöste Wandanteile entfernt werden müssen
- bei allen umfangreichen, durch den Tierarzt vorgenommenen Klauen- und Zehenoperationen
- Ausschuhen
- immer bei Klauenbeinfraktur (bzw. auch bei einer Kronbeinfraktur)
- bei Kälbern auch Beugeanomalien mit Sehnenstelzfuß (dabei muss der Klotz vorne 2–3 cm über die Klauenspitze vorragen)

Am häufigsten Verwendung finden mittels Kunstharz (Methylmethacrylat: Technovit®, Demotec®, Bovi Bond®) aufgeklebte Holzklötze bzw. Plastikklötze (Easy-Bloc®, Cow-slip®) sowie Gummiblöcke (Podobloc®) (▶ **Abb. 19.24**, ▶ **Abb. 19.25**).

! Merke

Nur absolut gesunde Klauen ohne jeden Defekt mit genügend dicker Sohlenhornschicht (> 5 mm) sind zum Bekleben mit den herkömmlichen Klebesystemen geeignet. Das Bekleben einer vorgeschädigten Klaue (z. B. mit zu dünnem Sohlenhorn ≤ 4 mm) kann infolge des starken Druckes auf die Lederhaut, verursacht durch den harten Kleber und den harten, unelastischen Klotz, zur großflächigen Lederhautquetschung sowie zur Infektion der Lederhaut und sogar zum Ausschuhen führen.

19.6.1 Fixierung von Klauenklötzen

Die Klaue muss vor dem Bekleben korrekt vorbereitet werden: Es erfolgen zunächst Reinigung und Beschneidung nach den Prinzipien der funktionellen Klauenpflege. Die Vorbereitung der Hornwand und Sohle für das Kleben eines Klotzes wird heutzutage meist mit Hilfe eines Winkelschleifers, der mit einer Granulatscheibe bestückt ist, vorgenommen. Damit wird die Wand innen, dorsal und seitlich von Schmutz befreit und eine raue saubere und trockene Oberfläche an Sohle und Wand geschaffen. Alternativ können die Sohle und Hornwand (innen, vorn und außen) auch mit einem Hufmesser entsprechend sauber vorbereitet sowie zudem ca. 1 mm tiefe Rillen zur Oberflächenvergrößerung geschnitten werden. Der Klotz muss der Größe der Sohlenfläche entsprechen, d. h., er muss hinten die Fußungsfläche noch um mindestens 1 cm überragen. Aufgrund der immer großrahmiger werdenden Kühe empfiehlt sich daher unbedingt die Verwendung von 13 bzw. von 15 cm langen Klötzen anstelle der Standardgröße von 11 cm. Für eine gleichmäßige Druckverteilung ist es wichtig, dass der Klotz senkrecht zur Röhrbein-Längsachse sowie parallel zum Zwischenklauenspalt angebracht wird. Ist der Klotz zu kurz und kein längerer vorhanden, dann muss er hinten ebenfalls die Sohle um ca. 1 cm überragen, dafür unterstützt er vorne nicht die gesamte Klauenspitze, was jedoch mit Klebemasse aufgefüllt werden kann.

Mittels eines Zweikomponentenklebers wird der Klotz auf Sohle und Wand geklebt, abhängig vom verwendeten Klebersystem. Die Menge des verwendeten Kunststoffklebers hängt von der Klauengröße bzw. vom Klebersystem ab. Die im Handel erhältlichen Holzklötze weisen meist eine Höhe von 23 mm auf, was eine bessere Entlastung gewährleistet. Seit einigen Jahren gibt es im Fachhandel auch keilförmige Holzklötze, die vorne 15 mm und hinten 23 mm hoch sind. Diese Klötze zeigten in einem Praxistest an Kühen mit schmerzhaften Klauenleiden die besten Ergebnisse in Bezug auf die unmittelbare Verbesserung des Gangbildes.

! Merke

Im hinteren Drittel der Fußungsfläche, am Weichballen und an der axialen Hohlkehlung darf kein Kleber aufgebracht werden. Ebenso darf kein Kleber auf das Saumband oder die Haut gelangen!

Die Klebemasse wird mit Hilfe eines Holzspatels über die Hornwand und die seitliche Nut des Klotzes modelliert. Der Kleber erreicht beim Aushärten Temperaturen bis zu 70 °C und wird dann steinhart. Die Verarbeitungsdauer beträgt 2 bis 5 min, je nach Außentemperatur ist der Klotz nach 5–15 min Aushärtungszeit belastungsfähig.

Bei niedrigen Außentemperaturen muss ein Fön verwendet bzw. die Flasche mit der flüssigen Kleberkomponente kurz vor der Verarbeitung einige Minuten in warmes Wasser gelegt werden. Nur damit gelingt es, den chemischen Prozess in Gang zu bringen und zu beschleunigen.

Bei Verwendung der Bovi Bond® Kunststoffharzmischung ist das Vorhandensein einer planen, großen Sohlenfläche unbedingte Voraussetzung, da der Kleber nur zwischen Klotz und Fußungsfläche aufgebracht wird.

Plastikklotz

Die Anwendung von Plastikklötzen (Easy-Bloc®, Cow-slip®) ist sehr einfach, es handelt sich hierbei um Klötze in Form eines Schuhes, die ebenfalls mit einem Zweikomponentenkunststoffkleber befestigt werden (Vorbereitung s. o.). Der Kleber wird jedoch im Schuh selbst angemischt und dann über die Klauenspitze geschoben. Durch die vorgegebene Form und die größere Oberfläche im Vergleich zum Holzklotz ist ein besserer Sitz garantiert und die Haltbarkeit deutlich besser. Jedoch ist auch bei diesen Klötzen darauf zu achten, dass sie senkrecht zur Röhrbein-Längsachse sowie parallel zum Zwischenklauenspalt angebracht werden. Plastikklötze weisen oft nur eine Höhe von 19 mm auf und werden in unterschiedlichen Größen hergestellt, außerdem jeweils für äußere und innere Klauen (► **Abb. 19.25**). Als weiterer Nachteil ist anzufügen, dass sich Plastikklötze oft bereits nach wenigen Tagen im hinteren Abschnitt aufgrund des Körpergewichtes des Rindes aufbiegen und dann mitunter in den Weichballen drücken können.

Hartgummiklötze

Hartgummiklötze können mittels Schnellkleber befestigt werden.

Der Podobloc® ist ein ca. 25 mm hoher Hartgummiklotz, der aus mehreren Schichten besteht, wodurch er stoßdämpfend wirkt. Er wird mit dem passenden Schnellkleber geliefert. Grundvoraussetzung für die Haftung nach dem Kleben ist das absolute Planschneiden der Fußungsfläche (im Gegensatz zum Kleben eines Holzklotzes, wo Unebenheiten durch die Klebemasse ausgeglichen werden können) und das Vorhandensein einer großen und breiten Fußungsfläche.

Alternative Möglichkeiten

Nicht immer ist es möglich, die kranke Klaue durch Kleben eines Klotzes zu entlasten. Als limitierend erweisen sich häufig eine zu niedrige Trachtenhöhe der Innenklauen an den Hintergliedmaßen, so dass der Klotz am Weichballen aufliegen würde, sowie Klauen mit zu dünnem Sohlenhorn. Bei Vorliegen dünner Sohlen an der „gesunden" Seite können neuerdings flexible Weichplastikklötze (Ethylen-Vinylazetat-Klotz; Walkease™, Shoof International Ltd, NZ) (▶ **Abb. 19.26**) oder der spezielle 5 mm dünne Weichplastik-Klotz (Accu-sole™; Comfort Hoof Care Inc., Baraboo, WI, USA) verwendet werden, die nur eine dünne Schicht Schnellkleber zur Fixierung benötigen. Aufgrund ihrer Flexibilität und „Weichheit" können sie auch auf dünnes, aber noch intaktes Sohlenhorn geklebt werden, was mit herkömmlichen harten Klötzen und Klebern völlig kontraindiziert wäre.

Falls solche Weichplastikklötze nicht vorhanden sind, kann alternativ auf die „gesündere" Klaue ein „Polster" mit Hilfe eines Verbandes für einige Zeit angebracht werden. Es hält meist nur wenige Tage oder bis zum nächsten Verbandwechsel und die damit behandelten Kühe sollten unbedingt in einer Krankenbox gehalten werden. Bewährt haben sich dafür Polster aus 2–3 Rollen Verbandsbinde oder kleine Mengen fest zusammengeballter Verbandswatte, die dann mit Tesaband an der Klaue befestigt werden. Auch durch Anbringen von auf die Klauenform mittels Säge zugeschnittenem Styrodur® (3 cm dick) mit Tesaband ist eine gute Entlastung zu erzielen. Styrodur® ist ein styroporähnliches Material aus dem Baustoffhandel.

Zur Entlastung von kleineren oder mittelgroßen oberflächlichen Defekten an der Sohle oder der Wand (wie Sohlengeschwür, Sohlenspitzengeschwür, Ballengeschwür, eitrige Doppelsohle oder eitrige Weiße-Linie-Erkrankung) kann die Klauenkorrektur so durchgeführt werden, dass das Sohlenhorn der gesunden Nachbarklaue absichtlich höher belassen wird („biologischer Klotz"). Zusätzlich wird der erkrankte Bereich durch fachgerechtes keilförmiges Niederschneiden im hintern Klauenabschnitt unter Herstellung eines Höhenunterschiedes von ≥ 10 mm entlastet, siehe Schritt 4 der funktionellen Klauenpflege (S. 387).

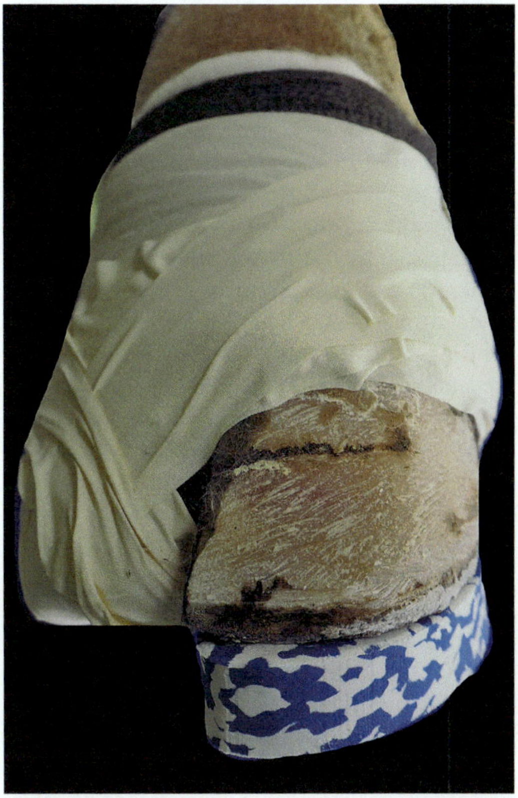

▶ **Abb. 19.26** Weichplastikklotz aus Ethylen-Vinylazetat (Walkease™, Shoof International Ltd, NZ) aufgeklebt auf eine Klaue mit dünner Sohle und Sohlenspitzengeschwür an der entlasteten Nachbarklaue (▶ **Abb. 19.21**).

20 Klauenbeschlag beim Rind

Lutz-Ferdinand Litzke

Die Verwendung von Rindern als Zugtieren war in den deutschsprachigen Ländern Jahrzehnte lang Geschichte. Trotzdem hat sich der Gesetzgeber bei der Abfassung des Hufbeschlaggesetzes und der Verordnung über den Beschlag von Hufen und Klauen im Jahr 2006 von dem Gedanken leiten lassen, einem Aussterben dieses handwerklichen Könnens auch aus tierschützerischen Überlegungen entgegenzuwirken, und hat deshalb die Klauenpflege und den Klauenbeschlag in das Gesetz und in die Prüfung zum Hufbeschlagschmied mit aufgenommen. Aus eigener tierärztlicher Tätigkeit liegen gute Erfahrungen und Erfolge bei der Anwendung von Klaueneisen im Anschluss an klauenerhaltende Operationen vor. Hier bestehen durchaus noch Indikationen für einen orthopädischen Klauenbeschlag, sofern Tierarzt und Hufbeschlagschmied gut zusammenarbeiten.

Neuerdings gibt es in Deutschland und auch in Frankreich wieder ein vermehrtes Interesse an der Rinderanspannung und am Klauenbeschlag. Darüber hinaus gibt es auch neuere Berichte, dass ein Klauenbeschlag bei historischen Umzügen sinnvoll sein kann bzw. sich beim Auftrieb von Kühen über große Distanz auf die Alp bewährt hat. Hierfür wurde eine Woche vor dem Alpauftrieb an beiden Hinterbeinen die äußere Klaue beschlagen.

Beim Umgang mit Rindern ist dem tierartspezifischen Verhalten der Tiere Rechnung zu tragen. Aus Gründen des Arbeitsschutzes müssen die Tiere kurz angebunden werden, um ein Schlagen mit dem Kopf zu verhindern. Typisch für Rinder ist auch, dass sie zur Abwehr mit den Hintergliedmaßen nach vorn und seitwärts schlagen können. Zur sicheren Fixierung (S. 381) der Rinder haben sich tierspezifische Rinderbehandlungsstände bewährt. Vor dem Klauenbeschlag sind die Klauen nach den Grundsätzen der funktionellen Klauenpflege (S. 383) zuzubereiten.

20.1 Beschlag der gesunden Klaue

Beim Beschlag der Rinderklaue müssen entsprechend dem anatomischen Bau andere Grundsätze befolgt werden als beim Hufbeschlag. In den meisten Fällen wendet man für jede einzelne Klaue ein Klaueneisen an. Grundsätzlich bedeckt das Klaueneisen die ganze Sohle und wird so aufgepasst, dass es mit dem äußeren Klauenrand abschneidet und ihn hinten um 3–5 mm überragt.

Das Klaueneisen besteht aus einer 4–6 mm dicken Platte, die am äußeren Rand etwas dicker sein kann. Der auf dem Hornballen aufliegende Teil des Klaueneisens wird zweckmäßigerweise etwas vertieft „ausgeballt“, um eine schädliche Druckwirkung auf den Ballen zu vermeiden. Auf der Außenseite des Klaueneisens werden **4–10 Stempelnagellöcher** angebracht, die entsprechend der geringen Stärke der Klauenwand sehr flach liegen müssen (▸ **Abb. 20.1**).

▸ **Abb. 20.1** Blick auf die Bodenfläche eines Klaueneisens mit Stempelnagellöchern.

Da auf der Klaueninnenseite (axial) nicht genagelt werden kann, befindet sich an der Innenseite des Eisens die **Feder**, welche über die Zehenwand (dorsale Klauenwand) gebogen wird. Dadurch erhält das Eisen einen guten Halt. Die lange Feder wird am inneren Rand des Klaueneisens etwa 15–20 mm hinter der Spitze ausgezogen und von innen nach außen um die Zehenwand der Klaue herumgelegt (s. ▸ **Abb. 20.4**). Der hintere Rand der Feder sollte von vornherein leicht abgewinkelt stehen, weil er anderenfalls beim Umlegen drückt. Um die Lage des Klaueneisens besser zu sichern, kann an der inneren oder äußeren Seite noch eine 2. oder auch noch eine 3. Feder (Aufzug, Kappe) angebracht werden. Diese Feder darf nicht höher als auf die Mitte der Klauenwand gelegt werden, um Druckstellen an der Kronlederhaut zu vermeiden, da der Kronwulst verhältnismäßig weit nach unten reicht.

Aus dem gleichen Grund darf nur 10–20 mm hoch genagelt werden. Hierzu verwendet man **Klauennägel**, die im Vergleich zu den Hufnägeln kürzer und flacher sowie mit einem kurzen Kopf versehen sind (▸ **Abb. 20.2**). Das Nageln macht oft Schwierigkeiten, da einerseits die Klauen in erheblichem Maße federnd nachgeben, andererseits aber auch nicht selten die Hornwand dünn und das Horn sehr hart ist. In solchen Fällen ist es angebracht, die Nagelkanäle vorzubohren.

Klaueneisen werden **kalt aufgepasst**, weil das Sohlenhorn verhältnismäßig dünn und empfindlich ist.

Heutzutage müssen Klaueneisen **aus Flachstahl geschmiedet** werden. Früher fabrikmäßig in bis zu 6 Größen hergestellte Eisen sind nicht mehr am Markt. Um die Griffigkeit der Klaueneisen den jeweiligen Bedingungen anzupassen, können auf der Bodenfläche des Eisens eine erhabene Ränderung, eine waffelähnliche Riffelung oder kleine, stollenähnliche Erhabenheiten angebracht werden.

Eine besondere Form des Klaueneisens, das früher für sehr unebene und steinige Wege Verwendung fand, ist das **hufeisenförmige Klaueneisen**. Im Gegensatz zum Hufeisen ist es jedoch dünner, und die Schenkel sind breiter (▸ **Abb. 20.3**). Der Nachteil dieser Beschlagart liegt in der Stilllegung der Klauenmechanik (Spreizen). Beim Aufpassen und Aufnageln ist deshalb darauf zu achten, dass sich die Klauen in einem Spreizzustand befinden, der ihrer Lage beim Belasten entspricht.

▸ **Abb. 20.2** Flacher, kurzer Klauennagel mit viereckigem Kopf, kurzem Hals und schlanker Klinge in Front- und Seitenansicht (Klauennagel B1, Länge: 44 mm; Fa. Mondial, Erba, Italien).

▸ **Abb. 20.3** Hufeisenförmiges Klaueneisen mit angeschmiedeten Stollen und Griff (Bodenfläche).

▶ **Abb. 20.4** Orthopädischer Klauenbeschlag mit Klaueneisen und angeschraubtem Holzklotz (Präparat).

20.2 Orthopädische Klauenbeschläge

Im Zusammenhang mit verschiedenen Erkrankungen und Klauenoperationen sind diverse orthopädische Klauenbeschläge erprobt und empfohlen worden, die die eigentliche Behandlung wirksam unterstützen. Hier müssen Tierarzt und Beschlagschmied eng zusammenarbeiten.

Man unterscheidet grundsätzlich 2 verschiedene Beschlagarten:

- orthopädischer Beschlag der gesunden Klaue zur Ruhigstellung der erkrankten
- orthopädischer Beschlag der erkrankten Klaue bzw. Gliedmaße

Bei Ersterem wird die gesunde Klaue mit einem Klotzbeschlag versehen, durch den sie erhöht wird, um die erkrankte andere Zehe frei schwebend zu entlasten (▶ **Abb. 20.4**). Durch das zusätzliche Anbringen einer 2. Feder, die über die dorsale Klauenwand der erkrankten Klaue gelegt wird, kann die erkrankte Klaue fixiert und ruhiggestellt werden. Ein solcher orthopädischer Klauenbeschlag hat sich bei klauenerhaltenden Operationen (z. B. chirurgische Versteifung des Klauengelenks, Klauengelenkarthrodese) bei eitriger Klauengelenkerkrankung bewährt.

Durch moderne Klebstoffe zur Befestigung von Holzklötzen (S. 398) wurde in den letzen Jahrzehnten der orthopädische Klauenbeschlag weitgehend verdrängt, da der Holzklotz ohne Mitverwendung eines Klaueneisens unmittelbar auf die Sohlenfläche der Klaue aufgeklebt werden kann. Bei guter Zusammenarbeit zwischen Tierarzt und Hufbeschlagschmied kann diese Methode jedoch erfolgreich angewandt werden. Die Ausführung des Beschlags ist für einen Geübten wenig zeitaufwändig, und die Klaueneisen sind von guter Haltbarkeit. Hierfür werden in der Bodenfläche eines Federklaueneisens 2 oder 3 Gewindelöcher angebracht. Durch das Aufschweißen von zusätzlichen Muttern auf die Bodenfläche des Klaueneisens übereinstimmend mit den Gewindelöchern kann die Stabilität durch die Verlängerung des Gewindes erhöht werden. Die aufgeschweißten Muttern werden in entsprechende Aussparungen des später zu befestigenden Holzklotzes eingelassen. Nach dem Beschlag wird ein ca. 4 cm hoher Buchenholzklotz mit Schrauben befestigt, nachdem zuvor der Klotz zur Aufnahme der Schrauben genügend weit durchbohrt wurde. Die Gesenke für die Schraubenköpfe müssen ebenfalls Spielraum haben, weil sonst infolge des Aufquellens des Holzes Schwierigkeiten beim Abnehmen entstehen. Die Schraubenspitzen dürfen auf keinen Fall die Tragfläche des Eisens überragen, weil sonst die Sohle beschädigt und gedrückt wird (▶ **Abb. 20.5**). Um eine vermehrte Abnutzung der Bodenfläche des Klotzes zu vermeiden, kann gezielt eine Stoßplatte ange-

▶ **Abb. 20.5** Orthopädischer Klauenbeschlag mit angeschraubtem Holzklotz von der Seite gesehen.

bracht werden. Der Klotz wird bodenweit gerändert, wenn die Gefahr des Kippens der Klaue nach einer bestimmten Seite – meist der äußeren – vorliegt.

Die zweite Gruppe der orthopädischen Beschläge betrifft erkrankte Klauen oder Zehenglieder. Oft ist es zweckmäßig, beide Klauen zu beschlagen. Dazu braucht man ein **hufeisenförmiges Klaueneisen** (S. 401), an dessen vorderem innerem Rand für jede Klaue eine Feder angeschweißt wird. Auch können 2 einzelne Federklaueneisen zusammengeschweißt werden.

Soll der Beschlag zur Behandlung der **Durchtrittigkeit** dienen, werden die Schenkel so weit verlängert, dass sie mindestens mit einem von der Ballenkante gefällten Lot abschneiden (▶ **Abb. 20.6**). Das Anbringen der Federn ist gerade für diesen Beschlag wesentlich, weil infolge der Ballenfußung und -belastung eine erhebliche Hebelkraft entsteht, durch die die Klauenspitzen nach oben gedrückt werden. Die Befestigung mit Nägeln allein ist dieser Beanspruchung nicht gewachsen. Vor dem Beschlag werden die Klauen nach den für die Durchtrittigkeit der Fohlen (S. 181) angegebenen Regeln gekürzt.

Das gleiche Klaueneisen hat sich bei **Erkrankungen** bzw. **Operationen** im Bereich der **tiefen Beugesehne** gut bewährt, jedoch müssen hierbei die hinteren Klauenhälften (Ballen) erhöht werden, um die tiefe Beugesehne möglichst zu entlasten. Zu diesem Zweck wird ein Holzkeil angebracht, dessen hohe Seite hinten liegt. Die Befestigung erfolgt wie beim Klotzbeschlag, man bringt jedoch 4 Schrauben an. In diesem Fall verhindern die Federn ein Verschieben des Klaueneisens nach hinten.

Weiterhin kann für verschiedene krankhafte Vorgänge ein einfaches **Federklaueneisen in abgewandelter Form** verwendet werden. Ist die Klauensohle empfindlich, sei es, dass sie zu stark ausgeschnitten wurde oder dass ein Klauengeschwür vorlag, das abgeheilt ist, wird die Tragfläche des Federklaueneisens an der erforderlichen Stelle etwas ausgehöhlt (ausgeballt) oder eine Ledersohle aufgenietet, um einen Druck zu vermeiden.

Nach der **operativen Entfernung einer Klaue** wird die Körperlast ausschließlich von der ande-

▶ **Abb. 20.6** Klauenbeschlag bei Durchtrittigkeit.

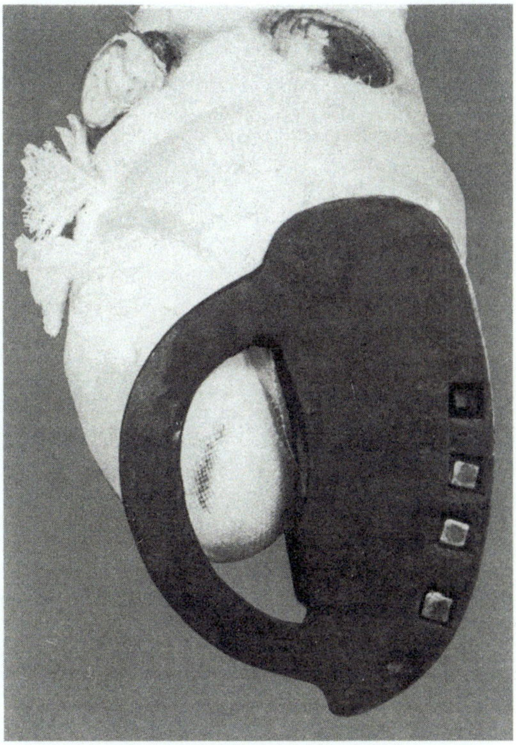

▶ **Abb. 20.7** Klaueneisen mit halbmondförmigem Bügel.

ren getragen. In diesem Fall kann die Belastung einseitig und damit unsicher sein. Man erreicht eine bessere Unterstützung dadurch, dass an das Klaueneisen ein flacher, halbmondförmiger Bügel angeschweißt wird (▶ **Abb. 20.7**). Diese Maßnahme kann natürlich nur dann getroffen werden, wenn keine Gefahr des Abtretens durch die Nachbargliedmaße besteht.

Bei der **Zwangklaue**, auch Rollklaue (S. 362), bei der die äußere (abaxiale) Wand konvex verbogen ist, so dass die Last nur noch auf dem äußeren unteren Teil der Wand liegt, kann durch Klauenbeschlag korrigierend eingegriffen werden. Das Prinzip der Korrektur entspricht dem des krummen Hufs (S. 191). Die Klaue wird auf ihre natürliche Größe gebracht und die konkav verbogene (innere) Seite am unteren Rand etwas von oben beigeraspelt. Das nun aufzuschlagende Klaueneisen ähnelt dem breiten Schenkel des Breitschenkelhufeisens (S. 55), d. h. es wird am äußeren Klauenrand sehr weit gehalten, und die Lochung ist dementsprechend fett zu bemessen (▶ **Abb. 20.8**). Da in diesem Fall Vernagelungsgefahr besteht, kann man zur Kontrolle den künftigen Sitz der Nägel anzeichnen.

Der orthopädische Beschlag erfordert gutes Einfühlungsvermögen und enge Zusammenarbeit zwischen Tierarzt und Beschlagschmied.

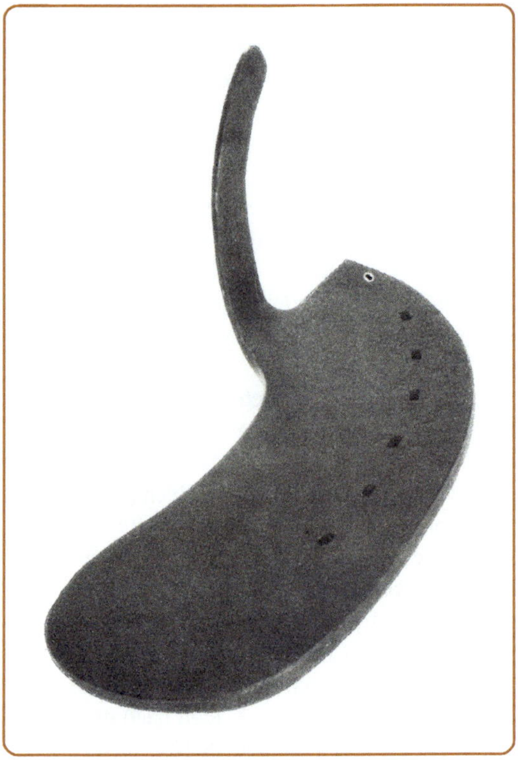

▶ **Abb. 20.8** Federklaueneisen für Rollklauen.

21 Klauenpflege bei Schaf und Ziege

Johann Kofler

Ein übermäßiges Nachwachsen des Klauenhorns bei Schafen und Ziegen ist bei reiner Weidehaltung und regelmäßigem Umtrieb selten, da der natürliche Abrieb auf unterschiedlich harten Böden (Wiesen, Almen, Triebwege) das Wachstum ausgleicht. Eine regelmäßige Klauenkontrolle ist jedoch trotzdem notwendig. Werden die Tiere jedoch nur auf Wiesen mit weichem Boden geweidet und im Winter im Stall gehalten, kommt es zum übermäßigen Nachwachsen des Klauenhorns und mitunter zu hochgradigen Verformungen des Klauenhorns (▶ **Abb. 21.1**, ▶ **Abb. 21.2**). Auch Schafe und Ziegen in Streichelzoos oder in Hobbyhaltung mit kleinem Auslauf leiden häufig unter vernachlässigten Klauen.

Bei kleinen Wiederkäuern kommt es vor allem zum Längenwachstum der Hornwände (Vorder-, Seiten- und Trachtenwand), in hochgradigen Fällen legt sich die abaxiale Hornwand regelrecht von außen her über die Sohle (▶ **Abb. 21.1**).

Merke

Bei Schaf und Ziege ist genauso wie beim Rind eine regelmäßige Klauenpflege nötig (2- bis 4-mal jährlich). Die Klauenpflege sollte spätestens 2 Wochen vor dem Austrieb erfolgen.

Für die Durchführung der Klauenpflege eignet sich ein fester Untergrund, wo gegebenenfalls beim Vorliegen von Klauenerkrankungen das abgetragene Horn gesammelt und entsorgt werden kann. Die Klauenpflege bei Schafen kann am umgesetzten, in Seitenlage fixierten, aber auch am stehenden Tier an den aufgehobenen Gliedmaßen (Hintergliedmaße nur nach hinten herausziehen, nicht

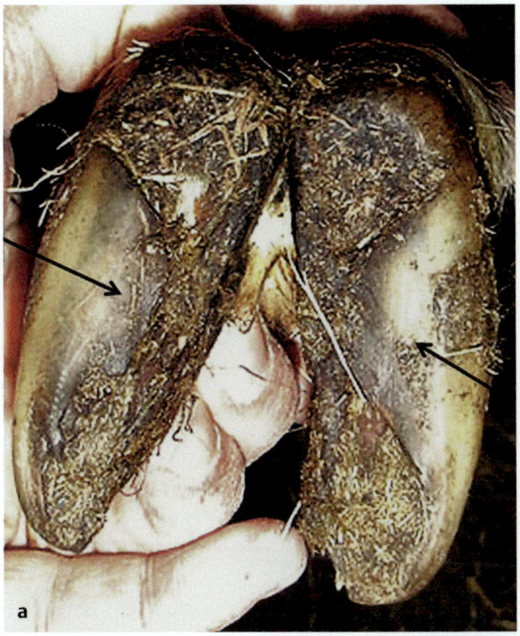

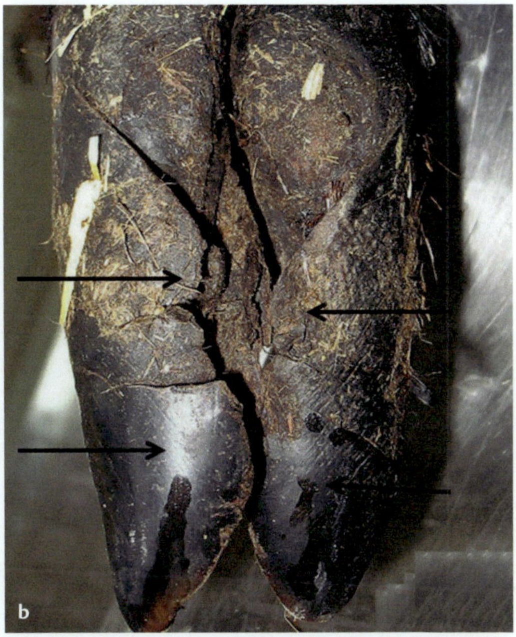

▶ **Abb. 21.1** Übermäßig angewachsenes Horn an den Vorderklauen (**a**) bzw. den Hinterklauen verschiedener Schafe. Das stark angewachsene Wandhorn liegt jeweils über der Sohle (Pfeile), so dass zwischen Sohle und diesem Wandhorn ein Hohlraum gebildet wird, wo sich Schmutz und Feuchtigkeit ansammeln. In Abb. (**b**) liegt eine hgr. vernachlässigte Klauenpflege vor.

► **Abb. 21.2** Korrekt gepflegte Klauen eines Schafes: Der überstehende Tragrand und die zu langen Klauenspitzen wurden zurückgeschnitten, der Tragrand innen und außen ragt noch 1 mm über das Sohlenhorn vor. Das Sohlenhorn wurde überhaupt nicht beschnitten.

seitlich) oder in Rückenlage bzw. Schafwippe durchgeführt werden. Bei Ziegen erfolgt die Klauenpflege am stehenden Tier oder in Seitenlage.

Merke

Ziegen dürfen nicht umgesetzt werden, da dabei Traumen der Halswirbelsäule auftreten können.

Die Technik ist gänzlich unterschiedlich zum Rind: Bei Schaf und Ziege wird ausschließlich das zu lang nachgewachsene (oft über die Sohle geschobene) Horn der Seiten- und Vorderwände bis knapp (1 mm) über das Niveau der Sohle zurückgeschnitten (Schritt 1). Der Schnitt mit der Schere bzw. dem Hufmesser im Wandhorn muss immer parallel zur Sohle verlaufen und darf nicht nach außen verkanten. Die verwendeten Werkzeuge sind eine Klauenschere für Schafe (Rosenschere mit schmalen Schenkeln), ein Hufmesser, oder eine einfach übersetzte Hufzwickzange (► **Abb. 21.3**). Der Tragrand muss nach der Korrektur 1 mm über die Sohlenfläche vorstehen und steht nun zusammen mit der Sohle zur Lastaufnahme zur Verfügung.

► **Abb. 21.3** Werkzeuge zur Klauenpflege bei kleinen Wiederkäuern: eine scharfe Rosenschere am besten mit schmalen, spitz zulaufenden Schenkeln, ein linkes und ein rechtes Hufmesser und eine scharfe, nicht übersetzte Hufzwickzange.

Auch an der Klauenspitze wird das Horn der Vorderwand **(meist mit der Schere)** so weit gekürzt, dass es das Niveau des Sohlenhorns nur noch **ca. 1 mm überragt** (Schritt 2). Dazu ist es oft notwendig, den zwischen der lang angewachsenen Wandhornschicht und der Sohle eingeklemmten, eingetrockneten Schmutz mit der stumpfen Spitze des Hufmessers bzw. der Rosenschere auszukratzen. Dann wird auch das Horn des inneren Tragrandes (meist mit Hufmesser oder auch Schere) bzw. loses Horn an der Innenwand so weit zurückgeschnitten, bis es wieder in fester Verbindung mit dem **restlichen Horn** ist (Schritt 3). Zudem muss festhaftender Schmutz an der Sohle und im Zwischenklauenbereich entfernt werden. Niemals Sohlenhorn entfernen, da dieses sehr dünn ist und daher ein Durchschneiden der nur ca. 2 mm dünnen Sohlenhornschicht sehr schnell stattfindet. Am Ende der Klauenpflege sollten jeweils beide Klauen eines Fußes gleich lang sein. Zum Schluss werden bei Bedarf auch die Afterklauen gekürzt, sie sollen maximal so lang bleiben, wie sie an ihrer Basis breit sind, **bzw. Defekte freigelegt** (Schritt 4).

Bei Klauen mit Weiße-Linie-Defekten, die meist abaxial vorkommen, wird das abgelöste Horn der Seitenwand so weit nach oben hin mit dem Hufmesser freigelegt (ohne die Lederhaut zu verletzen, sofern sie noch nicht involviert ist) und entfernt, bis es wieder in fester Verbindung zur Wandlederhaut ist. Die Hornkanten müssen dabei immer schräg auslaufend geschnitten werden.

! Merke

Niemals Sohlenhorn entfernen, da dieses sehr dünn ist (max. 3–4 mm) und daher ein Durchschneiden der Sohlenhornschicht sehr schnell passiert ist.

In so einem Fall ist die frische Schnittwunde zu reinigen, zu desinfizieren und ein Verband anzulegen. Sohlenhorn darf nur dann abgetragen werden, wenn es sehr stark nachgewachsen ist, was bei chronischen Reheklauen (bei Milch- und Mastherden) häufig auftreten kann.

Die Frequenz der Klauenpflege bei Schafen und Ziegen ist danach auszurichten, auf welchem Untergrund die Tiere hauptsächlich laufen. Je weicher der Untergrund ist, umso weniger wird das Klauenhorn abgenutzt und umso öfter muss eine Klauenpflege erfolgen. Die Häufigkeit hängt also wesentlich von der jeweiligen Haltung ab, bei Milchrassen, Zuchttieren und bei Hobbytieren sollte sie etwa viermal pro Jahr vorgenommen werden. Bei Tieren mit hochgradigen Reheklauen und bereits bestehenden Verformungen der Klauen ist eine Klauenpflege alle zwei Monate empfehlenswert.

Eine fachgerechte Klauenpflege ist auch bei kleinen Wiederkäuern (Milchrassen, Zuchttiere, Hobbytiere) eine wichtige vorbeugende Maßnahme für die Klauengesundheit. Zur Behandlung bzw. zur Vorbeugung von Moderhinke und anderen infektiösen Klauenerkrankungen können Klauenbäder mit einer (10–20 %igen) Zinksulfat-Heptahydrat-Lösung eingesetzt werden (siehe Lehrvideo: https://www.t-tgd.at/interessantes/film-ueber-moderhinke-bei-schafen-und-ziegen).

Teil 8
Anhang

22 Literatur

[1] **Alford P, Geller S, Richardson B et al.** A multicenter, matched case-control study of risk factors for equine laminitis. Preventive veterinary medicine 2001; 49(3–4): 209–222

[2] **Anz D.** El nuevo herrador: guia práctica para el nuevo herrador de hoy. II ed. Buenos Aires: Dunken 2015

[3] **Arabian AK, Lanovaz JL, Clayton HM.** Determination of hoof mass and centre of mass from morphological measurements. Equine Vet J 2001; Supplement (33): 46–49

[4] **Arzneimittelgesetz-AMG,** 12.12. 2005 (BGBl. I S. 3394); zuletzt geändert durch Artikel 2, 17.7.2017 (BGBl. I S. 2421)

[5] **Asplin KE, Curlewis JD, McGowan CM et al.** Glucose transport in the equine hoof. Equine Vet J 2011; 43(2): 196–201

[6] **Back W.** The role of the hoof and shoeing. In: Back W, Clayton H (eds). Equine Locomotion. London: Saunders 2001; 135–166

[7] **Back W, Clayton HM.** Equine locomotion. 2. Aufl. London: Saunders; 2013

[8] **Baggott DG, Bunch KJ, Gill KR.** Variations in some inorganic components and physical properties of claw keratin associated with claw disease in the British Friesian cow. The British veterinary journal 1988; 144(6): 534–542

[9] **Bailey SR, Rycroft A, Elliott J.** Production of amines in equine cecal contents in an in vitro model of carbohydrate overload. J Anim Sci 2002; 80(10): 2656–2662

[10] **Bailey SR, Marr CM, Elliott J.** Current research and theories on the pathogenesis of acute laminitis in the horse. Vet J 2004; 167: 129–142

[11] **Barrey E.** Inter-limb coordination. In: Back W, Clayton H (eds). Equine Locomotion. London: Saunders 2001; 77–94

[12] **Bartmann CP.** Besonderheiten der Behandlung von Eseln und Maultieren. In: Bayerische Landestierärztekammer (Hrsg). 24. Bayerischer Tierärztetag Rosenheim 2009; 240–242

[13] **Bartmann CP, Glitz F, Deegen E.** Zwangsmaßnahmen. In: Wissdorf H, Gerhards H, Huskamp B et al. Praxisorientierte Anatomie und Propädeutik des Pferdes. 3. Aufl. Hannover: Schaper 2010: 838–843

[14] **Bauer T.** Handbuch des Hufbeschlages. 4. Aufl. Berlin: Verlag von ES Mittler & Sohn 1942

[15] **Becker J, Steiner A, Kohler S et al.** Lameness and foot lesions in Swiss dairy cows: I. Prevalence. Schweiz Archiv Tierheilk 2014; 156: 71–78

[16] **Becker J, Steiner A, Kohler S et al.** Lameness and foot lesions in Swiss dairy cows: II. Risk factors. Schweiz Archiv Tierheilk 2014; 156: 79–89

[17] **Bell NJ.** Evidence-based claw trimming for dairy cattle. Vet Rec 2015; 177 (9): 220–221

[18] **BGHM.** Informationen zur sicheren Gestaltung von Beschlagplätzen für Hufschmiede und Pferdehalter. Mainz: Berufsgenossenschaft Holz und Metall 2011

[19] **Bicalho RC, Machado VS, Caixeta LS.** Lameness in dairy cattle: A debilitating disease or a disease of debilitated cattle? A cross-sectional study of lameness prevalence and thickness of the digital cushion. J Dairy Sci 2009; 92: 3175–3184

[20] **BMELV.** Leitlinien Tierschutz im Pferdesport. Bonn: Bundesministerium für Ernährung, Landwirtschaft und Verbraucherschutz (BMELV), Referat Tierschutz 1992

[21] **BMELV.** Tierschutzgesetz. Bundesministerium für Ernährung, Landwirtschaft und Verbraucherschutz (BMELV), Referat Tierschutz 2006

[22] **Bohnet W.** Ausdrucksverhalten zur Beurteilung von Befindlichkeiten bei Pferden. DTW 2007; 114: 91–97

[23] **Buchner HHF.** Gait adaptation in lameness. In: Back W, Clayton H (eds). Equine Locomotion. London: Saunders 2001; 251–280

[24] **Buchner HHF, Obermüller S, Scheidl M.** Die Lastverteilung bei der Lahmheit des Pferdes – Eine Analyse der Schwerpunktbewegung in Schritt und Trab. Pferdeheilkd 2003; 19(5): 491–499

[25] **Buda S, Budras KD.** Die segmentspezifische Versorgung am Pferdehuf. Pferdeheilkd 2005; 21: 280–284

[26] **Budras KD, Bragulla H, Pellmann R et al.** Das Hufbein mit Periost und Insertionszone des Hufbeinträgers. Wiener Tierärztl Mschr 1997; 84: 241–247

[27] **Budras KD, Hirschberg R, Hinterhofer C.** Hufrehe – Strukturelle Grundlagen und Therapie. Prakt Tierarzt 2008; 89 (Suppl. 6): 13–22

[28] **Budras KD, Huskamp B.** Belastungshufrehe – Vergleichende Betrachtungen zu anderen systemischen Hufreheerkrankungen. Pferdeheilkd 1999; 15: 89–110

[29] **Budras KD, Patan B.** Segmentspezifitäten am Pferdehuf. Pferdeheilkd 2003; 19: 58–64

[30] **Budras KD, Röck S.** Atlas der Anatomie des Pferdes. 6. Aufl. Hannover: Schlütersche 2009.

[31] **Buffa EA, Van Den Berg SS, Verstraete FJ et al.** Effect of dietary biotin supplement on equine hoof horn growth rate and hardness. Equine VET J 1992; 24(6): 472–474

[32] **Burnham SL.** In Depth: Anatomical Differences of the Donkey and Mule. Am Assoc Equine Pract Ann Conv 48; 102–109

[33] **Butler KD Jr., Hintz HF.** Effect of level of feed intake and gelatin supplementation on growth and quality of hoofs of ponies. J Anim Sci 1977; 44(2): 257–261

[34] **Butler D, Butler J.** The Principles of Horseshoeing (P3). La Porte, Colorado USA: Doug Butler Enterprises Inc 2004

[35] **Butler JA, Colles CM, Dyson S et al.** Closure of Growth Plates. In: Clinical radiology of the horse. 2nd ed. Oxford: Wiley-Blackwell 2000

[36] **Cha E, Hertl JA, Bar D, Gröhn YT.** The cost of different types of lameness in dairy cows calculated by dynamic programming. Prev Vet Med 2010; 97: 1–8

[37] **Coenen M, Spitzlei S.** Zur Zusammensetzung des Hufhorns in Abhängigkeit von Alter, Rasse und Hufhornqualität. Pferdeheilkd 1996; 12: 279–283

[38] **Coenen M, Appelt K, Niemeyer A, Vervuert I.** Study of gelatin supplemented diet on amino acid homeostasis in the horse. Equine Vet J 2006; Supplement (36): 606–610

[39] **Crane M.** Hoof Disorders of the Donkey. In: Congress of Equine Medicine and Surgery, Geneva, Switzerland 2007

[40] **Cuddeford D.** Response of equine hoof defects to Farrier's formula. The Veterinary record 1991; 128 (5): 115–116

[41] **Curtis S.** Farriery: Foal to Racehorse. Newmarket: Rossdale & Wade 1999

[42] **Curtis S, Martin J, Hobbs S.** Hoof renewal time from birth of Thoroughbred foals. Vet J 2014; 201 (1): 116–117

[43] **Deutsche Reiterliche Vereinigung.** Richtlinien für Reiten und Fahren Band 4. 17. Aufl. Warendorf: FN-Verlag 216: 189.

[44] **Deutsche Reiterliche Vereinigung (FN)**, https://www.pferd-aktuell.de/pferdesport-pferdezucht/deutsche-reiterliche-vereinigung: umfangreiche Informationen, u. a. Anti-Doping- und Medikamentenkontrollregeln (ADMR) sowie eine Auflistung verbotener Substanzen mit Karenzzeiten und eine Auflistung erlaubter Substanzen

[45] **Dewes HF, Lowe MD.** Suspected selenium poisoning in a horse. New Zealand veterinary journal 1987; 35(4): 53–54

[46] **Dik KJ, Gunsser I.** Atlas der Röntgendiagnostik beim Pferd. Erkrankungen der Vorder- und Hinterextremitäten, 2. Aufl. Hannover: Schlütersche 2002

[47] **Douthit TL, Bormann JM, Gradert KC et al.** The impact of endophyte-infected fescue consumption on digital circulation and lameness in the distal thoracic limb of the horse. J Anim Sci 2012; 90(9): 3101–3111

[48] **Durchführungsverordnung (EU) Nr. 2015/262**, 17.2.2015 (Equidenkennzeichnung – Equidenpass)

[49] **Egger-Danner C, Nielsen P, Fiedler A et al.** ICAR Claw Health Atlas – ICAR Klauengesundheitsatlas 2015. Editors: ICAR Working Group on Functional Traits & International Claw Health Experts. www.icar.org/Documents/ICAR_Claw_Health_Atlas.pdf

[50] **Ekfalck A.** Amino acids in different layers of the matrix of the normal equine hoof. Possible importance of the amino acid pattern for research on laminitis. J Vet Med 1990; Series B 37(1): 1–8

[51] **Ekfalck A, Appelgren LE, Funkquist B et al.** Distribution of labelled cysteine and methionine in the matrix of the stratum medium of the wall and in the laminar layer of the equine hoof. Zentralblatt fur Veterinarmedizin 1990; Reihe A 37(7): 481–491

[52] **Ekfalck A, Funkquist B, Jones B et al.** Incorporation of L-75Se-cystine in tissue fragments from the matrix of the hoof and the claw–a tool for studying the pathogenesis of laminitis? Equine Vet J 1985; 17 (5): 377–380

[53] **Faleiros RR, Nuovo GJ, Flechtner AD et al.** Presence of mononuclear cells in normal and affected laminae from the black walnut extract model of laminitis. Equine Vet J 2011; 43(1): 45–53

[54] **Fessl L.** Die Normalklaue des österreichischen Fleckviehrindes – Größen- und Formenbestimmung und deren Bedeutung für Klauenerkrankungen und Stallbau. Wien: Vet. Med. Habilitationsschrift 1968

[55] **Fiedler A, Maierl J, Nuss K.** Funktionelle Klauenpflege. In: Fiedler A, Maierl J, Nuss K: Erkrankungen der Klauen und Zehen des Rindes. 2. Aufl., Stuttgart, Schattauer, 2019

[56] **Flynn A, Franzmann AW, Arneson PD et al.** Indications of copper deficiency in a subpopulation of Alaskan moose. J Nutr 1977; 107(7): 1182–1189

[57] **de Fombelle A, Varloud M, Goachet AG et al.** Characterization of the microbial and biochemical profile of the different segments of the digestive tract in horses given two distinct diets. Anim Sci 2003; 77: 293–304

[58] **de Fombelle A, Veiga L, Drogoul C et al.** Effect of diet composition and feeding pattern on the prececal digestibility of starches from diverse botanical origins measured with the mobile nylon bag technique in horses. J Anim Sci 2004; 82(12): 3625–3634

[59] **Frohness AK, Budras KD.** Endogene Einflussfaktoren auf die strukturabhängige Hornqualität im Sohlen- und Ballen-Strahlsegment des Pferdehufs. Pferdeheilkd 2001; 17: 1–7

[60] **Fürst A.** Makroskopische und mikroskopische Anatomie der Rinderklaue. Zürich: Diss vet med 1992

[61] **Gauff F, Patan-Zugaj B, Licka TF.** Hyperinsulinaemia increases vascular resistance and endothelin-1 expression in the equine digit. Equine Vet J 2013; 45 (5): 613–618

[62] **Gesellschaft für Ernährungsphysiologie (GfE).** Empfehlungen zur Energie- und Nährstoffversorgung von Pferden. DLG-Verlag; 2014

[63] **Geor RJ, Becker RL, Kanara EW et al.** Toxicosis in horses after ingestion of hoary alyssum. J Am Vet Med Assoc 1992; 201(1): 63–67

[64] **Geor RJ.** Pasture-associated laminitis. The Veterinary clinics of North America. Equine practice 2009; 25 (1): 39–50, v-vi

[65] **Geyer H, Schulze J.** The long-term influence of biotin supplementation on hoof horn quality in horses. Schweiz Arch Tierheilkd 1994; 136: 137–149

[66] **Geyer H, Fürst A, Warzecha Ch.** Anatomie der Rinderklaue. In: Lischer CJ (Hrsg): Handbuch zur Pflege und Behandlung der Klauen beim Rind. 2. Aufl., Berlin, Parey, 2000: 13–30

[67] **Gomez A, Cook NB, Rieman J et al.** The effect of digital dermatitis on hoof conformation. Dairy Sci 2015; 98: 927–936

[68] **Green LE, Hedges VJ, Schukken YH et al.** The impact of clinical lameness on the milk yield of dairy cows. J Dairy Sci 2002; 85: 2250–2256

[69] **Greenough PR, Weaver AD, Broom DM et al.** Basic concepts of bovine lameness. In: Greenough PR, Weaver AD (eds). Lameness in Cattle. 3 rd ed. Philadelphia: WB Saunders 1997: 3–13

[70] **Groenevelt M, Main DCJ, Tisdall D et al.** Measuring the response to therapeutic foot trimming in dairy cows with fortnightly lameness scoring. Vet J 2014; 201: 283–288

[71] **Grosenbaugh DA, Hood DM.** Keratin and associated proteins of the equine hoof wall. Am J Vet Res 1992; 53(10): 1859–1863

[72] **Guglick MA, MacAllister CG, Chandra AM et al.** Mercury toxicosis caused by ingestion of a blistering compound in a horse. J Am Vet Med Assoc 1995; 206(2): 210–214

[73] **Heymering HW.** 80 causes, predispositions, and pathways of laminitis. The Veterinary clinics of North America. Equine practice 2010; 26(1): 13–19

[74] **Hemker S, Hertsch B.** Zur röntgenologischen Auswertung bei chronischer Hufrehe. Prakt Tierarzt 2002; 83: 610–617

[75] **Hernandez J, Shearer JK, Webb DW.** Effect of lameness on the calving-to-conception interval in dairy cows. J Am Vet Med Assoc 2001; 218: 1611–1614

[76] **Higami A.** Occurrence of white line disease in performance horses fed on low-zinc and low-copper diets. J Equine Sci 1999; 10: 1–5

[77] **Hirschberg RM, Bragulla HH.** Funktionelle Aspekte der Angioarchitektur des Pferdehufs. Pferdeheilkd 2007; 23: 27–38

[78] **Hirschberg R, Budras KD, Hinterhofer C.** Gefäße und Nerven am Huf – Anatomie und klinische Bedeutung. Prakt Tierarzt 2008; 89 (Suppl. 6): 4–12

[79] **Huber J, Stanek C, Troxler J.** Effects of regular claw trimming in different housing systems. Maribor Slovenia: Proc 13th Int Symp Lameness in Ruminants 2004: 116–117

[80] **Jahrbeck A.** Zur Anwendung von Zwangsmaßnahmen bei Pferden unter besonderer Berücksichtigung der Nasenbremse unter Tierschutzgesichtspunkten. Merkblatt Nr. 129 der Tierärztlichen Vereinigung für Tierschutz (TVT) 2010

[81] **Jančíková P, Horký P, Zeman L.** The Effect of Feed Additive Containing Vitamins and Trace Elements on the Elements Profile and Growth of Skin Derivatives in Horses. Annals of Animal Science 2012; 12(3): 381–391

[82] **Jantscher H, Kofler J, Martinek B et al.** Temperaturentwicklung an der Sohlenlederhaut des Rindes während der Klauenpflege mit dem Winkelschleifer unter Verwendung verschiedener Schleif- und Messerscheiben. Berl Münch Tierärztl Wschr 2005; 118: 280–289

[83] **Jeroch H, Flachowsky G, Weißbach F.** Futtermittelkunde. Jena, Stuttgart: Gustav Fischer 1993

[84] **Josseck H, Zenker W, Geyer H.** Hoof horn abnormalities in Lipizzaner horses and the effect of dietary biotin on macroscopic aspects of hoof horn quality. Equine Vet J 1995; 27(3): 175–182

[85] **Kaul R** (bearb. v. Lutz H). Anleitungen für die praktische Ausbildung in der Landwirtschaft: Tierzucht. Hufpflege. Berlin: Verlag Volk und Wissen; 1956

[86] **Kempson SA.** Ultrastructural observation on the response of equine hoof defects to dietary supplementation with Farrier's Formula. The Veterinary record 1990; 127(20): 494–498

[87] **Kempson SA.** Response of equine hoof defects to Farrier's Formula. The Veterinary record 1991; 128 (16): 387

[88] **Kempson SA.** Nutritional management of horses with hoof diseases. Applied Equine Nutrition. Equine Nutrition Conference 2005. A. Lindner, Wageningen Academic Press: 105–111

[89] **Kloß K.** Huf, Hufpflege und Hufbeschlag. In Oese E (Hrsg): Pferdesport. 3. Aufl. Berlin: Sportverlag 1979: 55–59

[90] **König S, Sharifi AR, Wentrot H et al.** Genetic parameters of claw and foot disorders estimated with logistic models. J Dairy Sci 2005; 88: 3316–3325

[91] **Kofler J.** Claw disorders in cattle as a consequence of incorrect claw trimming – clinical and pathological findings. Milovy, Tschechische Republik: Middle Europ Buiatrics Congr 2001 (Abstr): 155–159

[92] **Kofler J, Hangl, A, Pesenhofer R et al.** Evaluation of claw health in heifers in seven dairy farms using a digital claw trimming protocol and program for analysis of claw data. Berl Münch Tierärztl Wschr 2011; 124(7–8): 272–281

[93] **Kofler J.** Klauenpflege bei Schaf und Ziege. Klauentierpraxis 2015; 24: 61–68

[94] **Kofler J.** Computerized claw trimming database programs – the basis for monitoring hoof health in dairy herds. Vet J 2013; 198: 358–361

[95] **Kofler J.** Dünne Sohlen als Lahmheitsursache beim Rind – Ätiologie, Komplikationen und Maßnahmen. Klauentierpraxis 2015; 23: 5–13

[96] **Kofler J.** Pathogenesis and treatment of toe lesions in cattle (including non-healing toe lesions). Vet Clin Food Anim 2017; 33 (2): 301–328

[97] **Kofler J, Pesenhofer R.** Monitoring der Klauengesundheit in Milchviehherden mittels kontinuierlicher elektronischer Dokumentation von Klauenbefunden bei jeder Klauenpflege. Tierärztl Umsch 2015; 70: 199–207

[98] **Kofler J, Fürst-Waltl B, Burgstaller J et al.** Auswirkung von Lahmheit auf die Fruchtbarkeit und Milchleistung von Milchkühen. Abstracts ZAR-Seminar 2017, Salzburg; 29–35

[99] **Kuwano A, Tanaka K, Kawabata M, et al.** A survey of white line disease in Japanese racehorses. Equine Vet J 1999; 31(6): 515–518

[100] **Kwon S, Moore JN, Robertson TP, et al.** Disparate effects of LPS infusion and carbohydrate overload on inflammatory gene expression in equine laminae. Veterinary immunology and immunopathology 2013; 155(1–2): 1–8

[101] **Laskoski LM, Dittrich RL, Valadao CA, et al.** Oxidative stress in hoof laminar tissue of horses with lethal gastrointestinal diseases. Veterinary immunology and immunopathology 2016; 171: 66–72

[102] **Lean IJ, Westwood CT, Golder HM et al.** Impact of nutrition on lameness and claw health in cattle. Livestock Sci 2013; 156: 71–87

[103] **Lebelt D, Auer U, Bettschart-Wolfensberger R et al.** Schmerzerkennung und -messung beim Pferd. Der praktische Tierarzt 2017; 98: 926–934

[104] **Ley WB, Scott Pleasant R, Dunnington EA.** Effects of season and diet on tensile strength and mineral content of the equine hoof wall. Equine Vet J 1998; Supplement (26): 46–50

[105] **Machado VS, Caixeta LS, McArt JA et al.**The effect of claw horn disruption lesions and body condition score at dry-off on survivability, reproductive performance, and milk production in the subsequent lactation. J Dairy Sci 2010; 93: 4071–4078

[106] **Maierl J, Fiedler A, Döpfer D et al.** Wedge-shaped blocks, wood and flexible, advance a good locomotion performance. Proc 17th International Symposium on Lameness in Ruminants 2013, Bristol, 144–145

[107] **Matthews NS, Taylor TS.** Anesthesia of Donkeys and Mules: How they differ from Horses. Am Assoc Equine Pract Ann Conv 2002; 48: 110–112

[108] **Medina-Torres CE, Pollitt CC, Underwood C et al.** Equine lamellar energy metabolism studied using tissue microdialysis. Vet J 2014; 201(3): 275–282

[109] **Menzies-Gow N.** Endocrinological aspects of the pathophysiology of equine laminitis. Equine Vet J 2012; 44(6): 735–737

[110] **Meyer H.** Das Pferd und die Angst. Pferdeheilkd 1997; 13: 607–628

[111] **Meyer H.** Zum Problem des Schmerzes und seiner Feststellung. Pferdeheilkd 1999; 15: 193–220

[112] **Mihajlovic M.** Selenium toxicity in domestic animals. Glas. Srpska akademija nauka i umetnosti. Odeljenje medicinskih nauka 1992; (42): 131–144

[113] **Milinovich GJ, Klieve AV, Pollitt CC et al.** Microbial events in the hindgut during carbohydrate-induced equine laminitis. The Veterinary clinics of North America. Equine practice 2010; 26(1): 79–94

[114] **Minnick PD, Brown CM, Braselton WE et al.** The induction of equine laminitis with an aqueous extract of the heartwood of black walnut (Juglans nigra). Veterinary and human toxicology 1987; 29 (3): 230–233

[115] **Mülling C, Bragulla H, Budras KD et al.** Strukturelle Faktoren mit Einfluss auf die Hornqualität und Prädilektionsstellen für Erkrankungen an der Fußungsfläche der Rinderklaue. Schweiz Arch Tierheilk 1994; 136: 49–57

[116] **Mulling CK, Bragulla HH, Reese S et al.** How structures in bovine hoof epidermis are influenced by nutritional factors. Anat Histol Embryol 1999; 28: 103–108

[117] **Nacambo S, Hässig M, Lischer C et al.** Difference in the Length of the Medial and Lateral Metacarpal and Metatarsal Condyles in Calves and Cows – A Post-Mortem Study. Anat Histol Embryol 2007; 36: 408–412

[118] **Nickel R, Schummer A, Seiferle E (Hrsg).** Lehrbuch der Anatomie der Haustiere. Band I, 8. Aufl. Stuttgart: Parey in MVS Medizinverlage Stuttgart; 2003

[119] **Niedersächsisches Ministerium für Ernährung, Landwirtschaft und Forsten.** Empfehlungen für die Haltung von Eseln. 2000. www.ml.niedersachsen.de

[120] **Nuss K, Paulus N.** Measurements of claw dimensions in cows before and after functional claw trimming: a postmortem study. Vet J 2006; 172: 284–292

[121] **Nuss K, Tiefenthaler I.** Eigenschaften und klinische Anwendung gebräuchlicher Klauenkothurne. Tierärztl Prax 2000; 28: 125–132

[122] **Onishi JC, Park JW, Haggblom MM et al.** Chronic laminitis is associated with potential bacterial pathogens in the laminae. Vet Microbiol 2012; 158(3–4): 329–336

[123] **Onishi JC, Park JW, Prado J et al.** Intestinal bacterial overgrowth includes potential pathogens in the carbohydrate overload models of equine acute laminitis. Vet Microbiol 2012; 159(3–4): 354–363

[124] **Orsini JA.** Science-in-brief: Equine laminitis research: milestones and goals. Equine Vet J 2014; 46(5): 529–533

[125] **Ossent P, Lischer CJ.** Post mortem examination of the hooves of cattle, horses, pigs and small ruminants under practice conditions. In Pract 1997; 19: 21–29

[126] **Ott EA, Johnson EL.** Effect of trace mineral proteinates on growth and skeletal and hoof development in yearling horses. J Equine Vet Sci 2001; 21: 287–291

[127] **Ovnicek GD, Page BT, Trotter GW.** Natural balance trimming and shoeing: its theory and application. Vet Clin Equine 2003;19: 353–377

[128] **Patan B.** Saisonaler Einfluss auf Hornbildungsrate, Hornabrieb und Hornqualität in der Hufwand von Przewalskipferden (Equus ferus przewalskii). Freie Universität Berlin Fachbereich Veterinärmedizin: Diss 2001

[129] **Patan B, Budras KD.** Segmentspezifitäten am Pferdehuf – Teil II: Zusammenhang zwischen Hornstruktur und mechanisch-physikalischen Horneigenschaften in den verschiedenen Hufsegmenten. Pferdeheilkd 2003; 19: 177–184

[130] **Pellmann R, Budras KD, Bragulla H.** Struktur und Funktion des Hufbeinträgers beim Pferd und seine Bedeutung bei der Hufrehe. Pferdeheilkd 1997; 13: 53–64

[131] **Peroni JF, Harrison WE, Moore JN et al.** Black walnut extract-induced laminitis in horses is associated with heterogeneous dysfunction of the laminar microvasculature. Equine Vet J 2005; 37(6): 546–551

[132] **Pesenhofer G, Palme R, Pesenhofer RM et al.** Concentrations of faecal cortisol metabolites in dairy cows after functional claw trimming using a tilt table and a walk-in crush. Wien Tierärztl Mschr 2006; 93: 288–294

[133] **Pollitt CC, Visser MB.** Carbohydrate alimentary overload laminitis. The Veterinary clinics of North America. Equine practice 2010; 26(1): 65–78

[134] **Preiß K, Weber R.** Sicherheit und Gesundheitsschutz bei Hufbeschlagsarbeiten. (BGI 5133) Berufsgenossenschaft Holz und Metall, Sicherheitslehrbrief 2009

[135] **Räber ME, Lischer CJ, Geyer H et al.** The bovine digital cushion – a descriptive anatomical study. Vet J 2004; 167: 258–264

[136] **Redden RF.** A technique for performing digital venography in the standing horse. Equine Vet Educ 2001; 13: 128–134

[137] **Reilly JD, Cottrell DF, Martin RJ et al.** Effect of supplementary dietary biotin on hoof growth and hoof growth rate in ponies: A controlled trial. Equine Vet J Suppl 1998; 26: 51–57

[138] **Reilly JD, Hopegood L, Gould L et al.** Effect of a supplementary dietary evening primrose oil mixture on hoof growth, hoof growth rate and hoof lipid fractions in horses: a controlled and blinded trial. Equine Vet J 1998; Supplement(26): 58–65

[139] **Reisinger N, Schaumberger S, Nagl V et al.** Concentration Dependent Influence of Lipopolysaccharides on Separation of Hoof Explants and Supernatant Lactic Acid Concentration in an Ex Vivo/In Vitro Laminitis Model. PloS one 2015; 10(11): e0143754

[140] **Robinson PH.** Locomotion scoring your cows. Cooperative extension, University of California, Davis; http://animalscience.ucdavis.edu/faculty/robinson/articles_folder/pdf/web201312_locomotion_scoring_your_cows.pdf

[141] **Rohrbach BW, Green EM, Oliver JW et al.** Aggregate risk study of exposure to endophyte-infected (Acremonium coenophialum) tall fescue as a risk factor for laminitis in horses. Am J vet Res. 1995; 56: 22–26

[142] **Rouha-Mülleder C, Iben C, Wagner E et al.** Relative importance of factors influencing the prevalence of lameness in Austrian cubicle loose housed dairy cows. Prev Vet Med 2009; 92: 123–133

[143] **Ruthe H, Müller H, Reinhard F.** Der Huf. Lehrbuch des Hufbeschlages. 5. Aufl. Stuttgart: Enke 1997: 1–4, 126–132, 134–142, 156–157,163–164

[144] **Schelp D.** Untersuchungen ethologischer und physiologischer Parameter zur Wirkungsweise und möglicher Tierschutzrelevanz der Nasenbremse beim Pferd. LMU München: Diss vet med 2000

[145] **Schleiter H, Kloß K.** Ausbildungsrichtlinien Hufpflege. Leipzig: Hufbeschlaglehrschmiede der KMU Leipzig, Sektion TV, WB Chirurgie und Radiologie 1978

[146] **Schleiter H, Kloß K.** Ausbildungsrichtlinien Hufbeschlag. Leipzig: Hufbeschlaglehrschmiede der KMU Leipzig, Sektion TV, WB Chirurgie und Radiologie 1978

[147] **Schoenian S.** Sheep hoof health and management. University of Maryland Extension Small Ruminant Program, 1–36. www.slideshare.net/schoenian/sheep-hoof-health-and-management; 2011

[148] **Schwyter H.** Der schweizerische Militär-Hufschmied. Bern: Stämpfli & Cie 1918

[149] **Sohrt JT.** Ermittlung von Standardmaßen für die Klauenpflege durch Untersuchungen über die Beziehung der anatomischen Innenstruktur zum Hornschuh an Klauen der Hintergliedmaße Deutsch-Schwarzbunter Rinder mit Berücksichtigung von Reheveränderungen. Hannover: Diss vet med 1999

[150] **Somers JR, Huxley J, Lorenz I et al.** The effect of lameness before and during the breeding season on fertility in 10 pasture-based Irish dairy herds. Irish Vet J 2015; 68(1):14

[151] **Spillner M, Buda S, Jacobi R et al.** Die perivaskuläre Sympathektormie beim Pferd – neue anatomisch-histologische Erkenntnisse. Tierärztl Praxis (G) 2007; 35: 55–62

[152] **Spitzlei S.** Untersuchung zur Zusammensetzung des Hufhorns beim Pferd, deren Bedeutung für die Stabilität und Beziehung zur Nährstoffversorgung. Hannover: Stiftung Tierärztliche Hochschule 1996

[153] **Sprecher DJ, Hostetler DE, Kaneene JB.** A lameness scoring system that uses posture and gait to predict dairy cattle reproductive performance. Theriogenology 1997; 47: 1178–1187

[154] **Stachurska A, Walkuska G, Chalabis-Mazurek A et al.** Heavy metal concentration in coat hair and hoof horn in stabled and reserve Polish Konik horses. Polish journal of veterinary sciences 2009; 12 (3): 369–377

[155] **Steelman SM, Chowdhary BP, Dowd S et al.** Pyrosequencing of 16S rRNA genes in fecal samples reveals high diversity of hindgut microflora in horses and potential links to chronic laminitis. BMC veterinary research 2012; 8: 231

[156] **Stoddard GC, Cramer G.** A review of the relationship between hoof trimming and dairy cattle welfare. Vet Clin Food Anim 2017; 33; 365–375

[157] **Sprecher DJ, Hostetler DE, Kaneene JB.** A lameness scoring system that uses posture and gait to predict dairy cattle reproductive performance. Theriogenology 1997; 47: 1178–1187

[158] **Strobel H.** Klauenpflege Schaf und Ziege. 2. Aufl. Stuttgart: Eugen Ulmer; 2014: 12–93

[159] **Strobel H, Ganter M, Spengler D.** Der Einfluss von Klauenerkrankungen auf das Tierwohl von Schaf und Ziege. Tierärztl Prax 2014; 42(K): 49–58

[160] **Stucke D, Minero M, Dalla Costa E et al.** Praxistaugliche Schmerzindikatoren beim Pferd. Gießen: DVG Service GmbH; 2015

[161] **Thomas HJ, Miguel-Pacheco GG, Bollard NJ et al.** Evaluation of treatments for claw horn lesions in dairy cows in a randomized controlled trial. J Dairy Sci 2015; 98: 4477–4486

[162] **Thomsen ME, Davis EG, Rush BR.** Black walnut induced laminitis. Veterinary and human toxicology 2000; 42(1): 8–11

[163] **Tomlinson DJ, Mulling CH, Fakler TM.** Invited review: Formation of keratins in the bovine claw: Roles of hormones, minerals, and vitamins in functional claw integrity. J Dairy Sci 2004; 87: 797–809

[164] **Toussaint-Raven E.** Klauenpflege beim Rind. Hannover: Landwirtschaftskammer 1998: 11–106

[165] **Twickel S, Bartmann CP, Gehlen H.** PPID und EMS bei Eseln und Maultieren – Gibt es Unterschiede zum Pferd? Pferdeheilkunde 2017; 33: 573–584

[166] **Ungru J, Bluher M, Coenen M, Raila J, Boston R, Vervuert I.** Effects of body weight reduction on blood adipokines and subcutaneous adipose tissue adipokine mRNA expression profiles in obese ponies. The Veterinary record 2012; 171(21): 528

[167] **Van Amstel SR, Shearer JK, Palin FL.** Moisture content, thickness and lesions of the sole horn associated with thin soles in dairy cattle. J Dairy Sci 2004; 87: 757–763

[168] **Van Amstel SR.** Corkscrew claw. Vet Clin Food Anim 2017; 33, 351–364

[169] **Van Heel MCV, Back W.** Ground surface and polyurethane (PU) filling alter the pressure distribution pattern in square standing horses. Pferdeheilkd 2006; 22: 592–596

[170] **Van Weyenberg S, Hesta M, Kalmar ID, Vandermeiren J et al.** Nutritional management of laminitis in a horse. The Veterinary record 2009; 164(22): 694–695

[171] **Vermunt JJ, Greenough PR.** Structural characteristics of the bovine claw: horn growth and wear, horn hardness and claw conformation. British Vet J 1995; 151(2): 157–180

[172] **Verordnung (EU) Nr. 122/2013**, 12.2.2013; zur Änderung der Verordnung (EG) Nr. 1950/2006 (Verzeichnis der zu Behandlung von Equiden wesentlichen Stoffe – Positivliste Equiden)

[173] **Verordnung über Nachweispflichten der Tierhalter für Arzneimittel, die zur Anwendung bei Tieren bestimmt sind** (Tierhalter-Arzneimittelanwendungs- und Nachweisverordnung), 17.7.2015 (BGBl. I S. 1380)

[174] **Vervuert I, Coenen M, Bothe C.** Effects of oat processing on the glycaemic and insulin responses in horses. J Anim Physiol Anim Nutr (Berl) 2003; 87: 96–104

[175] **Vervuert I, Coenen M, Bothe C.** Effects of corn processing on the glycaemic and insulinaemic responses in horses. J Anim Physiol Anim Nutr (Berl) 2004; 88: 348–355

[176] **Vervuert I, Bothe C, Coenen M.** Glycaemic and insulinaemic responses to mechanical or thermal processed barley in horses. J Anim Physiol Anim Nutr 2007; 91(5–6): 263–268

[177] **Vilsmaier A.** Untersuchungen zur Hufform und zum Hufhornwachstum beim Esel (Equus asinus). Leipzig: Diss med vet 2005

[178] **Vollbach H.** Geschichte, Entwicklung und Kritik der Hufzubereitungstheorien. Tierärztliche Hochschule Hannover: Diss 1954

[179] **Webb NG, Penny RH, Johnston AM.** Effect of a dietary supplement of biotin on pig hoof horn strength and hardness. The Veterinary record 1984; 114(8): 185–189

[180] **Weiser M, Stockl W, Walch H, Brenner G.** On the distribution of sodium, potassium, calcium, phosphorus, magnesium, copper and zinc in the hoof of horses. Archiv für experimentelle Veterinärmedizin 1965; 19(3): 927–931

[181] **Winkelsett S, Vervuert I.** Animal welfare in prevention and therapy of laminitis. Deutsche Tierärztliche Wochenschrift 2008; 115(3): 106–113

[182] **Wissdorf H, Gerhards H, Huskamp B et al.** Praxisorientierte Anatomie und Propädeutik des Pferdes. Hannover: Schaper 2010

[183] **Zadow CH von.** Linea alba unguis (Zona alba) – zur weißen Linie des Pferdehufs. Freie Universität Berlin Fachbereich Veterinärmedizin: Diss 2001

[184] **Zeitler-Feicht MH.** Handbuch Pferdeverhalten. Ursache, Therapie und Diagnostik von Problemverhalten. 2. Aufl. Stuttgart: Eugen Ulmer; 2015

[185] **Zenker W, Josseck H, Geyer H.** Histological and physical assessment of poor hoof horn quality in Lipizzaner horses and a therapeutic trial with biotin and a placebo. Equine Vet J 1995; 27(3): 183–191

23 Ausgewählte Adressen zum Thema Hufpflege

▸ Tab. 23.1 und ▸ Tab. 23.2 geben einen Überblick über Ausbildungsstätten und Produktanbieter rund um die **Hufpflege**.

▸ **Tab. 23.1** Staatlich anerkannte Ausbildungsstätten (nach Postleitzahl sortiert).

Anschrift	Kontaktdaten
In Deutschland	
Staatl. Lehrschmiede der Chirurgischen Tierklinik Leipzig An den Tierkliniken 21 04103 Leipzig Hufbeschlaglehrmeister: Jens Schlüssel	Tel.: 0049/341/9738–206/-267 Fax: 0049/341/9738–269 berndt@vetmed.uni-leipzig.de www.vmf.uni-leipzig.de
Klinik für Pferde Oertzenweg 19 b 14163 Berlin-Zehlendorf Hufbeschlaglehrmeister: Hans Gratopp	Tel.: 0049/30/838–62299 Fax: 0049/30/838–462529 pferdeklinik@vetmed.fu-berlin www.vetmed.fu-berlin.de
Lehrschmiede der Klinik für Pferde der Stiftung Tierärztliche Hochschule Hannover Bünteweg 9 30559 Hannover Prof. Dr. Florian Geburek	Tel.: 0049/511/953–6500 Florian.Geburek@tiho-hannover.de www.tiho-hannover.de
Lehrschmiede der Klinik für Pferde der Justus-Liebig-Universität Gießen Frankfurter Str. 108 35392 Gießen Hufbeschlaglehrmeisterin: Melanie Striebinger	Tel.: 0049/641/9938–590 Fax: 0049/641/9938–579 Melanie.Scherer@vetmed.uni-giessen.de www.vetmed.uni-giessen.de
Hufbeschlag und Hufbeschlagschule Schweppe Evinger Str. 667 44339 Dortmund Hufbeschlaglehrmeister: Christoph Schweppe	Tel.: 0049/172/5896390 info@schmiede-online.de www.hufbeschlaglehrschmiede-dortmund.de
Staatl. anerkannte Lehrschmiede Ernst Niemerg Grevenerstr. 13 48149 Münster Hufbeschlaglehrmeister: Bernhard Niehoff	Tel.: 0049/251/293265 Fax: 0049/251/270301 info@ernst-niemerg.de www.ernst-niemerg.de
RHS Die Hufschule Konrad-Zuse-Straße 3 54552 Nerdlen Hufbeschlaglehrschmied: Burkhard Rau	Tel.: 0049/6592/958161 Fax: 0049/6592/958162 info@rhs-gruppe.de http://rhs.horse/
Hufbeschlaglehrschmiede Rickus Schmiedeweg 8 56290 Beltheim-Mannebach Hufbeschlaglehrmeister: Markus Rickus	Tel.: 0049/6762/4526 Fax: 0049/6762/950390 kontakt@lehrschmiede-rickus.de www.lehrschmiede-rickus.de
LVFZ Haupt- und Landgestüt Schwaiganger Staatliche Hufbeschlagsschule Schwaiganger 1 82441 Ohlstadt Hufbeschlaglehrschmiede Hufbeschlaglehrmeister: Ewald Versbach	Tel.: 0049/8841/6136–11 Fax: 0046/8841/6136–66 LVFZ-Schwaiganger@lfl.bayern.de www.lfl.bayern.de/lvfz/schwaiganger/

▶ **Tab. 23.1** Fortsetzung

Anschrift	Kontaktdaten
Lehrschmiede-Niedersachsen-Verden NBvH UG (haftungsbeschränkt) Lindhooper Str. 81 27283 Verden/Aller Hufbeschlaglehrschmiede Hufbeschlaglehrschmied: Janis Neurand, Stephan Becker und Elmas van Heeck	info@lehrschmiede-niedersachsen.de info@nbvh.net http://lehrschmiede-niedersachsen.de https://nbvh.net/lehrschmiede-niedersachsen-verden/
In den Niederlanden	
Utrecht University Faculty of Veterinary Medicine Department of Equine Sciences Yalelaan 112–114 NL-3584 CM Utrecht	Tel.: 0031/30/2531350 Fax: 0031/30/2537970 secretariaat.paard@vet.uu.nl www.uu.nl/organisatie/patientenzorg-diergeneeskunde
Aeres Training Centre Barneveld Barnseweg 3 NL-3770 AH Barneveld	Tel.: 0031/88/0206123 atc.barneveld@aeres.nl https://www.aerestrainingcentre-barneveld.nl/
In Österreich	
Bundesinnung der Metalltechniker Schaumburgergasse 20/4 A-1040 Wien	Tel.: 0043/1-505-6950-126 Fax: 0043/1-253303-39320 metalltechniker@bigr2.at www.metalltechnik.at

▶ **Tab. 23.2** Gewerbliche Anbieter (alphabetisch sortiert).

Anschrift	Kontaktdaten	Artikel
In Deutschland		
ATCOM HORSE GmbH Riedweg 12 87757 Kirchheim	info@atcomhorse.de www.atcomhorse.de	Ergänzungsfuttermittel zur Optimierung des Hufwachstums und der Hufhornqualität
EkwoTECH Natalie Schulz Hauptstr. 8 88079 Kressbronn	Tel.: 0049/7543/9347890 schulz@dashufeisen.de www.dashufeisen.de	Firmensoftware für Hufbeschlagschmiede
Kulzer GmbH Division Technik Philipp-Reis-Straße 8/13 61273 Wehrheim	Tel.: 0049/6181/9689–2574/-2571 Fax: 0049/6181/9689–3864 technik.wehrheim@kulzer-dental.com www.kulzer-technik.de	Technovit Hoofseal
H. Frank Kunststofftechnik GmbH Vorderfreundorfer Str. 20 94143 Grainet	Tel.: 0049/8585/96926–0 Fax: 0049/8585/96926–29 info@duplo-frank.de www.duplo-frank.de	Duplo Kunststoffbeschläge
Luwex GmbH Josef Luber Gewerbegebiet 5a 92546 Schmidgaden	Tel.: 0049/9435/3009797 Fax: 0049/9435/3009798 office@luwex.net www.luwex.net	Hufplatten und -polster, Werkzeug
Marquis Tiermedizintechnik GmbH Krummer Weg 3 89555 Steinheim	Tel.: 0049/7329/920280 Fax: 0049/7329/920281 www.marquis-vetec.com	Hufschuhe

▶ **Tab. 23.2** Fortsetzung

Anschrift	Kontaktdaten	Artikel
Andreas Strohm Hufbeschlagartikel e.K. Ikarusstraße 26 40474 Düsseldorf	Tel.: 0049/211/6504080 Fax: 0049/211/65040877 info@strohm.de www.strohm.de	Fachhandel für Hufbeschlagartikel
Vettec Hoofcare (Europa)	Tel.: 0041/916100505 info@vettec.net www.bovibond.com www.vettec.com	Produkte für Pferde und Rinder
In den Niederlanden		
C.V. Werkman Hoefijzerfabriek Werkman &Co. Helpermolenstraat 43 NL-9721 BT Groningen	Tel.: 0031/50/5218121 Fax: 0031/50/5258256 shop@werkman.nl www.werkmanhorseshoes.com	Produzent von Hufeisen seit 1909
Mustad Benelux Nijverheidsstraat 4 NL-8263 AL Kampen	Tel.: 0031/320/211422 Fax: 0031/320/211421 kampen@mustad.nl www.mustadbenelux.com	Hersteller von Hufeisen, Hufnägeln, Einlagen und Werkzeugen
Royal Kerckhaert B.V. Rapenburg 76 NL-4581 AE Vogelwaarde	Tel.: 0031/114/671361 Fax: 0031/114/671811 post@kerckhaert.com www.kerckhaert.com	Hersteller von Hufeisen seit 1906
Mustad –The Hoofcare People Mustad Distribution Pascallaan 42 NL-8218 NJ Lelystad	Tel.: 0031/32/0211422 www.mustad.com	Produzent von Hufnägeln seit 1832; Hufeisen und Werkzeug
In Österreich		
WEISS Hufbeschlagartikel GmbH Rudolf-Diesel-Str. 1 A-2111 Harmannsdorf	Tel.: 0043/2266/62145 Fax: 0043/2266/62145–12 office@huf.at www.huf.at	Fachhandel für Hufbeschlagartikel
In der Schweiz		
Eurotrade AG Gewerbestrasse 18 CH-4105 Biel-Benken	Tel.: 0041/61/5111020 orders@eurotrade.ch https://eurotrade.ch/de/	Fachhandel für Huf-beschlagartikel
Swiss Horse Boots Hubert Rohner-Schlegel Ritterstutz 4 CH-7012 Felsberg	Tel.: 0041/81/2522773 Fax: 0041/81/2505741 info@swisshorseboots.com www.swisshorseboots.com	Hufschuhe
Sonstige Länder		
HGF – AB Halmstads Gummifabrik Knäredsgatan 27 SE-302 50 Halmstad	Tel.: 0046/35/180600 Fax: 0046/35/180640 info@hgf.se www.hgf.se/	Hersteller Öllöv Kunststoff-Eisenbeschlag
Handmade Shoes (UK) Ltd Units 3–4 Williams Court Pitstone Green Business Centre GB-Pitstone Leighton Buzzard LU7 9GJ	Tel.: 0044/1296/662473 Fax: 0044/1296/660779 info@handmadeshoesltd.co.uk www.handmadeshoesltd.co.uk	Hersteller und Händler von Hufeisen, Werkzeug und Zubehör

▶ **Tab. 23.2** Fortsetzung

Anschrift	**Kontaktdaten**	**Artikel**
Mondial Met. Rusconi Domenico Via Piani dei Resinelli 35 P.O. Box 136 IT-22036 Erba (CO)	Tel.: 0039/31/641132 Fax: 0039/31/642323 info@mondialhorsenails.com www.mondialhorsenails.com	Hersteller von Hufnägeln
Shoof International Ltd. P.O. Box 522 Cambridge, 3450 (NZ)	Tel.: 0800-800-801 Fax: 0800-264-625 https://shoof.co.nz/	Hersteller von Hufeisen, anschnallbaren Hufschuhe, Einlagen, Werkzeug u. a.
Total Foot Protection Ltd Five Oaks Road Horsham West Sussex GB-RH13 0QW	Tel.: 0044/1403/791000 Fax: 0044/1403/791008 www.tfp-shop.co.uk	Fachhändler von Hufschuhen, Einlagen, Werkzeug und Zubehör

24 Ausgewählte Adressen zum Thema Klauenpflege

► Tab. 24.1 und ► Tab. 24.2 geben einen Überblick über Ausbildungsstätten und Produktanbieter rund um die **Klauenpflege**.

► **Tab. 24.1** Ausbildungsstätten und Berufsverbände (nach Postleitzahl sortiert).

Anschrift	Kontaktdaten
In Deutschland	
Genossenschaft Klauenpfleger eG Sachsen Pestalozzistr. 2 01847 Lohmen	Tel.: 0049/03501 58 82 15 Fax: 0049/03501 58 61 33 info@klauenpfleger-eg-sachsen.de https://www.klauenpfleger-eg-sachsen.de/
Genossenschaft der Klauenpfleger eG Röbel/Müritz Straße des Friedens 71 17207 Röbel/Müritz	Tel.: 0049/39931-52573 https://de-de.facebook.com/Genossenschaft-der-Klauen-pfleger-R%C 3 %B6belM%C 3 %BCritz-515560085202379/
Genossenschaft Klauenpfleger eG Wolmirstedt Sachsen-Anhalt Schachtstr. 31 39326 Wolmirstedt	Tel.: 0049/39201-29216 Fax: 0049/39201-32175 klauenpfleger-wolmirstedt@t-online.de www.klauenpfleger-wolmirstedt.de
Lehr- und Versuchsanstalt für Tierhaltung der Landwirtschaftskammer Hannover Zur Bleeke 6 21379 Echem	Tel.: 0049/4139/698–0 Fax: 0049/4139/698–100 lbz.echem@lwk-niedersachsen.de www.lwk-niedersachsen.de
Lehr- und Versuchsgut der Universität München St. Hubertusstraße 12 85764 Oberschleißheim	Tel.: 0049/89/2180–76040 Fax: 0049/89/2180–76041 www.lvg.vetmed.uni-muenchen.de
Verein geprüfter Klauenpfleger e. V. VGK Achselschwang 1 86919 Utting am Ammersee	Tel.: 0049/36077/20574 info@vgk-ev.de
In Österreich	
Veterinärmedizinische Universität Wien Klinik für Wiederkäuer Veterinärplatz 1 A-1210 Wien	Tel.: 0043/1/25077/5223 Fax: 0043/1/25077/5290 johann.kofler@vetmeduni.ac.at www.vetmeduni.ac.at
AÖK, Arbeitsgemeinschaft Österreichischer Klauenpfleger A-4553 Schlierbach Obmann: Stefan Öschlberger	www.klauenpflege.at
Höhere Bundeslehr- und Forschungsanstalt für Landwirtschaft Raumberg-Gumpenstein HLA und HBLA A-8952 Irdning	Anmeldung: LFI Steiermark Maria Jantscher Hamerlinggasse 3 8010 Graz Tel.: 0043/316/8050-1372 Fax: 0043/316/8050-1509 maria.jantscher@lfi-steiermark.at www.stmk.lfi.at

▶ **Tab. 24.1** Fortsetzung

Anschrift	Kontaktdaten
In der Schweiz	
Schweizer Klauenpfleger-Vereinigung (SKV) Geschäftsstelle SKV ASPO Mättmey 1 CH-3427 Utzensdorf	Tel.: 0041/77 526 94 45 info@klauenpflege.ch www.klauenpflege.ch

▶ **Tab. 24.2** Gewerbliche Anbieter (alphabetisch sortiert).

Anschrift	Kontaktdaten	Artikel
In Deutschland		
Bruno Gelle GmbH GEWA Saumarkt 2 88239 Wangen im Allgäu	Tel.: 0049/7522/70759–0 Fax: 0049/7522/70759–29 info@gewa-gelle.de www.gewa-gelle.de	Klauenfrässcheiben, Klauenmesser
Clauss Maschinenbau Brunnhaldeweg 2 73312 Geislingen-Türkheim	Tel.: 0049/07331/41079 Fax: 0049/07331/44409 claussmaschinen@t-online.de www.claussmaschinen.de	Klauenpflegestände
Demotec Demel e.K. Brentanostr. 21 61130 Nidderau	Tel.: 0049/6187/90567–0 Fax: 0049/6187/90567–11 demotec@demotec.com www.demotec.com	Scheiben für Winkelschleifer, Holz- und Plastikklötze, Klauenschuhe
DLG e.V Deutsche Landwirtschaftsgesellschaft Eschborner Landstr. 122 60489 Frankfurt/Main	Tel.: 0049/69/24788–0 Fax: 0049/69/24788–112 www.dlg.org/de/	Desinfektionsmittel für Stallungen
Genossenschaft Klauenpfleger eG Sachsen Pestalozzistr. 2 01847 Lohmen	Tel.: 0049/3501/588215 Fax: 0049/3501/586133 info@klauenpfleger-eg-sachsen.de www.klauenpfleger-eg-sachsen.de	Klauenpflegestände, Instrumente, Klauenpflegerfirma
Gummiwerk Kraiburg Elastik GmbH & Co. KG Göllstr. 8 84529 Tittmoning	Tel.: 0049/8683/701–0 Fax: 0049/8683/701–190 info@kraiburg-elastik.de www.kraiburg-elastik.de	Gummibeläge für Stallböden
H. Hauptner & Richard Herberholz GmbH & Co. KG Kullerstr. 38–44 42651 Solingen	Tel.: 0049/212/2501–0 Fax: 0049/212/2501–150 info@hauptner-herberholz.de www.hauptner-herberholz.de	Klauenpflegeinstrumente u.v.a.
Kulzer GmbH Division Technik Philipp-Reis-Straße 8/13 61273 Wehrheim	Tel.: 0049/6181/9689–2574/-2571 Fax: 0049/6181/9689–3864 technik.wehrheim@kulzer-dental.com www.kulzer-technik.de	Technovit
AMF Arlt & Arlt Metall- und Fahrzeugbau KG Dr.-Maruschky-Str. 2 07613 Silbitz	Tel.: 0049/36693/21725/-23784 Fax: 0049/36693/21727 info@taurofix.de www.taurofix.de	Rinderfang- und Fixiersysteme, Klauenpflegestände
Texas Trading Ranchbedarf GmbH Landsbergerstr. 33 86949 Windach	Tel.: 0049/8193/9313–0 Fax: 0049/8193/9313–33 info@texas-trading.de www.texas-trading.de	Klauenpflegestände, Klauenpflegeinstrumente
Vettec Hoofcare (Europa)	Tel.: 0041/916100505 info@vettec.net www.bovibond.com www.vettec.com	Produkte für Pferde und Rinder
WAHL GmbH Agrar-Fachmarkt und Fachversand Welserstraße 2 87463 Dietmannsried	Tel.: 0049/8374/58093–0 Fax: 0049/8374/58093–99 info@agrar-fachversand.com www.agrar-fachversand.com	Fachhändler

▸ **Tab. 24.2** Fortsetzung

Anschrift	Kontaktdaten	Artikel
Wallner Landtechnik GmbH Matzing, Hauptstr. 2b 83301 Traunreut	Tel.: 0049/8669/6233 Fax: 0049/8669/7765 info@wallner-metallbau.de www.wallner-metallbau.de	Klauenpflegestände
Paul Werner Maschinenbau Aigholz 265 87764 Legau	Tel.: 0049/8330/692 Fax: 0049/8330/1445 info@aigholz.de www.aigholz.de	Klauenpflegestände
In den Niederlanden		
Intracare BV Voltaweg 4 NL-5466 AZ Veghel	Tel.: 0031/413/354105 Fax: 0031/413/362324 info@intracare.nl www.intracare.nl	Klauenpflegeartikel, Klauenpflegemittel für Mortellaro, Ballenfäule
LAMO Constructie Tussen de Bruggen 6 L-6063 NA Vlodrop	Tel.: 0031/6/14651139 Fax: 0031/475/543683 info@lamo-constructie.com www.lamo-constructie.com	Klauenpflegestände
Aeres Training Centre International Barnseweg 3 NL-3771 RN Barneveld	0031/88/0206199 info.atc.international@aeres.nl www.aerestrainingcentre.nl/international	Fortbildungsangebote
WOPA B.V. Postbus 44 NL-7130 AA Lichtenvoorde	Tel.: 0031/544/372415 info@wopa.com www.wopaklauenpflege.de	Klauenpflegestände, Werkzeug
Zinpro Performance Minerals Niederlande	Tel.: 0031/485/521926 jvdmeer@zinpro.com www.zinpro.com	Poster für Lahmheitsscoring beim Rind, Spurenelement- und Mineralstoff-Futtermittel
In Österreich		
Rosensteiner GmbH Landmaschinenbau Zehetner 26a A-4594 Steinbach/Steyr	Tel.: 0043/07257/7071 Fax: 0043/07257/7071–4 info@rosensteiner.at www.rosensteiner.at	Klauenpflegestände, Klauenpflegeinstrumente, Holz- und Plastikklötze, Zubehör
WEISS Hufbeschlagartikel GmbH Rudolf-Diesel-Str. 1 A-2111 Harmannsdorf	Tel.: 0043/2266/62145 Fax: 0043/2266/62145–12 office@huf.at www.huf.at	Huf- und Klauenpflegeinstrumente: Zangen
In Dänemark		
KVK Hydra Klov Morsøgade 3 DK-6700 Esbjerg	Tel.: 0045/7536/8187 Fax: 0045/7536/8025 kvk@kvk.dk www.kvk.dk	Hydraulische Klauenpflegestände
In Italien		
Mondial Met. Rusconi Domenico Via Piani dei Resinelli 35 P.O. Box 136 IT-22036 Erba (CO)	Tel.: 0039/31 641132 Fax: 0039/31 642323 info@mondialhorsenails.com www.mondialhorsenails.com	Hersteller von Klauennägeln

► **Tab. 24.2** Fortsetzung

Anschrift	Kontaktdaten	Artikel
Sonstige Länder		
Comfort Hoof Care Inc. 420 Commerce Avenue Baraboo Wisconsin U.S.A 53913	http://www.comforthoofcare.com/	Klauenpflegestände, Accu block® Accu sole™ (Kothurn für Rinder)
Shoof International Ltd. P.O. Box 522 Cambridge, 3450 (NZ)	Tel.: 0800-800-801 Fax: 0800-264-625 https://shoof.co.nz/	Anschnallbarer Klauenschutz, Walkease® hoof repair block (Kothurn für Rinder)

Sachverzeichnis

G

H

I

J

K

L

M

N

O

T

U

V